Michael Kleinaltenkamp · Wulff Plinke (Hrsg.)

Technischer Vertrieb

Springer
Berlin
Heidelberg
New York
Barcelona
Hongkong
London
Mailand
Paris
Singapur
Tokio

Michael Kleinaltenkamp
Wulff Plinke (Hrsg.)

Technischer Vertrieb

Grundlagen des Business-to-Business Marketing

2., neubearbeitete und erweiterte Auflage

Mit 185 Abbildungen

Professor Dr. Michael Kleinaltenkamp
Freie Universität Berlin
Fachbereich Wirtschaftswissenschaft
Weiterbildendes Studium Technischer Vertrieb
Altensteinstraße 48
14195 Berlin
e-mail: wstv@wiwiss.fu-berlin.de

Professor Dr. Wulff Plinke
Humboldt-Universität zu Berlin
Wirtschaftswissenschaftliche Fakultät
Institut für Marketing I
Spandauer Straße 1
10178 Berlin
e-mail: marketing1@wiwi.hu-berlin.de

ISBN 3-540-64174-2 Springer-Verlag Berlin Heidelberg New York

Die Deutsche Bibliothek – CIP-Einheitsaufnahme

Technischer Vertrieb: Grundlagen des Business-to-Business Marketing / Hrsg.: Michael Kleinaltenkamp; Wulff Plinke. – 2., neubearb. und erw. Aufl. – Berlin; Heidelberg; New York; Barcelona; Hongkong; London; Mailand; Paris; Singapur; Tokio: Springer 2000
(Technischer Vertrieb)
ISBN 3-540-64174-2

Einbandentwurf: de'blik, Berlin

Layout und Satz: phlux Publishing, Bielefeld · Berlin

Gedruckt auf säurefreiem Papier SPIN: 10670611 68/3020 - 5 4 3 2 1 0

Vorwort

Der Technische Vertrieb ist sowohl als Domäne der Praxis als auch in seiner wissenschaftlichen Behandlung in rascher Veränderung. Diese hat nicht nur dazu geführt, daß schon bald nach dem ersten Erscheinen unseres Grundlagenwerks die Erstauflage vergriffen war. Vielmehr machte die dynamische Entwicklung des Faches auch eine Neubearbeitung des Buches erforderlich. Dabei zeigte sich, daß die bisherige Konzeption flexibel genug war, alle Wünsche unserer Studenten und Leser nach inhaltlicher Anreicherung zu berücksichtigen. Es wurde aber auch sehr schnell deutlich, daß das Volumen des Stoffes an die erweiterten Anforderungen angepaßt werden mußte. Dieses wiederum ist der Hintergrund dafür, daß wir den Zuschnitt des Gesamtwerkes geändert haben.

Allen Interessenten am Themenspektrum des Technischen Vertriebs sei deshalb die Architektur des Gesamtwerkes verdeutlicht: Der ursprüngliche Aufbau „Technischer Vertrieb – Grundlagen„ – „Geschäftsbeziehungs-management„ – „Auftrags- und Projektmanagement„ ist im Prinzip beibehalten worden. Allerdings ist der ursprüngliche erste Grundlagen-Band in drei Teile aufgespalten worden, die nunmehr auch vollständig als Einzelbände vorliegen: Das vorliegende Buch umfaßt die „Grundlagen des Business-to-Business-Marketing„, der zweite Band behandelt die „Strategien im Business-to-Business-Marketing„, und das dritte Werk ist dem „Markt- und Produktmanagement„ gewidmet. Die beiden Bände „Geschäftsbeziehungsmanagement„ sowie „Auftrags- und Projektmanagement„ sind von dem neuen Zuschnitt nicht berührt. Für diese Veränderungen bitten wir unsere alten Leser um Verständnis, die neuen werden die angereicherte Konzeption sowie ein benutzungs- und lesefreundliches Volumen pro Band zu schätzen wissen. Wir hoffen, daß sich mit dieser Aktualisierung und Erweiterung die bisherige positive Resonanz des „Technischen Vertriebs„ fortsetzt.

Die Kapitel des jetzt vorliegenden Bandes sind für die 2. Auflage komplett überarbeitet worden. Zudem ist ein neues Kapitel hinzugefügt worden, um den Wunsch der Leser nach einer kompakten Einführung in die Grundlagen der Kosten- und Leistungsrechnung zu erfüllen.

Wir haben der Autorin und den Autoren, die an der Erstellung des Buches mitgewirkt haben, für die gute Zusammenarbeit zu danken. Zudem gebührt zu früheren Fassungen der Lehrtexte den Verfassern und den Herausgebern wertvolle Hinweise für die inhaltliche und formale Gestaltung der einzelnen Kapitel gegeben haben. Gleichwohl geht die inhaltliche Verantwortung für alle Fehler zu unseren Lasten. Wir möchten Sie, verehrte Leserinnen und Leser, einladen, sich aktiv mit ihrer Kritik und Ihren Vorschlägen an uns zu wenden. Unsere E-Mail-Adressen finden Sie auch bei den Verlagsangaben.

Unser ganz besonderer Dank gilt ein weiteres Mal Herrn Dipl.-Kfm. Martin Kardekewitz für seinen professionellen und unermüdlichen Einsatz bei der Erstellung des druckfertigen Manuskripts.

Berlin, im August 1999

Michael Kleinaltenkamp Wulff Plinke

Inhaltsverzeichnis

Verzeichnis der Autoren

Dr. Sabine Fließ

Lehrstuhl für Dienstleistungsmanagement,
Fachbereich Wirtschaftswissenschaft,
FernUniversität - Gesamthochschule - Hagen

Prof. Dr. Bernd Günter

Lehrstuhl für Betriebswirtschaftslehre, insb. Marketing,
Wirtschaftswissenschaftliche Fakultät,
Heinrich-Heine-Universität Düsseldorf

Dr. Frank Jacob

Weiterbildendes Studium Technischer Vertrieb,
Fachbereich Wirtschaftswissenschaften,
Freie Universität Berlin

Prof. Dr. Michael Kleinaltenkamp

Institut für Allgemeine Betriebswirtschaftslehre /
Weiterbildendes Studium Technischer Vertrieb,
Fachbereich Wirtschaftswissenschaften,
Freie Universität Berlin

Prof. Dr. Lutz Kruschwitz

Institut für Bank- und Finanzwirtschaft,
Fachbereich Wirtschaftswissenschaften,
Freie Universität Berlin

Dr. Matthias Kuhl

Lehrstuhl für Betriebswirtschaftslehre, insb. Marketing,
Wirtschaftswissenschaftliche Fakultät,
Heinrich-Heine-Universität Düsseldorf

Prof. Dr. Wulff Plinke

Institut für Marketing,
Wirtschaftswissenschaftliche Fakultät,
Humboldt-Universität zu Berlin

Prof. Dr. Mario Rese

Lehrstuhl für Betriebswirtschaftslehre, insb. Marketing,
Fachbereich Wirtschaftswissenschaften,
Universität Paderborn

Prof. Dr. Rolf Weiber

Lehrstuhl für Betriebswirtschaftslehre, insb. Marketing,
Fachbereich IV: BWL – AMK,
Universität Trier

Teil A Grundlagen des Business-to-Business-Marketing

1 Grundlagen des Marktprozesses

Wulff Plinke

Abbildungsverzeichnis

Tabellenverzeichnis

1.1 Austausch

1.1.1 Einfacher Austausch

Dieser Abschnitt beschreibt eine elementare menschliche Tätigkeit - den Austausch. Es wird ein Grundmodell vorgestellt, das den Austausch als eine Menge von Aktivitäten von zwei Parteien sieht, die jeweils etwas geben und nehmen und die sich durch ihre Tätigkeit wechselseitig Nutzen und Kosten bereiten. Die beteiligten Parteien betreiben jeweils einen Austausch, um ein individuelles Problem zu lösen. Dabei werden bestimmte Antriebskräfte wirksam: das Streben nach Vorteilen, die beschränkte Rationalität und der Umgang mit der Unsicherheit. Das *Grimmsche Märchen* von Hans im Glück wird uns helfen, das Grundmodell des Austauschs zu verstehen.

1.1.1.1 Grundmodell des Austauschs

Wir leben nicht im Schlaraffenland. Weder fliegen uns gebratene Tauben oder Rebhühner in den Mund noch fließen Milch und Honig von allein dorthin, wo Hunger oder Appetit sind. Die Menschen müssen vielmehr zur Aufrechterhaltung ihrer Existenz und zur Erreichung ihrer darüber hinausgehenden Ziele *Güter* beschaffen. Wir können diesen Tatbestand auf Organisationen übertragen. Auch Unternehmen benötigen zur Aufrechterhaltung ihrer Existenz und zur Erreichung ihrer Ziele *Ressourcen.* Sie müssen Sachgüter, Dienstleistungen, Personen, Rechte, Informationen und finanzielle Mittel einwerben. Die benötigten Güter bzw. Ressourcen sind jeweils Mittel zu einer *Problemlösung*:[1] Menschen brauchen Güter - mehr oder weniger dringend - zum Essen, Trinken, Wärmen, Fortbewegen, Schmücken, Verteidigen, Prestige Demonstrieren und so weiter. Unternehmen brauchen Ressourcen zum Herstellen, Forschen, Entwickeln, Transportieren, Verkaufen, Verwalten und so weiter.

Sowohl Personen als auch Unternehmen treffen Vorkehrungen, um lebenswichtige bzw. auch nur mehr oder weniger notwendige Güter bzw. Ressourcen dauerhaft *verfügbar* zu haben. Sie setzen Mittel ein und schaffen Strukturen, um den Zugriff auf Güter bzw. Ressourcen zu sichern. Dazu gehören Maßnahmen der Beschaffungssicherung ebenso wie Maßnahmen der Vorratshaltung.

Andererseits achten Unternehmen wie Personen darauf, daß unerwünschte Elemente *nicht* aufgenommen werden. Ein menschlicher Organismus z.B. wehrt sich gegen das Eindringen von Krankheitserregern, ebenso versucht ein Unternehmen beispielsweise, eine Anordnung der Kommune abzuwehren, bestimmte Umweltauflagen zu erfüllen.

---

[1] Der berühmte Philosoph des zwanzigsten Jahrhunderts, *Karl R. Popper*, sagt: „Alles Leben ist Problemlösen." Popper 1994, S. 257.

Unternehmen müssen zur Aufrechterhaltung ihrer Existenz und zur Erreichung ihrer Ziele Güter bzw. Ressourcen nicht nur beschaffen und vorrätig halten, sondern sie müssen auch Dinge *abgeben*: Erstens produzieren Unternehmen Leistungen, die sie an andere Individuen oder an Unternehmen verkaufen wollen. Zweitens produzieren Unternehmen nicht nur Dinge, die von anderen als nützlich angesehen werden, sondern - gleichsam als „Kuppelprodukte“ - auch Abfälle, Reste, Rückstände, Abwärme usw., Gegenstände, die wir kaum als Güter, sondern eher als *Übel* (negativ bewertete Ausbringung) bezeichnen müssen.[2] Diese müssen abgegeben (entsorgt) werden. Die Entsorgung muß wiederum durch entsprechende Vorkehrungen gesichert werden. Drittens muß das Unternehmen mitunter Überbestände an Ressourcen (Personen, Maschinen, Grundstücke usw.) abgeben. Viertens müssen und/oder wollen Unternehmen auch Güter in Form von finanziellen Mitteln abgeben, um im Austausch dafür andere Güter zu erwerben. Schließlich werden Unternehmen gezwungen, finanzielle Mittel in Form von Steuern, Gebühren und Abgaben an die Unternehmensumwelt abzuführen.

Individuen und Unternehmen *organisieren* den Zugang, den Bestand und den Abgang von Gütern bzw. Ressourcen und Übeln. Sie schaffen Strukturen und Verhaltensprogramme, die letztlich ihre Existenz sichern, indem sie möglichen Gefährdungen des Zugangs bzw. Abgangs von Gütern und Übeln mit geeigneten Maßnahmen begegnen.

In der Betrachtungsweise der kybernetischen Systemtheorie sind Individuen und Unternehmen *offene Systeme*.[3] Sie beschaffen Güter bzw. Ressourcen (von Individuen, Unternehmen oder von der Umwelt), ge- oder verbrauchen bzw. transformieren Güter oder Ressourcen und geben Güter oder Übel (an Individuen, Unternehmen oder an ihre Umwelt) ab. Es ist ein konstituierendes Merkmal offener Systeme, daß sie ohne die Aufnahme von Gütern bzw. Ressourcen (Input) und ohne Abgang von Gütern bzw. Übeln (Output) nicht dauerhaft lebensfähig sind.[4] Abbildung 1 verdeutlicht die Perspektive.

---

[2] Vgl. Dyckhoff 1992, S. 5–7.

[3] [A system is] „an organized, unitary whole composed of two or more independent parts, components, or subsystems and delineated by identifiable boundaries from its environmental supersystem.“ Kast/Rosenzweig 1985, S. 15.

[4] Vgl. Bertalanffy 1953; Katz/Kahn 1978; Pfeffer/Salancik 1978.

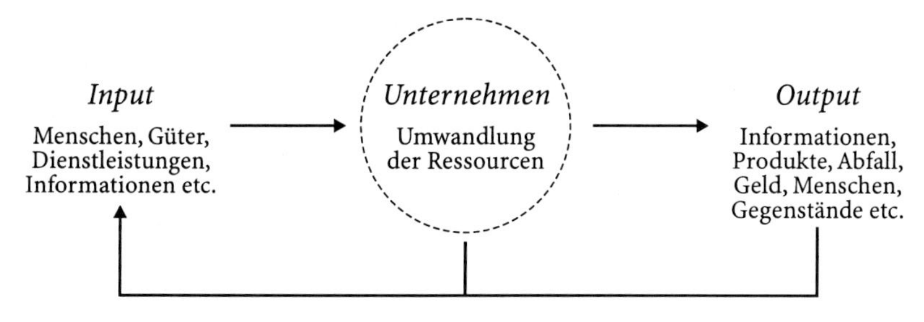

Abb. 1. Das Unternehmen als ein offenes System (Quelle: Kast/Rosenzweig 1985, S. 112)

Wir betrachten offene Systeme unter dem Gesichtspunkt der Sorge um das Überleben. Ständig ist durch irgendwelche äußeren Einwirkungen das Überleben des Systems bedroht, so daß Aktivitäten entfaltet werden müssen, um die Bedrohungen abzuwenden. Die Aktivitäten richten sich auf die Sicherung des Zugangs von Gütern bzw. Ressourcen und auf den notwendigen Abgang von Gütern bzw. Übeln: Wir sehen in der Art und Weise der Handhabung des Zugangs und Abgangs von Elementen die Voraussetzung für das Überleben des Systems.

Die Geschichte der Menschheit hat uns sehr verschiedene Methoden vor Augen geführt, wie dieser Transfer „in das System hinein" und „aus dem System heraus" vonstatten gehen kann. Tabelle 1 zeigt die möglichen Optionen.

Tabelle 1. Optionen für Gütererwerb und Güterabgang eines offenen sozialen Systems

Güterzugang durch ...	*Güterabgang durch ...*
1. Produzieren	1. Verbrauchen, Gebrauchen, Vernichten, Weiterverarbeiten
2. Wegnehmen	2. Weggeben
2.1 Erlaubtes Wegnehmen Natur / Konsumgüter (z.B. Waldbeeren, Fische) Natur / Produktivgüter (z.B. Luft)	2.1 Erlaubtes Weggeben (z.B. Hausmüll, Autoabgas) Entsorgen
2.2 Unerlaubtes Wegnehmen (z.B. Raub, Piraterie, Sklaverei)	2.2 Unerlaubtes Weggeben (z.B. Wilde Müllkippe, Verbrennen)
3. Einwerben (z.B. Sponsoring, Betteln)	3. Verschenken
4. Kaufen, Mieten, Nutzungsrecht erwerben	4. Verkaufen, Vermieten, Nutzungsrecht vergeben

Es ist hinreichend bekannt, daß sich außer den „Urformen" Produzieren und Verbrauchen (Option 1) viele Spielarten der Besorgung und Entsorgung von Gütern herausgebildet haben, die durch den Einsatz legaler Möglichkeiten (Sammeln, Jagen, Fischen, Erlaubtes Weggeben, vgl. Option 2.1) oder illegaler Möglichkeiten (Option 2.2) eine individuelle Problemlösung herbeiführen. Immer handelt es sich dabei um Gütertransfers, die ohne oder gegen den Willen der anderen Partei (z.B. Raub) bzw. der natürlichen Umwelt (z.B. Abgas, Abluft, Abwasser) erfolgen.

Gegenüber diesen Formen der Besorgung des Gütererwerbs und Güterabgangs sind Einwerben und Verschenken (Option 3) sowie der Austausch (Option 4) dadurch gekennzeichnet, daß *Verfügungsrechte (Property Rights)*[5] transferiert werden, was voraussetzt, daß eine zweite Partei ihre Zustimmung zu einer Übertragung geben muß: Schenken und Einwerben sind einseitige Transfers von Verfügungsrechten, gleichwohl müssen der Beschenkte wie auch der Schenker Ja zu einer Übertragung sagen.

Der *Austausch* ist allerdings im Gegensatz zu allen anderen Optionen von besonderer Natur. Er unterliegt nämlich nicht nur der Notwendigkeit, daß eine zweite Partei dem Transfer ihre Zustimmung gibt (der Käufer[6] bedarf der Zustimmung des Verkäufers[6], um das Verfügungsrecht über das Gut zu gewinnen, der Verkäufer bedarf der Zustimmung des Käufers, um das Gut abgeben zu können), sondern der Transfer steht immer in Zusammenhang mit einem *entgegengesetzten* Transfer von Verfügungsrechten (Gegenleistung) zwischen denselben Parteien:[7] Die Bemühungen der beiden Parteien sind - möglicherweise unterschiedlich intensiv - darauf gerichtet, eine Einigung über die Bedingungen des wechselseitigen Transfers von Verfügungsrechten zu erreichen. Diese Umstände machen den Austausch zu einer spezifischen Kategorie sozialen Handelns - nämlich der Anbahnung, Herstellung und Kontrolle von *Übereinkünften* zwischen zwei (oder mehr) Parteien über jeweils (mindestens) zwei Transfers von Verfügungsrechten.

---

[5] Verfügungsrechte ergeben sich aus den Regeln, die der Staat zur Organisation der Gesellschaft setzt (Gesetze). Verfügungsrechte über Güter und Ressourcen ordnen also den potentiellen Konflikt um die Verteilung knapper Ressourcen und Güter. Im einzelnen sind Verfügungsrechte: das Recht auf Nutzung, das Recht auf Aneignung des Ertrages, das Recht auf Veränderung von Form und Substanz sowie das Recht auf Veräußerung. Vgl. Williamson 1985, S. 30, sowie Alchian/Demsetz 1973, S. 16-27, detailliert Richter/Furubotn 1996, Kap. III.

[6] Vertragsrechtliche Gestaltungsformen im Zusammenhang mit Austauschvorgängen sind nicht nur Kauf und Verkauf, sondern auch Vermietung und Verpachtung sowie andere Verträge über die Überlassung von Nutzungsrechten, z. B. Lizenzverträge, Kreditverträge und Arbeitsverträge. Im folgenden wird der Einfachheit halber nur von Kauf und Verkauf als Form der Übertragung von Verfügungsrechten gesprochen.

[7] Diese Bedingung gilt nur für den einfachen Austausch. Sie wird weiter unten verallgemeinert, vgl. Abschnitt 1.2 und 1.3.

Definition 1. Austausch
Austausch ist die Menge der Aktivitäten, die auf die Anbahnung, Durchführung und Kontrolle eines wechselseitig bedingten Transfers von Verfügungsrechten zwischen zwei oder mehr Parteien gerichtet sind.

Wechselseitig bedingter Transfer von Verfügungsrechten heißt, daß eine Seite etwas leistet oder anbietet (Verfügungsrechte über ein Sachgut, eine Dienstleistung, ein Wissen) in der Erwartung, dafür im Gegenzug etwas von der anderen Seite zu erlangen („*do ut des*“ [8]). Geben und Nehmen von Verfügungsrechten stehen also in einem inneren Zusammenhang.[9]

Immer muß eine wirtschaftende Einheit (ein Mensch, ein Unternehmen) eine Entscheidung treffen, wie sie ihre benötigten Güter bereitstellen will. Dabei bilden Optionen 1 und 4 die in der modernen Verkehrswirtschaft üblicherweise verfügbaren Wege zu einer Problemlösung (*Make-Or-Buy*-Entscheidung). Individuen und Organisationen entscheiden nach eigenen Überlegungen darüber, ob sie ein Problem des Güter- bzw. Ressourcenzugangs durch Herstellung („Make“) oder durch Austausch mit der Umwelt („Buy“) lösen wollen. Individuen und Organisationen entscheiden auch nach eigenen Überlegungen darüber, ob sie ein Problem des Güter- bzw. Ressourcenabgangs durch eigene Maßnahmen (Verbrauch, Vernichtung) oder durch Austausch mit der Umwelt (Verkauf, Entsorgung) bewältigen wollen.

Der Austausch dient der Überbrückung von Verwerfungen (Spannungszuständen) zwischen Güterbestand und Güterbedarf. Eine solche Verwerfung ist ein Zustand, der von einer Partei als unbefriedigend oder gar als bedrohlich empfunden wird. Damit es zu einem Austausch kommt, müssen bei (mindestens) zwei Parteien gleichzeitig Verwerfungen zwischen Güterbestand und Güterbedarf gegeben sein: Eine Partei verfügt über eine bestimmte Güterart (und will sie gerne abgeben), die just von einer anderen Partei benötigt wird. Die Überbrückung stellt eine *Problemlösung* sowohl für den Käufer als auch für den Verkäufer dar. Kaufen und Verkaufen sind Problemlösungsmuster der Besorgung von Gütererwerb und Güterabgang in offenen sozialen Systemen. Durch einen Austausch wird *simultan* je ein Problem des Gütererwerbs eines Käufers und ein Problem des Güterabgangs eines Verkäufers (und umgekehrt) gelöst. Austausche entstehen, weil Verkäufer und Käufer jeweils die Lösung eines eigenen Problems

---

[8] (Lateinisch) = „Ich gebe, damit du gebest“ (Römischer Rechtsgrundsatz).

[9] „The central idea here is that when two or more people interact, each expects to get something from the interaction that is valuable to him, and is thereby motivated to give something up that is valuable to others.“ Simon 1978, S. 3. Ursprünglich ist das Prinzip von *Adam Smith* formuliert worden; vgl. Smith 1776, S. 17.

suchen. Wenn sie zu einer Übereinkunft kommen, tragen sie dadurch gleichzeitig zu einer Problemlösung des anderen bei.

Die Ressourcenabhängigkeit von Systemen führt zur konsequenten Planung, Durchführung und Kontrolle von Austauschvorgängen, die sämtlich darauf gerichtet sind, einen Beitrag zur Überlebensfähigkeit des Systems zu leisten. Das Unternehmen steht mit den verschiedensten Ressourceneignern im Austausch. Dazu gehören die Arbeitnehmer, die Kapitalgeber, die Lieferanten, die Kunden, die Know-how-Besitzer für Entwicklungsprojekte, dazu gehören auch solche Parteien, die berechtigterweise Ansprüche an das System formulieren, so daß das System sich zur Sicherung seines Überlebens mit diesen Ansprüchen auseinandersetzen muß.

Die Grundstrukturen der Beschreibung und Erklärung des Austauschs gelten in allen Sphären, in denen Austauschvorgänge stattfinden (Gütermärkte, Arbeitsmärkte, Finanzmärkte, Informationsmärkte usw.). Wir sehen allerdings den Austausch hier allein als Grundelement des Marktprozesses auf *Absatz- und Beschaffungsmärkten* von Unternehmen. In dieser Perspektive entstehen Marktvorgänge,

1. weil *Käufer* Güter benötigen, die sie nicht selbst herstellen können oder wollen und bereit sind, denjenigen, die diese Güter haben (Verkäufern) im Gegenzug dafür andere Güter, insb. Geld zu geben, und
2. weil *Verkäufer* ein Interesse daran haben, Dinge, über die sie verfügen, im Gegenzug insb. gegen Geld abzugeben und andere (Käufer) zur Hergabe von Geld oder anderen Gütern bereit sind.

Bewegungen von Gütern und Übeln können physikalisch betrachtet werden – dann sehen wir gedanklich z.B. Transportvorgänge, Menschen, die etwas tun, Eingänge und Ausgänge auf Warenlägern usw. In diesem Kapitel, in dem es um die Grundlagen des Marktprozesses geht, kommt es allerdings auf die *ökonomische Perspektive* an: Wir betrachten die *wertmäßige Abbildung* der Bewegung von Gütern und Übeln in das System hinein und aus dem System heraus. *Werte werden betrachtet, weil es um menschliche Entscheidungen geht: Wirtschaftssubjekte treffen Entscheidungen darüber, welche Güter sie beschaffen und wie sie sie beschaffen, welche Güter sie abgeben und wie sie sie abgeben. Entscheidungen werden getroffen auf der Grundlage von Bewertungen.*

Einen Wert erhält die Bewegung von Gütern und Übeln unter folgenden Bedingungen:

- Die Bewegung erfolgt in das System hinein oder aus dem System heraus.
- Durch die Bewegung wird der Grad der Zielerreichung des Systems verändert, d.h. ein gegenwärtiger Zustand wird im Hinblick auf einen angestrebten Zustand verbessert.

Es gibt positive und negative Werte von Güter- oder Übelbewegungen, je nachdem, in welche Richtung die Zielerreichung des Systems verändert wird. Ob es sich nun um einen Menschen handelt oder um ein Unternehmen, das von Menschen geführt wird – immer erhält eine Güter- oder Übelbewegung einen Wert durch *Menschen*, die die Bewegung im Hinblick auf die Zielerreichung beurteilen. Deshalb kann es auch keinen Wert eines Gutes oder Übels „an sich" geben. Das beschreibt sehr anschaulich der große englische Nationalökonom *Jevons*:[10]

> „Zunächst ist der Nutzen, obgleich eine Eigenschaft der Dinge, keine inhärente Eigenschaft. Man beschreibt ihn besser als einen Zustand der Dinge, welcher aus ihrer Beziehung zu den menschlichen Bedürfnissen entspringt. [...] Wir können deshalb niemals unbedingt behaupten, daß einige Gegenstände nützlich sind und andere nicht. [...] Noch können wir bei genauer Betrachtung behaupten, daß alle Teile desselben Gutes die gleiche Nützlichkeit besitzen. Bei bloßer Beschreibung erscheint zum Beispiel Wasser als das nützlichste Ding. Ein Viertel Wasser täglich hat den hohen Nutzen, einen Menschen vom Tode unter den traurigsten Umständen zu retten. Einige Gallonen täglich können einen großen Nutzen für Zwecke wie jene des Kochens und Waschens besitzen; aber nachdem eine entsprechende Befriedigung für diese Gebrauchszwecke gesichert ist, ist eine weitere zusätzliche Menge ein Ding verhältnismäßiger Gleichgültigkeit."

Der Wert eines Gegenstandes stellt immer ein *Verhältnis* dar, das zwischen dem Menschen und dem Gegenstand besteht. Dieses Verhältnis resultiert aus der Eignung des Gegenstandes, bei dem Menschen, der ihn bewertet, einen Beitrag zur Schaffung oder Lösung eines Problems zu liefern. Die Höhe des Wertes ist gleichzusetzen mit der Differenz „Situation des Menschen mit dem Gegenstand minus Situation des Menschen ohne den Gegenstand". Allgemeiner gesagt: Wenn Gegenstände in der Lage sind, einem System einen positiven oder negativen Beitrag zur Lösung von Problemen zu versprechen, erhalten sie deswegen für das System einen Wert. Ein Wert ist die *Veränderung des Grades der Zielerreichung, die einem zugehenden und einem abgehenden Gute oder Übel beigemessen wird* (vgl. Tabelle 2).[11]

Tabelle 2. Wertentstehung

	Gut	*Übel*
Zugang	positiver Wert	negativer Wert
Abgang	negativer Wert	positiver Wert

[10] Jevons 1923, S. 42 f.

[11] Vgl. ausführlicher Böhm-Bawerk 1921.

Der Austausch als Option zur Be- und Entsorgung von Gütern und Übeln wirft nun besondere Fragen auf, wenn wir nicht physische Güterbewegungen betrachten, sondern deren Werte. Der Austausch unterliegt nämlich einem ganz spezifischen Wertverständnis, was wir leicht an einem Beispiel verdeutlichen können.

Beispiel:
Der in der wirtschaftswissenschaftlichen Theoriegeschichte häufig zitierte schottische Seefahrer *Alexander Selkirk* lebt in einer - ökonomisch gesehen - einfachen Welt.[12] Er existiert vollständig isoliert und autonom auf einer Insel, die ihm genügend Nahrung und Schutz bietet. Sein Überleben ist begründet auf seine Fähigkeiten, durch Jagen, Fischen oder Sammeln der Natur Güter abzugewinnen sowie durch Ackerbau und Viehzucht seine Ernährung und durch manuelle Fertigkeiten des Bauens seinen Schutz gegen Unbilden des Wetters und potentieller Feinde abzusichern. Seine wertschaffende Tätigkeit besteht darin, *für sich selbst* Werte zu schaffen - mindestens solange er ganz allein auf seiner Insel ist. „Wertvoll" ist eine Aktivität dann, wenn sie für ihn selbst an diesem Tag mehr wert ist als jede andere verfügbare Aktivität. Sein Wirtschaftsplan besteht darin, eine Rangfolge der Dringlichkeiten aufzustellen und diese anschließend abzuarbeiten. Seine Welt ist eine reine Produktionswelt, in der alle anstehenden Probleme durch „Make" bewältigt werden. *Selkirk* wird niemals jemand fragen wollen oder müssen, was für ihn gut ist - das weiß er selbst am besten.

Wenn *Selkirk* dagegen ein eigenes Problem durch Austausch mit anderen - z.B. mit Bewohnern der Nachbarinsel - lösen will, muß seine Fähigkeit darauf gerichtet sein, Werte *für andere* zu schaffen. „Wertvoll" für die Austauschpartner ist ein Gut dann, wenn der Austausch *für sie* von Vorteil ist. Nehmen wir an, *Selkirk* wollte ein Boot von seinen Inselnachbarn erwerben. Was müßte er ihnen anbieten, das diese als insgesamt wertvoller als das Boot ansehen würden? Das heißt, sein Wirtschaftsplan bestünde darin, genau herauszufinden, was die Wertschätzung seiner potentiellen Abnehmer ausmacht, und genau dieses müßte er produzieren. Seine Welt würde zu einer Beschaffungs-, Produktions- und Absatzwelt, in der der größere Teil seiner Probleme durch „Buy" und „Sell" gelöst würden.

Der Austausch ist also wesentlich komplexerer Natur als das Selbermachen, weil die simultane Berücksichtigung der *unterschiedlichen Wertperspektiven zweier Parteien* ins Spiel kommt.

Kurz gesagt: *Selkirk* weiß sehr gut, was für ihn selbst gut ist. Er weiß allerdings nicht ohne weiteres, was für seine Austauschpartner auf der Nachbarinsel gut ist.

Der Austausch ist ein auf die Entstehung von Werten gerichteter Prozeß. Durch die Aktivitäten (das Verhalten) der am Austausch beteiligten Parteien sowie durch die Übertragung von Verfügungsrechten können jeweils positive und negative Werte auf beiden Seiten entstehen (vgl. Abb. 2). Die Aktivitäten jeder Seite haben i.d.R. positive *und* negative Auswirkungen auf den eigenen Zielerreichungsgrad *und* auf den der anderen Seite im Austausch.

---

[12] *Selkirk* wurde später berühmt als Romanheld in *Daniel Defoe's* „The Life and Strange Surprising Adventures of Robinson Crusoe", 1719. Darin wird der fünfjährige Aufenthalt (1704–1709) des schottischen Matrosen auf der chilenischen Insel *Más a tierra* (*Juan-Fernández*) beschrieben.

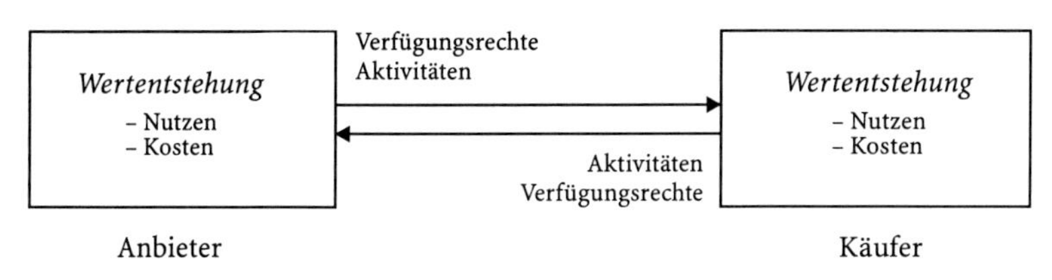

Abb. 2. Dyadischer[13] Austausch

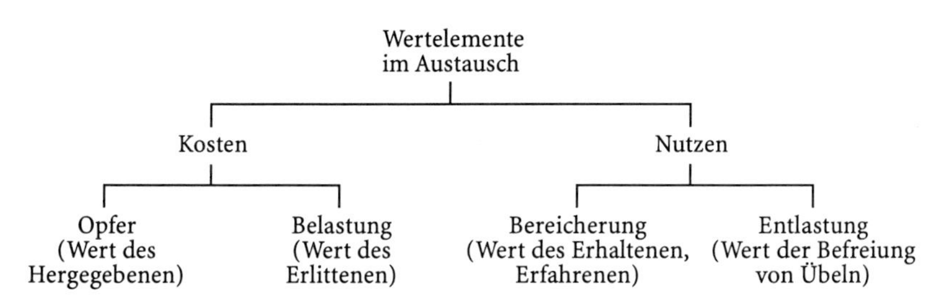

Abb. 3. Wertelemente im Austausch

Die positiven und negativen Wertelemente werden wie folgt definiert. *Nutzen* als positive Wertkomponente ist zu verstehen als die Summe *aller* von einer Partei erwarteten, subjektiv empfundenen Wirkungen des Austauschs, durch die sie sich besser gestellt fühlt (Verbesserung des subjektiven Zielerreichungsgrades). Dazu gehört erstens die Bereicherung um das Erhaltene und Erfahrene, dazu kann zweitens auch die Entlastung von einem Übel gehören.

Das negative Gegenstück zum Nutzen sind die Kosten. Die *Kosten*[14] sind zu verstehen als die Summe *aller* von einer Partei subjektiv erwarteten Wirkungen des Austauschs, durch die sie sich schlechter gestellt fühlt (Verschlechterung des subjektiven Zielerreichungsgrades). Dazu gehört erstens das Opfer, das in dem Hergegebenen liegt (der entgangene Nutzen) sowie zweitens eine mögliche Belastung, die durch den Austausch erlitten wird. Darunter ist eine Inkaufnahme negativer Wirkungen zu verstehen, die nicht aus dem Hergegebenen resultiert. Abbildung 3 faßt die Wertelemente im Austausch zusammen.

---

[13] Dyadisch (griechisch) = aus zwei Einheiten bestehend.

[14] Der Interessent möge beachten: Der Ausdruck „Kosten" wird hier verwendet als allgemeine Bezeichnung eines Opfers oder Schadens. Damit entfernt sich diese Wortverwendung von der üblichen betriebswirtschaftlichen Ausdrucksweise. Erst in späteren Kapiteln werden wir zum traditionellen betriebswirtschaftlichen Kostenbegriff zurückkehren. Zur Verwendung des hier verwendeten austauschtheoretischen Kostenbegriffes vgl. Homans 1961, S. 57–64.

Die Wertentstehung auf beiden Seiten muß in einem sehr weiten Sinn verstanden werden, damit der Ablauf des Austauschs befriedigend erklärt werden kann.[15] Wir unterscheiden:

- Werte, die durch den Transfer von Verfügungsrechten über materielle und immaterielle Gegenstände entstehen. Dazu gehören Sachgüter, Dienstleistungen, Energie, Wissen oder Geld.
- Werte, die nicht durch den Transfer von Verfügungsrechten entstehen, sondern sich als begleitende Wirkungen des Austauschs einstellen. Gemeint sind damit generell positive oder negative Wirkungen auf der *anderen* Seite des Austauschs, die z.B. aus menschlichen Verhaltensweisen in Form von Unterstützung oder Anerkennung resultieren, weiterhin aus der Atmosphäre der Zusammenarbeit wie Vertrauen, Sympathie, aber auch aus menschlichen Einstellungen und Gefühlen wie Mißtrauen, Ärger, Eitelkeit, Unsicherheit, Angst usw. Gemeint sind damit auch die Anstrengungen, Sorgen und Unsicherheiten auf der *einen* Seite des Austauschs.

Auf jeden Fall ist die naheliegende Vorstellung, daß es in einem Austausch um „Ware gegen Geld" geht, viel zu stark vereinfacht. Was beide Seiten in einem Austausch transferieren, ist ein komplexes Bündel von materiellen und immateriellen Gegenständen, menschlichen Verhaltensweisen und Symbolen: Alle Bemühungen, Dienstleistungen, Gefälligkeiten, Gesten, alle Informationen, Hilfen und Garantien, aber auch alle Nachlässigkeiten, Forderungen oder Drohungen auf beiden Seiten sind Bestandteil des Austauschs und müssen mit ihren positiven und negativen Wirkungen zu seinem Verständnis herangezogen werden. Ein (negativer) Wert kann auch in einer empfundenen Ungerechtigkeit liegen. Ein Wert kann in diesem Sinne auch daraus resultieren, daß etwas, das die andere Seite negativ bewerten würde, *unterlassen*, also ein Nicht-Handeln positiv bewertet wird.

Beispiel:
Eine Partei A verzichtet zugunsten der Partei K darauf, mit einer dritten Partei, zu der K im Wettbewerb steht, in einen Austausch einzutreten. Partei K erhält damit exklusiv die Leistung von A, was für sie von Vorteil sein kann.

Der Austausch basiert auf *subjektiv* bestimmten Wahrnehmungen und Entscheidungen. In einem Austausch entwickeln beide Seiten anfänglich jeweils individuelle Wunschvorstellungen. Wenn nach einigen (mehr oder weniger umfangreichen) Bemühungen einer Seite oder beider Seiten die individuellen Wunschvorstellungen bzw. Problemlösungserwartungen ineinander passen und sich bei-

[15] Diese Betrachtungsweise geht zurück auf die (soziologische) Austauschtheorie, die menschliches Verhalten in Gruppen als System wechselseitig aufeinander bezogener Belohnungen (rewards) und Bestrafungen (costs) interpretiert. Vgl. vor allem Homans 1961; Blau 1964; Thibaut/Kelley 1959.

de Parteien wechselseitig ein Mindestmaß an Glaubwürdigkeit zuschreiben, entsteht die *Übereinkunft*. Die Wunschvorstellungen müssen jedoch nicht notwendigerweise zueinander passen. Wenn die beiden Austauschpartner feststellen, daß sich die jeweils vorgetragenen Vorstellungen nicht aneinander anpassen lassen, dann wird eine Seite oder werden beide Seiten den Austausch abbrechen. *Ein Austauschprozeß muß also keinesfalls mit einer Übereinkunft und dem nachfolgenden physischen Vollzug von Transfers enden.*

Wir erkennen an dieser Stelle, daß der Austausch aufgrund der Abfolge von Aktivitäten auf beiden Seiten eine *Zeitdimension* hat. Der Prozeß beginnt aus der Sicht einer beteiligten Partei mit den ersten Bemühungen um die andere Seite. Er endet, wenn die Partei den Prozeß als abgeschlossen ansieht. Verliert eine Partei zu irgendeinem Zeitpunkt das Interesse am Fortgang des Austauschs, wird sie ihre Aktivitäten einstellen und damit den Austausch für sich beenden. Das kann – muß jedoch nicht – für die andere Seite ein Signal sein, ebenfalls die Aktivitäten zu beenden.

Das Grundmodell des Austauschs beschreibt den Austausch in seiner einfachsten Form. Wir haben es mit zwei beteiligten Parteien zu tun (dyadischer Austausch). Partei A transferiert etwas an Partei K und erwartet dafür im Gegenzug etwas von Partei K. Aus der Sicht von Partei K gilt umgekehrt das Entsprechende. Diese einfache Form, die kaum der Realität entspricht, werden wir in Abschnitt 2 und 3 erweitern.

> **Definition 2.** Einfacher Austausch
> *Einfacher Austausch* ist die Menge der Aktivitäten, die auf die Anbahnung, Durchführung und Kontrolle eines wechselseitig bedingten Transfers von Verfügungsrechten zwischen *zwei* Parteien gerichtet sind.

1.1.1.2 Problem und Problemlösung: Der Antrieb zum Austausch

Der Austausch steht unter dem Einfluß bestimmter, den Prozeß steuernder Kräfte. Diese resultieren sämtlich aus den Interessenlagen und Motiven der beteiligten Parteien. Die Parteien verfolgen im Austausch das Interesse, jeweils ihre eigenen Probleme zu lösen. Dabei sollen die Probleme nicht irgendwie gelöst werden, sondern so, daß die Lösung jeweils (im Vergleich zu einer Alternative) als vorteilhaft empfunden wird.

Komponenten der Problemlösung sind aus der Sicht eines Beteiligten ein möglichst günstiges Verhältnis von erwartetem Nutzen und erwarteten Kosten sowie ein akzeptables Ausmaß an Sicherheit. Als günstig wahrgenommene Bedingungen treiben den Austausch an, die wahrgenommene Unsicherheit kann sie bremsen.

Der nachfolgende Abschnitt gibt zunächst eine genauere Fassung des Konzepts der Problemlösung (1). Bei der Suche nach Problemlösungen streben die Parteien danach, möglichst vorteilhaft zu tauschen (2) – das Streben nach Vorteilen ist ein besonderes Merkmal des Problemlösungsverhaltens. Menschen streben bei ihren Problemlösungen danach, Unsicherheit zu vermeiden (3), d.h. ein spezifischer Vorteil ist dabei wiederum eine vergleichsweise geringe Unsicherheit.

Grundsätzlich liegt der Antrieb zu Austauschen in dem Suchen nach Problemlösungen, wobei günstige Nutzen-Kosten-Konstellationen und dabei wiederum die Vermeidung von Unsicherheit die Art der Problemlösung bestimmen.

1.1.1.2.1 Problem und Problemlösungsdruck

Unternehmen und Personen treten in Austausche ein, weil sie bestimmte Interessen verfolgen. Ausgangspunkt eines Austauschs ist immer ein subjektiv empfundener aktueller oder erwarteter Mangel, d.h. ein Defizit, ein Ungleichgewicht zwischen dem Ist-Zustand und einem angestrebten Soll-Zustand. Dieses Ungleichgewicht soll durch den Austausch abgestellt werden.

Beispiele:
- Wegen des unerwarteten Wachstums der Nachfrage erweisen sich die Produktionskapazitäten als nicht ausreichend. Erweiterungsinvestitionen werden geplant, die in Austauschvorgänge münden.
- Aufgrund von Kostensteigerungen im Energiebereich strebt ein Unternehmen nach neuen, energiesparenden Produktionsprozessen. Investitionsüberlegungen werden angestellt, die in Austauschvorgänge münden.
- Die Produktpalette ist unvollständig und z.T. nicht attraktiv. Von einem Design-Studio sollen Entwürfe für neue Produktvarianten beschafft werden. Austausche werden eingeleitet.
- Die Zahl der Kundenbeschwerden ist signifikant gestiegen. Es wird ein Unternehmensberater mit der Ursachenanalyse beauftragt. Austausche werden eingeleitet.

Die Motivation zur Durchführung des Austauschs resultiert aus der Erwartung, daß der Austausch geeignet ist, ein „Problem" zu lösen. Jeder Austauschpartner sieht den Austausch als Mittel zur Bewältigung einer bestimmten Aufgabe oder Zielsetzung. *Was heißt nun „Problem"?*

Jeder Austauschpartner befindet sich anfangs in einer Situation, die er als unbefriedigend oder verbesserungsfähig empfindet, und er hat das Bedürfnis, die Situation durch das angestrebte Ergebnis des Austauschs – Nutzen minus Kosten – zu verändern (sonst würde er sich nicht am Austausch beteiligen). Die Diskrepanz zwischen dem gegenwärtigen, unbefriedigenden Ist-Zustand und dem zukünftigen, erwünschten Soll-Zustand bezeichnen wir als Problem, wenn folgende Bedingung erfüllt ist: Die Überführung von einem Ausgangszustand in einen erwünschten Endzustand macht einen Prozeß der Auffindung, der Auswahl und

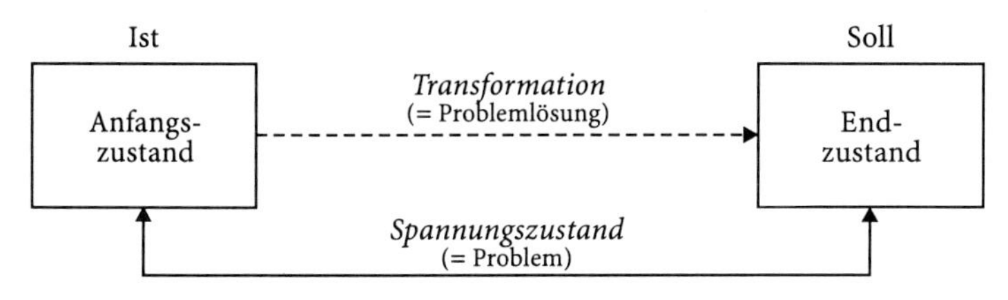

Abb. 4. Struktur eines Problems

der Verknüpfung geeigneter Mittel, die die Problem*lösung* versprechen, erforderlich. Abbildung 4 verdeutlicht die Struktur eines Problems.

Der Spannungszustand - das Ungleichgewicht - entsteht in den von uns betrachteten Marktvorgängen dadurch, daß die Ausgangssituation gegeben, das Ziel bewußt ist, *die Mittel jedoch (noch) nicht zur Verfügung stehen.*

Beispiel:
Der *Käufer* sieht die Notwendigkeit, in seinem Unternehmen die Kosten zu senken, er weiß aber noch nicht, wie er das bewerkstelligen soll; die Mittel dazu stehen ihm also noch nicht zur Verfügung. Der Soll-Zustand sind niedrigere Kosten. Das Mittel zur Erreichung sind Maßnahmen der Kostensenkung, die u.a. durch Rationalisierungsinvestitionen realisiert werden können. In Frage kommen u.a. neue Produktionsprozesse. Die Problemlösung wäre in diesem Fall die Beschaffung geeigneter Anlagen und Systeme. Die Antriebskraft für den Austausch aus Käufersicht ist die empfundene Notwendigkeit zur Kostensenkung im eigenen Unternehmen - letztlich also der Zwang des Käufers, sich auf seinen eigenen Märkten im Wettbewerb zu behaupten.

Analog können wir den Problemlösungsprozeß für den *Verkäufer* als die Suche nach Mitteln zur Bewältigung von Aufgaben ansehen: die Erbringung von Leistungen zur Erzielung von Erlösen zwecks Deckung von Kosten sowie zur Sicherung der Beschäftigung, die Beschaffung liquider Mittel zur Begleichung fälliger Zahlungsverpflichtungen, die Ausschüttung von Gewinnen, um die Eigentümer des Unternehmens mit Kapitalverzinsung zu bedenken usw.

Weil das Ziel als wichtig empfunden wird und die benötigten Mittel nicht ohne weiteres zur Verfügung stehen bzw. bekannt sind, steht die Aufgabe (das Ziel) unter *Lösungsdruck.*[16] Wir können also auch verkürzt sagen, daß ein Problem eine Aufgabe mit wahrgenommenem Lösungsdruck ist.[17]

---

[16] Die Stärke des wahrgenommenen Lösungsdrucks spielt dabei für die Bezeichnung „Problem" keine Rolle, sie kann durchaus unterschiedlich ausgeprägt sein. Die Verwendung des Wortes „Problem" weicht also von der Alltagssprache ab, wo unter einem „Problem" ein negativ bewerteter Spannungszustand gemeint ist, der schwer oder gar nicht zu lösen ist.

[17] Der empfundene Lösungsdruck muß nicht notwendigerweise durch die Überführung des Anfangszustandes in den Endzustand reduziert werden. Der Spannungszustand kann auch dadurch reduziert werden, daß der Endzustand durch subjektive Umbewertung an den Aus-

Definition 3. Problem
Ein *Problem* ist eine Aufgabe mit wahrgenommenem Lösungsdruck.

Die *Stärke der Motivation* der Austauschpartner zur Durchführung des Austauschs läßt sich aus der Stärke des Lösungsdrucks ableiten. Drei Einflußgrößen des Lösungsdrucks sind zu unterscheiden.

(1) Konsequenzen bei der Erfüllung bzw. der Nichterfüllung der Aufgabe

Je nachdem wie hoch die Wichtigkeit der Erfüllung der Aufgabe eingeschätzt wird, wird unter sonst gleichen Bedingungen der Lösungsdruck unterschiedlich hoch sein. Wenn vom Vollzug des Austauschs wichtige Fortschritte in seiner Zielverfolgung zu erwarten sind, wird sich der Partner besonders um eine Problemlösung bemühen. So wird z.B. der Einstieg in eine neue Technologie, von der sich ein Anbieter oder ein Käufer sehr viel verspricht, bei dem Betroffenen mutmaßlich große Energien für die Förderung des Austauschs freisetzen.

Je gravierender die erwarteten Konsequenzen bei Nichterfüllung der Aufgabe[18] sind, desto höher ist der Lösungsdruck. Wenn z.B. dem Kunden in der Abwicklung seiner eigenen Geschäfte hohe Pönalzahlungen drohen, weil er bestimmte Leistungen nicht in der vereinbarten Art erbringen kann, dann wird er diese bei anderen Lieferanten mit großer Dringlichkeit nachfragen.

(2) Schwierigkeit der Aufgabe und Verfügbarkeit der Mittel

Je größer die empfundene Schwierigkeit der Aufgabe, desto höher ist unter sonst gleichen Bedingungen der Lösungsdruck. Eine zum erstenmal durchzuführende, schwierige Aufgabe, z.B. die Spezifikation eines CAD-Arbeitsplatzes[19], führt zu einem höheren Problemlösungsdruck als der wiederholte Kauf eines CAD-Systems in einer definierten Systemkonfiguration.

Begrenzte Mittel (finanzielle Mittel oder geeignete Ressourcen) zur Lösung eines Problems erhöhen den Lösungsdruck, weil Kompromisse im Hinblick auf das Budget bzw. im Hinblick auf das Niveau der Problemlösung gemacht werden müssen. Wenn z.B. geeignete Mitarbeiter für die Vorbereitung einer Investitionsentscheidung fehlen, erhöht das bei ansonsten gleichen Bedingungen den Problemlösungsdruck.

---

gangszustand angepaßt wird. Dabei kann es sich z. B. um eine Anpassung an die als unabänderlich angesehenen Umstände handeln.

[18] Gemeint sind nicht die entgangenen Konsequenzen der Erfüllung, sondern negative Entwicklungen, die ein Entscheider für den Fall der Nichterfüllung antizipiert.

[19] CAD = Computer Aided Design (computergestützte Konstruktion).

(3) Verfügbares Zeitbudget

Je geringer das verfügbare Zeitbudget ist, desto höher ist unter sonst gleichen Bedingungen der Problemlösungsdruck. Das liegt unter anderem daran, daß der Ablauf des Zeitbudgets entweder die gesuchte Problemlösung ganz verhindert (z.B. kann durch unerwartete technische Probleme in der Angebotsbearbeitung oder durch Nachlässigkeit die Ausschreibungsfrist ablaufen) oder aber zusätzliche Kosten verursacht (z.B. Überstundenlöhne).

Der Teilnehmer am Austausch, den wir (ob Individuum oder Organisation) als problemlösendes Wesen kennzeichnen, läßt sich in der Art und Weise der Suche nach einer Problemlösung durch zwei Charakteristika kennzeichnen, die beide als *Vorteilsstreben* zusammengefaßt werden können. Wir folgen der Anschauung und dem Menschenbild der verhaltenswissenschaftlichen Theorie des Unternehmens (Behavioral Theory of the Firm[20]) und sehen das Vorteilsstreben vor allem gekennzeichnet durch „begrenzte Rationalität" und „Vermeidung von Unsicherheit".

1.1.1.2.2 Streben nach Vorteilen: „homo oeconomicus" und „administrative man"

Menschliches Verhalten wurde (und wird weithin immer noch) in der ökonomischen Theorie als rational unterstellt. Man geht in ökonomischen Erklärungsansätzen von einem Menschenbild aus, das den Entscheider als ein vernünftiges Wesen sieht, das frei entscheidet und nach seinem individuellen Vorteil strebt. Die ökonomische Theorie hat ihren Modellen die Verhaltensannahme des *homo oeconomicus* zugrunde gelegt, d.h. das Streben nach maximalem (Netto-)Nutzen. Das utilitaristische Menschenbild geht zurück auf früheste Werke der Nationalökonomie. Es findet sich bereits als zentrale Annahme im Hauptwerk des schottischen Moralphilosophen und Ökonomen *Smith* von 1776 über den „Wohlstand der Nationen".[21] *Bentham* hat es so formuliert: „Die Natur hat die Menschheit der Herrschaft zweier Herren, *Unlust* und *Lust*, unterworfen. Durch sie allein wird sowohl das, was wir tun sollen, wie auch das, was wir tun werden, bestimmt. [...] Sie lenken uns, in allem, was wir tun, in allem, was wir sagen, in allem, was wir denken."[22]

Dieses erkenntnisleitende Bild ist häufig kritisiert worden. Das utilitaristische Verhaltensmodell ist jedoch nicht gleichzusetzen mit einem Wesen, das immer nur an seinen eigenen Vorteil denkt (*Egoismus*), möglicherweise sogar unter An-

---

[20] Cyert/March 1963.

[21] Smith 1776.

[22] Bentham 1963, zitiert nach Becker 1993, S. 8.

wendung von List zum Nachteil seines Austauschpartners (*Opportunismus*)[23]. Wenn wir in diesem Text von Streben nach Vorteilen aus der Sicht des Entscheiders sprechen, dann ist damit zunächst nur gemeint, daß das Wahlverhalten des Entscheiders nach erwarteten Vorteilen *für die eigene Seite im Austausch* gesteuert wird. Die Vorteile kann der Entscheider *für sich* realisieren, er kann sie jedoch auch *für andere* wahrnehmen, z.B. für ihm Anbefohlene wie Familienmitglieder, das Unternehmen, dem er angehört, den Verein etc. In diesem Sinne kann bei Austauschvorgängen durchaus auch *Altruismus* (Streben nach Vorteilen für andere) im Spiel sein, nur eben kein Altruismus für die Gegenseite im Austausch.[24] Im Austausch versucht jeder Beteiligte, unter den gegebenen Umständen für seine Seite das Beste zu erreichen.

Das schließt nicht aus, daß eine Seite der anderen Zugeständnisse macht, die in dieser Situation nicht notwendig wären. Dahinter sind dann aber wiederum egoistische Motive zu erblicken, die entweder zukünftige Austausche mit diesem oder anderen Partnern in die Entscheidung einbeziehen oder die sich auf die Erfüllung nichtmonetärer Ziele richten.

Eine weitere Kritik am Modell des homo oeconomicus richtet sich auf die Annahme, daß der Entscheider bei seinen Wahlhandlungen stets den *maximalen* Vorteil anstrebt. Diese Kritik wurde vor allem von der Behavioral Theory of the Firm um den amerikanischen Nobelpreisträger Herbert A. *Simon* vorgetragen. Das Streben eines Marktteilnehmers nach einer Problemlösung ist im Lichte der verhaltenswissenschaftlichen Entscheidungsforschung zwar prinzipiell durch Rationalität gekennzeichnet. *Rationalität* in diesem theoretischen Kontext heißt aber nicht, daß ein Mensch bei Wahlhandlungen stets den maximalen Vorteil realisiert, sondern lediglich, daß ein Mensch im Marktgeschehen bei Wahlsituationen Handlungen durchführt (Kauf, Verkauf), die er im Hinblick auf seine eigenen Wertvorstellungen als vorteilhaft *einschätzt.* Vorteilhaft bedeutet, daß die Differenz von Nutzen (im weitesten Sinn) und Kosten (im weitesten Sinn) einer Handlungsalternative gegenüber allen anderen *wahrgenommenen* Handlungsalternativen - einschließlich des Nichthandelns - als größer eingeschätzt wird. Die

---

23 Zur Abgrenzung von Egoismus und Opportunismus vgl. den nachfolgenden Abschnitt 1.1.1.2.3.

24 „Natürlich möchte jeder für das, was er anzubieten hat, möglichst viel erlangen und für das, was er erwerben will, möglichst wenig bezahlen. Dies mag hart und kalt erscheinen, aber es gehört zum Erkunden der subjektiven Wünsche und der objektiven Möglichkeiten. Das Streben nach Eigennutz im Markt nennt man auch Non-Tuismus (Wicksteed 1910). Dieser Begriff will besagen: Der potentielle Vertragspartner ist nicht der Nächste, der unseren Altruismus braucht. Er muß voll zum Ausdruck bringen, was ihm die erwartete Leistung wert ist. Sonst gibt er falsche Signale. Aber er darf sich natürlich seinerseits den günstigsten Partner aussuchen. Bedarf der Partner einer Zuwendung, so erhält er sie als Privatperson, als Nächster, den man so lieben mag wie sich selbst." Giersch 1986, S. 15.

subjektive Einschätzung der Vorteilhaftigkeit steht unter der nicht auszuräumenden Ungewißheit über die Fragen,

- ob alle Alternativen in die Definition der Situation aufgenommen worden sind,
- ob die Randbedingungen zur Definition der Situation richtig formuliert worden sind und
- ob die Konsequenzen, die sich aus der Wahl einer Alternative ergeben, wirklich eintreten werden.

Wenn aber Ungewißheit in diesem Sinne vorliegt, dann muß in einer gegebenen Entscheidungssituation das Individuum abwägen, ob durch weitere Informationsaktivitäten, die Kosten verursachen, ein höherer Zielerreichungsgrad realisiert werden kann. Es findet ein Kalkül statt, der die mutmaßliche Verbesserung des Zielerreichungsgrades und die Kosten der Suche gegeneinander abwägt. Maximierung und Ungewißheit sind zwei nicht miteinander zu vereinbarende Annahmen.[25]

Die Ursachen dafür, daß Maximierungsverhalten nicht gegeben ist, liegen also in der Unvollkommenheit der Information, der Ungewißheit über die Handlungsfolgen sowie in der begrenzten Fähigkeit des Entscheiders zur Handhabung der Komplexität der Entscheidungssituation. In diesem Sinne strebt ein Marktteilnehmer nicht nach maximalen, sondern nach zufriedenstellenden (vorteilhaften) Problemlösungen.

Das Konzept der Rationalität greift auf empirisch vorfindbare Wertvorstellungen zurück. Daraus folgt, daß Rationalität an den *individuellen*, subjektiven Zielen, Wünschen und Normen einer Person bzw. einer Institution festgemacht wird. Bei der Erklärung des Marktgeschehens gibt es keine objektive Rationalität der handelnden Subjekte und folglich auch *keine inhaltliche Bestimmung* dessen, was als „richtiges", „vernünftiges", „logisches" oder „kluges" Verhalten anzusehen ist. Vielmehr liegt Rationalität nach den Theoremen der verhaltenswissenschaftlichen Entscheidungstheorie lediglich in dem Wunsch nach günstigen Ergebnissen, egal worin diese subjektiv liegen.

Dahinter steht ein theoretisches Leitbild des Entscheiders, das gekennzeichnet ist durch multiple Ziele und begrenzte Informationsverarbeitungskapazität, d.h. begrenzte Fähigkeit, die Komplexität der Entscheidungssituation zu beherrschen. Daraus folgt ein Verhalten, das *„als beabsichtigt rational, aber das nur begrenzt"*[26] zu kennzeichnen ist: Bei seinen Entscheidungen macht sich der Entscheider ein

---

[25] Der Nachweis, daß rationales Verhaltens im Sinne des homo oeconomicus sich nicht mit den Annahmen unvollständiger Information und unsicherer Voraussagen vereinbaren läßt, findet sich bereits bei Alchian 1950, S. 211–221. Zur Bedeutung der Ungewißheit vgl. den nachfolgenden Abschnitt.

[26] Simon 1945, S. 30.

vereinfachtes Bild der Situation, indem er nur die subjektiv relevanten und kritischen Faktoren berücksichtigt (*bounded rationality*).

Dieses Bild des Entscheidungsverhaltens steht sowohl für individuelle Entscheidungsträger, die ihre Entscheidung allein verantworten als auch für Aktoren, die ihre Entscheidungen in kollektiven Entscheidungsprozessen, wie wir sie in Unternehmen regelmäßig beobachten können, treffen. Tabelle 3 stellt die unterschiedlichen Sichtweisen einander gegenüber. Dem klassischen „homo oeconomicus" steht der *„administrative man"* entgegen. Wir folgen der realitätsnäheren Perspektive der behavioral theory of the firm, weil sie uns bei der Erklärung des Marktgeschehens mehr Einsichten vermitteln kann als die strenge klassische Modellannahme.

1.1.1.2.3 Das Streben nach Vorteilen: Vermeidung von Unsicherheit

Definition der Unsicherheit

Anbieter und Käufer lassen sich in einem Austausch bei ihrer Bereitschaft zur Übereinkunft sowohl von Erfahrungen als auch von Erwartungen leiten. Je geringer die Erfahrungen eines Austauschpartners mit dem Objekt des Austauschs und mit seinem Gegenüber sind und/ oder je komplexer der Austauschvorgang ist, desto weniger präzise bilden sich seine Erwartungen hinsichtlich des Ablaufs und des Ergebnisses des Austauschs, desto größer sind demnach seine Unsicherheiten. *Unsicherheit* ist ein Zustand, in dem ein Entscheider einer bestimmten Aktion nicht einen, sondern mehrere, einander ausschließende Ergebniswerte zuordnet. *Der Austausch findet normalerweise unter Unsicherheit statt.* Jeder Beteiligte empfindet mehr oder weniger Unsicherheit über den Nutzen, den er aus dem Austausch tatsächlich erhalten wird, und er empfindet gleichzeitig mehr oder weniger Unsicherheit über das Opfer, das er erbringen muß.

Ursachen von Unsicherheit

Die von den Teilnehmern in einem Austausch empfundene Unsicherheit entsteht aus drei Quellen, nämlich (1) der unvollständigen Information über das Verhalten der Marktgegenseite, (2) möglichen Außeneinflüssen auf den Austausch und (3) dem eigenen Beitrag zum Austausch.

(1) Unvollständige Information über das Verhalten der Marktgegenseite

Das Verhalten der Marktgegenseite bestimmt in hohem Maße, ob der Austausch zu der angestrebten Problemlösung führt oder nicht. Wird die Problemlösung (das Ziel) aufgrund des Verhaltens der Marktgegenseite nicht erreicht, so können dafür zwei Ursachen bestehen. Erstens: die Marktgegenseite (der Partner) ist

Tabelle 3. Erkenntnisleitbilder der ökonomischen und der verhaltenswissenschaftlichen Theorie der Unternehmung

	(„Economic") Theory of the Firm	*Behavioral Theory of the Firm*[27]
Erkenntnis-leitendes Bild	Utilitaristisches Menschenbild. Der Mensch als frei entscheidendes, vernünftiges Wesen strebt nach seinem individuellen Vorteil („homo oeconomicus").	Der Mensch ist ein wählendes, entscheidendes und problemlösendes Wesen. Er handelt beabsichtigt rational, ist aber in seiner Wahrnehmung und Informationsverarbeitung eingeschränkt („bounded rationality").
Nachhaltigkeit der Ziele	Die Ziele sind gegeben und ändern sich nicht.	Das Individuum ist beeinflußbar und lernfähig. Ziele verändern sich im Zeitablauf („organizational learning").
Zielinhalte	Das Individuum strebt nach Nutzen. Nutzen ist eine eindimensionale Größe. Sind verschiedene Nutzenmaßstäbe gegeben, so sind sie wohlgeordnet und widerspruchsfrei.	Das Individuum strebt nach verschiedensten Zielgrößen, die nicht wohlgeordnet und nicht widerspruchsfrei sind. Ziele werden sequentiell abgearbeitet .
Zielausmaß / Motivation	Maximierendes Verhalten. Das Individuum realisiert immer die beste aller möglichen Alternativen.	Das Individuum strebt nach zufriedenstellenden Lösungen.
Autonomie	Das Individuum entscheidet frei ohne Beeinflussung von außen.	Das Individuum steht unter Einfluß von Bezugsgruppen.
Information über Alternativen	Das Individuum kennt alle theoretisch möglichen Handlungsalternativen. Die Entscheidungssituation ist objektiv gegeben.	Das Individuum kennt nicht alle Alternativen. Es macht sich ein subjektives Bild von seiner Entscheidungssituation („definition of the situation"). Es sucht problembezogen nach Information („problemistic search").
Information über Handlungsfolgen	Das Individuum kennt alle Folgen aller möglichen Handlungen.	Das Individuum handelt unter Unsicherheit über die Folgen seines Tuns. Es empfindet Unsicherheit als störend und versucht, Unsicherheit abzubauen („uncertainty avoidance").
Zeitbedarf für Entscheidungen	Null. Das Individuum hat unendliche Informationsverarbeitungsgeschwindigkeit	Entscheidung ist ein Prozeß, der verschiedene Phasen, z.T. mehrfach, durchläuft.
Informations-kosten	Null. Alle Informationen sind bekannt.	Informationssuche verursacht Kosten.

[27] Vgl. Cyert/March 1963, S. 114–127.

nicht in der Lage, die vereinbarte Leistung zu erbringen. Dies kann der Fall sein, wenn der Partner seine Kompetenz überschätzt und daher gar nicht die Fähigkeit zur Problemlösung besitzt. Zweitens: der Partner ist nicht gewillt, die vereinbarte Leistung zu erbringen.

Wenn die Gefahr besteht, daß der Partner die vereinbarte Leistung gar nicht oder nicht in der vereinbarten Art oder zu dem vereinbarten Zeitpunkt erbringt, dann hat der Partner offenkundig *Verhaltensspielräume* (Spielräume zur Abweichung von dem vertragsgemäßen Verhalten). Die Nutzung solcher Verhaltensspielräume unter egoistischen Motiven zum Nachteil des Vertragspartners wird von *Williamson*[28] als *Opportunismus* bezeichnet.[29]

Beispiel:
Eine Lieferant sagt bei Vertragsabschluß einen Liefertermin zu, von dem er zu diesem Zeitpunkt bereits ahnt, daß er ihn nicht einhalten kann; oder: Ein Lieferant sagt bei Vertragsabschluß „großzügige Kulanzregelungen" zu, wenn aber der Kulanzfall eintritt, verweigert er die Leistung. Wir definieren:

Definition 4. Opportunismus
Opportunismus ist eine Verhaltensweise, die aufgrund egoistischer Motive durch *Anwendung von List* („self-interest seeking with guile") Verhaltenswirkungen zum Nachteil des Austauschpartners, die dieser nicht akzeptieren würde, billigend in Kauf nimmt.

Opportunismus ist damit zu unterscheiden von bloßem Egoismus, der als schlicht eigennütziges Streben im Prinzip allen Marktbeteiligten unterlegt werden kann. Voraussetzung für Opportunismus sind unkontrollierbare Verhaltensspielräume, die vor allem durch *unvollständige Verträge* entstehen. Erscheinungsformen des Opportunismus sind unvollständige oder verzerrte Wiedergabe von Information, insbesondere vorsätzliche Versuche irrezuführen, zu verzerren, verbergen, verschleiern oder sonstwie zu verwirren.[30] Die Gefahr von Opportunismus führt zu *Verhaltensunsicherheit* in Austauschvorgängen, welche ihrerseits wiederum zu (kostenverursachenden) vorbeugenden Maßnahmen Anlaß gibt.

Opportunistisches Verhalten läßt sich *vor* der Übereinkunft beispielsweise als Verschleierung der tatsächlichen Absichten („hidden intention") oder der tatsächlichen Fähigkeiten oder Eigenschaften („hidden characteristics") beobachten. *Nach* der Übereinkunft kommt opportunistisches Verhalten in dem Bestreben der Marktgegenseite zum Ausdruck, Verhaltensspielräume zur Senkung der

[28] Williamson 1985, S. 47ff.

[29] Der Gebrauch des Wortes „Opportunismus" differiert hier von der Alltagssprache. Dort bedeutet Opportunismus ein „prinzipienloses Anpassen an die jeweilige Lage" vgl. Duden 1996, S. 539. Wir verwenden diesen Begriff hier als theoretischen Begriff im Sinne *Williamsons.*

[30] Williamson 1985, S. 54.

eigenen Kosten und/ oder zur Steigerung des eigenen Nutzens zu Lasten des Austauschpartners („hidden action") auszuschöpfen.[31] Beispielsweise reduziert der Anbieter heimlich den Umfang oder verschlechtert die Qualität seiner Leistung, um Kosten zu senken, oder der Käufer zahlt nicht oder später als vereinbart.

Opportunismus wird vor allem durch eine *asymmetrische Informationsverteilung* zwischen den Austauschpartnern ermöglicht und tritt häufig in versteckter, für den Austauschpartner in nicht oder nicht unmittelbar erkennbarer Form auf. Wenn ein Beteiligter in einem Austausch bei seinem Gegenüber Opportunismus vermutet, besteht *Mißtrauen*, umgekehrt ist *Vertrauen* gegeben. Es ist leicht nachvollziehbar, daß in einer Situation von Mißtrauen gegenüber einer Situation von Vertrauen mit erhöhten Kosten der Vorsorge gegen Opportunismus oder seiner Kontrolle zu rechnen ist.

(2) Unvollständige Information über Außeneinflüsse

Eine weitere Ursache von Unsicherheit besteht in dem Einfluß von Umfeldfaktoren. Externe Einflüsse können dazu führen, daß eine Problemlösung nicht wie geplant erfolgen kann. Einschränkungen können sich für den Käufer z.B. aus Lieferverzögerungen aufgrund von Streiks oder aus Kostensteigerungen aufgrund von Preiserhöhungen für Rohmaterialien ergeben. Einschränkungen für den Anbieter können sich z.B. aus Zahlungsverzögerungen infolge von politischen oder wirtschaftlichen Problemen im Land des Käufers ergeben (Länderrisiko). Darüber hinaus kann sich durch technischen oder gesellschaftlichen Wandel auch das ursprünglich definierte Problem ändern, so daß die geplante Problemlösung nicht mehr adäquat ist.

(3) Unvollständige Information über den eigenen Beitrag zum Austausch

Schließlich ist auch der eigene Beitrag zum Austausch eine mögliche Quelle von Unsicherheit, die aus einer Fehleinschätzung der eigenen qualitativen und quantitativen Kapazitäten resultiert. Unsicherheiten ergeben sich dabei sowohl in bezug auf die Problemdefinition als auch in bezug auf die Problemlösung. In bezug auf die *Problemdefinition* besteht die Unsicherheit in der Gefahr, das Problem nicht richtig zu erfassen und eine Problemlösung anzustreben, die den Zielen nicht entspricht. Die Folge wäre der Erwerb eines Gutes, das zwar nützlich sein kann, jedoch - nach Erkenntnis des tatsächlichen Problems - zu dessen Lösung nicht in dem erwünschten Ausmaß beiträgt.

In bezug auf die *Problemlösung* können Fehleinschätzungen der eigenen Fähigkeiten dazu führen, daß eine Problemlösung nicht in der vorgesehenen Weise er-

[31] Vgl. Spremann 1990, S. 561–586.

folgt. Besonders schmerzhaft können unerwartete Schwierigkeiten bei der Implementierung des erworbenen Gutes empfunden werden. So kann z.B. nach einer durchgeführten Investition der Käufer entdecken, daß der Umgang mit der Anlage einen erheblichen Schulungsaufwand hervorruft, der vorher nicht gesehen worden war.

Die Existenz von Unsicherheit kann einen erheblichen Einfluß auf die Kaufentscheidung des Käufers (und ebenso auf die Verkaufsentscheidungen eines Anbieters) ausüben. Es ist durchaus vorstellbar, daß ein Käufer aufgrund der ihm vorliegenden Informationen die Produkte zweier Lieferanten zwar als annähernd gleich einstuft, jedoch aufgrund der besseren Vertrautheit mit dem einen von den beiden ein eindeutiges Übergewicht zugunsten des bekannten Lieferanten entwickelt. Der Grund für diesen Effekt ist alltäglich: Der „normale" Entscheider ist nicht indifferent gegenüber der Unsicherheit. Vielmehr bewertet er das Eingehen von Unsicherheit in einer Kauf- oder Verkaufentscheidung als Belastung, die er zusammen mit seinen sonstigen Opfern für den Erwerb des Nutzens auf sich zu nehmen hat. Insofern geht die Unsicherheit in die Bewertung der Austauschbedingungen ein. Maßnahmen zur Vermeidung oder Kompensation von Unsicherheiten sind mit Opfern verbunden. Diese Opfer sind ebenfalls als Bestandteil der Kosten des Austauschs anzusehen. Unsicherheit, die nicht reduziert werden kann, ist mitunter geeignet, eine Übereinkunft zu verhindern, auch wenn die Austauschbedingungen „ansonsten" als von beiden Seiten positiv eingeschätzt werden.

Das einfache Fazit lautet: Entscheider tendieren dazu, Unsicherheit zu vermeiden. Diese - auch im Alltag leicht nachvollziehbare - These ist eine der Grundaussagen der verhaltenswissenschaftlichen Theorie der Unternehmung.[32]

Definition des Risikos

Unsicherheit als generelles Merkmal von Entscheidungen im Austausch wird in der verhaltenswissenschaftlichen Risikotheorie operationalisiert. Das Risiko[33], daß sich die vereinbarte Leistung und/oder Gegenleistung im nachhinein als nicht zufriedenstellend herausstellen, läßt sich in zwei Komponenten zerlegen:[34]

1. Die unerwünschten Konsequenzen, die sich aus dem Austausch ergeben können („amount at stake").
2. Die subjektiv empfundene Wahrscheinlichkeit, daß die negativen Konsequenzen eintreten werden („feeling of subjective certainty").

---

[32] Cyert/March 1963, S. 118–120.

[33] Die Bezeichnung 'Risiko' wird hier ausschließlich im Sinne der verhaltenswissenschaftlichen Risikotheorie im Sinne von *Cox* verwendet (vgl. Cox 1967, S. 34–81). Für das allgemeine Phänomen unsicherer Erwartungen benutzen wir das Wort 'Unsicherheit'.

[34] Cox 1967, S. 34–81.

Das empfundene Risiko ist also eine Funktion von wahrgenommenen negativen Konsequenzen und subjektiver Wahrscheinlichkeit. Die Verknüpfung erfolgt multiplikativ.

Wenn sich eine Übereinkunft im nachhinein als unvorteilhaft herausstellt, dann sind Ereignisse eingetreten, die den erwarteten Wert der Austauschrelation verändert haben: Der Wert des Empfangenen ist geringer und/ oder der Wert des Gegebenen ist höher als geplant. Das *Risiko*, das ein Partner eingeht, ist – bei gegebener subjektiver Wahrscheinlichkeit – umso höher, je wichtiger die durch den Austausch angestrebte Problemlösung für ihn und je größer der Schaden für ihn ist, der durch die Nichterreichung der geplanten Austauschbedingungen entsteht. Wenn ein Partner sich subjektiv absolut sicher ist, daß die geplanten Austauschbedingungen auch wirklich erreicht werden, ist sein empfundenes Risiko null (auch wenn objektiv eine gewisse Wahrscheinlichkeit für eine negative Entwicklung gegeben sein mag).

Umgang mit der Unsicherheit

Die Maßnahmen und Strategien zur Risikoreduktion lassen sich der Risikodefinition entsprechend einordnen. Es ist zu unterscheiden zwischen Maßnahmen zur Verringerung der subjektiven Wahrscheinlichkeit, daß die geplanten Austauschbedingungen nicht erreicht werden und Maßnahmen zur Reduzierung des Schaden, der eintritt, wenn die geplanten Austauschbedingungen nicht erreicht werden.

(1) Verringerung der subjektiven Wahrscheinlichkeit eines Schadens

Ein naheliegendes Mittel zur Verringerung der subjektiven Wahrscheinlichkeit eines Schadens ist *die Beschaffung von Information.*[35] Die Informationsnachfrage richtet sich auf den Partner im Austausch sowie auf alle weiteren Parteien, die auf das Ergebnis des Austauschs in irgendeiner Weise Einfluß nehmen. Im Vordergrund stehen dabei die Gesichtspunkte der Fähigkeit und der Bereitschaft des Partners, die zugesagten Leistungen zu erbringen. Möglichkeiten zur Verringerung der subjektiven Wahrscheinlichkeit liegen auch in der Einschaltung von Drittparteien (z.B. Prüfstellen, Regierungsstellen, Gutachter, Banken), die Informationen über die Bereitschaft und die Fähigkeit, ggf. auch über die Berechtigung des Partners zur Realisierung der Leistung geben.

Ein weiteres wichtiges Instrument zur Verringerung der subjektiven Wahrscheinlichkeit sind Institutionen, die auf die Einhaltung von Übereinkünften einwirken. Dazu gehören insbesondere *Verträge*. In Verträgen treffen beide Austauschpartner Vereinbarungen, die die Inhalte der Übereinkunft exakt festlegen.

---

[35] Stigler 1961, S. 213–225.

Dadurch werden zwei Effekte erreicht: Zum ersten werden die Absichten der beiden Parteien klar definiert, so daß die Wahrscheinlichkeit eines nachträglichen Dissenses über den Inhalt der Übereinkunft verringert wird. Zum zweiten schützen Verträge die vertragschließenden Parteien, indem sie die Nichterfüllung der getroffenen Vereinbarungen unter die negativen Sanktionen der Rechtsordnung stellen („*pacta sunt servanda*“[36]).

Schließlich kann ein Anbieter die subjektive Wahrscheinlichkeit verringern, indem er den Käufer zu vollständiger finanzieller Vorleistung oder zur Bereitstellung bankmäßiger Garantien veranlaßt, z.B. bei Lieferungen in Krisengebiete oder in devisenschwache Länder. Umgekehrt kann der Käufer finanzielle Garantien vom Anbieter verlangen, die von Kreditinstituten abgesichert sind.

(2) Reduzierung des Schaden

Maßnahmen zur Reduzierung des Schaden, der eintritt, wenn die Übereinkunft nicht realisiert wird, liegen in drei Ebenen. Zunächst einmal wird jeder Partner versuchen, möglichst viel potentiellen Schaden dadurch zu verhindern, daß er dem jeweils anderen Partner die Konsequenzen schädlicher Ereignisse aufbürdet. Das Instrument dazu sind vertragliche Regelungen insbesondere über Haftungsfragen (z.B. Haftungsausschlüsse für „*force majeure*“[37] oder Preisgleitklauseln). Die zweite Ebene liegt in der – wiederum vertraglichen – *Sicherung von Anspruchsgrundlagen* gegen den Austauschpartner im Falle schädlicher Ereignisse (z.B. beschleunigter Zugriff auf Bankgarantien im Falle von Zahlungsverzögerungen). Die dritte Ebene schließlich beinhaltet *Maßnahmen zur finanziellen Kompensation* im Schadensfall. Dazu gehören z.B. Pönalzahlungen bei Lieferverzögerungen, aber auch die Inanspruchnahme von Versicherungen, z.B. *Hermes*-Versicherungen im internationalen Anlagengeschäft. Eine Variante dazu stellt die Einbeziehung von Wagniszuschlägen eines Anbieters in seine Kalkulation dar. Dabei handelt es sich im Kern um eine Selbstversicherung.

Der Umgang eines Anbieters oder eines Käufers mit der Unsicherheit, insbesondere seine Maßnahmen und Strategien zur Unsicherheitsreduktion, verursachen in jedem Fall *Kosten*, d.h. einen Einsatz menschlicher und/oder sächlicher Ressourcen (z.B. durch Abschluß von Versicherungsverträgen).

Alle Verfahrensweisen der Reduktion von Unsicherheit lassen immer einen gewissen Rest von Unsicherheit offen. Auch mit dieser verbleibenden Unsicherheit müssen Anbieter und Käufer umgehen. Unsicherheiten, die nicht reduziert werden, müssen *ertragen* werden. Um bereit zu sein, die Unsicherheiten zu ertragen, muß der Anbieter bzw. der Käufer seinem Austauschpartner unabdingbar ein mehr oder weniger großes Maß an *Vertrauen* entgegenbringen. Vertrauen ist

[36] (Lateinisch) = „Verträge müssen erfüllt werden“ (Römischer Rechtsgrundsatz).

[37] (Französisch) = Höhere Gewalt.

demnach ein konstitutives Merkmal von Austauschvorgängen. Wir definieren Vertrauen in Anlehnung an *Luhmann* als riskante Vorleistung einer Seite in einem Austausch, indem der anderen Seite prinzipiell der Spielraum zugestanden wird, eine Handlung zum Schaden des Vertrauenden auszuführen, ohne daß der Vertrauende das verhindern kann. Dabei ist der Schaden beim Vertrauensbruch meistens größer als der Vorteil, der aus dem Vertrauensbeweis gezogen wird.[38] Vertrauen ist also kein Mechanismus zur *Reduktion* von Unsicherheit, sondern vielmehr eine Gefühls- und Bewußtseinshaltung der beteiligten Personen, die darauf gerichtet ist, mit der Unsicherheit leben zu können und eher den Charakter von *Hoffnung* trägt.[39] In einem gewissen Sinne kann man auch sagen, daß Vertrauen ein Mechanismus ist, der *de facto* einen Teil des Bewußtseins der Unsicherheit *verdrängt.*

So wie die Maßnahmen zur Reduktion von Unsicherheit Kosten darstellen, ist auch das Ertragen der verbleibenden, nicht reduzierten oder nicht reduzierbaren Unsicherheit Bestandteil der Kosten im Austausch. Diese Kosten werden von einem Partner in dem Maße als geringer *empfunden*, in dem er Vertrauen entwickelt.

Exkurs

Wir wollen den Ablauf eines Austauschs an einem Beispiel studieren, das wir aus unserer Kindheit kennen: Es ist das Märchen von „Hans im Glück".[40] Wir alle wissen, daß in diesem Märchen Hans (scheinbar?) schlechte Tauschgeschäfte macht. Rufen wir uns zunächst den Text in Erinnerung.

> **Hans im Glück**
> Hans hatte sieben Jahre bei seinem Herrn gedient, da sprach er zu ihm „Herr, meine Zeit ist herum, nun wollte ich gerne wieder heim zu meiner Mutter, gebt mir meinen Lohn." Der Herr antwortete „du hast mir treu und ehrlich gedient, wie der Dienst war, so soll der Lohn sein," und gab ihm ein Stück Gold, das so groß als Hansens Kopf war. Hans zog sein Tüchlein aus der Tasche, wickelte den Klumpen hinein, setzte ihn auf die Schulter und machte sich auf den Weg nach Haus. Wie er so dahinging und immer ein Bein vor das andere setzte, kam ihm ein Reiter in die Augen, der frisch und fröhlich auf einem muntern Pferd vorbeitrabte. „Ach," sprach Hans ganz laut, „was ist das Reiten ein schönes Ding! da sitzt einer wie auf einem Stuhl, stößt sich an keinen Stein, spart die Schuh, und kommt fort, er weiß nicht wie." Der Reiter, der das gehört hatte, hielt an und rief „Ei, Hans, warum läufst du auch zu Fuß?" „Ich muß ja wohl," antwortete er, „da habe ich einen Klumpen heim zu tragen: es ist zwar Gold, aber ich kann den Kopf dabei nicht

[38] Luhmann 1989, S. 19–27.

[39] „Vertrauen ist letztlich immer unbegründbar; es kommt durch Überziehen der vorhandenen Information zustande; es ist [...] eine Mischung aus Wissen und Nichtwissen." Luhmann 1989, S. 26.

[40] Den trefflichen Gedanken, die ökonomische Theorie des Tauschs an diesem Beispiel zu erörtern, hatten *Erich und Monika Streissler*. Streissler/Streissler 1983, S. 17–37.

gerad halten, auch drückt mirs auf die Schulter." „Weißt du was," sagte der Reiter, „wir wollen tauschen: Ich gebe dir mein Pferd, und du gibst mir deinen Klumpen." „Von Herzen gern," sprach Hans, aber ich sage Euch, Ihr müßt Euch damit schleppen." Der Reiter stieg ab, nahm das Gold und half dem Hans hinauf, gab ihm die Zügel fest in die Hände und sprach „wenns nun recht geschwind soll gehen, so mußt du mit der Zunge schnalzen und hopp hopp rufen."

Hans war seelenfroh, als er auf dem Pferde saß und so frank und frei dahinritt. Über ein Weilchen fiels ihm ein, es sollte noch schneller gehen, und fing an mit der Zunge zu schnalzen und hopp hopp zu rufen. Das Pferd setzte sich in starken Trab, und ehe sichs Hans versah, war er abgeworfen und lag in einem Graben, der die Äkker von der Landstraße trennte. Das Pferd wäre auch durchgegangen, wenn es nicht ein Bauer aufgehalten hätte, der des Weges kam und eine Kuh vor sich hertrieb. Hans suchte seine Glieder zusammen und machte sich wieder auf die Beine. Er war aber verdrießlich und sprach zu dem Bauer „es ist ein schlechter Spaß, das Reiten, zumal, wenn man auf so eine Mähre gerät, wie diese, die stößt und einen herabwirft, daß man den Hals brechen kann; ich setze mich nun und nimmermehr wieder auf. Da lob ich mir Eure Kuh, da kann einer mit Gemächlichkeit hinterhergehen, und hat obendrein seine Milch, Butter und Käse jeden Tag gewiß. Was gäb ich darum, wenn ich so eine Kuh hätte!" „Nun," sprach der Bauer, „geschieht Euch so ein großer Gefallen, so will ich Euch wohl die Kuh für das Pferd vertauschen." Hans willigte mit tausend Freuden ein: der Bauer schwang sich aufs Pferd und ritt eilig davon.

Hans trieb seine Kuh ruhig vor sich her und bedachte den glücklichen Handel. „Hab ich nur ein Stück Brot, und daran wird mirs noch nicht fehlen, so kann ich, sooft mirs beliebt, Butter und Käse dazu essen; hab ich Durst, so melk ich meine Kuh und trinke Milch. Herz, was verlangst du mehr?" Als er zu einem Wirtshaus kam, machte er halt, aß in der großen Freude alles, was er bei sich hatte, sein Mittags- und Abendbrot, rein auf, und ließ sich für seine letzten paar Heller ein halbes Glas Bier einschenken. Dann trieb er die Kuh weiter, immer nach dem Dorfe seiner Mutter zu. Die Hitze ward drückender, je näher der Mittag kam, und Hans befand sich in einer Heide, die wohl noch eine Stunde dauerte. Da ward es ihm ganz heiß, so daß ihm vor Durst die Zunge am Gaumen klebte. „Dem Ding ist zu helfen," dachte Hans, „jetzt will ich meine Kuh melken und mich an der Milch laben." Er band sie an einen dürren Baum, und da er keinen Eimer hatte, so stellte er seine Ledermütze unter, aber wie er sich auch bemühte, es kam kein Tropfen Milch zum Vorschein. Und weil er sich ungeschickt dabei anstellte, so gab ihm das ungeduldige Tier endlich mit einem der Hinterfüße einen solchen Schlag vor den Kopf, daß er zu Boden taumelte und eine Zeitlang sich gar nicht besinnen konnte, wo er war. Glücklicherweise kam gerade ein Metzger des Weges, der auf einem Schubkarren ein junges Schwein liegen hatte. „Was sind das für Streiche!" rief er und half dem guten Hans auf. Hans erzählte, was vorgefallen war. Der Metzger reichte ihm seine Flasche und sprach „da trinkt einmal und erholt Euch. Die Kuh will wohl keine Milch geben, das ist ein altes Tier, das höchstens noch zum Ziehen taugt oder zum Schlachten." „Ei, ei," sprach Hans und strich sich die Haare über den Kopf, „wer hätte das gedacht! es ist freilich gut, wenn man so ein Tier ins Haus abschlachten kann, was gibts für Fleisch! aber ich mache mir aus dem Kuhfleisch nicht viel, es ist mir nicht saftig genug. Ja, wer so ein junges Schwein hätte! das schmeckt anders, dabei noch die Würste." „Hört, Hans" sprach der Metzger, „Euch zuliebe will ich tauschen und will Euch das Schwein für die Kuh lassen." „Gott lohn Euch Eure Freundschaft," sprach Hans, übergab ihm die Kuh, ließ sich das Schweinchen vom Karren losmachen und den Strick, woran es gebunden war, in die Hand geben.

Hans zog weiter und überdachte, wie ihm doch alles nach Wunsche ginge, begegnete ihm ja eine Verdrießlichkeit, so würde sie doch gleich wieder gutgemacht. Es gesellte sich danach ein Bursch zu ihm, der trug eine schöne weiße Gans unter dem Arm. Sie boten einander die Zeit, und Hans fing an, von seinem Glück zu erzählen, und wie er immer so vorteilhaft getauscht hätte. Der Bursch erzählte ihm, daß er die Gans zu einem Kindtaufschmaus brächte. „Hebt einmal," fuhr er fort und packte sie bei den Flügeln, „wie schwer sie ist, die ist aber auch acht Wochen lang genudelt worden. Wer in den Braten beißt, muß sich das Fett von beiden Seiten abwischen." „Ja," sprach Hans, und wog sie mit der einen Hand „die hat ihr Gewicht, aber mein Schwein ist auch keine Sau." Indessen sah sich der Bursch nach allen Seiten ganz bedenklich um, schüttelte auch wohl mit dem Kopf. „Hört," fing er darauf an, „mit Eurem Schweine mags nicht ganz richtig sein. In dem Dorfe, durch das ich gekommen bin, ist eben dem Schulzen eins aus dem Stall gestohlen worden. Ich fürchte, ich fürchte, ihr habts da in der Hand. Sie haben Leute ausgeschickt, und es wäre ein schlimmer Handel, wenn sie Euch mit dem Schwein erwischten: das Geringste ist, daß Ihr ins finstere Loch gesteckt werdet." Dem guten Hans ward bang, „ach Gott," sprach er, „helft mir aus der Not, Ihr wißt hier herum bessern Bescheid, nehmt mein Schwein da und laßt mir Eure Gans." „Ich muß schon etwas aufs Spiel setzen," antwortete der Bursche, „aber ich will doch nicht schuld sein, daß Ihr ins Unglück geratet." Er nahm also das Seil in die Hand und trieb das Schwein schnell auf einen Seitenweg fort: der gute Hans aber ging, seiner Sorgen entledigt, mit der Gans unter dem Arme der Heimat zu. „Wenn ich es recht überlege," sprach er mit sich selbst, „habe ich noch Vorteil bei dem Tausch: erstens den guten Braten, hernach die Menge von Fett, die heraustraufeln wird, das gibt Gänsefettbrot auf ein Vierteljahr, und endlich die schönen weißen Federn, die laß ich mir in mein Kopfkissen stopfen, und darauf will ich wohl ungewiegt einschlafen. Was wird meine Mutter eine Freude haben!"

Als er durch das letzte Dorf gekommen war, stand da ein Scherenschleifer mit seinem Karren, sein Rad schnurrte, und er sang dazu

> „Ich schleife die Schere und drehe geschwind, und hänge mein Mäntelchen nach dem Wind."

Hans blieb stehen und sah ihm zu; endlich redete er ihn an und sprach „Euch gehts wohl, weil Ihr so lustig bei Eurem Schleifen seid." „Ja," antwortete der Scherenschleifer, „das Handwerk hat einen güldenen Boden. Ein rechter Schleifer ist ein Mann, der, sooft er in die Tasche greift, auch Geld darin findet. Aber wo habt Ihr die schöne Gans gekauft?" „Die hab ich nicht gekauft, sondern für mein Schwein eingetauscht." „Und das Schwein?" „Das hab ich für eine Kuh gekriegt." „Und die Kuh?" „Die hab ich für ein Pferd bekommen." „Und das Pferd?" „Dafür hab ich einen Klumpen Gold, so groß als mein Kopf, gegeben." „Und das Gold?" „Ei, das war mein Lohn für sieben Jahre Dienst." „Ihr habt Euch jederzeit zu helfen gewußt," sprach der Schleifer, „könnt Ihrs nun dahin bringen, daß Ihr das Geld in der Tasche springen hört, wenn Ihr aufsteht, so habt Ihr Euer Glück gemacht." „Wie soll ich das anfangen?" sprach Hans. „Ihr müßt ein Schleifer werden wie ich; dazu gehört eigentlich nichts als ein Wetzstein, das andere findet sich schon von selbst. Da hab ich einen, der ist zwar ein wenig schadhaft, dafür sollt Ihr mir aber auch weiter nichts als Eure Gans geben; wollt Ihr das?" „Wie könnt Ihr noch fragen," antwortete Hans, „Ich werde ja zum glücklichsten Menschen auf Erden; habe ich Geld, sooft ich in die Tasche greife, was brauche ich da länger zu sorgen?" reichte ihm die Gans hin, und nahm den Wetzstein in Empfang. „Nun," sprach der Schleifer und hob einen gewöhnlichen schweren Feldstein, der neben ihm lag, auf, „da habt Ihr noch einen tüchtigen Stein dazu, auf dem sichs gut schlagen läßt und Ihr Eure alten Nägel gerade klopfen könnt. Nehmt ihn und hebt ihn ordentlich auf."

Hans lud den Stein auf und ging mit vergnügtem Herzen weiter; seine Augen leuchteten vor Freude, „ich muß in einer Glückshaut geboren sein," rief er aus „alles, was ich wünsche, trifft mir ein, wie einem Sonntagskind." Indessen, weil er seit Tagesanbruch auf den Beinen gewesen war, begann er müde zu werden; auch plagte ihn der Hunger, da er allen Vorrat auf einmal in der Freude über die erhandelte Kuh aufgezehrt hatte. Er konnte endlich nur mit Mühe weitergehen und mußte jeden Augenblick halt machen; dabei drückten ihn die Steine ganz erbärmlich. Da konnte er sich des Gedankens nicht erwehren, wie gut es wäre, wenn er sie gerade jetzt nicht zu tragen brauchte. Wie eine Schnecke kam er zu einem Feldbrunnen geschlichen, wollte da ruhen und sich mit einem frischen Trunk laben: damit er aber die Steine im Niedersitzen nicht beschädigte, legte er sie bedächtig neben sich auf den Rand des Brunnens. Darauf setzte er sich nieder und wollte sich zum Trinken bücken, da versah ers, stieß ein klein wenig an und beide Steine plumpten hinab. Hans, als er sie mit seinen Augen in die Tiefe hatten versinken sehen, sprang vor Freuden auf, kniete dann nieder und dankte Gott mit Tränen in den Augen, daß er ihm auch diese Gnade noch erwiesen und ihn auf eine so gute Art, und ohne daß er sich einen Vorwurf zu machen brauchte, von den schweren Steinen befreit hätte, die ihm allein noch hinderlich gewesen wären. „So glücklich wie ich," rief er aus, „gibt es keinen Menschen unter der Sonne." Mit leichtem Herzen und frei von aller Last sprang er nun fort, bis er daheim bei seiner Mutter war.

Aus dieser Geschichte können wir nun einige Parallelen ziehen zu unserem bisherigen Studium des Austauschs und uns am Beispiel von Hans im Glück die Struktur des Austauschs noch einmal vor Augen führen.

a) Hans im Glück hat in verschiedenen Phasen seiner Reise jeweils ein Problem. Betrachten wir die Episode mit dem Pferd: Er möchte schneller vorankommen, hat aber kein Transportmittel. Da er müde ist und schwer zu tragen hat, empfindet er den Lösungsdruck als hoch. Das verfügbare Mittel zur Problemlösung ist der Tausch des Goldklumpens gegen das Pferd. In allen weiteren Episoden taucht dieselbe Struktur auf.

b) Gleichwohl hat er sich ein vereinfachtes Bild seiner Entscheidungssituation gemacht, indem er keine weiteren Alternativen und nicht alle Konsequenzen geprüft hat. Insofern ist sein Verhalten als „beabsichtigt rational" einzustufen.

c) Daß sich seine spontane Zufriedenheit mit der Zeit in Unzufriedenheit umwandelt, hat etwas mit dem Phänomen der Unsicherheit zu tun: „Hans im Glück" fällt uns vor allem dadurch auf, daß er die Unsicherheit, die in seinen Tauschvorgängen enthalten ist, nicht zur Kenntnis nimmt. Selbst betrügerische Absichten (opportunistisches Verhalten) eines Austauschpartners erkennt er nicht. Hans ist in unseren Augen gefährdet, weil seine Wahrnehmung von Unsicherheitsstrukturen im Austausch (Prognose von Nutzen und Opfer) gestört ist. Des weiteren ist er bereit, ein Maß an Vertrauen gegenüber seinen

Vertragspartnern zu entwickeln, das wir als Außenstehende als schädlich ansehen würden. Sicherlich würden wir Hans gern empfehlen, sich der Risiken bewußt zu werden und Maßnahmen der Unsicherheitsreduktion an die Stelle von Vertrauen zu setzen.

Wir werden später noch einmal auf die Episode von „Hans im Glück“ zurückkommen.

1.1.2 Erweiterter Austausch

Wir haben bisher das Grundmodell des Austauschs betrachtet, das die isolierte Austauschbeziehung von Anbieter und Käufer (Dyade) zum Gegenstand hat. Es fällt bei dieser Modellkonstruktion sofort auf, daß sie nicht die Merkmale marktwirtschaftlicher Austausche aufweist. Was offenkundig fehlt, ist das Vorhandensein von Wettbewerb zwischen verschiedenen Parteien im Zusammenhang eines Austauschvorganges. Der Käufer oder / und der Anbieter können ja durchaus mit anderen Käufern bzw. Anbietern konkurrieren. Wir werden diesen Einfluß auf das Verhalten der am Austausch beteiligten Parteien nunmehr in das Modell des dyadischen Austauschs einbeziehen.

„Wettbewerb ist die Rivalität zwischen Individuen (oder Gruppen oder Nationen), und er tritt immer dann auf, wenn zwei oder mehr Subjekte nach etwas streben, das nicht alle bekommen können.“[41] Diese einfache Definition des amerikanischen Nobelpreisträgers *Stigler* macht klar, worum es geht: *Knappheit erzeugt Rivalität und damit Konflikte.* Nun ist nicht jeder Konflikt auch Wettbewerb. Dies erkennen wir intuitiv, wenn wir eine Straßenschlägerei und einen sportlichen Boxkampf vergleichen. In beiden Fällen liegt ein Konflikt vor. Der Boxkampf ist im Gegensatz zur Straßenschlägerei jedoch ein Konflikt, der unter Verwendung von *bestehenden Regeln* ausgetragen wird und damit ein eingeschränkter Konflikt ist.[42] Wir definieren Wettbewerb als einen Konflikt um knappe Ressourcen, der nach bestehenden Regeln gelöst wird. Anbieter und Käufer können ihre auf die Marktgegenseite gerichteten Austauschinteressen nicht ohne die Berücksichtigung anderer Marktteilnehmer verfolgen.

Im Grundverständnis der Marktwirtschaft wird dieser Konfliktlösungsmechanismus durch drei Postulate über die Entscheidungsfreiheit der Wirtschaftssubjekte (Anbieter und Käufer) sowie über das Postulat des Privateigentums verwirklicht:[43]

---

[41] Stigler 1987, S. 531–536.

[42] Vgl. Ackoff/Emerey 1972, S. 208.

[43] Es handelt sich dabei um Idealbedingungen, die in der Realität mehr oder weniger eingeschränkt sein können. Der Bedingungsrahmen der Marktwirtschaft wird gesichert durch die

1. *Freier Marktzugang*
   Jeder Interessierte hat das Recht, sich nach eigenem Vorteilsvergleich am Marktprozeß zu beteiligen. Es gibt keine Verbote des Marktzugangs.
2. *Freier Marktaustritt*
   Jeder Marktteilnehmer kann nach eigenem Vorteilsvergleich aus dem Marktprozeß aussteigen. Es gibt keinen Zwang zum Angebot oder zum Kaufen.
3. *Freie Entscheidung über die Gestaltung der Austauschbedingungen*
   Die Übereinkünfte zwischen den Parteien des Austauschs werden nach dem jeweiligen subjektiven Vorteilsvergleich getroffen. Es wird kein Zwang ausgeübt.
4. *Privateigentum*
   Es besteht Privateigentum. Die Eigentümer von Gütern und Ressourcen entscheiden selbst über deren Verwendung und tragen das dazugehörige Risiko.

Hinzu tritt das Regelungswerk der Rechtsordnung, insbesondere die direkt auf den Marktprozeß einwirkenden Gesetze wie das Gesetz gegen Wettbewerbsbeschränkungen und das Gesetz gegen den unlauteren Wettbewerb.

Es gehört zum Regelungsmechanismus der marktwirtschaftlichen Ordnung, daß der Markt diejenigen Teilnehmer am Marktgeschehen, deren Leistungen besonders attraktiv sind, belohnt und diejenigen, deren Leistungen nicht genügend attraktiv sind, 'bestraft'. Das Schicksal jedes Marktteilnehmers entscheidet sich immer wieder vor dem *Urteil der Marktgegenseite* – Verkäufer müssen vor dem Käufer bestehen und Käufer müssen vor dem Verkäufer bestehen.

Wir erweitern die dyadische Situation in Abb. 2 und betrachten zunächst den Fall, daß sich in der Austauschbeziehung zwischen Anbieter (*A*) und Käufer (*K*) unter sonst gleichen Bedingungen der Einfluß eines weiteren Käufers, den wir *KW* (Wettbewerber des Käufers) nennen, auswirkt (vgl. Abb. 5).

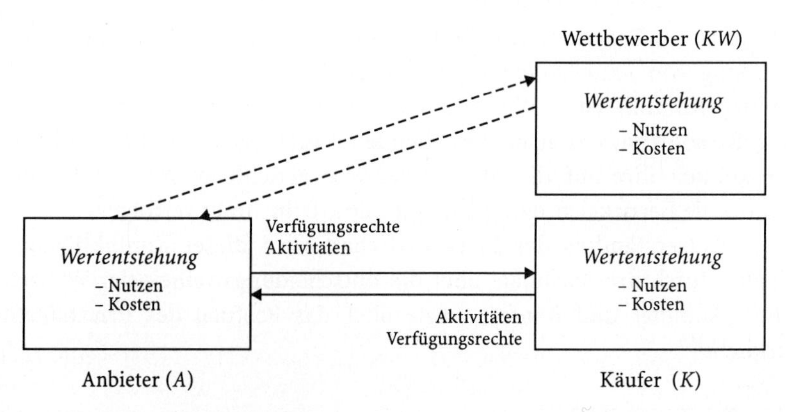

Abb. 5. Austausch mit Käuferwettbewerb

Herrschaft der Gesetze, die nicht nur das Eigentum und die Vertragsfreiheit schützen, sondern auch Gewalt und Betrug unterbinden. Vgl. Hayek 1991, S. 285–298.

Es entsteht gegenüber Abb. 2 eine neue Situation: *K und KW* bemühen sich um das Zustandekommen einer Übereinkunft mit *A*, wobei nur einer von beiden Käufern zum Zuge kommen kann. Aufgrund des in der Austauschsituation entstehenden Nachfrageüberhangs kommt *A* in die (für ihn positive) Lage, zwischen *K* und *KW wählen* zu können. Er wird, seinem Interesse an einer möglichst vorteilhaften Übereinkunft folgend, diese Situation dazu verwenden, für sich möglichst günstige Bedingungen zu erreichen. Dem Anbieter fällt in dieser Situation also gleichsam eine *Schiedsrichterfunktion* über die gebotenen Bedingungen der beiden Käufer *K* und *KW* zu. Er vergleicht die angebotenen Bedingungen der Kaufinteressenten im Hinblick auf die Vorziehenswürdigkeit. Seine Entscheidung wird also – anders als beim dyadischen Austausch, in dem das Nutzen-Kosten-Verhältnis absolut bewertet wird – durch subjektiv eingeschätzte *Differenzen* zwischen konkurrierenden Angeboten geleitet.

Diese Situation nennen wir *Käuferwettbewerb*. Wir finden die Symptomatik des Käuferwettbewerbs häufig in Zentralverwaltungswirtschaften, aber auch in marktwirtschaftlichen Situationen, in denen ein Anbieter über ein stark nachgefragtes Produkt verfügt, für das die Produktionskapazität nicht ausreicht – generell also in Situationen, die aus Nachfragersicht als *Mangel*situationen zu beschreiben sind.

Betrachten wir nun den entgegengesetzten Fall, daß in Abb. 2 unter sonst gleichen Bedingungen der Einfluß eines weiteren Anbieters für das entsprechende Gut hinzutritt, den wir *AW* (Wettbewerber des Anbieters) nennen (vgl. Abb. 6). Es entsteht Angebotsüberhang in der Austauschsituation, weil nur einer von beiden Anbietern zum Zuge kommen kann. Wir können die Schiedsrichterfunktion[44] und den entsprechenden Handlungsspielraum nunmehr der Käuferseite zuweisen.

Wiederum werden die angebotenen Bedingungen der Verkaufsinteressenten im Hinblick auf die Vorziehenswürdigkeit verglichen. Die Entscheidung des Käufers wird durch die subjektiv eingeschätzten *Differenzen* zwischen konkurrierenden Angeboten geleitet.

---

[44] Der „Schiedsrichter Kunde“ ist – anders als im Sport – im Marktgeschehen bis auf die geltenden Gesetze nicht an Spielregeln gebunden. Er bemüht sich vielmehr, die Spielregel des Austauschs selbst zu setzen, teilt sie den Anbietern nur nach Gutdünken, d.h. oft unvollständig oder gar nicht oder gar irreführend mit und behält sich vor, die Spielregel noch im laufenden Rennen zu verändern. Mitunter ist dem Kunden die Spielregel, nach der er handelt, sogar selbst nicht ganz klar. Die Analogie zum sportlichen Wettbewerb ist also nur begrenzt tauglich. „Die wahren Herrscher im kapitalistischen System der Marktwirtschaft sind die Verbraucher. [...] Sie sind voller Launen und wunderlicher Einfälle, wechselhaft und unberechenbar. Sie kümmern sich kein bißchen um frühere Verdienste. Sobald ihnen etwas angeboten wird, das ihnen besser gefällt oder das billiger ist, verlassen sie ihren alten Lieferanten. Nichts bedeutet ihnen mehr als ihre eigene Zufriedenheit. Sie machen sich weder Gedanken über althergebrachte Interessen der Kapitalisten noch um das Schicksal der Arbeiter, die ihren Job verlieren, wenn sie als Verbraucher nicht mehr das kaufen, was sie früher kauften.“ Mises 1944, S. 37–38.

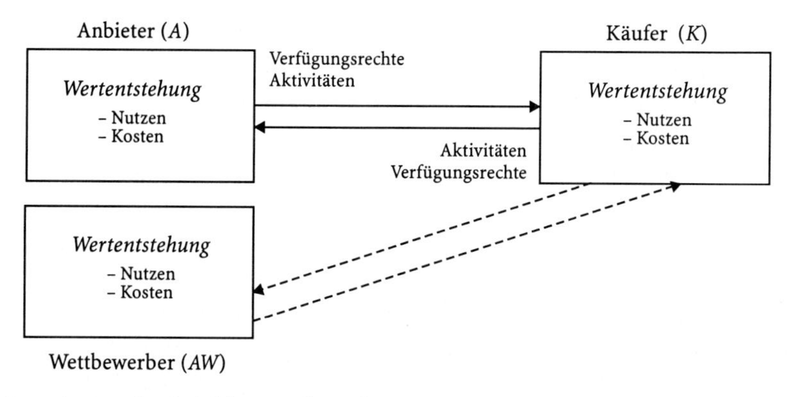

Abb. 6. Austausch mit Anbieterwettbewerb

In einer Situation von Anbieterwettbewerb hat der Käufer *K* aufgrund seiner *Ausweichmöglichkeit* von *A* nach *AW* oder umgekehrt ein größeres Einflußpotential auf den Partner als die Anbieter auf der Marktgegenseite. Die Fähigkeit des Käufers zur Substitution[45] der Anbieter versetzt ihn in die Lage, die Bedingungen für sich günstiger zu gestalten als unter den Gegebenheiten des Käuferwettbewerbs. Wir finden diese Konstellation typischerweise in reifen Märkten, in denen heftiger *Anbieterwettbewerb* herrscht.

Austausche unter Wettbewerbsbedingungen sind dadurch gekennzeichnet, daß innerhalb eines Systems von Regeln Anbieter und Käufer um Vorsprünge kämpfen. Dabei setzen sie jeweils Mittel ein, um die Marktgegenseite für sich zu gewinnen. Diese Mittel sind das Potential, um Einfluß zu nehmen auf den Austauschpartner. Je größer das Potential einer Partei ist, desto eher kann sie der Gegenseite die Annahme ihres Angebots nahelegen. Anbieter und Käufer streben deshalb nach dem Aufbau solcher Potentiale: Der Austausch wird von *Machtprozessen* zwischen den beteiligten Parteien gesteuert. In der überwiegenden Zahl der Fälle hat jeweils die eine oder die andere Seite in dem Austausch mehr Macht, und das Bemühen aller Seiten um vorteilhafte Bedingungen kann somit als *Machtausübung gegenüber der Marktgegenseite* im Austausch interpretiert werden.[46]

Wir können auf der Grundlage der Unterscheidung von Käufer- und Anbieterwettbewerb nunmehr wesentliche Quellen der Machtausübung benennen: Es sind die relative Knappheit eines Gutes und die Nicht-Substituierbarkeit in den Augen der an der Übereinkunft interessierten Marktgegenseite. Die Verhinderung bzw. Reduzierung der subjektiv empfundenen Austauschbarkeit schafft

---

[45] Substitution (lat.) = Ersatz, Austausch, Wechsel.

[46] Vgl. Arndt 1974, S. 10.

Möglichkeiten (Potentiale) zur Beeinflussung der anderen Seite des Austauschs (vgl. auch den nachfolgenden Exkurs über Käufermarkt und Verkäufermarkt).

Wettbewerb ist eine vom staatlichen Ordnungsgeber gewünschte „Veranstaltung“, die darauf gerichtet ist, die Teilnehmer am Marktgeschehen zu *entmachten.* Die Teilnehmer ihrerseits sind daran interessiert, die Knappheitsverhältnisse so zu verändern, daß ein Machtgefälle zu ihren Gunsten entsteht, aufgrund dessen sie vorteilhafte Übereinkünfte erreichen können. Das Mittel, das die Anbieter dazu verwenden, ist die *Differenzierung* von den Wettbewerbern. Dabei kommt es allerdings nicht darauf an, irgendwie anders zu sein als die Wettbewerber, sondern in solchen Merkmalen anders zu sein, die der Partner im Austausch bevorzugt und die die Wettbewerber nicht ohne weiteres imitieren können.

Exkurs

Käufermarkt und Verkäufermarkt[47]

Käufermarkt und Verkäufermarkt sind verbreitete, aber theoretisch nicht ganz scharfe Beschreibungen für Wettbewerbskonstellationen. Sie helfen uns jedoch bei der Interpretation realer Vorgänge auf Märkten.

Betrachten wir zunächst den *Verkäufermarkt*, der durch Nachfrageüberhang gekennzeichnet ist. Der Verkäufermarkt hat verschiedene Erscheinungsformen. Der extreme Fall ist der des *Angebotsmonopols* oder - bei vertraglichen Absprachen zwischen den Anbietern - der des *Angebotskartells*. In einer solchen Situation kann der Anbieter bzw. das Kartell die Angebotsbedingungen diktieren, die Käuferseite hat keine Ausweichmöglichkeit. Jeder potentielle Käufer hätte das Angebot zu akzeptieren oder zu verzichten. Dieses ist die extreme Machtposition für einen Anbieter bei freiem Austausch. Eine solche Position ist in der Realität nicht der Regelfall. Annäherungsbeispiele sind Situationen, in denen ein Anbieter ein innovatives Produkt anbietet und vergleichbare Produkte noch nicht auf dem Markt sind. Auch wenn mehrere Anbieter auf dem Markt sind, sprechen wir von einem Verkäufermarkt, sofern die insgesamt angebotene Menge einer bestimmten Gutskategorie bei einem bestimmten Preis kleiner als die insgesamt nachgefragte Menge dieser Gutskategorie ist. Die Verknappung des Angebots führt zu einer tendenziell stärkeren Position der Anbieter gegenüber den Käufern. Symptome dafür sind steigende Preise sowie abnehmende Kundenorientierung und Leistungsverschlechterung.

Der durch Angebotsüberhang gekennzeichnete *Käufermarkt* hat - in spiegelbildlicher Analogie zum Verkäufermarkt - verschiedene Erscheinungsformen. Ein Käufermarkt ist gegeben, wenn den Anbietern nur ein Käufer (*Nachfragemonopol* - bzw. bei vertraglichen Absprachen zwischen den Käufern eine *Nachfragekartell*) gegenübersteht. Dieses ist die extreme Machtposition für einen Käufer. Ein potentieller Anbieter hätte das Gebot des Käufers zu akzeptieren oder zu verzichten. Ein Käufermarkt ist auch dann gegeben, wenn mehrere Käufer auf dem Markt sind, sofern die insgesamt nachgefragte Menge einer bestimmten Gutskategorie bei einem bestimmten Preis kleiner ist als die insgesamt angebotene Menge dieser Gutskategorie. Die Verknappung der Nachfrage führt zu einer tendenziell stärkeren Position der Käufer gegenüber den Anbietern. Symptome dafür sind Rabatt-

[47] Vgl. Oberender 1987, Bd. 1, S. 955; sowie Bd. 2, S. 808.

forderungen der Käufer, Preiszugeständnisse der Anbieter sowie tendenziell zunehmende Kundenorientierung und Leistungssteigerung.

Käufer und Verkäufer suchen nach vorteilhaften Positionen in Austauschen. Käufermärkte begünstigen Käufer, Verkäufermärkte begünstigen Verkäufer. Darum drängen Käufer, die Druck auf Verkäufer ausüben wollen, auf „Homogenisierung" der Angebote: Wenn alle Anbieter in den Augen der Käufer hinsichtlich der gesamten Kosten- und Nutzenbestandteile der Übereinkunft mit Ausnahme des Preises beliebig gegeneinander austauschbar sind, dann reguliert allein der (niedrigere) Preis die Entscheidung des Käufers. Darum drängen andersherum die Verkäufer darauf, in möglichst geringem Maße austauschbar zu sein, d.h. die eigene Position in Richtung auf einen Verkäufermarkt hin zu beeinflussen.

1.1.3 Komplexer Austausch

Der erweiterte Austausch, den wir im vorigen Abschnitt betrachtet haben, stellt die Erweiterung des dyadischen Austauschs um den Einfluß von Wettbewerbern dar. Die geschlossene dyadische Beziehung $A \leftrightarrow K$ wurde ergänzt um den Einfluß eines Wettbewerbers. Eine zweite Beziehung $AW \leftrightarrow K$ bzw. $A \leftrightarrow KW$ tritt hinzu, so daß ein offenes Netzwerk wie in Abb. 5 bzw. 6 entsteht. Diese Erweiterung entspricht allerdings noch immer nicht dem auf realen Märkten zu beobachtenden Muster des Austauschs. Vielmehr sind Austausche regelmäßig weitaus komplexer.

Wir nennen einen Austausch komplex, wenn wir ein System wechselseitig verknüpfter (Austausch-)Beziehungen zwischen mindestens drei Parteien vorfinden.[48] Das Grundmuster des komplexen Austauschs ist nicht $A \leftrightarrow K$, sondern $A \leftrightarrow Y \leftrightarrow K \leftrightarrow A$, wobei Y eine weitere Partei ist, die in eine Sequenz von Austauschvorgängen einbezogen wird. Wir beobachten solche Dreiecks- oder Mehrecksbeziehungen sehr häufig in der Realität, insbesondere dann, wenn in einen Austausch zwischen zwei Parteien eine weitere Partei im eigenen Namen als Vermittler eintritt.

Beispiel 1:
Der Anbieter A liefert an einen Kunden K, der nicht der Endverwender des Gutes ist, sondern ein Händler, der seinerseits an seinen Kunden KK weiterverkauft. A wendet sich nicht nur an K, sondern auch direkt an KK, um ihn für den Eintritt in einen Austausch mit K zu gewinnen. Dieses ist das klassische Muster eines *mehrstufigen Marktes* (vgl. Abb. 7).

Beispiel 2:
Der Anbieter A tritt in einen Austausch mit einer Messegesellschaft Y ein (Ziffern 1a, 1b). Er verfolgt das Ziel einer Übereinkunft über günstige Ausstellungsbedingungen, die es ihm erlauben, sich gegenüber dem Käufer K attraktiv zu positionieren (2a, 2b). Die Messegesellschaft Y wirbt um den Käufer K, um ihn zu einem Besuch der Messe zu veranlassen. Sie tritt in einen Austausch mit dem potentiellen Besucher K ein, um mit ihm eine Übereinkunft zum Kauf einer Ein-

[48] Vgl. Bagozzi 1975, S. 33.

trittskarte zu erreichen (3a, 3b). Wenn *K* auf die Messe kommt, tritt *A* mit ihm in einen weiteren Austauschprozeß ein mit dem Ziel der Erreichung einer Übereinkunft (2a, 2b). Der Austausch zwischen *A* und *K* kann ohne den Austausch zwischen *A* und *Y* sowie dem zwischen *Y* und *K* nicht stattfinden. Abb. 8 veranschaulicht diese komplexe Austauschbeziehung.

Beispiel 3:
Anbieter *A* und sein Kooperationspartner *AP* bieten in gemeinsamer Verantwortung dem Kunden *K* eine integrierte Gesamtlösung an. *A* und *AP* stehen in einer Austauschbeziehung untereinander sowie als Gruppe mit dem Kunden *K*. Der Kunde *K* seinerseits kauft aufgrund seiner langjährigen Erfahrungen die Gesamtlösung für ein konzernverbundenes Unternehmen *KV* und läßt sich dabei von einer Drittpartei, dem Consulting Engineering-Unternehmen *D* beraten. *A* und *AP* werden durch einer Reihe von Sublieferanten *S* bei der Gesamtlösung unterstützt. Wir finden ein Netzwerk von Austauschbeziehungen vor. Abbildung 9 beschreibt den komplexen Austausch.

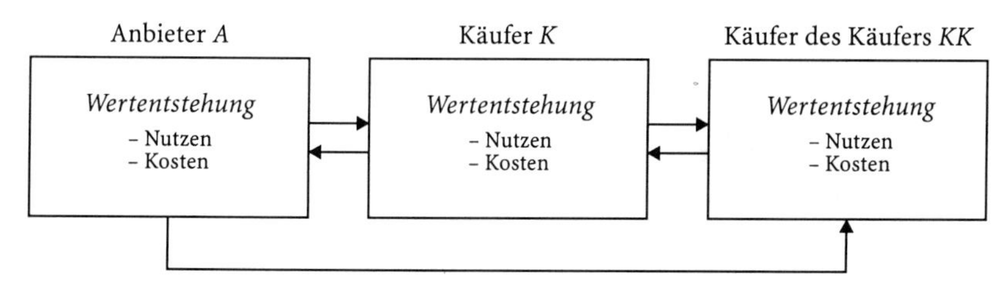

Abb. 7. Mehrstufiger Markt (aus der Sicht des Anbieters *A*)

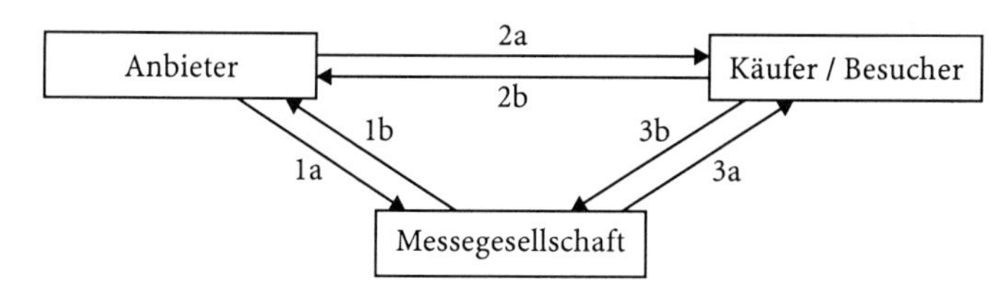

Abb. 8. Dreiecks-Austausch (Beispiel)

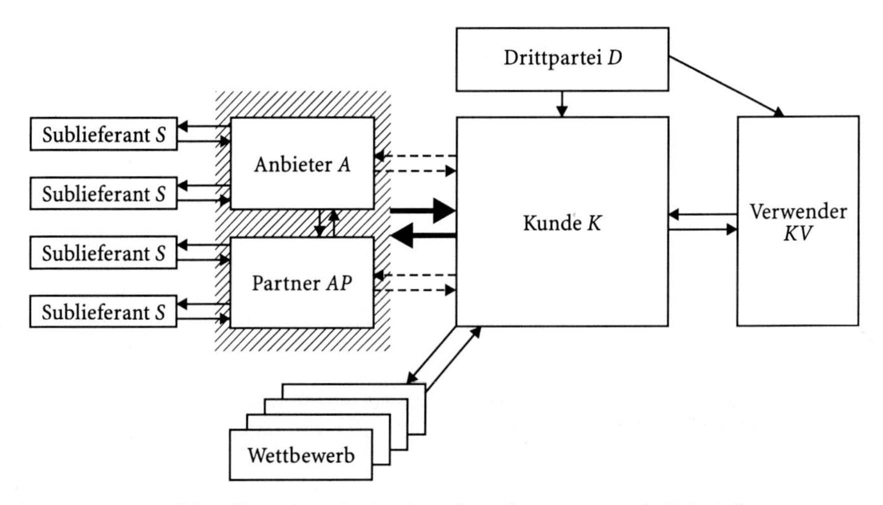

Abb. 9. Netzwerk beteiligter Parteien in einem komplexen Austausch (Beispiel)

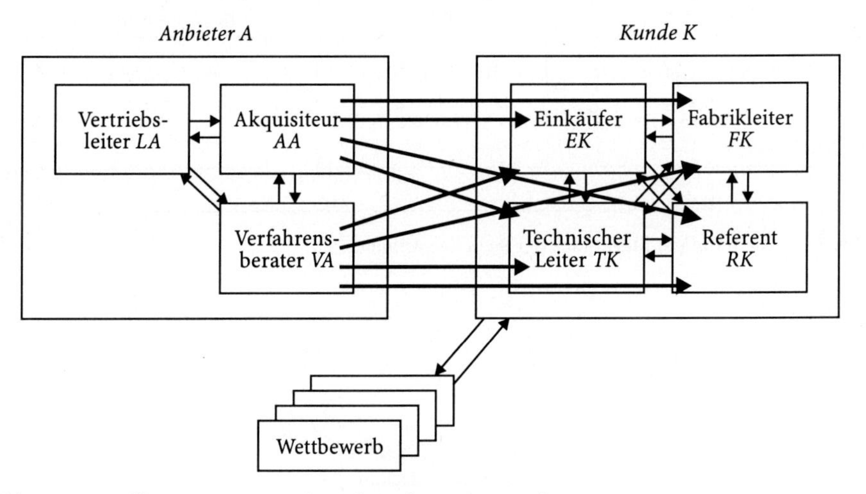

Abb. 10. Beteiligte Personen an einem komplexen Austausch

Beispiel 4:
Anbieter *A* bemüht sich um das Zustandekommen einer Übereinkunft mit dem Kunden *K*. Der Kunde wird repräsentiert durch den Einkäufer *EK*, den Technischen Leiter *TK* und den Fabrikleiter *FK*. Der persönliche Referent des Firmenleiters *RK* scheint auch eine Rolle zu spielen. *A*, vertreten durch seinen Akquisiteur *AA* und seinen Verfahrensberater *VA* sowie durch den Vertriebsleiter *LA*, tritt in mehrdimensionale Austauschbeziehungen mit den handelnden Personen beim Kunden *K* ein, die auch untereinander in vielfältigen, auch nichtkommerziellen Austauschbeziehungen stehen. Abbildung 10 veranschaulicht das komplexe Beziehungsgeflecht.

Die Liste möglicher Beispiele läßt sich leicht fortsetzen, da dieser Typ von Austausch auf industriellen Märkten dominiert. In aller Regel finden wir komplexe Austausche vor, an denen nicht nur mehrere Parteien im Wettbewerb, sondern je Partei auch in der Regel mehrere Personen entscheidend, beratend oder sonstwie beeinflussend beteiligt sind. Auch auf Konsumentenmärkten tritt dieses Muster auf (z.B. bei Familienkaufentscheidungen), allerdings gegenüber industriellen Märkten in abgeschwächter Form.

Das letzte Beispiel zeigte gegenüber der bisherigen Form der Analyse einen Perspektivenwechsel auf. Wurden bisher Parteien im Kräftespiel des Austauschs betrachtet, so kommt nunmehr als neue Dimension die Tatsache von Gruppenentscheidungen hinzu. Wir müssen also den komplexen Austausch als ein interorganisationales und intraorganisationales Muster von Beteiligten und Aktivitäten interpretieren.

Alle genannten Beispiele zur Illustrierung komplexer Austauschbeziehungen haben bisher noch nicht die dynamische Perspektive berücksichtigt. Tatsächlich stehen Austausche aber auch in einem *zeitlichen Verbund.* Austauschbemühungen heute haben Auswirkungen nicht nur auf denjenigen Austausch, dessen Bestandteil sie sind, sondern auch auf andere Austausche, die anderswo zur selben Zeit oder zu einem späteren Zeitpunkt stattfinden. Solche *Ausstrahlungseffekte* sind von besonderer Bedeutung für die Erklärung von Austauschen. Sowohl aus der Sicht des Anbieters als auch aus der Sicht des Kunden sprechen technische, wirtschaftliche und psychologische Gesichtspunkte dafür, einen einmal gewählten Austauschpartner nicht ohne weiteres zu wechseln: Anbieter und Käufer entwickeln eine Neigung zu *Lieferbeziehungen,* die mehr oder weniger stabil sein können. Eine Lieferanten-Kunden-Beziehung ist eine Folge von Austauschen zwischen einem Anbieter und einem Kunden, die nicht zufällig ist. „Nicht zufällig" heißt, daß es entweder auf der Anbieter- und/oder der Kundenseite Gründe gibt, die eine *planmäßige* Verknüpfung zwischen Austauschen sinnvoll erscheinen lassen oder daß es *de facto* zu einer Verknüpfung kommt. Eine Lieferanten-Kunden-Beziehung läßt sich also als eine Folge von Austauschen ansehen, zwischen denen eine *„innere Verbindung"* existiert. Wir nennen solche Austauschfolgen *Geschäftsbeziehungen*[49].

Beispiele:

- Ein Kunde hat sich unter großer Unsicherheit nach langem Überlegen für einen neuen Zahnarzt entschlossen. Die ersten Behandlungen waren vollauf zufriedenstellend. Mit größter Wahrscheinlichkeit wird die nächste Behandlung wieder bei demselben Zahnarzt gesucht.
- Ein Automobilhersteller hat eine Lieferbeziehung mit einem Zulieferer, die nicht nur durch Rahmenverträge, sondern durch enge technische und verwaltungsmäßige Abstimmungen sowohl in Forschung und Entwicklung als auch in Produktion und Logistik gekennzeichnet sind. Im Vordergrund der Aus-

[49] Plinke 1989, S. 305–325.

tauschprozesse steht nicht die einzelne Lieferung, sondern die Geschäftsbeziehung als ganze.

Die Art der inneren Verbindung kann je nach Ursache der Bindung sehr verschieden sein.

1.1.4 Fazit

Wir haben damit den Austausch so beschrieben, wie wir es für die weiteren Betrachtungen benötigen. Wir sind ausgegangen von dem dyadischen Austausch, um die grundsätzliche Wirkungsweise des Austauschs zwischen zwei Parteien zu erkennen. Die Erweiterung um konkurrierende Anbieter und Nachfrager eröffnete das Verständnis für Wettbewerbseffekte in einem Austausch. Die Erweiterung schließlich um zusätzliche Austauschparteien sowie um die am Austausch beteiligten Personenmehrheiten führte zu einem differenzierteren Bild eines komplexen Austauschs. Durch die Einbeziehung der dynamischen Perspektive schließlich vervollständigte sich das Beschreibungsmodell des Austauschs.

Wir verfügen nunmehr über die Grundbegriffe, um beliebige Vorgänge in einem Markt zu beschreiben. Dieses ermöglicht es uns, den Blick auf die für das Verständnis des Marktprozesses entscheidende Frage zu richten: Unter welchen Bedingungen ist ein Austausch in den Augen der Beteiligten erfolgreich? Das aber heißt: Unter welchen Bedingungen entsteht eine Übereinkunft zwischen Anbieter und Käufer?

1.2 Markttransaktion

Wir haben den Austausch beschrieben als eine Menge von Aktivitäten, die auf die Anbahnung, Durchführung und Kontrolle eines wechselseitig bedingten Transfers von Verfügungsrechten zwischen zwei oder mehr Parteien gerichtet sind. Damit haben wir einen Ausschnitt der Wirklichkeit der Märkte definiert, der von unserem wissenschaftlichen Interesse bestimmt wird. Wir wollen wissen, wie ein Unternehmen durch Austauschvorgänge den als notwendig angesehenen Zugang und Abgang von Gütern bzw. Übeln bewerkstelligt. Wir verfügen bisher über die Begriffe, diesen Realitätsausschnitt zu beschreiben, es fehlt jedoch noch an der Fokussierung des Problems, das zu klären ist: Was interessiert uns am Austausch? Man kann Austausche aus den verschiedensten Blickwinkeln beleuchten – aus soziologischer, psychologischer oder juristischer Perspektive.[50] Wir be-

[50] Vgl. das besonders anschauliche und treffende Bild, das *Schneider* zur Abgrenzung von Erfahrungsobjekt und Erkenntnisobjekt der Betriebswirtschaftslehre anführt – die Studenten

trachten Austauschprozesse hier unter einer Perspektive, die verstehen will, warum und unter welchen Bedingungen Übereinkünfte zwischen Marktparteien über den wechselseitigen Transfer von Verfügungsrechten zustandekommen. Die Übereinkunft ist also der Fokus unseres Interesses. Damit beleuchten wir einen spezifischen Moment im Austauschprozeß - das ist der Moment des Zustandekommens der Übereinkunft - sowie einen spezifischen Aspekt des Austauschs - das ist die Frage, unter welchen Bedingungen die Übereinkunft zustandekommt. Die Übereinkunft (die Transaktion) ist also ein von uns gewählter theoretischer Begriff, der eine zweckbestimmte Ordnung in unser Denken und in unsere Beobachtungen bringt. Austausch ist ein Begriff unserer Beobachtung, Übereinkunft (Transaktion) ist ein Begriff unseres Denkens - über einen genau bestimmten Aspekt des Austauschs.

Was uns am Austausch interessiert, ist die Entscheidung von zwei Parteien, jeweils dem von der anderen Seite Angebotenen zuzustimmen. *Eine Theorie der Markttransaktion ist also Bestandteil einer ökonomischen Entscheidungstheorie mit der Besonderheit, daß nicht die Entstehung der Entscheidung bei einem wirtschaftenden Subjekt, sondern simultan von jeweils (mindestens) zwei „Decision Making Units" untersucht wird.*[51]

1.2.1 Transaktion

Die Erreichung einer Übereinkunft zwischen den am Austausch beteiligten Parteien ist die notwendige Voraussetzung für die von beiden Seiten angestrebte Problemlösung. Beide Seiten in einem Austausch bewerten im Hinblick auf die angestrebte Problemlösung das zu Gebende und das zu Erhaltende. Das zu Erhaltende wird in Beziehung gesetzt zu dem zu Gebenden - es wird eine *Relation* gebildet. Das, was eine Seite einzusetzen bereit ist im Gegenzug für das, was sie als Wert aus dem Austausch zu erhalten erwartet bzw. fordert, nennen wir die *Austauschrelation.*

Definition 5. Austauschrelation
Eine *Austauschrelation* ist das Verhältnis des (jeweils von Anbieter oder Käufer wahrgenommenen) Nutzens, den er als Austauschpartner erhält bzw. erwartet, zu den aus seiner Sicht inkauf zu nehmenden Kosten.

der Betriebswirtschaftslehre sitzen in einem dunklen Theater (Wissenschaft), auf dessen Bühne sich die Realität abspielt. Man sieht die Realität erst durch die Bühnenscheinwerfer, die von den Forschern auf die Realität gerichtet werden. Vgl. Schneider 1987.

[51] Vgl. Neumann/Morgenstern 1944, S. 11.

Wird zu irgendeinem Zeitpunkt in einem Austausch zwischen zwei Parteien (hier: Anbieter und Käufer) eine Übereinkunft darüber erzielt, welche Verfügungsrechte zu welchen Bedingungen insgesamt zu transferieren sind, so nennen wir diese Übereinkunft eine *Transaktion* - sie stellt das dar, was wir in der Alltagssprache üblicherweise als ein „Geschäft" bezeichnen.[52] Wird ein Austausch ohne Übereinkunft beendet, so ist keine Transaktion gegeben. Eine Transaktion erfolgt dann, wenn beide Seiten des Austauschs für sich subjektiv zu der Überzeugung gelangen, daß die Austauschrelation ihren Erwartungen entspricht und deshalb in die Verpflichtung einwilligen, Verfügungsrechte zu transferieren, d.h. - in juristischer Sprache - einen *Vertrag* (Kaufvertrag, Mietvertrag, Lizenzvertrag usw.) abzuschließen. Eine Übereinkunft ist sichtbarer Ausdruck dafür, daß beide Seiten in dieser Situation keine bessere „Gelegenheit" - einschließlich des Verzichts - gesehen haben.[53]

> **Definition 6.** Transaktion
> Eine *Transaktion* ist eine Übereinkunft zwischen zwei Parteien über das jeweils zu Gebende und zu Erhaltende.

Die Transaktion setzt *wechselseitig ineinander passende Austauschrelationen* voraus. Die Übereinkunft macht aus subjektiven Austauschrelationen durch wechselseitige Akzeptanz einen objektivierten Sachverhalt. Zum Verständnis der Transaktion ist also eine genauere Betrachtung der subjektiv bestimmten positiven und negativen Wert-Elemente der Austauschrelationen beider Seiten der Transaktion notwendig.

1.2.2 Elemente der Austauschrelation

Der Austausch enthält sowohl für den Anbieter als auch für den Käufer mehrere Quellen von möglichem Nutzen und möglichen Kosten, die sich in der Austauschrelation ausdrücken.

1. Der Kaufvertrag (die Übereinkunft) beschreibt für beide Seiten Leistung und Gegenleistung. Der Gegenstand (das Objekt) des Kaufvertrages ist demnach

---

[52] Auch *Kotler* stellt auf die Unterscheidung von Austausch und Transaktion ab: „Two parties are engaged in exchange if they are negotiating and moving toward an agreement. When an agreement is reached, we say that a transaction takes place." Kotler 1997, S. 11.

[53] *Kirzner* spricht von einem Paar ineinander passender Austauschrelationen: „Each pair of dovetailing decisions (each market transaction completed) constitutes a case in which each party is being offered an opportunity which, to the best of his knowledge, is the best being offered to him in the market. Each market participant is therefore aware at all times that he can expect to carry out his plans only if these plans do in fact offer others the best opportunity available as far as they know." Kirzner 1978, S. 9.

Tabelle 4. Elemente von Nutzen und Kosten in der Austauschrelation

Quelle des Wertes		Art des Wertes: Nutzen	Art des Wertes: Kosten
	Wert des Vertragsgegenstandes	Nutzen aus dem Vertragsgegenstand	Kosten aus der Bereitstellung des Vertragsgegenstandes
	Wert der Durchführung des Austausches	Transaktionsnutzen	Transaktionskosten
	Wert von Folgewirkungen	Nutzen aus Folgewirkungen des Austauschs	Kosten aus Folgewirkungen des Austauschs

für beide Seiten *Quelle von Nutzen und Kosten.* Wir sprechen von Nutzen und Kosten des Vertragsgegenstandes.

2. Die Durchführung des Austauschs ist nicht „gratis".[54] Das Zustandekommen des Kaufvertrages sowie seine Abwicklung verursachen vielmehr auf beiden Seiten Kosten. Wir sprechen von *Transaktionskosten.* In manchen Fällen kann das Bemühen um das Zustandekommen und / oder die Abwicklung eines Kaufvertrages auch einen *eigenständigen* Nutzen bewirken. Wir sprechen in solchen Fällen von *Transaktionsnutzen.*
3. Die Transaktion vollzieht sich nicht isoliert von anderen Transaktionen und Vorgängen im Umfeld. Nahezu jede Transaktion hat in irgendeiner Art und Weise gewisse Nachwirkungen. Wir müssen deshalb zusätzlich unterscheiden zwischen Nutzenwirkungen und Kostenwirkungen, die sich unmittelbar aus dem Zweck eines ganz bestimmten Austauschs ergeben und solchen, die sich als Folgewirkung erst bei nachfolgenden Austauschen einstellen. Solche Folgewirkungen fassen wir zusammen als *Folgenutzen* und *Folgekosten* (für die an *diesem* Austausch Beteiligten).

Tabelle 4 zeigt die möglichen Quellen von Nutzen und Kosten für Anbieter und Käufer.

Käuferperspektive

Der *Käufer* erhält mit der vertraglich zugesicherten Leistung des Anbieters den Nutzen des Vertragsgegenstandes. Dieser ist der Beitrag des Produkts zur Problemlösung, d.h. zur Bewältigung der Aufgabe, derentwegen es beschafft wurde (Produktions-, Verwaltungs-, Logistikaufgaben etc.). „Produkt" ist hierbei im weitesten Sinne zu verstehen als die Gesamtheit der in der Übereinkunft festge-

[54] Diese Erkenntnis ist von dem englischen Nobelpreisträger *Ronald H. Coase* in die Markttheorie eingeführt worden: Coase 1937, S. 386–405. Vgl. insbesondere auch Williamson 1982, S. 267–284; Picot/Dietl (1990), S. 178–184.

legten Objekte (Hardware, Software, Dienstleistungen, Rechte). Das Produkt ist aus einer konsequenten Käuferperspektive also nicht das physische Objekt des Transfers, sondern der wahrgenommene Nutzen aus dem Vertragsgegenstand. Nicht die Maschine ist das Produkt aus Käufersicht, sondern die Verfügung über die Produktionskapazität; nicht die Beratung des Dienstleisters ist das Produkt, sondern die dadurch erworbene Fähigkeit, eine unternehmerische Situation besser meistern zu können.

Der Nutzen aus dem Vertragsgegenstand ist begründet durch die *Verfügungsrechte*, die erworben werden (Recht auf Nutzung, Recht auf Aneignung des Ertrages, Recht auf Veränderung der Substanz und Recht auf Veräußerung), also durch das Nutzenpotential des Produkts über seine gesamte Lebensdauer *(Lebenszeitnutzen)*. Das Produkt in diesem Sinne kann eine technische, eine ökonomische, eine soziale, eine juristische und eine psychologische Dimension haben. Es enthält auch eventuelle außervertragliche Leistungen des Anbieters, die den erwarteten Nutzen des Käufers mitbestimmen (z.B. Kulanzen).

Ein potentieller *Transaktionsnutzen* (Nutzen durch den Austausch als solchen) ergibt sich für den Käufer aus der Durchführung des Austauschs unabhängig vom Zustandekommen einer Übereinkunft.[55] Der Käufer sammelt Erfahrungen während des Beschaffungsvorganges für ein Investitionsgut. Er erwirbt Know-how vom Lieferanten durch die Beratung im Kaufprozeß, wodurch ihm z.B. die Kaufentscheidung erleichtert und beim Betrieb der Anlage geholfen wird. Zum Nutzen durch den Austausch als solchen gehören für den Käufer auch als positiv empfundene Gefühle, die durch eigene Aktivitäten oder Aktivitäten des Anbieters während des Austauschvorganges hervorgerufen werden und die zu einer Problemlösung beitragen. Die Anstrengungen des Anbieters während des Austauschs, die auf eine Erleichterung der Entscheidungsfindung des Käufers gerichtet sind (Beratung, Vergleich, Werbung, Besichtigung einer Referenzanlage, Probebetrieb etc.), können das Vertrauen des Käufers erhöhen und damit seine Beschaffungskosten senken. Man kann diese Wirkungen deshalb auch als Bestandteil des Transaktionsnutzens des Käufers ansehen.

Als drittes Element tritt der Nutzen aus Folgewirkungen des Austauschs *(Folgenutzen)* hinzu, wenn *zukünftige* Austausche in die Bewertung eines aktuellen Austauschs einfließen. Der Folgenutzen des Käufers besteht darin, daß durch den betrachteten Austausch zukünftige Geschäfte begünstigt werden. Dieses kann z.B. der Fall sein, wenn technische Gegebenheiten zukünftige Kaufentscheidungen erleichtern. Gerade im Investitionsgüter-Bereich spielt die technische Kompatibilität einer Systemkonfiguration im Betrieb des Käufers eine besondere Rolle. Bei Kaufentscheidungen ist regelmäßig zu prüfen, welche Auswirkungen heutige Investitionsentscheidungen auf zukünftige Investitionsentscheidungen

[55] *Bagozzi* weist auf die potentielle Existenz eines Austauschnutzens hin. Vgl. Bagozzi 1986, S. 92.

haben werden. Wenn sich z.B. ein Käufer für ein System entscheidet, das hochgradige Kompatibilität mit einem maximalen Spektrum zukünftiger Erweiterungen ermöglicht, so genießt er damit bei zukünftigen Investitionsentscheidungen größte Flexibilität und Sicherheit. Dieses Nutzenelement kann durchaus auch in Konkurrenz mit dem unmittelbaren Objektnutzen stehen. Wir erfassen es unter der Bezeichnung *„Sicherheit bei Folgekäufen"*.

Ein anderer Bestandteil des Folgenutzens ist ein potentieller Beitrag des betrachteten Austauschs zur *Vereinfachung zukünftiger Käufe*. Je komplexer die technisch-organisatorische Natur eines Austauschs ist, desto stärker wirken sich Erfahrungen aus vergleichbaren Geschäften mit diesem Partner auf die zukünftigen Austauschkosten aus. Dies liegt z.B. daran, daß Personen vertraut, Schnittstellen geklärt, Vertragsmuster bereits erprobt und Technologien bekannt sind. Allgemein können wir die Erfahrung mit dem Vertragsgegenstand und mit dem Vertragspartner als Ursache sinkender Transaktionskosten ansehen. Die Erfahrung wirkt sich insbesondere aus in

- vorhandener Information über den Marktpartner,
- der Routinisierung von Entscheidungsprozessen,
- dem Vertrauen gegenüber dem Partner,
- geklärten Technologie- und Nutzungskonzeptionen und
- geklärten Spezifikationen.

Dem Nutzen des Käufers stehen seine Kosten gegenüber. Betrachten wir die Kosten, die sich aus dem Vertragsgegenstand für den Käufer ergeben: Diese umfassen nicht nur den Kaufpreis, sondern die ganzen *Lebenszeitkosten*, d.h. auch die Implementierungskosten sowie alle nachfolgenden Betriebskosten einschließlich eventueller Entsorgungskosten, die der Käufer beim Erwerb des Investitionsgutes erwartet.

Die Transaktionskosten beim Käufer sind die gesamten auf die Erreichung und Kontrolle einer Übereinkunft gerichteten Anstrengungen. Dazu gehören der Einsatz menschlicher Arbeitskraft und die damit verbundenen Ressourcen, dazu gehören aber auch alle anderen Anstrengungen, die mit der Beschaffungsentscheidung und ihrer Kontrolle verbunden sind, insbesondere solche der Informationsbeschaffung und -verarbeitung zum Zwecke der *Risikoreduktion*. In Anlehnung an eine phasenorientierte Betrachtung des Austauschs lassen sich die Kosten durch den Austausch als solchen gliedern in[56]

- Kosten der Anbahnung der Transaktion (z.B. Informationssuche und -beschaffung über potentielle Austauschpartner und deren Konditionen),

[56] Vgl. Picot 1982, S. 270. Eine tiefergehende Gliederung nimmt *Albach* vor, der in Suchkosten, Anbahnungskosten, Verhandlungskosten, Entscheidungskosten, Vereinbarungskosten, Kontrollkosten, Anpassungskosten und Beendigungskosten gliedert. Vgl. Albach 1988, S. 1160.

- Kosten der Vereinbarung der Transaktion (z.B. Intensität und zeitliche Ausdehnung von Verhandlungen, Vertragsformulierung und Einigung),
- Kosten der Kontrolle der Transaktion (z.B. Sicherstellung der Einhaltung von Termin-, Qualitäts-, Mengen-, Preis- und evtl. Geheimhaltungsvereinbarungen) und
- Kosten der Anpassung der Transaktion (z.B. Durchsetzung von Termin- und Qualitätsänderungen sowie Mengen- und Preisänderungen aufgrund veränderter Bedingungen während der Laufzeit der Vereinbarung).

Kosten aus Folgewirkungen der Transaktion *(Folgekosten)* können für den Käufer ein erhebliches Gewicht bekommen. Wiederum spielt die technische Kompatibilität eine wichtige Rolle. Ein Käufer, der sich für ein System entscheidet, bindet sich damit auch für Folgegeschäfte an dieses System, er opfert mehr oder weniger viel *Freiheit* der Entscheidung bei zukünftigen Investitionen, was in der Bewertung des Opfers zu Buche schlägt. Der ökonomische Ausdruck für dieses Opfer sind die *Kosten des Lieferantenwechsels* im Falle der Unzufriedenheit.

Anbieterperspektive

Die Nutzen- und die Kostenelemente der Austauschrelation *aus Anbietersicht* sind spiegelbildlich zur Käuferseite zu sehen. Die Kategorien sind identisch.

Der Nutzen des Anbieters aus dem *Vertragsgegenstand* ist das Entgelt. Das *Entgelt* umfaßt alle vertraglich zugesicherten Leistungen des Käufers für den Anbieter (Kaufpreis sowie zusätzliche, auch nichtmonetäre Leistungen wie z.B. Know-how-Überlassung).

Der Nutzen des Anbieters aus dem *Austausch* als solchem umfaßt alle positiven Wirkungen, die direkt von dem Austausch ausgehen. Dazu gehören vor allem Know-how-Effekte in der Angebotserstellung bei neuartigen Problemlösungen sowie die Erweiterung der Marktkenntnis.

Der Nutzen des Anbieters aus Folgewirkungen der Transaktion kann vielfältige Formen annehmen, von denen wir die wichtigsten hervorheben wollen. Ein wichtiger potentieller Folgenutzen liegt in der Vertiefung und Verfestigung einer *Geschäftsbeziehung* mit dem aktuellen Kunden, was die Wahrscheinlichkeit von Anschlußaufträgen erhöht. Der Anbieter kann weiterhin z.B. aufgrund von Zusammenarbeit in der Anwendungsforschung mit Pilotanwendern (Lead Users) einen technologischen Nutzen haben, der für zukünftige Geschäfte erhebliche Konsequenzen hat. Wir erfassen den Nutzen aus der Vertiefung der Geschäftsbeziehung und aus der technologischen Kooperation mit dem Kunden als *Kooperationsnutzen*. Darüber hinaus spielen Erwartungen bezüglich zukünftiger Geschäfte mit anderen Partnern eine erhebliche Rolle für die Nutzenbestimmung. Von einem Austausch können nämlich erhebliche Ausstrahlungseffekte (Carry-

Over-Effekte) auf zukünftige Geschäfte mit gleichen und mit anderen Kunden ausgehen, insbesondere bei solchen, die mit

- Referenzkunden und
- Referenzprojekten

durchgeführt werden. Der zusätzliche Nutzen besteht jeweils in den Erfolgswirkungen zukünftiger Geschäfte, zurückzuführen auf den gegenwärtigen Auftrag. Wir erfassen diesen Teil des Folgenutzens als *Referenznutzen.*

Die Kosten des Anbieters aus der Bereitstellung des Vertragsgegenstandes umfassen alles, was er für die Entwicklung, Herstellung und Markteinführung des Produkts aufgewendet hat.

Die Transaktionskosten sind die Gesamtheit seiner Vertriebsanstrengungen für diesen Austauschvorgang. Wiederum lassen sich diese analog zu den Transaktionskosten des Käufers gliedern in

- Kosten der Anbahnung der Transaktion (z.B. Informationssuche und -beschaffung über potentielle Austauschpartner und deren Konditionen),
- Kosten der Vereinbarung der Transaktion (z.B. Intensität und zeitliche Ausdehnung von Verhandlungen, Vertragsformulierung und Einigung),
- Kosten der Kontrolle der Transaktion (z.B. Sicherstellung der Einhaltung von Termin-, Qualitäts-, Mengen-, Preis- und evtl. Geheimhaltungsvereinbarungen) und
- Kosten der Anpassung der Transaktion (z.B. Durchsetzung von Termin- und Qualitätsänderungen sowie Mengen- und Preisänderungen aufgrund veränderter Bedingungen während der Laufzeit der Vereinbarung).

Kosten des Anbieters aus *Folgewirkungen* der Transaktion können zu Buche schlagen, wenn aus einer Transaktion heute Verpflichtungen in der Zukunft erwachsen. Es können nämlich durchaus beim Käufer Erwartungen im Hinblick auf zukünftige Transaktionen geweckt werden, die in Zukunft zu Kosten führen. Das können z.B. Lagerkosten für Ersatzteile sein, das können Kosten für spätere Kulanzleistungen oder Leistungen im Zusammenhang mit Rahmenverträgen sein – immer ist die Gefahr von Folgekosten gegeben, wenn der Anbieter in der Erwartung zukünftiger Austausche bereit ist, Bindungen („Commitments") an seine Käufer einzugehen.[57] Solche Kosten treten dann entweder als Bereitschaftskosten oder als Kooperationskosten auf.

Tabelle 5 gibt noch einmal einen Gesamtüberblick über die Nutzen- und Kostenelemente des Austauschs aus der Sicht von Anbieter und Käufer.

---

[57] Vgl. Söllner 1993.

Tabelle 5. Nutzen- und Kostenelemente des Austauschs im Überblick

	Nutzenelemente		
	Nutzen aus dem Vertragsgegenstand	*Transaktionsnutzen*	*Nutzen aus Folgewirkugen des Austauschs*
Käufersicht	Nutzenbündel des Produkts	Know-how-Zuwachs Sicherheit	Sicherheit Kostensenkung
Anbietersicht	Entgelt	Know-how-Zuwachs	Referenznutzen Kooperationsnutzen
	Kostenelemente		
	Kosten aus der Bereitstellung des Vertragsgegenstandes	*Transaktionskosten*	*Kosten aus Folgewirkungen des Austauschs*
Käufersicht	Kaufpreis Betriebskosten	Beschaffungskosten	Lieferantenwechselkosten
Anbietersicht	Herstellkosten	Vertriebskosten	Bereitschaftskosten Kooperationskosten

1.2.3 Erste Bedingung für das Zustandekommen der Transaktion

Wir sind mit den beschriebenen Nutzen- und Kostenelementen des Austauschs sowie aufgrund der Definition der Austauschrelation in der Lage, für die beiden Austauschpartner Anbieter (*A*) und Käufer (*K*) die Voraussetzungen für das Zustandekommen der Transaktion zu beschreiben. Wir können uns das Bild einer Waage vorstellen, das recht plastisch die Beurteilungsperspektive eines Partners in der Austauschsituation beschreibt. Jeder gibt etwas (linke Seite der Waage), jeder erhält etwas (rechte Seite) und jeder möchte gerne mehr erhalten - oder mindestens nicht weniger - als er gibt. Die Voraussetzung für das Zustandekommen einer Transaktion aus der Sicht des Käufers ist, daß sich die Waage in seiner *subjektiven* Wahrnehmung und Gewichtung nach rechts neigt, d.h. daß die Austauschrelation als Verhältnis von aus dem Austausch *erwartetem* Nutzen und *erwarteten* Kosten größer als eins ist. Wir definieren als erste Voraussetzung für das Zustandekommen der Transaktion aus Käufersicht, daß die Austauschrelation größer als eins ist.

Bedingung 1a.
Die Austauschrelation aus Käufersicht muß größer als eins sein!

$$V_K = \frac{\text{Nutzen}_K}{\text{Kosten}_K} > 1$$

Leseprobe:
V_K ist in den Augen des Käufers der Wert der Austauschrelation, die der Anbieter A ihm anbietet. Sie setzt sich zusammen aus dem $Nutzen_K$, d.h. dem erwarteten Nutzen, den der Käufer dem von dem Anbieter Erhaltenen beimißt und den $Kosten_K$, d.h. dem erwarteten Wert des an den Anbieter Hergegebenen sowie der durch den Austausch verursachten Kosten.

Offenkundig wird *auch der Anbieter* nur dann zum Vertragsabschluß bereit sein, wenn der aus dem Austausch erwartete Nutzen die erwarteten Kosten übersteigt, d.h. wenn auch er eine Austauschrelation realisieren kann, bei der das Verhältnis von Nutzen und Opfer größer als (oder mindestens gleich) eins ist. In diesem Sinne stellt der Anbieter analog dieselben Überlegungen wie der Käufer an.[58]

Bedingung 1b.
Die Austauschrelation aus Anbietersicht muß größer als eins sein!

$$V_A = \frac{\text{Nutzen}_A}{\text{Kosten}_A} > 1$$

Leseprobe:
V_A ist in den Augen des Anbieters A der Wert der Austauschrelation, die der Käufer K ihm anbietet. Sie setzt sich zusammen aus dem $Nutzen_A$, d.h. dem erwarteten Nutzen, den der Anbieter dem von dem Käufer Erhaltenen bzw. Erwarteten beimißt und den $Kosten_A$, d.h. dem erwarteten Wert des an den Käufer Hergegebenen sowie der durch den Austausch verursachten Kosten.

Beide Seiten streben danach, mindestens ein Gleichgewicht zwischen (umfassend definierten) Kosten und (umfassend definiertem) Nutzen in der Austauschrelation herzustellen, das heißt, jeder will mindestens so viel erhalten wie er gibt: Wir gehen von der Verhaltensannahme aus, daß Geben und Nehmen in einem direkten Bewertungszusammenhang stehen.[59] Würden nicht beide Parteien eine Austauschrelation von größer als eins erwarten, so käme gar keine Transaktion zustande: Es erscheint plausibel, daß niemand ohne weiteres in eine Übereinkunft einwilligt, bei der er sich (subjektiv) verschlechtert. Daß aber eine Relation größer eins für *beide* Partner gleichzeitig realisierbar ist, mag auf den ersten Blick unmöglich erscheinen. Der scheinbare Widerspruch löst sich jedoch auf, wenn man bei der Betrachtung der Komponenten der Bedingung 1a und 1b die *subjektive Sichtweise* und den subjektiven Informationsunterschied von Anbieter und Käufer unterscheidet.

---

[58] Bei den im folgenden darzustellen Bedingungen des Zustandekommens einer Transaktion wird jeweils nur die Käuferperspektive dargestellt. Die analoge Formulierung für den Anbieter ist immer spiegelbildlich dieselbe.

[59] *Barnard* und in seinem Gefolge insbesondere *March* und der Nobelpreisträger *Simon* bezeichnen dieses Verhalten als Streben nach einem „Anreiz-Beitrags-Gleichgewicht" – Jede Partei will nicht mehr Beiträge („contributions") leisten als sie mindestens an Anreizen („inducements") erhält. Vgl. Barnard 1938, S. 139-160; March/Simon 1976, S. 81.

Was der Anbieter als Kosten für die Transaktion auf sich nimmt, ist zumeist *nicht* gleichbedeutend mit dem Nutzen, den der Käufer zu empfangen erwartet und umgekehrt. Bewertungen sind subjektiv, d.h. *ziel- und situationsabhängig* und stehen unter dem Einfluß unsicherer Prognosen über das tatsächliche Ergebnis des Austauschvorgangs. Die Bewertungen der Marktparteien sind deshalb nicht objektivierbar. Daraus folgt, daß eine Partei möglicherweise aus ihrer Sicht vergleichsweise geringe Kosten hat für eine Leistung, deren Erlangung der anderen Partei in ihrer Sicht einen vergleichsweise hohen Nutzen stiftet. Auch der gegenteilige Fall ist denkbar, daß einer Seite in ihrer Sicht vergleichsweise hohe Kosten entstehen, die sich auf der anderen Seite in deren Sicht in vergleichsweise geringen Nutzen umsetzen.[60] Ein einfaches Beispiel soll die Asymmetrie von Kosten einerseits und Nutzen andererseits illustrieren:

Beispiel:
Als der Verfasser auf einem Trödelmarkt in Berlin nach jahrelangem Suchen die passende Türklinke für eine 80 Jahre alte Tür bei sich zu Hause fand, war er sehr froh. Das Ding sah zwar völlig verrottet aus, aber es würde nach einigem Polieren sicherlich in altem Glanz erscheinen und die Tür endlich wieder vervollständigen. „100 Mark" sagt der Verkäufer. – „Das kann doch nicht Ihr Ernst sein! Die haben Sie doch in irgendeinem abbruchreifen Haus gefunden," war seine Antwort. Er war sicher, daß der Verkäufer gar nichts dafür bezahlt hatte.

Der Leser kann die Logik dieser Situation leicht rekonstruieren. Der Verfasser hat die Türklinke gekauft. Was wir daraus lernen? Daß das Opfer des Verkäufers (Beschaffung bzw. Entwicklung, Herstellung, Vertrieb) ursächlich nichts, aber auch gar nichts zu tun hat mit dem Nutzen des Objekts für den Käufer. Der Vorteil des Käufers ergibt sich aus dem Vergleich mit Alternativen im Hinblick auf die angestrebte Problemlösung und nicht aus den Kosten des Verkäufers (die Alternativen in diesem Fall waren für den Käufer „keine Türklinke" oder „Weitersuchen").

---

[60] Ein Austausch ist also kein „Nullsummen-Spiel". Diese Tatsache hat weitreichende Konsequenzen für das Marketing, die hier nur angedeutet werden können. Um eine aus der Sicht des Anbieters vorteilhafte Austauschrelation zu erreichen, ist es nicht nur wichtig, eine positive Bewertung des Austauschgegenstands sowie den Vollzug des Austauschs beim Nachfrager zu erreichen, sondern es ist ebenso wichtig, das dafür zu erbringende Opfer möglichst gering zu halten. Offensichtlich existieren hier erhebliche Gestaltungsspielräume für den Anbieter (wie auch für den Nachfrager). Das Regulativ ist das Wirtschaftlichkeitsprinzip: Das Verhältnis von erreichter Wirkung zu geleistetem Einsatz soll möglichst günstig gestaltet werden. Ebenso wie in der Produktion, wo wir eine Input-Output-Relation zwischen Einsatzfaktoren und Produktionsergebnis als Produktionsfunktion beschreiben (vgl. Gutenberg 1983, S. 9), können wir also im Marktprozeß eine „Verkaufsfunktion" definieren, die eine Input-Output-Relation von geleistetem Opfer und dadurch erreichter Wirkung bei dem Marktpartner beschreibt. Insofern wird nicht nur die Produktion, sondern auch der Verkauf theoretisch durch eine Produktivitätsbeziehung beschrieben. Diese Sichtweise legt allerdings eine andere Abgrenzung des Untersuchungsobjektes zugrunde. Während bei *Gutenberg* das Unternehmen das Objekt wissenschaftlicher Analyse ist, steht hier die Beziehung zwischen anbietendem und kaufendem Wirtschaftssubjekt im Vordergrund.

Die an einem Austauschprozeß Beteiligten unterscheiden sich nicht nur hinsichtlich ihrer Ziele und ihrer aktuellen Entscheidungssituation, sondern sie verfügen auch - von Fall zu Fall differierend - über einen unterschiedlichen Informationsstand. Der Käufer kann die Situation und die Zielsetzung des Anbieters nur unvollständig einschätzen und umgekehrt. Gerade bei komplexen Austauschen im Bereich der Investitionsgütermärkte können wir häufig beobachten, daß Anbieter technologischer Güter einen Wissensvorsprung bei der Technologiekonzeption besitzen, wohingegen bezüglich der Nutzungskonzeption eher die Käufer einen Wissensvorsprung aufweisen.[61]

Diese *Asymmetrie der Information*[62] trägt zusätzlich dazu bei, daß der Austauschprozeß kein Nullsummenspiel ist. Die unterschiedlichen Bewertungen von Nutzen und Opfer in den Austauschrelationen sind die Grundlage des Marktprozesses und damit eine der Grundlagen der Marktwirtschaft überhaupt.

Um das Zustandekommen einer Transaktion nicht nur zu beschreiben, sondern auch zu erklären, werden Aussagen über den Zusammenhang zwischen dem, was der Anbieter gibt, und dem, was der Käufer an Nutzen erfährt, benötigt (und umgekehrt). Wir können die Problematik der asymmetrischen Bewertung auf Anbieter- und Käuferseite wie folgt zusammenfassen.

1. Alles, was *A* gibt, ist *potentiell* von Nutzen für *K* (und umgekehrt).
2. *Nicht alles*, was *A* gibt, ist von Nutzen für *K* (und umgekehrt).
3. Was für *K* von Nutzen ist, entscheidet *K*, was für *A* von Nutzen ist, entscheidet *A*.
4. Vieles von dem, was *A* absichtlich tut, merkt *K* nicht und bewertet es deshalb nicht (und umgekehrt).
5. Vieles von dem, was *A* unabsichtlich tut, merkt und bewertet *K* (und umgekehrt).
6. Der Zusammenhang zwischen den Kosten von *A* und dem Nutzen von *K* ist selten proportional. Der Zusammenhang zwischen den Kosten von *K* und dem Nutzen von *A* ist ebenfalls selten proportional. Einiges von dem, was *A* oder *K* tun, um der Gegenseite einen Nutzen zu stiften, führt sogar dort in Wirklichkeit zu einem Schaden.

Abbildung 11 zeigt noch einmal bildlich die möglichen Zusammenhänge. Der Verlauf (*a*) zeigt eine Proportionalität zwischen Kosten des Anbieters und Nutzen des Käufers. Verlauf (*b*) zeigt eine Sättigungskurve, der Verlauf (*c*) eine Sätti-

[61] Vgl. Gemünden 1981, S. 30 f.

[62] Asymmetrie der Information heißt, daß der Auftraggeber („Prinzipal") weniger Information über den relevanten Sachverhalt hat als der Auftragnehmer („Agent"). Der Principal-Agent-Ansatz in der Wirtschaftstheorie (Agency-Ansatz) geht explizit von der Informationsasymmetrie zwischen Auftraggeber und Auftragnehmer aus und interpretiert die Vertragsbeziehungen der Parteien vor dem Hintergrund jeweils egoistischer bzw. opportunistischer Verhaltensannahmen, vgl. Spremann 1987, S. 3-37.

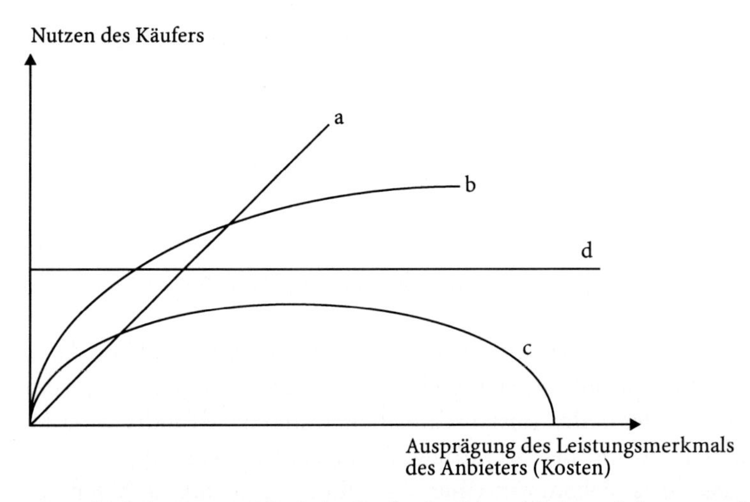

Abb. 11. Hypothetische Nutzenverläufe des Käufers in Abhängigkeit von Leistungsmerkmalen

gungskurve mit Maximum, die in ihrem weiteren Verlauf steil abfällt und sogar ins Negative übergeht. Verlauf (*d*) schließlich zeigt völlige Unabhängigkeit des Käufernutzens gegenüber einer Variation der Leistung von *A*.

1.2.4 Die zweite Bedingung für das Zustandekommen der Transaktion

Wir haben in Abschnitt 1.2.3 die erste Bedingung für das Zustandekommen der Transaktion kennengelernt. Sie besagt, daß niemand freiwillig in eine Vereinbarung einwilligen wird, bei der er sich – unter Einbeziehung aller zu erwartenden Nutzen- und Kostenwirkungen – verschlechtert. Eine Erklärung des Zustandekommens der Transaktion ist allerdings erst möglich, wenn weitere Bedingungen erfüllt sind. Sie ergeben sich aus dem Umstand, daß die Transaktion nicht isoliert steht, sondern daß sowohl der Käufer als auch der Anbieter Vergleichsmaßstäbe anwenden, die wir zur Erklärung des Zustandekommens der Transaktion zu berücksichtigen haben.

Der Käufer (so wie auch der Verkäufer) *bewertet* die als erreichbar angesehene Austauschrelation, d.h. es werden nicht nur Kosten- und Nutzenelemente bewertet und ins Verhältnis gesetzt, sondern die als erreichbar angesehene Austauschrelation wird gegen ein *Anspruchsniveau* verglichen. Ein solches subjektives Anspruchsniveau des Entscheiders nennen wir in Anlehnung an *Thibaut* und *Kelley* den „Comparison Level (*CL*)".[63] Der *Comparison Level* bildet einen *Vergleichsmaßstab*, der sich aus den Erfahrungen des Entscheiders in der Vergan-

[63] Vgl. Thibaut/Kelley 1986, Kapitel 2.

genheit sowie aus seiner Kenntnis von Alternativen in der Entscheidungssituation ergibt, d.h. aus all dem, was er weiß und was er meint – allgemein gesagt, er beschreibt das, was der Entscheider (Käufer, Anbieter) für „fair", für „richtig", für „angemessen" oder „realistisch" hält. Wir setzen als Bedingung für das Zustandekommen der Transaktion, daß der (aus der Sicht des Käufers *K* bestimmte) Wert V_K der Austauschrelation, die *A* anbietet, größer oder gleich dem Comparison Level des Käufers *K* ist. Andernfalls wird er – ohne weitere Annahmen – der Übereinkunft nicht zustimmen.

Bedingung 2.
Die Austauschrelation muß das Anspruchsniveau erfüllen!

$$V_K \geq CL$$

wobei

$$V_K = \frac{\text{Nutzen}_K}{\text{Kosten}_K}$$

CL = Bewertungsmaßstab für V_K

Der Vergleichsmaßstab *CL* wird determiniert durch die Ansprüche und Erwartungen des Käufers bzw. des Anbieters. Abgeleitet werden die Ansprüche aus Erfahrungen mit vergangenen Austauschen sowie insbesondere durch die Verfügbarkeit von wahrgenommenen Alternativen. Wenn die Transaktion unter dem Einfluß von *Alternativen* steht, nennen wir eine solche Situation Wettbewerb. Die bisher als Dyade analysierten Parteien *A* und *K* sind ja durchaus nicht allein auf der Welt, sie konkurrieren vielmehr bezüglich ihrer auf den Austausch gerichteten Interessen mit den *Interessen anderer Marktteilnehmer*. Bei einem Austausch zwischen Anbieter und Käufer tritt unter dem Bedingungsrahmen der Marktwirtschaft nämlich regelmäßig noch eine dritte Partei hinzu, das ist der Wettbewerber des Anbieters (*AW*) bzw. der Wettbewerber des Käufers (*KW*). Transaktionen unter marktwirtschaftlichen Bedingungen sind demnach Übereinkünfte, die unter Wettbewerbseinflüssen zustande kommen. Es geht nicht mehr nur um das Erreichen von wechselseitig akzeptablen Austauschrelationen, sondern eine Seite muß sich in dem Bemühen um das Gelingen des Austauschprozesses gegen eine konkurrierende Partei durchsetzen. Dieser Umstand verändert naheliegenderweise das Austauschverhalten der beteiligten Parteien.[64]

[64] Transaktionen sind nicht immer Markttransaktionen. Vielmehr ist eine Transaktion in ihrer allgemeinen Definition als Übereinkunft zwischen zwei Parteien über das zu Gebende und das zu Erhaltende auch dann gegeben, wenn zwei Parteien ohne marktlichen Austausch zu Übereinkünften gelangen. Das ist z. B. in Arbeitsbeziehungen der Fall, wenn eine Partei *A* einen Auftrag an Partei *B* erteilt, der von *B* im Rahmen des Arbeitsverhältnisses ausgeführt wird.

Definition 7. Markttransaktion
Markttransaktion wird definiert als Ergebnis des Wettbewerbs unter den Anbietern und den Käufern die Übereinkunft zwischen einem Anbieter und einem Käufer über das zu Gebende und das zu Erhaltende.

Die zweite Bedingung für das Zustandekommen des Austauschs läßt sich demnach also auch so formulieren:

- Für *A* stellt sich in dieser Marktsituation keine bessere Alternative *und*
- für *K* stellt sich in dieser Marktsituation keine bessere Alternative.

Der Käufer vergleicht das Angebot des Anbieters *A* mit jedem anderen von ihm in Betracht gezogenen Anbieter $AW_1, AW_2, ..., AW_i, ..., AW_n$. Der Anbieter vergleicht das Angebot des Käufers K mit jedem anderen von ihm in Betracht gezogenen Käufer KW_1, KW_2, ..., KW_i, ..., KW_m. Die Bedingung 1 muß also auf *jeden* relevanten potentiellen Partner im Austauschprozeß angewendet werden. Der Anbieter und der Käufer prüfen in der Austauschbeziehung ständig nicht nur diesen Partner, sondern sie beginnen parallel Austauschaktivitäten mit anderen Partnern und vergleichen die jeweiligen Austauschrelationen.

Der *Vergleichsmaßstab CL* des Käufers für eine gegebene Austauschbeziehung mit dem Anbieter *A* ist die Austauschrelation mit dem *besten alternativen* Anbieter *AW*. Die Bedingung, die wir für die Bereitschaft des Käufers zur Übereinkunft formulieren, ist, daß der betrachtete Anbieter *A* eine Austauschrelation anbieten muß, die gegenüber dem besten alternativen Anbieter überlegen ist. Unter Berücksichtigung von Kosten und Nutzen der Austauschrelation, die sich unter gewissen Annahmen gegeneinander aufrechnen lassen[65], ergibt sich also Bedingung 2 für das Zustandekommen der Markttransaktion aus Käufersicht.

Bedingung 2a (Käufersicht).

$$V_{K/A} > V_{K/AW} \Leftrightarrow \frac{\text{Nutzen}_{K/A}}{\text{Kosten}_{K/A}} > \frac{\text{Nutzen}_{K/AW}}{\text{Kosten}_{K/AW}}$$

Leseprobe:
Das Verhältnis von erwartetem Nutzen und erwarteten Kosten im Austausch mit dem Anbieter *A* muß größer sein als das entsprechende Verhältnis mit dem Anbieter *AW*.

Entsprechend ist die Bedingung 2 für den Anbieter zu formulieren. Auch er wird, wenn er aufgrund der Marktsituation dazu in der Lage ist, Vergleichsmaßstäbe

[65] Die Frage, ob sich die einzelnen Nutzen- und Kostenkomponenten miteinander linear verknüpfen lassen, wird hier übergangen. Es geht an dieser Stelle nicht um die Messung von Nutzen- und Kostenelementen, sondern um die Verdeutlichung der Struktur der Übereinkunft. Deshalb sollte die algebraische Notation nicht verwirren.

entwickeln, die ihn in die Lage bringen, den für ihn günstigsten Käufer auszuwählen. Bedingung 2 lautet dann wie folgt.

Bedingung 2b (Anbietersicht).

$$V_{A/K} > V_{A/KW} \Leftrightarrow \frac{\text{Nutzen}_{A/K}}{\text{Kosten}_{A/K}} > \frac{\text{Nutzen}_{A/KW}}{\text{Kosten}_{A/KW}}$$

Leseprobe:
Das Verhältnis von erwartetem Nutzen und erwarteten Kosten im Austausch mit dem Käufer *K* muß größer sein als das entsprechende Verhältnis mit dem Käufer *KW*.

1.2.5 Fazit

Jeder Teilnehmer an einem Austauschprozeß ist sowohl Geber als auch Empfänger. Der Wert des Empfangenen wird durch den Empfänger definiert, der Wert des Gegebenen durch den Geber. Übersteigt jeweils der Wert des Empfangenen den Wert des Gegebenen, so ist in bezug auf die beiden beteiligten Parteien insgesamt eine Mehrung des Wohlstands eingetreten. Wenn dieses für beide Seiten gilt, ist damit die erste Voraussetzung für eine Transaktion gegeben (Bedingung 1).

Damit eine Markttransaktion zustande kommt, müssen sowohl der Käufer als auch der Verkäufer in dieser Situation keine bessere Gelegenheit finden können oder finden wollen (Bedingung 2).

Generell wollen wir festhalten: Niemand kann erfolgreich am Marktgeschehen teilnehmen, der nicht anderen ein Geschäft (eine Austauschrelation) anzubieten hat, das für diese von Vorteil ist. Das gilt für Unternehmen ebenso wie für Arbeitnehmer, es gilt für Kapitaleigner, für Grundbesitzer, es gilt schlechthin für alle Menschen und alle Organisationen, soweit sie sich auf Märkten betätigen.

Betrachten wir noch einmal Hans im Glück:

a) Hans kommt im Laufe seiner kurzen Reise fünfmal mit verschiedenen Austauschpartnern zu Transaktionen, d.h. zu Übereinkünften über das zu Gebende und das zu Erhaltende: Der Pferdeverkäufer akzeptiert Pferd gegen Gold, Hans akzeptiert Gold gegen Pferd usw. Die Folge ist der wechselseitige Transfer von Verfügungsrechten – Hans übereignet den Goldklumpen, der Pferdebesitzer das Pferd usw.

b) Alle Transaktionen, auf die Hans sich eingelassen hat, beruhten auf freien Entscheidungen der jeweils Beteiligten. Hans bestimmte in jeder Austauschsituation aufs neue, was für ihn subjektiv der Wert des Hergegebenen und der des Erworbenen war (so wie es sicherlich auch seine Austauschpartner taten). In jedem einzelnen Fall empfand er den subjektiv erwarteten Nutzen höher als die erwarteten Kosten. Hans hat in jedem Fall subjektiv erfolgreich getauscht (das erkennt man auch an seinen glücklichen Gefühlen jeweils kurz nach dem Tausch).

c) Offenkundig verfolgt Hans eine bestimmte Methode der Entscheidungsfindung: Er handelt allein nach dem Prinzip der Bedingung 1, d.h. es genügt in jedem Fall, daß der Wert des Erworbenen ihm höher erscheint als der Wert des Hergegebenen. Hans hat keine Vergleichsmaßstäbe, d.h. er beurteilt die ihm angebotenen Austauschrelationen nicht gegen früher gemachte Erfahrungen. Er vergleicht die ihm angebotenen Austauschrelationen auch nicht gegen einen Vergleichsmaßstab, der sich aus der Existenz von Alternativen ergibt, wie wir nach Bedingung 2 eigentlich erwarten müßten, d.h. er fragt nicht danach, ob andere Marktteilnehmer eine ähnliche Austauschrelation akzeptieren würden bzw. ob andere Marktteilnehmer ihm eine günstigere Austauschrelation anbieten würden.

Und noch ein Hinweis. Wir haben den komplexen Austausch kennengelernt und wissen, daß in der Realität zumeist mehr als drei Parteien an einem Austausch beteiligt sind und daß je Partei häufig mehr als eine Person den Prozeß der Entstehung einer Übereinkunft beeinflußt. Daraus ergibt sich die Konsequenz, daß die Bedingungen, die wir für das Zustandekommen der Markttransaktion formuliert haben, im konkreten Fall für *jede beteiligte Partei* und dabei wiederum für *jede beteiligte Person* formuliert werden müssen. Dabei müssen zusätzlich zeitliche Verbundeffekte berücksichtigt werden. Will man also die Gestaltung und Beeinflussung von Markttransaktionen zum Gegenstand der Untersuchung machen – und nichts anderes versucht die Lehre vom Marketing-Management –, eröffnet sich für den Forscher wie für den Praktiker ein Feld von großer Komplexität.

1.3 Marktprozeß und Unternehmertum

Nachdem wir den einfachen, den erweiterten und den komplexen Austausch sowie die Voraussetzungen für das Zustandekommen der Markttransaktion kennengelernt haben, soll der Blick nunmehr von dem einzelnen Austauschvorgang bzw. der einzelnen Transaktion auf das Marktgeschehen als ganzes gerichtet werden. Die einzelne Markttransaktion entsteht nicht für sich allein betrachtet, sondern sie ist auf vielfältige Weise mit anderen Markttransaktionen direkt oder indirekt verknüpft. Indem sich ein Käufer für den Anbieter *A* entscheidet, entscheidet er sich gleichzeitig gegen *AW*, indem der Anbieter sich dem Käufer *K* zuwendet, wendet er sich von *KW* ab usw. Die Interdependenz der Einzeltransaktionen entsteht durch das konkurrierende Interesse der beteiligten Partner, das wir Wettbewerb nennen. Im Hinblick auf die einzelne Transaktion haben wir das Prinzip bereits kennengelernt, in diesem Abschnitt wird die Perspektive erweitert und der Wettbewerb als Prozeß dargestellt, indem vor allem die Lerneffekte der Käufer aufgrund von Fehlentscheidungen zur Erklärung des Geschehens herangezogen werden. Dabei steht die besondere Rolle des „Unternehmers" als Aufspürer von Gewinngelegenheiten im Mittelpunkt. Es wird deutlich, welche Rolle das Wissen der Marktbeteiligten für den Ablauf des Marktprozesses hat.

Der Markt ist die Gesamtheit von Akteuren, die zusammenkommen, um durch Austausch Vorteile zu erreichen. Das Marktgeschehen ist als ein Prozeß zu begreifen, der niemals aufhört. Dieser Prozeß ist die Gesamtheit der Austauschbemühungen und Markttransaktionen. Zum Zwecke einer Analyse dieses Prozesses betrachten wir gedanklich einen zeitlichen Ausschnitt des Marktgeschehens. Wir definieren vorläufig den Marktprozeß als die Gesamtheit der Austauschbemühungen und Markttransaktionen sowie ihrer Auswirkungen in einer Periode (Tag, Monat, Jahr).

Um den Mechanismus des Wettbewerbs zu veranschaulichen, ist es hilfreich, sich den Markt abstrakt als eine *Veranstaltung* vorzustellen, die täglich als neue „Runde" stattfindet und zu der jeder (Personen oder Organisationen) als Anbieter und/oder Käufer Zutritt hat. Jeder, der zu dieser Veranstaltung kommt, sucht nach vorteilhaften Austauschrelationen und tritt deshalb in Austauschprozesse ein, die entweder zu einer Markttransaktion führen oder abgebrochen werden. Eine Markttransaktion ist – wie in Abschnitt 0 definiert – gegeben, wenn es zu einer Übereinkunft von mindestens zwei Parteien kommt.

Die einzelnen Markttransaktionen sind nicht unabhängig voneinander, vielmehr beeinflussen sie sich auf vielfältige Weise untereinander. Dies kommt u.a. daher, daß jeder Marktbeteiligte, um erfolgreich zu sein, die Ziele und das Verhalten anderer Marktteilnehmer (Wettbewerber auf derselben Marktseite und Beteiligte auf der Marktgegenseite) in seine Überlegungen einbeziehen und dafür ständig Informationen über die anderen Marktteilnehmer einholen muß. *Trotzdem bleiben seine Informationen notgedrungen immer unvollständig*, so daß Irrtümer und Fehlentscheidungen entstehen, die sich in schlechten Ergebnissen niederschlagen (z.B. zu teuer gekauft oder zu billig verkauft). Diese Fehler können in der nächsten „Runde" des Marktprozesses revidiert werden. Da alle Marktteilnehmer dies tun, besteht in der nächsten „Runde" wiederum eine beträchtliche Wahrscheinlichkeit, daß neben richtigen Entscheidungen auch falsche Entscheidungen getroffen werden. So setzt sich der Prozeß fort, den wir als einen *Suchprozeß* ansehen müssen, *der für alle Beteiligten niemals aufhört.*[66] Da sich alle Marktteilnehmer an diesem Prozeß beteiligen, produziert der Markt das

[66] *Hayek*, der österreichische Nobelpreisträger für Wirtschaftswissenschaft, beschreibt den Marktprozeß als „Verfahren zur Entdeckung von Tatsachen, die ohne sein Bestehen entweder unbekannt bleiben oder zumindest nicht genutzt werden würden." Hayek 1968, S. 3.

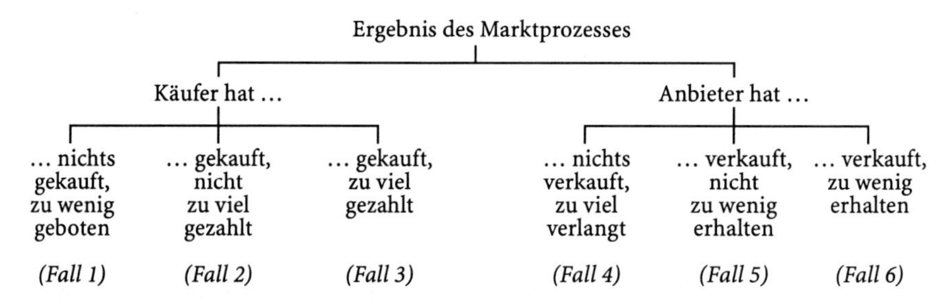

Abb. 12. Ergebnis des Marktprozesses

Wissen, das Anbieter wie Nachfrager für ihre Pläne benötigen: „[...] die ganze Organisation des Marktes dient hauptsächlich der Verbreitung der Informationen, nach denen der Käufer handeln soll."[67] Die unvermeidbare Unvollkommenheit menschlicher Kenntnis und die daraus folgende Notwendigkeit eines Prozesses, durch den die Kenntnis ständig vermittelt und erworben wird,[68] bilden den Ausgangspunkt zur Erklärung des Marktprozesses. Durch diese Betrachtungsweise wird offenbar, daß der Markt ein höchst effizienter und effektiver Mechanismus zur Vermittlung von Informationen ist, gleichsam „eine Art Maschinerie zur Registrierung von Veränderungen"[69]

Kirzner hat diese Vorgänge sehr plastisch beschrieben. Er konstruiert zum besseren Verständnis des Marktprozesses zunächst einen rein fiktiven (gedachten) Markt aus Verkäufern und Käufern, in welchem alle vorhandenen Teilnehmer nicht in der Lage sind, den Marktprozeß zu überschauen und aus ihrer Markterfahrung zu lernen, d.h. sie treffen ihre Entscheidungen immer wieder auf dieselbe Weise und nutzen die Erfahrungen aus Fehlern nicht. Sechs mögliche Ausgänge kann in diesem Modellfall *Kirzners* der Marktprozeß haben (vgl. Abb. 12):[70]

- *Fall 1:* Es gehen Käufer, die kaufen wollten, mit leeren Händen nach Hause, weil sie nicht genügend hohe Preise geboten haben. Sie haben nicht gelernt, daß man andere Käufer überbieten muß.
- *Fall 2:* Es gehen Käufer nach Hause, die gekauft haben und nicht zuviel gezahlt haben.
- *Fall 3:* Es gehen Käufer nach Hause, die zwar gekauft haben, aber die nicht entdeckt haben, daß sie dieselben Güter auch billiger hätten erwerben können.

[67] Hayek 1976, S. 127.

[68] Hayek 1976, S. 121.

[69] Hayek 1976, S. 115.

[70] Vgl. Kirzner 1978, S. 11.

- *Fall 4:* Es gehen Verkäufer, die verkaufen wollten, mit unverkauften Gütern oder Ressourcen nach Hause, weil sie zu hohe Preise verlangt haben. Sie haben nicht gelernt, daß sie andere Verkäufer unterbieten müssen, wenn sie verkaufen wollen.
- *Fall 5:* Es gehen Verkäufer nach Hause, die verkauft haben und nicht zu wenig erhalten haben.
- *Fall 6:* Es gehen Verkäufer nach Hause, die zwar verkauft haben, aber nicht entdeckt haben, daß sie ihre Güter oder Ressourcen auch teurer hätten verkaufen können.[71]

Offenkundig sind in diesem Modellfall nur die Ausgänge 2 und 5 planmäßig verlaufen. In allen vier anderen Fällen haben die Marktteilnehmer ihre Ziele nicht erreicht, weil sie (ohne es zu bemerken) irgendetwas falsch gemacht haben. Unter den gesetzten Prämissen dieses fiktiven Modellfalls sehen wir aus diesem Grunde einen Markt vor uns, in dem es bei den Fällen 1, 3, 4 und 6 erkennbar *Gelegenheiten zur Gewinnerzielung* gibt: Stellen wir uns vor, daß ein lernfähiger und findiger neuer Marktteilnehmer in diesen Markt, in dem niemand lernt, eintritt. Der findige neue Marktteilnehmer würde sofort entdecken, daß einige Teilnehmer zu teuer einkaufen und andere zu billig verkaufen. Also würde er bei denen kaufen, die noch nicht gemerkt haben, daß sie zu billig verkaufen (Fall 6) und an die verkaufen, die noch nicht gemerkt haben, daß sie zu teuer einkaufen (Fall 3). Das Resultat wäre ein *Gewinn*, allein zurückzuführen auf die Lernunfähigkeit der anderen Marktteilnehmer sowie auf seine Fähigkeit zum Aufspüren der Gelegenheiten. Der neue Marktteilnehmer wird für seine Findigkeit durch den Gewinn belohnt. Dieser besteht in der Differenz zwischen Verkaufspreis und Einkaufspreis (Arbitrage). Würde die Lernunfähigkeit bestehen bleiben, dann wäre der Gewinn auf Dauer garantiert.

Nun verlassen wir das fiktive Beispiel. Käufer und Verkäufer sind in einem realen Markt ja *tatsächlich* lernfähig. Sie sammeln Erfahrungen aufgrund ihrer eigenen Aktionen am Markt, sie entdecken z.B., daß sie zu teuer eingekauft oder zu billig verkauft haben, sie beobachten, was andere Marktteilnehmer tun und können sich daran orientieren. Damit müßten eigentlich die Gewinngelegenheiten in *Kirzners* Modellmarkt verschwinden. Das tun sie auch – aber mit einer Zeitverzögerung: *der Lernprozeß der Marktteilnehmer in tatsächlichen Märkten braucht Zeit.* Es bleibt also auch in tatsächlichen Märkten *temporär* bei dem Auftreten von Gewinngelegenheiten. Immer wieder tun sich aufgrund der Unsicherheit der Pläne und aufgrund von Verschiebungen in den Plänen und Er-

[71] Wohlgemerkt, wir benutzen diese Modellvorstellung *Kirzners*, um einen Gedanken zu formulieren und nicht, um die ganze Wirklichkeit zu beschreiben. Man kann sich noch weitere Friktionen vorstellen, z. B. daß Verkäufer nach Hause kommen, die noch mehr hätten verkaufen können – sie lernen nicht, daß sie mehr produzieren müssen usw.

wartungen der Marktbeteiligten Gelegenheiten zur Gewinnerzielung auf, aber sie vergehen – manchmal sehr schnell, machmal auch recht langsam.

Diejenigen Marktteilnehmer, die die *Findigkeit* zum Aufspüren von Gewinngelegenheiten aufweisen, nennt *Kirzner* „Unternehmer". Der Unternehmer im hier beschriebenen theoretischen Zusammenhang wird nicht im alltagssprachlichen Sinn, sondern als Inhaber einer *Rolle* verstanden – eben der Rolle des Aufspürers von Gewinngelegenheiten. Der „Unternehmer" ist durch seine Findigkeit und durch seine Schnelligkeit zu charakterisieren. Er findet Gelegenheiten, und zwar vor allen anderen, die vielleicht auch ein Interesse daran hätten, aber nicht findig und nicht schnell genug sind. Das impliziert eben auch, daß „Unternehmer" diejenigen Figuren im Marktgeschehen sind, die Initiativen ergreifen, die Neues generieren und dadurch nicht nur für sich, sondern auch für andere Vorteile schaffen. Abbildung 13 verdeutlicht die Wirkung der „Findigkeit".

Indem die „Unternehmer" Gelegenheiten zur Gewinnerzielung realisieren, passiert allerdings etwas Bemerkenswertes, das für die Erklärung des Marktprozesses von besonderer Bedeutung ist: Sie übermitteln den anderen Marktteilnehmern neues Marktwissen, das diese in die Lage versetzt, ihr eigenes Markthandeln zu verbessern. Der „Unternehmer", der bei denjenigen Anbietern kauft, die bisher zu billig verkauft haben und an diejenigen verkauft, die bisher zu teuer eingekauft haben, sendet *Signale* an alle anderen Marktbeteiligten:

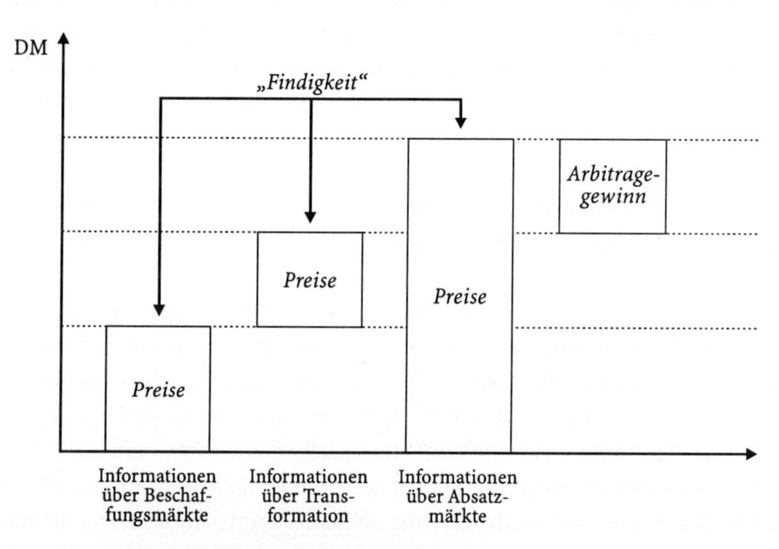

Abb. 13. Arbitragegewinn als Wirkung der Findigkeit

- Andere Marktbeteiligte erfahren ebenfalls, daß es Marktteilnehmer gibt, die bisher zu billig verkauft haben. Sie werden zu diesen gehen und *ihnen höhere Preise bieten* – höhere als diese es bisher für möglich hielten. Diese Marktbeteiligten nehmen ebenfalls die Rolle des „Unternehmers" wahr.
- Analog erfahren andere Marktbeteiligte, daß es Marktteilnehmer gibt, die bisher zu teuer eingekauft haben. Sie werden ebenfalls zu diesen gehen *und ihnen niedrigere Preise bieten* – niedrigere als diese es bisher für möglich hielten. Diese Marktbeteiligten nehmen ebenfalls die Rolle des „Unternehmers" wahr.

Die Gelegenheiten, die ein „Unternehmer" aufspürt, gelangen also anderen zur Kenntnis. Diese werden ebenfalls versuchen, die Gelegenheit zu nutzen. Damit sie aber dabei erfolgreich sind, müssen sich die „Unternehmer" bei den Verkäufern gegenseitig überbieten und bei den Käufern unterbieten. Dieser Prozeß führt zur allmählichen *Erosion der Gelegenheit* oder – mit anderen Worten – die Marktteilnehmer werden durch den wettbewerblichen Marktprozeß gezwungen, sich immer mehr den Grenzen ihrer Fähigkeiten, erfolgreich am Markt teilzunehmen, zu nähern.[72] Gewinngelegenheiten, die die „Unternehmer" aufspüren, sind demnach grundsätzlich temporäre Erscheinungen. Sie verschwinden mittelbar durch das Marktwissen, d.h. die Informationen, die die „Unternehmer" anderen Marktteilnehmern vermitteln. Gewinngelegenheiten ziehen andere „Unternehmer" an, die zu den Entdeckern der Gewinngelegenheit in *Wettbewerb* treten.

Wir erkennen, daß der Marktprozeß aufgrund der Unvollkommenheit menschlicher Kenntnis und der unterschiedlichen Verteilung der Information über die Pläne und Verhaltensweisen der anderen Marktteilnehmer für den einzelnen Beteiligten nicht überschaubar ist. Die Teilnahme des Einzelnen am Marktgeschehen bedeutet also, daß er sich Informationen beschafft und *gleichzeitig* durch sein Verhalten Informationen an die anderen Teilnehmer des Marktprozesses sendet. *In dieser Sichtweise werden die Information sowie die Suche nach und der Wettbewerb um vorteilhafte Austauschgelegenheiten zu den zentralen Elementen einer Theorie des Marktprozesses.* Abbildung 14 beschreibt die Struktur des Marktprozesses.

In diesem Bild ist das Ergebnis des Marktprozesses (Art, Umfang und Konditionen der Markttransaktionen) abhängig von den Plänen und Aktionen der Marktbeteiligten. Das Ergebnis des Marktprozesses fließt als Information an die Marktbeteiligten zurück und führt zu Modifikationen der Pläne und Aktionen in der nächsten „Runde" des Marktprozesses usw.

Der Marktprozeß setzt Kräfte frei, die sich letztlich zurückführen lassen auf die ständige Suche der „Unternehmer" nach Gewinngelegenheiten. „Die Notwendigkeit, Gewinne zu erzielen, zwingt den Unternehmer, sich den Wünschen der

---

[72] Vgl. Kirzner 1978, S. 10.

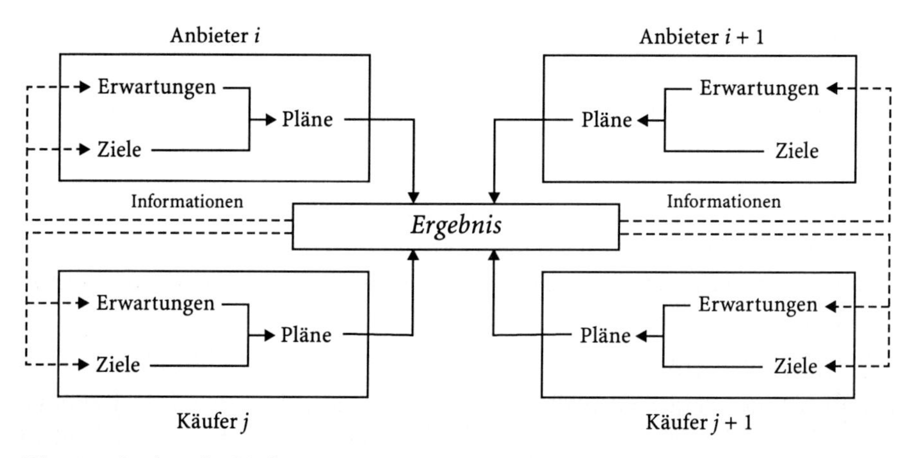

Abb. 14. Struktur des Marktprozesses

Käufer (auf dem Gütermarkt) und der Verkäufer (auf dem Ressourcenmarkt) so schnell und vollkommen als möglich anzupassen."[73] Eine der wichtigsten Antriebskräfte des dynamischen Marktprozesses ist also die Rolle des „Unternehmers", der ständig nach bisher *unbemerkten Veränderungen* von Umständen sucht, die es möglich machen, im Austausch für das, was er geben kann, mehr zu bekommen als bisher möglich bzw. bekannt war. Ursachen der ständigen Veränderungen im Marktgeschehen sind einerseits die Aktivitäten der Marktbeteiligten, die auf unsicheren Erwartungen beruhen, andererseits der wirtschaftliche, technologische und gesellschaftliche Wandel. Insofern ist der Marktprozeß als Lösung des wirtschaftlichen Problems der Gesellschaft „[...] eine Reise ins Unbekannte, ein Versuch, neue Wege zu entdecken, wie Dinge besser gemacht werden können als bisher."[74]

Der „Unternehmer" wird in dieser theoretischen Beschreibung nicht etwa nur als „Händler" gesehen, der Produkte kauft und verkauft. Vielmehr ist auch der „Produzent" in diesem Sinne als „Unternehmer" zu interpretieren. Er kauft oder besitzt *Ressourcen* und kombiniert bzw. transformiert sie zu Produkten oder Dienstleistungen, die er verkauft. In der Summe der Werte der Ressourcen (einschließlich seiner eigenen Arbeitskraft) ist das zu sehen, was der „Produzent" kauft, in der Summe der Werte der Produkte oder Dienstleistungen ist das zu sehen, was er verkauft.

Ein Vorläufer der beschriebenen Unternehmerrolle ist die Funktion des „dynamischen Unternehmers" bei dem berühmten österreichischen Nationalökono-

---

[73] Mises 1940, S. 271.

[74] Hayek 1976, S. 133.

men *Schumpeter.*[75] Die Aufgabe des Unternehmers im Sinne *Schumpeters* ist es, neue Kombinationen von Produktionsmitteln[76] zu erkennen und durchzusetzen. Dabei ist es nicht nötig, daß der Unternehmer selbst die Ideen entwickelt. Er muß nur ihre Vorteilhaftigkeit wahrnehmen und die Realisierung gegen verschiedene Widerstände und Unannehmlichkeiten erreichen. Die neuartige Verwendung von Produktionsmitteln führt unter Umständen zu einem Gewinn für den *Innovator* und schafft damit Anreize für die übrigen Marktteilnehmer, diese neue Idee (und damit die Gewinnmöglichkeit) zu kopieren (*Imitatoren*). *Schumpeter* sieht jedoch im Kopieren „der geschaffenen Vorlage" keine besondere Tat mehr. Sein Unternehmer ist eine Führerpersönlichkeit, die in der Lage ist, dem Neuartigen auf wirtschaftlichem Gebiet zum Durchbruch zu verhelfen. Die häufige Imitation durch andere Marktteilnehmer verursacht das langsame Schwinden der Gewinne und führt gleichzeitig durch die verstärkt auftretende Neukombination der Produktionsfaktoren zu Branchen- bzw. Marktveränderungen. Diese Auswirkungen der Unternehmerfunktion auf das gesamte Wirtschaftssystem bezeichnet *Schumpeter* als „schöpferischen Prozeß der Zerstörung", d.h. die Überwindung vorhandener Produktionsstrukturen durch neue.

Eine Verfeinerung der modellartigen Betrachtungen und damit eine weitere Annäherung an die Wirklichkeit industrieller Märkte ergibt sich aus der empirischen Tatsache, daß der „Unternehmer" nicht allein tätig wird, sondern daß das Aufspüren von Gelegenheiten zur Gewinnerzielung tatsächlich von bzw. in *Unternehmen* erfolgt, die arbeitsteilige Systeme darstellen und der Koordination bedürfen. Die *Unternehmerrolle* kommt also in der Realität sowohl Einzelpersonen als auch Gruppen im Unternehmen zu. Die Ausübung der Rolle setzt darüber hinaus die Mitwirkung vieler weiterer Personen im Unternehmen voraus. Daraus resultiert ein *Integrationsproblem*, das von der Unternehmerrolle *empirisch* nicht getrennt werden kann: Die Wahrnehmung von Gelegenheiten zur Gewinnerzielung ergibt sich damit in Wirklichkeit durch das integrierte Zusammenwirken aller Personen, die zu einem Unternehmen gehören. Unternehmertum im Sinne der Marktprozeßtheorie beinhaltet also auch eine Organisations- und Führungsaufgabe.

Noch einmal zu „Hans im Glück". Wesentliche Erkenntnis, die wir nunmehr aus Hansens Verhalten ziehen können: Er ist hinsichtlich seiner Fähigkeit zur Einschätzung der Unsicherheit nicht lernfähig. Er ist ein Marktteilnehmer, der aus seinen Transaktionen nicht lernt, d.h. der seine Erfahrungen nicht auf nachfolgende Transaktionen übertragen kann. Die Wirklichkeit zeigt, daß der Marktprozeß ein Lernprozeß für alle Beteiligten ist, für Teilnehmer wie für Beobachter

---

[75] Schumpeter 1926, S. 110–139.

[76] *Schumpeter* versteht hierunter neben neuen Produkten und neuen Produktqualitäten u.a. auch neue Technologien oder neue Absatz- und Beschaffungsmärkte; vgl. Schumpeter 1926.

des Marktgeschehens. Und noch eine Erkenntnis: Es gibt in diesem Märchen keinen Wettbewerb. Vielmehr handelt es sich um isolierte Transaktionen zwischen jeweils zwei Individuen. Wäre Wettbewerb gegeben, dann bildete sich ein Marktprozeß heraus: Hans' Bereitschaft, einen dicken Klumpen Gold gegen ein Pferd zu tauschen, würde sofort andere Anbieter von Pferden auf den Plan rufen, die ihm wesentlich günstigere Austauschrelationen anbieten würden, vielleicht zehn Pferde oder einen großen Gutshof für ihn und seine Mutter und ein Pferd dazu ... Da kein Wettbewerb gegeben ist, erhält Hans auch keine Informationen über die Wertschätzungen, die andere Marktteilnehmer bekunden und die Austauschrelationen, die sie anzubieten bereit sind. Diese Kenntnisse würden Hans in die Lage versetzen, sich seiner Unsicherheit bewußt zu werden und seine Unsicherheit zu reduzieren. So wird uns die Rolle der Information im Marktprozeß noch einmal ganz besonders deutlich vor Augen geführt.

1.4 Wettbewerbsvorteile

Wir haben den Marktprozeß kennengelernt als einen niemals endenden Lernprozeß für alle Beteiligten, der durch die Rolle des „Unternehmers", der Gewinngelegenheiten aufspürt, in Gang gehalten wird. Unternehmer in diesem Sinne spüren Unterschiede im Markt auf, sie entdecken, daß man etwas teurer verkaufen als einkaufen kann und sie vermitteln dieses Wissen – gewollt oder ungewollt – an andere Marktteilnehmer. Dieser Prozeß ist seiner Natur nach wettbewerblich, und der Wettbewerb ist eine Veranstaltung, die darauf angelegt ist, den Tüchtigen zu belohnen und den weniger Tüchtigen nicht zu belohnen. Der Wettbewerb unter den Anbietern hat also eine Selektionsfunktion, die darauf gerichtet ist, bessere Problemlösungen für die Käufer hervorzubringen. Der bedeutende österreichische Nationalökonom *Mises* drückt es so aus: „Der Unternehmer kann seinen Konkurrenten im Wettbewerb nur dadurch zuvorkommen, daß er darauf bedacht ist, billiger und besser den Markt zu versorgen. Billiger, das bedeutet reichlichere Versorgung; besser, das bedeutet Versorgung mit bisher nicht auf den Markt gebrachten Waren."[77] Denn wenn alle gleich sind, ist der Selektionsprozeß am schärfsten. Die Analogie zur Biologie ist durchaus angebracht: „Der Kampf ums Dasein ist am heftigsten zwischen Individuen und Varietäten derselben Art."[78]

In diesem Abschnitt wird die Frage untersucht, worauf es ankommt, wenn das Unternehmen mit seinen Geschäften im Markt erfolgreich sein will. Dazu werden vertiefende Betrachtungen über die Natur des Wettbewerbs, insbesondere des

[77] Mises 1940, S. 277.

[78] Darwin 1859; hier zitiert nach Darwin 1989, S. 116.

Wettbewerbsvorteils angestellt. Im Ergebnis wird der Leser über einen Kompaß verfügen, der die Orientierung in einer eigentlich alltäglichen Frage, deren Beantwortung bei genauerem Hinsehen dann doch nicht so einfach ist, erleichtert.

1.4.1 „Vive la différence!" – Das Prinzip der nachhaltigen Unterschiedlichkeit

Dieser Abschnitt behandelt die Wirkungen von Gleichheit und Unterschied im Wettbewerb. Wir werden verschiedene Situationen betrachten, und – gleichsam im Gedankenexperiment – die Auswirkungen der Situationen auf den Wettbewerb und das Ergebnis für die Anbieter analysieren. Diese Situationen sind jeweils durch das Vorliegen oder Nichtvorliegen von drei Merkmalen gekennzeichnet:

- *Homogenität:* Sind die Angebote auf dem Markt homogen, dann ähneln sie einander in allen Merkmalen so stark, daß der Käufer keinen Unterschied bemerkt. Sind sie heterogen, dann unterscheiden sie sich, und zwar entweder objektiv oder aber nur subjektiv in den Augen der Käufer.
- *Transparenz:* Haben die Käufer vollständige Markttransparenz, dann kennen sie alle Angebote vollständig und ohne Zeitverzögerung.
- *Barrieren:* Barrieren behindern den freien Marktzutritt, d.h. neue Anbieter können nicht ohne Eintrittskosten oder Beschränkungen auf den Markt kommen, im Markt befindliche Anbieter können Fähigkeiten und Verhaltensweisen anderer Anbieter nicht imitieren.

Abbildung 15 stellt sechs Fälle zusammen, die im folgenden genauer betrachtet werden.

	Vollständige Markttransparenz	*Keine vollständige Markttransparenz*	
	Keine Barrieren		*Barrieren*
Homogenität der Leistung	Fall 1	Fall 3	Fall 5
Heterogenität der Leistung	Fall 2	Fall 4	Fall 6

Abb. 15. Wettbewerbskonstellationen

Fall 1 ist zwar nicht sehr realistisch, hilft jedoch sehr bei der Verdeutlichung des Problems, um das es in diesem Kapitel geht. Er beschreibt eine fiktive Welt, in der auf einem bestimmten Markt mehrere Anbieter gegeben sind, andere Anbieter jederzeit ohne Markteintrittskosten auf den Markt treten können und alle Anbieter *gleichartig* auftreten: Zur gleichen Zeit am gleichen Ort würden als von den Käufern gleich eingeschätzte Anbieter die gleichen Produkte und Dienstleistungen auf die gleiche Weise anbieten und dafür den gleichen Preis verlangen. Die Käufer hätten vollständige Markttransparenz. Was würde passieren? Einmal angenommen, daß die Käufer wirklich kaufen wollen, daß sie also Problemlösungen brauchen – es wäre für die Käufer in einer solchen Situation egal, bei welchem Anbieter sie kauften – sie hätten keine Präferenzen, d.h. jede Austauschrelation mit einem beliebigen Anbieter hätte denselben Wert. Sie würden willkürlich entscheiden. *Es gäbe keinen Wettbewerb.* Im Grunde könnte ein Käufer auch würfeln oder eine Münze werfen, um eine Kaufentscheidung zu treffen.

Führen wir nun in dieser Ausgangslage gedanklich Wettbewerb ein, und zwar zunächst in der Form, daß von den Anbietern lediglich der Preis als *Aktionsparameter* gesetzt werden kann (Preiswettbewerb). Anbieter versuchen, durch Preisunterbietungen Käufer auf sich zu ziehen, andere Anbieter *reagieren* darauf. Dann wird sich in dieser Situation ein *einheitlicher* Preis einstellen. Der Grund ist einfach: Würden für ein identisches Leistungsangebot unterschiedliche Preise verlangt, dann würde die gesamte Käuferschar, weil sie den Unterschied sofort bemerkt, unverzüglich zu dem billigeren Anbieter übergehen. Der große englische Nationalökonom *Jevons* beschrieb 1871 als erster diesen Sachverhalt und nannte ihn das „Law of Indifference" (das Prinzip der Unterschiedslosigkeit der Preise).[79]

Nehmen wir nun in der Situation von Fall 1 zusätzlich an, daß nicht alle Anbieter dieselben Kosten der Erbringung der Leistung haben. Vielmehr soll es Anbieter geben, die gegenüber dem Durchschnitt niedrigere Kosten haben und solche, deren Kosten über dem Durchschnitt liegen. Wenn nun aber unter den Bedingungen des „Law of Indifference" sich ein einheitlicher Preis für alle Anbieter einspielt, dann heißt das gleichzeitig, daß es Anbieter gibt, die bei diesem Preis

[79] „Wenn ein Gut vollständig einförmig ist oder homogen seiner Beschaffenheit nach ist, so kann jeder Teil unterschiedslos anstelle eines gleichen Teils gebraucht werden: deshalb müssen sich auf dem gleichen Markte und zur selben Zeit alle Teile in dem gleichen Verhältnis austauschen. Es kann keinen Grund geben, warum eine Person die genau gleichen Dinge verschieden behandeln sollte, und der geringste Überschuß, welcher für ein Gut über das andere verlangt wird, wird sie veranlassen, das letztere an Stelle des ersteren zu nehmen. [...] Hieraus folgt, was bei richtiger Auslegung unzweifelhaft wahr ist, nämlich daß *auf demselben offenen Markte, zu irgendeinem Zeitpunkte, nicht zwei Preise für die gleiche Art von einem Gegenstande vorhanden sein können.* [...] Der oben erwähnte Grundsatz ist ein allgemeines Gesetz von höchster Wichtigkeit in der Wirtschaft, und ich schlage vor, es *das Gesetz der Unterschiedslosigkeit* (The Law of Indifference) zu nennen." Jevons 1923, S. 87–90.

sehr gut leben können, weil der Preis über den Durchschnittskosten liegt, und solche, bei denen das nicht der Fall ist, die also Verluste machen, weil der Preis unter den Kosten liegt.

Abbildung 16 verdeutlicht (stark vereinfacht) die Situation. Jede Säule bezeichnet einen Anbieter. Jeder der 20 Anbieter hat unterschiedlich hohe Durchschnittskosten, ihre Reihung erfolgt nach der Höhe der Durchschnittskosten. Die Anbieter 1–12 verzeichnen Gewinne, die Anbieter 14–20 dagegen würden, wenn sie wirklich anbieten, Verluste realisieren. Sinkt der Preis nun durch den wettbewerblichen Vorstoß eines der Anbieter, z.B. Nr. 4, so sinkt er unter den Bedingungen des „Law of Indifference“ für *alle* Anbieter auf den Preis von Nr. 4. Die Folge ist, daß alle Anbieter sich an das Kostenniveau von Anbieter Nr. 4 anpassen oder aus dem Markt ausscheiden müssen. Die Kaufmengen werden entweder von den Anbietern Nr. 1 bis 4 übernommen oder durch neu eintretende Anbieter, die ähnlich günstige Kosten wie Anbieter Nr. 1 bis 4 haben.[80] Der Anbieter Nr. 1 mit der günstigsten Kostenstruktur hat den größten preispolitischen Spielraum unter allen Anbietern und wird diesen im Rahmen seiner Produktionskapazitäten auch einsetzen.

Zwischenfazit: In einer Wettbewerbssituation wie in Fall 1 existiert ein einheitlicher Preis auf dem Markt, bei dem nur die Anbieter überleben können, die Durchschnittskosten kleiner oder gleich diesem Preis haben. Jede Preissenkungsaktion eines der Anbieter senkt den Preis für alle Anbieter, da alle Anbieter vollständig gegeneinander austauschbar sind.

---

80 Reale Märkte, die dieser Situation relativ nahe kommen, insbesondere weil sie homogene Produkte und Dienstleistungen anbieten, weisen tatsächlich in aller Regel einen heftigen Preiswettbewerb auf, der zu einem einheitlichen Preisniveau tendiert oder anders gesagt, es treten kaum nachhaltige Preisunterschiede auf. Ein Beispiel ist die Entwicklung auf den Märkten für Massenstähle seit Mitte der achtziger Jahre. Auf solchen Märkten, die bei Produkten und Dienstleistungen kaum Leistungsunterschiede aufweisen, erfolgt der Kampf ums Überleben vorrangig mit dem Mittel des Preises und seiner unterschiedlichen Gestaltungsformen. Bei ähnlicher Höhe der Kosten wird es in einem solchen Markt bei Angebotsüberhang kaum Anbieter geben, die nachhaltig Gewinne machen. Deshalb laufen die Bemühungen der Anbieter regelmäßig darauf hinaus, durch Kostensenkung einen Vorsprung im Wettbewerb zu erreichen. Damit wird aber deutlich, daß der Preis nur vordergründig das wichtigste Instrument im Wettbewerb ist. Im Hintergrund steht als eigentlicher Wettbewerbsparameter vielmehr die Höhe der Kosten, die als wichtigste Determinante des Überlebens in Märkten mit starkem Preiswettbewerb anzusehen ist. Gekämpft wird mit kostensenkenden Modernisierungsinvestitionen, Rationalisierungen, im Fall des Mehrprodukt-/Mehrbranchenunternehmens mit internen Quersubventionen und schließlich auch, z. B. im internationalen Wettbewerb, mit dem Mittel der öffentlichen Subvention. Der Ruf nach Strukturkrisenkartellen zum Zwecke des abgestimmten Kapazitätsabbaus ist eine der bekannten Begleiterscheinungen in solchen Märkten. Letztendlich aber wird der Markt das erzwingen, was unsere Analyse zeigt – eine Strukturbereinigung durch das Ausscheiden unwirtschaftlicher Anbieter, ein Vorgang, der mitunter globale Ausmaße annimmt, wie die Stahlindustrie, die Werftindustrie oder der Werkzeugmaschinenbau zeigen.

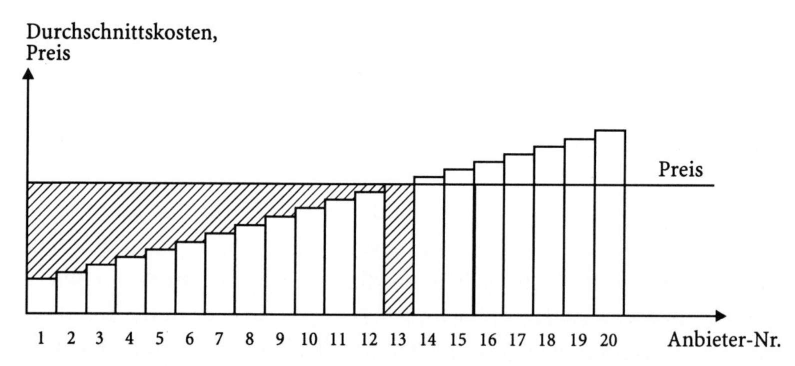

Abb. 16. Gewinnsituation verschiedener Anbieter bei identischer Leistung und identischem Preis

Fall 2 beschreibt gegenüber Fall 1 eine gewisse Annäherung an die Realität. Durch die Heterogenität des Angebots in einem Markt werden die Anbieter unterschiedlichen Käuferwünschen auf unterschiedliche Weise gerecht. Aufgrund der gegebenen Markttransparenz erkennen die Käufer die Unterschiede und entwickeln räumliche, sachliche, zeitliche oder persönliche *Präferenzen* für bestimmte Anbieter. Aufgrund der Unterschiedlichkeit des Angebots eröffnet sich für die Anbieter die Möglichkeit, ein *„akquisitorisches Potential“* [81] zu schaffen, d.h. Anbieter können sich durch die Gestaltung ihres Angebotes ihren Absatzmarkt in gewissen Grenzen zu einem *Firmenmarkt* machen. Das schafft die Voraussetzung für Preise, die über dem Durchschnittspreis liegen und über die Mehrkosten der Differenzierung des Angebotes hinaus zusätzlichen Gewinn ermöglichen. Das akquisitorische Potential schafft einen preispolitischen Autonomiebereich, in dem die Käufer und die Wettbewerber auf eine Preisdifferenz nicht reagieren. Je größer dieser Bereich (je stärker das akquisitorische Potential) ist, desto eher kommt die Position des Anbieters einem *Monopol* gleich, desto größer ist der Gewinn - in den Annahmen des Modells. Diese sind im Fall 2 gekennzeichnet durch vollständige Markttransparenz, was auf Gütermärkten nicht realistisch ist.[82]

Zwischenfazit: Im Falle heterogenen Angebots ergibt sich ein preispolitischer Spielraum, der gegenüber Fall 1 Gewinnmöglichkeiten eröffnet. Ursache dafür ist der monopolistische Handlungsspielraum. Die Annahme vollständiger Markttransparenz bei Nichtexistenz jeglicher Barrieren ist jedoch unrealistisch, denn dann müßten ja eigentlich Imitatoren auftreten, die an der Gewinnchance teilhaben wollen, und diese würden - wie wir es aus der Theorie des Marktprozesses

[81] Deshalb richtet sich die Analyse Gutenbergs auch auf den Fall unvollkommener Markttransparenz. Gutenberg 1984, S. 243.

[82] Gutenberg 1984, S. 292.

bereits kennen – die aufgetretenen Gewinnmöglichkeiten schnellstens vernichten, so daß das „Law of Indifference" wiederum Geltung beanspruchen dürfte.

Fall 3 unterscheidet sich von Fall 1 dadurch, daß bei homogener Konkurrenz keine vollständige *Markttransparenz* gegeben ist. Insoweit ist diese Situation eine Annäherung an die Realität in den meisten Märkten. Die Marktteilnehmer – Anbieter wie Käufer – haben unvollständige Information und Unsicherheit bei ihren Entscheidungen. Die Folge ist, wie wir im ersten Abschnitt gesehen haben, daß „Unternehmer" auftreten würden, die bei denjenigen, die billiger anbieten, kaufen und an die Käufer, die noch nicht gemerkt haben, daß man auch billiger einkaufen kann, verkaufen. Sie würden *Arbitragegewinne* machen. Andere „Unternehmer", die von der Gewinngelegenheit erfahren, würden auftauchen und zu dem „Unternehmer" in Wettbewerb treten. Dieser Preiswettbewerb würde die aufgrund der ungleich verteilten Information entstandene Gewinngelegenheit über kurz oder lang verschwinden lassen – mit dem Effekt: Die Markttransparenz ist hergestellt und die Käufer kaufen alle zu einem einheitlichen Preis.

Zwischenfazit: Auf einem Markt mit identischem Leistungsangebot gibt es auch bei unvollständiger Markttransparenz – je nach der Geschwindigkeit der Ausbreitung der Information spontan oder mit einer gewissen Verzögerung – nur einen identischen Preis, wie es *Jevons* formuliert hat. Gewinne entstehen in einer solchen Situation *temporär* durch Informationsmängel, sie erodieren durch das Tätigwerden von „Unternehmern".

Fall 4 ist gegenüber Fall 2 und Fall 3 eine weitere Annäherung an die Realität. Es besteht heterogene Konkurrenz (akquisitorisches Potential), die Anbieter wetteifern mit unterschiedlicher Gestaltung ihrer Leistung sowie mit dem Preis. Es besteht unvollständige Markttransparenz, so daß wiederum „Unternehmer" auftauchen. Diese imitieren nun jedoch nicht nur die Ausnutzung des Preisgefälles, wie in Fall 3, sondern sie imitieren auch den erfolgreichen Anbieter in Fall 2, der sich durch Differenzierung seines Angebotes ein akquisitorisches Potential und damit *Unternehmergewinne durch Informationsvorsprünge und Innovation* geschaffen hat. Über die Imitation wird über kurz oder lang der Gewinn, der in Fall 2 entstand, wieder verschwinden.

Zwischenfazit: Die *Imitation* sorgt nicht nur für die Beseitigung der Preisunterschiede, indem die billigeren Angebote sich durchsetzen, sondern sie ebnet auch die Qualitätsunterschiede ein, indem die erfolgreicheren, besseren Angebote sich durchsetzen.[83] Die Informationsmängel und die Qualitätsunterschiede,

---

[83] Vgl. das augenfällige Beispiel der Zertifizierung nach ISO 9000. Ursprünglich hatten die Anbieter, die sich dieser Überprüfung und Zertifizierung ihrer Qualitätssicherungssysteme unterzogen, einen deutlichen Wettbewerbsvorsprung. Dadurch, daß heute sehr viele Lieferanten diese Anforderungen erfüllen, ist keinerlei Wettbewerbseffekt im positiven Sinne mehr gegeben. Allenfalls im negativen Sinne: Wer die Zertifizierung nicht aufweisen kann, wird ausgelistet. *Kleinaltenkamp* leitet die Wirkung, die Normen und Standards auf die Veränderung der Qualität der Produkte im Marktprozeß haben, aus der Theorie *Kirzners* ab: „Dem-

die am Anfang bestanden, werden tendenziell verschwinden, so daß die in den Fällen 2 bis 4 entstehenden temporären Gewinne unter sonst gleichen Bedingungen mit der Zeit verschwinden, tendenziell zugunsten einer Situation von Fall 1.

Fall 5 und Fall 6 unterscheiden sich von den Fällen 1 bis 4 dadurch, daß *Barrieren* bestehen. Barrieren wirken als Wettbewerbshindernis entweder für neu eintretende oder für bereits im Markt befindliche Wettbewerber. *Wettbewerbsbarrieren* sind generell Nachteile von neu in den Markt eintretenden Anbietern gegenüber denjenigen, die bereits im Markt sind. Die Existenz einer Wettbewerbsbarriere hat zur Folge, daß die alten Anbieter leichter an die Käufer herankommen als der eintretende Anbieter. Wenn ein Anbieter einen Vorsprung vor seinen Wettbewerbern hat, dann bedeutet die Existenz einer Barriere, daß die anderen diesen Vorsprung nicht einholen, entweder weil sie das nicht können – der Vorsprung ist uneinholbar – oder weil sie das nicht wollen – z.B. weil sie eine Reaktion des führenden Anbieters fürchten.

Im Falle, daß (annähernde) Homogenität der Leistung bei unvollständiger Markttransparenz gegeben ist (Fall 5), kann ein Anbieter wie Nr. 1 in Abb. 16 für seine Wettbewerber oder für potentielle Wettbewerber eine Barriere dadurch errichten, daß sein *Kostenvorsprung nicht* ohne weiteres und nicht kurzfristig ausgeglichen werden kann ist, z.B. weil Verfahrens-Know-how im Spiel ist, über das seine Wettbewerber nicht verfügen. Die Folgen sind bemerkenswert: Die Wettbewerber können den Preis als Angriffswaffe nicht ohne weiteres verwenden, da sie sich selbst in einer nachteiligen Kostenposition befinden. Abbildung 16 zeigt die Wirkung. Der Anbieter 1 hat gegenüber seinen Wettbewerbern einen überlegenen Gewinn. Dieser Gewinn kann so lange bestehen, wie es keinen Wettbewerber gibt, der die Ursache des Kostenvorteils imitieren kann. Wir sprechen von einer Marktzutrittsbarriere.

Analog ist der Fall 6 zu interpretieren. Wenn es einem Anbieter gelingt, durch Differenzierung seiner Leistung (Heterogenität) mehr Zuspruch von den Käufern zu finden und auf diese Weise überdurchschnittliche Gewinne zu realisieren, dann stellt dieser Umstand so lange eine Barriere für die Wettbewerber dar, wie die Ursache dieser Gewinne, die Mehrleistung des Anbieters, von den Wettbewerbern nicht imitiert werden kann. Der Lieferant kann etwas, er hat Ressourcen oder Fähigkeiten oder sonst etwas, das die anderen nicht haben und nicht so schnell imitieren können. Wir sprechen von *Imitationsbarrieren*. Die Mehrleistung eines Anbieters kann auch allein in der subjektiven Wahrnehmung der Käufer veranlaßt sein, so daß diese für das Angebot anderer Lieferanten gar nicht ansprechbar sind. Die Barriere liegt in diesem Fall (ggf. zusätzlich) in der *Kundenloyalität*.

---

entsprechend könnte die Herausbildung eines Produkt- oder Systemstandards auf einem Markt als [...] Gleichgewichtszustand in bezug auf die Qualität des auf einem Markt gehandelten Gutes angesehen werden." Kleinaltenkamp 1993, S. 39–40.

Zwischenfazit: Wir unterscheiden als Wettbewerbsbarrieren die Marktzutrittsbarrieren, die Imitationsbarrieren und die Kundenloyalität. Diese Barrieren sind u.a. die Ursache von Gewinnen, die nachhaltig über denen der Wettbewerber liegen.

Mit den Fällen 5 und 6 wird ein Bild des Wettbewerbs gezeichnet, das für die Analyse des Wettbewerbsvorteils die Grundlage bildet. Der dynamische Wettbewerb der Anbieter besteht in dem ständigen Suchen und Experimentieren mit Angeboten, die sich *unterscheiden* von denen anderer Anbieter, und zwar durch den Nutzen, den sie für die Käufer stiften und/oder durch die Kosten, die sie für den Anbieter verursachen. Gelingt es dem Anbieter, mit *niedrigeren Kosten* als seine Wettbewerber zu operieren, so eröffnet ihm dieser Umstand Spielräume für preispolitisches Verhalten zum Nutzen der Käufer, was ihm wiederum größeren Marktanteil und Gewinn bescheren kann. Gelingt es dem Anbieter, bei ähnlichen Kosten eine *bessere Leistung* an den Markt zu bringen, so schafft ihm dieser Umstand preispolitische Spielräume nach oben, was ihm ebenfalls zusätzlichen Gewinn bringen kann. Dieses niemals endende Suchen und Experimentieren hat ein einziges Ziel: *Der Anbieter will durch Unterschiedlichkeit der Substitution entgehen.*

Die Unterschiedlichkeit will er darüber hinaus möglichst nachhaltig etablieren, d.h. er will die Imitation verhindern. Nichtsubstituierbarkeit ist die Voraussetzung für überdurchschnittlichen Gewinn und letztlich für die Sicherung der Existenz des Unternehmens. Es kommt also darauf an, in entscheidenden Dingen anders zu sein als die Wettbewerber und dieses Anderssein soll nicht so schnell von den anderen einholbar sein. Dennoch versuchen die anderen ununterbrochen, das Anderssein des erfolgreichen Anbieters zu imitieren und dadurch selbst erfolgreicher zu sein.

Wir können festhalten: Im Wettbewerb kommt es auf die relative Betrachtungsweise an. Die Unterschiede zwischen den Anbietern bestimmen den Erfolg im Wettbewerb. Der Erfolg ist davon abhängig, daß es Gründe gibt, die die Unterschiede mindestens für eine Zeitlang aufrecht erhalten. Wir wollen diesen überaus wichtigen Tatbestand im marktorientierten Handeln der Unternehmen das *„Prinzip der nachhaltigen Unterschiedlichkeit"* nennen. Alle Bemühungen eines Anbieters, der eine Erfolgsposition im Wettbewerb sucht, sind unter dieser Perspektive zu planen, durchzuführen und zu kontrollieren. In dem Maße, in dem sich ein Anbieter von seinen Wettbewerbern in solchen Merkmalen unterscheidet, die seine Käufer schätzen und wahrnehmen und/ oder in dem Maße, wie er die Höhe der Stückkosten unter sonst gleichen Umständen unter die seiner Wettbewerber drücken kann, wird er Vorsprünge im Wettbewerb und damit höhere Gewinne erreichen. Wettbewerbsstärke eines Anbieters ist das *Resultat relevanter Unterschiede* zu den anderen Anbietern. Es kommt im Wettbewerb nicht so sehr darauf an, daß ein Anbieter in den Augen seiner Kunden nur einfach „gut" oder

„billig" ist, sondern es kommt darauf an, daß er eben „besser" ist oder „billiger". Deshalb ist die *relative* Wettbewerbsposition der Fokus unseres Interesses.

1.4.2 Analyse relativer Wettbewerbsstärke

1.4.2.1 Strukturmodell

Wir bestimmen die relative Wettbewerbsposition durch ein Strukturmodell, das in drei Stufen aufgebaut ist: Ursachen des Vorteils, Art des Vorteils und Wirkungen des Vorteils, vgl. Abb. 17.[84]

Am leichtesten liest sich diese Abbildung von rechts nach links. Wir führen Vorsprünge im Gewinn und/oder im Marktanteil auf eine Überlegenheit des Anbieters zurück, die aus Wettbewerbsbarrieren resultiert, wie wir sie in ihrer Wirkung im vorangegangenen Abschnitt beschrieben haben. Diese Barrieren sind ursächlich dafür, daß ein relativer Kostenvorteil des Anbieters und/oder ein relativer Nutzenvorteil des Kunden nicht ohne weiteres von den Wettbewerbern eingeebnet werden kann.

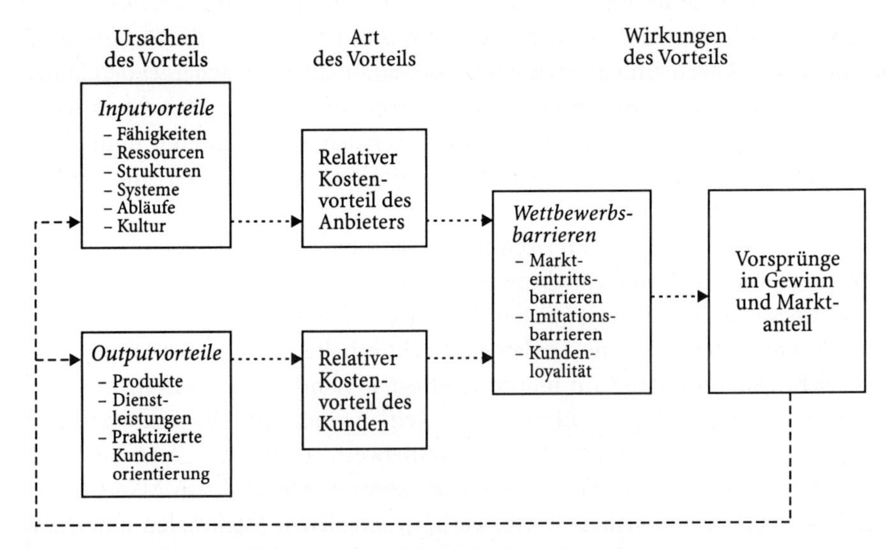

Abb. 17. Ursachen und Wirkungen der relativen Wettbewerbsstärke

[84] Grundlegende Überlegungen zum Wettbewerbsvorteil siehe bei *Day* sowie *Day/Wensley*. Day 1984; Day/Wensley 1988.

Die Entstehung der Barrieren ist nun unterschiedlich, je nachdem, ob es sich um Vorteile handelt, die in der Entstehung der Leistung liegen oder solche, die in der Leistung selbst, und zwar aus der Sicht der Kunden, liegen. Als *Inputvorteile* fassen wir alle Faktoren zusammen, die den Anbieter in die Lage versetzen, eine bestimmte Leistung kostengünstiger zu erbringen als es dem Wettbewerb möglich ist. Diese Situation führt zu einem relativen Kostenvorteil.

Zu den Inputvorteilen ist alles zu zählen, über das der Anbieter im Wettbewerb verfügen kann – seine Fähigkeiten und Ressourcen, d.h. die Gesamtheit der Menschen und ihrer Kenntnisse, der Maschinen, Systeme, Kundenbeziehungen, Ansehen usw. Dazu gehören weiterhin seine Organisationsstruktur und seine Führungssysteme, also seine Entscheidungshierarchie und die Zuordnung von Aufgaben und Kompetenzen, das Controllingsystem ebenso wie die leistungsorentierte Entlohnung. Zu den Inputfaktoren gehören die funktionalen Abläufe des Anbieters, d.h. die Logistik, die Auftragsbearbeitung, die Produktionsprozesse und der Vertrieb, die Informationsversorgung, die Ausrichtung auf den Markt usw. Schließlich gehört die Unternehmenskultur zu den Inputfaktoren. Alle zusammen sind die Voraussetzung dafür, daß eine im Wettbewerb überlegene Leistung entsteht. Für den Erfolg im Wettbewerb kommt es darauf an, daß die vorhandenen Faktoren für die von den Käufern angestrebten Problemlösungen geeignet sind. Beispiele für die Begründung von Inputvorteilen möge die nachfolgende Liste aufzeigen:

- Wie unterscheidet sich die Findigkeit und Kreativität der Forscher und Entwickler?
- Wer hat den Zugang zu neuesten Technologien?
- Wer hat die größere Produktions- und Vertriebserfahrung?
- Wer kennt die Kundenwünsche besser, hat mehr Anwender-Know-how?
- Wer hat ein besonders breit und tief gestaffeltes Sortiment?
- Wer hat mehr Reputation?
- Wer hat den günstigeren Standort?
- Wer hat den Zugang zu wichtigen Rohstoffen oder Lieferanten?
- Wer hat die größere Kapitalbasis?
- Wer hat bessere Beziehungen zu wichtigen Meinungsführern und Multiplikatoren?
- Wer hat stabilere Geschäftsbeziehungen?
- Wer hat Vorteile aus einem Kooperationsverbund?
- Wer hat den kürzeren Auftragszyklus?
- Wer kann sich schneller auf Änderungen der Nachfrage einstellen?
- Wer ist schneller bei der Durchführung von Entwicklungsprojekten, bei der Reorganisation seiner Prozesse, bei der Markteinführung neuer Produkte, bei der Reaktion auf Käuferwünsche etc.?

- Wer kann mehr Geld für welche Themenfelder in Forschung und Entwicklung ausgeben? Wie steht das Unternehmen diesbezüglich im Vergleich zu den Wettbewerbern da?
- Wer hat seinen Vertrieb im Vergleich zu den Wettbewerbern effektiver organisiert?
- Wieviele Managementebenen hat ein Unternehmen im Vergleich zu seinen Wettbewerbern?
- Wer arbeitet „marktorientierter"? Wer koordiniert seine Fachabteilungen besser im Hinblick auf die Sicherstellung einer durchgängigen Marktorientierung?
- Wie hoch ist die Fertigungstiefe des Unternehmens im Vergleich zum Wettbewerb? Können bestimmte Funktionen kostengünstiger durch Zukauf statt durch Eigenfertigung erfüllt werden?

Alle Inputfaktoren gemeinsam bestimmen das Angebot, das ein Unternehmen im Wettbewerb einsetzt, den Output. Dieser ist das *Erscheinungsbild* des Unternehmens am Markt mit allen Komponenten wie Produkt, Sortiment, Dienstleistung, Kommunikation, Vertrieb, Entgelt und schließlich die praktizierte Kundenorientierung. *Outputvorteile* sind Gründe der Überlegenheit, die in der Wertschätzung der Kunden liegen, sie führen zu einem relativen Nutzenvorteil des Kunden. Durch alle diese Elemente des Angebots unterscheidet sich ein Unternehmen von seinen Wettbewerbern. Insofern ist der Outpt eine sichtbare Quelle der Differenzierung. Unterschiede, die das Unternehmen sich erarbeitet hat, versucht es i.d.R. mit aller Kraft zu verteidigen.

Inputvorteile sind natürlich ursächlich für Outputvorteile, da der relative Nutzenvorteil eines Kunden in der Regel auch auf objektivierbaren Faktoren der Leistungserstellung beruht.

Sofern Gewinnvorteile, die durch die überlegene Wettbewerbsposition entstehen, in die Stärkung der Input- und Outputvorteile investiert werden, lassen sich die Vorteilspositionen weiter verteidigen. Investitionen in Wettbewerbspositionen erhöhen oder sichern die Barrieren und verfestigen eine Vorteilsposition. Dieser Mechanismus begünstigt diejenigen Unternehmen im Wettbewerb, die bereits eine führende Position innehaben.

Zwischenfazit: Die Ursachen relativer Wettbewerbsstärke liegen in Inputvorteilen und Outputvorteilen eines Unternehmens. Der Anbieter erreicht aufgrund der relativen Konstellation von Input und Output zum Wettbewerb eine bestimmte *Position*. Diese stellt die relative Wettbewerbsstärke dar.

1.4.2.2 Elemente des Wettbewerbsvorteils

1.4.2.2.1 Relativer Kostenvorteil

Die Wettbewerbsstärke eines Anbieters hängt maßgeblich von seinen *relativen* Kosten ab. Wenn ein Anbieter ein vergleichbares Produkt zu niedrigeren Kosten hervorbringen kann, dann wird er im Vergleich zu seinen Wettbewerbern Vorteile ausspielen können. Wir definieren den Kostenvorteil[85] als

Definition 8. Kostenvorteil

$$\text{Kostenvorteil}^{A/AW} = \text{Selbstkosten}^{AW} - \text{Selbstkosten}^{A}$$

Ein positiver Wert drückt die Überlegenheit des Anbieters *A* aus, ein negativer entsprechend einen Rückstand für *A*. Abbildung 18 verdeutlicht die Effekte. Anbieter 1 nimmt im Vergleich zu Anbietern 2 und 3 eine vorteilhafte Position ein. Die Produktivität von Anbieter 1 ist höher als die seiner Wettbewerber, weil er *eine vergleichbare Leistung mit niedrigeren Kosten* bewirken kann. Die Ursache dafür liegt in dem komplexen Phänomen „Erfahrung".[86] Die relativen Potentiale, z.B. Zugang zu natürlichen Ressourcen, qualifizierte Mitarbeiter, Verfügung über technische Potentiale wie Produktionssysteme, Kommunikationssysteme etc. können zu signifikanten Kostenunterschieden führen mit der Folge einer Überlegenheit in der *Produktivität*. Ebenso können Prozeßunterschiede spektakuläre Kostenunterschiede bewirken,[87] vor allem wenn der Prozeßvorteil durch *Zeitvorsprünge* erreicht wird. Geschwindigkeitsvorteile gegenüber den Wettbewerbern sind durchschlagende Faktoren der Produktivität und schlagen sich erheblich in den Kosten nieder, sind demnach ein wichtiger Bestandteil der Ursachen von relativen Kostenvorteilen.[88]

Eine solche Vorsprungsposition schafft dem Anbieter in mehrfacher Hinsicht Vorteile:

- Er kann bei gleichen Preisen höhere Stückgewinne realisieren und diese zum Ausbau seiner Wettbewerbsposition einsetzen, indem er die Gewinne in seine Fähigkeiten und Ressourcen investiert, z.B. in Forschung und Entwicklung oder in die Erschließung von neuen Märkten.
- Er kann etwas niedrigere Preise als eine Wettbewerber fordern und damit auf eine Ausweitung seiner relativen Volumenposition hinwirken. Eine Mengensteigerung führt bei gegebenem Marktvolumen zu einer Erhöhung des Markt-

[85] Wir werden den Kostenvorteil von *A* gegenüber *AW* später als Gewinndifferenz zwischen *A* und *AW* darstellen, um den Einfluß der Preishöhe auf die Bestimmung des Wettbewerbsvorteils zu eliminieren, vgl. Abschnitt 1.4.4. Inhaltlich ändert das jedoch nichts an dem Kriterium der Kostendifferenz zur Bestimmung des Wettbewerbsvorteils.

[86] Vgl. Henderson 1968.

[87] Vgl. z.B. die anschaulichen Beispiele bei Hammer/Champy 1993.

[88] Vgl. Stalk/Hout 1990; Clark/Fujimoto 1991.

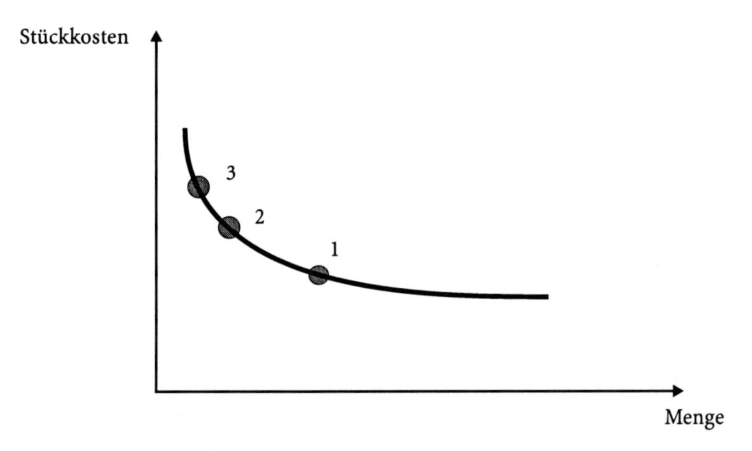

Abb. 18. Vorsprung in der relativen Kostenposition

anteils, was wiederum die Voraussetzung zu einer weiteren Verbesserung seiner relativen Kostenposition dient.

- Er kann sich wirksamer als jeder andere Wettbewerber gegen den Angriff von Newcomern in seinem Markt schützen, da er mehr Spielraum für Vergeltungsaktionen hat. Der Preis ist in bestimmten Märkten eine scharfe Waffe, die vor allem demjenigen Anbieter offensteht, der aufgrund niedrigerer Kosten den längeren Atem hat.

1.4.2.2.2 Relativer Nutzenvorteil

Bei der Analyse des relativen Nutzenvorteils (Nettonutzendifferenz) wird die anbieterbezogene Betrachtungsweise verlassen und auf die Wirkung der unterschiedlichen Anbietermerkmale (Fähigkeiten und Ressourcen sowie Abläufe) auf den *Käufer* abgestellt. Die relative Wettbewerbsstärke eines Anbieters wird in dieser Betrachtungsweise ausgedrückt durch seine Fähigkeit, den Käufer mit mehr Nutzen bzw. geringeren Kosten (d.h. mit größerem Nettonutzen) zu versehen als seine Wettbewerber. Zur Analyse dieser Fähigkeit können wir auf unsere Beschreibung der Markttransaktion zurückgreifen. Schauen wir uns noch einmal die Bedingung 2 aus Abschnitt 1.2.4 an. Kein Kunde wird sich in einer freien Wahlsituation für einen bestimmten Anbieter entscheiden, wenn er andere Möglichkeiten sieht, sein Problem zu lösen - andere Möglichkeiten, die ihm eine günstigere Austauschrelation versprechen. Der Anbieter *A* wird gewählt, wenn der Nettonutzen des Käufers (die Nutzen-Kosten-Differenz) für ihn bei *A* größer ist als der Nettonutzen bei dem Wettbewerber des Anbieters, den wir *AW* genannt haben. Die Zielgröße für *A* ist also der positive Unterschied der Nettonutzen von *A* und *AW*. Abbildung 19 beschreibt die Elemente der Nettonutzendifferenz.

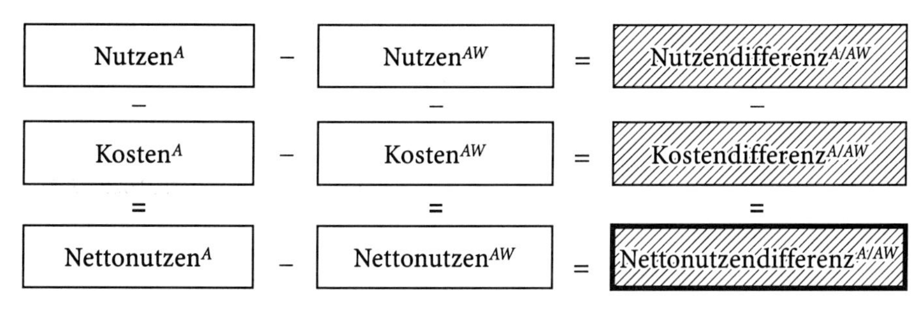

Abb. 19. Elemente der Nettonutzendifferenz

Wir definieren demnach den relativen Nutzenvorteil als

Definition 9. Relativer Nutzenvorteil

$$\text{Relativer Nutzenvorteil}^{A/AW} = \left[\text{Nutzen}^{A} - \text{Kosten}^{A}\right] - \left[\text{Nutzen}^{AW} - \text{Kosten}^{AW}\right]$$

Es ist offenkundig, daß in dieser Betrachtungsweise nicht absolute Werte für die Kaufentscheidung relevant sind. Es kommt essentiell auf *Relationen* zwischen den betrachteten Größen an. Der Käufer vergleicht und bildet sich ein Urteil über Unterschiede. Wir brauchen nämlich auf diese Weise nicht in jedem Fall alle vier Komponenten des Vergleichs jeweils absolut zu bestimmen, sondern wir können uns darauf beschränken, den *Unterschied* in der Bewertung zwischen zwei Anbietern deutlich zu machen.[89] Damit wird ein vereinfachter Vergleich zwischen den beiden Angeboten möglich. Wir benötigen folgende Elemente eines Vergleichs von *AW* und *A* (wobei der Vergleich von Nutzen und Kosten über die gesamte Lebenszeit des Produktes bzw. der Leistung von *A* und *AW* erfolgt).

1. *Kaufpreis*: Der Betrag, den der Käufer für den Erwerb der Gesamtproblemlösung an den Lieferanten leistet, einschließlich aller Nebenkosten, einschließlich auch aller begleitenden Dienstleistungen wie z.B. Transport, Beratung etc., sofern sie entgeltlich sind.
2. *Kosten der Beschaffung und Inbetriebnahme*: Alle Auszahlungen, aber auch alle subjektiven Mühen und Opfer, die der Käufer für die Vorbereitung der Investitionsentscheidung und ihre Durchführung sowie für die Implementierung der Problemlösung auf sich nehmen muß. Dazu gehören z.B. auch Kosten für Consulting-Dienstleistungen, für Gebäude, Fundamente, elektrische Anschlüsse, Schulungen etc.

[89] Wir nehmen zur Veranschaulichung und Vereinfachung an, wir könnten die angebotene Austauschrelation von *AW*, der der Käufer derzeit zuneigt, nach Nutzen und Kosten genau bestimmen. Weiterhin nehmen wir an, daß der Käufer bei diesem Angebot eine Austauschrelation von 1 realisiert, so daß sich Nutzen und Kosten des Kunden bei diesem Wettbewerber gerade die Waage halten.

3. *Kosten der dauerhaften Bereitstellung der Problemlösung*: Kosten des Betriebs und der Wartung des Produktes, der Anlage oder des Systems über die gesamte Lebensdauer hinweg, einschließlich aller Ersatzteile, begleitenden Dienstleistungen etc. sowie für die Entsorgung am Ende der Lebensdauer.

Die unter Ziffer 1 bis 3 aufgeführten Kosten des Käufers werden in ihrer Summe auch als *Lebenszeitkosten* (Life Cycle Cost) bezeichnet.

4. *Nutzenunterschied*: Differenz des wahrgenommenen Nutzens der betrachteten Problemlösung und dem Vergleichswert des Angebots *AW*, und zwar, analog zu den Kosten, über die gesamte Nutzungsdauer der erworbenen Leistung.

Abbildung 20 beschreibt den Vergleich. Betrachtet werden Kosten*unterschiede* und Nutzen*unterschiede* zwischen den Anbietern *A* und *AW*. Der Anbieter *A* hat zwar einen höheren Angebotspreis als *AW*, dafür kann er aber – bei gleich hohen Beschaffungs- und Implementierungskosten – dem Käufer erheblich niedrigere Betriebs-, Wartungs-und Entsorgungskosten in Aussicht stellen. In der Summe der Kosten steht sich der Käufer um den Betrag „Empfundene Kostendifferenz *A/AW*" besser als bei dem Angebot *AW*. Zusätzlich bewertet der Käufer den Gesamtnutzen der Problemlösung bei *A* höher als bei *AW*. Er verbessert sich bei einem Wechsel von *AW* nach *A* um den Wert „Empfundene Nutzendifferenz". Die Summe der Differenzbeträge von Nutzen und Kosten beim Übergang von *AW* auf *A* stellt die gesamte Nettonutzendifferenz$^{A/AW}$ dar.

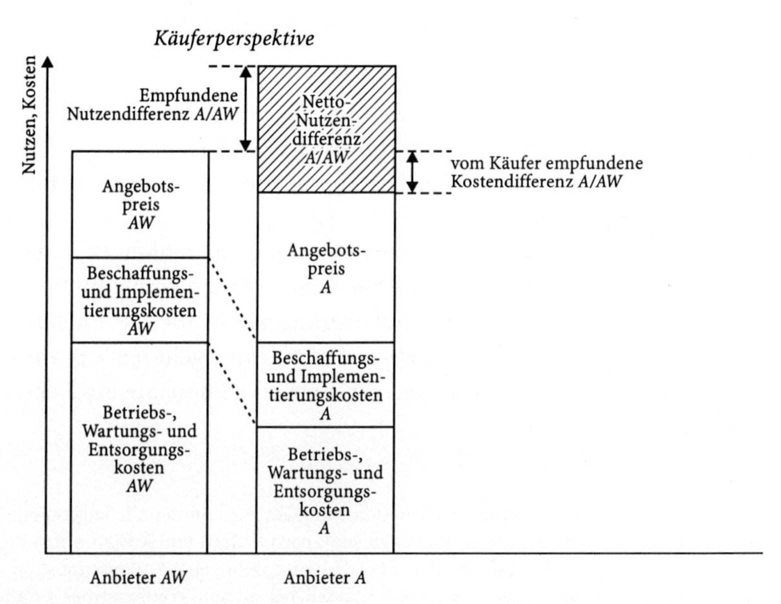

Abb. 20. Nettonutzendifferenz zweier Alternativen (Beispiel)

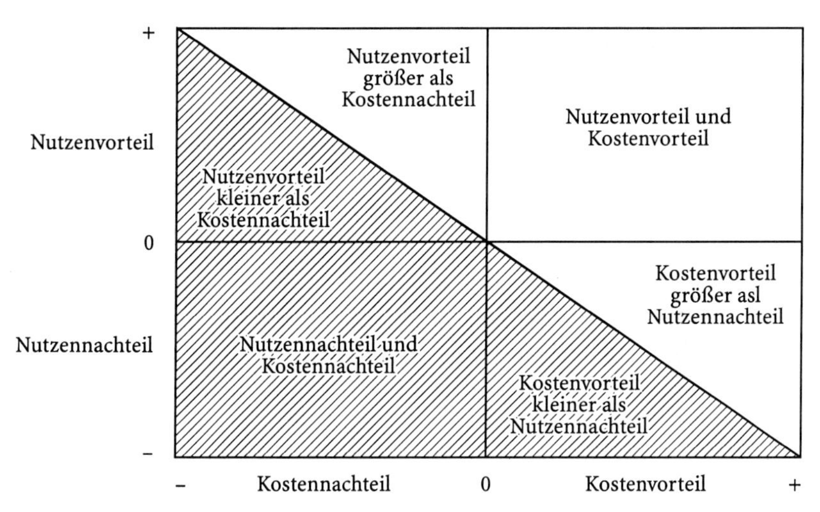

Abb. 21. Nutzen- und Kostenvor- und -nachteile

Wir haben in Abschnitt 1.1 die Elemente der Austauschrelation kennengelernt und dabei eine konsequent subjektive Sichtweise zugrunde gelegt. Diese Subjektivität gilt natürlich auch für die Definition der Nutzen- und Kostendifferenzen.

Was muß der Anbieter tun, um in der Lage zu sein, seinen Kunden eine Nettonutzendifferenz zu verschaffen? Er muß seinem Käufer ein geringeres Maß an Kosten als ein vergleichbarer Wettbewerber und/oder ein größeres Maß an Nutzen in Aussicht stellen. Er muß offenkundig das, was andere anbieten, genausogut aber preis(kosten-)günstiger zum Verkauf stellen, damit sich ein Vorteil ergibt. Oder aber er muß bei gleichem Verkaufspreis dem Käufer etwas Besonderes bieten, etwas, das andere nicht bieten und das von den Käufern positiv bewertet wird. Oder er muß beides miteinander verbinden. Offenkundig können auch Kompensationseffekte entstehen, so daß einer für den Käufer ungünstigeren Preisstellung (Kostenentstehung) ein Nutzenvorteil entgegensteht, der die negative Preisdifferenz mehr als wettmacht. Abbildung 21 verdeutlicht die möglichen Erfolgs- und Mißerfolgspositionen.

Die Fähigkeit, dem Käufer einen Vorteil zu verschaffen, hängt offenkundig zusammen mit der Stärke, die ein Anbieter im Wettbewerb hat. Diese Stärke macht sich darin bemerkbar, daß ein Anbieter seinem Kunden aufgrund seiner Fähigkeiten *bessere Austauschrelationen* anbieten kann.

1.4.2.2.3 Wirkungen des Vorteils

Ein Anbieter, der einen Kostenvorteil hat, wird bei gleichen Preisen höhere Gewinne erzielen als seine Wettbewerber, er wird bei niedrigeren Preisen den Marktanteil vergrößern, was wiederum seinen Kostenvorteil festigt und die Voraussetzungen für höhere Gewinne schafft. Ein Anbieter, der seinen Kunden überlegenen Nettonutzen verschaffen kann, wird von seinen Kunden geschätzt, er wird sein Ansehen festigen und ausbauen, die Kunden werden mit seiner Leistung zufrieden sein und gerne wiederkaufen, was die Voraussetzung ist für eine gegenüber den Wettbewerbern überlegene Gewinnerzielung und erhöhten Marktanteil.

Die Mehrgewinne, die aufgrund der Vorteilsposition erzielt werden, kann der Anbieter unter sonst gleichen Umständen mehr investieren als seine Wettbewerber bzw. die Wettbewerber können die vergleichbaren Investitionen nur aus anderen Geschäften oder externen Quellen finanzieren. Die Folgen sind offenkundig: Ein Wettbewerbsvorteil ist eine Position, aus der heraus Investitionen begünstigt werden oder - mit anderen Worten - ein Wettbewerbsvorteil erleichtert es, den Vorsprung durch Investitionen zu verteidigen und auszubauen. Wir erkennen daraus, daß es schicksalhaft für jeden Anbieter im Wettbewerb ist, seine Position zu finden, zu verteidigen und auszubauen. Es liegt in der Natur des Wettbewerbs, daß der Erfolg und der Mißerfolg sich aus *Positionen* ergeben. *Jedes Handeln im Wettbewerb muß sich deshalb an Positionen orientieren.*

1.4.2.3 Ökonomie des Wettbewerbsvorteils

1.4.2.3.1 Effizienz und Effektivität

Anbieter unterscheiden sich durch die Fähigkeit und Bereitschaft, ihren Kunden Vorteile zu verschaffen. Ein Anbieter, der das nachhaltig kann, hat eine starke Wettbewerbsposition. Ob er das aber *nachhaltig* kann, hängt davon ab, ob seine Fähigkeiten leicht *imitierbar* sind und ob er seinen Kunden einen Vorteil zu Bedingungen realisieren kann, die für *ihn selbst* vorteilhaft oder zumindest akzeptabel sind. Schauen wir uns noch einmal die Abb. 20 an und verdeutlichen uns die Struktur zunächst an einem Beispiel.

Beispiel:
Ein Hersteller von Reiseomnibussen, den wir *AW* nennen, bietet seinen Kunden Produkte mit einer bestimmten Höhe und Struktur der Lebenszeitkosten an, verbunden mit einem Nutzen, der vom Kunden als gerade äquivalent mit den Kosten empfunden wird (d.h. der angebotene Bus ist gerade eben „sein Geld wert"). Ein anderer Anbieter, den wir *A* nennen, kann vielleicht mit komfortableren Sitzen, höherer Reisegeschwindigkeit und besserer Federung als der andere aufwarten, so daß der Kunde eine *Nutzendifferenz* empfindet. Gleichzeitig zeigt die Abbildung 20, daß die Betriebskosten geringer sind, z.B. durch geringeren Benzinverbrauch und längere Wartungsintervalle. Die Nettonutzendifferenz zwischen den beiden Lieferanten *AW* und *A* ergibt sich aus der Addition von Nutzenvorteil des Kunden und Betriebskostenvorteil.

Die volle *Wettbewerbsstärke* von *A* gegenüber *AW* kommt bei dieser Betrachtung allerdings noch nicht zum Vorschein. Die Tatsache, daß *A* seinem Kunden einen Vorteil verschafft, muß ja noch nicht heißen, daß darin eine besondere Wettbewerbsstärke liegt. Es könnte ja in unserem Beispiel auch sein, daß der

Kundenvorteil erst durch eine für den Kunden besonders günstige *Preisentscheidung* entsteht, die auf der Anbieterseite mit einer erheblichen Kostenunterdeckung einhergeht, weil sie vielleicht das Ergebnis eines verzweifelten Kampfes des Anbieters *A* gegen das Ausscheiden aus dem Wettbewerb ist. Wenn der Preis des Anbieters *A* die Selbstkosten unterschreitet, dann ist zwar die positive Nettonutzendifferenz davon nicht berührt, wir müssen allerdings vermuten, daß der Anbieter in einem solchen Fall nicht gerade eine besonders ausgeprägte Wettbewerbsstärke besitzt (sonst würde er nämlich einen höheren Preis erreichen können). Der relative Kostennachteil müßte in diesem Fall als Gegengewicht zur positiven Nettonutzendifferenz berücksichtigt werden.

Um die relative Wettbewerbsstärke eines Anbieters zu beschreiben, ist es demnach notwendig, sowohl den relativen Kostenvorteil als auch den relativen Nutzenvorteil *gemeinsam* zu erfassen. Wir betrachten dazu noch einmal Abb. 17. Der Anbieter, der im Wettbewerb überlegen ist, hat Fähigkeiten und Ressourcen (*Potentiale*), die er in *Prozesse* umsetzt, aus denen Leistungen hervorgehen (*Programm*). Maßstäbe zur Beurteilung der relativen Wettbewerbsstärke eines Anbieters sind erstens der Grad, in welchem er dem Wettbewerber überlegen ist oder - aus der Sicht des Kunden - dem Wettbewerber überlegen erscheint - die Maßgröße dafür nennen wir die Nettonutzendifferenz - sowie zweitens der Grad, in welchem er dabei seine eigenen Interessen verwirklichen kann - die Maßgröße dafür nennen wir den *Kostenvorteil. Nettonutzendifferenz und Kostenvorteil zusammen machen den Wettbewerbsvorteil aus.* Wenn wir den Unterschied der Wettbewerbsstärke zwischen zwei Anbietern *A* und *AW* analytisch bestimmen wollen, dann müssen wir die *Summe aus Nettonutzendifferenz* (*A* gegenüber *AW*) *und Kostenvorteil* (*A* gegenüber *AW*) bilden.[90] Wir erweitern deshalb die Abb. 20 und erhalten Abb. 22.[91]

Der linke Teil des Bildes zeigt identisch mit Abb. 20 die Kundensichtweise. Der rechte Teil der Abbildung zeigt nunmehr ergänzend zu der Kundensichtweise die Anbietersichtweise. Die beiden Angebotspreise von *A* und *AW* sind nebeneinander zu sehen und in ihren Selbstkosten- und Gewinnbestandteil aufgelöst. Wir erkennen, daß der Anbieter *A* dieselben Selbstkosten wie *AW*, allerdings einen erheblich höheren Gewinnanteil am Preis hat. Der gegenüber *AW* höhere Gewinn ist neben der Existenz einer Nettonutzendifferenz ein weiterer Ausdruck der

[90] Es geht hier nicht um die Frage der Meßbarkeit der Größen, die wir in unsere Definition aufnehmen, sondern allein um die analytische Klärung der Frage, was die Wettbewerbsstärke ausmacht.

[91] Vgl. ähnlich Forbis/Mehta 1981, S. 32–42. Die Autoren gelangen jedoch zu einer problematischen Definition des Wettbewerbsvorteils, indem sie auf die Differenz aus nutzenorientierter Preisobergrenze des Anbieters und Selbstkosten des Anbieters abstellen. Das ist jedoch kaum als Maßgröße des Wettbewerbsvorteils brauchbar, weil ein Kosten- und Gewinnvergleich mit dem Wettbewerber so gar nicht möglich ist. Wir stellen hier deshalb konsequent auf die Gewinndifferenz zwischen den relevanten Anbietern ab und haben damit die problemadäquate Form gewählt.

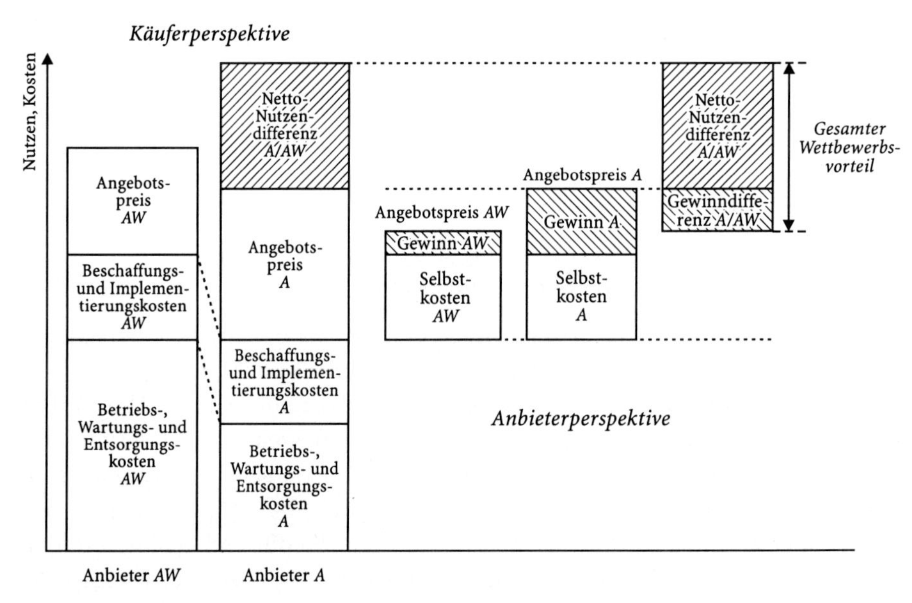

Abb. 22. Wettbewerbsvorteil (Beispiel)

Wettbewerbsstärke von *A* (vgl. Abb. 22), denn selbst wenn der Anbieter *AW* seine Leistung zum Selbstkostenpreis anbieten würde und *A* ihm im Preis folgen würde, käme für *A* unter sonst gleichen Bedingungen immer noch ein Gewinn heraus. Die volle Wettbewerbsstärke von *A* wird damit erkennbar: *A* hat in diesem Beispiel nicht nur eine höhere Gewinnmarge als *AW*, sondern ist auch in der Lage, dem Käufer niedrigere Betriebskosten und zudem noch einen höheren Nutzen anzubieten.

In diesem Beispiel wird über den *Angebotspreis* ein Teil dieses Potentials abgeschöpft. Aber auch wenn der Preis niedriger wäre, würde das Potential im Wettbewerb wirksam sein. Der Grund ist einfach – mit einer Abnahme des Preises um ΔP steigt die Nettonutzendifferenz um denselben Betrag ΔP, denn das bedeutet zunehmende Attraktivität des Angebotes von *A* in den Augen des Käufers und damit Wettbewerbsstärke. Wegen dieser Substitutionalität von Gewinnanteil im Preis und Nettonutzendifferenz des Käufers liegt es nahe, den relativen Kostenvorteil zu operationalisieren über die *Gewinndifferenz* zwischen *A* und *AW*, denn auf diese Weise kann es offen bleiben, ob ein hoher Preis eine niedrige Nettonutzendifferenz oder ein niedriger Preis eine hohe Nettonutzendifferenz bestimmt. In beiden Fällen wäre der Wettbewerbsvorteil gleich groß.

Der gesamte Vorsprung, den A im Wettbewerb gegen AW einsetzen kann, nennen wir den Wettbewerbsvorteil$^{A/AW}$ und definieren ihn bezogen auf zwei Angebote A und AW als [92]

Definition 10. Wettbewerbsvorteil$^{A/AW}$

Nettonutzendifferenz$^{A/AW}$ des Käufers zugunsten des Anbieters A
+ Gewinndifferenz$^{A/AW}$ des Anbieters A

= Wettbewerbsvorteil$^{A/AW}$ des Anbieters A

Der Wettbewerbsvorteil ist der Ausdruck der relativen Position eines Anbieters im Hinblick auf Kosten- und Nettonutzenunterschiede. Wir müssen also den Wettbewerbsvorteil als eine *zweidimensionale Größe* definieren.

Die möglichen Erfolgspositionen eines Anbieters im zweidimensionalen Diagramm der relativen Kostenposition (Gewinndifferenz) und der relativen Nettonutzenposition zeigt Abb. 23. Die Abszisse beschreibt die relative Kostenposition, operationalisiert über die Gewinndifferenz$^{A/AW}$. Die Ordinate beschreibt die relative Nettonutzenposition. Damit ergeben sich in jeder Dimension drei Klassen von Beurteilungen.

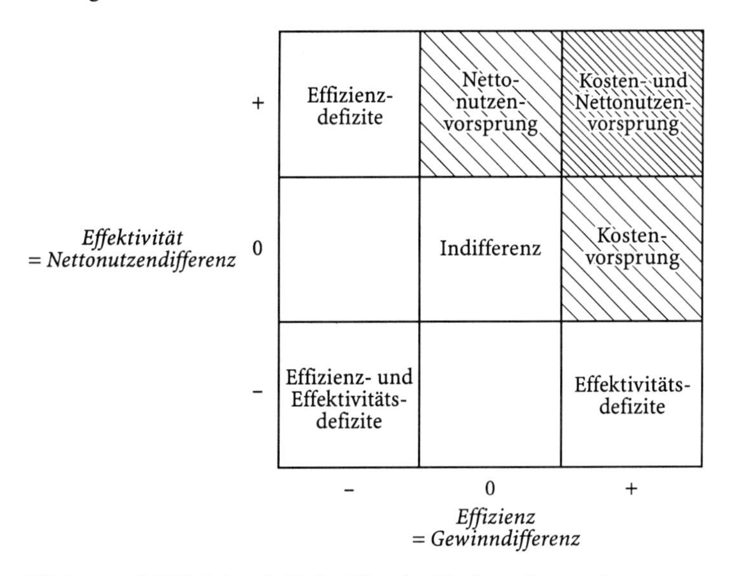

Abb. 23. Effizienz und Effektivität als Maßgrößen des Wettbewerbsvorteils

[92] Die algebraische Schreibweise sollte nicht den Eindruck erwecken, daß wir es bei den ausgewiesenen Nutzen- und Kostenelementen ausschließlich mit quantifizierbaren Größen zu tun haben. Im Gegenteil, die in Abschnitt 1.1 dargelegten Inhalte der Austauschrelation enthalten ausdrücklich alle Wertkomponenten positiver und negativer Art aus der Sicht des Käufers bzw. Verkäufers. Aus diesem Grunde stellt die Quantifizierung von Definition 10 hier eine noch nicht gelöste Aufgabe dar. Wir verwenden den Ausdruck zunächst einmal zur Verdeutlichung einer Struktur und nicht als Rechenformel.

Diese Betrachtungsweise verdeutlicht, daß der Wettbewerbsvorteil auf zwei ökonomische Dimensionen zurückzuführen ist: auf Effizienz und Effektivität.[93]

> **Definition 11.** Effektivität und Effizienz
> *Effektivität* ist ein externes Leistungsmaß, das angibt, inwieweit ein Unternehmen den Erwartungen und Ansprüchen seiner Kunden gerecht wird.
>
> *Effizienz* ist ein internes Leistungsmaß, das das Verhältnis von Output zu Input angibt.

Stellt man diese beiden Größen in den Dienst eines Wettbewerbsvergleichs, so wird offenbar, daß der Wettbewerbsvorteil sich aus Effizienz- und/oder Effektivitätsvorteilen ergeben kann. Danach ist die Unterschreitung der *Indifferenzposition* (alles ist bei dem betrachteten Anbieter gleich ausgeprägt wie bei dem Wettbewerber) auf Effizienzmängel, auf Effektivitätsmängel oder auf beides zurückzuführen. Überlegen effizient und effektiv ist ein Anbieter, der sowohl eine überlegene Kostenposition (positive Gewinndifferenz) als auch einen Nettonutzenvorsprung aufweist.

Die Zweidimensionalität des Wettbewerbsvorteils macht weiterhin deutlich, daß bei der Orientierung eines Anbieters im Wettbewerb zwei völlig separate Welten der Vorteilsfindung getrennt werden müssen: die anbieterinterne Sphäre und die Sphäre des Kunden. Vorteile, die aus der internen Sphäre resultieren, sind demnach Anbietervorteile im Wettbewerb zwischen *A* und *AW*, Vorteile, die aus der Sphäre des Kunden resultieren, sind entsprechend als Kundenvorteile[94] zu bezeichnen (vgl. Abb. 24).

Der *Anbietervorteil* im Wettbewerb ist ein Vorsprung, der allein auf Unterschiede in den jeweiligen Fähigkeiten und Ressourcen sowie Abläufen zwischen den Anbietern zurückzuführen ist, d.h. er gilt auch, wenn aus der Sicht der Kunden identische Leistung und identischer Preis vorliegen. Der Anbietervorteil ist

---

[93] Vgl. auch Abell 1980, S. 178–179.

[94] Der Grundgedanke geht zurück auf *Adam Smith* (Smith 1776, S. 17). Die hier gewählte Bezeichnung „Kundenvorteil“ finden wir bei *Große-Oetringhaus*: „Marketing strategisch richtig verstanden bedeutet also, ein Kundenbedürfnis im Wettbewerbsvergleich besser zu befriedigen. Diesen relativen Erfüllungsgrad bezeichnen wir als *Kundenvorteil.*“ Große-Oetringhaus 1990, S. 96 (Hervorhebung im Original). *Forbis/Mehta* meinen dasselbe, wenn sie vom „economic value to the customer“ sprechen, vgl. Forbis/Mehta 1981, S. 32–42.

Der Kundenvorteil ist gegenüber dem in der (mikro)ökonomischen Theorie seit *Alfred Marshall* verwendeten Begriff der Konsumentenrente abzugrenzen (vgl. z.B. von Stackelberg 1951, S. 205). Diese beschreibt die Differenz zwischen dem Marktpreis und dem Preis, zu dem ein Käufer noch kaufen würde, während der Kundenvorteil auf die Differenz zum (individuellen) Konkurrenzpreis abhebt. Der Begriff der *Konsumentenrente* ist abgeleitet aus den Bedingungen atomistischer Konkurrenz, während das gedankliche Konstrukt des Kundenvorteils auf die Situation oligopolistischer Konkurrenz bei heterogenen Leistungen und eingeschränkter Markttransparenz abstellt.

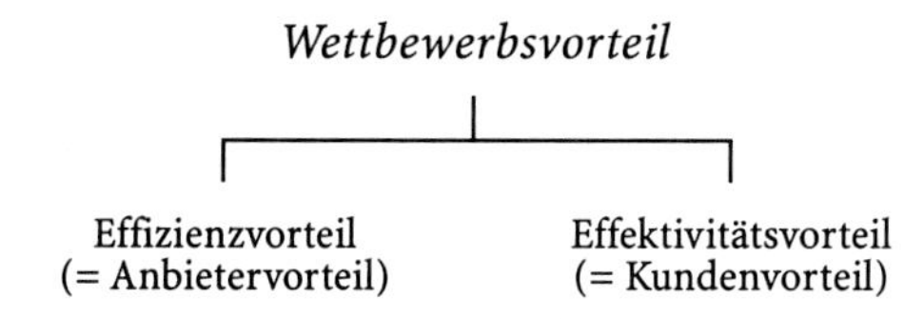

Abb. 24. Komponenten des Wettbewerbsvorteils

eine durchschlagende Vorteilsposition im Wettbewerb - ob nun wirksam in Form höherer Stückgewinne oder in Form eines niedrigeren Preises. Der niedrigere Preis bei gleicher Leistung ist vor allem deshalb so wirkungsvoll, weil die Käufer einen Preisunterschied schneller wahrnehmen und genauer beurteilen können als einen Leistungsunterschied.[95]

Der *Kundenvorteil* ist der überlegene Nutzen, den *A* ihm im Vergleich zu *AW* bietet. Der Kundenvorteil ist eine *relationale* Größe. Der Unterschied kann immer nur zwischen *zwei* Anbietern deutlich gemacht werden. In einer konkreten Kaufentscheidung gibt es also prinzipiell ebenso viele unterschiedliche Kundenvorteile wie Paarvergleiche zwischen den vom Käufer als relevant angesehenen Lieferanten angestellt werden.[96]

1.4.2.3.2 Wettbewerbsvorteil als Orientierungsgröße für das Unternehmen

Mehr Gewinn als die anderen zu haben ist abhängig von der Existenz eines Wettbewerbsvorteils. Ein Wettbewerbsvorteil besteht aus der Addition von Kundenvorteil und Anbietervorteil. Der Kundenvorteil resultiert aus der Differenzierung des Programms, und diese wiederum resultiert aus der Differenzierung von Fähigkeiten, Ressourcen und Abläufen. Der Anbietervorteil resultiert ebenfalls aus der Differenzierung von Fähigkeiten, Ressourcen und Abläufen. Damit ist deutlich geworden, worum es geht: Überleben im Wettbewerb heißt anders zu sein als die anderen: *„Be different or die!"*[97] Damit wird der Wettbewerbsvorteil zur zen-

[95] Die Darstellung in Abb. 18 entspricht dem Grundgedanken in Abb. 16. Diejenigen Anbieter, die günstigere Durchschnittskosten haben, erreichen höhere Stückgewinne. In der (mikro-) ökonomischen Theorie nennt man die Differenz zwischen dem Marktpreis und dem Preis, zu dem ein Anbieter noch verkaufen würde, eine *Produzentenrente.* Diese stellt allerdings keinen Bezug zum individuellen Wettbewerber, sondern zum Marktpreis bei atomistischer Konkurrenz her.

[96] Insofern kommt im Anwendungsfall der richtigen Auswahl der Vergleichslieferanten hohe Bedeutung zu. An dieser Stelle soll allerdings nicht die Anwendung des Modells auf konkrete Entscheidungssituationen im Vordergrund stehen, sondern vielmehr die Definition des Fokus für die Ausrichtung des Verhaltens des Anbieters im Wettbewerb. Dieser Fokus ist der Kundenvorteil.

[97] Den markanten Hinweis auf *Darwinsche* Interpretationsmuster finden wir bei Davidow 1986, S. 82.

tralen Orientierungsgröße für die marktorientierte Führung des Geschäfts schlechthin. Die Unternehmensleitung führt letztendlich ihr Geschäft nicht im Hinblick auf finanzielle Ziele wie Gewinn, Umsatz oder anderes, sondern sie richtet alle ihre Aktivitäten so aus, daß sie Positionen im Wettbewerb einnehmen kann, die das *Überleben* ermöglichen: sie orientiert sich an Wettbewerbsvorteilen, d.h. an *Positionen.*

Der Wettbewerbsvorteil ist in der Literatur unter den verschiedensten Namen bekannt. Ursprünglich wurde der Begriff von *Alderson* in die Marketingtheorie eingeführt, der in Anlehnung an *Clark* vom *„differential advantage"* und im folgenden auch von dem *„competitive advantage"* spricht.[98] Wir verwenden im folgenden weiterhin den Begriff Wettbewerbsvorteil. Diese Benennung ist allerdings für unsere Analyse überhaupt nicht von Bedeutung. Wichtig sind die Inhalte. Dabei muß man allerdings sehr genau hinsehen, was die Autoren jeweils unter dem Wettbewerbsvorteil oder der jeweiligen Bezeichnung verstehen, weil hier Unterschiede in der Interpretation zu erkennen sind.[99] Zunächst einige Hinweise, was Wettbewerbsvorteile nicht sind.

Produktvorteile sind keine Wettbewerbsvorteile, weil sie nicht den spezifischen Problemlösungsbedarf einer identifizierten Kundengruppe oder eines einzelnen Kunden ausdrücken können. *Stärken* eines Anbieters sind kein Wettbewerbsvorteil, weil Stärken allgemeine Potentialeigenschaften darstellen, die nicht unbedingt einen Bezug zu einem spezifischen Problemlösungsbedarf einer Kundengruppe oder eines einzelnen Kunden ausdrücken. *Prozeßvorteile* sind solange

---

[98] „Every business firm occupies a position which is in some respects unique. Its location, the product it sells, its operating methods, or the customers it serves tend to set it off in some degree from every other firm. Each firm competes by making the most of its individuality and its special character. It is constantly seeking to establish some *competitive advantage.* Absolute advantage in the sense of an advanced method of operation is not enough if all competitors live up to the same high standards. What is important in competition is *differential advantage,* which can give a firm an edge over what others in the field are offering." Alderson 1957, S. 101–102.

[99] Der Wettbewerbsvorteil taucht in der Literatur unter den verschiedensten Bezeichnungen auf. *Alderson* bringt ihn 1959 in die Marketingtheorie ein, indem er sich an die Theorie des monopolistischen Wettbewerbs von *Clark* anlehnt. *Rogers* definierte 1962 den „relative advantage" als Determinante der Übernahme von Produktinnovationen. *Ansoff* beschreibt ihn mit „distinctive competence" (unterschiedliche Fähigkeit). In der Welt der Konsumgüterwerbung dominiert seit langem der Ausdruck „Unique Selling Proposition", am ehesten zu übersetzen mit einem „einzigartigen Angebot". *Porter* spricht – wie schon *Ansoff* – einfach vom „Competitive Advantage" (Wettbewerbsvorteil, so auch *Simon*). *Aaker* nennt ihn „Sustainable Competitive Advantage (SCA)" was mit „verteidigungsfähiger Wettbewerbsvorteil" übersetzt werden kann. *Backhaus* nennt ihn „komparativer Konkurrenzvorteil" und überträgt den *Ricardo*schen Begriff des „komparativen Kostenvorteils" auf den Wettbewerb zwischen Unternehmen. Vgl. (alphabetisch) Aaker 1988, S. 35; Alderson 1959, S. 101–129; Ansoff 1965, S. 110; Backhaus 1992, S. 17, 28–32; Nieschlag/Dichtl/ Hörschgen 1985, S. 824; Porter 1985; Ricardo 1817; Rogers 1962; Simon 1988, S. 1–17.

noch keine Wettbewerbsvorteile, wie sie sich nicht in überlegener Leistung, gemessen an Kosten- und/ oder Nettonutzenvorteilen niederschlagen. Erst die integrierende Sichtweise macht den Blick frei für die Bestimmung des Wettbewerbsvorteils: Die analytische Trennung von Effizienz und Effektivität erzwingt die Unterscheidung in Kundenvorteil und Anbietervorteil, die zusammen den Wettbewerbsvorteil konstituieren. Wir definieren:

> **Definition 12.** Wettbewerbsvorteil
> *Wettbewerbsvorteil* ist die Fähigkeit eines Anbieters, im Vergleich zu seinen aktuellen oder potentiellen Konkurrenten nachhaltig effektiver (mehr Nutzen für den Kunden zu schaffen = *Kundenvorteil*) und/oder effizienter zu sein (geringere Selbstkosten zu haben oder schneller zu sein = *Anbietervorteil*).

Der Anbieter, der einen Wettbewerbsvorteil hat, kann seinen Wettbewerbern in zwei grundsätzlich verschiedenen Ebenen das Leben schwer machen. Der erste Weg besteht darin, seine Kunden gleichsam abzuschirmen gegen die Wettbewerber, indem man sie entweder so zufriedenstellt, daß sie gar nicht abwandern *wollen* (oder mindestens zu bequem dazu sind) oder indem man sie in eine Situation bringt, in der sie nicht ohne weiteres abwandern *können* - das ist der Fall, wenn die Kunden, aus welchen Gründen sei hier dahingestellt, abhängig sind. Dieser Weg zielt also auf die Schaffung von Unbeweglichkeit der Kunden, die wir *Mobilitätsbarrieren* nennen. Solche Barrieren entstehen durch eine anhaltende Nettonutzendifferenz oder durch Wechselkosten.

Der zweite Weg besteht darin, die Wettbewerber abzuschrecken oder zu entmutigen. *Aktueller* (vorhandener) Wettbewerb wird entmutigt durch die Schwierigkeit, die überlegene Leistung des Anbieters nachzumachen. Das kann daran liegen, daß Fähigkeiten und Ressourcen, über die der überlegene Anbieter verfügt, nicht (so schnell) beschafft werden können, daß Prozesse, die der überlegene Anbieter beherrscht, ein Know-how voraussetzen, das nicht (so schnell) verfügbar ist oder daß das Produkt nicht nachgemacht werden kann, z.B. weil bestimmte Stoffe nicht verfügbar sind. Wir nennen die Gründe, die den aktuellen Wettbewerb daran hindern, sich erfolgreich um die Kunden des Anbieters zu bemühen, *Imitationsbarrieren.*

Potentieller Wettbewerb wird entmutigt durch zeitliche Vorsprünge, durch Erfahrungsvorsprünge, durch strukturelle Kostenvorteile oder schlicht durch existierende Schutzrechte. Die Gesamtheit der Kräfte, die einen potentiellen Wettbewerber hindern, sich erfolgreich an die Kunden des überlegenen Anbieters zu wenden, nennen wir *Marktzutrittsbarrieren.* Dazu gehören auch glaubwürdige Abschreckungsmanöver des überlegenen Anbieters etwa in Form von *Vergeltungsdrohungen.*

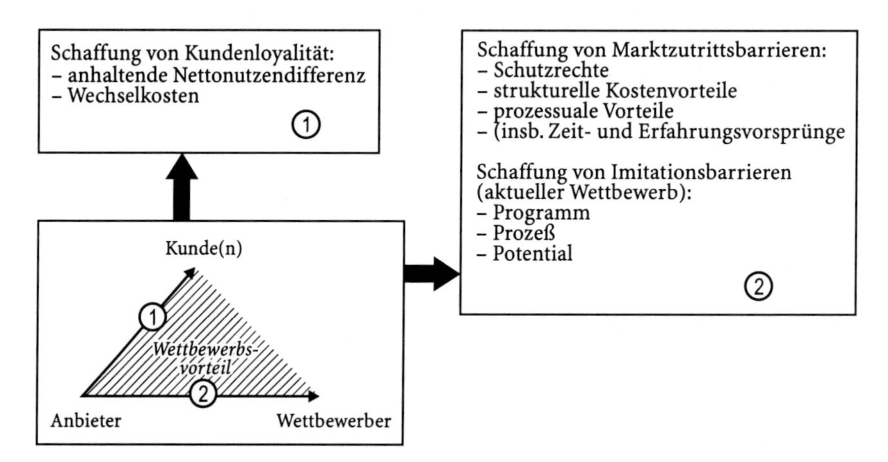

Abb. 25. Stoßrichtungen der Verteidigung einer Wettbewerbsposition

Ein Wettbewerbsvorteil in diesem Sinne ist die Gesamtheit der Mobilitäts-, Marktzutritts- und Imitationsbarrieren, die der Anbieter gegen seine aktuellen und potentiellen Wettbewerber wirksam werden läßt. Abbildung 25 faßt die Wirkungen zusammen.

Das Vorliegen eines Wettbewerbsvorteils ist an eine Reihe von Voraussetzungen geknüpft, die wir abschließend noch einmal herausstellen wollen.

1. Es sind bestimmte besondere *Fähigkeiten*, *Ressourcen* und *Eigenschaften* eines Anbieters gegeben. Diese sind stärker ausgeprägt als bei den Wettbewerbern und die Ursache überlegener Effizienz und Effektivität. Darunter sind hier insbesondere die Mitarbeiter, ihre Fähigkeiten und dabei insbesondere ihre Lernfähigkeit, die Verfügungsmacht über Betriebsmittel, Finanzmittel, Know-how, eine besondere Flexibilität, ein besserer Marktzugang (Bekanntheit, Image, Vertriebswege) oder ein besonderes Verständnis für den Kunden, aber auch die Möglichkeit der internen Schaffung von Synergieeffekten und damit von Kostensenkungen zu verstehen. Ein Anbieter kann entweder eine Leistung genauso gut, aber billiger anbieten oder eine Leistung mit gleichen Kosten, aber besser anbieten.
2. Das Bessermachenkönnen richtet sich auf etwas, das für den Käufer *wichtig* ist, d.h. es bezieht sich auf die Lösung eines Problems des Nachfragers. Ein besonders leistungsfähiges Service-System z.B. schafft keinen Wettbewerbsvorteil, wenn der Kunde über ein eigenes Wartungs- und Reparatur-Team verfügt. Das, was für den oder die Käufer wichtig ist, muß auch für geraume Zeit wichtig bleiben, denn wenn der Problemlösungsbedarf wegfällt, dann ist auch der Wettbewerbsvorteil nicht mehr gegeben.

3. Das Bessermachenkönnen wird, wenn es sich um ein Nutzenversprechen oder um einen Preisvorteil handelt, vom Käufer *wahrgenommen.* Wenn es sich um schwer kommunizierbare Fähigkeiten handelt - z.B. Zuverlässigkeit, Flexibilität, Kompetenz - dann muß diese Fähigkeit nicht nur wahrgenommen, sondern auch *geglaubt* werden.
4. Das Bessermachenkönnen stellt sich im Vergleich zu allen *relevanten* Wettbewerbern dar. Relevant sind die Wettbewerber, die der Käufer in Betracht zieht. Ein einziger Wettbewerber, der es genauso gut macht, vernichtet den Wettbewerbsvorteil.
5. Der relative Vorteil, der sich in dem Bessermachenkönnen oder in den niedrigeren Kosten ausdrückt, ist relativ *dauerhaft,* so daß der Wettbewerbsvorteil *verteidigungsfähig* ist. Das setzt voraus, daß der oder die Wettbewerber keine Mittel und Wege finden können (jedenfalls nicht so schnell), um die Problemlösung für den Käufer mit einem anderen Leistungsbündel herbeizuführen (Barrieren gegen substitutive Produkte), das setzt weiterhin voraus, daß der oder die Wettbewerber nicht Mittel und Wege finden (jedenfalls nicht so schnell), die Ursachen des Vorsprungs zu imitieren (Barrieren gegen die Imitation).

Die Verteidigungsfähigkeit ist letztlich der kritische Punkt bei allen Überlegungen zum Wettbewerbsvorteil. Da der Wettbewerb seiner Natur nach aus Vorstoßen und Imitieren besteht, kann ein Wettbewerbsvorteil immer nur so lange bestehen, wie es gelingt, die anderen an der Imitation zu hindern.[100] Das aber heißt, daß die Ursachen des Wettbewerbsvorteils bestehen bleiben bzw. - als Vorwegnahme drohender Imitation oder Substitution - erneuert werden müssen: das „Prinzip der nachhaltigen Unterschiedlichkeit" kennt keine Ausnahme.

1.4.3 Fazit

Die Defintion des Wettbewerbsvorteils läßt erkennen, worauf es im Wettbewerb ankommt. Ein Anbieter muß sich an Effektivität und Effizienz orientieren und dabei effektiver und/oder effizienter als seine Wettbewerber sein. Der Wettbewerbsvorteil ist die Summe aus Anbietervorteil und Kundenvorteil. Diese Summe kennzeichnet die *Mehrleistung* des Anbieters im Vergleich zu seinen Wettbewerbern. Anbietervorteil und Kundenvorteil zusammen sind also der Gesamtgewinn, der durch die Markttransaktion entsteht.

Der Anbieter bestimmt sein Verhalten in der Markttransaktion danach, wie er für sich einen seinen Absichten entsprechenden Teil des Gewinns realisieren kann. Dazu stehen ihm idealtypisch zwei Wege offen. Er kann einerseits den Kunden-

[100] Auf dieses Problem kann hier nur verwiesen werden. Vgl. Reed/DeFilippi 1990, S. 88–102.

vorteil eher klein halten und dadurch den Anbietervorteil groß machen. Dann wird der Erfolg pro Markttransaktion hoch sein, jedoch die Zahl der Markttransaktionen eher klein. Wir wollen dieses als Markt-*Abschöpfungsverhalten* bezeichnen. Der Anbieter kann den Anbietervorteil klein halten und den Kundenvorteil groß machen. Dann ist der Erfolg pro Markttransaktion klein, die Zahl der Markttransaktionen jedoch eher groß. Wir wollen dieses als Markt-*Durchdringungsverhalten* bezeichnen. Die Entscheidung zwischen Abschöpfungs- und Durchdringungsverhalten hat erhebliche Auswirkungen auf den Marktanteil und den Gewinn des Anbieters. Welche der beiden Verhaltensweisen ein Anbieter wählt, hängt von der Einschätzung der Elastizität der Nachfrage sowie von den strategischen Absichten des Anbieters ab. Das sind jedoch Fragestellungen, die an anderer Stelle zu behandeln sind.

1.5 Schluß

Wir haben eine Gesamtschau des Marktgeschehens entwickelt, die sich an den Grundmotiven und -prinzipien des Handelns von Menschen und Unternehmen im Markt orientiert. Abbildung 26 verdeutlicht das.

Wir haben die Grundlagen des Marktprozesses in vier Schritten kennengelernt. Ausgangspunkt war der beobachtbare Sachverhalt, daß Menschen und Organisationen als offene Systeme „Probleme" haben, die sie lösen müssen oder wollen, um ihre Existenz zu sichern und ihre Ziele zu erreichen. Käufer wollen Käuferprobleme lösen, Anbieter wollen Anbieterprobleme lösen. Sie verfolgen dabei individuelle Ziele und müssen mit der unausweichlichen Unsicherheit zurecht kommen. Erstes Ergebnis unseres Studiums des Marktprozesses ist das Verständnis aller Marktteilnehmer als *problemlösende Individuen oder Unternehmen.*

Eine der wichtigsten Optionen für die Problemlösung von Anbieter und Käufer ist der Austausch mit anderen. *Weil* Käufer andere Möglichkeiten der Problemlösung nicht wahrnehmen wollen oder können, bemühen sie sich durch diverse Aktivitäten, die wir Austausch nennen, um die Lösung ihres Problems. Ein Austausch ist erfolgreich, wenn eine *Übereinkunft* (Transaktion) zustande kommt. Zweites Ergebnis unseres Studiums des Marktprozesses ist das Verständnis der Übereinkunft - daß niemand freiwillig mehr opfert, als er durch die Übereinkunft erhält und daß jeder Marktteilnehmer unter zwei sich bietenden potentiellen Transaktionen die *vorteilhaftere* wählt.

Weil meistens mehrere Interessenten an Transaktionen zusammenkommen, entsteht ein Markt. Der Markt belohnt die Findigen: Sie finden schneller als andere heraus, wie man zu vorteilhafteren Transaktionen kommt. Drittes Ergebnis unseres Studiums des Marktprozesses ist das Verständnis des Marktes als einen kollektiven Lernprozeß, in dem die Findigen durch *Gewinn* belohnt werden und in dem sie gleichzeitig ihr Wissen an die anderen Marktteilnehmer weitergeben.

Weil Gewinngelegenheiten von anderen Marktteilnehmern entdeckt werden und diese anderen die Gewinngelegenheit durch Wettbewerb zu vernichten drohen, versuchen Marktteilnehmer, ihre gefundene Gewinngelegenheit zu verteidigen, indem sie Positionen einnehmen, die es ihnen erlauben, den Vorsprung gegenüber anderen zu verteidigen *(Wettbewerbsvorteil)*. Viertes Ergebnis unseres Studiums des Marktprozesses ist es, daß Anbieter ihren Wettbewerbsvorteil dann und nur dann verteidigen, wenn sie dauerhaft in der Lage sind, Probleme ihrer Kunden und/oder ihre eigenen Probleme besser zu lösen als andere Anbieter.

Wir kennen nunmehr abstrakt die Erfolgsvoraussetzungen unternehmerischen Handelns in Märkten. Daraus können wir das Grundmuster einer Handlungskonzeption ableiten, die wir „Marketing" nennen. Eins sollte bereits jetzt deutlich geworden sein: zu „Marketing" gibt es keine Alternative. Es sei denn, wir gehen auf die Suche nach dem Schlaraffenland. Es liegt drei Meilen hinter Weihnachten.

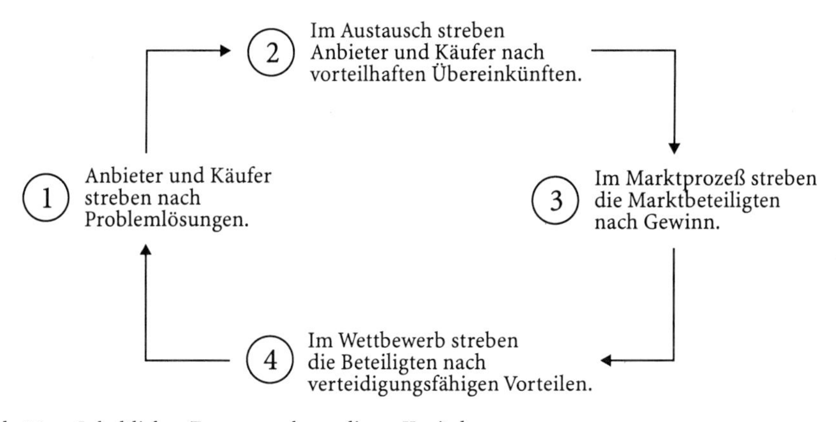

Abb. 26. Inhaltlicher Zusammenhang dieses Kapitels

Literaturverzeichnis

Aaker, D. A. [1988]: Developing Business Strategy; 2nd ed., New York 1988.

Abell, D. F. [1980]: Defining the Business - The Starting Point of Strategic Planning; Englewood Cliffs, N. J. 1980.

Ackoff, R. L. / Emery, F. E. [1975]: Zielbewußte Systeme; Frankfurt / New York 1975.

Albach, H. [1988]: Kosten, Transaktionen und externe Effekte im betrieblichen Rechnungswesen; in: Zeitschrift für Betriebswirtschaft, 58. Jg. (1988), S. 1143–1170.

Albach, H. (Hrsg.) [1989]: Zur Theorie der Unternehmung; Schriften und Reden von Erich Gutenberg, aus dem Nachlaß, Berlin et al. 1989.

Alchian, A. A. [1950]: Uncertainty, Evolution, and Economic Theory; in: Journal of Political Economy, Vol. 58 (1950), No. 3, S. 211–221.

Alchian, A. A. / Demsetz, H. [1973]: The Property Rights Paradigm; in: Journal of Economic History, Vol. 37 (1973), S. 16–27.

Alderson, W. [1959]: Marketing Behavior and Executive Action; Homewood Ill. 1959.

Ansoff, H. I. [1965]: Corporate Strategy; New York 1965.

Arndt, H. [1974]: Wirtschaftliche Macht - Tatsachen und Theorien; München 1974.

Backhaus, K. [1997]: Industriegütermarketing; 5. Aufl., München 1997.

Bagozzi, R. P. [1986]: Marketing as Exchange; in: Journal of Marketing, Vol. 39 (October 1975), S. 32–39.

Bagozzi, R. P. [1986]: Principles of Marketing Management; SRA Science Research Associates Inc., Chicago 1986.

Barnard, Ch. I. [1938]: The Functions of the Executive; Cambridge Mass. 1938.

Becker, G. S. [1993]: Der ökonomische Ansatz zur Erklärung menschlichen Verhaltens; übersetzt von M. und V. Vanberg, 2. Aufl., Tübingen 1993 (Titel der amerikanischen Originalausgabe: The Economic Approach to Human Behavior; Chicago 1976).

Bentham, J. [1963]: An Introduction to the Principles of Morals and Legislation; New York 1963.

Bertalanffy, L. von [1953]: Biophysik des Fließgleichgewichts; Braunschweig 1953.

Blau, P. M. [1964]: Exchange and Power in Social Life; New York 1964.

Böhm-Bawerk, E. von [1921]: Positive Theorie des Kapitals; Bd. 1, 4. Aufl., Jena 1921.

Clark, K. B. / Fujimoto, T. [1991]: Product Development Performance - Strategy, Organization and Management in the World Automobile Industry; Boston Mass. 1991.

Coase, R. H. [1937]: The Nature of the Firm; in: Economica, Vol. 4 (1937), S. 386–405.

Cox, D. F. [1967]: Risk Handling in Consumer Behavior - an Intensive Study of Two Cases; in: Cox, Donald F. (Hrsg.): Risk Taking and Information Handling in Consumer Behavior; Boston 1967.

Cyert, R. M. / March, J. G. [1963]: A Behavioral Theory of the Firm; Englewood Cliffs, New Jersey 1963.

Darwin, Ch. [1989]: Die Entstehung der Arten durch natürliche Zuchtwahl; Übersetzung nach der 6. Auflage von 1872 von Carl W. Neumann, Stuttgart 1989, S. 119.

Davidow, W. H. [1986]: Marketing High Technology; 1986 (deutsch: High Tech Marketing; übersetzt von Sascha Mantscheff, Frankfurt a. M. 1987).

Day, G. S. [1984]: Strategic Market Planning: The Pursuit of Competitive Advantage; St. Paul etc. 1984.

Day, G. S. / Wensley, R. [1988]: Assessing Advantage: A Framework for Diagnosing Competitive Superiority; in: Journal of Marketing, Vol. 52 (1988), April, S. 1–20.

Defoe, D. [1719]: The Life and Strange Surprising Adventures of Robinson Crusoe; London 1719.

Duden [1996]: Rechtschreibung der deutschen Sprache; 21. Aufl., Mannheim etc. 1996.

Dyckhoff, H. [1992]: Betriebliche Produktion - Theoretische Grundlagen einer umweltorientierten Produktionswirtschaft; Berlin / Heidelberg u.a. 1992.

Forbis, J. L. / Mehta, N. T. [1981]: Value-Based Strategies for Industrial Products; in: Business Horizons, Vol. 24 (1981), No. 3, May/June, S. 32–42.

Gemünden, H.-G. [1981]: Innovationsmarketing - Interaktionsbeziehungen innovativer Investitionsgüter; Tübingen 1981.

Giersch, H. [1986]: Die Ethik der Wirtschaftsfreiheit; in: Vaubel, R. / Barbier, H. D. (Hrsg.): Handbuch Marktwirtschaft; Pfullingen 1986, S. 12–22.

Große-Oetringhaus, W. F. [1990]: Das Geheimnis strategischen Verkaufens; in: HARVARDmanager, 12. Jg. (1990), Heft 3, S. 93–101.

Gutenberg, E. [1983]: Grundlagen der Betriebswirtschaftslehre; Band I: Die Produktion, 24. Aufl., Berlin u.a. 1983.

Gutenberg, E. [1983]: Grundlagen der Betriebswirtschaftslehre; Band II: Der Absatz, 17. Aufl., Berlin / Heidelberg etc. 1984.

Hammer, M. / Champy, J. [1993]: Business Reengineering; Frankfurt a. M. / New York 1993.

Hayek, F. A. von [1968]: Der Wettbewerb als Entdeckungsverfahren; Kiel 1968.

Hayek, F. A. von [1976]: Der Sinn des Wettbewerbs; in: Hayek, F. A. von (Hrsg.): Individualismus und wirtschaftliche Ordnung; 2. erw. Auflage, Salzburg 1976, S. 122–140.

Hayek, F. A. von [1976]: Die Verwertung des Wissens in der Gesellschaft; in: Hayek, F. A. von (Hrsg.): Individualismus und wirtschaftliche Ordnung; 2. erw. Auflage, Salzburg 1976, S. 103–121.

Hayek, F. A. von [1991]: Die Verfassung der Freiheit; 3. Aufl., Tübingen 1991.

Henderson, B. D. [1968]: Perspectives on Experience; 1968 (deutsch: Die Erfahrungskurve in der Unternehmensstrategie; übers. und bearb. von Aloys Gälweiler, 2. Aufl., Frankfurt a. M. 1984).

Homans, G. C. [1968]: Social Behavior: Its Elementary Forms; New York 1961 (deutsch: Elementarformen sozialen Verhaltens; Köln und Opladen 1968).

Jevons, W. S. [1923]: Die Theorie der Politischen Ökonomie; Jena 1923.

Kast, F. E. / Rosenzweig, J. E. [1985]: Organization and Management: A Systems and Contingency Approach; 4th ed., Singapore 1985.

Katz, D. / Kahn, R. L. [1978]: The Social Psychology of Organizations; 2nd ed., New York etc. 1978.

Kirzner, I. M. [1978]: Competition and Entrepreneurship; 1973 (deutsch: Wettbewerb und Unternehmertum; Tübingen 1978).

Kleinaltenkamp, M. [1993]: Standardisierung und Marktprozeß - Entwicklungen und Auswirkungen im CIM-Bereich; Wiesbaden 1993.

Kotler, Ph. [1997]: Marketing Management: Analysis, Planning, Implementation, and Control; 9th ed., Englewood Cliffs 1997.

Luhmann, N. [1989]: Vertrauen - Ein Mechanismus der Reduktion sozialer Komplexität; 3., durchgesehene Auflage, Stuttgart 1989, S. 19–21.

March, J. G. / Simon, H. A. [1959]: Organizations; New York 1959 (deutsch: Organisation und Individuum - Menschliches Verhalten in Organisationen; Wiesbaden 1976).

Mises, L. E. von [1940]: Nationalökonomie; Genf 1940.

Mises, L. E. von [1944]: Bureaucracy; New Haven 1944 (deutsch: Die Bürokratie; St. Augustin 1997).

Neumann, J. von / Morgenstern, O. [1944]: Theory of Games and Economic Behavior; Princeton 1944.

Nieschlag, R. / Dichtl, E. / Hörschgen, H. [1985]: Marketing; 14. Aufl., Berlin 1985.

Oberender, P. [1987]: Käufermarkt; in: Dichtl, E. / Issing, O. (Hrsg.): Vahlens Großes Wirtschaftslexikon; Band I, München 1987, S. 955.

Oberender, P. [1987]: Verkäufermarkt; in: Dichtl, E. / Issing, O. (Hrsg.): Vahlens Großes Wirtschaftslexikon; Band II, München 1987, S. 808.

Pfeffer, J. / Salancik, G. R. [1978]: The External Control of Organizations: A Resource Dependence Perspective; New York etc. 1978.

Picot, A. [1982]: Transaktionskostenansatz in der Organisationstheorie: Stand der Diskussion und Aussagewert; in: Die Betriebswirtschaft, 42. Jg. (1982), Heft 2, S. 267–284.

Picot, A. / Dietl, H. [1990]: Transaktionskostentheorie; in: Wirtschaftswissenschaftliches Studium, 1990, S. 178–184.

Plinke, W. [1989]: Die Geschäftsbeziehung als Investition; in: Specht, G. / Silberer, G. / Engelhardt, W. H. (Hrsg.): Marketing-Schnittstellen - Herausforderungen für das Management; Stuttgart 1989, S. 305–325.

Popper, K. R. [1944]: Alles Leben ist Problemlösen - Über Erkenntnis, Geschichte und Politik; München / Zürich 1944.

Porter, M. E. [1985]: Competitive Advantage: Creating and Sustaining Superior Performance; New York u.a. 1985 (deutsch: Wettbewerbsvorteile - Spitzenleistungen erreichen und behaupten, Frankfurt a. M. 1986).

Reed, R. / DeFilippi, R. J. [1990]: Casual Ambiguity, Barriers to Imitation and Sustainable Competitive Advantage; in: Academy of Management Review, Vol. 15 (1990), January, S. 88–102.

Richter, R. / Furubotn, E. G. [1996]: Neue Institutionenökonomik; Tübingen 1996.

Ricardo, D. [1817]: The Principles of Political Economy and Taxation; London 1817.

Rogers, E. M. [1962]: Diffusion of Innovations; New York / London 1962.

Schneider, D. [1987]: Allgemeine Betriebswirtschaftslehre; 3. Aufl., München / Wien 1987.

Schumpeter, J. A. [1926]: Theorie der wirtschaftlichen Entwicklung - Eine Untersuchung über Unternehmergewinn, Kapital, Kredit, Zins und den Konjunkturzyklus; 2. Aufl., München / Leipzig 1926.

Simon, H. A. [1945]: Administrative Behavior: A Study of Decision Making Processes in Administrative Organizations; 1945 (deutsch: Entscheidungsverhalten in Organisationen - Eine Untersuchung von Entscheidungsprozessen in Management und Verwaltung, 3. Aufl., Landsberg a. L. 1981).

Simon, H. A. [1978]: Rationality as a Process and as Product of Thought; in: The American Economic Review, Vol. 68 (1978), S. 1–16.

Simon, H. [1988]: Management strategischer Wettbewerbsvorteile; in: Simon, Hermann (Hrsg.): Wettbewerbsvorteile und Wettbewerbsfähigkeit; Stuttgart 1988, S. 1–17.

Smith, A. [1776]: An Inquiry into the Nature and the Causes of the Wealth of Nations, London 1776 (deutsch: Der Wohlstand der Nationen; hrsg. von H. C. Recktenwaldt, München 1974).

Söllner, A. [1993]: Commitment in Geschäftsbeziehungen; Wiesbaden 1993.

Spremann, K. [1987]: Agent and Principal; in: Bamberg, G. / Spremann, K. (Hrsg.): Agency Theory, Information and Incentives; Heidelberg etc. 1987.

Spremann, K. [1987]: Asymmetrische Information; in: Zeitschrift für Betriebswirtschaft, 60. Jg. (1990), S. 561–586.

Stackelberg, H. von [1951]: Grundlagen der theoretischen Volkswirtschaftslehre; 2. Aufl., Tübingen 1951.

Stalk Jr., G. / Hout, Th. M. [1990]: Competing against Time: How Time Based Competition is Reshaping Global Markets; New York, N.Y. 1990.

Stigler, G. J. [1961]: The Economics of Information; in: Journal of Political Economy, Vol. 69 (1961), June, S. 213–225.

Stigler, G. J. [1987]: Competition; in: Eatwell, J. / Milgate, M. / Newmann, P. (Hrsg.): The New Palgrave – A Dictionary of Economics; Volume 1 (A to D), 1987, S. 531–536.

Streissler, E. / Streissler, M. [1983]: Hans im Glück – Katallaktische und andere Betrachtungen zu einem Hausmärchen der Brüder Grimm; in: Enke, H. / Köhler, W. / Schulz, W. (Hrsg.): Struktur und Dynamik der Wirtschaft; Beiträge zum 60. Geburtstag von Karl Brandt, Freiburg i. Br. 1983, S. 17–37.

Thibaut, J. W. / Kelley, H. H. [1986]: The Social Psychology of Groups; New York 1959.

Wicksteed, Ph. H. [1910]: The Common Sense of Political Economy; London 1910.

Williamson, O. E. [1975]: Markets and Hierarchies: Analysis and Antitrust Implications - A Study in the Economics of Internal Organization; London 1975.

Williamson, O. E. [1985]: The Economic Institutions of Capitalism - Firms, Markets, Relational Contracting; New York 1985 (deutsch: Die ökonomischen Institutionen des Kapitalismus, übersetzt von Monika Streissler, Tübingen 1990).

Übungsaufgaben

1. Welche Optionen des Gütererwerbs und Güterabgangs gibt es?
2. Was ist ein Austausch?
3. Warum entstehen Austausche?
4. Welche Werte können bei einem Austausch entstehen?
5. Was versteht man unter einem Problem und einer Problemlösung?
6. Erläutern Sie die Ursachen der Unsicherheiten, die mit einem Austausch verbunden sein können!
7. Was versteht man unter Risiko und welche Möglichkeiten des Umgangs mit Risiko existieren?
8. Wodurch unterscheidet sich der einfache vom erweiterten Austausch?
9. Wodurch sind Käufer- und Verkäufermärkte charakterisiert?
10. Was ist eine Markttransaktion?
11. Welches sind die Elemente einer Transaktion?
12. Erläutern Sie die Nutzen- und Kostenelemente einer Transaktion!
13. Wie unterscheiden sich die Käufer- und die Verkäuferperspektive einer Transaktion?
14. Erläutern Sie die Bedingungen für das Zustandekommen einer Markttransaktion!
15. Was versteht man unter dem Marktprozeß? Welche Rolle spielt der „Unternehmer“ im Marktprozeß?
16. Charakterisieren Sie die Begriffe „Innovation“ und „Imitation“!
17. Erläutern Sie die Elemente des Wettbewerbsvorteils!
18. Charakterisieren Sie die Ursachen für die Entstehung von Wettbewerbsvorteilen!
19. Charakterisieren Sie die Begriffe „Effizienz“ und „Effektivität“!
20. Erläutern Sie die Zusammenhänge zwischen Effektivität und Kundenvorteil sowie zwischen Effizienz und Anbietervorteil!

2 Grundkonzeption des industriellen Marketing-Managements

Wulff Plinke

Abbildungsverzeichnis

Tabellenverzeichnis

2.1 Meinungen, Mythen und Mißverständnisse – eine Vorbemerkung

Im vorangegangenen Kapitel haben wir die Grundbegriffe und wesentlichen Abläufe des Marktgeschehens kennengelernt – die Problemlösung als zentrale Antriebskraft, den Austausch in seiner dyadischen, erweiterten und komplexen Form, die Markttransaktion, den Marktprozeß sowie den Wettbewerbsvorteil. Mit diesen Begriffen haben wir ein Bild zeichnen können, das die Abläufe auf Märkten beschreibt und die Bedingungen, unter denen Marktteilnehmer ihre Ziele erreichen können, benannt. Im zweiten und dritten Kapitel nun werden wir die Grundkonzeption des Verhaltens von Anbietern auf Märkten kennenlernen – das Marketing. Es erscheint angebracht, zu diesem Begriff eine Vorbemerkung zu machen.

Wenn Sie, verehrte Leserin und verehrter Leser, das Wort „Marketing" hören, dann denken Sie sich etwas dabei. Jeder von uns – ob mit entsprechender Erfahrung oder ohne – hat seine mehr oder weniger bestimmten eigenen inhaltlichen Vorstellungen von dem, was „Marketing" ist, und die meisten von uns haben auch eine gefühlsmäßige Meinung zum „Marketing". Aus dieser Mischung von Wissen, Vorstellungen und Gefühlen setzt sich das zusammen, was man in der Alltagssprache ein Vorurteil nennt. Vorurteile sind an und für sich nichts Schlechtes, im Gegenteil – sie vereinfachen unser Leben. Ohne Vorurteile würde nämlich alles Denken und Handeln wesentlich länger dauern.

Wenn Sie sich im folgenden mit den Grundlagen des industriellen Marketing beschäftigen wollen, dann sind Ihre bisherigen Auffassungen und Überzeugungen – Ihre Vorurteile – über „Marketing" allerdings möglicherweise etwas hinderlich. Das Kapitel soll begriffliche und konzeptionelle Grundlagen vermitteln. Das geht umso leichter, je weniger der Leser sich von seinem bisherigen Verständnis von „Marketing" leiten läßt. Um zu verdeutlichen, was wir mit eventuellen Vorurteilen über „Marketing" meinen, seien einige landläufige Meinungen, Mythen und Mißverständnisse genannt.

1. *„Marketing" ist überflüssig:* So mancher Ingenieur- oder Naturwissenschaftler, aber auch der eine oder andere Experte der EDV oder des Finanz- und Rechnungswesens im Unternehmen hegt Vorurteile gegenüber „Marketing". Diese Vorurteile äußern sich in einer grundlegenden Skepsis, die sich manchmal sogar zu harscher Ablehnung verfestigt, was durchaus auch zu Abteilungskonflikten führen kann. Es ist gar nicht einfach, an die Wurzeln dieser Skepsis heranzukommen, aber einige davon lassen sich doch benennen. Vielfach beobachten wir in Unternehmen, die auf industriellen Märkten tätig sind, die Einschätzung, daß der Erfolg am Markt doch nahezu vollständig von Technikern und von technischen Faktoren bestimmt wird. Techniker glauben

häufig, daß der Markterfolg ganz entscheidend davon abhängt, daß zu den Technikern im Kundenunternehmen exzellente Kontakte gegeben sind. Techniker glauben an ihre Prozeß- und Produkttechnologie, sie glauben auch an das Produkt selbst. „Ein gutes Produkt verkauft sich von selbst!" So etwas haben wir schon oft gehört – von Technikern.[1] Sie wollen oft nicht wahrhaben, daß es Einflüsse gibt, die dazu führen, daß nicht das beste Produkt zum Zuge kommt. Dabei kennen wir doch beispielsweise die Legende von IBM, die geradezu stolz darauf waren, nie die technologisch besten Mainframes angeboten zu haben und doch über Jahrzehnte die Nummer Eins waren, und zwar wegen einer überlegenen Vertriebs- und Service-Orientierung. Wir kennen die Geschichte, wie die Video-Systeme von Grundig und anderen im Wettbewerb untergingen, obwohl sie dem VHS-System technologisch überlegen waren. Weitere Beispiele zu finden, ist wirklich nicht schwer. Fazit: Die überlegene Technologie oder das überlegene Produkt verkauft sich nicht von selbst. Es ist vielmehr zu vermuten, daß, wer „Marketing" für überflüssig hält, in Wirklichkeit funktionale Interessen im Unternehmen vertritt. Vorurteile über Marketing, seien sie positiv oder negativ gefärbt, haben häufig auch etwas mit dem Ringen um Einfluß und Budgets im Unternehmen zu tun. Natürlich ist die Technologie eines industriellen Unternehmens ein herausragender Erfolgsfaktor. Aber eben nicht der einzige.

2. *„Marketing" ist Manipulation von Käufern:* Für die Skeptiker des Marketing, die wir in einer von Ingenieuren und Naturwissenschaftlern geprägten technischen Welt finden, klingt das Wort „Marketing" – wohl nicht zuletzt begründet durch Vance Packard und seine „Geheimen Verführer" – auch nach etwas, bei dem es nicht ganz mit rechten Dingen zugeht.[2] „Marketing" ist allerdings nicht ein Wort für mehr oder weniger intelligente und mehr oder weniger problematische Methoden der Beeinflussung, Verführung oder Manipulation von Käufern. So etwas kann zum Marketing dazugehören, darf aber nicht damit gleichgesetzt werden.
3. *„Marketing" ist Preispolitik:* Von den Skeptikern des Marketing, insbesondere von den Experten des Finanz- und Rechnungswesens, werden die Käufer auf industriellen Märkten (im Gegensatz zu Konsumentenmärkten) häufig als absolut rational eingestuft. Es wird vorgetragen, daß die Kunden professionelles Einkaufsmanagement betreiben, so daß für so etwas wie „Marketing" (wie sie es sehen) kein Spielraum bleibt. Im Gegenteil, der Wettbewerb wird so erlebt, daß letztlich, wenn das Produkt sich nicht von den konkurrierenden Angeboten abhebt, allein der Preis das Spiel entscheidet. Wir haben in Kapitel 1.4 gesehen, daß das nur eine mögliche Konstellation unter mehreren anderen ist.

---

[1] Vgl. auch Penn/Mougl 1978.

[2] Vgl. Packard 1957.

Die Konsequenz ist einfach: Gerade wenn sich das Produkt nicht unterscheidet und der Preis das Spiel bestimmt, muß mehr über „Marketing" nachgedacht und in diesem Sinne gehandelt werden (vgl. das Prinzip der nachhaltigen Unterschiedlichkeit, Kapitel 1.4.1).

4. *„Marketing"* ist Vertrieb: Viele sagen „Marketing" und meinen Verkauf und Vertrieb. „Marketing" ist aber nicht nur ein amerikanisches Wort für Vertrieb. Vertrieb ist eine klassische Linienfunktion im Unternehmen, die durch Arbeitsteilung und Spezialisierung entsteht und die durch „Marketing" nicht ersetzt wird. Vertrieb hat sehr viel mit „Marketing" zu tun, darf aber nicht damit gleichgesetzt werden. *„Marketing"* ist weiterhin nicht gleichzusetzen mit Marktforschung, mit beeinflussender Kundenwerbung oder mit Public Relations.
5. *„Marketing" ist etwas für Spezialisten:* Im Gegensatz zu der praktischen Relevanz des Marketing steht das innerbetriebliche Image der Marketing-Konzeption im Bereich der industriellen Märkte. Es dominiert dort eher noch eine Sichtweise, die „Marketing" gleichsetzt mit einem Funktionskästchen in der Unternehmensorganisation. Man neigt dazu, Marketing als Aufgabe einiger Spezialisten anzusehen, die etwa für Marktinformation und Werbung zu sorgen haben, wofür man in seiner eigenen Funktion, z.B. als Entwickler, ja sowieso nicht zuständig ist. So wie ein Spezialist für Forschung und Entwicklung sich für „seine" Funktion zuständig fühlt (und sich Einmischung von außen verbittet), so wird der Marketing- „Funktion" der gleiche Status zugewiesen – mit der Folge, daß für Marketing niemand außer den Spezialisten zuständig ist. „Marketing" ist aber nicht gleichzusetzen mit einer Spezialistenfunktion zur Unterstützung des Vertriebsleiters oder der Geschäftsführung. Wir finden zwar in Unternehmen der Investitionsgüterindustrie häufig Abteilungen oder Stellenbeschreibungen, die „Marketing" heißen oder ähnliche Bezeichnungen tragen. Die Tätigkeiten, die dort ausgeführt werden, reichen von der Marktbeobachtung, Statistik, Konkurrenzbeobachtung über den Entwurf von Maßnahmenplänen, Verhandlungen mit Agenturen bis hin zur Analyse und Vorbereitung strategischer Gesamtkonzeptionen. All dieses ist sehr wichtig und kann sehr viel zum „Marketing" beitragen, es darf jedoch nicht damit gleichgesetzt werden. Vor allem ist „Marketing" in unserem Verständnis keine Stelle oder Abteilung im Unternehmen, kein Kästchen im Organigramm. Ein Unternehmen, das eine Marketing-Abteilung hat, hat deswegen noch lange kein „Marketing", und ein Unternehmen, das keine Stelle mit dieser Bezeichnung hat, kann durchaus wirkungsvoll „Marketing" betreiben. Über die Organisation von „Marketing" läßt sich erst vernünftig streiten, wenn die Grundidee des „Marketing" geklärt ist und der Prozeß des „Marketing" definiert ist.

6. *„Marketing" ist ... („alles"):* Das Wort „Marketing" wird häufig als Allerweltsausdruck für die verschiedensten Vorgänge benutzt, insb. wenn irgend jemand irgend etwas bewegen will, etwa nach dem Motto: „Da muß eben etwas mehr Marketing gemacht werden ...". „Marketing" ist nicht eine flotte Umschreibung für allfällige interne Maßnahmen, die irgendeine Idee oder eine Initiative an den Mann oder die Frau bringen sollen. „Marketing" ist auch nicht das Ölkännchen, um ein schwer bewegliches Räderwerk leichtgängig zu machen und nicht das Zuckerplätzchen, um eine unbequeme Entscheidung akzeptabel zu machen. Wir sollten nicht versuchen, „Marketing" auf alles und jedes im zwischenmenschlichen Zusammenleben anzuwenden. „Marketing" findet auf Märkten statt.

Die vielfältigen Aspekte, die hier angesprochen sind, können sich mit „Marketing" verbinden, sie sind jedoch nicht damit gleichzusetzen, was die Sache nicht einfacher macht. „Marketing" ist ein sehr grundsätzliches und umfassendes Phänomen, so daß es nicht mit einem einzigen Teilaspekt gleichgesetzt werden kann.

Versuchen Sie bitte, verehrte Leserin und verehrter Leser, alles beiseite zu legen, was Sie bisher mit dem schillernden Wort „Marketing" wissentlich oder gefühlsmäßig verbunden haben. Wenn Sie dieses Kapitel durchgearbeitet haben, werden Sie das wieder hervorholen und dann mit unserer Sicht von „Marketing" vergleichen.

2.2 Marketing-Konzeption

2.2.1 Evolution der Marketing-Konzeption

In den letzten Jahrzehnten hat die Marketing-Konzeption eine ständig zunehmende Bedeutung erfahren.[3] Bis heute kann man feststellen, daß das Marketing sich immer noch in stürmischer Entwicklung befindet.[4]

Marketing-Management, wie wir es heute verstehen, stammt aus den fünfziger Jahren dieses Jahrhunderts und ist somit mehr als vierzig Jahre alt. Betrachten wir zwei Sichtweisen aus der Frühzeit des modernen Marketing, die den Übergang von „Selling" (= Verkauf) zum Marketing markiert haben. *Peter Drucker* formulierte als Vision der Marketing-Konzeption:

> „There is only one valid definition of business purpose: to create a satisfied customer. It is the customer who determines what the business is. Because it is its purpose to create a customer, any business

[3] Vgl. Kotler 1997, Part I.

[4] Vgl. Meffert 1994, S. 3–40.

> enterprise has two – and only these two – basic functions: marketing and innovation. ... Actually marketing is so basic that it is not just enough to have a strong sales force and to entrust marketing into it. Marketing is not only much broader than selling, it is not a specialized activity at all. It is the whole business seen from the point of view of its final result, that is, from the customer's point of view.“ [5]

Theodore Levitt von der Harvard-Universität formulierte es so:

> „Selling focuses on the need of the seller; marketing on the needs of the buyer. Selling is preoccupied with the seller`s need to convert his product into cash; marketing with the idea of satisfying the needs of the customer by means of the product and the whole cluster of things associated with creating, delivering and finally consuming (using) it.“ [6]

Das moderne Marketing nimmt also von Anfang an für sich in Anspruch, eine ganz spezifische Ausrichtung des Unternehmens auf den Markt zu fordern und zu bewirken. Die beiden „Gurus“ des modernen Marketing haben ihre Vorstellungen von einem wünschbaren Verhalten von Anbietern im Markt vor nun schon geraumer Zeit vorgetragen. Es kann aber kaum die Rede davon sein, daß diese Konzeption bis heute in den deutschen Unternehmen eine Selbstverständlichkeit geworden ist. Dieser Fokus des Anbieterverhaltens, so vernünftig er augenscheinlich ist, entsteht nämlich nicht automatisch in einer Wirtschaft, im Gegenteil, es lassen sich sehr unterschiedliche Ausrichtungen der Anbieter auf den Markt beobachten, die z.T. nichts mit Marketing zu tun haben . Der Grund dafür liegt in dem jeweiligen Entwicklungsstand einer ganzen Volkswirtschaft oder einer Branche und – damit direkt verbunden – in der Intensität des Wettbewerbs.

Das Verhältnis eines Unternehmens zu seinem Absatzmarkt läßt sich – historisch stark vereinfacht – an der Entwicklung des Wettbewerbs der Anbieter von Konsum- und Investitionsgütern in der Bundesrepublik Deutschland nach dem Zweiten Weltkrieg veranschaulichen (vgl. Abb. 1).

Produktionsorientierung

Produktionsorientierung ist eine Orientierung des Managements, die davon ausgeht, daß die Verfügbarkeit von Produktionskapazitäten einen entscheidenden Vorsprung im Wettbewerb schafft. *Die Produktion ist der Engpaß*. Dieses war die Situation nach Ende des Krieges, als nahezu alles zerstört war und der Wiederaufbau nur langsam in Gang kam. Jeder der produzieren konnte, fand auch seine

---

[5] Drucker 1954, S. 37.

[6] Levitt 1960, S. 45–56.

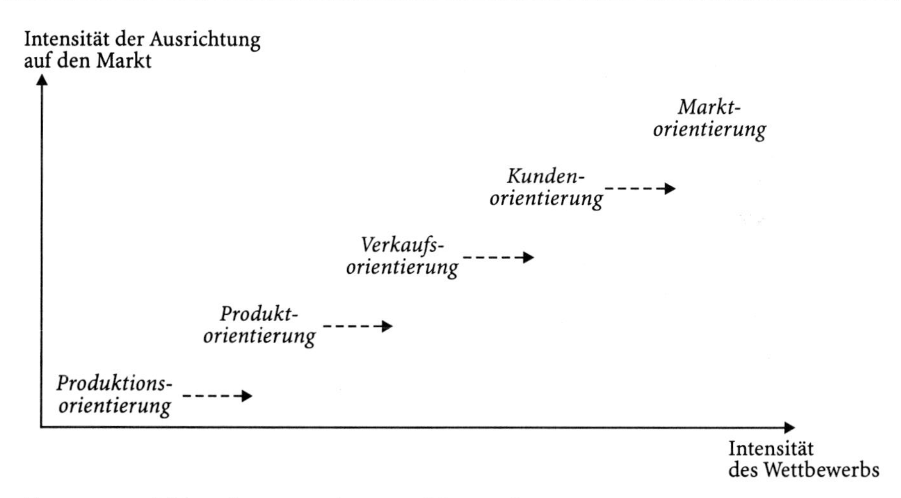

Abb. 1. Ausrichtung des Unternehmens auf den Markt

Abnehmer, denn der Markt war katastrophal unterversorgt. Produktionsorientierung ist eine Orientierung des Managements, die bei Abwesenheit von Verdrängungswettbewerb zu beobachten ist. Symptome der Produktionsorientierung sind Mißachtung von Kundenwünschen, die Arroganz des Monopolisten, ausgeprägte Hierarchien, ein Hang zur Bürokratie und eine erkennbare Neigung der Mitarbeiter zur Kultivierung persönlicher Interessen, wenn Kontrolle abwesend ist. Wir finden auch heute gelegentlich noch Beispiele von Produktionsorientierung als Inseln im Meer des Wettbewerbs, wenn wir z.B. auf kommunale Verwaltungen schauen oder auf den Fährbetrieb einer im Sommer viel besuchten Insel, die aber nur mit einer einzigen Reederei zu erreichen ist. Zentralverwaltungswirtschaften sind grundsätzlich produktionsorientiert.[7] An der Produktionsorientierung geht ein Unternehmen in dem Augenblick zugrunde, wo Wettbewerb aufkommt und das Unternehmen sich nicht sehr schnell radikal umstellen kann.

Produktorientierung

Wenn in einer produktionsorientierten Wirtschaft Wettbewerb zugelassen wird, wie in der Bundesrepublik Deutschland ab 1948, wird sich mit größter Wahrscheinlichkeit zunächst eine Produktorientierung einstellen. Die Ursache dafür liegt in einem auf Produktverbesserungen und Imitationen gerichteten Wettbe-

---

[7] Interessanterweise ließ sich in den Betrieben der Zentralverwaltungswirtschaft der Deutschen Demokratischen Republik nicht primär eine Produktionsorientierung – wie sie offiziell gefordert war – beobachten, sondern eine *Beschaffungsorientierung*, erkennbar z.B. an völlig überdimensionierten Eingangslägern.

werb, der den Anbietern Vorteile (Marktanteil, Ergebnis) bringen soll. Da die Versorgungslage immer noch nicht ausreichend ist, sind vor allem gute und bezahlbare Produkte gefragt. Die Kunden sind durchaus bereit, Anstrengungen und Wartezeiten für das Produkt auf sich zunehmen. Produktorientierung ist eine Orientierung des Managements, die davon ausgeht, daß die Verfügbarkeit von guten Produkten einen entscheidenden Vorsprung im Wettbewerb schafft. *Der Engpaß für den Erfolg des Unternehmens ist deshalb die Produktentwicklung.* Diese Situation kam in Deutschland auf, als die Fabriken langsam wieder aufgebaut waren, die Verfügbarkeit guter Entwicklungsteams noch nicht überall gegeben war. Wichtigstes Symptom der Produktorientierung, die auch heute noch hier und da zu finden ist, ist eine ausgeprägte Technikkultur im Unternehmen, wo die Entwicklungschefs sich an wissenschaftlichen Grenzwerten orientieren und entsprechenden Status im Unternehmen für sich reklamieren. Redensarten wie „die *Herren* in der Entwicklung, die *Männer* in der Produktion, die *Leute* im Vertrieb" werfen ein Licht auf entsprechende Einstellungen. Produktorientierung fragt nach Überlegenheit des Produkts und nicht nach Kosten, sie fragt nach Qualität des Produkts und nicht nach Volumen. Lange Lieferzeiten werden als Indikator der Überlegenheit eingeschätzt. An der Produktorientierung kann ein Unternehmen zugrunde gehen, wenn Wettbewerber mit aggressiver Preispolitik *Imitate* oder vergleichbare Produkte in den Markt bringen und der Anbieter nicht dauerhaft in der Lage ist, durch ständige Produktverbesserungen die Imitatoren auf Abstand zu halten.

Verkaufsorientierung

Wenn die Versorgung besser wird, wenn also viele gute Produkte verfügbar sind, die die Kunden wenigstens annähernd zufriedenstellen, wird sich durch eine weitere Intensivierung des Wettbewerbs eine stärkere Ausrichtung auf den Verkauf einstellen. Der Grund liegt in den Käufern, die demjenigen Anbieter zuneigen, der – bei vergleichbaren Produkten – ihnen das Einkaufen leichter, billiger und angenehmer macht. Verkaufsorientierung ist eine Orientierung des Managements, die davon ausgeht, daß die Verfügbarkeit einer guten Verkaufsmannschaft und niedrige Preise einen entscheidenden Vorsprung im Wettbewerb verschaffen. *Der Vertrieb ist also der Engpaßbereich für den Erfolg der Anbieter.* Ursache dieser Situation in Deutschland war, daß inzwischen die Fabriken gebaut waren und die Entwicklungsmannschaften auch viele neue Produkte hervorgebracht hatten, die als Angebot verfügbar waren. Jedoch fehlten noch genügend versierte und motivierte Verkaufsmannschaften, so daß die besten und erfolgreichsten Anbieter diejenigen waren, die *sowohl* Produktion, Produktentwicklung *als auch* Vertrieb souverän beherrschten. Symptome der Verkaufsorientierung sind Lagerbestände an Fertigerzeugnissen, aggressiver Einsatz von Instrumenten des „hard selling" – Verkäufereinsatz, Messen, Werbeeinsatz, Preispolitik. An Verkaufsorientierung kann ein Unternehmen zugrunde gehen, weil die dafür einzusetzenden Mittel teuer sind und deren Wirkung sich im Wettbewerb schnell verbraucht.

Produktions-, Produkt- und Verkaufsorientierung sind Orientierungen auf Funktionen des *Anbieters* (Anbieterorientierung). Ganz anders ist das bei den nachfolgenden Entwicklungsstufen des Anbieterverhaltens.

Kundenorientierung

Kundenorientierung setzte in Amerika früher ein als in Deutschland. Die Ursache dafür liegt in dem zeitlichen Vorlauf, mit dem die Märkte in USA reif wurden, d.h. die Versorgung der Käufer mit Gütern vollständig bewältigt war. Es stellten sich Symptome von „Überfluß" ein.[8] Durch Produktions-, Produkt- und Verkaufsorientierung ließ sich eine Steigerung des Erfolges im Wettbewerb nicht mehr erreichen, so daß eine ganz und gar neue Herangehensweise gefordert war. Kundenorientierung stellt gegenüber den Vorläufern einen vollständigen Paradigmawechsel dar, weil die Problemlösung für den Anbieter fortan nicht mehr durch Fokussierung auf eigene Funktionsengpässe gesucht wurde, sondern durch eine intensive Ausrichtung auf den Kunden. Kundenorientierung ist eine Orientierung des Managements, die davon ausgeht, daß die Kenntnis der Kundenbedürfnisse und ein abgestimmtes Marketing-Mix einen entscheidenden Vorsprung im Wettbewerb verschaffen. Der Engpaß für die Steigerung des Erfolges ist das *Wissen über die Kundenbedürfnisse* und die Fähigkeit, das *Angebot auf die Bedürfnisse des Kunden abzustellen.* Diese Ausrichtung ist der Durchbruch zu dem modernen Marketing-Verständnis, wie es *Drucker*, *Keith*, *Levitt*, *Kotler* und andere formuliert haben.[9]

Mit leichter zeitlicher Versetzung zu den Vereinigten Staaten kam das Marketing zunächst als Konsumgüter-Marketing nach Deutschland und wurde hier bald um das Investitionsgüter-Marketing erweitert.[10]

Am Grundverständnis der Marketing-Konzeption hat sich bei aller Ausdifferenzierung in verschiedenen Dimensionen bis heute nichts geändert.[11] Der Kern der Marketing-Konzeption ist eine radikale Umkehr von einer Produktions-, Produkt- und Vertriebsorientierung hin zu einem Planungsansatz, der von den Kunden ausgeht. *Kotler* hat das sehr anschaulich gegenübergestellt (vgl. Abb. 2).

---

[8] Vgl. Galbraith 1958.

[9] Vgl. Drucker 1954; Keith 1960; Levitt 1960; Kotler 1967; Kotler 1972.

[10] Vgl. Engelhardt/Günter 1981; Backhaus 1982

[11] Vgl. Brown 1985, S. 1; Meffert 1998; Nieschlag/Dichtl/Hörschgen 1997.

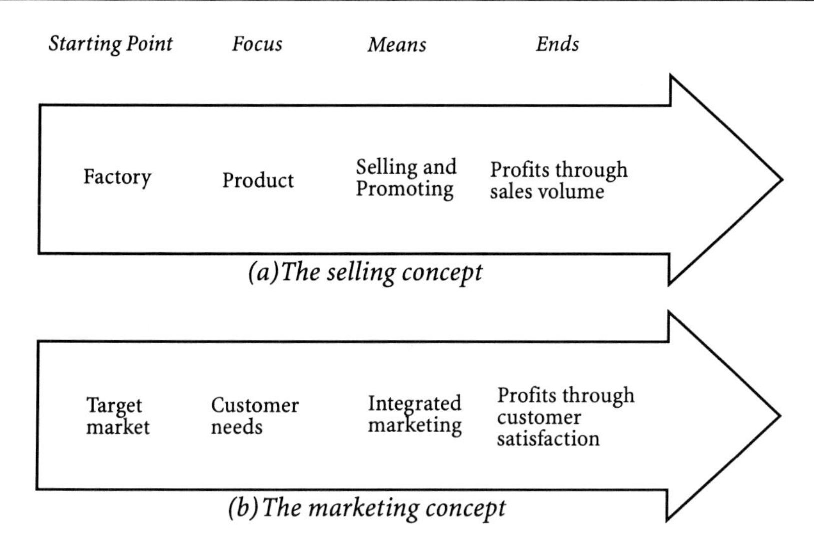

Abb. 2. Selling Concept und Marketing Concept (Quelle: Kotler 1997, S. 20)

Marktorientierung

Die Kundenorientierung, wie sie in der Marketing-Konzeption verankert ist, war der Durchbruch weg von der Anbieterorientierung, und das heißt auch weg von einer Funktionsorientierung. Neue Erfolgspotentiale erschlossen sich für diejenigen Anbieter, die die Wünsche und Erwartungen, die Wahrnehmungen und Bewertungen der Kunden ernst nahmen und das Angebot an ihnen ausrichteten.

In dem Maße wie sich der Wettbewerb weiter intensivierte, ist in der letzten Zeit eine zusätzliche Dimension in die Orientierung der Anbieter aufgenommen worden: Das ist die *simultane* Orientierung auf die Kunden *und* die Wettbewerber. Reichte es früher aus, konsequente Kundenorientierung zu praktizieren, um Vorsprünge zu erreichen, so ist heute die *relative* Position des Anbieters im Vergleich mit seinen Wettbewerbern ausschlaggebend. Im ersten Kapitel haben wir diese Position aus der Sicht des Kunden als *Kundenvorteil* beschrieben. Da der Kundenvorteil die Netto-Nutzendifferenz zwischen zwei Anbietern bezeichnet, kommt nunmehr also zur Kundenanalyse die Wettbewerberanalyse hinzu: Die Ausrichtung auf das Dreieck Anbieter – Wettbewerber – Kunde ist das neue Paradigma, das wir Marktorientierung nennen, vgl. Abb. 3. Entsprechend beobachten wir seit geraumer Zeit eine sich verbreitende Kultur des Benchmarkings. *Benchmarking* ist der systematische Vergleich mit den Besten der Branche und den besten in einer bestimmten Funktion („best practice"). Wettbewerberanalyse mit den Augen der Kunden ist eine zwingende Voraussetzung, um den Kundenvorteil zu bestimmen.

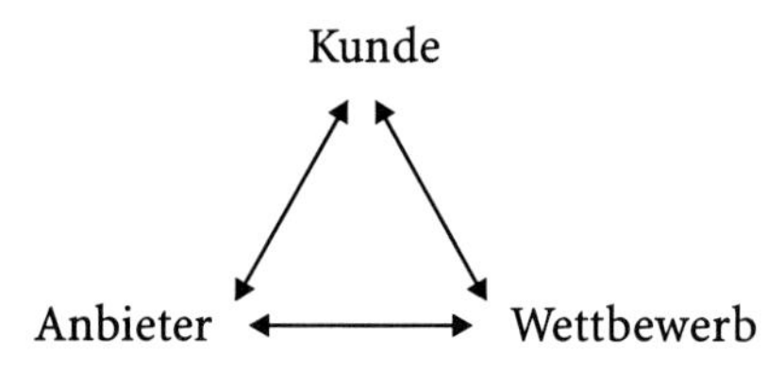

Abb. 3. Das Marketing-Dreieck

Marktorientierung ist keine Spezialfunktion einer Stabsabteilung, sondern Marktorientierung ist eine *Managementaufgabe*, genauer, ist ein spezifisches Merkmal der Führung einer Business Unit. Marktorientierung ist Chefsache, sie kann nicht delegiert werden. Die Marketing-Konzeption muß heute weiterentwickelt werden zu einer Konzeption des marktorientierten Managements einer Business Unit. Wir nennen eine solche Konzeption Marktorientierte Führung.[12] *Marktorientierte Führung* ist die aktuelle Herausforderung für die Ausrichtung des Unternehmens auf den industriellen Markt.

Zwischenfazit: Mit zunehmendem Wettbewerb ergeben sich unterschiedliche Ausrichtungen der Anbieter. Der Übergang von einer Phase zur anderen ist fließend, so daß verschiedene Orientierungen gleichzeitig zu beobachten sind, mindestens eine Zeit lang. Offenkundig ist jedoch die zeitliche Abfolge Angebotsorientierung → Kundenorientierung → Marktorientierung. Das Marketing-Dreieck macht das anschaulich. Dominierte im Zuge der Entwicklung der Wettbewerbsintensität zunächst die Fokussierung auf die eigenen Funktionen des Anbieters (Anbieterorientierung), so kam im Zuge des Wandels von den Verkäufermärkten zu den Käufermärkten die „zweite Ecke des Dreiecks" an die Reihe: Kundenorientierung. Durch Einbeziehung der „dritten Ecke" schließlich wird das Marketing-Dreieck erst komplett: dann sprechen wir von Marktorientierung. Die Marketing-Konzeption in ihrer heutigen Ausprägung der Marktorientierung ist Antwort auf einen extremen Verdrängungswettbewerb, der mehr und mehr eine Führungskonzeption erzwingt, die *alle Prozesse des anbietenden Unternehmens auf den Kundenvorteil ausrichtet*. Damit entwickeln sich die Märkte darauf zu, daß letztlich die Gesamtheit der Kunden das Angebot diktiert, oder anders gesagt: Diejenigen Anbieter, die in den Augen der Kunden relativ zu den Wettbewerbern zurückfallen, werden ohne Bedauern der Kunden aus dem Wettbewerb ausscheiden. Daß sich der Wettbewerb so entwickelt, basiert nicht nur auf dem Verhalten der Anbieter, auch die Käufer tragen dazu bei. Durch den Innovations-, Leistungs- und Preiswettbewerb lernen die Käufer, ihre Ansprüche ständig heraufsetzen zu dürfen und dafür von den Anbietern noch belohnt zu werden. Diese Spirale hat absehbar kein Ende.

---

[12] Vgl. Plinke 1992.

Tabelle 1. Anbieterorientierungen im Wettbewerb

		Werden die Käuferwünsche und -erwartungen zum Ausgangspunkt des Anbieterverhaltens gemacht?	
		Nein	Ja
Werden die Verhaltensweisen der Wettbewerber zum Ausgangspunkt des Anbieterverhaltens gemacht?	Nein	*Produktionsorientierung* *Produktorientierung* *Verkaufsorientierung*	*Kundenorientierung*
	Ja	*Wettbewerberorientierung*	*Marktorientierung*

Nicht behandelt haben wir in diesem Abschnitt die (reine) *Wettbewerberorientierung*. Symptom einer solchen Anbieterpolitik ist eine bedingungslose Anpassung an Verhaltensweisen dominierender Wettbewerber. Eine derart reaktive Verhaltensweise steht mit der Marketing-Konzeption nicht im Einklang. Aber dennoch ist die Wettbewerberorientierung mitunter zu beobachten. Abschließend können wir nun die wichtigsten Orientierungen im Wettbewerb zusammenstellen, vgl. Tabelle 1.

2.2.2 Kundenzufriedenheit, Kundenorientierung und Marktorientierung als Kernelemente der Marketing-Konzeption

2.2.2.1 Kundenzufriedenheit

Die Marketing-Konzeption ist darauf gerichtet, Kundenzufriedenheit zu generieren. Ein Unternehmen, das sich im Wettbewerb auf Käufermärkten behaupten muß, ist mit seinen Produkten und Dienstleistungen, mit seiner Vertriebspolitik, seiner Kommunikationsleistung, kurz mit seinem gesamten Erscheinungsbild am Markt dem Urteil der Nachfrager ausgesetzt. Der Kunde als Schiedsrichter entscheidet über Erfolg, über Wachstum, Stagnation oder Untergang. Die Schiedsrichterfunktion kann der Käufer ausüben, weil er zwischen verschiedenen Angeboten wählen kann. Je mehr sich die angebotenen Austauschrelationen ähneln, desto mehr kann der Kunde seine Nachfragemacht ausspielen, desto vorteilhafter werden für ihn die Austauschrelationen sein.

Für einen Anbieter bedeutet diese Kräftekonstellation, daß er sich zunehmend anstrengen muß, um neue Kunden zu gewinnen und daß er sich permanent auf die Gefahr einstellen muß, alte Kunden an Wettbewerber zu verlieren.

Wettbewerbsvorteile ermöglichen den Zugang zu neuen Kunden und verhindern das Abwandern alter Kunden. Indem sich der Anbieter auf das Erringen von Wettbewerbsvorteilen ausrichtet, kommt er zwangsläufig zu der Erkenntnis, daß er das *Problem* seiner Kunden genau kennen (und das bereits möglichst bes-

100% GUARANTEE

All of our products are guaranteed to give 100% satisfaction in every way. Return anything purchased from us at any time if it proves otherwise. We will replace it, refund your purchase price or credit your credit card, as you wish. We do not want you to have anything from L.L. Bean that is not completely satisfactory.

L.L. Bean, Inc., Freeport, Maine.

Abb. 4. Leistungsversprechen von L.L. Bean

ser als der Wettbewerb) und das Problem seiner Kunden besser lösen muß als jeder andere vom Kunden in Betracht gezogene Wettbewerber. Das Erreichen von Wettbewerbsvorteilen setzt in diesem Sinne allerdings auch voraus, daß der Anbieter wirklich bereit ist, *die Probleme des Kunden zu seinen eigenen zu machen.* Letztendlich führt dieses Streben zu der ernsthaften Absicht, den Kunden wirklich *zufrieden zu stellen.*

Das amerikanische Versandhaus *L.L. Bean* hat ein Mission Statement formuliert, das genau auf diesen Punkt zielt: Am Eingang des Stammhauses in Freeport, Maine, steht eine große Tafel, auf der – in Holz geschnitzt – die in Abb. 4 dargestellte Botschaft zu lesen ist. Dem liegt das bereits seit dem Jahre 1912 praktizierte Geschäftsprinzip des Firmengründers *Bean* zugrunde: „Sell good merchandise at a reasonable profit, treat your customers like human beings, and they will always come back for more.“ [13]

Ein Versprechen auf 100% Zufriedenheit kann (und sollte!) sicherlich nicht von jedem Unternehmen und in jeder Branche gegeben werden. Das Beispiel zeigt jedoch den Fokus an, auf den sich im Extremfall der Wettbewerb ausrichtet. Kein Unternehmen, das sich in intensivem Wettbewerb befindet, kann auf Dauer die wirkliche Zufriedenstellung seiner Kunden außer acht lassen. Die Gefahr ist viel zu groß, daß andere Anbieter den Kunden besser zufrieden stellen und sich damit im Wettbewerb durchsetzen. Wir gehen nicht zu weit, wenn wir festhalten, daß die Kundenzufriedenheit den Kern der Marketing-Konzeption darstellt. Kundenzufriedenheit ist der *Polarstern*, an dem sich die Navigation im Wettbewerb orientiert. Wir haben die Prinzipien bereits im ersten Kapitel kennengelernt: Robinson Crusoe kann seine Probleme durch Austausch nur dann lösen, wenn er seinen Nachbarn Dinge zu Konditionen anbietet, die für diese von Vorteil sind. Marketing ist eine Managementkonzeption, die für den Anbieter erfolgreich und gewinnbringend ist, *weil* er den Käufern Angebote macht, die für diese vorteilhaft sind und letztlich zur Zufriedenheit führen. Zufriedenheit ist eine Phase des Lernprozesses eines Käufers, die, wenn sie erfolgreich durchlaufen wird, die Wahrscheinlichkeit des Wiederkaufs erhöht. Abb. 5 verdeutlicht das.

---

[13] Internet-Adresse: „http://www.llbean.com“.

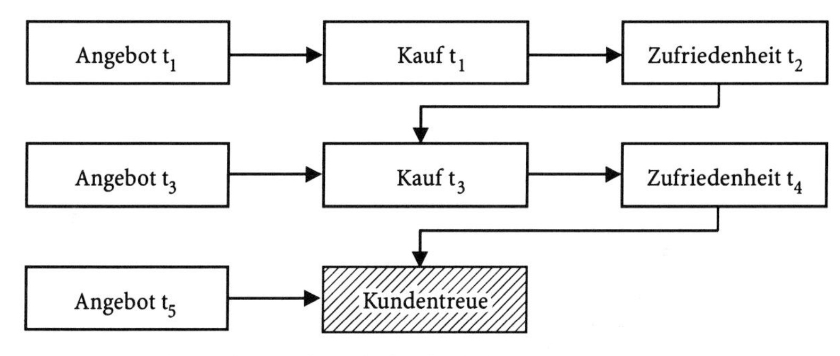

Abb. 5. Kundenzufriedenheit und Wiederkaufverhalten

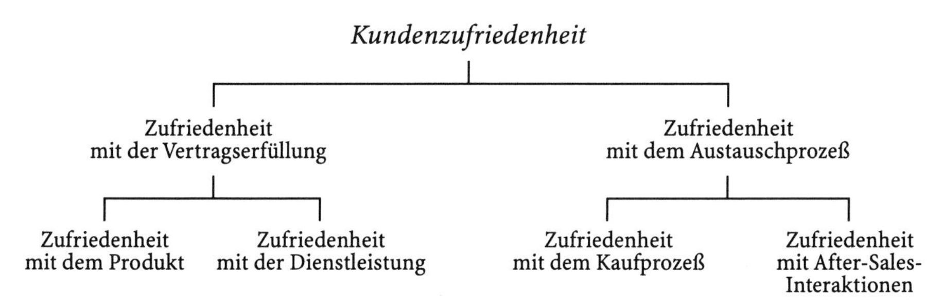

Abb. 6. Dimensionen der Kundenzufriedenheit

Dennoch ist Käuferzufriedenheit keine Maximierungsaufgabe. Die Steigerung der Kundenzufriedenheit kostet Geld, und nicht jede Leistungssteigerung wird von den Kunden in Form von Zahlungsbereitschaft honoriert.

Die Zufriedenheit der Kunden hat mehrere Dimensionen. Wir unterscheiden die Zufriedenheit mit der Vertragserfüllung, d.h. dem Produkt (Funktion, Zuverlässigkeit, Sicherheit, Ästhetik, Wirtschaftlichkeit etc.) und der Dienstleistung (korrekt, preiswürdig, schnell, hilfsbereit etc.) und die Zufriedenheit mit der menschlichen Dimension des Austauschprozesses (Respekt, Höflichkeit, Aufrichtigkeit Freundlichkeit, Verständnis und Entgegenkommen bei Beschwerden etc.), vgl. Abb. 6.

So einfach die Grundidee ist, so schwierig sind die relevanten Größen zu operationalisieren und zu messen.[14] Wir wollen hier zunächst nur eine elementare Definition zugrunde legen: Zufriedenheit ist die Relation aus der vom Kunden *wahrgenommenen Problemlösung* des Anbieters und der vom Kunden *erwarteten Problemlöung*. Sie tritt als Folge der Erfahrungen des Kunden im Erstkauf und/ oder Wiederholungskauf auf und fördert tendenziell die Kundentreue.

[14] Vgl. Schütze 1992; Homburg/Rudolph 1997.

2.2.2.2 *Markt- und Kundenorientierung*

2.2.2.2.1 *Markt- und Kundenorientierung in der Praxis*

Kundenzufriedenheit ist ein Merkmal des Kundenverhaltens, Markt- und Kundenorientierung sind Merkmale des *Anbieterverhaltens*. Sie äußern sich in Führungsstil und Mitarbeiterverhalten. Es gilt das Versprechen der Marketing-Konzeption, daß eine Marktorientierung, die sich an der Kundenzufriedenheit ausrichtet, dem Anbieter im Wettbewerb Überlegenheit verschafft. Marktorientierung, Kundenorientierung und Kundennähe werden als wesentliche Merkmale für den Erfolg internationaler Spitzenunternehmen angesehen.[15]

Beobachtbare Merkmale der Kunden- und Marktorientierung

Bevor wir uns eine Definiton der Markt- und Kundenorientierung erschließen, wollen wir uns anhand von Beispielen mögliche Merkmale eines markt- und kundenorientierten Unternehmens anhand von Erfahrungsbeispielen näher anschauen.[16]

Merkmale markt- und kundenorientierter Unternehmen (Beispiele)

Ein markt- und kundenorientiertes Unternehmen ...

... kennt und versteht seine Kunden.

- weiß, welche Produkt- und Leistungsmerkmale für den Kunden wichtig sind und kennt deren Gewichtung.
- kennt das *Problem* des Kunden. Versteht, was die Kaufentscheidung vorantreibt oder bremst, auch, wenn es etwas objektiv nicht Faßbares ist wie Gefühle oder Assoziationen.
- erkennt *rechtzeitig* unerfüllte Bedürfnisse bzw. entstehende Probleme und weiß, welche Produkte oder Leistungen noch nicht (oder nicht mehr) die beste Lösung für aktuelle und zukünftige Kundenbedürfnisse sind.
- segmentiert. Bildet Kundensegmente (Zielgruppen) nach dem Kriterium des möglichst homogenen Kundenvorteils.
- spürt *frühzeitig* den technologischen Wandel sowie den Wertewandel seiner Kunden und richtet seine Innovationsstrategie darauf aus.
- sucht nach umfassenden Lösungen (*Systemlösungen*). Erkennt, daß der Kunde grundsätzlich an integrierten Lösungen interessiert ist und nicht einfach nur ein Produkt kaufen will.
- weiß, *wer* die Kaufentscheidung trifft und wer die Entscheidung beeinflußt.
- kennt den Einfluß der spezifischen *Kaufsituation* des Kunden.

... hört auf seine Kunden.

- überprüft die *Kundenzufriedenheit* regelmäßig anhand qualitativer Instrumente und soweit möglich anhand quantitativer Methoden.

---

[15] Vgl. Peters/Waterman 1982, Kapitel 6.

[16] Teile dieser Aufstellung sind entnommen aus Aaker 1989, S. 214. Ähnliche Aufstellungen z.B. bei Shapiro 1988.

- ist für Kundenäußerungen offen. Hört zu. Vorschläge oder *Beschwerden* der Kunden werden ernst genommen und beeinflussen die Strategie.

... weiß, wie die Kunden das Unternehmen einordnen.

- hat eine klare *Positionierung* im jeweiligen Segment.
- weiß aufgrund systematischer Marktforschung, wie der Kunde die Leistung des Unternehmens im Vergleich zu den Wettbewerbern bewertet.

... geht auf seine Kunden zu.

- nimmt dem Kunden gegenüber eine der Problemlösung *dienende Haltung* ein.
- läßt alle seine Führungskräfte regelmäßig Kontakt mit Kunden suchen.
- wartet nicht, bis der Kunde kommt. Besitzt Indikatoren und Informationen, welche Kunden *bevorzugt* angesprochen werden (Zielkunden).
- ist für seine Kunden stets ohne Mühe *erreichbar*. Der Kunde findet leicht den für ihn zuständigen Ansprechpartner. Das Unternehmen antwortet schnell.

... lebt die Marktorientierung.

- definiert inhaltlich die Kundenorientierung für *jeden* Funktionsbereich und jede Abteilung.
- setzt *Standards* (Leistungsziele), an denen der Grad der Kundenorientierung für jede Abteilung überprüft werden kann und überprüft wird.
- installiert zwischen Abteilungen und Funktionsbereichen Formen und Mechanismen der Zusammenarbeit, die an der Sicherstellung der Kundenzufriedenheit orientiert sind.
- erkennt Problemfelder der kundenorientierten Zusammenarbeit zwischen Abteilungen bzw. Funktionsbereichen. Das Management ist in der Lage, Konflikte konstruktiv zu lösen.
- sorgt für einen schnellen, umfassenden und kontinuierlichen Informationsfluß zwischen Vertrieb (einschließlich Marktforschung und Service) und den Funktionsbereichen F&E, Fertigung und Beschaffung.
- verwirklicht die Kundenorientierung in *allen* Funktionsbereichen des Unternehmens.
- hat eine *Aufbauorganisation*, die sich (auch) an dem Ziel der Sicherung der Kundenzufriedenheit orientiert.
- hat eine *Anreizstruktur*, die sich (auch) an der Zufriedenheit der Kunden ausrichtet.
- macht die Kundenorientierung zum Bestandteil des gelebten Wertesystems (*Unternehmenskultur*). Die Kundenorientierung wird von den obersten Führungskräften vorgelebt.

... stellt seine Kunden wirklich zufrieden.

- gibt (im Rahmen seines unternehmerischen Selbstverständnisses) den Kunden das, was sie haben wollen bzw. *was sie mit Recht verlangen zu dürfen glauben*, wie sie es und wann sie es haben wollen - und das zu einem Preis, den sie als fair empfinden.
- gibt den Kunden nicht unbedingt das, was sie haben wollen, sondern (nur) das, was sie brauchen und was sie *dauerhaft zufrieden* stellt.
- weiß, daß *Qualität identisch ist mit Kundenzufriedenheit* und daß deshalb Qualität nicht (nur) eine Fertigungsaufgabe ist, sondern eine permanente Herausforderung für alle Funktionsbereiche darstellt (Total Quality Management).

What is a Customer?	
A Customer	is the most important person ever in this office ... in person or by mail.
A Customer	is not dependent on us ... we are dependent on him.
A Customer	is not an interruption of our work ... he is the purpose of it. We are not doing a favor by serving him ... he is doing us a favor by giving us the opportunity to do so.
A Customer	is not someone to argue or match wits with. Nobody ever won an argument with a Customer.
A Customer	is a person who brings us his wants. It is our job to handle them profitably to him and to ourselves.
L. L. Bean, Inc., Freeport, Maine	

Abb. 7. Kundenorientierung bei L.L. Bean

Schauen wir uns zum Abschluß noch einmal ein Beispiel der Firma *L.L. Bean* an. Man möchte dort sicherstellen, daß die Mitarbeiter ihre Kunden in einer ganz bestimmten Weise sehen, entsprechend auf sie zugehen und auf diese Weise Kundenorientierung praktizieren (vgl. Abb. 7).

Aus allen diesen Beispielen läßt sich bereits recht gut erkennen, worauf es bei der Markt- und Kundenorientierung für das Unternehmen ankommt. In dem folgenden Abschnitt soll verdeutlicht werden, warum die Markt- und Kundenorientierung für das Unternehmen so existentiell wichtig ist, wie sie theoretisch begründet wird und wie sich Markt- und Kundenorientierung begrifflich voneinander abgrenzen lassen.

2.2.2.2.2 Markt- und Kundenorientierung als Überlebensprinzip

In der Sichtweise der *Behavioral Theory of the Firm* sind Unternehmen Organisationen, die aus Koalitionen von Interessentengruppen bestehen.[17] Die Interessenten verfolgen ihre Ziele teils kooperativ, teils im Konflikt, und sie ändern ihre Ziele im Zeitablauf, wenn sich in der Koalitionsstruktur oder in den Beziehungen zur Umwelt Änderungen ergeben. Das Unternehmen unterhält interne und externe Koalitionen. Abbildung 8 veranschaulicht die Einbindung des Unternehmens in ein Geflecht von externen und internen Koalitionen.

---

[17] Vgl. Cyert/March 1963.

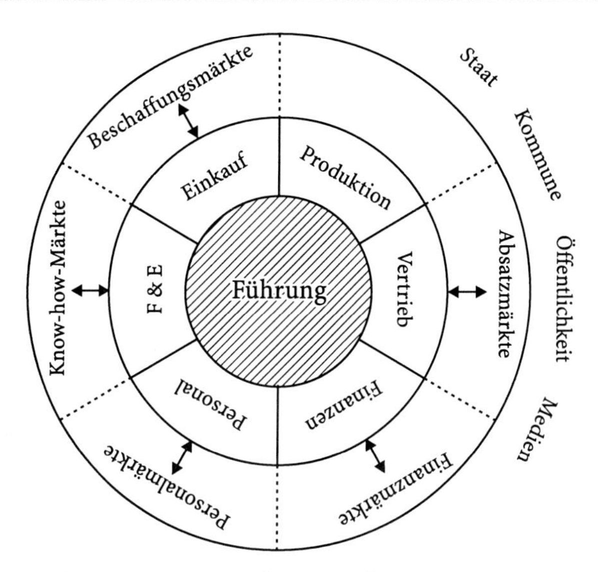

Abb. 8. Externe und interne Koalitionen des Unternehmens

Externe Koalitionen dienen dem Unternehmen zur Beschaffung lebensnotwendiger Ressourcen („resource dependence").[18] *Überleben* ist sicherlich das wichtigste Ziel eines Unternehmens. Deshalb muß das Unternehmen externe Koalitionspartner gewinnen, die durch die Überlassung von lebenswichtigen Ressourcen die Realisierung dieses Ziels ermöglichen. Unternehmen sind mehr oder weniger stark abhängig von ihren Beziehungen zu Kunden und Lieferanten, Verbänden, Gewerkschaften, dem Staat, den Kapitalgebern usw. Das Unternehmen muß aus diesem Grunde diverse *Anreize* gewähren, um die externen Koalitionspartner zu entsprechenden *Beiträgen* zu bewegen,[19] ja es muß ein vitales Interesse daran haben, Einfluß auf die externen Koalitionen zu gewinnen.[20]

In diesem Sinne läßt sich das Überleben eines Unternehmens zurückführen auf seine Fähigkeit, durch Austauschprozesse mit *allen* Koalitionspartnern permanent die notwendigen Ressourcen zu akquirieren. Diese Fähigkeit hängt ab von seiner Effizienz und Effektivität. *Effektivität* in diesem Sinn ist ein externes Leistungsmaß, das angibt, inwieweit ein Unternehmen den Erwartungen und Ansprüchen seiner externen Koalitionspartner gerecht wird. *Effizienz* dagegen ist ein internes Leistungsmaß, das das Verhältnis von Output zu Input, d.h. die Wirtschaftlichkeit der Ressourcenakquisition angibt.[21] Durch ständige Änderungen in

[18] Vgl. Pfeffer/Salancik 1978.

[19] Vgl. Pfeffer/Salancik 1978; Anderson 1982, S. 19.

[20] Vgl. Anderson 1991, S. 129.

[21] Vgl. Pfeffer/Salancik 1978, S. 11; Abell 1980, S. 178–179.

der Umwelt ist das Unternehmen gezwungen, stets aufs Neue die kurz,- mittel- und langfristige Akquisition der Ressourcen zu sichern.

Das Unternehmen wird sich vorrangig auf solche Koalitionspartner ausrichten, die über eine *kritische* Ressource verfügen – kritisch in dem Sinne, daß Überleben und Wettbewerbsfähigkeit bei dieser Ressource relativ am stärksten bedroht sind. Dabei kann es sich z.B. um Zugang zu technologischem Know-how, um qualifizierte Führungskräfte, um Eigenkapital, um politischen Goodwill und eben auch um die Ressource Nachfrage, d.h. vor allem um die Präferenz der Kunden gegenüber den Leistungen des Unternehmens und die Bereitschaft zu finanzieller Gegenleistung handeln (Zahlungsbereitschaft). Nach *Pfeffer/Salancik* haben diejenigen externen Koalitionen, die eine kritische Ressource kontrollieren, einen größeren Einfluß auf die gesamten Aktivitäten des Unternehmens als andere Koalitionen.

Die Marketing-Konzeption, wie sie ursprünglich vorgetragen wurde, basierte erkennbar auf der Einschätzung, daß die Abwanderung der Ressource „Nachfrage“ langfristig die größte Bedrohung für das Unternehmen darstellen würde. Als gängige Erklärung wurde der Übergang von Verkäufer- zu Käufermärkten angegeben.[22] In dieser eindimensionalen Form sollte man Markt- und Kundenorientierung heute allerdings nicht erklären. Die Leitung einer Business Unit bzw. die Unternehmensleitung steht nämlich unter den höchsten Anforderungen auch verschiedener anderer, starker Ressourceninhaber. Dazu gehören insbesondere die Eigentümer, die eine marktübliche Verzinsung ihres eingesetzten Kapitals erwarten, sowie die durch Arbeits- und Tarifrecht abgesicherten Mitarbeiter. In Branchen mit hoher Dynamik der Technologieentwicklung ist auch das technische Know-how eine kritische Ressource. Nichtsdestoweniger müssen wir festhalten: die Kunden bahnen sich über *Ressourcenmacht* ihren Weg zum Kundenvorteil.[23]

2.2.2.2.3 Abgrenzung der Markt- und Kundenorientierung

Der Kunde trifft seine Kaufentscheidung nach Maßgabe seines subjektiven Vorteils. Marktorientierung veranlaßt den Anbieter, den Kundenvorteil zu erforschen sowie die Voraussetzungen zu seiner Realisierung zu schaffen. Marktorientierung ist also zuständig für das Anliegen des Kunden, eine zufriedenstellende Problemlösung zu erhalten und für die Anforderung an das eigene Unternehmen, diese Lösung besser oder billiger als der Wettbewerb zu gewährleisten. Wer für Marktorientierung zuständig ist, muß die Marketing-Konzeption verwirklichen. Darin liegt eine erhebliche Herausforderung für die Marketing-Forschung. Diese hat die Operationalisierung der Marktorientierung in letzter

---

[22] Vgl. z.B. Meffert 1998, S. 3.

[23] Vgl. Plinke 1992.

Zeit in Angriff genommen,[24] vor allem auch, um die behauptete Erfolgswirkung der Marktorientierung zu analysieren und auf eine empirische Grundlage zu stellen.[25] Die Operationalisierungen, die dabei verwendet werden, sind durchaus unterschiedlich, wie der Textauszug mit Definitionen der Literatur zeigt:

- *Kohli* und *Jaworski* definieren market orientation als „organizationwide generation of market intelligence pertaining to current and future customer needs, dissemination of intelligence across departments, and organizationwide responsiveness to it."[26]
- *Narver* und *Slater* definieren: „Market orientation consists of three behavioral components - customer orientation, competitor orientation, and interfunctional coordination - and two decision criteria - long-term focus and profitability."[27]
- *Ruekert* definiert: The level of market orientation in a business unit (is) the degree to which the business unit (1) obtains and uses information from customers; (2) develops a strategy which will meet customer needs; and (3) implements that strategy by being responsive to customers' needs and wants.[28]
- *Deshpande, Farley* und *Webster* definieren: „We define customer orientation as the set of beliefs that puts the customer's interest first, while not excluding those of other stakeholders such as owners, managers, and employees, in order to develop a long-term profitable enterprise."[29]
- *Day* definiert wie folgt: „market orientation represents superior skills in understanding and satisfying customers."[30]
- *Homburg* verbindet Kundennähe in erster Linie mit den Dimensionen Qualität, Flexibilität im Umgang mit Kunden und Merkmalen der Interaktion mit Kunden.[31]
- *Utzig* kommt aufgrund einer Begriffsanalyse der Literatur zu der Definition „Kundenorientierung ist das Management der Kundenerwartungen mit der Zielsetzung des Erwerbs von für das Überleben der Organisation notwendigen und von Kunden bereitgestellten Ressourcen."[32]

---

[24] Vgl. insb. Canning 1988, S. 34–36; Masiello 1988, S. 85–93; Shapiro 1988, S. 119–125; Narver/Slater 1990, S. 20–35; Kohli/Jaworski 1990, S. 1–18; Lingenfelder 1990, Homburg 1995; Jaworski/Kohli 1996; Utzig 1997.

[25] Vgl. Fritz 1990, S. 91–110; Lingenfelder 1990.

[26] Kohli/ Jaworski 1990, S. 6.

[27] Narver/Slater 1990, S. 21.

[28] Ruekert 1992, S. 228.

[29] Deshpande/Farley 1993.

[30] Day 1994.

[31] Vgl. Homburg 1995, S. 71.

[32] Utzig 1997, S. 180.

Auffallend ist eine nicht einheitliche Verwendung der Bezeichnungen Marktorientierung und Kundenorientierung. Nicht nur in den hier aufgeführten Definitionen, sondern in der Marketing-Literatur im allgemeinen werden diese Begriffe sehr unterschiedlich benutzt. [33] Es erscheint deshalb zweckmäßig, Kundenorientierung und Marktorientierung inhaltlich voneinander abzugrenzen.

Markt- und Kundenorientierung von Personen

Wir verwenden *Marktorientierung* als Bezeichnung für eine Ausrichtung von Entscheidern, die für die Verwirklichung der Marketing-Konzeption im Unternehmen Verantwortung tragen. Marktorientierung ist ein Verhaltensmerkmal von Personen, deshalb können wir eine Anleihe bei der Einstellungsforschung machen, insbesondere indem wir das Konstrukt der *Verhaltensabsicht* heranziehen.[34] Marktorientierung in diesem Sinne ist die *Attitüde* eines Aufgabenträgers bezüglich seines eigenen Verhaltens – eine Verhaltensabsicht: die (dauerhafte) Absicht, die Wahrnehmungen und Entscheidungen der Kunden zum Maßstab des Handelns im Wettbewerb zu machen.[35] Der Kunden*vorteil* veranlaßt den Aufgabenträger, das Handeln gegenüber dem Kunden stets in dem Dreieck Anbieter – Kunde – Wettbewerber zu sehen. Es gehört unlösbar zur Marketingaufgabe, den Wettbewerb in seiner Wirkung auf den Kunden zu kennen bzw. zu antizipieren sowie daraus Schlußfolgerungen für die Tätigkeiten der Funktionsbereiche zu ziehen. Wir wollen festhalten, daß Marktorientierung *triadisch*[36] ist. Deshalb ist Marktorientierung reserviert für den „Full Time Marketer“ [37], der eine integrierte Kunden- *und* Wettbewerberorientierung als Aufgabe hat.

Dagegen sind die meisten anderen Funktionsträger im Unternehmen „Part Time Marketer“. Ein solcher ist nicht hauptsächlich mit der Steuerung des Unternehmens im Wettbewerb beschäftigt, sondern er hat vorrangig andere Aufgaben, die speziell in seinem Funktionsbereich liegen, für die er der Experte ist. Dennoch müssen auch die Spezialisten auf ihre Weise die richtigen Beiträge zur Verwirklichung der Kundenproblemlösung leisten, sie sind also in jedem Fall anteilig für das Kundenproblem zuständig. Diese „part time“-Rolle führt uns zu einer brauchbaren Abgrenzung der *Kundenorientierung.* Die ganzheitliche Aufgabe einer Problemlösung für den Kunden wird in Pakete von Teilaufgaben für die einzelnen Funktionsbereiche zerlegt. Ein solches Paket nennen wir Funktionsprogramm. Die *Funktionsprogramme* stellen eine mehr oder weniger große „Portion anteiliger Marktorientierung“ dar, zugeschnitten auf den jeweiligen

[33] Vgl. Kühn 1991, S. 97–107, sowie Schütze 1992, S. 1–19.

[34] Vgl. Kroeber-Riel/Weinberg 1996, S. 173–176.

[35] Vgl. Trommsdorff 1997.

[36] Triadisch (griech.) = aus drei Einheiten bestehend.

[37] Gummesson 1991.

Funktionsbereich. Diese sieht in den einzelnen Funktionsbereichen natürlich unterschiedlich aus. Die Funktionsprogramme wiederum werden umgesetzt in *Verhaltensprogramme* für jeden einzelnen Mitarbeiter. Verhaltensprogramme sollen sicherstellen, daß die Spezialisten in ihrer Funktionsperspektive sich nicht an funktionalen Zielen, sondern an ihrem spezifischen Beitrag zur Kundenproblemlösung orientieren. Die Zuweisung von auf den Kunden gerichteten Verhaltensprogrammen bedeutet, daß die Aufgabenträger in den Funktionsbereichen eine *bestimmte* Leistung für den Kunden erbringen sollen, die hier als Kundenorientierung bezeichnet wird. Wenn die Kundenorientierung für jeden Aufgabenträger auf diese Weise festgelegt ist, dann kann der Aufgabenträger nicht nur mit großer Sicherheit erkennen, was sein Part bei der Problemlösung für den Kunden ist, er kann auch entscheiden, was er nicht zu tun hat, wann er Nein sagen darf oder sogar muß.

Beispiel:
Ein Außendienstmitarbeiter (AM) im Technischen Vertrieb trägt durch seine individuelle technische Beratungstätigkeit erheblich zur Problemlösung des Kunden bei. Es ist dabei aber nicht seine Aufgabe, sich selbst permanent im Vergleich zu seinen Wettbewerbern in den Augen des Kunden zu sehen („im Dreieck zu denken"). Das würde ihn nicht nur überfordern, sondern auch davon abhalten, seine beste Leistung zu geben. Deshalb wird in Zusammenarbeit von Full-Time-Marketer, der die gesamte Problemlösung als Leistungsversprechen für die Kunden im Auge hat, und dem Vertrieb ein Funktionsprogramm „Kundenberatung" entwickelt. In Abhängigkeit von der gesamten Wettbewerbssituation und der Wettbewerbsstrategie werden Mindestaufgaben formuliert, die ein Außendienstmitarbeiter seinen Kunden „schuldet", die er also auf jeden Fall anbieten muß, und es wird auch der maximale Umfang definiert, den eine Beratung im Verhältnis zum gesamten Ordervolumen des Kunden haben darf.

Aus dem Funktionsprogramm wird also ein Verhaltensprogramm für den AM abgeleitet, das die Beratungstätigkeit des AM steuert. Auf diese Weise kann der AM ernsthaft *kunden*orientiert sein, ohne *markt*orientiert sein zu müssen.

Der Unterschied zur Marktorientierung ergibt sich also aus den Aufgabeninhalten und der jeweiligen Verantwortung des Aufgabenträgers. Man kann nicht von jedem Mitarbeiter in jedem Funktionsbereich erwarten, permanent nach dem Prinzip des Kundenvorteils zu denken und zu handeln, das ist schlechterdings zu schwierig. Dazu fehlen ihm auch die Informationen und der Horizont. Der einzelne Mitarbeiter erlebt die Kundenorientierung *dyadisch*[38].

Der Perspektivenunterschied zwischen Marktorientierung und Kundenorientierung tritt damit deutlich hervor. Marktorientierung ist triadisch und ist Verhaltensregulativ für die marktorientierte Führung, Kundenorientierung ist dyadisch und ist Funktionsprogramm für den jeweiligen Funktionsbereich bzw. Verhaltensprogramm für den jeweiligen Aufgabenträger. Marktorientierung ist auf

---

[38] Dyadisch (griech.) = aus zwei Einheiten bestehend.

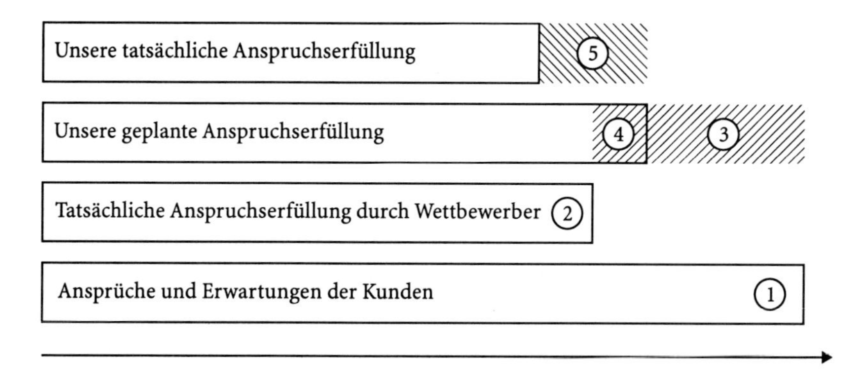

Abb. 9. Abgrenzung von Marktorientierung und Kundenorientierung

den Kundenvorteil fokussiert, Kundenorientierung dagegen auf einen spezifizierten Kundennutzen.

Abbildung 9 verdeutlicht das Zusammenspiel von Marktorientierung und Kundenorientierung.[39] Der Balken mit der Ziffer 1 symbolisiert durch seine Länge das Ausmaß der Ansprüche und Erwartungen der Kunden. Nur selten wird es gelingen, diese in vollem Umfange zu erfüllen. Deshalb wird wahrscheinlich die geplante Anspruchserfüllung des Anbieters (Nr. 4) um einen bestimmten Abstand (Nr. 3) von den Kundenansprüchen abweichen.

Marktorientierung leitet nun die Überlegungen zur Bestimmung des Grades der Erfüllung der Kundenanforderungen, d.h. die Festlegung eines Sollwertes irgendwo zwischen dem Wert, den der Kunde markiert (Nr. 1) und dem Wert, den der Wettbewerber realisiert (Nr. 2). Marktorientierung bestimmt die Grenzlinie zwischen Nr. 3 und Nr. 4 und ist insofern *triadisch* (Kunde – Wettbewerb – eigenes Unternehmen), d.h. die geplante Leistung für den Kunden (Anspruchserfüllung) wird aus dem Spannungsfeld des Wettbewerbs abgeleitet.

Wenn die geplante eigene Anspruchserfüllung festgelegt ist (Nr. 4), können daraus *Funktionsprogramme für alle Funktionsbereiche* und *Verhaltensprogramme für alle Mitarbeiter* abgeleitet werden, indem die Gesamtleistung aufgegliedert wird in die sämtlichen dafür erforderlichen Teilleistungen. Jede Teilleistung wird also geplant nach ihrem Beitrag zu einem bestimmten Gesamtnutzen für den Kunden. Damit wird prinzipiell *meßbar*, inwieweit jede Teilleistung, die für den Wert Nr. 4 erforderlich ist, tatsächlich erbracht worden ist oder ob sich Defizite ergeben (Nr. 5). Kundenorientierung ist die Forderung an die einzelnen Teilleistungen, sich jeweils an *definierten Nutzenzielen* für den Kunden auszurichten. Kundenorientierung ist demnach nicht wettbewerblich, sondern sie ist aus der wettbewerblichen Marktorientierung *abgeleitet*.

[39] In Anlehnung an Utzig 1997, S. 96

Aus diesem Bild ist auch zu entnehmen, daß ein Unternehmen nicht „kundenorientiert" sein kann, wenn es nicht die Grenze zwischen Nr. 3 und Nr. 4 markiert und die entsprechenden Funktionsprogramme aus dem angestrebten Grad der Anspruchserfüllung abgeleitet hat. Diese Grenze festzulegen, ist gar nicht so einfach. Sie erfordert nämlich eine Entscheidung darüber, was und wieviel man dem Kunden geben will (was man ihm schuldet), aber auch: was man ihm nicht geben will. Da die Kunden unterschiedlich sind und aus diesem Grunde Gruppen mit gleichen Bedürfnissen und Erwartungen zu bilden sind, öffnet sich hier der Blick auf die Marktsegmentierung.[40]

Ein Unternehmen, das kundenorientiert sein will, muß also zunächst einmal marktorientiert sein und den Wert nach Nr. 3 bzw. 4 festlegen. Erst dann kann es feststellen, ob und inwieweit die einzelnen Funktionen die erforderliche Beiträge geleistet haben, d.h. ob Kundenorientierung in dem erforderlichen Maße gegeben ist.

Kundenorientierung ist darüber hinaus ein Verständnis der *Rolle*, die man dem Kunden gegenüber einnimmt. Der Lieferant nimmt gegenüber dem Kunden eine *dienende* Rolle ein, nicht nur bei Dienstleistungen im engeren Sinne, sondern generell in jeder Austauschbeziehung. Diese Forderung wird häufig mißverstanden. Zunächst einmal ist sie ja nichts anderes als das Gegenteil von Arroganz. Nur Anbieter, die selbst die Bedingungen der Transaktion bestimmen können, dürfen sich für eine gewisse Zeit Arroganz leisten. Liegt die Entscheidung über das Zustandekommen der Transaktion aber im wesentlichen beim Kunden, wird eine dienende Haltung sicherlich im Interesse des Lieferanten sein. Es gibt dabei aber noch einen etwas grundsätzlicheren Aspekt. Wir beobachten mitunter eine Schwierigkeit im Umgang mit dem Dienen an sich, die vermutlich aus einem bestimmten Selbstverständnis resultiert. Man möchte eben kein „Diener" sein, weil Dienen eine niedere Tätigkeit ist.[41] Wer so denkt, hat nicht nur das Marktgeschehen nicht verstanden. Er hat nicht den Unterschied von wechselnden Rollen und sozialem Status verstanden. Der Anbieter dient seinem Kunden nicht deshalb, weil dieser einen Diener haben will, sondern weil er eine Problemlösung für sich erreichen will. *Das Dienen des Lieferanten ist eine der Problemlösung dienende Rolle* (Problemlösung als „Dienst-Leistung").

---

40 Vgl. Kleinaltenkamp 1999.

41 Zu den Vorbehalten gegen das Dienen vgl. die scharfsinnige Analyse des amerikanischen Ökonomen *Veblen* aus dem Jahre 1899: „Wir sind zutiefst davon überzeugt, daß vor allem jenen Beschäftigungen eine gleichsam formelle Unsauberkeit anhaftet, die wir für gewöhnlich mit Dienstleistungen in Zusammenhang bringen. Feine Leute glauben fest daran, daß gewisse niedrige Arbeiten ... auch geistig anstecken müssen." Veblen 1899, S. 53.

Tabelle 2. Marktorientierung und Kundenorientierung von Personen und Unternehmen

	Person	*Unternehmen*
Markt-orientierung	• Geschäftsauftrag, Verhaltensausrichtung, Einstellung • Auf die Analyse und Verwirklichung des Kundenvorteils fokussiert • Triadisch • „Full Time Marketer" • Aufgabe der Leitung	• Prinzipien und Konstruktionsmerkmale des Geschäftsprozesses • Umfassende Managementaufgabe; bezieht alle Funktionen auf allen Ebenen ein • Auf Überlegenheit im Wettbewerb gerichtet • Kundenvorteil als Zielgröße • Strategisches Commitment • Aufgabe der Leitung
Kunden-orientierung	• Verhaltensprogramm für jeden einzelnen Mitarbeiter • Erfüllung der eigenen Funktion im Hinblick auf auf einen spezifischen Kundennutzen • Dyadisch • „Part Time Marketer"	• Systematische Umsetzung der Wettbewerbsstrategie in Funktionsstrategien und Funktionsprogramme • Umsetzung der Funktionsprogramme in Verhaltensprogramme für jeden Mitarbeiter

Markt- und Kundenorientierung des Unternehmens

Machen wir einen Test und fragen uns, ob eine bestimmte Firma, die wir kennen, markt- oder kundenorientiert ist. Wir entdecken schnell, daß wir mit der bisherigen Unterscheidung von Markt- und Kundenorientierung nicht viel weiterkommen. Markt- und Kundenorientierung des Unternehmens sind ja nicht Verhaltensmerkmale von Personen, sondern wir müssen nach Prinzipien und Konstruktionsmerkmalen des *Unternehmensprozesses* fragen.

Es wird kaum vorkommen, daß ein Unternehmen markt- oder kundenorientiert wird, wenn nicht die verantwortliche Entscheidungsebene der Business Unit bzw. des Unternehmens eine echte unternehmenspolitische Entscheidung trifft: den Kunden zum Ausgangspunkt und Endpunkt des gesamten Unternehmens zu machen. Ein solches *commitment* ist eine strategische Entscheidung, die das Unternehmen und alle Personen darin im Kern berührt. Das ganze Selbstverständnis und die Werteordnung werden in Frage gestellt und eventuell sogar umgekrempelt. Das auf den Kunden bezogenene Selbstverständnis muß in eine *Mission* einfließen, die von allen verstanden und mitgetragen wird. Aus der Mission ergeben sich *Ziele*, die nicht allein finanzwirtschaftlicher Art sind, sondern die der Zufriedenheit der Kunden höchste Priorität einräumen. Daraus abzuleiten sind *Wettbewerbsstrategien* in den bedienten Märkten, die ihrerseits wiederum in *Funktionsprogramme* umgesetzt werden. Die Konstruktionsmerkmale des Gesamtsystems der Firma, die Konzeption der *Organisation* mit ihrer Aufbau- und

Ablaufstruktur ebenso wie der verhaltensbeeinflussenden *Systeme* lassen eine Ausrichtung auf den Kunden und seine Problemlöungen erkennen.

Wir müssen also sorgfältig unterscheiden zwischen Verhaltensmerkmalen von Personen einerseits und Konstruktionsmerkmalen von Systemen andererseits. Tabelle 2 stellt die Merkmale von Marktorientierung und Kundenorientierung bei Personen und Unternehmen zusammen.

2.2.3 Fazit: Was ist Marketing?

Marketing ist „die Planung, Koordination und Kontrolle aller auf die aktuellen und potentiellen Märkte ausgerichteten Unternehmensaktivitäten. Durch eine dauerhafte Befriedigung der Kundenbedürfnisse sollen die Unternehmensziele verwirklicht werden."[42]

Diese allgemein akzeptierte Definition macht deutlich:

1. Der Anbieter verwirklicht seine Ziele durch Befriedigung von Kundenbedürfnissen. Die Herstellung von Kundenzufriedenheit ist gleichbedeutend mit der Lösung von Kundenproblemen. Marketing heißt Problemlösungsorientierung.
2. Marketing heißt Ausrichtung auf den Markt. Marketing schließt nach seinem Wesen die Marktorientierung und die Kundenorientierung ein. Die Marktorientierung richtet sich auf Transaktionen mit aktuellen und potentiellen Kunden.
3. Marketing stellt eine Menge von Aktivitäten dar: Marketing ist ein Prozeß. Das schließt nicht aus, daß Marketing auch institutionalisiert sein kann, daß ein Unternehmen z.B. eine Marketingabteilung oder ein entsprechendes Projektteam hat, jedoch darf Marketing nicht als Einheit in der Organisationsstruktur verstanden werden.
4. So wie der Wettbewerb nur in einer bestimmten Arena definiert werden kann, läßt sich auch die Marketingaufgabe nur in Bezug auf eine bestimmte Wettbewerbsarena definieren. Die Kundenbedürfnisse variieren, und zur Sicherstellung der Kundenzufriedenheit ist die Segmentierung der Märkte, das intensive Eingehen auf Geschäftsbeziehungen und auf wichtige Einzeltransaktionen notwendig.
5. Marketing ist Analyse, Planung, Koordination und Kontrolle von marktgerichteten Aktivitäten. Das aber heißt, Marketing ist ein Managementprozeß. Marketing heißt Steuerung der Aktivitäten des Unternehmens oder der Business Unit im Wettbewerb letztlich mit dem Ziel, das Überleben in der jeweiligen Arena zu sichern.

---

[42] Meffert 1998, S. 7.

Die Definition des Marketing läßt drei Bedeutungsebenen erkennen, die zusammen das Marketing ausmachen:

- Die Bedeutung des Marketing als einer *„Philosophie"* – *d*as ist die Ausrichtung auf den Käufer und das damit verbundene Prinzip der Gewinnerzielung durch Befriedigung der Käuferbedürfnisse. Diese „Philosophie" ist auf eine Austausch-Situation zum beiderseitigen Vorteil von Anbieter und Käufer gerichtet.
- Die Bedeutung des Marketing als einer *„Technik"* – *d*as ist die Analyse der Instrumente und ihrer Wirkungen, das sind die Methoden und Instrumente der Informationsgewinnung, -verarbeitung und -auswertung sowie der Optimierung von Entscheidungen.
- Die Bedeutung des Marketing als einer *„Management-Konzeption"* – *d*as sind die Prozesse der Analyse, der Planung, Implementierung und Kontrolle der wertschaffenden Aktivitäten zwischen Anbieter und Kunde, wobei der Anbieter die aktive Rolle übernimmt.

Alle drei Ebenen gehören zum modernen Marketing. Wir können nun versuchen, ein Gesamtbild zu zeichnen, das die wesentlichen Merkmale des Marketing zusammenfaßt. Zu diesem Zwecke verwenden wir das Modell der *Wertkette* von *Porter.*[43] In diesem Modell wird das Unternehmen gesehen als ein Bündel von Aktivitäten und Abläufen, die nach bestimmten Gesichtspunkten geordnet werden. Diese Gesichtspunkte wollen wir hier nicht vertiefen.[44] Vielmehr wollen wir allein die Aufmerksamkeit darauf richten, daß das anbietende Unternehmen sich durchaus als Prozeßkette darstellen läßt. Uns interessieren hier nicht die Strukturen des Anbieters, sondern seine Abläufe.

Genauso wie der Anbieter läßt sich das Unternehmen des Käufers als eine Wertkette darstellen. Auch der Kunde erlebt sein Geschäft als Prozeß. Anbieter und Kunde sind also zwei hintereinander geschaltete Prozeßketten. Diese Darstellung ermöglicht es uns nun, einen *dritten Prozeß* zu schildern, der die Prozesse von Anbieter und Kunde miteinander verbindet – das Marketing des Anbieters. Abbildung 10 veranschaulicht das.

Die Grundkonzeption des Marketing veranlaßt den Anbieter, seine Orientierung im Wettbewerb aus dem Prozeß des Kunden abzuleiten. Dazu gehören die Kenntnis des Kunden und seiner Prozesse, weiterhin Wissen über die Meinungen, die der Kunde über die Wettbewerber hegt, dazu gehört es auch, dieses Wissen in den Prozeß des eigenen Unternehmens hinein zu tragen (oberer Pfeil).

---

[43] Porter 1986, S. 63.

[44] Eine ausführlichere Behandlung der Wertkette von *Porter* ist im folgenden Kapitel „Einführung in das Business-to-Business-Marketing" in Abschnitt 3.2.1 zu finden.

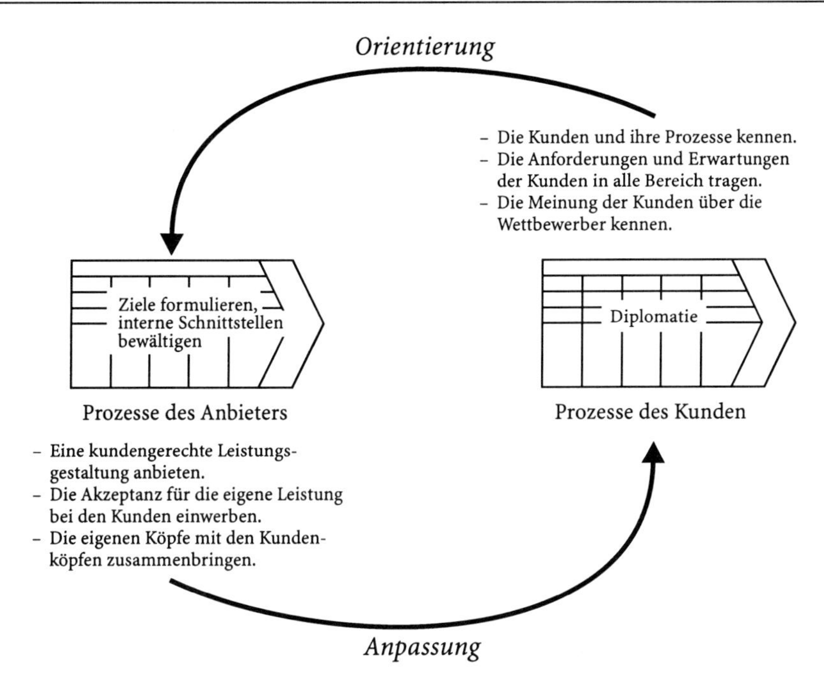

Abb. 10. Marketing als Prozeß der Anpassung von Anbieter und Kunden

Die Marketing-Konzeption verlangt weiterhin vom Anbieter, daß er sein Leistungsprogramm an die Wünsche der Kunden anpaßt und für die Akzeptanz der Leistung beim Kunden wirbt (unterer Pfeil). Beide Pfeile zusammen machen deutlich, daß *Marketing ein Prozeß ist, der dafür sorgt, daß sich die Prozesse des oder der Kunden und die Prozesse des Lieferanten aneinander anpassen.* Marketing ist Motor, Getriebe und Steuerung eines zweiseitigen Anpassungsprozesses. Der Prozeß des Lieferanten muß zum Prozeß des Kunden „passen" in dem Sinne, daß die Gesamtleistung des Lieferanten es dem Kunden ermöglicht, seinen eigenen Prozeß günstiger zu gestalten (fit). Die Marketing-Konzeption legt es nahe, daß es eher der Anbieter ist, der sich an die Prozesse des Kunden anpaßt und nicht umgekehrt. Das schließt jedoch nicht aus, daß der Anbieter ein gezieltes Management der Kundenerwartungen betreibt.

Damit das Marketing eine Verzahnung und Anpassung der beiden Prozeßketten erreicht, muß auch dafür Sorge getragen werden, daß innerhalb der jeweiligen Seite die Voraussetzungen für diesen Anpassungsprozeß vorliegen. Auf der eigenen Seite wird das Marketing in diesem Sinne die Anpassungsziele formulieren und die Anpassungsnotwendigkeiten in allen Bereichen kommunizieren. Das Marketing wird auch dafür Sorge tragen, daß in den eigenen Fachabteilungen und Ressorts die Ziele so verstanden und umgesetzt werden, daß der jeweilige Bereich seinen eigenen Anpassungsbeitrag erkennen und umsetzen kann. Dabei auftretende Schnittstellenprobleme muß das Marketing erkennen und auf Beseitigung hinwirken.

Auch auf der Kundenseite müssen Schnittstellenprobleme und Konfliktpotentiale erkannt und in Form des „Project Management" bei großen Einzelgeschäften bzw. in Form des „Relationship Management" in der Geschäftsbeziehung zwischen Anbieter und Kunde reduziert werden. Dazu gehört vor allen Dingen die Versorgung der entscheidenden Personen im Kundenunternehmen mit spezifischer Information. Dazu gehört aber auch, die richtigen Köpfe aus dem eigenen Unternehmen mit den entscheidenden Köpfen aus dem Kundenunternehmen so zusammenzubringen, daß nicht nur das richtige Wissen entsteht, sondern auch die „Chemie" stimmt. Wir nennen diese Aufgabe „Diplomatie" im Kundenunternehmen.

2.3 Marketing als Management-Aufgabe

2.3.1 Prozeßstruktur des Marketing-Managements

2.3.1.1 Phasenablauf des Marketing

Der Marketing-Prozeß hat eine sachliche und zeitliche Gliederung. Er setzt sich aus Phasen zusammen, die in einer bestimmten Ordnung zueinander stehen. Diese Ordnung, die in Abb. 11 dargestellt ist, beschreibt einen Ablauf, der das Verständnis des Marketing-Managements erleichtern soll. Sie beschreibt nicht den wirklichen Prozeßablauf im Marketing, der mitunter chaotisch ist in dem Sinne, daß er nicht mit der ersten Phase beginnt, daß Phasen ausgelassen oder übersprungen werden, daß Phasenfolgen rückwärts abgearbeitet oder mehrfach hintereinander oder aber gar nicht durchgearbeitet werden. Vielmehr ist hier ein idealisierter Ablauf dargestellt, der lediglich vernünftig oder plausibel erscheint.

Am Anfang der Analyse des Marketing-Prozesses steht die *Definition der Arena*. Die Arena ist das Feld, in dem der Wettbewerb ausgetragen wird. Wenn ein Anbieter im Wettbewerb einen Vorstoß macht oder wenn er sich von einem Konkurrenten herausgefordert fühlt, dann muß zunächst die Arena definiert werden, damit die Kräfte auf das Wesentliche konzentriert werden. Der Anbieter muß also sein „Wettbewerbsproblem" definieren, um über die Arena richtig entscheiden zu können.

Die zweite Phase des Marketing-Prozesses besteht in der Festlegung von Marketing-Zielen. Die *Marketing-Ziele* müssen aus den Unternehmenszielen abgeleitet und in sinnvolle Teilziele aufgegliedert werden. Ohne Ziele ist eine Kontrolle und damit ein auf Steigerung von Effektivität und Effizienz gerichtetes Marketing nicht möglich.

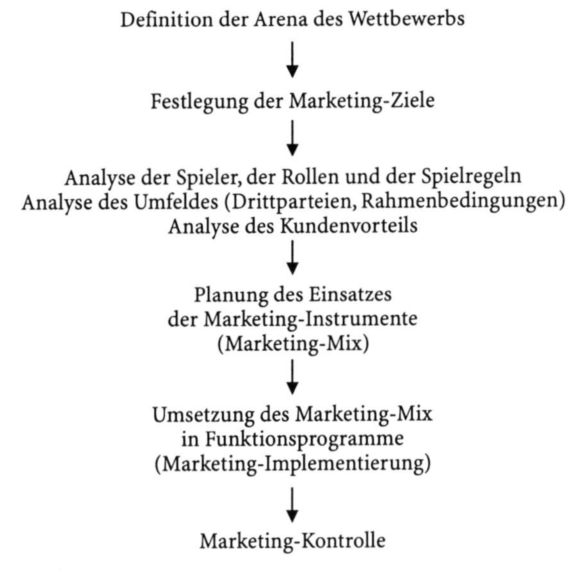

Abb. 11. Phasen des Marketingprozesses

Ein Anbieter, der sein Marketing-Handeln *plant*, fährt mit einer sorgfältigen Analyse der beteiligten Parteien fort, um für sich eine möglichst vorteilhafte Position im Wettbewerb einnehmen zu können. Der dritte Schritt des Marketing-Prozesses besteht demnach darin, die Mitwirkenden in der Arena zu identifizieren. In traditioneller Sichtweise sind diese

- der Anbieter,
- der/die Nachfrager und
- der/die Wettbewerber.

Jede Wettbewerbssituation ist gekennzeichnet durch eine Dreiecks-Konfiguration der Beteiligten, in der sich jeweils zwei Parteien um eine dritte bemühen und das Ergebnis der Markttransaktion durch das Kräftespiel zwischen diesen drei Parteien entschieden wird.

Die traditionelle Sichtweise muß heute jedoch durch eine Betrachtung des Marktes ergänzt werden, in der die Parteien in der Arena im Zeitablauf *wechselnde,* aber auch parallel *verschiedene Rollen* einnehmen können. Das Spiel wird durch die Dynamik der Branchenentwicklung differenzierter. Wettbewerber treten als Kunden auf, Kunden werden Lieferanten, konkurrierende Unternehmen fusionieren. Das scheinbar verwirrende Spiel mit *Strategischen Allianzen, Mergers* und *Acquisitions,* in dem sich die globalen Märkte seit mehr als einem Jahrzehnt befinden, erzwingt eine neue Sichtweise des Wettbewerbs. Wir sprechen deshalb von *Spielern,* die in der *Arena* beteiligt sind, und fragen nach den *Rollen,*

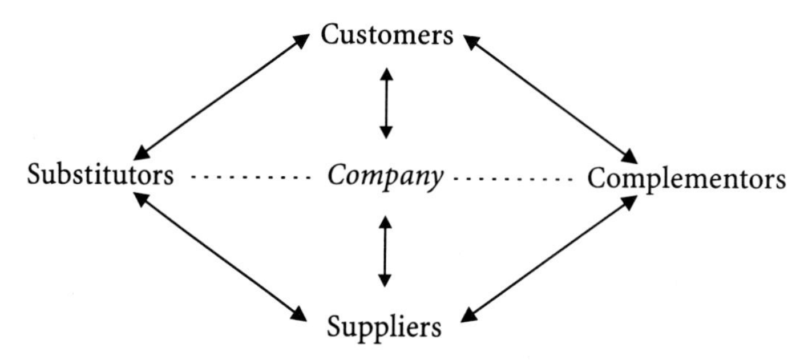

Abb. 12. Parteien in der Arena
(Quelle: Brandenburger/Nalebuff 1995, S.60)

die sie einnehmen können oder tatsächlich einnehmen werden, vor allem ob sie für die Ziele des Anbieters als Gegner, als Partner oder als Neutrale einzuschätzen sind.

Das einfache Marketing-Dreieck wird durch die Rollendifferenzierung komplexer. Abbildung 12 zeigt eine Erweiterung der Arena auf insgesamt fünf Spieler. Alle Spieler in der Arena kämpfen um dasselbe: Werte zu schaffen und und sich anzueignen. In der vertikalen Dimension sehen wir die Kunden und Lieferanten des Unternehmens, in der horizontalen Dimension befinden sich Spieler, mit denen der Anbieter interagiert, aber keine Transaktionen eingeht. Es sind die „Substitutors" und die „Complementors". Erstere sind Wettbewerber im herkömmlichen Sinn. Sie können von den Kunden als Ersatzanbieter herangezogen werden. Die letzteren sind Spieler, die vom Kunden als Lieferanten für komplementäre Produkte oder Dienstleistungen herangezogen werden. Ein Beispiel ist die Komplementarität von Hard- und Software. Schnellere Hardware wird die Zahlungsbereitschaft der Kunden für anspruchsvollere Software erhöhen etc.

Die Analyse der Spieler ist auf die Erforschung von Motiven und Interessen der Spieler gerichtet sowie auf ihre Fähigkeiten und Ressourcen, Aktivitäten und Produkte, die sie im Wettbewerb einsetzen. Aus der Gesamtheit der Spieler sowie der Wahrnehmung ihrer Rollen resultiert das Spannungsfeld der Kräfte, in dem der Anbieter eine für sich möglichst vorteilhafte Position einnehmen will.

In einem konkreten Geschäftsfeld oder in einem bestimmten Markt herrschen meistens auch bestimmte *Spielregeln,* d.h. es gibt Verhaltensmuster unter den Kunden und Anbietern, die in ihrer Gesamtheit bestimmen, nach welchen Erfolgsvoraussetzungen Sieger und Verlierer im Wettbewerb ermittelt werden. Beispiele sind

- die Art und Weise, wie Aufträge von bestimmten wichtigen Kunden vergeben werden: Freihandvergabe, Closed-bid-Ausschreibung, Begünstigung bestimmter Lieferantengruppen etc.,

- der Zeitpunkt der Einführung neuer Produktgenerationen: First-to-market-Strategien, Zeitvorsprünge in der Markteinführung etc.,
- die Schaffung von de-facto-Standards: Beherrschung einer Branche durch dominantes Design wie *MS-DOS*, *WINDOWS* etc., sowie
- der dominierende Einsatz bestimmter Marketing-Instrumente: Auftragsfinanzierung im Anlagengeschäft, Preisführerschaft, resultierend aus dominierendem Volumen eines Anbieters etc.

Die Analyse der Spielregeln ist deshalb so wichtig, weil die Einhaltung oder die bewußte Veränderung einen starken Einfluß auf die Wettbewerbsposition des Anbieters haben können.

Schließlich gehört zur Analysephase eine Betrachtung des für die Wettbewerbssituation relevanten Umfeldes. Das *Umfeld* kann in gesetzlichen Vorschriften (z.B. Gesetz gegen den unlauteren Wettbewerb, Gesetz gegen Wettbewerbsbeschränkungen [Kartellgesetz], Umweltschutzgesetze etc.) oder in Institutionen, Organisationen bzw. Personen bestehen, die in irgendeiner Form auf den Wettbewerb einwirken. In der Arena gibt es wie im Sport „Zuschauer", die nicht passiv sind, sondern bewußt oder unbewußt auf den Marktprozeß einwirken und damit Bestandteil desselben werden. Wir bezeichnen sie als Drittparteien. *Drittparteien* sind Spieler, die auf das Ergebnis von Markttransaktionen einwirken, ohne selbst Austauschpartner in dieser Markttransaktion zu sein. Beispiele sind Consultant Engineers, Normungsinstitutionen, Messeveranstalter, Medien etc.

Die Kenntnis der Spieler, der Spielregeln und des Umfeldes setzt den Anbieter in die Lage, die Position zu bestimmen, in der er gewinnen kann: Es geht darum, den *Kundenvorteil* herauszuarbeiten.

Die *Planung des Einsatzes der Marketing-Instrumente* (Marketing-Mix[45]) ist die konkrete Gestaltung der Austauschrelation mit dem bzw. den angesprochenen Nachfragern. Es ist Ausdruck und Folge der Verteilung der Marktmacht auf einem Käufermarkt, daß der Anbieter seine Interessen nur wirksam verfolgen kann, wenn er es versteht, die Wünsche und Probleme der Nachfrager *durch Einsatz der Marketing-Instrumente* mit seinen eigenen Interessen in Übereinstimmung zu bringen. Leistungsprogramm-, Distributions-, Kommunikations-, Entgelt- und Vertragspolitik sind die dafür eingesetzten Instrumentarbereiche. Es geht dabei um die möglichst wirksame Beeinflussung des Marktes bzw. des Marktpartners und um ein möglichst günstiges Verhältnis von erreichter Gegenleistung zu eigener Leistung.

Die Voraussetzung der Erreichung von Positionsvorteilen im Wettbewerb ist die Abstimmung und Ausrichtung aller unmittelbar und mittelbar auf den Kunden gerichteten Aktivitäten in allen Funktionsbereichen. Dieses Prinzip muß intern verwirklicht werden. Man nennt diese Phase zumeist die *Marketing-Imple-*

[45] Vgl. Borden 1964.

mentierung. Diese Phase des Marketing-Prozesses ist nach innen gerichtet. Dazu gehört vor allem die Umsetzung des Marketing-Mix in Funktionsprogramme sowie die Koordination der Durchführung der Funktionsprogramme im Hinblick auf das, was der Kunde erwartet.

Die *Marketing-Kontrolle* schließlich erfaßt und bewertet die Wirkungen des Marketing-Handelns sowohl in der direkt auf den Markt gerichteten als auch in der internen Implementierungsaufgabe und *vergleicht sie mit vorgegebenen Zielen und Standards.* Die Gegenüberstellung von von Ist- und Sollwerten führt zu Erkenntnissen sowohl über den Markt als auch über das eigene Unternehmen und schafft die Voraussetzung für eine verbesserte Planung des Marketing-Handelns.

2.3.2 Marketing-Management als Regelkreis

Es fällt nun nicht schwer und ist sehr anschaulich, den Marketing-Management-Prozeß als *Regelkreis* abzubilden. Wir können tatsächlich eine strikte Analogie zu einem kybernetischen System, wie wir es aus der Technik kennen, herstellen, ohne dem Marketing-Prozeß Gewalt anzutun, im Gegenteil. Wir betrachten den Anbieter als den Regler (Marketing-Management), den Kundenprozeß als die Regelstrecke (vgl. Abb. 13).

Die *Führungsgröße* beschreibt die *Marketing-Ziele.* Der Anbieter tritt in der jeweiligen Arena mit einem oder mehreren Zielen auf, die durch sein Handeln erreicht werden sollen. Je nach Typ der Arena können sich solche Ziele auf Marktanteile, Umsatz- und Ergebnisgrößen, auf bestimmte Positionen im Markt wie Bekanntheitsgrad oder Distributionsdichte, das Zufriedenheitsniveau der Kunden, auf die Fortsetzung einer Geschäftsbeziehung oder bloß auf die Erlan-

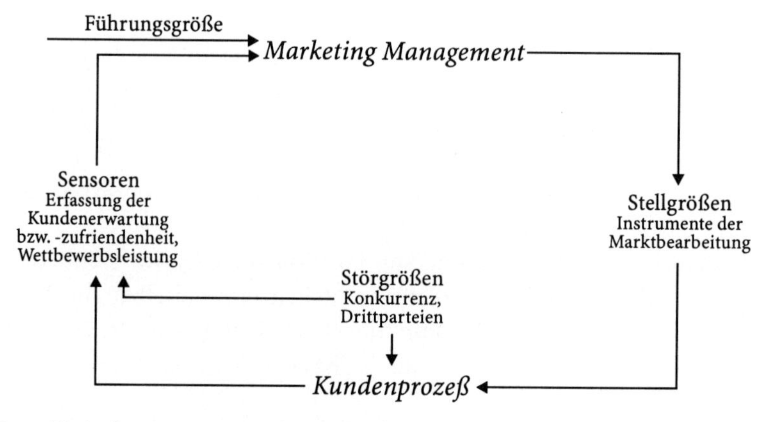

Abb. 13. Marketing-Management als Regelkreis

gung eines bestimmten Auftrages zu einem bestimmten Preis beziehen. Diese Ziele bilden das Regulativ für alle Maßnahmen, die vom Anbieter getroffen werden, um sich in der Arena zu behaupten. Die Führungsgröße stellt den Regler ein.

Der *Regler* ist die Instanz (decision making unit), die den Marketingprozeß steuert. Das kann die Geschäftsleitung sein, das kann ein Funktionsbereichsleiter wie z.B. der Vertriebsleiter sein, es kann aber auch der Leiter einer Stabsabteilung sein, der der Geschäftsleitung oder dem Vertriebsleiter zugeordnet ist. Welche konkrete Einheit im Unternehmen die Reglerfunktion wahrnimmt, ist für unsere Schilderung des Marketing-Management-Prozesses nicht von Bedeutung. Wir wollen hier nur vermerken, daß es einen solchen Regler gibt. Andernfalls können wir nicht von Marketing sprechen.

Der Regler verschafft sich Informationen über den Zustand der Arena, über Käufer, Distributionsstufen und Wettbewerber, über Drittparteien und ihren Einfluß auf die Beteiligten sowie über das gesamtwirtschaftliche und gesellschaftliche Umfeld, in dem die Akteure in der Arena stehen. Die Gesamtheit der Informationsquellen, die der Regler benutzt, sind seine *Sensoren.* Dazu gehören der eigene Außendienst, die systematische Informationsbeschaffung über Medien, die Nutzung von Messen, Datenbanken, Informationsdiensten sowie – last but not least – die eigene Marktforschung.

Er erfährt auf diese Weise die notwendigen Kriterien zur Spezifikation seines Angebotes an den Markt. Er hört Beschwerden über frühere Unzulänglichkeiten, über die Einschätzung der Käufer bezüglich der eigenen Leistung, er erfährt etwas über die Aktivitäten der Wettbewerber und die Einschätzung derselben durch die angestrebten Zielkunden usw. – kurz gesagt: der Anbieter macht sich ein Bild vom Zustand der Regelstrecke. Der Anbieter vergleicht den Istzustand des Kundenprozesses mit seinen Zielen, der Führungsgröße.

In aller Regel wird sich eine Lücke auftun, d.h. der Anbieter wird einen Handlungsbedarf zur Veränderung der Regelstrecke erkennen, damit Sollwert und Istwert in Übereinstimmung gebracht werden. Deshalb setzt er seine *Stellgrößen* ein, das sind seine Instrumente der Marktbearbeitung. Zwei Gruppen von Instrumenten der Marktbearbeitung bilden das Marketing-Mix. Die erste Gruppe umfaßt die Instrumente, die als Leistung und Gegenleistung den Gegenstand des Vertrages, der mit den Kunden geschlossen wird, bestimmen. Das sind (1) die Leistungsprogrammpolitik (einschließlich der Gestaltung von Produkt, Sortiment und Dienstleistungen sowie ggf. der Finanzierungsleistung) und (2) die Entgeltpolitik und die Kontrahierungspolitik. Die zweite Gruppe sind die Instrumente, mit denen der Anbieters den Vertragsabschluß mit seinen Kunden erleichtert und herbeiführt. Das sind (3) Distributionspolitik und (4) Kommunikationspolitik. Abbildung 14 stellt eine Systematik der Instrumente und ihrer Wirkungsebenen heraus.

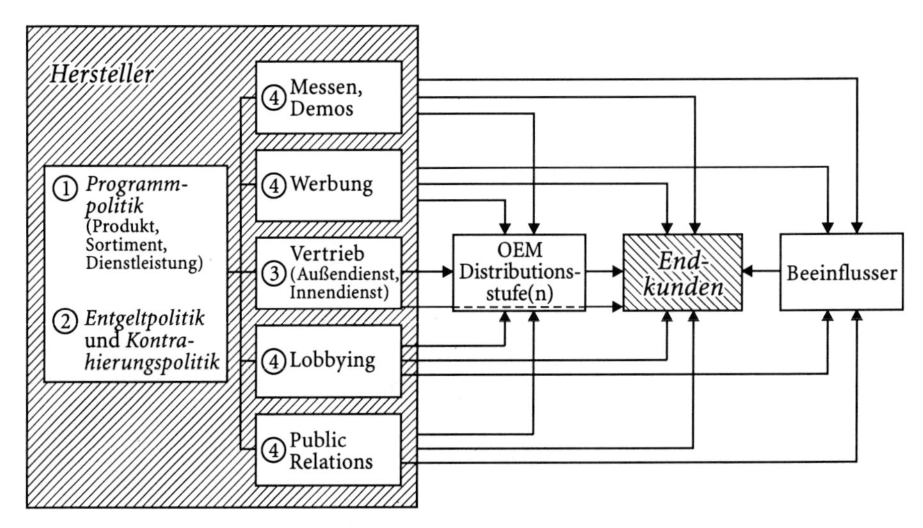

Abb. 14. Instrumente und Wirkungsebenen des Marketing-Mix im industriellen Marketing

Die vier genannten Gruppen umfassen die Mittel, die der Anbieter einsetzen kann, um den Zustand der Regelstrecke in seinem Sinn zu beeinflussen. Wir erkennen in dieser Abbildung auch, daß in sehr vielen Fällen die Regelstrecke nicht einstufig, sondern zwei- oder mehrstufig ist: Der Hersteller findet in solchen Fällen seinen Markt auf der ersten Ebene in seinen OEM-Kunden oder seinen Distributionspartnern und erst in der zweiten (oder dahinter liegenden) Ebene in seinen Endabnehmern. Dabei ergeben sich vermaschte Regelkreise, was wir in der weiteren Darstellung der einfacheren Darstellung halber vernachlässigen.

Neben den Stellgrößen des Anbieters wirken aber auch noch andere Größen auf die Regelstrecke ein, die wir *Störgrößen* nennen. Das sind zum einen die Instrumente, welche die Wettbewerber einsetzen, um den Marktprozeß in ihrem Sinne zu beeinflussen. Desweiteren sind das Drittparteien, die auf den Käufer einwirken und dadurch Bestandteil des Marktprozesses werden (vgl. die „Beeinflusser“ in Abb. 14). Beispiele sind Berater, Technikzeitschriften, wissenschaftliche Institute usw. Schließlich gehört dazu die Öffentlichkeit, die mitunter erheblichen Druck auf Anbieter ausübt und somit realer Bestandteil des Marktprozesses wird. Ein signifikantes Beispiel ist der Vorgang um die geplante Versenkung der Bohrinsel *„Brent Spa“* im Jahre 1995 oder die berühmte „Elchtest“-Diskussion bei der Einführung der *A-Klasse* von *Mercedes-Benz* im Jahre 1997.

Der Kreis ist geschlossen und läuft stets von neuem ab. Da der Regler selbst in das Unternehmen eingebunden ist (insofern seinerseits die Regelstrecke für einen Regelkreis höherer Ordnung ist), sind *Anpassungen der Führungsgröße* das Mittel, um diesen Regelkreis mit übergeordneten Regelkreisen zu verbinden.

Wenn wir nun noch einmal zurückschauen auf die Beschreibung des Marketing als einer zweiseitigen Anpassung der Prozesse von Kunden und Lieferanten

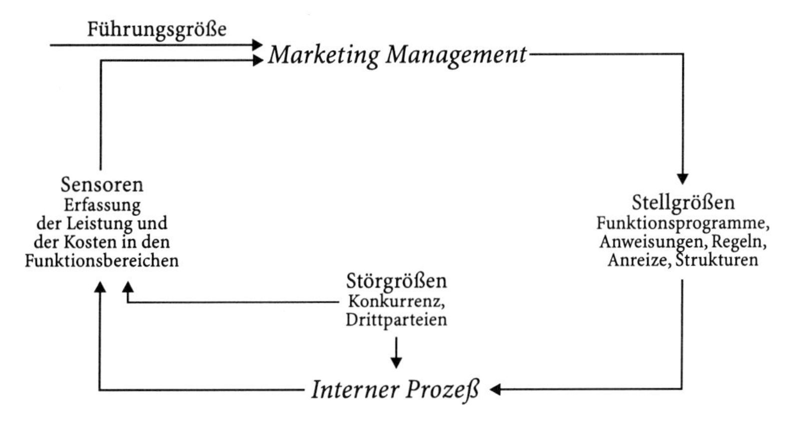

Abb. 15. Interner Regelkreis des Marketing-Management

(Abschnitt 2.2.3), dann wird auffallen, daß der interne Prozeß des Lieferanten bisher noch nicht genügend betrachtet worden ist. Tatsächlich ist ja der interne Prozeß des Marketing eine Aufgabe eigener Art, und diese läßt sich sich ebenso als Regelkreis darstellen wie die bisherige Beschreibung des Marketing-Managements. Wir müssen also den bisher betrachteten *externen* Regelkreis des Marketing unterscheiden von dem nun zu betrachtenden *internen* Regelkreis. Abbildung 15 gibt einen Überblick.

Der interne Regelkreis beschreibt eine Führungsaufgabe, die sich im Gegensatz zum externen Regelkreis auf die Steuerung interner Vorgänge bezieht. Der interne Prozeß ist die *Regelstrecke* dieses Regelreises. Sie umfaßt die Aktivitäten aller Personen und Abteilungen, die im eigenen Unternehmen auf die Wertentstehung im Kundenunternehmen Einfluß nehmen, direkt oder indirekt. Dazu gehören ggf. auch involvierte Unterlieferanten oder Kooperationspartner, nicht jedoch Personen im Kundenunternehmen. Der interne Prozeß beinhaltet nicht nur die Aktivitäten bis zum Zeitpunkt der Transaktion, sondern er geht weit darüber hinaus, z.B. wenn der Anbieter im Nutzungsprozeß des Kunden weitere Leistungen erbringt.

Das Marketing-Management als *Regler* entwickelt oder vereinbart mit einer übergeordneten Ebene oder entwickelt eigenständig Marketing-Ziele, die den erwünschten Zustand der internen Regelstrecke beschreiben (*Führungsgröße*). Diese Ziele sind Leistungsziele des internen Prozesses, die abgeleitet sind aus Kundenerwartungen ebenso wie aus Managementerwartungen. Wir können im Einklang mit den Dimensionen des Wettbewerbsvorteils (Kapitel 1.4) Effektivitätsziele und Effizienzziele unterscheiden. Die Ausrichtung an den Kundenerwartungen führt zur Vorgabe von *Effektivitätszielen*. Die *Effizienzdimension* führt zu Zielvorgaben, die aus den Anforderungen des eigenen Unternehmens resultieren: das ist insbesondere die Einhaltung von Kostenbudgets und generell die Wirtschaftlichkeit der marktorientierten Aktivitäten.

Die *Stellgrößen* des Regelkreises sind die Maßnahmen, die das Marketing-Management einsetzt, um den Prozeß in der gewünschten Weise zu beeinflussen. Dazu gehören die gemeinsam mit den Funktionsbereichen erarbeiteten und vereinbarten Funktionsprogramme, d.h. die Umsetzung der Marketing-Ziele in Maßnahmen der einzelnen Bereiche. Es ist offensichtlich, daß die Funktionsbereiche Forschung, Entwicklung, Produktion, Logistik, Vertrieb etc. unterschiedliche *Beiträge* zur Erreichung der Effektivitäts- und Effizienzziele leisten müssen, so daß eine Dekomposition der Ziele in Maßnahmenpakete und meßbare Ergebnisgrößen erfolgen muß. Desweiteren gehört in die Kategorie der Stellgrößen das Repertoire der Führungsinstrumente, wie Anweisungen, Regeln, Vereinbarungen und Anreize (Belohnungen und Sanktionen). Schließlich gehört auch das Festlegen von organisatorischen Strukturen zu den Stellgrößen.

Störgrößen des internen Regelkreises kommen nicht von außerhalb des Unternehmens, sondern von innen. Die Regelstrecke wird beeinflußt von der mehr oder weniger ausgeprägten *Trägheit* des Systems, den Organisationswiderständen, dem Abgelenkt- oder Verhindertsein, dem Nichtkönnen oder Nichtwollen der Führungskräfte und Mitarbeiter.

Die *Sensoren* des Regelkreises sind – wie schon beim externen Regelkreis des Marketing-Managements – die Kontrollsysteme. Verhalten und Verhaltensergebnis sind Gegenstand der Kontrolle. Die Systeme der Effektivitätskontrolle orientieren sich an den erreichten Qualitätsstandards, die Systeme der Effizienzkontrolle greifen auf das interne Rechnungswesen zurück und messen die Wirtschaftlichkeit des Prozesses im Vergleich zu den vorgegebenen Zielgrößen. Der Leistungsfeedback ist Ausgangspunkt für die Neueinstellung der Zielgrößen.

Die Prozeßstruktur des Marketing-Managements – das ist nun offenbar – weist eine Doppelnatur auf. Es existiert ein externer *und* ein interner Regelkreis, die beide *zusammen* die Aufgabe des Marketing-Managements ausmachen. Damit stellt sich die Frage, wie diese beiden Regelkreise abgestimmt werden, d.h. wie die Aufgabe des Marketing-Management ganzheitlich bewältigt wird. Diese Frage wird beantwortet. Zuvor seien jedoch noch einige spezifische Fragen des Ablaufs der beiden beschriebenen Regelkreise behandelt. Die Steuerung der externen Regelstrecke wirft die Frage auf, wie die *Kundenzufriedenheit* „gemanagt" werden kann, das Management der internen Regelstrecke richtet sich auf die Beeinflussung der *Markt- und Kundenorientierung* von Mitarbeitern und Führungskräften bzw. der ganzen Business Unit. Erst wenn wir beide Aufgaben genauer betrachtet haben, kommen wir zur Gesamtbetrachtung des Marketing-Managements – der integrativen Führung beider Regelkreise, und das heißt der integrativen Steuerung von Kundenzufriedenheit und Kundenorientierung.

2.3.3 Management der Kundenzufriedenheit

Kunden sind zufrieden, wenn sie das Gefühl haben, die richtige Kaufentscheidung getroffen zu haben. Die Voraussetzung der Kaufentscheidung ist das Vorhandensein eines Kundenvorteils, d.h. einer positiven Differenz der wahrgenommenen Nutzen-Kosten-Relationen zwischen den in die Wahl gezogenen Anbietern. Kundenzufriedenheit entsteht dann, wenn der ursprünglich *wahrgenommene* Kundenvorteil sich nicht nach der Kaufentscheidung wesentlich verschlechtert oder gar in einen subjektiv wahrgenommenen nachträglichen Kundennachteil verwandelt. Kundenzufriedenheit ist also ein Zustand des Käufers, der sich aus Erfahrung und Erwartung ergibt.

Der Anbieter kann in gewissen Grenzen durch sein Marketing-Mix beide Größen – Erfahrung und Erwartung – beeinflussen, d.h. er kann auf die Zufriedenheit des Käufers gestaltend einwirken. Er kann durch seine Marketing-Instrumente, insbesondere durch die Kommunikationspolitik, die Erwartungen des Käufers beeinflussen, und er kann die Erfahrungen des Käufers in allen Phasen des Umgangs mit dem Produkt bzw. der Dienstleistung (Beschaffung, Implementierung, Nutzung, Entsorgung) durch das ganze Spektrum seiner Marketing-Mittel steuern. Indem der Anbieter durch den Einsatz seiner Mittel Erwartungen weckt und Erwartungen bestätigt, übererfüllt oder enttäuscht, „produziert" er gleichsam die Zufriedenheit bzw. Unzufriedenheit des Käufers.

Die Kundenzufriedenheit entsteht durch das Zusammenwirken von beeinflußbaren Größen (Marketing-Mix) und nicht beeinflußbaren Größen. Zu den letzteren gehören insbesondere Einstellungs- und Verhaltensänderungen des Käufers, Veränderungen des Verhaltens der Wettbewerber sowie Änderungen des Umfeldes.

Orientierung auf Kundenzufriedenheit heißt für den Anbieter, Erwartung und Erfahrung des Käufers in Übereinstimmung zu bringen - und zwar unter Berücksichtigung nicht beeinflußbarer Randbedingungen. Damit ist die zentrale Aufgabe des Anbieters schlechthin angesprochen: den Kunden durch Zufriedenheit zum Wiederkauf und zu positiver Kommunikation über seine Erfahrungen zu führen. Daraus folgt, daß auf Märkten, die in hohem Maße durch langfristige Geschäftsbeziehungen bzw. durch hohe Marken- oder Lieferantenloyalität gekennzeichnet sind, die Kundenzufriedenheit die wichtigste Orientierungsgröße für das Marketing-Management bildet.

In der Prozeßdarstellung in Abb. 16, die sich an eine Untersuchung von *Parasuraman/Zeithaml/Berry* anlehnt,[46] werden wir die kritischen Größen, die die Kundenzufriedenheit bestimmen, herausarbeiten und die Möglichkeiten des Marketing-Managements zur Gestaltung der Zufriedenheit aufzeigen.

---

[46] Vgl. Parasuraman/Zeithaml/Berry 1985.

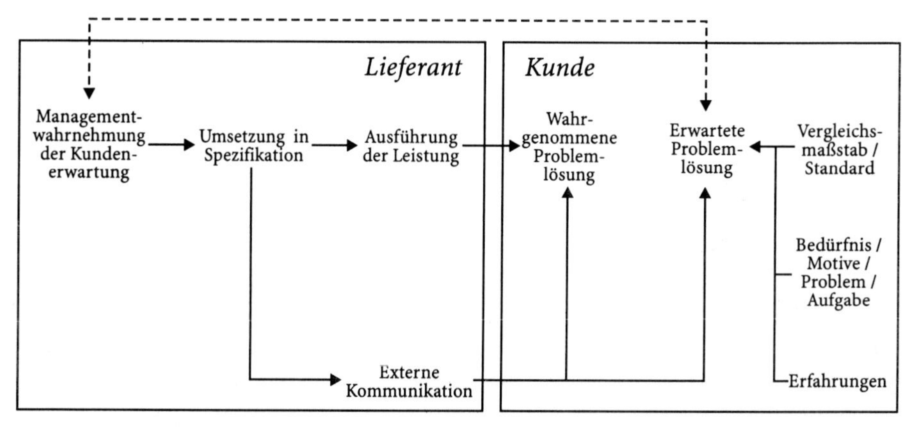

Abb. 16. Bestimmungsgrößen der Kundenzufriedenheit auf Lieferanten- und Kundenseite

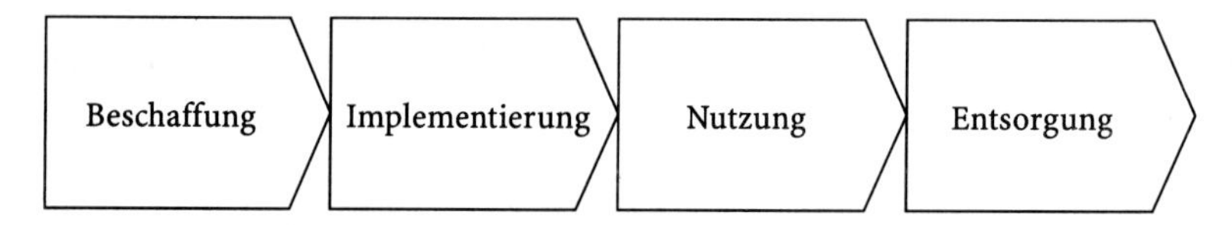

Abb. 17. Prozeßkette des Kunden

Das Bild unterscheidet Abläufe auf der Kundenseite und der Lieferantenseite. Die einzelnen Positionen sind Bestimmungsgrößen der Kundenzufriedenheit, die Pfeile zeigen Ursache-Wirkungs-Vermutungen der Kundenzufriedenheit.

Betrachten wir zunächst den Kunden und stellen die Frage nach den Erwartungen des Kunden. Der Kunde hat ein bestimmtes Problem (vgl. Kapitel 2.1.1.) und will dieses mit Hilfe des Anbieters lösen. Der Kunde will eine Veränderung in seinem Unternehmen bewirken. Die Prozeßkette des Kunden, auf die die Leistung des Anbieters einwirken kann, umfaßt die Beschaffung (den Austauschprozeß und die Transaktion), die Implementierung, die Nutzung und die Entsorgung, vgl. Abb. 17.

Entscheidungskriterium für den Kunden ist die mit der Problemlösung erreichbare Kostensenkung und/oder Leistungssteigerung in seiner Prozeßkette.

Über seine Angebotsgestaltung verspricht der Anbieter dem Kunden eine bestimmte Lösung und weckt damit Erwartungen. Die Erwartungen des Kunden werden aber auch von ihm autonom gebildet, und zwar durch die Art der Aufgabenstellung und seine Vorstellungen, wie er sie gelöst sehen will. Dabei spielen früher gemachte Erfahrungen in ähnlichen Situationen als Vergleichsmaßstab eine bedeutende Rolle. Ebenso sind die in der Branche üblichen Standards für eine Lösung, insbesondere was andere Lieferanten anbieten und die Lösungen, die der Kunde von anderen Lieferanten erhalten zu können meint, wichtige Bezugspunkte für die Bildung von Erwartungen.

Der Anbieter macht sich seinerseits ein Bild von den Erwartungen des Kunden. Er setzt die Erwartungen in Spezifikationen um und diese in Marktleistung. Parallel erfolgt die Angebotstätigkeit mit entsprechender Kommunikation. Der Kunde erhält die Leistung und bewertet sie. Die wahrgenommene Problemlösung schließlich ist Gegenstand des Vergleichs mit der ursprünglich erwarteten. Das Verhältnis dieser beiden Größen bestimmt die *Zufriedenheit.*

Der Lieferant hat diverse Möglichkeiten, auf die Relation von wahrgenommener Lösung und erwarteter Lösung einzuwirken, auf die im Detail hier nicht eingegangen werden kann. Wichtig für das Grundverständnis ist allerdings folgendes. Die *Erwartungen* des Kunden können vom Lieferanten beeinflußt werden. Wenn der Lieferant über seine externe Kommunikation zu hohe Erwartungen weckt, wird der Kunde nachher enttäuscht sein, weckt der Anbieter zu niedrige Erwartungen, wird der Kunde vielleicht nicht kaufen. Management der Kundenzufriedenheit heißt also auch, in dem Kunden die richtigen Erwartungen zu wekken. Dabei müssen auch die Einflüsse aus früheren Kaufsituationen und die Einflüsse des Wettbewerbs, die als Vergleichsmaßstäbe wirksam sind, berücksichtigt werden. Die *Ausführung* der Leistung führt dann, wenn vom Anbieter keine Fehler gemacht werden, zu der wahrgenommenen Lösung. Zu beachten ist allerdings, daß dabei hohe Subjektivität im Spiel sein kann. So kann es passieren, daß aufgrund einer Änderung der Vergleichsmaßstäbe (z.B. durch die Ankündigung eines Wettbewerbers, in Kürze eine neue Produktgeneration einzuführen) sich *nachträglich* (also nach Auftragsvergabe) die subjektiven Erwartungen des Kunden ändern und damit die Zufriedenheit verfehlt wird.

Wir erkennen, daß die Zufriedenheit des Kunden eine flüchtige Größe darstellt, auf die der Lieferant nicht nur durch die Art seiner Leistungserbringung, sondern permanent, in allen Phasen der Prozeßkette des Kunden einwirken muß. Da die Zufriedenheit eine hohe Bedeutung für den Wiederkauf hat, ist die Steuerung des Zufriedenheitsprozesses gerade in den After-Sales-Phasen besonders bedeutsam.[47]

Messung und Management von Kundenzufriedenheit in industriellen Unternehmen werfen einige methodische Fragen auf, auf die hier nur verwiesen werden kann.[48] Wichtig ist, daß überhaupt ernsthafte Bemühungen unternommen werden, um Zufriedenheit oder Unzufriedenheit der Kunden festzustellen. Dazu können die Kunden direkt in Form einer Zufriedenheitsstudie befragt werden, es gibt jedoch auch indirekte Methoden. In Frage kommen insbesondere die systematische Auswertung von Beschwerdevorgängen und die vertiefte Analyse von

---

[47] Vgl. Schütze 1992.

[48] Vgl. Homburg/Rudolph/Werner 1997.

verloren gegangenen Aufträgen. Eines ist sicher: wenn ein Unternehmen die Zufriedenheit oder Unzufriedenheit seiner Kunden nicht regelmäßig ermittelt, dann ist der externe Regelkreis nicht geschlossen, die Marketing-Konzeption noch nicht verwirklicht.

Wir halten fest: Marketing-Management hat die Aufgabe, den Kundenprozeß zu steuern. Das wichtigste Erfolgskriterium dabei ist die nachhaltige Kundenzufriedenheit. Insofern ist Marketing-Management das Management der Kundenzufriedenheit.

2.3.4 Management der Markt- und Kundenorientierung

2.3.4.1 Das Schnittstellenproblem

Auf den ersten Blick ist alles ganz einfach. Wir wissen, worauf es ankommt – der Kunde soll zufriedengestellt werden – also tun wir es doch! Gewiß, das kostet etwas. Aber dafür wird schließlich im Wettbewerb auch etwas erreicht. So weit so gut. Doch dann beginnen die Schwierigkeiten. Es ist nämlich in Wirklichkeit doch nicht so einfach.

Marketing ist ein Mannschaftsspiel. Damit eine Mannschaft ihre Ziele erreicht, braucht sie mehr als jedes einzelnen Spielers starken Willen zum Sieg. Es genügt auch nicht, die elf besten Spieler eines Landes zusammenzustecken und hinter dem Ball herlaufen zu lassen. Daraus allein wird kein 'champion', wie wir alle wissen. Um exzellente Leistungen im Wettbewerb auf Märkten hervorzubringen, müssen sehr viele, sehr heterogene interne Faktoren kontrolliert werden. Darüber können wir uns in diesem Kapitel nur einen ersten Überblick verschaffen, zumal die Forschung auf diesem Gebiet bei weitem nicht so weit entwickelt ist wie bei der Durchleuchtung des Kundenprozesses.[49]

Ausgangspunkt ist die Arbeitsteilung im anbietenden Unternehmen. *Smith* war der erste Wissenschaftler, der 1776 die produktivitätssteigernde Wirkung der auf Spezialisierung gerichteten Arbeitsteilung analysierte und ihren immensen Beitrag zum Wohlstand der Nationen erkannte.[50] Die Gründe dafür sind hinreichend bekannt. Aber der Segen der Arbeitsteilung hat einen Preis. Arbeitsteilung führt zur Bildung von Stellen und Abteilungen, die speziellen Verrichtungen gewidmet sind und verlangt deshalb unausweichlich Systeme und Maßnahmen der Koordination (Integration[51]). Arbeitsteilung beruht auf einer gedanklichen Zer-

---

[49] Vgl. den Überblick bei Utzig 1997.

[50] Vgl. Smith 1776.

[51] „In|te|gra|ti|on [...zion; lat.; "Wiederherstellung eines Ganzen"] die; -, -en: 1. [Wieder]herstellung einer Einheit [aus Differenziertem]; Vervollständigung. 2. Einbeziehung, Eingliederung in ein grösseres Ganzes; Ggs. Desintegration (1). 3. Zustand, in dem sich etwas

legung einer Gesamtaufgabe – z.B. der Problemlösung, die der Kunde nachfragt – in Teilaufgaben, die, nachdem sie erfüllt sind, zusammengefügt werden. Arbeitsteilung läßt m.a.W. Schnittstellen entstehen, die geschlossen werden müssen. Wo eine Gesamtaufgabe zerlegt wird, um sie mit verteilten Verrichtungen zu erfüllen, entsteht die Notwendigkeit von Transfers zwischen den Trägern der Teilaufgaben. Organisatorische Schnittstellen sind nach *Brockhoff* „die vorgesehenen Transferpunkte zwischen den Trägern der Teilaufgaben".[52] Organisatorische Schnittstellen können in horizontaler oder vertikaler Richtung gebildet werden. Horizontale Schnittstellen sind Transferpunkte zwischen zwei Einheiten auf derselben hierarchischen Ebene, vertikale dagegen Transferpunkte zwischen zwei Einheiten auf verschiedenen Ebenen der Organisation. Transfers können sich auf Informationen, Sachgüter, Finanzmittel oder Rechte beziehen. Die Transfers bedürfen der Koordination, also der „Regelung von Interaktionen und Informationen zur zielgerichteten Erfüllung der Gesamtaufgabe bei Arbeitsteilung".[53] Schnittstellen sind also unvermeidlicher Ausdruck arbeitsteiliger Aufgabenerfüllung. Bewältigung von Schnittstellen heißt demnach Umgang mit der Arbeitsteilung schlechthin.

An Schnittstellen entstehen Transferhindernisse.[54] So wie an technischen Schnittstellen durch spezifische technische Auslegung die erforderliche Kapazität sichergestellt wird, so gilt das auch für organisatorische Schnittstellen. Hinzu kommt bei der Marktorientierung allerdings der Umstand, daß organisatorische Schnittstellen von Menschen dargestellt werden. Die handelnden Personen bringen ihre eigenen (durchaus auch abweichenden) Interessen ein, sie bringen ihre objektiv begrenzte und subjektiv interessengeleitete Wahrnehmung sowie ihre limitierte Informationsverarbeitungskapazität ein und bestimmen auf diese Weise die Leistungsfähigkeit der Schnittstelle. In dieser menschlichen Komponente liegt einer der zentralen Brennpunkte des Managements der Marktorientierung.

Die Transferhindernisse, die von Schnittstellen erzeugt werden, führen zu Wirkungen, die in zwei Dimensionen liegen. Zum einen entstehen Kosten. Jede Schnittstelle verursacht außer den geplanten Kosten für die notwendigen Abstimmungen auch mehr oder weniger große ungeplante Kosten für Fehlplanungen, Zeitverlust, Kosten der Kapitalbindung, Informationsverzerrungen, Ärger, Motivationsverlust etc. Je mehr horizontale Schnittstellen bei funktionaler Spezialisierung entstehen, desto höher werden diese Kosten, desto schwerfälliger wird insgesamt das ganze Unternehmen, desto schwieriger wird es, das ganze

---

befindet, nachdem es integriert worden ist; Ggs. Desintegration (2) ..." Duden Fremdwörterbuch 1990 S. 354.

[52] Vgl. Brockhoff 1994, S. 7.

[53] Brockhoff 1994, S. 5.

[54] Vgl. Brockhoff 1994 S. 7; vgl. grundsätzlich Williamson. 1990, S. 1.

Unternehmen an den Markt anzupassen. Das gilt genauso für die vertikalen Schnittstellen. Sie verursachen (meist unsichtbare) Kosten in Form der Aufblähung von Kontrollspannen („*Parkinsons Gesetz*"), Informationsverzerrung durch Weitergabe von oben nach unten und von unten nach oben, Unflexibilität und zunehmende Dauer von Entscheidungsprozessen. Mitunter entziehen sich Bereiche auch der Kontrolle und sind auf diese Weise ineffizient.

Zum anderen entstehen aber auch Wirkungen auf der Seite des Kunden. Seine Wartezeiten, Kosten für Stillstand aufgrund von Produktfehlern, seine schlechten Service-Erfahrungen, Mühen und Aufwand für Reklamationen etc. schlagen sich in seiner Erfolgsrechnung nieder, und das wirkt sich mit zeitlicher Verzögerung schließlich in den Erlösen des Lieferanten aus. Schnittstellen sind also eine Belastung für Effizienz und Effektivität des anbietenden Unternehmens.

Alle diese Wirkungen zusammen genommen können, wenn sich das Umfeld des Unternehmens nicht extrem stabil verhält, die produktivitätssteigernden Wirkungen der Arbeitsteilung und Spezialisierung weit überkompensieren. Wir befinden uns seit mehr als einem Jahrzehnt in einer Entwicklung der Märkte, die die Unternehmen zu immer schnellerer Anpassung zwingt. Von daher gesehen kann die Komplexität, die aus einer sehr hohen Zahl von Schnittstellen kommt, im Zeichen der Turbulenz der Märkte nicht mehr gerechtfertigt werden. Es sind also einfachere, schlankere Strukturen gefragt, um der Markt- und Kundenorientierung zum Durchbruch zu verhelfen.

Da Schnittstellen nicht zu vermeiden sind, geht es bei der Marktorientierung um die richtige Anlage der Schnittstellen und um den richtigen Umgang damit. Die funktionale Arbeitsteilung *Taylor*scher Prägung als traditioneller Ansatz zur Organisation des industriellen Unternehmens[55] ergab sich aus technischen und ökonomischen Sachzwängen. Bei dieser Organisationsform hat die Marktorientierung allerdings zwischen Entwicklung, Produktion und Vertrieb erhebliche Transferdistanzen zu beachten. Abbildung 18 verdeutlicht das.

Innerhalb eines Funktionsbereichs ist die Integration leichter, weil es ein einheitliches Integrationsziel gibt. Zwischen den Funktionsbereichen unterscheiden sich die Integrationsziele dagegen erheblich, so daß das *funktionsübergreifende* Integrationsziel Kundenzufriedenheit von allen am schwierigsten zu erfüllen ist. Da die Marketing-Konzeption auf die ganzheitliche Problemlösung für den Kunden abstellt, muß Marketing auch dafür sorgen – sozusagen als Agent des Kunden im eigenen Unternehmen –, daß die Teilaufgaben der Abteilungen und Funktionsbereiche *im Sinne des Kunden* integriert werden. Marktorientierung ist deshalb in besonderer Weise mit der Aufgabe der Schnittstellenbewältigung konfrontiert.[56]

---

[55] Vgl. Taylor 1914.

[56] Vgl. Shapiro 1988, Plinke 1998.

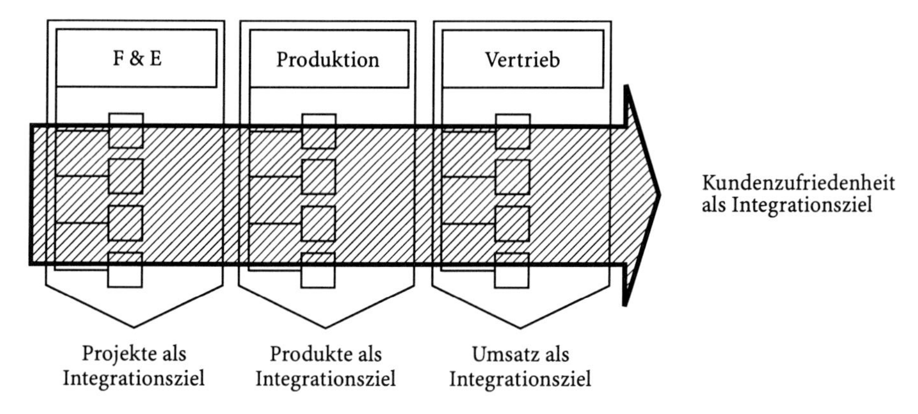

Abb. 18. Schnittstellenbewältigung bei funktionaler Arbeitsteilung

Die traditionelle funktionale Struktur hat angesichts des zunehmenden Wettbewerbs ausgedient. Der *Taylorismus* ist Geschichte. Marktorientierung und Kundenorientierung führen zu einer Drehung des Blickwinkels der ganzen Organisation, sozusagen um 90 Grad. Nicht Funktionen und Hierarchien bestimmen den Blickwinkel. Geschäftsprozesse, die sich an der Kundenproblemlösung und damit an der Kundenzufriedenheit orientieren, sind die adäquate Perspektive im Paradigma der Markt- und Kundenorientierung.

2.3.4.2 *Ebenen der Markt- und Kundenorientierung*

Der Brennpunkt des Managements der Markt- und Kundenorientierung ist die Behrrschung von Schnittstellen. Wir haben in der bisherigen Darlegung die Überwindung von Funktionsschnittstellen analysiert und die Ausrichtung auf den Kundenprozeß und die Kundenzufriedenheit als „cross-functional"- Managementaufgabe dargestellt. In diesem Abschnitt nun können wir einen allgemeineren Blick auf die möglichen Schnittstellen werfen, die der Sicherstellung der Kundenzufriedenheit möglicherweise im Wege stehen. Es sind nämlich nicht nur Funktionsbereiche mit ihren spezifischen Kulturen, Erfahrungen, Wertvorstellungen und Egoismen, die einer konsequenten Ausrichtung auf die Kundenzufriedenheit im Wege stehen können. Wenn eine ganzheitliche Problemlösung für den Kunden nur durch Arbeitsteilung auf der Seite des Anbieters möglich ist, dann ist letztlich *jede Schnittstelle* potentiell die Quelle von Störungen einer kundenorientierten Lösung.

Abbildung 19 gibt einen Überblick über die verschiedenen Ebenen der Marktorientierung. Auf der linken Seite sind die auf die verschiedenen Arten von Schnittstellen bezogenen Integrationsebenen zu lesen. Auf der rechten Seite sind die entsprechenden Aufgaben der Marktorientierung auf den verschiedenen Ebenen aufgeführt.

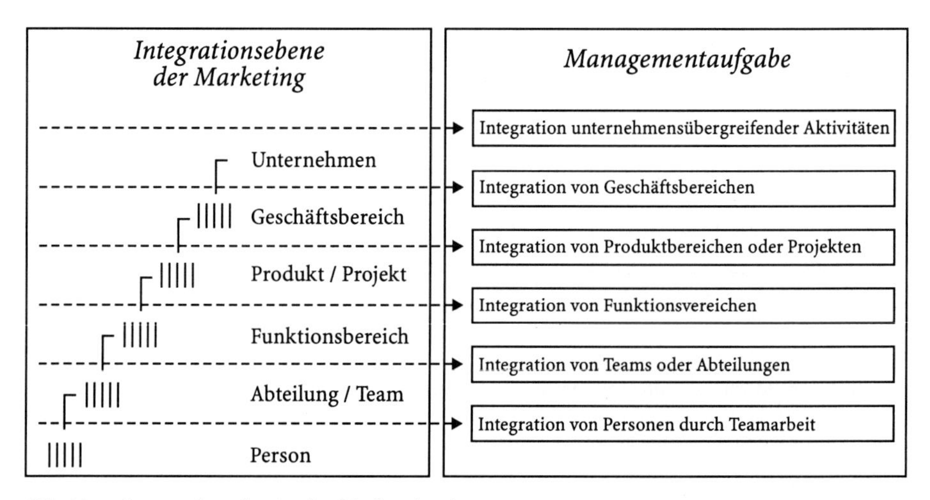

Abb. 19. Integrationsebenen der Marktorientierung

Das Bild erschließt sich von unten nach oben. *Personen* werden zusammengefaßt zu Teams oder Abteilungen. Wird eine Gesamtaufgabe, z.B. die Erstellung eines Angebots, arbeitsteilig einem Team oder einer Abteilung zugeordnet, entstehen Schnittstellen. Diese erzeugen Transfernotwendigkeiten und damit Quellen von Störungen. Es geht dabei insbesondere um Informationsverluste, inkompatible Prioritäten oder um Konflikte am Arbeitsplatz. Als Konsequenz erhält der Kunde möglicherweise ein Angebot, das nicht vollständig, widersprüchlich oder unverständlich ist oder zu spät kommt. Kundenorientierung erfordert die Integration der einzelnen Aktivitäten im Hinblick auf die Gesamtaufgabe.

Wenn zu der Lösung einer Kundenaufgabe mehrere *Abteilungen* oder *Teams* innerhalb eines Funktionsbereichs, z.B. Entwicklungsabteilungen tätig werden, entsteht die Aufgabe, Teams oder Abteilungen zu integrieren. Abteilungsgrenzen sind Bewußtseinsgrenzen für den einzelnen Mitarbeiter. Sind mehrere *Funktionsbereiche* angesprochen, die gemeinsam ein Produkt erstellen oder ein Projekt realisieren, dann tritt das schon beschriebene Problem der Integration von Funktionsschnittstellen auf.

Immer tritt dieselbe Struktur des Problems auf, die wir schon in Abb. 18 betrachten konnten. Es gibt aufgrund der Schnittstellen die Konkurrenz zwischen Integrationszielen, die zugunsten der Orientierung auf den Kunden aufgelöst werden soll. Kundenorientierung soll dominieren über andere Integrationsziele. Eine entsprechene Anpassung von Abb. 18 soll das am Beispiel von verschiedenen Entwicklungsteams verdeutlichen. Für alle anderen Integrationsebenen gilt die analoge Struktur.

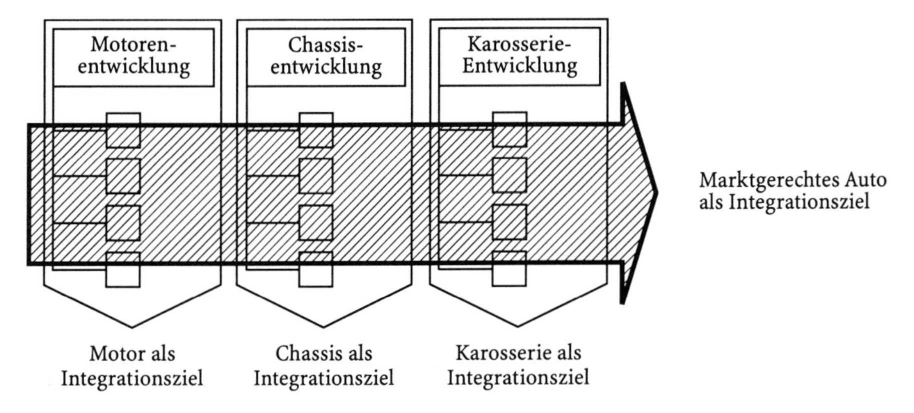

Abb. 20. Schnittstellenbewältigung bei Entwicklungsteams

Auch die marktorientierte Integration von *Produkten* oder *Projekten* zu Geschäftsbereichen wirft eigene Fragen auf, insbesondere dann, wenn die Kunden von einem Lieferanten mehrere Produkte oder Dienstleistungen aus einer Hand kaufen wollen. Diesen Fall beobachten wir immer dann, wenn der Kunde aus mehreren Produktbereichen kauft und die verschiedenen Ressorts die gelegten Schnittstellen schmerzhaft zu spüren bekommen („Wem gehört der Kunde?" – „Wem gehört der Umsatz?"). Der Anbieter, der sich produktorientiert organisiert hat, erlebt in diesem Fall ein wachstumbehinderndes, kostentreibendes Schnittstellenproblem. Die Ursache dafür ist vor allem der Bereichsegoismus, zumeist von den Unternehmen noch unterstützt durch unpassende Anreizsysteme, die am Bereichsergebnis ansetzen, so daß bereichsegoistisches Verhalten zu Lasten anderer Bereiche oder des Gesamtunternehmens auch noch belohnt wird.

Schließlich entstehen Fragen der Schnittstellenbewältigung bei der Integration von *Geschäftsbereichen*, wenn die Kunden komplexe Gesamtlösungen nachfragen, die nur von einer abgestimmten Zusammenarbeit mehrerer Geschäftsbereiche geleistet werden kann. Auch Schnittstellen zwischen *Unternehmen* müssen beachtet werden, wenn mehrere Unternehmen gemeinsam ein ganzheitliches Kundenproblem lösen, z.B. wenn im industriellen Anlagengeschäft ein Turn-Key-Projekt gemeinschaftlich von mehreren Unternehmen realisiert wird.

Von der elementarsten Betrachtung der einzelnen Person bis hin zum Gesamtunternehmen ergeben sich also verschiedene Möglichkeiten der Aufgabenintegration, die jeweils Konsequenzen für die Sicherung der Marktorientierung haben.

2.3.4.3 „Kotler's Law": Was steht der Markt- und Kundenorientierung entgegen?

Kotler hat sehr anschaulich auf die Schwierigkeiten einer Verwirklichung der Marketing-Konzeption im internen Prozeß des Unternehmens hingewiesen: „*In the course of converting to a market-oriented company, a company will face three hurdles—*

- *organized resistance,*
- *slow learning, and*
- *fast forgetting.*"[57]

„*Kotler's Law*" macht jedem Unternehmen Kopfschmerzen, das sich ernsthaft auf den Weg zu mehr Marktorientierung macht.

Die Beobachtungen sind einleuchtend. Ein Unternehmen, das Marktorientierung von allen seinen Mitarbeitern und Führungskräften verlangt, wird aus verschiedenen Gründen mit Widerstand – ob organisiert oder nicht – rechnen müssen. In einer Querschnittsstudie durch verschiedene Unternehmen und Branchen ergab sich ein differenziertes Bild über die Barrieren, die einer Steigerung der Marktorientierung im Wege stehen, vgl. Abb. 21.[58]

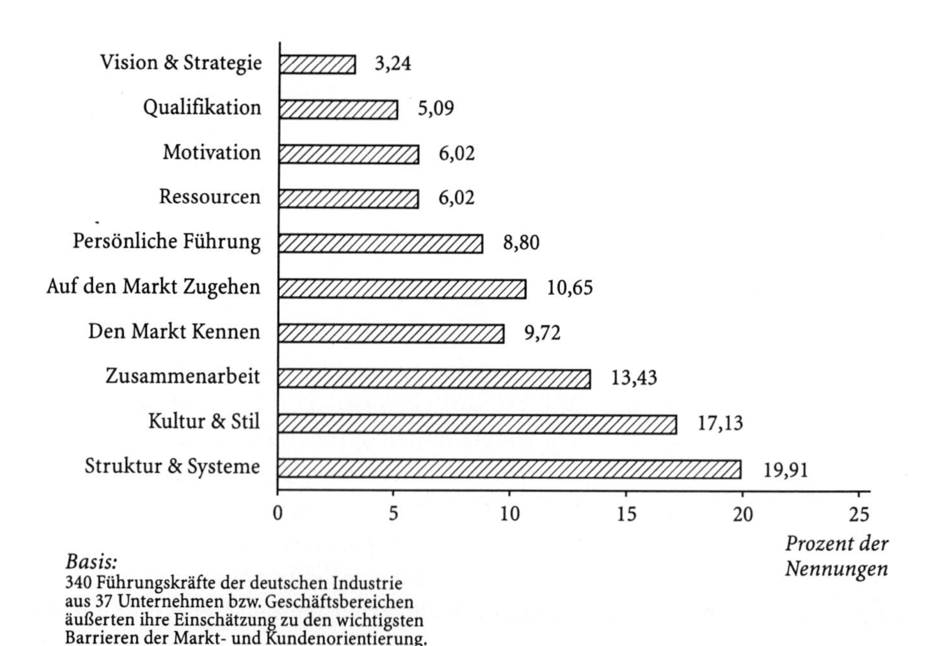

Abb. 21. Empfundene Barrieren der Marktorientierung

---

[57] Vgl. Kotler 1997, S. 26.

[58] Vgl. Plinke 1996, S. 50.

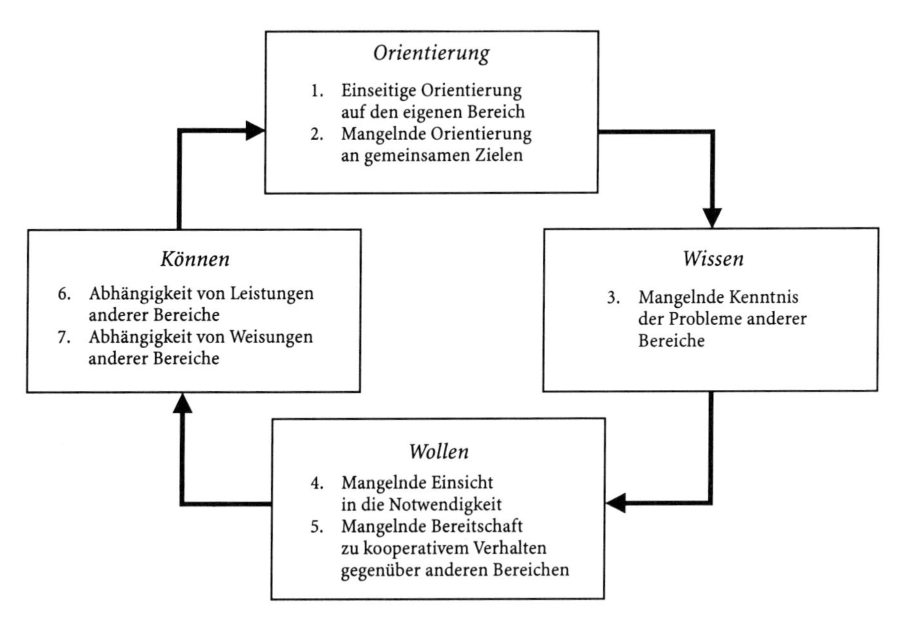

Abb. 22. Hemmnisse abteilungsübergreifender Zusammenarbeit
Quelle: Wunderer 1997, S. 272

Abbildung 22 eröffnet zusammengefaßt den Zugang zu einigen Gründen, die diesen Widerstand erklären können. Es sind neben Nichtwissen das Nichtwollen, das Nichtkönnen und die insgesamt fehlende Perspektive. Alle vier Gründe stellen Barrieren einer funktionsübergreifenden Zusammenarbeit dar, die – wie wir gesehen haben – den Weg zur Beherrschung der Funktions-Schnittstellen darstellt.

Mangelndes Wissen kann zu Widerstand führen, weil Marktorientierung aufgrund der bisherigen Firmenentwicklung als etwas Fremdes erlebt wird. Auch subjektive Meinungen, Mythen und Mißverständnisse, wie wir sie im ersten Abschnitt angesprochen haben, können hier eine wichtige Rolle spielen.

Mangelnde Bereitschaft und mangelnde Einsicht in die Notwendigkeit sind eine weitere Erklärung, die aus erwarteten Nachteilen resultiert. Früher errungene Vorteile der Spezialisierung werden durch Marktorientierung reduziert oder ganz vernichtet. Es gehört ja gerade zu den Segnungen der Funktionsspezialisierung, daß Lerneffekte eintreten, die die Verrichtungen aus der Sicht des Aufgabenträgers vereinfachen. Dieser Segen entsteht aber aus der *Wiederholung* identischer Verrichtungen (Funktionen). Dagegen verlangt Marktorientierung vor allem die Beherrschung von Schnittstellen zwischen Funktionen. Die Konsequenzen sind neue Anforderungen in der Bereitschaft und der Fähigkeit zur Kooperation über Bereichsgrenzen hinweg. Das kann zum Verlust von erworbenen vorteilhaften Positionen (Einfluß, Status etc.), aber auch zu neuen fachlichen Anforderungen führen, die Unsicherheit und Ablehnung erzeugen. Das durch die Veränderungen in Frage gestellte Rollenverständnis als Experte des eigenen Fachs kann zu Verständigungsschwierigkeiten oder gar zu Konflikten führen. Organized Resistance ist der leicht nachvollziehbare Ausdruck der Verweigerungshaltung derjeniger im Unternehmen, die Nachteile von der neuen Ausrichtung erwarten. Wir haben es im Sinne *Wittes* mit Willensbarrieren im Prozeß der Neuorientierung zu tun.[59]

Mangelndes Können ist eine mögliche Begründung für Widerstand, wenn die organisatorischen Voraussetzungen für ein markt- und kundenorientiertes Verhalten nicht gegeben sind. Das kann dann auftreten, wenn Abhängigkeiten (Dependenzen und Interdependenzen) zwischen Abteilungen gegeben sind, die nicht mit den Aufgaben der Marktorientierung abgestimmt sind, m.a.W. wenn die Schnittstellen falsch gelegt worden sind.

Frese/Hüsch nennen drei Erscheinungsformen von Entscheidungsinterdependenzen:[60]

- Interdependenzen aufgrund innerbetrieblicher Leistungsverflechtungen (z.B. die Produktion disponiert über Lieferzeitpunkte, die im Vertrieb ein Wettbewerbsparameter sind),
- Ressourceninterdependenzen (z.B. mehrere Produktbereiche greifen auf die gemeinsam genutzte Vertriebsleistung zu) und
- Marktinterdependenzen (z.B. mehrere produktorientierte Vertriebsbereiche sind auf ein gleiches Marktsegment ausgerichtet und machen sich z.T. gegenseitig Konkurrenz).

Abhängigkeiten können zu Konflikten führen, die sich, wenn sie strukturell bedingt sind, verfestigen, so daß Bereichsegoismen dominieren, die letztlich zu Lasten der Markt- und Kundenorientierung gehen.

Das *Fehlen einer Ausrichtung* an *gemeinsamen Zielen* ist dann ein Grund für Widerstand gegen Marktorientierung, wenn diese nur Lippenbekenntnis des Managements ist. Dieses ist die wichtigste Quelle von „organized resistance“: daß das Management über Kundenorientierung und Marktorientierung redet und dabei nicht gewahr wird, daß die Menschen im Unternehmen sich davon in ihrem Verhalten nicht verändern lassen.

Dahinter steht eine falsche Vermutung des Managements über die Wirkungen von Maßnahmen zur Verbesserung der Marktorientierung. Hier macht das Management häufig den Fehler, durch falsche Maßnahmen den guten Willen der Mitarbeiter zu strapazieren und am Ende womöglich zu erreichen, daß das ganze Konzept abgelehnt wird.

---

[59] Vgl. Witte 1973, S. 6.

[60] Vgl. Frese/Hüsch 1991, S.181.

Eine landläufige Vermutung über die Wirkungen von internen Maßnahmen ist die folgende. Man geht davon aus, daß Markt- und Kundenorientierung vor allem eine Frage der Einstellung der Mitarbeiter ist. Wenn die Einstellung stimmt, so vermutet man, dann wird sich auch das Verhalten gegenüber den Kunden entsprechend einstellen.[61] Und wenn das Verhalten stimmt, dann werden sich auch die Erfolge am Markt einstellen.

Diese Aussagen sind mit allergrößter Wahrscheinlichkeit falsch. Sie führen nämlich dazu, daß das Management mit Beschwörungsformeln auf die Mitarbeiter und Führungskräfte einwirkt, mit dem Ziel, daß diese ihr Verhalten ändern und den Kunden in den Mittelpunkt der Aufmerksamkeit zu rücken. Dazu werden alle verfügbaren Kommunikationskanäle benutzt. Schriftlich formulierte Mission Statements, Appelle, Ansprachen, Werkszeitschriften, vermeintlich verbindliche Zielformulierungen der Firma usw. Vor allem Seminare über Kundenorientierung sind eine beliebte Methode, die Mitarbeiter gleichsam zu indoktrinieren. Nur – es wirkt nicht. Es ist die falsche Ursache-Wirkungskette. Sie beruht auf denselben Prinzipien wie sie ein Pfarrer auf der Kanzel praktiziert, und deshalb nennen wir diesen Ansatz den „Prediger-Approach"[62] Und wenn er als Prediger gut ist, der Chef, der Berater, der Seminarprofessor, wenn er Charisma hat und mit guten Argumenten überzeugt, dann wird man als Zuhörer ihm glauben, ihm folgen und innerlich auch Besserung geloben. Wie aber die Gemeinde zwar ergriffen der Predigt lauscht, und doch danach ihr altes Verhalten weiter praktiziert, so werden auch die Mitarbeiter, wenn die Predigt vorüber ist, ungerührt wieder bei ihren alten Routinen auskommen, weil dieser Ansatz die Einbindung des Individuums in einen organisationalen Zusammenhang mißachtet. Der Appell zur Marktorientierung z.B.: „der Kunde zahlt schließlich Ihr Gehalt!" ist wirkungslos, weil dieser Appell der Realität des Adressaten nicht entspricht. Er erhält sein Gehalt nämlich *tatsächlich* von seinem Chef (seinem Arbeitsvertrags-Partner) und nicht vom Kunden.[63]

Der Fehler besteht darin, das Kaliber des Problems zu unterschätzen und die falsche Einflugschneise für die Problemlösung zu wählen. Das Verhaltensmodell des individuellen Mitarbeiters ist falsch definiert. Der Mitarbeiter „funktioniert" nicht so. Abbildung 23 verdeutlicht die falsche Ursache-Wirkungs-Vermutung.

Das *langsame Lernen* hat eine ebenso komplizierte Ursachenstruktur wie Organized Resistance. Wenn sich anfangs Widerstand formiert hat, dann wird er sich nicht schlagartig abbauen lassen, sondern die Entwicklung der Bereitschaft

---

[61] Im Grunde handelt es sich um eine unreflektierte Anwendung der Einstellung-Verhalten-Hypothese. Vgl. Kroeber-Riel/Weinberg 1996, S. 170–180.

[62] Vgl. Plinke 1996.

[63] Wäre dagegen der Arbeitsvertrag so abgeschlossen, daß das Gehalt vom Umsatz abhängt, dann würde der Mitarbeiter fühlen, daß er selbst von der Ressource Kunde abhängig ist und mutmaßlich sein Verhalten am Kunden ausrichten.

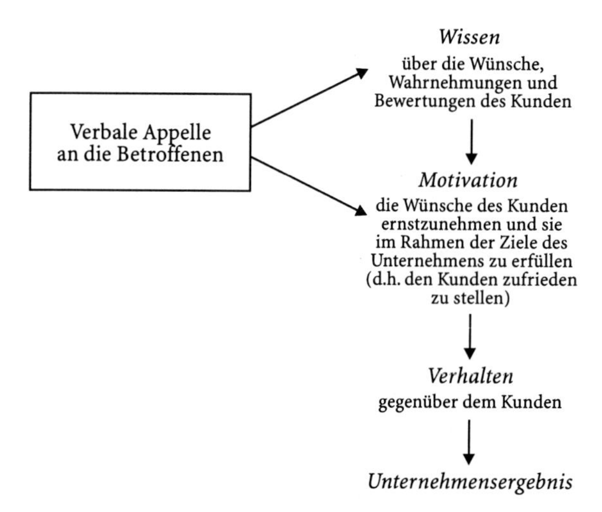

Abb. 23. Prediger-Approach der Marktorientierung – der falsche Ansatz

wird sich allmählich vollziehen. Die Menschen in der Organisation werden Zeit brauchen, sich umzuorientieren und ihren Willen zu ändern. Der kognitive und emotionale Prozeß der Bildung einer positiven Haltung – einer Einstellung – ist mühsam und manchmal schmerzhaft.

Die Menschen im Unternehmen werden die neue Botschaft auch dann langsam lernen, wenn sie keinen Widerstand gegen die Marketing-Konzeption entwickeln. Lernen als Erwerb neuer Fähigkeiten ist anstrengend und zeitaufwendig, insbesondere wenn es um ein gemeinsames Lernen von Gruppen und Teams im Unternehmen geht. Dieser Prozeß trifft mitunter auch auf Fähigkeitsbarrieren,[64] wenn es um die Einsicht in komplexe Zusammenhänge der Geschäftsprozesse geht.

Der dritte Satz in *Kotler's Law* ist das *schnelle Vergessen*. Wenn eine Firma mit großer Anstrengung marktorientiert geworden ist, muß sie diesen Leistungsstand täglich verteidigen, weil Menschen nicht automatisch wiederholt das Richtige tun.

2.3.4.4 Eine Ursache-Wirkungskette der Markt- und Kundenorientierung

Wie kann man das Management der Markt- und Kundenorientierung auf eine bessere Grundlage stellen? Kotler's Law läßt einen Phasenablauf erkennen, der eine treffende Beschreibung der *motivationalen* und *kognitiven* Barrieren einer Verhaltensänderung darstellt, aber für eine Überwindung des Prediger-Approachs eine zu enge Sicht darstellt. Wir dürfen uns nicht nur auf den *Men-*

[64] Vgl. Witte 1973.

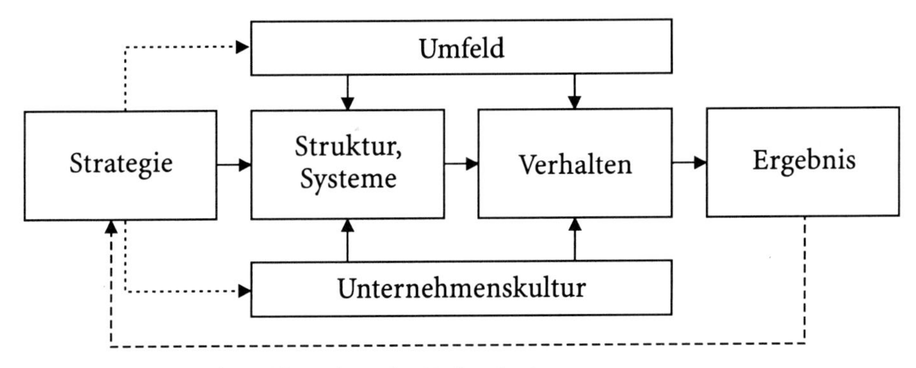

Abb. 24. Eine Ursache-Wirkungskette der Marktorientierung

schen allein konzentrieren, sondern wir müssen die Einbettung des menschlichen Verhaltens in die Markt- und Kundenorientierung *des ganzen Unternehmens* sehen. Abbildung 24 gibt zunächst einen Überblick. Wir können einen Ansatz für das Management der Marktorientierung erschließen, wenn wir von rechts nach links von den Wirkungen zu den Ursachen vorangehen.

Ergebnis

Unternehmen werden aktiv, wenn die aktuelle Lage nicht der erwünschten Situation entspricht. Wenn die Ergebnisse der unternehmerischen Tätigkeit Anlaß zur Unzufriedenheit und zur Kritik geben, wenn Gewinn, Rentabilität oder Umsatz zu wünschen übrig lassen, wenn ein wichtiger Auftrag nicht errungen werden konnte, dann kommt allzu schnell die Forderung auf, mit „mehr Marketing" könnte das Problem behoben werden. Sofortmaßnahmen werden beschlossen, Berater werden beauftragt. Die Folge ist die Forderung nach „mehr Kundenorientierung" und „mehr Marktorientierung", und aus dieser Situation wächst mit großer Wahrscheinlichkeit ein Verhalten, das wir oben als Prediger-Approach gekennzeichnet haben. Es wird eine Ursache-Wirkungs-Beziehung zwischen Verhalten und Ergebnis unterstellt, die – wie wir gesehen haben – so falsch ist.

Verhalten

Wir müssen das Verhalten der beteiligten Menschen im Zusammenhang mit den das individuelle Verhalten steuernden Größen sehen. Dazu gehören die Motivation, das marktbezogene und kundenbezogene Wissen, die Fähigkeiten der Person, auf den Kunden zuzugehen und Beiträge zur Problemlösung des Kunden zu leisten. Die individuellen Person mit ihrer inneren Orientierung auf den Kunden erlebt *intrapersonale* Konflikte. Das (erwünschte) Motiv, der Lösung des Kundenproblems zu dienen, steht konkurrierend neben anderen aufgabenbezogenen und nicht aufgabenbezogenen Motiven. Gefragt ist eine bestimmte Haltung von Führungskräften und Mitarbeitern, die die Voraussetzung dafür ist, sich in den Kunden hineinzuversetzen (Empathie), um die Perspektive des Kunden zu übernehmen[65] und sich entschieden für den Kunden einzusetzen. *Webster* spricht von *customer commitment.*[66]

Wichtige Instrumente zur marktorientierten Steuerung intrapersonaler Prioritäten sind generell die Instrumente der Personalführung. In Frage kommen vor allem Schulungen und Anreize. Diese können aber immer nur einen Beitrag im Rahmen eines umfassenderen Ansatzes der Führung darstellen. Das Konzept für eine Sicherstellung des gewünschten Verhaltens läßt sich zusammenfassend als „internes Marketing" beschreiben, dessen Ziel *Grönroos* kurz und bündig definiert: „The objective of the internal marketing function is to get motivated and customer oriented personnel."[67]

Das individuelle Verhalten steht in einem Zusammenhang mit der Art und weise wie im Unternehmen geführt wird (vertikale Kooperationsbeziehungen). Die Führungskräfte, die Kollegen und die Untergebenen beeinflussen die Leistung der einzelnen Person. Weiterhin wird die Leistung mit davon bestimmt, wie innerhalb desselben Bereich auf derselben Ebene (horizontal) und wie bereichsübergreifend (lateral) zusammengearbeitet wird.

Mit der Analyse der Verhaltensdterminanten ist jedoch die Ursache-Wirkungskette bei weitem nicht vollständig. Wir müssen nämlich die Steuerung des Verhaltens durch strukturelle Einflüsse erkennen. In der Einbindung der Person in einen verhaltensbestimmenden organisationalen Kontext liegen wesentliche Erklärungspotentiale dür die Marktorientierung

Struktur und Systeme

Der Zuschnitt der Business Unit und der Marktsegmente sowie Zuschnitt der Organisationsstruktur insgesamt haben herausragenden Einfluß auf das Verhalten der Personen. Das gilt sowohl für die Aufbau- als auch für die Ablauforganisation. Formale Strukturen umfassen inhaltliche Aufgabenzuweisungen, Delegation von Verantwortung und Anweisungsbefugnissen, Berichts- und Rechenschaftspflichten, Status, Verantwortlichkeiten etc. Die Einbindung einer Person in eine Struktur schafft *Verhaltenserwartungen.* Das gilt für Führungskräfte und Mitarbeiter. Deshalb haben Strukturen als Instrumente des Managements der Marktorientierung besondere Bedeutung. Das gilt nicht nur formale Strukturen, sondern auch für informale Strukturen in der Organisation.

---

[65] Vgl. Trommsdorff 1997.

[66] Vgl. Webster Jr. 1988, S. 39.

[67] Grönroos 1981, S. 237; vgl. auch Stauss/Schulze 1990.

Hinzu treten Systeme, die Koordinationsfunktionen, Informationsversorgungsfunktionen und Verhaltensanreizfunktionen haben. Systeme schaffen nicht Verhaltenserwartungen, sie haben aber verhaltensbeeinflussende Wirkungen. Dazu gehören eine bestimmte Ausgestaltung des Anreizsystems, die Leistungsmerkmale des Informations- und Kommunikationssystems sowie die Art und Weise wie die Regelkreise des Managements in der jeweiligen Verantwortung konstruiert sind.

Strategie

Strukturen und Systeme können nicht rational geschaffen werden, wenn das Unternehmen diesen verhaltenssteuernden Größen nicht eine Strategie zugrunde legt. Die Strategie stellt die Ziele ein, die im Wettbewerb erreicht werden sollen, Strukturen und Systeme sind der Weg, mit dem die Ziele verwirklicht werden sollen.

Schließlich stehen sowohl die Struktur- und Systementscheidungen als auch das Verhalten von Führungskräften und Mitarbeitern unter dem Einfluß von Restriktionen aus dem Umfeld und von Restriktionen aus der Unternehmenskultur. Von der letzteren gehen besonders starke Einflüsse auf Art und Ausprägung des marktorientierten Verhaltens aus. Die Unternehmenskultur ist die Gesamtheit der Werte und Verhaltensmuster, die ein Unternehmen prägen, sie ist das Ergebnis der Geschichte des Unternehmens. Da die Unternehmenskultur langfristig gewachsen ist, kann sie auch nicht kurzfristig geändert werden.

Wir erkennen eine durchgehende Ursache-Wirkungskette: Strategie bestimmt die Entscheidungen über Struktur und Systeme, Struktur und Systeme schaffen den Rahmen und die Anreize für das marktorientierte Verhalten, unter dem zusätzlichen Einfluß von externen und internen Restriktionen. Das Verhalten soll dann die Wirkungen auslösen, die von der Marktorientierung erhofft werden.

Der *Rückkopplungspfeil* geht direkt zur Strategie: Wenn die Ergebnisse nicht befriedigen, dann muß die Ursache zunächst in der Strategie und nicht im Verhalten gesucht werden. Die Treppe wird von oben gekehrt.

2.3.5 Marktorientierte Führung

Die Grundkonzeption des industriellen Marketing-Managements ist auf die Herstellung nachhaltiger Zufriedenheit des Kunden gerichtet. Wir haben Kundenzufriedenheit, Markt- und Kundenorientierung als die Eckpfeiler der Marketing-Konzeption herausgestellt. Marketing-Management paßt den Kundenprozeß und den Prozeß des Anbieters aneinander an. Damit ist Marketing-Management die Kraft im Unternehmen, die die Interessen des Kunden mit den Interessen des Unternehmens in Übereinstimmung bringt.

Den Prozeß der Anpassung haben wir unterteilt in einen nach außen gerichteten Regelkreis, der den Kundenprozeß zum Gegenstand hat, und einen nach innen gerichteten, der den internen Prozeß und seine Steuerung umfaßt. Die Verwirklichung der Grundkonzeption des industriellen Marketing-Managements hängt nun entscheidend davon ab, daß der interne und der externe Regelkreis zu einer einheitlichen Führungskonzeption verbunden werden. Diese hat sicherzustellen, daß eine Marktorientierung und Kundenorientierung entsteht, die die angestrebte Kundenzufriedenheit sicher herstellt.

Interner Prozeß und Kundenprozeß stehen in einem direkten Sachzusammenhang. Der interne Prozeß des Lieferanten ist seine Wertschöpfung. Sie besteht aus allen seinen Aktivitäten in Forschung, Entwicklung, Beschaffung, Produktion, Logistik, Vertrieb etc. Der Kunde schafft ebenfalls Werte durch seine Aktivitäten in in Forschung, Entwicklung, Beschaffung, Produktion, Logistik, Vertrieb etc. Der *Ausschnitt* des Kundenprozesses, der den Lieferanten vorrangig interessiert, ist der Ablauf von Beschaffung, Implementierung, Nutzung und Entsorgung, wie wir es oben dargestellt haben (2.3.2). Auf diesen Prozeß des Kunden wirkt der Lieferant mit seinen Aktivitäten ein, und umgekehrt wirkt auch der Kunde auf den Prozeß des Lieferanten ein, vgl. Abb. 25.

Interner und Kundenprozeß sind auf spezifische Weise miteinander verknüpft: Die internen Prozesse sind die Voraussetzungen für den Kundenprozeß, m.a.W. die Leistungen des Anbieters sind, jede einzelne in ganz spezifischer Weise, mit den Leistungen des Kunden verknüpft. Schematisch wird das durch Abb. 26 verdeutlicht.

Interner Prozeß und Kundenprozeß bedürfen der Regelung. Wir haben deshalb einen „internen" und einen „externen" Regelkreis unterschieden. Abbildung 27 verdeutlicht nun das Zusammenspiel der Steuerung von internem Prozeß und Kundenprozeß. Der externe Regler steuert den externen, der interne steuert den internen Regelkreis. Damit wird die Achillesferse des Marketing-Managements deutlich: wenn externer und interner Regler nicht koordiniert sind, dann bedeutet dies, daß derjenige Regler, der die Regelstrecke Kundenprozeß steuert, nicht nach denselben Regulativen arbeitet wie derjenige, der den internen Prozeß einstellt. Mit anderen Worten: es existiert eine *Schnittstelle* zwischen den beiden Welten, der externen und der internen Welt, die Ursache von Verzögerungen, Mißverständnissen, Zielabweichungen etc. sein kann. In einer Marktumgebung, in der Schnelligkeit, Flexibilität, Innovation, Qualität, Kun-

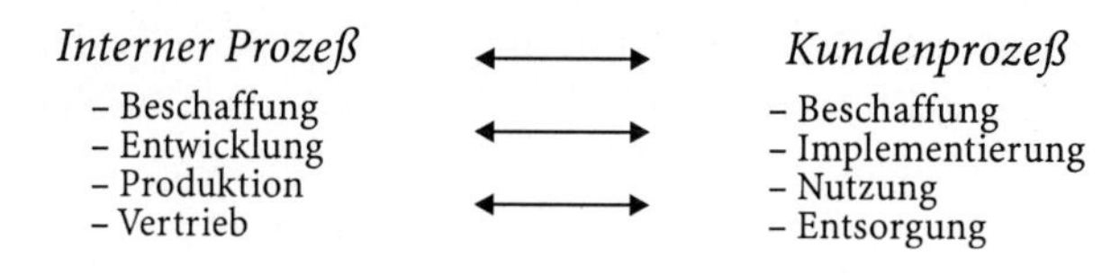

Abb. 25. Interner Prozeß und Kundenprozeß

denorientierung als Überlebensbedingungen gelten, kann eine solche Schnittstelle bedrohlich werden.

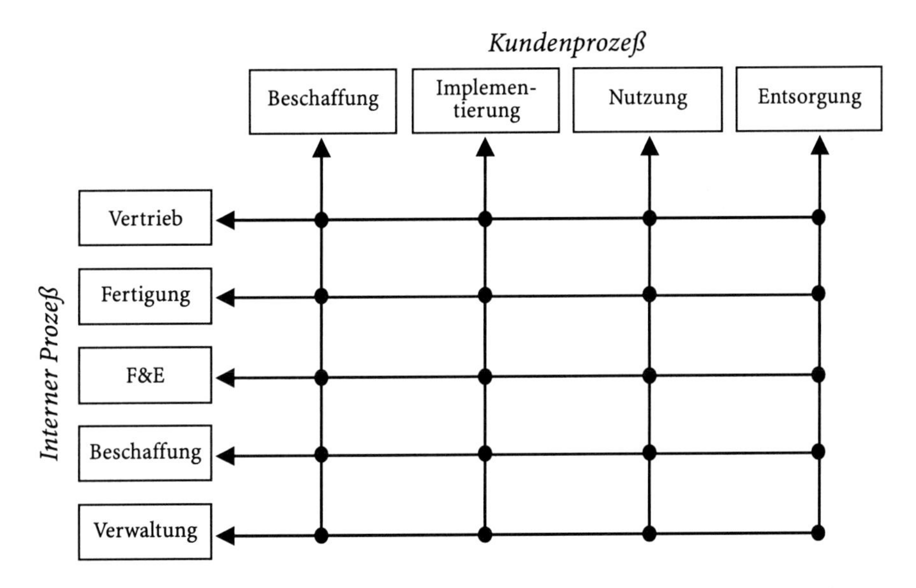

Abb. 26. Verknüpfung von internem und externem Prozeß

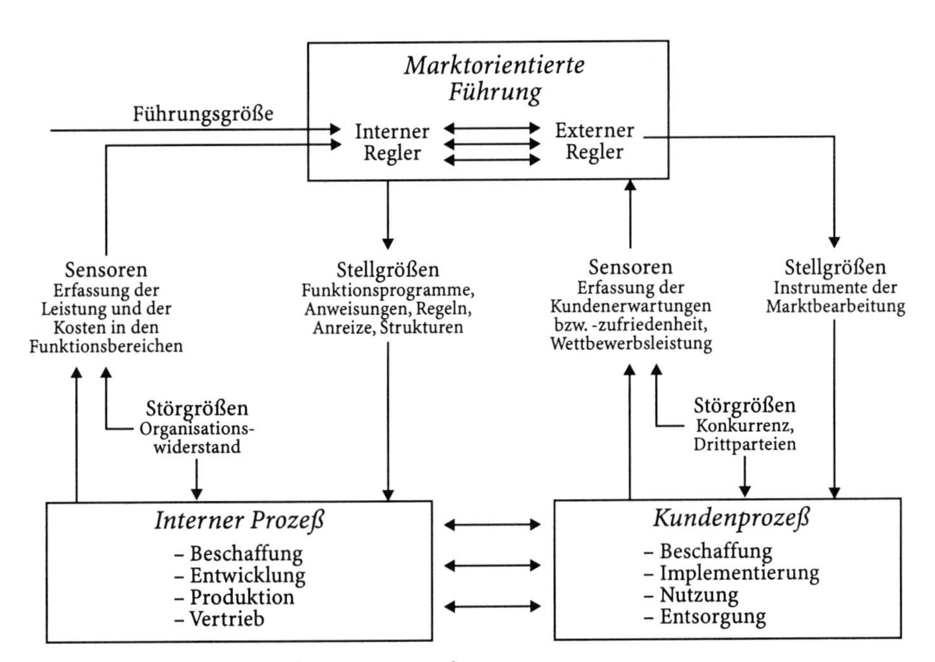

Abb. 27. Januskopf der marktorientierten Führung

Man kann diese Schnittstelle als Quelle von Behinderungen einfach beseitigen. Dieses geschieht dadurch, daß die zwei Regler durch einen einzigen ersetzt werden. Die Beziehungen zwischen internem Prozeß und Kundenprozeß in der Regelstrecke werden abgebildet durch eine entsprechende Verbindung zwischen internem und externem Regler, der in einem übergeordneten Regler aufgeht. Durch diesen Schritt wird das Prinzip des *integrierten Marketing* erfüllt: an die Stelle von (mindestens) zwei Köpfen tritt einer, der eine einheitliche Verantwortung trägt: Sowohl die Verantwortung für die Kenntnis und Interpretation der Anforderungen der Kunden als auch die Verantwortung für die Erfüllung der Anforderungen der Kunden durch das Tätigwerden der einzelnen Funktionsbereiche im anbietenden Unternehmen. Diese Gesamtverantwortung ist ihrer Natur nach *unternehmerisch*: Der oder die solchermaßen Verantwortliche kann aufgrund seiner Integrationsposition niemand anderen im Unternehmen für ein unerwünschtes Ergebnis verantwortlich machen, denn er oder sie selbst hat alle Hebel in der Hand, um das Ergebnis zu steuern.

Dieser Kopf, den wir meinen, ist ein Kopf mit zwei Gesichtern. Wir nennen ihn *Januskopf*: Ein Gesicht schaut auf den Kundenprozeß und den Wettbewerb, eines auf den internen Prozeß. Bemerkenswerterweise hat dieser Januskopf eben nur *ein* Gehirn, das beide Prozesse führt. Wir wollen diesen integrativen Ansatz als *marktorientierte Führung* bezeichnen. Eine solche Konzeption ist immer dann realisiert, wenn Markt- und Unternehmensverantwortung in einer Hand liegen. Wir finden solche Ansätze beispielsweise in

- Profit-Center-Konzeptionen für Produktgruppen und/ oder Märkte,
- Key-Account-Management-Konzeptionen mit Ergebnisverantwortung für Geschäftsbeziehungen mit bedeutenden Kunden oder im
- Management von wichtigen Aufträgen und Großprojekten.

Wichtig für die Konstituierung der marktorientierten Führung ist die unternehmerische Sichtweise: Daß *eine* Verantwortung für den Gesamtprozeß gegeben ist. Je näher diese Verantwortung dem Kundenprozeß ist, desto wirkungsvoller entfaltet sich die Kraft der marktorientierten Führung. Wir können dagegen nicht von marktorientierter Führung sprechen, wenn die Marktverantwortung von der sonstigen Unternehmensverantwortung durch Arbeitsteilung abgekoppelt ist.

2.3.6 Arenen des industriellen Marketing-Managements

Wenn alle Kunden mit ihrem Ressourcenbeitrag für Überleben und Wettbewerbsfähigkeit aus der Sicht des Unternehmens *gleich* einzustufen wären, dann würde sich Marktorientierung auch im Hinblick auf alle Kunden gleich artikulieren. Entsprechend wäre zu vermuten, daß *unterschiedliche* Ausprägungen der

Tabelle 3. Transaktionstyp und Programme der Marktorientierung

		Fokus der Markterfassung des Anbieters	
		Einzelkunde	Segmente oder Gesamtmarkt
Dominierendes Kaufmuster	Einmal-Kauf-entscheidung	*Project Marketing*	*Transaction Marketing*
	Wiederholungs-kauf	*Key Account Marketing*	*Relationship Marketing*

Marktorientierung, wie wir sie im Markt beobachten können, auch auf unterschiedliche Bewertungen der jeweiligen Ressource zurückzuführen sind.

Wenn nun nicht alle Kunden gleich sind in dem Sinne, daß das Unternehmen die Kunden als Ressource unterschiedlich einschätzt und daß sich gleichzeitig die Forderungen und Erwartungen der Kunden an das Unternehmen unterscheiden, dann ist die Frage zu stellen, wie das Unternehmen die Marktorientierung gestaltet. Je nach Bedeutung der Ressource, nach Höhe der Kosten und nach Substituierbarkeit der Ressource werden *Programme* definiert, die die Akquisition der benötigten Ressourcen sicherstellen sollen. Die Gestaltung dieser Programme vollzieht sich in Abhängigkeit vom *Transaktionstyp*,[68] der durch zwei Dimensionen gekennzeichnet ist (vgl. Tabelle 3):

- Grad der Individualisierung des Angebots und
- Bedeutung von Kundenbindungen und Wiederkaufprozessen.

Wir betrachten zunächst die Dimension *Fokus der Markterfassung*. Wir stellen uns ein Zoom-Objektiv vor, das einen extrem engen Winkel einstellt, um maximale Teleskopwirkung zu erzielen. Dann liegt der Focus der Marktorientierung auf einem einzelnen Kunden. Das Gegenteil ist der Fall bei extrem weitem Winkel: dann sind alle Kunden eines Marktes im Visier. Was bedeutet das? Wenn alle Kunden gleichermaßen im Visier sind, dann wird für alle Kunden ein gleiches Maßnahmenprogramm entwickelt. Es gibt nur ein einziges Marketing-Mix. Das ist effizient, aber nicht unbedingt effektiv, denn die Käufer unterscheiden sich – mehr oder weniger. Wenn ein Kunde als einziger im Visier ist, dann wird für ihn ein spezielles Marketing-Mix gestaltet, das bedeutet konkret, daß mit der Ausgestaltung der Maßnahmen so weit wie möglich auf die individuellen Wünsche des Kunden Bezug genommen wird. Das ist wahrscheinlich sehr effektiv, aber nicht unbedingt effizient. Bei der Dimension *Fokus der Markterfassung* geht es um Standardisierung bzw. Individualisierung der Instrumente der Marktbearbeitung. Je größer die Bedeutung und je geringer die Substituierbarkeit der Res-

[68] Vgl. Plinke 1991, S. 175.

source Kunde, desto eher wird das Unternehmen – begrenzt durch die Kosten der Individualisierung – einer Fokussierung auf den Einzelkunden folgen.

Zum anderen ist die Dimension *dominierendes Kaufmuster* zu beachten. Dabei wird eine Differenzierung im zeitlichen Horizont vorgenommen. Das eine Extrem ist die vollständige Begrenzung der Marktorientierung auf *eine* angestrebte Transaktion ohne Berücksichtigung jeglicher Verbundeffekte. Das andere Extrem ist die Planung einer langfristigen Geschäftsbeziehung, in der sich die Marktorientierung weniger auf das einzelne Geschäft als auf den wiederholten Austausch von Werten zwischen dem Unternehmen und seinen Kunden insgesamt bezieht. Es geht um Einmalkauf und Wiederkauf und die entsprechende Anpassung der Marketing-Instrumente.

Die jeweils genannten Extrempunkte sind fiktiver Natur – die Wirklichkeit liegt in der Regel dazwischen. Die Pole der beiden Kontinua lassen sich jedoch verwenden, um die beobachtbaren Transaktionstypen so zu beschreiben, daß sich Aussagen über die Ausprägungen der Marktorientierung und damit über typische Konstellationen des Marketing-Mix ableiten lassen.

Jedem Transaktionstyp entspricht eine bestimmte Wahrnehmung der Wettbewerbsarena. Die *Wettbewerbsarena* wird bestimmt durch das Wettbewerbsproblem. Welche Bedrohung stellt sich für den Anbieter dar? Welche Chancen sieht er, und welche Ziele will er im Wettbewerb erreichen? Je nach Transaktionstyp ergeben sich unterschiedliche Antworten. Es macht offensichtlich einen Unterschied in der Definition der Arena und damit im Einsatz der Instrumente, ob als Ergebnis des Wettbewerbs z.B. der *Auftragserhalt* in einer einmaligen Markttransaktion oder der größte Marktanteil in einem Gesamtmarkt mit ausgeprägter Kundenloyalität angestrebt wird. Die Arena wird vom Anbieter definiert, indem er aufgrund seiner Wahrnehmung der Wettbewerbssituation und seiner Wettbewerbsziele ein adäquates Aktionsprogramm formuliert.

Vier Typen der Programmgestaltung sind zu unterscheiden:

1. Programme, die für mehrere Kunden gemeinsam entwickelt werden und die strikt auf Einzeltransaktionen bezogen sind (Position rechts oben). Beispiel: Ein Spediteur, dessen Kunden strikt nach Preis- und Terminkriterien einkaufen und permanent den Lieferanten wechseln.
2. Programme, die für mehrere Kunden gemeinsam entwickelt werden und die das Wiederkaufverhalten der Kunden in die Programmplanung einbeziehen (Position rechts unten). Beispiel: Das Ersatzteilgeschäft eines Maschinenbauers.
3. Programme, die für Einzelkunden spezifisch entwickelt werden und eine längerfristige Geschäftsbeziehung in den Mittelpunkt stellen (Position links unten). Beispiel: Zuliefergeschäft gegenüber einem OEM-Hersteller.

4. Programme, die für Einzelkunden spezifisch entwickelt werden und die einen singulären Bedarfsfall in den Mittelpunkt stellen (Position links oben). Beispiel: Das industrielle Anlagengeschäft bei Großaufträgen.

Wir wollen die Unterscheidung der Wettbewerbsarena an einem praktischen (authentischen) Beispiel demonstrieren (vgl. nachfolgende Fallstudie).

Fallstudie: *Andre Latour Pere et Fils 1771*

„Es ist etwas Unglaubliches geschehen!“ Herr *Savigny* sah blaß und übernächtigt aus. Er blickte seine beiden Gesprächspartner, die vor seinem Schreibtisch saßen, abwechselnd durchdringend an. Herr *Mons*, Verkaufsdirektor der Firma *USINES BEAUMONT* und Herr *Bertrand*, Technischer Direktor des Hauses, ahnten, daß nichts Gutes bevorstand. „Ich habe soeben erfahren, daß der Auftrag von *LATOUR* weg ist. Das ist das Unglaublichste, was mir jemals in meiner Laufbahn als Generaldirektor von *USINES BEAUMONT* passiert ist.“ Nun brach es lautstark aus ihm heraus. „Den Auftrag hat die *MMM* bekommen, diese Leute, die bis heute nicht bewiesen haben, daß sie von neuer Technik etwas verstehen, die erst seit kurzer Zeit auf dem Markt sind, ausgerechnet diese Leute schnappen uns als technisch führendem Anbieter einen Auftrag weg, der totsicher war. 15 Millionen *Francs* sind eine Menge Geld, meine Herren, aber was viel schlimmer ist - ich habe nicht den geringsten Anhaltspunkt, wie das passieren konnte!“

Direktor *Bertrand*, der ebenso betroffen war wie sein Kollege *Mons*, fand als erster seine Sprache wieder. „Ja,“ sagte er betreten, „es ist wirklich schlimm, daß wir diesen Auftrag nicht bekommen haben. Ich habe mich persönlich sehr bemüht. Ich habe mein Möglichstes getan, damit wir den Auftrag 'reinholen.“

„Ich will wissen, was hier passiert ist.“ Herr *Savigny* hatte sich noch immer nicht beruhigt. „Wir haben bisher sieben Anlagen an *LATOUR* geliefert. Seit Jahren bin ich persönlich mit dem Generaldirektor von *ANDRÉ LATOUR* befreundet. Herr *Vallois* ist mit mir im Vorstand des Golfclubs, er sitzt mit mir im Beirat der *CAISSE NATIONALE*, unser beider Hausbank - um mir das anzutun! So etwas kann man doch nicht machen. Gerade ruft er mich an, um mir zu sagen, es tue ihm leid, sein Technischer Direktor *Lapierre* hätte mit seinen Leuten so entschieden, da könne er nichts machen.“

„Man kam ja auch gar nicht mehr an *LATOUR* 'ran. Ich habe gestern und auch vorige Woche Herrn *Lapierre* nochmals zu erreichen versucht, aber er ließ sich nicht sprechen“, sagte Herr *Bertrand*. - „Was ich tun konnte, habe ich getan,“ sagte Herr *Savigny*, „ich selbst habe vorgestern sogar noch mit Herrn *Poulet*, dem kaufmännischen Direktor, gesprochen, aber der hat nur gesagt, daß er dafür nicht zuständig ist. Ich wies ihn trotzdem darauf hin, daß bei einem solchen Geschäft nicht nur die Technik entscheidet, sondern daß auch das Umfeld in die Überlegungen einzubeziehen ist. Und ich habe mehrmals Herrn *Vallois* auf den neuen Auftrag angesprochen, so wie ich auch schon bei der letzten Anlage den Auftrag schließlich durch persönliche Intervention bei Herrn *Vallois* gerade noch retten konnte. Was hätte ich noch tun sollen? Muß ich denn die Fehlleistungen meiner Mannschaft jedesmal ausbügeln?“

Herr *Mons* schaltete sich ein: „Natürlich ist das ein schmerzlicher Fall für uns. Den Umsatz aus diesem Auftrag hätten wir in diesem Marktsegment für das kommende Geschäftsjahr dringend gebraucht, damit wir unseren Marktanteil nicht verschlechtern. Es liegt aber nun mal in der Natur unseres Geschäfts, daß man nicht auf jedes Angebot einen Auftrag erhält. Wir haben also auch Pech gehabt. Das müssen wir eben bei unseren nächsten Akquisitionen wieder reinholen, um unsere Marktposition zu behaupten. Wir müssen uns doppelt anstrengen." – „Nein, mein lieber Herr *Mons*," unterbrach ihn Herr *Savigny*, „so einfach machen wir es uns in diesem gravierenden Fall nicht. Ich will Klarheit über einen derart schlimmen Vorgang haben, und zwar restlos. Ich erwarte von Ihnen, Herr *Mons*, daß Sie mir übermorgen einen ausführlichen Bericht erstatten über alle Vorgänge, die mit dieser Akquisition verbunden sind. Bitte entschuldigen Sie mich jetzt."

Dieses Protokoll kann man unter ganz verschiedenen Perspektiven im Hinblick auf die darin liegende Marketing-Problematik lesen. Wir finden zwar keine Angaben über das Produkt, das stört aber gar nicht. Die entscheidende Frage in diesem Fall ist vielmehr, wo Herr *Savigny*, der Generaldirektor, die Herausforderung im Wettbewerb sieht. Dazu bieten sich mehrere Ebenen an.

1. Ist Herr *Savigny* so aufgeregt, weil ein dicker Auftrag verloren gegangen ist? Ist er wütend über seine verschlafene Mannschaft, die hier nicht gemerkt hat, daß ein Wettbewerber aufzieht wie der Fliegende Holländer und ihr den Auftrag wegschnappt? Wenn das so ist, dann stellt sich das Wettbewerbs-Problem als eine Aufgabe der Verbesserung der Akquisition dar. Wir haben es dann mit einem Fall des *Marketing in einem individuellen Projekt* zu tun.
2. Ist Herr *Savigny* so aufgeregt, weil eine langjährige Geschäftsbeziehung mit dem Schlüsselkunden LATOUR zu zerbrechen droht? Immerhin sind im Laufe von Jahren sieben Anlagen an LATOUR geliefert worden, es existieren intensive persönliche Beziehungen der beiden Chefs. Damit ist nicht nur ein Auftrag verloren, es droht der Verlust des gesamten zukünftigen Geschäfts mit diesem bedeutenden Kunden. Wenn das so ist, dann stellt sich das Wettbewerbs-Problem als eine Reparatur und Verteidigung der Geschäftsbeziehung dar. Das Eindringen des Wettbewerbers in die Geschäftsbeziehung muß als „Ausrutscher" überwunden werden, um das Zukunftsgeschäft zu sichern. Wir haben es dann mit einem Fall des *Marketing in einer Geschäftsbeziehung (Key Account Marketing)* zu tun.
3. Ist Herr *Savigny* so aufgeregt, weil seine Position im Markt gefährdet ist? Drohen Imageverluste, gefolgt von Marktanteilsverlusten? Wenn das so ist, dann muß der Schaden begrenzt werden. Aufgrund einer genauen Marktanalyse muß festgestellt werden, ob der Wettbewerber eine Chance hat, das betreffende Marktsegment ernsthaft anzugreifen, weil er in der Lage ist, den Kunden in diesem Markt neue Kundenvorteile zu vermitteln. Das Wettbewerbs-Problem heißt: Es müssen Instrumente zur Verteidigung der Position als Marktführer in diesem Segment vorbereitet werden. Wir haben es dann mit einem Fall des *Marketing gegenüber dem Gesamtmarkt* zu tun. Da im Maschinenbau dieses Typs Wiederholungskäufe dominieren, handelt es sich um einen Fall des *Relationship Marketing* gegenüber dem Gesamtmarkt.
4. Ist Herr *Savigny* so aufgeregt, weil er eine technologische Herausforderung wittert? Zieht hier ein Wettbewerber auf, der das gesamte Geschäft technolo-

gisch auf eine neue Grundlage stellt? Ist gar die Existenz des Unternehmens aufgrund einer nicht bemerkten technologischen Veränderung in einem wichtigen Geschäftsfeld bedroht? Wenn das so wäre, dann müßten Grundsatzüberlegungen angestellt werden, ob sich die Grenzen und die Spielregeln der Branche verändern. Wir haben es mit einem Fall zu tun, der über die Marketing-Perspektive im engeren Sinne hinausreicht, nämlich mit einem Problem der Neuformulierung der *Wettbewerbsstrategie.*

5. Ist Herr *Savigny* so aufgeregt, weil mehrere oder alle Ebenen gleichzeitig angesprochen sind? Stimmt die ganze Art und Weise noch, mit der sich sein Unternehmen dem Markt stellt? Wenn das so ist, dann haben wir es mit dem Problem der Überprüfung und Neuformulierung der Wettbewerbsstrategie einschließlich einer *integrierten Marketing-Strategie* zu tun.

Wir halten fest: Marktorientierung unterscheidet sich danach, in welcher Arena der Wettbewerb definiert wird. Wir haben vier Grundtypen einer Wettbewerbsarena definiert, zwischen denen es fließende Übergänge gibt, die es aber erlauben, typische Konstellationen für die Gestaltung der Marktorientierung zu identifizieren. Diese vier Grundtypen erlauben es uns, den Marketing-Planungsvorgang zu strukturieren. Wir können demnach Marketingprogramme je nach Art der Wettbewerbsarena unterscheiden. Wenn wir in diesem Kapitel den Prozeß des Marketing-Managements im allgemeinen dargestellt haben, so sollte sich der Interessent vor Augen führen, daß diese Ausführungen sich stets auf eine der vier Wettbewerbsarenen beziehen.

Für das gesamte Lehrwerk *Technischer Vertrieb*, das nunmehr in vier Bänden vorliegt, haben wir eine sachliche Gliederung und Schwerpunktsetzung gewählt, die sich direkt aus der Unterscheidung der Wettbewerbsarenen ableitet. Der erste Band, der hier vorliegt, behandelt die Grundlagen. Der zweite Band ist der Arena des Markt- und Produktmanagements gewidmet. Der dritte Band beschäftigt sich mit bedeutenden Kunden und dem Geschäftsbeziehungsmanagement. Der vierte Band ist auf das Auftrags- und Projektmanagement fokussiert. Damit wollen wir betonen, daß die Entwicklung von Marketing-Management-Programmen im Technischen Vertrieb vom Wettbewerbsproblem und der Wettbewerbsarena auszugehen hat.

2.3.7 Fazit

Wir können nunmehr resümieren, was wir unter Marketing als Managementaufgabe verstehen müssen. Im Einklang mit der Analyse des Marktprozesses[69] können wir festhalten, daß Marketing die Gesamtheit der planenden, koordinie-

[69] Vgl. Abschnitt 2.3.6.

renden und kontrollierenden Prozesse darstellt, die das Erreichen der Ziele in der jeweiligen Wettbewerbsarena sicherstellen sollen. Da der Wettbewerb geeignet ist, die Existenz des Anbieters zu bedrohen, ist Marketing letztendlich eine Überlebensstrategie.

Wir haben erkannt[70], daß die Voraussetzung für das Überleben im Wettbewerb die Erreichung von Positionen ist, in denen das anbietende Unternehmen einen verteidigungsfähigen Wettbewerbsvorteil innehat. Eine solche Position gewinnt das Unternehmen durch Kosten-, Zeit- und Nutzenvorteile. Der Auftrag an die marktorientierte Führung in diesem Zusammenhang ist eindeutig. Die strategische Entscheidung bestimmt die gesuchte Wettbewerbsposition. Die Marketing-Managementkonzeption hat die Position auszufüllen, d.h. sie hat die externe Regelstrecke sowie die Integration von interner und externer Regelstrecke so einzustellen, daß die gewünschte Position erreicht wird. Damit wird auch klar, daß marktorientierte Führung eine direkte Schnittstelle zur strategischen Entscheidung hat, selbst aber eine Mittelposition zwischen strategischer und operativer Ebene sowie zwischen Geschäftsfeldfokus und Funktionsfokus einnimmt.

[70] Vgl. Abschnitt 2.3.6.

Literaturverzeichnis

Aaker, D. A. [1989]: Strategisches Markt-Management; Wiesbaden 1989.

Abell, D.F. [1980]: Defining the Business - The Starting Point of Strategic Planning; Englewood Cliffs N.J. 1980.

Anderson, P. F. [1982]: Marketing, Strategic Planning and the Theory of the Firm; in: Journal of Marketing, Vol. 46 (1982) Spring, S. 15–26.

Anderson, W. T. [1991]: Is the purpose of the organization „to create satisfied customers“? No!; in: Marketing and Research Today, Vol. 19 (1991) August, S. 127–142.

Backhaus, K. [1982]: Investitionsgüter-Marketing; München 1982.

Backhaus, K. [1997]: Industriegütermarketing; München, 5. Aufl. 1997.

Borden, N. H. [1964]: The Concept of the Marketing Mix; in: Journal of Adverdasing Research Vol.4, No.2 (June) 1964, S. 2–7.

Brandenburger, A. M. / Nalebuff, B. J. [1995]: The Right Game: Use Game Theory to Shape Strategy; in: Harvard Business Review, July-August 1995, S. 57–71.

Brockhoff, K. [1994]: Management organisatorischer Schnittstellen - unter besonderer Berücksichtigung der Koordination von Marketingbereichen mit Forschung und Entwicklung; Hamburg 1994.

Brown, S. [1985]: AMA Approves New Marketing Definition; in: Marketing News 1985, March.

Canning, G. Jr. [1988]: Is Your Company Marketing Oriented?; in: Journal of Business Strategy, Vol. 9 (1988) May/June, S. 34–36.

Cyert, R. M. / March, J. G. [1963]: A Behavioral Theory of the Firm; Englewood Cliffs, N. J. 1963.

Day, G.S.(1994): The Capabilities of Market-Driven Organizations; in: Journal of Marketing, Vol. 58 (October1994), S. 37–52.

Deshpande, R. / Farley, J. U. / Webster Jr., F.[1993]: Corporate Culture, Customer Orientation, and Innovativeness in Japanese Firms: A Quadrad Analysis; in: Journal of Marketing, Vol. 57 (January1993), S. 23–73.

Drucker, P. F. [1954]: The Practice of Management; New York 1954.

Duden [1990]: Fremdwörterbuch; 5. Aufl., Mannheim etc. 1990.

Engelhardt, W. H. / Günter, B. [1981]: Investitionsgüter-Marketing, Stuttgart 1981

Frese, E. / Hüsch, H.-J. [1991]: Kundenorientierte Angebotsabwicklung in der Investitionsgüterindustrie aus strategischer und organisatorischer Sicht; in: Müller-Böling, D. / Seibt, D. / Winand, U. (Hrsg.): Innovations- und Technologiemanagement; Stuttgart 1991, S. 177–198.

Fritz, W. [1990]: Marketing - ein Schlüsselfaktor des Unternehmenserfolges? Eine kritische Analyse vor dem Hintergrund der empirischen Erfolgsfaktorenforschung; in: Marketing - Zeitschrift für Forschung und Praxis, 12. Jg. (1990), S. 91–110.

Galbraith, J. K. [1958]: The Affluent Society; Boston 1958.

Grönroos, C. [1981]: Internal Marketing - an Integral Part of Marketing Theory; in: Marketing of Services, hrsg. von J.H. Donnelly und W.R. George, Chicago1981, S. 236–238.

Gummesson, E. [1991]: Marketing-orientation Revisited: The Crucial Role of the Part-time Marketer; in: European Journal of Marketing, Vol. 25 (1991), No. 2, S. 60–75.

Homburg, Ch. [1995]: Kundennähe von Industriegüterunternehmen - Konzeption, Erfolgsauswirkungen, Determinanten; Wiesbaden 1995, 2. Aufl. 1998.

Homburg, Ch. / Rudolph, B. [1995]: Theoretische Perspektiven der Kundenzufriedenheit; in: Simon, H. / Homburg, Ch. (Hrsg.): Kundenzufriedenheit - Konzepte, Methoden, Erfahrungen; 2. Aufl. Wiesbaden 1997, S. 29–49.

Homburg, Ch. / Rudolph, B. /Werner, H. [1995]: Messung und Management von Kundenzufriedenheit in Industriegüterunternehmen; in: Simon, H. / Homburg, Ch. (Hrsg.): Kundenzufriedenheit - Konzepte, Methoden, Erfahrungen; 2. Aufl. Wiesbaden 1997, S. 317–344.

Jaworski, B. J. / Kohli, A. K. [1996]: Market Orientation: Review, Refinement and Roadmap; in: Journal of Market Focused Management, Vol. 1(1996), S. 119–135.

Keith, R. J. [1960]: The Marketing Revolution; in: Journal of Marketing, Vol. 24 (1960) January, S. 35–38.

Kleinaltenkamp, M. [1999]: Marktsegmentierung; in: Kleinaltenkamp, M. / Plinke, W. (Hrsg.): Strategisches Business-to-Business-Marketing; Berlin / Heidelberg / New York 1999.

Kohli, A. K. / Jaworski, B. J. [1990]: Market Orientation: The Construct, Research Propositions, and Managerial Implications; in: Journal of Marketing, Vol. 54 (1990) April, S. 1–18.

Kotler, Ph. [1967]: Marketing-Management - Analysis, Planning, and Control; Englewood Cliffs, N. J. 1967.

Kotler, Ph. [1972]: A generic concept of marketing; in: Journal of Marketing, Vol. 36 (1972) April, S. 46–54.

Kotler, Ph. [1997]: Marketing Management - Analysis, Planning, Implementation and Control; 9th ed., Englewood Cliffs N. J. 1997.

Kroeber-Riel, W. / Weinberg, P. [1996]: Konsumentenverhalten; 6. Aufl., München 1996.

Kühn, R. [1991]: Methodische Überlegungen zum Umgang mit der Kundenorientierung im Marketing-Management; in: Marketing - Zeitschrift für Forschung und Praxis, Vol. 13 (1991), No. 2, S. 97–107.

Levitt, T. [1960]: Marketing Myopia; in: Harvard Business Review, Vol. 38 (1960) July-August, S. 45–56.

Lingenfelder, M. [1990]: Die Marketingorientierung von Vertriebsleitern als strategischer Erfolgsfaktor; Berlin 1990.

Masiello, T. [1988]: Developing market responsiveness throughout your company; in: Industrial Marketing Management, Vol. 17 (1988), S. 85–93.

Meffert, H. [1990]: Klassische Funktionenlehre und marktorientierte Führung - Integrationsperspektiven aus der Sicht des Marketing; in: Adam, D. / Backhaus, K. / Meffert, H. / Wagner, H. (Hrsg.): Integration und Flexibilität; Wiesbaden 1990, S. 373–408.

Meffert, H. [1994]: Marktorientierte Unternehmensführung im Umbruch - Entwicklungsperspektiven des Marketing in Wissenschaft und Praxis; in: Bruhn, M. / Meffert, H. / Wehrle, F. (Hrsg.): Marktorientierte Unternehmensführung im Umbruch - Effizienz und Flexibilität als Herausforderungen des Marketing; Stuttgart 1994.

Meffert, H. [1998]: Marketing - Grundlagen marktorientierter Unternehmensführung; 8. Aufl, Wiesbaden 1998.

Narver, J. C. / Slater, S. F. [1990]: The Effect of a Market Orientation on Business Profitability; in: Journal of Marketing, Vol. 54 (1990) October, S. 20–35.

Nieschlag, R. / Dichtl, E. / Hörschgen, H. [1997]: Marketing, 18. Aufl., Berlin 1997.

Packard, V. [1957]: The Hidden Persuaders (deutsch: Die Geheimen Verführer - Der Griff nach dem Unbewußten in jedermann; Düsseldorf 1965).

Parasuraman, A. / Zeithaml, V. A. / Berry, L. L. [1985]: A Conceptual Model of Service Quality and Its Implications for Future Research; in: Journal of Marketing Vol 49 (Fall 1985), S. 41–50.

Penn, W. S. Jr. / Mougel, M. [1978]: Industrial Marketing Myths; in: Industrial Marketing Management 7(1978) S. 133–138.

Peters, T. J. / Waterman, R. H. Jr. [1982]: In Search of Excellence; New York 1982.

Pfeffer, J. / Salancik, G. R. [1978]: The External Control of Organizations; New York et al. 1978.

Plinke, W. [1991]: Investitionsgütermarketing; in: Marketing Zeitschrift für Forschung und Praxis, 13. Jg. (1991), Nr. 3, S. 172–177.

Plinke, W. [1992]: Ausprägungen der Marktorientierung im Investitionsgütermarketing; in: Schmalenbachs Zeitschrift für betriebswirtschaftliche Forschung (zfbf), 44. Jg. (1992), S. 830–846.

Plinke, W. [1996]: Kundenorientierung als Grundlage der Customer Integration; in: Kleinaltenkamp, M. / Fließ, S. / Jacob, F. (Hrsg.): Customer Integration; Wiesbaden 1996, S. 41–56.

Plinke, W. [1998]: Marktorientierte Führung als Schnittstellenbewältigung; in: Erichson, B. / Hildebrandt, L. (Hrsg.): Probleme und Trends in der Marketing-Forschung; Stuttgart 1998, S. 261–287.

Porter, M. E. [1983]: Wettbewerbsstrategie (Competitive Strategy) - Methode zur Analyse von Branchen und Konkurrenten; Frankfurt a. M. 1983.

Porter, M. E. [1986]: Wettbewerbsvorteile - Spitzenleistungen erreichen und behaupten; Frankfurt a. M. 1986.

Ruekert, R.W. [1992]: Developing a Market Orientation: An Organizational Strategy Perspective; in: International Journal for Research in Marketing, Vol. 9 (1992), S. 225–245.

Schütze, R. [1992]: Kundenzufriedenheit - After-Sales-Marketing auf industriellen Märkten; Wiesbaden 1992.

Shapiro, B. P. [1988]: What the Hell Is „Market Oriented"?; in: Harvard Business Review, Nov.–Dec. 1988, S. 119–125.

Stackelberg, H. von [1951]: Grundlagen der theoretischen Volkswirtschaftslehre; 2. Aufl., Tübingen/Zürich 1951.

Stauss, B. / Schulze, H. S. [1990]: Internes Marketing; in: Marketing - Zeitschrift für Forschung und Praxis, 12. Jg. (1990), S. 149–157.

Taylor, F. W. [1914]: Die Betriebsleitung ínsbesondere der Werkstätten; autorisierte deutsche Bearbeitung der Schrift „Shop Management" von A. Wallichs, 3. Aufl., Berlin 1914

Trommsdorff, V. [1997) Kundenorientierung verhaltenswissenschaftlich gesehen; in: Bruhn, M. / Steffenhagen, H. (Hrsg.): Marktorientierte Unternehmensführung - Reflexionen, Denkanstöße, Perspektiven; Festschrift für Heribert Meffert, Wiesbaden 1997,S. 275–293

Utzig, B. P. (1997]: Kundenorientierung strategischer Geschäftseinheiten - Operationalisierung und Messung; Wiesbaden 1997.

Veblen, Th. (1899): The Theory of the Leisure Class; 1899 (deutsch: Theorie der feinen Leute - Eine ökonomische Untersuchung der Institutionen; aus dem Amerikanischen von S. Heintz und P. von Haselberg, Frankfurt a. M. 1986).

Webster Jr., F. E. [1988]: The Rediscovery of the Marketing Concept; in: Business Horizons, Vol. 31 (May-June) 1988, S. 29–39.

Williamson, O. E. [1990]: Die ökonomischen Institutionen des Kapitalismus - Unternehmen, Märkte, Kooperationen; Tübingen 1990.

Witte, E. [1973]: Organisation für Innovationsentscheidungen; Göttingen 1973.

Wunderer, R. [1997]: Laterale Kooperation als Selbststeuerungs- und Führungsaufgabe; in: Wunderer, R. (Hrsg.): Führung und Zusammenarbeit - Beiträge zu einer unternehmerischen Führungslehre; 2. Aufl. Stuttgart 1997.

Übungsaufgaben

1. Erläutern Sie die Dimensionen der Abgrenzung relevanter Märkte! Was ist der Unterschied zwischen einem Markt und einer Branche?
1. Mit welchen Problemen ist eine produktbezogene Abgrenzung relevanter Märkte verbunden?
2. Charakterisieren Sie die Entwicklungsstufen der Marktorientierung!
3. Wodurch zeichnet sich ein kundenorientiertes Unternehmen aus?
4. Warum können Kunden als „lebensnotwendige Ressourcen" eines Unternehmens bezeichnet werden?
5. Grenzen Sie die Begriffe „Marktorientierung" und „Kundenorientierung" voneinander ab!
6. Skizzieren Sie die verschiedenen Erscheinungsformen der Marktorientierung!
7. Erläutern Sie die Phasen des Marketingprozesses!
8. Erläutern Sie den Regelkreis des Marketing-Management!
9. Erläutern Sie den doppelten Regelkreis der Marktorientierten Führung!

3 Einführung in das Business-to-Business-Marketing

Michael Kleinaltenkamp

Abbildungsverzeichnis

Tabellenverzeichnis

3.1 Praktische Anwendungsfelder des Business-to-Business-Marketing

Zum Business-to-Business-Marketing zählen alle Absatzprozesse, die sich an Unternehmen und sonstige Organisationen richten, wozu auch staatliche Institutionen gehören.[1] Kennzeichen der Transaktionen ist somit, daß die Verwendung der vermarkteten Leistungen nicht konsumtiv, sondern investiv und/oder produktiv erfolgt. Die betreffenden Leistungen werden also entweder

- von Produktions- oder Dienstleistungsunternehmen bzw. sonstigen Institutionen beschafft, um damit Güter für die Fremdbedarfsdeckung zu erstellen, oder
- sie werden von Unternehmen des Produktionsverbindungshandels (PVH)[2] geordert, welche sie - mehr oder weniger unverändert - wiederum an andere produzierende oder dienstleistende Organisationen weiterveräußern.[3]

In der Literatur wird dieser Bereich des Marketing auch als „Investitionsgüter-Marketing" bezeichnet.[4] Die Wirtschaftspraxis ist dieser Begriffsfassung jedoch nicht gefolgt. Sie faßt unter 'Investitionsgütern' in der Regel alle jene Güter zusammen, 'für die eine Investitionsentscheidung getroffen wird', d.h. im wesentlichen alle Sachgüter des Anlagevermögens.[5] Alle Sachgüter des Umlaufvermögens und dabei insbesondere alle Verbrauchsgüter wie Roh-, Hilfs- und Betriebsstoffe, aber auch vorproduzierte Teile werden hingegen in der Praxis im allgemeinen nicht zu den Investitionsgütern gezählt. Andere Begriffsabgrenzungen sprechen deshalb auch von „Produktivgütern"[6], die z.T. wiederum in „Produktionsgüter" im Sinne gewerblicher Verbrauchsgüter und „Investitionsgüter" im Sinne gewerblicher Gebrauchsgüter unterteilt werden.[7] Ebenso werden investiv bzw. produktiv verwendete Dienstleistungen in der Praxis in aller Regel nicht zu den Investitionsgütern gerechnet. In jüngster Zeit findet sich deshalb zur Charakterisierung dieses Gebiets auch der Begriff „Industriegütermarketing". Er soll verdeutlichen, daß die betreffenden Leistungen an Industrieunternehmen vermarktet werden.[8] Diese Begriffsfassung erscheint uns aber ebenso unzweckmäßig, da

---

[1] Vgl. Kleinaltenkamp 1994, S. 77, Kleinaltenkamp 1997a, S. 753.

[2] Vgl. Kleinaltenkamp 1988.

[3] Vgl. Engelhardt/Günter 1981, S. 24.

[4] Vgl. Engelhardt/Dichtl 1980, S. 146; Engelhardt/Günter 1981, S. 24; Backhaus 1982, S. 7f; Engelhardt/Witte 1990, S. 5; Plinke 1991, S. 172.

[5] Vgl. Arbeitskreis „Marketing in der Investitionsgüter-Industrie" der Schmalenbach-Gesellschaft 1975, S. 758.

[6] Meinig 1985, S. 11.

[7] Vgl. Wagner 1978, S. 269 f.

[8] Vgl. Backhaus 1997, S. VII.

als Kunden für die hier interessierenden Angebote ebenso Dienstleistungsunternehmen sowie der Staat von großer Bedeutung sind.

Die im englischen Sprachgebrauch anzutreffende Kennzeichnung „Business-to-Business-Marketing“ kann deshalb als eine treffendere Umschreibung des Sachverhalts angesehen werden, auch wenn dazu ebenso die Vermarktung von Handelswaren an Betriebe des Konsumgüterhandels gehört. Dies ist jedoch insofern nicht als allzu kritisch anzusehen, da die zwischen Konsumgüterherstellern und -händlern existierenden Beziehungsstrukturen große Ähnlichkeiten mit denen im sonstigen „Investitionsgütersektor“ bzw. „Industriegütersektor“ anzutreffenden Geschäftsbeziehungen aufweisen.[9] Zudem findet sich in der Praxis als Gegenpol zum „Business-to-Business-Marketing“ statt des Begriffs „Konsumgütermarketing“ immer häufiger auch der des „Business-to-Consumer-Marketing“. Diese Entwicklung spricht ebenfalls für die hier vorgenommene Begriffswahl.

In der Praxis werden innerhalb des Business-to-Business-Bereichs üblicherweise die folgenden vier Güterkategorien unterschieden:

- Produktionsgüter (Verbrauchsgüter),
- Investitionsgüter (Gebrauchsgüter),
- Systemtechnologien und
- Dienstleistungen.

3.1.1 Marketing für Produktionsgüter (Verbrauchsgüter)

Zu den *Produktionsgütern* können zusammenfassend alle *Verbrauchsgüter* und die mit ihnen verknüpften Dienstleistungen gezählt werden, die von Unternehmen oder sonstigen Organisationen für die Zwecke der Fremdbedarfsdeckung beschafft und eingesetzt werden. Der Bereich der Produktionsgüter ist deshalb sehr heterogen. Die folgenden höchst unterschiedlichen Gutskategorien werden üblicherweise dazu gezählt:

- *Rohstoffe* als die Erzeugnisse der ersten Fertigungsstufe - der sog. Urproduktion - vor dem Eintritt in die Weiterverarbeitung. Hierzu gehören alle land- und forstwirtschaftlichen Produkte, wie z.B. Baumwolle, Rohkakao, Tabak, Naturkautschuk und Holz, Basisrohstoffe, wie Erze, Steine und Erden aber auch energieliefernde Rohstoffe, wie etwa Kohle, Öl und Erdgas. Die Vermarktung der Rohstoffe ist im Fall der Urproduktion eng an den Gewinnungsstandort gebunden, wobei das Angebot sowohl durch eine breite räum-

[9] Vgl. etwa Diller/Kusterer 1988.

liche Streuung als auch durch eine extreme Konzentration auf nur einen oder wenige Orte gekennzeichnet sein kann. Ausgehend von dort werden die Rohstoffe zumeist weltweit an die unterschiedlichsten Wirtschaftszweige geliefert. Darüber hinaus besteht aufgrund der hohen Bedeutung der Rohstoffe für die jeweilige Volkswirtschaft eine starke Tendenz zu staatlicher Einflußnahme auf die Rohstoffmärkte.

- *Einsatzstoffe* als ver- oder bearbeitete Rohstoffe, welche selbst wiederum den Ausgangspunkt für weitere Produktionsprozesse bilden. Beispiele sind etwa Benzin, Zement, Gummi, Stahl u.ä. Der Einsatzstoffesektor bietet insgesamt ein sehr heterogenes Bild, weil die betreffenden Produkte in einem unterschiedlich hohen Ausmaß weiterverarbeitet sind. Diese Varietät wird noch dadurch vergrößert, daß in dem Bereich häufig ein hohes Ausmaß an Vorwärtsintegration vorzufinden ist. Viele Hersteller veredeln nämlich einen Teil der von ihnen produzierten Einsatzstoffe selbst, so daß sie gleichzeitig als Anbieter einer Vielzahl von Einsatzstoffen fungieren, die durch unterschiedliche Weiterverarbeitungsgrade gekennzeichnet sind.
- *Hilfsstoffe*, die ebenfalls als ver- oder bearbeitete Roh- bzw. Einsatzstoffe in Fertigfabrikate eingehen, dort allerdings nur Nebenbestandteile darstellen. Beispielhaft sind hier Lacke, Klebstoffe, Katalysatoren, Legierungsstoffe u.ä. zu nennen. Der hilfsstoffeproduzierende Sektor ist dabei ähnlich strukturiert wie der Einsatzstoffebereich; vielfach sind die betreffenden Anbieterunternehmen auch identisch, da die betreffenden Produkte als Kuppelprodukte demselben Produktionsprozeß entstammen.
- *Betriebsstoffe*, die nicht selbst in das Fertigfabrikat eingehen, sondern der Aufrechterhaltung betrieblicher Leistungsprozesse dienen und bei der Produktion verbraucht werden. Als Beispiele sind hier Öle, Schmierstoffe, Kühlmittel, Reparaturmaterialien u.ä. zu nennen. Ihrer Funktion entsprechend kommen Betriebsstoffe in den unterschiedlichsten Industriezweigen zum Einsatz, wobei ihre ökonomische Relevanz z.T. sehr gering ist, z.T. aber auch von ausschlaggebender Bedeutung für die Effektivität von Produktionsprozessen sein kann.
- *Teile*, die im Produktionsprozeß des Abnehmers ohne wesentliche Be- oder Verarbeitung und unter Wahrung ihrer Identität in andere Produkte eingebaut bzw. dort zu neuen Produkten zusammengefügt werden. Das Teilespektrum reicht von einfach herzustellenden Produkten, wie z.B. Schrauben, Nägeln und Nieten, bis hin zu hochkomplexen, technisch anspruchsvollen Gütern, wie Kupplungen, Pumpen u.ä., oder kompletten Modulen, wie z.B. vollständigen Armaturenbrettern für Pkw. Abnehmer von Teilen sind dabei zunächst die erstausrüstenden Montagebetriebe, die sog. Original Equipment Manufacturer (OEM), welche die Teile für die Erstausrüstung von Aggregaten einsetzen. Darüber hinaus werden Teile aber auch an die Verwender des End-

produktes und an den Handel oder das Handwerk abgesetzt, die sie als Ersatzteile oder für die Zwecke einer späteren Ergänzung einer Erstausrüstung beschaffen.

- *Energieträger*, die in jeglicher Art von betrieblichen Leistungserstellungsprozessen zum Einsatz kommen.

Zusätzlich ist zu berücksichtigen, daß beim Angebot der betreffenden Güter in mehr oder weniger großem Ausmaß Dienstleistungen erbracht werden. Sie sind für die Vermarktung z.T. obligatorisch, d.h. sie müssen angeboten werden, um die Produkte überhaupt am Markt absetzen zu können. Zum Teil besitzen sie aber auch fakultativen Charakter, d.h. es handelt sich um 'Kann-Leistungen', welche die Attraktivität des gesamten Angebots steigen sollen, für die Einsatzfähigkeit der Produkte aber nicht zwingend erforderlich sind.

Der Produktionsgütersektor ist zu großen Teilen gleichzusetzen mit dem „Grundstoff- und Produktionsgütergewerbe" als eine der Hauptgruppen des Verarbeitenden Gewerbes entsprechend der Gütersystematik des Statistischen Bundesamtes. Hierzu gehören die Wirtschaftszweige Mineralölverarbeitung, Herstellung und Verarbeitung von Spalt- und Brutstoffen, Gewinnung und Verarbeitung von Steinen und Erden, die Eisenschaffende Industrie, die NE-Metallerzeugung und die Erzeugung von NE-Metallhalbwerkzeugen, Gießereien, Ziehereien, Kaltwalzwerke und Mechanik, die Chemische Industrie, die holzbearbeitende, die zellstoff-, holzschliff-, papier- und pappeerzeugende sowie die gummierzeugende Industrie.

Zudem ist die gesamte sonstige Zulieferindustrie speziell der Kraftfahrzeug- sowie der Luft- und Raumfahrtindustrie, des Maschinenbaus und der Elektrotechnischen Industrie sowie der Elektronikindustrie zum Produktionsgütersektor zu zählen.

Kennzeichnend für die Märkte von Produktionsgütern ist zunächst die Tatsache, daß sich die Nachfrage nach den betreffenden Produkten aus Beschaffungsentscheidungen nachgelagerter Marktstufen ableitet (sog. „abgeleitete Nachfrage" oder „derivative Nachfrage"). Dabei werden Einflüsse sowohl von Weiterverarbeitungs- und/oder Handelsstufen als auch der Letztverwender wirksam. Hinzu kommt, daß es bei der dem Absatz der Produktionsgüter nachfolgenden Weiterverarbeitung, Bearbeitung oder Verwendung zwangsläufig zu einem Zusammenwirken mit anderen Produktionsfaktoren kommt. Die Folge davon ist, daß einzelne Produktionsgüter häufig in vielfältige Substitutions- und Komplementaritätsbeziehungen mit anderen Produktions- und Investitionsgütern eingebettet sind.[10] Sie haben je nach Anwendungsgebiet und Verarbeitungsgrad eine unterschiedlich große Bedeutung und weisen jeweils andere Schwerpunkte auf:

---

[10] Vgl. Kleinaltenkamp/Rudolph 1999.

- Produktionsgüter konkurrieren zunächst gegen andere substitutive Produktionsgüter. Insbesondere dann, wenn es für eine konkrete Problemstellung, wie etwa das Befestigen, Kleben oder Versiegeln von Materialien, unterschiedliche technische Lösungen gibt, geht von dieser Substitutionskonkurrenz ein entscheidender Einfluß auf das betreffende Marktgeschehen aus. Wenn ein Produktionsgut zudem den Hauptbestandteil eines Folgeproduktes darstellt oder für dessen Funktionsfähigkeit unverzichtbar ist, kommt seiner technischen und ökonomischen Funktionserfüllung im Vergleich zu der eines konkreten oder potentiellen Substitutes entscheidende Bedeutung für den Markterfolg zu.
- Daneben existieren z.T. bedeutsame Komplemtaritätsbeziehungen zu anderen Produktionsgütern, da bei nahezu jeder Form der Weiterverarbeitung bzw. des Folgeeinsatzes ein Zusammenwirken mit anderen Roh-, Hilfs- und Betriebsstoffen, Einsatzstoffen oder Teilen gegeben ist. Ein Kernproblem für die Vermarktung von Produktionsgütern ist folglich die Herbeiführung bzw. Sicherstellung der entsprechenden „Integralqualität“[11], d.h. der Eignung eines Produktes, im Verbund mit anderen die angestrebte Funktion zu erfüllen. Die Integralqualität ist um so wichtiger, je mehr die betreffenden Eigenschaften von großer Bedeutung für die Qualität der Folge- bzw. Endprodukte sind. Die Anforderungen an die Integralqualität werden u.a. geprägt von den betreffenden Standardisierungs-, Normungs-, Lebensdauer-, Zuverlässigkeits-, Wartungs-, Verfügbarkeits- und Beseitigungsansprüchen der Abnehmer sowie denen des betrieblichen Umfelds, das den Einsatz der Produktionsgüter umschließt.
- Darüber hinaus bestehen ökonomisch relevante Wechselbeziehungen zwischen Produktionsgütern und den Maschinen und Anlagen, die bei ihrem Einsatz genutzt werden. So wird der Markterfolg eines Roh- oder Einsatzstoffes beispielsweise dadurch positiv oder negativ beeinflußt, daß sein Ausnutzungsgrad im Verarbeitungsprozeß durch eine bestimmte Prozeßtechnologie verbessert oder verschlechtert wird. Die Existenz bzw. Entwicklung einer effizienten Technik zur Weiterverarbeitung der Materialien ist gerade für die Vermarktung neuer Produktionsgüter häufig eine entscheidende Voraussetzung.
- Die skizzierten Substitutions- und Komplementaritätsbeziehungen sind aber nicht nur auf der jeweils nachfolgenden Marktstufe relevant. Je nach Verarbeitungsgrad und Einsatzfeld können sie ebenso für eine Vielzahl von Weiterverarbeitungsstufen sowie in der Folge für die Produktion des betreffenden Endproduktes und dessen Verwendung von z.T. ausschlaggebender Bedeutung sein. Schließlich können auch von einer möglichen Endverwertung öko-

[11] Pfeiffer 1965, S. 43.

nomisch bedeutende Auswirkungen ausgehen. Eine recyclinggerechte oder recyclingfreundliche Gestaltung eines Produktionsgutes kann beispielsweise ein wichtiger Beitrag zur Erhaltung bzw. Steigerung seiner Wettbewerbsfähigkeit sein, wenn und soweit sie die Entsorgungskosten eines oder mehrerer Unternehmen in der Weiterverarbeitungs- und Verwendungskette reduzieren hilft.

3.1.2 Marketing für Investitionsgüter (Gebrauchsgüter)

Zu den Investitionsgütern, d.h. den investiv verwendeten Gebrauchsgütern, zählen im wesentlichen alle Maschinen und Anlagen, die in Unternehmen und sonstigen Organisationen für die Erstellung von Leistungen zur Fremdbedarfsdeckung eingesetzt werden. Sie lassen sich grob in Großanlagen und Einzelaggregate unterscheiden.

Im *Großanlagengeschäft* werden serien- und einzelgefertigte Maschinen sowie Dienstleistungen zu einer einsatzfähigen Einheit, der Großanlage, kombiniert und gemeinsam vermarktet.[12] Ein solches Großanlagenprojekt wird in aller Regel von mehreren Anbietern in der Form eines Konsortiums oder einer Generalunternehmerschaft angeboten und abgewickelt. Beispiele für solche Großanlagen sind Kraftwerke, Zementanlagen, Stahl- und Walzwerke, Düngemittelfabriken, Meerwasserentsalzungsanlagen, Raffinerien u.ä. Das Großanlagengeschäft ist dabei durch spezielle Produkt-, Kunden-, Anbieter- und Interaktionsmerkmale charakterisiert:[13]

- Großanlagen zeichnen sich zunächst dadurch aus, daß es sich dabei um komplexe Hardware-Software-Kombinationen handelt, die in jedem Einzelfall sehr variabel auf spezielle Bedürfnisse und die individuellen Einsatzbedingungen bei einem Kunden zugeschnitten sind. Zudem sind Großanlagen zumeist von hohem Wert, die Entwicklung neuer Technologien bedarf in aller Regel einer langen Zeit. Daraus resultieren in der Summe hohe Risiken sowohl für die Anbieter als auch für die Nachfrager von Großanlagen.
- Die Kunden von Großanlagen sind weltweit anzutreffen, so daß das Großanlagengeschäft zu großen Teilen durch eine extreme Internationalität gekennzeichnet ist. Bei der Beschaffung sind zudem aus vielen Personen bestehende, sehr komplexe „Buying Center“[14] aktiv, die sich darüber hinaus aus Mitgliedern unterschiedlicher Organisationen zusammensetzen können, etwa dann,

---

12 Vgl. Engelhardt/Günter 1981; Backhaus 1997, S. 427.

13 Vgl. Günter 1979, S. 5 ff.; Engelhardt/Günter 1981, S. 94 ff.; Backhaus 1997, S 427 ff.

14 Dabei handelt es sich um alle auf der Seite der Kundenunternehmung an einem Beschaffungsprozeß beteiligten Personen. Vgl. zur weiteren Charakterisierung das Kapitel „Industrielles Kaufverhalten“ in diesem Band.

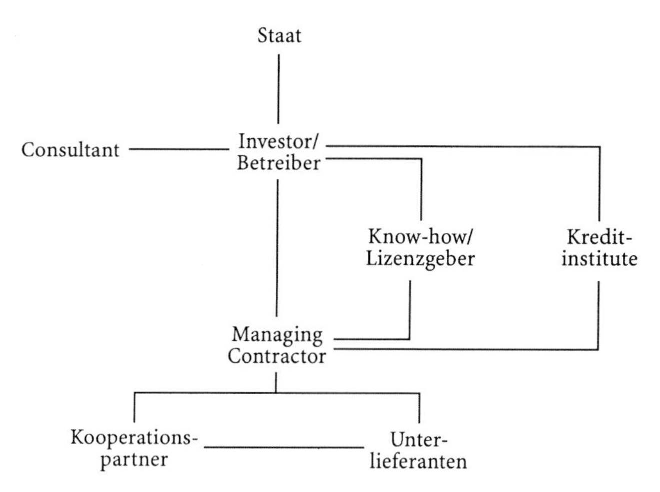

Abb. 1. Multiorganisationalität bei einem Großanlagengeschäft (In Anlehnung an: Stallworthy/Kharbanda, 1985, S. 63)

wenn auf der Kundenseite „Engineering Consultants" oder staatliche Stellen mit in den Beschaffungsprozeß eingeschaltet werden. Diese Multiorganisationalität wird dann noch erweitert, wenn aus Gründen eines fehlenden Know-hows, etwa in bezug auf eine bestimmte Verfahrenstechnik, oder aufgrund von Finanzierungsproblemen Know-how- bzw. Lizenzgeber oder Banken und Kreditinstitute in die Abwicklung eines Großanlagenprojektes integriert sind (vgl. Abb. 1).

Vor allem bei Verkäufen in Entwicklungsländer bzw. in die Staaten des ehemaligen *Comecon* ist das Beschaffungsverhalten der Großanlagenbetreiber zudem stark durch deren Kapitalmangel und/oder politische Einflüsse gekennzeichnet.

- Für die Anbieterseite ist charakteristisch, daß im Rahmen eines Großanlagenprojekts ein hoher Engineering-Anteil zu erbringen ist. Aufgrund der Heterogenität der in eine Großanlage eingehenden Technologien und Leistungselemente tritt ein einzelner Anbieter deshalb nur in Ausnahmefällen allein in Erscheinung. Vielmehr ist es typisch, daß sog. *„Anbieterkoalitionen"*[15] tätig werden, bei denen entweder verschiedene Unternehmen ein Konsortium bilden oder ein Generalunternehmer das Projekt durch von ihm beauftragte Sublieferanten mit durchführen läßt.[16]
- Die zwischen Anbietern und Nachfragern stattfindenden Interaktionsprozesse sind vor allem durch die Verhandlungen geprägt, die zur Spezifizierung der

---

[15] Günter 1977.

[16] Vgl. z.B. VDI 1991; Günter 1998, S. 273 ff.

Leistungselemente und der Konditionen ihrer Erbringung zumeist über einen langen Zeitraum hinweg geführt werden müssen. In Abb. 2 sind die verschiedenen Teilaufgaben eines Großanlagenprojektes in ihrer Phasenstruktur zusammengefaßt dargestellt.

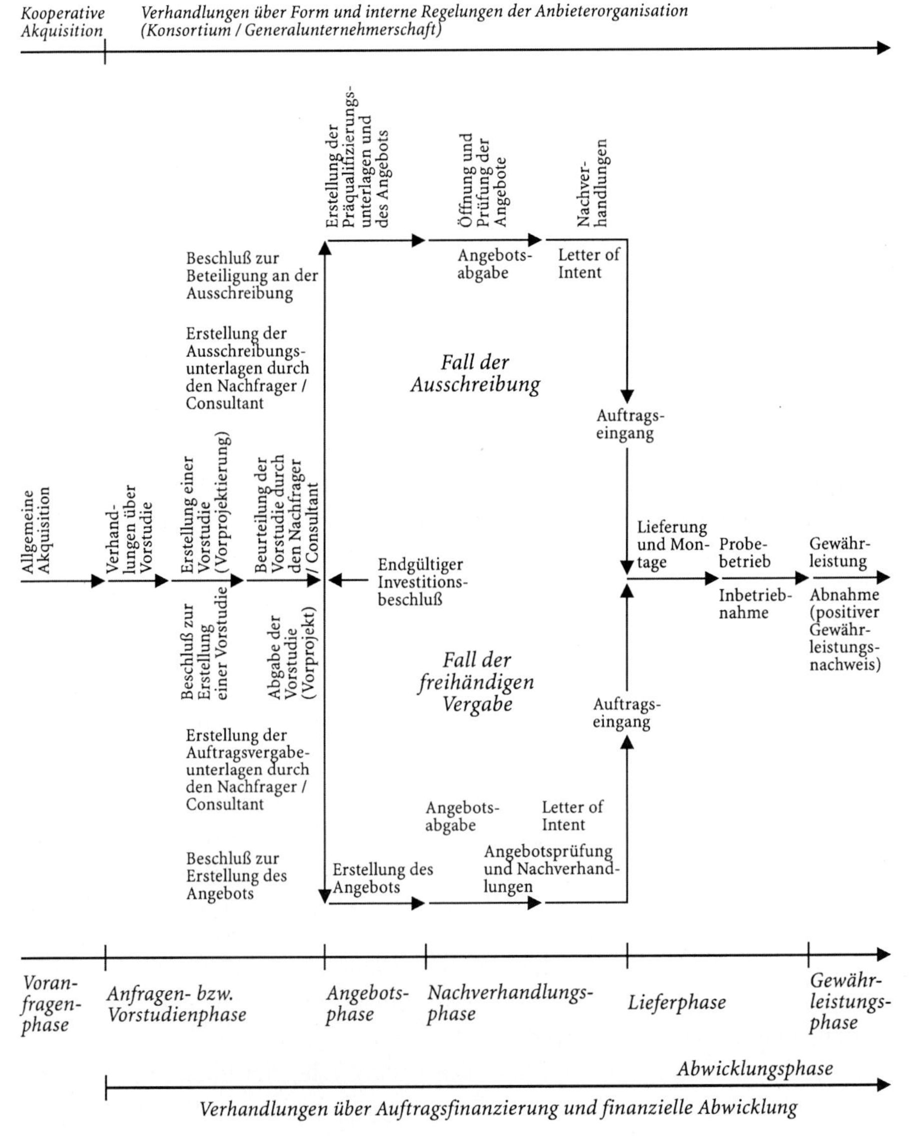

Abb. 2. Phasenstruktur beim Marketing einer Großanlage (Quelle: Engelhardt/Günter 1981, S. 116 f.)

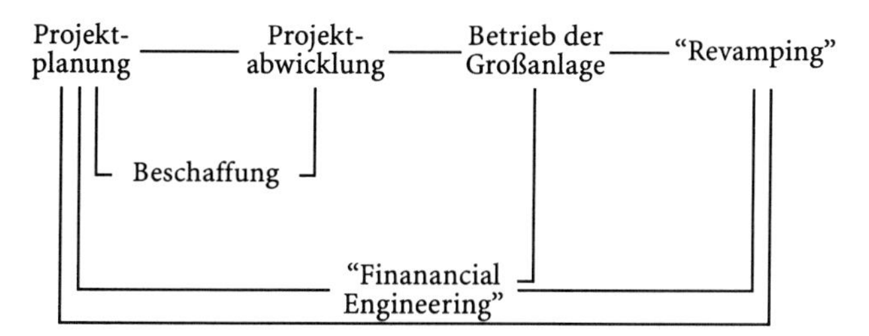

Abb. 3. Aufgaben im Rahmen eines Großanlagenprojektes (In Anlehnung an: Engelhardt 1988, S. 55)

Die Beziehungen zwischen den Transaktionspartnern und die Verhandlungen können in unterschiedlichem Umfang formalisiert sein, je nachdem, ob das Projekt - etwa bei öffentlichen Aufträgen - offen oder beschränkt ausgeschrieben wird oder ob es sich um den Fall einer freihändigen Vergabe handelt.

Die wesentlichen Aufgabenstellungen, die im Rahmen eines Großanlagengeschäftes bewältigt werden müssen, sind die Projektplanung, die Beschaffung der notwendigen Aggregate und sonstigen Teilleistungen, die Sicherstellung einer Finanzierung des Projektes, das sogenannte „Financial Engineering", die Projektabwicklung, der Betrieb der Anlage und in zunehmendem Maße auch das sog. „Revamping" von Großanlagen[17] (vgl. Abb. 3).

- Bei der *Projektplanung* geht es zunächst darum, das technische Problem des Kunden zu erkunden und eine geeignete Technologie zu seiner Lösung zu identifizieren, sodann die Gesamtleistung zwischen Anbieter und Nachfrager aufzuteilen und eine kundenspezifische Leistungskonfiguration zu konzipieren. Zudem muß eine für das spezielle Projekt geeignete Form der Anbieterkoalition gefunden und implementiert werden.[18]
- Im Rahmen der *Projektabwicklung* müssen alle technischen und ökonomischen Sachverhalte eines Großanlagenprojektes bewältigt werden, wozu vor allem eine geeignete Organisationsform gehört. Hierbei hat sich das Projektmanagement bewährt, dessen Aufgabe die Bewältigung aller technischen, ökonomischen und organisatorischen Schnittstellen eines Projektes darstellt.[19]
- Auch der sich der eigentlichen Anlagenerstellung anschließende *Betrieb der Anlage* selbst kann zu einer Teilaufgabe eines Großanlagengeschäftes werden. Dies ist immer dann der Fall, wenn die Kenntnisse und Fähigkeiten des Auf-

[17] Vgl. Engelhardt 1988, S. 55 ff.

[18] Vgl. VDI-Gesellschaft Entwicklung Konstruktion Vertrieb 1991; Günter 1998.

[19] Vgl. Schulte/Stumme 1998.

traggebers nicht dazu ausreichen, dies selbst zu tun, etwa wenn die Anlage in ein technologisch und industriell nicht sehr entwickeltes Land geliefert wird. Typische Formen hierfür sind die Konzepte des „BOT" (Build Operate Transfer), des „BTO" (Build Transfer Operate) sowie des „BOOT" (Build Operate Own Transfer).[20] Während bei den ersten beiden Arten das Eigentum an der Anlage frühzeitig (z.B. nach Fertigstellung) an den Kunden übergeht, verbleibt es beim BOOT sogar während des vertraglich vereinbarten Betriebszeitraums beim Anlagenbauer.

- Die Komplexität eines Großanlagenprojektes bedingt, daß eine Vielzahl höchst unterschiedlicher Güter und Dienstleistungen beschafft werden muß, sofern sie vom Anbieter nicht selbst erstellt werden. Dadurch wird auch die *Beschaffung* der betreffenden Leistungen zu einem wichtigen Teilbereich eines Großanlagenprojektes. Hierzu sind herausragende Kenntnisse der jeweiligen Beschaffungsquellen sowie ein Know-how in bezug auf die Beschaffungskonditionen und die Verhandlungsführung notwendig.
- Die Bereitstellung eines Finanzierungsmodells für das Projekt stellt schon seit geraumer Zeit ein ausschlaggebendes Instrument für die Vergabe eines Großanlagenauftrages dar, da eine Vielzahl der Abnehmer nicht über ein entsprechendes Finanzierungs-Know-how verfügt oder sich nicht selbst um eine Bewältigung der Problemstellung bemühen will. Aufgrund der Komplexität der verschiedenen in Frage kommenden Finanzierungsformen[21] wird im Großanlagengeschäft deshalb zur Charakterisierung der Aufgabenstellung auch vom *Financial Engineering* gesprochen.
- Schließlich hat sich in jüngster Zeit vermehrt das *„Revamping"* von Großanlagen zu einer eigenständigen Teilaufgabe im Rahmen des Großanlagengeschäfts entwickelt.[22] Hierbei geht es nicht darum, eine neue Anlage zu erstellen, vielmehr werden bestehende Anlagen durch Um- und Anbauten auf den neuesten Stand der Technik gebracht, etwa um neue Produktionstechnologien zum Einsatz kommen zu lassen, Umweltschutzauflagen gerecht zu werden, Kosten sparende Instandhaltungsstrategien zum Einsatz zu bringen o.ä.

Die verschiedenen skizzierten Aufgabenstellungen machen deutlich, daß beim Marketing von Großanlagen zu einem ganz wesentlichen Anteil Dienstleistungen erbracht werden müssen. Es lassen sich zwei Kategorien unterscheiden:[23]

- auf der einen Seite *Systemdienstleistungen*, die erbracht werden (müssen), um die Funktionsfähigkeit einer Anlage sicherzustellen, und

---

[20] Vgl. Isselstein/Schaum 1998, S. 195.

[21] Vgl. Backhaus/Siepert 1987; Isselstein/Schaum 1998.

[22] Vgl. Kohlhammer 1987, S. 7.

[23] Vgl. Weiber 1985, S. 10 f.

- auf der anderen Seite in zunehmendem Maße *Anwenderdienstleistungen*, die zur Lösung eines Kundenproblems zwar erforderlich sind, jedoch kein Funktionsfähigkeitsproblem der Anlage betreffen und deshalb vor allem aus akquisitorischen Gründen angeboten und erbracht werden.

Einzelaggregate sind im Gegensatz zu Großanlagen Maschinen oder Geräte, die einzeln veräußert und deshalb im allgemeinen auch vom Nachfrager isoliert eingesetzt werden.[24] Hierzu gehören etwa Traktoren, Baukräne, Mähmaschinen, Lkw, medizintechnische Geräte u.ä. Ebenso können verschiedene Einzelaggregate aber auch vom Nachfrager zu Kombinationen zusammengefaßt und gemeinsam zum Einsatz gebracht werden. Beispiel für solche Einzelaggregate sind Werkzeugmaschinen, Textilmaschinen, Kunststoffverarbeitungsmaschinen, Verpackungsmaschinen u.ä., die in einem Fertigungsverbund stehen. Aufgrund der vielfach gegebenen Kombinationsfähigkeit von Einzelaggregaten ist eine strikte Trennung zwischen Einzelaggregaten und den später noch zu behandelnden Systemtechnologien häufig kaum möglich, wobei zu erwarten ist, daß sich diese Tendenz in der Zukunft noch verstärken wird. Ganz typisch hierfür ist die Entwicklung im Bereich der Werkzeugmaschinen anzusehen, die in unterschiedlichem Umfang in komplexe Fertigungssysteme eingebunden werden. Dies geschieht im wesentlichen in drei verschiedenen Formen:[25]

- in Bearbeitungszentren, die in aller Regel aus einer NC-Werkzeugmaschine bestehen und über einen automatischen Werkzeugwechsler verfügen. Mit ihrem Einsatz können mehrere Arbeitsschritte an einem Werkstück unmittelbar hintereinander erfolgen.
- in Flexiblen Fertigungszellen, die aus mehreren elektronisch gesteuerten Werkzeugmaschinen, einer automatischen Spann- und Beladestation sowie einem Werkstückpufferlager bestehen. In ihnen können wechselnd ähnliche Werkstücke bearbeitet werden.
- in Flexiblen Fertigungssystemen, in denen mehrere Bearbeitungsstationen – CNC-Werkzeugmaschinen oder Bearbeitungszentren – durch Materialflußsysteme miteinander verbunden sind. Ein gemeinsamer Mikrocomputer steuert den Werkzeug- und Werkstückfluß und versorgt die angeschlossenen Aggregate mit den entsprechenden Bearbeitungsprogrammen, wobei die Bearbeitungsfolgen – auch unter Umgehung einzelner Stationen – frei wählbar sind.

Die Beispiele verdeutlichen, daß einzelne Werkzeugmaschinen in einer konkreten Beschaffungsentscheidung immer weniger als isolierte Investitionsgüter angesehen werden können. Je mehr dies der Fall ist, desto mehr kommt es bei der

---

[24] Vgl. Engelhardt/Günter 1981, S. 149.

[25] Vgl. Scheer 1987, S. 50 f.

Produktgestaltung darauf an, die Einzelaggregate bereits im Hinblick auf ihre Verknüpfung mit anderen Maschinen, Geräten und Anlagen zu konzipieren, um so eine hohe Integralqualität aller miteinander kombinierten Aggregate zu erzielen. Desto mehr wandelt sich das Einzelaggregategeschäft aber auch zu einem Systemgeschäft.

3.1.3 Marketing für Systemtechnologien

Die Tatsache, daß innerhalb einer Problemlösung eine Vielzahl von Hardware- und Softwareelementen sowie Dienstleistungen zusammenwirkt, ist demnach nicht nur für das Großanlagengeschäft typisch. Das Merkmal ist ebenso – und vielleicht in einem noch extremeren Ausmaß – bei den sog. *Systemtechnologien* anzutreffen, die in vielen Sektoren der Wirtschaft eine zunehmende Verbreitung finden und vermehrt zum Einsatz kommen. Kennzeichen der Systemtechnologien ist, daß sie serien- und einzelgefertigte Produkte sowie Dienstleistungen auf der Basis einer bestimmten *Systemarchitektur* so miteinander kombinieren, daß sie einen integrierten *Nutzungsverbund* bilden.[26] Während zentrale Netzwerke vor allem die notwendigen Sammel- und Verteilfunktionen übernehmen, erfolgt die eigentliche Nutzung der Systeme häufig dezentral mit Hilfe von Peripheriegeräten.[27] Typische Beispiele hierfür sind Informations-, Kommunikations- und integrierte Fertigungssysteme aber auch Versorgungs-, Entsorgungs- oder Transportsysteme.

Die Verknüpfung der verschiedenen Aufgaben wird wesentlich durch die Installation von Netzwerken herbeigeführt, die mit Hilfe eines bestimmten Übertragungsmediums – z.B. Glasfaser, Koaxialkabel, Funk o.ä. – und einer speziellen Übertragungstechnik eine Verbindung der verschiedenen peripheren Anwendungen herstellen. Netzwerke bilden somit die zentralen Elemente von Systemtechnologien.

Im Bereich der Informations- und Kommunikationstechnologien lassen sich dabei sog. *Weitverkehrsnetzwerke* („Wide Area Network" [„WAN"]) und *Lokale Netzwerke* („Local Area Network" [„LAN"]) unterscheiden.[28] Weitverkehrsnetzwerke sind in aller Regel öffentliche Netze, wie etwa die Fest- oder Mobilfunknetze, die über größere geographische Entfernungen zum Einsatz kommen und zumeist von regional, national oder international tätigen Gesellschaften betrieben werden. Aber auch in größeren Unternehmen und Konzernen werden WANs für die Datenkommunikation zwischen Unternehmensteilen bzw. Werken

26 Vgl. Weiber 1997, S. 286.

27 Vgl. Backhaus 1993, S. 74.; Backhaus/Aufderheide/Späth 1994, S. 10.

28 Vgl. Scholz 1988, S. 71.

verwendet. Lokale Netzwerke werden demgegenüber zumeist privat für die Kommunikation und dezentrale Datenverarbeitung innerhalb eines einzelnen Betriebes genutzt.[29]

Im Bereich der Systemtechnologien können vier verschiedene Marktstufen unterschieden werden:

- die Marktstufe der öffentlichen Netze,
- die Marktstufe der Anschlußstellen (Übergabepunkte),
- die Marktstufe der 'In-house'-Netze und
- die Marktstufe der Netzdienste.

Auf der Marktstufe der *öffentlichen Netze* treten die Netzbetreiber als Nachfrager und die Hersteller der Netztechnologien sowie der betreffenden Aggregate als Anbieter auf.

Die Vermarktung von Netzen bzw. Netzkomponenten weist große Überschneidungen mit dem 'klassischen' Großanlagengeschäft auf, so daß hier im wesentlichen auf die dort bereits gemachten Ausführungen verwiesen werden kann.

Besonderheiten ergeben sich insbesondere in bezug auf die Festlegung der *Systemphilosophie* oder *Systemarchitektur*, die sich letztlich in den Schnittstellen-Definitionen niederschlägt. Bei öffentlichen Netzen ist die entsprechende Festlegung der Spezifikationen unabdingbare Voraussetzung für die Installation der Netzwerke. Somit stellt die Durchsetzung entsprechender Konzepte bei den betreffenden Normungsinstitutionen einen wesentlichen Teilschritt im Zuge der Vermarktung einer Netzarchitektur sowie der betreffenden Aggregate dar.

Auf der Marktstufe der *Anschlußstellen* (Übergabepunkte) sind wie in allen weiteren Fällen die Netznutzer die Nachfrager, wozu auch viele konsumtive Nutzer gehören. So existieren beispielsweise für das *ISDN*-Netz der *Deutschen Telekom AG* Schätzungen, die für die Bundesrepublik Deutschland von ca. 2 Millionen zu erwartenden rein geschäftlich genutzten Hauptanschlüssen und 12 Millionen gekoppelten, d.h. geschäftlich und privat genutzten Anschlüssen ausgehen.[30] Charakteristisch ist dabei, daß sich die verschiedenen Netznutzer durch unterschiedliche Nutzungsintensitäten auszeichnen. So wird allein für die geschäftliche Nutzung von *ISDN*-Anschlüssen erwartet, daß sich die folgenden drei Anwenderwelten herausbilden werden:[31]

- erstens eine sprachintensive Abwicklung komplexer, innovativer Problemstellungen mit unbestimmtem Informationsbedarf, wechselnden Kooperationspartnern und offenen Lösungswegen,

[29] Vgl. Scholz 1988, S. 71 f.

[30] Vgl. Preissner-Polte 1988, S. 202.

[31] Vgl. Reihwald/Strassburger 1989, S. 341 ff.

- zweitens eine produktive Sachbearbeitung, die durch eine mittlere Komplexität, festgelegte Kooperationspartner und vorgegebene Rahmenregelungen bestimmt wird, und
- drittens eine datenorientierte Massenkommunikation.

Anbieter der Anschlüsse ist der Netzbetreiber, wobei es sich früher um die staatlichen Telekommunikationsgesellschaften eines Landes handelte. Im Zuge der Liberalisierung des Fernmeldewesens werden weltweit jedoch zunehmend auch private Netzbetreiber tätig.

Zu den *'In-house'-Netzen* zählen vor allem Bürokommunikationssysteme und rechnerintegrierte Fertigungssysteme, die zudem im Sinne eines *Computer Integrated Business* (CIB) immer mehr miteinander verknüpft werden.[32] Der Grundgedanke des CIB-Konzepts ist es, in einem Unternehmen durchgängige und miteinander verknüpfte Daten-, Informations-, und Materialflüsse zu installieren, die alle betrieblichen Funktionen zu einem integrierten und interaktiven System zusammenfassen. Dies kann darüber hinaus noch mit unternehmensübergreifenden Telekommunikationssystemen verknüpft sein (vgl. Abb. 4).

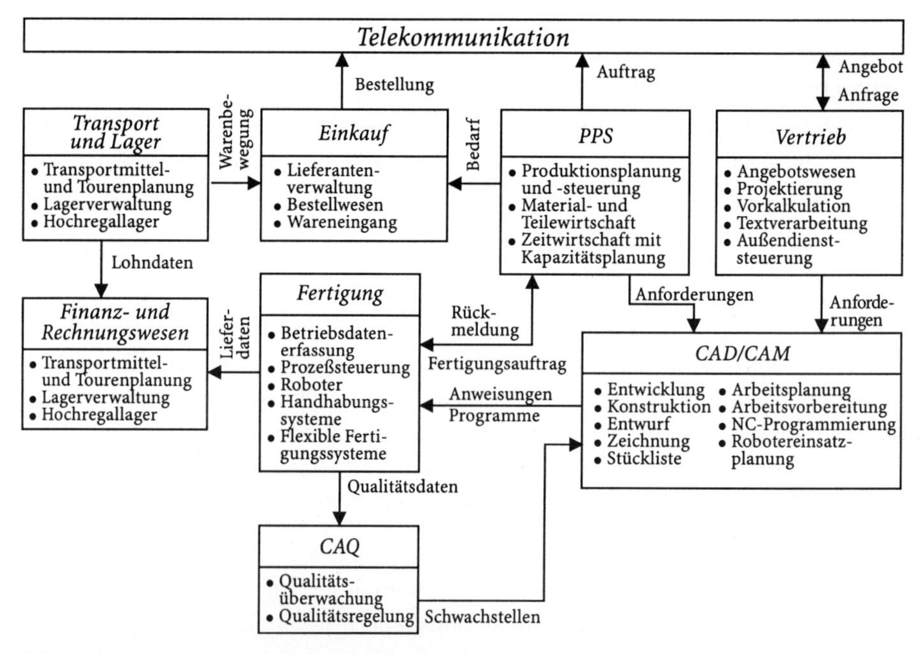

Abb. 4. Beispiel für eine umfassende Integration von Systemtechnologien (Quelle: Scientific Consulting; vgl. o.V. 1986, S. 98 ff.)

[32] Vgl. Uhr 1996, S. 253.

Die in eine Systemtechnologie eingehenden Elemente können dabei entweder Systemkomponenten oder aber Teilsysteme darstellen:[33]

- *Systemkomponenten* übernehmen bei der Lösung eines bestimmten Anwenderproblems lediglich Teilfunktionen. Für die Erstellung einer Konstruktionszeichnung benötigt man als Systemkomponenten beispielsweise Drucker, Scanner, Massenspeicher und eine CAD-Anwendungssoftware. Sie können, sofern sie miteinander kompatibel sind, auch von unterschiedlichen Anbietern als *Komponentenlieferanten* beschafft werden.
- *Teilsysteme* umfassen demgegenüber alle jene Systemkomponenten, die zur sinnvollen Lösung eines bestimmten Bedarfsfalles erforderlich sind. Sie können entweder 'stand alone' genutzt werden (z.B. CAD-Systeme) oder aber selbst wiederum integrierter Bestandteil einer umfassenderen Systemtechnologie (z.B. CAD-System im Rahmen einer CIB-Lösung) sein.

Schließlich sind dem Bereich der Systemtechnologien auch die *Netzdienste* zuzurechnen, die über die verschiedenen öffentlichen Netze angeboten werden. Potentielle Nachfrager für derartige Dienste sind alle Teilnehmer an einem Netz, also auch kommerzielle Nutzer im Business-to-Business-Sektor. Charakteristisch für die Anbieterschaft dieser Marktstufe ist, daß hier nicht nur die Netzbetreiber selbst oder die Anbieter von Systemtechnologie-Hard- und Software auftreten, sondern daß ebenso selbständige Dienstleister, sog. „Service Provider", ein Diensteangebot unterbreiten. So ist beispielsweise in der Bundesrepublik Deutschland nach der Liberalisierung des Fernmeldewesens jedermann berechtigt, nach freiem Ermessen auf der Basis angemieteter Übertragungswege der *Deutschen Telekom* über Wähl- und Festverbindungen alle Arten von Diensten und Dienstleistungen anzubieten.

Sofern solche selbständigen Diensteanbieter tätig werden, müssen sie nicht nur den Netznutzer als Kunden, sondern auch den Netzbetreiber als Kunden bzw. Kooperationspartner gewinnen. Üblicherweise werden zwei Klassen von Diensten unterschieden:

- *Basisdienste*, die dem 'reinen' Datentransport, d.h. der Übermittlung von Daten dienen,
- *Mehrwertdienste* oder 'Value Added Network Services' *(VANS)*, die alle Dienste umfassen, die über die Basisdienste hinausgehen.

Die Mehrwertdienste können in zweierlei Hinsicht weiter unterteilt werden: Einerseits zeichnen sie sich durch unterschiedliche Komplexitätsgrade aus:

[33] Vgl. Weiber 1997, S. 287.

- *Dienste mit geringer Komplexität*, wozu im wesentlichen Kompatibilitätsdienste zählen, die Code- und Protokollumwandlungen zwischen Teilnehmern dienen, die unterschiedliche Spezifikationen nutzen, stehen
- *Diensten mit einem hohen Grad an Komplexität und Spezialisierung* gegenüber. Ihr Spektrum reicht von Verteil- und Speicherdiensten, wie Electronic Mail, Verteilung von Pressenachrichten o.ä., bis hin zum umfassenden Netzmanagement, d.h. Aufbau und Pflege von nationalen und internationalen Kommunikationsnetzen.

Die betreffenden Dienste sind andererseits unterschiedlich stark auf spezifische Anwendungen bezogen, so daß netznahe und anwendungsnahe Dienste unterschieden werden können:

- Zu den *netznahen Diensten* zählen beispielsweise der Aufbau privater Vernetzungen für Dritte, Umwandlung der Übertragungsgeschwindigkeit von Daten u.ä. Voraussetzung für das Angebot dieser Art von Mehrwertdiensten ist der Erwerb von Übertragungskapazitäten vom betreffenden Netzbetreiber. Auf dieser Basis ist als eine Extremform des Angebots der reine Wiederverkauf von Leitungskapazitäten, der sog. Agenturbetrieb, anzusehen. Es können aber auch darüber hinausgehende, zusätzliche Mehrwertdienste angeboten werden. Ihr Spektrum reicht dabei von der Netzausfallsicherung, über das Angebot von Informationsdienstleistungen bis hin zum sog. *„Facility Management“*, bei dem ein externer Dienstleister die gesamte elektronische Datenverarbeitung für einen Netznutzer übernimmt.
- Zu den *anwendungsnahen Diensten* gehören Electronic Mail, Informationsdienstleistungen, wie das Halten von Datenbanken, das Angebot aktueller Wirtschaftsdaten, Kreditkartenverifikation am Point of Sale u.ä. Sie werden in aller Regel auf der Basis sog. *„Träger-VANS“* angeboten, die z.B. in der Bundesrepublik Deutschland von der *Deutschen Telekom* bereitgestellt werden und eigens für den Zweck konzipiert sind, Privaten das Angebot von speziellen Telekommunikationsdiensten zu ermöglichen. Beispiele hierfür sind der *Bildschirmtextdienst (Btx)*, der Videokonferenzdienst oder der *TEMEX*-Dienst (*„Telemetry Exchange“*), mit dessen Hilfe die Erfassung und Vermittlung von Fernwirkinformationen möglich ist, etwa für den Schutz von Sachwerten oder die Fernüberwachung bestimmter Abläufe.

In der Abb. 5 ist eine Übersicht über die Vielfalt der gegenwärtig angebotenen Telekommunikationsmehrwertdienste wiedergegeben.

Systemtechnologien sind somit durch eine hohe *technische Komplexität* sowie durch *Nutzungsverbunde* zwischen den Teilsystemen, den Systemkomponenten und den Systemdienstleistungen charakterisiert.[34]

---

[34] Vgl. Weiber 1997, S. 288.

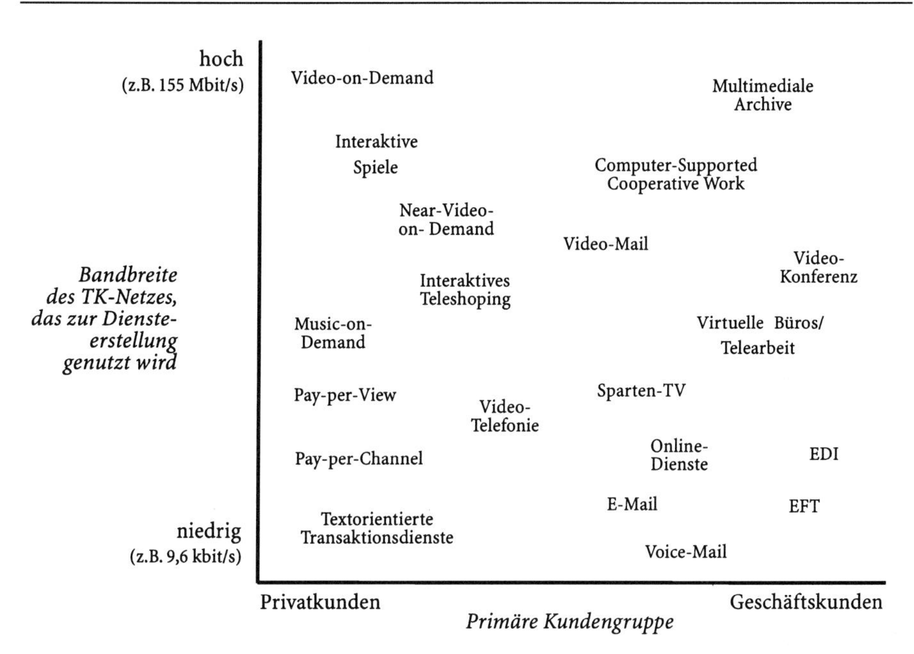

Abb. 5. Telekommunikationsmehrwertdienste (Quelle: Gerpott 1996, S. 12)

3.1.4 Marketing für Dienstleistungen

Schließlich werden im Business-to-Business-Bereich auch eine Vielzahl von sog. 'reinen' Dienstleistungen vertrieben. Hierzu zählen ebenso die Leistungen von Unternehmensberatern, Werbeagenturen, Transport- und Logistikunternehmen, Wirtschaftsprüfern und Steuerberatern, soweit sie ihre Leistungen für andere Unternehmen erbringen, wie das Vermieten und Verpachten von Immobilien sowie Maschinen und Anlagen für gewerbliche Zwecke, alle Versicherungen, die von Unternehmen in Anspruch genommen werden, u.ä.

Aufgrund der Vielzahl und der Vielfalt der betreffenden Dienstleistungen verwundert es nicht, daß der Großteil der in der Bundesrepublik Deutschland abgesetzten 'reinen' Dienstleistungen ganz überwiegend im Business-to-Business-Geschäft vermarktet wird. So ist der Anteil investiv oder produktiv verwendeter Leistungen des institutionellen Dienstleistungssektors zwischen 1970 und 1984 von 40,4 % auf 44,5 % gestiegen, während der konsumtive Anteil im gleichen Zeitraum von 34,0 % auf 29,1 % sank. Zum Business-to-Business-Bereich ist zudem die staatliche Nachfrage nach Dienstleistungen zu zählen, deren Anteil in den genannten Jahren mit ca. 23 % ebenso relativ konstant geblieben ist wie der des Exports mit etwa 4 % (vgl. Tabelle 1).

Tabelle 1. Verteilung der Leistungen des institutionellen Dienstleistungssektors nach Verwendungen (in %)
(Quelle: Audretsch/Yamawaki 1991, S. 24)

	1970	1975	1980	1984
Inland				
- investiv	40,4	40,6	41,2	44,5
- konsumtiv	34,0	32,3	31,1	29,1
- Staat	22,4	22,9	23,6	22,7
Export	3,2	4,2	4,1	3,9

In bestimmten Industriebranchen (z.B. Steine/Erden, Glas, Gießerei, Stahl, Büromaschinen, Elektrotechnik) machen die Dienstleistungen einen Anteil an den zugekauften Inputs von 30 % und z.T sogar noch deutlich mehr aus.[35] Dies rührt vor allen Dingen daher, daß spezialisierte Anbieter die zur Leistungsdifferenzierung notwendigen Dienstleistungen in der Regel kostengünstiger erbringen können als die 'klassischen' Industrieunternehmen. Um dem Wettbewerbs- und Kostendruck Rechnung zu tragen, werden von den Industrieunternehmen deshalb zunehmend selbständige Dienstleister frequentiert, was einen Wechsel vom 'Make' zum 'Buy', d.h. von der Selbsterstellung zum Fremdbezug bzw. eine sofortige Entscheidung zum Zukauf von Dienstleistungen darstellt.[36]

Der vom Umsatz her bedeutendste Anteil der Business-to-Business-Dienstleistungen wird von den Handelsunternehmen erbracht, die in diesem Feld tätig sind. Sie werden üblicherweise unter dem Begriff *„Produktionsverbindungshandel“* (PVH) zusammengefaßt.

Zum Produktionsverbindungshandel zählen alle Unternehmen, die schwerpunktmäßig Güter beschaffen, welche sie unverändert bzw. nach „handelsüblichen Manipulationen“ an Organisationen weiterveräußern, die damit ihrerseits Güter für die Fremdbedarfsdeckung erstellen oder die sie selbst wiederum unverändert bzw. nach „handelsüblichen Manipulationen“ an solche Organisationen verkaufen. Zu den „handelsüblichen Manipulationen“ zählen alle Tätigkeiten, die zur Abwicklung der Handelsfunktion notwendig sind, gleichwohl jedoch 'Herstellungscharakter' besitzen. Hierzu gehören etwa das Zuschneiden oder Konservieren von Materialien, das Verpacken und Versandfähigmachen u.ä.[37]

Dabei ist zu beachten, daß eine eindeutige Abgrenzung des Produktionsverbindungshandels gegenüber dem Handel mit Konsumgütern nicht immer möglich ist. So setzt sich beispielsweise die Kundschaft der Cash & Carry-Märkte aus

[35] Vgl. Audretsch/Yamawaki 1991, S. 29 f.

[36] Vgl. Albach 1989, S. 400 ff.; Engelhardt/Kleinaltenkamp/Reckenfelderbäumer 1993, S. 396.

[37] Vgl. zum Begriff sowie zum Bedeutungswandel der „handelsüblichen Manipulationen“ Glokkow/Schmäh 1997, S. 7 ff.; Schmäh 1998, S. 19.

investiven Verwendern, wie Handwerksbetrieben, Gaststätten u.ä., dem Konsumgütereinzelhandel aber auch aus Konsumenten zusammen. Ebenso finden sich unter den Kunden, z.B. des Kfz-Handels, des Bürobedarfshandels, des Möbelhandels oder der Baumärkte, sowohl Weiter- als auch Letztverwender.

Unternehmen des Produktionsverbindungshandels sind bei allen Gütertypen des Business-to-Business-Sektors anzutreffen und nehmen dort z.T. eine außerordentlich wichtige Position im Rahmen der Vermarktung ein:

- Im Bereich der Rohstoffe wird ein Großteil des Absatzes, z.B. von Erzen, Erdöl, Mineralien, landwirtschaftlichen Erzeugnissen, Holz usw., über vielfach international tätige Rohstoffhändler abgewickelt.
- Die Distribution bestimmter Einsatzstoffe, wie Eisen und Stahl, chemischer Grundstoffe aber auch bestimmter chemischer Spezialitäten, erfolgt weitgehend über entsprechende Händler.
- Teile werden – insbesondere beim Verkauf an Handwerksbetriebe – überwiegend über den Handel vertrieben.
- Spezielle Einzelaggregate, wie z.B. Werkzeugmaschinen oder Geräte für die Bürokommunikation, werden gerade beim Absatz an kleine und mittlere Abnehmer größtenteils über Handelsunternehmen abgesetzt.
- Auch bei der Vermarktung von Anlagen und Systemen haben sich spezialisierte sog. „Anlagenhändler“ etabliert, deren Hauptfunktion im Zusammenstellen von Komponenten und Subsystemen sowie in der Abwicklung solcher Projekte liegt, nicht hingegen in deren Herstellung.
- Schließlich handelt es sich bei der ersten und zweiten nationalen Verteilerstufe im Energiesektor gleichfalls um Unternehmen, die zu großen Teilen oder sogar ganz ausschließlich eine reine Handelsfunktion wahrnehmen, wenn auch unter den besonderen Bedingungen des Energiebereichs.

Grundsätzlich kann ein Unternehmen des Produktionsverbindungshandels dabei alle im Rahmen der Distribution anfallenden Funktionen übernehmen: von der Akquisition einschließlich der Pre-Sales-Services, über die physische Distribution, bis hin zu den After-Sales-Services und der Finanzierung. In der Realität haben sich jedoch neben einem Spezialfall, den japanischen Universalhandelshäusern („Sogo Shosha“)[38], die folgenden Typen von Produktionsverbindungshändlern herauskristallisiert, die sich durch eine mehr oder weniger starke Konzentration auf einzelne dieser Bereiche bzw. spezielle Funktionskombinationen auszeichnen (vgl. Abb. 6):

- Der produktorientierte Produktionsverbindungshandel, der sich auf die Vermarktung bestimmter Produktionsgüter bzw. Produktionsgüterkategorien spezialisiert hat. Er kann weitergehend dahin unterschieden werden, ob er

[38] Vgl. Eli (1979).

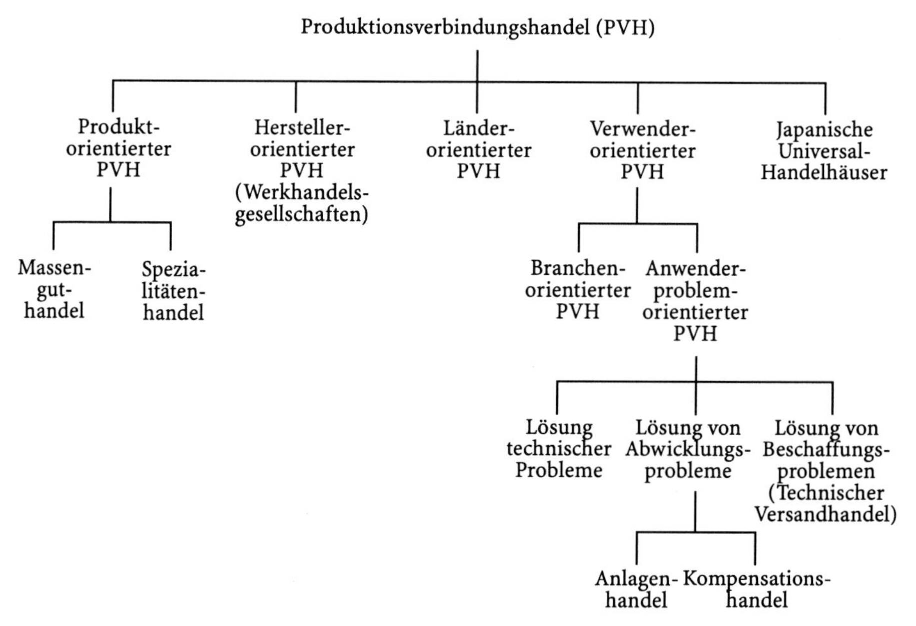

Abb. 6. Formen des Produktionsverbindungshandels (Quelle: Kleinaltenkamp 1988, S. 39)

sich vornehmlich mit dem Absatz von Massengütern (sog. „Bulk Products") oder vor allem mit dem Marketing von Spezialitäten, etwa aus dem Bereich der Chemie, beschäftigt.

- Beim herstellerorientierten Produktionsverbindungshandel handelt es sich um Unternehmen, die als rechtlich ausgegliederte Absatzorgane von Herstellern vor allem die Produkte ihrer jeweiligen Muttergesellschaften vertreiben und deshalb z.T. auch als „Werkshandelsgesellschaften" bezeichnet werden.
- Der länderorientierte Produktionsverbindungshandel ist dadurch charakterisiert, daß das Land bzw. die Region, aus der Waren bezogen und in die Güter geliefert werden, den Angelpunkt der Geschäftstätigkeit darstellt.
- Zum verwenderorientierten Produktionsverbindungshandel sind schließlich zunächst solche Unternehmen zu zählen, die sich in ihrer Sortimentsgestaltung auf die Befriedigung von Bedürfnissen spezieller Anwenderbranchen konzentrieren, wie etwa der Agrarhandel oder der Baustoff- und Baumaschinenhandel.

Darüber hinaus kann die Verwenderorientierung von Produktionsverbindungshändlern darin zum Ausdruck kommen, daß sie sich auf die Lösung spezieller Anwenderprobleme konzentrieren, weitgehend unabhängig davon, zu welchen Branchen die Kunden gehören. Daneben existieren Produktionsverbindungshändler, die sich primär auf die Abwicklung bestimmter Geschäfte spezialisiert haben, wie etwa der Anlagenhandel auf die Durchführung von Großanlagenprojekten oder der Kompensationshandel auf das Tätigen von Gegengeschäften.

Schließlich existieren auch im Business-to-Business-Bereich Unternehmen des Versandhandels, die sich auf die Lösung spezieller Beschaffungsprobleme konzentrieren und deshalb ihr Angebot im wesentlichen per Katalog darbieten („Technischer Versandhandel").

3.2 Charakteristika von Business-to-Business-Transaktionen

3.2.1 Business-to-Business-Transaktionen als Verknüpfung von Wertschöpfungsprozessen

Aufgrund der Tatsache, daß die von den Anbietern im Business-to-Business-Geschäft offerierten Leistungen von deren Nachfragern investiv oder produktiv verwendet werden, kommt es im Verlauf der Vermarktungsprozesse immer zu einer *Verknüpfung von Wertschöpfungsprozessen*: der Wertschöpfung des Anbieters auf der einen und der Wertschöpfung des Nachfragers auf der anderen Seite. Die daraus resultierenden Effekte können gut am Modell der Wertkette von *Porter* veranschaulicht werden.[39] Der Grundgedanke der Darstellung ist, daß jedes Unternehmen als eine Ansammlung von Prozessen angesehen werden kann. Alle Funktionsbereiche, wie Forschung, Entwicklung, Produktion, Logistik, Vertrieb usw., tragen mit allen von ihnen durchgeführten Tätigkeiten zur Erreichung des Unternehmenszwecks bei (vgl. Abb. 7). Hierbei werden die Tätigkeiten nach primären und unterstützenden Aktivitäten gegliedert. Primäre Aktivitäten umfassen die Herstellung eines Produktes bzw. die Erstellung einer Dienstleistung i.e.S. sowie den Verkauf und ggfs. die Auslieferung der Leistungen sowie den Kundendienst. Die unterstützenden Aktivitäten dienen dazu, die primären sowie die jeweils anderen unterstützenden Aktivitäten aufrechtzuerhalten, indem die dazu notwendigen Inputs, Technologien und menschlichen Ressourcen beschafft und bereitgestellt werden sowie die entsprechende Infrastruktur geschaffen wird (Porter 1992, S. 63). Ein Unternehmen erzielt somit gemäß diesem Konzept dann einen Gewinn, wenn der am Markt erzielte Wert der Unternehmensaktivitäten die Kosten der dafür in den einzelnen Funktionen durchzuführenden Prozesse übersteigt (vgl. Abb. 7).

Durch die sich im Rahmen des Business-to-Business-Marketing vollziehende Verknüpfung der Wertketten von Anbietern und Nachfragern können sich nun

[39] Vgl. Porter 1992, S. 62. Vgl. auch Kapitel „Grundlagen des Marktprozesses" sowie Kapitel „Kundenbezogene Informationsgewinnung" in diesem Band.

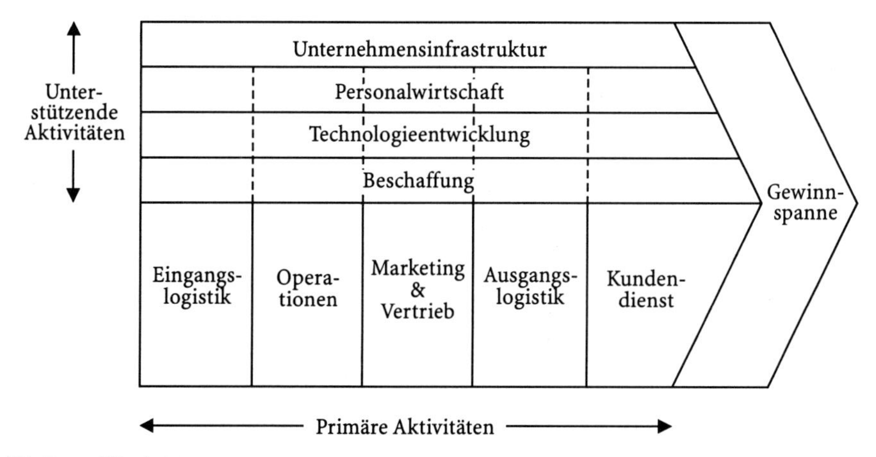

Abb. 7. Wertkette
(Quelle: Porter 1992, S. 63)

auf beiden Seiten sowohl der Wert als auch die Kosten der Prozesse verändern. Dies gilt zunächst für die Lieferungen und Leistungen eines Anbieters im Hinblick auf die Wertschöpfungsprozesse des Nachfragers:

- So wird durch die Installation eines Investitionsgutes, wie etwa einer Werkzeugmaschine, der Wertschöpfungsprozeß eines Nachfragers – zumindest in Teilen – neu gestaltet. Dies kann sich in einer Qualitätssteigerung, d.h. einer Werterhöhung, und/oder einer Effizienzsteigerung, d.h. einer Kostensenkung, niederschlagen.
- Durch die Lieferung von Produktionsgütern, wie Rohstoffen, Einsatzstoffen etc., kann die Effektivität oder die Effizienz eines Wertschöpfungsprozesses ebenfalls maßgeblich beeinflußt werden, z.B. dann, wenn durch eine bessere Verarbeitungsfähigkeit von Einsatzstoffen Produktionsprozesse beschleunigt werden oder wenn durch die Verwendung eines anderen Rohstoffes eine höhere Qualität der Folgeprodukte erzielt wird.
- Eine fremdbezogene Dienstleistung, sei es eine Gebäudereinigung, eine Beratungsleistung, eine Lohn- und Gehaltsabrechnung o.ä.m., ersetzt in aller Regel eine interne Leistungserstellung, was gleichfalls wiederum kostensenkende und/oder werterhöhende Auswirkungen beim Leistungsnehmer hat.
- Ähnliches gilt schließlich auch für die Implementierung einer Systemtechnologie beim Kunden, z.B. eines Bürokommunikationssystems. Dadurch werden im allgemeinen die Prozeßabläufe des Kundenunternehmens, sei es in den primären, sei es in den unterstützenden Aktivitäten, grundlegend neu gestaltet mit entsprechenden Auswirkungen auf deren Effektivität und/oder Effizienz.

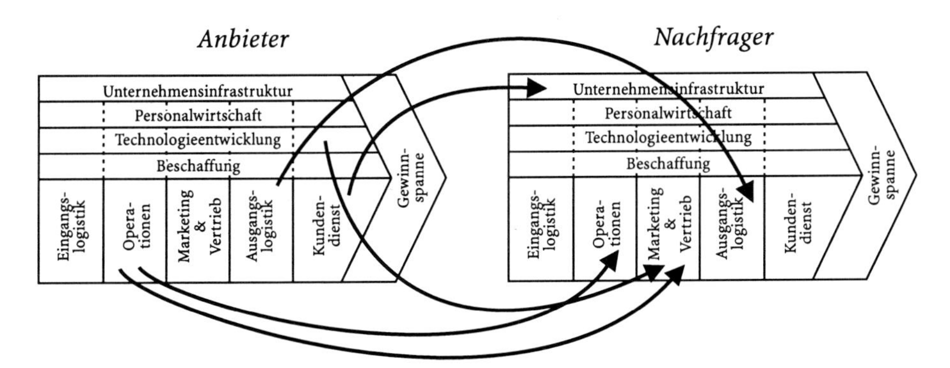

Abb. 8. Verknüpfung von Anbieter- und Nachfragerwertkette

Ein Anbieter greift durch seine Leistungen somit z.T. sehr weitreichend in die Wertkette seines Nachfragers ein und beeinflußt damit dessen Möglichkeiten zur Erzielung von Wettbewerbsvorteilen (vgl. Abb. 8).

Da die Kunden auf Business-to-Business-Märkten selbst wiederum als Anbieter auf ihren Märkten agieren, unterliegen sie auch dem dort herrschenden Wettbewerb. Um erfolgreich sein zu können, ist es deshalb für einen im Business-to-Business-Bereich tätigen Anbieter notwendig, sich Klarheit darüber zu verschaffen, wie die eigenen Leistungen dazu beitragen, den Kunden auf ihren Märkten einen Wettbewerbsvorteil zu verschaffen (vgl. Abb. 9).[40] Je mehr es einem Anbieter gelingt, durch seine Problemlösungen seine Kunden bei der Erreichung von Wettbewerbsvorteilen zu unterstützen,

- desto größer sind die Kundenvorteile, die er bietet,
- desto höher ist damit seine Effektivität und
- um so mehr steigt dadurch der gesamte Wert der Aktivitäten seiner eigenen Wertkette.

Dabei sind die folgenden drei Zusammenhänge zu beachten:

1. Um dem eigenen Nachfrager die Erzielung eines Wettbewerbsvorteils zu ermöglichen, ist es oft notwendig, gute Kenntnisse über die den direkten Kunden nachfolgenden Marktstufen ('Kunden des Kunden') zu besitzen. Hierzu zählen insbesondere Informationen darüber, wie die Leistungen des Kunden weiterverarbeitet werden, in welche Verwendungsbereich sie gehen und über welche Distributionswege sie abgesetzt werden. Auch ist es wichtig zu wissen, wie die Konkurrenzverhältnisse, die Kaufverhaltensweisen sowie die Umfeldeinflüsse auf den Folgemärkten ausgestaltet sind.[41] Nur wenn man über solche

[40] Vgl. Kleinaltenkamp 1997a, S. 753.

[41] Vgl. Kleinaltenkamp/Rudolph 1999.

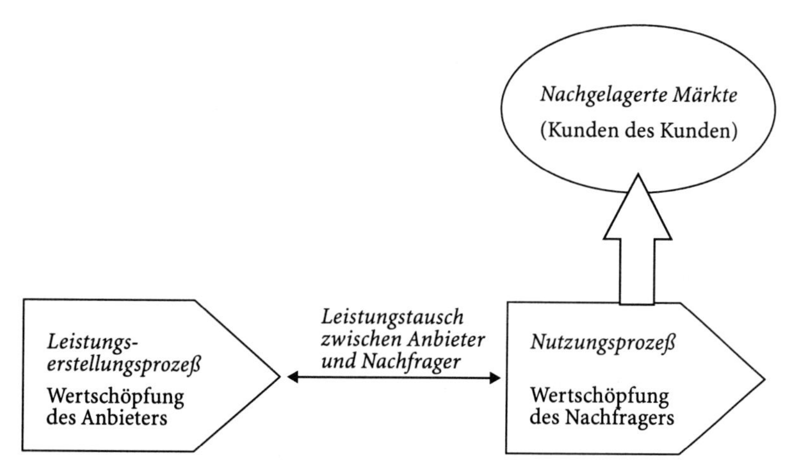

Abb. 9. Zusammenhang zwischen Anieter- und Nachfrager-Wertketten und nachgelagerten Mäkten (Quelle: Ehret 1998, S. 38)

Kenntnisse verfügt, kann man sich ein Bild darüber verschaffen, ob und inwieweit die eigenen Leistungen tatsächlich dazu beitragen, die Kunden auf ihren Märkten wettbewerbsfähiger zu machen.

2. Die eigenen Leistungen erzielen ihre Wirkungen in bezug auf die Effektivität und/oder die Effizienz des Kundenunternehmens in aller Regel nicht allein. Vielmehr sind sie in vielfältige Komplementaritätsbeziehungen mit anderen vom Kunden in Anspruch genommenen Leistungen eingebunden. Um die angestrebten Kundenvorteile erreichen zu können, sind deshalb nicht nur genaue Kenntnisse der Nutzungsprozesse des Nachfragers erforderlich.[42] Oft müssen die betreffenden Komplementaritätsbeziehungen im Kundenunternehmen auch erst geschaffen, mitgestaltet oder verändert werden, um die gewünschten Wettbewerbsvorteilseffekte überhaupt herbeiführen zu können. Die folgenden Problembereiche können sich dabei einer Erzielung der Kundenvorteile entgegenstellen:[43]
   - Zunächst kann es den Nachfragern an komplementärem Wissen mangeln, das sie benötigen, um ihre Nutzungsprozesse entsprechend umzugestalten. Es wird dann zur Aufgabe des Anbieters, den Nachfrager mit dem entsprechenden Know-how zu versorgen.
   - Zweitens fehlen möglicherweise komplementäre Produkte oder Dienstleistungen, die notwendig sind, um die Vorteile erschließen zu können. Der Anbieter muß die notwendigen Komplementärleistungen sodann mögli-

[42] Vgl. Ehret 1998, S. 38.

[43] Vgl. Ehret 1998, S. 60 f.

cherweise selbst produzieren und anbieten oder er muß Kooperationspartner finden, die das entsprechende Angebot sicherstellen.

- Drittens kann es an allgemein zugänglichen Infrastruktureinrichtungen mangeln, wie Energieversorungs-, Verkehrs- oder Kommunikationsnetzen, Ausbildungsinstitutionen o.ä. Hier können die betreffenden Komplementärgüter im allgemeinen nicht von einem einzelnen Anbieter zur Verfügung gestellt werden, sondern es bedarf oft eines entsprechenden gesellschaftlichen Konsenses und entsprechender staatlicher Investitionen.

3. Schließlich ist zu beachten, daß auch die von Kunden auf ihren Märkten erreichten bzw. angestrebten Wettbewerbsvorteile aufgrund des Voranschreitens des Marktprozesses einer ständigen Erosionsgefahr ausgesetzt sind. Dadurch drohen zwangsläufig auch die von den betreffenden Vorlieferanten erzielten Kundenvorteile an Wert zu verlieren. Um dies zu vermeiden und den Kunden immer wieder neu einen Vorteil bieten zu können, müssen die offerierten Problemlösungen oft in hohem Maße auf die individuellen Belange der einzelnen Kunden, d.h. die jeweiligen Kundenprozesse, zugeschnitten werden. Diese Leistungsindividualisierung führt aber wiederum - wie im folgenden noch weiter ausgeführt wird - zu einem Eingriff des Nachfragers in die Wertkette des Anbieters.

3.2.2 Kundenintegration als Merkmal von Business-to-Business-Transaktionen

3.2.2.1 Formen der Leistungsindividualisierung

Die zur Effektivitäts- und/oder Effizienzsteigerung von Problemlösungen durchgeführte Individualisierung betrifft vor allem drei Bereiche:

- die Produktgestaltung i.e.S.,
- die produktbegleitenden Dienstleistungen,
- die 'reinen' Dienstleistungen.

3.2.2.1.1 Produktindividualisierung als einzelkundenbezogene Produktgestaltung

Die Produktindividualisierung beinhaltet die Gestaltung eines Produktes bzw. einer Sachleistung nach den Bedürfnissen und Vorgaben eines einzelnen Kunden.[44] Diese Art der Produktgestaltung ist etwa im Großanlagengeschäft gang und gäbe, weil jede Anlage auf die besonderen Belange des Auftraggebers und die spezifischen Gegebenheiten ihres Einsatzortes zugeschnitten sein muß.[45] Bei-

---

[44] Vgl. Jacob 1995, S. 8.

[45] Vgl. Backhaus/Weiber 1993, S. 69.

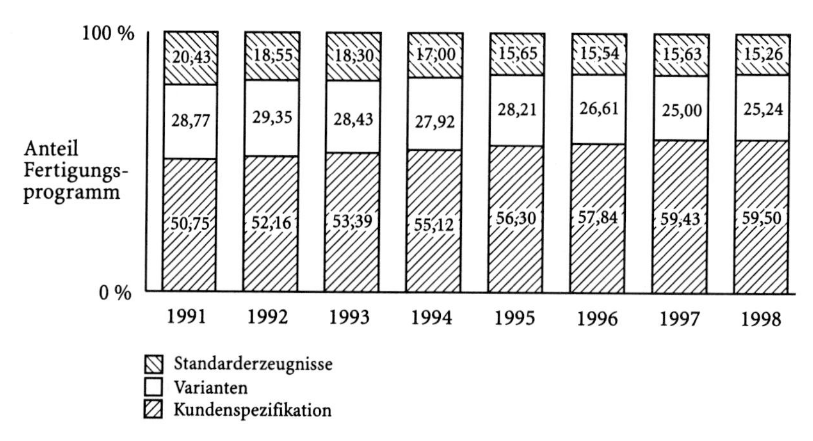

Abb. 10. Fertigungsprogramme im deutschen Maschinenbau (Quelle: Daten des *NIFA*-Panels 1991–1998)

spielhaft können hier aber ebenso das Angebot von Spezialmaschinen, die Herstellung anwendungsspezifischer Speicherchips[46], die individualisierte Erstellung von Anwendungssoftware, die Herstellung von Spezialklebern und -lacken u.ä. genannt werden.

Die große Bedeutung, die der individualisierten Produktgestaltung im Rahmen des Business-to-Business-Marketing zukommt, zeigt sich u.a. an den Ergebnissen der *NIFA*-Panelstudie („*Neue Informationstechnologien und flexible Arbeitssysteme*"), in der die Produktionsstrukturen im deutschen Maschinenbau untersucht werden.[47] In ihr wurden seit 1991 u.a. Angaben darüber erhoben, welchen Anteil am gesamten Fertigungsprogramm jeweils Erzeugnisse nach Kundenspezifikation und -bestellung, Erzeugnisse nach standardisiertem Grundprogramm mit vom Kunden vorgegebenen Varianten sowie Standarderzeugnisse haben, die der Kunde im Rahmen des Fertigungsprogramms 'aus dem Katalog' auswählt. Dabei zeigt sich, daß in den Jahren 1991 bis 1996 der Anteil der nach Kundenspezifikation gefertigten Produkte kontinuierlich angestiegen, wohingegen der Anteil von Standarderzeugnissen und Erzeugnissen auf der Basis von Varianten deutlich zurückgegangen ist (vgl. Abb. 10).

In eine ähnliche Richtung weisen die Resultate einer Studie des *Weiterbildenden Studiums Technischer Vertrieb*, in deren Verlauf 93 Vertriebsmitarbeiter von im Business-to-Business-Sektor tätigen Anbieterunternehmen befragt wurden.[48] Davon gaben lediglich vier an, daß ihre Unternehmen überhaupt keine

[46] Sog. „ASICs" („Application Specific Integrated Circuits").

[47] Vgl. Schmid/Widmaier 1992.

[48] Vgl. Jacob/Kleinaltenkamp 1994, S. 184.

speziell für einzelne Kunden konzipierten Leistungen anbieten. Auf der Basis einer Rangreihung der ersten bis vierten Nennungen unterschiedlicher Arten der einzelkundenbezogenen Produktgestaltung ergab sich aufgrund der Antworten der übrigen Befragten folgendes Bild: Am häufigsten werden individualisierte Leistungen anhand vordefinierter Varianten offeriert, gefolgt von Produktanpassungen sowie Sonderanfertigungen und Einzelanfertigungen (vgl. Abb. 11).

In der letztgenannten Untersuchung wurden auch 52 in Industrieunternehmen tätige Einkäufer danach gefragt, welche Bedeutung sie gegenwärtig und zukünftig der Produktindividualisierung bei der Beschaffung sowohl von Gebrauchsgütern als auch von Verbrauchsgütern zumessen. Die Ergebnisse sind in den nachfolgenden Abbildungen 12 und 13 dargestellt. Dabei entspricht der Wert 7 jeweils einer hohen aktuellen bzw. einer steigenden zukünftigen, der Wert 1 einer eher geringen aktuellen bzw. einer sinkenden zukünftigen Bedeutung.

Aus den Darstellungen ist zu erkennen, daß die Produktindividualisierung bei der Beschaffung von Gebrauchs- bzw. Investitionsgütern bereits heute höchste Beachtung findet, die in der Zukunft sogar noch steigen wird. Für Verbrauchsbzw. Produktionsgüter ergibt sich zwar hinsichtlich der aktuellen Bedeutung noch kein derart eindeutiger Trend, die Ergebnisse der Frage nach der zukünftigen Bedeutung zeigen jedoch klar in Richtung eines Bedeutungsanstieges.

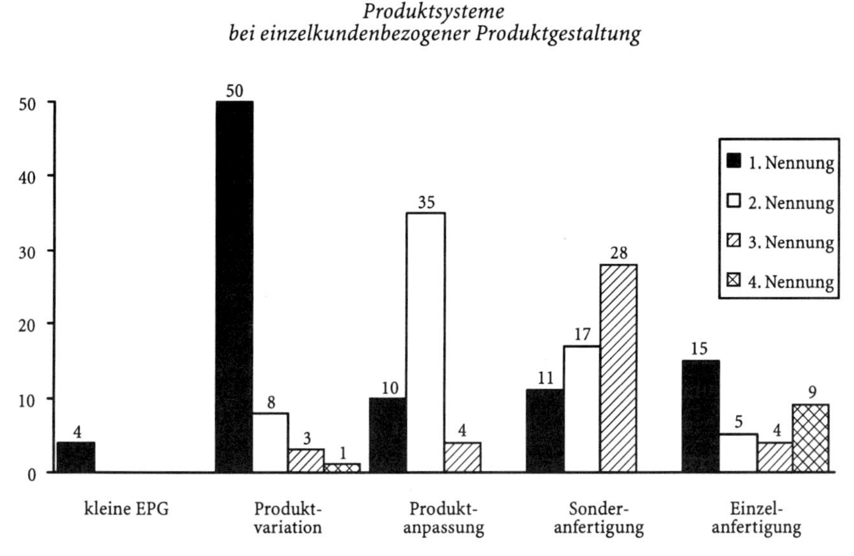

Abb. 11. Formen der einzelkundenbezogenen Produktgestaltung (Quelle: Jacob/Kleinaltenkamp 1994, S. 7)

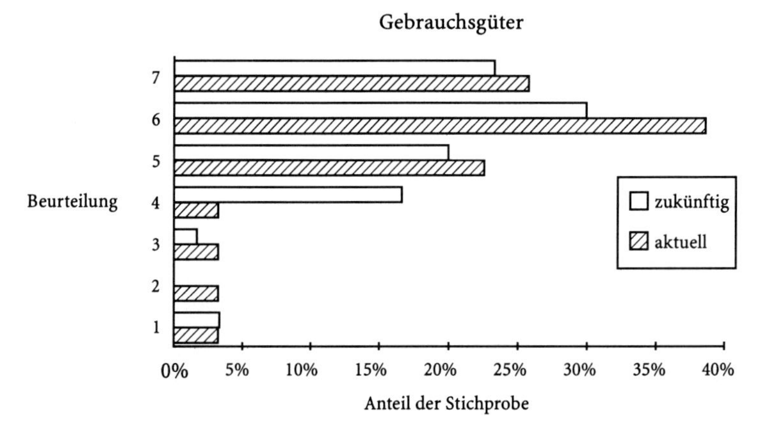

Abb. 12. Die Bedeutung der Produktindividualisierung für Gebrauchsgüter aus Nachfragersicht (Quelle: Jacob/Kleinaltenkamp 1994, S. 5)

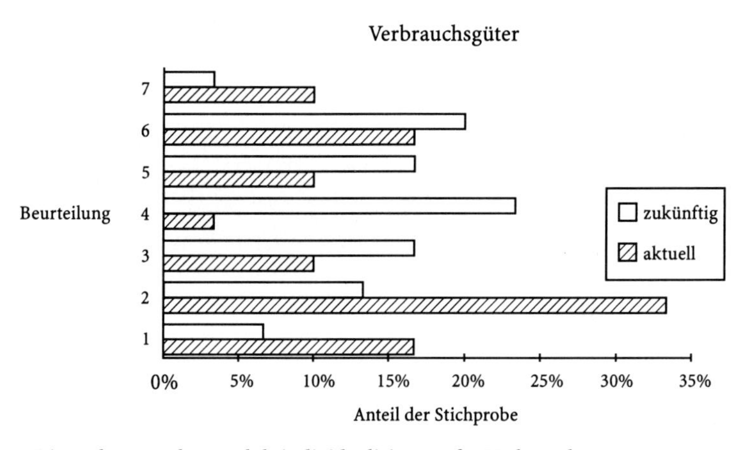

Abb. 13. Die Bedeutung der Produktindividualisierung für Verbrauchsgüter aus Nachfragersicht
(Quelle: Jacob/Kleinaltenkamp 1994, S. 6)

3.2.2.1.2 Individualisierung durch produktbegleitende Dienstleistungen

Die Individualisierung eines Leistungsangebots muß sich aber nicht zwangsläufig in einer kundenspezifischen Gestaltung des Produktes i.e.S. niederschlagen. So ist zu beobachten, daß eine Leistungsindividualisierung im Business-to-Business-Bereich in zunehmendem Maße durch das Angebot von produktbegleitenden Dienstleistungen erfolgt. Sie werden auch als „sekundäre Dienstleistungen“ oder „Services“ bzw. „Serviceleistungen“ bezeichnet.[49] Wenn solche

[49] Vgl. Engelhardt/Reckenfelderbäumer 1998.

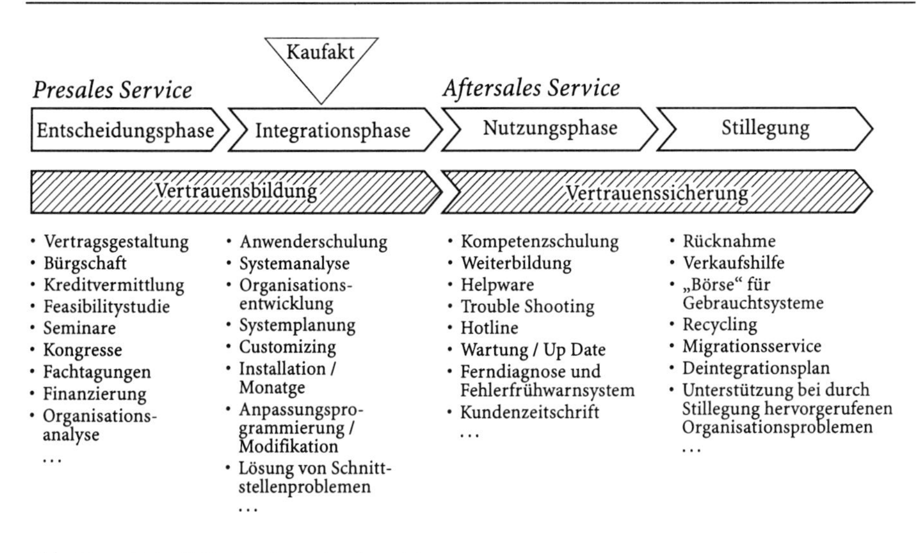

Abb. 14. Potentielle Servicesystembausteine (Quelle: Wimmer/Zerr 1995, S. 84)

Dienste von Industrieunternehmen offeriert werden, spricht man auch von „industriellen Dienstleistungen" oder „funktionellen Dienstleistungen".[50] Sie können dabei vor, während und nach dem Kauf der betreffenden Sachgüter angeboten werden (vgl. die in Abb. 14 wiedergegebenen Beispiele), und zwar durch den Anbieter der Hauptleistung selbst, von einem spezialisierten Serviceanbieter oder in einer Kooperation von beiden gemeinsam.[51]

Die betreffenden Services stehen in einem unterschiedlich engen Bezug zum, meist materiellen, Hauptprodukt. Bestimmte Leistungen sind mit letzterem unauflöslich verbunden. Sie müssen mit ihm gemeinsam angeboten werden, weshalb sie auch als „obligatorisch" oder als „Muß-Leistungen" bezeichnet werden.[52] Hierzu zählen bestimmte gesetzlich vorgeschriebene Garantien, in der Regel alle Beratungsleistungen, in vielen Fällen auch die Montage beim Nachfrager oder bestimmte kundenspezifische Anarbeitungen. Andere Services sind „fakultativ", d.h. sie können erbracht werden, im allgemeinen um die Attraktivität des Gesamtangebots zu steigern. Für die Vermarktungsfähigkeit des Hauptproduktes

---

[50] Vgl. z.B. Weiber, R. 1985; Forschner 1988; Hilke 1989, S. 9; Jugel/Zerr 1989, S. 163 ff.; Buttler/Stegner 1990; Meyer/Noch 1992, S. 957 f.; Graßy 1993; Simon 1993; Friege 1995, S. 35 ff.; Homburg/Garbe 1996, S. 258 f.

[51] Vgl. Schwab 1984, S. 67 ff.; Zapf 1990, S. 61 f.; Engelhardt/Reckenfelderbäumer 1993, S. 268 ff.; Engelhardt 1996, S. 74; Homburg/Garbe 1996, S. 262.

[52] Vgl. Meffert 1982, S. 17; Schönrock 1982, S. 85 f.; Forschner 1988, S. 141 ff.; Bauche 1994, S. 11 f.; Friege 1995, S. 41 f.

i.e.S. ist ihr Angebot allerdings nicht zwingend notwendig.[53] Zum Teil werden diese fakultativen Services noch weiter in „Soll-Leistungen“ und „Kann-Leistungen“ differenziert.[54] Beispielhaft können hier etwa Wartungs- und Instandhaltungsleistungen genannt werden, die auch für Aggregate fremder Hersteller nutzbar sind.

Letztlich führt die Erbringung produktbegleitender Dienstleistungen dazu, daß weite Teile eines Angebots kundenindividuell gestaltet werden. Die folgenden Beispiele mögen dies verdeutlichen:

- Eine solche Form der Leistungsindividualisierung stellen etwa spezifische Just-in-time-Vereinbarungen dar, deren zentrales Ziel eine vom Kunden geforderte fertigungssynchrone Anlieferung ist. Im Rahmen einer solchen Vereinbarung kann über die Produktgestaltung hinaus eine Vielzahl von Leistungskomponenten, wie die Informationsübertragung vom Kunden zum Anbieter, die Transportmittel, der Lieferservice u.ä. kundenindividuell konzipiert werden. Die z.T. weitreichenden Auswirkungen, die sich dabei auf die Abnehmer-Lieferanten-Beziehungen ergeben, können dem in der nachfolgenden Pressenotiz aus dem Jahre 1994 wiedergegebenen Beispiel entnommen werden:[55]

Beispiel (Pressenotiz):

Mercedes holt sich einen Zulieferer ins Haus

Stuttgart (Reuter) – Die *Mercedes-Benz AG, Stuttgart,* holt sich in Bremen erstmals einen Zulieferer ins eigene Haus und ersetzt damit auch einen Teil der eigenen Mannschaft. Wie das Automobilunternehmen mitteilte, übernehmen vom 5. September 1994 an Mitarbeiter der *Keiper Recaro GmbH & Co, Bremen,* im Bremer Werk der Mercedes AG die Herstellung der kompletten Sitzanlagen für die T-Reihe und den Roadster SL von Mercedes. Dabei soll der Zulieferer Keiper Recaro direkt auf dem Firmengelände von Mercedes, in einer zuvor von dem Autohersteller genutzten Halle arbeiten. In der Bremer Sitzfertigung arbeiteten den Angaben zufolge bisher circa 170 Mercedes-Mitarbeiter. Sie arbeiten jetzt entweder bei Keiper Recaro oder wechselten an einen anderen Arbeitsplatz im Werk, hieß es. Die Keiper Recaro-Mannschaft sei durch Mercedes-Mitarbeiter auf ihre neuen Aufgaben vorbereitet worden. Der Zulieferer werde die Sitze für alle Bremer Typen Just-In-Time und gleich in der richtigen Reihenfolge direkt an den Einbauort liefern. Keiper Recaro sei künftig nicht nur für die bedarfsgerechte Disposition zur taktgenauen Belieferung der Bänder und die Fertigung der Sitze zuständig, sondern langfristig auch für die Konstruktion und Entwicklung von Sitzablagen künftiger Baureihen in Bremen. Die Bremer Textilaktivitäten beschränkten sich dann nur noch auf das Verdeck des Roadsters. Keiper Recaro hat schon bisher die kompletten Sitzanlagen für die C-Klasse gefertigt.

---

[53] Vgl. Engelhardt/Reckenfelderbäumer 1993, S. 267 f.; Graßy 1993, S. 90 f.; Engelhardt 1996, S. 74; Homburg/Garbe 1996, S. 262.

[54] Vgl. Meffert 1982, S. 17; Schönrock 1982, S. 85 f.; Forschner 1988, S. 141 ff.; Bauche 1994, S. 11 f.; Friege 1995, S. 41 f.

[55] Die *Mercedes-Benz AG* ist zwischenzeitlich in die *DaimlerChrysler AG* umfirmiert worden.

Tabelle 2. 'Zusatzleistungen' im Business-to-Business-Bereich (Quelle: Belz 1991, S. 14)

Zusatzleistungen	
• Absatzgarantien	• Miet- und Leihmaschinen
• Absatzhilfen (mehrstufiges Marketing)	• Mikrofilm (Ersatzteile/Zeichnungen)
• Altmaschineninstandhaltung	• Montage
• Anpassung an bestehende Anlagen (Updating)	• Monteureinsatz innerhalb 24h
• Antriebsdimensionierung	• NC Programmierung
• Arbeitsvorbereitung	• Nullserien-Fertigung
• Auftragsforschung	• Occasionseintausch
• Bedienerschulung	• Patent- und Lizenzverträge
• Beratungen	• Personalvermittlung/Leihmaschinisten
• Beschaffungshilfen	• Produktionsengpaßüberbrückung
• Betriebsmittelberatung	• Produktionsoptimierung
• Dokumentation	• Projektierung
• Engineering	• Recycling/Verschrottung
• Ersatzteildienst 24h	• Risikountersuchung
• Ersatzteilverträge	• Rücknahme von Verpackung
• Ersatzteillisten auf Disketten	• Seminare und Fachvorträge für Kunden
• Einsatz- bzw. fertigungssynchrone Anlieferung	• Software-Anpassungen
• Fachbeiträge in Zeitschriften	• Spezialentwicklungen
• Feasability Studien	• Technologietests
• Finanzierungshilfen	• Telephonische Verknüpfung Maschine/Hersteller
• Garantieleistungen	• Telephon-Ratgeber (Trouble shooting)
• Gebrauchtmaschinenvermittlung	• Transportorganisation
• Generalunternehmer	• Transportversicherung
• Inspektion	• Überbesetzung der Betriebsanleitungen
• Joint Venture	• Umstrukturierungshilfen für den Betrieb
• Kalkulationsunterstützung	• Umweltverpackung
• Kompensationsgeschäfte	• Umweltverträglichkeitsprüfungen
• Konsignations-Ersatzteile	• Universitätsunterstützung / Forschungsaufträge
• Kundendemos	• Unterhalt im Vertrag
• Kulanzleistungen	• Werkzeugberatung
• Know-how-Verträge	• Wertanalysen
• Managementverträge	• Zeitstudien

- Ebenso sind alle Formen des Key Account Managements als Formen der Leistungsindividualiserung anzusehen, in deren Rahmen – bei ansonsten möglicherweise identischen Produkten – bestimmte Kommunikations-, Vertriebs- und Serviceleistungen sowie bestimmte Preis- und Vertragskonditionen individuell auf die Belange einzelner, i.d.R. bedeutender Kunden abgestimmt werden.[56]

Die skizzierte Entwicklung ist vor allem darauf zurückzuführen, daß die Business-to-Business-Anbieter durch den zunehmenden Wettbewerbsdruck dazu gezwungen werden, besonders hochwertige Erzeugnisse zu produzieren, was nur möglich ist, wenn sie ihre Produkte mit den vielfältigsten Dienstleistungen verknüpfen.[57] Wie weit dies gehen kann, verdeutlicht auch noch einmal die in Tabelle 2 wiedergegebene und sicher nicht vollständige Liste, die beispielhaft einen Überblick über das Spektrum der sogenannten 'Zusatzleistungen' im Business-to-Business-Bereich gibt.

Diese Strukturwandlungen zugunsten der Dienstleistungen werden von den auf die Wirtschaftssektoren bezogenen aggregierten Daten der amtlichen Statistik kaum erfaßt. Untersucht man aber einmal detaillierter, welche Tätigkeiten die einzelnen Beschäftigten erbringen, stellt man fest, daß eine Schwerpunktverlagerung zugunsten der Dienstleistungen auch im Bereich des „Verarbeitenden Gewerbes", d.h. in der Industrie, in einem nicht unerheblichen Umfang stattgefunden hat. Danach sind heute in der Bundesrepublik Deutschland ca. 80 % aller Beschäftigten und dabei ca. 70 % der Beschäftigten im Verarbeitenden Gewerbe an der Erstellung von Dienstleistungen beteiligt (vgl. Abb. 15 und 16).

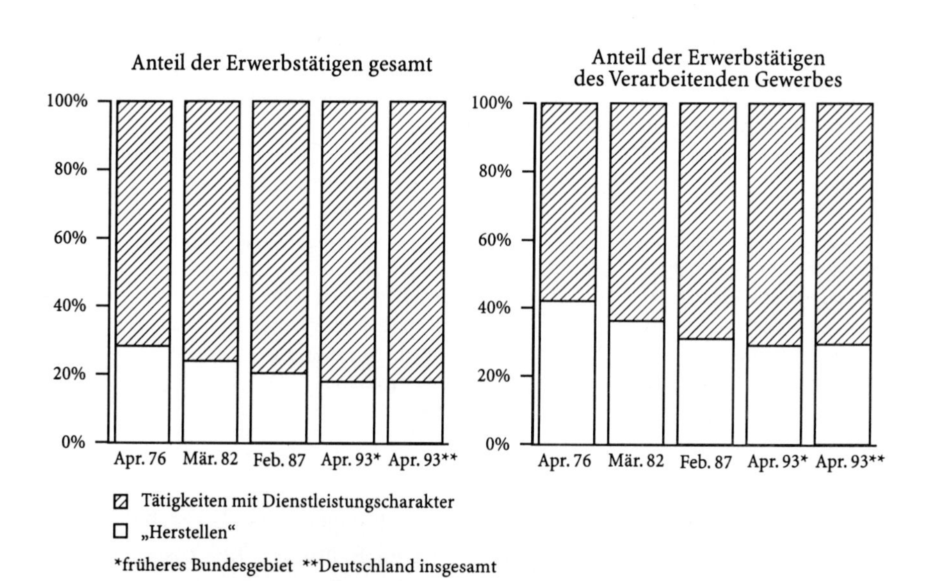

Abb. 15. Erwerbstätige nach ausgeübten Funktionen 1976–1993 in Deutschland (Quelle: Statistisches Bundesamt)

[56] Vgl. Kleinaltenkamp/Rieker 1997, S. 164 ff.

[57] Vgl. Albach 1989, S. 400 ff.

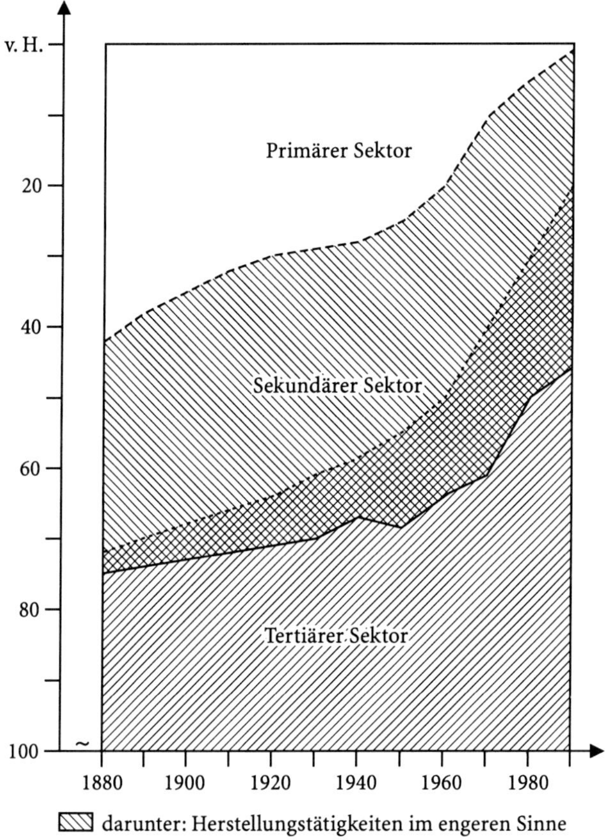

Abb. 16. Sektorale Erwerbs- und funktionale Tätigkeitsstrukturen im Verarbeitenden Gewerbe in Deutschland (In Anlehnung an: Gruhler 1990, S. 10)

Die skizzierte Entwicklung wird nach Expertenschätzungen unverändert anhalten. So gehen Prognosen davon aus, daß der Anteil derjenigen Erwerbstätigen, die in der Bundesrepublik Deutschland mit dem „Gewinnen“ und „Herstellen“ von Erzeugnissen beschäftigt sind, bis zum Jahre 2010 auf 12,2 % sinken wird. Demgegenüber werden alle übrigen Erwerbstätigen voraussichtlich produktbegleitende oder ‘reine’ Dienstleistungen erbringen (vgl. Abb. 17)

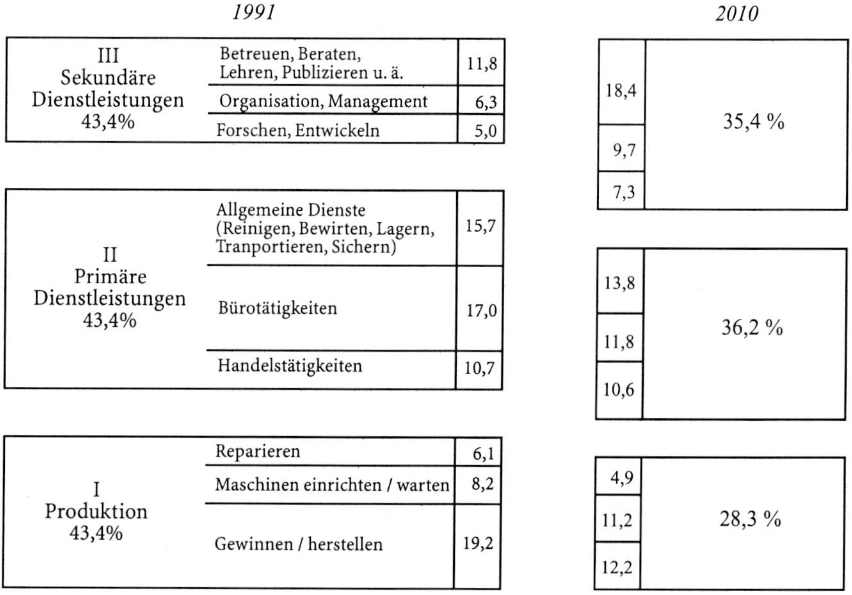

		1991	2010	2010
III Sekundäre Dienstleistungen 43,4%	Betreuen, Beraten, Lehren, Publizieren u. ä.	11,8	18,4	35,4 %
	Organisation, Management	6,3	9,7	
	Forschen, Entwickeln	5,0	7,3	
II Primäre Dienstleistungen 43,4%	Allgemeine Dienste (Reinigen, Bewirten, Lagern, Tranportieren, Sichern)	15,7	13,8	36,2 %
	Bürotätigkeiten	17,0	11,8	
	Handelstätigkeiten	10,7	10,6	
I Produktion 43,4%	Reparieren	6,1	4,9	28,3 %
	Maschinen einrichten / warten	8,2	11,2	
	Gewinnen / herstellen	19,2	12,2	

Erwerbstätige (ohne Auszubildende) in Prozent

Abb. 17. Prognostizierte Entwicklung der Tätigkeitsstruktur in Deutschland (Quelle: Institut für Arbeits- und Berufsforschung / Prognos-Projektion 1997)

3.2.2.1.3 *Individualisierung 'reiner' Dienstleistungen*

'Reine' Dienstleistungen unterscheiden sich von produktbegleitenden dadurch, daß sie selbständig vermarktbar sind. Solche Leistungen, die man auch als „Primärdienstleistungen" oder „Leistungen des institutionellen Dienstleistungssektors" bezeichnet, werden etwa von Unternehmensberatungsgesellschaften, Engineering-Firmen, Leasing-Unternehmen, Versicherungen, Banken u.ä. angeboten. Sie sind – zumeist zwangsläufig – auf die Bedürfnisse einzelner Abnehmer zugeschnitten. Dies rührt daher, daß die betreffenden Leistungen gar nicht ohne die Mitwirkung des Kunden erbracht werden können. Dienstleistungen sind nämlich im allgemeinen dadurch charakterisiert, daß sie an vom Kunden in die Leistungserstellung eingebrachten sog. *„externen Faktoren"* erbracht werden.

Solche externe Faktoren sind Produktionsfaktoren, die dem Anbieter einer Leistung vom Nachfrager für eine begrenzte Zeit zur Verfügung gestellt werden und ohne die eine Dienstleistungserstellung nicht möglich ist. Externe Faktoren befinden sich somit im Gegensatz zu internen Produktionsfaktoren nicht in der Verfügungsgewalt des betreffenden Anbieters bzw. Herstellers einer Leistung und entziehen sich weitgehend dessen Dispositionen.[58] Solche externen Faktoren können dabei sein:[59]

- die Person des Nachfragers selbst bzw. die Mitarbeiter eines nachfragenden Unternehmens, z.B. bei einer Schulungs- oder Trainingsmaßnahme,
- sachliche Objekte, wie etwa eine zu reparierende Maschine oder ein zu reinigendes Gebäude,
- Tiere und Pflanzen, die von einem externen Dienstleister gepflegt oder versorgt werden,
- Rechte, die vom Dienstleister, etwa einem Rechtsanwalt im Rahmen eines Rechtsstreits, in Anspruch genommen werden dürfen,
- Nominalgüter, d.h. die z.B. einer Bank oder einem Unternehmen mit dem Ziel der Erreichung von Zinseinkünften als Einlage zur Verfügung gestellt werden, und schließlich
- Informationen, die im Rahmen einer Dienstleistungserstellung, z.B. von einer Werbeagentur oder einem Unternehmensberater, verarbeitet werden.

Die Tatsache, daß solche von einem konkreten Nachfrager bereitgestellten externen Faktoren in die Dienstleistungsproduktion eingehen, bedeutet aber gleichzeitig, daß jede Dienstleistung immer durch ein Mindestmaß an Kundenindividualität gekennzeichnet ist.

3.2.2.2 *Effektivität und Effizienz der Kundenintegration*

3.2.2.2.1 *Kundenintegration als Charakteristikum der Leistungsindividualisierung*

Die im vorangegangenen Kapitel skizzierten Tendenzen haben deutlich gemacht, daß gerade im Business-to-Business-Sektor kaum mehr von 'fertigen Produkten' als Problemlösung gesprochen werden kann. Vielmehr besitzen die angebotenen Leistungen, auch wenn es sich dabei im Kern um Produktions- oder Investitionsgüter, d.h. um 'Hardware' handelt, immer häufiger und immer mehr einen 'Dienstleistungscharakter', wenn sie nicht sogar gänzlich als Dienstleistungen angesehen werden müssen.

Aus dem Dienstleistungscharakter von investiv und produktiv genutzten Problemlösungen ergeben sich aber auch und nicht zuletzt weitreichende Konsequenzen im Hinblick auf die Gestaltung von Marketingkonzeptionen, die zu ihrer Vermarktung zum Einsatz kommen sollen. Die Leistungen, die den Kunden offeriert werden und die ihnen letztlich den Nutzen stiften sollen, für die sie beim Zustandekommen einer Transaktion die entsprechenden Opfer hergeben, genü-

---

[58] Vgl. Corsten 1985, S. 127, Kleinaltenkamp 1997b, S. 351.

[59] Vgl. Maleri 1973, S. 81 ff.; Hilke 1984, S. 8 f.; Corsten 1985, S. 129; Rosada 1990, S. 15.

gen nämlich anderen Bedingungen als sie typischerweise bei Fertigfabrikaten, speziell im Konsumgüterbereich, anzutreffen sind.

Damit die Kundenindividualität herbeigeführt werden kann, müssen die Kundenwünsche nämlich spezifiziert werden und in den Leistungserstellungsprozeß eines Anbieters eingehen. Dazu ist es notwendig, daß der Nachfrager dem Anbieter zumindest Informationen darüber zur Verfügung stellt, welchen Anforderungen die betreffende Leistung genügen soll, wo und wie sie zum Einsatz kommt etc. Der Anbieter muß also vom Kunden z.B. wissen, welche Kapazität das gewünschten Gut haben, wie es ausgelegt und wie beschaffen sein soll, unter welchen Bedingungen es eingesetzt wird, wann es geliefert werden soll usw. *Jede* Form der Individualisierung – und nicht nur die Erstellung von individualisierten Dienstleistungen – beruht somit auf einer Integration einzelkundenbezogener Informationen als externe Faktoren in den Leistungserstellungsprozeß eines Anbieters.[60]

Zur Verdeutlichung des Sachverhalts soll noch einmal das bereits zitierte Beispiel der Veränderungen in den Kunden-Lieferanten-Beziehungen zwischen der *Mercedes-Benz AG* und der *Keiper Recaro GmbH* herangezogen werden:

- Die *Mercedes-Benz AG* als Kunde räumt der *Keiper Recaro GmbH* als Hersteller das Recht ein, einen Teil des Werksgeländes mit der dazugehörigen Halle zu nutzen.
- Die *Mercedes-Benz AG* liefert kontiniuierlich Informationen über Zahl und Ausführung der zu liefernden Sitze an die *Keiper Recaro GmbH*, damit sie auf dieser Grundlage ihre Fertigung steuern kann.
- Die *Mercedes-Benz AG* hat die Mitarbeiter der *Keiper Recaro GmbH* geschult, damit sie ihre Aufgaben erfüllen kann.
- Die *Mercedes-Benz AG* gewährt der *Keiper Recaro GmbH* das Recht, die Transporte der Sitze auf dem eigenen Werksgelände bis hin zum Einbauort in der Montagehalle durchzuführen.
- Die *Mercedes-Benz AG* stellt der *Keiper Recaro GmbH* Konstruktions- und Planungsdaten zukünftiger Baureihen zur Verfügung, damit sie die entsprechenden Sitzablagen konstruieren und entwickeln kann.

Das Beispiel macht dabei deutlich, daß externe Faktoren, die in einen Leistungserstellungsprozeß eingehen, in aller Regel als Verbunde auftreten,[61] die sich aus mehreren Arten externer Faktoren zusammensetzen. Dabei sind alle anderen Arten externer Faktoren *immer* mit Informationen verknüpft. Informationen nehmen somit als externe Faktoren eine gewisse Sonderstellung ein.[62]

---

60 Vgl. Kleinaltenkamp 1993a, S. 108 f.; Jacob 1995, S.49 ff. Vgl. ähnlich: Mengen 1993, S. 24 ff.

61 Vgl. Corsten 1985, S. 129.

62 Vgl. Rosada 1990, S. 16; Kleinaltenkamp 1992, S. 810; Kleinaltenkamp 1993a, S. 48 f.

Die drei weiter oben skizzierten Formen der Leistungsindividualisierung – Produktindividualisierung i.e.S., Individualisierung durch produktbegleitende Dienstleistungen, Individualisierung 'reiner' Dienstleistungen – sind demnach durch eine Gemeinsamkeit charakterisiert: Sie alle verlangen, daß die Nachfrager durch die Zurverfügungstellung von externen Faktoren an der Produktion der betreffenden Leistungen mitwirken. Dieser Prozeß der Mitwirkung des Kunden bzw. der von ihm zur Verfügung gestellten externen Faktoren an der Leistungserstellung soll im folgenden als *„Kundenintegration"* bezeichnet werden.[63]

Eine Leistungsindividualisierung muß aber nicht zwangsläufig eine spezifische Gestaltung *aller* betreffenden Geschäftsabläufe bedingen. Da es ja darum geht, eine bestimmte Problemlösung kundenindividuell zu gestalten, können im Rahmen der Vorkombination viele Prozesse und Zwischenergebnisse, die zur Hervorbringung dieses Leistungsergebnisses benötigt werden, durchaus standardisiert sein bzw. werden. Lediglich die endgültige Gestaltung des gesamten Leistungsbündels erfolgt anhand der kundenindividuellen Spezifikationen bzw. Wünsche. Die Individualisierung kann sich somit allein oder auch in Kombination auf verschiedene Komponenten eines Angebots beziehen: die Produkt- bzw. Leistungsgestaltung i.e.S., die Kommunikations-, Distributions- und Serviceleistungen sowie die Preis- und Konditionengestaltung.

3.2.2.2.2 Leistungsstandardisierung zur Effizienzsteigerung der Kundenintegration

Wenn die Kunden die Leistungserstellung des Anbieters, wie skizziert, mitsteuern, ergeben sich für den Anbieter allerdings Einschränkungen seiner Entscheidungsfreiräume sowie seiner Möglichkeiten, seine Aktivitäten autonom zu planen und zu steuern. Diese Limitierung richtet sich nicht nur auf die Art und Weise, wie ein Anbieter die Inhalte und die Form der Leistungserstellung gestalten kann, sondern sie bezieht sich auch auf deren zeitliche Komponente. So beklagen beispielsweise viele Anbieter die häufigen Änderungswünsche der Kunden zu einem relativ fortgeschrittenen Zeitpunkt der Leistungserstellung. Diese späten Änderungen erfordern vielfach die Neuplanung und/oder Neuerstellung bereits erzeugter Teilleistungen. Da die einzelkundenbezogenen Informationen immer nur fallweise zum Anbieter fließen, wird dem Anbieter der Aufbau von Erfahrungswerten zur Einschränkung solcher negativen Wirkungen erschwert. Die Leistungsplanung und Leistungserstellung bleiben somit bei zahlreichen Entscheidungen der Unsicherheit unterworfen und können häufig mit entsprechend negativen Auswirkungen auf die Kostenhöhe erst in späten Phasen des Wertschöpfungsprozesses endgültig festgelegt werden. Ein auf Business-to-Business-Märkten tätiger Anbieter muß sich somit immer fragen, inwieweit die von ihm

[63] Vgl. Kleinaltenkamp 1997b.

durch Leistungsindividualisierung gewonnenen Effektivitätssteigerungen nicht wieder durch damit einhergehende Effizienzminderungen überkompensiert werden. Ein wesentliches Mittel zur Umgehung der negativen Wirkungen ist die Standardisierung zumindest von Teilbereichen der Leistung.

Unter dem Begriff der Standardisierung können in einer weiten Begriffsfassung alle Formen der Vereinheitlichung von Objekten zusammengefaßt werden. In wirtschaftlicher Hinsicht sind als Standardisierungsobjekte vor allem Leistungen und Leistungselemente relevant sowie alle Verfahren, die bei ihrer Hervorbringung zum Einsatz kommen. Standardisierung beinhaltet somit zunächst alle Prozesse, in deren Verlauf bestimmte Merkmale und Charakteristika von Produkten oder Systemen bzw. von Produkt- oder Systemteilen, wie z.B. die Art, Form, Größe oder Leistungsfähigkeit, festgelegt werden. Darüber hinaus sind ebenso alle Verfahren und Vorgehensweisen standardisierbar, die im weitesten Sinne bei der Beschaffung, der Produktion und beim Absatz von Leistungen ergriffen werden. Hierzu sind etwa Bestell-, Konstruktions-, Herstellungs- und Prüfverfahren, Maßnahmen der Qualitätssicherung oder des Arbeitsschutzes aber auch Organisations- oder Planungsprozesse zu zählen.

Ergebnis einer einzelbetrieblichen Standardisierung kann zunächst ein unternehmensspezifischer Typ eines Produktes oder eines sonstigen Leistungselements sein. Im Fall der Produktstandardisierung handelt es sich dann etwa um eine Vorgehensweise, bei der die angebotenen Produkte so vereinheitlicht werden, daß mit derselben Ausführung eine Mehrzahl von Abnehmern beliefert werden kann.

Darüber hinaus kann sich die innerbetriebliche Standardisierung auch in einer Vereinheitlichung von innerbetrieblichen Prozessen und Abläufen niederschlagen. Hierzu zählen im wesentlichen alle Regelungen, welche die Ablauforganisation von Unternehmen betreffen.

Daneben vollziehen sich Standardisierungsprozesse auch auf Märkten. Ergebnis solcher marktlichen Standardisierungsprozesse sind (Markt-)*Standards* als Spezifikationen, die von einer Vielzahl oder sogar von allen Marktteilnehmern (Anbietern und Nachfragern) als Konfiguration der betreffenden Leistungen akzeptiert sind.[64] Ein Standard repräsentiert somit immer die Problemlösung, die sich am Markt durchgesetzt hat, unabhängig davon, wo bzw. von wem sie ursprünglich konzipiert wurde und wie sie zustande gekommen ist. Die von einzelnen Unternehmen angebotenen Typen bilden dabei in aller Regel die Basis jeden marktlichen Standardisierungsprozesses. Da sich jedoch nicht alle Typen zu einem Standard entwickeln können, schlägt sich in dem Prozeß der Etablierung eines bzw. mehrerer Standards auf einem Markt gleichzeitig auch ein Selektionsprozeß nieder. In ihm kann sich eine bestimmte Spezifikation durchsetzen, wäh-

---

[64] Vgl. Kleinaltenkamp 1993b, S. 18.

rend häufig eine Vielzahl anderer vom Markt verschwindet oder zur Bedeutungslosigkeit herabsinkt.

Die Entwicklung von Standards auf Märkten resultiert aus der Tatsache, daß das Wissen um die Eigenschaften und Qualitäten von Gütern und Transaktionspartnern auf Märkten am Beginn eines Marktprozesses ungleich verteilt ist. So haben die Nachfrager in der Einführungsphase neuer Produkte bzw. Technologien zunächst einen großen Informationsbedarf hinsichtlich der funktionalen Eigenschaften der Produkte. Die fehlenden Erfahrungswerte machen eine Qualitätsbeurteilung z.T. völlig unmöglich. Das Risiko, eine Fehlentscheidung zu treffen, wird als um so höher empfunden, je höherwertiger das Gut ist und - im Fall von investiv genutzten Produkten - je einschneidender der mit seinem Einsatz verbundene Wandel der betrieblichen Abläufe ist. Da die Leistung eines Anbieters nicht nur das Angebot eines Einzelproduktes umfaßt, sondern vielfach auch seine individuelle Anpassung an die Gegebenheiten beim Nachfrager und die Implementierung in dessen Verwendungszusammenhang, verschärft sich die Unsicherheitsproblematik noch dadurch, daß der Nachfrager auch die diesbezügliche Leistungsfähigkeit des Anbieters nicht oder kaum beurteilen kann.

Durch das Tätigen von Transaktionen erlangen zunächst lediglich einzelne Nachfrager aufgrund des damit verbundenen Informationstransfers Kenntnisse über die betreffende Leistung und den jeweiligen Anbieter. Zudem erwerben sie Erfahrungen mit dem Produkt und gewinnen Informationen darüber, ob und inwieweit ein Anbieter gegebene Leistungsversprechen tatsächlich eingehalten hat. In der Folge steigt auch das Wissen anderer Marktteilnehmer, etwa durch Erfahrungsaustausch zwischen Nachfragern, Veröffentlichungen, Messepräsentationen u.ä., so daß sich die Unsicherheiten bezüglich der Verwendung eines neuen Produktes stetig abbauen.

Die mit erfolgter Standardetablierung verbundenen Informationseffekte lassen sich zunächst grob im Hinblick auf ihre Relevanz für Nachfrager und Anbieter unterscheiden: Für die Nachfrager resultiert daraus ein Abbau der mit technologischen Innovationen verbundenen Unsicherheiten hinsichtlich der Verwendungsmöglichkeiten des betreffenden Produkts und in bezug auf die Zahl der Mitverwender. Dadurch sind die Nachfrager nicht zuletzt auch besser über ihre Möglichkeiten zur Nutzung direkter und/oder indirekter Netzeffekte informiert, die einen wesentlichen Teil des Nutzenkalküls ausmachen. Solche Netzeffekte entstehen dann, wenn der Nutzen eines Produktes bzw. Systems dadurch erhöht wird, daß gleiche oder ähnliche Güter auch von anderen Marktteilnehmern verwendet werden bzw. verwendet werden können:[65]

- Direkte Netzeffekte ergeben sich dann, wenn eine physikalische Verbindung zwischen den verschiedenen Geräten vorhanden ist, deren Nutzung den ei-

[65] Vgl. McKnight 1987, S. 417 u. 421; Pfeiffer 1989, S. 17 ff.; Wiese 1990, S. 3 f.

gentlichen Zweck des betreffenden Gutes darstellt. So entsteht der Nutzen eines Telefons, eines Telefax-Gerätes o.ä. erst dadurch, daß auch andere Teilnehmer entsprechende Geräte besitzen. Er ist um so größer, je größer die „installierte Basis" ist, d.h. je mehr Teilnehmer ein solches Netz umfaßt. Vielfach ist die Akzeptanz solcher Produkte sogar erst dann gegeben, wenn eine bestimmte „kritische Teilnehmerzahl"[66] oder „kritische Schwelle"[67] überschritten bzw. eine „kritische Masse"[68] erreicht wird.

- Demgegenüber stellen sich indirekte Netzeffekte dadurch ein, daß das Angebot an *Komplementär*leistungen und deren Nutzungsmöglichkeiten erhöht wird.[69] Die Wirkung solcher indirekter Netzeffekte kann beispielhaft an den überbetrieblichen Standardisierungsprozessen bei Video-Rekordern und Personal Computern verdeutlicht werden. So haben die Verfügbarkeit bespielter Video-Kassetten und die Möglichkeit, sie zu leihen bzw. zu tauschen, ebenso zur Akzeptanz und Verbreitung von *VHS*-Video-Rekordern und damit des *VHS*-Standards beigetragen, wie das Angebot lauffähiger Anwendungssoftware zur Durchsetzung der *IBM*-PCs und des *IBM*-PC-Standards.[70]

Für die Anbieter entfällt durch die Standardetablierung demgegenüber der 'Schutz der Ungewißheit' über die sich durchsetzende technische Spezifikation, wodurch ein Markterfolg herstellerindividueller Lösungen immer unwahrscheinlicher wird. Gleichzeitig bedeutet dies, daß die Produktion großer Stückzahlen auf der Basis der Standard-Konfiguration erfolgversprechend wird. Ebenso ist es 'Newcomern' leichter möglich, in den Markt einzutreten, da nun Informationen über die Qualitätsanforderungen an das betreffende Produkt kostenlos zur Verfügung stehen.

Mit der Etablierung überbetrieblicher Standards auf einem Markt ist somit immer auch eine Informationsabgabe an die Marktteilnehmer verbunden, die sich nicht nur auf den Inhalt der betreffenden Spezifikation bezieht, sondern auch auf die Tatsache, daß sich eben diese Spezifikation durchgesetzt hat. Damit verbunden ist eine zunehmende Vereinheitlichung der Informationen auf der Anbieter- wie der Nachfragerseite über die auf dem betreffenden Markt getauschte Leistung bzw. über bestimmte Leistungseigenschaften. Insofern dienen Standards genau so wie Preise als Informationsträger im Marktprozeß, die sowohl Nachfrager als auch den Anbieter bei ihrer Informationsgewinnung („Screening") und Informationsübertragung („Signaling") unterstützen. Standards können damit auch als 'Regeln' aufgefaßt werden, in denen sich eine Stan-

---

66 Backhaus/Weiber 1987, S. 76.

67 Wiese 1990, S. 6.

68 Weiber 1992, S. 19.

69 Vgl. Farrell/Saloner 1985, S. 71; Katz/Shapiro 1986, S. 146; Pfeiffer 1989, S. 18 f.

70 Vgl. Kleinaltenkamp 1993b, S. 32.

dardisierung des Verhaltens der Marktteilnehmer niederschlägt, zu welcher diese aufgrund der Unsicherheiten der Umwelt tendieren.

3.2.2.2.3 Standardisierung und Individualisierung im Marktprozeß

Die mit einer Standardisierung einhergehende Vereinheitlichung der Informationssituation auf den Marktseiten führt darüber hinaus zu einer Veränderung des Einsatzes verschiedener Wettbewerbsparameter im Zeitablauf und in der Folge zu einer Veränderung der Marktstrukturen auf der Anbieterseite. Die in den frühen Marktphasen dominierenden Aktivitäten, die aufgrund der Neuartigkeit einer Problemlösung primär auf eine Steigerung des Nutzens des Nachfragers ausgerichtet sind, werden bei fortschreitender Standardisierung der betreffenden Leistungen zunehmend durch Maßnahmen abgelöst, die den Preis als zentralen Wettbewerbsparameter beinhalten. Die Gründe hierfür sind zunächst nachfragebedingt.

Die Vergrößerung des mengenmäßigen Marktvolumens auf standardisierten Märkten führt zu einem nachfragerseitigen Druck auf die Preise. Aufgrund der informatorischen Wirkungen der Standardetablierung sind die Nachfrager eher und besser in der Lage, die Leistungsangebote verschiedener Anbieter miteinander zu vergleichen. Das hat zur Folge, daß sie bei einer subjektiv als gleichartig empfundenen Leistungsfähigkeit zweier konkurrierender Produkte eher dem Anbieter den Zuschlag geben, der ihnen das preisgünstigere Angebot unterbreitet.

Beispielhaft läßt sich der skizzierte Zusammenhang an der in der Abbildung dargestellten Preisentwicklung für Speicherchips in den Jahren 1975 bis 1990 erkennen (Vgl. Abb. 18).

Über diese nachfragebezogenen Ursachen hinaus wird die Tendenz zum Preiswettbewerb zusätzlich durch angebotsbedingte Faktoren verstärkt. Das mit einer Standardetablierung einhergehende Marktwachstum und die damit verbundenen Erlös- und Gewinnerwartungen haben in Kombination mit dem Wissen um die 'Standardlösung' nämlich zur Folge, daß sowohl neue Wettbewerber in die Märkte drängen als auch aktuelle Anbieter ihre Produkte verstärkt an den Standard anpassen. Durch diese anbieterseitigen Effekte wird die Diffusionsgeschwindigkeit der betreffenden Produkte weiter erhöht, da die Nachfrager für gleiche Leistungen laufend geringere Preise zahlen müssen.

Die Entwicklung hin zu einem sich verschärfenden Preiswettbewerb wird darüber hinaus in sehr späten Phasen der Marktprozesse noch forciert, wenn die Nachfrage weitgehend gesättigt ist und deshalb das realisierte Marktvolumen stagniert oder rückläufig ist. So kann eine 'Stagnationsspirale' in Gang kommen: Der Preiswettbewerb erhöht zunächst den Kostendruck auf die Anbieter. Kostensenkungen sind jedoch in diesem Stadium, in dem die Produkte bereits weitestgehend standardisiert sind, nur durch eine konsequente Ausnutzung von Erfah-

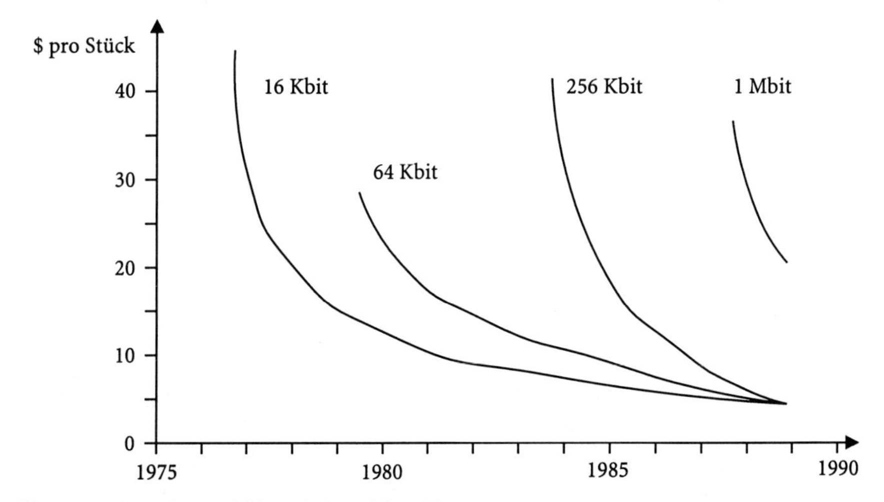

Abb. 18. Die Preisentwicklung bei Speicherchips (Quelle: Pfeiffer/Weiss 1990, S. 22)

rungskurven-Effekten[71] zu erreichen. Die dazu notwendige Produktion größerer Stückzahlen erfordert wiederum den Aufbau weiterer Kapazitäten. Die sich so entwickelnden Überkapazitäten verschärfen den Preiswettbewerb und den Kampf um Marktanteile bei ohnehin stagnierender bzw. rückläufiger Nachfrage zusätzlich usw.

Mit der Verschärfung des Preiswettbewerbs geht häufig eine Konzentration auf seiten der Anbieterschaft einher. Dem Preiskampf sind nämlich im allgemeinen nur jene Anbieter gewachsen, denen es gelingt, entsprechend kostengünstig zu produzieren. Da aufgrund des zumindest langfristig beschränkten Marktvolumens nicht alle Anbieter gleichzeitig entsprechende Erfahrungskurven-Effekte realisieren können, kommt es in aller Regel zu einem Ausscheiden von Unternehmen bzw. zu Übernahmen und damit letztlich zu einem Oligopolkampf um Marktanteile.

Die dargestellten Zusammenhänge sind der Grund dafür, daß in der Realität Standardisierung und Individualisierung häufig parallel zum Einsatz kommen. Die Folge ist, daß im Angebot eines Anbieters neben den 'reinen' Formen der vollständigen Individualisierung bzw. Standardisierung die verschiedenartigsten Fälle der Kombination der beiden Arten der Leistungsgestaltung auftreten. Die Schnittstelle zwischen kundenabhängiger und kundenunabhängiger Leistungserstellung wird auch als „Order-penetration-point“[72] bezeichnet.

[71] Vgl. Henderson 1984.

[72] Ihde 1988.

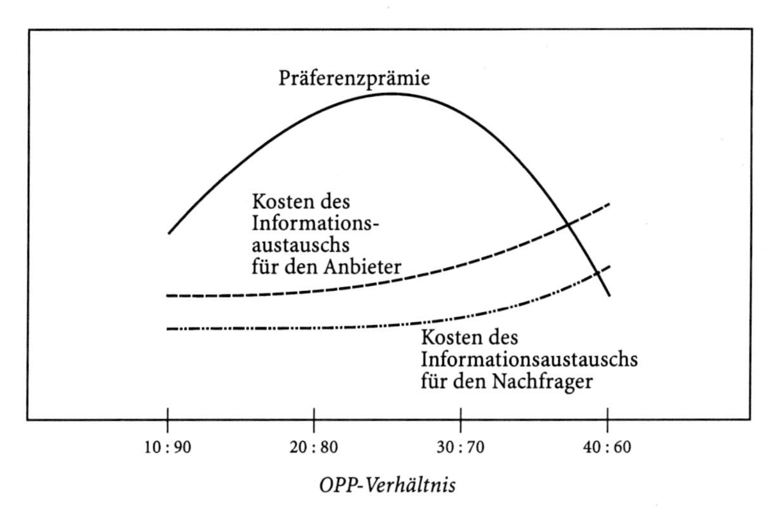

Abb. 19. Präferenzprämie und Kosten des Informationsausstauschs in Abhängigkeit vom Order-Penetration-Point-Verhältnis (Quelle: Jacob/Kleinaltenkamp 1994, S. 31)

Die Schwierigkeit jeder Leistungskonfiguration besteht somit nun darin, ein im Hinblick auf die ökonomischen Wirkungen optimales Verhältnis von standardisierter und individualisierter Leistungsgestaltung, das sog. „kritische Standardisierungs- oder Typisierungsmaß“[73] zu bestimmen. Eine Lösung dieses Entscheidungsproblems kann gefunden werden, indem man der preislichen Präferenzprämie, die durch eine Individualisierung aufgrund der Kundennähe der Problemlösung erzielbar ist, die zusätzlichen Kosten des Informationsaustausches gegenüberstellt, die gleichfalls durch die Individualisierung verursacht werden. Empirische Untersuchungen dieses Zusammenhangs deuten darauf hin, daß eine optimale Relation im Produkt- und im Systemgeschäft zwischen Werten von 20 : 80 und 30 : 70 für den jeweiligen Anteil individualisierter und standardisierter Leistungsbestandteile liegt (vgl. Abb. 19).

Ein solches optimales Standardisierungsmaß kann jedoch im Einzelfall nicht als über die Zeit stabil angenommen werden, da sich mit fortschreitendem Marktprozeß sowohl die Kaufrelevanz standardisierter und individualisierter Leistungsmerkmale und damit auch die Präferenzprämie verändern als auch die für den Informationstransfer anfallenden Kosten.

[73] Gutenberg 1983, S. 114.

3.3 Charakteristika von Leistungsangeboten im Business-to-Business-Bereich

3.3.1 Problemlösungen als Leistungsbündel

Die vorangegangenen Ausführungen haben deutlich gemacht, daß Problemlösungen im Business-to-Business-Marketing zu einem ganz überwiegenden Anteil keine 'einfachen' Produkte darstellen. Die angebotenen Leistungen setzen sich vielmehr aus mehreren gleich- oder verschiedenartigen Teilleistungen zusammen. Diese *Leistungsbündel* werden durch den Anbieter zur Lösung eines speziellen Nachfragerproblems geschnürt und am Markt abgesetzt. Das geschieht zumeist gegen Entgelt, erfolgt z.T. aber auch unentgeltlich, etwa dann wenn eine unverbindliche Beratung gewährt, eine Vorstudie durchgeführt wird o.ä. Am Markt werden demnach niemals nur einzelne Leistungen abgesetzt. Eine Problemlösung ist vielmehr *immer* eine Kombination verschiedener Teilleistungen. Sie können in zweierlei Hinsicht unterschieden werden:

- Zum einen danach, in welchem Umfang sich die Problemlösung jeweils aus materiellen oder immateriellen Leistungselementen zusammensetzt. Diese Unterscheidung betrifft somit das Leistungsergebnis, das einem Nachfrager letztlich als Problemlösung dient.
- Zum anderen im Hinblick auf die Frage, in welchem Ausmaß die Teilleistungen mit oder ohne Mitwirkung des Kunden erstellt werden (können). Hier sind die Leistungserstellungsprozesse angesprochen, die zur Hervorbringung der Teilleistungen durchgeführt werden, die in ein Leistungsergebnis eingehen.

Abbildung 20 veranschaulicht diesen Zusammenhang am Beispiel der Leistung eines Zulieferers für die Automobilindustrie, wobei zwischen den gelieferten materiellen und immateriellen Leistungselementen sowie den gewährten Rechten unterschieden wird.
Daraus ergibt sich folgendes Zwischenfazit:

- Problemlösungen enthalten – im Leistungsergebnis – in unterschiedlichem Umfang materielle und immaterielle Komponenten.
- Die in Problemlösungen enthaltenen Leistungselemente werden – in den Leistungserstellungsprozessen – in unterschiedlichem Maße autonom, d.h. ohne Mitwirkung des externen Faktors, oder integrativ, d.h. durch Integration eines externen Faktors, erstellt.

Folgt man dieser Auffassung, dann kann die in Abb. 21 dargestellte Typologie von Leistungsbündeln abgeleitet werden.

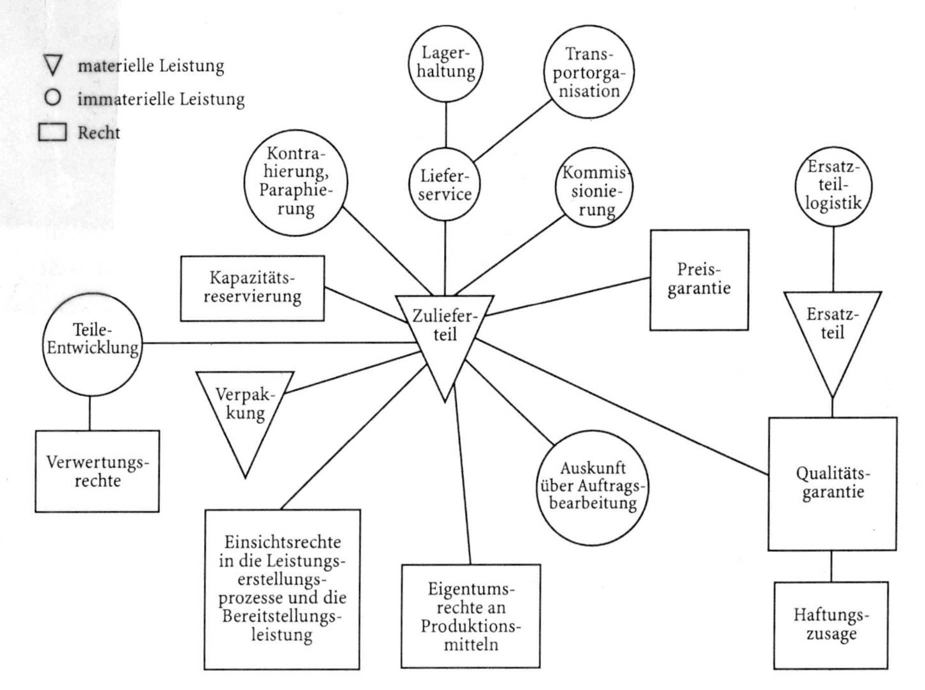

Abb. 20. Die Zulieferung als Leistungsbündel
(Quelle: Freiling 1994, S. 24)

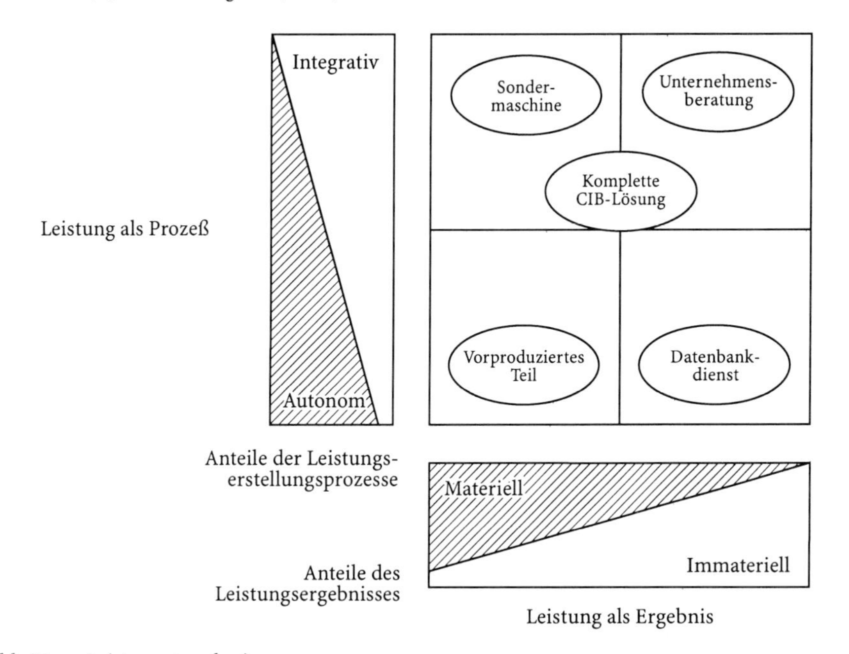

Abb. 21. Leistungstypologie
(In Anlehnung an: Engelhardt/Kleinaltenkamp/Reckenfelderbäumer 1993, S. 416)

Die Extremfälle dieser Typologie können wie folgt charakterisiert werden:[74] Es existieren

- erstens Problemlösungen, die ausschließlich bzw. in hohem Maße materielle Leistungsergebnisbestandteile beinhalten und die vom Anbieter weitgehend autonom erstellt werden (z.B. vorproduzierte Teile),
- zweitens Problemlösungen, die ausschließlich bzw. in hohem Maße immaterielle Leistungsergebniskomponenten beinhalten und die vom Anbieter weitgehend autonom erstellt werden (z.B. Datenbankdienste),
- drittens Problemlösungen, die ausschließlich bzw. in hohem Maße materielle Leistungsergebnisbestandteile beinhalten und die vom Anbieter unter weitgehender Mitwirkung externer Faktoren erstellt werden (z.B. Sondermaschinen),
- viertens Problemlösungen, die ausschließlich bzw. in hohem Maße immaterielle Leistungsergebniskomponenten beinhalten und die vom Anbieter unter weitgehender Mitwirkung externer Faktoren erstellt werden (z.B. Unternehmensberatungsleistungen).

Die Mehrzahl der Problemlösungen im Business-to-Business-Bereich ist aber aufgrund ihres Bündelcharakters dadurch gekennzeichnet, daß sie sich aus verschiedenen solcher Leistungsarten zusammensetzen. Überträgt man die Überlegungen beispielsweise auf eine einem Nachfrager angebotenen CIB-Lösung (Computer Integrated Business[75]), können die folgenden Teilleistungen identifiziert werden (vgl. Abb. 21).

- Zum einen gehen in CIB-Konzeptionen vorproduzierte materielle Leistungen ein. Das Spektrum reicht hier von genormten Schrauben und Muttern bis hin zu Standardmaschinen oder Standard-PCs, die etwa in einem Leitstand oder bei der Steuerung von Werkzeugmaschinen, Transporteinrichtungen o.ä. zum Einsatz kommen.
- Darüber hinaus werden ebenfalls autonom erstellte Leistungen genutzt, deren Leistungsergebnis überwiegend immaterieller Natur ist. Hier sind etwa Standard-Software-Programme zu nennen, die z.B. als Betriebssysteme von Rechnern unterschiedlichster Größenordnung verwendet werden.
- Andererseits werden einzelne Komponenten, die überwiegend materieller Natur sind, in hohem Maße in Interaktion mit dem Kunden erstellt. Dazu zählen etwa Sondermaschinen, die auf die speziellen Belange des Nachfragers hin konstruiert und hergestellt werden und im Rahmen von CIB-Konzeptionen, z.B. zum Bohren, Fräsen, o.ä., genutzt werden.
- Zudem werden in hohem Maße immaterielle Leistungen benötigt, die gleichfalls nur in Kooperation mit dem Kunden erstellt werden können. Hierunter

---

[74] Vgl. ähnlich: Meyer 1991, S. 207.

[75] Vgl. Abschnitt 3.1.3.

fallen alle Beratungs- und Planungsleistungen, die nicht zuletzt von externen Anbietern erbracht werden: von der allgemeinen Unternehmensberatung, der Organisationsanalyse und -beratung, der CIB-Einführungsplanung und -beratung bis hin zur Planung von Hallen-Layouts u.ä.

- Die eigentliche Integration der verschiedenen Teilkomponenten zu einem kompletten CIB-System kann schließlich als eine Leistung angesehen werden, in der sich in hohem Maße Elemente der vier zuvor unterschiedenen Grundtypen mischen. Der materielle Anteil am Leistungsergebnis besteht aus den in eine CIB-Konzeption eingehenden Hardware-Bestandteilen. Demgegenüber stellen die Planung und Konzipierung der CIB-Lösung selbst und die dazu notwendigen Analysen im wesentlichen immaterielle Leistungskomponenten dar. Der Prozeß der Erstellung und Realisierung einer CIB-Konzeption kann nur durch intensive Interaktion mit dem Kunden erfolgen, wobei nicht nur Informationen des Kunden, z.B. über seine gegenwärtige und zukünftige Geschäftspolitik, Zahl und Qualifikation der Mitarbeiter, Umfang und Qualität der existierenden Ausrüstungen u.ä., sondern durchaus auch Personen, wie Mitarbeiter, die geschult werden müssen, und Objekte, wie umzugestaltende Büro- und Fabrikausstattungen, als externe Faktoren in den Leistungserstellungsprozeß eingehen. Darüber hinaus werden in aller Regel aber auch autonom vorproduzierte Teile und Aggregate zur Realisierung eines umfassenden CIB-Systems benötigt.

3.3.2 Dimensionen und Eigenschaften von Leistungsbündeln

3.3.2.1 Leistungsdimensionen

Aus der Tatsache, daß alle im Business-to-Business-Sektor angebotenen Problemlösungen Bündel unterschiedlicher Leistungsarten darstellen, ergeben sich weitreichende Konsequenzen für ihre Vermarktung. Um sie aufzeigen zu können, hat es sich als zweckmäßig erwiesen, zwischen den folgenden drei Dimensionen zu unterscheiden, die Bestandteil jeder (Teil-)Leistung sind und im folgenden als die *„Leistungsdimensionen"* bezeichnet werden sollen:[76]

- Zunächst und zuallererst muß ein Anbieter überhaupt über die Fähigkeit und die Bereitschaft verfügen, eine Tätigkeit auszuüben, einen Auftrag anzunehmen, ein Produkt zu erstellen, d.h. eine Problemlösung offerieren zu können. Hierzu benötigt er ein *„Leistungspotential"*, das die eigentliche Leistungserstellung erst möglich macht. Dieses Potential besteht zunächst aus einer Kombination der internen Potential- und Verbrauchsfaktoren. Potentialfaktoren

[76] Weitere Erläuterungen zu Inhalt und Bedeutung der Dimensionen finden sich z.B. bei Engelhardt 1989, S. 278–281, Hilke 1989, S. 10–15, Meyer 1991, S. 197, Rosada 1990, S. 20–22.

sind – wie es der Name schon sagt – solche Produktionsfaktoren, die über ein Potential zur Leistungsabgabe verfügen. Hierzu zählen etwa die Mitarbeiter eines Unternehmens, seine Maschinen und Anlagen, Gebäude usw. Demgegenüber werden die Verbrauchsfaktoren bei der späteren Erstellung einer Leistung verbraucht, entweder dadurch, daß sie als Rohstoffe, Material o.ä. in die Leistung unmittelbar eingehen, oder daß sie etwa als Hilfs- oder Betriebsstoffe bei der Durchführung des Leistungserstellungsprozesses benötigt und ebenfalls verbraucht werden.[77] Auch solche Verbrauchsfaktoren müssen bei der Konfigurierung eines Leistungspotentials bereits vorhanden sein, da sie nicht erst dann beschafft werden können, wenn die eigentliche Leistungserstellung beginnt.

- Mit Hilfe der Potential- und Verbrauchsfaktoren können zudem im Rahmen einer Vorkombination, d.h. ohne Vorliegen einer konkreten Kundenorder und lediglich auf angenommene Kundenbedürfnisse und -bedarfe 'spekulierend',[78] bereits unfertige oder fertige Erzeugnisse produziert werden. Die im Rahmen der Vorkombination entstandenen Erzeugnisse stellen zusammen mit dann noch vorhandenen Potential- und Verbrauchsfaktoren die *internen Faktoren* einer Leistungserstellung dar.

Das Leistungspotential eines Unternehmen kann je nach der Art des Geschäfts, in dem es tätig ist, ganz unterschiedliche Ausprägungen annehmen: Bei einem Unternehmen der Flugzeugindustrie besteht das Leistungspotential aus einer Vielzahl von Mitarbeitern unterschiedlichster Qualifikation, einer großen Anzahl von Werks- und Montagehallen, den verschiedensten Maschinen und Anlagen, umfangreichen Vorräten an Roh-, Hilfs- und Betriebsstoffen usw. Ein Makler benötigt für sein Leistungspotential im Extremfall außer seiner eigenen Arbeitskraft nur noch ein Büro mit der entsprechenden Einrichtung und einen Telekommunikationsanschluß.

- Erst wenn ein Leistungspotential vorhanden ist, kann ein *„Leistungserstellungsprozeß“* durchgeführt werden. Er kommt dadurch zustande, daß ein gegebenes Leistungspotential 'aktiviert' wird, und stellt eine Tätigkeit dar, deren Ziel die Erstellung eines Leistungsergebnisses ist. Für die Erreichung des Ziels werden im Verlauf des Leistungserstellungsprozesses die bereits vorhandenen internen Faktoren genutzt bzw. verbraucht. Der Leistungserstellungsprozeß ist keineswegs allein auf den Bereich der Fertigung als Funktionalbereich eines Unternehmens beschränkt Vielmehr zählen alle Aktivitäten dazu, die über die Potentialgestaltung hinaus notwendig sind, um einem Kunden eine Problemlösung verfügbar zu machen: von speziellen Forschungs- und Entwicklungsaktivitäten, über die eigentliche Fertigung der Leistung bis hin zum Vertrieb

---

[77] Vgl. Gutenberg 1983, S. 2 ff.

[78] Vgl. Schneider 1995, S. 33 f., sowie die dort zitierte Literatur.

und zur Rechnungstellung u.ä.m. Insofern kann der Gesamtprozeß einer Leistungserstellung auch - zumindest gedanklich - in mehrere bzw. viele Teilprozesse gegliedert werden, die erst in ihrer Gesamtheit zu dem gewünschten Leistungsergebnis führen: der vom Kunden gewünschten Problemlösung.

Diese Teilprozesse der Leistungserstellung unterscheiden sich allerdings - wie bereits gezeigt wurde - in einer Hinsicht grundlegend: Auf der einen Seite gibt es im Rahmen der Potentialgestaltung solche (Produktions-)Prozesse, die von einem Anbieter völlig autonom, d.h. allein auf der Basis seiner eigenen Dispositionen gesteuert und durchgeführt werden können. Auf der anderen Seite existieren aber auch Prozesse, die nur dadurch zustande kommen können, daß der Kunde an ihnen in irgendeiner Form mitwirkt („Kundenintegration"[79]).

- Das *„Leistungsergebnis"* ist schließlich das Resultat einer abgeschlossenen Tätigkeit, nämlich des Leistungserstellungsprozesses. Erst dieses Leistungsergebnis ist dazu geeignet, einen Nutzen für den Nachfrager zu stiften. Das Spektrum der Leistungsergebnisse reicht im Business-to-Business-Sektor von der schlüsselfertig übergebenen Großanlage incl. aller damit verbundenen Dienstleistungen über die fertiggestellten und gelieferten Maschinen bis hin zum fertigungssynchron angelieferten Zulieferteil, zum abgeschlossenen Beratungsprojekt oder einer durchgeführten Schulungsmaßnahme.

Abbildung 22 veranschaulicht noch einmal die skizzierten Leistungsdimensionen.

Die Integration externer, d.h. vom Kunden beizustellender Faktoren in den Leistungserstellungsprozeß hat wesentliche Auswirkungen auf das Marketing. Sie rühren daher, daß in solchen Fällen die Einigung zwischen Anbieter und Nachfrager nicht auf der Grundlage eines 'fertigen' Produktes erfolgt, sondern seitens des Anbieters zunächst lediglich ein Leistungsversprechen abgegeben werden kann.

Die später zu erbringende Leistung existiert zum Zeitpunkt der Kontaktaufnahme zwischen Anbieter und Nachfrager aus der Sicht des Anbieters lediglich als „konzeptionelle Ausprägung", die „gewissermaßen die gedankliche, gestalterische Vorstufe der ihr nachfolgenden Leistungskonkretisierungsphase"[80] darstellt. Diese Lösungskonzeption erfährt erst dann eine mehr oder weniger starke Veränderung bzw. Konkretisierung, wenn die Ansprüche des Nachfragers in den Leistungserstellungsprozeß eingebracht werden.[81] Dieser Konkretisierungsprozeß ist um so intensiver, je mehr die betreffende Leistung individualisiert auf die Wünsche eines einzelnen Nachfragers zugeschnitten ist. Je mehr es sich aber um eine standardisierte Leistungserbringung handelt, desto mehr kann die konkrete

[79] Vgl. Abschnitt 3.2.2.2.1.

[80] Kern 1979, Sp. 1436.

[81] Vgl. Meinig 1991, S. 22; Engelhardt/Kleinaltenkamp/Reckenfelderbäumer 1992, S. 37 ff.

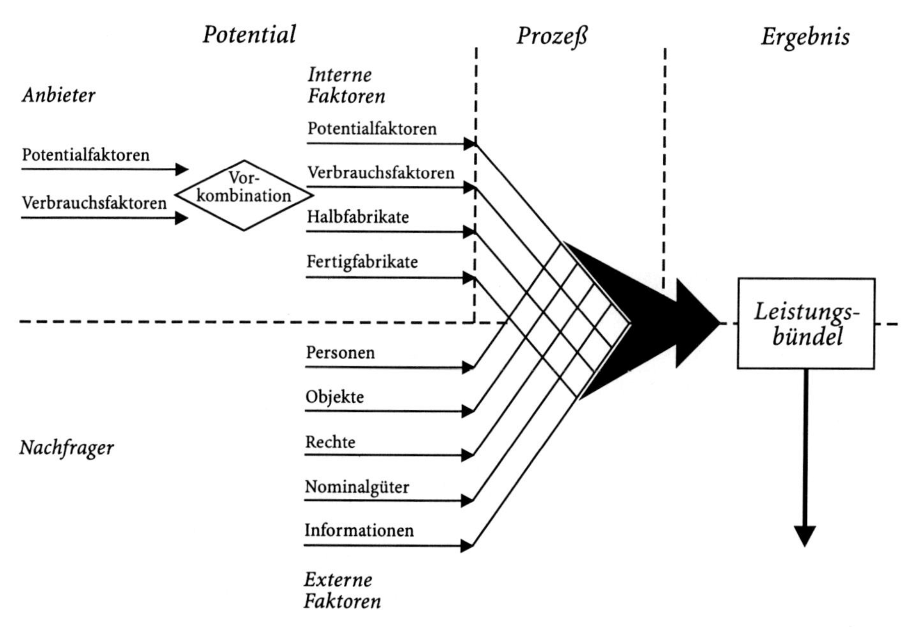

Abb. 22. Leistungsdimensionen
(Quelle: Kleinaltenkamp 1997b, S. 351)

Problemlösung zu entsprechend größeren Teilen bereits vorab, d.h. vor einem konkreten Interaktionsprozeß mit einem Nachfrager, autonom erstellt werden. So werden etwa beim Angebot eines Baukastensystems alle bzw. die Mehrzahl der betreffenden standardisierten Baukasten-Elemente vorab produziert und sodann durch die konkreten Informationen eines Kunden 'nur' noch miteinander kombiniert.

Der Anbieter kann bis dahin lediglich sein Leistungspotential präsentieren, das seine Produktionskapazitäten, seine Human-Ressourcen und das ihm zur Verfügung stehende Know-how umfaßt.[82] Zum Leistungserstellungsprozeß kommt es erst nach der Einigung zwischen Anbieter und Nachfrager über die zu erbringende Leistung, und erst am Ende dieses Leistungserstellungsprozesses steht das vom Nachfrager gewünschte Leistungsergebnis (vgl. Abb. 23).

[82] Vgl. Jacob 1995, S. 55 ff.

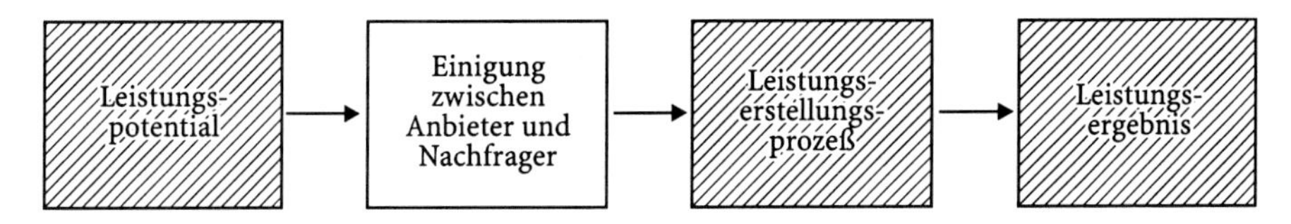

Abb. 23. Der Transaktionsprozeß bei Kundenintegration (In Anlehnung an: Kleinaltenkamp/Plötner 1994, S. 133)

3.3.2.2 *Leistungseigenschaften*

Im folgenden wollen wir nun die Perspektive wechseln und uns fragen, welche Konsequenzen aus den dargestellten Besonderheiten von Leistungen für die Nachfrager resultieren.

Die wichtigste Auswirkung ist, daß die Nachfrager in hohem Maße Unsicherheit darüber verspüren, ob die konkrete Problemlösung, über die sie ja erst in der Zukunft verfügen können, tatsächlich den gewünschten Anforderungen entsprechen wird.[83] Um ihre Unsicherheit zu reduzieren, versuchen Kunden, sich problemlösungsspezifisches Wissen anzueignen, mit dessen Hilfe sie abschätzen können, ob bzw. inwieweit die angebotene Problemlösung tatsächlich der erhofften Kosten-Nutzen-Relation gerecht werden wird. Dafür stehen einem Nachfrager prinzipiell drei Wege offen:

- Zunächst ist es möglich, alle jene Leistungsmerkmale in Augenschein zu nehmen, zu begutachten und zu bewerten, die zum Zeitpunkt der Kaufentscheidung schon existent sind. Diese Vorgehensweise der Beschaffung und Bewertung von Informationen wird in der Wissenschaft mit dem Begriff „to search“ belegt. Bei den betreffenden Eigenschaften von Leistungen wird dementsprechend von den *„search qualities“*[84] bzw. den *„Sucheigenschaften“*[85] einer Problemlösung gesprochen.

  Die eigentlichen Problemlösungen, d.h. die angebotenen Leistungsergebnisse, verfügen jedoch im Business-to-Business-Bereich häufig nur in geringem Maße über solche „search qualities“, oder sie sind, auch wenn sie existieren, für die Beschaffungsentscheidungen der Nachfrager nur von untergeordneter Relevanz.[86]

---

[83] Vgl. Kaas 1990, S. 539 ff.; vgl. auch Kapitel „Industrielles Kaufverhalten“ in diesem Band.

[84] Nelson 1970, S. 312.

[85] Rosada 1990, S. 115.

[86] Vgl. Gemünden 1981, S. 30 f.; Plinke 1989, S. 306; Backhaus 1992, S. 785 ff.; Kleinaltenkamp 1992, S. 814 f.; Backhaus/Späth 1994, S. 27 ff.

Beispiel:
Bei der Anschaffung eines EDV-Netzes interessiert einen Kunden weniger die Beschaffenheit der Kabel und Stecker. Vielmehr möchte er wissen, ob die Kommunikationsmöglichkeiten des Systems auch tatsächlich in gewünschtem Maße genutzt werden können, was er jedoch erst beim alltäglichen Arbeiten mit dem EDV-Netz erfahren wird. In diesem Fall sind somit vornehmlich solche Leistungsmerkmale von Bedeutung, über deren Ausprägung der Kunde erst nach seiner Kaufentscheidung Gewißheit haben wird.

- Über die „search qualities" hinaus gibt es somit offensichtlich auch solche Leistungsmerkmale, die einem Kunden erst dadurch einer Beurteilung zugänglich werden, daß er eine entsprechende Erfahrung macht, d.h. die Leistung tatsächlich in Anspruch nimmt bzw. einen von ihm vergebenen Auftrag tatsächlich durchführen läßt. Diese Eigenschaften einer Problemlösung werden daher als *„experience qualities"*[87] bzw. *„Erfahrungseigenschaften"*[88] bezeichnet.

  Solche Erfahrungen müssen nicht notwendigerweise vom Kunden selbst gemacht werden. Die betreffenden Eigenschaften können nämlich auch auf der Grundlage von Fremderfahrungen beurteilt werden. Derartige Informationen können auf zweierlei Wegen gewonnen werden: Entweder verfügen andere Nachfrager darüber, weil sie selbst schon einmal oder mehrfach mit dem betreffenden Anbieter Geschäfte getätigt haben, oder sie können von öffentlichen Stellen oder Organisationen, deren Aufgabe es u.a. ist, solche Qualitätsbeurteilungen abzugeben, wie z.B. *IHK, TÜV, DGQS* u.ä., erworben werden.
- Schließlich gibt es auch solche Leistungsmerkmale, deren Qualität vom Kunden nicht einmal nach dem Kauf und dem Einsatz der beschafften Problemlösung überprüft werden kann. Hierfür kann es zwei Gründe geben:
- Erstens kann es objektiv unmöglich sein, ein bestimmtes Leistungsmerkmal zu beurteilen.

  Beispiel
  Die Güte einer von einer Werbeagentur entwickelten, langfristig angelegten Imagewerbung ist für das umworbene Unternehmen selbst nach Abschluß der Kampagne nur schwer ermittelbar, da während der Zeit der Schaltung auch eine Reihe anderer Einflußfaktoren zu möglichen Einstellungsänderungen geführt haben kann.
- Zweitens könnte eine Beurteilung einer bestimmten Eigenschaft zwar prinzipiell möglich sein, die Kosten für die dazu notwendige Informationssammlung und -bewertung sind aber so hoch, daß der Nachfrager davor zurückschreckt. Dies gilt sowohl für eine Beurteilung vor als auch nach dem Kauf.

---

[87] Nelson 1970, S. 312.

[88] Rosada 1990, S. 115.

Beispiel
Wenn ein Unternehmen eine größere Menge Schrauben beschafft, wird es im Rahmen seiner Wareneingangskontrolle im allgemeinen nicht die genauen Materialeigenschaften jeder einzelnen Schraube überprüfen. Die Kosten hierfür stünden in keinem Verhältnis zum Wert der Produkte.

- Unabhängig davon, ob nun die betreffenden Eigenschaften objektiv nicht beurteilt werden können oder man die Beurteilungskosten nicht tragen will oder kann, in beiden Fällen muß der Nachfrager beim Vertragsabschluß dem Anbieter vertrauen, daß dieser seine Versprechungen in bezug auf die Qualität der betreffenden (Teil-)Leistungen auch tatsächlich einhalten wird. Man bezeichnet diese Merkmale einer Problemlösung deshalb auch als *„credence qualities“*[89] bzw. *„Vertrauenseigenschaften“*[90].

Wie die zuvor gemachten Erläuterungen und die betreffenden Beispiele verdeutlicht haben, unterscheiden sich die aufgeführten Vorgehensweisen der Informationsgewinnung und -beurteilung und die dazugehörigen Leistungsmerkmale offensichtlich dahingehend, inwieweit die Erlangung der Informationen und die Beurteilung der betreffenden Eigenschaften *vor* oder erst *nach* einem Kauf bzw. einer Beauftragung möglich sind.

- Sucheigenschaften können sowohl vor als auch nach einem Kauf beurteilt werden. Es handelt sich somit um „beobachtbare Eigenschaften“.
- Erfahrungseigenschaften können zwar nicht vor, dafür aber nach einem Kauf beurteilt werden. Sie können als vor dem Kauf „versteckte Eigenschaften“ bezeichnet werden, die erst durch den Kauf offensichtlich werden.
- Vertrauenseigenschaften können objektiv oder wegen prohibitiv hoher Kosten weder vor noch nach einem Kauf beurteilt werden. Sie stellen deshalb „verschleierte Eigenschaften“ dar, die auch nach einem Kauf für den Kunden gleichsam ‘im Dunkeln’ verbleiben.

Tabelle 3 systematisiert die vorgestellten Kategorien der Such-, Erfahrungs- und Vertrauenseigenschaften noch einmal im Hinblick auf die einem Kunden jeweils gegebenen Möglichkeiten, sie im Kaufprozeß überprüfen zu können.

---

[89] Darby/Karni 1973, S. 68.

[90] Rosada 1990, S. 115.

Tabelle 3. Abgrenzung von Qualitätseigenschaften (Quelle: Raff 1998, S. 38)

		Beurteilbarkeit der Qualität		
		ja		nein
		Zeitpunkt der Beurteilbarkeit		
		vor dem Kauf	nach dem Kauf	
Höhe der Beurteilungs-kosten	prohibitiv hoch	*Vertrauens-eigenschaft*	*Vertrauens-eigenschaft*	*Vertrauens-eigenschaft*
	nicht prohibitiv hoch	*Sucheigenschaft*	*Erfahrungs-eigenschaft*	

Dabei ist jedoch zu beachten, daß die Zuordnung von bestimmten Leistungseigenschaften zu den einzelnen Kategorien nicht für alle Nachfrager identischerweise gelten müssen. Die Fähigkeiten zur Beurteilung und die Möglichkeit oder die Bereitschaft, die dazu evtl. aufzuwendenden Kosten zu tragen, können zwischen einzelnen Nachfragern durchaus differieren.[91] Dabei kommen individuelle Fähigkeitsunterschiede z.B. deshalb zum Tragen, weil einzelne Personen aufgrund ihrer Ausbildung über diesbezüglich unterschiedliche Kenntnisse verfügen.[92] In der Literatur wird deshalb auch zwischen „expert buyers" und „non-expert buyers" unterschieden.[93]

Beispiel
Für einen EDV-Experten ist die tatsächliche Leistungsfähigkeit eines PCs aufgrund der Ergebnisse bestimmter Tests relativ leicht zu überprüfen. Einem Kaufmann, der nur gelernt hat, mit bestimmten Anwendungsprogrammen umzugehen, wird dies hingegen schwer fallen.

Zudem kann auch die Bereitschaft, für eine Leistungsbeurteilung Kosten in Kauf zu nehmen, - selbst bei identischen Produkten - von Fall zu Fall unterschiedlich sein.

Beispiel (Fortsetzung):
Wenn eine bestimmte Menge Schrauben beschafft wird, um damit in einem Atomkraftwerk Flansche zu befestigen, durch die radioaktive Medien strömen, werden alle Schrauben einzeln, z.B. mittels Röntgen, auf ihre Qualität geprüft. Diese Kosten werden vom Kraftwerksbetreiber übernommen, da der Schaden, der durch ein Leck in einer Verbindung entstehen würde, wenn auch nur eine Schraube einen Materialfehler hätte, immens sein könnte.

---

91 Vgl. Adler 1996, S. 71 ff.; Weiber 1996, S. 72 ff.

92 Gleiches gilt in erweiterter Form und dementsprechend komplexer für die Fälle, in denen - wie im Busines-to-Business-Bereich üblich - mehrere Personen an einer Beschaffungsentscheidung beteiligt sind. Vgl. Kapitel „Industrielles Kaufverhalten" in diesem Band.

93 Vgl. Darby/Karni 1973, S. 68 ff.

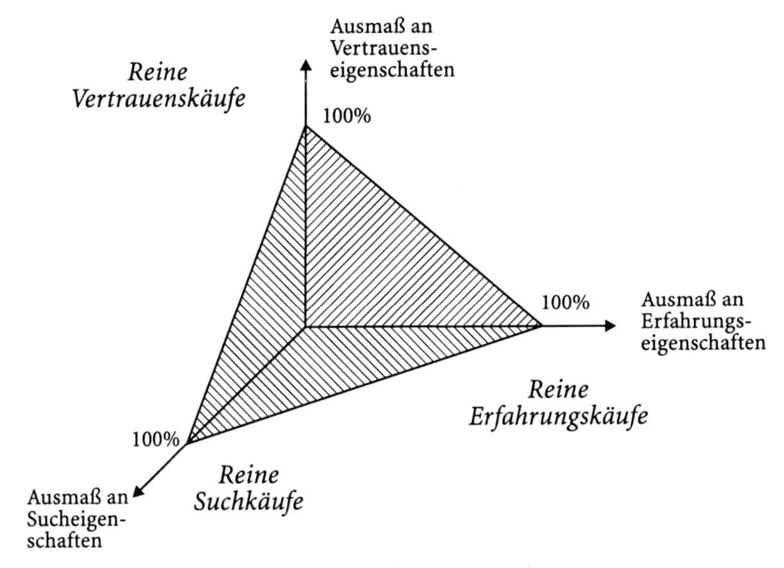

Abb. 24. Such-, Erfahrungs- und Vertrauenskäufe
(Quelle: Weiber 1996, S. 63)

Trotz dieser intersubjektiven bzw. interorganisationalen Unterschiedlichkeiten läßt sich gleichwohl eine übergreifend gültige Tendenzaussage machen: Wie die vorangegangenen Ausführungen deutlich gemacht haben, sind die Problemlösungen im Business-to-Business-Sektor in zunehmendem Maße durch einen Dienstleistungscharakter geprägt. Dies führt dazu, daß eine Überprüfung der eigentlichen Problemlösungen selbst sowie der für ihre Erstellung notwendigen Prozesse vor dem Kauf bzw. vor der Beauftragung tendenziell immer weniger möglich ist. Je weniger dies der Fall ist, desto eher muß ein Kunde deshalb versuchen, zur Reduktion seiner Unsicherheit die „experience qualities“ oder „credence qualities“ einer Problemlösung treffend einzuschätzen. Im Business-to-Business-Bereich sind folglich Vertrauens- und Erfahrungskäufe - bei allen Unterschieden im Detail - von weitaus größerer Relevanz als Suchkäufe (vgl. Abb. 24).

3.3.3 Marketingimplikationen der Leistungsdimensionen und -eigenschaften

Die Auswirkungen der Dominanz bzw. der zunehmenden Bedeutung von Erfahrungs- und Vertrauenskäufen können nun in einem ersten Schritt deutlich gemacht werden, indem man die Betrachtung der Leistungsdimensionen und der Leistungseigenschaften zusammenführt (vgl. Tabelle 4 mit entsprechenden Beispielen).

Tabelle 4. Leistungseigenschaften und -dimensionen
(In Anlehnung an: Henkens 1992, S. 82; Adler 1994, S. 45)

Leistungs-dimensionen	*Leistungseigenschaften*		
	Sucheigenschaften	Erfahrungs-eigenschaften	Vertrauens-eigenschaften
Leistungspotential	Ausbildung der Mitarbeiter	Fähigkeiten der Mitarbeiter	Bonität
Leistungserstellungs-prozeß	Netzplan	Lieferzeit einer Sondermaschine	Ablauf des Leistungserstellungs prozesses
Leistungsergebnis	Abmessungen einer Maschine	Nutzungsdauer, Zuverlässigkeit einer Maschine	Funktionsfähigkeit einer Ausfall-sicherung

Daraus ergeben sich die folgenden Konsequenzen für das Marketing eines Anbieters vor und nach Vertragsabschluß sowie vor und nach der Leistungserstellung:

- Wenn vor dem bzw. zum Zeitpunkt des Vertragsabschlusses seitens des Anbieters lediglich ein Leistungsversprechen abgegeben werden kann, dann wird unmittelbar deutlich, daß es im Rahmen des Business-to-Business-Marketing vor allem darum gehen muß, bei den Nachfragern Vertrauen in das Leistungspotential eines Anbieters zu schaffen.[94] Unter den genannten Bedingungen kann ein Anbieter gar nicht den Beweis erbringen, daß er ein Problem lösen kann. Er muß vielmehr um das Vertrauen der Nachfrager werben, so daß sie glauben, daß er das Problem lösen könnte. Vertrauen in die Qualität des Leistungspotentials wird damit zu einem dominanten Ziel des Business-to-Business-Marketing, hinter das die eigentliche Produktpräsentation deutlich in den Hintergrund tritt.[95]

  Dies zeigt sich z.B. auch daran, daß vor allem potentialbezogene Kriterien für Einkäufer im Business-to-Business-Bereich von großer Bedeutung für ihre Beschaffungsentscheidungen sind (vgl. Abb. 25).
- Nach dem Kaufabschluß muß im konkreten Leistungserstellungsprozeß dafür Sorge getragen werden, daß die Kundenintegration, d.h. die Mitwirkung des Kunden am Leistungserstellungsprozeß, möglichst reibungslos verläuft.[96] Hierzu ist vorab eine entsprechende Gestaltung des Leistungspotentials notwendig, die es ermöglicht, die externen Faktoren möglichst selbsttätig und fehlerfrei aufzunehmen und zu bearbeiten. Auch weitergehende Analyse- und

[94] Vgl. Kaas 1991, S. 360 f., Weiss 1992, S. 56.

[95] Vgl. Kleinaltenkamp/Plötner 1994.

[96] Vgl. Kleinaltenkamp 1993a, S. 113 ff.; Jacob 1995, S. 80 ff.

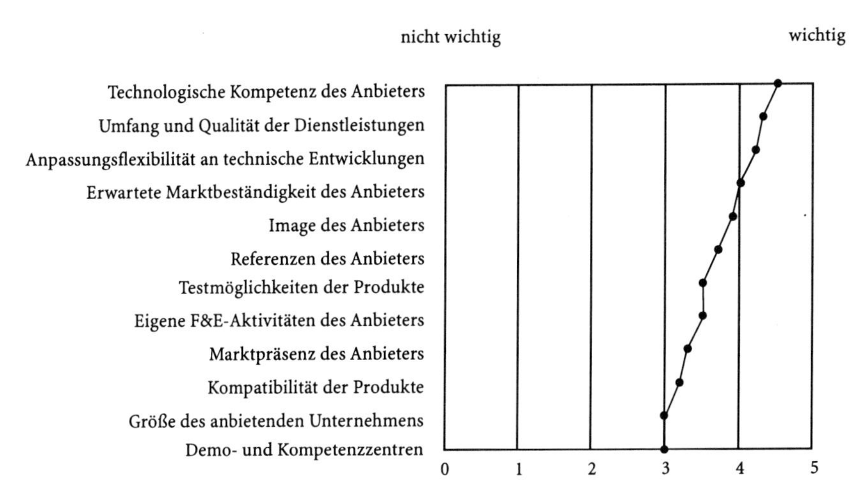

Abb. 25. Entscheidungskriterien für Investitionsgütereinkäufer (Quelle: Droege/Backhaus/Weiber 1993, S. 58)

Diagnosetätigkeiten müssen unterstützt werden für den Fall, daß einem Nachfrager sein Problem nicht oder nur unzureichend offensichtlich ist.[97] Darüber hinaus müssen im Rahmen des Leistungserstellungsprozesses Maßnahmen ergriffen werden, dem Kunden zu helfen, die ihm zukommenden Aufgaben tatsächlich zu übernehmen und möglichst fehlerfrei und für den Anbieter kostengünstig durchführen zu können.

- Nach der Leistungserstellung und Übergabe des Leistungsergebnisses an den Kunden ist die – hoffentlich gegebene – Zufriedenheit des Kunden[98] mit dem Leistungserstellungsprozeß und dem Leistungsergebnis vor allem durch kommunikative Maßnahmen zu bestärken. Hierzu trägt auch und vor allem eine kontinuierliche Pflege der Geschäftsbeziehung zu einem Kunden bei, die es zudem ermöglicht, solche Schwierigkeiten 'abzufedern', die sich aus der Unzufriedenheit eines Kunden mit einer erbrachten Leistung ergeben.

Abschließend ist in diesem Zusammenhang noch darauf hinzuweisen, daß nicht nur beim Nachfrager, sondern auch beim Anbieter Unsicherheiten bei der Anbahnung und Abwicklung einer Transaktion existieren können. Sie sind im allgemeinen um so größer, je größer das Ausmaß der Kundenintegration ist, d.h. je mehr die angebotene Leistung auf die Belange eines einzelnen Kunden zugeschnitten wird.[99] In diesem Sinne können, wie in Tabelle 5 dargestellt, je nach

---

[97] Vgl. Engelhardt/Schwab 1982, S. 506 ff.

[98] Vgl. zum Konstrukt der 'Kundenzufriedenheit': Schütze 1992.

[99] Vgl. zu den Risiken der Kundenintegration Abschnitt 3.3.2.1. Vgl. auch Helm/Kuhl 1997.

dem Ausmaß der auf der Anbieter- oder Nachfragerseite existierenden Unsicherheit vier Idealtypen von Transaktionsprozessen unterschieden werden:

- Ein Sicherheitsgeschäft ist dadurch charakterisiert, daß Anbieter und Nachfrager sowohl über die Austauschobjekte als auch über die jeweiligen Transaktionspartner bestens informiert sind. Das ist in aller Regel bei hoch standardisierten Sachgütern, die etwa auf Warenbörsen angeboten werden, der Fall.
- Ein anbieterseitiges Unsicherheitsgeschäft liegt vor, wenn der Nachfrager besser über seinen notwendigen bzw. zu erwartenden Leistungsbeitrag Bescheid weiß als der Anbieter. Dies ist z.B. oft beim Abschluß von Versicherungsverträgen der Fall, da ein Versicherungsunternehmen letztlich nicht prüfen kann, ob der Versicherungsnehmer seinen Pflichten zur Schadensvermeidung oder -minderung nachkommt.
- Ein nachfragerseitiges Unsicherheitsgeschäft zeichnet sich dadurch aus, daß der Anbieter besser über die von ihm angebotenen Leistungen sowie seine eigene Leistungsfähigkeit und seinen eigenen Leistungswillen informiert ist als der Nachfrager. Eine solche Konstellation ist etwa bei vielen Reparatur- und Serviceleistungen gegeben, bei denen sich der Nachfrager, wenn er nicht selbst über entsprechende Kenntnisse verfügt, auf die (vermeintliche) Sachkenntnis des Anbieterunternehmens bzw. seiner Mitarbeiter verlassen muß.
- Beidseitige Unsicherheitsgeschäfte sind schließlich durch hohe transaktionsbezogene Unsicherheiten sowohl beim Anbieter als auch beim Nachfrager gekennzeichnet. Beispielhaft können hier Unternehmensberatungsleistungen genannt werden, bei denen der Klient nur schwer die Qualität der Berater noch die der Beratung einschätzen kann. Genausowenig können aber auch die Unternehmensberater vorab wissen, ob und inwieweit das zu beratende Unternehmen und seine Mitarbeiter sie bei ihren Analysen unterstützen werden.

Tabelle 5. Typen von Transaktionsprozessen anhand der Informations- und Unsicherheitsprobleme von Anbieter und Nachfrager (In Anlehnung an: Adler 1996, S. 76)

<table>
<tr><td colspan="2" rowspan="2"></td><td colspan="2">Nachfragerseite</td></tr>
<tr><td>Niedriges Ausmaß an Informations- und Unsicherheitsproblemen</td><td>Hohes Ausmaß an Informations- und Unsicherheitsproblemen</td></tr>
<tr><td rowspan="2">Anbieter-seite</td><td>Niedriges Ausmaß an Informations- und Unsicherheitsproblemen</td><td>Sicherheitsgeschäft</td><td>Nachfragerseitiges Unsicherheitsgeschäft</td></tr>
<tr><td>Hohes Ausmaß an Informations- und Unsicherheitsproblemen</td><td>Anbieterseitiges Unsicherheitsgeschäft</td><td>Beidseitiges Unsicherheitsgeschäft</td></tr>
</table>

3.4 Die Handlungsfelder des Business-to-Business-Marketing

Vor dem Hintergrund der in den ersten drei Kapiteln dieses Buches bislang dargestellten Zusammenhänge können nun unterschiedliche Handlungsfelder des Business-to-Business-Marketing abgeleitet werden. Sie sind durch einen eigenen jeweils anderen Kunden- und Anbieterfokus charakterisiert. Dabei steht der Begriff „*Kundenfokus*“ für die Frage: „Auf welche Kunden beziehen sich die Marketingaktivitäten?“. Beim „*Anbieterfokus*“ wird demgegenüber gefragt: „Für welchen Teil des Angebots eines Unternehmens werden die betreffenden Maßnahmen jeweils konzipiert?“

Im Hinblick auf den *Kundenfokus* können vier Ebenen unterschieden werden (vgl. Abb. 26). Sie resultieren aus den verschiedenen *Wettbewerbsarenen*, innerhalb derer ein Unternehmen tätig sein kann:[100]

- Erstens können Angebote für *Märkte* konzipiert werden. Sie zielen dementsprechend auf die auf diesen Märkten existierende *Gesamtnachfrage*, entweder die aktuell gegebene, das sog. „*Marktvolumen*“, oder die maximal erreichbare, das sog. „*Marktpotential*“.
- Zweitens können differenziertere Programme für bestimmte *Marktsegmente* entwickelt werden. Sie beziehen sich also auf bestimmte auf einem Markt existierende *Kundengruppen.*[101]
- Drittens können die Aktivitäten eines Anbieters darauf gerichtet sein, *Geschäftsbeziehungen* zu etablieren und zu pflegen. Diese Aktivitäten fokussieren demzufolge auf *Einzelkunden* innerhalb eines Marktsegments.
- Viertens kann es im Rahmen einer *Einzeltransaktion* darum gehen, bei einem *einzelnen Beschaffungsakt* eines konkreten Kunden als Anbieter zum Zuge zu kommen, d.h. den Zuschlag zu erhalten.

Die verschiedenen Arten des *Anbieterfokus* hängen demgegenüber im wesentlichen von der Organisationsebene eines Unternehmens ab, die jeweils betrachtet wird. Idealtypischerweise können hierbei vier Ebenen, die durch einen spezifischen strategischen Fokus charakterisiert sind, unterschieden werden (vgl. Abb. 27):

- Die oberste Organisationsebene stellt das Gesamtunternehmen dar. Es steht unter dem Zwang, seinen Kapitelgebern eine angemessene bzw. möglichst hohe Verzinsung des eingesetzten Kapitals zu erwirtschaften. Um diesen „*Shareholder Value*“ erreichen zu können, muß die Unternehmensleitung unter

[100] Vgl. Kapitel „Grundkonzeption des industriellen Marketing“ in diesem Band.

[101] Vgl. zur Identifizierung, Bewertung und Auswahl von Marktsegmenten Kleinaltenkamp 1999a.

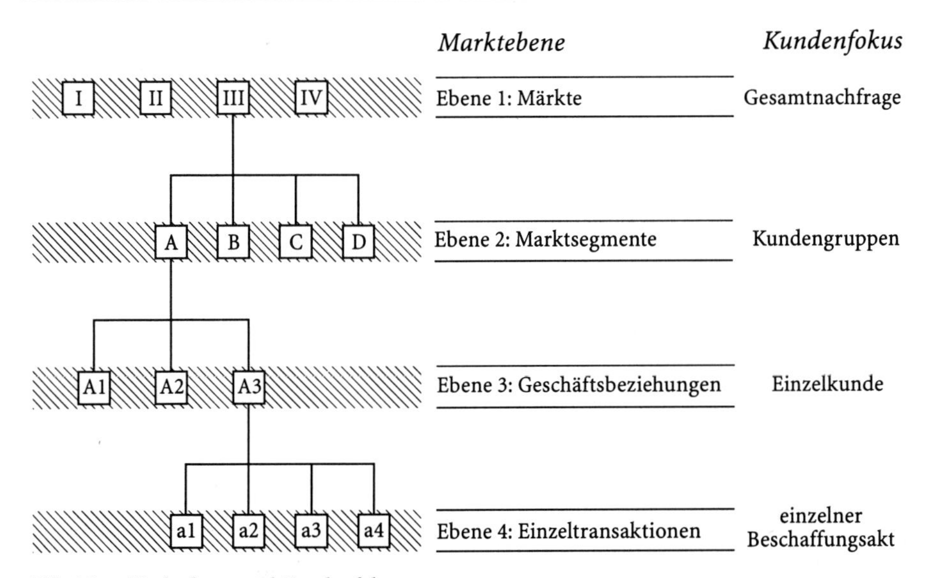

Abb. 26. Marktebene und Kundenfokus

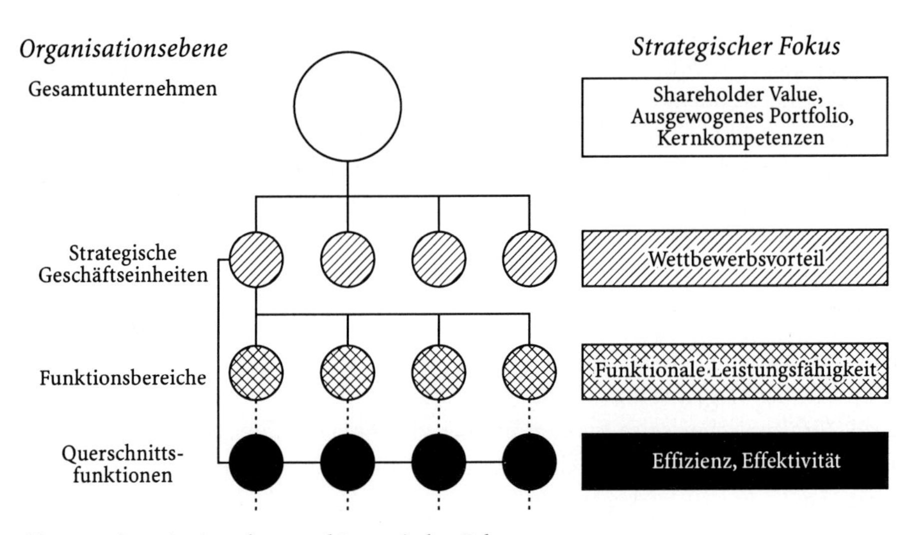

Abb. 27. Organisationsebene und Strategischer Fokus

Kenntnis und durch Ausnutzung der im Unternehmen vorhandenen *Kernkompetenzen* Strategische Geschäftsfelder entwickeln und ausbauen. Solche Strategischen Geschäftsfelder verfügen jeweils über einen eigenen (externen) Markt[102] und sind durch klare Wettbewerbsbezüge charakterisiert. Das Ziel

[102] Es handelt sich also nicht um unternehmensinterne Servicebereiche.

sollte es dabei sein, ein *ausgewogenes Portfolio* von Geschäftsfeldern zu erreichen, d.h. eine solche Mischung geschäftlicher Aktivitäten herbeizuführen, die in der Summe den Ansprüchen in bezug auf Renditeerwartungen einerseits und Risiko andererseits genügen.

- Die zweite Ebene bilden die einzelnen *Strategischen Geschäftseinheiten* eines Unternehmens.[103] Sie stellen die organisatorische Zusammenfassung aller Aktivitäten dar, die ergriffen werden, um auf den einzelnen Strategischen Geschäftsfeldern erfolgreich zu sein. Ihr strategischer Fokus ist dementsprechend darauf gerichtet, auf den von ihnen bedienten Märkten *Wettbewerbsvorteile* gegenüber den betreffenden Konkurrenten zu erzielen.
- Innerhalb einer Strategischen Geschäftseinheit existieren wiederum bestimmte *Funktionsbereiche*, die für die Durchführung bestimmter Aktivitäten verantwortlich sind. Hierzu zählen die Beschaffung, die Materialwirtschaft, Forschung & Entwicklung, die Fertigung, der Vertrieb usw. Die einzelnen Funktionsbereiche müssen sich gemäß ihrer Aufgabenstellung auf ihre *funktionale Leistungsfähigkeit* konzentrieren.
- Durch jede funktionale Arbeitsteilung werden in aller Regel Schnittstellen geschaffen, durch die es zu Friktionen im Rahmen von Wertschöpfungsprozessen kommen kann. Daraus ergibt sich häufig die Notwendigkeit, *Querschnittsfunktionen* einzurichten, die für einen reibungslosen, funktionsübergreifenden Ablauf bestimmter Aktivitäten Sorge zu tragen haben. Hierzu gehören neben dem Marketing[104] solche Bereiche wie Logistik, Qualitätsmanagement, Informationsmanagement, Controlling u.ä. Ihre primäre Aufgabenstellung ist es, für die *Effektivität* und *Effizienz* der von ihnen zu koordinierenden Abläufe zu sorgen.

Aus einer derartigen Unternehmenssicht resultieren zunächst vier unterschiedliche Arten des Anbieterfokus:

- Das *Gesamtunternehmen* repräsentiert die Gesamtheit aller Angebote eines Unternehmens.
- Ein *Strategisches Geschäftsfeld* steht für das Angebot, das von der betreffenden Strategischen Geschäftseinheit auf ihrem Markt offeriert wird. Ein Strategisches Geschäftsfeld wird deshalb auch als *„Produkt-Markt-Kombination"*[105]

[103] Bei kleinen und mittelständischen Unternehmen ist es durchaus üblich, das sie lediglich auf einem Strategischen Geschäftsfeld tätig sind. In solchen Fällen ist das Gesamtunternehmen mit einer Strategischen Geschäftseinheit identisch.

[104] Vgl. zum Marketing als Querschnittsfunktion das Kapitel „Grundkonzeption des industriellen Marketing" in diesem Band.

[105] Vgl. z.B. Henzler 1978, S. 914; Köhler 1981, S. 272.

bezeichnet. Dabei ist es durchaus möglich, daß eine Strategische Geschäftseinheit mit verschiedenen Angeboten mehrere Absatzmärkte bedient.[106]

- Die *instrumentellen Funktionsbereiche* beinhalten alle Aktivitäten, durch deren Einsatz Produkte und Dienstleistungen gestaltet sowie den Kunden bekannt und verfügbar gemacht werden.
- Die *Marketingfunktion* ist schließlich für die Koordination aller absatzmarktbezogenen Aktivitäten einer Strategischen Geschäftseinheit verantwortlich.

Darüber hinaus werden gerade im Business-to-Business-Marketing Teilbereiche des Angebots speziell für einzelne Kunden konzipiert. Dementsprechend existieren über die vier bereits genannten zwei weitere Arten des Anbieterfokus:

- Eine *Geschäftsbeziehung* umfaßt alle Aktivitäten, die gegenüber einem einzelnen Kunden ergriffen werden, um ihn zu Wiederholungskäufen zu bewegen.
- Zur *Einzeltransaktion* gehören demgegenüber alle Aktivitäten, die gegenüber einem einzelnen Kunden im Rahmen einer Akquisitionsstrategie erbracht werden mit dem Ziel, mit ihm einen Geschäftsabschluß zu tätigen.

Führt man nun die sich entsprechenden Arten des Nachfrager- und des Anbieterfokus zusammen, dann ergeben sich die folgenden Handlungsfelder des Business-to-Business-Marketing (vgl. Tabelle 6):[107]

- *Wettbewerbsstrategien* zielen auf die Erreichung, die Verteidigung oder die Veränderung der Marktpositionen einzelner Strategischer Geschäftseinheiten ab.[108]
- *Marketingstrategien* umfassen die grundsätzliche Ausrichtung aller marketingbezogenen Aktivitäten einer Strategischer Geschäftseinheit.[109] Sie sind in aller Regel sowohl auf einzelne Gesamtmärkte als auch auf die dort existierenden Marktsegmente ausgerichtet.

---

[106] So ist es in bestimmten Branchen üblich, bestimmte Produkte, die beispielsweise aus derselben Produktionsanlage stammen, bei deren Herstellung dieselben Materialien verwendet werden o.ä. in einem Strategischen Geschäftsfeld zusammenzufassen.

[107] *Unternehmensstrategien* beziehen sich auf die Gesamtheit aller Strategischen Geschäftseinheiten eines Unternehmens. Sie beinhalten die Entwicklung von Geschäftsfeldern, die Schaffung der Voraussetzung dafür, daß sie erfolgreich bearbeitet werden können, ihre Weiterentwicklung, aber auch ihre Aufgabe. Dieser Bereich zählt somit nicht zum Business-to-Business-Marketing. Die 'Kunden' des Gesamtunternehmens sind nämlich nicht nur die Kunden auf allen von ihm bedienten Absatzmärkte, sondern ebenso die Kapitalgeber („Shareholder") sowie alle Personen oder Gruppen, die irgendwelche Interessen gegenüber dem Unternehmen hegen („Stakeholder"). Hierzu gehören etwa die Arbeitnehmer, der Fiskus, die Öffentlichkeit, die Medien usw. Vgl. Plinke 1999.

[108] Vgl. Kleinaltenkamp 1999b.

[109] Vgl. Kleinaltenkamp/Fließ 1999 sowie zur Ausgestaltung der einzelnen Marketinginstrumente Kleinaltenkamp/Plinke 1998b.

Tabelle 6. Handlungsfelder des Business-to-Business-Marketing

<table>
<tr><th></th><th>Bezeichnung</th><th>Kundenfokus</th><th>Anbieterfokus</th><th></th></tr>
<tr><td></td><td>„Unternehmens-strategie“</td><td>Shareholder / Märkte / Stake-holder</td><td>Gesamtunter-nehmen</td><td rowspan="6">Voraus-setzungen ↑
↓ Anpassungs-bedarf</td></tr>
<tr><td rowspan="5">Handlungs-felder des Business-to-Business-Marketing</td><td>„Wettbewerbs-strategie“</td><td>Märkte</td><td>Strategisches Geschäftsfeld</td></tr>
<tr><td>„Marketing-strategie“</td><td>Märkte / Segmente</td><td>Marketing als Querschnitts-funktion</td></tr>
<tr><td>„Markt- und Pro-duktmanagement“</td><td>Märkte / Segmente</td><td>Instrumentelle Funktionsbereiche</td></tr>
<tr><td>„Geschäftsbe-ziehungs-management“</td><td>Einzelkunden (Wiederholungs-käufe)</td><td>Geschäfts-beziehung</td></tr>
<tr><td>„Auftrags und Projektmanage-ment“</td><td>Einzelne Beschaffungsakte</td><td>Einzeltransaktion</td></tr>
</table>

- Ihre operative Konkretisierung erhalten Marketingstrategien durch den Einsatz der *Marketinginstrumente* und ihrer Kombination im *Marketingmix*. Diese Aufgabenstellungen sind Inhalt des *Markt- und Produktmanagements.*[110]
- Das *Geschäftsbeziehungsmanagament* beinhaltet die Entwicklung und die Pflege von Geschäftsbeziehungen mit bestimmten Kunden. Es zielt auf die Herbeiführung von Wiederholungskäufen des betreffenden Kunden ab.[111]
- Das *Auftrags- und Projektmanagement* umfaßt schließlich im wesentlichen alle Akquisitions- und Durchführungsmaßnahmen, die auf die Erlangung von einzelnen Aufträgen und ihre effektive und effiziente Abwicklung im Rahmen einer *Einzeltransaktion* gerichtet sind.[112]

Dabei sind noch zwei Aspekte zu beachten:

- Erstens werden auf den Handlungsfeldern 'höherer Ordnung' jeweils die Voraussetzungen für die 'darunterliegenden' Aktivitäten geschaffen. Umgekehrt kann sich aus der Erkenntnis, daß einzelne Maßnahmen nicht zu dem gewünschten Erfolg führen, ein Anpassungsbedarf für die 'darüberliegenden' Handlungsprogramme ergeben. Es bedarf somit einer Abstimmung der ein-

[110] Vgl. Kleinaltenkamp/Plinke 1998b.

[111] Vgl. Kleinaltenkamp/Plinke 1997.

[112] Vgl. Kleinaltenkamp/Plinke 1998a.

zelnen Aktivitäten durch entsprechende Zielformulierungen und die Einrichtung eines unterstützenden Controllingsystems.
- Zweitens soll der Begriff „Handlungsfelder des Business-to-Business-Marketing“ nicht implizieren, daß es sich dabei einzig und allein um ‘Marketing-Domänen’ handelt. Auf allen Ebenen sind auch die Aktivitäten anderer betrieblicher Funktionen und Bereiche relevant und notwendig. So ist z.B. die Entwicklung einer Unternehmensstrategie nicht nur eine Marketingaufgabe, sondern auch und gerade der Strategischen Unternehmensplanung. Bei der Wahrnehmung der Vertriebsfunktion sind etwa genauso auch personalwirtschaftliche Aspekte von Belang, speziell bei der Auswahl und beim Einsatz von Vertriebsmitarbeitern. Wir wollen mit der gewählten Begriffsfassung somit nur aufzeigen, in welche Aktivitätsbereiche eines Unternehmens das Marketing als Philosophie, als Technik oder als Managementkonzeption mit einmal großer, einmal kleiner Bedeutung ‘hineinspielt’.

3.5 Die Analysebereiche des Business-to-Business-Marketing

Um die verschiedenen Handlungsprogramme zielgerichtet zum Einsatz kommen zu lassen, ist es notwendig, vor einer Planung bestimmter Maßnahmen über Informationen zu verfügen, die einen effektiven und effizienten Einsatz der Mittel ermöglichen. Zur Systematisierung dieses Informationsbedarfs kann auf das Marketing-Dreieck zurückgegriffen werden, welches das gesamte Feld, innerhalb dessen sich Marketingmaßnahmen vollziehen, graphisch zusammenfaßt (vgl. Abb. 28).[113]

Es veranschaulicht die Tatsache, daß zum einen im – mittlerweile typischen – Fall der Anbieterkonkurrenz sowohl das eigene Unternehmen als auch die Konkurrenten durch die Gestaltung ihrer Angebote versuchen, für sich Kundenvorteile bei den (potentiellen) Kunden zu schaffen. Zum anderen streben die konkurrierenden Anbieter bei der Durchführung ihrer Wertschöpfungsaktivitäten danach, Anbietervorteile zu realisieren. Je stärker die Kunden- und/oder Anbietervorteile ausgeprägt sind, desto eher schlagen sie sich in Wettbewerbsvorteilen für den betreffenden Anbieter nieder. Dies alles vollzieht sich im Rahmen der die Akteure umgebenden Umwelt, die durch ihre mannigfachen Einflüsse die jeweiligen Einschätzungen und Handlungen mit bestimmt. Hierzu zählen vor allem die relevanten technologischen, ökonomischen, ökologischen, rechtlichen und gesellschaftlichen Gegebenheiten und Entwicklungen.

---

[113] Vgl. auch die Darstellung des Marketing-Dreiecks im Kapitel „Grundkonzeption des industriellen Marketing-Managements“ in Abb. 3.

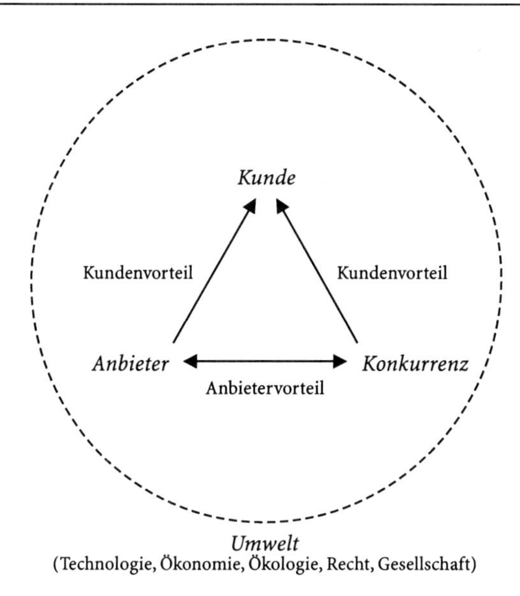

Abb. 28. Marketing-Dreieck
(In Anlehnung an: Ohmae 1988, S. 10)

Demnach sollte ein Unternehmen bei der Planung seiner Marketingmaßnahmen über Informationen verfügen, die über die folgenden Sachverhalte Aufschluß geben:

- Zunächst ist es wichtig, Kenntnisse zu erlangen über die Art und Weise, wie Kunden zu ihrer Einschätzung der Nutzen/Opfer-Relationen kommen, auf welche Informationen sie ihre Entscheidungen stützen, welche Informationsquellen sie dazu zu Rate ziehen[114] und welche Beschaffungsstrategien sie verfolgen.[115] Ferner ist von Interesse zu wissen, wie die Nachfrager die Informationen bewerten und wie sie dabei den Vergleich zu den anderen in Betracht gezogenen Alternativen durchführen.[116] Dieses sind die Bestimmungsfaktoren des Kaufverhaltens der Kunden, und da es sich bei den Nachfragern in den hier interessierenden Fällen um Unternehmen handelt, werden diese Formen des Nachfragerverhaltens auch unter den Begriffen *„Organisationales Beschaffungsverhalten"* bzw. *„Industrielles Kaufverhalten"* zusammengefaßt. Für die Erhebung und Auswertung aller diesbezüglichen Informationen stehen

---

[114] Vgl. Kapitel „Industrielles Kaufverhalten" in diesem Band.

[115] Vgl. Kapitel „Industrielles Beschaffungsmanagement" in diesem Band.

[116] Vgl. Kapitel „Wirtschaftlichkeitsanalyse als Grundlage industrieller Beschaffungsentscheidungen" in diesem Band.

die Methoden und Instrumenten der *Kundenbezogenen Informationsgewinnung* zur Verfügung.[117]

- Darüber hinaus sollte man die Vorgehensweisen kennen, welche die Konkurrenten bei der Gestaltung ihrer Angebote wählen und mit denen sie versuchen, den Kunden einen Vorteil zu bieten. Zudem ist es wichtig zu wissen, ob die Wettbewerber es tatsächlich schaffen, einen Wettbewerbsvorteil zu realisieren, und welche Antriebskräfte hinter ihrem Tun stehen. Gerade der letzte Punkt ist dabei nicht nur in bezug auf aktuelle Konkurrenten, sondern möglicherweise auch hinsichtlich potentieller Wettbewerber von großem Interesse. Diese Fragestellungen sind Inhalt der *Konkurrenzanalyse.*[118]
- Zudem sind auch die Einflüsse von Bedeutung, die sich aus der Umwelt ergeben, innerhalb derer die Transaktionen stattfinden und in welche die handelnden Transaktionspartner eingebettet sind. Sie bilden das Untersuchungsfeld der *Umweltanalyse.*[119]
- Schließlich sollte man die Möglichkeiten, die dem eigenen Unternehmen zur Verfügung stehen, um eine Vorteilsposition zu erzielen, genauso kennen wie seine spezifischen Stärken und Schwächen. Hierbei handelt es sich um die Aufgabenstellungen der *Gesamtunternehmensanalyse*[120] sowie der *Geschäftsfeldanalyse.*[121]

Auf den unterschiedlichen Handlungsfeldern des Business-to-Business-Marketing[122] sind dabei jeweils andere Einflußfaktoren relevant bzw. von größerer oder geringerer Bedeutung. Deshalb muß auch das Analyseinstrumentarium den unterschiedlichen Informationsbedürfnissen angepaßt werden. Das bedeutet z.B., daß in einem Fall relativ schwer erfaßbare und handhabbare qualitative Daten eine wichtige Rolle spielen können, während in einem anderen die 'hard facts' des Rechnungswesens von Belang sind. Ebenso kann es sein, daß in bestimmten Fällen solche Methoden zur Anwendung kommen sollten, die versuchen, alternative Zukunftslagen zu erfassen und die Sensibilität gegenüber strategisch bedeutsamen Chancen und Risiken zu schärfen, während unter anderen Bedingungen 'einfache' Soll/Ist-Vergleiche ausreichend sind.

Wenn im folgenden also die verschiedenen Analysemethoden dargestellt und erläutert werden, ist zu beachten, daß die einzelnen Verfahren nicht immer und in jedem Fall zum Einsatz kommen müssen, sondern daß sie jeweils in bezug auf

[117] Vgl. Kapitel „Kundenbezogene Informationsgewinnung“ in diesem Band.

[118] Vgl. Kleinaltenkamp 1999b.

[119] Vgl. Kleinaltenkamp 1999b.

[120] Vgl. Kapitel „Analyse der Erfolsquellen“ und Kleinaltenkamp 1999b.

[121] Vgl. Kapitel „Analyse der Erfolsquellen“ und Plinke 1999.

[122] Vgl. Abschnitt 3.4.

das zu erreichende Ziel und damit im Hinblick auf den gewünschten Analysezweck ausgewählt und angewendet werden sollten.

Dabei soll entsprechend der Denkhaltung des Marketing 'von außen nach innen' vorgegangen werden. Das bedeutet, daß im Rahmen des Teils „Marktanalyse" zunächst die Nachfrager und ihre Bewertungs-, Entscheidungs- und Verhaltensweisen betrachtet werden. Im Anschluß werden im Teil „Interne Analyse" die Erfolgsquellen eines Unternehmens betrachtet. Da hierzu Kenntnisse des internen Rechnungswesens notwendig sind, sind diesem Kapitel Ausführungen zu den Grundlagen der Kosten- und Leistungsrechnung vorgeschaltet. Die Umfeld- und die Konkurrenzanalyse sowie weiterführende Analysen der Nachfrage werden schließlich in den Kapiteln „Unternehmensstrategie" und „Wettbewerbsstrategie" im Band „Strategisches Business-to-Business-Marketing" behandelt, weil deren Ergebnisse unmittelbare Konsequenzen für die Strategieformulierung haben.

Literaturverzeichnis

Adler, J. [1994]: Informationsökonomische Fundierung von Austauschprozessen im Marketing, Arbeitspapier zur Marketingtheorie; Nr. 3, hrsg. von R. Weiber, Trier 1994.

Adler, J. [1996]: Informationsökonomische Fundierung von Austauschprozessen im Marketing - Eine nachfragerorientierte Betrachtung; Wiesbaden 1996.

Albach, H. [1989]: Dienstleistungen in der modernen Industriegesellschaft; München 1989.

Arbeitskreis „Marketing in der Investitionsgüter-Industrie" der Schmalenbach-Gesellschaft [1975]: Systems Selling; in: Zeitschrift für betriebswirtschaftliche Forschung, 27. Jg. (1975), S. 757–773.

Audretsch, D. B. / Yamawaki, H. [1991]: Verdrängen Dienstleistungen die Industrie? - Das Beispiel der Bundesrepublik Deutschland; Wissenschaftszentrum Berlin für Sozialforschung, Discussion Paper FS IV 91–11, Berlin 1991.

Backhaus, K. [1982]: Investitionsgüter-Marketing; München 1982.

Backhaus, K. [1992]: Investitionsgüter-Marketing - Theorieloses Konzept mit Allgemeinheitsanspruch?; in: Zeitschrift für betriebswirtschaftliche Forschung, 44. Jg. (1992), S. 771–791.

Backhaus, K. [1993]: Grundbegriffe des Industrieanlagen- und Systemgeschäfts; 3. Aufl., München 1993.

Backhaus, K. [1997]: Industriegütermarketing; 5., erw. u. überarb. Aufl., München 1997.

Backhaus, K. / Aufderheide, D. / Späth, G.-M. [1994]: Marketing für Systemtechnologien; Stuttgart 1994.

Backhaus, K. / Siepert, H.-M. [1987]: Auftragsfinanzierung im industriellen Anlagengeschäft; Stuttgart 1987.

Backhaus, K. / Späth, G.-M. [1994]: Herausforderungen systemtechnologischer Vertrauensgüter an das Marketing-Management; in: Zahn, E. (Hrsg.): Technologiemanagement und Technologien für das Management, Stuttgart 1994, S. 19–39.

Backhaus, K. / Weiber, R. [1987]: Systemtechnologien - Herausforderung des Investitionsgütermarketing; in: HARVARDmanager, 9. Jg. (1987), Heft 4/1987, S. 70–80.

Backhaus, K. / Weiber, R. [1993]: Das industrielle Anlagengeschäft - ein Dienstleistungsgeschäft?; in: Simon, H. (Hrsg.): Industrielle Dienstleistungen, Stuttgart 1993.

Belz, C. [1991]: Erfolgreiche Leistungssysteme; Stuttgart 1991.

Buttler, G. / Stegner, E. [1990]: Industrielle Dienstleistungen; in: Zeitschrift für betriebswirtschaftliche Forschung, 42. Jg. (1990), S. 931–946.

Corsten, H. [1985]: Die Produktion von Dienstleistungen; Berlin 1985.

Corsten, H. [1986]: Zur Diskussion der Dienstleistungsbesonderheiten und ihre ökonomischen Auswirkungen; in: Jahrbuch der Absatz- und Verbrauchsforschung, 32 Jg. (1986), S. 16–41.

Darby, M. R. / Karni, E. [1973]: Free Competition and the Optimal Amount of Fraud; in: Journal of Law and Economics, Vol. 16 (1973), S. 67–88.

Droege, W. / Backhaus, K. / Weiber, R. [1993]: Strategien für Investitionsgütermärkte; Landsberg am Lech 1993.

Eli, Max [1979]: Sogo Shosha – Die großen japanischen Handelshäuser; Düsseldorf 1979.

Engelhardt, W. H. [1988]: Marketing für Anlagen und Systeme aus Anbietersicht; in: Männel, W. (Hrsg.): Integrierte Anlagenwirtschaft, Köln 1988, S. 53–63.

Engelhardt, W. H. [1990]: Dienstleistungsorientiertes Marketing – Antwort auf die Herausforderung durch neue Technologien; in: Adam, D. / Backhaus, K. / Meffert, H. / Wagner, H. (Hrsg.): Integration und Flexibilität – Eine Herausforderung für die Allgemeine Betriebswirtschaftslehre; Wiesbaden 1990, S. 269–288.

Engelhardt, W. H. / Dichtl, E. [1980]: Investitionsgütermarketing; in: Wirtschaftswissenschaftliches Studium, 9. Jg. (1980), S. 145–153.

Engelhardt, W. H. / Günter, B. [1981]: Investitionsgüter-Marketing; Stuttgart 1981.

Engelhardt, W. H. / Kleinaltenkamp, M. / Reckenfelderbäumer, M. [1993]: Leistungsbündel als Absatzobjekte; in: Zeitschrift für betriebswirtschaftliche Forschung, 45. Jg. (1993), S. 395–426.

Engelhardt, W. H. / Reckenfelderbäumer, M. [1998]: Industrielles Servicemanagement; in: Kleinaltenkamp, M. / Plinke, W. (Hrsg.): Markt- und Produktmanagement, Berlin / Heidelberg / New York 1998, S. 181–280.

Engelhardt, W. H. / Schwab, W. [1982]: Die Beschaffung von investiven Dienstleistungen; in: Die Betriebswirtschaft, 42. Jg. (1982), S. 503–513.

Engelhardt, W. H. / Witte, P. [1990]: Investitionsgüter-Marketing – eine kritische Bestandsaufnahme ausgewählter Ansätze; in: Kliche, M. (Hrsg.): Investitionsgütermarketing – Positionsbestimmung und Perspektiven; Festschrift zum 60. Geburtstag von Karl-Heinz Strothmann, Wiesbaden 1990, S. 3–17.

Farrell, J. / Saloner, G. [1985]: Standardization, Compatibility, and Innovation; in: Rand Journal of Economics, Vol. 16 (1985), Spring 1985, S. 70–83.

Forschner, G. [1988]: Investitionsgüter-Marketing mit funktionellen Dienstleistungen: Die Gestaltung immaterieller Produktbestandteile im Leistungsangebot industrieller Unternehmen; Berlin 1988.

Freiling, J. [1994]: Die Abhängigkeit der Zulieferer von ihrern Abnehmern als strategisches Problem: Darstellung, Erklärung und Lösungsmöglichkeiten; Diss. Bochum 1994.

Friege, Chr. [1997]: Preispolitik für Leistungsverbunde im Business-to-Business-Marketing; Wiesbaden 1997.

Gemünden, H. G. [1981]: Innovationsmarketing – Interaktionsbeziehungen zwischen Hersteller und Verwender innovativer Investitionsgüter; Tübingen 1981.

Glockow, B. / Schmäh, M. [1997]: Entwicklungsgeschichte und Bedeutungswandel der handelsüblichen Manipulation im Produktionsverbindungshandel; Arbeitspapier Nr. 10 der Berliner Reihe „Business-to-Business-Marketing“, hrsg. von M. Kleinaltenkamp, Berlin 1997.

Graßy, O. [1993]: Industrielle Dienstleistungen - Diversifikationspotentiale für Industrieunternehmen; München 1993.

Gruhler, W. [1990]: Dienstleistungsbestimmter Strukturwandel in deutschen Industrieunternehmen; Köln 1990.

Günter, B. [1977]: Anbieterkoalitionen bei der Vermarktung von Anlagegütern - Organisationsformen und Entscheidungsprobleme; in: Engelhardt, W. / Laßmann, G. (Hrsg.): Anlagenmarketing; Sonderheft 7/77 der Zeitschrift für betriebswirtschaftliche Forschung, Opladen 1977, S. 155–172.

Günter, B. [1979]: Das Marketing von Großanlagen; Berlin 1979.

Günter, B. [1998]: Projektkooperationen; in: Kleinaltenkamp, M. / Plinke, W. (Hrsg.): Auftrags- und Projektmanagement; Berlin / Heidelberg / New York 1998, S. 267–318.

Gutenberg, E. [1983]: Grundlagen der Betriebswirtschaftslehre, Bd. 1, Die Produktion; 24. Aufl., Berlin et al. 1983.

Hahn, D. / Laßmann, G. [1990]: Produktionswirtschaft - Controlling industrieller Produktion, Bd. 1; 2. Aufl, Heidelberg 1990.

Henderson, B. D. [1984]: Die Erfahrungskurve in der Unternehmensstrategie; 2. Aufl., 1984.

Henkens, U. [1992]: Marketing für Dienstleistungen - Ein ökonomischer Ansatz; Diss. Frankfurt a. M. 1992.

Helm, S. / Kuhl. M. [1997]: Quality, Uncertainty, and Customer Integration - The Vendor's Perspective; in: Mazet, Florence; Salle, Robert; Valla, Jean-Paul (Eds.): Interaction, Relationships and Networks in Business Markets; Proceedings of the 13th International Conference on Industrial Marketing and Purchasing, Lyon, Sept. 4-6, 1997, Work-in-Progress, Lyon 1997, S. 239–261.

Henzler, H. [1978]: Strategische Geschäftseinheiten (SGE): Das Umsetzen von Strategischer Planung in Organisation; in: Zeitschrift für Betriebswirtschaft, 48. Jg. (1978) , S. 912–919.

Hilke, W. [1984]: Dienstleistungs-Marketing aus der Sicht der Wissenschaft; Diskussionsbeiträge des betriebswirtschaftlichen Seminars der Albert-Ludwigs-Universität Freiburg im Breisgau, Freiburg i.Br. 1984.

Hilke, W. [1989]: Grundprobleme und Entwicklungstendenzen des Dienstleistungs-Marketing; in: Hilke, W. (Hrsg.): Dienstleistungs-Marketing, Wiesbaden 1989, S. 5–44.

Homburg, Chr. / Garbe, B. [1996]: Industrielle Dienstleistungen; in: Zeitschrift für Betriebswirtschaft, 66. Jg. (1996), S. 253–282.

Ihde, G. [1992]: Die Betriebstiefe als strategischer Erfolgsfaktor; in: Zeitschrift für Betriebswirtschaft, 58. Jg. (1992), Nr. 1, S. 13–23.

Isselstein, Th. / Schaum, F. [1998]: Auftragsfinanzierung und Financial Engineering; in: Kleinaltenkamp, M. / Plinke, W. (Hrsg.): Auftrags- und Projektmanagement; Berlin / Heidelberg / New York 1998, S. 161–226.

Jacob, F. [1995]: Produktindividualisierung - Ein Ansatz zur innovativen Leistungsgestaltung im Business-to-Business-Bereich; Wiesbaden 1995.

Jacob, F. / Kleinaltenkamp, M. [1994]: Einzelkundenbezogene Produktgestaltung - Ergebnisse einer empirischen Erhebung; Arbeitspapier Nr. 4 der Berliner Reihe „Business-to-Business-Marketing", hrsg. von M. Kleinaltenkamp, Berlin 1994.

Jugel, S. / Zerr, K. [1989]: Dienstleistungen als strategisches Element eines Technologie-Marketing; in: Marketing -ZFP, 11. Jg. (1989), S. 162–172.

Kaas, K. P. [1990]: Marketing als Bewältigung von Informations- und Unsicherheitsproblemen im Markt; in: Die Betriebswirtschaft, 50. Jg. (1990), S. 539–548.

Kaas, K. P. [1991]: Marktinformationen: Screening und Signaling unter Partnern und Rivalen; in: Zeitschrift für Betriebswirtschaft, 61. Jg. (1991), S. 357–370.

Katz, M. / Shapiro, C. [1986]: Technology Adoption in the Presence of Network Externalities; in: Journal of Political Economy, Vol. 94 (1986), S. 822–841.

Kleinaltenkamp, M. [1988]: Marketing-Strategien des Produktionsverbindungshandels; in: THEXIS, 5. Jg. (1988), Heft 2/88, S. 38–43.

Kleinaltenkamp, M. [1992]: Investitionsgüter-Marketing aus informationsökonomischer Sicht; in: Zeitschrift für betriebswirtschaftliche Forschung, 44. Jg. (1992), Nr. 9, S. 809–829.

Kleinaltenkamp, M. [1993a]: Investitionsgüter-Marketing als Beschaffung externer Faktoren; in: Thelen, E. M. / Mairamhof, G. B. (Hrsg.): Dienstleistungsmarketing - Eine Bestandsaufnahme; Frankfurt am Main et al. 1993, S. 101–126.

Kleinaltenkamp, M. [1993b]: Standardisierung und Marktprozeß; Wiesbaden 1993.

Kleinaltenkamp, M. [1994]: Typologien von Business-to-Business-Transaktionen - Kritische Würdigung und Weiterentwicklung; in: Marketing - ZFP, 16. Jg. (1994), Nr. 2, S. 77–88.

Kleinaltenkamp, M. [1997a]: Business-to-Business-Marketing; in: Gabler Wirtschafts-Lexikon; 14. Aufl., Bd. 1, A-E, Wiesbaden 1997, S. 753–762.

Kleinaltenkamp, M. [1997b]: Kundenintegration; in: Wirtschaftswissenschaftliches Studium, 26. Jg. (1997), Heft 7, S. 350–354.

Kleinaltenkamp, M. [1999a]: Marktsegmentierung; in: Kleinaltenkamp, M. / Plinke, W. (Hrsg.): Strategisches Business-to-Business-Marketing; Berlin / Heidelberg / New York 1999.

Kleinaltenkamp, M. [1999b]: Wettbewerbsstrategie; in: Kleinaltenkamp, M. / Plinke, W. (Hrsg.): Strategisches Business-to-Business-Marketing; Berlin / Heidelberg / New York 1999.

Kleinaltenkamp, M. / Fließ, S. [1999]: Marketingstrategie; in: Kleinaltenkamp, M. / Plinke, W. (Hrsg.): Strategisches Business-to-Business-Marketing; Berlin / Heidelberg / New York 1999.

Kleinaltenkamp, M. / Plinke, W. (Hrsg.) [1997]: Geschäftsbeziehungsmanagement; Berlin / Heidelberg / New York 1997.

Kleinaltenkamp, M. / Plinke, W. (Hrsg.) [1998a]: Auftrags- und Projektmanagement; Berlin / Heidelberg / New York 1998.

Kleinaltenkamp, M. / Plinke, W. (Hrsg.) [1998b]: Markt- und Produktmanagement, Berlin / Heidelberg / New York 1998.

Kleinaltenkamp, M. / Plötner, O. [1994]: Business-to-Business-Kommunikation - Die Sicht der Wissenschaft; in: Werbeforschung und Praxis, 39. Jg. (1994).

Kleinaltenkamp, M. / Rieker, S. A. [1997]: Kundenorientierte Organisation; in: Kleinaltenkamp, M. / Plinke, W. (Hrsg.): Geschäftsbeziehungsmanagement; Berlin u.a. 1997, S. 161–217.

Kleinaltenkamp, M. / Rudolph, M. [1999]: Mehrstufiges Marketing; in: Kleinaltenkamp, M. / Plinke, W. (Hrsg.): Strategisches Business-to-Business-Marketing; Berlin / Heidelberg / New York 1999.

Klingebiel, N. [1980]: Prozeßinnovationen als Instrumente der Wettbewerbsstrategie; Berlin 1989.

Köhler, R. [1981]: Grundprobleme der strategischen Marketingplanung; in: Geist, M. N. / Köhler, R. (Hrsg.): Die Führung des Betriebes; Stuttgart 1981, S. 261–291.

Kohlhammer, C. [1987]: Revamping: Wachsender Markt für den Großanlagenbau; in: Blick durch die Wirtschaft, Nr. 176, 15.9.1987, S. 7.

Koolman, Michael [1995]: Dienstleistungs-Marketing am Beispiel des Anlagenservice von Siemens; in: Kleinaltenkamp, M. (Hrsg.): Dienstleistungsmarketing – Konzeptionen und Anwendungen; Wiesbaden 1995, S. 261–270.

Maleri, R. [1973]: Grundzüge der Dienstleistungsproduktion; Berlin et al. 1973.

McKnight, Lee [1987]: The International Standardization of Telecommunications Services and Equipment; in: Mestmäker, E.-J. (ed.): The Law and Economics of Transborder Telecommunications; Baden-Baden 1987, S. 415–442.

Meinig, W. [1985]: Bedarfsorientiertes Produktivgütermarketing; Berlin 1985.

Mengen, A. [1993]: Konzeptgestaltung bei Dienstleistungsprodukten – Eine Conjoint-Analyse im Luftfrachtmarkt unter Berücksichtigung der Qualitätsunsicherheit beim Dienstleistungskauf; Stuttgart 1993.

Meyer, A. [1991]: Dienstleistungs-Marketing; in: Die Betriebswirtschaft, 51. Jg. (1991), S. 195–209.

Meyer, A. / Noch, R. [1992]: Dienstleistungen im Investitionsgütermarketing; in: Das Wirtschaftsstudium, 21. Jg. (1992), S. 954–961.

Nelson, Ph. [1970]: Information and Consumer Behavior; in: Journal of Political Economy, Vol. 78 (1970), S. 311–329.

Ohmae, K. [1988]: The „Strategic Triangle“ and Business Unit Strategy; in: McKinsey Quarterly, Winter 1983, S. 9–24.

Pfeiffer, G. H. [1989]: Kompatibilität und Markt: Ansätze zu einer ökonomischen Theorie der Standardisierung; Baden-Baden 1989.

Pfeiffer, W. [1965]: Absatzpolitik bei Investitionsgütern der Einzelfertigung; Stuttgart 1965.

Pfeiffer, W. / Weiss, E. [1990]: Zeitorientiertes Technologie-Management als Kombination von „just-in-time-design“, „just-in-time-production“ und „just-in-time-distribution“; in: Pfeiffer, W. / Weiss, E. (Hrsg.): Technologie-Management; Göttingern 1990.

Plinke, W. [1989]: Die Geschäftsbeziehung als Investition; in: Specht, G. / Silberer, G. / Engelhardt, W. H. (Hrsg.): Marketing-Schnittstellen; Stuttgart 1989, S. 305–325.

Plinke, W. [1991]: Investitionsgütermarketing; in: Marketing – ZFP, 13. Jg. (1991), S. 172–177.

Plinke, W. [1999]: Unternehmensstrategie; in: Kleinaltenkamp, M. / Plinke, W. (Hrsg.): Strategisches Business-to-Business-Marketing; Berlin / Heidelberg / New York 1999.

Plötner, O. [1993]: Risikohandhabung und Vertrauen des Kunden; Arbeitspapier Nr. 2 der Berliner Reihe „Business-to-Business-Marketing", hrsg. von M. Kleinaltenkamp, Berlin 1993.

Plötner, O. [1995]: Das Vertrauen des Kunden - Relevanz, Aufbau und Steuerung auf industriellen Märkten; Wiesbaden 1995.

Raff, T. [1998]: Informationsökonomische Fundierung nachfrageseitiger Unsicherheitspositionen im Systemgeschäft; Arbeitspapier zur Marketingtheorie, Nr. 8, hrsg. von Rolf Weiber, Universität Trier, Trier 1998.

Rosada, M. [1990]: Kundendienststrategien im Automobilsektor - Theoretische Fundierung und Umsetzung eines Konzepts zur differenzierten Vermarktung von Sekundärdienstleistungen; Berlin 1990.

Schütze, R. [1992]: Kundenzufriedenheit - After-Sales-Marketing auf industriellen Märkten; Wiesbaden 1992.

Schmäh, M. [1998]: Anarbeitungsleistungen als Marketingstrument des Technischen Handels; Wiesbaden 1998.

Schneider, D. [1995]: Betriebswirtschaftslehre, Bd. 1: Grundlagen; 2. Aufl., München / Wien 1995.

Schulte, H. / Stumme, G. [1998]: Projektmanagement; in: Kleinaltenkamp, M. / Plinke, W. (Hrsg.): Auftrags- und Projektmanagement; Berlin / Heidelberg / New York 1998, S. 227–266.

Simon, H. (Hrsg.) [1993]: Industrielle Dienstleistungen; Stuttgart 1993.

Stallworthy,E. A. / Kharbanda, O. P. [1985]: International Construction and the Role of Project Management; Aldershot 1985.

Stöber, H. [1990], Kunde statt Teilnehmer; in: absatzwirtschaft, 33. Jg. (1990), Nr. 12, S. 74–80.

VDI-Gesellschaft Entwicklung Konstruktion Vertrieb (Hrsg.) [1991]: Projektkooperationen beim internationalen Vertrieb von Maschinen und Anlagen; Düsseldorf / Stuttgart 1991.

Wagner, G. R. [1978]: Die zeitliche Desaggregation von Beschaffungsentscheidungsprozessen aus der Sicht des Investitionsgütermarketings; in: Zeitschrift für betriebswirtschaftliche Forschung, 30. Jg. (1978), S. 266–289.

Weiber, R. [1985]: Dienstleistungen als Wettbewerbsinstrument im industriellen Anlagengeschäft; Berlin 1985.

Weiber, R. [1991]: Die Diffusion von Kritische Masse-Systemen; Wiesbaden 1992.

Weiber, R. [1996]: Was ist Marketing? - Ein informationsökonomischer Erklärungsansatz; Arbeitspapier zur Marketingtheorie, Nr. 1, hrsg. von R. Weiber, Trier 1996.

Weiber, R. [1997]: Das Management von Geschäftsbeziehungen im Systemgeschäft; in: Kleinaltenkamp, M. / Plinke, W. (Hrsg.): Geschäftsbeziehungsmanagement; Berlin / Heidelberg / New York 1997, S. 277–349.

Weiss, P. A. [1992]: Die Kompetenz von Systemanbietern, Berlin 1992.

Wiese, H. [1990]: Netzeffekte und Kompatibilität; Stuttgart 1990.

Übungsaufgaben

1. Welche Unterschiede und Gemeinsamkeiten existieren zwischen den verschiedenen praktischen Anwendungsfeldern des Business-to-Business-Marketing?
2. Welches sind die zentralen Problemstellungen beim Marketing von Produktionsgütern?
3. Welches sind die zentralen Problemstellungen beim Marketing von Investitionsgütern?
4. Welches sind die zentralen Problemstellungen beim Marketing von Systemtechnologien?
5. Welches sind die zentralen Problemstellungen beim Marketing von Dienstleistungen?
6. Welche Auswirkungen ergeben sich aus der Verknüpfung von Wertschöpfungsketten für einen auf Business-to-Business-Märkten tätigen Anbieter?
7. Erläutern Sie den Begriff „Kundenintegration"!
8. Wodurch unterscheiden sich die Individualisierung und die Standardisierung von Leistungen?
9. Welche Auswirkungen ergeben sich aus der Herausbildung eines Marktstandards auf das Beschaffungsverhalten von Nachfragern sowie das Marketing von Anbietern?
10. Was besagt das „Order-Penetration-Point"-Verhältnis und welche Auswirkungen ergeben sich aus seiner Variation für den Anbieter einer Leistung?
11. Aus welchen Arten von Teilleistungen bestehen die im Business-to-Business-Bereich angebotenen Problemlösungen?
12. Welche Auswirkungen ergeben sich aus der Tatsache, daß sich Problemlösungen aus unterschiedlichen Teilleistungen zusammensetzen, auf das Marketing der Anbieter?
13. Erläutern Sie die drei Dimensionen einer Angebotsleistung!
14. Erläutern Sie die drei Leistungseigenschaften!

15. Welche Auswirkungen resultieren aus den Ausprägungen der Leistungseigenschaften auf das Beschaffungsverhalten der Nachfrager?

16. Welche Konsequenzen ergeben sich aus den Ausprägungen der Leistungseigenschaften auf das Marketing der Anbieter?

17. Charakterisieren Sie die Handlungsfelder des Business-to-Business-Marketing! Wie hängen Sie miteinander zusammen?

18. Erläutern Sie die Analysefelder des Business-to-Business-Marketing!

Teil B Analyseaufgaben im Business-to-Business-Marketing – Marktanalyse

1 Industrielles Kaufverhalten

Sabine Fließ

Abbildungsverzeichnis

Tabellenverzeichnis

1.1 Merkmale des Kaufverhaltens von Unternehmen

1.1.1 Der Kaufprozeß als multipersonaler Problemlösungsprozeß

Betrachten wir zunächst das folgende Beispiel eines industrielles Beschaffungsprozesses:

Beispiel:
Die *Werkzeug GmbH* verzeichnet einen steigenden Absatz ihrer Produkte. Da die Unternehmensleitung mit einer weiter anwachsenden Nachfrage rechnet, will sie einen Mehrspindeldrehautomaten kaufen, um die Produktion zu erweitern. Die Diskussion mit dem Betriebsleiter ergibt folgende Anforderungen: Die Maschine soll zuverlässig arbeiten, um die Ausfallzeiten und damit die Kosten gering zu halten. Bei der Bearbeitung der Werkstücke sollen Toleranzen von 1/10 mm nicht überschritten werden. Hierfür wird eine Garantie erwartet. Die Umrüstzeiten sollen möglichst gering gehalten werden. Darüber hinaus wird die Maschine innerhalb kürzester Zeit benötigt, so daß eine kurze Lieferzeit von höchster Bedeutung ist. Um größtmögliche Verfügbarkeit zu gewährleisten, wird besonderer Wert auf den Service und Ersatzteildienst geleistet. Bei seinem Besuch der *EMO* verschafft sich der Produktionsleiter einen Überblick über die Problemlösungen verschiedener Anbieter. Die Einkaufssachbearbeiterin stellt eine Liste mit anzufragenden Anbietern zusammen. Als die Angebote eintreffen, vergleichen Produktionsleiter, Betriebsleiter und Werkzeugmeister die Angaben zu Ausfallzeiten, Toleranzen und Umrüstzeiten und stellen die verschiedenen Anbieter einander gegenüber. Die Mitarbeiterin im Einkauf bewertet die Angaben zum Service und zum Liefertermin und steuert aus ihrer Kenntnis der Anbieter weitere Informationen bei. Mit einem befreundeten Unternehmen wird ein Termin zur Besichtigung eines kürzlich beschafften Mehrspindeldrehautomaten vereinbart. Nach diesem Besuch setzen sich die auf Nachfragerseite beteiligten Personen zusammen und bewerten die Erfüllung der oben genannten Kriterien. Das Ergebnis der Bewertung wird der jeweiligen Preisforderung gegenübergestellt. Auf der Basis dieser Nutzen-Opfer-Relation trifft das Unternehmen eine Entscheidung für einen Anbieter. Es wird derjenige Anbieter gewählt, der die größtmögliche Nutzen-Opfer-Relation verspricht.

Der hier geschilderte Kaufprozeß ist dadurch gekennzeichnet, daß die *Werkzeug GmbH* ein *Problem* lösen will. Probleme entstehen immer dann, wenn ein oder mehrere bestimmte Ziele angestrebt werden sollen, es aber noch nicht feststeht, mit welchen Mitteln und auf welchem Weg diese Ziele am besten zu erreichen sind.[1] Um geeignete Mittel und Wege ausfindig machen zu können, muß das zu lösende Problem möglichst genau beschrieben werden. Wird es am Anfang sehr allgemein gefaßt, bietet sich eine Vielzahl verschiedener Problemlösungen an. Es ist eine schrittweise Strukturierung des Problems und damit verbundenen die Eingrenzung der Problemlösungspalette notwendig. Dieser Prozeß der schrittweisen Problemstrukturierung und der Suche nach geeigneten Lösungsmöglich-

[1] Vgl. Staehle 1985, S. 327.

keiten wird als *Problemlösungsprozeß* bezeichnet. Ein Kaufprozeß ist demnach ein Problemlösungsprozeß.

Beispiel:
Im betrachteten Fall der *Werkzeugmaschinen GmbH* bezieht sich das zu lösende Problem zunächst auf die steigende Nachfrage nach den Produkten der Werkzeugmaschinen GmbH, die Lieferengpässe verursacht. Als Problemlösung wird der Kauf eines Mehrspindeldrehautomaten beschlossen. Die Entscheidung, einen Mehrspindeldrehautomaten zu kaufen, führt jedoch zu einem weiteren Problem: welches Fabrikat welchen Herstellers ist das geeignete? Dieses Problem wird im Rahmen des Kaufprozesses durch verschiedene Aktivitäten gelöst, bis schließlich der Lieferant feststeht und der Kaufvertrag unterschrieben ist.

An der Lösung des Problems wirken bei Unternehmen als Käufern häufig mehrere Personen mit. Dies ist auf die Arbeitsteilung im Unternehmen zurückzuführen. Kaufprozesse in Unternehmen sind daher durch *Multipersonalität* gekennzeichnet, d.h. die Beteiligung mehrerer Personen.

Beispiel:
Beim Kaufprozeß der *Werkzeugmaschinen GmbH* sind dies der Produktionsleiter, die Einkaufssachbearbeiter, der Betriebsleiter und der Werkzeugmeister. Möglicherweise sind noch weitere Personen beteiligt, die aber anhand der Schilderung nicht identifiziert werden können.

Während des Kaufprozesses unternimmt das nachfragende Unternehmen verschiedene Aktivitäten, um das Problem zu strukturieren, Lösungsmöglichkeiten zu finden und schließlich eine Lösungsmöglichkeit auszuwählen. Diese Aktivitäten werden im sog. Phasenkonzept zu einzelnen, den Verlauf des Kaufprozesses charakterisierenden Phasen zusammengefaßt.

1.1.2 Die Phasen des Kaufprozesses

In der Literatur findet sich eine Vielzahl verschiedener Phasenunterteilungen.[2] Beispielhaft sei in Tabelle 1 das von *Brand* entwickelte Phasenschema aufgeführt, das mit zehn Phasen das detaillierteste ist und im Gegensatz zu vielen anderen auch noch die dem Kaufabschluß nachgelagerten Phasen der Abwicklungstechnik sowie der Ausführungskontrolle und Beurteilung enthält.

Gegen eine solche Unterteilung des Kaufprozesses in Phasen werden häufig die folgenden Punkte eingewendet: Das Phasenkonzept gibt nicht den tatsächlichen zeitlichen Ablauf eines Kaufprozesses wieder. In der Realität kann beobachtet werden, daß die Phasen auch in einer anderen Reihenfolge durchlaufen werden und daß Rückkopplungen zu bereits durchlaufenen Phasen auftreten. Betrachtet man jedoch das Phasenkonzept nicht als Versuch, die Aktivitäten in

[2] Vgl. die Übersicht bei Backhaus 1992, S. 54ff.

Tabelle 1. Phasenschema nach *Brand*
(Quelle: Brand 1972)

Phase	*Prozeß*
Phase 1:	Problemerkennung
Phase 2:	Festlegung der Produkteigenschaften
Phase 3:	Beschreibung der Produkteigenschaften
Phase 4:	Lieferantensuche
Phase 5:	Beurteilung der Lieferanteneigenschaften
Phase 6	Einholen von Angeboten
Phase 7:	Bewertung von Angeboten
Phase 8:	Auswahl von Lieferanten
Phase 9:	Abwicklungstechnik
Phase 10:	Ausführungskontrolle und Beurteilung

einer zeitlichen Reihenfolge zusammenzufassen, sondern als Ansatz, ähnliche Aktivitäten als Gruppenaktivitäten zu klassifizieren,[3] so erleichtert das Phasenkonzept die Betrachtung von Kaufprozessen und die Verständigung über die einzelnen Aktivitäten.

1.1.3 Unsicherheit und Information als verhaltensbestimmende Merkmale im Kaufprozeß

Der Kaufprozeß eines Unternehmens ist dadurch gekennzeichnet, daß die Kaufentscheidung auf Erwartungen basiert. Das nachfragende Unternehmen[4] im Beispiel der *Werkzeugmaschinen GmbH* erwartet, daß der Mehrspindeldrehautomat des gewählten Anbieters die Anforderungen im Hinblick auf Ausfallzeiten, Umrüstzeiten und Toleranzen erfüllt, daß der Lieferant seine Versprechungen bezüglich der Lieferzeit und des Service einlöst. Sicher ist der Nachfrager aber nicht, da zum Zeitpunkt der Kaufentscheidung die Maschine noch nicht zur Verfügung steht.

Da die Kaufentscheidung auf Erwartungen beruht, verspürt der Nachfrager Unsicherheit. Er ist unsicher darüber, ob seine Erwartungen erfüllt werden. Der Nachfrager empfindet ein Risiko im Sinne einer Gefahr von Fehlentscheidungen.

---

[3] Vgl. Engelhardt/Günter 1981, S. 37ff.

[4] Wir wollen im folgenden vom Unternehmen oder vom Nachfrager sprechen und dabei die Multipersonalität der Kaufentscheidung zunächst vernachlässigen, um die Grundprinzipien des Kaufverhaltens zu verdeutlichen. Wir nehmen also vereinfachend an, daß der Kaufprozeß von einer Person durchgeführt wird. Im Gliederungspunkt E gehen wir dann auf die Besonderheiten der Multipersonalität bei Kaufentscheidungen ein.

Beispiel:
Er weiß nicht sicher, ob der gewählte Mehrspindeldrehautomat seine Anforderungen erfüllt. Möglicherweise hat er sich für das falsche Fabrikat entschieden. Er weiß nicht sicher, ob der gewählte Lieferant die Lieferzeit einhält. Möglicherweise hat er sich für den falschen Anbieter entschieden.

Die Unsicherheit des Nachfragers ist keine objektive Größe, sondern eine subjektive Empfindung. Der Nachfrager ist unsicher, ob er die richtige Kaufentscheidung trifft bzw. getroffen hat und ob aus dieser Kaufentscheidung nicht vielleicht negative Konsequenzen erwachsen.[5] Schließlich will er durch den Kauf ein Problem lösen und sich nicht noch weitere Probleme schaffen. Dabei kommt es nicht darauf an, ob tatsächlich ein Risiko besteht (wer soll das feststellen?), sondern darauf, ob der Käufer ein solches Risiko wahrnimmt oder empfindet. Man spricht daher auch vom *wahrgenommenen* oder *subjektiv empfundenen Risiko*.[6] Das Risiko wird auf zwei Komponenten zurückgeführt[7]:

1. die wahrgenommene Unsicherheit über den Eintritt eines bestimmten Ereignisses.

   Beispiel:
   Es besteht Unsicherheit darüber, ob die mit dem Mehrspindeldrehautomaten bearbeiteten Werkstücke den Anforderungen bezüglich der Toleranzen entsprechen.

2. die empfundene Bedeutung der Konsequenzen, die sich aus dem Eintritt des Ereignisses ergeben.

   Beispiel:
   Wenn die Toleranzgrenze überschritten wird, reklamiert der Kunde die Werkstücke und wechselt möglicherweise den Lieferanten.

Die Unsicherheit über den Eintritt eines bestimmten Ereignisses kann sich auf zwei Bereiche beziehen: auf allgemeine Umweltzustände oder auf das Verhalten der Marktteilnehmer.

Die *Unsicherheit über den Eintritt allgemeiner Umweltzustände* bezieht sich auf Ereignisse, die außerhalb der Kontrolle der Marktteilnehmer liegen. Diese Art von Unsicherheit wird als *exogene Unsicherheit* bezeichnet.[8]

Beispiel:
Die Nachfrage nach Werkstücken geht zurück, eine Produktionsausweitung wäre nicht notwendig gewesen, und der Nachfrager hätte daher den Mehrspindeldrehautomaten nicht zu beschaffen brauchen. Die Entwicklung der Nachfrage liegt nicht innerhalb des Einflußbereiches des nachfragenden Unternehmens.

---

[5] Vgl. Webster/Wind 1972, S. 101. Je höher die empfundene Neuheit des Beschaffungsobjektes, desto höher ist das wahrgenommene Risiko. (Vgl. Immes 1994, S. 247).

[6] Vgl. Bauer 1960.

[7] Vgl. Cunningham 1967b, S. 38; Cox 1967, S. 37.

[8] Vgl. Spremann 1990, S. 564; Kaas 1991, S. 3.

Die Unsicherheit über das Verhalten der Marktteilnehmer kann sich auf den Anbieter und den Nachfrager beziehen. In einer Transaktion besteht wechselseitige Unsicherheit über das Verhalten des anderen.

Beispiel:
Der Käufer des Mehrspindeldrehautomaten ist unsicher darüber, ob das Produkt die gewünschten Leistungsmerkmale enthält. Er ist unsicher, ob der Anbieter seine Zusage bezüglich des Liefertermins einhält. Er ist unsicher, ob der Anbieter Ersatzteile vorhält oder nicht. Der Anbieter empfindet Unsicherheit darüber, ob der Nachfrager den Kaufpreis pünktlich zahlt.

Diese Art der Unsicherheit wird als *endogene Unsicherheit* bezeichnet.[9] Es geht um die Unsicherheit, die innerhalb einer bestimmten Transaktion auftritt und die vom Käufer oder vom Verkäufer beeinflußt werden kann.

Um zu einer Kaufentscheidung zu gelangen, muß der Nachfrager sein subjektiv wahrgenommenes Risiko auf ein für ihn erträgliches Maß reduzieren; eine vollkommene Beseitigung des wahrgenommenen Risikos ist nicht möglich. Hierfür stehen ihm folgende Verhaltensoptionen zur Verfügung, die an den beiden Komponenten des wahrgenommenen Risikos ansetzen[10]:

- Er kann versuchen, die empfundene Bedeutung der Konsequenzen zu vermindern.
- Er kann versuchen, die wahrgenommene Unsicherheit über den Eintritt eines bestimmten Ereignisses zu reduzieren

Die *Verminderung der Konsequenzen* setzt an der Begrenzung des Schadens an. Der Schadensfall ist bereits eingetreten, und der Nachfrager versucht, den Schaden für sich selbst möglichst gering zu halten. Die erste Möglichkeit besteht darin, Risiko zu überwälzen.

Beispiel:
Der Nachfrager versucht, den Anbieter dazu zu bewegen, ihm bei Ausfall des Mehrspindeldrehautomaten innerhalb von 6 Stunden eine Ersatzmaschine zu stellen und den durch den Maschinenausfall eingetretenen finanziellen Schaden zu übernehmen.

Risiko kann auch überwälzt werden, indem der Nachfrager eine entsprechende Versicherung abschließt; in diesem Falle übernimmt die Versicherung das Risiko. Nicht in allen Fällen ist es möglich, das Risiko auf eine andere Marktpartei abzuwälzen. Die zweite Möglichkeit besteht darin, das Risiko zu teilen. Wenn der Nachfrager fürchtet, von einem Anbieter abhängig zu werden, erteilt er verschiedenen Lieferanten Aufträge. Man spricht von „order splitting"[11] oder „multiple

---

9 Vgl. Spremann 1990, S. 562; Kaas 1990, S. 541; Kaas 1991, S. 3; Kleinaltenkamp 1992, S. 813.

10 Vgl. hierzu und zum folgenden Plötner 1993, S. 9 ff.

11 Vgl. Sweeney/Mathews/Wilson 1973.

sourcing".[12] Die letzte Möglichkeit besteht darin, Reserven zu bilden, die entsprechend negative Konsequenzen auffangen.

Beispiel:
Rechnet der Nachfrager damit, daß der Anbieter den Liefertermin nicht einhält, so vereinbart er einen wesentlich kürzeren Lieferzeitpunkt, als unbedingt notwendig wäre (Zeitreserve). Um die finanziellen Konsequenzen eines Schadensfalles zu tragen, bildet er stille Reserven oder Rücklagen, die er im Schadensfalle auflösen kann.

Häufiger als Maßnahmen der Schadensbegrenzungen finden sich jedoch im Kaufverhalten solche *Maßnahmen, die dem Eintritt negativer Konsequenzen vorbeugen*. Dies ist darin begründet, daß der Eintritt eines Schadens meist mit schwerwiegenden Konsequenzen für den Nachfrager verbunden ist. Diese Maßnahmen setzen an, um die Unsicherheit über den Eintritt unerwarteter Ereignisse zu reduzieren oder den Eintritt dieser Ereignisse gänzlich zu verhindern. Im Rahmen des Kaufverhaltens konzentrieren sich diese Maßnahmen vor allem auf die Reduzierung endogener Unsicherheit. Exogene Unsicherheit muß im Rahmen eines Kaufprozesses in aller Regel als gegeben hingenommen werden. Zwar kann der Nachfrager versuchen, bessere Informationen über die Zustände der Umwelt zu erlangen, meist obliegt diese Aufgabe jedoch der Marktforschung.[13]

Zur Reduktion der endogenen Unsicherheit kann der Nachfrager versuchen, Informationen über das Verhalten des Anbieters zu gewinnen. Er reduziert die Informationsasymmetrie und gewinnt Sicherheit, die es ihm ermöglicht, entsprechend vorzubeugen. Die gewonnenen Informationen erlauben es ihm weiterhin, das Verhalten des Anbieters zu kontrollieren.

Beispiel:
Beim Kauf des Mehrspindeldrehautomaten besucht der Nachfrager die Messe, um einen Überblick über verschiedene Werkzeugmaschinenhersteller zu gewinnen. Damit reduziert er sein subjektiv empfundenes Marktrisiko, nämlich die Gefahr, wichtige Anbieter aus seiner Kaufentscheidung auszuschließen. Zudem verschafft er sich einen Überblick über die Leistungsmerkmale von Werkzeugmaschinen. Er definiert dadurch Mindestanforderungen, die seiner Meinung nach von allen Anbietern erfüllt werden können. Die Besichtigung der Referenzanlage reduziert sein Funktionserfüllungsrisiko, d.h. das Risiko, daß die Maschine nicht so arbeitet, wie der Anbieter es verspricht und der Nachfrager es erwartet. Entspricht die Maschine nicht den Erwartungen des Nachfragers, wird er bei einem anderen Anbieter kaufen.

Die Bedeutung der Informationsgewinnung und -beurteilung bestätigt auch eine Untersuchung *Witte*s. Er untersuchte die Informationsaktivitäten für die Entscheidung über die Anwendungskonzeption der EDV und die einzusetzende Hardware. Der Kaufprozeß wurde hierfür in zehn Phasen unterteilt. Abbildung 1

---

[12] Vgl. Günter 1993, S. 199.

[13] Vgl. Kapitel „Kundenbezogene Informationsgewinnung".

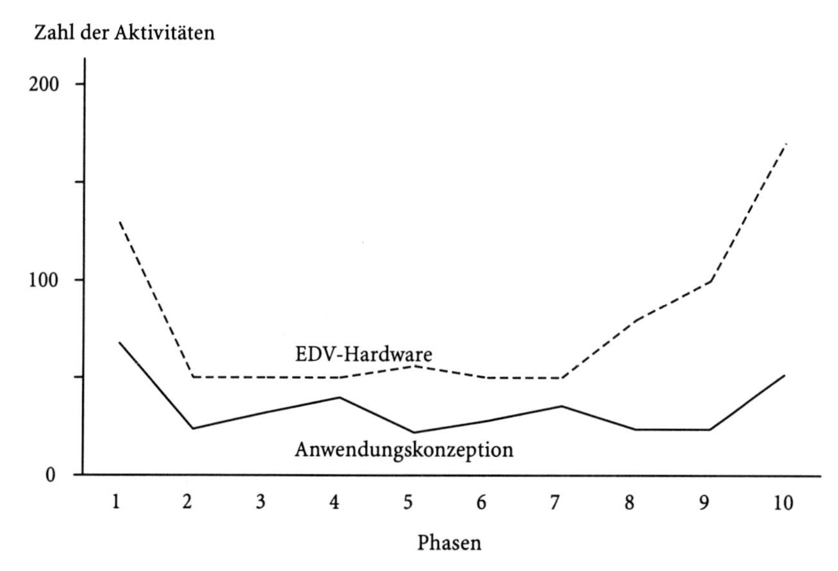

Abb. 1. Informationsaktivitäten bei der Entscheidung über die Anwendungskonzeption und die EDV-Hardware
(Quelle: Witte 1988, S. 219)

zeigt die Informationsaktivitäten in den zehn Phasen für die beiden Entscheidungsobjekte. Der Abbildung ist zu entnehmen, daß beide Entscheidungen durch Informationsaktivitäten in allen Phasen gekennzeichnet sind. Die Entscheidung über die Anwendungskonzeption erforderte eine über alle Phasen in etwa gleichbleibende Anzahl von Informationsaktivitäten. Die Zahl der Informationsaktivitäten bei der Hardware-Entscheidung ist demgegenüber in der ersten Phase sowie in den letzten fünf Phasen wesentlich höher. Die Untersuchung verdeutlicht, daß sich der Kaufprozeß als Folge von Informationsaktivitäten auffassen läßt, die sich verschiedenen Objekten zuwenden. Informationsaktivitäten beinhalten auch immer Bewertungsprozesse. Die beschaffte Information wird hinsichtlich der Glaubwürdigkeit ihrer Quelle bewertet sowie im Hinblick darauf, ob die Information zu den bereits erhaltenen Informationen paßt. Der Kaufprozeß kann damit als Folge von Informationsgewinnungs- und -bewertungsaktivitäten aufgefaßt werden, die sich auf die Reduktion von Unsicherheit richten.

Neben der Informationsgewinnung kann der Nachfrager versuchen, das Verhalten des Anbieters zu beeinflussen. Dieser Fall wird auch als „Machtaneignung" bezeichnet.

Beispiel:
Der Käufer des Mehrspindeldrehautomaten fordert den Anbieter auf, Garantien abzugeben, die er im Falle des Schadenseintrittes einlösen muß. Da der Anbieter bemüht ist, diese für ihn mit Kosten verbundene Garantie nicht einzulösen, sorgt

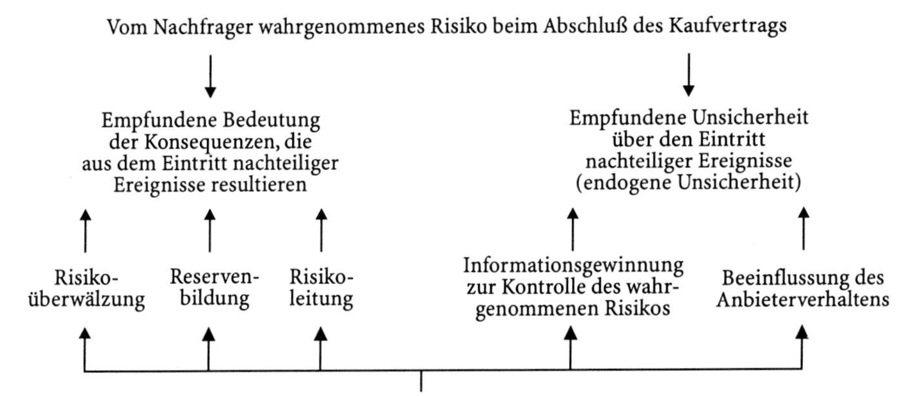

Abb. 2. Maßnahmen des Nachfragers zur Reduktion des wahrgenommenen Risikos (In Anlehnung an: Plötner 1993, S. 33)

er dafür, daß die Funktionsparameter eingehalten werden und der Schadensfall nicht eintritt. Dadurch wird das betreffende Risiko des Nachfragers reduziert.

Abbildung 2 stellt die zuvor skizzierten möglichen Aktivitäten des Nachfragers zur Unsicherheitsreduktion noch einmal überblicksartig dar.

Wir können festhalten: Der Kaufprozeß ist ein Problemlösungsprozeß, der in verschiedene Phasen eingeteilt werden kann. Das Kaufverhalten wird durch Unsicherheit auf seiten des Nachfragers bestimmt. Unsicherheit resultiert einerseits aus mangelnden Informationen über das Eintreten nicht beeinflußbarer Umweltzustände (exogene Unsicherheit) und andererseits aus mangelnden Informationen über das Verhalten des Anbieters (endogene Unsicherheit). Für das Kaufverhalten kommt der endogenen Unsicherheit größeres Gewicht zu. Der Nachfrager kann der Unsicherheit begegnen, indem er versucht, das Ausmaß des Schadens zu begrenzen (Risikoüberwälzung, Risikoteilung, Reservenbildung). Weitaus häufiger versucht er jedoch, bereits den Eintritt eines Schadens zu verhindern, indem er Informationen über den Anbieter sammelt (Kontrolle) oder das Verhalten des Anbieters beeinflußt (Machtaneignung).

1.2 Die asymmetrische Informationsverteilung zwischen Anbieter und Nachfrager

1.2.1 Die Prinzipal-Agenten-Beziehung

Endogene Unsicherheit entsteht aufgrund ungleich verteilter Informationen zwischen Anbieter und Nachfrager. Wir sprechen auch von Informationsasymmetrie zwischen Anbieter und Nachfrager. Informationsasymmetrie existiert bereits dann, wenn ein Transaktionspartner über für die Transaktion relevante Informationen verfügt, die der andere nicht besitzt.[14] Die Informationsasymmetrie ist der typische Zustand bei einer Transaktion. Anbieter und Nachfrager besitzen jeweils einen Informationsvorsprung bezüglich ihres eigenen Verhaltens und einen Informationsnachteil bezüglich des Verhaltens des jeweils anderen.

Beispiel:
Der Anbieter kennt sein Verhalten und weiß, ob der Mehrspindeldrehautomat die vom Kunden gewünschten Toleranzwerte einhalten kann oder nicht; der Nachfrager weiß dies jedoch nicht. Umgekehrt weiß der Nachfrager, ob er die Rechnung des Anbieters pünktlich bezahlen wird, während der Anbieter hierüber nicht informiert ist.

Transaktionen sind dadurch gekennzeichnet, daß eine Partei (Auftragnehmer) eine bestimmte Aufgabe für eine andere Partei (Auftraggeber) übernimmt. Der Auftragnehmer verfügt bei der Erfüllung seiner Aufgabe über einen Informationsvorsprung, den er ausnutzen kann, um das Ergebnis der Transaktion zu beeinflussen. Sein Verhalten wirkt sich dabei nicht nur auf seine eigene Wohlfahrt aus, sondern auch auf die des Auftraggebers. Die Person, die im Auftrag eines anderen handelt und dadurch über Informationsvorsprünge verfügt, wird als *Agent* bezeichnet. Derjenige, der die Aufgabe delegiert, der Auftraggeber, besitzt einen Informationsnachteil hinsichtlich der Erfüllung der delegierten Aufgabe. Derjenige, für den der andere handelt und der in einer Vertragsbeziehung einen Informationsnachteil besitzt, wird als *Prinzipal* bezeichnet.[15]

Beispiel:
Der Anbieter (Auftragnehmer) weiß, ob der Mehrspindeldrehautomat die vom Kunden gewünschten Toleranzwerte einhalten kann oder nicht. Er ist aufgrund dieses Informationsvorsprungs Agent. Der Nachfrager (Auftraggeber) hat die Erstellung des Mehrspindeldrehautomaten an den Anbieter (Auftragnehmer) delegiert. Er weiß beim Abschluß des Kaufvertrages nicht, ob der Mehrspindeldrehautomat die gewünschten Toleranzwerte einhalten wird. Er verfügt über einen Informationsnachteil und ist als Prinzipal zu bezeichnen.

---

[14] Vgl. Williamson 1990, S. 58.

[15] Vgl. Arrow 1985; Kaas 1992, S. 888; Kleinaltenkamp 1992, S. 812 f.

In den meisten Transaktionen ist der Auftragnehmer (Anbieter) der Agent, während der Auftraggeber (Nachfrager) als Prinzipal anzusehen ist.[16] Wie das obige Beispiel jedoch zeigt, können die Rollen je nach Bezugsobjekt auch vertauscht sein.

Beispiel:
Der Nachfrager weiß, ob er den Kaufpreis pünktlich bezahlen wird, während der Anbieter hierüber unsicher ist. In dieser Situation ist der Nachfrager Agent, während der Anbieter die Rolle des Prinzipals einnimmt.

Die Informationsvorsprünge hängen also von der jeweiligen Situation ab; daher wechseln die Rollen. Der Nachfrager kann sowohl Agent als auch Prinzipal sein.[17] Gleiches gilt für den Anbieter. Abbildung 3 gibt einen Überblick über die Arbeitsteilung zwischen einem Verfahrensgeber und einem Ingenieur-Contractor bei einem Großanlagengeschäft. In der Phase der Konzeptfindung beispielsweise verfügt der Verfahrensgeber über einen Informationsvorsprung; er ist der Agent und der Ingenieur-Contractor ist der Prinzipal. In der Phase des Detail-Engineering liegt demgegenüber der Informationsvorsprung auf seiten des Ingenieur-Contractors, und er handelt als Agent, während der Verfahrensgeber als Prinzipal zu bezeichnen ist.

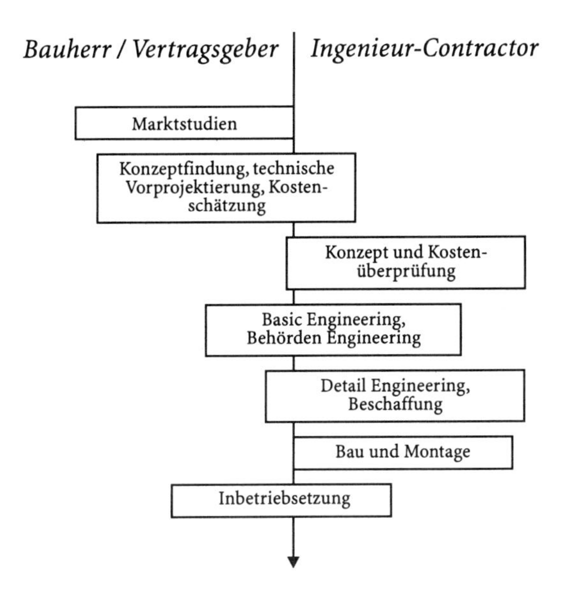

Abb. 3. Arbeitsteilung zwischen Bauherr/Verfahrensgeber und Ingenieur-Contractor nach LURGI AG Jahresbericht 1992 (Quelle: Jacob 1994, S. 93)

[16] Vgl. Picot 1989, S. 370.

[17] Vgl. Kleinaltenkamp 1992, S. 816.

Um zu einer sinnvollen Zusammenarbeit zu gelangen, ist die Aufhebung der Informationsasymmetrien notwendig. Dies liegt jedoch nicht immer im Interesse der Beteiligten. Der Informationsvorsprung gewährt dem Agenten einen Verhaltensspielraum, den er zu seinem eigenen Nutzen und zum Schaden des Prinzipals ausnutzen kann.[18] Er ermöglicht *opportunistisches Verhalten.*[19] Dies gilt sowohl für den Anbieter als auch für den Nachfrager.

Beispiel:
Der Anbieter weiß, daß die Werkzeugmaschine des Konkurrenten den Anforderungen des Nachfragers besser gerecht wird als seine eigene; er verschweigt dem Nachfrager jedoch diese Information. Der Nachfrager weiß, daß der Garantiefall aufgrund eines Bedienungsfehlers aufgetreten ist, verschweigt dies jedoch dem Anbieter.

Nicht mißbräuchlich ausgenutzte Informationsasymmetrien und opportunistisch genutzte Informationsvorsprünge führen zu unterschiedlichen Verhaltensweisen im Kaufprozeß. Bei systematischer asymmetrischer Informationsverteilung ist der Nachfrager an einem effizienten Informationsaustausch interessiert. Das Kaufverhalten richtet sich auf das Management der Informationsströme. Bei Gefahr opportunistischen Verhaltens ist der Nachfrager bestrebt, sich gegen die mißbräuchliche Nutzung von Informationsvorsprüngen abzusichern. Die Auswirkungen auf den Kaufprozeß und die Möglichkeiten der Absicherung durch den Nachfrager wollen wir im folgenden näher untersuchen.

1.2.2 Kaufverhalten ohne Annahme opportunistischen Verhaltens

Endogene Unsicherheit entsteht aufgrund asymmetrisch verteilter Informationen zwischen Anbieter und Nachfrager. Informationsvorsprünge des Anbieters bestehen hinsichtlich der *Technologiekonzeption*, die zur Lösung des Nachfragerproblems verwendet wird oder werden kann. In der Technologiekonzeption werden die Einsatzfaktoren, z.B. Materialien, und ihre Kombination, z.B. Lösungsprinzipien, festgelegt[20]. Hierbei weiß in aller Regel der Anbieter besser, welche technischen Möglichkeiten grundsätzlich geeignet sind, das Problem des Nachfragers zu lösen. Er kennt den Bau- und Funktionszusammenhang seiner Maschinen, weiß, welche Mitarbeiter über die notwendige Qualifikation verfügen, um sich mit dem Problem des Nachfragers auseinanderzusetzen. Der Anbieter verfügt über einen Informationsvorsprung bezüglich der von ihm einge-

[18] Vgl. Laux 1988; Spremann 1988, S. 614; Kleinaltenkamp 1992, S. 812 f.

[19] Vgl. Williamson 1990, S. 54 f.

[20] Vgl. Gemünden 1981, S. 30.

setzten oder einsetzbaren Ressourcen, der Gestaltung seiner Leistungsprozesse und der Qualität des Leistungsergebnisses.[21]

Der Nachfrager verfügt demgegenüber über einen Vorsprung bezüglich der *Nutzungskonzeption*. Die Nutzungskonzeption bezieht sich auf das Problem, das mit Hilfe der zu beschaffenden Leistung gelöst werden soll. Sie umfaßt die Einsatzbedingungen der Leistungen und das organisatorische Umfeld, in das diese Leistung hineingebracht wird.[22] Hierzu gehört auch, daß der Nachfrager über einen Informationsvorsprung bezüglich seiner Leistungspotentiale, seiner Leistungsprozesse und der mit der zu beschaffenden Leistung angestrebten Leistungsergebnisse verfügt.

Beispiel:
Bei einer EDV-Beschaffung bezieht sich die Technologiekonzeption auf die Art der EDV-Hardware und -Software. Die Nutzungskonzeption umfaßt die Aufgaben, die mit Hilfe der EDV erledigt werden sollen.

Bezüglich der Technologie- und Nutzungskonzeption liegt es oftmals im Interesse sowohl des Anbieters als auch des Nachfragers, die Informationsasymmetrie aufzuheben. Ein Leistungsergebnis, das sowohl den Anbieter als auch den Nachfrager zufriedenstellt, hängt von der Abstimmung zwischen Technologie- und Nutzungskonzeption ab.[23] Der Nachfrager kann nur dann ein Leistungsergebnis erwarten, das seine Anforderungen erfüllt, wenn er dem Anbieter Auskunft über die Einsatzbedingungen gibt. Der Anbieter kann nur dann erwarten, den Auftrag zur Zufriedenheit des Kunden auszuführen, wenn er ein Mindestmaß an Informationen über die technischen Funktionsprinzipien und die grundsätzliche Lösungskonzeption weitergibt.

Gemünden unterscheidet zwei Modelle im Umgang mit Informationsasymmetrien: das Delegationsmodell und das Zusammenarbeitsmodell.[24]

Beim *Delegationsmodell* wird im Grunde auf die Aufhebung der Informationsasymmetrien verzichtet. Der Nachfrager ist nicht bemüht, die Technologiekonzeption zu verstehen, nachzuvollziehen und auf ihre Eignung zu überprüfen. Er überträgt die Findung eines Lösungskonzeptes vollständig dem Anbieter. Er verläßt sich darauf, daß die dem Anbieter vermittelten Informationen über seine Nutzungskonzeption richtig verstanden und umgesetzt werden und verzichtet sogar auf die Konsultation weiterer Hersteller.[25] Denkbar ist auch, daß der Nachfrager den Anbieter über seine Nutzungskonzeption nicht zu informieren braucht,

[21] Zur Unterscheidung von Leistungspotential, Leistungsprozeß und Leistungsergebnis vgl. die Ausführungen im Kapitel „Einführung in das Business-to-Business-Marketing".

[22] Vgl. Gemünden 1980, S. 26; 1981, S. 30.

[23] Vgl. Gemünden 1980, S. 26; 1981, S. 34 ff. und S. 122 ff.

[24] Vgl. Gemünden 1985.

[25] Vgl. Gemünden 1980.

weil diesem die Nutzungskonzeption bereits aus diesem oder einem anderen Anwendungsfall bekannt ist und daher für eine Lösung nicht benötigt wird.

Beispiel:
Der Nachfrager will eine neue Werkzeugmaschine zur Ausweitung der Produktion beschaffen. Er nennt dem Anbieter die Werkstücke und Verrichtungen und überläßt ihm die Empfehlung einer geeigneten Werkzeugmaschine. Der Nachfrager will einen PC zur Textverarbeitung kaufen und überläßt dem Anbieter die Entscheidung über Hard- und Software.

Die Anwendung des Delegationsmodells ist nur denkbar, wenn die Unsicherheit des Nachfragers über das Verhalten des Anbieters sehr gering ist oder sogar gänzlich fehlt.[26] Dies ist dann der Fall, wenn ein mißbräuchliches Ausnutzen des Informationsvorsprungs für den Anbieter zu keinem Vorteil führt, sondern sogar zu einem Nachteil werden kann.

Beispiel:
Zwischen Anbieter und Nachfrager besteht eine Geschäftsbeziehung. Die Ausnutzung des Informationsvorsprungs führt dazu, daß der Nachfrager dem Anbieter keinen weiteren Auftrag erteilt. Denkbar ist auch, daß aufgrund von Marktstandards die Problemlösungen vergleichbar sind und somit kein Vorteil erzielt werden kann.

Das *Zusammenarbeitsmodell* ist dadurch gekennzeichnet, daß Anbieter und Nachfrager sich um eine Aufhebung der Informationsasymmetrien bemühen. Dabei ist zwischen nutzungsdominierten und technologiedominierten Prozessen zu unterscheiden. Bei ersteren ist die Kenntnis der Nutzungskonzeption von entscheidender Bedeutung für den Erfolg der Transaktion, im zweiten Fall die Kenntnis der Technologiekonzeption.[27] Der Anbieter legt die Technologiekonzeption offen, der Nachfrager die Nutzungskonzeption. Dabei wird ein beiderseitiger Lernprozeß durchlaufen.[28] Der Nachfrager lernt, welche Nutzungsziele er mit der Technologiekonzeption verfolgen kann und welche Alternativen existieren, um sein angestrebtes Nutzungsziel zu erreichen. Der Anbieter erfährt, welche Anwendungsbedürfnisse der Kunde besitzt und welche Barrieren zu überwinden sind, bis diese Bedürfnisse befriedigt werden können. Beide Transaktionspartner erarbeiten gemeinsam eine Problemlösung und überwinden gemeinsam die dabei auftretenden Konflikte.

Die Anwendung des Zusammenarbeitsmodell ist – ebenso wie des Delegationsmodells – nur denkbar, wenn Anbieter und Nachfrager keine oder nur geringe Verhaltensunsicherheiten verspüren. Die Offenlegung der Technologiekonzeption versetzt den Nachfrager in die Lage, bei der nächsten Beschaffung ähnli-

---

[26] Vgl. Immes 1994, S. 268, der anhand von Kaufprozessen von Verkehrstechnik zeigt, daß sich Delegation an den Anbieter kaum zur Reduzierung des wahrgenommenen Risikos eignet.

[27] Vgl. Gemünden 1980, S. 26 f.

[28] Vgl. Gemünden 1980, S. 27.

cher Art Anbieter genauer als bisher zu vergleichen oder die Problemlösung u.U. selbst zu erstellen. Die Offenlegung der Nutzungskonzeption verschafft dem Anbieter einen Vorsprung vor seinen Wettbewerbern, da er die Bedürfnisse der Nachfrager besser kennt als andere. Benutzt er sein Wissen, um den Konkurrenten des Nachfragers - absichtlich oder unabsichtlich - über die Nutzungskonzeption zu informieren, muß der Nachfrager Einbußen hinnehmen. Diese Unsicherheit ist nicht bei allen Beschaffungsprozessen zu vermerken, sondern ergibt sich insbesondere dann, wenn mit der Ausnutzung der gewonnenen Informationen durch den Anbieter gravierende Nachteile für den Nachfrager verbunden sind.

Sowohl Delegations- als auch Zusammenarbeitsmodell sind nur dann zur Überwindung der Ungleichheit in der Informationsverteilung geeignet, wenn das Verhältnis zwischen Anbieter und Nachfrager durch Vertrauen gekennzeichnet ist. Vertrauen kann vereinfacht als Erwartung definiert werden, daß opportunistische Verhaltensweisen fehlen.[29]

1.2.3 Kaufverhalten unter Annahme opportunistischen Anbieterverhaltens

1.2.3.1 Probleme der Leistungsbeurteilung

In den obigen Ausführungen sind wir davon ausgegangen, daß Anbieter und Nachfrager ihre Informationsasymmetrien zu beseitigen suchen oder aber damit leben können. Diese auf Vertrauen beruhende Situation ist nicht immer gegeben. Die Vermittlung von Informationen und die Beseitigung der Verhaltensunsicherheit liegt nicht immer im Interesse der Beteiligten. Insbesondere wenn der aus der Informationsasymmetrie resultierende Nutzen größer ist als der Nutzen aus der Beseitigung der Informationsasymmetrie, werden sich Anbieter oder Nachfrager nicht um eine Aufhebung bemühen.

Beispiel:
Der Anbieter der Werkzeugmaschine zieht einen größeren Nutzen daraus, den Mangel des Mehrspindeldrehautomaten (Überschreitung der gewünschten Toleranzen) zu verschweigen, als diesen Mangel aufzudecken. Im ersten Fall würde er zwar Verhaltenssicherheit beim Nachfrager erzeugen („der Anbieter ist ehrlich"), gleichzeitig würde der Nachfrager den Auftrag jedoch nicht erteilen („Eine Werkzeugmaschine, die die Toleranzwerte nicht einhält, ist ungeeignet").

Die Beschaffung der zur Aufhebung der Informationsasymmetrie notwendigen Informationen stellt den Nachfrager vor bestimmte Probleme. Informationen sind nicht frei verfügbar, sondern müssen erst beschafft werden. Die Informationsbeschaffung erfordert Zeit und häufig auch Geld. Besondere Probleme erge-

---

[29] Vgl. Plötner 1993, S. 35.

		direkte Kontrolle nach dem Kauf	
		möglich	nicht möglich
direkte Kontrolle vor dem Kauf	möglich	*Search Qualities*	(nicht behandelt)
	nicht möglich	*Experience Qualities*	*Credence Qualities*

Abb. 4. Kontrollmöglichkeiten von Leistungseigenschaften nach *Nelson* und *Darby/Karni* (Quelle: Plötner 1993, S. 24)

ben sich für den Nachfrager, wenn die Informationen erst nach dem Kauf beschaffbar sind oder gar nicht erhoben werden können. Nach *Nelson* sowie *Darby* und *Karni* werden verschiedene Eigenschaften von Leistungen unterschieden, die durch ihre Beobachtbarkeit vor und nach dem Kauf differenziert werden können (vgl. Abb. 4).[30]

Sucheigenschaften sind dadurch gekennzeichnet, daß vor dem Kauf ihr Vorhandensein oder Nichtvorhandensein festgestellt werden kann.

Beispiel:
Der Nachfrager kann durch Betrachten der Werkzeugmaschine oder durch einen Zollstock ihre Abmessungen feststellen. Er kann sich die Maschine vorführen lassen, um die Umrüstzeiten festzustellen. Er kann ein Werkstück bearbeiten lassen, um zu prüfen, ob die vorgegebenen Toleranzen eingehalten werden. Bei einem Kunststoff kann der Nachfrager eine chemische Analyse durchführen (lassen), um die Zusammensetzung festzustellen.

Erfahrungseigenschaften können vor dem Kauf nicht beobachtet werden, wohl aber ist ihr Vorhandensein nach dem Kauf feststellbar.

Beispiel:
Die Zuverlässigkeit der Werkzeugmaschine, die Qualität des Services oder die Einhaltung des Liefertermins sind Erfahrungseigenschaften. Hierbei kann der Nachfrager sich auf Aussagen anderer verlassen; er selbst kann aber erst nach dem Kauf der Maschine feststellen, ob der Service zuverlässig und pünktlich ist.

Vertrauenseigenschaften können weder vor noch nach dem Kauf festgestellt werden. Der Nachfrager muß sich auf die Zusicherung des Anbieters verlassen.

---

[30] Vgl. hierzu und zum folgenden ausführlicher Kapitel „Einführung in das Business-to-Business-Marketing".

Beispiel:
Der Werkzeugmaschinenhersteller versichert dem Nachfrager, daß seine Mitarbeiter im Service die höchste Qualifikation in der Branche besitzen.

Ob es sich bei bestimmten Eigenschaften um Such-, Erfahrungs- oder Vertrauenseigenschaften handelt, ist nicht eindeutig aufgrund objektiver Kriterien bestimmbar, sondern hängt von folgenden Faktoren ab:

- dem subjektiven *Anspruchsniveau* des Nachfragers, z.B. sind manche Informationen nur mit großem Aufwand beschaffbar, so daß der Nachfrager auf diese Informationen verzichtet.
- der *Erfahrung des Nachfragers*, z.B. wissen manche Nachfrager aufgrund ihrer Erfahrungen, nach welchen Eigenschaften sie suchen sollen, während diese Erkenntnis für andere Nachfrager eine Erfahrung darstellt, die sie aus dem Erstkauf in einen Wiederholungskauf[31] hinübernehmen.

Jede Transaktion beinhaltet Such-, Erfahrungs- und Vertrauenseigenschaften. Für jede Transaktion kann damit ein dreidimensionales Eigenschaftsprofil entwickelt werden.[32] Abbildung 5 gibt einen Überblick über verschiedene Arten von Leistungen. Hierbei ist erkennbar, daß bei materiellen Gütern häufig Sucheigenschaften dominieren, während bei immateriellen Leistungen Vertrauenseigenschaften das Kaufverhalten bestimmen.

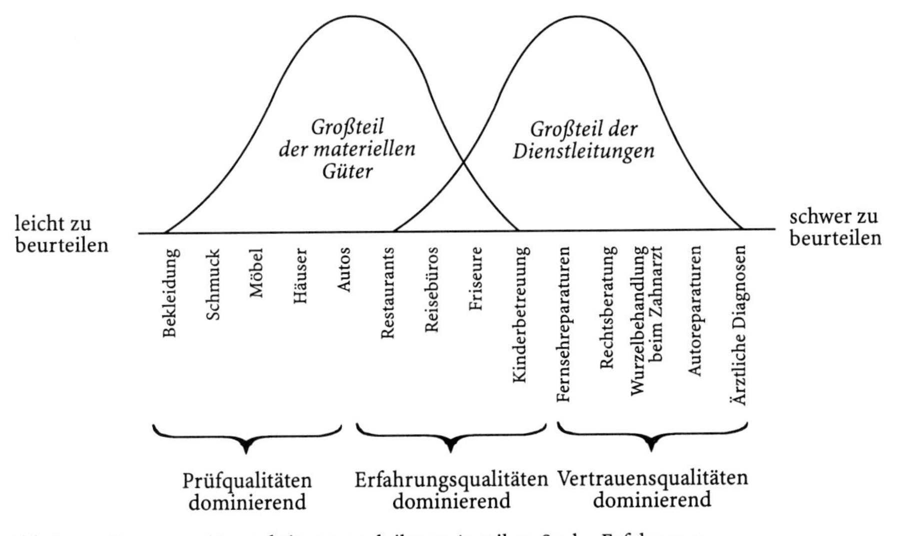

Abb. 5. Typen von Transaktionen nach ihrem Anteil an Such-, Erfahrungs- und Vertrauenseigenschaften
(Quelle: Zeithaml 1984, S. 192; Übersetzung aus Kotler/Bliemel 1992, S. 671)

---

[31] Zur Unterscheidung von Kaufsituationen vgl. Abschnitt 1.5.6.

[32] Vgl. hierzu insbesondere Kapitel „Einführung in das Business-to-Business Marketing“.

1.2.3.2 Formen der Verhaltensunsicherheit

Transaktionen sind in aller Regel durch ungleich verteilte Informationen zwischen Anbieter und Nachfrager gekennzeichnet. Diese Ungleichheit in der Informationsverteilung führt dazu, daß der Agent seinen Informationsvorsprung zu seinem eigenen Nutzen und zum Schaden des Prinzipals ausnutzen kann. Bisher haben wir den Fall untersucht, daß auf beiden Seiten nur geringe oder sogar gar keine Verhaltensunsicherheit wahrgenommen wird. In dieser Situation bemühen sich Anbieter und Nachfrager um die Aufhebung der Informationsasymmetrie. Dieser Fall ist jedoch nicht der Regelfall. Häufig genug liegt die Ausnutzung von Verhaltensspielräumen eher im Interesse des Agenten als die Aufhebung der Informationsasymmetrie. Daß der Anbieter bestimmte Verhaltensspielräume ausnutzen kann, ist vor allem durch die Probleme der Leistungsbeurteilung bedingt. Nicht alle Eigenschaften einer Problemlösung sind Sucheigenschaften, in manchen Fällen dominieren Erfahrungs- und Vertrauenseigenschaften.

Verschiedene Formen der Verhaltensunsicherheit können danach unterschieden werden, ob der Mißbrauch des Informationsvorsprungs nachträglich aufgedeckt werden kann oder nicht. Des weiteren ist danach zu unterscheiden, ob das Verhalten des Anbieters zum Zeitpunkt der Kaufentscheidung feststeht oder noch variiert werden kann. Steht das Verhalten fest, kann der Nachfrager nur noch versuchen, den Mißbrauch des Informationsvorsprungs aufzudecken; er kann aber vom Anbieter nicht verlangen, diese Art von Verhalten zu unterlassen.

Beispiel:
Der Anbieter gibt an, die Werkzeugmaschine könne bei der Bearbeitung der Werkstücke die vorgegebenen Toleranzen einhalten. Das Merkmal der Maschine steht fest und dem Nachfrager bleibt nur, das Nichtvorhandensein nachzuweisen.

Anders gelagert jedoch ist der Fall, wenn der Anbieter sein Verhalten noch gestalten kann. Hier ist es dem Nachfrager möglich, Einfluß auszuüben und den Mißbrauch des Informationsvorsprungs zu verhindern. Dies ist beispielsweise gegeben, wenn der Anbieter Vertragslücken ausnutzt.

Beispiel:
Die Ausschreibung für den Innenausbau eines Gebäudes sieht nicht ausdrücklich formaldehytfreie Spanplatten vor. Der Anbieter legt seinem Angebot die preisgünstigeren formaldehythaltigen Spanplatten zugrunde, ohne jedoch diese Produkteigenschaft zu deklarieren. Auf Anfrage des Kunden erklärt der Anbieter, daß es sich um formaldehythaltige Platten handelt, und der Nachfrager verlangt die Verwendung formaldehytfreier Platten.

Bezüglich der Unterschiede in der Beeinflußbarkeit und Beobachtbarkeit der Verhaltensmerkmale können die in Tabelle 2 dargestellten Formen der Verhaltensunsicherheit unterschieden werden.[33]

---

[33] Vgl. Spremann 1990, S. 565 f.

Tabelle 2. Formen von Verhaltensunsicherheit

		nach Vertragsabschluß	
		Prinzipal kann das Verhalten des Agenten beobachten	*Prinzipal kann das Verhalten des Agenten nicht beobachten*
vor Vertrags-abschluß	*Verhalten des Agenten steht fest*	'hidden characteristics' Qualitätsunsicherheit 'adverse selection'	nicht betrachtet
	Agent kann sein Verhalten variieren	'hidden intention' 'hold up'	'hidden action' 'moral hazard'

'Hidden characteristics'[34] läßt sich mit *Qualitätsunsicherheit*[35] übersetzen. Qualitätsunsicherheit ist dadurch gekennzeichnet, daß der Prinzipal unsicher ist über die Qualifikation des Agenten oder die Qualitätseigenschaften der Leistung.

Beispiel:
Der Nachfrager fürchtet, daß die Werkzeugmaschine bereits kurze Zeit nach ihrer Anschaffung ausfällt. Das Merkmal der Werkzeugmaschine steht fest und offenbart sich beim Einsatz (nach Kaufabschluß). Die Unsicherheit darüber, ob die Werkzeugmaschine zuverlässig ist, bestimmt das Verhalten des Nachfragers. Ein Anbieter überlegt, dem Nachfrager einen Lieferantenkredit zu gewähren. Es besteht Unsicherheit darüber, ob der Nachfrager wirtschaftlich gesund ist. Das Merkmal steht zum Zeitpunkt der Kreditgewährung fest; es wird nach Krediterteilung, nämlich bei der Rückzahlung, offenbar, ob der Kreditnehmer in wirtschaftlichen Schwierigkeiten steckt oder nicht. Die Unsicherheit zum Zeitpunkt der Kreditgewährung ist verhaltensbestimmend.

Das Vorhandensein von Qualitätsunsicherheit führt dazu, daß der Nachfrager nicht in der Lage ist, Anbieter qualifizierter Leistungen von Anbietern nicht qualifizierter Leistungen zu unterscheiden. Dem Nachfrager droht die Gefahr, sich für den falschen Lieferanten zu entscheiden. Dieser Fall wird mit *'adverse selection'* bezeichnet.

'Hidden intention' charakterisiert den Fall, daß der Anbieter eine dem Nachfrager verborgene Absicht verfolgt. Die Aufdeckung der Absicht kommt zu spät, um den Schaden zu begrenzen.[36] 'Hidden intention' kann auch mit *'hold up'*[37] (Überfall) bezeichnet werden. Opportunistisches Verhalten ergibt sich aus der Ausnutzung von Vertragslücken zum Vorteil des Agenten und zum Nachteil des Prinzipals.

[34] Vgl. Stigler 1960.

[35] Vgl. Spremann 1990, S. 566.

[36] Vgl. Spremann 1990, 566 ff.

[37] Vgl. Goldberg 1976; Alchian/Woodward 1988, S. 67.

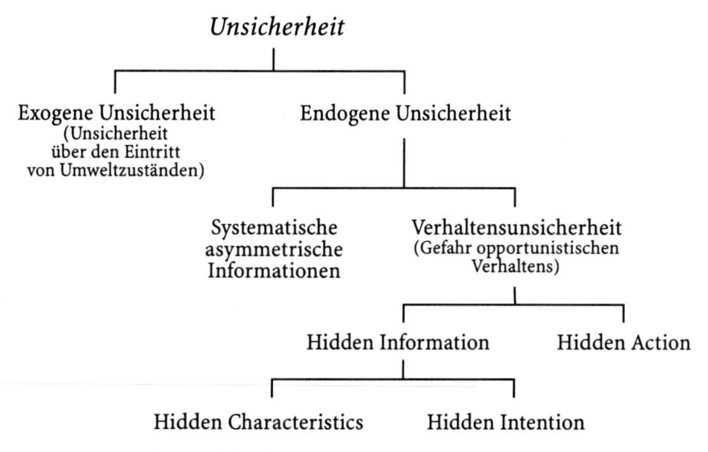

Abb. 6. Ausprägungen der Unsicherheit

Beispiel:
Der Anbieter liefert die Werkzeugmaschine und verlangt sofortige Bezahlung. Der Ausfall der Maschine ist auf einen Materialfehler zurückzuführen und fällt unter die Gewährleistung, aber der Lieferant läßt sich Zeit mit der Reparatur. Ein Nachfrager schreibt den Innenausbau eines Gebäudes aus. Dieser Ausbau beinhaltet die Verwendung von Spanplatten. Der Anbieter *A* legt in seinem Angebot preisgünstigere formaldehythaltige Spanplatten zugrunde, der Anbieter *B* nicht. Da die Ausschreibung nicht ausdrücklich formaldehytfreie Platten vorsieht, nutzt der Anbieter seinen Informationsvorsprung opportunistisch aus.

Im Fall von *'hidden action'* oder *'moral hazard'* ergreift der Agent nach Vertragsabschluß Maßnahmen zum eigenen Vorteil, ohne daß es dem Prinzipal möglich ist, diese kostenfrei zu beobachten oder zu beurteilen.[38]

Beispiel:
Anbieter und Nachfrager arbeiten bei der Erstellung einer Produktionsanlage zusammen (vgl. Abb. 3). Der Ingenieur-Contractor berechnet beim Bau und bei der Montage wesentlich mehr Stunden, als tatsächlich verbraucht worden sind. Typische Fälle sind auch die Verhaltensweisen von Versicherten, die die Eintrittswahrscheinlichkeit und die Höhe des Schadens durch Sorgfalt selbst bestimmen können, ohne daß die Versicherung genaue Ursachen für den Schadenseintritt feststellen kann.

Abbildung 6 faßt die verschiedenen Ausprägungen der Unsicherheit nochmals zusammen.

Die drei Formen der Verhaltensunsicherheit sind mit bestimmten Problemen der Überprüfung von Eigenschaften verbunden. 'Hidden characteristics' sind dann problematisch, wenn Erfahrungs- und Vertrauenseigenschaften dominieren. Solange es sich vornehmlich um Sucheigenschaften handelt, kann der Nach-

[38] Vgl. Arrow 1980.

frager die Verhaltensmerkmale vor dem Kauf aufdecken. 'Hidden intention' ist vor allem mit Erfahrungseigenschaften verbunden. Da der Anbieter sein Verhalten nach Vertragsabschluß variieren kann, ist es für den Nachfrager schwierig, der Verhaltensänderung vorzubeugen. Liegen jedoch Erfahrungen vor, kann der Nachfrager 'hidden intention' vorhersehen und die Verhaltensunsicherheit durch geeignete Maßnahmen bereits vor dem Kauf reduzieren. Der Fall von 'moral hazard' oder 'hidden action' ist besonders gravierend, wenn Vertrauenseigenschaften die Transaktion bestimmen. Da weder vor noch nach dem Kauf die Möglichkeit der Kontrolle besteht, steht dem Anbieter ein besonders großer Spielraum für verborgene Maßnahmen offen. Dem Nachfrager ist es weder vor noch nach Vertragsabschluß möglich, das Ergebnis auf die Handlungen des Anbieters oder die Umstände zurückzuführen. Im folgenden wollen wir die Maßnahmen betrachten, die der Nachfrager ergreifen kann, um die Eintrittswahrscheinlichkeit der Verhaltensunsicherheiten zu reduzieren.

1.2.3.3 Maßnahmen zur Reduktion von Verhaltensunsicherheit

1.2.3.3.1 Unsicherheitsreduktion bei Qualitätsunsicherheit

Qualitätsunsicherheit entsteht für den Nachfrager, wenn er aufgrund der Leistungseigenschaften nicht in der Lage ist, die Qualifikation des Anbieters oder die Qualität der Leistung zu beurteilen. Er ist damit nicht in der Lage, Anbieter qualitativ guter Leistungen von Anbietern qualitativ schlechter Leistungen zu trennen. Er läuft in dieser Situation Gefahr, den schlechten Anbieter zu wählen, also eine falsche Wahl zu treffen. Da der Nachfrager nicht über die Möglichkeiten verfügt, den Anbieter und seine Leistung selbst zu beurteilen, sucht er nach Indikatoren, die gute von schlechten Anbietern unterscheiden. Die Suche nach solchen Indikatoren wird als *Screening* bezeichnet.[39]

Anbieter guter Leistungen haben in dieser Situation ebenfalls ein Interesse daran, sich von Anbietern schlechter Leistungen abzuheben. Sie suchen daher nach Differenzierungsmöglichkeiten, die ihnen offenstehen, Anbietern schlechter Leistungen jedoch nicht. Dies sind Maßnahmen, die Anbietern schlechter Leistungen schaden würden, weil sie ihre schlechtere Qualität bzw. Qualifikation offenlegen würden. Qualifizierte Anbieter versuchen daher, Signale zu senden, die unqualifizierten Anbietern nicht möglich sind. Diese Maßnahmen werden als *Signaling* bezeichnet.[40] Beim Signaling ist zu unterscheiden zwischen verschiedenen Arten von Signalen zu unterscheiden.[41] Zum einen gibt es beobachtbare, ver-

---

[39] Vgl. Kaas, 1990, S. 541.

[40] Vgl. Spence 1974, S. 10; Kaas 1990, S. 541; Spremann 1990, S. 563 und 578 f.; Schade/Schott 1993, S. 20.

[41] Vgl. Spence 1974, S. 10 f.

änderbare, bewußte und freiwillige bzw. willentliche Aktivitäten des Agenten, die er aussendet. Zum anderen existieren beobachtbare, nicht veränderbare, unbewußte und nicht willentliche Aktivitäten des Agenten. Signale der ersten Art sind beispielsweise Werbeaussagen über die Qualifikation der Mitarbeiter, denn sie können vom Nachfrager beobachtet werden – dies ist sogar gewünscht, der Anbieter kann sie verändern, und er macht sie bewußt und freiwillig. Ein veränderbares Signal ist beispielsweise auch die Ausstattung einer Bank (Marmorsaal mit Spiegeln oder kleiner Raum mit Kunststoffcounter). Ebenfalls als veränderbares, willentliches Signal gilt die Kleidung der Angestellten (Anzug und Krawatte oder Freizeitkleidung). Als Signal der zweiten Art ist demgegenüber die Ausbildung der Mitarbeiter anzusehen – diese ist vom Anbieter nicht veränderbar. Auch die Übernahme von Garantien im Sinne der Bestätigung zugesicherter Eigenschaften einer Leistung gelten als veränderbare Signale, senken nachweislich das wahrgenommene Risiko und wirken über die Risikominderung auf die Qualitätswahrnehmung.[42] Zu beachten ist allerdings die Art der Garantie. Garantien, die auf bestimmte Eigenschaften begrenzt sind, haben einen geringeren Einfluß auf die Qualitätswahrnehmung als unbegrenzte Garantien, d.h. Garantien, die sich auf die Gesamtheit des Produktes beziehen. Darüber hinaus ist die wirtschaftliche Stabilität des Unternehmens von Bedeutung; der Nachfrager muß sicher sein, daß die Garantie auch eingelöst werden kann.[43]

Screening, also die Suche nach Indikatoren für qualifizierte Anbieter, trifft auf Signaling, d.h. das Senden entsprechender Indikatoren. Der Nachfrager findet dann den ihm genehmen Anbieter, wenn auf seine Screening-Maßnahmen entsprechende Signale des Anbieters treffen.

Der Nachfrager hält dabei vor allem Ausschau nach solchen Signalen und Indikatoren, die ihn in die Lage versetzen, die 'hidden characteristics' in 'open characteristics' zu verwandeln. Besonders interessant sind also Maßnahmen, die es ihm erlauben, die Qualität zu beurteilen oder darauf zu vertrauen, daß er die geforderte Qualität erhalten wird. Der Nachfrager sucht also nach Informationen, die die Informationsasymmetrie aufheben.

Handelt es sich um Transaktionen, in denen Erfahrungseigenschaften dominieren, wird der Nachfrager auf Anbieter achten, die ihm Erfahrungen zugänglich machen. Er wird also beispielsweise nach Referenzkunden fragen oder sich Kontakte vermitteln lassen. Hierzu gehört beispielsweise auch die Besichtigung einer Referenzanlage, wie sie die Werkzeugmaschinen GmbH im obigen Beispiel gefordert hat. Der Nachfrager kann auch versuchen, sich bei Besuchen im Unternehmen des Anbieters über Leistungspotentiale und Leistungsprozesse zu informieren, um so auf die vermutlichen Eigenschaften des Leistungsergebnisses zu

[42] Vgl. Boulding/Kirmani 1993; Erevelles 1993.

[43] Vgl. Boulding/Kirmani 1993; Erevelles 1993.

schließen. Denkbar sind auch Signale wie Vorträge des Anbieters auf Kongressen und Messen, wo der Nachfrager Informationen sammeln kann. Ebenfalls als wichtige Signale gelten auch Aufsätze in Fachzeitschriften oder Zeitungsberichte über die Leistungen des Unternehmens. Auch die Ergebnisse der Beurteilungsprozesse unabhängiger Testinstitute können als Signale gelten. Unabhängige Testinstitute wie der *TÜV*, Forschungsinstitute, aber auch die Zertifizierungsstellen nach DIN ISO 9000 ff. verfügen im Gegensatz zum Nachfrager über das erforderliche Know-how, um die verborgenen Qualitätseigenschaften aufzudecken – sofern dies möglich ist. Ein Anbieter, der sich dem Urteil der Institute stellt, muß qualifiziert sein, denn bei einer schlechten Qualifikation würde seine Unfähigkeit aufgedeckt. Prüfberichte sind daher Signale, die für nicht qualifizierte Anbieter zu teuer sind und daher qualifizierte Anbieter von den nicht oder weniger qualifizierten Anbietern trennen.

Während Screening und Signaling entweder vom Nachfrager oder vom Anbieter ausgehen, existieren Maßnahmen, die die Kooperation beider Parteien sicherstellen.[44] Fordert der Nachfrager nämlich bestimmte Eigenschaften oder Zusicherungen vom Anbieter, so werden sich nur solche Anbieter melden, die die Forderungen des Nachfragers erfüllen.

Beispiel:
Der Nachfrager kann eine Präqualifizierung des Anbieters fordern, die Kosten verursacht und daher nur von solchen Anbietern ergriffen wird, die sicher sind, sie zu bestehen. Denkbar sind auch bestimmte Einschränkungen und Forderungen im Rahmen von Ausschreibungen, auf die sich dann nur Anbieter bewerben, die sicher sind, den Anforderungen zu genügen.

Die Vorgaben des Nachfragers führen zu einem freiwilligen Ausleseprozeß zwischen den Anbietern. Daher wird diese Vorgehensweise auch mit 'self selection'[45] oder 'aktiver Selbstauswahl'[46] umschrieben.

1.2.3.3.2 Unsicherheitsreduktion bei 'hidden intention'

'*Hidden intention*' und damit die Gefahr von '*hold up*' ist vor allem dann gegeben, wenn eine Seite stärker gebunden ist als die andere.[47] Anbieter oder Nachfrager nehmen Investitionen im Hinblick auf die anstehende Transaktion vor, die außerhalb der Transaktion nur unter erheblichen Einbußen einer anderen Verwendung zugeführt werden können. Es liegt *Faktorspezifität* vor. Faktorspezifität bezieht sich auf solche Ressourcen des Nachfrager, die ihn an den Anbieter binden. Es handelt sich also um Faktoren, die spezifisch für eine Transaktion mit ei-

---

44 Vgl. Laux 1988, S. 596 ff.

45 Vgl. Arrow 1986; Laux 1988, S. 589; Spremann 1990, S. 563.

46 Vgl. Schade/Schott 1993, S. 20.

47 Vgl. Spremann 1988; 1990.

nem bestimmten Anbieter sind. Vier Arten von Faktorspezifität werden unterschieden[48]:

- Standortspezifität (site specifity). Der Kohlenachfrager errichtet das Kraftwerk neben einem Kohlebergwerk.[49]
- Spezifität des Sachkapitals (physical asset specifity) Der Nachfrager kauft eine spezielle Hardwarekonfiguration, um ein bestimmtes Softwareprogramm beschaffen zu können.
- Spezifität des Humankapitals (human asset specifity). Der Nachfrager schult seine Mitarbeiter in der Bedienung eines speziellen Softwareprogramms. Die Kenntnisse würden beim Anbieterwechsel verloren gehen.
- zweckgebundene Sachwerte (dedicated asset specifity). Der Nachfrager stellt einen Programmierer ab, der beim Anbieter an der Softwarekonfiguration mitwirkt.

Faktorspezifität beruht auf der Vordisposition des Leistungspotentials, d.h. es werden Ressourcen für die Transaktion geplant oder sogar beschafft, so daß sie für andere Transaktionen nicht mehr zur Verfügung stehen. Die Beispiele bezogen sich auf die einseitige Bindung des Nachfragers, aber Anbieter und Nachfrager können auch gegenseitig gebunden sein.

> **Beispiel:**
> Der Nachfrager will einen Extruder zur Plastifizierung von Kunststoffen kaufen. Dabei handelt es sich um eine Sonderanfertigung. Der Anbieter erhält vom Nachfrager Proben des zu plastifizierenden Materials, um seine Versuche zu fahren und ein Angebot abgeben zu können. Hier bindet der Anbieter seine Ressourcen. Der Nachfrager kann auf andere Anbieter ausweichen, wenn sich die Versuche als nicht befriedigend erweisen. Ist jedoch der Vertrag bereits abgeschlossen, ist der Nachfrager an den Anbieter gebunden, auch wenn die Versuche nicht zur Zufriedenheit des Nachfragers ausfallen.

'*Hold up*'-Situationen beruhen nicht nur auf Faktorspezifität, d.h. der Vordisposition des Leistungspotentials, sondern können auch vom Leistungsergebnis ausgehen, betrachtet man nicht eine einzelne Transaktion, sondern eine Folge von Transaktionen im Rahmen einer Geschäftsbeziehung.

> **Beispiel:**
> Der Nachfrager hat vom Anbieter *A* ein CAD-System (CAD = Computer Aided Design) erworben (Leistungsergebnis) und möchte dieses mit einem CAM-System (CAM = Computer Aided Manufacturing) verbinden. Die Entscheidung für das CAD-System bindet den Nachfrager an den Anbieter, wenn die CAD-Lösung nicht mit den Lösungen anderer Hersteller kompatibel ist.

Das Leistungsergebnis (CAD-System) wird für den nächsten Kauf (CAM-System) zum Leistungspotential und determiniert die Beschaffung des CAM-Systems.

[48] Vgl. Williamson 1990, S. 62.

[49] Zum Beispiel vgl. Joskow, 1987, S. 170.

Diese Situation wird als *Verkettungskauf* bezeichnet.[50] Verkettungskäufe sind dadurch gekennzeichnet, daß durch die Verkettung isoliert nutzbarer Funktionseinheiten im Rahmen einer Bedarfskette ein neuer Nutzen entsteht.

Beispiel:
Isolierte Funktionseinheiten sind das CAD-System und das CAM-System. Durch die Verbindung beider Funktionseinheiten entsteht ein neuer Nutzen, nämlich die Möglichkeit, Konstruktionsdaten direkt in die Fertigung zu übernehmen.

Eine 'Hold-up'-Situation kann ein Nachfrager bewußt herbeiführen: Er bindet sich bewußt an einen Anbieter und verzichtet auf die Verhandlungen mit anderen. Der Vorteil für ihn liegt in geringeren Transaktionskosten.[51] Er braucht nur Angebote eines einzelnen Anbieters einzuholen, nicht die Angebote mehrerer. Er braucht nur ein Angebot zu beurteilen, nur mit einem Anbieter Verhandlungen zu führen. Die Gefahr liegt darin, daß der Anbieter diese Bindung mißbräuchlich ausnutzen kann, indem er beispielsweise die Preise drastisch erhöht. Der Nachfrager hat keine Ausweichmöglichkeit und muß in der Folge höhere Preise zahlen, als es in einer Ausweichsituation möglich wäre. Dieser Effekt wird als *Lock-in-Effekt* bezeichnet; der Nachfrager ist quasi gefangen.[52]

Eine solche Situation muß ein Nachfrager nicht bewußt herbeiführen, er kann auch aus Unkenntnis hineingeraten.

Beispiel:
Dem Nachfrager fehlt der Marktüberblick und das Wissen über die Verbindungen zwischen CAD und CAM. Möglicherweise weiß er zum Zeitpunkt der Kaufentscheidung für das CAD-System auch noch nicht, daß er es eines Tages mit seinem CAM-System verbinden will und daher auf den Anbieter angewiesen ist.

In Situationen, die durch 'hidden intention' gekennzeichnet sind, ist der Prinzipal von der Kulanz, der Fairneß und dem Entgegenkommen des Agenten abhängig.[53] Der Agent soll die Abhängigkeit des Prinzipals nicht dazu benutzen, ihn unter Druck zu setzen. Vorbeugende Maßnahmen beziehen sich in dieser Situation meist darauf, die Abhängigkeit des Prinzipals vom Agenten zu mindern und den Schaden zu begrenzen. Eine Möglichkeit besteht darin, die Abhängigkeit des Agenten vom Prinzipal zu erhöhen, so daß es für diesen nicht lohnt, sich opportunistisch zu verhalten. Der Agent wird im Falle der Zuwiderhandlung bestraft.[54] Dieser Fall tritt ein, wenn es dem Nachfrager gelingt, eine „Geisel“ zu nehmen.[55]

---

[50] Vgl. Backhaus 1992, S. 357; Weiber 1993, S. 83.

[51] Vgl. zu den Transaktionskosten auch Kapitel „Grundlagen des Marktprozesses“.

[52] Vgl. Williamson 1990, S. 70. Produkte mit eng umrissenen Anwendungsmöglichkeiten führen zu einem erhöhten wahrgenommenen Risiko; Risikoreduktionsmaßnahmen bestehen somit in der Verwendung flexibel einsetzbarer Produkte (vgl. Immes 1994, S. 267).

[53] Vgl. Spremann 1988, 1990.

[54] Vgl. Spremann 1988, S. 618.

[55] Vgl. Williamson 1985, S. 53.

Diese Geisel versetzt ihn in die Lage, dem Anbieter eine Strafe anzudrohen. Eine solche Geisel stellen *Garantien* dar, die der Anbieter einlösen muß, wenn er sich opportunistisch verhält.[56]

> **Beispiel:**
> Der CAD-Anbieter muß die Kompatibilität zu anderen C-Komponenten schriftlich garantieren und bei Verstoß Schadensersatz versprechen. Möglich ist es auch, Gewährleistung zu fordern. Garantien sind dadurch gekennzeichnet, daß das Risiko zwischen Agent und Prinzipal geteilt wird und der Schaden somit begrenzt werden kann.

Auch die *Reputation* des Anbieters gilt als eine solche Geisel.[57] Reputation setzt sich aus der Vertrauenswürdigkeit und der Kompetenz des Anbieters zusammen.[58] Kompetenz bezieht sich auf die Fähigkeit des Anbieters, die geforderte bzw. erwartete Leistung zu erbringen; Vertrauenswürdigkeit bezieht sich auf den Willen, diese Leistung sorgfältig und den Anforderungen des Nachfragers entsprechend auszuführen. Kompetenz ist ein Merkmal des Leistungspotentials, während Vertrauenswürdigkeit sich auf das Leistungspotential und den Leistungsprozeß bezieht. Eine hohe Reputation liegt demnach vor, wenn der Anbieter hohe Kompetenz und hohe Vertrauenswürdigkeit besitzt. Die Möglichkeit des Nachfragers besteht nun darin, dem Anbieter eine Verletzung seiner Reputation anzudrohen. Er kündigt dem Anbieter an, seine negativen Erfahrungen an andere Kunden und Nachfrager des Anbieters weiterzugeben. Dabei berichtet er den anderen Nachfragern, daß der Anbieter zwar Kompatibilität versprochen hat, dieses Versprechen jedoch nicht gehalten hat. Diese Maßnahmen zielen darauf ab, die Vertrauenswürdigkeit oder die Kompetenz des Anbieters in den Augen anderer Nachfrager zu erschüttern. Handelt es sich bei den Leistungen des Anbieters um solche mit einem hohen Anteil an Erfahrungs- und Vertrauenseigenschaften, sind die Bemühungen des Nachfragers wahrscheinlich von Erfolg gekrönt. Diese Leistungen sind ja gerade dadurch charakterisiert, daß Fremderfahrungen eine große Rolle bei der Leistungsbeurteilung spielen. Der Erfolg des Nachfragers tritt um so eher ein, wenn er selbst als glaubwürdige Informationsquelle angesehen wird.[59]

Daß der Reputation eines Anbieters große Bedeutung zukommt, zeigt eine Untersuchung von Biddingprozessen bei Standardmaschinen[60]. Erfolgreiche Ausschreibungen waren zu 50 % durch eine gute oder sogar sehr gute Reputation des Lieferanten gekennzeichnet, während bei nicht erfolgreichen Ausschreibungen

---

[56] Vgl. Spremann 1988, S. 620.

[57] Vgl. Spremann 1988, S. 619; Spremann 1990, S. 545; Kaas 1992, S. 896.

[58] Vgl. Plötner 1993, S. 43.

[59] Vgl. zur Glaubwürdigkeit von Informationsquellen vgl. Abschnitt 1.4.

[60] Vgl. Cunningham/White 1973/74, S. 198.

die Reputation zu 52 % unbekannt war. In 41 % der Fälle war sie gut bis durchschnittlich, also insgesamt schlechter als bei den erfolgreichen Ausschreibungen.

Die Aktivität zur Schadensminderung bzw. zur Verbeugung gegen 'hold up' kann sowohl vom Anbieter als auch vom Nachfrager ausgehen. Bietet der Anbieter eine Garantie an, so spricht man auch von *Selbstbindung*.[61] Er macht sich abhängig vom Verhalten des Nachfragers. Fordert der Nachfrager eine Garantie, so übt er *Autorität* aus.

1.2.3.3.3 Unsicherheitsreduktion bei 'hidden action'

'*Hidden action*' oder '*moral hazard*' ist dadurch gekennzeichnet, daß der Agent sein Verhalten vor Vertragsabschluß variieren kann und dies nach Vertragsabschluß nicht mehr beobachtbar ist.

Beispiele:
Der Anbieter verschweigt dem Nachfrager die Nachteile seines Produktes und läßt ihn über die Vorteile anderer im Unklaren. Im Nachhinein (nach Vertragsabschluß) ist unklar, ob dies mit Absicht geschah oder auf Unwissenheit zurückzuführen ist. Die Ursachen liegen in der Informationsineffizienz. Es ist für den Prinzipal zu teuer, die Handlungen des Agenten zu kontrollieren.[62]

Verfahrensgeber und Ingenieur-Contractor arbeiten gemeinsam an der Erstellung einer Chemieanlage in Südostasien. In der Phase der technischen Vorprojektierung und Kostenschätzung enthält der Verfahrensgeber dem Ingenieur-Contractor Informationen vor. Er verbindet damit die Hoffnung, zu einem günstigeren Auftragswert zu kommen, der dennoch alle von ihm geforderten Leistungen enthält. In der Bau- und Montagephase setzt der Ingenieur Contractor nicht sein qualifiziertestes Personal ein, sondern Personen mit nur geringer Erfahrung, weil er die qualifizierten Personen für einen anderen Auftrag benötigt. Für den Verfahrensgeber ist es viel zu teuer zu kontrollieren, welche Personen der Ingenieur-Contractor einsetzt und ob ihm noch bessere zur Verfügung stehen – wie will er das auch feststellen? Es ist dem Verfahrensgeber nicht nachzuweisen, ob er die Informationen aus Unkenntnis oder mit Absicht verschwiegen hat. Es liegt also 'hidden action' vor.

'Hidden action' begegnet der Prinzipal mit entsprechenden *Anreizsystemen*, die es für den Agenten nicht mehr lohnend erscheinen lassen, sich in einer nicht erwünschten Weise zu verhalten. Es können sogar Bestrafungen vorgesehen sein, wenn das Ergebnis einen kritischen Zielwert unter- oder überschreitet. Der Wohlstand des Agenten soll durch diese vorbeugenden Maßnahmen gemindert werden, falls er sich doch opportunistisch verhält.

Beispiele:
Ein solches Anreizsystem ist die erfolgsabhängige Entlohnung eines Unternehmensberaters. Der Berater hat ein Interesse daran, seine besten Leute einzusetzen, da er sonst u.U. auf sein Honorar verzichten muß. Ein anderes Beispiel ist die

---

[61] Vgl. Spremann 1990, S. 545.

[62] Vgl. Kaas 1990, S. 543; Spremann 1990, S. 571.

Pönale, die der Agent zahlen muß, wenn er aus Gründen, die in seine Sphäre fallen, Termine überschreitet. Er wird sich anstrengen, die Termine einzuhalten - es sei denn, die Verzögerungen sind ausdrücklich auf Ursachen zurückzuführen, die außerhalb seines Einflußbereichs liegen (Umweltkatastrophen, Bürgerkrieg o.ä.). Ein weiteres, etwas anders gelagertes Beispiel ist der Abschluß eines Wartungsvertrages zu einem Festpreis. Hier wird - unabhängig vom Zeitaufwand - die Arbeitszeit des Wartungstechnikers nicht nach Stunden abgerechnet, sondern zu einem festen Betrag veranschlagt. Benötigt der Wartungstechniker weniger Stunden als diesem Betrag entsprechen, hat er einen „Gewinn“ erzielt. Benötigt er mehr Stunden, hat er einen „Verlust“ erwirtschaftet. Der Prinzipal ermöglicht es dem Agenten also, einen Gewinn zu erzielen, um 'moral hazard' zu vermeiden. Man könnte dies als einen Preis bezeichnen, den der Prinzipal entrichtet, um Verhaltenssicherheit zu gewinnen.

Ähnlich wie im Falle der 'hidden characteristics' kann der Prinzipal Anforderungen formulieren, die Anbieter mit dem Vorsatz von 'hidden action' zurückschrecken lassen, während Anbieter ohne diesen Vorsatz zugreifen. Ein Beispiel für solche *Selbstwahlschemata*[63] ist die oben erwähnte erfolgsabhängige Entlohnung, die auf den Einsatz qualifizierten Personals abzielt. Ein anderes Beispiel ist der Festpreis, der sich auf einen durchschnittlichen Arbeitsaufwand richtet.

1.2.4 Zusammenfassung

Den drei Formen der Verhaltensunsicherheit stehen verschiedene Möglichkeiten gegenüber, wie Prinzipal und Agent negative Konsequenzen vermeiden können. Tabelle 3 faßt die bisherigen Ausführungen nochmals zusammen.

Tabelle 3. Möglichkeiten der Vermeidung bzw. Begrenzung von Verhaltensunsicherheit (In Anlehnung an: Jacob 1994, S. 170)

Ursache	*Problemtyp*		
	'hidden characteristics' Qualitätsunsicherheit	*'hidden intention'*	*'hidden action'*
Wirkung	'adverse selection'	'hold up'	'moral hazard'
Initiative des Agenten	'Signaling'	Garantieangebot (Selbstbindung)	Angebot eines Anreizsystems
Initiative des Prinzipals	'Screening'	Garantieforderung (Autorität)	Forderung eines Anreizsystems
beide	'self selection' = Selbstwahlschemata		'self selection'= Selbstwahlschemata

[63] Vgl. Spremann 1988.

1.3 Transaktionstypen als Einflußgrößen des industriellen Kaufverhaltens

Die bisherige Darstellung der Verhaltensunsicherheit und der zu ergreifenden Maßnahmen, insbesondere aber die Beispiele, haben gezeigt, daß die Art der Transaktion einen großen Einfluß ausübt. Zur Demonstration von 'moral hazard' wurden vor allem Dienstleistungen und Leistungen im Anlagengeschäft herangezogen, zur Illustration von 'hidden characteristics' materielle Güter, wie die Werkzeugmaschine. Wir wollen im folgenden zwei Ansätze vorstellen, die Transaktionen typisieren und dabei auf die Unsicherheit und die Informationsaktivitäten Bezug nehmen.[64]

1.3.1 Kaufsituation und Kaufklasse

Der Kaufsituations- oder Kaufklassenansatz datiert aus dem Jahre 1967 und wurde von *Robinson/Faris/Wind* entwickelt. Er hat in der Literatur große Aufmerksamkeit gefunden und ist in einer Vielzahl empirischer Studien zur Anwendung gelangt. Die Autoren gehen davon aus, daß sich jede Kaufsituation durch die folgenden drei Merkmale charakterisieren läßt:[65]

1. Neuheitsgrad des Problems für die am Kaufprozeß beteiligten Personen,
2. Informationsbedarf der am Kaufprozeß beteiligten Personen und
3. neue Alternativen, denen von den Entscheidungsträgern ernsthaft Aufmerksamkeit geschenkt wird.

Der *Neuheitsgrad eines Problems* bezieht sich auf die Erfahrungen, die bereits mit diesem oder einem ähnlichen Problem in der Vergangenheit gesammelt wurden. Jede Kaufsituation kann durch einen hohen, mittleren oder niedrigen Neuheitsgrad gekennzeichnet sein. Dementsprechend bestehen im Unternehmen keine Erfahrungen, Erfahrungen mittleren Ausmaßes, oder es verfügt über sehr umfangreiche Erfahrungen.

Mit dem Neuheitsgrad des Problems eng verbunden ist der *Informationsbedarf* der am Kaufprozeß beteiligten Personen. Je höher der Neuheitsgrad ist, desto geringere Erfahrungen sind vorhanden. Die fehlenden Erfahrungen müssen durch andere Informationen ausgeglichen werden, so daß mit hohem Neuheitsgrad ein hoher Informationsbedarf verbunden ist.

Die *Berücksichtigung neuer Alternativen* bezieht sich auf die Anzahl neuer Problemlösungen, die in einer gegebenen Kaufsituation einer genaueren Prüfung

---

[64] Einen Überblick über die verschiedenen Transaktionstypen gibt Kleinaltenkamp 1994b.

[65] Vgl. Robinson/Faris/Wind 1967, S. 23 f.

Tabelle 4. Merkmale verschiedener Kaufklassen
(Quelle: Robinson/Faris/Wind 1967, S. 25)

Kaufklasse	*Neuheitsgrad des Problems*	*Informationsbedarf*	*Berücksichtigung neuer Alternativen*
Neukauf	hoch	maximal	wichtig
modifizierter Wiederkauf	mittel	mittel	begrenzt
reiner Wiederkauf	niedrig	minimal	keine

unterzogen werden. Die Einbeziehung neuer Alternativen hängt zum einen davon ab, welche möglichen Alternativen dem Buying Center bekannt sind, zum anderen davon, welche Unterschiede zwischen dem anstehenden Problem und einer ähnlichen Situation in der Vergangenheit gemacht werden. Es zeigt sich eine enge Verbindung zum Neuheitsgrad des Problems und zum Informationsbedarf.

Durch die Verbindung dieser drei Merkmale Neuheitsgrad, Informationsbedarf und Berücksichtigung neuer Alternativen mit ihren jeweiligen Ausprägungen lassen sich drei verschiedenen Kaufklassen bilden: Neukauf, modifizierter Wiederkauf und reiner Wiederkauf (vgl. Tabelle 4).

Beim *Neukauf* tritt das Problem zum ersten Mal im Unternehmen auf. Es ist neu und unterscheidet sich völlig von anderen Problemen der Vergangenheit. Dementsprechend verfügen die beteiligten Personen über nur geringe oder sogar keinerlei Erfahrungen bei der Beschaffung. Der quantitative und qualitative Informationsbedarf ist erheblich. Das Unternehmen wendet viel Zeit, Mühe und Geld für die Beschaffung von Informationen auf, die es in die Lage versetzen, mit hoher Wahrscheinlichkeit eine richtige Entscheidung zu treffen. Dem hohen Neuheitsgrad des Problems und der daraus resultierenden geringen Erfahrung entsprechend verfügt das Unternehmen über keinerlei oder nur eine geringe Anzahl von Problemlösungen. Die am Kauf beteiligten Personen bemühen sich insbesondere darum, neue Alternativen ausfindig zu machen.

Beim *modifizierten Wiederkauf* existieren gewisse auch für dieses Problem relevante Erfahrungen aus vergleichbaren Beschaffungsprozessen. Allerdings reichen diese Erfahrungen zur Lösung des Problems nicht aus, weil z.B. inzwischen eine veränderte Technik oder neue Anbieter zur Verfügung stehen. Möglicherweise eignet sich die früher beschaffte Problemlösung auch nur begrenzt zur Lösung des jetzt anstehenden Problems. Das Problem weist einen mittleren Neuheitsgrad auf. Daraus resultiert auch ein gewisser Informationsbedarf, der allerdings nicht so hoch ist wie beim Neukauf. Neue Alternativen werden bei der Problemlösung berücksichtigt, da das Unternehmen zwar über Erfahrungen aus ähnlichen Fällen verfügt, die aber mit der vorliegenden Situation nicht identisch sind. Die Auffindung neuer Alternativen wird aber nicht in dem Maße betrieben wie beim Neukauf. Typische Situationen eines modifizierten Wiederkaufs sind der Wechsel des Anbieters oder der Kauf einer etwas veränderten Leistung.

Der *reine Wiederkauf* ist dadurch gekennzeichnet, daß dieses Problem schon mindestens einmal, meist jedoch viele Male im Unternehmen bewältigt worden ist. Der Neuheitsgrad ist damit gering. Das Unternehmen kann auf bewährte Problemlösungen und Anbieter vertrauen. Es hat eine Vielzahl von Erfahrungen in früheren Beschaffungsentscheidungen gewonnen und verfügt auch über Erfahrungen aus dem Umgang mit dem beschafften Produkt. Der Beschaffungsprozeß unterliegt bereits einer gewissen Routine. Neue Informationen werden kaum benötigt. Neue Alternativen sind nicht zu berücksichtigen, denn die vorhandenen haben sich in der Vergangenheit bewährt. Reine Wiederkäufe sind häufig Routinebeschaffungen, z.B. Rohstoffe oder Bauteile für die Produktion.

Ein Problem kann häufig durch einen reinen oder einen modifizierten Wiederkauf gelöst werden – entscheidend ist die *Wahrnehmung* des anstehenden Problems durch den Käufer. Die Kaufklasse ist also nicht objektiv bestimmbar, sondern der Käufer legt durch sein Verhalten und seine Wahrnehmung die Kaufklasse fest. Betrachtet er das anstehende Kaufproblem als neu, obwohl er ein vergleichbares Problem bereits in der Vergangenheit bewältigt hat, handelt es sich nicht um einen modifizierten Wiederkauf, sondern um einen Neukauf – unabhängig davon, ob er nicht vielleicht sogar eine neuere Ausführung des gleichen Modells kauft.

In einigen Situationen sprechen technische Gründe, wirtschaftliche Gründe oder die Erfahrungen mit einem früher beschafften Investitionsgut dafür, ein Kaufproblem als der Kaufklasse des Neukaufs zugehörig anzusehen. Der Käufer hält es für sinnvoll, neue Alternativen zu berücksichtigen – es gibt neuere technische Entwicklungen –, obwohl die in der Vergangenheit beschaffte Alternative eine geeignete Problemlösung darstellt.

Beispiel:
Ein Käufer plant eine Erweiterungsinvestition. Für die Lösung dieses Problems käme eine der bereits vorhandenen Anlagen infrage, die allerdings den Fortschritt der Technik auf diesem Gebiet widerspiegeln müßte – Situation des modifizierten Wiederkaufs. Der Käufer hält aber die technische Entwicklung für so weit fortgeschritten – sein eigener Markt hat sich verändert, die Ansprüche seiner Kunden sind gestiegen – daß er die Parallelen zu den früheren Kaufprozessen als so gering ansieht, daß er sich in einer Neukaufsituation zu befinden glaubt.

Ähnlich gelagert ist der Fall, daß ein Käufer sich in einer Situation des modifizierten Wiederkaufs zu befinden vermeint. Im Verlauf des Kaufprozesses erweisen sich die 'kleinen' Änderungen an der früheren Alternative, die er glaubte vornehmen zu müssen, als so komplex, daß sich die Situation zu einem Neukauf wandelt. Die Ähnlichkeit mit der Problemlösung der Vergangenheit und der jetzt anstehenden wurde überschätzt.

Die Unterteilung in Neukauf, modifizierter Wiederkauf und reiner Wiederkauf ist sehr einfach und daher in der Praxis äußerst beliebt. Empirische Untersuchungen haben jedoch gezeigt, daß die drei Kaufsituationen in dieser Form nicht zu beobachten sind. So wurde festgestellt, daß der Neuheitsgrad und der Informationsbedarf mit den Kaufklassen variierte, nicht aber die Berücksichtigung neuer Alternativen.[66] Vielmehr wurden vor allem dann neue Alternativen gesucht, wenn es sich um eine Vielzahl von beteiligten Personen handelte, wenn es um Kunden ging, die unsicher waren, welche Alternative sich am besten eignete, und wenn der Kunde besonderen Wert auf den Preis und die Lieferkonditionen legte. Diese Ergebnisse legen den Schluß nahe, daß die Suche nach Alternativen eine Maßnahme ist, um Unsicherheit zu reduzieren und Informationsasymmetrien aufzuheben.

Eine andere Untersuchung hat statt der drei Kaufklassen sechs verschiedene Kaufsituationen identifiziert.[67] Die im Kaufklassenansatz gewählten Unterscheidungskriterien helfen zwar bei der Differenzierung zwischen verschiedenen Kaufsituationen, da sie Aussagen über die Höhe des Informationsbedarfs erlauben, aber sie reichen nicht aus. Offenbar gibt es dahinterliegende Kriterien, die das Kaufverhalten nachhaltiger beeinflussen.

1.3.2 Typisierung von Transaktionen nach Leistungsergebnis und Leistungsprozeß

Leistungsergebnisse können materieller Art sein, sie können aber auch mehr oder weniger große Anteile immaterieller Bestandteile besitzen.[68] Eine Werkzeugmaschine ist ein überwiegend materielles Leistungsergebnis. Ein Softwareprogramm (Steuerungssoftware) enthält sowohl materielle als auch immaterielle Komponenten. Eine materielle Komponente bildet die Diskette, auf der das Programm abgespeichert ist. Die immaterielle Komponente ist das Know-how, das in das Softwareprogramm eingeht, die Befehle, aus denen es sich zusammensetzt.

Leistungsergebnisse können auf unterschiedliche Art und Weise zustande kommen. Der Prozeß der Leistungserstellung kann zum einen in voller Autonomie des Anbieters erfolgen; wir sprechen von *autonomer Leistungserstellung*. Für den Leistungserstellungsprozeß kann jedoch auch die Integration eines oder mehrere externer Faktoren erforderlich sein; wir sprechen von *integrativer Leistungserstellung*. Externe Faktoren können Informationen, aber auch Maschinen oder Personen sein, die der Kunde für die Produktion zur Verfügung stellt.

---

[66] Vgl. Anderson/Chu/Weitz 1987, S. 77 ff.

[67] Vgl. Bunn 1993.

[68] Vgl. zum folgenden den Abschnitt 3.3.1 im vorangegangenen Kapitel „Einführung in das Business-to-Business-Marketing"; vgl. auch Engelhardt/Kleinaltenkamp/Reckenfelderbäumer 1992; Engelhardt/Kleinaltenkamp/Reckenfelderbäumer 1993.

Beispiel:
Bei einer Standardwerkzeugmaschine, die der Nachfrager quasi aus dem Katalog bestellt, liegt ein autonomer Leistungserstellungsprozeß zugrunde. Die Maschine wird hergestellt, ohne daß externe Faktoren des Nachfragers erforderlich wären. Anders ist dies jedoch, wenn es sich bei der Werkzeugmaschine um eine Sonderanfertigung auf Wunsch des Kunden handelt. In diesem Fall gibt der Kunde die Spezifikationen vor und arbeitet u.U. auch an der Konstruktionszeichnung mit. Eine ähnliche Situation ist für ein Softwareprogramm vorstellbar. Im ersten Fall mag es sich um ein Standardprogramm handeln, das vom Anbieter erst erstellt und dann verkauft wird. Der Kunde ist nicht mehr in der Lage, auf die Leistungserstellung einzuwirken. Anders jedoch, wenn er ein Softwareprogramm auf seine eigenen Bedürfnisse zuschneiden läßt. Hier wirkt er an der Leistungserstellung mit; dies kann sogar so weit gehen, daß er dem Anbieter einen Programmierer zur Seite stellt.

Ein wesentlicher Unterschied zwischen autonomer und integrativer Leistungserstellung besteht darin, daß bei autonomer Leistungserstellung der Leistungserstellungsprozeß vor Vertragsabschluß stattfindet, während er bei integrativer Leistungserstellung erst nach Vertragsabschluß beginnt. Integrative Leistungserstellung ist immer Auftragsfertigung.

Transaktionen lassen sich nun danach unterscheiden, welchen Immaterialitätsgrad das Leistungsergebnis aufweist und welcher Integrationsgrad den Leistungserstellungsprozeß kennzeichnet.

Immaterialität und Integrativität führen zu bestimmten Konsequenzen für das Kaufverhalten des Nachfragers. Leistungen mit hohem Immaterialitätsgrad, wie z.B. Softwareprogramme, Datenbankdienste oder Reparaturleistungen, sind physisch nicht wahrnehmbar. Dies verursacht für den Nachfrager eine größere Beschaffungsunsicherheit, da er die Leistungen verschiedener Anbieter nicht miteinander vergleichen kann. Leistungen mit hohem Anteil integrativer Prozesse führen zu einer verstärkten Mitwirkung des Nachfragers. Er gewinnt Einflußmöglichkeiten auf den Leistungserstellungsprozeß und auf das Leistungsergebnis. Dies bedeutet jedoch, daß das Leistungsergebnis schwer abschätzbar ist, da es sowohl vom Beitrag des Anbieters als auch vom Beitrag des Nachfragers abhängt.[69]

Leistungen, die das Ergebnis autonomer Leistungserstellungsprozesse sind, werden auch als *Austauschgüter*[70] bezeichnet: Es ist nur noch der Austausch von Geld gegen Ware erforderlich. Leistungen, die auf integrative Leistungserstellungsprozesse zurückgehen, werden auch als *Leistungsversprechen*[71] bezeichnet, da die Leistungserstellung sich an die Auftragserteilung anschließt. Handelt es sich um komplexe Leistungen, spricht man auch von *Kontraktgütern*[72].

---

[69] Vgl. Kleinaltenkamp 1993.

[70] Vgl. Kaas 1991, S. 6.

[71] Vgl. Adler 1994, S. 45.

[72] Vgl. Kaas 1991, S. 7; Kaas 1992, S. 884; Schade/Schott 1991, S. 8 ff.; Schade/Schott 1993, S. 16.

Hoher Immaterialitätsgrad und hoher Anteil integrativer Prozesse führten zu Beurteilungsschwierigkeiten des Nachfragers. Welche *Beurteilungsprofile* die vier Leistungstypen aufweisen, wollen wir im folgenden untersuchen.

1.3.3 Beurteilungsprofile bei autonomer Leistungserstellung

Das Beurteilungsprofil einer Leistung ergibt sich einerseits aus der Art der Eigenschaften, andererseits aus den Leistungsdimensionen. Eigenschaften können nach Such-, Erfahrungs- und Vertrauenseigenschaften differenziert werden, Leistungsdimensionen beziehen sich auf das Leistungsergebnis, den Leistungserstellungsprozeß und das Leistungspotential. Damit erhalten wir die in Abb. 5 dargestellte Matrix.

Für jeden der vier Leistungstypen kann nun ein Beurteilungsprofil entwickelt werden. Jeder Leistungstyp unterscheidet sich nämlich vom anderen durch den Anteil seiner Such-, Erfahrungs- und Vertrauenseigenschaften und durch die Dominanz der Leistungsdimensionen, die bei der Beurteilung eine Rolle spielen. Das Beurteilungsprofil ist ebenfalls eine Typisierung und stellt lediglich einen Durchschnittswert für die betrachtete Leistungskategorie dar. Abweichungen sind in Einzelfällen möglich.

Betrachten wir zunächst die autonome Leistungserstellung materieller Leistungen am Beispiel der vorproduzierten Werkzeugmaschine. Von besonderer Bedeutung für die Leistungsbeurteilung ist in diesem Falle das Leistungsergebnis. Es liegt vor und kann vom Nachfrager betrachtet und inspiziert werden. Es dominieren also Sucheigenschaften des Leistungsergebnisses. Handelt es sich um sehr komplexe Produkte, so spielen auch Erfahrungseigenschaften eine Rolle. So zeigt eine Untersuchung von Biddingprozessen für eine Standardmaschine, daß 63% der Nachfrager eigene Erfahrungen mit der letztlich gekauften Maschine besaßen.[73] Es kann unterstellt werden, daß der Leistungsprozeß und das Leistungspotential von untergeordneter Bedeutung für die Leistungsbeurteilung sind. Leistungsprozeß und Leistungspotential besitzen damit Vertrauenseigenschaften. Es ist für den Nachfrager weder vor noch nach dem Kauf feststellbar, welche Eigenschaften vorliegen; und es ist für den Nachfrager auch nicht von Bedeutung. Lediglich ausgewählte Sucheigenschaften des Leistungspotentials könnten eine Rolle spielen, wenn der Anteil der Erfahrungseigenschaften am betrachteten Produkt sehr hoch ist. Tabelle 5 gibt das Beurteilungsprofil wieder.

Immaterielle Leistungen sind dadurch gekennzeichnet, daß eine Inspektion nicht möglich ist, Vergleichsmöglichkeiten vor dem Kauf nicht bestehen. Es fehlen Sucheigenschaften des Leistungsergebnisses. Da jedoch autonome Leistungs-

[73] Vgl. Cunningham/White 1973/74, S. 196.

Tabelle 5. Beurteilungsprofil für materielle Leistungen bei autonomer Leistungserstellung

	Such-eigenschaften	Erfahrungs-eigenschaften	Vertrauens-eigenschaften
Leistungsergebnis	●	●	
Leistungserstellungsprozeß			●
Leistungspotential			●

Tabelle 6. Beurteilungsprofil für immaterielle Leistungen bei autonomer Leistungserstellung

	Such-eigenschaften	Erfahrungs-eigenschaften	Vertrauens-eigenschaften
Leistungsergebnis		●	
Leistungserstellungsprozeß			●
Leistungspotential	●		

erstellung vorliegt (Beispiel: Datenbankdienst), bestehen zumindest Fremderfahrungen anderer Nutzer. Dominierendes Kriterium des Leistungsergebnisses sind damit Erfahrungseigenschaften. Beim Leistungserstellungsprozeß dominieren aufgrund der Autonomie des Anbieters Vertrauenseigenschaften. Zwar können in bezug auf einen Datenbankdienst Fremderfahrungen oder auch eigene Erfahrungen mit dem Erstellungsprozeß vorliegen (z.B. Art der Interaktion, Schwierigkeit, die Befehle zu erlernen); die Fremd- oder Eigenerfahrungen sind dabei jedoch eher auf den Anteil des integrativen Faktors an der Leistungserstellung zurückzuführen, denn normalerweise bleibt der Leistungserstellungsprozeß bei autonomer Leistungserstellung im Dunkel. Als Beurteilungskriterium verbleiben die Sucheigenschaften des Potentials. Diese sind dem Nachfrager in aller Regel recht leicht zugänglich und auch gut vergleichbar. Tabelle 6 zeigt das Beurteilungsprofil.

Beispiel:
Ein Dienst besteht darin, Unternehmensgründungsideen zu vermitteln. Die Gründungsideen werden auf Lager gelegt und können bei Bedarf abgerufen werden. Hierbei ist ein Minimum an Customer Integration (Kundenintegration) erforderlich, d.h. es liegt ein hohes Maß autonomer Leistungserstellung bei immateriellem Leistungsergebnis vor. Der Nutzer dieses Dienstes kann weder die Qualität der vermittelten Ideen beurteilen, noch vermag er den Leistungsprozeß einer Beurteilung zu unterziehen. Zugänglich sind ihm lediglich die Potentiale des Unternehmens, z.B. die Qualifikation der Mitarbeiter oder die Referenzen der Kunden, die mit den Ideen erfolgreich waren.

Verbindet man die Beurteilungsprofile mit den verschiedenen Möglichkeiten der Verhaltensunsicherheit, so spielen vor allem 'hidden characteristics' des Leistungsergebnisses und des Leistungspotentials eine Rolle. Für den Nachfrager besteht Unsicherheit darüber, ob es ihm gelingt, alle Sucheigenschaften aufzudekken und richtig zu beurteilen. Aufgrund der Autonomie des Leistungserstellungsprozesses ist mit gravierenden Formen von 'hold up' nicht zu rechnen; es binden sich weder Anbieter noch Nachfrager vor Auftragsabschluß. Auch 'moral hazard' ist nicht zu erwarten, da nach Vertragsabschluß nur noch die Lieferung aussteht und wenig Spielraum für opportunistische, nicht beobachtbare Verhaltensweisen besteht.

1.3.4 Beurteilungsprofile bei integrativer Leistungserstellung

Integrative Leistungserstellungsprozesse sind dadurch gekennzeichnet, daß die Leistung erst nach Vertragsabschluß entsteht. Über die Qualität der Leistung können daher noch keinerlei Informationen vorliegen, weder im Sinne von Sucheigenschaften noch von Erfahrungseigenschaften. Da jeder Leistungserstellungsprozeß aufgrund der Integration externer Faktoren ganz individuell abläuft, sind die Ergebnisse verschiedener Prozesse nicht vergleichbar. Das Leistungsergebnis besitzt also nur Vertrauenseigenschaften.[74]

Über den Prozeß können Erfahrungen vorliegen, entweder aus eigenem Erleben oder als Erfahrung anderer. Leistungsprozesse sind innerhalb gewisser Grenzen standardisierbar, so daß eigene Erfahrungen aus anderen Transaktionen übertragbar sind und auch andere Nachfrager ihre Erfahrungen mitteilen können. Dominierendes Kriterium ist beim Leistungserstellungsprozeß die Erfahrungseigenschaft. Sucheigenschaften scheiden aus, da der Nachfrager nicht bereits bei oder vor Vertragsabschluß den Erstellungsprozeß beobachten kann. Der Anbieter kann lediglich versprechen, einen bestimmten Prozeßablauf einhalten.

Für das Leistungspotential des Anbieters liegen Sucheigenschaften vor. Wenn der Nachfrager weiß, welche Art von Potential den Leistungserstellungsprozeß besonders erfolgreich verlaufen läßt und damit auch die Wahrscheinlichkeit eines zufriedenstellenden Leistungsergebnisses erhöht, kann er nach diesen Potentialmerkmalen suchen. Weiß der Nachfrager also, daß ausgebildete Ingenieure eher für einen erfolgreichen Prozeßablauf garantieren, so wird er nach Anbietern Ausschau halten, deren Mitarbeiter eine Ingenieurausbildung besitzen. Besonderes Augenmerk richtet der Nachfrager dabei auf die Kompetenz des Anbieters.[75] Die Potentiale der verschiedenen Anbieter lassen sich auch relativ leicht vergleichen.

Das Beurteilungsprofil bei integrativer Leistungserstellung unterscheidet sich nicht für materielle oder immaterielle Güter. Der Integration externer Faktoren

---

[74] Vgl. Jacob 1994, S. 177.

[75] Vgl. Kleinaltenkamp/Rohde 1988.

Tabelle 7. Beurteilungsprofil bei integrativer Leistungserstellung (Quelle: Jacob 1994, S. 154)

	Such-eigenschaften	Erfahrungs-eigenschaften	Vertrauens-eigenschaften
Leistungsergebnis			●
Leistungserstellungsprozeß		●	
Leistungspotential	●		

kommt für die Beurteilung der Leistung größere Bedeutung zu als der Immaterialität. Tabelle 7 veranschaulicht das Beurteilungsprofil.

Die Dominanz von Erfahrungs- und Vertrauenseigenschaften und die Tatsache, daß der Vertragsabschluß sich auf ein Leistungsversprechen bezieht, verursachen Verhaltensunsicherheit im Sinne von 'hidden intention' und 'hidden action'. Da der Nachfrager sich für einen Anbieter entscheidet, bevor er die Leistung erhält und beurteilen kann, liegt eine asymmetrische Bindung vor. Diese Situation ermöglicht es dem Anbieter, verborgene Intentionen in die Tat umzusetzen. Er kann im Vertrag nicht genau spezifizierte Leistungsabsprachen zu seinen Gunsten auslegen, z.B. mindere Materialien verwenden, weil die Materialanforderungen nicht spezifiziert wurden, oder aber auch zusätzliche Leistungen erbringen und deren Bezahlung fordern, wenn eine entsprechende vertragliche Regelung fehlt.

Leistungsprozesse mit Integration externer Faktoren eröffnen auch Verhaltensspielräume im Sinne von 'moral hazard'.

Beispiel:
Die Verwendung eines fehlerhaften Teils in einer Maschine kann bei späterem Ausfall auf die fehlerhafte Bedienung des Nachfragers geschoben werden. Es ist nicht immer zweifelsfrei und vor allem zu vertretbaren Kosten feststellbar, ob es sich beim Versagen der Maschine um einen Materialfehler oder einen Bedienungsfehler gehandelt hat. Der Anbieter weist die Verantwortung von sich und kommt dem Garantieversprechen nicht nach.

1.3.5 Zusammenfassung

Betrachtet man abschließend die Beurteilungsprofile für die verschiedenen Leistungstypen und die daraus resultierenden Formen der Verhaltensunsicherheit, so ergibt sich das in Tabelle 8 dargestellte Bild.

Tabelle 8. Asymmetrische Information bei verschiedenen Leistungstypen

	materielles Leistungsergebnis	*immaterielles Leistungsergebnis*
integrativer Leistungserstellungs prozeß	• Vertrauenseigenschaften des Leistungsergebnisses • Erfahrungseigenschaften des Leistungserstellungsprozesses • Sucheigenschaften des Leistungspotentials • Gefahr von 'hold up' und 'moral hazard'	
autonomer Leistungserstellungs prozeß	• Sucheigenschaften des Leistungsergebnisses • Vertrauenseigenschaften des Leistungsprozesses • Vertrauenseigenschaften des Leistungspotentials • Gefahr von „hidden characteristics" beim Leistungsergebnis	• Erfahrungseigenschaften des Leistungsergebnisses • Vertrauenseigenschaften des Leistungsprozesses • Sucheigenschaften des Leistungspotentials • Gefahr von „hidden characteristics" beim Leistungspotential

1.4 Das Informationsverhalten von Individuen

Wie in den vorangegangenen Ausführungen gezeigt wurde, bestimmt der Umgang mit exogener und endogener Verhaltensunsicherheit den Verlauf und das Ergebnis des Kaufprozesses. Wir haben herausgearbeitet, daß dem Nachfrager verschiedene Möglichkeiten offenstehen, um Unsicherheit zu reduzieren. Eine Möglichkeit der Unsicherheitsreduktion ist die Suche nach Informationen.[76] Nachdem wir bisher das Kaufverhalten auf einer aggregierten Ebene betrachtet haben, unabhängig von den konkreten Personen, die die Kaufentscheidung treffen oder darauf Einfluß ausüben, wollen wir nun das Kaufverhalten einer einzelnen Person im Rahmen eines Unternehmens betrachten. Die Möglichkeit einer Person, auf den Kaufprozeß Einfluß zu nehmen, beruht vor allem auf ihren Informationsvorsprüngen. Individualverhalten im Kaufprozeß ist daher in erster Linie Informationsverhalten. Das Informationsverhalten einer Person kann durch die Beantwortung folgender Fragenkomplexe umrissen werden:

- Welche Informationen werden benötigt? – Themen bzw. Inhalte der Informationsbeschaffung.
- Woher werden die Informationen beschafft? – Informationsquellen.
- Welche Informationen werden aufgenommen, behalten und bewertet und gewinnen somit Bedeutung für den Kaufprozeß? – Informationsverarbeitung.

Die ersten beiden Fragestellungen werden unter dem Punkt „Informationssuche" behandelt, die letzte unter dem Punkt „Informationsverarbeitung".

---

[76] Vgl. Grønhaug 1975, S. 15; Kroeber-Riel 1992, S. 261; Mitchell 1990, S. 10; Sepstrup 1974, S. 319.

1.4.1 Die Suche nach Informationen

Die Suche nach Informationen ist mit einer bestimmten Suchstrategie des Individuums verbunden. Diese läßt sich durch folgende Aspekte beschreiben: die Quellen, die genutzt werden, die Themen, auf die sich die Informationssuche bezieht, sowie die Anstrengungen, die eine Person unternimmt, um die gewünschten Informationen zu erhalten (vgl. Abb. 7).

1.4.1.1 Die Themen der Informationssuche

Die Inhalte der Informationssuche sind abhängig von dem Zweck, für den die Informationen benötigt werden. Sollen z.B. Anbieter ausfindig gemacht werden, die für die gewünschte Problemlösung infrage kommen, werden Informationen über das Marktangebot benötigt. Sollen verschiedene Angebote verschiedener Anbieter miteinander verglichen werden, sind Informationen über die Eignung von Investitionsgütern, den Anforderungen an die Problemlösung gerecht zu werden, erforderlich. Am Anfang eines Kaufprozesses steht meist die Aufgabe, eine Marktübersicht zu gewinnen, während der Angebotsvergleich zu einem späteren Zeitpunkt erfolgt. Zu verschiedenen Zeitpunkten während des Kaufprozesses entstehen also unterschiedliche Informationsbedarfe.[77]

Mit der fortlaufenden Strukturierung des Kaufproblems und den immer konkreter werdenden Problemlösungen während des Kaufprozesses werden Teilpro-

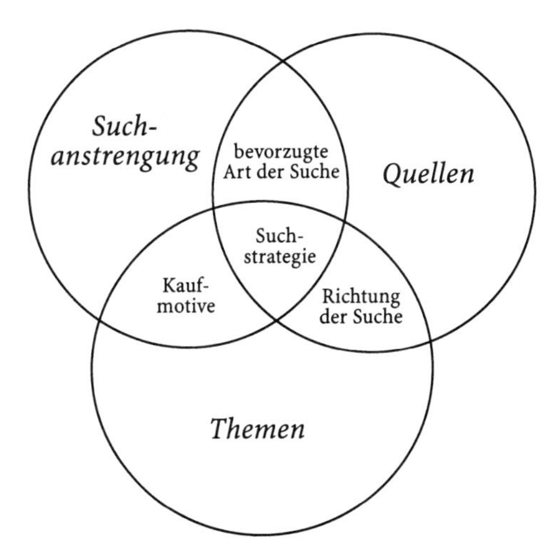

Abb. 7. Determinanten der Suchstrategie (Quelle: Bunn 1991, S. 70)

[77] Vgl. hierzu auch Abb. 1.

bleme angeschnitten, für die Informationen beschafft werden müssen, die die Grundlage einer Teilentscheidung bilden. Der Informationsbedarf für jedes dieser Teilprobleme unterscheidet sich vom vorhergehenden,[78] so daß die Entwicklung und Präzisierung des Informationsbedarfs mit der Entwicklung und Präzisierung von Kaufproblem und Problemlösung Hand in Hand gehen: der Informationsbedarf wird konkreter, spezieller und detaillierter. Die Themen, die bei der Informationssuche interessieren, hängen damit von der jeweiligen *Phase des Kaufprozesses* ab. In der Phase der Problemerkennung werden weniger spezifische Informationen über allgemeine Lösungsprinzipien von grundsätzlicher Bedeutung sein. In der Phase der Lieferantensuche wird die Person versuchen, sich einen Überblick über die am Markt vertretenen und als Problemlöser geeigneten Unternehmen zu verschaffen. In der Phase der Alternativenbewertung interessiert die Erfüllung der jeweiligen Kaufkriterien.

Ein weiterer Einflußfaktor ist die *Art des zu beschaffenden Gutes*. Beurteilungsdimensionen sind hierbei Leistungspotential, Leistungsprozeß und Leistungsergebnis[79], wobei sich die Art der Informationen nach Such-, Erfahrungs- und Vertrauenseigenschaften unterscheidet. Auch der Neuheitsgrad der Beurteilungsproblematik spielt eine Rolle für die Informationsbeschaffung. So hat *Hauschildt* festgestellt, daß bei neuartigen Beurteilungsproblemen, vor denen die Personen noch nicht gestanden haben, die Informationsbeschaffung eher angebotsorientiert ist.[80] Es wird also nicht gezielt gesucht, sondern die Personen verschaffen sich zunächst einen Überblick über das Informationsangebot, bevor sie wichtige Aspekte auswählen. Die Informationsbeschaffung ist meist auf einzelne Feststellungen ausgerichtet, weniger auf das Begreifen komplexer Zusammenhänge. Und schließlich erfolgt die Informationssuche eher prozeßorientiert als ergebnisorientiert.

Der Informationsbedarf wird von den am Kaufprozeß beteiligten Personen festgelegt.[81] Die Themen der Informationssuche hängen von den *Kaufkriterien* der Beteiligten ab. Diese Kaufkriterien ergeben sich aus den Aufgaben, die die beteiligten Personen übernommen haben.

Beispiel:
Bei der Entscheidung über die Nutzung eines wissenschaftlich-technischen Informationsdienstes in einem Chemieunternehmen deckte Thomas folgende Kaufkriterien auf.[82] Der Bibliothekar war besonders interessiert an der Bedeutung der

[78] Vgl. Witte 1968/1988, S. 219.

[79] Vgl. zu anderen Systematisierungen Lehmann/O'Shaughnessy 1974; Moller/Laaksonen 1986; Reve/Johansen 1982.

[80] Vgl. Hauschildt 1989.

[81] Zum Verhalten mehrerer Personen im Kaufprozeß vgl. die Ausführungen unter Gliederungspunkt 1.5.

[82] Vgl. Thomas 1984.

> Bibliotheksorganisation, an der Schnelligkeit der Informationsgewinnung und am Outputformat („hard copy“ oder Daten). Der Wissenschaftler, der mit dem System arbeiten sollte, legte besonderen Wert auf das Outputformat und die Schnelligkeit der Informationsgewinnung. Die Bedeutung der Bibliotheksorganisation war für ihn völlig unwichtig. Der Manager, der für die Entscheidung verantwortlich war, interessierte sich für die Schnelligkeit der Informationsgewinnung und den Preis der Dienstleistung.[83]

Bei der Informationssuche schlagen sich auch die unterschiedlichen *Interessenlagen der beteiligten Personen* nieder. Ihren jeweiligen Aufgaben, Positionen und Hierarchieebenen, Zielen, Motiven, Interessen, Ausbildungen und Erfahrungen entsprechend formulieren sie unterschiedliche Informationsbedarfe und halten unterschiedliche Informationen für relevant. Dabei spielen sowohl aufgabenbezogene als auch nicht-aufgabenbezogene Ziele eine Rolle bei der Suche nach bestimmten Informationen.[84]

1.4.1.2 Die Quellen der Informationssuche

Bei der Suche nach Informationen werden von den Personen unterschiedliche Informationsquellen herangezogen: Erfahrungen aus der Vergangenheit, Werbeanzeigen, Gespräche mit verschiedenen Anbietern, Besuche auf Messen und Ausstellungen, Artikel in Fachzeitungen und Fachzeitschriften, Kataloge, Prospekte, Angebote, Gebrauchsanweisungen, Bedienungshandbücher. Die Informationsquellen sind in unterschiedlichem Maße geeignet, zur Deckung des Informationsbedarfs beizutragen. Die Nutzung einer Informationsquelle hängt von den gewünschten Informationen ab: Werbeanzeigen können nur generell darüber Auskunft geben, welche Produkte ein Hersteller am Markt anbietet. In welchem Maße diese Produkte den Anforderungen des Kunden an eine Problemlösung gewachsen sind, geht im Detail nicht daraus hervor. Dafür muß der Kunde Gespräche mit dem Anbieter führen, andere Unternehmen nach ihren Erfahrungen mit diesen Produkten fragen, sich die Maschinen im Arbeitseinsatz ansehen. Die benutzte Informationsquelle steht in einem engen Verhältnis zur Art der gewünschten Information und damit zur Phase des Kaufprozesses.[85]

Erfahrungen sind einerseits ein Einflußfaktor der Informationssuche, gelten andererseits aber auch alsQuellen der Informationsgewinnung. Eine Untersuchung der Bewertung von Anbietern im Rahmen einer Ausschreibung von Standardmaschinen zeigte, daß die Erfahrung eine der wichtigsten Informations-

---

[83] Zu anderen Untersuchungen zu Kaufkriterien vgl. Cunningham/White 1973/74 (Standardmaschinen); Pingry 1974; Dempsey 1978 (Elektro- und Elektronikindustrie); Dowst 1987; Brüne 1990 (DV-Anlagen bzw. -Systeme); Cooper/Dröge/Daugherty 1991 (Groß- und Einzelhandel im Kosmetikbereich); Monczka/Nichols/Callahan 1992 (Anlagegüter bis zu Reparaturdiensten); Bunn 1993 (Elektro- und Elektronikindustrie).

[84] Vgl. Bunn 1993, S. 73.

[85] Vgl. Abratt 1986.

Tabelle 9. Informationsquellen im Kaufprozeß

	kommerziell	*nicht-kommerziell*
persönlich	• persönliches Gespräch mit dem Verkäufer • Telefongespräch mit dem Verkäufer • Messen • Consultants • Besichtigung von Referenzanlagen • Betriebsbesichtigung	• Abteilungen im Nachfrager-unternehmen • Nutzer anderer Unternehmen • Nutzer in Userzirkeln • Konferenzen
unpersönlich	• Werbeanzeigen • Broschüren • Kataloge • Technische Daten • Angebotsunterlagen • Produktbetrachtung	• Artikel in Fachzeitschriften • Veröffentlichungen von Test-instituten • Berichte abgeschlossener Kauf-prozesse • Kaufdokumentationen

quellen war. Dabei war der Anteil der Nennungen bei den Produktionsingenieuren (Nutzern der Maschine) am größten und beim Direktor am geringsten.[86]

Informationsquellen können nach unterschiedlichen Kriterien systematisiert werden.[87] Eine der gebräuchlichsten Unterteilungen ist die in persönliche und unpersönliche sowie kommerzielle und nicht-kommerzielle Quellen.[88] Tabelle 9 gibt einen Überblick über verschiedene Informationsquellen.

Die Personen, die die Informationsquellen heranziehen, zeigen bestimmte *Vorlieben.*[89] Manche Personen informieren sich lieber in einem persönlichen Gespräch, weil sie nachhaken können, wenn sie etwas nicht verstanden haben, detailliertere Fragen stellen können und sie die Glaubwürdigkeit einer Information nach ihrem Gegenüber beurteilen. Andere wiederum verlassen sich lieber auf schriftliches Material, weil sie den Zeitpunkt der Informationsaufnahme selbst bestimmen und bei Bedarf die Informationen noch einmal nachlesen können. Einige besuchen am liebsten Messeveranstaltungen, weil sie hier die Übersicht über das Angebot erhalten, Gespräche führen können, Prospekte und Kataloge erhalten und so innerhalb kurzer Zeit ihren Informationsbedarf decken können. *Strothmann* hat eine Informationsverhaltenstypologie entwickelt, die zwischen literarisch-wissenschaftlichem Typ, objektiv wertendem Typ und spontanem, passivem Typ differenziert.[90] Der *literarisch-wissenschaftliche Typ* versucht, sich

[86] Vgl. Cunningham/White 1973/74.

[87] Vgl. Webster 1970; Martilla 1971; Ozanne/Churchill 1971; Kelly/Hensel 1973.

[88] Vgl. Baker/Parkinson 1977; Bunn 1993; Luffman 1974; Martilla 1971; Moriarty/Spekman 1984; Ozanne/Churchill 1971; .Webster 1968.

[89] Vgl. Chakrabarti/Feinman/Fuentevilla 1982.

[90] Vgl. Strothmann 1979, S. 92 ff.

möglichst gründlich zu informieren. Er präferiert schriftliche Informationen, die ihm vertiefendes Wissen ermitteln. Bevorzugte Informationsquellen sind daher Fachzeitschriften und Fachbücher, während Anzeigen aufgrund ihrer eher oberflächlichen Informationen als problematisch anzusehen sind. Der *objektiv wertende Typ* verhält sich bei seiner Informationssuche weitgehend rational. Er wägt den Informationsnutzen gegen die Informationskosten ab und sucht daher genau die Informationsquellen, die ihm in der aktuellen Entscheidungsphase die relevanten Informationen versprechen. Der *spontane, passive Typ* sucht nicht aktiv nach Informationen, um Produkte zu beurteilen. Er nimmt die Informationen auf, die ihm gerade angeboten werden, und präferiert persönliche Gespräche mit Vertretern vor schriftlichem Informationsmaterial.

Die benutzten Informationsquellen sind aber auch abhängig von den *Zielen* ihrer Nutzer. So greifen Personen auf bestimmte Informationsquellen besonders deshalb zurück, weil sie wissen, daß sie hier die Argumente finden, die ihren Standpunkt erhärten. Die Nutzung der Informationsquellen ist also – genau wie der Informationsbedarf – abhängig von personenbezogenen Faktoren wie Zielen, Motiven, Interessen, persönlicher Neigung, Position und Rang sowie von der Phase des Kaufprozesses und der Art der benötigten Informationen. Geht es um die Reduktion des wahrgenommenen Risikos, so erweisen sich Gespräche mit Kollegen, Gespräche mit Anbietern und Gespräche mit Kollegen aus anderen Unternehmen als besonders erfolgversprechend.[91]

Empirische Untersuchungen haben ergeben, daß in den meisten Fällen persönliche Informationsquellen vor unpersönlichen Quellen bevorzugt werden.[92] Dies ist insbesondere dann der Fall, wenn ein hohes subjektives Risiko empfunden wird, wie dies beispielsweise in Neukaufsituationen der Fall ist[93] oder bei Transaktionen, in denen Erfahrungseigenschaften dominieren[94]. Persönliche Informationsquellen gelten allgemein als glaubwürdiger als unpersönliche Quellen[95], frei nach dem Motto „Papier ist geduldig". Informationen aus persönlichen Informationsquellen führen in aller Regel zu größerer Akzeptanz und größerem Commitment im Kaufprozeß. Sie werden auch häufiger zu Rate gezogen, wenn es um Erfahrungseigenschaften geht[96], während sich für Sucheigenschaften eher unpersönliche Informationsquellen eignen (vgl. Tabelle 10). Tabelle 11 gibt einen Überblick über das Ergebnis einer empirischen Studie.

---

[91] Vgl. Immes 1994, S. 259.

[92] Vgl. Webster 1968; Luffman 1974; Perry/Hamm 1969; Strothmann/Kliche 1990. Zu einem anderen Ergebnis gelangt Patti (1977). Hier stehen Werbeanzeigen an erster Stelle.

[93] Grønhaug 1975a.

[94] Vgl. Zeithaml 1984; Parasuraman 1981.

[95] Vgl. Arndt 1967; Cunningham 1967a.

[96] Vgl. Robertson 1971.

Tabelle 10. Überblick über Informationsquellen nach Beurteilungsdimensionen und Leistungseigenschaften

	Sucheigenschaften	*Erfahrungseigenschaften*	*Vertrauenseigenschaften*
Leistungsergebnis	Produkt, Prospekt, Katalog, Datenblätter, Messebesuch, Anzeigen	Besichtigung einer Referenzanlage, Gespräche mit Verwendern, Teilnahme an User-Zirkeln, Gespräche mit unabhängigen Beratern und Forschungsinstituten	Aussagen anderer Anwender bezüglich des Rufs des Unternehmens
Leistungserstellungsprozeß	Betriebsbesichtigung	Gespräche mit anderen Unternehmen, Besuch von Seminaren	
Leistungspotential	Broschüren des Anbieters, Gespräche mit Verkäufern, Besuch von Kompetenzzentren	Erfahrungen mit dem Anbieter, Gespräche mit anderen Unternehmen, Fachkonferenzen, Besuch von Seminaren	Kompetenzzentren, Aussagen anderer Anwender bezüglich des Rufs des Unternehmens

Tabelle 11. Informationsinhalte und Informationsquellen (Quelle: Bunn 1993, S. 89 ff.)

Themenkomplexe	*Quellen*
Marktkonditionen (Markt- und ökonomische Trends, Gesetze, Herstellkosten, Marktfähigkeit)	autoritative Quellen: Topmanagement, interne Memos und Berichte, Wirtschaftspublikationen
Leistungsfähigkeit des Anbieters (Preise, Alternativquellen, Zuverlässigkeit und Fähigkeit des Anbieters)	Verkäufer des gewählten Anbieters und anderer Anbieter
Kaufbedürfnisse/-motive (erforderliches Qualitätsniveau, technische Leistungsfähigkeit verschiedener Produkte, Bedarf, Zuverlässigkeit des Anbieters)	Anwender des Produktes
Marktgrenzen (Gesetze, mögliche Substitutionsprodukte)	Kataloge, Verzeichnisse, Verkaufsunterlagen

1.4.1.3 Die Suchanstrengungen

Die Suchanstrengung bezeichnet den Grad oder das Ausmaß der Informationsaktivitäten.[97] Gemessen wird die Suchanstrengung an der Zahl der genutzten Informationsquellen[98] und an der Anzahl an Informationsnachfrageaktivitäten.[99]

Die Suchanstrengung hängt von der *Art der Leistungseigenschaften* ab. Informationen über Sucheigenschaften sind häufig einfacher zu beschaffen als Informationen über Erfahrungseigenschaften, während Informationen bei Vorliegen von Vertrauenseigenschaften nicht oder nur unter großem Aufwand ermittelt werden können.

Die Suchanstrengung wird des weiteren davon beeinflußt, ob bereits *Erfahrungen* vorhanden sind.[100] Dann ist einerseits der Informationsbedarf geringer, und meist läßt auch die Suchanstrengung nach, weil die Personen glauben, bereits über alle notwendigen Informationen zu verfügen. Ein Indikator für mangelnde Erfahrungen sind Situationen mit einem hohen Innovationsgrad. *Witte* hat in seinen Untersuchungen aufgezeigt, daß mit steigendem Innovationsgrad steigende Informationsnachfrageaktivitäten zu verzeichnen sind.[101]

Erfahrungen entsprechen einem bestimmten Wissensstand. Dieser wird auch durch eine entsprechende *Ausbildung bzw. Qualifikation* determiniert. So wurde beispielsweise festgestellt, daß Einkäufer mit geringem Ausbildungsstand wesentlich mehr Informationen suchten als Einkäufer mit einer besseren Ausbildung.[102]

Ein wesentlicher Einfluß auf die Suchanstrengung geht auch von der *Stärke des wahrgenommenen Risikos* aus. Je größer das wahrgenommene Risiko ist, desto mehr Zeit und Geld wird in die Suche nach Informationen investiert, da Informationen dazu dienen, das wahrgenommene Risiko zu reduzieren. So stellte *Grønhaug* fest, daß bei großen Auftragswerten und hohem Neuheitsgrad mehr Informationsaktivitäten unternommen wurden.[103]

Suchanstrengungen werden aufgegeben, wenn ein bestimmtes Anspruchsniveau erfüllt ist.[104] Diese Vorgehensweise schützt das Individuum vor *'information overload'*.[105] Dabei handelt es sich um einen Zustand, in dem die Person aufgrund ihrer begrenzten Informationsverarbeitungskapazitäten nicht mehr in der

[97] Vgl. Bettman 1979.

[98] Vgl. Bunn 1993, S. 69f.

[99] Vgl. Witte 1988.

[100] Vgl. Reve/Johansen 1982; McQuiston 1989.

[101] Vgl. Witte 1988.

[102] Vgl. Grønhaug 1975a.

[103] Vgl. Grønhaug 1975a.

[104] Vgl. March/Simon 1959; Weiber 1993.

[105] Vgl. Kroeber-Riel 1992, S. 399 ff.

Lage ist, weitere Informationen zu verarbeiten. Die Entscheidung wird durch die zusätzlichen Informationen nicht besser, sondern schlechter.

1.4.1.4 Eine Typologie des Informationsverhaltens

Die bisherigen Ausführungen haben gezeigt, daß das Informationsverhalten von Personen von einer Vielzahl von Einflußgrößen abhängig ist. Um die Vielzahl möglicher verhaltensrelevanter Personenmerkmale besser in den Griff zu bekommen, wird versucht, Verhaltensmuster zu identifizieren. Eine Möglichkeit besteht darin, auf empirischem Wege Typologien zu gewinnen. Typologien sind „Überzeichnungen der Realität“.[106] Sie reduzieren die in der Realität auftretende Vielfalt von Verhaltensweisen auf das „Wesentliche“. Aus dieser Eigenart von Typologien folgt im Umkehrschluß, daß die ermittelten Typen in reiner Form in der Realität nicht auftreten, denn die individuellen Verhaltensweisen und Eigenarten einer Person werden ja vernachlässigt. Einzelpersonen lassen sich in der Realität also nur mehr oder weniger einem Typ zuordnen.

Auf der Basis einer empirischen Untersuchung hat *Strothmann* eine Typologie des Informations- und Bewertungsverhalten entwickelt.[107] Er unterscheidet Fakten-Reagierer, Image-Reagierer und Reaktionsneutrale.

Der *Fakten-Reagierer* zeichnet sich durch eine auf Vollständigkeit gerichtete Informationssuche aus. Er beschränkt sich nicht darauf, das Produkt in seiner Gesamtheit zu erfassen, sondern verlangt vor allem Informationen, die die Brükke zwischen Produkt und Anwendungsbedingungen im Unternehmen schlagen. Er fordert also den Nachweis, daß das Produkt in der Lage ist, den gestellten Anforderungen gerecht zu werden. Dementsprechend ist in der Informationssuche und -beschaffung bereits die Informationsbewertung enthalten. Sollten Produkte eine derart hohe Komplexität besitzen, daß es dem Fakten-Reagierer nicht gelingt, sie in ihrer Gesamtheit und in ihrem Anwendungsbezug zu erfassen, werden die daraus entstehenden Unsicherheiten über Imagefaktoren des Herstellers oder des Produktes ausgeglichen. Es liegt nahe zu behaupten, daß der Fakten-Reagierer in erster Linie auf Sucheigenschaften Wert legt. Vermutlich benutzt er vorzugsweise unpersönliche und unabhängige Informationsquellen, ist jedoch auch aufgrund seines Strebens nach Vollständigkeit den anderen Quellen nicht abgeneigt.

Der *Image-Reagierer* betreibt eine weniger auf Vollständigkeit bedachte Suche nach Informationen. Ihm geht es eher um einzelne Produktmerkmale und Eigenschaften, ohne daß er dem Anwendungsbezug dieses Produktes im Unternehmen große Aufmerksamkeit schenkt. Aufgrund der recht unverbunden nebeneinander stehenden Informationen über einzelne Produktaspekte ist er nicht in der

---

[106] Strothmann 1979, S. 91.

[107] Vgl. Strothmann 1979, S. 99 ff.

Lage, das Produkt abschließend zu beurteilen. Daher bevorzugt er insbesondere solche Produkteigenschaften, die eine imagebildende Wirkung haben. Imagepolitische Faktoren des Herstellerunternehmens dürften ihn bei seiner Produktbeurteilung noch unterstützen. Der Image-Reagierer legt vermutlich besonderen Wert auf Erfahrungseigenschaften sowie Indikatoren für Vertrauenseigenschaften.

Der *Reaktionsneutrale* ist genau genommen ein Mischtyp von Image- und Fakten-Reagierer. Er neigt aufgrund seiner Persönlichkeit dazu, Produkte wie der Image-Reagierer zu beurteilen, ist aber den Sachzwängen des Entscheidungsprozesses ausgesetzt. Diese Sachzwänge sowie die Notwendigkeit, seine Entscheidungen zu begründen und zu rechtfertigen, zwingen ihn zur Faktenreaktion.

1.4.2 Die Aufnahme und Bewertung von Informationen

1.4.2.1 Selektive Wahrnehmung

Die Informationsverarbeitung setzt sich zusammen aus der Aufnahme von Informationen, ihrer Bewertung und ihrer Speicherung. Welche Informationen aufgenommen werden, wie sie zu bewerten sind und welche Informationen die Personen behalten, wird von personenbezogenen Faktoren bestimmt. Insbesondere Interessen, Ziele und Wünsche kommen hierbei zum Tragen.

Personen nehmen nicht alle Informationen auf, mit denen sie tagtäglich in Berührung kommen, und von den Informationen, die sie aufnehmen, behalten sie nur einen Bruchteil. Welche Informationen aufgenommen werden, hängt davon ab, was diese Person gerade beschäftigt.

Beispiel:
Der Produktionsleiter der Werkzeugmaschinen GmbH besucht die *EMO*, um sich allgemein über Neuerungen zu informieren. Da die Beschaffung des Mehrspindeldrehautomaten kurz bevorsteht, fallen ihm insbesondere die Stände solcher Anbieter auf, die Mehrspindeldrehautomaten ausgestellt haben oder auf ihren Standtafeln auf solche Maschinen hinweisen. Anbieter, die keine Werkzeugmaschinen und spezielle Mehrspindeldrehautomaten herstellen, entgehen seiner Aufmerksamkeit.

Wir bezeichnen dieses Phänomen als *selektive Wahrnehmung*: aus der Vielzahl verschiedener Informationen werden bestimmte Informationen herausgefiltert. Welche Informationen dies sind, wird in hohem Maße von den Wünschen und Zielen der betreffenden Person bestimmt.[108] Eine am Kaufprozeß beteiligte Person verbindet mit dem Kaufprozeß Präferenzen für bestimmte Anbieter oder für bestimmte Problemlösungen. Sie verfolgt persönliche Ziele, wie Ansehen zu erlangen, die Anerkennung des Vorgesetzten zu erhalten oder die Karrierechancen zu verbessern. Eine solche Person wird dann vor allem auf die Informationen

[108] Vgl. Kroeber-Riel 1992, S. 267.

achten, die ihr bei der Meinungsbildung oder ihrer Verfestigung nützen, die zur Erreichung ihrer Ziele beitragen.

Beispiel:
Der Technische Vorstand hat einen neuen Chefingenieur eingestellt, der nach einem Jahr Betriebszugehörigkeit mit der Beschaffung einer neuen Produktionsanlage betraut wird. Der Bereich, für den er verantwortlich ist, stellt ein neues Gebiet für ihn dar, in dem er sich noch nicht sattelfest fühlt. Insbesondere mit den technischen Details der zu beschaffenden Maschine ist er wenig vertraut. Sein Ziel ist es, diesen Kaufprozeß erfolgreich abzuschließen, eine gute Investition zum Nutzen der Firma zu tätigen, dem Technischen Vorstand zu beweisen, daß er seinen Aufgaben gewachsen ist und seine Einstellung keine Fehlentscheidung war. Er möchte sich auch eine gewisse Macht verschaffen, in den Augen seiner Mitarbeiter als kompetent gelten. So wird er Informationen über technische Details suchen, die es ihm erlauben, den Produktionsprozeß zu verstehen und nachzuvollziehen. Es wird ihm auch auf wirtschaftliche Informationen ankommen, die zeigen, daß das Unternehmen mit der neuen Anlage kostengünstig produzieren kann, und er wird solche Informationsquellen bevorzugen, denen er Glauben schenken kann. Er wird jedoch bei seiner Informationssuche darauf achten, sich keine Blöße gegenüber seinen Mitarbeitern zu geben. So wird er sich beispielsweise keinen Rat holen bei erfahrenen Mitarbeitern seines Unternehmens, sondern sich lieber an Bekannte wenden oder den Anbieter aufsuchen.

1.4.2.2 Einfache Beurteilungsmodelle

Trotz selektiver Wahrnehmung ist das Individuum einer Vielzahl von Reizen und Informationen ausgesetzt, die es verarbeiten und zu einem abschließenden Urteil über die Qualität der Leistung bzw. des Anbieters verdichten muß. Die adäquate Beurteilung einer Vielzahl von Informationen ist aufwendig und führt zu komplexen Denkprozessen. Da dies nicht für jede Art der Informationsverarbeitung geleistet werden kann, bedienen sich Personen vereinfachter *Denkschablonen.*[109] Folgende Vorgehensweisen bei der Produktbeurteilung entsprechen diesen Denkschablonen:

- Der Nachfrager schließt von einem einzelnen Eindruck auf die gesamte Produktqualität.
- Der Nachfrager schließt von einem einzelnen Eindruck auf einen anderen einzelnen Eindruck.
- Der Nachfrager schließt von der gesamten Produktqualität auf einen oder mehrere einzelne Eindrücke.

[109] Vgl. hierzu und zum folgenden Kroeber-Riel 1992, S. 301 ff.

1.4.2.2.1 Rückschluß von einem einzelnen Eindruck auf die gesamte Produktqualität

Eindrücke sind Informationen mit rein sachlichem Charakter *„die Werkzeugmaschinen des Anbieters A fallen selten aus“* oder wertendem Inhalt *„die Vertriebsingenieure des Unternehmens Y sind sympathischer als die des Unternehmens X“*. Im Fall dieses Beurteilungsmusters schließt der Beurteilende von diesem Eindruck auf die Gesamtqualität.

Beispiel:
Aufgrund der Information über die Ausfallzeiten bzw. die Zuverlässigkeit der Werkzeugmaschine wird auf die Gesamtqualität der Werkzeugmaschine geschlossen, d.h. weil die Produkte als zuverlässig gelten, gelten sie auch als qualitativ hochwertig. Weil die Vertriebsingenieure des Unternehmens sympathisch sind, werden auch die Produkte als qualitativ hochwertig eingestuft. Dieser Effekt, daß von einem Leistungsmerkmal auf die Gesamtqualität geschlossen wird, tritt häufig in Verbindung mit dem Preis auf. Ein hoher Preis wird als Indikator für eine hohe Produktqualität angesehen; ein niedriger Preis gilt als Indikator einer niedrigen Produktqualität. Dieser Zusammenhang ist insbesondere dann von Bedeutung, wenn der Nachfrager nicht in der Lage ist, die Produktqualität eindeutig zu beurteilen, d.h. wenn es nur wenig Sucheigenschaften des Leistungsergebnisses gibt und Erfahrungs- und/oder Vertrauenseigenschaften vorherrschen.

Dieses Beurteilungsmuster kann nicht nur zur Beurteilung des Leistungsergebnisses eingesetzt werden, sondern findet auch Verwendung bei der Beurteilung des Leistungsprozesses und des Leistungspotentials.

Beispiel:
Weil der Vertriebsingenieur einen kompetenten Eindruck macht, wird das Leistungspotential als qualitativ gut eingeschätzt. Weil das Unternehmen bei der Planung seiner Prozesse Netzplantechnik eingesetzt, gelten die Prozesse als qualitativ gut.

1.4.2.2.2 Rückschluß von einem einzelnen Eindruck auf einen anderen einzelnen Eindruck

Dieses Beurteilungsmuster ist bereits differenzierter als das Beurteilungsmuster (1). Der Nachfrager schließt von einem Merkmal des Leistungsergebnisses auf ein anderes Merkmal des Leistungsergebnisses.

Beispiel:
Von der Farbe der Materialien wird auf ihre Umweltverträglichkeit geschlossen. Das Fehlen stechender Dämpfe bei Lacken deutet auf gute Abbaubarkeit und Umweltverträglichkeit. Von der weißen Farbe der Lackierung schließt der Nachfrager auf die Kühlleistung des Aggregats. Die Stärke der Rückholfeder gilt als Indikator für das Beschleunigungsvermögen des Autos. Dieser Ausstrahlungseffekt eines Merkmals auf ein anderes wird als Irradiation bezeichnet.

Irradiation kann auch in Verbindung mit der Preisinformation auftreten. Ein hoher Preis wird mit hohem Prestige oder Ansehen des Produktes verbunden. Ein

Unternehmen, das sich die Produktionsanlage des teuersten Anbieters leisten kann, muß wirtschaftlich stabil sein. Hier wird die Verbindung zwischen dem Preis der Produktionsanlage zur wirtschaftlichen Stabilität gezogen.

Diese Art von Beurteilungsmuster ist insbesondere dort von Bedeutung, wo das zweite Merkmal der Beobachtung des Nachfragers entzogen ist, wo beispielsweise Vertrauenseigenschaften vorliegen.

Beispiel:
Die Eingangshalle der Bank mit den Marmorsäulen und den vergoldeten Spiegeln gilt als Indikator für die Seriosität der Bank. Der Teppichboden im Bankraum wird als Indikator für die Kundenfreundlichkeit herangezogen. Die Sauberkeit der Toiletten im Restaurant wird der Sauberkeit in der Küche gleichgesetzt. Die Qualifikation als Ingenieur wird als Indikator für die Sorgfalt bei der Leistungserstellung angesehen.

1.4.2.2.3 Rückschluß von der Gesamtqualität auf einzelne Merkmale

In diesem Beurteilungsmuster spiegelt sich die Einstellung des Beurteilenden gegenüber dem Leistungergebnis oder dem Anbieter wider.

Beispiel:
Die als gut eingestufte Gesamtqualität der Werkzeugmaschine bedeutet in der Wahrnehmung des Betrachters, daß auch die verwendeten Komponenten eine gute Qualität aufweisen. Die positive Einstellung gegenüber dem Werkzeugmaschinenhersteller schlägt sich in der Ansicht nieder, daß dieses Unternehmen über einen guten Ersatzteildienst verfügt oder daß das Personal in den Reparaturwerkstätten gut ausgebildet ist oder daß bei den Maschinen eine gute Verarbeitungsqualität zu beobachten ist. Das Lächeln des Vertriebsingenieurs der Firma *X* wird bei positiver Einstellung der Firma gegenüber als „gewinnend" oder „freundschaftlich" oder „sympathisch" bezeichnet, während es bei negativer Einstellung als „gemein" oder „ironisch" oder „besserwisserisch" angesehen wird. Der Schluß von der Gesamtqualität auf Einzelmerkmale wird als Halo-Effekt bezeichnet.

1.4.2.3 Komplexe Beurteilungsmodelle

Nicht alle Beurteilungsprozesse verlaufen nach Maßgabe der einfachen Denkschablonen. Bei Entscheidungen, die für den Nachfrager von besonderer Bedeutung sind, werden meist komplexe Beurteilungsmodelle verwendet. Diese zeichnen sich durch größere Systematik und bessere rationale Nachvollziehbarkeit aus. Komplexe Beurteilungsmodelle sind dadurch gekennzeichnet, daß mehrere Leistungsmerkmale bewußt zu einem Gesamturteil verdichtet werden. Aufgrund der Berücksichtigung einer größeren Anzahl von Merkmalen werden diese Beurteilungsmodelle als *Multiattributmodelle* bezeichnet. *Scoring-Modelle* gelten als typische Vertreter dieser Beurteilungsmodelle. Ein Scoring-Modell enthält in den Zeilen die Kaufkriterien bzw. Beurteilungskriterien des Nachfragers. In den Spalten sind die verschiedenen Alternativen eingetragen. Zur Bewertung der Alternativen werden die Kaufkriterien im Hinblick auf ihren Erfüllungsgrad be-

Tabelle 12. Beispiel eines komplexen Beurteilungsmodells (Scoring-Modell) bei der Beurteilung einer Werkzeugmaschine

Kriterium	*g*	*Maschine A*		*Maschine B*	
		Erfüllung 1=sehr gut 5=sehr schlecht	*Punktwert*	*Erfüllung* 1=sehr gut 5=sehr schlecht	*Punktwert*
Ausfallzeiten	0,2	1	0,2	2	0,4
geringe Betriebskosten	0,15	4	0,6	1	0,15
Toleranzeinhaltung	0,2	2	0,4	2	0,4
Umrüstzeiten	0,15	2	0,3	4	0,6
Service und Ersatzteildienst	0,2	2	0,4	4	0,8
Lieferzeit	0,1	4	0,4	1	0,1
Gesamtpunktwert			2,3		2,45

wertet. Hierbei wird eine für alle Kriterien einheitliche Skala zugrunde gelegt, die beispielsweise entsprechend den Schulnoten von 1 bis 5 reichen kann. Es besteht weiterhin die Möglichkeit, Gewichtungsfaktoren für die Kriterien einzuführen. Diese geben dann die Bedeutung für den Nachfrager wieder. Die Gewichtungsfaktoren aller Kriterien müssen sich zu 1 ergänzen. Tabelle 12 enthält ein mögliches Beurteilungsmodell für den eingangs dieses Lehrtextes geschilderten Beschaffungsfall einer Werkzeugmaschine. Der niedrigere Punktwert zeigt, daß Maschine *A* die Kriterien des Nachfragers besser erfüllt als Maschine *B*.

Bei der Beurteilung von Leistungen werden meist einfache und komplexe Beurteilungsmuster miteinander verknüpft. Selbst rational erscheinende Beurteilungsergebnisse enthalten irrationale Elemente.

1.4.2.4 Die Verarbeitung einander widersprechender Informationen

Bei der Verarbeitung von Informationen streben Menschen nach einem inneren Gleichgewicht.[110] Alle Informationen sollen zueinander passen und sich zu einem harmonischen Ganzen fügen. Widersprüche sollen vermieden oder beseitigt werden. Es gibt jedoch Situationen, in denen es schwierig ist, dieses innere Gleichgewicht zu wahren.

Beispiel:
Die Werkzeug GmbH hat ihre bisherigen Werkzeugmaschinen nie beim Lieferanten Z gekauft, weil dieser als unzuverlässig gilt. Während eines Beschaffungsprozesses erfährt der Produktionsmitarbeiter von einem Freund, daß dieser Lieferant zum Hauptlieferanten beim Marktführer geworden ist. Der Geschäftsführer eines ökologisch ausgerichteten Unternehmens erfährt aus einer seriösen Tageszeitung von einem Umweltskandal des Hauptlieferanten. Ein Mitarbeiter erfährt von einem mißgünstigen Kollegen, daß der von ihm geschätzte und bewunderte Vorgesetzte negativ über ihn spricht.

[110] Vgl. Kroeber-Riel 1980, S. 216 ff.

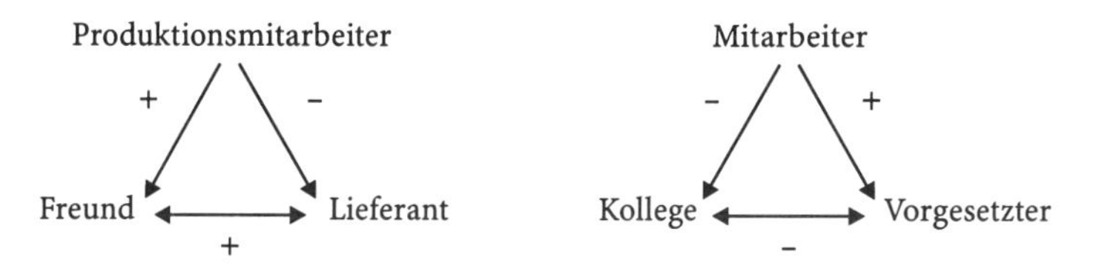

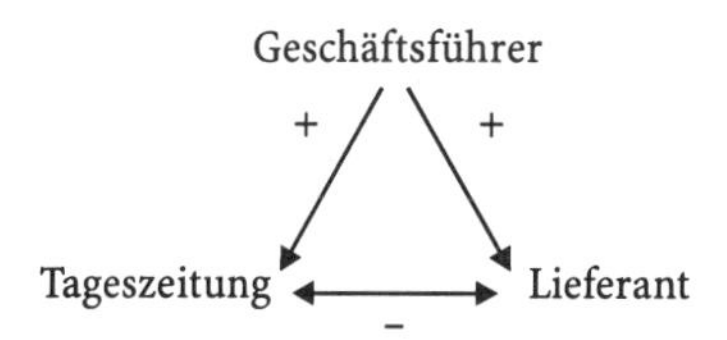

Abb. 8. Verarbeitung widersprüchlicher Informationen

Die beschriebenen Situationen sind dadurch gekennzeichnet, daß eine Person eine bestimmte Einstellung zu ihrer Informationsquelle hat. Ferner hat die Person eine bestimmte Einstellung zu dem Gegenstand der Kommunikation. Behauptungen über diesen Kommunikationsgegenstand können zu Inkonsistenzen (Ungleichgewichten) beim Betrachter führen, weil sie nicht mit bisherigen Informationen übereinstimmen. Das dadurch entstehende Ungleichgewicht wird als Inkonsistenz oder *kognitive Dissonanz* bezeichnet. Dabei hängt es von der Art der Einstellungen zur Informationsquelle und zum Informationsgegenstand ab, ob die Inkonsistenzen erzeugende Information zu einer Meinungsänderung führt oder nicht. Abbildung 8 veranschaulicht dieses Verhältnis graphisch.

Die Inkonsistenzen bzw. Dissonanzen zwischen den Einstellungen können aufgelöst werden, indem zwei gleichgerichtete Einstellungen in positiver Weise miteinander verknüpft werden oder zwei Einstellungen mit unterschiedlichen Bewertungsrichtungen negativ miteinander verknüpft werden.

Beispiel:
Der Produktionsmitarbeiter hat eine positive Einstellung gegenüber seinem Freund und eine negative Einstellung gegenüber dem Lieferanten. Nun erhält er von seinem Freund eine positive Information über den Lieferanten, die nicht zu seiner bisherigen negativen Einstellung paßt. Ein Gleichgewicht, d.h. konsistente Einstellungen, kann der Produktionsmitarbeiter herstellen, indem er seine Einstellung gegenüber dem Lieferanten ändert (der Lieferant ist besser als er bisher gedacht hat). Die positiven Vorzeichen werden unterstützt. Er kann aber auch seine Einstellung gegenüber seinem Freund ändern (der Freund ist nicht vertrauenswürdig). In diesem Falle wird das positive Vorzeichen in ein negatives verkehrt. Ähnlich gelagert ist der Fall im zweiten Beispiel. Der Geschäftsführer hat eine positive Einstellung zur Tageszeitung (seriös) und eine positive zum Lieferanten (langjähriger Lieferant). Er erfährt von einem Umweltskandal und glaubt entweder der Zeitung oder seiner bisherigen Meinung vom Lieferanten. Der Mitarbeiter ist in der gleichen Situation. Er glaubt die negative Information über den

Vorgesetzten und bewundert diesen nicht mehr, oder aber er schätzt den Vorgesetzten höher ein und mißtraut dem mißliebigen Kollegen.

Welche Person ihre Einstellung ändert, um wieder zu einer Konsistenz, einem Gleichgewicht, zu gelangen, ist von der Stärke der Einstellung abhängig. *Ist der Freund glaubwürdig oder nicht? Ist die Tageszeitung glaubwürdig oder nicht?* Anzumerken ist auch, daß nicht jede Dissonanz zu Verhaltens- bzw. Einstellungsänderungen führt. Sie muß zunächst einmal die individuelle Toleranzschwelle überschreiten.

Kognitive Dissonanzen treten häufig nach getroffenen Kaufentscheidungen auf. Der Nachfrager hat sich für eine Alternative entschieden, weiß aber um die Vorteile der ausgeschlagenen Alternative bzw. Alternativen. Es stehen hier die Vorteile der ausgeschlagenen Alternative den Vorteilen der gewählten Alternative gegenüber. Zur Auflösung der Dissonanz werden zumeist nach dem Kauf Informationen gesucht, die die getroffene Wahl bestätigen. Daher beglückwünschen viele Hersteller die Kunden in der Bedienungsanleitung oder auf einem Beipackzettel zum Kauf des Produktes.

1.5 Die am Kaufprozeß mitwirkenden Personen – das Buying Center

1.5.1 Merkmale des Buying Centers

Die bisherigen Ausführungen haben sich auf das Verhalten einer einzelnen Person konzentriert. An einem Kaufprozeß in einem Unternehmen wirkt aber in aller Regel nicht nur eine Person, sondern eine Vielzahl von Personen mit.[111] Der Kaufprozeß ist durch Multipersonalität gekennzeichnet.[112] Alle Personen, die in irgend einer Form am Kaufprozeß beteiligt sind, werden als *„Buying Center“*[113] bezeichnet. Daher ist es nicht immer einfach, die Grenzen des Buying Centers zu bestimmen. Aufgrund der persönlichen Beziehungen der Personen können auch Personen außerhalb des Unternehmens bewußt oder unbewußt, beabsichtigt oder unbeabsichtigt Einfluß auf die Kaufentscheidung nehmen.

Beispiel:
Die Produktionsassistentin bespricht die Anschaffung der neuen CNC-Werkzeugmaschine mit ihrer Freundin, die die Redaktion einer technischen Zeitschrift

---

[111] Vgl. Backhaus 1992, S. 60; Engelhardt/Günter 1981, S. 40 ff.; Grashof 1979; Robinson/Faris/Wind 1967, S. 122; Webster/Wind 1972, S. 77.

[112] Vgl. Abschnitt 1.1.

[113] Vgl. Webster/Wind 1972, S. 77. Daneben finden sich auch Bezeichnungen wie „Decision Making Unit“ (Wind 1978, S. 23), „Buying Task Group“ (Spekman/Ford 1977, S. 395) oder „Gruppe einkaufsentscheidender Fachleute“ (Strothmann 1979, S. 64).

leitet. Aufgrund ihrer Recherchen hat diese einen guten Überblick über die gegenwärtige Marktsituation und nennt ihrer Freundin verschiedene ihrer Meinung nach gut geeignete Anbieter. Über die Produktionsassistentin gelangen die Namen und Bewertungen an den Einkaufsleiter, der von diesen Anbietern Angebote einholt. Gehört die Freundin der Produktionsassistentin nun zum Buying Center oder nicht?

Durch die Mitwirkung mehrerer Personen wird Risiko reduziert, und zwar in doppelter Hinsicht. Zum einen reduziert das Unternehmen das Risiko, daß eine falsche Entscheidung getroffen wird. Aufgrund der Arbeitsteilung sind die für den Kauf relevanten Informationen in verschiedenen Abteilungen bzw. Personen konzentriert.[114] Zwar gelangt *Immes* in seiner Untersuchung der Kaufprozesse von Verkehrsdatenerfassungsgeräten und Verkehrsdatenbeeinflussengeräten zu dem Ergebnis, daß kein Zusammenhang zwischen der Größe des Buying Centers und der Stärke des wahrgenommenen Risikos besteht; andererseits wird aber auch deutlich, daß ältere Personen ein höheres Risiko wahrnehmen, Personen mit umfassender Ausbildung ein geringeres Risiko empfinden, während Personen mit umfangreicher Erfahrung bei der Güterverwendung wiederum eine stärkere Risikowahrnehmung zeigen.[115] Offenbar kommt es also nicht nur auf die Größe, sondern auch auf die Zusammensetzung des Buying Centers an.

Die bei den verschiedenen Buying-Center-Mitgliedern vorhandenen Informationen, Kenntnisse und Fähigkeiten gilt es zusammenzubringen, um die zu beschaffende Leistung hinsichtlich ihrer Merkmale richtig beurteilen zu können.

Beispiel:
Ein Papierhersteller kauft Bindemittel für gestrichene Offsetpapiere. Die hierfür notwendigen Informationen sind beim Einkauf, der Qualitätssicherung, der Produktion und dem Vertrieb konzentriert. Sie verfügen über Informationsvorsprünge in unterschiedlichen Bereichen. Der Einkauf verfügt über Kenntnisse des Beschaffungsmarktes, der vorhandenen Lieferanten und ihrer Leistungen. Die Qualitätssicherung besitzt einen Informationsvorsprung bezüglich der Auswirkungen bestimmter Bindemitteleigenschaften auf das Endprodukt. Die Produktion kennt die Verarbeitungseigenschaften von Bindemitteln und kann die Auswirkungen auf die Maschinen abschätzen. Der Vertrieb verfügt über einen Informationsvorsprung bezüglich der vom Kunden gewünschten Eigenschaften des Endproduktes, die bei der Bindemittelbeschaffung zu berücksichtigen sind. Werden diese Informationen bei der Kaufentscheidung nicht berücksichtigt, so wird u.U. ein ungeeignetes Bindemittel gekauft.

Die Beteiligung mehrerer Personen reduziert nicht nur das Risiko des Unternehmens, sondern auch das Risiko der jeweils beteiligten Person.[116]

---

[114] Vgl. Robinson/Faris/Wind 1967, S. 122.

[115] Vgl. Immes 1994, S. 228 ff.

[116] Vgl. Tanner/Castleberry 1993, S. 50.

Beispiel:
Der Produktionsleiter wird für das Erreichen einer bestimmten Outputleistung belohnt. Erreicht er diese Leistung nicht, muß er mit Nachteilen rechnen. Wird ein Bindemittel beschafft, das die Laufeigenschaften der Maschinen empfindlich stört, kann der Produktionsleiter die vorgegebene Produktionsmenge und -qualität nicht erreichen. Daher ist er bestrebt, an der Kaufentscheidung zu partizipieren, um sein persönliches Risiko zu reduzieren.

Aufgrund dieser Überlegungen können wir davon ausgehen, daß Personen einerseits zum Buying Center gehören, weil sie mit bestimmten Aufgaben im Kaufprozeß betraut worden sind, sie beispielsweise kraft ihrer Stellenbeschreibung am Kaufprozeß mitwirken müssen.[117] Die formale Organisationsstruktur des Unternehmens sorgt dann dafür, daß Personen mit unterschiedlichen Informationen am Kaufprozeß mitwirken, um die Unsicherheit bezüglich des Kaufes zu reduzieren.

Beispiel:
Dies gilt z.B. für den Einkäufer, zu dessen formalem Aufgabenbereich es gehört, Angebote einzuholen und Preisvergleiche durchzuführen. Dies gilt auch für den Ingenieur, der angewiesen worden ist, die Spezifikationen auszuarbeiten, oder für die Mitglieder eines Investitionsausschusses, der mit der Erarbeitung und Beurteilung von Investitionsalternativen betraut ist.

Darüber hinaus können aber auch Personen zum Buying Center gehören, weil sie ein persönliches Interesse daran haben, den Kauf des Investitionsgutes zu beeinflussen, oder aus persönlichen Gründen darauf einwirken möchten, welcher Anbieter gewählt wird.[118] Die Erreichung der angestrebten Ziele ist aus Sicht der Beteiligten mit einem Risiko verbunden, das sie durch ihre Einflußnahme im Kaufprozeß reduzieren können. Personen wirken also am Kaufprozeß mit, um ihr persönliches Risiko zu reduzieren.

Beispiel:
Die technische Zeichnerin fürchtet, durch den Kauf eines CAD-Systems ihren Aufgaben nicht mehr gewachsen zu sein, und ist daher bestrebt, den Kauf zu verhindern oder zumindest entsprechend zu beeinflussen. Der Produktionsmitarbeiter ist persönlich mit dem Vertriebsmitarbeiter der Bindemittel GmbH befreundet und setzt sich daher für dessen Produkt ein. Er erwirbt sich die Anerkennung seines Freundes und reduziert sein Risiko des Freundschaftsverlustes.

Das Buying Center bildet damit keine formale, in der Organisationsstruktur verankerte Gruppe, sondern eine informale problembezogene Gruppe, die in irgendeiner Form an der Lösung des Kaufproblems teilhat.[119]

---

[117] Vgl. Webster/Wind 1972, S. 35 f.; vgl. Robinson/Faris/Wind 1967, S. 122.

[118] Vgl. Webster/Wind 1972, S. 36 f.; Tanner/Castleberry 1993, S. 50.

[119] Webster/Wind 1972, S. 6 und S. 63; Engelhardt/Günter 1981, S. 40; Backhaus 1992, S. 60 f.; Günter 1993, S. 203.

Tabelle 13. Aufgaben und Interessen verschiedener Abteilungen im Beschaffungsprozeß (Quelle: Robinson/Faris/Wind 1967, S. 122 ff.)

Abteilung	*Aufgabe / Interesse*
Marketing	Wettbewerbsvorsprünge durch Beschaffungsaktivitäten erzielen, achtet darauf, daß sich die Merkmale auf die Wertkette des Nachfragers auswirken
Entwicklung und Konstruktion	Ideengenerierung für Spezifikationen, Beurteilung technischer Merkmale, Make-or-buy-Überlegungen, Wertanalyse, „buy American", „play it safe"
Produktion	Sicherheit des Produktionsprozesses, einfache Handhabung, niedrige Produktionskosten
Forschung & Entwicklung	legen den technischen Rahmen fest, bestimmten die künftige technologische Entwicklung des Unternehmens
Stabsabteilungen	abteilungsübergreifende Beurteilung der Auswirkungen auf das Gesamtunternehmen, unabhängig von Abteilungsinteressen
Unternehmensleitung	Etablieren verbindlicher Kaufkriterien für künftige Kaufsituationen, Bestätigung von Kaufentscheidungen, Vorgaben von Kaufkriterien bei strategisch wichtigen Beschaffungen
Einkauf	Lieferantensuche und -bewertung, Routinisierung der Beschaffung, verantwortlich für die Kostenstruktur, Sichern langfristiger Lieferbeziehungen, Aufbau und Erhalten guter Beziehungen zu den Lieferanten

Die unterschiedlichen Motivationen der Beteiligten, am Kaufprozeß mitzuwirken, schlagen sich in der Verfolgung aufgabenbezogener und nicht-aufgabenbezogener Ziele nieder. *Aufgabenbezogene Ziele*[120] resultieren aus der Position der Beteiligten im Unternehmen. Tabelle 13 gibt einen Überblick über die Aufgaben und Interessen verschiedener Abteilungen im Kaufprozeß.

Beispiel:
Die Aufgabe des Einkäufers besteht darin, Preisverhandlungen mit den Anbietern zu führen. Da sein Erfolg an der Höhe der Preisnachlässe gemessen wird, die er erzielt, ist er bestrebt, die Lieferanten im Preis zu drücken. Die Aufgabe des Produktionsleiters besteht darin, für einen reibungslosen Ablauf der Produktion zu sorgen und die Produktionskosten möglichst niedrig zu halten. Zur Erhöhung der Produktivität sollen Produktionsinseln eingerichtet werden, die mit CNC-Maschinen ausgestattet sind. Gemeinsam mit der Arbeitsvorbereitung und seinen Mitarbeitern entwickelt der Produktionsleiter ein Konzept für die Umstrukturierung. Die Verfolgung ihrer aufgabenbezogenen Ziele kann zu Konflikten zwischen verschiedenen Abteilungen führen.

Die *nicht-aufgabenbezogenen Ziele* werden von den Interessen und Motiven der Beteiligten bestimmt.[121] Die Erwartung, Anerkennung von den Vorgesetzten zu erhalten, ist beispielsweise ein Motiv, sich am Kaufprozeß zu beteiligen.[122]

[120] Vgl. Webster/Wind 1972, S. 36 f.

[121] Vgl. Webster/Wind 1972, S. 36 f.

Beispiele:
Die Mitarbeiterin im Einkauf ist neu im Unternehmen und führt zum ersten Mal allein Preisverhandlungen mit dem Lieferanten. Sie ist bestrebt, ihr Können zu zeigen und besonders hohe Preisnachlässe herauszuhandeln. Der Produktionsleiter empfindet ein hohes Risiko bezüglich der Neuerung im Produktionsprozeß und ist bestrebt, die Investition zu verzögern.

Aufgabenbezogene und nicht-aufgabenbezogene Ziele einer Person können in einem Konflikt stehen - wie im Beispiel des Produktionsleiters; sie können aber auch in einem komplementären Verhältnis stehen, so daß die Erreichung des aufgabenbezogenen Ziels der Erreichung des nicht-aufgabenbezogenen Ziels (und umgekehrt) dient - wie im Beispiel der Mitarbeiterin aus dem Einkauf.

Das Buying Center besteht einerseits aus Personen, die kraft ihrer Aufgaben am Kaufprozeß teilnehmen, andererseits wird es durch Personen gebildet, die sich aus eigenem Antrieb im Kaufprozeß engagieren. Es überlappen sich im Buying Center zwei Strukturen: erstens die formale Struktur des Unternehmens, die sich in der Aufgabenteilung widerspiegelt, und zweitens die informale Struktur des Unternehmens, in der sich die persönlichen Beziehungen der Personen zueinander sowie ihre Interessen und Motive widerspiegeln.

Ob die Buying Center-Mitglieder ihren jeweiligen Zielen gerecht werden, hängt von ihrem Einfluß auf die Kaufentscheidung ab. Dieser ist nicht bei allen Buying Center-Mitgliedern gleich ausgeprägt, sondern wird von verschiedenen Faktoren bestimmt.

Beispiel:
Wenn beim Kauf des Bindemittels die Auswirkungen auf das Endprodukt den wichtigsten Faktor darstellen, kommt vermutlich der Qualitätssicherung und der Produktion der größte Einfluß zu.

Aus diesen Ausführungen lassen sich für das Verständnis des Kaufverhaltens im Buying Center folgende zentralen Fragestellungen ableiten:

- Wer ist an der Kaufentscheidung beteiligt?
- Welche Beziehungen bestehen zwischen den Buying Center-Mitgliedern?
- Wer übt welchen Einfluß auf die Kaufentscheidung aus?

Erste Antworten liefert die Literatur mit der Betrachtung der Funktion der beteiligten Personen, ihrer hierarchischen Position im Unternehmen und der Analyse der Rolle, die die Personen im Kaufprozeß wahrnehmen. Zur Rollenanalyse stehen das Rollenkonzept von *Webster/Wind* sowie das Promotorenmodell von *Witte* zur Verfügung.

Beziehungen zwischen Personen werden durch die Betrachtung von Rollen jedoch nur unzureichend erklärt. Insbesondere die für den Kaufentscheidungsprozeß wichtigen Konfliktbeziehungen und Einflußbeziehungen werden nicht

[122] Vgl. Tanner/Castelberry 1993, S. 48.

ausreichend erklärt. Konflikte und Macht werden daher zunächst einer dyadischen, d.h. auf die Beziehung zwischen zwei Personen beschränkten Betrachtung unterworfen.

Das Buying Center besteht jedoch nicht nur aus dyadischen Beziehungen, sondern die Beteiligten sind alle in mehr oder weniger starkem Maße miteinander verbunden. Zentrale Verbindung ist dabei die Kommunikationsbeziehung, über die sowohl Konflikte ausgetragen und u.U. gelöst, als auch Macht ausgeübt werden. Das Verhalten der Beteiligten ist dabei in starkem Maße von ihrer jeweiligen Position in diesem Netzwerk abhängig. Im letzten Punkt der Buying Center-Analyse werden daher die Kommunikationsbeziehungen der Beteiligten im Netzwerk betrachtet.

1.5.2 Funktion und Hierarchie der Beteiligten

Empirische Untersuchungen, insbesondere aus dem amerikanischen Sprachraum, haben gezeigt, daß vor allem die Konstruktionsabteilung, der Einkauf und in geringerem Maße auch die Produktion an der Kaufentscheidung partizipieren, während der Unternehmensleitung geringere Bedeutung zukommt.[123] Welchen Funktionsbereichen die beteiligten Personen entstammen, hängt jedoch von der Art des beschafften Produktes ab[124] (vgl. auch Abblidung 9) und von der Art der Kaufsituation.[125] Je größer die wahrgenommene Bedeutung der Kaufentscheidung ist, je größer die Personen ihre Verantwortung für die Kaufentscheidung wahrnehmen und je stärker eine Person von der Kaufentscheidung betroffen ist, desto größer ist die Wahrscheinlichkeit, daß sie sich im Kaufprozeß engagiert und desto größer ist das Engagement selbst.[126]
Steigende Aufgabenunsicherheit der Personen führt zu steigender Partizipation unterer Hierarchiestufen am Kaufprozeß und zu geringerer Kontrolle formalisierter Regeln und Prozeduren. Steigende Unsicherheit führt weiterhin dazu, daß die Entscheidung von einer geringeren Zahl von Personen auf einer höheren Hierarchieebene getroffen wird.[127] Dementsprechend sind in Neukaufsituationen höhere Hierarchieebenen beteiligt als in Situationen reinen oder modifizierten

---

[123] Vgl. Johnston/Bonoma 1981; Jackson/Keith/Burdick 1984; Naumann/Lincoln/McWilliams 1984; *Strothmann/Kliche* haben jedoch gezeigt, daß beim Kauf von CAD-Systemen vor allem der technischen Unternehmensleitung maßgeblicher Einfluß zukam. An zweiter Stelle stand die Konstruktionsleitung. Vgl. Strothmann/Kliche 1990.

[124] Vgl. Johnston/Bonoma 1981; Jackson/Keith/Burdick 1984; Hellmann/Kleinaltenkamp 1990, S. 199; Strothmann/Kliche 1990.

[125] Vgl. Crow/Lindquist 1985.

[126] Vgl. Patchen 1974; McQuiston 1987.

[127] Vgl. Spekman/Stern 1979; McCabe 1987, S. 89.

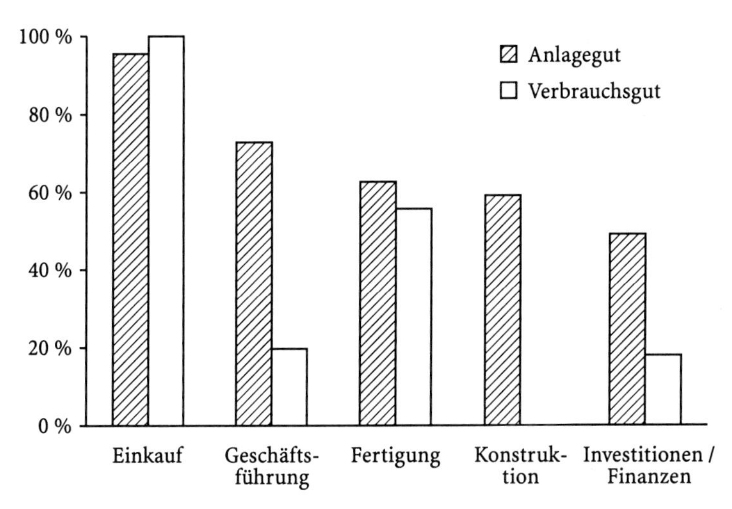

Abb. 9. Beteiligte Funktionsbereiche beim Kauf von Anlage- und Verbrauchsgütern in der Chemischen Industrie (Quelle: Specht 1985, S. 44)

Wiederkaufs.[128] Der Kauf von Anlagegütern und Kernkomponenten involviert Personen mit höheren hierarchischen Positionen als der Kauf von Verbrauchsgütern (vgl. Abb. 9).[129]

Je nach Art des Kaufprozesses können mehrere Personen aus einer Abteilung an der Kaufentscheidung partizipieren. Empirische Untersuchungen haben gezeigt, daß die Größe des Buying Centers vor allem von folgenden Faktoren bestimmt wird:

- Unternehmensgröße: Je größer das Unternehmen ist, desto größer ist auch das Buying Center.[130]
- Art des Unternehmens: Non-Profit-Unternehmen bzw. Behörden beteiligen mehr Personen an der Kaufentscheidung (durchschnittlich 2,6) als Dienstleistungs- und Produktionsunternehmen (durchschnittlich 1,9).[131]
- Art der beschafften Güter: Bei Anlagegütern ist das Buying Center größer als bei Verbrauchsgütern.[132] Beim Kauf von Anlagegütern ist das Buying Center größer als bei Dienstleistungen. So waren beim Kauf eines Anlagegutes 3 bis 28 Personen aus einer bis 8 Abteilungen beteiligt, bei Dienstleistungen jedoch

[128] Vgl. Specht 1985.

[129] Vgl. Mattson 1988.

[130] Vgl. Wind 1978; Grashof 1979; Bellizzi 1981; Crow/Lindquist 1985.

[131] Vgl. Crow/Lindquist 1985.

[132] Vgl. Specht 1985, S. 44.

nur 2 bis 15 Personen aus 1 bis 6 Abteilungen.[133] Je komplexer das Produkt ist, desto mehr Personen sind beim nachfragenden Unternehmen beteiligt, allerdings auch auf der Anbieterseite.[134]

- Kaufsituation. Neukaufsituationen sind durch größere Buying Center und durch eine andere Buying Center-Zusammensetzung gekennzeichnet als Wiederkaufsituationen.[135]

Alle Einflußfaktoren lassen sich auf die Informationsverteilung im Unternehmen und die empfundene Unsicherheit als zentrale Einflußgrößen zurückführen. So erfordern „Once-in-a-lifetime"-Entscheidungen mehr Informationen und daher auch eine gemeinsame Entscheidung mehrerer Personen.[136]

1.5.3 Die Rollenverteilung im Buying Center

Unter einer Rolle verstehen wir die mit einer bestimmten sozialen Position verbundenen Verhaltenserwartungen, die andere Personen an den Positionsinhaber formulieren. Die Verhaltenserwartungen sind unabhängig von einer konkreten Person; sie werden an jede Person gerichtet, die sich in dieser Position befindet.[137] Die Verhaltenserwartungen der anderen und das Verständnis der eigenen Rolle bestimmen das gezeigte *Rollenverhalten.*[138] Verhaltenserwartungen und die Erfüllung der Verhaltenserwartungen in einem bestimmten Rollenverhalten reduzieren die Unsicherheit im Umgang miteinander. Für jeden Beteiligten wird es leichter, sich in einer neuen Situation zurechtzufinden. Verhaltenserwartungen werden einerseits vom Management durch Stellen- und Positionsbeschreibungen bestimmt, andererseits von Vorgesetzten, Kollegen, Untergebenen und anderen Personen, mit denen der Rolleninhaber in Kontakt steht, formuliert.[139]

Jede Person kann unterschiedliche Rollen wahrnehmen. Einen Überblick über verschiedene Verhaltensbereiche und Rollen eines Individuums gibt Abb. 10.

Auch an die im Kaufprozeß beteiligten Personen werden von ihren Vorgesetzten, Kollegen und Mitarbeitern, aber auch von Vertretern der verschiedenen Anbieterunternehmen bestimmte Verhaltenserwartungen gestellt, die sie erfüllen sollen. Das Rollenkonzept kann demnach dazu verwendet werden, das Verhalten

---

[133] Vgl. Johnston/Bonoma 1981.

[134] Vgl. Håkansson/Östberg 1975, S. 120.

[135] Vgl. Doyle/Woodside/Michell 1979; Naumann/Lincoln/McWilliams 1984; Crow/Lindquist 1985; Anderson/Chu/Weitz 1987.

[136] Vgl. Sheth 1973; Grønhaug 1975b.

[137] Vgl. Mayntz 1980, Sp. 2044; Wiswede 1977, S. 37.

[138] Vgl. Deutsch/Krauss 1965, S. 175 ff.

[139] Vgl. Staehle 1990, S. 248.

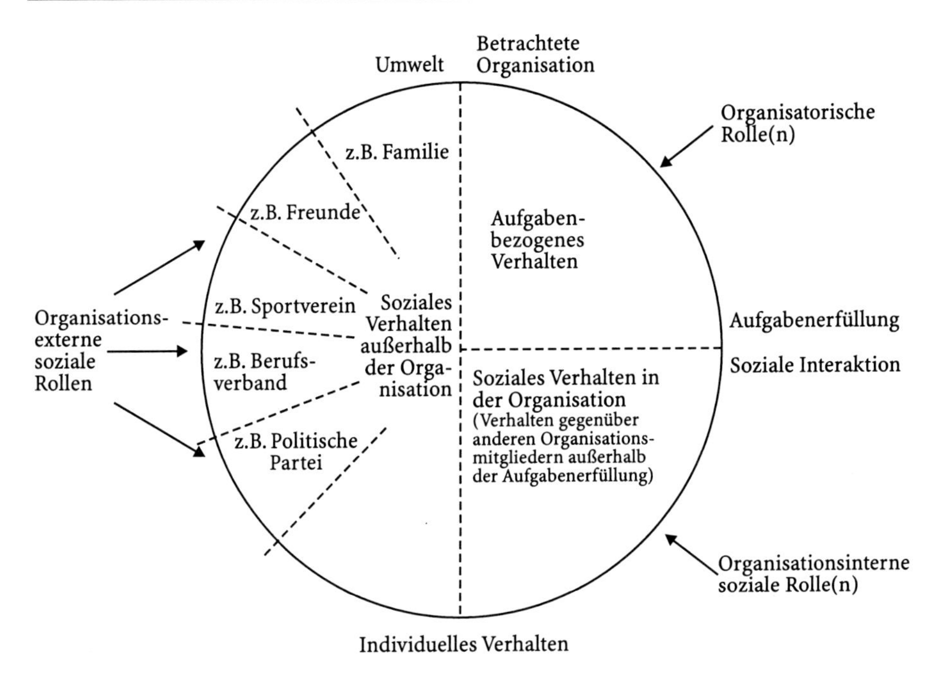

Abb. 10. Verhaltensbereiche und Rollen eines Individuums (Quelle: Kieser/Kubicek 1983, S. 398)

von Personen, die im Kaufprozeß bestimmte Aufgaben wahrnehmen, zu erklären und zu systematisieren. Die Kenntnis der Rollen der am Kaufprozeß beteiligten Personen erleichtert es dem Anbieter, den Überblick über die Buying Center-Mitglieder zu gewinnen, und ihre Position, ihren Einfluß und ihre Aufgaben während des Kaufprozesses mit einem 'Rollenetikett' zu belegen. Die Rollen beziehen sich dabei nur auf die aufgabenbezogenen Verhaltensweisen. Die nicht-aufgabenbezogenen Verhaltensweisen, z.B. Freundschaftsbeziehungen zwischen Buying Center-Mitgliedern, werden durch das Rollenkonzept nicht erfaßt.

Zur Analyse von Buying Center-Rollen stehen zwei Konzepte zur Verfügung: das Rollenkonzept von *Webster/Wind* und das Promotorenmodell von *Witte*. Beschäftigen wir uns zunächst mit dem Buying Center-Konzept nach *Webster/Wind*.

1.5.3.1 Das Rollenkonzept von Webster/Wind

Webster/Wind unterscheiden im Buying Center die folgenden fünf Rollen:[140]

[140] Vgl. Webster/Wind, 1972, S. 35 und S. 78 ff.; zu anderen Rollenkonzepten vgl. die Übersicht bei Calder 1977, S. 194.

(1) User (Verwender)

Generell nehmen die Rolle eines Users diejenigen Personen ein, die mit dem Beschaffungsobjekt arbeiten. Hierbei sind zwei Typen von Usern zu unterscheiden.

Der eine Typ hat seine Rolle als User dadurch inne, daß er mit dem beschafften Produkt direkt arbeitet., z.B. der technische Zeichner, der am CAD-Arbeitsplatz sitzt. User dieses Typs verfügen meist über keine oder geringe formale Entscheidungsrechte im Beschaffungsprozeß, d.h. sie sind selten auf höheren Hierarchieebenen zu finden. Sie können die Kaufentscheidung positiv beeinflussen, indem sie den Kauf eines Produktes anregen oder Produktanforderungen festlegen, die sich aus ihrer Arbeit mit dem Produkt ergeben. Sie können den Kaufprozeß aber auch negativ beeinflussen, in dem sie die Arbeit mit bestimmten Gütern bestimmter Lieferanten verweigern. Dadurch sorgen sie entweder bereits während des Beschaffungsprozesses dafür, daß ein Anbieter nicht in die engere Wahl gerät, oder sie machen die Investition zu einer Fehlinvestition, wenn sich nach dem Kauf innere Widerstände einstellen. So entscheiden sie mit über Beschaffungserfolg oder -mißerfolg.

Es gibt jedoch auch Personen im Beschaffungsprozeß, die mit dem zu beschaffenden Gut nicht direkt arbeiten, sondern die Verantwortung für den richtigen Einsatz und das einwandfreie Funktionieren tragen. Hier handelt es sich beispielsweise um den Meister oder den Betriebsleiter, die für das reibungslose Arbeiten der gekauften Maschine im Produktionsprozeß verantwortlich sind. Auch diese Personen nehmen ihre Rolle als User wahr, wenn sie versuchen, auf den Beschaffungsprozeß Einfluß zu nehmen. Ihre Einflußmöglichkeiten sind aufgrund ihrer höher gestellten Position stärker als die des ersten Typs.

(2) Buyer (Einkäufer)

Die Rolle des Einkäufers übernimmt in aller Regel ein Mitglied der Einkaufsabteilung. Derjenige, der als Buyer fungiert, wählt die Lieferanten aus und handelt die Kaufbedingungen aus. Sein Einfluß hängt vom Wert der Investition ab (Finanzlimit) und wird im Grunde von seiner Stellenbeschreibung determiniert.

(3) Decider (Entscheidungsträger)

Die Rolle des Deciders nimmt die Person ein, die im konkreten Fall die Weichen für eine bestimmte Problemlösung oder die Wahl bestimmter Lieferanten stellt. Der Decider entscheidet letztendlich darüber, welche Problemlösung von welchem Anbieter gekauft wird. Der Decider ist in der Regel dazu legitimiert, die Kaufentscheidung zu fällen, oder er verhält sich zumindest so. Decider sind allerdings nicht immer diejenigen, die die Abschlüsse vornehmen oder den Kaufvertrag unterschreiben. Oftmals stehen Decider im Hintergrund und ziehen die Fäden, die zu der in ihren Augen richtigen Kaufentscheidung führen. Diese Rolle wird – insbesondere bei größeren Beschaffungsobjekten – vom Top-Management übernommen.

Als Decider kann auch ein Entscheidungsgremium fungieren (z.B. der Vorstand). Zwischen den Personen des Entscheidungsgremiums können dabei durchaus Entscheidungskonflikte auftreten.

(4) Gatekeeper („Pförtner")

Die Rolle des Gatekeepers ist durch die Kontrolle des Informationsflusses in das Buying Center hinein und aus dem Buying Center heraus gekennzeichnet. Gatekeeper bewirken, daß bestimmte Informationen in das Buying Center weitergeleitet werden und andere Informationen nicht an die richtigen Stellen im Buying Center gelangen. Ebenso können sie den Zugang von Personen, etwa Vertriebsingenieuren zu den übrigen Buying Center-Mitgliedern erleichtern oder erschweren, ihn überhaupt erst ermöglichen oder gänzlich verhindern. „Klassische" Gatekeeper sind Sekretärinnen oder Assistenten der Geschäftsleitung, aber auch Einkäufer nehmen bei komplexen Kaufentscheidungsprozessen häufig diese Rolle wahr.

(5) Influencer (Einflußnehmer)

Die Rolle des Influencers haben Mitglieder des Unternehmens inne, aber auch Großkunden oder Zulieferer, Consultant Engineers oder Unternehmensberater, wenn sie direkten oder indirekten Einfluß auf die Beschaffungsentscheidung ausüben. Sie verfügen nur über geringe formale Autorität. Sie definieren Bewertungskriterien und schränken damit die Zahl der infrage kommenden Anbieter ein. Sie beschaffen Informationen, die über die Anbieter und ihre Produkte Aufschluß geben. Der Influencer kann eine Person sein, die aufgefordert wird, am Beschaffungsprozeß mitzuwirken (z.B. Consultant Engineer, ein befreundetes Unternehmen, staatliche Stellen, Finanzierungsinstitutionen oder Sponsoren[141]), es kann sich aber auch um eine Person handeln, die sich unaufgefordert einmischt.

Dem Rollenkonzept von *Webster/Wind* wird häufig noch eine weitere Rolle hinzugefügt, der Initiator[142].

(6) Initiator

Die Rolle des Initiators kommt demjenigen zu, der einen gegebenen oder zu erwartenden Zustand erkennt, der durch eine Investition verbessert werden kann, und sich für die Durchführung dieser Investition einsetzt. Er gibt Anregungen an

141 Vgl. Hainisch/Günter 1987, S. 105.

142 Vgl. Bonoma 1984, S. 82; Kotler/Bliemel 1992, S. 270; vgl. auch Calder 1977, S. 194.

Tabelle 14. Rollen nach *Webster/Wind*

Rolle	*Merkmale*
User	wendet das zu beschaffende Gut an, kann die Arbeit mit einem nicht präferierten Gut verweigern
Buyer	wählt Lieferanten aus und verhandelt mit ihnen
Decider	trifft die endgültige Kaufentscheidung
Gatekeeper	kontrolliert und filtert den Informationsfluß in das Buying Center
Influencer	definiert Kaufkriterien und liefert Informationen zur Bewertung der Alternativen
Initiator	initiiert die Kaufentscheidung

andere weiter oder bemüht sich selbst darum, eine Beschaffung vorzunehmen. Tabelle 14 faßt die Merkmale der Rollen übersichtsartig zusammen.

Grundsätzlich ist jede Person, die am Kaufprozeß mitwirkt und ihn beeinflußt, ein Influencer, aber nicht alle Personen nehmen noch weitere Rollen wahr. Häufig wird dieselbe Rolle von mehreren Personen wahrgenommen. Dies gilt insbesondere für den Influencer und den Gatekeeper. Ebenso kann eine Person verschiedene Rollen wahrnehmen wie z.B. das Mitglied der Einkaufsabteilung, das sowohl als Buyer auftritt als auch als Gatekeeper.[143]

Die aufgeführten sechs Rollen müssen nicht sämtlich in einem Kaufprozeß vertreten sein. Je langwieriger der Kaufprozeß und je mehr Personen beteiligt sind, desto wahrscheinlicher ist es, daß alle Rollen besetzt sind. Eine empirische Untersuchung in der Chemischen Industrie zeigte die in den Abbildungen 11 und 12 aufgeführte Mitwirkung verschiedener Rollen. So definiert beim Kauf eines Verbrauchsgutes der User den Bedarf. Der Einkäufer übernimmt die Hauptrolle in den folgenden Phasen. Beim Kauf eines Anlagegutes ist der Einkäufer in allen Phasen beteiligt, jedoch wirken auch der User und der Influencer sowie der Gatekeeper mit. Der Decider dominiert die letzte Phase – wie es seine Rolle ja auch vorschreibt.

[143] Vgl. Webster/Wind 1972, S. 77.

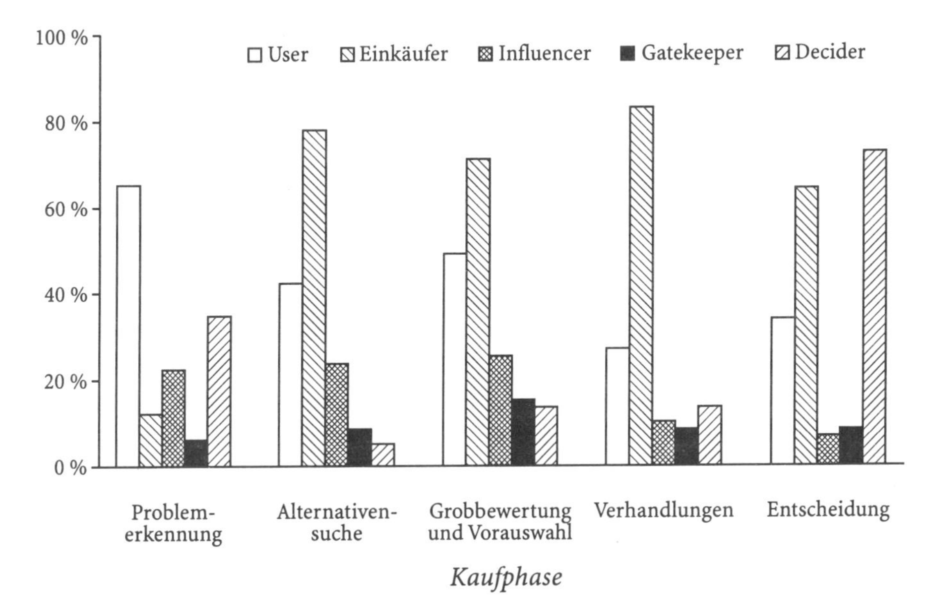

Abb. 11. Mitwirkung verschiedener Rollen beim Kauf von Anlagegütern in der Chemischen Industrie (Quelle: Specht 1985, S. 49 ff.)

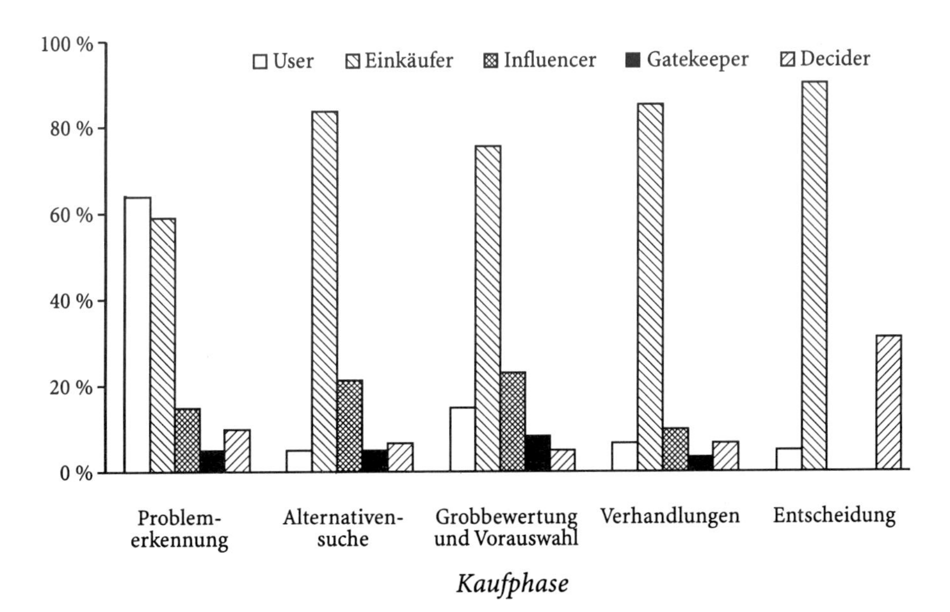

Abb. 12. Mitwirkung verschiedener Rollen beim Kauf von Verbrauchsgütern in der Chemischen Industrie (Quelle: Specht 1985, S. 49 ff.)

1.5.3.2 *Das Promotorenmodell von Witte*

Ein anderer Ansatz zur Analyse von Rollen im Buying Center ergibt sich aus einer Untersuchung *Witte*s von 233 Innovationsprozessen.[144] *Witte* bezieht sein Konzept vornehmlich auf die innerbetriebliche Durchsetzung von Innovationen, worunter für das Unternehmen neuartige Produkte zu verstehen sind. Obwohl zunächst nur auf Innovationsprozesse im Unternehmen bezogen, lassen sich die von *Witte* ermittelten Strukturen auch auf Kaufprozesse übertragen, sofern diese innovativen Charakter aufweisen.[145]

Witte geht davon aus, daß dem Kauf und der Implementierung von Innovationen häufig Widerstände entgegengesetzt werden. Die Beweggründe solcher Widerstände gegen Neuerungen können in der Beziehung der Person zum Unternehmen liegen, sie können aber auch in der betreffenden Person direkt begründet sein.[146] So können unternehmensbezogen Widerstände auftreten, weil die Buying-Center-Mitglieder technisch-funktionale Probleme erwarten, die zu erwartenden ökonomischen Folgen nur schwer einzuschätzen sind oder die Beschaffung der erforderlichen Finanzierung mit Risiken verbunden ist. Entsprechend den Befürchtungen der Beteiligten werden zur Ablehnung von Innovationen sowohl technologische als auch ökonomische und ökologische Argumente eingesetzt.[147] Technologische Argumente beziehen sich auf die Unsicherheit bei der Beurteilung der technischen Merkmale:

- Es wird die Funktionsfähigkeit der Innovation infragegestellt.
- Es werden Einwände gegen den zu frühen Innovationszeitpunkt erhoben.
- Es wird bezweifelt, daß die gegenwärtige Umgebung den Anforderungen der Innovation gerecht wird. Beispielsweise bestehen Befürchtungen, daß Ersatzlieferungen zuverlässig sind oder daß die Innovation Bestandteil eines Systems ist, das in seinem gesamten Ausmaß zum gegenwärtigen Zeitpunkt noch nicht überblickt werden kann.

Ökonomische Argumente beziehen sich auf das Verhältnis von Kosten und Nutzen der Innovation:

- Der Nutzen wird als zweifelhaft herausgestellt („Innovationen zerstören wertvolle Substanzen“).
- Die Unsicherheit des Ergebnisses wird betont („Innovationen sind riskant“).
- Die Kosten werden im Vergleich zum Nutzen als zu hoch veranschlagt („mißlungene Innovationen sind teurer als Verluste bei Weiterführung“).

---

[144] Vgl. Witte, 1973, S. 14 ff.

[145] Vgl. Kleinaltenkamp 1994a.

[146] Vgl. Klöter 1995, S. 15 ff.; Klöter 1997, S. 68 ff.

[147] Vgl. Hauschildt 1993, S. 91 ff.

Ökologische Argumente beziehen sich in erster Linie auf die Technikfolgenabschätzung. Probleme entstehen vor allem deshalb,

- weil Technikfolgen kaum prognostiziert werden können,
- weil manche Innovationen neben außergewöhnlichen Wirkungspotentialen auch außergewöhnliche Gefährdungspotentiale enthalten,
- weil auch Experten - wie alle Personen - den Innovationen eine positive oder negative Einstellung entgegenbringen, die sich auch in der Beurteilung der Technikfolgen niederschlägt.

Die technologischen, ökonomischen und ökologischen Argumente deuten auf rational begründete Widerstände. Tatsächlich lassen sich jedoch die Widerstände gegen Innovationen auf tiefer liegende Ursachen zurückführen. Innovationen sind mit Veränderungen verbunden: das bekannte Alte muß abgewogen werden gegen das unbekannte Neue. Dies erzeugt Unsicherheit bei den Beteiligten. Zudem stellt eine Innovation hohe Ansprüche an die Lernfähigkeit der Personen. Wenn Personen sich tatsächlich oder vermeintlich nicht in der Lage sehen, diesen Anforderungen gerecht zu werden, entwickeln sie Barrieren, die als *Fähigkeitsbarrieren* bezeichnet werden

> **Beispiel:**
> Bei der Einführung von CAD-Systemen mußten die technischen Zeichner neue Arbeitsweisen erlernen (Reißbrett gegen Digitalisierbord und Bildschirm), sich mit einer neuen Fachsprache vertraut machen (Befehle der Programme), bisher unbekannte Ursache-Wirkungs-Ketten erlernen (wie wird mit einem Computer eine Zeichnung archiviert?) und neuartige Reaktionen trainieren. Bei den Entscheidungsabläufen kann nicht auf Bekanntes zurückgegriffen werden. Neuartige Probleme treten auf, deren Lösung nicht von heute auf morgen zu erarbeiten ist. Informationen werden benötigt, zum Teil ohne daß das Unternehmen den Informationsbedarf bestimmen kann oder in der Lage ist, die erhaltenen Informationen zu bewerten.[148]

Selbst Personen, die keine Fähigkeitsbarrieren besitzen, stehen einer Innovation nicht notwendigerweise offen gegenüber: Es fehlt der Wille, die Innovation zu akzeptieren. Ursachen hierfür liegen beispielsweise in negativen Einstellungen gegenüber der Innovation, schlechten Erfahrungen mit Innovationen oder konservativen Vorprägungen durch die Erziehung. Ursache kann auch der befürchtete Verlust des eigenen Ansehens und des Status im Unternehmen nach Einführung der Innovation sein.[149] Barrieren, die sich auf das Nicht-Wollen stützen, werden als *Willensbarrieren* bezeichnet.[150]

---

[148] Vgl. Witte 1973, S. 8 f.; Witte 1976, S. 32 f.

[149] Vgl. Klöter 1995, S. 29 ff.; Klöter 1997, S. 75 ff.

[150] Vgl. Witte 1973, S. 6 f.

Beispiel:[151]
Die Beton AG stellt neben Standardbetonarten auch andersgeartete und zum Teil neuentwickelte Betonarten für spezielle Anwendungen her, bezüglich deren Herstellung die verantwortlichen Mitarbeiter des Unternehmens nur über relativ geringe Erfahrungen verfügen. Bei Spezialbetonsorten (z.B. Beton für U-Bahn-Bau, Hochfestigkeitsbeton für Sicherheitsteile, Beton für die Verarbeitung bei extrem niedrigen Temperaturen) ergeben sich daher relativ häufig Qualitätsprobleme, die durch Automatisierung des Mischungsvorganges behoben werden sollen.

Die Steuerung des Mischungsvorganges kann bisher nur von zwei Mitarbeitern des Unternehmens manuell vorgenommen werden. Aufgrund der Erfahrungen dieser beiden Mitarbeiter ergeben sich dabei keinerlei Probleme bei der Mischung von Standardbetonarten. Probleme treten auf, wenn die Mitarbeiter über wenig Erfahrung mit der Mischung einer bestimmten neuartigen oder Spezialbetonsorte verfügen. Dennoch sind die Mitarbeiter aufgrund ihres spezifischen Fachwissens für das Unternehmen bisher praktisch unersetzlich. Faktisch lag nur bei diesen beiden Mitarbeitern die Kompetenz zur Zementherstellung. Die Automatisierung des Mischungsvorgangs bedeutet für die Akteure den Verlust der sie gegenüber anderen Mitarbeitern des Unternehmens auszeichnenden Kernkompetenz und ließ sie Widerstand gegen die Innovation ausüben.Zur Ablehnung von Innovationen werden sowohl technologische als auch ökonomische und ökologische Argumente eingesetzt.[152].

Personen mit Willensbarrieren benutzen häufig[153]

- weltanschauliche Gründe, z.B. die Innovation wird als ethisch bedenklich eingestuft,
- sachliche Gründe, z.B. werden andere Probleme für dringender gehalten,
- persönliche Gründe, z.B. will die Person sich der Macht der Befürworter entgegenstellen,

um ihren Widerstand zu begründen. Willensbarrieren können kaum durch rationale Argumente überwunden werden. Allerdings ist darauf hinzuweisen, daß nicht immer eindeutig festgestellt werden kann, ob nun Willensbarrieren oder Fähigkeitsbarrieren vorliegen. Bestehen bei den betroffenen Personen intellektuelle Grenzen, sich einzuarbeiten, oder ist der Betreffende nicht willens, die für die Einarbeitung notwendigen Zeit und Anstrengungen aufzuwenden?[154]

Willens- und Fähigkeitsbarrieren können sich in bestimmten, am Innovationsprozeß beteiligten Personen manifestieren.[155] Personen, die diese Barrieren

---

[151] Entnommen aus Klöter 1995, S. 32.

[152] Vgl. Hauschildt 1993, S. 91 ff.

[153] Vgl. Hauschildt 1993, S. 97.

[154] Vgl. Klöter 1995, S. 31.

[155] Eine Untersuchung *Bitzers* in zwei Unternehmen hat gezeigt, daß die personellen Hemmnisse (Konflikte zwischen Personen, mangelnde Fähigkeiten) im Innovationsprozeß am größten eingestuft werden. An zweiter Stelle folgen organisatorische Hemmnisse (Kommunikationsstrukturen, Koordination, Planung), an dritter finanzielle und an letzter Stelle rangieren technische Hemmnisse. Vgl. Bitzer 1990, S. 111. In einer anderen empirischen Untersuchung

verkörpern, werden als *Opponenten* bezeichnet.[156] Opponenten zeichnen sich dadurch aus, daß sie den Befürwortern der Innovation entgegenarbeiten, gewissermaßen „Gegenspieler" sind.[157]

Nach der Art des 'Widerstandes' unterscheidet *Witte* zwischen Machtopponenten und Fachopponenten. *Machtopponenten* stützen ihre Strategie des Verhinderns, Verzögerns oder Veränderns auf ihre hierarchische Position. Sie ordnen beispielsweise eine neue Testphase an (verzögern); sie geben den Auftrag, neue Alternativen zu beurteilen (verändern) oder sie wenden sich mit verschiedenen Argumenten offen gegen die Innovation, um sie zu verhindern. Machtopponenten können ihr Ziel erreichen, weil man kraft ihrer Position im Unternehmen auf sie hört. Machtopponent ist beispielsweise der Spartenleiter, der sich gegen die Einführung einer neuen Produktionstechnologie wehrt. *Fachopponenten* benutzen ihr Fachwissen, um den Entscheidungsprozeß zu behindern und zu verzögern.[158] Sie verfügen über den Zugang zu entsprechenden Informationsquellen oder besitzen bereits entsprechendes Wissen. Fachopponenten vertrauen darauf, daß ihnen andere zugehören, weil sie über mehr Wissen verfügen oder weil andere glauben, daß sie über mehr Wissen verfügen. Fachopponent ist beispielsweise der Mitarbeiter der Forschung & Entwicklung, der sich einer neuen Produkttechnologie widersetzt. Neben Fach- und Machtopponenten lassen *Prozeßopponenten* identifizieren, die ihre spezifische Kenntnis und ihre Position innerhalb der Struktur des Unternehmens dazu benutzen können, einen Prozeß zu behindern, zu verzögern oder gar zum Scheitern zu bringen. Ein Prozeßopponent könnte beispielsweise ein Angestellter einer öffentlichen Verwaltung oder einer Unternehmung sein, der seine besondere Kenntnis der Vorschriften und Genehmigungsverfahren in öffentlichen Verwaltungen einsetzt, um eine Innovation zu verhindern.

Nach *Klöter* können die Formen der Einflußnahme eines Opponenten noch wesentlich differenzierter betrachtet werden. Er unterscheidet zwischen offenem und verdecktem, aktivem und passivem, direktem und indirektem sowie destruktivem und konstruktivem Widerstand.[159]

Opponenten sind einem Entscheidungsprozeß nicht unbedingt abträglich. *Witte* spricht davon, daß man sich die Opponenten nicht als Dunkelmänner vorstellen soll, die bewußt eine gute Sache vereiteln.[160] Ihr Widerstand gegen eine

wies Kliche nach, daß den Qualifikationsmängeln der Abnehmer in 48% der Fälle große Bedeutung und in 35% der Fälle mittlere Bedeutung als Barrieren der Einführung von Neuerungen zufallen (vgl. Kliche 1991, S. 48 f.).

[156] Vgl. Witte 1973, S. 7; Witte 1976, S. 324.

[157] Vgl. Witte 1976, S. 324 f.;Brose/Corsten 1981, S. 91.

[158] Vgl. Witte 1976, S. 324.

[159] Vgl. Klöter 1997, S. 150 ff.; vgl. zu anderen Verhaltensweisen Hauschildt 1993, S. 102.

[160] Vgl. Witte 1976, S. 324; Witte 1988, S. 167 ff.; Hauschildt 1993, S. 103.

Neuerung hat auch gute Seiten: Sie machen mögliche Schwierigkeiten deutlich, weisen darauf hin, was noch zu klären ist. Sie bremsen die Befürworter der Innovation und verhindern so, daß die Begeisterung zu einem Höhenflug wird, dem dann ein unsanfter Aufprall bei der Umsetzung folgt.

Opponenten können in unterschiedlichen Phasen des Beschaffungsprozesses auftreten. Mit dem Voranschreiten des Beschaffungsvorganges ist ein Lernprozeß für die Beteiligten verbunden. Dieser Lernprozeß führt dazu, daß in späteren Phasen neue Erkenntnisse gewonnen werden, die dann möglicherweise in Widerstände gegen die Innovation oder gegen einen spezifischen Anbieter münden. *Klöter* unterscheidet hier Widerstände in der Initiierungsphase, Widerstände im Verlaufe der Alternativensuch- und -bewertungsphase, Widerstände, die sich gegen Anbieter und/oder spezielle Problemlösungen richten, sowie Widerstände, die erst in der Implementierungsphase auftreten.[161]

Um einen Innovationsprozeß zum erfolgreichen Ende zu führen, ist die Überwindung der Willens- und Fähigkeitsbarrieren eine unbedingte Voraussetzung. Diese Aufgabe übernehmen *Promotoren*. Promotoren sind „Personen, die einen Innovationsprozeß aktiv und intensiv fördern".[162] Sie setzen sich für die Überwindung dieser Barrieren aus eigenem Antrieb ein, nicht weil die Unternehmensleitung oder ein Vorgesetzter sie dazu bestimmt hat. Promotoren lassen sich definieren als Personen, die Neuerungsvorgänge frühzeitig erkennen, Aktivitäten anregen, entfalten und vorantreiben, um das „Steckenbleiben" oder „Sterben" der Innovation zu vermeiden.

Drei Arten von Promotoren können unterschieden werden[163]: Machtpromotor, Fachpromotor und Prozeßpromotor.

Der *Machtpromotor* ist besonders geeignet, die bestehenden Willensbarrieren überwinden.[164] Dazu verfügt er über eine in der Unternehmenshierarchie entsprechend hoch angesiedelte Position, etwa Mitglied der Geschäftsführung. *Wittes* Studie zeigt, daß Machtpromotoren aus allen Funktionsbereichen des Unternehmens stammen können und häufig auf der ersten oder zweiten Hierarchieebene angesiedelt sind.[165] Der Machtpromotor kann aufgrund seines Zugangs zu Ressourcen (Finanzen, Mitarbeiter etc.) Entscheidungsprozesse vorantreiben und den Widerstand auflösen. Er bewilligt beispielsweise entsprechende Etats, stellt die am Innovationsprozeß beteiligten Personen von ihren sonstigen Aufgaben frei, stellt konkurrierende Projekte zurück. Die Rolle des Machtpromotors hat nun nicht jede Person inne, die eine hohe hierarchische Position bekleidet und in

[161] Vgl. Klöter 1997, S. 96 ff.

[162] Witte 1973, S. 16.

[163] Vgl. Hauschildt 1993, S. 121 ff.; Hauschildt/Chakrabarti 1988.

[164] Vgl. Witte 1973, S. 17.

[165] Vgl. Witte 1973, S. 32 f.

irgendeiner Weise Einfluß auf den Kaufprozeß nimmt; Machtpromotoren sind nur solche Personen, die ihre Position dazu benutzen, sich stärker als andere für den Kaufprozeß einzusetzen, nachzuhaken, wenn sie das für nötig halten, zu internen Besprechungen zusammenzurufen, Entscheidungen zu treffen, die den Kaufprozeß vorantreiben.

Der *Fachpromotor* dagegen hat es sich zur Aufgabe gemacht, die Fähigkeitsbarrieren zu überwinden.[166] Er erwirbt sich das spezielle Fachwissen, das zur Beurteilung und zum Verständnis der Innovation erforderlich ist. Voraussetzung dafür ist, daß er über eine gewisse Qualifikation verfügt. Das erworbene Fachwissen gibt er an andere weiter, um so durch die Vermittlung von Wissen die Barrieren des Nicht-Wissens abzubauen. Er zeichnet sich durch intensive und aktive Informationsvermittlung aus, um dadurch den Innovationsprozeß voranzutreiben. Im Gegensatz zum Machtpromotor muß er zur Erfüllung dieser Aufgabe keine hohe Position innehaben. Fachpromotoren stammen nach *Witte* aus der dritten oder vierten Hierarchieebene und sind meist in der betroffenen Abteilung angesiedelt. Bei der Untersuchung der Computerbeschaffung stammten die meisten Fachpromotoren aus der Datenverarbeitung oder der Organisation.[167] Der Fachpromotor wird von den anderen Beteiligten als Experte anerkannt. Fachpromotoren sind dementsprechend nicht alle am Kaufprozeß Beteiligten, die über Wissen verfügen, sondern nur solche, die ihr Wissen stärker als andere dazu einsetzen, Gegner der Innovation von ihrem Nutzen zu überzeugen. Geeignete Gesprächspartner des Fachpromotors sind technisch Interessierte oder fachlich Versierte auf Kunden- oder Lieferantenseite.

Fachpromotor und Machtpromotor können in einer Person vereinigt sein. Dann übernimmt eine Person beide Rollen. Dieser Fall wird von *Witte* als *Personalunion* bezeichnet. Das gemeinsame Auftreten von Machtpromotor und Fachpromotor wird als *Gespannstruktur* bezeichnet.[168]

Die besonderen Fähigkeiten des *Prozeßpromotors* liegen in der Verknüpfung, in der Koordination; er wird daher auch als Koordinationspromotor bezeichnet.[169] Der Prozeßpromotor kennt das Unternehmen und weiß, wie Entscheidungen getroffen werden. Er kann Einzellösungen zugunsten von Systemlösungen verhindern. Er spricht die Sprache der Beteiligten und kann zwischen ihnen vermitteln. Während Fach- und Machtpromotor Ressourcen in den Kaufprozeß einbringen, gelingt ihm die Verknüpfung dieser Ressourcen im Prozeß. Er versteht es, Konflikte zu lösen und Konsens herzustellen. Der Erfolg des Prozeßpro-

---

[166] Witte 1973, S. 18 f.

[167] Vgl. Witte 1973, S. 33.

[168] Vgl. Witte 1973, S. 19 f. Ebenso wie die Promotoren können auch Opponenten als Gespannstruktur von Macht- und Fachopponent – Opponentengespann – sowie in Personalunion auftreten (Witte 1976, S. 325 f.).

[169] Vgl. Töpfer 1984, S. 399.

motors beruht auf seinem spezifischen Wissen über die Abläufe im Unternehmen, auf seiner Kenntnis der Beteiligten und auf bestimmten Eigenschaften: den persönlichen Charakteristika (Bereitschaft, Risiko zu übernehmen, und Hingabe an die Innovation), Führungsqualitäten (Charisma, Fähigkeit zur Inspiration und Motivation) sowie Einflußtaktik (Fähigkeit, Personen zusammenzuschweißen).

Die drei Promotoren übernehmen unterschiedliche Aufgaben im Kaufprozeß. So initiiert der Fachpromotor die Idee, während der Prozeßpromotor den Bedarf untersucht und der Machtpromotor den Zielbildungsprozeß steuert sowie die notwendigen Ressourcen zur Verfügung stellt. Der Fachpromotor sucht nach Alternativen und bewertet sie vor seinem fachlichen Hintergrund. Der Prozeßpromotor entwickelt den Zeitplan und definiert die Teilentscheidungen. Der Machtpromotor sorgt für den strategischen Fit.[170] Diese Beispiele zeigen, daß Fach-, Macht- und Prozeßpromotor zusammenwirken sollten, um den Kaufprozeß effizient verlaufen zu lassen. Nicht in allen Kaufprozesse engagieren sich jedoch Promotoren. Die Untersuchung *Witte*s der 233 erstmaligen Beschaffungen von Computern hat gezeigt, daß in 21 % der Fälle keine Promotoren auftraten. In weiteren 42 % trat nur ein Promotor auf und in den verbleibenden 37 % fehlten Promotoren völlig. Das Auftreten von Promotoren und Opponenten sowie ihr Zusammenspiel beeinflußt die Effizienz von Innovationsprozessen. Promotoren sind „Treiber", und Opponenten sind „Bremser".[171] Die verschiedenen Promotorenstrukturen sind dabei unterschiedlich effizient[172]: Problemlösungsumsicht und Innovationsgrad sind bei der Gespannstruktur am höchsten. Der Kaufprozeß ist bei Machtpromotoren am kürzesten, die Entscheidung zeigt jedoch einen unbedeutenden Innovationsgrad und eine geringe Problemlösungsumsicht. Ähnliche Ergebnisse liegen für die Personalunion vor. Am längsten dauern Kaufprozesse mit einseitiger Fachpromotorstruktur, die trotz der Dauer nur einen unbedeutenden Innovationsgrad und eine mittlere Problemlösungsumsicht erreichen. Kaufprozesse ohne Promotoren sind kurz und durch sehr niedrigen Innovationsgrad und geringe Problemlösungsumsicht gekennzeichnet.

Um Opponenten und Promotoren zu identifizieren, empfiehlt sich das in Tabelle 15 aufgeführte Vorgehen.

Um Ansatzpunkte zur Förderung von Promotoren und zur Überwindung von Opponenten zu gewinnen, kann das von *Klöter* entwickelte Schema zur Klassifikation des Promotoren- und Opponentenverhaltens genutzt werden (vgl. Abb. 14). Je nachdem, ob Konsequenzen einer Innovation als für das Unternehmen und die eigene Position positiv oder negativ eingeschätzt werden, kann zwischem loyalem und egozentriertem Verhalten der Opponenten und Promotoren

---

[170] Vgl. Hauschildt/Schmidt-Tiedemann 1993, S. 17.

[171] Vgl. Witte 1976.

[172] Vgl. Witte 1973, S. 35 ff.

Tabelle 15. Analyseschritte nach dem Promotorenmodell

Analyseschritte nach dem Promotorenmodell	
1.	Sind im betrachteten Kaufprozeß Barrieren zu erkennen?
2.	Um welche Barrieren handelt es sich – Willensbarrieren und/oder Fähigkeitsbarrieren?
3.	Welche Personen verkörpern diese Barrieren?
4.	Setzen die Personen die Macht ihrer hierarchischen Position ein, um Widerstand zu leisten (Machtopponent)?
5.	Setzen die Personen ihr Fachwissen ein, um Widerstand zu leisten (Fachopponent)?
6.	Setzen die Personen ihre Prozeßkenntnis ein, um Widerstand zu leisten (Prozeßopponent)?
7.	Welche Formen des Widerstandes zeigen die Opponenten? Dies deutet auf die Stärke des Widerstandes.
8.	Gibt es Personen, die sich für die Überwindung der Barrieren stark machen (Promotoren)?
9.	Setzen sie ihre hierarchische Macht ein, um Willensbarrieren zu überwinden (Machtpromotoren)?
10.	Setzen sie ihr fachliches Wissen ein, um Fähigkeitsbarrieren zu überwinden (Fachpromotoren)?
11.	Zeichnen sie sich durch besondere Fähigkeiten der Koordination und Integration während des Kaufprozesses aus (Prozeßpromotoren)?
12.	Wie bewerten Promotoren und Opponenten die Konsequenzen für das Unternehmen und die eigene Person? Dies deutet auf loyales oder egozentriertes Verhalten.
13.	Zusammenfassung: Welche Opponenten- und Promotorenstruktur kennzeichnet den Kaufprozeß? Wie effizient wird der Kaufprozeß vermutlich verlaufen?

unterschieden werden. Gelangt ein von der Innovation Betroffener zu der Einschätzung, daß die Innovation sowohl für das Unternehmen als auch für die eigene Person mit positiven Konsequenzen verbunden ist, so kann er als Promotor eingestuft werden. Gelangt ein Betroffener zu einer negativen Einschätzung, so wird er voraussichtlich loyales Opponenten-Verhalten zeigen. Schwierig sind die Fälle einzustufen, in denen die Konsequenzen für das Unternehmen positiv, für die eigene Person aber negativ sind. Je nachdem, ob nun Unternehmensinteressen oder Eigeninteressen überwiegen, kommt es zu einer loyalen Promotorenrolle oder einer egozentrierten Opponentenrolle. Werden demgegenüber die Konsquenzen für das Unternehemn als negativ, für die eigene Person jedoch als positiv eingestuft, so ist entweder loyales Opponentenverhalten oder egozentriertes Promotorenverhalten zu erwarten.

Wer als Opponent, wer als Promotor einzustufen ist, wird häufig vom Standpunkt abhängig gemacht, den der Betrachter selbst einnimmt. Ein Anbieter wird immer dazu neigen, denjenigen als Promotor anzusehen, der sich für seine Pro-

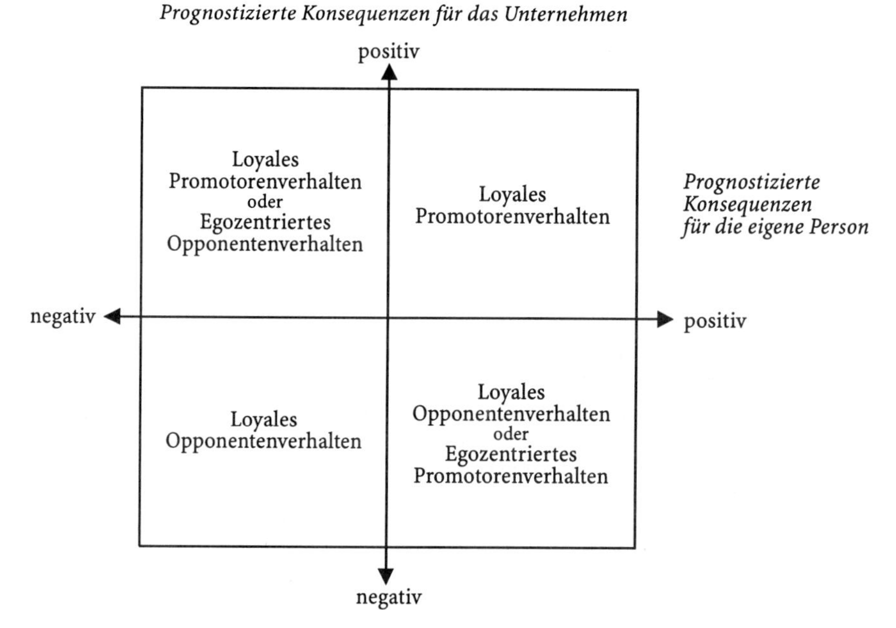

Abb. 13. Klassifikation des Promotoren- und Opponentenverhaltens (Quelle: Klöter 1997, S. 85.)

blemlösung stark macht, und demjenigen die Rolle des Opponenten zuweisen, der die Problemlösung der Konkurrenz vertritt. Die Rolle des Promotors nimmt jedoch derjenige wahr, der sich grundsätzlich für die Innovation eingesetzt, nicht für einen bestimmten Anbieter. Der Opponent reagiert nur auf die Aktivitäten des Promotors, d.h. er tritt erst auf den Plan, wenn ein anderer durch sein Engagement hat erkennen lassen, daß er sich für die Innovation einsetzt. Tabelle 15 enthält die Schritte, die bei der Analyse der Rollen nach dem Promotorenmodell zu durchlaufen sind.

1.5.4 Dyadische Beziehungen im Buying Center

Die beiden Rollenmodelle von *Webster* und *Wind* sowie *Witte* erklären das Verhalten von Personen über ihre Rollenwahrnehmung bzw. -ausübung. Damit wird eine Person in den Mittelpunkt der Betrachtung gestellt, die Beziehung zwischen den Personen wird nicht weiter beachtet. Personen sind jedoch in ein Beziehungsgefüge eingebettet, das aus der formalen und informalen Organisationsstruktur besteht. Nicht nur das Verhalten einzelner Personen, sondern auch die Art der Beziehungen zwischen den Personen bestimmt ihr Kaufverhalten. Von besonderer Bedeutung für den Verlauf und das Ergebnis des Kaufentscheidungsprozesses sind dabei die Konfliktbeziehungen und die Machtbeziehungen zwischen den Beteiligten. Bei der folgenden Betrachtung dieser beiden Beziehungen richten wir unser Augenmerk zunächst auf *dyadische Beziehungen*, d.h. Beziehungen zwischen zwei Personen oder zwei Abteilungen.

1.5.4.1 Konflikte und Konfliktlösung

Wie die Diskussion der aufgabenbezogenen und der nicht-aufgabenbezogenen Ziele gezeigt hat, treten zwischen den beteiligten Personen und Abteilungen Konflikte auf. Dabei handelt es sich sowohl um sachbezogene als auch um nicht-sachbezogene Konflikte.[173] *Nicht-sachbezogene* Konflikte sind die Folge der emotionalen Beziehungen zwischen den Mitgliedern im Buying Center. Antipathien und Ärger spielen hierbei eine Rolle. Sachbezogene Konflikte resultieren aus unterschiedlichen Präferenzen und Kaufkriterien.[174] Sie sind auf die Aufgabenverteilung zwischen den Beteiligten und die von ihnen angestrebten Ziele zurückzuführen.[175] Tabelle 16 gibt einen Überblick über unterschiedliche Ziele und Kaufkriterien ausgewählter Abteilungen.

Tabelle 16. Konfliktpotential zwischen Einkauf und Engineering sowie Einkauf und Arbeitsvorbereitung (Quellen: Strauss 1962, S. 164 f.; Gorman 1971; Flammersfeld 1994)

Konfliktpotential zwischen den Bereichen	
Beschaffung • Preisvorstellung • Kostenaspekt • Kaufmännische/rechtl. Problemsicht • breiter Wettbewerb, weite Spezifikationen • Einzelvergaben • sieht seine Kompetenz darin, neue Verfahren oder Materialien vorzuschlagen (Informationsvorsprung Marktkenntnis)	*Engineering* • Qualitätsvorstellung • Nutzenaspekt • technische Problemsicht • beste Funktion, enge Spezifikationen • Gesamtvergabe • sieht seine Kompetenz ebenfalls darin, neue Verfahren oder Materialien einzuführen (Informationsvorsprung Technik)
Beschaffung • AV ordert Materialien, bevor sie tatsächlich gebraucht werden. • AV gibt Eilbestellungen auf und setzt den Einkauf dadurch unter Druck. Er zahlt zu hohe Preise oder er muß den Vertreter um vorgezogene Lieferzeiten bitten. Diesen Gefallen muß er irgend wann zurückzahlen.	*Arbeitsvorbereitung (AV)* • Zeitpunkt der Auftragserteilung • Liefertermine • Auftragsmenge

[173] Vgl. Köhler 1976, S. 150 ff.

[174] Vgl. Thomas 1984, S. 210.

[175] Vgl. Morris/Freedman 1984, S. 123.

Tabelle 17. Konflikthandhabungsstile nach *Thomas*
(Quelle: Staehle 1990, S. 369)

		Wunsch nach Befriedigung gemeinsamer Interessen		
		niedrig	*mittel*	*hoch*
Wunsch nach Befriedigung eigener Interessen	*hoch*	Wettbewerb (Zwang)		Kooperation (Problemlösung)
	mittel		Kompromiß	
	niedrig	Rückzug (Verzicht)		Anpassung (Nachgeben)

Um Konflikte zu lösen, stehen den Personen verschiedene Möglichkeiten zur Verfügung. Welche dieser Möglichkeiten gewählt wird, hängt davon ab, in welchem Maße der Wunsch nach Befriedigung der eigenen und der gemeinsamen Interessen besteht (vgl. Tabelle 17)[176].

Wettbewerb zwischen den Beteiligten entsteht, wenn der Wunsch nach Befriedigung der eigenen Interessen die gemeinsamen Interessen dominiert. Die eigenen Interessen werden als hoch angesehen, wenn hohe Einsätze auf dem Spiel stehen. Die Beteiligten versuchen, ihre Macht geltend zu machen und den anderen zu zwingen, sich ihren Interessen unterzuordnen.

Personen kooperieren und suchen gemeinsam nach einer Problemlösung, wenn sowohl das eigene als auch das gemeinsame Interesse als hoch angesehen wird. Konflikte werden beigelegt, indem neue Lösungen entwickelt werden, die sowohl den eigenen als auch den gemeinsamen Interessen gerecht werden. Diese Art der Konflikthandhabung sollte das Idealbild verkörpern. Fraglich ist jedoch, ob die Suche nach neuen Lösungen immer dazu beiträgt, beiden Interessenlagen gerecht zu werden.[177]

Besteht ein mittleres Interesse an der Erreichung eigener und gemeinsamer Ziele, so bietet sich der Kompromiß an. Die Beteiligten verzichten auf einen Teil der Zielerreichung sowohl der eigenen als auch der gemeinsamen Ziele. Denkbar ist auch, daß die eine Gruppe von Personen ihre Ziele in diesem Beschaffungsprozeß verwirklichen darf und der anderen Gruppe Unterstützung im nächsten Beschaffungsprozeß zusagt.

Bei geringem Eigeninteresse, d.h. niedrigen Einsätzen, passen sich die Beteiligten an oder verzichten ganz auf ihre eigenen Wünsche. Hier wird der Konflikt im Grunde nicht gelöst, sondern vertagt.

---

[176] Vgl. Staehle 1990, S. 369; vgl. auch Day/Michaels/Perdue 1988, S. 155 nach Büschken 1994, S. 19ff.

[177] Vgl. Büschken 1994, S. 21.

Beispiel:
Beim Kauf von Personal Computern äußern die Anwender den Wunsch nach Farbbildschirmen mit hoher Auflösung. Der Abteilungsleiter stellt sich den Wünschen seiner Mitarbeiter entgegen, da er einen Teil des Budgets für andere Aufgaben verwenden will. Besteht auf seiten der Anwender ein größeres Interesse an der Erfüllung ihrer Wünsche – es handelt sich um die letzte Abteilung, die keine Farbbildschirme hat – und ein schlechtes Verhältnis zum Abteilungsleiter, so werden sie versuchen, ihre Vorstellungen mit Macht durchzusetzen. Beispielsweise deuten sie an, daß sie mit Farbbildschirmen wesentlich schneller arbeiten könnten. Ist demgegenüber das Verhältnis zum Vorgesetzten gut und herrscht ein Gemeinschaftsgeist in der Abteilung, so sind auch die Anwender an der Erreichung anderer Ziele interessiert; es wird gemeinsam nach Problemlösungen gesucht. Vielleicht lassen sich die anderen Ziele auch mit einem geringeren Budget erreichen. Besteht ein mittleres Interesse an der Erreichung der eigenen und der gemeinsamen Ziele, so schließen sie einen Kompromiß: Es werden Farbbildschirme gekauft, aber mit geringerer Auflösung, oder es werden Schwarz-Weiß-Bildschirme mit besonderer Auflösung beschafft. Hierfür stellt der Abteilungsleiter ein größeres Budget zur Verfügung. Haben die Anwender ein geringes Interesse an den Farbbildschirmen, so verzichten sie auf die Erfüllung ihres Wunsches oder schließen sich den Vorstellungen ihres Vorgesetzen an.

Eine empirische Studie zu den Konflikthandhabungsstilen von Einkäufern hat gezeigt, daß die meisten Einkäufer Kompromisse schließen oder in Kooperation nach einer Problemlösung suchen. Welcher Konflikthandhabungsstil bevorzugt wird, hängt jedoch auch von den Personen ab, mit denen ein Konflikt besteht. Steht der Einkäufer in einer Konfliktbeziehung zum Verkäufer eines Anbieterunternehmens oder zu den Nutzern im eigenen Unternehmen, so dominiert der Problemlösungsstil. Gegenüber Top-Managern und Vorgesetzten wird ebenfalls der Problemlösungstil eingesetzt, aber Einkäufer suchen auch häufig nach Kompromissen und versuchen zu einem verhältnismäßig hohen Anteil, Konflikte durch Anpassung zu vermeiden.[178]

1.5.4.2 Macht und Einfluß

Bereits die Diskussion der Rollenkonzepte hat gezeigt, daß verschiedene Rollen unterschiedlich starken Einfluß haben und daß der Einfluß einer Person von großer Bedeutung für die Kaufentscheidung ist. Der wissenschaftliche Begriff, mit dem die Einflußstärke von Personen erfaßt wird, ist der der *Macht*. Macht umfaßt jegliche Form von Einfluß, von sehr schwacher bis zu sehr starker Ausprägung.

Der Begriff der Macht wird in der Literatur nicht einheitlich definiert[179]. Der potentialorientierte Machtbegriff begreift Macht als Fähigkeit, jemanden zu be-

---

[178] Vgl. Day/Michaels/Perdue 1988.

[179] Vgl. Brass/Burckhardt 1993, S. 441 f; zur Unterscheidung von potential- und ergebnisorientiertem Machtbegriff vgl. Kohli/Zaltman 1988, S. 197; Böcker/Hubel 1986, S. 33.

einflussen.[180] Es geht um die Möglichkeit der Machtausübung, nicht um ihre tatsächliche Nutzung. Der ergebnisorientierte Machtbegriff versteht unter Macht das Ergebnis der Beeinflussung, d.h. die Meinungsänderung oder die Verhaltensänderung.[181] Es geht darum, Veränderungen im Verhalten zu erzielen. Andere Autoren halten die Trennung von Potential und Wirkung für unrealistisch.[182] Wir wollen uns dieser Meinung anschließen, und zwar aus folgenden Gründen:

- Bereits die Wahrnehmung eines Machtpotentials kann eine Person zu Verhaltensänderungen veranlassen.

  Beispiel:
  Der Sachbearbeiter im Einkauf weiß, daß sein Vorgesetzter ihm für die Unterschreitung des Budgets eine Gratifikation gewähren kann. Er tut dies nicht in allen Fällen, sondern nur in besonderen Situationen. Die Möglichkeit, belohnt zu werden, läßt den Einkäufer harte Preisverhandlungen führen.

- Die Analyse des Nachfragerverhaltens erfolgt, um die Akquisitionsmaßnahmen planen zu können. Daher ist es sinnvoller, die Möglichkeit Machtausübung zu beleuchten als die tatsächliche Machtausübung.

Unter Macht wollen wir also die Möglichkeit von Personen(-gruppen) verstehen, auf das Verhalten anderer Personen einzuwirken. Macht bedeutet also, Widerstände zu überwinden und eine andere Person zu Verhaltensänderungen bewegen zu können. Im Buying Center kann eine Person ein anderes Buying Center-Mitglied veranlassen, seine Meinung über ein bestimmtes Produkt oder einen Anbieter zu ändern, neue Bewertungskriterien aufzunehmen oder die Spezifikationen zu ändern. Macht ist demnach kein Merkmal einer Person, sondern ein Phänomen, das eine Beziehung zwischen Personen oder Personengruppen beschreibt, d.h. es gibt eine Seite der Beziehung, die die Macht innehat, und eine andere Seite, die der Macht unterworfen ist.[183]

Machtbeziehungen lassen sich durch folgende Merkmale beschreiben[184]:

1. Einfluß wodurch? – Machtgrundlagen: Worauf geht die Macht zurück, derer sich die Personen bedienen?
2. Einfluß worauf? – Machtbereiche: Was können Personen beeinflussen? Auf welche Tatbestände erstreckt sich ihre Macht? Wir setzen uns hier mit dem Machtbereich „Kaufprozeß“ auseinander.

---

[180] Vgl. Dolberg 1934; Dahl 1957; French/Raven 1959; Emerson 1962; Dahl 1968; Cartwright/Zander 1968; Pettigrew 1972; Zelger 1975; Corfman/Lehmann 1984; Böcker/Hubel 1986.

[181] Vgl. Mechanic 1964. Zur Unterscheidung zwischen potential- und ergebnisorientiertem Machtbegriff vgl. Kohli/Zaltman 1988, S. 197. Böcker und Hubel bezeichnen das Ergebnis der Machtausübung als Einfluß (1987, S. 33).

[182] Vgl. Brass/Burkhardt 1993, S. 442 und die dort angegebene Literatur.

[183] Vgl. Emerson 1962, S. 32.

[184] Vgl. Krüger 1980, Sp. 1235.

3. Einfluß wie intensiv? – Machtstärke: Wozu können sie andere Personen veranlassen? Wie stark ist ihr Einfluß?
4. Einfluß durch welche Maßnahmen? – Machtmittel: Welche Maßnahmen ergreift eine Person, um ihre Macht auszuüben?
5. Einfluß auf wen? – Machtausdehnung: Wieviel andere Personen kann jemand beeinflussen?

1.5.4.2.1 Die Quellen der Macht

Macht beruht auf bestimmten Grundlagen, die es einer Person erlauben, Einfluß auszuüben. Die *Machtgrundlage* verkörpert die Quelle der Macht. Die Machtgrundlage, auch als *Machtbasis* bezeichnet, beruht auf dem Zugang zu Ressourcen[185] und wird durch die Art der Beziehung zwischen den Personen bestimmt. Da Ressourcen wie Beziehungen sehr vielfältig sind, können auch die Machtgrundlagen unterschiedlichster Art sein.[186]

Beispiele:
Eine neue EDV-Anlage soll gekauft werden. Der Leiter der EDV-Abteilung und seine Mitarbeiter sind diejenigen im Unternehmen, die sich am besten mit EDV-Anlagen auskennen, da alle EDV-Aktivitäten in dieser Abteilung zentralisiert sind (Ressource: Wissen). Dies verleiht der EDV-Abteilung Macht.

Der Finanzvorstand sperrt sich gegen die Anschaffung eines neuen Geschäftsflugzeuges mit der Begründung, das Investitionsbudget für dieses Jahr sei bereits überschritten (Ressource: Geld). Er übt Macht aus.

Der Marketingmanager führt ein Besuchsberichtssystem in seinem Geschäftsbereich ein, um Ansatzpunkte für effizientere Marketingstrategien zu gewinnen. Er verspricht sich davon eine bessere Kundenbearbeitung und wachsende Umsätze. Die Mitarbeiter des Verkaufsaußendienstes füllen die Formblätter unregelmäßig aus, weil sie sich kontrolliert und nicht unterstützt fühlen (Ressource: Information). Sie üben also Macht gegenüber dem Marketingmanager aus. Dem Verkaufsleiter – einem sehr beliebten und als gerecht angesehenen Vorgesetzten – gelingt es, seine Mitarbeiter von der Nützlichkeit des Besuchsberichtssystems für die Besuchsvorbereitung und Kundeneinschätzung zu überzeugen (Ressource: Anerkennung). Er übt Macht auf seine Mitarbeiter aus.

Diese Beispiele demonstrieren verschiedene Situationen, in denen Macht ausgeübt wird. In jedem Beispiel beruht die Macht jedoch auf einer anderen Grundlage. Folgende wesentlichen Machtgrundlagen können unterschieden werden:[187]

(1) Belohnungsmacht (reward power)

Über Belohnungsmacht verfügt eine Person dann, wenn sie in der Lage ist, anderen Personen Belohnungen zu gewähren oder aber negative Folgen abzuwenden oder zu vermindern.

---

[185] Vgl. Scheer/Stern 1992.

[186] Vgl. French/Raven 1959, S. 155.

[187] Vgl. zum folgenden French/Raven 1959, S. 156 ff.

Beispiel:
Ein Vertriebsleiter verfügt über Belohnungsmacht, wenn er seinen Vertriebsingenieuren bei Auftragserhalt eine Gratifikation zukommen lassen kann. Der Chefingenieur im Buying Center übt Belohnungsmacht aus, wenn er seinen Assistenten erkennen läßt, daß er ihn für einen wertvollen Mitarbeiter hält, und der Assistent sich eine zukünftige Förderung in seinem Beruf verspricht. Während des Kaufprozesses unterstützt er die vom Chefingenieur bevorzugte Problemlösung.

Ob es zu Verhaltensänderungen der beeinflußten Person kommt, hängt in starkem Maße vom Verhalten des Beeinflussers ab. Die Beziehung des Assistenten zu seinem Chefingenieur ist durch Risiko geprägt: Ob der Assistent des Chefingenieurs die Meinung seines Vorgesetzten vertritt, hängt davon ab, ob er glaubt, die versprochene Belohnung zu erhalten. Die Glaubwürdigkeit des Chefingenieurs wird erhöht, wenn er sieht, daß dieser Belohnungen verteilt. Der Assistent schlußfolgert: Wenn er einmal belohnt hat, wird er es auch ein zweites Mal tun. Die Glaubwürdigkeit sinkt, wenn der Assistent erfährt, daß der Chefingenieur zwar Belohnungen verspricht, die Versprechen aber nicht einlöst.[188] Die Verhaltensänderung ist also um so wahrscheinlicher, je wahrscheinlicher die Belohnung ist.

(2) Bestrafungsmacht (coercive power)

Macht durch Bestrafung repräsentiert die Fähigkeit einer Person, einer anderen Person Nachteile zu verschaffen. Diese Nachteile können sowohl im ökonomischen als auch im sozialen Bereich liegen.

Beispiel:
Ein Mitarbeiter der Produktionsabteilung übt Bestrafungsmacht gegenüber dem Einkäufer aus, wenn er androht, mit dem beschafften Gut nicht zu arbeiten und dies für den Einkäufer mit unangenehmen Konsequenzen verbunden ist. Der Verkaufsmitarbeiter, der nicht mit dem Vertriebsinformationssystem arbeitet, übt ebenfalls Bestrafungsmacht aus.

Die Stärke der Bestrafungsmacht hängt ab von dem Ausmaß an Bestrafung und der Wahrscheinlichkeit, daß die Bestrafung tatsächlich vorgenommen wird. Das Ausmaß der Bestrafung ist groß, wenn die Art der Bestrafung von der betreffenden Person als negativ empfunden wird.

Beispiele:
Die Drohung des Abteilungsleiters, den Mitarbeiter nicht für die ihm wichtige Position des Gruppenleiters zu empfehlen, wenn er ihn bei dem anstehenden Projekt nicht entsprechend unterstützt, verliert an Bedeutung, wenn der Mitarbeiter genau weiß, daß sein Vorgesetzter dies nicht wahr machen wird. Die Bestrafung wird als negativ empfunden, aber die Wahrscheinlichkeit ihres Eintretens ist gering. Die Mitarbeiter der Arbeitsvorbereitung stellen den Kollegen zur Rede und drohen ihm an, ihn zu 'schneiden', wenn er sich nochmals für die Anschaffung eines CIM-Systems einsetzt. Die soziale Anerkennung der Gruppe ist ihm wichtig.

---

[188] Vgl. hierzu die Ausführungen zur Informationsverarbeitung des Individuums.

Die Wahrscheinlichkeit, daß seine Kollegen ihn ignorieren werden, wird als groß empfunden, so daß der Mann auf weitere Vorschläge verzichtet.

Belohnungs- und Bestrafungsmacht beruhen auf der Möglichkeit, positive und negative Sanktionen auszuteilen; sie werden daher auch unter dem Begriff *Sanktionsmacht* zusammengefaßt. Diese Zusammenfassung darf aber nicht darüber hinwegtäuschen, daß die Wirkungen von Belohnungsmacht andere sind als die der Bestrafungsmacht. Belohnungsmacht stärkt die Attraktivität der Person, während Bestrafungsmacht sie schwächt, so daß eine Trennung der beiden Machtbasen sinnvoll ist.

(3) Legitimationsmacht (legitimate power)

Legitimationsmacht beruht auf der Vorstellung einer Person *A*, daß eine andere Person *B* das Recht hat, *A* zu beeinflussen und daß *A* verpflichtet ist, sich diesem Einfluß auszusetzen. Die Legitimation kann sich aus einer bestimmten Position ergeben. Sie kann aber auch einfach daraus resultieren, daß *B* in einer anderen Situation *A* geholfen hat und daß *A* sich deshalb verpflichtet fühlt, *A* zu folgen. Legitimationsmacht ist an die Werte von *A* gebunden. Solche Werte können kultureller Art sein, z.B. Alter „die Meinung Älterer wird akzeptiert“, Intelligenz, Schicht oder Geschlecht. Legitimation kann auch auf der sozialen Struktur beruhen. *A* akzeptiert den Einfluß von *B* aufgrund der höheren Hierarchieebene. Das Recht, Macht auszuüben, ist auf einen bestimmten Bereich beschränkt, z.B. besitzt der Einkäufer nur eine Legitimation bezüglich seines Aufgabenbereiches.

Beispiel:
Ein Beispiel ist die Macht, die dem Ehrenvorsitzenden des Aufsichtsrates zuerkannt wird. Sie beruht nicht auf Sanktionsmöglichkeiten, sondern ist auf seine Position im Aufsichtsrat zurückzuführen. Legitimationsmacht besitzt der 60jährige Meister, dessen Meinung seine Kollegen aufgrund seines Alters akzeptieren. Legitimationsmacht macht der Einkäufer geltend, wenn er auf dem aus seiner Aufgabenstellung resultierenden Recht besteht, Lieferanten auszuwählen. Legitimationsmacht übt der Finanzvorstand aus, der das Budget nicht freigibt.

(4) Identifikationsmacht (referent power)

Identifikations- oder Referenzmacht geht darauf zurück, daß eine Person eine andere als Vorbild ansieht und ihr nacheifert. *A* ist attraktiv für *B* und *A* möchte *B* ähnlich werden. Wenn *A* und *B* bereits über eine gute Beziehung verfügen, möchte *A* diese Beziehung erhalten. Das Verhalten von *A* richtet sich am Verhalten von *B* aus; diese Verhaltensausrichtung ist dabei unabhängig von der Reaktion von *B*. *A* ist also nicht auf Anerkennung aus – in diesem Falle handelte es sich um Belohnungsmacht – *A* eifert *B* auch nicht nach, um Mißachtung zu vermeiden – in diesem Falle handelte es sich um Bestrafungsmacht. *A* macht sich die Meinung von *B* auch nicht zu eigen, weil er seine Kompetenz bewundert – in diesem Falle wäre es Expertenmacht, sondern *A* möchte lediglich *B* so weit wie möglich ähneln. Je größer die Attraktivität von *B* für *A* ist, um so größere Macht hat *B* über *A* und auf um so mehr Gebiete erstreckt sich diese Macht.

Beispiel:
Der Vorstandsassistent, der den Vorstand so weit wie möglich nachahmt, weil er selbst gerne so mächtig sein möchte, unterwirft sich der Identifikationsmacht. Referenzmacht übt eine Gruppe von Unternehmen aus, an denen sich ein anderes Unternehmen mit seinem Kaufverhalten orientiert. Referenzmacht kommt auch einer Clique im Unternehmen zu, die für andere als Vorbild gilt. Der Vertriebsleiter, der die Benutzung des Informationssystems bei den Vertriebsmitarbeitern durchsetzt, übt Referenzmacht aus.

(5) Expertenmacht (expert power)

Die Expertenmacht einer Person bezieht sich auf Wissensvorsprünge gegenüber anderen in bestimmten Wissensbereichen. Für das Ausüben von Expertenmacht ist es dabei unerheblich, ob jemand diese Kenntnisse tatsächlich besitzt oder nicht. Entscheidend ist der Glaube der anderen, daß diese Person über Informationsvorsprünge verfügt. Die Kleingruppenforschung hat gezeigt, daß die Kompetenz eines Gruppenmitgliedes seinen Einfluß innerhalb der Gruppe verstärkt. Der Kompetenzeindruck kann sich auf die vorausgegangene Beobachtung seiner Leistungen, auf Mitteilungen glaubwürdiger Dritter oder auf scheinbare Kompetenzmerkmale beziehen.[189]

Beispiele:
Expertenmacht besitzt die Stabsabteilung für Investitionsplanung, deren Wirtschaftlichkeitsrechnungen als Entscheidungsgrundlage benutzt werden. Ein Mitarbeiter der EDV-Abteilung besitzt Expertenmacht bei der Beschaffung von Computern gegenüber anderen Personen, die bisher noch nicht mit Computern gearbeitet haben. Expertenmacht besitzt der Rechtsanwalt, der beim Abschluß eines Kaufvertrages über die Richtigkeit der Klauseln befragt wird.

(6) Informationsmacht

Informationsmacht bezieht sich auf den Zugang eines Individuums zu Informationen oder auf seine Kontrolle über Informationen.[190] Personen mit Informationsmacht besitzen Kenntnis von Informationsquellen, die andere nicht haben. Sie besitzen möglicherweise auch Zugang zu Informationsquellen, die anderen verschlossen sind.

Beispiele:
Der Vertriebsingenieur verfügt über Informationsmacht aufgrund seines Kontaktes zum Kunden. Der Informationsvorsprung ist besonders groß, wenn nur Vertriebsingenieure Zugang zum Kunden haben. Der Einkäufer verfügt über In-

---

[189] Vgl. Schuler 1975, S. 18.

[190] Vgl. Kasulis/Spekman 1980; Kohli 1989, S. 52.

formationsmacht, weil er Zugang zu Marktinformationen hat, der anderen am Kaufprozeß Beteiligten verschlossen ist. Der Vertriebsleiter verfügt über Zugang zu der Datei des Vertriebsinformationssystems, in der die Deckungsbeiträge der einzelnen Produkte abgelegt sind. Dieser Zugang ist den Vertriebsmitarbeitern verschlossen. Ein Vertriebsmitarbeiter ist jedoch mit einem Angestellten aus der Kostenrechnungsabteilung befreundet und verfügt daher ebenfalls über Zugang zu Deckungsbeitragsinformationen. Er kann Informationsmacht gegenüber seinen Kollegen ausüben.

(7) Abteilungsmacht[191]

Manche Abteilungen haben Zugang zu Ressourcen, die für andere Abteilungen nicht verfügbar sind. Die Macht der Abteilung färbt auf die Mitglieder der Abteilung ab, so daß die Meinung einer Person, die der Abteilung angehört, nur kraft dieser Abteilungszugehörigkeit größeres Gewicht erhält. Welche Abteilung Macht ausüben kann, hängt von der jeweiligen Situation ab. Je nach Ressource, zu der die Abteilung Zugang hat, kann die Abteilungsmacht auf verschiedenen Machtbasen beruhen.

Beispiele:
Dem Vertrieb kommt häufig große Macht beim Kampf um Budgets zu, da er aufgrund des direkten Kundenkontaktes die Umsätze besser kontrollieren kann als jede andere Abteilung. Beim Kauf einer EDV-Anlage kommt der EDV-Abteilung große Macht zu, da sie über die benötigten Informationen verfügt. Beim Kauf einer Werkzeugmaschine kommt der Produktion große Macht zu, da sie über Expertenwissen bezüglich des Maschineneinsatzes verfügen.

Neben den Machtbasen, auf die sich die Macht stützt, unterscheidet sich die Macht der Personen auch durch den *Bereich*, in dem Macht ausgeübt werden kann. Welcher Bereich dies ist, unterscheidet sich von Person zu Person und von Situation zu Situation. Auch die verschiedenen Machtbasen gehen mit unterschiedlich großen Machtbereichen einher. Der Machtbereich der Referenzmacht ist dabei am größten. Jeder Versuch, seine Macht in einem anderen Bereich auszüben, zieht einen Verlust der Macht im angestammten Bereich nach sich.[192]

Beispiel:
Der Versuch des EDV-Experten, Expertenmacht in der Produktion geltend zu machen, reduziert das Ansehen seines Expertentums.

Die *Machtstärke* variiert von Person zu Person. Die Macht einer Person wächst mit der Dauer der Beschäftigung im Unternehmen und der daraus resultierenden Schwierigkeit, diese Person zu ersetzen.[193] Für alle Machtbasen läßt sich festhalten, daß die Macht um so größer ist, je stärker die Machtbasis ausgeprägt ist.[194]

---

[191] Vgl. Blau/Alba 1982; Kohli 1989, S. 52.

[192] Vgl. French/Raven 1959, S. 165.

[193] Vgl. Mechanic 1964.

[194] Vgl. French/Raven 1959, S. 1165.

Beispiele:
Je größer die Attraktivität der Vorstandes für den Assistenten, desto größer ist die Referenzmacht des Vorstands. Je größer der Wissensvorsprung der EDV-Experten gegenüber den Anwendern der EDV, desto größer ist die Expertenmacht der EDV-Abteilung.

Die Stärke der Machtbasis ist abhängig von[195]

- den Alternativen, die der unterlegenen Person zur Verfügung stehen,
- dem Wert, den die unterlegene Person der Ressource beimißt, über die die überlegene Person verfügt.

Beispiel:
Der Vertriebsingenieur ist von der Gratifikation seines Vorgesetzten um so abhängiger, je geringer die Alternativen sind, zusätzliches Einkommen zu erhalten und je wichtiger ihm ein zusätzlicher Verdienst ist. Der Einkaufsleiter hat um so mehr Macht, je wichtiger dem neuen Einkäufer seine Anerkennung ist und je weniger Möglichkeiten der Einkäufer hat, Anerkennung für seine beruflichen Fähigkeiten zu erlangen. Die Macht der EDV-Abteilung ist um so größer, je wichtiger ihre Informationen für den Kaufprozeß sind und je weniger andere Informationsquellen zur Verfügung stehen, um an die gleichen Informationen zu gelangen.

Ob eine starke Machtbasis auch zu einer Verhaltensänderung führt, hängt davon ab, ob *A* glaubt, daß *B* seine Macht ausüben wird.

Beispiel:
Je eher der Vertriebsingenieur glaubt bzw. je sicherer er weiß, daß der Vertriebsleiter ihm die Gratifikation zukommen läßt, desto stärker ist die Macht des Vertriebsleiters.

Buying Center-Mitglieder benutzen ihre Macht, um Vorschläge anderer oder ihre eigenen zu unterstützen oder abzulehnen. Tabelle 18 zeigt, wie sich die einzelnen Machtbasen im Kaufprozeß auswirken. Die erste Spalte enthält die verschiedenen Machtbasen. In Spalte zwei sind die Merkmale aufgeführt, die mit den verschiedenen Machtbasen einhergehen. Diese Merkmale bilden zum Teil auch die Voraussetzung, um Macht ausüben zu können. Spalte drei zeigt, auf welche Ressourcen sich die Personen bei der Machtausübung stützen und welche Maßnahmen sie ergreifen, um ihren Einfluß im Kaufprozeß geltend zu machen. Die letzte Spalte zeigt die Motive der Person, auf die Macht ausgeübt wird. Zu bestimmten Machtbasen gehören demnach auch Personen mit bestimmten Motiven.

Im Buying Center bestehen in der Regel wechselseitige Machtbeziehungen, d.h. die Beteiligten können wechselseitig aufeinander Macht ausüben.

Beispiel:
Beim Kauf eines neuen Textverarbeitungssystems verfügt die EDV-Abteilung über Expertenmacht bezüglich der Spezifikationen des Systems. Die Anwender verfü-

[195] Vgl. Bacharach/Lawler 19811, S. 20.

Tabelle 18. Machtbasen im Kaufprozeß
(In Anlehnung an: Patchen 1974, S. 197)

Machtbasis	*Merkmale*	*Ressourcen*	*Maßnahmen im Kaufprozeß*	*Motiv des Unterlegenen*
Belohnungsmacht	bedeutende Position in der Hierarchie	Kontrolle über Belohnungen, z.B. Geld, Unterstützung	macht Vorschläge gekoppelt mit dem Versprechen zu belohnen	wünscht Belohnungen
Bestrafungsmacht	wichtige Position in der Hierarchie	Kontrolle über Bestrafungen, z.B. Entlassung, Entziehen von Anerkennung	gibt Anweisungen gekoppelt mit Bestrafung bei Nicht-Gefolgschaft	möchte Bestrafung vermeiden, aber Selbstwertschätzung erhalten
Legitimationsmacht	besitzt legitimierte Autoritätsposition, durch legitimierte Maßnahmen gesicherte Position	Legitimationssymbole, kulturelle Werte	kündigt Entscheidung an, fragt nach Unterstützung, beurteilt andere Aktionen als richtig oder falsch	möchte moralische Verpflichtungen erfüllen
Referenzmacht	stark, erfolgreich, hat attraktive Merkmale	Attraktivität	zeigt eigene Meinung, Präferenzen	möchte dem Beeinflusser ähnlich sein, will Anerkennung
Expertenmacht	Expertenwissen, spezielle Ausbildung, spezielle Kenntnisse	Wissen, um bestimmte Ziele zu erreichen	untersucht, macht Tests, gibt Informationen an andere	Will den besten Weg finden, um ein Ziel zu erreichen
Informationsmacht	Zugang zu oder Kontrolle über Informationen bzw. Informationsquellen	Zugang zu Informationen oder Informationsquellen	gibt Informationen weiter oder hält sie zurück	will eigene Bedeutung herausstreichen, will eigene Vorstellung durchsetzen
Abteilungsmacht	wird durch bestimmte Entscheidungen beeinflußt	eigene Kooperation	teilt die Präferenzen anderen mit	benötigt hohes Maß an Kooperation

gen über Expertenmacht bezüglich der Anwendungsmerkmale. Die Anwender verfügen aber auch über Sanktionsmacht. Sie können drohen, die Arbeit mit dem Textverarbeitungssystem zu verweigern oder zu sabotieren.

Untersuchungen haben ergeben, daß Expertenmacht und Informationsmacht im Kaufprozeß dominieren[196], gefolgt von der Legitimationsmacht.[197] Bestrafungs-

[196] Vgl. Naumann/Reck 1982; Thomas 1984; Kohli 1989.

[197] Vgl. Naumann/Reck 1982.

und Belohnungsmacht werden nicht oder nur selten eingesetzt[198], ebenso wie Referenzmacht. Die Machtbasen werden von den Buying Center-Mitgliedern in unterschiedlichem Maße genutzt. Einkäufer benutzen in erster Linie Experten-[199] und Informationsmacht[200], in einigen Fällen auch Legitimationsmacht[201]. Referenzmacht können Einkäufer wohl aufgrund ihrer wenig herausragenden Position nicht einsetzen. Bei Bestrafungsmacht wird vermutet, daß Drohungen die Glaubwürdigkeit herabsetzen.[202]

Die Machtbasen haben unterschiedliches Gewicht in den verschiedenen Kaufsituationen. Expertenmacht tritt häufiger in Neukaufsituationen auf als in Wiederkaufsituationen.[203] Auch die dominierenden Abteilungen variieren je nach Kaufphase und Kaufsituation. Bei der Lieferantenauswahl dominiert der Einkauf, während bei der Produktauswahl der Konstruktionsabteilung größere Bedeutung zukommt.[204] Bei autonomer Leistungserstellung dominiert ebenfalls der Einkauf, während bei integrativer Leistungserstellung die Produktion mehr Einfluß gewinnt.[205] Dieses Verhältnis kann auch für Verbrauchsgüter im Vergleich zu Anlagegütern bestätigt werden.[206]

Eine Person kann sich auf nur eine Machtbasis stützen oder verschiedene Machtbasen benutzen. Untersuchungen haben gezeigt, daß nur Expertenmacht allein eingesetzt wird, während die anderen Machtbasen miteinander kombiniert werden.[207] Je mehr Machtbasen eingesetzt werden, desto mehr paßt sich die Bewertung einer Alternative der Bewertung des Beeinflussers an. Dabei kommt es jedoch auch darauf an, eine solche Machtbasis zu wählen, die der motivationalen Basis des Beeinflußten entspricht. Eine Untersuchung des Kaufes eines wissenschaftlich-technischen Informationssystems hat herausgestellt, daß Legitimationsmacht bei Bibliothekaren den größten Einfluß hatte, während Referenzmacht sowie die Kombinationen von Referenzmacht mit Expertenmacht oder Legitimationsmacht Wissenschaftler besonders stark beeinflußten.[208]

---

[198] Bestrafungsmacht konnte für große Buying Center bestätigt werden. Vgl. Kohli 1989.

[199] Vgl. Patchen 1974; Naumann/Reck 1982.

[200] Vgl. Spekman 1979.

[201] Der Einsatz von Legitimationsmacht wird nur in der Untersuchung von *Naumann/Reck* (1982) bestätigt, nicht jedoch von *Patchen* (1974) und *Spekman* (1979).

[202] Vgl. Spekman 1979.

[203] Vgl. Naumann/Reck 1982; McQuiston 1989.

[204] Vgl. Cooley/Jackson/Ostrom 1978. Nicht bestätigt wurde jedoch der Zusammenhang zwischen Einflußstärke und Kaufsituation. Es wird also bei Neukaufsituationen nicht mehr Macht aus geübt als in Wiederkaufsituationen. Vgl. Bellizzi/McVey 1983, S. 59.

[205] Vgl. Cooley/Jackson/Ostrom 1978. Nicht bestätigt wurde der Einfluß der Kaufsituation bei *Jackson/Keith/Burdick* (1984), jedoch waren Unterschiede nach Produkttypen zu beobachten.

[206] Vgl. Specht 1985.

[207] Vgl. Spekman 1979.

[208] Vgl. Thomas 1982.

Macht und die Ausübung bestimmter Rollen sind eng miteinander verknüpft. Bestimmte Rollen kann eine Person nur übernehmen, wenn sie über entsprechend starke Macht verfügt. Die Rolle des Deciders ist ein gutes Beispiel dafür, denn Decider in einem Kaufprozeß kann eine Person kraft ihrer Statusmacht werden, Decider kann eine Person aber auch aufgrund ihrer Sanktionsmacht oder ihrer Informationsmacht werden; wichtig ist jedoch, daß ihre Machtstärke ausreicht, um letztendlich die Kaufentscheidung zu bestimmen.

1.5.4.2.2 Taktiken der Einflußnahme

Personen zeigen unterschiedliches Verhalten, um auf andere Personen Einfluß auszuüben. Bestimmte Verhaltensweisen sind mit der Art der Machtbasis verbunden. So ist beispielsweise das Androhen von Bestrafungen mit Bestrafungsmacht verknüpft, das Zurückhalten von Informationen mit Informationsmacht und das Versprechen von Vergünstigungen mit Belohnungsmacht. Manche Arten der Einflußnahme können jedoch auch mit unterschiedlichen Machtbasen verbunden werden. Bei Interviews mit verschiedenen Einkäufern hat *Strauss* folgende Strategien herausgefunden, die Einkäufer einsetzen, um andere Abteilungen zu beeinflussen:[209]

- Orientierung an Regeln: Der Einkäufer weist auf die in seiner Stellenbeschreibung fixierten Aufgaben und Befugnisse hin. Dem Versuch eines Produktionsmitarbeiters, Kontakt zu Lieferanten aufzunehmen, begegnet er mit dem Hinweis darauf, daß alle Kontakte lediglich über ihn zu laufen hätten. Bei Konflikten appelliert der Einkäufer an einen Vorgesetzten und ruft diesen zur Schlichtung an. Diese Art der Einflußnahme eignet sich bei Legitimationsmacht, aber auch bei Bestrafungs- und Belohnungsmacht.
- Umgehen von Regeln: Diese Strategie ist durch passiven Widerstand und das Aufstellen von Fallen gekennzeichnet.

  Beispiel:
  Ein Ingenieur tritt für die Beschaffung eines neuartigen Produktes ein und bittet den Einkäufer, dieses zu bestellen. Der Einkäufer hält das Produkt für völlig ungeeignet und bringt dies dem Ingenieur gegenüber schriftlich zum Ausdruck. Er weiß, daß der Ingenieur dies nicht lesen wird. Das Produkt wird verspätet geliefert und erweist sich zudem als völlig ungeeignet. Der Ingenieur hat Kompetenz verloren, der Einkäufer an Ansehen gewonnen. Diese Strategie harmoniert mit Expertenmacht und Informationsmacht.

- Ausnutzen persönlicher Beziehungen: Es werden freundschaftliche Beziehungen zu anderen Abteilungen gepflegt, Gefallen werden erwiesen und erbeten. Diese Art der Einflußnahme harmoniert sowohl mit Belohnungsmacht als auch mit Referenzmacht oder Abteilungsmacht.

[209] Vgl. Strauss 1962, S. 166 ff.

- Erzieherische Maßnahmen: Die Einfluß ausübende Person nutzt ihre Informationsvorsprünge, um eine andere Person von einem bestimmten Produkt zu überzeugen. Sie gewährt Anerkennung, indem sie die Fähigkeiten eines anderen besonders hervorhebt. Diese Art der Einflußnahme paßt zu allen Machtbasen.

Die unterlegene Person ist der Einfluß ausübenden Person jedoch nicht hilflos ausgeliefert. Sie kann ebenfalls verschiedene Taktiken anwenden, um sich dem Einfluß zu entziehen oder Gegenmacht aufzubauen. *Emerson* unterscheidet die folgenden Möglichkeiten:[210]

- den Ressourcen geringere Bedeutung beimessen. *A* kann sich der Macht von *B* entziehen, wenn er die Ressourcen, über die *B* verfügt, als weniger wichtig einstuft und sich dadurch unabhängig von diesen Ressourcen macht.

  Beispiel:
  Der Vorgesetzte verspricht seinem Mitarbeiter, sich für seinen Aufstieg einzusetzen und verlangt hierfür eine Gegenleistung. Der Mitarbeiter stuft die Gewährung dieser Unterstützung als geringer als bisher ein und sagt sich, daß er mit seiner Karriere auch ohne die Unterstützung Erfolg haben wird. Der EDV-Experte versucht den Anwender, von einer anderen Lösung als der von ihm präferierten zu überzeugen. Der Anwender entzieht sich der Expertenmacht, indem er die Informationen als geringer einschätzt als bisher und seine eigene Meinung höher gewichtet. „Warum soll der EDV-Experte besser wissen, was ich brauche, als ich?"

- Erschließung anderer Quellen der Ressourcen. Wenn *B* nicht mehr der einzige Lieferant ist, verliert er an Macht. *A* wird weniger abhängig von der Erlangung dieser Ressourcen, da ihm andere Möglichkeiten offenstehen.

  Beispiel:
  Der Mitarbeiter versucht, die Unterstützung des Vorgesetzten seines Abteilungsleiters zu erreichen. Der EDV-Anwender kauft sich eine Computerzeitschrift, die einen Test der zur Diskussion stehenden Modelle enthält.

- Zusammenschluß mit anderen gegen die Macht des Dritten.

  Beispiel:
  Der EDV-Anwender schließt sich mit anderen, ebenso wenig kundigen Anwendern zusammen, und testet das Fachwissen des EDV-Experten. Gemeinsam entdecken sie, daß der EDV-Experte nicht alle Fragen beantworten kann; er verliert einen Teil seiner Expertenmacht.

Bisher haben wir Macht und Einfluß in einer zweiseitigen Beziehung zwischen zwei Personen betrachtet. Die Darstellung verschiedener Taktiken zeigt jedoch, daß bei der Ausübung von Macht meist nicht nur eine Person beteiligt ist, sondern daß häufig mehrere Personen benötigt werden, um Macht auszuüben oder sich der Macht zu entziehen. Das Verhalten der Personen im Buying Center wird

[210] Vgl. Emerson 1962, S. 36 ff.

nicht nur durch ihre persönlichen Merkmale (Funktion, Hierarchieebene), ihre Rollen und Beziehungen zu einer anderen Person bestimmt, sondern sie sind in vielfältige Beziehungen eingebunden. Dies macht die Ausweitung der dyadischen Betrachtungsweise notwendig.

1.5.5 Das Buying Center als Buying Network

Der Netzwerkansatz geht davon aus, daß das Verhalten einer Person nicht nur durch sie selbst, sondern vor allem durch ihre Beziehungen zu anderen Personen bestimmt wird. Die Personen und ihre Beziehungen werden als Netzwerk bezeichnet.[211] Das *Buying Network* wird demnach durch alle Personen gebildet, die am Kaufprozeß beteiligt sind, sowie durch die zwischen ihnen bestehenden Beziehungen.[212] Die Beziehungen zwischen den Personen können unterschiedlicher Art sein, so daß sich unterschiedliche Netzwerke unterscheiden lassen. Die Netzwerktheorie differenziert zwischen instrumentellen und expressiven oder primären Netzwerken.[213] *Instrumentelle Netzwerke* sind durch Beziehungen gekennzeichnet, die im Rahmen der Arbeit entstehen und den Austausch arbeitsbezogener Ressourcen beinhalten, z.B. Unterstützung oder Einfluß. *Expressive oder primäre Netzwerke* enthalten Beziehungen privaterer Art wie Rat und Freundschaft.[214] Manche dieser Beziehungen mögen der Organisationsstruktur entsprechen, andere nicht. Die meisten Beziehungen überspringen jedoch Hierarchieebenen und Abteilungen.[215] Für Kaufentscheidungen sind beide Arten von Beziehungen von Bedeutung.

Die dominierende Netzwerkbeziehung zwischen den Personen innerhalb des Buying Networks ist die Kommunikationsbeziehung. Konflikte werden im Rahmen der Kommunikationsbeziehungen ausgetragen. Einfluß wird über Kommunikationsbeziehungen zwischen den Buying Center Mitgliedern ausgeübt:[216] So haben Personen, die am meisten zur Diskussion beitragen, den größten Einfluß auf die Entscheidung.[217] Informationen, die während einer Diskussion vermittelt werden, haben einen größeren Einfluß auf die Einstellung als das passive Lesen derselben Argumente.[218] Das Buying Network stellt damit in allererster Linie ein

---

[211] Vgl. Mitchell 1969, S. 2; Boissevain 1974, S. 25.

[212] Vgl. Bristor/Ryan 1987, S. 256; Klöter/Stuckstette 1994, S. 138.

[213] Vgl. Fombrun 1982; Ibarra 1993, S. 481.

[214] Vgl. Bristor 1993, S. 68.

[215] Vgl. Bristor 1993, S. 68.

[216] Vgl. Calder 1977; Johnston/Bonoma 1981; Thomas 1982; Thomas 1984; Ronchetto/Hutt/Reingen 1989; McQuiston 1989.

[217] Vgl. Patton/Griffin 1973; Krapfel 1982.

[218] Vgl. Bishop/Myers 1974; Krapfel 1982.

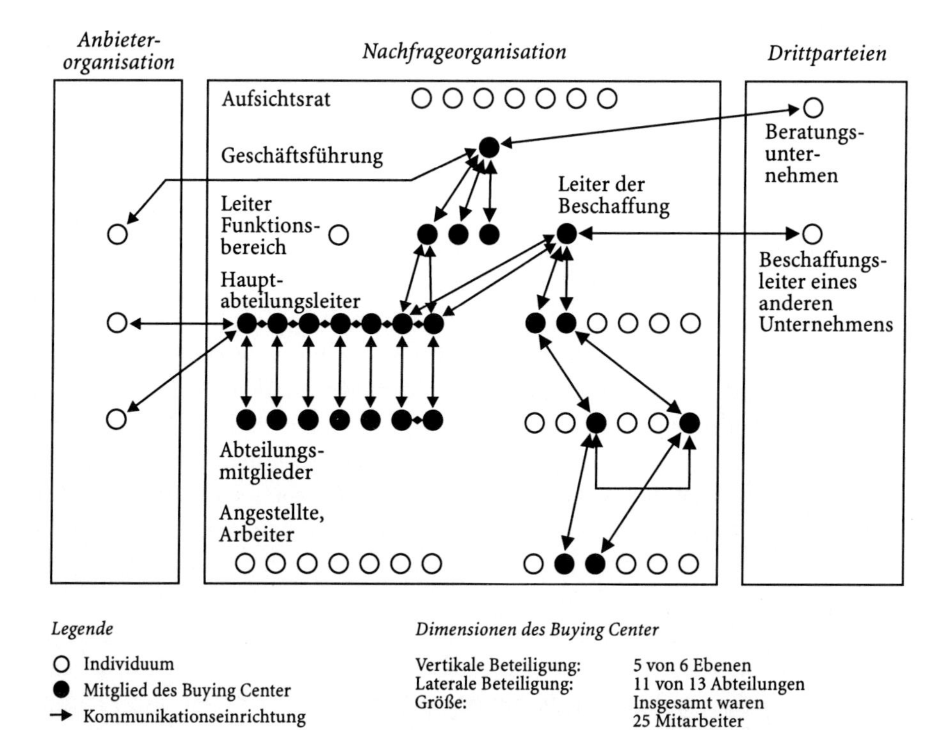

Abb. 14. Kommunikationsbeziehungen im Buying Network (Quelle: Johnston/Bonoma 1981, S. 256)

Kommunikationsnetzwerk dar.[219] Abbildung 14 zeigt ein Beispiel eines Buying Networks.

Von den Kommunikationsinhalten wollen wir uns im folgenden vor allem mit der Bewältigung von Konflikten und der Ausübung von Einfluß beschäftigen.

1.5.5.1 Positionen im Netzwerk

Die Position einer Person innerhalb des Netzwerkes ist Ausdruck ihres Verhaltens gegenüber anderen Personen. Sie ermöglicht es einer Person, mehr oder weniger Einfluß auszuüben. Abbildung 15 zeigt verschiedene Positionen im Kommunikationsnetzwerk.[220]

---

[219] Vgl. Johnston/Bonoma 1981.

[220] Vgl. Rogers/Agarwala-Rogers 1976, S. 132 ff.; Klöter/Stuckstette 1994, S. 142.

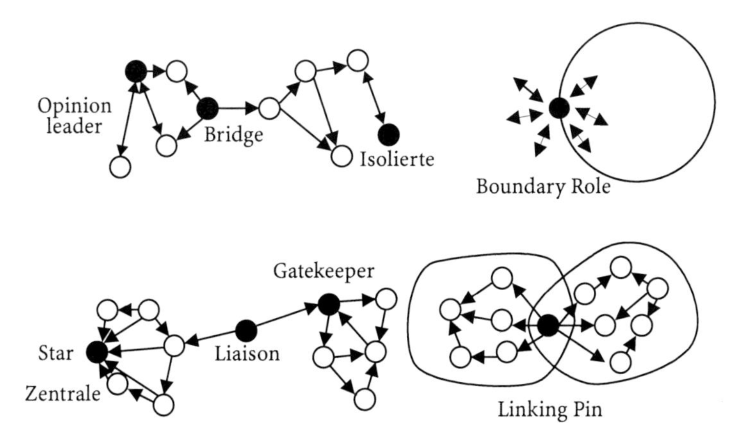

Abb. 15. Positionen im Netzwerk

Die Position der *Isolierten* nehmen Personen wahr, die höchstens mit einer anderen Person verbunden sind und keinerlei Kommunikationsbeziehungen zu weiteren Personen des Netzwerkes unterhalten (vgl. Abb. 15).

Als *'liaison'* werden solche Positionen bezeichnet, die zwei oder mehrere Cliquen miteinander verbinden, ohne jedoch Mitglied der beiden Cliquen zu sein (vgl. Abb. 15). 'Liaisons' stellen gewissermaßen ein Nadelöhr dar, durch das Informationen weitergegeben werden müssen, sollen Informationen von einer Clique in die andere gelangen. Nimmt die 'liaison' ihre verbindende Funktion nicht mehr wahr, so zerfallen die Cliquen in zwei Gruppen, zwischen denen keinerlei Kontakt mehr besteht.[221] Cliquen können in diesem Sinne beispielsweise verschiedene Abteilungen eines Unternehmens sein. Dann verbindet die 'liaison' zwei Abteilungen miteinander, die ohne diese Person keine Verbindung zueinander hätten. Als Cliquen können aber auch informelle Gruppen im Unternehmen bezeichnet werden oder Gruppen von Usern.

Die Position der *'bridge'* nimmt eine Person wahr, die Mitglied einer Clique ist und kommunikative Beziehungen zu einem Mitglied einer anderen Clique unterhält, so daß sie die beiden Cliquen miteinander verbindet (vgl. Abb. 15). Bridges werden im Rahmen des Organizational Behavior Ansatzes als *'Linking pins'* bezeichnet.[222] 'Linking pins' sind Personen, die Mitglied in zwei einander hierarchisch übergeordneten Arbeitsgruppen sind, so daß eine Überlappung der Gruppen entsteht. 'Linking pins' können jedoch auch zwischen gleichgeordneten Gruppen bestehen.[223] 'Linking pins' finden sich nicht nur innerhalb einer Orga-

[221] Vgl. Rogers/Agarwala-Rogers, 1976, S. 137 f.

[222] Vgl. Likert 1961, 1967.

[223] Vgl. Wind/Robertson, 1982, S. 169.

nisation, sondern bezeichnen auch Personen, die eine Verbindung der Organisation zu ihrer Umwelt oder anderen Organisationen herstellen, z.B. eine Person, die gleichzeitig Geschäftsführer von zwei verschiedenen Unternehmen ist, oder ein Handelsvertreter, der verschiedene Unternehmen vertritt.

'Boundary Roles' stellen die Verbindung des Unternehmens zur Außenwelt her (vgl. Abb. 15). Sie sind dadurch gekennzeichnet, daß sie (1) psychologische, organisationale und häufig auch physische Distanz zu anderen Organisationsmitgliedern aufweisen, aber eine enge Beziehung zur Außenwelt des Unternehmens und zu Mitgliedern anderer Organisationen besitzen, (2) Repräsentanten ihres Unternehmens gegenüber der Außenwelt darstellen und (3) aus Sicht des Unternehmens, dem sie angehören, die Umwelt des Unternehmens beeinflussen.[224] Boundary Roles werden im Buying Network insbesondere von Einkäufern wahrgenommen.[225] 'Boundary Roles' werden auch als *'Cosmopolites'* bezeichnet.[226]

Die Position von *Zentralen* oder *'Stars'* ist dadurch gekennzeichnet, daß sie mit einer Vielzahl von Personen direkt verbunden sind (vgl. Abb. 15). Sie nehmen eine zentrale Stellung im Kommunikationsnetzwerk ein, da sie in direktem Kontakt mit einer Vielzahl von Personen stehen.

Die Positionen der Personen im Netzwerk sind in unterschiedlichem Maße geeignet, Macht und Einfluß auszuüben, um so die Kaufentscheidung in ihrem Sinne zu beeinflussen. Je nach ihrer Position im Netzwerk verfügen die Personen über mehr oder weniger Einfluß.

Personen mit der Position der Boundary Role sind beispielsweise in besonderem Maße geeignet, Gatekeeper zu sein. Die Rolle des *'Gatekeepers'* geht auf Untersuchungen Kurt *Lewins* zurück, der sich während des Zweiten Weltkrieges mit der Frage beschäftigte, ob sich die Aufforderung, die Eßgewohnheiten während der Kriegszeit zu ändern, an die Bevölkerung insgesamt oder an ausgewählte Personen richten sollte, und Hausfrauen als 'Gatekeeper' gegenüber ihren Familien identifizierte. *Lewin* zufolge ist ein 'Gatekeeper' eine Person, die eine strategisch wichtige Position innerhalb eines wie auch immer gearteten Kanals besetzt.[227] Innerhalb eines Kommunikationsnetzwerkes wird von einem 'Gatekeeper' dann gesprochen, wenn eine Person innerhalb des Kommunikationskanals so positioniert ist, daß sie den Informationsfluß kontrollieren und filtern kann. Ihre Aufgabe besteht darin, unwichtige Informationen zurückzuhalten und nur wichtige Informationen weiterzuleiten, um diejenige Person, der gegenüber sie die 'Gatekeeper'-Rolle wahrnimmt, vor Informationsüberlastung zu schützen.[228] Beispiele für 'Gatekeeper'-Rollen innerhalb eines Unternehmens sind die

224 Vgl. Adams 1975.

225 Vgl. Spekman/Ford 1977, S. 396.

226 Vgl. Rogers/Agarwala-Rogers 1976, S. 139.

227 Vgl. Lewin 1958, S. 459 ff.

228 Vgl. Rogers/Agarwala-Rogers, 1976, S. 134.

Sekretärin oder der Vorstandsassistent. 'Gatekeeper' können ihre Position natürlich auch nutzen, um Informationen im eigenen Interesse zurückzuhalten oder zu verändern.

Ebenfalls eine Schaltzentrale des Informationsflusses bildet der *'Opinion leader'* oder *Meinungsführer.* Meinungsführer wurden im Rahmen einer Untersuchung des Wählerverhaltens bei der amerikanischen Präsidentschaftswahl im Jahre 1940 erstmals identifiziert.[229] Meinungsführer sind dadurch gekennzeichnet, daß sie von anderen häufig um Rat gefragt werden.[230] Sie verfügen in den Augen anderer über besondere Kompetenz auf bestimmten Gebieten,[231] sind aufgeschlossen und umgänglich und verfügen über eine Vielzahl von Kontakten auch zu Personen außerhalb der Gruppe,[232] informieren sich häufiger und nutzen mehr Informationsquellen als andere,[233] sind am Meinungsgegenstand häufig interessierter als andere Mitglieder der Gruppe,[234] identifizieren sich intensiver mit den Inhalten der Informationsquelle[235] und weichen seltener als andere von den Gruppennormen ab, scheinen jedoch innovativer zu sein als andere Personen.[236]

Das Gatekeeperkonzept *Lewins* weist eine starke Ähnlichkeit zum Meinungsführerkonzept auf. Beide sitzen an wichtigen Punkten im Kommunikationsnetzwerk und haben Verbindungen zu Informationsquellen, die ihnen einen Informationsvorsprung vor anderen ermöglichen.[237]

'Opinion leader' und 'Gatekeeper' unterscheiden sich jedoch durch die Art der Einflußnahme voneinander. Die Links, die sie zu anderen Personen knüpfen, haben unterschiedliche Inhalte. Während der 'Gatekeeper' lediglich die Informationsweitergabe kontrolliert und steuert (die Beziehung besteht aus Informationen), wird der 'Opinion leader' um Rat gefragt. Er kontrolliert und steuert Meinungen, d.h. Informationsbewertungen, nicht die Informationen selbst. Informationen wie „Der Werkzeugwechsel bei Maschine *Z* benötigt nur fünf Minuten" sind typische Inhalte für den 'Gatekeeper'. „Kurze Wechselzeiten sind besser als eine große Vielfalt verschiedener Werkzeuge" ist eine typische Information des Opinion leaders.

Die Personen können ihre Positionen im Netzwerk benutzen, um Einfluß auf die Kaufentscheidung auszuüben. Bestimmte Positionen sind hierfür besser ge-

---

229 Lazarsfeld/Berelson/Gaudet 1948.

230 Cox 1967; Arndt 1967; Lancaster/White 1976.

231 Vgl. Rogers 1962, S. 237.

232 Vgl. Katz/Lazarsfeld 1955, S. 176, S. 313 ff.

233 Vgl. Katz/Lazarsfeld 1955, S. 176, S. 310 ff.; Martilla 1971, S. 176.

234 Vgl. Katz/Lazarsfeld, 1955, S. 325 ff.

235 Vgl. Martilla 1971, S. 176.

236 Vgl. Rogers/Cartona 1962.

237 Vgl. Katz/Lazarsfeld 1955, S. 118.

eignet als andere. Die Art und Stärke der Einflußnahme erfolgt über die Art der Ressourcen, die die Personen innerhalb des Netzwerkes kontrollieren. Zwei Typen von Ressourcen, die auch häufig in Kombination vorkommen, können unterschieden werden:[238]

1. Ressourcen, die eine Person direkt kontrolliert, wie Spezialwissen oder Geld ('first order resources') und
2. Ressourcen, die eine Person indirekt kontrolliert ('second order resources'); sie bestehen aus strategischen Kontakten zu Personen, die First-Order-Ressourcen kontrollieren.

First-Order-Ressourcen entsprechen den Machtbasen, die wir oben vorgestellt haben. Second-Order-Ressourcen bestehen aus den Beziehungen, die Personen zu Inhabern von First-Order-Ressourcen (= Patrone) besitzen. Sie erklären sich aus ihrer Position im Netzwerk. Am mächtigsten sind demnach Personen, die sowohl über First-Order-Ressourcen verfügen als auch Zugang zu Second-Order-Ressourcen besitzen. Für die Position im Netzwerk folgt daraus, daß Personen mit folgenden Merkmalen besonderen Einfluß ausüben können:

- Grad der Multiplexität: Multiplexität bezieht sich auf die Vielfalt der Beziehungen, die eine Person zu einer anderen unterhält. Hat die Beziehung nur einen Inhalt, z.B. nur Informationsaustausch im Rahmen der Zusammenarbeit, so handelt es sich um eine uniplexe Beziehung. Gehören neben dem Informationsaustausch auch Freundschaft und Konflikt zu der Beziehung, handelt es sich um eine multiplexe Beziehung. Multiplexe Beziehungen werden als stabiler angesehen als uniplexe.[239] Je vielfältiger die Beziehungen sind, desto wahrscheinlicher ist es, daß einer der Beziehungsinhalte Zugang zu den Ressourcen ermöglicht.
- Zentralitätsgrad: Der Zentralitätsgrad bezeichnet das Ausmaß, in dem eine Person mit anderen Personen innerhalb des Buying Networks verbunden ist. Dabei kann es sich sowohl um direkte als auch um indirekte Verbindungen handeln. Je mehr Verbindungen eine Person zu allen anderen innerhalb des Netzwerkes besitzt, als desto zentraler kann sie angesehen werden.[240] Die Zentralität einer Person ermöglicht ihr einerseits den Zugang zu Personen mit First- und Second-Order-Ressourcen. Andererseits ermöglicht sie es, Einfluß auf möglichst viele Personen auszuüben.[241]

---

[238] Vgl. Boissevain 1974, S. 147 ff.

[239] Vgl. Boissevain 1974, S. 60; Kapferer 1969, S. 226; Mitchell 1969.

[240] Vgl. Boissevain 1974, S. 41; Johnston/Bonoma 1981, S. 254; Ronchetto/Hutt/Reingen 1989, S. 53.

[241] Vgl. Spekman 1979, S. 106; Brass 1984; Ronchetto/Hutt/Reingen 1989; Ibarra 1993.

1.5.5.2 Strategien der Einflußnahme: Networking

Drei verschiedene Strategien der Einflußnahme innerhalb des Netzwerkes lassen sich unterscheiden: Gatekeeping, 'Advocacy behavior' und Koalitionenbildung. Welche dieser Strategien gewählt wird, hängt ab von der Informationsverteilung im Buying Network, den Machtbasen, über die die Person verfügt und ihrer Position innerhalb des Buying Networks.

1.5.5.2.1 'Gatekeeping'

'Gatekeeper' halten Positionen inne, die es ihnen ermöglichen, den Informationsfluß zu steuern und zu kontrollieren. Sie haben Zugang zur Ressource „Information". Im Kaufprozeß können sie insbesondere deshalb Macht ausüben, weil sie über spezifische Informationen über das Produkt, das Unternehmen und die Anbieter verfügen. Ihre Macht ist um so größer, je kritischer diese Ressource für den Erfolg der Kaufentscheidung ist.[242] Dies ist dann der Fall, wenn es sich um eine exklusive Information handelt[243] oder wenn die Situation durch Komplexität und Unsicherheit gekennzeichnet ist[244]. 'Gatekeeping' äußert sich, indem anderen Personen, z.B. Lieferanten, der Zugang zu Personen innerhalb des Buying Networks erschwert oder verweigert wird;[245] Informationen werden verfälscht oder selektiert. 'Gatekeeping' wird ermöglicht, indem die Personen Kontakt zu Anbietern suchen, um solche exklusiven Informationen zu erhalten und indem sie den Informationsfluß zu anderen Mitgliedern im Buying Network kontrollieren.[246]

'Gatekeeping' ist insbesondere dann eine erfolgreiche Strategie, wenn andere Machtquellen, wie Belohnungsmacht, Bestrafungsmacht und Legitimationsmacht fehlen. Da diese Machtquellen meist an Personen höherer hierarchischer Ebenen gekoppelt sind, wird die Strategie des 'Gatekeeping' eher von Personen niedrigerer Hierarchieebenen benutzt.[247]

'Gatekeeping' ist eine erfolgreiche Art der Einflußnahme für 'Boundary Role' Positionen.[248] Aufgrund ihrer Position an der Unternehmensgrenze haben sie Zugang zu Informationsquellen, die anderen verschlossen bleiben. Beispielsweise können sie besondere Beziehungen zu Vertriebsmitarbeitern der Lieferanten benutzen, um an exklusive Informationen zu gelangen. 'Gatekeeping' ist aber auch eine Taktik für 'Liaisons'[249], da sie der einzige Kontakt sind, der verschiedene

[242] Vgl. Pfeffer 1981.

[243] Vgl. Mechanic 1964; Pettigrew 1972.

[244] Vgl. Spekman 1979; Spekman/Stern 1979.

[245] Vgl. Pettigrew 1975.

[246] Vgl. Bristor 1993, S. 69; vgl. auch Bonoma 1982; Pettigrew 1972; Webster/Wind 1972.

[247] Vgl. Mechanic 1964.

[248] Vgl. Spekman 1979; Kapferer 1982.

[249] Vgl. Kapferer 1982.

Gruppen miteinander verbindet. *Granovetter* spricht in diesem Zusammenhang von der Stärke der schwachen Verbindungen ('strength of weak ties').[250] 'Gatekeeping' ist auch erfolgreich für solche Positionen im Netzwerk, die durch einseitige Beziehungen mit anderen Personen im Netzwerk gekennzeichnet sind. Der Informationsfluß läuft aus einer Richtung beim 'Gatekeeper' zusammen und wird von seiner Position aus weiter verteilt.

1.5.5.2.2 'Advocacy behavior'

'Advocacy behavior' beruht auf Beziehungen, die eine Person mit anderen in einem Netzwerk aufgebaut hat. Die Beziehung wird benutzt, um Unterstützung zu gewinnen, Kooperation zu erzeugen und die eigenen Ziele zu erreichen. 'Advocacy behavior' ist dadurch gekennzeichnet, daß sich eine Person zum Fürsprecher einer Alternative erklärt, andere Fürsprecher sucht und eine Lobby bildet, um beispielsweise einen bestimmten Lieferanten oder eine bestimmte Problemlösung zu fördern. Die Beziehung, die benutzt wird, um eine solche Verbindung aufzubauen, kann vielfältige Inhalte haben und auf Freundschaft, persönlichem Respekt, fachlicher Bewunderung oder formaler hierarchischer Über- und Unterordnung bestehen. 'Advocacy behavior' ist also mit verschiedenen Machtquellen denkbar.

'Advocacy behavior' wird vor allem eingesetzt, um in Konfliktsituationen Personen zur eigenen Meinung zu bekehren. 'Advocacy'-Aktivitäten erfordern Zeit und Energie, sie setzen den Goodwill anderer voraus, so daß bei einfachen Entscheidungen diese Strategie selten eingesetzt wird.[251]

Um Personen als Fürsprecher zu gewinnen, ist es notwendig, sie von der Überlegenheit der präferierten Lösung zu überzeugen und sie gegen die nicht präferierten Alternativen einzunehmen. Hierfür ist es erforderlich, über Informationen zu verfügen, die anderen Personen nicht zugänglich sind. Daher ist diese Art der Einflußnahme häufig mit 'Gatekeeper'-Positionen und 'Boundary Roles' verbunden.[252]

Personen, die als Fürsprecher einer Alternative auftreten, legen sich öffentlich fest. Sie sind dadurch weniger anfällig für Meinungswechsel, denn sie müssen zu ihrer einmal gefaßten Meinung stehen, um nicht unglaubwürdig zu werden. 'Advocacy behavior' ist damit eine risikoreichere Strategie als beispielsweise 'Gatekeeping'. Sie ist häufig mit einem bestimmten Führungsverhalten verbunden und beruht auf Legitimationsmacht oder auf Expertenmacht.[253]

---

[250] Vgl. Granovetter 1973; 1982.

[251] Vgl. Strauss 1962.

[252] Vgl. Bristor 1993.

[253] Vgl. Krapfel 1982, S. 149.

1.5.5.2.3 Bildung von Koalitionen

Koalitionen sind temporäre Allianzen zwischen Personen, die normalerweise unterschiedliche Ziele verfolgen.[254] Die Koalition wird geschlossen, um Zugang zu Ressourcen zu erlangen, die eine Person allein nicht erreichen könnte, um dadurch ihre Macht zu stärken oder überhaupt erst Einfluß zu gewinnen oder um Konflikte zu lösen.[255]

> **Beispiel:**
> Beim Kauf eines Personal Computers schließen sich die Anwender zusammen, um Informationen auszutauschen und eine gemeinsame Strategie festzulegen.

Koalitionen handeln als Einheit.[256] Ihr Erfolg wird bestimmt durch die Einbindung in das Kommunikationsnetzwerk und durch die Kommunikationsbeziehungen innerhalb der Koalition. Koalitionen werden eher gebildet, wenn eine zweiseitige Kommunikationsbeziehung zwischen den Personen innerhalb des Buying Networks vorliegt. Die Beziehungen innerhalb der Koalition sind enger, wenn zwischen den Koalitionsmitgliedern ein dichtes Kommunikationsnetzwerk besteht. Koalitionsmitglieder werden seltener aus der Koalition ausgestoßen, wenn sie über gute Beziehungen zu anderen Mitgliedern außerhalb der Koalition verfügen.[257] Diese Beziehungen können sie benutzen, um die Interessen der Koalition geltend zu machen und weitere Koalitionsmitglieder zu gewinnen. Daher sind Koalitionen mit vielfältigen Kommunikationsbeziehungen erfolgreicher.[258]

Der Erfolg einer Koalition ist neben ihren Kommunikationsbeziehungen vom Ressourcenbesitz abhängig.[259] Je mehr Ressourcen eine Koalition besitzt, desto erfolgreicher kann sie ihre Interessen vertreten und desto mehr Macht kann sie ausüben. Da Koalitionen häufig von Schwächeren gegen Stärkere gebildet werden,[260] ist dies von besonderer Bedeutung. Personen, die Zugang zu vielen verschiedenen Funktionsbereichen und Hierarchieebenen haben, sind als Mitglieder einer Koalition besonders begehrt. Darüber hinaus ist Ausmaß, in dem jede Person innerhalb eines Netzwerkes mit anderen Personen verbunden ist, von Bedeutung.[261] Ein dichtes Netz von Verbindungen erleichtert die Weitergabe von Informationen und Meinungen[262] und sorgt häufig dafür, daß sich andere Personen der Koalition anschließen.

---

[254] Vgl. Boissevain 1974, S. 170; Morris/Freedman 1984, S. 123.

[255] Vgl. Boissevain 1974, S. 192; Anderson/Chambers 1985; Stevenson/Pearce/Porter 1985, S. 261.

[256] Vgl. Emerson 1962, S. 37; Bacharach/Lawler 1981, S. 45.

[257] Vgl. Morris/Freedman 1984, S. 127.

[258] Vgl. Pool 1976.

[259] Vgl. Morris/Freedman 1984, S. 126.

[260] Vgl. Morris/Freedman 1984, S. 127.

[261] Vgl. Bristor 1988, S. 565; Brass/Burckhardt 1993.

[262] Vgl. Kotter 1985.

Koalitionen sind häufig zeitlich gebunden,[263] d.h. sie lösen sich auf, wenn das angestrebte Ziel erreicht wurde oder eine Erreichung aussichtslos erscheint. Aus einer einmal gebildeten Koalition können jedoch weitere Koalitionen zwischen den gleichen Mitgliedern resultieren. Auch wenn das erklärte Ziel einer Koalition zunächst darin besteht, die Kaufentscheidung zu beeinflussen, können Koalitionen längerfristig auch die Einstellungen und die Verhaltensweisen der Organisationsmitglieder beeinflussen, die Formierung anderer Koalitionen unterstützen oder behindern, die Verteilung von Ressourcen bestimmen, Kontrollsysteme etablieren oder Koalitionsaktivitäten in die Aktivitäten des Unternehmens integrieren.[264]

1.5.6 Gruppenentscheidungen

Die bisherige Betrachtung war den Beziehungen zwischen den Buying Center-Mitgliedern gewidmet. Die Entscheidung für einen bestimmten Anbieter oder eine bestimmte Problemlösung läßt sich jedoch nicht ausreichend erklären, wenn nur die Beziehungen innerhalb des Buying Centers oder des Buying Netzwerkes betrachtet werden. Erforderlich ist es, das Zusammenwirken der Personen in einem Prozeß zu verstehen, um das Zustandekommen der letztlich getroffenen Kaufentscheidung erklären zu können.

Kaufentscheidungsprozesse sind - wie oben dargestellt - häufig durch sachbezogene Konflikte zwischen den beteiligten Personen gekennzeichnet. Diese Konflikte lassen sich auf die Aufgabenverteilung, die unterschiedlichen Zielvorstellungen und die daraus resultierenden Präferenzen zurückführen. Die beteiligten Personen setzen unterschiedliche Strategien ein, um die Konflikte zu handhaben. Diese Strategien reichen von der Konfliktvermeidung bis zur konstruktiven Suche nach neuen Problemlösungen. Um Konfliktsituationen aufzulösen, setzen Personen auch Macht ein. Dabei verfügen sie über unterschiedliche Machtgrundlagen, die sie auf verschiedene Weise zum Ausdruck bringen. Eine Gruppenentscheidung wird also häufig nicht in Harmonie und Übereinstimmung getroffen, sondern erst, nachdem Konflikte bewältigt wurden. Die Kaufentscheidung, d.h. das Ergebnis dieser Prozesse, ist damit Ausdruck der Präferenzen derjenigen Personen, die durch entsprechenden Einfluß die Kaufentscheidung dominieren konnten. Diesen Zusammenhang versuchen *Corfman/Lehmann* in ihrem Modell zu verdeutlichen.[265] Abbildung 16 zeigt eine vereinfachte Darstellung dieses Modells.

---

[263] Vgl. Boissevain 1974, S. 170; Morris/Freedman 1984, S. 123.

[264] Vgl. Bristor 1988, S. 566; vgl. auch Stevenson/Pearce/Porter 1985, S. 266.

[265] Vgl. Corfman/Lehmann 1984; Büschken 1994, S. 50 f.

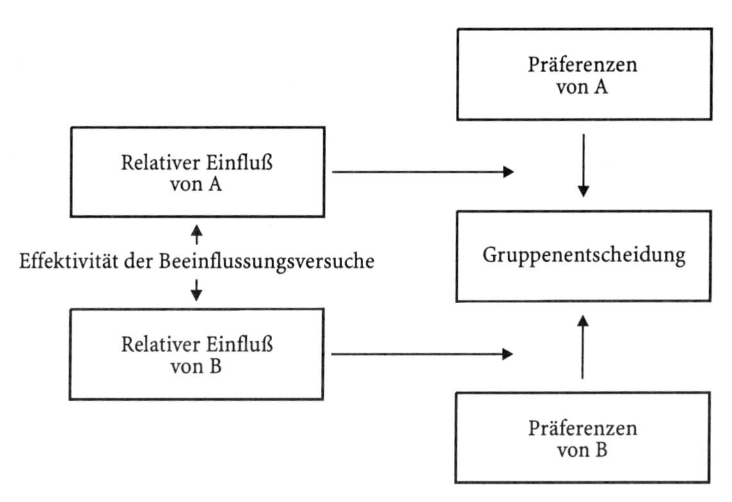

Abb. 16. Gruppenentscheidungsmodell nach *Corfman* und *Lehmann* (vereinfachte Darstellung) (Quelle: Büschken 1994, S. 51)

Die vereinfachte Darstellung geht davon aus, daß das Buying Center aus den beiden Personen *A* und *B* besteht. Die Gruppenentscheidung der beiden wird durch die Präferenzen von *A* und die Präferenzen von *B* beeinflußt. Besitzen beide dieselben Präferenzen, wird eine Entscheidung in Harmonie getroffen. Wie oben jedoch bereits festgestellt wurde, stellt dies wohl eher den Ausnahmefall dar. So gehen auch *Corfman/Lehmann* von einer Konfliktsituation zwischen *A* und *B* aus. Zu einer Gruppenentscheidung gelangen die beiden Personen, indem sowohl *A* als auch *B* ihren jeweiligen Einfluß geltend macht. Die Effektivität der Beeinflussungsversuche gibt darüber Auskunft, wessen Präferenzen sich in der gemeinsamen Entscheidung durchsetzen.

Welche Personen ihre Präferenzen in welchem Maße zur Geltung bringen, kann von Kaufsituation zu Kaufsituation variieren. Selbst wenn die Zusammensetzung des Buying Centers gleich ist, kann die Unterschiedlichkeit der zu treffenden Entscheidung zu einer anderen Konstellation der Einflußbeziehungen führen. Damit können folgende drei Determinanten der Gruppenentscheidung formuliert werden:

- Präferenzen der Buying Center-Mitglieder,
- Einflußstruktur im Buying Center,
- Situation der Kaufentscheidung.

(1) Präferenzen

Präferenzen sind das Ergebnis von Bewertungsvorgängen, wie sie bei der Betrachtung des individuellen Informationsverhaltens geschildert wurden:[266] Das Buying Center-Mitglied sucht nach Informationen über mögliche Problemlösungen. Aufgrund der selektiven Wahrnehmung stellt die Person ihr individuelles Set grundsätzlich geeigneter Problemlösungen zusammen. Diese Lösungen bewertet es vor dem Hintergrund seiner subjektiven Wertvorstellungen, indem es einfache oder komplexe Beurteilungsmodelle anwendet. Das Ergebnis sind Präferenzen für eine bestimmte Alternative.

(2) Einflußstruktur

Die Einflußstruktur im Buying Center ergibt sich aus den Machtbeziehungen im Buying Network. Gegenstand der Einflußnahme eines Buying Center-Mitgliedes können zum einen die individuellen Präferenzen der jeweils beeinflußten Person sein, z.B. Wertschätzung der Alternative B, zum anderen kann sich die Einflußnahme auf das Verhalten richten, z.B. Unterstützung der Alternative *A*. Je nach Gegenstand der Einflußnahme können drei Ergebnisse der Einflußnahme unterschieden werden:[267]

- Einwilligung,
- Identifikation.
- Internalisierung.

Eine Person, die in eine Entscheidung *einwilligt*, ändert ihr Verhalten, ohne daß durch diese Verhaltensänderung jedoch ihre Präferenzen berührt würden. Die Zustimmung zu der Alternative wird gegeben, weil die betreffende Person auf Belohnungen hofft oder glaubt, Bestrafungen zu entgehen. Sozialer Druck oder erhoffte positive soziale Effekte führen zur Einwilligung. Die Einwilligung ist daher mit der Motivation verbunden, sozial erwünschtes Verhalten zu zeigen. Die Einflußnahme stützt sich auf Bestrafungs- und Belohnungsmacht.

> **Beispiel:**
> Der Produktionsmitarbeiter stimmt mit seinem Produktionsleiter für den Mehrspindeldrehautomaten der Firma X, obwohl er persönlich lieber den Mehrspindeldrehautomaten der Firma Y gehabt hätte. Er erhofft sich die Anerkennung seines Vorgesetzten. Ein anderer Produktionsmitarbeiter entscheidet sich für die von seinen Kollegen präferierte Alternative, obwohl er persönlich eine andere Alternative vorzieht. Er fürchtet die Mißbilligung seiner Arbeitskollegen, sollte er sich für die andere Alternative aussprechen.

---

[266] Vgl. Abschnitt 1.4.

[267] Vgl. Kelman 1961 zitiert nach Büschken 1994, S. 62 f.

Bei der *Identifikation* geht die Verhaltensänderung auch mit einer Präferenzänderung einher. Ursache hierfür ist die gewünschte Identifikation mit der Einfluß ausübenden Person. Nur das Verhalten zu ändern, schafft einen zu großen Abstand zu der bewunderten Person. Um sich mit ihr zu identifizieren, müssen auch die Wertvorstellungen geteilt werden. Verhaltensanpassung im Sinne von Identifikation ist dann zu erwarten, wenn die beeinflußte Person nach einer Verankerung im Netzwerk sucht. Die ausgeübte Machtgrundlage ist Identifikationsmacht.

Beispiel:
Der Vorstandsassistent identifiziert sich mit den Wertvorstellungen und dem Verhalten des Vorstandes, dem er so ähnlich wie möglich sein möchte.

Auch bei der *Internalisierung* werden Verhalten und Wertvorstellungen gleichzeitig geändert. Allerdings ist dies nicht auf den Wunsch nach Identifikation zurückzuführen, sondern die Anpassung richtet sich auf die Erreichung eigener Zielvorstellungen. Präferenz- und Verhaltensänderung sind hier Mittel zum Zweck. Als Motivation zur Verhaltensanpassung kann die Übereinstimmung mit dem Werte- und Zielsystem der beeinflussenden Person festgestellt werden. Eine besonders geeignete Machtgrundlage ist die Legitimationsmacht und die Expertenmacht.

Beispiel:
Beim Kauf eines CAD-Systems orientiert sich die technische Zeichnerin, die bisher nur wenig Erfahrungen mit CAD gesammelt hat, an ihrer älteren Kollegin, die über eine mehrjährige CAD-Erfahrung verfügt. Sie übernimmt die Werthaltungen und die Verhaltensweisen dieser Kollegin.

(3) Kaufsituation

Als Kaufsituationen wurden oben die Neukaufsituation, der modifizierte und der reine Wiederholungskauf definiert.[268] Um die Unterschiede deutlicher herausarbeiten zu können, sollen hier nur der Neukauf und der reine Wiederholungskauf betrachtet werden.

Neukaufsituationen sind durch ihre Neuartigkeit und den hohen Informationsbedarf gekennzeichnet. Dies impliziert, daß weder die Zahl noch die Art der einzubeziehenden Alternativen feststeht und auch noch keine Einstimmigkeit über die Kaufkriterien oder die Bewertung der Alternativen herrscht. Die Präferenzen der Buying-Center-Mitglieder können sich im Verlauf des Kaufprozesses ändern; sie stehen also noch nicht fest. In dieser Situation kann ein Buying Center-Mitglied dann als einflußreich angesehen werden, wenn es ihm gelingt, die Präferenzen anderer Buying Center-Mitglieder an seine Präferenzen anzupassen.[269]

---

[268] Vgl. Abschnitt 1.3.1.

[269] Vgl. Büschken 1994, S. 130.

Reine Wiederkaufsituationen sind dadurch gekennzeichnet, daß eine nahezu identische Problemlösung gekauft wird. Daher kann davon ausgegangen werden, daß die Präferenzen der Buying Center-Mitglieder sich kaum verändern lassen.[270]

Aufgrund dieser Unterschiede bezüglich einer möglichen Veränderung der Präferenzen sind die beiden Kaufsituationen mit unterschiedlichen Formen der Einflußnahme verknüpft. Die Neukaufsituation ist durch nicht feststehende und damit relativ leicht zu verändernde Präferenzen der Buying Center-Mitglieder gekennzeichnet. Identifikation und Internalisierung sind hier eher zu erwarten als Einwilligung. Neukaufsituationen sind durch hohe Unsicherheit, d.h. durch ein hohes wahrgenommenes Risiko der Buying Center-Mitglieder gekennzeichnet. Sowohl Identifikation als auch Internalisierung bieten hier Möglichkeiten der Risikoreduktion. Bei der Identifikation orientiert sich das unsichere Buying Center-Mitglied an den Wertvorstellungen und Verhaltensweisen des stärkeren, machtausübenden Buying Center-Mitglieds. Bei der Internalisierung werden die Werthaltungen aneinander angeglichen. Verhaltenskonformität in Form der Einwilligung beruht auf der Ausübung von Bestrafungs- und Belohnungsmacht. Diese stärker auf Zwang beruhenden Formen der Machtausübung passen gut zu den verfestigteren Präferenzen der reinen Wiederkaufsituation. Abbildung 17 faßt diese Verbindungen zusammen.

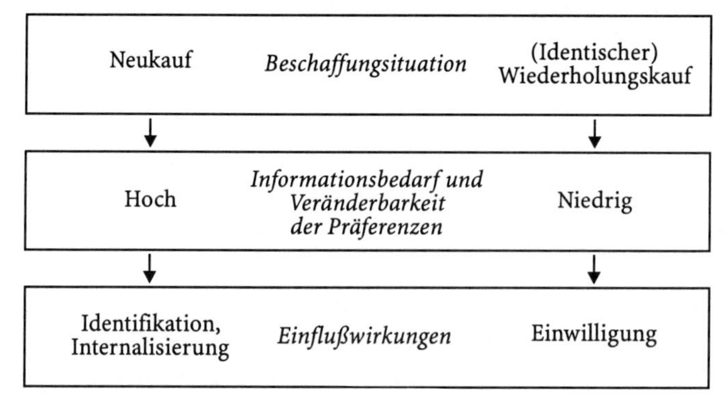

Abb. 17. Situationsspezifisches Einflußmodell nach *Büschken* (Quelle: Büschken 1994, S. 131)

[270] Vgl. Büschken 1994, S. 130.

Tabelle 19. Schritte zur Analyse des Buying Networks

Schritte zur Analyse der Buying Networks
1. Feststellen, wer an der Kaufentscheidung beteiligt ist • Name • Funktion • hierarchische Position • Rolle nach dem Webster / Wind - Modell • Rolle nach dem Promotorenmodell
2. Analyse der Kommunikationsstruktur - Erstellen eines Netzwerkes • Art der Kommunikationsbeziehungen - einseitig/zweiseitig • Bestimmung der Positionen: Isolierte, Liaison, Bridge, Star / Zentrale, Boundary Role, Gatekeeper, Opinion leader
3. Analyse der Konflikte zwischen Personen oder Gruppen im Netzwerk
4. Analyse von Macht und Einfluß der Personen im Netzwerk • Machtbasen • Position im Netzwerk • Individuelle Taktiken und Strategien der Einflußnahme im Netzwerk
5. Versuch der Prognose der Kaufentscheidung (Gruppenentscheidungsprozeß)

1.5.7 Zusammenfassung: Schritte zur Analyse des Buying Networks

Wir haben das Zustandekommen von Gruppenentscheidungen und das Verhalten der beteiligten Personen in diesem Prozeß durch Betrachtung der folgenden drei Analyseebene zu erklären versucht:

- Merkmale der Person,
- Merkmale der Beziehung zwischen zwei Personen oder Gruppen und
- Merkmale der Beziehungen innerhalb des Netzwerkes zwischen verschiedenen Personen.

Tabelle 19 faßt die Konzepte und Erkenntnisse in der Reihenfolge zusammen, in der sie angewendet werden sollten.

1.6 Zusammenfassung

Der Kaufprozeß kann gekennzeichnet werden als multipersonaler Problemlösungsprozeß. Die dominierenden Aktivitäten des Nachfragers sind dabei Informationsbeschaffungs- und Informationsbewertungsaktivitäten. Die Informationsaktivitäten beziehen sich auf die Leistungsdimensionen Leistungsergebnis, Leistungsprozeß und Leistungspotential sowie die Leistungsmerkmale Such-, Erfahrungs- und Vertrauenseigenschaften.

Die Bedeutung der Informationsbeschaffung und -bewertung hat ihre Ursache in der exogenen und endogenen Unsicherheit, die das Kaufverhalten kennzeichnen. Informationsasymmetrien zwischen Anbieter und Nachfrager führen zu Verhaltensunsicherheit. Drei Typen der Verhaltensunsicherheit können unterschieden werden: erstens 'hidden characteristics' oder Qualitätsunsicherheit, die zu 'adverse selection' führen kann, zweitens 'hidden intention', das 'Hold up'-Situationen erzeugen kann und drittens 'hidden action', das sich in 'moral hazard' niederschlägt. Der Nachfrager kann verschiedene Maßnahmen ergreifen, um sich vor opportunistischem Verhalten des Anbieters zu schützen. Dies sind bei Qualitätsunsicherheit Screeningprozesse, mit denen er 'hidden characteristics' aufzudecken sucht. Bei 'hidden intention' handelt es sich um Garantieforderungen und bei 'hidden action' um die Gestaltung von Anreizsystemen. Darüber hinaus kann der Nachfrager Ausschau halten nach Anbietern, die Vertrauen schaffen, indem sie Signale setzen, die den Verzicht auf opportunistisches Verhalten andeuten. Im Falle von Qualitätsunsicherheit ist dies Signaling, im Falle von 'hidden intention' sind dies Garantien und Pfänder, wie es beispielsweise die Reputation des Anbieters darstellt. Unter der Verhaltensunsicherheit von 'hidden action' erweisen sich Selbstwahlschemata als geeignet, mit denen der Anbieter zeigt, daß er auf verborgene Handlungen verzichten wird, z.B. erfolgsabhängige Entlohnungsformen.

Die verschiedenen Formen der Verhaltensunsicherheit treten bei unterschiedlichen Typen von Transaktionen in unterschiedlichem Maße auf. Nach der Art des Leistungsergebnisses und der Art des Leistungserstellungsprozesses können Leistungen danach klassifiziert werden, ob es sich um ein materielles oder immaterielles Ergebnis handelt und ob der Leistungserstellungsprozeß autonomen oder integrativen Charakter hat. Unterschiedliche Transaktionstypen führen auch zu unterschiedlichen Ausprägung der Leistungsdimensionen (Leistungsergebnis, Leistungsprozeß, Leistungspotential), die dann durch jeweils andere Kombinationen von Such-, Erfahrungs- und Vertrauenseigenschaften charakterisiert werden können.

Eine Möglichkeit der Unsicherheitsreduktion und der Bewertung des Anbieters und seiner Leistungen besteht in der Beschaffung von Informationen. Beim Informationsverhalten des Individuums werden die Beschaffung von Informationen (Welche Informationsbedarfe werden unter welchen Suchanstrengungen aus welcher Informationsquelle gedeckt?) sowie die Bewertung der Informationen und die Verknüpfung zu einem Qualitätsurteil betrachtet. Zur Verdichtung und Verarbeitung der erhaltenen Informationen wendet das Individuum einfache und komplexe Beurteilungsmuster an.

Der Beschaffungsprozeß ist durch Risiko gekennzeichnet. Die auftretenden Risiken sind meist nicht von einer Person zu bewältigen, sondern werden von mehreren Personen getragen. Die Formierung eines Buying Centers und die Nutzung der Kontakte im Buying Network sind jedoch nicht nur zur Risikobewältigung erforderlich, sondern auch, weil aufgrund der Arbeitsteilung die Informationen im Unternehmen verstreut sind. Zur Analyse und zum Verständnis des Verhaltens der Personen im Buying Center bzw. Network werden Personen, ihre dyadischen Beziehungen und ihre Netzwerkbeziehungen betrachtet. Zusätzlich zu dieser strukturellen Betrachtungsweise werden Verhaltensweisen analysiert. Personen werden zunächst nach ihrer Funktion und ihrer hierarchischen Position eingestuft. Die jeweilige Rolle kann nach dem Rollenkonzept von *Webster* und *Wind* oder nach dem Promotorenmodell von *Witte* festgestellt werden. Die dyadischen Beziehungen der Personen lassen sich in Konfliktbeziehungen und in Macht- und Einflußbeziehungen sowie -verhaltensweisen unterteilen. Die Ausweitung der dyadischen Betrachtung auf das Netzwerk erlaubt es, mehr als zwei Personen zu analysieren. Hierbei sind insbesondere die Positionen der beteiligten Personen innerhalb des Netzwerkes von Interesse, da sie unterschiedliche Formen der Einflußausübung erlauben.

Kaufentscheidungen sind aufgrund der Multipersonalität des Buying Centers meist Gruppenentscheidungen. Die Mitglieder der Gruppe vertreten dabei meist nicht dieselbe Meinung, sondern folgen unterschiedlichen individuellen Präferenzen für die verschiedenen Problemlösungen. Die daraus resultierenden Konflikte werden zumeist durch Ausübung von Macht und Einfluß bewältigt. Personen versuchen, die jeweiligen Präferenzen anderer ihren eigenen Präferenzen anzupassen, um so eine Gruppenentscheidung zu erreichen, die ihre Präferenzen so gut wie möglich beinhaltet. Die Art der Machtausübung kann sich in unterschiedlichen Formen von Verhaltenskonformität bei den Beeinflußten niederschlagen. Unterschieden werden Einwilligung, Identifikation und Internalisierung. Welche Form der Verhaltensanpassung die Beeinflußten wählen, hängt von der Art der Machtgrundlage und der Art der Kaufsituation ab. Gruppenentscheidungen sind demnach kaufsituationsspezifische Präferenzkonflikte, die durch das Einsetzen von Macht bewältigt werden.

Kaufverhalten wurde als Bewältigung von Unsicherheit und Informationsdefiziten charakterisiert. Das Verhalten wurde auf der Unternehmensebene, der Individualebene und der Gruppen- bzw. Netzwerkebene erklärt.

Literaturverzeichnis

Abratt, R. [1986]: Industrial Buying in High-Tech Markets; in: Industrial Marketing Management, Vol. 15 (1986), S. 293–298.

Adams, J. S. [1975]: The Structure and Dynamcis of Behavior in Organizational Boundary Roles; in: Dunnette, M. (Hrsg.): Handbook of Industrial and Organizational Psychology, Chicago 1975, S. 1175–1199.

Adler, J. [1994]: Informationsökonomische Fundierung von Austauschprozessen im Marketing; in: Weiber, R. (Hrsg.): Arbeitspapier zur Marketingtheorie Nr. 3, Trier 1994.

Alchian, A. A. / Woodward, S. [1988]: The Firm is Dead. Long Live the Firm. A Review of O. E. Williamson's „The Economic Institutions of Capitalism"; in: Journal of Economic Literature, Vol. 26 (1988), March, S. 65–79.

Anderson, E. / Chu, W. / Weitz, B. [1987]: Industrial Purchasing: An Empirical Exploration of the Buyclass Framework; in: Journal of Marketing, Vol. 51 (1987), No. 3, S. 71–86.

Anderson, P. F. / Chambers, T. C. [1985]: A Reward / Measurement Model of Organizational Buying Behavior; in: Journal of Marketing, Vol. 49 (1985), No. 2, S. 7–23.

Arndt, J. [1967]: Word-of-Mouth Advertising and Information Communication; in: Cox, D. F. (Hrsg.): Risk Taking and Information Handling in Consumer Behavior, Boston 1967.

Arrow, K. J. [1980]: Wo Organisation endet, Wiesbaden 1980.

Arrow, K. J. [1985]: The Economics of Agency; in: Pratt, J. / Zeckhauser, R. (Hrsg.): Principals and Agents: The Structure of Business, Boston, 1985, S. 37–51.

Arrow, K. J. [1986]: Agency and the Market; in: Arrow, K. J. / Intriligator, M. D. (Hrsg.): Handbook of Mathematical Economics, Vol. III, Kap. 23, Amsterdam 1986, S. 1183–1195.

Bacharach, S. B. / Lawler, E. J. [1980]: Power and Politics in Organizations; San Francisco 1980.

Backhaus, K. [1992]: Investitionsgütermarketing; 3. Aufl., München 1992.

Baker, M. J. / Parkinson, S. T. [1977]: Information Source Preference in the Industrial Adoption Decision; in: Greenberg, B. A. / Bellinger, D. N. (Hrsg.): Contemporary Marketing Thought; Chicago 1977.

Bauer, R. A. [1960]: Consumer Behavior as Risk Taking; in: Handcock, R. S. (Hrsg.): Dynamic Marketing for a Changing World; Chicago 1960, S. 389–398.

Bellizzi, J. A. [1981]: Organizational Size and Buying Influences; in: Industrial Marketing Management, Vol. 10 (1981), S. 17–21.

Bellizzi, J. A. / McVey, Ph. [1983]: How Valid is the Buygrid Model?; in: Industrial Marketing Management, Vol. 12 (1983), S. 57–62.

Bettman, J. R. [1979]: An Information Processing Theory of Consumer Choice; Rading, MA 1979.

Bitzer, B. [1990]: Innovationshemmnisse im Unternehmen; Wiesbaden 1990.

Blau, J. R. / Alba, R. D. [1982]: Empowering Nets of Participation; in: Administrative Science Quarterly, Vol. 27 (1982), Sept., S. 363–379.

Böcker, F. / Hubel, W. [1986]: Individual's Influence within Multi Person Decision Units; in: Backhaus, K. / Wilson, D. T. (Hrsg.): Industrial Marketing - A German-American Perspective; Berlin u.a. 1986.

Boissevain, J. [1974]: Friends of Friends, Manipulators and Coalitions; Oxford 1974.

Bonoma, Th. V. [1984]: Auf der Suche nach dem wirklichen Käufer; in: HARVARDmanager, 6. Jg., Nr. 1, 1984, S. 80–88.

Boulding, W. / Kirmani, A. [1993]: A Consumer-Side Experimental Examination of Signaling Theory: Do Consumers Perceive Warranties as Signals of Quality?; in: Journal of Consumer Research, Vol. 20 (1993), June, S. 111–123.

Brass, D. [1984]: Being in the Right Place: A Structural Analysis of Individual Influence in an Organization; in: Administrative Science Quarterly, Vol. 29 (1984), March, S. 518–539.

Brass, D. J. / Burkhardt, M. E. [1993]: Potential Power and Power Use: An Investigation of Structure and Behavior; in: Academy of Management Journal, Vol. 36 (1993), S. 441–470.

Bristor, J. M. [1988]: Coalitions in Organisational Purchasing: An Application of Network Analysis; in: Houston, W. M. J. (Hrsg.): Advances in Consumer Research; Provo, UT 1988.

Bristor, J. M. [1993]: Influence Strategies in Organizational Buying: The Importance of Connections to the Right People in the Right Places; in: Journal of Business-to-Business Marketing, Vol. 1 (1993), No. 1, S. 63–98.

Bristor, J. M. / Ryan, M. J. [1987]: The Buying Center is Dead: Long Live the Buying Center; in: Walldendorf, M. / Anderson, P. F. (Hrsg.): Advances in Consumer Research XIV; Provo, UT 1987, S. 300–304.

Brose, P. / Corsten, H. [1981]: Anwendungsorientierte Weiterentwicklung des Promotorenansatzes; in: Die Unternehmung (1981), S. 89–104.

Brüne, G. [1990]: Beschaffung Neuer Technologien - Entscheidereinstellungen und Marktstrukturen; in: Kleinaltenkamp, M. / Schubert, K. (Hrsg.): Entscheidungsverhalten bei der Beschaffung Neuer Technologien, Berlin 1990, S. 109–125.

Büschken, J. [1994]: Multipersonale Kaufentscheidungen - Empirische Analyse zur Operationalisierung von Einflußbeziehungen im Buying Center; Wiesbaden 1994.

Bunn, M. D. [1993]: Information Search in Industrial Purchase Decisions; in: Journal of Business-to-Business Marketing, Vol. 1 (1993), No. 2, S. 67–102.

Calder, B. J. [1977]: Structural Role Analysis of Organizational Buying: A Preliminary Investigation; in: Woodside, A. G. / Sheth, J .N. / Bennett, P. D. (Hrsg.): Consumer and Industrial Buying Behavior; New York u.a. 1977, S. 193–199.

Cartwright, D. / Zander, A. [1968]: Group Dynamics - Research and Theory; 3. Aufl., New York 1968.

Chakrabarti, A. K. / Feinman, S. / Fuentevilla, W. [1982]: Targeting Technical Information to Organizational Positions; in: Industrial Marketing Mangement, Vol. 11 (1982), S. 195–203.

Cooley, J. R. / Jackson, D. W. Jr. / Ostrom, L. L. [1978]: Relative Power in Industrial Buying Decisions; in: Journal of Purchasing and Materials Management, Vol. 14 (1978), Spring, S. 18-20.

Cooper, M. B. / Dröge, C. / Daugherty, P. J. [1991]: How Buyers and Operations Personnel Evaluate Service; in: Industrial Marketing Management, Vol. 20 (1991), S. 81–85.

Corfman, K. P. / Lehmann, D. R. [1984]: Models of Cooperative Group Decision-Making and Relative Influence; in: Journal of Consumer Research, Vol. 14 (1984), No. 1, S. 1-13.

Cox, D. F. [1967]: Risk Handling in Consumer Behavior - An Intensive Study of Two Cases; in: Cox, D. F. (Hrsg.): Risk Taking and Information Handling in Consumer Behavior, Boston 1967, S. 34–81.

Crow, L. E. / Lindquist, J. D. [1985]: Impact of Organizational and Buyer Characteristics on the Buying Center; in: Industrial Marketing Management, Vol. 14 (1985), S. 49–58.

Cunningham, M. T. / White, J. G. [1973/74]: The Determinants of Choice of Supplier - A Study of Purchase Behaviour for Capital Goods; in: European Journal of Marketing, Vol. 7 (1973/74), S. 189–202.

Cunningham, S. M. [1967a]: Perceived Risk in Information Communications; in: Cox, D. F. (Hrsg.): Risk Taking and Information Handling in Consumer Behavior; Boston 1967.

Cunningham, S. M. [1967b]: The Major Dimensions of Perceived Risk; in: Cox, D. F. (Hrsg.): Risk Taking and Information Handling in Consumer Behavior; Boston 1967, S. 82–108.

Dahl, R. A. [1957]: The Concept of Power; in: Behavioral Science, Vol. 2 (1957), S. 201–215.

Dahl, R. A. [1958]: Power; in: Sills, D. L. (Hrsg.): International Encyclopedia of the Social Sciences, Vol. 112 (1958), New York 1958, S. 405–414.

Dawes, Ph. L. / Dowling, G. R. / Patterson, P. G. [1993]: Determinants of Pre-Purchase Information Search Effort for Management Consulting Services; in: Journal of Business-to-Business Marketing, Vol. 1 (1993), No. 1, S. 31–61.

Day, R. L. / Michaels, R. E. / Perdue, B. C. [1988]: How Buyers Handle Conflicts; in: Industrial Marketing Management, Vol. 17 (1988), S. 153–167.

Dempsey, W. A. [1978]: Vendor Selection and the Buying Process; in: Industrial Marketing Mangement, Vol. 7 (1978), S. 257–267.

Deutsch, M. / Krauss, R. M. [1965]: Theories in Social Psychology; New York 1965.

Dolberg, R. [1934]: Theorie der Macht; Wien 1934.

Dowst, S. [1987]: CEO Report – Wanted: Suppliers Adept at Turning Corners; in: Purchasing, Vol. 101 (1987), Jan 29, S. 71–72.

Doyle, P. / Woodside, A. G. / Michell, P. [1979]: Organizations Buying in New Task and Rebuy Situations; in: Industrial Marketing Management, Vol. 8 (1979), S. 7–11.

Emerson, R. M. [1962]: Power Dependance Relations; in: American Sociological Review, Vol. 27 (1962), S. 31–41.

Engelhardt, W. H. / Kleinaltenkamp, M. / Reckenfelderbäumer, M. [1992]: Dienstleistungen als Absatzobjekt; Arbeitsbericht Nr. 52 des Instituts für Unternehmungsführung und Unternehmensforschung an der Ruhr-Universität Bochum, Mai 1992.

Engelhardt, W. H. / Kleinaltenkamp, M. / Reckenfelderbäumer, M. [1993]: Leistungsbündel als Absatzobjekte; in: Zeitschrift für Betriebswirtschaftliche Forschung, 45. Jg. (1993), Nr. 5, S. 395–426.

Engelhardt, W. H. / Günter, B. [1981]: Investitionsgütermarketing; Stuttgart u.a. 1981.

Erevelles, S. [1993]: The Price-Warranty Contract and Product Attitudes; in: Journal of Business Research, Vol. 27 (1993), S. 171–181.

Flammersfeld, K.-H. [1994]: Teamwork - Garant für Einkaufserfolg; in: Beschaffung aktuell, Nr. 5, 1994, S. 28–30.

Fombrun, Ch. J. [1983]: Attributions of Power Across a Social Network; in: Human Relations, Vol. 36 (1983), No. 6, S. 493–508.

French, J. Jr. / Raven, B. [1959]: The Basis of Social Power; in: Cartwright, D. (Hrsg.): Studies of Social Power; Ann Arbor, MI 1959, S. 150–167.

Gemünden, H.-G. [1980]: Effiziente Interaktionsstrategien im Investitionsgütermarketing; in: Marketing - Zeitschrift für Forschung und Praxis, 2. Jg. (1980), S. 21–32.

Gemünden, H.-G. [1981]: Innovationsmarketing; Tübingen 1981.

Gemünden, H.-G. [1985]: Interaktionsansätze im Marketing; Lehrtext für das Weiterbildende Studium Technischer Vertrieb, Freie Universität Berlin 1985.

Goldberg, V. P. [1976]: Regulation and Administered Contracts; in: Bell Journal of Economics and Management Science, Vol. 7 (1976), S. 439–441.

Gorman, R..H. [1971]: Role Conception and Purchasing Behavior; in: Journal of Purchasing, Vol. 7 (1971), Feb., S. 57–71.

Granovetter, M. [1973]: The Strength of Weak Ties; in: American Journal of Sociology, Vol. 78 (1973), S. 1360–1380.

Granovetter, M. [1982]: The Strength of Weak Ties. A Network Theory Revisited; in: Marsden, P. V. / Lin, N. (Hrsg.): Social Structure and Network Analysis; Beverly Hills 1982, S. 105–130.

Grashof, J. F. [1979]: Sharing the Purchasing Decision; in: Journal of Purchasing and Materials Management, Summer 1979, S. 26–32.

Grønhaug, K. [1975a]: Search Behavior in Organizational Buying; in: Industrial Marketing Management, Vol. 4 (1975), Jan., S. 15–23.

Grønhaug, K. [1975b]: Autonomous vs. Joint Decisions in Organizational Buying; in: Industrial Marketing Management, Vol. 4 (1975), Oct., S. 265–271.

Günter, B. [1993]: Organisationales Beschaffungsverhalten; in: Bernd, R. / Hermanns, A. (Hrsg.): Handbuch Marketing-Kommunikation, Strategien - Instrumente - Perspektiven; Wiesbaden 1993, S. 193–208.

Hainisch, R. / Günter, B. [1987]: Erkennen Sie die Entscheider! in: absatzwirtschaft, 10. Jg. (1987), S. 100–109.

Håkansson, H. [1989]: Corporate Technological Behaviour - Co-operation and Networks; London 1989.

Håkansson, H. / Östberg, C. [1975]: Industrial Marketing: An Organizational Problem?; in: Industrial Marketing Management, Vol. 4 (1975), S. 113–123.

Hauschildt, J. [1989]: Informationsverhalten bei innovativen Problemstellungen - Nachlese zu einem Forschungsprojekt; in: Zeitschrift für Betriebswirtschaft, 59. Jg. (1989), S. 377–396.

Hauschildt, J. [1993]: Innovationsmanagement; München 1993.

Hauschildt, J. / Chakrabarti, A. K. [1988]: Arbeitsteilung im Innovationsmanagement; in: Zeitschrift für Führung und Organisation, 57. Jg. (1988), S. 378–388..

Hauschildt, J. / Schmidt-Tiedemann, J. [1993]: Neue Produkte erfordern neue Strukturen; in: HARVARDmanager, 15. Jg. (1993), S. 13–21.

Hellmann, K.-H. / Kleinaltenkamp, M. [1990]: Probleme der Implementierung und des Vertriebs von CIM-Systemen; in: Marketing – Zeitschrift für Forschung und Praxis, 12. Jg. (1990), Nr. 3, S. 193–204.

Huth, W. D. [1988]: Der intraorganisationale Beschaffungsentscheidungsprozeß – ein operationales Modell; Dissertation Mainz 1988.

Ibarra, H. [1993]: Network Centrality, Power, and Innovation Involvement: Determinants of Technical and Administrative Roles; in: Academy of Management Journal, Vol. 36 (1993), No. 3, S. 471–501.

Jackson, D. W. Jr. / Keith, J. E. / Burdick, R. K. [1984]: Purchasing Agents' Perception of Industrial Buying Center Influence: A Situational Approach; in: Journal of Marketing, Vol. 48 (1984), Fall, S. 75–83.

Jacob, F. [1995]: Produktindividualisierung – Ein Ansatz zur innovativen Leistungsgestaltung im Business-to-Business-Bereich; Wiesbaden 1995.

Johnston, W. J. / Bonoma, Th. V. [1981]: Purchase Process for Capital Equipment and Services; in: Industrial Marketing Management, Vol. 10 (1981), S. 253–264.

Joskow, P. L. [1987]: Contract Duration and Relationship-Specific Investments: Empirical Evidence from Coal Markets; in: American Economic Review, Vol. 77 (1987), S. 168–185.

Kaas, K. P. [1990]: Marketing als Bewältigung von Informations- und Unsicherheitsproblemen im Markt; in: Die Betriebswirtschaft, 50. Jg. (1990), Nr. 4, S. 539–548.

Kaas, K. P. [1991]: Kontraktmarketing als Kooperation von Prinzipalen und Agenten; in: Behrens, G. / Kaas, K. P. / Kroeber-Riel, W. / Trommsdorf, V / Weinberg, P. (Hrsg.): Arbeitspapier Nr. 12 in der Arbeitspapierreihe der Forschungsgruppe Konsum und Verhalten; Frankfurt a.M. 1991.

Kaas, K. P. [1992]: Kontraktgütermarketing als Kooperation zwischen Prinzipalen und Agenten; in: Zeitschrift für Betriebswirtschaftliche Forschung, 44. Jg. (1992), Nr. 10, S. 473–487.

Kapferer, B. [1969]: Norms and the Manipulation of Relationships in a Work Context; in: Mitchell, J. C. (Hrsg.): Social Networks in Urban Situations, Manchester 1969, England, S. 181–244.

Kasulis, J. J. / Spekman, R. E. [1980]: A Framework for the Use of Power; in: European Journal of Marketing, Vol. 14 (1980), No. 4, S. 180–191.

Katz, E. / Lazarsfeld, P. F. [1955]: Personal Influence: The Part Played by People in the Flow of Mass Communications; Glencoe, Ill. 1955.

Kelman, H. C. [1961]: Processes of Opinion Change; in: Public Opinion Quarterly, Vol. 25 (1961), S. 57–78.

Kelly, J. P. / Hensel, J. S. [1973]: The Industrial Search Process: An Exploratory Study; in: Greer, T. (Hrsg.): Combined Proceedings; Chicago 1973.

Kleinaltenkamp, M. [1992]: Investitionsgüter-Marketing aus informationsökonomischer Sicht; in: Zeitschrift für betriebswirtschaftliche Forschung, 44. Jg. (1992), Nr. 9, S. 809–829.

Kleinaltenkamp, M. [1993]: Investitionsgüter-Marketing als Beschaffung externer Faktoren; in: Thelen, E. / Mairamhof, G.B. (Hrsg.): Dienstleistungsmarketing - Eine Bestandsaufnahme; Frankfurt a. M. u.a. 1993, S. 101–126.

Kleinaltenkamp, M. [1994a]: Hemmnisse des Einsatzes Neuer Technologien - Eine Analyse organisationalen Beschaffungs- und Implementierungsverhaltens; in: Kleinaltenkamp, M. / Schubert, K. (Hrsg.): Netzwerkansätze im Business-to-Business-Marketing - Beschaffung, Absatz und Implementierung Neuer Technologien; Wiesbaden 1994, S. 155–182.

Kleinaltenkamp, M. [1994b]: Typologien von Business-to-Business-Transaktionen - Kritische Würdigung und Weiterentwicklung; in: Marketing - Zeitschrift für Forschung und Praxis, 16. Jg. (1994), Heft 2, S. 77–88.

Kleinaltenkamp, M. / Rohde, H. [1988]: Mit Kompetenzzentren Barrieren überwinden; in: absatzwirtschaft, 31. Jg. (1988), S. 106–115.

Kliche, Mario [1991]: Industrielles Innovationsmarketing - Eine ganzheitliche Perspektive; Wiesbaden 1991.

Klöter, R. / Stuckstette, M. [1994]: Vom Buying Center zum Buying Network?; in: Kleinaltenkamp, M. / Schubert, K. (Hrsg.): Netzwerkansätze im Business-to-Business-Marketing; Wiesbaden 1994, S. 125-154.

Klöter, Ralf [1995]: Widerstände gegen innovative Beschaffungsentscheidungen; Arbeitspapier Nr. 7 der Berliner Reihe, hrsg. von Michael Kleinaltenkamp, Freie Universität Berlin, August 1995.

Klöter, Ralf [1997]: Opponenten imorganisationalen Beschaffungsprozeß; Wiesbaden 1997.

Köhler, H. [1976]: Die Effizienz betrieblicher Gruppenentscheidungen; Bochum 1976.

Kohli, A. [1989]: Determinants of Influence in Organizational Buying: A Contingency Approach; in: Journal of Marketing, Vol. 53 (1989), July, S. 50–65.

Kohli, A. / Zaltman, G. [1988]: Measuring Multiple Buying Influences; in: Industrial Marketing Management, Vol. 17 (1988), S. 197–204.

Kotler, Ph. / Bliemel, F. [1992]: Marketing-Management; 7. Aufl., Stuttgart 1992.

Kotter, J. P. [1985]: Power and Influence; New York 1985.

Krapfel, R. E. Jr. [1982]: An Extended Interpersonal Influence Model of Organizational Buyer Behavior; in: Journal of Business Research, Vol. 10 (1982), S. 147–157.

Kroeber-Riel, W. [1980]: Konsumentenverhalten; 2. Aufl., München 1980.

Kroeber-Riel, W. [1992]: Konsumenenverhalten; 5. Aufl., München 1992.

Krüger, W. [1974]: Macht in der Unternehmung; Stuttgart 1974.

Lancaster, G. A. / White, M. [1976]: Industrial Diffusion, Adoption and Communication; in: European Journal of Marketing, Vol. 10 (1976), No. 5, S. 280–297.

Laux, H. [1988]: Optimale Prämienfunktionen bei Informationsasymmetrie; in: Zeitschrift für Betriebswirtschaft, 58. Jg. (1988), S. 588–612.

Lazarsfeld, P. / Berelson, B. / Gaudet, H. [1948]: The People's Choice; New York 1948.

Lehmann, D. R. / O'Shaughnessy, J. [1974]: Difference in Attribute Importance for Different Industrial Products; in: Journal of Marketing, Vol. 38 (1974), S. 36–42.

Lewin, K. [1958]: Group Decision and Social Change; in: Maccoby, E. E. / Newcomb, T .M / Hartley, E. L. (Hrsg.): Readings in Social Psychology; 3. Aufl., New York u.a. 1958.

Likert, R. [1961]: New Patterns of Management; New York 1961.

Likert, R. [1967]: The Human Organization; New York 1967.

Luffman, G. [1974b]: The Processing of Information by Industrial Buyers; in: Industrial Marketing Management, Vol. 3 (1974), S. 363–375.

March, J. G. / Simon, H. A. [1958]: Organizations; New York 1958.

Martilla, J. A. [1971]: Word-of-Mouth Communication in the Industrial Adoption Process; in: Journal of Marketing Research, Vol. 8 (1971), May, S. 173–178.

Mattson, M. R. [1988]: How to Determine the Composition and Influence of a Buying Center; in: Industrial Marketing Management, Vol. 17 (1988), S. 205–214.

Mayntz, R. [1980]: Rollentheorie; in: Grochla, E. (Hrsg.): Handwörterbuch der Organisation; 2. Aufl., Stuttgart 1980, Sp. 2044–2052.

McCabe, D. L. [1987]: Buying Group Structure: Constriction at the Top; in: Journal of Marketing Vol. 51 (1987), October, S. 89–98.

McQuiston, D. [1989]: Novelty, Complexity, and Importance as Causal Determinants of Industrial Buying Behavior; in: Journal of Marketing, Vol. 53 (1989), April, S. 66–79.

Mechanic, D. [1964]: Sources of Power of Lower Participants in Complex Organizations; in: Cooper, W. W. / Leavitt, H. J. / Shelly II, M. W. (Hrsg.): New Perspectives in Organizational Research; New York 1964, S. 136–149.

Mitchell, J. C. [1969]: The Concept and Use of Social Networks; in: Mitchell, J. C. (Hrsg.): Social Networks in Urban Situations; Manchester, England 1969, S. 1–50.

Mitchell, V. W. [1990]: Industrial Risk Reduction in the Purchase of Microcomputers by Small Businesses; in: European Journal of Marketing, Vol. 24 (1990), No. 5, S. 7–19.

Moller, K. / Laaksonen, M. [1986]: Situational Dimensions and Decision Criteria in Industrial Buying: Theoretical and Empirical Analysis; in: Woodside, A. G. (Hrsg.): Advances in Business Marketing; Greenwich, Conn., S. 163–207.

Monczka, R. M. / Nichols, E. L. Jr. / Callahan, Th. J. [1992]: Value of Supplier Information in the Decision Process; in: International Journal of Purchasing and Materials Management, Spring, 1992, S. 20–30.

Moriarty, R. T. / Spekman, R. E. [1984]: An Empirical Investigation of the Information Sources Used During the Industrial Buying Process; in: Journal of Marketing Research, Vol. 21 (1984), May, S. 137–147.

Morris, M. H. / Freedman, S. M. [1984]: Coalitions in Organizational Buying; in: Industrial Marketing Management, Vol. 13 (1984), S. 123–132.

Naumann, E. / Lincoln, D. J. / McWilliams, R. D. [1984]: The Purchase of Components: Functional Areas of Influence; in: Industrial Marketing Management, Vol. 13 (1984), S. 113–122.

Naumann, E. / Reck, R. [1982]: A Buyer´s Basis of Power; in: Journal of Purchasing and Materials Management, Vol. 18 (1982), Winter, S. 8–14.

Ozanne, U. B. / Churchill, B. A. Jr. [1971]: Five Dimensions of the Industrial Adoption Process; in: Journal of Marketing Research, Vol. 8 (1971), August, S. 322–328.

Parasuraman, A. [1981]: The Relative Importance of Industrial Promotion Tools; in: Industrial Marketing Management, Vol. 10 (1981), S. 277–281.

Patchen, M. [1974]: The Locus and Basis of Influence on Organizational Decisions; in: Organizational Behavior and Human Performance, Vol. 11 (1974), S. 195–221.

Patti, Ch. H. [1977]: Buyer Information Sources in the Capital Equipment Industry; in: Industrial Marketing Management, Vol. 5 (1977), S. 259–264.

Patton, B. R. / Griffin, K. [1973]: Problem Solving Group Interaction; New York 1973.

Perry, M. / Hamm, B. C. [1969]: Caononical Analysis of the Relationship Between Socioeconomic Risk and Personal Influence in Purchase Decisions; in: Journal of Marketing Research, Vol. 6 (1969), August, S. 351–354.

Pettigrew, A. M. [1972]: Information Control as a Power Resource; in: Sociology, Vol. 6 (1972), May, S. 187–204.

Pettigrew, A. M. [1975]: The Industrial Purchasing Decision as a Political Process; in: European Journal of Marketing, Vol. 9 (1975), No. 1, S. 4–19.

Pfeffer, J. [1981]: Power in Organisations; Cambridge, MA. 1981.

Picot, A. [1989]: Zur Bedeutung allgemeiner Theorieansätze für die betriebswirtschaftliche Information und Kommunikation: Der Beitrag der Transaktionskosten- und Principal-Agent-Theorie; in: Kirsch, W. / Picot, A. (Hrsg.): Die Betriebswirtschaftslehre im Spannungsfeld zwischen Generalisierung und Spezialisierung; Wiesbaden 1989, S. 361–379.

Pingry, J. R. [1974]: The Engineer and the Purchasing Agent Compared; in: Journal of Purchasing and Materials Management, Vol. 10 (1974), November, S. 33–45.

Plötner, O. [1993]: Risikohandhabung und Vertrauen des Kunden; Arbeitspapier Nr. 2 der Berliner Reihe „Business-to-Business-Marketing“, hrsg. von M. Kleinaltenkamp, Freie Universität Berlin 1993.

Pool, J. [1976]: Coalition Formation in Small Groups with Incomplete Communication Networks; in: Journal of Personality and Social Psychology, Vol. 34 (1976), S. 82–91.

Reve, T. / Johansen, E. [1982]: Organizational Buying in the Offshore Oil Industry; in: Industrial Marketing Management, Vol. 11 (1982), October, S. 275–282.

Robertson, Th. [1971]: Innovative Behavior and Communication; New York 1971.

Robinson, P. J. / Faris, Ch. W. / Wind, Y. [1967]: Industrial Buying and Creative Marketing; Boston 1967.

Rogers, E. M. [1962]: Diffusion of Innovations; New York, London 1962.

Rogers, E. M. / Cartona, D. G. [1962]: Methods of Measuring Opinion Leadership; in: Public Opinion Quarterly, Vol. 26 (1962), S. 435–441.

Rogers, E. M. / Agarwala-Rogers, R. [1976]: Communication in Organizations; New York 1976.

Ronchetto, J. R. Jr. / Hutt, M. D. / Reingen, P. H. [1989]: Embedded Influence Patterns in Organizational Buying Systems; in: Journal of Marketing, Vol. 53 (1989), October, S. 51-62.

Schade, Ch. / Schott, E. [1991]: Kontraktgüter als Objekte eines informationsökonomisch orientierten Marketing; Arbeitspapier, Frankfurt a. M. 1991.

Schade, Ch. / Schott, E. [1993]: Kontraktgüter im Marketing; in: Marketing - Zeitschrift für Forschung und Praxis, 15. Jg. (1993), Nr. 1, S. 15–25.

Scheer, L. K. / Stern, L. W. [1992]: The Effect of Influence Type and Performance Outcomes on Attitude Toward the Influencer; in: Journal of Marketing Research, Vol. 29 (1992), S. 128-142.

Schuler, H. [1975]: Sympathie und Einfluß in Entscheidungsgruppen; Bern / Stuttgart / Wien 1975.

Sepstrup, P. [1974]: The Individual's Information Acquisition; in: European Journal of Marketing, Vol. 8 (1974), No. 3, S. 318–325.

Sheth, J. N. [1973]: A Model of Industrial Buyer Behavior; in: Journal of Marketing, Vol. 37 (1973), No. 4, S. 50–56.

Specht, G. [1985]: Industrielles Beschaffungsverhalten; Frankfurt am Main u.a. 1985.

Spekman, R. E. [1979]: Influence and Information: An Exploratory Investigation of the Boundary Role Person's Basis of Power; in: Academy of Management Journal, Vol. 22 (1979), No. 1, S. 104–117.

Spekman, R. E. / Ford, G. T. [1977), Perceptions of Uncertainty Within a Buying Group; in: Industrial Marketing Management, Vol. 6 (1977), S. 395–403.

Spekman, R. E. / Stern, L. W. (1979]: Environmental Uncertainty and Buying Group Structure: An Empirical Investigation; in: Journal of Marketing, Vol. 43 (1979), Spring, S. 54–64.

Spence, M. A. [1974]: Market Signaling: Informational Transfer in Hiring and Related Screening Processes; Cambridge, Mass. 1974.

Spremann, K. [1988]: Reputation, Garantie, Information; in: Zeitschrift für Betriebswirtschaft, 58. Jg. (1988), S. 613–627.

Spremann, K. [1990]: Asymmetrische Information; in: Zeitschrift für Betriebswirtschaft, 60. Jg. (1990), S. 561–586.

Staehle, W. [1990]: Management; 5. Aufl., München 1990.

Stevenson, W. B. / Pearce, J. L. / Porter, L. W. [1985]: The Concept of „Coalition" in Organization Theory and Research; in: Academy of Management Review, Vol. 10 (1985), No. 2, S. 256–268.

Stigler, G. [1960]: The Economics of Information; in: Journal of Political Economy, Vol. 69 (1960), S. 213–225.

Strauss, G. [1962]: Tactics in Laterial Relationship: The Purchasing Agent; in: Administrative Science Quarterly, Vol. 72 (1962), No. 2, S. 161–186..

Strothmann, K.-H. [1979]: Investitionsgütermarketing; München 1979.

Strothmann, K.-H. / Kliche, M. [1990]: Integrationspolitik im Innovationsmarketing; in: Kleinaltenkamp, M. / Schubert, K. (Hrsg.): Entscheidungsverhalten bei der Beschaffung Neuer Technologien; Berlin 1990, S. 139–155.

Sweeney, Th. W. / Mathews, H. L. / Wilson, D. [1973]: An Analysis of Industrial Buyers' Risk Reducing Behavior: Some Personality Correlates; in: Proceedings of the American Marketing Association; Chicago, S. 217–221.

Tanner, J. F. Jr. / Castleberry, S. B. [1993]: The Participation Model: Factors Related to Buying Decision Participation; in: Journal of Business-to-Business Marketing, Vol. 1 (1993), No. 3, S. 35–61.

Thomas, R. J. [1982). Correlates of Interpersonal Purchase Influence in Organizations; in: Journal of Consumer Research, Vol. 9 (1982), No. 2, S. 171–182.

Thomas, R. J. (1984]: Bases of Power in Organizational Buying Decisions; in: Industrial Marketing Management, Vol. 13 (1984), S. 209–217.

Töpfer, A. [1984]: Innovationsmanagement; in: Wieselhuber, N. / Töpfer, A. (Hrsg.): Handbuch Strategisches Marketing; Landsberg a. L. 1984, S. 391–407.

Webster, F. E. Jr. [1968]: Word of Mouth Communication and Opinion Leadership in Industrial Markets; in: King, R. L. (Hrsg.): Marketing and the New Science of Planning, Chicago, S. 455–459.

Webster, F. E. Jr. [1970]: Informal Communication in Industrial Markets; in: Journal of Marketing Research, Vol. 7 (1970), May, S. 186–189.

Webster, F. E. Jr. / Wind, Y. [1972]: Organizational Buying Behavior; Englewood Cliffs, NJ 1972.

Weiber, R. [1993]: Was ist Marketing? Ein informationsökonomischer Erklärungsansatz; in: Weiber, R. (Hrsg.): Arbeitspapier zur Marketingtheorie Nr. 1; Trier 1993.

Williamson, O. E. [1985]: The Economic Institutions of Capitalism – Firms, Markets, Relational Contracting; New York 1985.

Williamson, O. E. [1990]: Die ökonomischen Institutionen des Kapitalismus; Tübingen 1990.

Wind, Y. [1978]: The Boundaries of Buying Decision Centers; in: Journal of Purschasing and Materials Management, Vol. 14 (1978), S. 168–184.

Wind, Y. / Robertson, Th. S. [1982]: The Linking Pin Role in Organizational Buying Centers; in: Journal of Business Research, Vol. 10 (1982), S. 169–184.

Wiswede, G. [1977]: Rollentheorie; Stuttgart 1977.

Witte, E. [1968/88]: Phasen-Theorem und Organisation komplexer Entscheidungsverläufe; in: Zeitschrift für betriebswirtschaftliche Forschung 19. Jg., 1968, S. 625–647; Wiederabdruck in: Witte, E. / Hauschildt, J. / Grün, O. (Hrsg.): Innovative Entscheidungsprozesse; Tübingen 1988, S. 202–226.

Witte, E. [1988]: Informationsverhalten; in: Witte, E. / Hausschildt, J. / Grün, O. (Hrsg.): Innovative Entscheidungsprozesse; Tübingen 1988, S. 227–240.

Witte, E. [1973]: Organisation für Innovationsentscheidungen; Göttingen 1973.

Witte, E. [1976]: Kraft und Gegenkraft im Entscheidungsprozeß; in: Zeitschrift für Betriebswirtschaft, 45. Jg. (1976), S. 319–326.

Zeithaml, V. A. [1984]: How Consumer Evaluation Processes Differ between Goods and Services; in: Loverlock, Ch. (Hrsg.): Services Marketing; Englewood Cliffs, NJ 1984, S. 191–199.

Zelger, J. [1975]: Konzepte zur Messung von Macht, Berlin 1975.

Übungsaufgaben

1. Begründen Sie, warum Unsicherheit ein verhaltensbestimmendes Merkmal im Kaufprozeß darstellt.
2. Was verstehen Sie unter dem wahrgenommenen oder subjektiv empfundenen Risiko? Finden Sie Beispiele aus Ihrer Praxis.
3. Erläutern Sie die Begriffe "exogene" und "endogene Unsicherheit". Welche Möglichkeiten hat der Nachfrager, die endogene Unsicherheit zu reduzieren?
4. Erläutern Sie das Zusammenarbeitsmodell und das Delegationsmodell. Unter welchen Voraussetzungen kann welches Modell angewandt werden?
5. Worin bestehen die Probleme der Leistungsbeurteilung? Charakterisieren Sie Such-, Erfahrungs- und Vertrauenseigenschaften. Analysieren Sie Such-, Erfahrungs- und Vertrauenseigenschaften bei einem Produkt Ihrer Wahl.
6. Welche Formen von Verhaltensunsicherheit kennen Sie? Erläutern Sie die Formen und finden Sie für jede Form ein Beispiel.
7. Welche Maßnahmen stehen dem Nachfrager zur Verfügung, um die Verhaltensunsicherheit des Anbieters in der Transaktion zu reduzieren? Gehen Sie hierbei auf die verschiedenen Formen der Verhaltensunsicherheit ein.
8. Was versteht man unter Faktorspezifität? Erläutern Sie, warum Faktorspezifität zum 'Lock-in'-Effekt führen kann.
9. Welche Maßnahmen kann der Anbieter als Agent ergreifen, um zu zeigen, daß der Nachfrager als Prinzipal nicht mit opportunistischen Verhaltensweisen zu rechnen hat?
10. Erläutern Sie den Kaufklassenansatz.
11. Wodurch unterscheiden sich materielle und immaterielle Leistungsergebnisse? Wodurch unterscheiden sich autonomer und integrativer Leistungserstellungsprozeß?
12. Wie unterscheiden sich die Beurteilungsprofile für die autonome und die integrative Leistungserstellung?

13. Wodurch wird das Informationssuchverhalten des Nachfragers bestimmt?

14. Warum spricht man bei der Aufnahme von Informationen von selektiver Wahrnehmung? Wie wirkt sich diese auf das Informationsverhalten der Personen aus?

15. Welche Beurteilungsmodelle wenden Personen an, um Produkte zu beurteilen?

16. Der Einkäufer, der von dem Produkt der Anbieters *A* überzeugt schien, vertritt beim nächsten Besuch des Vertriebsingenieurs dieses Unternehmens eine andere Meinung. Wie kann es zu dieser Einstellungsänderung gekommen sein?

17. Was verstehen Sie unter einem Buying Center? Anhand welcher Merkmale lassen sich die Buying Center-Mitglieder charakterisieren?

18. Beschreiben Sie die Rollen nach dem Rollenkonzept von *Webster/Wind.*

19. Beschreiben Sie die Rollen nach dem Promotorenmodell. Worin besteht der Unterschied zum Rollekonzept von *Webster/Wind*?

20. Wie lassen sich die dyadischen Beziehungen zwischen den Buying Center-Mitgliedern charakterisieren? Welche Konflikthandhabungsstile lassen sich unterscheiden?

21. Wie kann sich die selektive Wahrnehmung auf die Präferenzen der Buying Center-Mitglieder auswirken?

22. Welche Möglichkeiten hat eine Person, um Macht auszuüben? Welche Möglichkeiten hat eine Person, sich der Machtausübung zu entziehen?

23. Welche Positionen kann eine Person in einem Netzwerk einnehmen?

24. Erklären Sie die verschiedenen Strategien des Networking.

25. Wie entsteht die Gruppenentscheidung im Buying Center?

2 Industrielles Beschaffungsmanagement

Bernd Günter · Matthias Kuhl

Abbildungsverzeichnis

Tabellenverzeichnis

2.1 Vom Kaufverhalten zum Supply Management

Das Beschaffungsverhalten industrieller Nachfrager wird neben den bereits dargestellten Einflüssen[1] auch und nicht zuletzt durch die jeweilige *Beschaffungspolitik* der betreffenden Unternehmen bestimmt. Sie beinhaltet die strategische und zum Teil auch operative Seite der Beschaffung durch Organisationen, insbesondere den betrieblichen Einkauf. Da derzeit die Signale ganz allgemein auf eine Verstärkung der Einkaufsposition vieler Unternehmen gegenüber den vorgelagerten Stufen hinweisen, sollte sich das Marketing-Management eines Anbieters deshalb ebenso auf die im folgenden Teil zu beschreibenden Entwicklungen in der Beschaffungspolitik ausrichten, um – aufbauend auf einer Analyse der beschaffungspolitischen Aktivitäten aktueller und potentieller Kunden – Wettbewerbsvorteile erzielen zu können.

Dabei wird in der betriebswirtschaftlichen Literatur und Praxis für die Unternehmensaufgaben, die Gegenstand dieser Darstellung sind, eine Vielzahl von Bezeichnungen verwendet. Beispiele dafür sind: Einkauf, Beschaffung, Materialwirtschaft, z.T. in Verbindung mit Logistik. Der Einkaufsbegriff stellt den eher operativen Bestellvorgang mit seinen vielfältigen abwicklungstechnischen Fragen in den Vordergrund.[2]

Allgemein lassen sich dem Begriff Beschaffung (engl. „*procurement*“, „*purchasing*“, „*buying*“) diejenigen Tätigkeiten eines Unternehmens zuordnen, die auf die Bereitstellung der zur Erfüllung der unternehmerischen Aufgaben notwendigen Produktionsfaktoren abzielen. Diese lassen sich unterteilen in:

- Sachgüter (Anlagegüter und Systeme; Teile und Halbfabrikate; Roh-, Hilfs- und Betriebsstoffe),
- Dienstleistungen,
- Personal,
- Informationen,
- Finanzmittel, Kapital und
- Rechte.[3]

Diese Unterteilung würde den Personalmarkt, Finanzmarkt und den Geld- und Kapitalmarkt mit in den Untersuchungsgegenstand der Betrachtung einfließen lassen. Im folgenden soll das Betrachtungsfeld auf Sachgüter und Dienstleistungen begrenzt werden, da Aufgaben der Personalbeschaffung und der Finanzbeschaffung normalerweise nicht durch die Beschaffungsabteilung durchgeführt

---

[1] Vgl. Kapitel „Industrielles Kaufverhalten“.

[2] Vgl. Arnolds/Heege/Tussing 1996, S. 21ff.

[3] Vgl. Hammann/Lohrberg 1986, S. 5. Zu Gegenständen der Materialwirtschaft vgl. auch Fieten 1994, S. 26 ff.

werden und durch viele Besonderheiten gekennzeichnet ist. Es soll gleichzeitig darauf hingewiesen werden, daß eine Abgrenzung von Sachgütern und Dienstleistungen aus wissenschaftlicher Sicht häufig mit erheblichen Problemen verbunden ist, so daß neue Typologien gebildet werden, die sich auch für die Entwicklung von Marketing-Konzeptionen als hilfreicher erweisen.[4]

Der Begriff *Beschaffung* ist also ein Oberbegriff, der den des Einkaufs einschließt. Spiegelbildlich zur Beschaffungsseite stellt auf der Absatzseite der Verkauf/ Vertrieb eine Teilfunktion des Absatz-Marketing dar.[5]

Der Begriff *Materialwirtschaft* hebt die vielfältigen Aktivitäten, die mit der Übernahme und weiteren Behandlung von Material zusammenhängen, hervor. Er soll auf das wirtschaftliche Umgehen mit Material aufmerksam machen. Dieser Begriff geht somit etwas weiter als die oben angesprochenen Termini, da er den gesamten Materialfluß vom Lieferanten über die Warenannahme, Warenprüfung, Lagerung und Transport bis zum Bedarfsträger umfaßt. Diese Versorgungsfunktion kann nur in Zusammenarbeit mit den bedarfsbestimmenden Abteilungen eines Unternehmens zufriedenstellend gelöst werden. Die Materialwirtschaft wird somit zu einer Querschnittsfunktion im Unternehmen.[6] Der Materialwirtschaftsbegriff ist objektbezogen im Gegensatz zu dem verrichtungsbezogenen Begriff der Beschaffung.[7] Damit enthält er in den meisten Fällen nicht die Beschaffung von Dienstleistungen, Informationen und Rechten.

Der Begriff *Logistik* wird im Zusammenhang mit der physischen Versorgungsfunktion benutzt. Es geht dabei um die materialflußbezogenen Fragen der Versorgungsaufgabe. Diese Funktion wird häufig plakativ so umschrieben, daß es darum geht, die richtige Menge des richtigen Gutes zur richtigen Zeit am richtigen Ort verfügbar zu haben.[8] In der Praxis wird zunehmend der Materialfluß vom Zulieferer oder sogar von den Zulieferern der Zulieferer über die innerbetrieblichen Verarbeitungsstufen des Abnehmers bis zur Auslieferung zu seinem Kunden oder sogar zum Kunden dieses Kunden betrachtet. Die Gestaltung der dazu notwendigen Informations- und Kommunikationssysteme wird in diesen weit verstandenen Logistikbegriff mit eingeschlossen. Die Einbeziehung von Beschaffungs- und Absatzmärkten führt zu einer integrierten Betrachtungsweise. Eine Trennung von verschiedenen Logistikbereichen wie z.B. Vertriebslogistik („*physical distribution*") und Beschaffungslogistik führt zu suboptimalen Ergebnissen. Mit der ganzheitlichen integrierten Sichtweise der Logistik lassen sich eher Wettbewerbsvorteile am Absatzmarkt erzielen. Die enge Verzahnung zwi-

---

4 Vgl. Engelhardt/Kleinaltenkamp/Reckenfelderbäumer 1993, S. 395 ff.

5 Vgl. Koppelmann 1995, S. 14.

6 Vgl. Arnolds/Heege/Tussing 1996, S. 23.

7 Vgl. Grochla/Schönbohm 1980, S. 6.

8 Vgl. Pfohl 1996, S. 12.

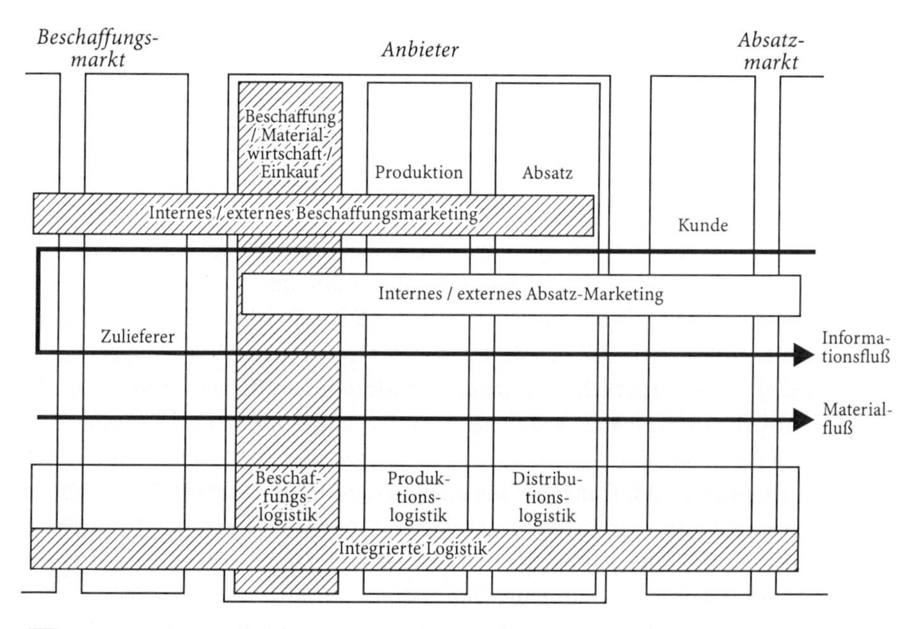

Abb. 1. Funktionen im Supply Management
(In Anlehnung an: Jünemann 1989, S. 24)

schen Marketing und Logistik wird hierbei deutlich. Abbildung 1 verdeutlicht diesen Zusammenhang.[9] Bei dieser breiten Auffassung von Logistik sind Überschneidungen mit der Materialwirtschaft gegeben.

In der aktuellen Diskussion wird die ganzheitliche Sichtweise der Versorgungsfunktion (Einkauf, Beschaffung und Logistik) einerseits und ihre strategische Ausrichtung (Innovationsfähigkeit, Sicherung und Ausbau des Lieferantenpotentials, Integrationsfähigkeit der Materialien und horizontales Verbundpotential) andererseits als Versorgungsmanagement („*Supply Management*") bezeichnet.[10] Um diese gedankliche und auch praktische Integration zu gewährleisten, wird versucht, das zunächst auf Absatzmärkte ausgerichtete Konzept des Marketing in veränderter Form auf die Beschaffungsseite zu übertragen.
Biergans versteht unter Beschaffungsmarketing jene Tätigkeit, die darauf abzielt, durch Austauschprozesse mit Anbietern sowohl Ansprüche der Marktpartner als auch Ansprüche der Funktionsbereichspartner zu befriedigen.[11]

---

[9] Vgl. Backhaus/Meyer 1990, S. 247 f.

[10] Vgl. Arnold 1990, S. 60 ff.

[11] Vgl. Biergans 1984, S. 202.

Nachfolgend soll die Beschaffungspolitik als Teil der Materialwirtschaft interpretiert werden, soweit Einsatzmaterialien ihr Gegenstand sind. Daneben stellt sie einen integrierten Bestandteil des Supply Management dar.

Die integrierte Betrachtung des Supply Management wird zunehmend für die Unternehmen bedeutsam, weil damit

- die Koordination von Anforderungen sowie anfordernden Stellen im Abnehmerunternehmen (einschließlich deren Kunden) einerseits und der Anbieter- bzw. Lieferantenseite andererseits erleichtert wird (Verbindung von Kunden- und Lieferantenorientierung),
- eine zeitliche Verkürzung der Prozesse erreicht werden kann und in der Folge
- Rationalisierungseffekte entstehen können.

2.2 Rahmenbedingungen der Beschaffungspolitik

2.2.1 Gewerbliche versus öffentliche Beschaffung

Grundsätzlich sollte man im Rahmen des organisationalen Beschaffungsverhaltens zwischen gewerblicher Beschaffung (Business-to-Business) und öffentlicher Beschaffung unterscheiden. Die öffentliche Beschaffung zeichnet sich dadurch aus, daß der Staat, Gebietskörperschaften und Organisationseinheiten des öffentlichen Rechts als Nachfrager auftreten.[12] Besonderes Kennzeichen der Beschaffungsaktivitäten der öffentlichen Hand ist der hohe Formalisierungsgrad in Form bestimmter interner Beschaffungsgrundsätze, die stark mit dem Haushaltsrecht verbunden sind, sowie in Form der extern am Beschaffungsmarkt wirksamen Ausschreibungen. Im folgenden wird die Beschaffung durch privatwirtschaftlich organisierte Betriebe im Vordergrund stehen.

2.2.2 Beschaffungsziele

Beschaffungsziele bilden den Ausgangspunkt des Beschaffungsprozesses. Sie legen die gewollten Wirkungen fest, die durch den Einsatz beschaffungspolitischer Strategien und Maßnahmen erzielt werden sollen. Beschaffungsziele stehen in einem Unternehmenszielsystem neben den anderen Funktionsbereichszielen. Sie sind einerseits abgeleitet aus den Basiszielen der Organisation, den Unternehmenszielen, andererseits aus den Zielen der anderen Funktionsbereiche der Primärebene, also aus Absatz- und Produktionszielen. *Meyer* extrahiert aus einer Analyse der theoretischen und empirischen Literatur folgende fünf Zielfelder:

---

[12] Vgl. hierzu Berndt 1988.

- Beschaffungskostenziele,
- Beschaffungsrisikoziele,
- Beschaffungsflexibilitätsziele,
- Beschaffungsqualitätsziele,
- gemeinwohlorientierte Beschaffungsziele.[13]

Arnolds/Heege/Tussing identifizieren drei Teilaufgaben der Versorgungsfunktion im Rahmen der Unternehmensgesamtaufgabe:

- Kostenoptimierung,
- Versorgungssicherung[14],
- Unterstützung anderer Unternehmensbereiche.[15]

Im Rahmen der Kostenoptimierung geht es nicht nur darum, die Anschaffungskosten incl. der dabei auftretenden Transaktionskosten zu minimieren. Es müssen vielmehr die gesamten Kosten, die mit der Anschaffung eines Gutes verbunden sind, systematisch erfaßt und den Konkurrenzangeboten gegenübergestellt werden. Hierbei geht es vor allem auch um Folgekosten wie z.B. um laufende Betriebskosten, etwa in Form von Produktionskosten bei Maschinenkäufen und um Entsorgungskosten. In jüngster Zeit werden sogenannte Lebenszykluskosten- oder Gesamtkostenrechnungen (*„life cycle cost analysis“, „cost of ownership“*) aufgestellt, um dieses Gesamtproblem effizienter handhaben zu können.[16] Neben den genannten Kostenkategorien stellen natürlich die innerbetrieblichen Bestellabwicklungskosten, Lagerhaltungskosten und Fehlmengenkosten nicht unerhebliche Größen dar, die in Zielvorgaben Verwendung finden können. Als Fehlmengenkosten werden dabei diejenigen Kosten bezeichnet, die dadurch entstehen, daß benötigte Erzeugnisse zum Bedarfszeitpunkt nicht verfügbar sind.[17]

Die Versorgungssicherheit von Unternehmen ist nach den Energiekrisen der 70er Jahre wieder mehr in den Vordergrund der Überlegungen getreten. Obwohl heute in den meisten Märkten der Absatzbereich den Engpaßfaktor darstellt, so gibt es doch Gründe, die den Beschaffungsbereich auch zu einem Engpaß werden lassen können. Auf solchen „Verkäufermärkten“ ist die Position des Nachfragers im Verhältnis zu der des Anbieters schwächer.[18] Beispielhaft seien hier vor allem folgende Marktkonstellationen genannt:

---

[13] Vgl. Meyer 1990, S. 83 ff.

[14] Vgl. speziell zur Versorgungssicherung Engelhardt 1979, Sp. 362 ff.

[15] Vgl. Arnolds/Heege/Tussing 1996, S. 25.

[16] Vgl. Abschnitt 2.5.2. Siehe auch Leenders/Fearon 1997, S. 309 ff.

[17] Vgl. Arnolds/Heege/Tussing 1996, S. 27.

[18] Vgl. hierzu Kapitel „Einführung in das Business-to-Business-Marketing“.

- bestimmte Rohstoffmärkte, denen Erschöpfung der Rohstoffquellen droht, die aber auch durch Wettbewerbsbeschränkungen, etwa Kartelle (z.B. *OPEC*) und internationale Rohstoffabkommen (z.B. Kautschuk- und Zinnabkommen), gekennzeichnet sind,
- Monopolisierung/Konzentration in bestimmten Zulieferbranchen,
- Märkte mit Abbau von Produktionskapazitäten, weil die Gewinnchancen von Anbietern nicht mehr attraktiv sind,
- plötzlicher Nachfrageüberhang, wie zeitweise bei Speicherchips, oder auch
- politische Einflußnahmen und Handelshemmnisse.

In solchen Konstellationen gilt es für die Beschaffungspolitik, durch gezielte Maßnahmen langfristig die Materialversorgung zu sichern. Eigenfertigung statt Fremdbezug („make“ statt „buy“), gezielte Kapitalbeteiligungen an leistungsfähigen Lieferanten, Vertragspolitik in Form von langfristigen Lieferverträgen u.ä. seien hier beispielhaft als Maßnahmen genannt. Die Beschaffung muß die Versorgungsrisiken frühzeitig erkennen und wenn möglich vermeiden bzw. begrenzen.

Der dritte Aufgabenbereich betrifft die Unterstützung und 'Beratung' der übrigen Unternehmensbereiche. Traditionell wurde die Beschaffung eher als eine Art 'Vollzugsorgan' betrachtet. Dabei wird – vereinfacht – ausgehend von der Absatzseite ein Bedarf festgelegt, der über die Produktion, möglicherweise noch über finanzwirtschaftliche und andere Unternehmensabteilungen modifiziert an die Beschaffungsabteilung gegeben wird. Die Beschaffung wird so zu einer Vollzugs- oder Bereitstellungsplanung, die ihren Ausgangspunkt in anderen betrieblichen Teilplänen und daraus abgeleiteten Anforderungen an den Einkauf findet.[19] Im Zuge eines Wandels vom rein dispositiven zum „politischen“ Verständnis der Beschaffung vollzog sich ein Einstellungswandel gegenüber dem Beschaffungsobjekt. Es werden nicht mehr Kostengüter, sondern Ertragsgüter, d.h. Güter, die einen Beitrag zum Unternehmenserfolg leisten, beschafft. Die Aufgabenstellung wurde um eine kreativ-innovative, kreativ-initiierende Dimension erweitert. Die Beschaffungsabteilung hat folglich die Aufgabe, die sich auf Beschaffungsmärkten bietenden Chancen in Form möglicher Kostensenkungen und Ertragssteigerungen zu erkennen und somit zur Anspruchsbefriedigung in den einzelnen Unternehmensbereichen und der Kunden am Absatzmarkt beizutragen. Damit fungiert die Beschaffung im Planungssystem nicht länger als Anweisungsempfänger, sondern als Problemlöser.[20] Dies erfordert eine fundierte Kenntnis sowohl der (anfordernden) internen Kunden als auch der Kunden am Absatzmarkt.

---

[19] Vgl. z.B. Grochla/Kubicek 1976, S. 263.

[20] Vgl. Biergans 1984, S. 55.

2.3 Selbsterstellung versus Fremdbezug (Make-or-Buy)

Eine erste an strategischen Zielsetzungen orientierte Entscheidung betrifft die Frage nach Eigenfertigung („make“) oder Fremdbezug („buy“). Make-or-Buy-Entscheidungen sind Entscheidungen über die Fertigungstiefe (oder besser: Leistungstiefe) eines Unternehmens und über vertikale Integration/Desintegration. *Männel* hat Fragen der Make-or-Buy-Entscheidung eingehend diskutiert.[21] Die Entscheidung bestimmt sich generell nach Kosten-, Erlös-, Kapital- und Finanz-, Kapazitäts- und Risikoaspekten. *Männel* hat diese Aspekte systematisiert. Die Tabellen 1 und 2 verdeutlichen die Vor- und Nachteile:[22]

Make-or-Buy-Entscheidungen werden nicht nur für Sachgüter, sondern auch für Dienstleistungen getroffen, gelegentlich auch für z.B. Nutzungsrechte. Sie beziehen sich zumeist auf Sach- oder Dienstleistungen eines bestimmten Verarbeitungsgrades. Mit der Eigenfertigung entfällt nicht grundsätzlich die Beschaffung. Sie verschiebt sich nur auf Einsatzfaktoren der vorgelagerten Stufe im Wertschöpfungsprozeß. Für die Beschaffung stellt sich nun die Frage, auf welcher Wertschöpfungsstufe Einsatzfaktoren beschafft werden sollen. Es bietet sich tendenziell ein höherer Eigenfertigungsgrad an, wenn die Einsatzfaktoren der vorgelagerten Stufe leichter beschaffbar sind als die der nachgelagerten. Entscheidungen zum Fremdbezug implizieren im Regelfall, daß Fixkostenblöcke entfallen und die Kostenstruktur verschoben wird hin zu einem erhöhten Anteil der variablen Kosten.

Make-or-Buy-Entscheidungen lassen sich unter anderem mit transaktionskostentheoretischen Ansätzen[23] begründen und analysieren. Danach wird diejenige Option gewählt, die die Transaktionskosten (Informations-, Such-, Vertragsanbahnungs- und -abschluß- und Kontrollkosten) minimiert. Zu beachten ist dabei neben üblicherweise auftretenden Operationalisierungsschwierigkeiten, daß Qualitäts- und andere Aspekte auch die Erlösseite beeinflussen und daß damit die Make-or-Buy-Entscheidung *auch* absatz- und damit kundenbezogen betrachtet werden muß. Abbildung 2 zeigt beispielhaft eine ‘traditionelle’ Make-or-Buy-Entscheidung, bei der Komponenten A, B, C Subsysteme A, B, C und Teile A, B, C selbsterstellt, andere fremdbezogen werden (1, 2, ...).

Mit Outsourcing wird der Übergang von Eigenfertigung zum Fremdbezug bezeichnet, vor allem wenn komplexere Dienstleistungsbereiche betroffen sind wie etwa Werkstätten, Fuhrpark o.ä. Die Make-or-Buy-Entscheidung war von dem betrachteten Unternehmen schon früher zugunsten der Eigenfertigung/Selbster-

---

[21] Vgl. Männel 1981, außerdem Hahn/Hungenberg/Kaufmann 1994.

[22] Vgl. zu den folgenden Ausführungen Männel 1981. Siehe auch Leenders/Fearon 1997, S. 263 ff.

[23] Zum Transaktionskostenansatz vgl. z.B. Picot/Dietl 1990, S. 178ff.; Williamson 1990, S. 21 ff.; Richter/Furubotn 1996, S. 47 ff.; Helm 1997, S. 9 f.

Tabelle 1. Vorteile des Fremdbezugs

I. Kostenmäßige Vorteile

Der Fremdbezug ist kostengünstiger,

- weil die Zulieferer nur sehr niedrige Löhne zahlen müssen,
- weil die Zulieferer mit sehr geringen Verwaltungskosten auskommen,
- weil die Zulieferer mit gebrauchten Anlagen arbeiten, deren Nutzung nur sehr niedrige Kosten verursacht,
- weil günstige Importmöglichkeiten bestehen,
- weil spezialisierte Hersteller von Grundstoffen, Standardteilen und dergleichen besonders rationell produzieren können (Vorteile der Großserienfertigung, Automatisierung usw.),
- weil geringere Lagerkosten entstehen,
- weil sich Transportkosten einsparen lassen,
- weil es möglich ist, Beschäftigungslücken anderer Betriebe auszunutzen,
- weil die für die Selbsterstellung in Frage kommenden Produktionsanlagen veraltet sind,
- weil die eigenen Arbeitskräfte und Betriebsmittel voll- oder sogar überbeschäftigt sind, so daß in die Eigenfertigungskosten auch hohe „Opportunitätskosten" einkalkuliert werden müßten.

II. Qualitätsvorteile

Der Fremdbezug gewährleistet eine bessere Qualität,

- weil der in Frage kommende Zulieferer über langjährige Erfahrungen verfügt (v.a. bei Standardteilen u. dergl.),
- weil der Zulieferer leistungsfähigere Anlagen (Präzisionsmaschinen etc.) einsetzen kann,
- weil der Lieferant eine intensivere Forschung und Entwicklung betreiben kann,
- weil die Leistungsfähigkeit der eigenen Maschinen und Apparaturen sehr stark nachgelassen hat und eine Generalreparatur bzw. eine Anlagenerneuerung sich nicht mehr lohnt.

III. Finanzwirtschaftliche Vorteile

Der Fremdbezug ist mit geringeren finanziellen Belastungen verbunden,

- weil keine Investitionen für die Errichtung eigener Fertigungskapazitäten erforderlich sind,
- weil kein Kapitalbedarf für Zwischenlagerungen entsteht,
- weil er eine weitgehend fertigungssynchrone Bereitstellung gewährleistet,
- weil im Rahmen der Eingangslager geringere Sicherheitsbestände gehalten werden müssen (zuverlässigere Lieferanten),
- weil die betreffenden Lieferanten günstigere Zahlungsbedingungen einräumen.

IV. Zeitliche Vorteile

Der Fremdbezug bietet zeitliche Vorteile, weil die Eigenfertigung zu lange dauern würde.

V. Absatzwirtschaftliche Vorteile

Der Fremdbezug bringt absatzwirtschaftliche Vorteile,

- weil das Absatzvolumen ohne Einstellung zusätzlicher Arbeitskräfte und ohne zusätzliche Investitionen erhöht werden kann,
- weil die eigenen Kapazitäten für andere Aufgaben freigemacht werden können,
- weil sich qualitative oder zeitliche Vorteile des Fremdbezugs unter absatzwirtschaftlichen Aspekten günstig auswirken,
- weil kostenmäßige Vorteile eine Preissenkung und somit eine Absatzsteigerung ermöglichen,
- weil saisonale Bedarfsspitzen befriedigt und Terminschwierigkeiten überwunden werden können,
- weil das eigene Sortiment abgerundet und ergänzt wird (z.B. bei Zukauf von Handelsware),
- weil die Kunden für Endprodukte, die aus zugekauften, von namhaften Firmen stammenden Teilen oder Vorprodukten hergestellt werden, besondere Präferenzen haben.

VI. Sonstige Vorteile

Sonstige Vorteile des Fremdbezugs können sein:

- geringere Produktionsrisiken,
- bei einer grundsätzlichen Umorganisation des Leistungsprogramms brauchen nur die Lieferanten gewechselt zu werden,
- man kann von den Erfahrungen der Lieferanten lernen und auf diese Weise unter anderem auch günstige Voraussetzungen für einen späteren Übergang zur Eigenfertigung schaffen.

Tabelle 2. Vorteile der Eigenfertigung

I. Kostenmäßige Vorteile
Die Eigenfertigung ist kostengünstiger, • weil die Verwaltungs- und Vertriebskosten der Lieferanten und deren Gewinnzuschlag eingespart werden können, • weil der eigene Betrieb nur verhältnismäßig niedrige Löhne zahlen muß, • weil der eigene Betrieb steuerliche und andere Vergünstigungen erhält, • weil der eigene Betrieb aufgrund langjähriger Erfahrungen besonders rationelle Fertigungsverfahren entwickelt hat, • weil Transportkosten eingespart werden können, • weil für die Selbsterstellung Abfälle oder andere Nebenprodukte verwendet werden können, • weil der eigene Betrieb unterbeschäftigt ist und daher mit Grenzkosten kalkulieren kann.
II. Qualitätsvorteile
Die Eigenfertigung gewährleistet eine bessere Qualität, • weil für die Eigenfertigung langjährige eigene Erfahrungen genutzt werden können, die andere Betriebe nicht besitzen, • weil das eigene Personal mit den spezifischen Anforderungen besser vertraut ist (z.B. bei Instandhaltungs- und Instandsetzungsmaßnahmen), • weil der Fertigungsprozeß besser überwacht werden kann, • weil der betreffende Betrieb den Fertigungsprozeß besser beherrscht.
III. Finanzwirtschaftliche Vorteile
Die Eigenfertigung ist mit geringeren finanziellen Belastungen verbunden, • weil die erforderlichen Stoffe und Teile bereits auf Lager liegen, • weil im Falle des Fremdbezugs große Mengen auf einmal beschafft werden müßten, • weil im Rahmen der Eingangslager geringere Sicherheitsbestände gehalten werden müssen (zuverlässigere Vorlieferanten), • weil die Vorlieferanten günstigere Zahlungsbedingungen einräumen.
IV. Zeitliche Vorteile
Die Eigenfertigung bietet zeitliche Vorteile, • weil die Termine eigenständig geplant werden können, • weil plötzlich auftretende Bedarfe schnell befriedigt werden können, so daß keine Wartezeiten entstehen, • weil bei Fremdbezug lange Lieferzeiten in Kauf genommen werden müßten, • weil Transportzeiten vermieden werden (z.B. bei Reparaturen).
V. Absatzwirtschaftliche Vorteile
Die Eigenfertigung bringt absatzwirtschaftliche Vorteile, • weil zusätzliche Mengen bereitgestellt werden können, • weil sich qualitative oder zeitliche Vorteile der Eigenfertigung unter absatzwirtschaftlichen Aspekten günstig auswirken, • weil kostenmäßige Vorteile eine Preissenkung und somit eine Absatzsteigerung erlauben oder eine Programmerweiterung ermöglichen, • weil bei der Eigenfertigung Nebenprodukte oder Überschußmengen anfallen, die verkauft werden können, • weil die Kunden Produkte, die aus selbst hergestellten Teilen bestehen, bevorzugen, so daß höhere Preise erzielt werden können, • weil vermieden wird, daß fremde Zulieferbetriebe zu unmittelbaren Konkurrenten werden, • weil Betriebsgeheimnisse besser gewahrt werden.
VI. Sonstige Vorteile
Sonstige Vorteile der Eigenfertigung sind: • geringere Materialbereitstellungsrisiken, • größere Unabhängigkeit, • man kann sich an quantitative Bedarfsveränderungen leichter anpassen, • in Zeiten der Unterbeschäftigung ermöglicht die Eigenfertigung eine bessere Auslastung der eigenen Arbeitskräfte und Betriebsmittel, • der wirtschaftliche Einflußbereich wird ausgeweitet.

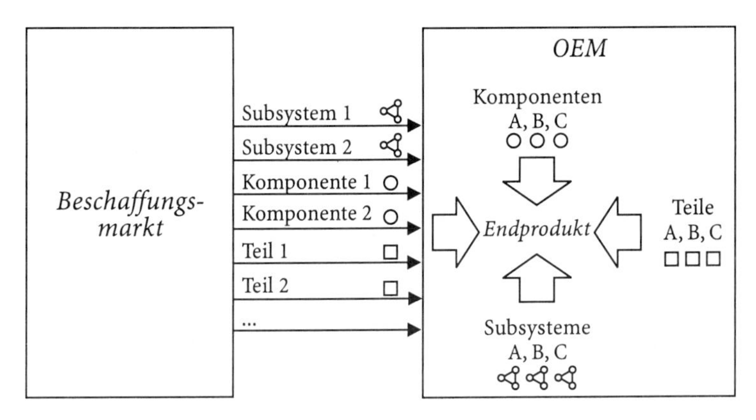

Abb. 2. Traditionelle Make-or-Buy-Entscheidung

stellung ausgefallen, sie wird nun revidiert. Synonym werden die Begriffe der vertikalen Desaggregation/Desintegration, der Verringerung der Leistungstiefe oder des Downsizing verwendet.

Eine durch Selbsterstellung von Gütern gegebene hohe Fertigungstiefe wird heute insbesondere wegen der hohen Fixkostenintensität und der damit verbundenen Inflexibilität und Anpassungsproblematik zunehmend in Frage gestellt. Die Substitution von Fixkosten durch variable Kosten bei geringerer Fertigungstiefe wird durch Auslagerung von Leistungen an Fremdanbieter erzielt – sofern nicht feste Abnahmeverträge wieder die fixen Kosten erhöhen.

Motiviert wird eine derartige Auslagerung oft durch Forderungen aus der Strategischen Unternehmensplanung nach der Beschränkung auf Kernkompetenzen. Auch führen Konzepte wie Lean-Production und Benchmarking im Rahmen des Total Quality Management häufig zu dieser Entwicklung. Abbildung 3 zeigt beispielhaft die Reduktion der Fertigungstiefe für das vorangegangene Beispiel (vgl. Abb. 2).

Der zum Outsourcing analoge Begriff Insourcing kann so verstanden werden, daß ein Anbieter, der sich einmal entschlossen hat, Inputfaktoren am Beschaffungsmarkt einzukaufen, diese Entscheidung revidiert und dazu übergeht, die vorher fremdbezogenen Leistungen nun selbst zu erstellen.[24]

Eine Insourcing-Strategie kann u.a. dadurch motiviert sein, daß Zulieferer zu hohen Einfluß gewonnen haben und Anbieter sich Beschaffungsmärkte sichern

[24] *Wildemann* (Wildermann 1994, S. 415 ff.) vertritt, entgegen der hier verfolgten Ansicht, einen sehr weiten Insourcing-Ansatz und ordnet das Insourcing als Steigerung des Begriffs Wertschöpfungspartner ein. Insourcing bedeutet für ihn also nicht Eigenfertigung, sondern nur eine sehr enge, auch räumliche Anbindung des Lieferanten. Wir ordnen das so verstandene Konzept dem Internal Sourcing zu, da auch dieses in erster Linie eine räumliche Komponente besitzt. Vgl. Abschnitt 2.6.3.

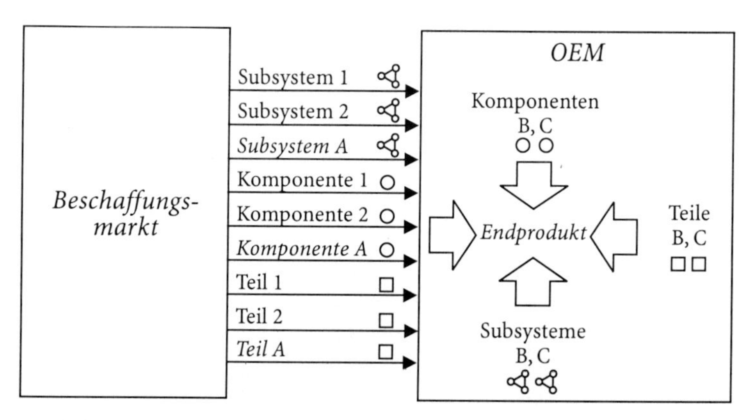

Abb. 3. Reduktion der Fertigungstiefe

wollen. Ein Anbieter kann sich auch entschließen, seine Kernkompetenzen zu verändern und somit eine Rückwärtsintegration vorzunehmen. Eine derzeit aktuelle Begründung für Insourcing liegt in mangelnder Qualität von Zulieferprodukten, erschwerter Kontrolle der Zulieferer und in dem folgerichtigen Versuch, wieder eine stärkere Kontrolle über kritische Ressourcen zu gewinnen.[25]

Vielfach kann auch beobachtet werden, daß durch die Umsetzung von Business Rengineering-Programmen Bereiche ausgelagert wurden und die Unternehmen nun feststellen, daß sie bei vollen Auftragsbüchern aufgrund von Engpässen bei den Lieferanten nicht mehr in der Lage sind, die Nachfrage zur rechten Zeit zu befriedigen. Als Re-Sourcing bezeichnet deshalb *Wabner* die bessere Ausnutzung vorhandener Wissenspotentiale in Unternehmen.[26]

2.4 Informatorische Grundlagen der Beschaffung

2.4.1 Beschaffungsmarktforschung

Die wachsende Bedeutung der Beschaffung für die Qualität der Absatzleistungen, Effizienzsteigerungen in der Versorgung, die damit einhergehende notwendige internationale Ausrichtung der Beschaffungsaktivitäten und der häufig immer differenzierter werdende Bedarf machen es notwendig, der Beschaffungsmarktforschung verstärkte Aufmerksamkeit zu widmen. Aufgabe der Beschaffungsmarktforschung ist die systematische und methodische Suche, Aufbereitung und Auswertung von Informationen über die Beschaffungsmärkte der Unternehmung. *Stangl* schlägt folgenden Prozeß der Beschaffungsmarktforschung vor:

---

25 Zur Ressourcenorientierung vgl. Pfeffer/Salancik 1978.

26 Vgl. Wabner 1998.

1. Entscheidungen hinsichtlich der zu untersuchenden Beschaffungsobjekte,
2. Entscheidungen hinsichtlich der zu erhebenden Informationen,
3. Entscheidungen hinsichtlich der anzuwendenden Methoden und Quellen,
4. Entscheidungen hinsichtlich der zu verwendenden Darstellungs- und Auswertungsverfahren.[27]

Bezüglich der Auswahl von Beschaffungsobjekten besteht Einigkeit darüber, daß aus Kostengründen nicht für alle Beschaffungsobjekte intensive Marktforschung betrieben werden kann. Beschaffungsmarktforschung erscheint generell erforderlich, wenn eine Inkongruenz zwischen dem Bedarf der Unternehmung und dem diesem Bedarf gegenüberstehenden Leistungen des Beschaffungsmarktes wahrscheinlich ist.[28]

Bei der Auswahl für Objekte der Informationsgewinnung können folgende Objektselektionskriterien in die Überlegungen einfließen:[29]

- Zieländerungen:
  - Zielinhaltsänderung,
  - Zielausmaßänderung,
  - Zielzeitänderung,
  - Strategieänderungen.
- Bedarfskontinuität:
  - Kontinuierlicher Bedarf,
  - Unregelmäßiger Bedarf,
  - Erstmaliger Bedarf,
  - Einmaliger Bedarf.
- Beschaffungsrisiken:
  - Marktrisiken,
  - Lieferausfallrisiko,
  - Leistungsrisiko,
  - Entgeltrisiko.
- Betriebliche Risiken:
  - Objektbewirtschaftungsrisiko (Lager, Verteilung, Entsorgung),
  - Produktionsrisiko,
  - Absatzrisiko,
  - Finanzrisiko,
- Wertmäßige Bedeutung des Beschaffungsobjektes:
  - Absoluter Wert,
  - Relativer Wert.

---

[27] Vgl. Stangl 1985, S. 89.

[28] Vgl. Harlander/Blom 1996, S. 47 ff.

[29] Vgl. Stangl 1985, S. 108.

Der Informationsumfang kann sich auf verschiedenartige Daten beziehen. Es interessieren sowohl Strukturdaten über die Beschaffungsmärkte wie auch Prozeßdaten über Einsatzmöglichkeiten und Wirkungsweise der beschaffungspolitischen Instrumente des Nachfragers. Darüber hinaus sind Kenntnisse über die Absatzstrategien der Anbieter erwünscht, um deren Verhaltensweise sowie ihre Stärken und Schwächen kennenzulernen.[30] Schließlich können bei Konkurrenz um knappe Ressourcen Angaben über Beschaffungsstrategien und -instrumente konkurrierender Nachfrager von Bedeutung sein.

Eine wichtige Entscheidung betrifft die organisatorische Anbindung der *Beschaffungsmarktforschung*. Es ist zu prüfen, ob eine Zusammenfassung aller Marktforschungsbemühungen einer Unternehmung in einer Marktforschungsabteilung Synergievorteile erbringt oder ob eine Anbindung der Beschaffungsmarktforschung an die Einkaufsabteilung bzw. eine Supply Management-Gruppe vorzuziehen ist. Beide Formen haben Vor- und Nachteile. Evtl. wird man die laufende Beschaffungsmarktbeobachtung dem Einkauf zuordnen und fallweise Untersuchungen größeren Ausmaßes einer allgemeinen Marktforschungsabteilung übertragen. Im Gegensatz zur Absatzmarktforschung ist die Betrauung selbständiger Marktforschungsinstitute mit bestimmten Untersuchungen im Rahmen der Beschaffungsmarktforschung relativ selten.

Die Methoden der Beschaffungsmarktforschung entsprechen im wesentlichen denen der Absatzmarktforschung. Auf ihre Behandlung soll deshalb hier verzichtet werden; es wird dazu auf die umfangreiche Literatur zum Gebiet der Absatzmarktforschung verwiesen.[31] Abschließend sei darauf hingewiesen, daß die Beschaffungsmarktforschung nicht nur eine vergangenheitsbezogene Ausrichtung haben darf, sondern zu einer Beschaffungsmarktprognose ausgebaut werden muß, um als Entscheidungshilfe dienen zu können.[32]

2.4.2 Beschaffungs-Controlling

Aufgabe eines Beschaffungs-Controlling muß es sein, Zielsetzungen für Beschaffungsaufgaben mitzuformulieren, den Zielerreichungsprozeß informatorisch und methodisch zu begleiten und zu unterstützen sowie das Ergebnis eines Beschaffungsprozesses hinsichtlich der Erreichung der Zielsetzungen[33] zu überprüfen. Dabei sollten im Rahmen der letztgenannten Kontrollfunktion Kontrollinhalte aus den Beschaffungszielen abgeleitet werden, Kontrollverfahren bestimmt werden und Ursachen für eventuelle Soll-Ist-Abweichungen erforscht

[30] Vgl. Engelhardt/Günter 1981, S. 59 ff.

[31] Vgl. z.B. Hammann/Erichson 1990; Meffert 1992.

[32] Vgl. z.B. Engelhardt/Günter 1981, S. 60f.

[33] Vgl. Abschnitt 2.2.2.

werden. Auf der Grundlage der Abweichungsanalyse müssen Gegenmaßnahmen vorgeschlagen werden.[34]

Beispielhaft seien an dieser Stelle einige Kennzahlen genannt, die den jeweiligen Zielsetzungen zugeordnet und im laufenden Beschaffungsprozeß mitverfolgt sowie abschließend einer Kontrolle im obigen Sinne unterzogen werden können. Für die Planung und Analyse der Kosten im Einkauf werden z.B. folgende Kennzahlen genannt:

Definition 1.

$$\text{Verhandlungsziel} = \frac{\text{Einstandspreis}}{\text{durchschnittlicher Marktpreis}}$$

Definition 2.

$$\text{Kosten eines Bestellvorgangs} = \frac{\text{Kosten der Beschaffungsabteilung}}{\text{Anzahl der Bestellungen}}$$

Die Versorgungsleistung ist beispielsweise durch den Zeitvergleich folgender Kennzahlen meßbar:

Definition 3.

$$\text{Bestandsquote} = \frac{\text{Beanstandungen}}{\text{Anzahl der Wareneingänge}}$$

Definition 4.

$$\text{Terminüberschreitungsquote} = \frac{\text{Terminüberschreitungen}}{\text{Anzahl der Eingangspositionen}}$$

Weitere wichtige Kennzahlen können sein:

- Maschinenstillstandszeiten/Produktionsplanänderungen wegen fehlender Teile,
- Preisnachlaßquote,
- Rabattquote,
- Anfragen je Einkäufer,
- Anzahl der Lieferantenbesuche je Einkäufer.[35]

Das Beschaffungs-Controlling liefert damit wichtige Hinweise, welche Informationen ziel- und entscheidungsrelevant sind, welche Informationen durch Aufbereitung und Verdichtung zu Kennzahlen weitere Einsichten ermöglichen und welche Informationen zur evtl. Abweichungsanalyse benötigt werden. Schließlich gibt die Auswertung dieser Informationen Ansatzpunkte für Verbesserungen durch eine verbesserte Beschaffungsplanung und z.B. verstärkte Lieferantenentwicklung sowie Lieferantenpflege an.[36]

---

[34] Vgl. Pfisterer 1988, S. 68.

[35] Vgl. Hartmann 1993, S. 494 f.; vgl. auch Pfisterer 1988, S. 101 ff.

[36] Vgl. Abschnitt 2.5.3.

2.5 Modelle der Beschaffungsplanung

2.5.1 Bedarfs- und mengenorientierte Ansätze der Beschaffungsplanung

In der Beschaffungsplanung geht es zunächst um die Frage der Bedarfsbestimmung, und zwar in vorausschauender Sicht, damit die zeitliche Synchronisation der Planung mit der Abwicklung und dem Einsatz der Beschaffungsgüter gewährleistet werden kann.

Zur Feststellung des Bedarfs in den frühen Kaufphasen dient vor allem die Methode der Wertanalyse. Diese ist ein systematisches, kreatives und kooperatives Suchverfahren zur Verbesserung der Teilqualitäten von Produkten und/oder zur Senkung der für diese Produkte entstehenden Kosten. Dabei werden die Produkte in möglichst viele Teilqualitäten und -funktionen zerlegt, die einzeln darauf geprüft werden, ob sie überhaupt oder in der vorliegenden Ausprägung (z.B. Materialstärke, -qualität) notwendig sind bzw. ob sie durch Material- und Verfahrensänderungen kostengünstiger hergestellt werden könnten.

Analysiert ein Anbieter seine Produkte kundenorientiert unter dem Gesichtspunkt ihrer Eignung für den Bedarf des Nachfragers, so versucht er, dessen Beschaffungserwägungen zu antizipieren. Ebenso können Nachfrager die von ihnen bezogenen Güter, z.B. Teile, Halbfabrikate, aber auch bestimmte Werkzeuge und Anlagen, daraufhin überprüfen, ob sie den speziellen Aufgaben, die an sie herangetragen werden, gerecht zu werden imstande sind. Damit werden Informationen über die Güter gewonnen, die Inhalt und Kern der Beschaffungsbemühungen darstellen. Übrigens ist der Begriff Wertanalyse eine nicht sehr zweckmäßige Übersetzung des englischen Ausdrucks „*value analysis*". Um die Gefahr zu vermeiden, mit dem Begriff die Werthaftigkeit zu verbinden – ein Aspekt, der nicht gemeint ist, sollte man entweder den englischen Ausdruck verwenden oder evtl. von Kosten-Nutzen-Analyse bzw. Qualitätsanalyse sprechen.

Die wichtigsten Schritte einer Wertanalyse und zugleich problematischen Entscheidungen betreffen:

- die Auswahl der Produkte, die einer – zumeist aufwendigen – Wertanalyse unterzogen werden sollen (z.B. stark konkurrenzgefährdete Produkte oder die Hauptkostenfaktoren),
- die Zielvorgabe (heute vor allem gebräuchlich in Form von Zielkosten = „*target costs*"[37]),
- die Auswahl der Mitglieder des Wertanalyse-Teams,
- die Ist-Kostenerfassung (Problem der Kostenabgrenzung, der Zurechnung der fixen Kosten sowie der Gemeinkostenverrechnung),

[37] Vgl. hierzu Seidenschwarz 1993.

- die Funktionsanalyse (welche Funktionen werden in welcher Ausprägung bisher erfüllt und zukünftig benötigt?),
- die kreative Suche nach neuen Lösungen zur besseren Erfüllung der Funktionserfordernisse (hier bietet sich der Einsatz aller Methoden der Ideenfindung wie Brainstorming, Synektik, morphologische Methode usw. an).

Sowohl bei einer beschaffungs- wie bei einer absatzorientierten Wertanalyse sollten vergleichend auch Konkurrenzprodukte in die Untersuchung einbezogen werden, wobei allerdings der Zeitpunkt, zu dem dies geschehen soll, gut ausgewählt sein muß. Evtl. kann durch einen zu frühen Vergleich mit Konkurrenzprodukten eine Fixierung und Verengung der Denkstraßen erfolgen. Große Beachtung muß der Konfliktentstehung in der Analysegruppe gewidmet werden sowie den Möglichkeiten, solchen Konflikten zu begegnen.

Neben der Wertanalyse werden häufig zahlenmäßige Bestellmengenrechnungen benutzt, um zur kostengünstigsten Bestellmenge zu gelangen. Das Thema der „optimalen Bestellmenge“ ist in der betriebswirtschaftlichen Literatur eingehend modelltheoretisch behandelt worden. Im folgenden soll lediglich ein einzelner für die Praxis als Basisansatz relevanter Lösungsansatz der Bestellmengenrechnung vorgestellt werden. Es geht hierbei um das klassische Modell der optimalen Losgröße oder Bestellmenge, das im deutschsprachigen Raum insbesondere mit dem Namen *Andler* verbunden ist. Diese Rechnung baut auf folgenden Überlegungen auf:[38]

Beschaffung und Produktion sind, wenn auch aus verschiedenen Gründen, an der Lagerung von Materialien und Teilen interessiert. Der Einkauf möchte über hohe Bestellmengen neben der Realisation von Rabatten auch Kosten der Bestellungen und Frachtkosten reduzieren.

Die Produktion wünscht aus Sicherheitsgründen eine hohe Versorgungsbereitschaft des Materiallagers und ist bereit, dafür Lagerkosten zu akzeptieren.

Die Anwendung der *Andler*-Formel beruht auf folgenden Prämissen:

- Der Bedarf pro Zeiteinheit muß bekannt und unveränderlich stetig sein.
- Es darf keine Restriktionen z.B. bezüglich der Lagerfähigkeit des Materials, des Lagerraums und der Liquidität geben.
- Mengenrabatte sind in der Formel zunächst nicht berücksichtigt.
- Jedes Kaufteil wird unabhängig von anderen Teilen bestellt und nur in einem Lager bevorratet.

In Abb. 4 soll der idealtypische Zusammenhang zwischen Bestand, Menge und Zeit graphisch wiedergegeben werden.

[38] Zu den folgenden Ausführungen vgl. Arnolds/Heege/Tussing 1996, S. 63ff.; Koppelmann 1995, S. 265 ff.

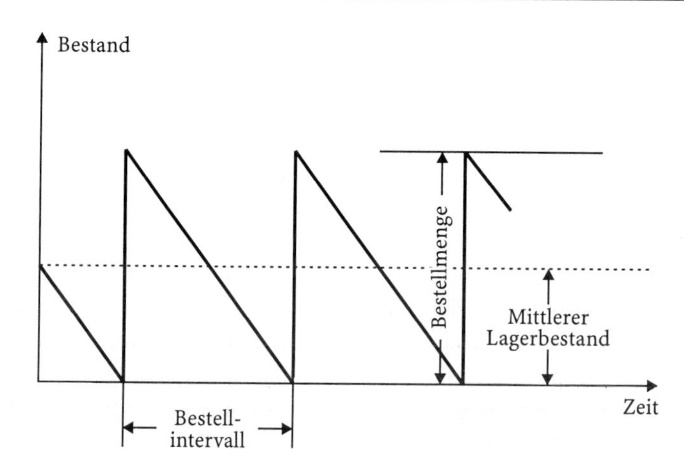

Abb. 4. „Sägezahnkurve"
(Quelle: Arnolds/Heege/Tussing 1996, S. 56)

Die Lieferung der (konstanten) Bestellmenge trifft genau zu dem Zeitpunkt ein, wenn der Bestand völlig aufgebraucht ist. Die Länge der Periode zwischen zwei Bestellungen ist das Bestellintervall. Sie hängt von dem Bedarf pro Zeiteinheit (Bedarfsrate) ab. Der durchschnittliche Lagerbestand ist gleich der halben Bestellmenge. Das Ziel der Bestellmengenoptimierung ist, die relevanten Kosten[39] einer Planperiode zu minimieren.

Von der Bestellentscheidung beeinflußt werden die Bestell- und Lagerhaltungskosten. Die Anschaffungskosten verändern sich aufgrund der Prämissen nicht (keine Mengenrabatte).

Die Bestellkosten pro Jahr sind eine fallende und die Lagerhaltungskosten eine steigende Funktion der Bestellmenge. Der Ausgleich erfolgt über die *Andler*-Formel:

Definition 5.

$$\text{Optimale Bestellmenge} = \sqrt{\frac{200 \cdot \text{Jahresbedarf} \cdot \text{Bestellabwicklungskosten}}{\text{Einstandspreis} \cdot \text{Lagerhaltungskostensatz}}}$$

Die Anwendung läßt sich etwa anhand des folgenden Beispiels erläutern.[40]

Beispiel:
Ein Betrieb der Serienfertigung hat einen Jahresbedarf von 5.000 Stück an einem fremdbezogenen Teil, das für die Weiterverarbeitung gleichmäßig vom Lager entnommen wird. Der Einstandspreis beläuft sich auf DM 0,50 pro Stück. Die Bestel-

[39] Vgl. Kapitel „Analyse der Erfolgsquellen".

[40] Zu dieser Beispielrechnung vgl. Arnolds/Heege/Tussing 1996, S. 58.

labwicklungskosten seien DM 40,– je Bestell-/Liefervorgang. Der jährliche Lagerhaltungskostensatz wird mit 20 % des durchschnittlichen Lagerwertes angenommen. Man erhält bei Anwendung der Formel:

$$\text{Optimale Bestellmenge} = \sqrt{\frac{200 \cdot 5.000 \cdot 40}{0{,}50 \cdot 20}} = 2000\,\text{Stück}.$$

Diese Menge wird 5.000 / 2.000 = 2,5mal pro Jahr (5mal in 2 Jahren) bestellt. Die jährlichen Bestellkosten betragen also 2,5 · 40 = 100 DM. Die jährlichen Lagerhaltungskosten betragen: 1.000 · 0,50 · 20 % = 100 DM.

Bestell- und Lagerhaltungskosten sind folglich bei der optimalen Bestellmenge gleich. Dies ist eine besondere Eigenschaft der *Andler*-Formel. Graphisch lassen sich die beiden Kostenblöcke der Optimierungsrechnung wie in Abb. 5 darstellen.

Die klassische Bestellmengenformel läßt sich nahezu beliebig modifizieren und erweitern.[41] So lassen sich Preisnachlässe, gemeinsame Bestellungen verschiedener Produkte, die Synchronisation mit der Produktion etc. in die Formel integrieren. Dynamische Bestellmengen-Modelle rücken von der engen Voraussetzung eines durchschnittlich konstanten Bedarfs pro Zeiteinheit ab, indem sie Bedarfsschwankungen in der Planungsperiode zulassen.

Die Anwendung eines solchen quantitativen Modells ist allerdings an die Erfüllung der oben aufgezeigten, recht restriktiven Prämissen gebunden. Darüber hinaus kann es bei der Anwendung der *Andler*-Formel zu weiteren Schwierigkeiten kommen:

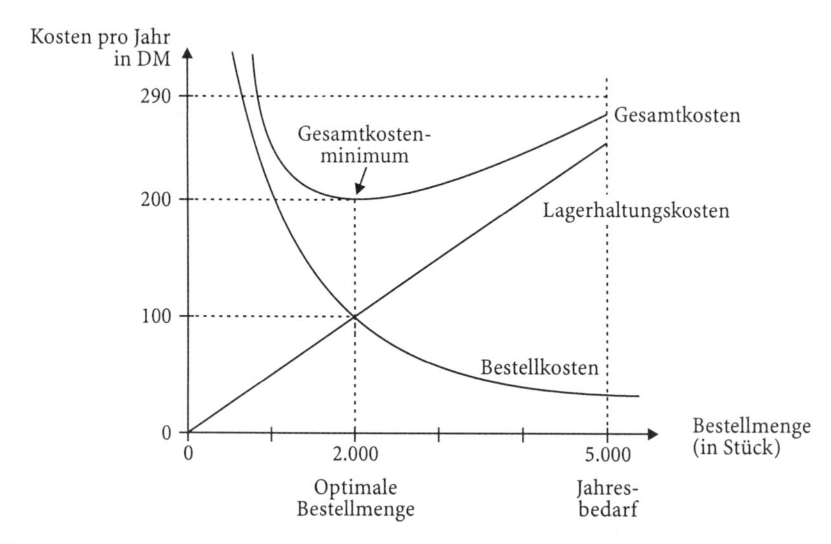

Abb. 5. Kostenverläufe bei der *Andler*'schen Losgröße (Quelle: Arnolds/Heege/Tussing 1996, S. 58)

[41] Vgl. z.B. Troßmann 1997, S. 62 ff.

- Als Ergebnis tritt u.U. kein ganzzahliger Wert auf,
- Bestellmengen und Packungsgrößen sind unterschiedlich,
- Bei zeitlich weit auseinanderliegenden Bestellrhythmen kann es zu technischen oder wirtschaftlichen Produktmodifikationen kommen,
- Die kostenrechnerisch richtige Feststellung der Bestellabwicklungskosten und des Lagerhaltungs-Kostensatzes ist schwierig.[42]

Ein Lieferant kann im Rahmen seiner Marketing-Anstrengungen versuchen, dem Abnehmer bei der Erarbeitung des Modells zu unterstützen z.B. durch gemeinsame Nutzung einer EDV-gestützten Planung. Im Rahmen einer solchen Zusammenarbeit würde der Lieferant auch eine gewisse Sicherheit über die in der Folge auftretenden Bestellmengen erhalten. Sein Absatzrisiko wird somit berechenbarer.

2.5.2 Kostenorientierte Ansätze der Beschaffungsplanung

War der im vorigen Abschnitt dargestellte Planungsansatz mengen- und implizit auch kostenorientiert, so werden nachfolgend Ansätze beschrieben, bei denen der Kostenaspekt deutlich im Vordergrund steht.

Aufgrund der aktuellen Diskussion um Kostensenkungspotentiale in deutschen Unternehmen werden neuere Ansätze interessant, die den aktuellen Anforderungen aus der Unternehmenspraxis gerecht zu werden versuchen, indem sie umfassendere, „ganzheitliche“ Kostenbetrachtungen anstellen. Beispielhaft seien hier die Analyse der Lebenszykluskosten und das sogenannte *„target costing“* genannt. Wie bereits dargelegt,[43] ist es für eine strategische Beschaffungsentscheidung notwendig, neben den Anschaffungskosten die Kosten, die ein Produkt in seinem gesamten Lebenszyklus verursacht, als Entscheidungskriterium heranzuziehen. Der Zeitraum nach Ende des Lebenszyklus (der wirtschaftlichen und/oder technischen Lebensdauer) wird mit in die Betrachtung einbezogen. Bei der Beschaffung ist u.a. auch darauf zu achten, ob sich Anbieter zur Entsorgung bzw. Rücknahme verpflichten lassen oder die Kosten für Entsorgung bzw. Recycling-Maßnahmen nach dem Gebrauch übernehmen. Mit diesen Überlegungen geht man dazu über, die *„cost of ownership“* für Beschaffungsobjekte zu ermitteln und zur Grundlage von Kaufentscheidungen zu machen.

Ursprünglich stammt die Idee einer lebenszyklusbezogenen Kostenanalyse aus der Kalkulation von Großprojekten, z.B. in der Bauindustrie, im industriellen Anlagengeschäft oder in der Luft- und Raumfahrtindustrie. Lebenszykluskosten umfassen dabei alle Kosten, die während des Projektes anfallen: für Vorüberle-

[42] Vgl. dazu z.B. Arnolds/Heege/Tussing 1996, S. 63 ff.

[43] Vgl. Kapitel 3.1.

gungen, Planung, Realisation, Betrieb und Stillegung. Die Verwendung des Begriffs Kosten ist in diesem Zusammenhang häufig nicht adäquat, da betriebliche Ressourcen während verschiedener Perioden beansprucht werden. Betriebswirtschaftlich sinnvoller wäre der Begriff Auszahlungen, die dann auch auf den Entscheidungszeitpunkt diskontiert werden könnten.[44]

Beispielhaft sei hier der Vergleich der elektronischen „Stromsparbirne" *Dulux El* von *Osram* mit einer gewöhnlichen Glühbirne aufgeführt. Die *Dulux El* ist zu einem angenommenen Zeitpunkt zu einem Preis von DM 46,– erhältlich, verbraucht aber bei gleicher Leuchtleistung wie eine herkömmliche 75 Watt-Glühbirne nur 15 Watt und hat eine wahrscheinliche bzw. durchschnittliche Lebensdauer von 8.000 Stunden im Gegensatz zu 1.000 Stunden für die Glühbirne. Die 75 Watt-Glühbirne hat einen Anschaffungspreis von DM 1,95. In Abb. 6. werden die Lebenszykluskosten der beiden Lampen miteinander verglichen. Es wurde ein Preis pro Kilowattstunde von DM 0,25 angenommen. Nicht berücksichtigt werden in diesem einfachen Modellbeispiel eventuelle Anschaffungsnebenkosten, Zinskosten, Kosten des Glühbirnenwechsels und Entsorgungskosten. Die Graphik zeigt, wie auch eine einfach durchzuführende Rechnung, daß dem vergleichsweise hohen Anschaffungspreis niedrige Betriebskosten gegenüberstehen, die mit steigender Betriebsstundenzahl das im Einkauf teurere Produkt wirtschaftlicher werden lassen.

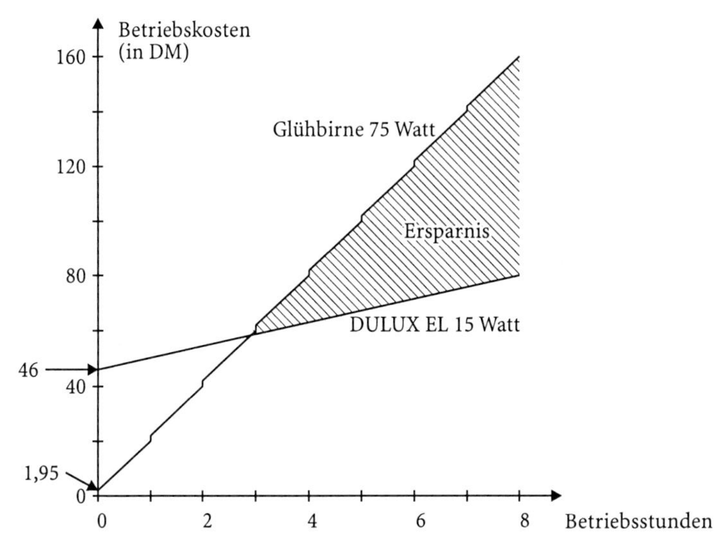

Abb. 6. Life Cycle-Cost-Vergleich von Stromsparbirne *Dulux El* und Glühbirne (Quelle: Simon 1992, S. 18)

---

[44] Vgl. das Kapitel „Wirtschaftlichkeitsrechnung als Grundlage industrieller Beschaffungsentscheidungen".

Es ist erkennbar, daß der Break-Even-Punkt – also der Punkt, von dem ab der Übergang vom einen Glühbirnentyp zum anderen wirtschaftlich wird – bei einer erwarteten bzw. geplanten Brenndauer von knapp 2700 Stunden liegt.[45] Ein Lieferant sollte dem Kunden im Rahmen seiner Marketing-Maßnahmen Beispielrechnungen vorlegen können, in denen der Kostenvorteil für den Kunden visualisiert und erläutert wird. Bei Kostennachteilen für den Kunden sollte auf eventuell vorliegende Nutzenvorteile hingewiesen werden. Solche Akquisitionsargumente kann sich insbesondere der zunächst im Verkaufspreis teurere Anbieter (oft: deutsche Hersteller im internationalen Wettbewerb) zu eigen machen.

Im folgenden soll ein kostenorientiertes Planungsinstrument vorgestellt werden, das als Target Costing bezeichnet wird.[46] Beim Target Costing (Zielkostenrechnung) handelt es sich um ein umfassendes Bündel von Kostenplanungs-, Kostenkontroll- und Kostenmanagementinstrumenten. Dabei soll das Bündel die Formulierung und Umsetzung der Kostenziele in der Konstruktions- und Entwicklungsphase eines neuen Produktes unterstützen. Aus der Automobilbranche ist z.B. bekannt, daß in vielen Fällen ca. 70 % der späteren Kosten bereits mit der Konstruktionsweise festgelegt werden. Ausgehend von einem zu erreichenden Zielpreis am Absatzmarkt werden die Kosten ermittelt, die für die Herstellung von Produkten anfallen *dürfen*. Sind die Zielkosten geringer als der Zielpreis, so stellt die Differenz den möglichen Gewinn dar.

Die aus Marketing-Sicht sinnvollste Methode zur Ermittlung des Zielpreises setzt sowohl bei den Kundenwünschen als auch bei Konkurrenzpreisen an (nachfrageorientierte und konkurrenzorientierte Preisbildung). Nach Abzug des gewünschten Gewinns, des Rentabilitätsanspruches, vom Zielpreis erhält man die Zielkosten.

Die Schwierigkeit des Zielkostenmanagements liegt darin, die 'erlaubten' Gesamtkosten auf alle Prozesse der Leistungserstellung und alle benötigten Komponenten, Betriebsmittel- und Personaleinsätze herunterzubrechen, für die einzelne Personen oder Teams die Verantwortung tragen,[47] um dort im Detail realisierbare Vorgaben zu entwickeln. Das Ergebnis eines solchen Vorgangs ist z.B., daß die Konstrukteure klare Vorgaben erhalten, wie hoch beispielsweise die Kosten für einen Außenspiegel sein dürfen. Hier fließen dann auch Überlegungen zu einer Make-or-Buy-Entscheidung ein. Die Vorgehensweise des Target Costing führt damit auch zu strengen (Ziel-) Kostenvorgaben für die Beschaffung.

Die frühzeitige nachfrageorientierte Ermittlung von Zielpreise sichert letztlich die Markt- und Kundenorientierung über alle Phasen von der Produktentstehung bis zur Vermarktung. Problematisch bleibt die Verteilung der Kosten auf

---

[45] Vgl. Simon 1992, S. 17 f.

[46] Zum Target Costing vgl. z.B. Seidenschwarz 1993.

[47] Vgl. Franz 1993, S. 125.

die beteiligten Funktionsbereiche bzw. Prozeßelemente. Sie erfordert eine enge Zusammenarbeit der einzelnen z.B. an Neuentwicklungen beteiligten Parteien.

Dieses Erfordernis geht so weit, daß auch Zulieferer im Rahmen des Supply Management in die Zielkostenplanung mit einbezogen werden, um so zu gewährleisten, daß die Zielkosten erreicht werden. Das hat wiederum zur Folge, daß viele Zulieferer ihre Kostenstrukturen offenlegen müssen, um weiterhin mit dem Abnehmer in Geschäftsbeziehungen zu bleiben. Die Einbeziehung der geeigneten Zulieferer erfolgt organisatorisch zumeist über die Beschaffungsabteilung. Die Besonderheiten des Zulieferer-Marketing bestehen in diesen Fällen darin, daß die Lieferanten frühzeitig Bereitschaft zur Zusammenarbeit in Teams mit dem Abnehmer bekunden. Sie müssen die Erreichbarkeit der auf sie entfallenden Zielkosten argumentativ stützen.

Ein weiterer Kritikpunkt bezieht sich auf die Art der Kalkulation der Zielkosten. Da es sich beim Target Costing um eine Vollkostenrechnung handelt, kommen sämtliche Nachteile dieser Kalkulationsform zum Tragen (es sei an dieser Stelle nur die Schlüsselung der Gemeinkosten genannt[48]). Erst neuere Versuche der Verbindung einer Prozeßkostenrechnung mit dem Target Costing lassen eine verbesserte Kostenzurechnung auf einzelne Produkte erwarten.[49]

2.5.3 Lieferantenorientierte Ansätze der Beschaffungsplanung

Unter der Voraussetzung, daß mehrere Anbieter für ein und dasselbe Gut vorhanden sind, muß eine Lieferantenanalyse und -bewertung („*vendor analysis*", „*vendor rating*") vorgenommen werden.[50] Sie hat zum Ziel, möglichst alle Faktoren, die bei der Lieferantenauswahl von Bedeutung sein können, zu erfassen, sie explizit zu machen, ihre relative Bedeutung festzulegen, eine quantifizierende Bewertung vorzunehmen und eine darauf aufbauende Auswahlentscheidung zu treffen. Nur in den seltensten Fällen kann diese Entscheidung lediglich anhand des Kriteriums Preis (evtl. unter Berücksichtigung der Bestellkosten) getroffen werden. Vielmehr beeinflußt eine Vielzahl quantitativer und qualitativer Faktoren die Selektionsentscheidung. Solche Auswahlkriterien können sein:

- Preis,
- Produktqualität,
- Garantieleistungen,
- Service,
- Zuverlässigkeit des Lieferanten,

[48] Vgl. Kapitel „Analyse der Erfolgsquellen"

[49] Vgl. Reckenfelderbäumer 1994.

[50] Zur Lieferantenbewertung vgl. vor allem Glantschnig 1994 und Mai 1982.

- Lieferrisken (z.B. beim Import),
- Konditionen, Nebenkosten,
- Kreditgewährung,
- Sortiment,
- Image des Lieferanten,
- Bestehen von langfristigen Geschäftsbeziehungen,
- Möglichkeit zu Gegengeschäften,
- Kapazität des Lieferanten,
- kapitalmäßige oder vertragliche Verflechtungen,
- Erfüllung von Mindestbedingungen, Normen und Standards, Umweltschutz- und Entsorgungsvorschriften.

Einzelne dieser Faktoren können von so ausschlaggebender Bedeutung sein, daß die Unterschreitung eines bestimmten Standards bei diesen sogenannten K.O.-Kriterien nicht kompensiert werden kann, sondern zum sofortigen Ausschluß des Lieferanten führt (Streichung aus der Lieferantenliste). Häufig gilt das für die funktionale Qualität, insbesondere die Bedienungssicherheit beschaffter Produkte. Mängel in dieser Beziehung können zumeist auch durch erhebliche Preisreduktionen und sonstige Leistungen nicht wettgemacht werden.

Statische und dynamische Verfahren der Wirtschaftlichkeitsanalyse[51] reichen allein nicht aus, um die komplexe Lieferantenentscheidung in zutreffender Weise fällen zu können. Selbst wenn alle Faktoren sich in Zahlungen bzw. Kosten niederschlügen und somit auf diesem Nenner vergleichbar gemacht werden könnten, stößt doch die Anwendung einer rein quantitativen Analyse in Anbetracht der Schwierigkeiten der Erfassung von Zahlungen bzw. Kosten auf kaum lösbare Probleme, z.B. wegen der auftretenden Unsicherheit.

Immer dann, wenn bestimmte Faktoren unbedingt in einer gewissen Mindestausprägung gegeben sein müssen, um den Lieferanten nicht völlig aus der engeren Auswahl auszuschließen, können in einem ersten Schritt Checklisten der Faktoren aufgestellt werden, denen die Ausprägungen „ja" oder „nein", „gegeben" oder „nicht gegeben" zugeordnet werden. Prinzipiell läßt sich eine Vielzahl von Kriterien auch mit Hilfe der Faktorenanalyse auf wenige, voneinander unabhängige Größen verdichten, die die meisten Einflußgrößen erfassen und wiedergeben. Auf diese Weise kann das Verfahren gegebenenfalls beschleunigt und vereinfacht werden. In vielen Fällen macht aber die sehr unterschiedliche Ausprägung der Einflußgrößen eine differenzierte Betrachtung notwendig. Dann empfiehlt es sich, ein Punktbewertungsverfahren (Scoring-Modell) anzuwenden. Scoring-Modelle oder auch die Nutzwertanalysen sind stets zur Entscheidungsstützung geeignet und üblich, wenn eine Mehrzahl von Alternativen anhand ei-

[51] Vgl. Kapitel „Wirtschaftlichkeitsrechnung als Grundlage industrieller Beschaffungsentscheidungen".

ner größeren Zahl quantitativer und qualitativer Merkmale beurteilt werden soll. Ein Scoring-Modell der Lieferantenbewertung geht typischerweise nach folgenden Schritten vor:

1. Auflistung der relevanten Einflußfaktoren und der potentiellen Lieferanten (Bezugsquellen),
2. Gewichtung der Einflußfaktoren,
3. Bewertung jedes Lieferanten im Hinblick auf jeden Einflußfaktor mit einer Punktzahl auf einer vorher festgelegten Rating-Skala,
4. Multiplikation der Faktorpunktzahlen je Merkmal mit der jeweiligen Gewichtungszahl,
5. Addition (in seltenen Fällen auch Multiplikation) der in 4. ermittelten Faktorwerte je Merkmal zu einem Gesamtwert (Scoring-Index) für jeden Lieferanten und
6. Entscheidung für einen oder mehrere Lieferanten entsprechend den ermittelten Scoring-Indizes.

Die Vorteile eines solchen Verfahrens, für das Tabelle 3 ein Beispiel mit einfacher Gewichtung zeigt, liegen darin, daß qualitative Faktoren quantifiziert, unvergleichbare vergleichbar und implizite explizit gemacht und damit auch intersubjektiv nachprüfbar werden. Eine subjektive Bewertungskomponente wird nicht ausgeschlossen, die damit verbundene Bewertungsproblematik soll nicht unterschätzt werden. Es wird jedoch Transparenz und Verantwortlichkeit erzielt, eine Aufteilung der Bewertung auf mehrere kompetente Personen ist durchaus möglich. Schließlich muß auch auf die Gefahr einer gewissen Scheingenauigkeit hingewiesen werden, die mit der Interpretation der Indizes einhergehen kann.

Dennoch liefert das Verfahren, das auch bei anderen Entscheidungsarten herangezogen werden kann und durchaus EDV-gestützt eingesetzt wird, relativ gute Ergebnisse bei dem Versuch, sehr komplexe Tatbestände einer systematischen, „rationaleren" Entscheidung näherzubringen.

Tabelle 3. Lieferantenanalyse mit Hilfe eines Scoring-Modells – ein einfaches Beispiel

	Lieferant A	*Lieferant B*
1. Fähigkeiten	1	2
2. Zusammenarbeit und Service	3	2
3. Qualität	2	1
4. Lieferzeit	1	3
5. Gesamtkosten	2	2
Summe	*9*	*10*

Bewertung: 1 bis max. 5 Punkte für die günstigste Ausprägung

Eine weitere Möglichkeit zur methodischen Fundierung der strategischen Beschaffungsplanung bietet die Einkaufsportfolio-Analyse. Dabei werden im ersten Schritt die zu beschaffenden Inputfaktoren bezüglich ihres Gewinneinflusses (1) und des mit ihnen verbundenen Beschaffungsrisikos (2) sortiert.

Zu (1):

Für die Entwicklung des Portfolio-Diagramms sind zunächst im Rahmen der ABC-Analyse die Inputfaktoren nach ihrer Wertigkeit und nach ihrem Anteil an der Gesamtmenge der während einer Periode beschafften Faktoren zu klassifizieren. Dabei ist meistens zu beobachten, daß durch einige wenige Inputfaktoren der höchste Anteil an Beschaffungskosten verursacht wird. Diese Güter werden als sog. A-Güter bezeichnet. Sie haben die größte Bedeutung für die langfristige Kostenentwicklung. Natürlich spielen neben diesen quantitativen Größen auch qualitative Einflußfaktoren auf die Gewinnentwicklung eine Rolle. *Arnold* weist hierbei auf die Bedeutung image-bildender Einbau- und Zubehörteile hin, die auf dem Absatzmarkt zu Erlöswirkungen führen können, ohne aber mit hohen Beschaffungskosten verbunden zu sein.[52]

Zu (2):

Das Versorgungsrisiko läßt sich unter anderem anhand folgender Kriterien beurteilen:

- Konsequenzen einer Versorgungslücke für Produktion und Absatz,
- Substitutionsmöglichkeiten durch andere Inputfaktoren,
- Möglichkeit der Eigenfertigung,
- Zahl der Lieferanten und
- Lagerfähigkeit.

Die Beschaffungsgüter werden bezüglich der beiden Dimensionen Ergebniseinfluß und Versorgungsrisiko jeweils den Kategorien „hoch“ und „niedrig“ zugeordnet.

Die in Abb. 7 dargestellte Vierfelder-Matrix verdeutlicht den Zusammenhang. Von der Einordnung der Beschaffungsgüter in die Matrix kann z.B. die Intensität der materialwirtschaftlichen Bearbeitung abhängig gemacht werden. Strategisch bedeutsame Materialien verlangen präzise Bedarfsprognosen und somit eine genaue Beschaffungsmarktforschung sowie eine sorgfältige Pflege der Lieferantenkontakte. Unkritische Materialien erfordern dagegen einen deutlich geringeren Anteil an Aktionspotential.

---

[52] Vgl. Arnold 1982, S. 208 ff. *Kraljic* (Kraljic 1977, S. 72 ff.; Kraljic 1986, S. 72 ff.; Kraljic 1988, S. 477 ff.) hat als einer der ersten Autoren die Einsatzmöglichkeiten der Portfolio-Analyse für den Beschaffungsbereich aufgezeigt.

Für strategisch wichtige Produkte kann ein spezifisches strategisches Einkaufsportfolio mit den Dimensionen „Nachfragemacht" und „Lieferantenmacht" erstellt werden, aus dem dann in weiteren Überlegungen Beschaffungsstrategien abgeleitet werden. Tabelle 4 gibt einen Überblick über die von *Kraljic* zur Einschätzung der Lieferanten- und Nachfragemacht zugrunde gelegten Kriterien. Abbildung 8 gibt das spezifische Portfolio wieder.

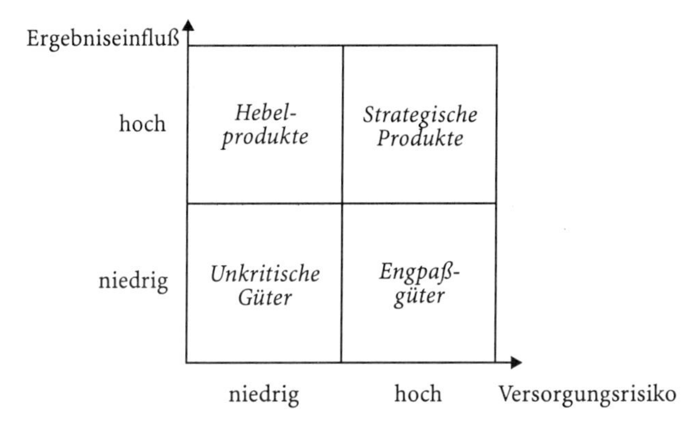

Abb. 7. Vierfelder-Matrix zur Produktbewertung[53]
(In Anlehnung an: Kraljic 1988, S. 486)

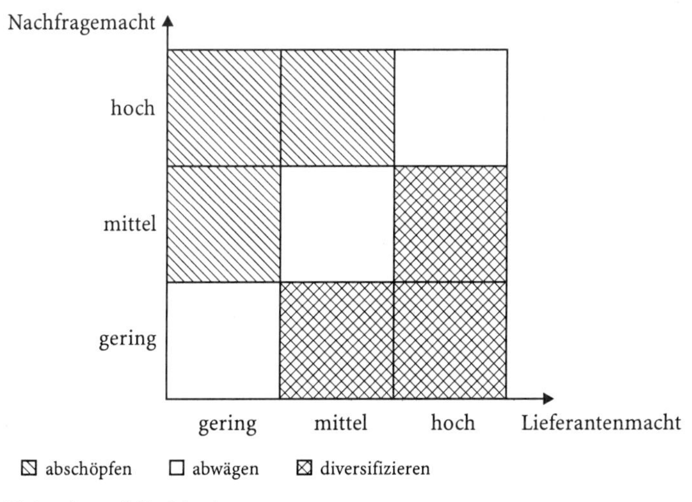

Abb. 8. Einkaufsportfolio-Matrix
(Quelle: Kraljic 1986, S. 84)

---

[53] *Kraljic* bezeichnet die Ordinate mit Einkaufsvolumen. Der Begriff Ergebniseinfluß gibt die Bedeutung der Achse unserer Meinung nach jedoch besser wieder.

Tabelle 4. Bewertungskriterien der Lieferanten- und Nachfragemacht (Quelle: Kraljic 1986, S. 80f.)

Kriterien zur Bewertung der Lieferantenmacht	*Kriterien zur Bewertung der Nachfragemacht*
Marktgröße im Verhältnis zur Lieferantenkapazität	Einkaufsmenge im Verhältnis zur Kapazität der wichtigsten Produktionseinheiten
Marktwachstum im Verhältnis zur Kapazitätsausweitung	Nachfragewachstum im Verhältnis zur Kapazitätsausweitung
Kapazitätsauslastung oder Engpaßrisiken	Kapazitätsauslastung der wichtigsten Produktionseinheiten
Wettbewerbssituation	Marktanteil im Vergleich zu den wichtigsten Wettbewerbern
Return on Investment (ROI)	Ergebnisbeitrag der wichtigsten Fertigprodukte
Kosten- und Preisstruktur	Kosten- und Preisstruktur
Gewinnschwelle	Kosten bei Lieferausfall
Besonderheit des Produkts und technologische Stabilität	Möglichkeiten zur Eigenfertigung bzw. Integrationstiefe
Eintrittsbarrieren (wegen des erforderlichen Kapitals oder Know-hows)	Eintrittskosten für neue Bezugsquellen im Verhältnis zu den Kosten einer Eigenfertigung
Logistische Situation	Logistik

Aus der Abb. 8 kann man eine Reihe von Strategieempfehlungen ableiten. Die *Abschöpfungsstrategie* ist durch folgende Aktionselemente gekennzeichnet:

- gezielte Streuung von Einkaufsmengen über mehrere Lieferanten; Bündelung zu kostenoptimalen Bestellmengen,
- harte Verhandlungen über Preisnachlässe und Transaktionskosten, ohne jedoch die Existenzfähigkeit der Lieferanten zu gefährden,
- Forcieren von Spot-Käufen,
- Minimierung der Sicherheitsbestände,
- Auflagen zur Qualitätssicherung und Verbesserung durchsetzen,
- Anteil der Eigenfertigung konstant halten, ggf. abbauen.

Bei der *Strategie der Diversifikation* dominiert das Ziel der Versorgungssicherheit. Anstrengungen zur Aufrechterhaltung bzw. zur Verbesserung der Lage sind aus Abnehmersicht erforderlich. Die Beschaffung sollte sich dabei auf wenige, vergleichsweise sichere Lieferanten konzentrieren, die Preispolitik sollte zurückhaltend sein, langfristige Lieferverträge sollten abgeschlossen und die Lieferanten in der Qualitätssicherung unterstützt werden.

Die *Strategie des Abwägens* ist wenig aussagekräftig. Es geht dabei um die gleichzeitige Realisierung des Ziels Versorgungssicherheit und Ökonomisierung der Beschaffung.

Kritisch bleibt anzumerken, daß solchen Strategievorschlägen mit Vorsicht zu begegnen ist. Ähnlich wie bei den auf den Absatzmarkt gerichteten Portfolio-Analysen liegen deren Stärken eher im Bereich der Diagnose als in dem der Therapie. Sie bieten erste Anhaltspunkte, die im konkreten Einzelfall überprüft und ggf. modifiziert werden sollten. Solche Strategien können jedoch nicht eine detaillierte Analysephase im Rahmen der Strategieentwicklung ersetzen. Methodisch kann das Instrument der Einkaufsportfolio-Analyse sicherlich noch weiter verfeinert bzw. verbessert und an die unterschiedlichen Gegebenheiten in einzelnen Branchen angepaßt werden.
Das Portfolio bietet jedoch einen pragmatischen Bezugsrahmen, der vor allem zur Bestandsaufnahme und differenzierten Segmentanalyse leicht in die Praxis übertragen werden kann.[54]

Für den Anbieter und sein Vertriebspersonal ergibt sich zunächst die Frage, ob es eine Möglichkeit gibt zur Information über die Bewertung durch Nachfrager/Kunden. Nach Aussagen von Einkäufern kann die Bewertung im Rahmen von Lieferantenanalysen durchaus erfragt werden - so die Politik etlicher Unternehmen und Einkäufer, die damit ihre Lieferanten zu Verbesserungen anhalten wollen. Damit ist gleichzeitig der zweite Aspekt angesprochen: Reaktionsmöglichkeiten der Verkäuferseite. Diese liegen in einer Verbesserung der eigenen Leistung bei vom Kunden im Vergleich zwischen Lieferanten besonders hoch gewichteten Faktoren. Wenn dieses mit der angestrebten Wettbewerbspositionierung verträglich ist, kann eine solche Reaktion zur Verstärkung von Kundenvorteilen beitragen und die Chancen des Vertriebs verbessern.

2.6 Ausgewählte Beschaffungsstrategien

Das Beschaffungsverhalten von Organisationen ist zunächst durch strategische Beschaffungsentscheidungen geprägt. Dieser Aspekt wird im Beschaffungsmarketing[55] als aufeinander abgestimmte Bündelung der beschaffungspolitischen Instrumente verstanden, die an obersten Unternehmenszielsetzungen orientiert ist und eine Grundausrichtung zur Erzielung von Wettbewerbsvorteilen besitzt. Die wichtigsten strategischen Beschaffungsentscheidungen werden im folgenden erörtert.

---

[54] Vgl. Arnold 1982, S. 213 ff.

[55] Vgl. z.B. Hammann/Lohrberg 1986.

2.6.1 Strategien im Hinblick auf die Anzahl der Bezugsquellen

Einführend zu diesem Abschnitt soll bemerkt werden, daß es sich bei den betrachteten Strategien immer um solche aus Abnehmersicht handelt. Wenn ein Abnehmer sich entscheidet, bei einer Bezugsquelle zu beziehen, heißt dies nicht, daß der Lieferant nur einen Abnehmer für diese Leistung hat. Unterschieden werden die beiden grundlegenden Alternativen des Multiple und Single Sourcing sowie die Varianten des Dual und Sole Sourcing.

Multiple Sourcing

Die Entscheidung über die Zahl der Bezugsquellen für bestimmte Leistungen ist zumeist strategisch orientiert. Das Multiple Sourcing bzw. Order Splitting ist darauf abgestellt, Wettbewerb unter den Lieferanten aufrechtzuerhalten bzw. zu verstärken. Außerdem werden Lieferrisiken mit dieser Strategie vermindert, indem das Gesamtbeschaffungsvolumen auf mehrere Lieferanten aufgeteilt wird. *Arnold* empfiehlt eine regionale Streuung der Bezugsquellen, sofern das Risiko des Ausfalls eines Lieferanten regional begrenzt auftritt (beispielsweise durch das Auslaufen von Tarifverträgen in zeitlicher Staffelung und die in der Folge möglicherweise auftretenden Streiks von Mitarbeitern).[56]

Häufig müssen durch Multiple Sourcing allerdings Qualitätsvarianzen in Kauf genommen werden, die dann erhöhten Kontrollaufwand erfordern. Das heißt, daß auch diese Entscheidung vor dem Hintergrund von Kosten- und Qualitätswirkungen analysiert werden muß.

Single Sourcing

Der gegenteilige Fall liegt bei Strategien des Single Sourcing vor (Bezug von nur *einer* Lieferquelle). Gerade im Rahmen der zunehmenden Analyse und Betonung einzelner, evtl. besonders wichtiger Geschäftsbeziehungen erhält diese Option eine erhöhte Aufmerksamkeit.

Kaufmann[57] weist auf vier mögliche Unterfälle im Rahmen des Single Sourcing hin. Er unterscheidet einerseits in modellbezogenes (z.B. Airbag von einem Zulieferer für ein Fahrzeugmodell) oder modellübergreifendes Single Sourcing (z.B. Airbag von einem Zulieferer für alle Modelle), andererseits werksübergreifendes (Airbag von einem Zulieferer für alle Werke) und werksbezogenes Single Sourcing (Airbag von einem Zulieferer für ein bestimmtes Werk).

Single Sourcing kann durch Alleinstellungen bzw. Überlegenheiten eines einzelnen Lieferanten veranlaßt, evtl. erzwungen sein.

---

[56] Vgl. Arnold 1997, S. 74.

[57] Vgl. Kaufmann 1995, S. 286.

Single Sourcing kann bei kostenintensiven Liefer- und Logistikbeziehungen vorgezeichnet sein, etwa im Rahmen von Just-in-Time-Lieferbeziehungen, die ein ausgefeiltes Kommunikations- und Logistiksystem erfordern und daher nur für wenige qualifizierte Lieferanten(beziehungen) in Frage kommen. Auch die Fälle gemeinsamer Produktentwicklung zwischen Abnehmern und Lieferanten, z.B. im Rahmen des Simultaneous Engineering, lassen nahezu ausschließlich Single Sourcing-Entscheidungen zu.

Dem Nachteil des Single Sourcing, daß mit der Zeit der Wettbewerb unter den Zulieferern eingeschränkt wird, kann mit einer Ausschreibung in frühen Phasen bei der Entwicklung eines Zulieferteils für ein neues Modell begegnet werden.[58] In der Automobilbranche hat sich dafür der Begriff Konzeptwettbewerb durchgesetzt. Die Zulieferer haben dann die Chance, ihre Ideen vorzustellen und eine Geschäftsbeziehung mit dem Hersteller aufzubauen. Das „Strategic Window"[59] wird durch eine solche Auftragsvergabepraxis häufiger geöffnet als in weniger dynamischen Branchen.

Dual Sourcing

Ein Kompromiß zwischen beiden Extremorientierungen liegt im Dual Sourcing mit der Aufteilung der Beschaffungsmengen auf zwei Lieferanten vor. Typischerweise werden in solchen Fällen, in denen eine begrenzte Anzahl von Lieferanten in die engere Wahl gezogen wird, formelle Lieferantenlisten aufgestellt, die nur in größeren Abständen einer Überprüfung unterzogen werden. Eine Listung stellt dann die Voraussetzung für Vertragsverhandlungen und Auftragsvergabe dar. Als Dual Sourcing läßt sich auch die Möglichkeit eines Anbieters interpretieren, einen Teil der benötigten Leistungen selbst zu erstellen und den anderen Teil über den Markt zu beschaffen. Dies kann in Fällen geboten sein, in denen das Versorgungsrisiko sehr hoch ist und man sich nicht in die Abhängigkeit eines oder mehrerer Zulieferer begeben möchte. Ein weiterer positiver Aspekt könnte in der Schaffung von Wettbewerb durch das „Androhen" der Eigenfertigung liegen. Die Lieferanten könnten dadurch zu einer Erhöhung ihrer Leistungsfähigkeit veranlaßt werden.

Sole Sourcing

Sole Sourcing stellt einen Sonderfall im Rahmen der bisher beschriebenen Strategien dar. Diese Strategievariante wird bei Vorliegen einer monopolistischen Position eines Lieferanten verfolgt. Der Abnehmer wird gezwungen, bei diesem einzigen Lieferanten zu beschaffen. Er hat keine Bezugsalternativen und sein Ver-

[58] Vgl. Kaufmann 1995, S. 287.

[59] Vgl. zum Konzept des „Strategic Window" Abell 1978, S. 21 ff.

hältnis zum Lieferanten ist durch hohe Abhängigkeit gekennzeichnet.[60] Dadurch entstehen dem Abnehmer im Regelfall erhöhte Kosten. Er hat jedoch auch die Möglichkeit, einen höheren Nutzen für seine Kunden am Absatzmarkt zu erzielen, wenn er beispielsweise exklusiv mit einer innovativen Leistung beliefert wird.

Die nachfolgende Übersicht verdeutlicht nochmals die Vorteile der beiden grundsätzlichen polaren Strategieoptionen Single und Multiple Sourcing.[61]

Folgende Vorteile sind für ein beschaffendes Unternehmen mit der Bezugsquellenkonzentration auf einen Lieferanten verbunden:

- Stärkere Position bei Preisverhandlungen durch größere Mengen,
- Senkung der Transportkosten,
- keine bzw. geringere Gefahr qualitativer Abweichungen bei Produkten,
- leichtere Qualitätskontrolle,
- Verminderung des Beschaffungsaufwandes,
- Verbesserung der Kommunikation durch engere, evtl. langjährige Beziehungen,
- stärkere Hilfestellung durch den Lieferanten bei technischer Anwendung, abnehmerbezogener Forschung und Sonderproblemen,
- Senkung der Kosten, sofern vom Nachfrager (oder vom Lieferanten) Werkzeuge, Muster, Formen usw. zur Verfügung gestellt werden müssen,
- Planungserleichterungen durch verbesserten Informationsstand und bedingte Verträge („*contingent contracts*“[62]).

Vorteile der Aufteilung der Bezugsmengen auf mehrere Lieferanten sind für ein beschaffendes Unternehmen:

- Streuung der Risiken und damit Beschaffungssicherung,
- größerer Wettbewerb unter den Lieferanten und Verringerung der dort entstehenden Marktmacht,
- weniger Abhängigkeit von einem Lieferanten und damit höhere Flexibilität,
- evtl. Kostenverlagerungen auf die Lieferanten, sofern die Stellung des Nachfragers mehreren Lieferanten gegenüber gestärkt wird und er zusätzliche Dienstleistungen verlangen kann,
- unter Umständen größere Chancen für das Aufspüren und Umsetzen von Innovationen,
- Entwicklungsmöglichkeit für kleinere Lieferanten,
- keine ökonomischen und moralischen Verpflichtungen zur weiteren Unterstützung eines allein von einem Nachfrager abhängigen Lieferanten.

---

[60] Vgl. Arnold 1996, Sp. 1864 ff.

[61] Vgl. Baily/Farmer/Jessop/Jones 1998, S. 153. Eine Übersicht über die Charakteristika von Multiple und Single Sourcing befindet sich auch bei Arnold 1997, S. 99.

[62] Vgl. hierzu Helm 1997, S. 439.

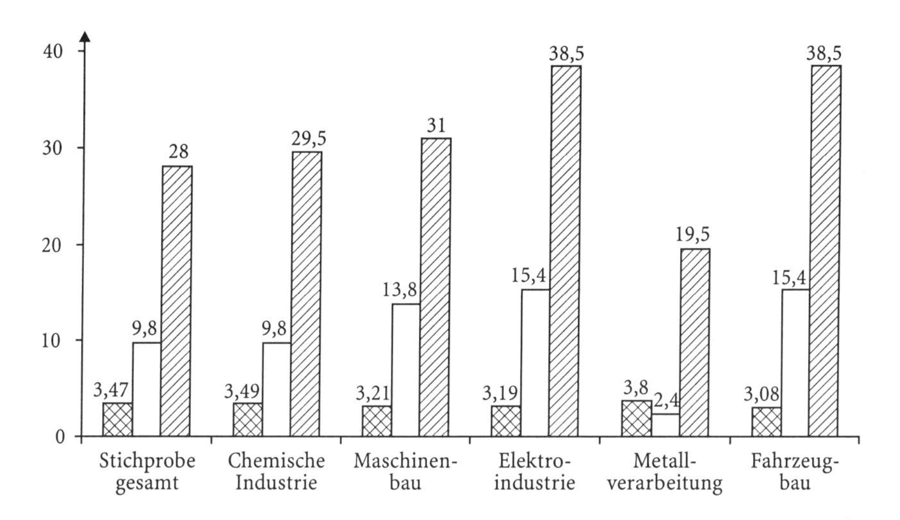

Abb. 9. Die Lieferantenzahl in ausgewählten Branchen (Quelle: Simon/Homburg 1993, S. 6 f.)

In einer umfangreichen empirischen Untersuchung zum Beschaffungsverhalten industrieller Unternehmen in Deutschland im Jahre 1993 haben *Simon/Homburg* 370 Unternehmen auch bezüglich ihrer Lieferantenzahl befragt. Die Ergebnisse ihrer Befragung illustriert die Abb. 9.

Es zeigt sich, daß die durchschnittliche Lieferantenzahl pro Produkt bei 3,47 liegt. Sie schwankt branchenabhängig zwischen drei und vier Lieferanten. Diese Ergebnisse zeigen, daß entgegen den Annahmen in der aktuellen Diskussion, Single Sourcing eher eine Ausnahme darstellt. In nur knapp 10 % der Fälle haben Unternehmen für ein Produkt nur einen einzigen Lieferanten.[63]

2.6.2 Strategien im Hinblick auf die Komplexität des Inputfaktors

Bezüglich der Komplexität der zu beschaffenden Inputfaktoren können vier verschiedene Strategievarianten unterschieden werden, wobei die Komplexität der Beschaffung von Strategie zu Strategie abnimmt: System, Modular, Component und Parts Sourcing.

---

[63] Vgl. Simon/Homburg 1993, S. 6 f.

System/Modular Sourcing

Im Falle der Beschaffung komplexer Güterbündel stellt sich zunehmend die Frage nach Systemkauf (Paketkauf) oder Komponentenkauf.[64] Dies gilt z.B. bei der Beschaffung industrieller Anlagen, aber auch bei Fremdbezug von Teilen, die später zu Baugruppen montiert werden sollen. In jüngerer Zeit werden Überlegungen hierzu unter dem Begriff des „Modular Sourcing"[65] im Rahmen von Beschaffungsprozessen der montageintensiven Industrien diskutiert.[66] Die Verwendung der Begriffe Modul- und Systembeschaffung erfolgt dabei in der Literatur sehr undifferenziert.[67] Wir wollen uns der Definition von *Wolters* anschließen, der die Beschaffungsumfänge unterteilt in Teile, Komponenten, Module und Systeme. Beim Modular und System Sourcing geht es darum, die Beschaffungsumfänge zu kompletten, teilweise vormontierten und einbaufertigen Funktionsgruppen zusammenzufassen. In der Automobilindustrie werden beispielsweise dann Lenkrad, Lenkstange, Prallelemente und Lenkgetriebe nicht mehr wie bisher als Einzelteile über mehrere Lieferanten beschafft und im Werk eines Automobilherstellers in der Vormontage komplettiert, sondern von einem Lieferanten als komplettes Lenkfunktionsmodul bzw. -system angeliefert. Module und Systeme werden dadurch abgegrenzt, daß Module vom Fahrzeughersteller maßgeblich entwickelt und konstruiert sowie vom Lieferanten gefertigt und komplettiert werden. Bei der Systembeschaffung übernimmt dagegen der Lieferant den überwiegenden Teil der Leistungen in der Entwicklung, der Produktion, der Logistik und koordiniert die ihm zuliefernden Subunternehmen.[68] Abbildung 10 zeigt analog zur Make-or-Buy-Entscheidung und dem Outsourcing die Strategie des Modular Sourcing in schematischer Form.

Aus Sicht des beschaffenden Montagebetriebes können mit der Strategie des Modular bzw. System Sourcing zwei diametral entgegengesetzte Ziele gleichzeitig erreicht werden: geringere Fertigungstiefe (höheres Beschaffungsvolumen) bei weniger Lieferanten.[69] Außerdem sinken durch die verringerte Zahl der Liefe-

---

[64] Zu den Enscheidungskriterien zwischen System- und Komponentenkauf aus der Sicht eines Nachfragers von Großanlagen vgl. Günter 1979, S. 112.

[65] Vgl. Eicke/Femerling 1991; vgl. auch Arnold 1997, S. 100 ff.; Kaufmann 1995, S. 281 f.; Wolters 1995.

[66] Es soll an dieser Stelle darauf hingewiesen werden, daß die hier vorgestellten Beschaffungsstrategien keinesfalls nur für die Automobilindustrie Gültigkeit besitzen. So weisen *Eikke/Femerling* im Zusammenhang mit Modular Sourcing darauf hin, daß Schiffsaufbauten in der Werftindustrie, Naßzellen in der Bauindustrie oder Gewürzmixe in der Nahrungsmittelindustrie Module darstellen können (vgl. Eicke/Femerling 1991).

[67] *Eicke/Femerling* benutzen die angelsächsischen Begriffe des „Modular Sourcing" und „System Sourcing" synonym und verstehen darunter den Bezug von kompletten, einbaufertigen Komponenten und Funktionseinheiten (vgl. Eicke/Femerling 1991, S. 1).

[68] Vgl. Wolters 1995, S. 72 f.

[69] Vgl. Wildemann 1992, S. 82.

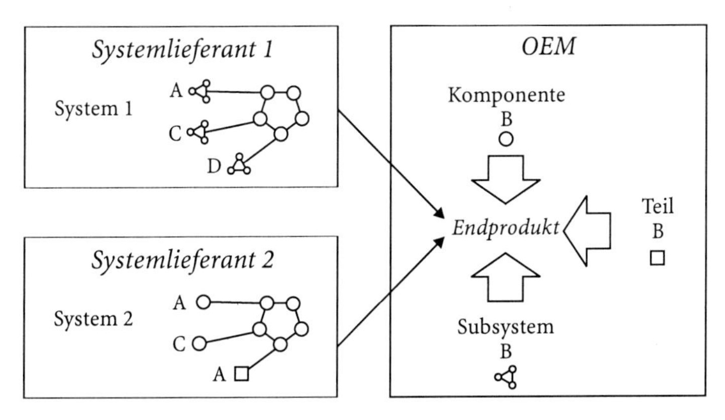

Abb. 10. Modular Sourcing

ranten die Transaktionskosten, da weniger Verträge geschlossen werden, weniger Lieferbeziehungen kontrolliert werden müssen. Möglicherweise können auch personelle Ressourcen eingespart werden, da, z.B. auch bedingt durch die Verringerung von Sachnummern, weniger Kapazitäten in der Einkaufsdisposition notwendig sind.[70] Gleichwohl steigen jedoch die Transaktionskosten bezogen auf den einen ausgewählten Systemlieferanten.

Ein weiterer Aspekt, der zu nicht unerheblichen Kosteneinsparungen sowohl auf seiten der Montagebetriebe als auch bei den Lieferanten führen kann, ist in sogenannten Plattform-Strategien zu suchen. Damit ist die marken- und modellübergreifende einheitliche Gestaltung der inneren Fahrzeugstruktur wie Bodengruppe, Fahrwerk oder Antriebsstrang gemeint. So gibt die A-Plattform des *VW*-Konzerns nicht nur dem Golf und verwandten Modellen wie *Variant* und *Cabrio* die innere Gestalt, sondern auch dem *Audi A3, Seat Cordoba* und *Skoda Oktavia.*[71]

Tabelle 5 zeigt zusammenfassend die Vorteile der Systembeschaffung. Es wird deutlich, daß nicht nur die Kosten in der Beschaffung, sondern auch in F&E, Produktion und Logistik gesenkt werden, so daß wiederum Gesamtkosten eingespart werden können.

Component Sourcing

Beschaffungsumfänge mit einer im Vergleich zu Modulen und Systemen niedrigeren Wertschöpfung und Aggregation bezeichnet *Wolters* als Komponenten. Sie setzen sich in der Regel aus mehreren Teilen zusammen und bilden eine Baugruppe ohne funktionelle Abgrenzbarkeit.[72]

---

[70] Vgl. Wolters 1995, S. 92 ff.

[71] Vgl. Dudenhöffer 1997, S. 144 ff.

[72] Vgl. Wolters 1995, S. 73.

Tabelle 5. Erzielbare Vorteile durch Systembeschaffung (In Anlehnung an: Wolters 1995, S. 98)

Funktionaler Bereich	*Vorteile beim Hersteller*	*Netto-Rationalisierungseffekt*
Forschung & Entwicklung	• Spezialisierung auf Kernkompetenzen • Weniger Änderungen (z.B. Werkzeuge) • Schnelle Problemlösung • Abbau der Ingenieur-kapazitäten	• Kürzere Entwicklungszeiten • Ausgereiftere Produkte • Geringere Entwicklungskosten • Reduzierung der Personal-aufwendungen
Beschaffung	• Reduzierung der Lieferanten • Einsparung von Sachnummern • Weniger Einkaufspersonal	• Reduzierung der Personalaufwendungen • Reduzierung der Materialkosten
Produktion & Logistik	• Abbau der Vormontage • Weniger Fehler-möglichkeiten (Montage) • Abbau von Lagern • Reduzierung des Flächenbedarfs • Reduzierung der Logistikschnittstellen (z.B. Anlieferungen)	• Economies of Scale • Geringere Qualitäts-sicherungskosten • Reduzierung der Personal-aufwendungen • Erfahrungskurveneffekte • Geringere Kapital-bindungskosten • Bessere Produkt- und Prozeßqualität

Parts Sourcing

Teile haben keinen Montagezusammenhang und sind in der Regel nicht weiter zerlegbar. Sie sind wenig komplex, haben häufig universelle, standardisierte Funktionen und einen niedrigen Innovationsanteil. Als Beispiel können Schrauben oder Kippschalter genannt werden.[73]

Ein Teilelieferant zeichnet sich typischerweise durch die Fähigkeit aus, kostengünstig zu produzieren, während der Komponentenlieferant zusätzlich noch Logistikleistungen erbringt, beispielsweise eine Just-in-Time-Anlieferung. Die Leistung der Modul- und Systemlieferanten umfaßt darüber hinaus die Komplettierung der Teile und Komponenten sowie die Steuerung der Sublieferanten. Bei Systemlieferanten kommt zusätzlich noch die F&E-Leistung hinzu. Sie sind in die (Fahrzeug)Entwicklung des Herstellers integriert und übernehmen wesentliche Leistungsumfänge in diesem Bereich. Die frühe Einbindung des Lieferanten wird dabei auch als Forward Sourcing bezeichnet. Tabelle 6 verdeutlicht die unterschiedlichen Beschaffungsbeziehungen.

[73] Vgl. Wolters 1995, S. 73.

Tabelle 6. Typische Leistungsumfänge bei unterschiedlichen Beschaffungsbeziehungen (Quelle: Wolters 1995, S. 73)

	Leistung				
Lieferantenform	F&E	Produktion	Logistik	Teileaggregation / Komplettierung	Steuerung der Sublieferanten
Teilelieferant		●			
Komponentenlieferant		●	●		
Modullieferant		●	●	●	●
Systemlieferant	●	●	●	●	●

Die Bündelung von einzelnen Komponenten wird dabei auf Lieferantenstufen („Systemführer“, „Systemträger“) verlagert. Dabei ändert sich die Struktur der Lieferanten-Abnehmerkette ganzer Zuliefererindustrien. Es bildet sich eine pyramidenförmige Struktur der Zulieferkette im Gegensatz zu dem herkömmlichen kaskadenförmigen Aufbau.[74] Auf der ersten Stufe befinden sich die Systemlieferanten, sog. „First Tier Supplier“, auf der nächsten Stufe „Second Tier Supplier“ usw. Dabei wird vor allem die Zahl der direkten Zulieferer zu einem Montagebetrieb (Original Equipment Manufacturer [OEM]) verringert. Dies hat nicht unbedingt zur Folge, daß sich die gesamte Zahl der Zulieferer in einer Branche verringert, denn vormals direkte Zulieferer können jetzt zum Zulieferer („Second Tier Supplier“) des Systemlieferanten („First Tier Supplier“) werden. Dabei wird ihre direkte Geschäftsbeziehung zum OEM unterbrochen, aus der Sicht des OEM die Anzahl der Lieferbeziehungen reduziert.

Abbildung 11 verdeutlicht den Weg von einem Teilehersteller zu einem Modullieferanten.

[74] Vgl. Eicke/Femerling 1991, S. 33; Demes 1989, S. 268; Sauer 1990, S. 216.

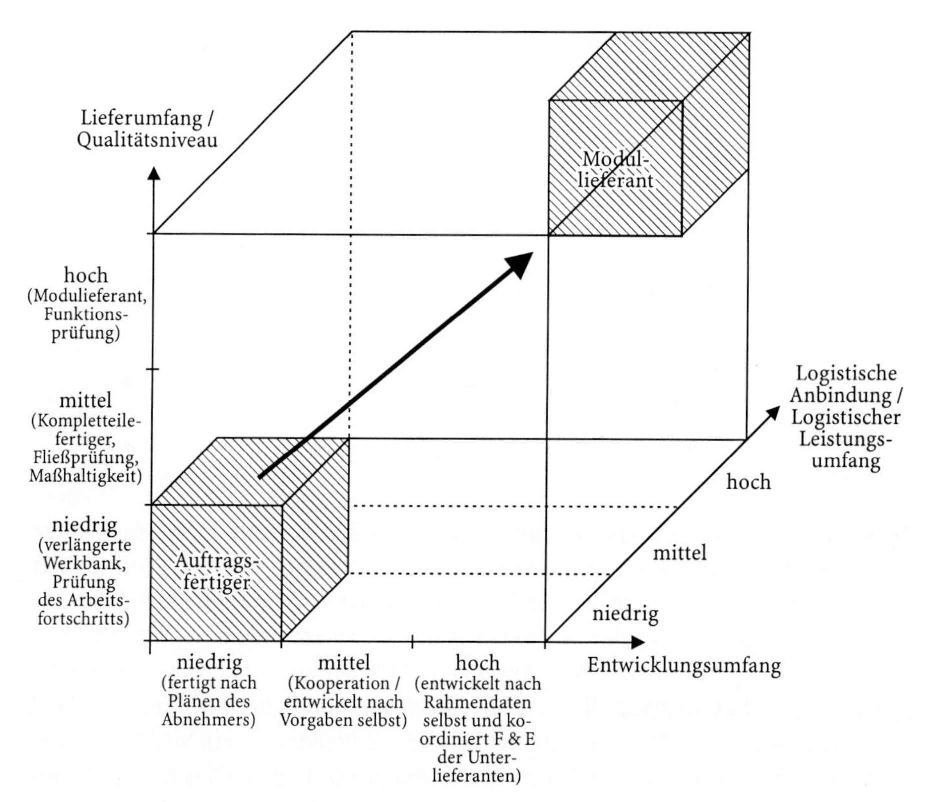

Abb. 11. Der Weg vom Teilehersteller zum Modullieferanten (Quelle: Wildemann 1992, S. 88)

2.6.3 Strategien im Hinblick auf die geographische Ausdehnung der Beschaffungsmärkte

Bezüglich der Ausdehnung der Beschaffungsmärkte können vier Strategievarianten unterschieden werden: Internal, Local, Domestic und Global Sourcing. Grundsätzlich können diese Strategien auf einem Kontinuum zwischen globaler und lokaler Beschaffungsmarktbearbeitung angeordnet werden. In letzter Zeit wird aufgrund der engen partnerschaftlichen Beziehung zu den Montagebetrieben in der Automobilbranche auch eine räumlich noch engere Anbindung gefordert, das sogenannte Internal Sourcing. Der Weg zu internationalen Beschaffungsstrategien führt des weiteren über die Strategie des Domestic Sourcing.

Internal Sourcing

Traditionell erbringen Lieferanten in ihren eigenen Produktionsstätten außerhalb des beschaffenden Unternehmens (extern) ihre Wertschöpfung. Neuerdings führen die beschaffungsseitigen Integrationsbemühungen zwischen Abnehmer und Zulieferer zu einer räumlichen Integration des Zulieferers, was auch mit dem Begriff Internal Sourcing umschrieben werden kann. *Wildemann* unterscheidet dabei drei Integrationsstufen:[75]

Durch Gründung eines Industrieparks kann der Abnehmer bestimmte Kernlieferanten in der Nähe seiner Produktionsstätte ansiedeln. Durch diese räumliche Annäherung verringern sich nicht nur die logistischen Risiken. Die räumliche Nähe schafft auch eine engere Bindung zwischen Lieferant und Abnehmer, die sich in einer stärker abnehmerspezifischen Fertigung durch den Lieferanten auswirken kann.

Eine wesentlich engere Anbindung entsteht, wenn Fertigungsprozesse des Lieferanten in die Produktionsstätten des Abnehmers verlagert werden. Die in der Produktionsstätte des Abnehmers befindlichen Betriebsmittel bleiben dabei Eigentum des Lieferanten; auch die Mitarbeiter werden von diesem bezahlt. Transaktionsrisiken und -kosten können in einem noch höheren Maße gesenkt werden als bei der Ansiedlung in einem Industriepark.

Die stärkste Integrationsform besteht, wenn nicht nur die Erstellung des Gutes in den Produktionsstätten eines Abnehmers erfolgt, sondern der Lieferant zudem diese Güter direkt in das Endprodukt dieses Abnehmers montiert. Dabei gehen nicht nur die Wertschöpfung, sondern auch die Transaktionsrisiken vollständig auf den Lieferanten über.

Als aktuelles Beispiel dieser stärksten Integrationsform kann die Errichtung der Fabrik von *MCC* (*Micro Compact Car*[76]) zur Herstellung des *Smart*-Kleinwagens im französischen *Hambach* genannt werden. Die Lieferanten fertigen dort direkt in der Fabrik ihres Abnehmers mit eigenen Fertigungseinrichtungen. Die Fertigungstiefe soll dabei aus Sicht der *MCC* unter 20 % betragen.[77]

Zwar bleiben beim Internal Sourcing Zulieferer und Abnehmer rechtlich selbständig, es besteht jedoch eine starke wirtschaftliche Abhängigkeit.

Local/Domestic Sourcing

Beim Local Sourcing wird ein Einsatzgut von einer Beschaffungsquelle bezogen, die in räumlicher Nähe zum beschaffenden Unternehmen liegt. Im Vordergrund steht dabei die Sicherheit, daß die benötigte Leistung rechtzeitig am Bedarfsort verfügbar ist. Auch der Bezug aus dem Inland (Domestic Sourcing) wird aus diesem Grund erfolgen. Transportprobleme werden dadurch minimiert. Weitere

---

[75] Vgl. Wildemann 1994, S. 415 ff. *Wildemann* spricht dabei nicht von Internal, sondern von Insourcing. Den Begriff Insourcing als Gegenteil zum Outsourcing lehnt er damit ab. Vgl. hierzu auch Arnold 1996, Sp. 1871 ff.

[76] Ein Unternehmen, das von *Daimler-Benz* und dem Schweizer Unternehmen *SMH* gegründet wurde.

[77] Vgl. Dudenhöffer 1997, S. 145.

Vorteile liegen darin, daß keine Probleme aufgrund unterschiedlicher Rechtssysteme und kulturspezifischer Unterschiede auftreten.[78] Ein zusätzlicher Aspekt, der im Rahmen lokaler sowie nationaler Beschaffungsstrategien zum Tragen kommt, ist ein möglicherweise gutes Image deutscher Lieferanten.

Global Sourcing

Im Zuge der Internationalisierung der Unternehmenstätigkeit wurde in den 80er Jahren der internationale, z.T. globale Einkauf verstärkt propagiert. Dies ist vor dem Hintergrund der Globalisierungsdiskussion im Internationalen Management und Internationalen Marketing zu sehen. Im Extremfall des Global Sourcing[79] richten sich die Beschaffungsaktivitäten des Unternehmens auf weltweite Bezugsquellen.

Die Gründe für eine weltweite Ausrichtung der Beschaffungsaktivitäten können vielfältiger Natur sein:[80]

- Senkung der Einkaufskosten, des Kaufpreises von Produkten, der Transaktionskosten,
- finanzielle Risikoverteilung (u.a. Währungsrisiko),
- Unterstützung des Vertriebs bei Gegengeschäften,
- Technologieforschung,
- Umgehung von Handelshemmnissen u.a.

In einer empirischen Untersuchung zum Global Sourcing in der deutschen Automobilindustrie hat *Sauer* die in Abb. 12 und 13 genannten Gründe, Vor- und Nachteile dieser Beschaffungsstrategie ermittelt.

Als wichtigster Grund für eine globale Ausrichtung der Beschaffungspolitik wird von den Automobilherstellern der Preis genannt, gefolgt von einer erhofften Stärkung des Wettbewerbs unter den Lieferanten und dem Zugang zu neuen Technologien.

Als bedeutende Hemmnisse einer globalen Beschaffung nannten die Befragten wachsende Qualitätsansprüche, die von räumlich weit entfernten Lieferanten und einer auf niedrige Kosten ausgerichteten Beschaffungsstrategie häufig nicht befriedigt werden können. Mangelnde Lieferflexibilität, hohe Transport- und Lagerkosten sowie das Währungsrisiko werden als weitere Barrieren des globalen Einkaufs aus der Perspektive der befragten Einkäufer in der Automobilindustrie gesehen. Abbildung 13 verdeutlicht die vollständige Liste der Hemmnisse globaler Beschaffung nach der Untersuchung von *Sauer*.

---

[78] Vgl. Arnold 1996, Sp. 1867.

[79] Vgl. z.B. Arnold 1990, S. 49 ff.; Arnold 1997, S. 114 ff.; Sauer 1990; Kaufmann 1995, S. 288 f; Kummer/Lingnau 1992, S 419 ff.; Bedacht 1995.

[80] Vgl. dazu auch Bedacht 1995, S. 52.

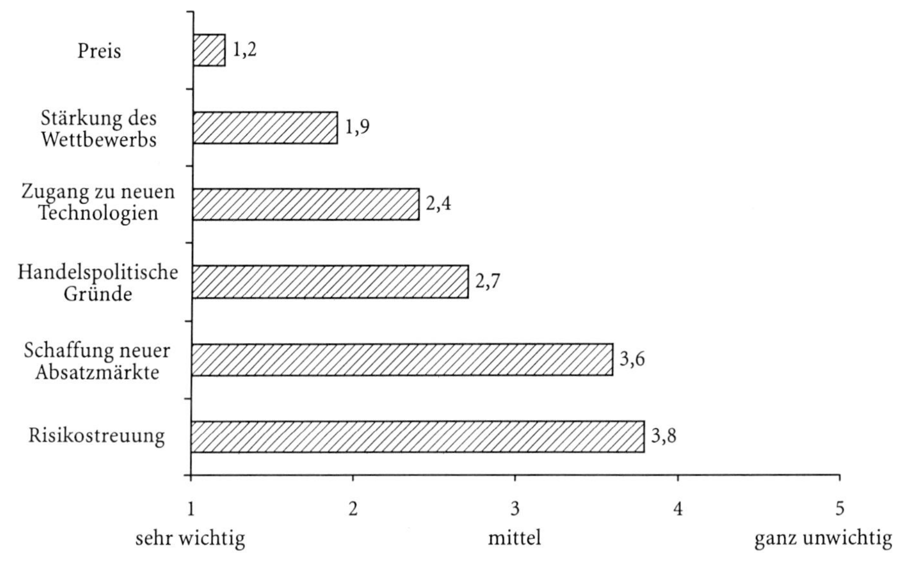

Abb. 12. Gründe für Global Sourcing aus Sicht der deutschen Automobilhersteller (Quelle: Sauer 1991, S. 45)

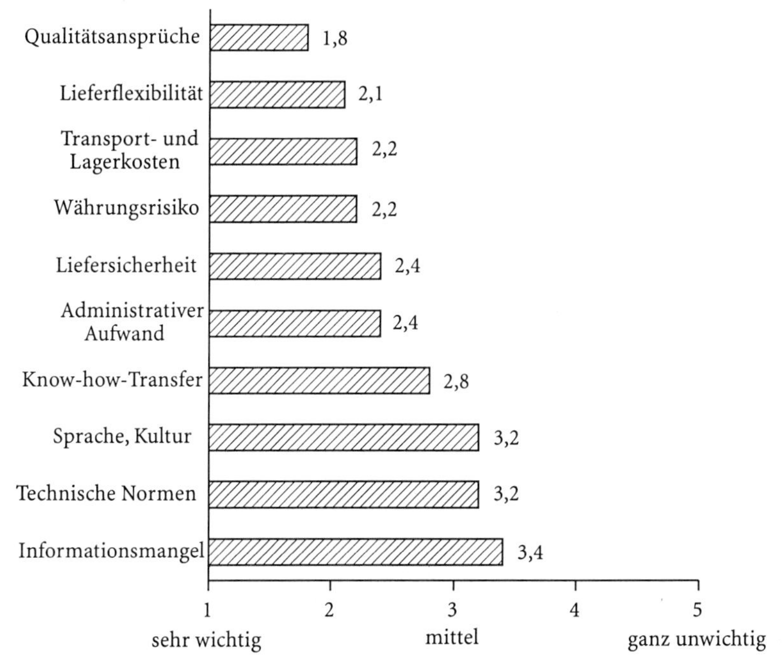

Abb. 13. Hemmnisse bei Global Sourcing aus Sicht der deutschen Automobilhersteller (Quelle: Sauer 1991, S. 45)

Obwohl in der Abbildung der Informationsmangel als Hemmnis eine eher untergeordnete Rolle spielt, ist darauf hinzuweisen, daß die Strategie des Global Sourcing einen hohen Informationsaufwand erfordert. Ferner stellen Segmentierungsüberlegungen, die Bereitschaft zur Risikotragung bei transnationaler Beschaffung, personelle Ressourcen sowie ein ausgebautes Überwachungssystem im Rahmen des Beschaffungs-Controlling Voraussetzungen für die globale Beschaffung dar.[81]

Die Erweiterung der *Europäischen Union* und die anstehende Einführung einer gemeinsamen Währung, des *Euro*, erleichtern tendenziell die internationale Beschaffung.

Auf vorgelagerten Lieferantenstufen kann eine Global Sourcing-Strategie dazu führen, daß die Zulieferer mit Produktionsstätten ins Ausland folgen, um dem heimischen Kostendruck zu entgehen. Andererseits kann im Zusammenhang mit der vorher skizzierten Systembeschaffung die Beschaffungsstrategie des Local Sourcing und des Global Sourcing zu einem sog. Glocal Sourcing verknüpft werden, wenn nationale Modullieferanten von den Abnehmern dazu aufgefordert werden oder eigenständig bemüht sind, z.B. personalkostenintensive Vorprodukte global zu beschaffen. Es lassen sich dadurch international günstige Kostenniveauunterschiede ausnutzen und gleichzeitig waren-, finanz- und informationslogistische Vorteile ortsnaher Zulieferung realisieren.[82]

Die Global Sourcing-Strategie findet ihre organisatorischen Konsequenzen in der Einrichtung von Beschaffungsbüros, die gelegentlich auch als „technologische Horchposten" bezeichnet werden. Eine Systematik verschiedener Auslandsbezugsquellenarten schlägt *Moxon* vor. Abbildung 14 verdeutlicht die beschaffungspolitischen Möglichkeiten.

Es wird nach dem Grad der Kontrollmöglichkeit der beschaffenden Inlandsunternehmung über die ausländische Bezugsquelle ein einfacher Auslandseinkauf (Offshore Purchasing), Auslands-Subcontracting (Offshore Subcontracting), Auslandsbezug von einem Produktions-Joint-Venture (Joint Venture Offshore Manufacturing) und dem Auslandbezug von einer eigenen Produktionsniederlassung (Controlled Offshore Manufacturing) unterschieden. Beim einfachen Auslandseinkauf wird die Beziehung zwischen unabhängigen industriellen Anbietern und Abnehmern beschrieben, in der Sach- und/oder Dienstleistungen gegen Geld getauscht werden. Hierbei können die Transaktionen sowohl direkt zwischen der beschaffenden Unternehmung und dem ausländischen Hersteller als auch indirekt über Agenturen mit Sitz im In- oder Zielland abgewickelt werden. Es sind sowohl einmalige Importe (Spotkäufe) als auch langfristige Bezugsquellenbindungen denkbar. Beim Auslands-Subcontracting ist die beschaffende

[81] Zur Beschaffungskontrolle vgl. Pfisterer 1988 und Abschnitt 2.4.2.

[82] Vgl. Kaufmann 1995, S. 289.

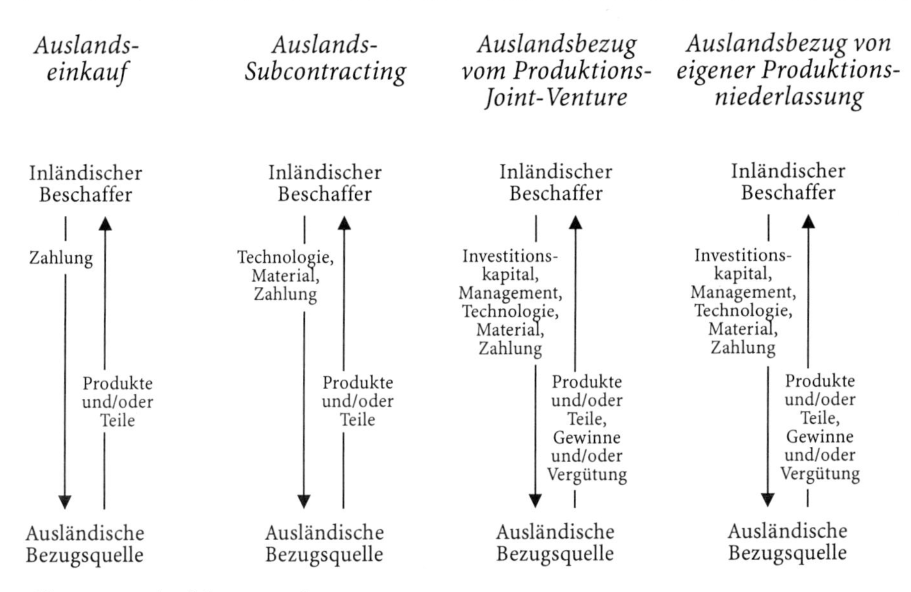

Abb. 14. Auslandsbezugsquellenarten
(Quelle: Moxon, zitiert nach Schröder 1993, S. 36)

Unternehmung stärker mit der ausländischen Bezugsquelle verbunden. Der ausländische Hersteller wird aktiv unterstützt durch die Bereitstellung von Produktbeschreibungen, benötigten Bauelementen, Rohstoffen oder sogar Geldmitteln sowie durch technische Beratung. Die Beziehungsdauer, die Beziehungsintensität oder die Zwischenschaltung von Organen (Agenten) können variieren.

Der Kontrolleinfluß des beschaffenden Unternehmens steigt beim Bezug von Waren von einem ausländischen Produktions-Joint-Venture. Die Erscheinungsformen unterscheiden sich dabei hinsichtlich der Beteiligungsverhältnisse, des vertraglich geregelten Kontrollumfangs und der Art der eingebrachten Ressourcen.

Schließlich bieten sich eigene Produktionsniederlassungen im Ausland an. Hierbei erfolgt die Unterscheidung hinsichtlich der gewählten Rechtsform oder den getroffenen finanziellen Vereinbarungen.[83]

Abschließend zu diesem Abschnitt sollen nochmals jeweils die Beurteilungskriterien für die beiden grundsätzlichen Strategievarianten Local und Global Sourcing in einer zusammenfassenden Gegenüberstellung gewürdigt werden. Eine entsprechende Übersicht ist in Abb. 15 dargestellt.

Zusammenfassend kann festgehalten werden, daß sich Kosteneinsparungen beim Global Sourcing am ehesten bei marktgängigen Norm- bzw. Standardteilen, die in hohen Stückzahlen benötigt werden, erzielen lassen.

---

[83] Vgl. Schröder 1993, S. 36 f.

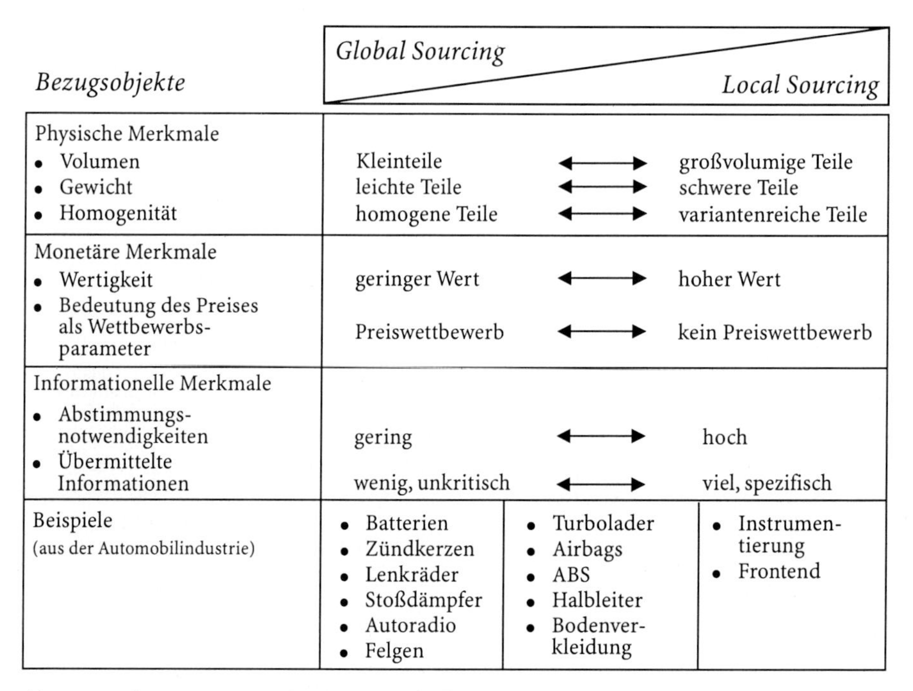

Bezugsobjekte	Global Sourcing		Local Sourcing
Physische Merkmale • Volumen • Gewicht • Homogenität	Kleinteile leichte Teile homogene Teile	←→ ←→ ←→	großvolumige Teile schwere Teile variantenreiche Teile
Monetäre Merkmale • Wertigkeit • Bedeutung des Preises als Wettbewerbsparameter	geringer Wert Preiswettbewerb	←→ ←→	hoher Wert kein Preiswettbewerb
Informationelle Merkmale • Abstimmungsnotwendigkeiten • Übermittelte Informationen	gering wenig, unkritisch	←→ ←→	hoch viel, spezifisch
Beispiele (aus der Automobilindustrie)	• Batterien • Zündkerzen • Lenkräder • Stoßdämpfer • Autoradio • Felgen	• Turbolader • Airbags • ABS • Halbleiter • Bodenverkleidung	• Instrumentierung • Frontend

Abb. 15. Schema zur Beurteilung von Beschaffungsobjekten für Global und Local Sourcing (In Anlehnung an: Kaufmann 1995, S. 288)

2.6.4 Strategien im Hinblick auf die Beschaffungsleistung und Gegenleistung

Die Beschaffungsfunktion ist auch betroffen, wenn Kunden am Absatzmarkt Gegengeschäfte fordern und wenn im internationalen Handel Local Content-Vorschriften vom Kunden bzw. von staatlicher Seite gewünscht oder vorgegeben werden. Diese Verhaltensweise wird dann allerdings eher vom Vertrieb initiiert oder von seiten der Unternehmensleitung der Beschaffungsfunktion aufoktroyiert. Im folgenden sollen kurz diese beiden Bereiche analysiert werden.

Local Content

Local Content-Forderungen treten praktisch in allen Nachfragerländern für Projekte des Anlagengeschäftes, vor allem aber in Schwellenländern auf. Mit Local Content bezeichnet man nationale Liefer- bzw. Leistungsanteile von Unternehmen aus dem Nachfragerland (Bestellerland) an einem Auftrag. Bei im Nachfragerland durchzuführenden Fertigungsvorgängen spricht man von Local Manufacturing.[84]

---

[84] Vgl. Günter 1985, S. 263 ff.; Sauer 1990, S. 130ff.

In solchen Fällen sollte die Beschaffungsfunktion einer exportierenden Unternehmung schon frühzeitig in die Akquisitionsbemühungen integriert werden, da es wichtig ist, dem Kunden zu verdeutlichen, welche Probleme mit einer Local Content-Forderung verbunden sind.

Die Auswahl eines lokalen Unterlieferanten ist in der Regel mit Informationsproblemen verbunden, da der Anbieter oft nicht genau weiß, ob von dem lokalen Lieferanten beispielsweise die Qualitätsanforderungen, Lieferzeit und Kostenziele erfüllt werden können.

Gegengeschäfte

Die im folgenden beschriebenen Gegengeschäfte haben bezüglich der Schnittstelle Absatz und Beschaffung eine besondere Relevanz, denn gerade bei Gegengeschäften treten Probleme der Abstimmung zwischen Einkauf und Verkauf auf. Ein Einkäufer beschafft seiner Unternehmung nicht nur bestimmte Güter, sondern er hat auch die Möglichkeit, Gegengeschäfte abzuschließen. Dies heißt nichts anderes, als daß der Einkäufer in manchen Fällen des Gegengeschäfts als Verkäufer auftritt und damit kundenorientiert zu handeln hat. Der Einkäufer sollte bei jeder Beschaffung Bedürfnisse des Lieferanten analysieren und gegebenenfalls akquisitorisch tätig werden. Da häufig partnerschaftliche, auf Vertrauen basierende Geschäftsbeziehungen aufgebaut werden, ist es für den Einkäufer nicht mehr schwierig, die Bedürfnisse der Zulieferer zu analysieren.

Gelegentlich kann die Beschaffung auch dort akquisitorisch tätig werden, wo der Vertrieb keine oder wenige Kenntnisse über landestypische Besonderheiten hat. In solchen Fällen ist die Beschaffung auf dem Weg zur Globalisierung schon einen Schritt weiter als der Vertrieb. Der Einkäufer oder das ausländische Einkaufsbüro knüpfen Geschäftsbeziehungen zu Lieferanten bzw. ganzen Netzwerken, in denen auch potentielle Kunden für das eigene Unternehmen zu finden sind.

Andererseits treten Transaktionen auf, bei denen das anbietende Unternehmen nicht mit Geldmitteln bezahlt wird, sondern Waren des Kunden abnehmen muß. Dies heißt wiederum, daß der Verkäufer als Beschaffer auftritt. Er sollte in diesen die Beschaffungsmärkte des eigenen Unternehmens kennen, um die Gegenleistung bewerten zu können.

Die Vorteile aus einem Gegengeschäft, welches von der Beschaffung initiiert wurde, kommen häufig fast ausschließlich der Verkaufsabteilung zugute, während die Nachteile nahezu allein von der Beschaffung zu tragen sind. Aus diesen Gründen sollten Entscheidungen über Gegengeschäfte weder allein von der Verkaufsabteilung getroffen werden noch in die alleinige Zuständigkeit der Beschaffung fallen, wie stark oder schwach im einzelnen die Stellung der beiden Abteilungen innerhalb des Unternehmens auch sein mag. Es muß also entweder zu einer Abstimmung zwischen diesen beiden Abteilungen kommen unter Berücksichtigung des zu erwartenden Nutzens für die gesamte Unternehmung, oder die Geschäftsleitung muß unter Berücksichtigung des Interessenkonflikts zwischen den Abteilungen Beschaffung und Absatz auf diesem Sektor entscheiden.[85] Kompensationsgeschäfte oder Gegengeschäfte (Countertrade) stellen somit ein absatz- und beschaffungspolitisches Instrument dar.

Grundlage von Gegen- und Kompensationsgeschäften ist der Gedanke des Austauschs von Ware gegen Ware in entscheidungsbezogen miteinander verbundenen Verträgen. Dabei können Geldzahlungen oder Kredite durchaus hinzutreten. Von Kompensationsgeschäften spricht man, wenn ein Verkauf davon abhängt, daß vom Abnehmer Güter oder Dienstleistungen gekauft oder aber wenigstens für den Abnehmer vermittelt werden.[86] Umgekehrt kann man natürlich auch von Gegengeschäften sprechen, wenn ein Kauf davon abhängt, daß der Lieferant umgekehrt vom Abnehmer Güter kauft.

Derartige Geschäftstypen finden sich insbesondere in Ländern bzw. im Außenhandel mit Ländern, die weniger entwickelt sind und eng begrenzte finanzielle Ressourcen aufweisen. Was den Kreis der Waren angeht, die von Kompensationsgeschäften betroffen sind, erscheint nahezu jedes Objekt geeignet. Als typisch kann jedoch eher der Tausch von Sachgütern als derjenige von Dienstleistungen angesehen werden; ein immer wieder auftretender Fall ist der Tauschhandel von Maschinen bzw. Anlagen einerseits gegen Abbau-Rohstoffe oder Anbauprodukte andererseits.

Kompensationsgeschäfte lassen sich auf folgende Bestimmungsgründe und Ursachen zurückführen:

1. Wirtschaftspolitische Gründe:
   - Das Ziel einer Erhöhung der Beschäftigung in einer Volkswirtschaft führt in manchen Staaten zur Forcierung von Kompensationsgeschäften. Dies gilt insbesondere dann, wenn die eigenen Produkte nicht vermarktungsfähig sind, wenn Markt- und Vertriebs-Know-how fehlen und wenn inländische Entwicklungs- und Produktionstätigkeit stimuliert werden soll.
   - Zur Einsparung von Devisen für Importe werden oft Kompensationsgeschäfte verlangt. Das bedeutet, daß aufgrund staatlicher Vorschrift, oder um Devisen zu sparen, Auslandskäufe nur getätigt werden, wenn vom Anbieter Kompensationsgüter abgenommen werden.
2. Einzelwirtschaftliche Gründe:
   - Für den einzelnen Betrieb bietet die Bindung von Beschaffungsvorgängen an damit verbundene Abnahmeverpflichtungen des Partners Erlösmöglichkeiten und Chancen zur Absatzausweitung.
   - Kompensationsgeschäfte können zum Ausgleich fehlenden Vertriebs-Know-hows dienen.

---

[85] Vgl. Arnolds/Heege/Tussing 1996, S. 297 f.

[86] Vgl. Schuster 1988, S. 12; siehe hierzu auch Taprogge 1991.

- Gelegentlich ist mit dem vorgenannten Grund die Erschließung eines ganzen Marktes verbunden.
- Das o.g. Finanz- und Devisenproblem, evtl. auch die Liquiditätssituation, stellen weitere Anstöße zu Kompensationsgeschäften dar.
- Objekt eines Kompensationsgeschäftes kann auch Know-how bzw. eine (Patent-)Lizenz sein, so daß hinter Kompensationsgeschäften auch die Ausweitung des Entwicklungs- und Innovationspotentials des Nachfragers stehen kann.

Aus der Sicht der strategischen Unternehmens- bzw. Marketing-Planung sind mit Kompensationsgeschäften i.d.R. deutliche absatz- oder beschaffungsorientierte Zielsetzungen verbunden:

- aus absatzpolitischer Sicht die Ermöglichung und Verbesserung von Marktchancen sowie die Bindung von Kunden,
- aus beschaffungspolitischer Sicht die Umgehung von z.T. extern bedingten Einschränkungen, insbesondere finanzieller Art. Daneben kommt auch die Sicherung einer Rohstoffbasis als Motiv in Frage.

Stets scheint die Forderung nach Kompensationsgeschäften mit der Ausübung von Nachfragemacht verbunden zu sein. So lassen sich Anbieter aus hochindustrialisierten Staaten ungern zu Gegengeschäften drängen. Die planmäßige Nutzung von Kompensationsgeschäften als aktives Marketing-Instrument findet sich nur selten als Element einer umfassenden Absatz-Marketing-Strategie, häufig jedoch als Beschaffungsmarketing-Strategie.

Folgende Formen von Kompensationsgeschäften lassen sich unterscheiden, wobei in der Folge auf eine detaillierte Beschreibung einzelner Gegengeschäftsarten verzichtet werden soll:[87]

1. Klassischer Barter,
2. Dreiecksgeschäft,
3. Moderner Barter,
4. Parallelgeschäft,
5. Rückkaufgeschäft.

Bei nahezu allen Formen von Kompensationsgeschäften treten nachstehende Probleme für die Beschaffungs- und Lieferbeziehungen auf, wobei es sich im folgenden um eine Auswahl einiger wichtiger Überlegungen handelt:

- Von einem mit Kompensationsforderungen konfrontierten Exporteur ist zunächst zu erwarten, daß er klärt, ob die Gegenlieferungsoptionen mit seinen eigenen Marketing-Strategien kompatibel sind (z.B. Verträglichkeit der Kom-

[87] Vgl. dazu Günter 1995, Sp. 1200 ff.; Schuster 1988; Taprogge 1991.

pensationswaren mit dem eigenen Sortiment). Er wird möglicherweise aus diesen Überlegungen heraus Gegengeschäftsforderungen zurückweisen. Eine enge Abstimmung zwischen Absatz und Beschaffung ist erforderlich.

- Die Risiken aus Gegengeschäften stellen ein qualitatives und quantitatives Prognose- und Handhabungsproblem dar. So müssen z.B. gegenwärtige Qualitätsanforderungen des Marktes und Preisentwicklungen abgeschätzt werden und ggf. Risikobegrenzungsstrategien entwickelt werden.
- Eine spezielle Unwägbarkeit ist die Äquivalenzbestimmung zwischen den betroffenen Leistungskategorien. Außer der Risikokomponente stellt sich hier stets die Frage der Markttransparenz und des Interaktions-Know-hows.
- Der letztgenannte Punkt führt zur Problematik der Einschaltung von Kompensationshändlern. Mit deren Know-how lassen sich eigenes Risiko sowie eigener Aufwand begrenzen und Weiterverwendungschancen erschließen, die finanzielle Seite des Geschäftes wird damit jedoch ebenfalls tangiert.
- Unternehmensintern erzwingen Kompensationsgeschäfte die Koordinierung von Absatz- und Beschaffungsfunktionen, um Konflikte zwischen den jeweiligen Zielsetzungen und Strategien auf Absatz- und Beschaffungsmärkten zu vermeiden.

2.6.5 Strategien im Hinblick auf den Zeitpunkt der Bereitstellung der Inputfaktoren

Im Rahmen der zeitlichen Bereitstellung der Inputfaktoren lassen sich drei Strategievarianten unterscheiden, die im folgenden analysiert werden.

Stock Sourcing

Durch das sogenannte Stock Sourcing beabsichtigt ein Anbieter, eine hohe Versorgungssicherheit mit Hilfe von Lagerbeständen zu erreichen. Der Produktionsprozeß soll vor externen Störungen geschützt werden wie etwa dem Ausfall eines Lieferanten oder einer Angebotsverknappung auf Beschaffungsmärkten. Außerdem werden häufig Produkte gelagert, bei denen man mit einer zukünftigen Preissteigerung rechnet. Ein Nachteil hoher Lagerbestände ist die hohe Kapitalbindung. Weitere Restriktionen liegen in der mangelnden Lagerfähigkeit einzelner Güter und in sicherheitstechnischen Aspekten. Mit *Arnold* kommen wir zu dem Schluß, daß in der Regel nur geringwertige Einsatzmaterialien für ein Stock Sourcing geeignet sind.[88]

[88] Vgl. Arnold 1996, Sp. 1868.

Demand Taylored Sourcing

Nach dem Prinzip des Demand Taylored Sourcing wird versucht, die Nachteile des Stock Sourcing zu kompensieren. Man unterscheidet dabei die Einzelbeschaffung im Bedarfsfall sowie die fertigungssynchrone Anlieferung. Bei der Einzelbeschaffung im Bedarfsfall werden die Materialien erst dann beschafft, wenn sie im Produktionsprozeß benötigt werden (Auftragsfertigung). Bei dieser Strategie entfallen weitgehend Lager- und Kapitalbindungskosten. Dennoch kommt es aufgrund der geringen Bestellmengen zu vergleichsweise hohen Preisen. Bei speziellen Gütern besteht außerdem die Gefahr, daß diese nicht termingerecht angeliefert werden können, da die Beschaffungsprozesse nicht genügend routinisiert sind.[89]

Im Gegensatz zur Einzelbeschaffung wird bei der fertigungssynchronen Anlieferung in enger Zusammenarbeit zwischen Nachfrager und Lieferant die Belieferung so abgestimmt, daß sie mit dem Verbrauch in der Fertigung möglichst vollständig übereinstimmt. Dadurch können Wareneingangsläger beim Nachfrager auf ein Mindestmaß reduziert werden, was zu einer erheblichen Kostensenkung beitragen kann, insbesondere zur Reduzierung der Kapital-, Personal- und Wagniskosten (Veralterung, Schwund, Verderb usw.) in der Materialwirtschaft. Auch die Einkaufstätigkeit selbst wird bis zu einem gewissen Grade erleichtert, wenngleich die notwendige äußerst präzise Abstimmung der Liefer- und Verbrauchsrhythmen eine gewisse Vermehrung des Arbeitsaufwandes mit sich bringt. Die Preise für die davon betroffenen Güter sind in der Regel gegenüber traditioneller Belieferung höher, weil die Lagerhaltung, Qualitätssicherungsfunktionen und logistische Funktionen auf den Lieferanten abgewälzt werden. Im Einzelfall ist der Preis jedoch abhängig von der Stellung des Anbieters und Nachfragers im Markt.

Just-in-Time-Sourcing

Eine Weiterentwicklung des Demand Taylored Sourcing stellt das Just-in-Time-Prinzip dar. Das Just-in-Time-Konzept ist ein ganzheitlicher Ansatz, der nachhaltige ökonomische Effekte über mindestens zwei Wertschöpfungsstufen erschließt.[90] Weder das beschaffende Unternehmen noch der Lieferant halten im Rahmen von JIT Bestände vor. Ein Zulieferer beginnt erst mit der Produktion (Just-in-Time-Produktion) der zumeist hochwertigen Teile (A-Teile), wenn die genaue Bedarfsmenge, Spezifikation und der Bedarfszeitpunkt durch den Abnehmer, zumeist via „Electronic Data Interchange (EDI)", mitgeteilt wird. Die Just-in-Time-Beschaffung kann sich nur auf bestimmte Güter, vor allem monta-

---

[89] Vgl. Arnold 1996, Sp. 1868.

[90] Vgl. Kleinaltenkamp 1997, S. 255 ff.

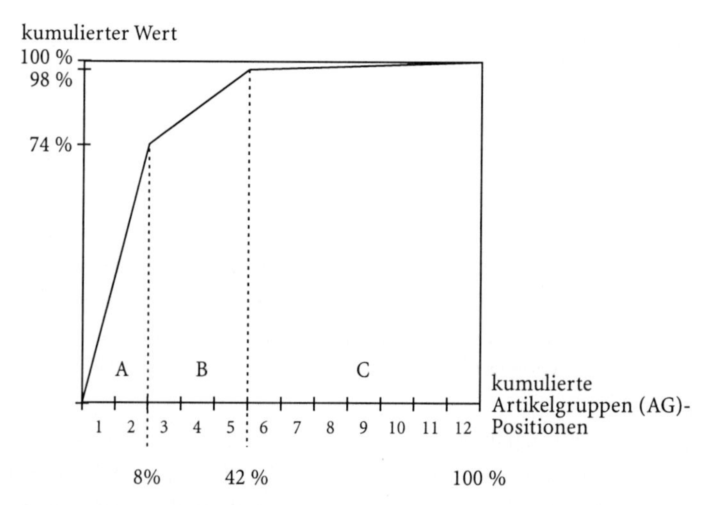

Abb. 16. ABC-Analyse
(Quelle: Wildemann 1988, S. 24)

gebereite Zulieferteile, Module und Systeme erstrecken. In der Regel erfolgt die Teileauswahl mit einer kombinierten ABC/XYZ-Analyse. Abbildung 16 verdeutlicht die ABC-Analyse.[91]

Auf 8 % der Teile (hier die Artikelgruppen 1 und 2) entfallen in diesem Beispiel 74 % des Gesamtbeschaffungsvolumens. Die XYZ-Analyse sortiert die Teile bezüglich der Vorhersagegenauigkeit des Verbrauchs. *Wildemann* schlägt folgende Orientierungswerte für die Klassifizierung vor:

X = konstanter Verbrauch bei nur geringen Schwankungen; Teile besitzen eine Voraussagesicherheit von mehr als 95 % wöchentlich. Die mengenmäßigen Verbrauchsschwankungen sind monatlich ≤ ± 20 %.

Y = Verbrauch unterliegt stärkeren Schwankungen. Teile besitzen eine Vorhersagegenauigkeit von mehr als 70 % wöchentlich. Die Verbrauchsschwankungen liegen monatlich zwischen 20 % und 50 %.

Z = Verbrauch verläuft unregelmäßig. Teile besitzen eine Voraussagesicherheit von weniger als 70 % wöchentlich. Die Verbrauchsschwankungen sind ≥ ± 50 %.

Die Vorhersagegenauigkeit ist bei der Massenfertigung im Gegensatz zur Serien- und Einzelfertigung mit großer Variantenhäufigkeit höher.

Besonders geeignet für eine Just-in-Time-Beschaffung sind diejenigen Teile, die einen hohen Verbrauchswert, stetigen Verbrauch und eine hohe Vorhersagegenauigkeit haben. Tabelle 7 verdeutlicht die Teileauswahl.

---

[91] Vgl. auch Abschnitt 2.5.3.

Tabelle 7. Bestimmungsraster zur Beurteilung Just-in-Time-geeigneter Teile (Quelle: Wildemann 1988, S. 30)

Vorhersage-genauigkeit	*Wertigkeit* *A-Teile*	*B-Teile*	*C-Teile*
X-Teile	• hoher Verbrauchswert • hohe Vorhersage-genauigkeit • stetiger Verbrauch	• mittlerer Verbrauchswert • hohe Vorhersage-genauigkeit • stetiger Verbrauch	• niedriger Verbrauchs-wert • hohe Vorhersage-genauigkeit • stetiger Verbrauch
Y-Teile	• hoher Verbrauchswert • mittlere Vorhersage-genauigkeit • halbstetiger Verbrauch	• mittlerer Verbrauchswert • mittlere Vorhersage-genauigkeit • halbstetiger Verbrauch	• niedriger Verbrauchswert • mittlere Vorhersage-genauigkeit • halbstetiger Verbrauch
Z-Teile	• hoher Verbrauchswert • niedrige Vorhersage-genauigkeit • stochastischer Verbrauch	• mittlerer Verbrauchswert • niedrige Vorhersage-genauigkeit • stochastischer Verbrauch	• niedriger Verbrauchswert • niedrige Vorhersage-genauigkeit • stochastischer Verbrauch

☐ besonders geeignet für JIT-Beschaffung

Nach der Teileauswahl werden mögliche Lieferanten einer Analyse unterzogen. Die Hauptkriterien sind auch hier:

- Qualität der Teile,
- Mengentreue,
- Termintreue.

Aus Gründen der Versorgungssicherheit wird häufig ein Dual Sourcing (z.B. 70 % von einem und 30 % vom anderen Lieferanten) empfohlen, wobei nur der Hauptlieferant „Just-in-Time“ beliefert.

Bei der JIT-Beschaffung kommt der Qualitätssicherung von Zulieferungen eine überragende Bedeutung zu, denn nur bei 100 % Gutteilen kann dieses System reibungslos funktionieren. Neben den genannten Punkten sind die Probleme der Informationsfluß- und Materialflußgestaltung zu nennen. Besonderheiten sind auch bei der Vertragsgestaltung zu beachten. Bei der JIT-Beschaffung kommt es in der Regel zu einer Erhöhung der Transportfrequenz, was nicht unerhebliche Kostensteigerungen für den Zulieferer zur Folge haben kann. Deshalb versucht man im Rahmen eines Gebietsspediteurkonzepts, Waren in einer definierten Region mit einer größeren Zahl von Lieferanten täglich zusammenzufassen und als

Komplett-Ladung zu entsprechend niedrigeren Tarifen über die große Distanz zum Abnehmer zu transportieren.[92]

JIT-Systeme erzielen nicht nur Kostenwirkungen, sondern können auch zu einer Verbesserung der Qualität führen. Diese Feststellung wird durch eine Befragung unterstützt, bei der Unternehmen Auskunft über ihre Erfahrungen mit JIT-Systemen gaben und 60 % der Befragten eine deutliche Qualitätssteigerung der von Lieferanten bezogenen Beschaffungsobjekte attestierten.[93]

Ein Grund für die Qualitätssteigerung liegt darin, daß die JIT-Beschaffenden keine eigenen Vorräte mehr halten. Fehlmengen, die häufiger ohne JIT-Beschaffung auftreten, können zu einer Gefährdung der kontinuierlichen Produktion führen und somit möglicherweise zu Qualitätsmängeln und Lieferengpässen am Absatzmarkt.

Die Einführung von JIT-Systemen ist – abgesehen von den positiven ökonomischen Effekten der beiderseitigen Bindung – in der Regel mit Nachteilen für die Lieferanten verbunden, da beispielsweise Lagerkosten und -risiken, die vor der Einführung von JIT beim Nachfrager auftraten, auf die Lieferanten abgewälzt werden. Das Supply Management hat hier eine problematische Stellung, da einerseits die eigenen Ziele und auch die Kundenbedürfnisse am Absatzmarkt, andererseits aber auch die Belange der Lieferanten berücksichtigt werden müssen.

2.6.6 Strategien des Abnehmers (OEM) im Hinblick auf das Beschaffungssubjekt

Als Beschaffungssubjekt bezeichnen wir in diesem Zusammenhang die beschaffende Organisation, wobei hierunter sowohl Einzelunternehmen als auch Gruppen bzw. Zusammenschlüsse von Unternehmen verstanden werden können. Entsprechend lassen sich die beiden Strategievarianten des Individual und Collective Sourcing unterscheiden.

Individual Sourcing

Individual Sourcing liegt vor, wenn die Beschaffungsfunktion nicht kooperativ, sondern isoliert durchgeführt wird. Ein individuelles Beschaffungssystem stellt heutzutage zumindest in der Industrie den Regelfall dar.[94] Dabei werden innerhalb von größeren Unternehmen oder Unternehmensverbunden häufig auch Bedarfe über einen Zentraleinkauf gebündelt, um bessere Konditionen gegenüber den Lieferanten auszuhandeln. Diesen Typ könnte man auch als innerbetriebli-

---

[92] Vgl. Wildemann 1988, S. 103 ff.

[93] Vgl. Dion/Banting/Hasey 1990, S. 43.

[94] Im Handel sind dagegen Kooperationen auf der Beschaffungsseite in Form von Einkaufsgenossenschaften oder Einkaufsringen schon seit langer Zeit gang und gäbe.

che Kooperation interpretieren.[95] Demgegenüber kann eine zwischenbetriebliche Koordination in horizontale und vertikale Formen unterteilt werden, die im Rahmen des Collective Sourcing auftreten.[96]

Collective Sourcing

Collective Sourcing bezeichnet die gemeinsame Bearbeitung des Beschaffungsmarktes durch mehrere Unternehmen. Dazu ist eine Kooperation verschiedener Beschaffungssysteme notwendig. Diese treten gegenüber dem Lieferanten nicht mehr isoliert, sondern als Kollektiv auf.

Die Beschaffung von Gütern über horizontale Einkaufskooperationen stellt eher eine Ausnahme dar.[97] Kleine und mittelständische Unternehmen haben grössenbedingte Nachteile bei der Güterbeschaffung. Durch geringe Einkaufsvolumina sind sie häufig nicht in der Lage, z.B. Mengenrabatte zu erhalten. Dies könnte man durch Collective Sourcing kompensieren, wobei durch Bedarfsbündelungen und die damit verbundene Erhöhung der Nachfragemacht bessere Konditionen mit den Lieferanten ausgehandelt werden können.[98] Voraussetzungen für den kooperativen Einkauf stellen ein homogenes Bedarfsspektrum der beteiligten Einkaufsorganisationen, zeitlich korrespondierende Einkaufsvolumina, die Bereitschaft zu gemeinsamen Standards und eine flexible Einkaufsorganisation dar.

Folgende Erscheinungsformen können im Business-to-Business-Bereich unterschieden werden:

- gemeinsamer Einkauf von Firmen des Anlagenbaus,
- Einkaufsringe, z.B. im Maschinenbau oder Dachdeckerbedarf,
- Joint Ventures, insbesondere zwischen mittelständischen Betrieben,
- Einkauf durch Systemzentralen in Franchising-Systemen,
- Einkaufsbörsen (spezialisierte Dienstleister, die als Mittler, z.B. via Internet, auftreten),
- sporadische, punktuelle Zusammenarbeit im Technischen Einkauf.

Dabei kann der Organisationsgrad solcher Kooperationen von losen Absprachen bis hin zur Bildung gemeinsamer Beschaffungseinrichtungen führen.

Problematisch im Rahmen des kollektiven Einkaufs ist die Suche und Auswahl von Kooperationspartnern.[99] Ferner wird die individuelle Entscheidungsmacht

---

[95] Neuerdings wird die innerbetriebliche Bündelung von Bedarfen auch unter dem Stichwort Materialgruppenmanagement diskutiert. Vgl. dazu Abschnitt 2.9.

[96] Zu den Formen horizontaler und vertikaler Kooperation vgl. insb. Günter 1992, S. 799 ff.

[97] Vgl. zu horizontalen Einkaufkooperationen in kleinen und mittelgroßen Unternehmen insb. Arnold/Eßig 1997.

[98] Vgl. Arnold 1996, Sp. 1869 f.

[99] Vgl. Arnold/Eßig 1997, S. 57 ff.

eines Unternehmens bei Kooperationen beschränkt. Die somit entstehende Abhängigkeit kann sich nachteilig auswirken. Vertragliche Vereinbarungen in Kooperationsverträgen können eine Absicherung ermöglichen.

Man kann auch vertikale Kooperationen in die Betrachtung einbeziehen.[100] Kooperationen mit Zulieferern nehmen stetig an Bedeutung zu. Hierdurch können neben Kosten- auch Qualitätseffekte erwirkt werden.

Wenn das beschaffende Unternehmen beispielsweise ein Lead User für den Zulieferer ist, dann wird der Zulieferer bestrebt sein, frühzeitig mit diesem Kunden zusammenzuarbeiten, um zukünftig erfolgreich zu sein und insbesondere innovative Produkte zu forcieren.[101]

Verlangt ein Kunde besonders innovative Produkte, weil er beispielsweise selbst am Absatzmarkt als innovativ gelten möchte, macht dies häufig eine gemeinsame Forschung, Entwicklung und Konstruktion bzw. Engineering mit Zulieferern nötig. Auch diese Entwicklung wird bei abnehmender Fertigungstiefe unterstützt.[102]

Im Rahmen beschaffungspolitischer Maßnahmen kommt es dann darauf an, auf den Beschaffungsmärkten Lieferanten ausfindig zu machen, welche die Zusammenarbeit mit der eigenen F&E-Abteilung attraktiv erscheinen lassen. Über geeignete Informationen aus der Marktforschung (z.B. bezüglich der Patente von Lieferanten) kann eine Auswahlentscheidung unterstützt werden.

Unter dem Stichwort „kooperative Beschaffung" müssen auch alle Überlegungen zum sogenannten Simultaneous Engineering[103] zusammengefaßt werden. Simultaneous Engineering als Form der vertikalen Kooperation bezeichnet das gleichzeitige Entwickeln von Produkt und Produktionseinrichtungen unter weitgehender Einbeziehung von Zulieferern. Diese Synchronisation von z.B. Entwicklung und Konstruktion, Fertigung und Beschaffung erfordert ein hohes Maß an Kooperationsbereitschaft. Eine solche Partnerschaft wird in vielen Fällen mit der Strategie des Single Sourcing oder Modular Sourcing verbunden.[104]

---

[100] Vgl. zu Kooperationen mit Kunden Kleinaltenkamp 1997, S. 219 ff.

[101] Vgl. Kleinaltenkamp 1997, S. 225ff. Der Begriff Lead User kann mit „führender Anwender" übersetzt werden. Er zeichnet sich u.a. dadurch aus, daß seine Bedürfnisse als beispielhaft für die zukünftige Entwicklung der Gesamtnachfrage auf einem Markt angesehen werden. Vgl. Kleinaltenkamp 1997, S. 226.

[102] Vgl. Backhaus 1989, S. 299.

[103] Vgl. hierzu Eversheim 1995.

[104] Vgl. Abschnitt 2.6.1 und 2.6.2.

2.6.7 Marketing-Implikationen für Zulieferer bezüglich der Beschaffungsstrategien der Abnehmer

Die Beschaffung war lange Zeit durch eine Mehrquellenversorgung, durch Förderung eines starken Wettbewerbs zwischen Lieferanten und durch den Abschluß kurzfristiger Verträge geprägt.[105] In letzter Zeit bemühen sich jedoch beispielsweise viele Automobilhersteller um eine intensivere Zusammenarbeit mit einem ausgewählten Set von Zulieferern.[106] Diese intensivere Zusammenarbeit geht von seiten der Abnehmer zumeist mit Strategien des Single Sourcing und System bzw. Modular Sourcing einher. Für einen In-Supplier erscheint es dann einfacher, einen Stammkunden zu binden. Für einen Out-Supplier ist es dementsprechend schwieriger, solche langfristigen Partnerschaften zu brechen und den bisherigen Lieferanten zu verdrängen.

Zulieferer müssen auf diese Entwicklungen reagieren und sich beispielsweise entscheiden, auf welcher Stufe der Zuliefererpyramiden sie agieren wollen.[107] Für das Marketing eines In-Suppliers tritt somit das Management von Geschäftsbeziehungen mit seinen vielfältigen Besonderheiten in den Mittelpunkt seiner Bemühungen.[108]

Gadde/Håkansson[109] sehen drei Konsequenzen, die sich aus der veränderten Beschaffungspolitik von Abnehmern ergeben und im Widerspruch zu traditionellen Auffassungen vom Marketing stehen. Sie führen aus, daß reaktives Verhalten der Zulieferer genauso wichtig ist wie aktives. Strategische Marketing-Entscheidungen sollten sich an die veränderte Beschaffungspolitik anpassen. Die zweite Konsequenz sehen sie darin, daß weitaus mehr Funktionsbereiche als Marketing und Vertrieb in die Entwicklung der Geschäftsbeziehung zu Kunden integriert sein werden. Sie erkennen dabei auch die steigende Bedeutung der Beschaffungsfunktion für die Etablierung von Geschäftsbeziehungen zu Kunden.

Backhaus unterscheidet im Rahmen eines phasenspezifischen Beziehungsmanagement in der Vorauswahlphase (Vorvertragsphase) sog. Anpassungs- und Emanzipationskonzepte.[110] Bezüglich des Zusammenhangs zwischen dem Marketing eines Zulieferers und der Beschaffung des Abnehmers kommt dem Emanzipationskonzept eine wichtige Rolle zu. Wenn ein Zulieferer im Rahmen des mehrstufigen Marketing absatzpolitische Maßnahmen ergreift, die auf eine

---

[105] Vgl. Schulte 1991, S. 361.

[106] Vgl. zur theoretischen Analyse von Zulieferer-Abnehmer-Beziehungen insb. Freiling 1995.

[107] Zur pyramidenförmigen Struktur in der japanischen Automobilindustrie vgl. Demes 1989, S. 268.

[108] Vgl. Backhaus 1997, S. 646; Plinke 1997, S. 1 ff.

[109] Vgl. Gadde/Håkansson 1994, S. 32 ff.

[110] Vgl. Backhaus 1997, S. 687 ff.

(mehrere) gegenüber den unmittelbaren Abnehmern nachfolgende Marktstufe(n) gerichtet sind, wird ein Nachfragesog erzeugt (Pull-Effekt).[111]

Ein Beispiel kann in einer aktuellen Print-Werbung der *Robert Bosch AG* gesehen werden, die in Zeitschriften zu finden ist. Folgender Text ist abgedruckt:

> „Denken Sie sich in Ihrem Auto den Starter weg, die Kraftstoffeinspritzung und die Zündung. Stellen Sie sich Ihr Auto ohne Airbag, ohne Gurtstraffer vor.
>
> Vergessen Sie alles, wo *Bosch* mit im Spiel ist: das automatische Getriebe oder die *Litronic*-Scheinwerfer. Den Scheibenwischer, den Generator, das ABS. Nicht mal eines unserer Autotelefone oder *Blaupunkt*-Autoradios ist eingebaut. Was bleibt dann noch von Ihrem Auto übrig? Nun, zumindest nichts, das sich noch fahren ließe - nur schieben. *Bosch* - Immer eine Lösung."

Die *Robert Bosch AG* verfolgt mit dieser Kampagne wohl das Ziel, daß Autokäufer bei der Neuanschaffung eines Autos gegenüber dem Hersteller erkennen oder gar darauf bestehen, daß ihr Wagen mit den beworbenen *Bosch*-Teilen bzw. -Systemen ausgerüstet wird. Der Zulieferer entzieht sich somit der Willkür des Herstellers; er emanzipiert sich. Der Verkaufsmitarbeiter des Automobilherstellers respektive des Händlers muß in solchen Fällen die Beschaffungsabteilung über die Kundenanforderungen informieren, und es muß z.B. innerhalb von funktionsübergreifenden Teams entschieden werden, ob und wie dieser Anforderung nachgekommen wird.

Voraussetzung einer solchen Pull-Strategie eines Lieferanten ist die Identifizierbarkeit (Markierung) der Leistung auf der nachfolgenden Marktstufe. Für diese Art der Markierung wurde das Konzept des Ingredient Branding entwickelt. *Backhaus* führt die Vor- und Nachteile des Ingredient Branding wie in Tabelle 8 dargestellt aus.

Tabelle 8. Vor- und Nachteile des Ingredient Branding (In Anlehnung an: Backhaus 1997, S. 693)

Vorteile	*Nachteile*
• Austritt aus der Anonymität • Kundenloyalität und Nachfragesog • Mittel gegen Substituierbarkeit • Chance zur Wettbewerbsdifferenzierung • Preis-/Volumenpremium • Eintrittsbarriere für Konkurrenten • Schaffung eines Markenwertes (Brand Equity)	• Hohe Kosten und hoher Zeitaufwand für die Kreierung eines Markenwertes (Bekanntheit, Vertrautheit, Image, Ansehen) • Risiko • Höhere Verpflichtung zur Qualitätssicherung beim Endprodukt • Gefahr der Kannibalisierung durch eine schwache Endproduktmarke • Klar identifizierbares Angriffsziel für die Gegner

[111] Ein sehr eingängiges Beispiel für dieses Denken stellt der Werbeslogan der Firma *DHL Worldwide Express* „Wir halten Ihr Versprechen" dar. Zu mehrstufigen Absatzstrategien vgl. auch Engelhardt 1976, S. 175ff. und Rudolph 1989.

2.7 Qualitätssicherung in der Beschaffung

In den vergangenen Jahren hat sich als wichtiger Schwerpunkt im organisationalen Beschaffungsverhalten das Bestreben herausgebildet, die Qualität der Beschaffungsgüter im Rahmen des Total Quality Management besonders zu sichern. Dies gilt vor allem im Bereich der Zulieferungen von Materialien und Komponenten - bis hin zur Beschaffung von komplexen Einbauteilen. Ursache für diese Bestrebungen sind einerseits Qualitätsziele der Abnehmer und ihrer Kunden, bedingt durch scharfen Wettbewerb, Produzentenhaftung u.ä. Andererseits haben Kostenaspekte dazu geführt, daß Prozeßaktivitäten der beschaffenden Unternehmung in den Bereichen Wareneingang, Qualitätskontrolle und Materialfluß immer mehr auf Lieferanten verlagert werden. Entsprechend werden in die „Philosophie" des Total Quality Management[112] Lieferanten als integraler Bestandteil der umfassenden Qualitätsgestaltung eingebunden.

Die Entwicklungstendenz in der Beschaffung geht nun dahin, Funktionen der Qualitätssicherung auf Zulieferer zu übertragen und dies durch vertragliche Vereinbarungen sowie Prüfungen/Audits und Zertifizierung von Qualitätssicherungssystemen der Lieferanten abzusichern. Die Zulieferer werden veranlaßt, sich ihre Qualitätsfähigkeit bestätigen zu lassen. Dies kann einerseits über die Anwendung der Normenreihe *DIN EN ISO* 9000-9004 erfolgen. Manche Unternehmen erlassen auch eigene Vorschriften zum Nachweis der Qualitätsfähigkeit ihrer Zulieferer. *Chrysler*, *Ford* und *General Motors* haben zum Beispiel zu diesem Zweck eine eigene Norm *QS*-9000 herausgegeben und rufen ihre Lieferanten auf, ihr Qualitätsmanagementsystem entsprechend dieser Norm auszurichten und sich von einem akkreditierten Unternehmen zertifizieren zu lassen. Mittlerweile sind also die Automobilhersteller dazu übergegangen, zwar unabhängige, aber akkreditierte Institute die Qualitätsfähigkeit der Lieferanten prüfen zu lassen. Dies hat für die Zulieferer den Vorteil, daß die meisten Abnehmer sich damit zufrieden geben und die Zulieferteile nicht nochmals selbst überprüfen. Für die Abnehmer entsteht ein Kostenvorteil durch den Wegfall der mit der Überprüfung verbundenen Kosten (z.B. Personalkosten, Reisekosten etc.). Es bleibt natürlich fraglich, ob die neutralen Zertifizierer wirklich entsprechend den Anforderungen aller Abnehmer zertifizieren. Dies sollen einerseits die Normenreihen garantieren, andererseits müssen sich diese Institutionen einem Akkreditierungsverfahren nach der Norm *DIN EN* 45012 unterziehen und ihre Auditierungs- und Zertifizierungsfähigkeit unter Beweis stellen.[113]

---

[112] Vgl. z.B. Engelhardt/Schütz 1991.

[113] Vgl. Malorny/Kassebohm 1994, S. 237 ff.

Die Normenreihe ist gemäß der 1994 veröffentlichten und überarbeiteten Fassung folgendermaßen aufgebaut:[114]

DIN EN ISO 9000-1 „Normen zum Qualitätsmanagement und zur Qualitätssicherung/Qualitätsmanagement-Darlegung – Teil 1: Leitfaden zur Auswahl und Anwendung". Diese Norm ist eine Einführung in das Thema Qualitätsmanagement von Unternehmen. Hier werden die wesentlichen hinter der ganzen Normenreihe stehenden Konzepte beschrieben und die Anwendung der anderen Normen der *ISO* 9000-Familie erläutert.

Die *DIN EN ISO* 9001 trägt den Titel „Qualitätsmanagementsysteme – Modell zur Qualitätssicherung/Qualitätsmanagement-Darlegung in Design/Entwicklung, Produktion, Montage und Wartung".

DIN EN ISO 9002 und 9003 sind Normen, die keine Forderungen bezüglich Entwicklung/Design der Produkte (9002) beziehungsweise lediglich Forderungen bezüglich der Endprüfungen von Produkten (9003) enthalten.

Diese drei Normen enthalten Mindestforderungen an Qualitätsmanagement-Systeme, wie sie zwischen Abnehmer und Lieferant vertraglich vereinbart werden können.

Der letzte Titel in der Reihe bezieht sich auf *DIN EN ISO* 9004-1 „Qualitätsmanagement und Elemente eines Qualitätsmanagement-Systems – Teil 1: Leitfaden". Diese Norm ist ein Leitfaden für Organisationen, die ein Qualitätsmanagement-System erst einrichten beziehungsweise die ihr bestehendes System verbessern und dabei gleich von Anfang an alle wesentlichen Elemente berücksichtigen wollen, ohne sich auf die für übliche Vertragsfälle ausreichende Erfüllung der Mindestforderungen von *ISO* 9001, 9002 oder 9003 zu beschränken. Weitere Leitfäden für diesen Zweck sind in den Normen der *ISO* 9000-Familie *ISO* 9004 Teil 2ff. und *ISO* 10011ff. enthalten.

Im Zuge eines Audits soll nachgewiesen werden, ob die für gleichbleibende Qualität festgelegten organisatorischen Abläufe auch tatsächlich eingehalten und daß sie mit den Anforderungen der Normen übereinstimmen. Unterschieden werden System-, Verfahrens- und Produktaudit. Abbildung 17 verdeutlicht dies.

Ein Qualitätssicherungssystem (*QS*-System), wie es ein beschaffendes Unternehmen von seinem Lieferanten verlangen kann, besteht aus 23 Elementen, von denen eine Auswahl zur Vertragsgestaltung vorgeschlagen wird. Unter Heranziehung der *ISO* 9004 sollte zuerst der Umfang festgelegt werden, in welchem jedes *QS*-Element angelegt werden soll. Eine anschließende umfangreiche Bestandsaufnahme zeigt Stärken und Schwächen des bestehenden Systems auf. Im Mittelpunkt steht dabei die Erstellung eines Qualitätssicherungs-Handbuchs. Tabelle 9 zeigt das Normensystem *DIN ISO* 9000–9004.

---

[114] Einen ausführlichen und guten Überblick über die Zertifizierungsprozesse von Managementsystemen und deren Wirkungen findet man auch bei Drösser 1997, S. 245 ff.

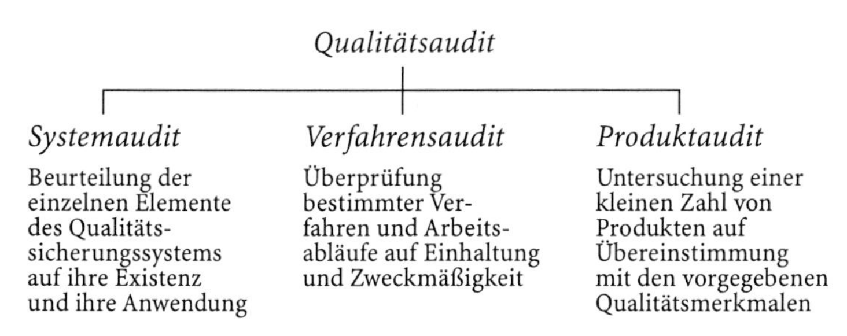

Abb. 17. Formen von Qualitätsaudits

Tabelle 9. DIN EN ISO 9000-9004

Norm	*Inhalt*
DIN EN ISO 9000	Leitfaden zur Auswahl und Anwendung der Normen zu Qualitätsmanagement, Elementen eines Qualitätssicherungssystems und zu Qualitätssicherungs-Nachweisstufen; Mai 1987
DIN EN ISO 9001	Qualitätssicherungs-Nachweisstufe für Entwicklung und Konstruktion, Produktion, Montage und Kundendienst; Mai 1987
DIN EN ISO 9002	Qualitätssicherungs-Nachweisstufe für Produktion und Montage; Mai 1987
DIN EN ISO 9003	Qualitätssicherungs-Nachweisstufe für Endprüfungen; Mai 1987
DIN EN ISO 9004	Qualitätsmanagement und Elemente eines Qualitätssicherungssystems, Leitfaden; Mai 1987

Die mit der Zertifizierung verbundenen Kosten sind von der Größe der zu überprüfenden Unternehmung abhängig. Ein Unternehmen mit etwa 400 Mitarbeitern kann davon ausgehen, für das Zertifikat derzeit etwa 30.000 DM zu bezahlen. Viele Unternehmen unterschätzen aber die möglichen hohen Kosteneinsparungsmöglichkeiten nach der Erteilung eines Zertifikats. So werden Prozesse optimiert, Verantwortungen klar aufgeteilt, Schlendrian aufgedeckt usw.; es wird insgesamt angestrebt, eine erhöhte Motivation zur Null-Fehler-Produktion und -Lieferung zu erreichen.

Die Zertifizierung muß in der Regel alle drei Jahre wiederholt bzw. bestätigt werden. Da zukünftig aus Wettbewerbsgründen die Zertifizierung von den meisten Anbieterunternehmen durchgeführt werden wird, gehen viele Nachfrager bereits in der Beschaffung dazu über, ein noch höheres Anspruchsniveau an die Zulieferer zu stellen. Auch finden sogenannte *„Quality Awards“* zunehmende Verbreitung.[115] Vorreiter ist Japan, wo seit 1950 jährlich der *„International De-*

[115] Vgl. hierzu auch Stauss 1994, S. 21 ff.; Stauss/Scheuing 1994, S. 303 ff.; Ellis 1994, S. 277 ff.

ming Application Price" vergeben wird. In den USA wird seit 1987 der *„Malcolm Baldrige National Quality Award"* und seit 1992 in Europa der *EFQM*-Preis der *„European Foundation for Quality Management"* vergeben. Die Kriterien gehen dabei weit über den in der *ISO*-Norm dargestellten zertifizierbaren Rahmen eines Qualitätssicherungssystems hinaus. So werden mit dem *EFQM*-Preis europäische Unternehmen ausgezeichnet,

- deren Produkte und Service ein sehr hohes Maß an Kundenzufriedenheit erreichen,
- bei denen die interne Qualität in einem solchen Maße gegeben ist, daß hohe Mitarbeiterzufriedenheit erreicht wird,
- die ein hohes Maß an Erfüllung eigener Qualitätsziele erreichen,
- die vorbildliches Prozeßmanagement praktizieren,
- deren Managementverhalten qualitätsorientiert ist,
- deren Mitteleinsatz qualitätsfördernd ist,
- deren Qualitätsstrategie beispielhaft ist und
- deren Einstellung zu Fragen der gesellschaftlichen Verantwortung hervorragend ist.

Tabelle 10 gibt einen Überblick über die Kriterien zur Bewertung.

Die Kriterien der Quality Awards bilden eine zentrale Grundlage für die Bewertung von Zulieferer-Beziehungen. Als Beispiel sei hier die Lieferantenbewertung von *Asea Brown Boveri* gezeigt (vgl. Abb. 18).

Die Ausführungen machen deutlich, daß aus Beschaffungssicht der Lieferant in die Qualitätsbemühungen des Abnehmers unmittelbar einbezogen werden muß. Unterstützend bilden Maßnahmen der Lieferantenförderung und -pflege wie z.B. Lieferantentage, Seminare, Workshops über Qualitätssicherung, statistische Prozeßregelung, Qualitätszirkel usw. Bestandteile eines umfassenden Supply Management.

Tabelle 10. Der europäische Qualitätspreis und seine Vergabekriterien (In Anlehnung an: Kokta 1993, S. 181 ff.)

Kriterien	*Gewichtung*
Kundenzufriedenheit (Produkt und Service)	20 %
Mensch im Betrieb (Führung und Einstellung)	18 %
Betriebsergebnisse („erreicht" zu „geplant")	15 %
Prozeßmanagement (Wertschöpfungskette)	14 %
Führung zu Qualität (Managementverhalten)	10 %
Mitteleinsatz (Finanzen, Information, Technik)	9 %
Politik und Strategie (Vision, Werte, Vorgaben und Wege)	8 %

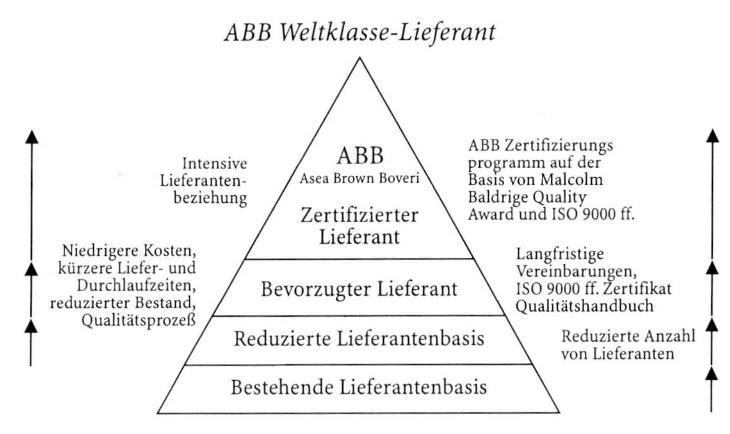

Abb. 18. Lieferantenbewertung von *ABB* (Quelle: Leeuwen 1993, S. 119)

2.8 Ausgewählte vertragsrechtliche Aspekte der Beschaffung

Die Absicherung bestehender Beschaffungsverbindungen erfolgt über die bisher angesprochenen De facto-Maßnahmen hinaus auch mit Hilfe der Kontrahierungspolitik in vertraglicher Form. Dabei sind insbesondere langfristige Lieferverträge zu nennen, die im Rohstoff-, Halbfabrikate- und Teilebereich häufig anzutreffen sind. Sie bilden den Gegensatz zu einer fallweisen Versorgung evtl. bei wechselnden Lieferanten am offenen Markt, wofür die Spotmärkte für Erdöl (Rohöl) das anschaulichste Beispiel bieten. Der Abschluß eines langfristigen Liefervertrages setzt wenig laufende Beschaffungsaktivitäten (bzw. von Lieferantenseite aus: Vertriebstätigkeit) voraus und führt zu einer Vereinfachung des Beschaffungsvorganges. Allerdings darf nicht vernachlässigt werden, daß vor dem Abschluß grundlegende und z.T. schwierige Erwägungen angestellt werden müssen. Sie betreffen Absatz- und Bedarfsprognosen, Preisschätzungen, Annahmen über Mengen- und Qualitätsrisiken sowie Planungsüberlegungen hinsichtlich der Synchronisierung von Lieferung und Verbrauch. Die Vorteile langfristiger Lieferverträge liegen in einer gewissen Beschaffungssicherung hinsichtlich Mengen, Preis, Qualität und Belieferung, obwohl auch durch dieses Instrument bestimmte Risiken nicht völlig beseitigt werden. Evtl. ergeben sich aus der langfristigen Vordisposition Preisvergünstigungen, die allerdings von der weiteren Preisentwicklung zunichte gemacht werden können. Aus diesem Grunde werden häufig Baisse- und Hausse-Klauseln in die Verträge eingebaut. Die Lagerhaltung kann durch die Absicherung der Beschaffung verringert werden, und schließlich kann es bei sehr langfristigen Bindungen zu einer Institutionalisierung der Belieferung – z.B. Einrichtung fester Verbindungen in Form von Pipelines – kommen.

Alle erwähnten Aspekte zeigen, daß die Risiken für die beschaffende Unternehmung durch den Abschluß solcher Verträge nicht nur gesenkt werden, sondern teilweise auch steigen. Deshalb muß die Unternehmung, die sich in ihrer Beschaffung bindet, dennoch Mittel und Wege suchen, um ihre Flexibilität nicht völlig zu verlieren. Wie dies erreicht wird, ist oft eine Frage der Verhandlungsmacht und des Verhandlungsgeschicks bei dem Abschluß der Verträge.

Da es sich gerade bei langfristigen Lieferverträgen z.T. um erhebliche Wertvolumina handelt, die den Vergleich mit großen Anlageninvestitionen zulassen, werden die Abschlüsse nach langwierigen Verhandlungen oft auf höchster hierarchischer Ebene vollzogen. Die inhaltliche Ausfüllung, was Sorten, Garantien, Belieferungsmodalitäten etc. betrifft, erfolgt dann später und auf niedrigerer Ebene (sog. Rahmenaufträge). Damit wird bei Vertragsabschluß häufig nur der Rahmen abgesteckt, innerhalb dessen einzelne Vertragsbestandteile bewußt offen bleiben, um dadurch die Flexibilität, vor allem für den Nachfrager, teilweise aber auch für den Anbieter, nicht ganz zu verlieren. Die Konkretisierungsbedürftigkeit eines derartigen Rahmenvertrages kann sich auf sehr verschiedene Parameter beziehen. Am häufigsten ist festzustellen, daß die genaue Spezifikation der zu liefernden Größen, Abmessungen etc. erst später erfolgt, um Markttendenzen berücksichtigen zu können. Ferner werden Teilmengen entweder noch nicht bei Vertragsabschluß, sondern erst zu einem späteren Zeitpunkt festgelegt, oder es wird Lieferung auf Abruf vereinbart. Nicht selten bleibt auch der Bestimmungsort der Güter offen, was insbesondere bei dezentraler Fertigung des Abnehmers wichtig sein kann. Eine recht weitgehende Unbestimmtheit des Vertrages ist dann gegeben, wenn der Preis nicht oder nur als Richtgröße, Ober- oder Untergrenze festgelegt wird. Schließlich können auch die Mengenvereinbarungen insgesamt recht vage bleiben, wenn nämlich nur Circa-Angaben, Mindestgrenzen, Bandbreiten oder Quoten des insgesamt entstehenden Bedarfs vereinbart werden. Diese und andere Gestaltungsmöglichkeiten von Rahmenverträgen schaffen trotz der Beschaffungsabsicherung Spielräume, die eine Anpassung bei veränderten Marktbedingungen ermöglichen. Solche Zugeständnisse müssen in der Regel jedoch durch Preisäquivalente aufgewogen werden.

Angesichts des in der Industrie häufig hohen Anteils an Zukaufteilen ist es zunehmend wichtig, daß die zugekauften Erzeugnisse die geforderte Qualität erreichen (Total Quality Management). Ein Abnehmer hat hierzu vor allem die folgenden vertragspolitischen Möglichkeiten:

- Berücksichtigung von individuell festgelegten Qualitätsmerkmalen in entsprechenden Klauseln eines Kauf- oder Liefervertrages zwischen dem Zulieferer und dem Abnehmer,
- Abschluß einer Qualitätssicherungsvereinbarung in einem eigenständigen Vertragsdokument,

- Allgemeine Geschäftsbedingungen der beiden Vertragspartner (Einkaufsbedingungen des Herstellers, Verkaufsbedingungen des Zulieferers),
- sogenannte „Richtlinien“ als Anlage zu bestimmten Kauf- und Lieferverträgen.

Mit Qualitätssicherungsvereinbarungen verfolgt das beschaffende Unternehmen im wesentlichen zwei Ziele:

1. Verpflichtung des Zulieferers zum Aufbau eines umfangreichen Qualitätsmanagement-Systems, unter Umständen Forderung nach Zertifizierung, um die Bedürfnisse der Abnehmer zu befriedigen sowie
2. Verlagerung von Haftungs- und sonstigen Risiken auf die Zulieferer.

Aus Beschaffungssicht wird auch die Produkthaftpflicht eine Rolle spielen bei der Auswahl von Lieferanten und der Risikoverteilung zwischen Abnehmer und Zulieferer. Seit dem Inkrafttreten des Produkthaftungsgesetzes in Deutschland am 1. Januar 1990 sind zwei Haftungssysteme zu berücksichtigen, die parallel Anwendung finden können:

- das neue Produkthaftungsrecht auf der Grundlage des Produkthaftungsgesetzes (ProdHaftG) und
- das bisherige, „klassische“ Produkthaftungsrecht auf der Grundlage des allgemeinen Deliktsrechts, insbesondere der zentralen Vorschrift des § 823 Abs. 1 Bürgerliches Gesetzbuch (BGB).

Das ProdHaftG hat gegenüber dem früheren Rechtszustand zu einer Verschärfung der Produkthaftpflicht geführt:

Hat ein Produkt einen Fehler, und wird dadurch ein Personenschaden oder ein Schaden an einer gewöhnlich für privaten Ge- oder Verbrauch bestimmten und hierzu von dem Geschädigten hauptsächlich verwandten Sache verursacht, so hat jeder Hersteller, der den Fehler mitverursacht hat, dem Geschädigten gesamtschuldnerisch zu haften (§1, Abs. 5 ProdHaftG), unabhängig von jedwedem Verschulden, d.h. auch dann, wenn er größtmögliche Sorgfalt im Produktionsprozeß angewandt hat.[116]

Ein beschaffendes Unternehmen hat auf der Absatzseite folglich sowohl für die eigenen als auch für die fremden Fehler zu haften. Das ist der Grund dafür, daß die Verarbeiter fremder Produkte Qualitätssicherungsvereinbarungen mit ihren Zulieferern treffen.

Die Haftungslage nach dem klassischen Produkthaftungsrecht ist eine andere. Es kommt darauf an, ob die in die Produktionskette auf verschiedenen Stufen befindlichen Hersteller die ihnen obliegenden Gefahrabwendungspflichten erfüllt haben.

[116] Vgl. Kreifels 1992, S. 77 f.; siehe auch Steinmann 1993.

Im folgenden seien nun einige wichtige juristische Klauseln genannt, die Inhalt von Kaufverträgen sein können und der Absicherung der Beschaffung dienen:

1. Klauseln über Spezifikationen, denen das Zulieferprodukt zu entsprechen hat,
2. Kontrollrechte und Genehmigungen des Herstellers bei Änderung von Zeichnungen und Plänen durch den Zulieferer,
3. Vorbehalte, Muster des Zulieferers für die Serienherstellung freizugeben,
4. Zusicherungen und Garantien des Zulieferers, daß die von ihm produzierten Teile den Vorgaben des Herstellers entsprechen,
5. Geheimhaltungsverpflichtungen,
6. Abbedingung der Wareneingangsprüfung beim Hersteller (Ausschaltung von § 377 HGB),
7. Qualitätssicherungsmaßnahmen,
8. Dokumentation von Prüfungen und Prüfergebnissen,
9. Einsichtsrechte in Unterlagen des Zulieferers, Betretungsrecht des Werks, Qualitätsaudits,
10. Benachrichtigungspflichten des Zulieferers in vielfältiger Form,
11. Beteiligung von Zulieferern an Produktrückrufaktionen,
12. Exklusivitätsklauseln.

Für den geschädigten Endkunden sind Qualitätssicherungsvereinbarungen, die in einzelnen Punkten Haftungsrisiken anders zuordnen als das Gesetz es vorsieht, ohne Belang. Der Hersteller haftet zunächst voll, bevor er Regreßansprüche im Innenverhältnis geltend machen kann. Die Qualitätssicherungsvereinbarungen sind im Innenverhältnis dafür ausschlaggebend, mit welcher Quote letztlich der Schaden unter den beteiligten Herstellern verteilt wird.[117]

Für ein beschaffendes Unternehmen ist es besonders wichtig, daß Qualitätssicherungsvereinbarungen mit der jeweiligen Haftpflichtversicherung abgestimmt werden. Eine mögliche Risikoabwälzung auf den Zulieferer kann erhebliche Auswirkungen auf die Prämien haben.

2.9 Organisation der Beschaffung

Betriebswirtschaftliche Überlegungen zur Organisation beziehen sich stets einerseits auf die Ablauforganisation von Prozessen und andererseits auf die Aufbauorganisation (Struktur), mit der vor allem Zuständigkeiten festgelegt werden. Wir haben schon an anderer Stelle darauf hingewiesen, daß die Struktur bzw. der Prozeß so optimiert werden muß, daß die verfolgte Strategie umgesetzt werden kann.

[117] Vgl. Kreifels 1992, S. 77 f.

Eine Analyse zur Organisation der Beschaffung sollte im ersten Schritt eine Aufgabenanalyse beinhalten. Die Gesamtaufgabe wird nach bestimmten Kriterien in der Folge in Teilaufgaben zerlegt. Die Beschaffungsaufgabe kann nach Verrichtung, Objekt oder Phase, gegebenenfalls nach Zweckbezug und räumlichen Gesichtpunkten gegliedert werden. Bei einer verrichtungsbezogenen Teilung können z.B. Bedarfsanalyse, Bedarfsermittlung, Erkundung des Beschaffungsmarktes und Analyse der Lieferquellen, Lieferantenverhandlung, Bewertung und Auswahl von Lieferanten, Vertragsabschluß, Anlieferung, Wareneingangsprüfung und Bereitstellung der Leistungen bei den Bedarfsträgern unterschieden werden.

Eine andere phasenbezogene Gliederung führt zur Unterscheidung von z.B. Planungs-, Realisations- und Kontrollaufgaben.[118]

Eine objektbezogene Gliederung der Teilaufgaben erfolgt in der Regel nach der Art der zu beschaffenden Güter, z.B. Roh-, Hilfs-, Betriebsstoffe und Dienstleistungen. Die Leistungen können in der Regel zu Gruppen zusammengefaßt werden.

Es ergeben sich zunächst zwei Grundfragen der Beschaffungsorganisation:

1. Verankerung der Beschaffungsaufgabe im Unternehmen (Integration der Beschaffung in die Unternehmensorganisation). Mögliche relevante Entscheidungskriterien umfassen dabei:
   - Zentralisierung versus Dezentralisierung,
   - Festlegung des Aufgaben- und Kompetenzumfangs (Aufteilung der Aufgaben auf Beschaffungsbereich und Bedarfsträger, bspw. Produktion),
   - Regelung der bereichsübergreifenden Koordination,
   - hierarchische Positionierung des Beschaffungsbereiches.
2. Interne Organisation des Beschaffungsbereichs. Hier sind als mögliche Kriterien zu nennen:
   - Gliederung in spezialisierte organisatorische Einheiten,
   - Regelung der bereichsinternen Koordination, insb. die Regelung der Kommunikation zwischen spezialisierten Abteilungen und Stellen,
   - Einsatz der Informations- und Kommunikationstechnologie.

Wir wollen uns zunächst mit der Frage des Zentralisationsgrads der Beschaffungsfunktion beschäftigen.

Grundsätzlich sind bei der Entscheidung über eine eher zentrale oder eher dezentrale Beschaffung bestehende Aufbau- und Ablauforganisationen zu berücksichtigen. Sie können oft nicht kurzfristig bzw. nur unter erheblichen Reibungsverlusten verändert werden. Dennoch sollte die Struktur der Strategie folgen.[119] Dies sollte zu einer flexiblen und effizienten Organisationsform führen.

---

[118] Vgl. Fieten 1992, Sp. 341.

[119] Siehe hierzu Chandler 1962.

Folgende Vor- und Nachteile sind jeweils mit einer zentralen bzw. dezentralen Beschaffungsorganisation verbunden, wobei im Regelfall die Vorteile der zentralen Beschaffung bei einer dezentralen Beschaffung nicht erreicht werden und die Nachteile der zentralen Beschaffung durch eine dezentrale Organisation wettgemacht werden können.[120]

- Vorteile einer zentralen Beschaffungsorganisation:
  - Durch die Zusammenfassung des gesamten Bedarfs kann es zu größeren Bestellmengen und damit zur Erzielung von Mengenrabatten kommen. Auch werden die innerbetrieblichen administrativen Bestellkosten verringert.
  - Die Anzahl der Lieferanten kann reduziert werden. Damit lassen sich z.B. Transaktionskosten einsparen.
  - Durch die Zusammenfassung unterschiedlicher, aber angleichungsfähiger Bedarfsfälle wird die innerbetriebliche Vereinheitlichung des Materials (Normung und Typisierung) gefördert.
  - Wenn bei dezentraler Beschaffung mehrere Lager geführt werden, kann dies zur Verringerung der Lagerbestände führen, da man unter bestimmten räumlichen Bedingungen insgesamt gesehen mit niedrigeren Sicherheitsbeständen auskommen und individuelle Überdispositionen vermeiden kann.
  - Einheitliche Behandlung von Risiken, z.B. arbeitsrechtlicher Art bei Outsourcing, Kooperationen usw.
  - Die Beschaffung wird in der Regel durch kaufmännisch qualifizierteres Personal durchgeführt.
  - Sie führt zu einer einheitlichen Steuerung und Überwachung der Beschaffung.
  - Es entsteht eine klare Abgrenzung der Zuständigkeitsfragen, sofern dies gewünscht ist.
- Nachteile einer zentralen Beschaffungsorganisation:
  - Verlängerter Instanzenweg und dadurch bedingt Schnittstellenprobleme,
  - längere Kommunikationswege mit der Folge von Flexibilitätseinbußen bei dringendem Bedarf,
  - Gefahr zu geringen Know-hows (vor allem technischen) und Verständnisses des Abnehmerbedarfs bei zentralen Einkäufern aufgrund der zusätzlich geschaffenen Schnittstelle zwischen zentraler Beschaffung und den dezentralen Organisationseinheiten,
  - Erhöhung der Transportkosten bei zentraler Anlieferung des bestellten Materials und den damit verbundenen Transportumwegen.

[120] Vgl. Hartmann 1993, S. 95.

- Die zentrale Beschaffung wirkt sich möglicherweise nachteilig bei konsequenter Prozeßorganisation aus.
- Innovationen können im Betrieb „versickern".
- Probleme der Verwenderbereiche (anfordernde Stellen) können nicht unmittelbar mit dem Lieferanten behandelt werden.

Das Fazit aus diesen Überlegungen lautet: Ein Unternehmen sollte so viel dezentralisieren wie möglich und so viel zentralisieren wie nötig. Eine zu starke Dezentralisation, vor allem bei der Einrichtung vieler unabhängiger Profit Center, wirkt sich häufig negativ aus, da die einzelnen Bereiche wieder isoliert voneinander handeln.

Ein Kompromiß auf dem Weg zu einer effizienten Einkaufsorganisation scheint in dem aktuell wieder diskutierten Ansatz des Materialgruppenmanagement zu liegen.

Bei Unternehmen, die an mehreren Standorten Einkaufsfunktionen ausführen, bietet sich die Einrichtung von Materialgruppen-Teams (MG-Teams) an, deren Mitglieder aus verschiedenen Organisationseinheiten stammen. Es sollte überprüft werden, ob es sinnvoll ist, globale Teams einzusetzen. Dagegen würden allerdings hohe Reisekosten der Teammitglieder sprechen, die aber durch die bei Bedarfsbündelungen entstehenden Kosteneinsparungen häufig mehr als wettgemacht werden können.

Die Einrichtung solcher Teams ist für jene Leistungen sinnvoll, die an verschiedenen Standorten benötigt werden und für den Markterfolg von großer Bedeutung sind (strategische Leistungen).[121] Die Einführung solcher Teams kann dabei sowohl erfolgen, wenn bisher nur zentral beschafft wurde, als auch bei schon vorliegenden, bisher autarken dezentralen Strukturen.

Der Begriff Materialgruppenmanagement impliziert dabei, daß dieses Konzept nur für Materialien einsetzbar ist. Für zentrale Dienstleistungen wie EDV-Beschaffung, Beraterleistungen, Marktforschung erscheint aber eine Bündelung der Nachfrage genauso sinnvoll wie für Material, deshalb sollte man besser von Leistungsgruppenmanagement sprechen.

Um der Forderung nach einer kundenorientierten Organisationsform gerecht zu werden, sollte die Fachkompetenz in Sachen Kundenorientierung gewährleistet werden. Eine multifunktionale Ausrichtung solcher Teams sollte deshalb durch die Zusammenführung von Mitarbeitern aus Einkauf, Konstruktion, Vertrieb (evtl. Marketing), Qualitätswesen und Produktion erfolgen.[122] Eine Teamstärke von fünf bis sieben Mitgliedern hat sich dabei als vorteilhaft erwiesen.[123]

---

[121] Man könnte jedoch genauso wieder über horizontale und vertikale Kooperationen mit anderen Unternehmen nachdenken. Vgl. auch Abschnitt 2.6.6.

[122] Vgl. Droege & Comp. 1998, S. 50.

[123] Vgl. Kalbfuß 1996, S. 28.

Durch die Bündelung der Kompetenz aus den verschiedenen Bereichen hat sich auch der Ausdruck Kompetenzzentrum durchgesetzt. Aus Sicht der Unternehmensleitung sollte also sichergestellt werden, daß die verschiedenen Kundenanforderungen aus den einzelnen zu bearbeitenden Märkten von den Teammitgliedern erkannt werden.

Ein Mitglied übernimmt die Federführung des Teams. Der Federführer kann dabei etwa aus der Organisationseinheit stammen, die innerhalb der Materialgruppe das größte Einzelvolumen repräsentiert.[124]

Durch multifunktionale Neuausrichtung kann auch dem Phänomen entgegengewirkt werden, daß eingespielte langjährige Lieferantenbeziehungen von den „alteingesessenen" Einkäufern häufig bevorzugt werden, und diese einem Lieferantenwechsel entgegenstehen.[125]

Die Aufgaben solcher Teams bestehen darin, beispielsweise unternehmensweite Standardisierungen zu prüfen, Lieferanten zu bewerten, evtl. einen Wechsel vorzubereiten sowie ein Sourcing-Strategiebündel zu entwickeln.

Die verschiedenen Federführer aus den einzelnen Teams bilden den Materialgruppenmanagement-Ausschuß. Sie können sich von Zeit zu Zeit über aktuelle Entwicklungen und zum Erfahrungsaustausch zusammenfinden. Das Einholen fachlicher Beratung aus dem Unternehmen selbst und von außen ist sowohl im Rahmen der Teamsitzungen als auch im Rahmen des MGM-Ausschusses möglich und sinnvoll. Abbildung 19 verdeutlicht das Konzept des Materialgruppenmanagement.

Die in Abb. 20 wiedergegebenen Wertungen verdeutlichen, daß das Materialgruppenmanagement die wesentlichen Vorteile dezentraler und zentraler Strukturen geradezu idealtypisch vereint.

Aufbauorganisatorisch sollte eine Art Projektorganisation entwickelt werden, die solange Bestand hat, bis beispielsweise die Materialvereinheitlichungen abgeschlossen sind und Lieferverträge mit den gemeinsam ausgewählten Lieferanten vereinbart wurden.

Es kann dabei auf eine Matrixorganisation zurückgegriffen werden, womit jedoch auch Nachteile verbunden sind.[126] So sind etwa Konflikte durch Mehrfachunterstellung vorprogrammiert, und durch mehrdimensionale Organisationsstrukturen verzögert sich häufig die Entscheidungsfindung, was bei einem eventuell zu erreichenden Zeitvorteil am Absatzmarkt verheerende Wirkungen zeigen kann.

Die vorangegangenen Ausführungen haben gezeigt, daß das Materialgruppenmanagement aufgrund seiner organisatorischen Querschnittsfunktion ohne

[124] Vgl. Miller/Gilmour 1980, S. 40.

[125] Vgl. Droege & Comp. 1998, S. 51.

[126] Vgl. dazu Frese 1995, S. 470 ff.; Kieser/Kubicek 1992, S. 138 ff.

tiefgreifende Veränderungen einführbar ist. Bei einer konsequenten Verfolgung dieses Konzepts wird die Einkaufsfunktion zukünftig ausschließlich von den MG-Teams wahrgenommen. Dies setzt eine Übertragung von Verantwortung an diese Teams durch die Unternehmensleitung voraus.

MGM-Ausschuß
Fach-
beratung
MGM-Koordination
MG-
Team
Mitglied des MG-Teams
Federführer des MG-Teams
Federführer der MGM-Koordination
verschiedene Organisationseinheiten
Fachberatung bei Bedarf, z.B. bzgl. Controlling, Beschaffungsmarketing, Kundenorientierung etc.

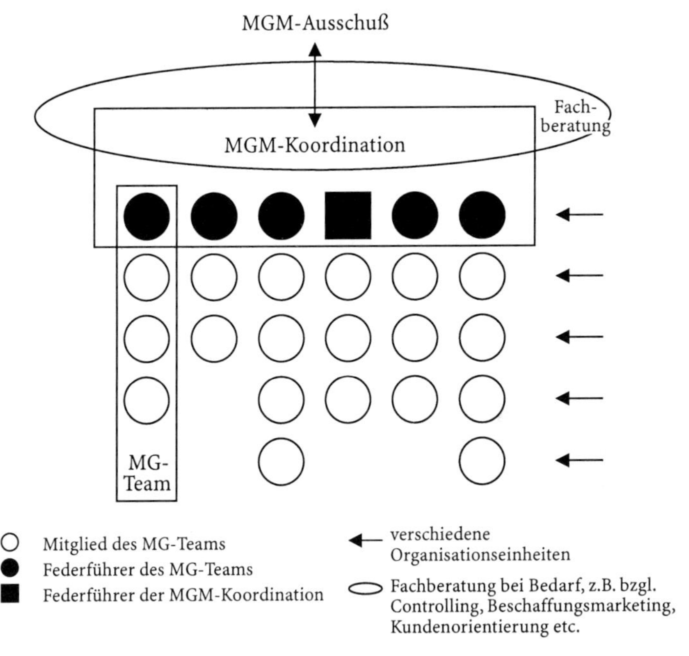

Abb. 19. Das Konzept des Materialgruppenmanagement (In Anlehnung an: Kalbfuß 1996, S. 29)

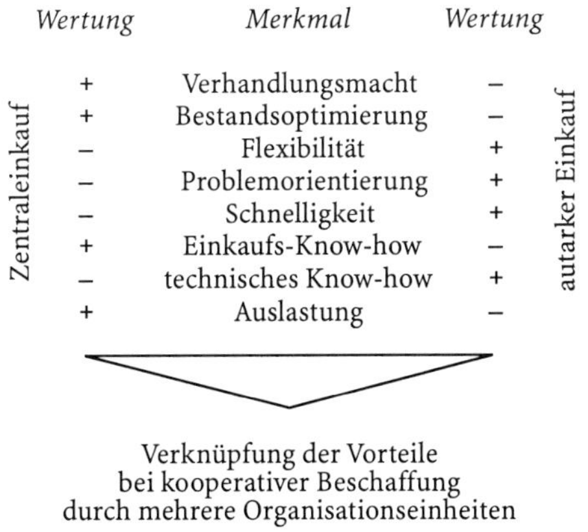

Wertung
Merkmal
Wertung
Zentraleinkauf
autarker Einkauf
+ Verhandlungsmacht –
+ Bestandsoptimierung –
– Flexibilität +
– Problemorientierung +
– Schnelligkeit +
+ Einkaufs-Know-how –
– technisches Know-how +
+ Auslastung –
Verknüpfung der Vorteile
bei kooperativer Beschaffung
durch mehrere Organisationseinheiten

Abb. 20. Vorteile des Materialgruppenmanagement (In Anlehnung an: Kalbfuß 1996, S. 28)

Im Zusammenhang mit einer stärkeren Dezentralisierung werden weitere Teams als Organisationsform von Arbeitsabläufen bedeutsam. Zur Bildung von Teams sollte es immer dann kommen, wenn mehr als eine organisatorische Einheit an der Lösung eines Problems interessiert ist bzw. einen Beitrag hierzu leisten kann. Initiator für eine Teambildung ist oft die organisatorische Einheit mit dem größten Interesse an der Problemlösung. Die Bildung von Teams kann zwischen den Betroffenen vereinbart oder von der übergeordneten Einheit – aus übergreifenden Interessen – angewiesen werden.

Teams sind geeignet, Lösungen für die Koordination an Schnittstellen, die bei der Beschaffung immer wieder funktions- und know-how-bezogen auftreten, herbeizuführen. In Teams werden die Folgen der Arbeitsteilung und die Grenzen zwischen rechtlichen und organisatorischen Einheiten überwunden. Der Einsatz von Teamstrukturen kann sowohl bei zentralen als auch bei dezentralen Lösungen für die Beschaffungsorganisation zweckmäßig sein. Teams sollten allerdings nur solange bestehen bleiben, wie nachweislich Ergebnisse realisiert werden.

Die Ansätze für eine erfolgreiche Teamarbeit in der Beschaffung, deren Aufgaben, Strukturen und Zusammensetzung können vielschichtig sein. Typisch und beispielhaft können folgende Formen genannt werden:

- Material-Team unter Beteiligung von z.B. Entwicklung / Konstruktion, Fertigung / Fertigungsplanung, Einkauf / Beschaffung, Materialwirtschaft / Lager / Disposition, Bedarfsträgern, Normenstellen, Qualitätsmanagement, Controlling/ Kostenrechnung,
- Lieferanten-Team unter Beteiligung von Entwicklung / Konstruktion, Fertigung / Fertigungsplanung, Einkauf / Beschaffung, Materialwirtschaft / Lager / Disposition, Qualitätsmanagement und Bedarfsträgern,
- Supply Management Team mit Beteiligung beider Marktparteien: von Abnehmer- bzw. Kundenseite: Einkauf (Supply Management), Entwicklung / Konstruktion, Qualitätsmanagement und Bedarfsträger.von Lieferantenseite: Vertrieb (Marketing), Entwicklung / Konstruktion, Qualitätsmanagement, Fertigung / Fertigungsplanung / Logistik,
- Make-or-Buy-Team mit bisherigen bzw. potentiellen internen Leistungsträgern, Einkauf / Beschaffung, Materialwirtschaft / Lager / Disposition, Bedarfsträgern, Qualitätsmanagement und Controlling / Kostenrechnung,
- Wertanalyse-Team mit bisherigen bzw. potentiellen internen Leistungsträgern, Einkauf / Beschaffung, Bedarfsträgern, Qualitätsmanagement, Controlling / Kostenrechnung sowie mindestens einem strategischen Lieferanten, besser zwei bis drei Lieferanten,
- International Sourcing-Team mit Vertretern der wichtigsten Einkaufsabteilungen / -funktionen,
- IT-Team (Informations- und Kommunikationstechnologie) bestehend aus Anwendern der verschiedenen Unternehmensbereiche.

Eventuell können auch für verschiedene Ablaufprozesse sowie für die Gestaltung von Kooperationen und Outsourcing-Aufgaben Teams gebildet werden. Der Einkauf ist dann nicht mehr allein Sache einer Abteilung, sondern durchzieht divisionale Unternehmen als eine Art Netzwerk. Die Beschaffungsteams werden zu Dienstleistern für alle Organisationseinheiten.

Die konsequente Anwendung der Inhalte eines Supply Management würde seine organisatorische Umsetzung darin finden, daß einzelne Supply Manager die Verantwortung für bestimmte Lieferantenbeziehungen zugewiesen bekommen. Der Lieferant sollte einem Supply Manager auf Kundenseite einen Key Account Manager gegenüberstellen. Die vom Key Account Manager durchzuführenden Kundenanalyse wird durch die mehrdimensionalen Organisationsstrukturen auf Abnehmerseite erschwert. Die Entscheidungsstrukturen im Buying Center sind für ihn häufig nur schwer zu identifizieren.

2.10 Entwicklungen in der Beschaffungspolitik – Herausforderungen für den Technischen Vertrieb

Der Weg hin zum integrierten Supply Management (vgl. dazu zusammenfassend Tabelle 11) wirft neue Herausforderungen für die Anbieterseite und damit für Absatz-Marketing und Technischen Vertrieb auf.

Tabelle 11. Supply Management – Zusammenfassung (In Anlehnung an Belz/Kramer/Schögel 1994, S. 17)

Supply Management bedeutet zusammenfassend:
1. die Beschaffungssortimente so zu gestalten, daß man sich besonders auf strategische Leistungen konzentriert und für unkritische Artikel wirtschaftlich vorgeht,
2. die Kosten der gesamten Wertschöpfung und der Lebenszyklen von Produkten, nicht nur der reinen Beschaffung zu sehen,
3. die Anzahl der direkten Zulieferer zu reduzieren. Direkte Zulieferer sind System- bzw. Modullieferanten und übernehmen die Organisation der Sublieferanten.
4. Mit Systemlieferanten langfristige Grundverträge abzuschließen und partnerschaftlich zusammenzuarbeiten,
5. geeignete Zulieferanten bereits zu Beginn der Produktplanung auszuwählen und in die Entwicklung einzubeziehen,
6. gemeinsam mit direkten Zulieferern nach Kostensenkungspotentialen und Verbesserungen in der Zusammenarbeit zu suchen und sich erzielte Erfolge teilen,
7. wenn möglich und sinnvoll, JIT-Anlieferungen ohne Eingangskontrollen und unnötige Lager und Sicherheitsbestände anzustreben,
8. die informationstechnische interaktive Vernetzung mit den wichtigen Systemlieferanten zu erreichen,
9. Qualitätsmanagement und Projekte gemeinsam mit den Lieferanten zu betreiben (Zertifizierung, Audits, Simultaneous Engineering, etc).

Betrachtet man den Technischen Vertrieb in einem Unternehmen, das *selbst* dem Supply Management folgt, so geht es vor allem darum, die interne Koordination zu gewährleisten, damit am externen Absatzmarkt Kundenzufriedenheit erzeugt werden kann. Das Instrument dazu ist aus absatzpolitischer Sicht das interne Marketing. Richtet man den Focus auf die Inputseite, so kann auch von „internem Beschaffungsmarketing" gesprochen werden (vgl. Abb. 1). Bei diesem geht es dann darum, durch Koordination aller (vom Absatzmarkt induzierten) Anforderungen und Ressourcen Wettbewerbsvorteile auf den Beschaffungsmärkten zu erzielen und zu sichern.

Aufgabe des Technischen Vertriebs im Hinblick auf das Supply Management des eigenen Unternehmens und das damit verbundene interne Beschaffungsmarketing ist es, die Kundenseite und die Vertriebs- und Serviceaktivitäten in Einklang zu bringen mit der Beschaffungs- und Lieferantenseite. Dies geschieht z.B. über die Anforderungsermittlung und -übermittlung (in Form des Quality Function Deployment[127]) oder über die Mitwirkung in Simultaneous Engineering Teams. Der Technische Vertrieb sollte auch eingeschaltet sein in die Lieferantenanalyse und -bewertung. Dabei hat er die Aufgabe, die Erfüllung spezifisch absatz- und kundenrelevanter Merkmale (Scoring-Kriterien) zu bewerten.

Auf der anderen Seite sieht sich der Technische Vertrieb den Beschaffungsaktivitäten seiner Abnehmer gegenüber, muß hierüber Informationen sammeln und auswerten, um kundenorientiert agieren zu können. Supply Management der *Abnehmer* bedeutet, daß der Technische Vertrieb des Anbieters

- es mit einem erweiterten Buying Network zu tun hat, dessen Verhalten zu ermitteln und mit dem zu verhandeln ist,
- die Analyse der Kundenwünsche über die Artikulation der Kaufwünsche hinaus auf die internen Abnehmerprozesse und das Absatz-Marketing der Kunden richten muß, damit komplette Lösungen angeboten werden können, die dem Kunden helfen, seinen jeweiligen Absatzmarkt zu erschließen,
- verstärkt den Gesamtlebenszyklus seines anzubietenden Produktes betrachten muß; in der Wirtschaftlichkeitsrechnung und im Controlling spiegelt sich dies in Gesamtkostenbetrachtungen („*life cycle cost analysis*") wider,
- Kundenzufriedenheit nicht nur bei den direkten Ansprech- und Verhandlungspartnern erzeugen und messen muß, sondern die Interessen aller etwa in abteilungsübergreifenden Teams („*cross functional teams*") zusammenwirkenden Mitarbeiter des Kunden berücksichtigen muß.

---

[127] Vgl. hierzu z.B. Saatweber 1994, S. 445 ff.

Literaturverzeichnis

Abell, D. F. [1978]: Strategic Windows; in: Journal of Marketing, 42. Jg. (1978), Heft 7, S. 21–26.

Arnold, U. [1982]: Strategische Beschaffungspolitik; Frankfurt 1982.

Arnold, U. [1990]: „Global Sourcing“ – Ein Konzept zur Neuorientierung des Supply Management von Unternehmen; in: Welge, M. K. (Hrsg.): Globales Management, Stuttgart 1990, S. 49–71.

Arnold, U. [1996]: Sourcing-Konzepte; in: Kern, W. / Schröder, H.-H. / Weber, J. (Hrsg.): Handwörterbuch der Produktionswirtschaft; 2. Aufl., Stuttgart 1996, Sp. 1861–1874.

Arnold, U. [1997]: Beschaffungsmanagement; 2. Aufl., Stuttgart 1997.

Arnold, U. / Eßig, M. [1997]: Einkaufskooperationen in der Industrie; Stuttgart 1997.

Arnolds, H. / Heege, F. / Tussing, W. [1996]: Materialwirtschaft und Einkauf; 9. Aufl., Wiesbaden 1996.

Backhaus, K. [1989]: Zulieferer-Marketing - Schnittstellenmanagement zwischen Lieferant und Kunden; in: Specht, G. / Silberer, G. / Engelhardt, W. H. (Hrsg.): Marketing-Schnittstellen; Stuttgart 1989, S. 287–304.

Backhaus, K. [1997]: Industriegütermarketing; 5. Aufl., München 1997.

Backhaus, K. / Meyer, M. [1990]: Integrierte Marketing-Logistik; in: Kliche, M. (Hrsg.): Investitionsgütermarketing; Wiesbaden 1990, S. 242–268.

Baily, P. / Farmer, D. / Jessop, D. / Jones, D. [1998]: Purchasing Principles and Management; 8. Aufl., London u.a. 1998.

Bedacht, F. [1995]: Global Sourcing; Wiesbaden 1995.

Belz, Ch. / Kramer, M. / Schögel, M. [1994]: Supply Management – Probleme, Strategien, Lösungsansätze; in: Thexis, 11. Jg. (1994), Heft 1, S. 16–22.

Berndt, R. [1988]: Marketing für öffentliche Aufträge; München 1988.

Biergans, B. [1984]: Zur Entwicklung eines marketing-adäquaten Ansatzes und Instrumentariums für die Beschaffung; in: Koppelmann, U. (Hrsg.): Beiträge zum Beschaffungsmarketing; Band 1, Seminar für Allgemeine Betriebswirtschaftslehre, Beschaffungs- und Produktlehre der Universität zu Köln, Köln 1984.

Chandler, A. D. [1962]: Strategy and Structure; Cambridge/Mass. 1962.

Demes, H. [1989]: Die pyramidenförmige Struktur der japanischen Automobilindustrie und die Zusammenarbeit zwischen Endherstellern und Zulieferern; in: Altmann, N. / Sauer, D. (Hrsg.): Systemische Rationalisierung und Zulieferindustrie, Frankfurt a. M. u.a. 1989, S. 251–297.

Dion, P. A. / Banting, P. M. / Hasey, L. M. [1990]: The Impact of JIT on Industrial Marketers; in: Industrial Marketing Management, 19. Jg. (1990), Heft 1, S. 41–46.

Droege & Comp. [1998]: Gewinne einkaufen: best practices im Beschaffungsmanagement; Wiesbaden 1998.

Drösser, A. [1997]: Wettbewerbsvorteile durch Qualitätskommunikation; Wiesbaden 1997.

Dudenhöffer, @@@ [1997]: Outsourcing, Plattform-Strategien und Badge Engineering; in: Wirtschaftswissenschaftliches Studium, 26. Jg. (1997), Heft 3, S. 144–149.

Eicke, H. von / Femerling, Ch. [1991]: Modular sourcing; München 1991.

Ellis, V. [1994]: Der European Quality Award; in: Stauss, B. (Hrsg.): Qualitätsmanagement und Zertifizierung; Wiesbaden 1994, S. 277–302.

Engelhardt, W. H. [1976]: Mehrstufige Absatzstrategien; in: Zeitschrift für betriebswirtschaftliche Forschung, 28. Jg. (1976), Heft 10/11, S. 175–182.

Engelhardt, W. H. [1979]: Bezugsquellensicherung; in: Kern, W. (Hrsg.): Handwörterbuch der Produktionswirtschaft; Stuttgart 1979, Sp. 362–372.

Engelhardt, W. H. / Günter, B. [1981]: Investitionsgüter-Marketing; Stuttgart u.a. 1981.

Engelhardt, W. H. / Kleinaltenkamp, M. / Reckenfelderbäumer, M. [1993]: Leistungsbündel als Absatzobjekte; in: Zeitschrift für betriebswirtschaftliche Forschung, 45. Jg. (1993), Heft 5, S. 395–426.

Engelhardt, W. H. / Schütz, P. [1991]: Total Quality Management; in: Wirtschaftswissenschaftliches Studium, 20. Jg. (1991), Heft 8, S. 394–399.

Eversheim, W. (Hrsg.): Simultaneous Engineering; Berlin u.a. 1995.

Fieten, R. [1992]: Beschaffung, Organisation der; in: Frese, E. (Hrsg.): Handwörterbuch der Organisation; 3. Aufl., Stuttgart 1992, Sp. 340–353.

Fieten, R. [1994]: Integrierte Materialwirtschaft – Stand und Entwicklungstendenzen; 3. Aufl., Leinfelden-Echterdingen 1994.

Franz, K.-P. [1993]: Target Costing; in: Controlling, 5. Jg. (1993), Heft 3, S. 124–130.

Freiling, J. [1995]: Die Abhängigkeit der Zulieferer; Wiesbaden 1995.

Frese, E. [1995]: Grundlagen der Organisation; 6. Aufl., Wiesbaden 1995.

Gadde, L.-E. / Håkansson, H. [1993]: Professional Purchasing; London u.a. 1993.

Glantschnig, E. [1994]: Merkmalsgestützte Lieferantenbewertung; in: Koppelmann, U. (Hrsg.): Beiträge zum Beschaffungsmarketing; Band 11, Seminar für Allgemeine Betriebswirtschaftslehre, Beschaffung und Produktpolitik der Universität zu Köln, Köln 1994.

Grochla, E. / Kubicek, H. [1976]: Zur Zweckmäßigkeit und Möglichkeit einer umfassenden betriebswirtschaftlichen Beschaffungslehre; in: Zeitschrift für betriebswirtschaftliche Forschung, 28. Jg. (1976), Heft 5, S. 257–275.

Grochla, E. / Schönbohm, P. [1980]: Beschaffung in der Unternehmung; Stuttgart 1980.

Günter, B. [1979]: Das Marketing von Großanlagen; Berlin 1979.

Günter, B. [1985]: Local Content; in: Marketing-Zeitschrift für Forschung und Praxis, 3. Jg. (1985), Heft 7, S. 263–274.

Günter, B. [1992]: Unternehmenskooperation im Investitionsgüter-Marketing; in: Zeitschrift für betriebswirtschaftliche Forschung, 44. Jg. (1992), Heft 9, S. 792-808.

Günter, B. [1995]: Kompensationsgeschäfte; in: Tietz, B. / Köhler, R. / Zentes, J. (Hrsg.): Handwörterbuch des Marketing; 2. Aufl., Stuttgart 1995, Sp. 1200–1211.

Hahn, D. / Hungenberg, H. / Kaufmann, L. [1994]: Optimale Make-or-buy-Entscheidung; in: Controlling, 6. Jg. (1994), Heft 2, S. 74-82.

Hammann, P. / Erichson, B. [1990]: Marktforschung; 2. Aufl., Stuttgart u.a. 1990.

Hammann, P. / Lohrberg, W. [1986]: Beschaffungsmarketing; Stuttgart 1986.

Harlander, N. A. / Blom, F. [1996]: Beschaffungsmarketing; 6. Aufl., Renningen-Malmsheim 1996.

Hartmann, H. [1993]: Materialwirtschaft; 6. Aufl., Gernsbach 1993.

Helm, S. [1997]: Neue Institutionenökonomik - Einführung und Glossar; Düsseldorfer Schriften zum Marketing, Nr. 2, herausgegeben von Günter, B., Heinrich-Heine-Universität Düsseldorf, 2. Aufl., Düsseldorf 1997.

Jünemann, R. [1989]: Materialfluß und Logistik; Berlin u.a. 1989.

Kalbfuß, W. [1996]: Die Vorteile des zentralen und dezentralen Einkaufs vereint; in: Beschaffung aktuell, o.Jg. (1996), Heft 5, S. 28–30.

Kaufmann, L. [1995]: Strategisches Sourcing; in: Zeitschrift für betriebswirtschaftliche Forschung, 47. Jg. (1995), Heft 3, S. 275–296.

Kieser, A. / Kubicek, H. [1992]: Organisation; 3. Aufl., Berlin u.a. 1992.

Kleinaltenkamp, M. [1997]: Kooperationen mit Kunden; in: Kleinaltenkamp, M. / Plinke, W. (Hrsg.): Geschäftsbeziehungsmanagement; Berlin u.a. 1997, S. 219–275.

Kokta, Th. [1993]: Industrielle Dienstleistungen, Total Quality Management und Kundenzufriedenheit; in: Simon, H. (Hrsg.): Industrielle Dienstleistungen; Stuttgart 1993, S. 175–186.

Koppelmann, U. [1995]: Beschaffungsmarketing; 2. Aufl., Berlin u.a. 1995.

Kraljic, P. [1977]: Neue Wege im Beschaffungsmarketing; in: Manager Magazin, 7. Jg. (1977), Heft 11, S. 72-80.

Kraljic, P. [1986]: Gedanken zur Entwicklung einer zukunftsorientierten Beschaffungs- und Versorgungsstrategie; in: Theuer, G. / Schiebel, W. / Schäfer, R. (Hrsg.): Beschaffung - ein Schwerpunkt der Unternehmensführung; Landsberg am Lech 1986, S. 72–93.

Kraljic, P. [1988]: Zukunftsorientierte Beschaffungs- und Versorgungsstrategie als Element der Unternehmensstrategie; in: Henzler, H. A. (Hrsg.): Handbuch Strategische Führung; Wiesbaden 1988, S. 477–497.

Kreifels, Th. [1992]: Qualitätssicherungsvereinbarungen; in: Qualität und Zuverlässigkeit, 37. Jg. (1992), Heft 2, S. 77–81.

Kummer, S. / Lingnau, M. [1992]: Global Sourcing und Single Sourcing; in: Wirtschaftswissenschaftliches Studium, 21. Jg. (1992), Heft 8, S. 419–422.

Leeuwen, R. J. van [1993]: Vom Einkauf zum Supply-Management; in: Mein Kunde, seine Situation, unser Geschäft; VDI-Berichte 1062, Düsseldorf 1993, S. 105–121.

Leenders, M. R. / Fearon, H. E. [1997]: Purchasing and Supply Management; 11. Aufl., Chicago u.a. 1997.

Mai, A. [1982]: Lieferantenwahl: die ziel- und bedingungsorientierte Gestaltung der Beschaffer-Lieferanten-Beziehungen; Thun u.a. 1982.

Malorny, Ch. / Kassebohm, K. [1994]: Brennpunkt TQM – Rechtliche Anforderungen, Führung und Organisation, Auditierung und Zertifizierung nach ISO 9000 ff.; Stuttgart 1994.

Männel, W. [1981]: Die Wahl zwischen Eigenfertigung und Fremdbezug; 2. Aufl., Stuttgart 1981.

Meffert, H. [1992]: Marketingforschung und Käuferverhalten; 2. Aufl., Wiesbaden 1992.

Meyer, Ch. [1990]: Beschaffungsziele; in: Koppelmann, U. (Hrsg.): Beiträge zum Beschaffungsmarketing; Band 5, Seminar für Allgemeine Betriebswirtschaftslehre, Beschaffungs- und Produktlehre der Universität zu Köln, 2. Aufl., Köln 1990.

Miller, J. G. / Gilmour, P. [1980]: Wann braucht man einen Materialmanager?; in: Harvard Manager, 2. Jg. (1980), Heft 4, S. 32–42.

Pfeffer, J. / Salancik, G. R.[1978]: The External Control of Organizations: A Resource Dependence Perspective; New York 1978.

Pfisterer, J. [1988]: Beschaffungskontrolle; in: Koppelmann, U. (Hrsg.): Beiträge zum Beschaffungsmarketing: Band 7, Seminar für Allgemeine Betriebswirtschaftslehre, Beschaffungs- und Produktlehre der Universität zu Köln, Köln 1988.

Pfohl, H.-Ch. [1996]: Logistiksysteme; 5. Aufl., Berlin u.a. 1996.

Picot, A. / Dietl, H. [1990]: Transaktionskostentheorie; in: Wirtschaftswissenschaftliches Studium, 19. Jg. (1990), Heft 4, S. 178–184.

Plinke, W. [1997]: Grundlagen des Geschäftsbeziehungsmanagements; in: Kleinaltenkamp, M. / Plinke, W. (Hrsg.): Geschäftsbeziehungsmanagement; Berlin u.a. 1997, S. 1–62.

Reckenfelderbäumer, M. [1994]: Entwicklungsstand und Perspektiven der Prozeßkostenrechnung; Wiesbaden 1994.

Richter, R. / Furubotn, E. [1996]: Neue Institutionenökonomik; Tübingen 1996.

Rudolph, M. [1989]: Mehrstufiges Marketing für Einsatzstoffe; Frankfurt a.M. u.a. 1989.

Saatweber, J. [1994]: Quality Function Deployment; in: Masing, W. (Hrsg.): Handbuch Qualitätsmanagement; München u.a. 1994, S. 445–468.

Sauer, K. [1990]: Internationale Zulieferbeziehungen der deutschen Pkw-Hersteller; Bamberg 1990.

Sauer, K. [1991]: Die Vorteile des Wettbewerbs nutzen; in: Beschaffung aktuell, o. Jg. (1991), Heft 3, S. 44–46.

Schröder, M. [1993]: Internationales Beschaffungsmarketing der Industrieunternehmung; Göttingen 1993.

Schulte, Ch. [1991]: Trends in der Beschaffungspolitik; in: Wirtschaftswissenschaftliches Studium, 20. Jg. (1991), Heft 7, S. 361–365.

Schuster, F. [1988]: Countertrade professionell; Wiesbaden 1988.

Seidenschwarz, W. [1993]: Target costing: marktorientiertes Zielkostenmanagement; München 1993.

Simon, H. [1992]: Preismanagement; 2. Aufl., Wiesbaden 1992.

Simon, H. / Homburg, Ch. [1993]: Das Beschaffungsverhalten industrieller Unternehmen; Arbeitspapier Nr. 08-93 der Johannes Gutenberg-Universität Mainz, Mainz 1993.

Stangl, U. [1985]: Beschaffungsmarktforschung - ein heuristisches Entscheidungsmodell; in: Koppelmann, U. (Hrsg.): Beiträge zum Beschaffungsmarketing; Band 2, Seminar für Allgemeine Betriebswirtschaftslehre, Beschaffungs- und Produktlehre der Universität zu Köln, Köln 1985.

Stauss, B. [1994]: Qualitätsmanagement und Zertifizierung als unternehmerische Herausforderung: Eine Einführung in den Sammelband; in: Stauss, B. (Hrsg.): Qualitätsmanagement und Zertifizierung; Wiesbaden 1994, S. 11–23.

Stauss, B. / Scheuing, E. E. [1994]: Der Malcolm Baldrige National Quality Award und seine Bedeutung als Managementkonzept; in: Stauss, B. (Hrsg.): Qualitätsmanagement und Zertifizierung; Wiesbaden 1994, S. 303–332.

Steinmann, Ch. [1993]: Qualitätssicherungsvereinbarungen zwischen Endproduktherstellern und Zulieferern; Heidelberg 1993.

Taprogge, Ch. [1991]: Countertrade-Management; Frankfurt a. M. u.a. 1991.

Troßmann, E. [1997]: Beschaffung und Logistik; in: Bea, X. / Dichtl, E. / Schweitzer, M. (Hrsg.): Allgemeine Betriebswirtschaftslehre; Band 3: Leistungsprozeß, 7. Aufl, Stuttgart 1997, S. 9–76.

Wabner, R. [1998]: Re-Sourcing statt Outsourcing; Wiesbaden 1998.

Wildemann, H. [1988]: Produktionssynchrone Beschaffung; München 1988.

Wildemann, H. [1992]: Unter Herstellern und Zulieferern wird die Arbeit neu verteilt; in: HARVARDmanager, 16. Jg. (1992), Heft 2, S. 82–93.

Wildemann, H. [1994]: Insourcing; in: Die Betriebswirtschaft, 16. Jg. (1994), Heft 3, S. 415–417.

Williamson, O. E. [1990]: Die ökonomischen Institutionen des Kapitalismus; Tübingen 1990.

Wolters, H. [1995]: Modul- und Systembeschaffung in der Automobilindustrie; Wiesbaden 1995.

Übungsaufgaben

1. Charakterisieren Sie den Begriff „Supply Management"!
2. Stellen Sie die Begriffe „Beschaffung", „Beschaffungspolitik", „Materialwirtschaft", „Logistik" und „Beschaffungsmarketing" zueinander in Beziehung!
3. Nennen und erläutern Sie die verschiedenen Ziele der Beschaffung!
4. Welche Vor- und Nachteile sprechen jeweils für die Selbsterstellung oder den Fremdbezug von Leistungen?
5. Skizzieren Sie Problembereiche des „Outsourcing"!
6. Erläutern Sie die Aufgaben der Beschaffungsmarktforschung!
7. Erläutern Sie die Teilschritte der Wertanalyse!
8. Nennen Sie die Anwendungsvoraussetzungen der *Andler*-Formel!
9. Skizzieren Sie das Konzept der „Lebenszykluskosten"!
10. Charakterisieren Sie die Aufgaben und Methoden der Lieferantenanalyse!
11. Charakterisieren Sie die wesentlichen Merkmale der Just-in-Time-Beschaffung!
12. Erläutern Sie die jeweiligen Vor- und Nachteile des „Single Sourcing", „Sole Sourcing", „Dual Sourcing" und des „Multiple Sourcing"!
13. Charakterisieren Sie die wesentlichen Merkmale des „Modular Sourcing" und des Systemeinkaufs!
14. Erläutern Sie die Vor- und Nachteile des „Local Sourcing" und des „Global Sourcing"!
15. Erläutern Sie Vor- und Nachteile des „Stock Sourcing" bzw. „Just-in-Time Sourcing"!
16. Skizzieren Sie die Besonderheiten des „Internal Sourcing"!
17. Diskutieren Sie mögliche Marketing-Implikationen, die sich für Zulieferer aus der veränderten Beschaffungspolitik der Abnehmer ergeben!
18. Wodurch sind „Quality Awards" gekennzeichnet?
19. Erläutern Sie die diversen Möglichkeiten zur Organisation der Beschaffung!
20. Charakterisieren Sie die vertragspolitischen Möglichkeiten zur Qualitätssicherung im Rahmen der Beschaffung!

3 Wirtschaftlichkeitsrechnung als Grundlage industrieller Beschaffungsentscheidungen

Lutz Kruschwitz

Abbildungsverzeichnis

Tabellenverzeichnis

3.1 Einführung

3.1.1 Wirtschaftlichkeitsrechnung im Technischen Vertrieb

Will man sich die Funktion von Wirtschaftlichkeitsrechnungen (auch: Investitionsrechnungen) im Technischen Vertrieb klarmachen, so ist es hilfreich, sich folgende Standardsituationen vor Augen zu halten.

- Im Rahmen ihrer langfristigen Beschaffungsentscheidungen nehmen Kunden Wirtschaftlichkeitsanalysen vor, mit denen sie beurteilen wollen, ob sich die Anschaffung technischer Aggregate und ihr Betrieb lohnt.[1]

  Für den Verkäufer im Technischen Vertrieb ist es wichtig, die Methodik solcher Analysen zu beherrschen, um die Überlegungen des Kunden nachvollziehen zu können und dadurch die Voraussetzung dafür zu schaffen, ihm eine überzeugende Lösung anzubieten.
- Die Konkurrenz demonstriert dem Kunden mit Hilfe von Wirtschaftlichkeitsrechnungen, wo dessen Vorteile liegen, wenn er die angebotenen Erzeugnisse und Dienstleistungen von ihr erwirbt.

  Der Verkäufer im Technischen Vertrieb muß mit den Vor- und Nachteilen des verwendeten methodischen Konzepts vertraut sein, um sein eigenes Produkt mit Hilfe eines dem Kunden bereits vertrauten Verfahrens beleuchten zu können oder, wo dies zweckmäßig ist, das Analysekonzept vorsichtig kritisieren zu können.
- Der Kunde stellt Fragen hinsichtlich der Wirtschaftlichkeit eines Produkts oder einer Dienstleistung.

  Hier muß der Verkäufer im Technischen Vertrieb klare Antworten geben, die sich in einer rechnerischen Analyse niederschlagen. Vom Verkäufer vorbereitete Wirtschaftlichkeitsanalysen, die auf die besondere Situation des Kunden Rücksicht nehmen und von ihm konzeptionell nachvollzogen werden können, stellen ein erhebliches akquisitorisches Potential dar.
- Im eigenen Unternehmen sind langfristige Entscheidungen zu treffen, sei es daß der Aufbau neuer Fertigungskapazitäten geplant wird, sei es daß man über die Einrichtung veränderter Distributionskanäle nachdenkt oder überlegt, ob Unternehmensteile stillgelegt beziehungsweise veräußert werden.

  Alle Entscheidungen mit langfristigen Konsequenzen sollten durch systematische rechnerische Analysen begleitet werden. Dabei nehmen Wirtschaftlichkeitsrechnungen einen wichtigen Platz ein, wenn man sich auch nicht einbilden darf, daß strategische Unternehmensentscheidungen nur mit dem spitzen Bleistift getroffen werden. Jedoch sollten sie durch solche Rechnungen vorbereitet und abgesichert werden.

---

[1] Vgl. Kapitel „Industrielles Kaufverhalten".

Auch wenn es in größeren Unternehmen üblicherweise spezielle Stellen gibt, denen die Durchführung von Wirtschaftlichkeitsrechnungen obliegt, so kann man doch sagen, daß nahezu alle betriebswirtschaftlich tätigen Mitarbeiter eines Industriebetriebes an der Vorbereitung oder Durchführung solcher Analysen beteiligt sind. Insoweit sind Kenntnisse über Methoden der Wirtschaftlichkeits- oder Investitionsrechnung von allgemeinem Interesse.

3.1.2 Klassifikation der Investitionsentscheidungen

Bei Investitionen geht es in der Regel um unternehmerische Entscheidungen, die viel Kapital binden und langfristig erhebliche Wirkungen entfalten. Aus diesem Grunde müssen sie gut durchdacht und sorgfältig vorbereitet werden. Abbildung 1 macht deutlich, daß es notwendig und zweckmäßig ist, verschiedene Arten von Investitionsentscheidungen zu unterscheiden. Unter der Voraussetzung, daß sich die Investitionsprojekte gegenseitig ausschließen, sprechen wir von *Einzelentscheidungen*. Sonst ist von *Programmentscheidungen* die Rede. Die Frage, welche Form der Wirtschaftlichkeitsrechnung sich eignet, hängt davon ab, mit welchem Typ von Entscheidung man konfrontiert ist.

Bei *Einzelentscheidungen* stellen die zu analysierenden Investitionsprojekte sich gegenseitig ausschließende Handlungsalternativen dar.

Beispiel 1:
Eine solche Situation haben wir beispielsweise vor uns, wenn der Fuhrpark eines Unternehmens mit einem neuen Lkw ausgerüstet werden soll und Fahrzeuge von verschiedenen Lieferanten in Frage kommen.

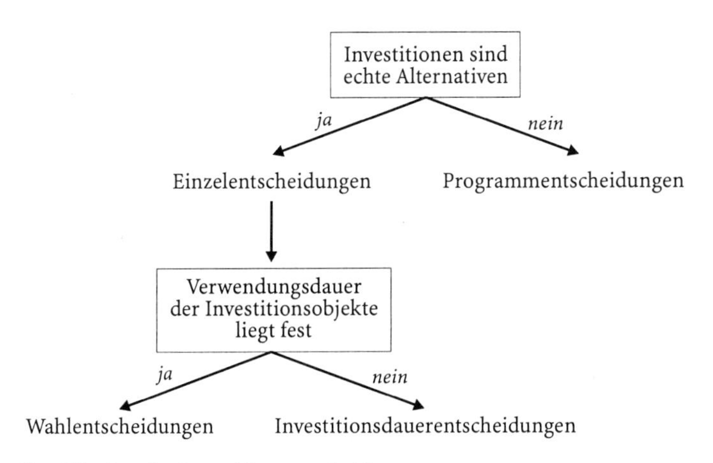

Abb. 1. Klassifikation der Investitionsentscheidungen

Im vorliegenden Fall handelt es sich um eine sogenannte Wahlentscheidung. Die Zahl der miteinander konkurrierenden Alternativen beträgt mindestens zwei. Das ist auch dann der Fall, wenn es nur einen einzigen Fahrzeuglieferanten gibt. In dieser besonderen Situation bestünde die Alternative zum Erwerb des Lkw im Verzicht auf den Erwerb (*Unterlassungsalternative*).

Die Frage, wie lange man ein technisches Aggregat oder System nutzen sollte, ist ein Problem, das man ebenfalls auf der Grundlage von Wirtschaftlichkeitsrechnungen beurteilen kann.

Beispiel 2:
Dipl.-Ing. Neuenfeld ist in einem Energieversorgungsunternehmen für die Büromaschinen verantwortlich. Vor vier Jahren wurden mehrere Kopiergeräte angeschafft, deren Wartungskosten jetzt sprunghaft gestiegen sind. Die Unternehmensleitung möchte wissen, ob es geraten ist, die Kopierautomaten jetzt zu erneuern.

Auch hier handelt es sich um Einzelentscheidungen, da verschiedene Nutzungsdauern in bezug auf eine Investition sich natürlich gegenseitig ausschließen.

Um zu verstehen, was *Programmentscheidungen* sind, vergegenwärtige man sich folgende Situation: Ein Unternehmen hat ein bestimmtes Jahresbudget für Investitionszwecke zur Verfügung. Zum Zeitpunkt der Mittelvergabe liegen dem Finanzmanagement jedoch Anträge vor, deren Summe den festgelegten Betrag übersteigt. Aus diesem Grunde muß eine Rangfolge der günstigsten Projekte so bestimmt werden, daß der finanzielle Rahmen eingehalten wird; und es sind diejenigen Projekte zu identifizieren, welche zu verwerfen oder mindestens zu verschieben sind.

Beispiel 3:
Ein bedeutendes Handelsunternehmen der Lebensmittelbranche setzt auf Wachstum und stellt im laufenden Jahr finanzielle Mittel in Höhe von 50 Mio. DM für Investitionen bereit. Im Zeitpunkt der Entscheidung über die Verwendung des Budgets liegen dem für das Finanzwesen verantwortlichen Vorstandsmitglied 20 Investitionsanträge mit Anschaffungskosten von insgesamt 70 Mio. DM vor. Es ist zu entscheiden, welche Projekte in Angriff genommen und welche (vorerst) verworfen werden sollen.

Die um die knappen Ressourcen konkurrierenden Investitionen stellen in diesem Zusammenhang keine sich gegenseitig ausschließenden Alternativen dar.

3.2 Wirtschaftlichkeitsrechnung unter Sicherheit

Bevor wir wichtige Formen der Wirtschaftlichkeitsrechnung im Detail darstellen, wollen wir einen Überblick geben. Zu diesem Zweck ist es hilfreich, sich klarzumachen, daß Investitionen typischerweise einen Zeit- und einen Risikoaspekt besitzen.

Was die zeitliche Seite betrifft, so beruht sie auf dem elementaren Tatbestand, daß eine Investition Auszahlungen in der Gegenwart verursacht und Einzahlungen in der Zukunft verspricht.[2] Diese Zukunft erstreckt sich bei bedeutenden Investitionen über einen sehr langen Zeitraum. Wenn Investitionen also zu unterschiedlichen Zeitpunkten Zahlungen in unterschiedlicher Höhe nach sich ziehen, so entsteht die Frage, wie man derartige *Zahlungsreihen* miteinander vergleichen soll. In der Vorstellungswelt fast aller Menschen sind Auszahlungen um so attraktiver, je später sie geleistet werden müssen, und Einzahlungen um so angenehmer, je früher sie empfangen werden. Die Ausgestaltung solcher *Zeitpräferenzen* dürfte allerdings erstens eine höchst individuelle Angelegenheit sein. Zweitens ist nur schwer vorstellbar, wie Manager die Zeitpräferenzen der Unternehmenseigner ermitteln sollen, in deren wohlverstandenem Interesse sie ihre Entscheidungen zu treffen haben. Wie also sollen Manager über Investitionen entscheiden, um den Zeitpräferenzen der Aktionäre oder Gesellschafter zu entsprechen?

Eng mit der zeitlichen Dimension ist der Risikoaspekt von Investitionen verbunden. Gerade weil es sich um Maßnahmen mit finanziellen Konsequenzen handelt, die weit in die Zukunft hineinreichen, ist es selbstverständlich, daß in der Regel keine Sicherheit über die mit einer Investition verbundenen Ein- und Auszahlungsbeträge herrschen kann. Vielmehr gibt es Investitionen, bei denen die künftigen Zahlungen verhältnismäßig präzise vorhergesagt werden können (Beispiel: Erwerb einer Staatsanleihe); es gibt aber auch Kapitalanlagen, bei denen das sehr viel schwieriger ist (Beispiel: Erwerb einer Aktie oder Errichtung eines neuen Unternehmens). Unabhängig davon, wie man nun das Risiko zu messen hätte, ist die Frage zu stellen, wie man *Wahrscheinlichkeitsverteilungen von Zahlungen* miteinander vergleichen soll. In der Vorstellungswelt risikoscheuer Menschen ist eine Investition einer anderen vorzuziehen, wenn sie bei gleichem Ertrag geringeres Risiko besitzt. Außerdem sind risikoscheue Personen bereit, zwei Investitionen mit unterschiedlichem Risiko als gleichwertig anzusehen, wenn sie für die Übernahme von mehr Risiko in angemessener Weise durch höhere Ertragsaussichten kompensiert werden. Welches Ausmaß an Kompensation verlangt wird, ist aber natürlich Ausdruck einer ganz individuellen *Risikopräferenz*. Ähnlich wie bei den Zeitpräferenzen stellt sich die Frage, wie Manager die Risikoeinstellungen der Aktionäre oder Gesellschafter kennenlernen und wie sie dann die Entscheidungen so treffen sollen, daß diesen Risikopräferenzen tatsächlich entsprochen wird. Im weiteren abstrahieren wir aus Vereinfachungsgründen zunächst vollkommen von allen Aspekten, die mit Unsicherheit zu tun haben, und kommen darauf erst in Abschnitt 3.4 wieder zurück.

---

[2] Zur begrifflichen Unterscheidung vgl. Kapitel „Einführung in die Kosten- und Leistungsrechnung", Abschnitt 1.1.1.

3.2.1 Statik und Dynamik

Die bekanntesten Formen der Wirtschaftlichkeitsrechnung unter Sicherheit lassen sich in zwei Klassen einteilen, die statischen und die dynamischen Verfahren. Um den elementaren Unterschied zwischen beiden Gruppen zu erkennen, betrachte man Tabelle 1.

Beide Projekte sollen sich hinsichtlich ihrer Anschaffungsauszahlungen und in bezug auf ihre Nutzungsdauern nicht unterscheiden. Es kommt also nur auf die Gewinne im Zeitablauf an. Dabei ist Projekt *A* die Investition mit steigenden, Investition *B* dagegen das Vorhaben mit sinkenden Gewinnen. Im Durchschnitt der Jahre sind die Gewinne bei beiden Investitionen identisch. Dann würde die *statische* Rechnung sich am Durchschnittsgewinn orientieren und zu dem – unbefriedigenden – Ergebnis gelangen, daß beide Projekte gleich günstig sind. Bei *dynamischer* Betrachtung dagegen würde man berücksichtigen, daß frühe Gewinne angenehmer sind als späte, woraus folgt, daß Investition *B* als das günstigere von beiden Projekten anzusehen ist.

Zu den statischen Verfahren zählt man üblicherweise folgende vier: Gewinnvergleichsrechnung, Kostenvergleichsrechnung, Renditevergleichsrechnung und (statische) Amortisationsrechnung. Keine dieser Methoden wird hier dargestellt werden,[3] und zwar aus folgenden beiden Gründen: Die Amortisationsrechnung ist ein Konzept, das nur vor dem Hintergrund von Unsicherheit Sinn macht, weswegen wir in Abschnitt 3.4.2 wieder darauf zurückkommen werden. Die anderen Verfahren besitzen das schwerwiegende Defizit, dem Zeitaspekt von Investitionen in höchst unzureichender Art und Weise Rechnung zu tragen. Da sich auch in der Praxis die dynamischen Verfahren mehr und mehr durchsetzen, müssen wir die überholten statischen Methoden nicht mehr diskutieren.

Die bekanntesten dynamischen Verfahren sind die Kapitalwertmethode (auch: net present value- oder discounted cash flow-Methode) und das Verfahren der internen Zinssätze. Der Kapitalwert gilt heute sowohl aus der Sicht der ökonomischen Theorie als auch aus Sicht der Praxis als das überlegene Konzept. Wir werden ihn daher mit der gebotenen Ausführlichkeit darstellen.

Tabelle 1. Gewinne zweier Projekte

	Gewinn im Jahr		
	1	2	3
Investition *A*	100	200	300
Investition *B*	300	200	100

[3] Wer die Funktionsweise der statischen Rechnungen dennoch kennenlernen will, sei auf folgende Quellen hingewiesen: Blohm/Lüder 1995, S. 147–172; Goetze/Bloech 1995, S. 52–66; Kruschwitz 1998, S. 28–40.

3.2.2 Finanzmathematische Grundlagen

3.2.2.1 Klassische Zinseszinsrechnung

Um die grundlegende Idee dynamischer Wirtschaftlichkeitsrechnung zu begreifen, braucht man gewisse finanzmathematische Basiskenntnisse. Dabei reicht es zunächst aus, sich der Regeln des Rechnens mit Zinsen und Zinseszinsen zu erinnern.

Beispiel 4:
Ein vorausschauender Familienvater legt für seine Tochter heute ein Anfangskapital in Höhe von K_0 = 1.000 DM zu einem Zinssatz von i = 7 % für eine Dauer von n = 5 Jahren an. Man berechne das Endkapital K_n.

Die Zinseszinsformel lautet

$$K_n = K_0 \cdot (1+i)^n, \tag{1}$$

was bei Einsetzen der Beispielszahlen auf ein Endkapital von

$$K_5 = 1.000 \cdot 1{,}07^5 = 1.000 \cdot 1{,}40255 = 1.402{,}55\,\text{DM}$$

führt. Natürlich kann man auch die Frage stellen, wieviel Kapital man heute investieren muß, um bei einem gegebenen Zinssatz innerhalb einer bestimmten Zeitdauer auf ein bestimmtes Endkapital zu kommen.

Beispiel 5:
Der im vorigen Beispiel genannte Vater möchte unter den angegebenen Bedingungen für seine Tochter ein Endkapital von 1.500 DM erhalten. Man berechne das einzusetzende Anfangskapital.

Um diese Berechnung vornehmen zu können, muß man Gleichung (1) nur nach K_0 auflösen. Das ergibt

$$K_0 = K_n \cdot \underbrace{(1+i)^{-n}}_{\text{Abzinsungsfaktor}}$$

und mit unseren Beispielszahlen

$$K_0 = 1.500 \cdot 1{,}07^{-5} = 1.500 \cdot 0{,}71297 = 1.069{,}48\,\text{DM}.$$

Wenden wir unsere Aufmerksamkeit dem Abzinsungsfaktor (auch: Diskontierungsfaktor) zu. Er informiert darüber, wieviel man heute bezahlen muß, wenn man bei Gültigkeit eines bestimmten Zinssatzes nach Ablauf einer bestimmten Zeit Anspruch auf genau eine Geldeinheit (1 DM) haben will. Diese Interpretation erlaubt uns zu sagen, daß es sich beim Abzinsungsfaktor – ökonomisch gesehen – um einen Preis handelt. Unter Verwendung der Darstellung

$$\pi_t = (1+i)^{-t} \tag{2}$$

Tabelle 2. Diskontierungsfaktoren für ausgewählte Zinssätze und Laufzeiten

t	$i = 5\,\%$	$i = 10\,\%$	$i = 15\,\%$
1	0,9524	0,9091	0,8696
2	0,9070	0,8264	0,7561
3	0,8636	0,7513	0,6575
4	0,8227	0,6830	0,5718
5	0,7835	0,6209	0,4972
6	0,7462	0,5645	0,4323
7	0,7107	0,5132	0,3759
8	0,6768	0,4665	0,3269
9	0,6446	0,4241	0,2843
10	0,6139	0,3855	0,2472
20	0,3769	0,1486	0,0611

ist der Diskontierungsfaktor π_t der Preis für „1 DM in t Jahren", wenn ein Marktzins von i herrscht. Tabelle 2 zeigt diese Preise für ausgewählte Zinssätze und unterschiedliche Laufzeiten.

Wir entnehmen aus dieser Tabelle, daß „1 DM in 10 Jahren" heute knapp 0,25 DM kostet, wenn der Marktzins bei 15 % liegt. Typischerweise sind die Diskontierungsfaktoren um so kleiner, je höher der Zinssatz ist und je länger man warten muß (vgl. Abb. 2). Will jemand Anspruch auf

- 10 DM in einem Jahr,
- 10 DM in zwei Jahren und
- 100 DM in drei Jahren

bei einem Marktzins von 5 % erwerben, so muß er dafür heute folgerichtig

$$10 \cdot 0{,}9524 + 10 \cdot 0{,}9070 + 100 \cdot 0{,}8638 = 104{,}98 \text{ DM}$$

bezahlen. Die Abzinsungsfaktoren spielen im Rahmen der dynamischen Wirtschaftlichkeitsrechnung eine zentrale Rolle. Sie gestatten uns insbesondere, einen einfachen und intuitiv leicht verständlichen Zugang zur Kapitalwertmethode zu finden.

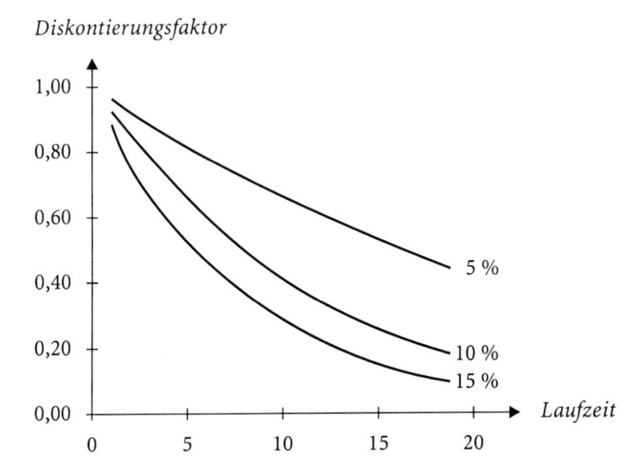

Abb. 2. Diskontierungsfaktoren in Abhängigkeit von Zins und Laufzeit

3.2.2.2 Diskontierungsfaktoren und Kapitalmarkt

Bisher sind wir davon ausgegangen, daß Zinssatz und Laufzeit vorgegeben sind und die Aufgabe darin besteht, daraus die Abzinsungsfaktoren abzuleiten. Wenn beide Informationen gegeben sind, können wir das mit Hilfe von Gleichung (2) leicht bewerkstelligen. In der Realität sind die Zusammenhänge oft etwas komplizierter. Vor allem können wir nicht davon ausgehen, daß es nur einen einzigen Zinssatz gibt, der von der Laufzeit des Engagements ganz unabhängig ist (*flache Zinskurve*). Oft ist es dagegen so, daß die Zinssätze um so höher sind, je länger man bereit ist, sein Geld festzulegen (*normale Zinskurve*). Wenn man nicht dazu in der Lage ist, solche laufzeitabhängigen Zinssätze direkt zu bestimmen, so lassen sie sich gegebenenfalls aus Kapitalmarktdaten ableiten, wie das nachfolgende Beispiel zeigt.

Beispiel 6:
An der Frankfurter Wertpapierbörse werden heute drei festverzinsliche Staatsanleihen zu den in Tabelle 3 genannten Konditionen gehandelt. Es handelt sich um zwei Anleihen mit dreijähriger Restlaufzeit, die mit 8 % beziehungsweise 7 % Kupon ausgestattet sind und zu 102,90 DM beziehungsweise 100,25 DM je 100,– DM Nennwert notieren. Ferner gibt es noch einen 6-Prozenter mit einjähriger Restlaufzeit zum Kurs von 100,95 DM. Man leite aus diesen Daten die Abzinsungsfaktoren für ein- bis dreijährige Engagements ab.

Wenn man sich klarmacht, daß es sich bei einem Abzinsungsfaktor π_t um den Preis eines *elementaren Wertpapiers* handelt, dessen Inhaber im Zeitpunkt t genau eine Geldeinheit bekommt, so ist es nicht schwierig, die in Tabelle 3 angege-

Tabelle 3. Preise und Rückflüsse dreier festverzinslicher Anleihen

Anleihe	*Preis* $t = 0$	*Rückflüsse* $t = 1$	$t = 2$	$t = 3$
Anleihe A	102,90	8	8	108
Anleihe B	100,25	7	7	107
Anleihe C	100,95	106	0	0

benen Anleihen als Kombinationen elementarer Wertpapiere aufzufassen. Anleihe A stellt quasi ein Paket dar, in dem

- 8 Stück elementare „Titel vom Typ $t = 1$",
- 8 Stück elementare „Titel vom Typ $t = 2$" und
- 108 Stück elementare „Titel vom Typ $t = 3$"

enthalten sind.[4] Für diese Anleihe muß folglich die Gleichung

$$8\,\pi_1 + 8\,\pi_2 + 108\,\pi_3 = 102{,}90$$

gelten. Mithin läßt sich aus den Informationen der Tabelle 3 das Gleichungssystem

$$\begin{aligned} 8\,\pi_1 + 8\,\pi_2 + 108\,\pi_3 &= 102{,}90 \\ 7\,\pi_1 + 7\,\pi_2 + 107\,\pi_3 &= 100{,}25 \\ 106\,\pi_1 + 0\,\pi_2 + 0\,\pi_3 &= 100{,}95 \end{aligned}$$

ableiten. Dieses Gleichungssystem ist eindeutig lösbar.[5] Wir erhalten für die Diskontierungsfaktoren

$$\pi_1 = 0{,}9524 \quad \pi_2 = 0{,}8806 \quad \pi_3 = 0{,}8170.$$

Selbstverständlich kann man diese Diskontierungsfaktoren auch wieder in laufzeitabhängige Zinssätze umrechnen. Jedoch muß uns das hier eigentlich nicht weiter interessieren.[6]

[4] Wem diese Denkweise fremd ist, der mag sich vorstellen, daß es sich bei Anleihe A um einen Obstkorb mit 8 Äpfeln, 8 Birnen und 108 Clementinen zum Preis von 102,90 DM handelt. Aus diesen und den Informationen über die beiden anderen Obstkörbe sollen die Preise für einen Apfel, eine Birne und eine Clementine abgeleitet werden.

[5] Voraussetzung für die Lösbarkeit ist ein *vollständiger Kapitalmarkt*. Es muß ebenso viele Marktwertpapiere wie künftige Zahlungszeitpunkte geben, und die künftigen Rückflüsse der beteiligten Marktwertpapiere müssen linear unabhängig sein.

[6] Wer heute den Preis π_t bezahlt, erhält nach t Jahren genau eine Geldeinheit. Folglich gilt für den Kassazinssatz i_t prinzipiell die Zinseszinsformel $\pi_t\,(1 + i_t)^t = 1$, was man mit dem Ergebnis

$$i_t = \sqrt[t]{\frac{1}{\pi_t}} - 1$$

nach dem laufzeitabhängigen Zinssatz auflöst. Im einzelnen berechnet man mit den Zahlen unseres Beispiels $i_1 = 0{,}0500$; $i_2 = 0{,}0656$; $i_3 = 0{,}0697$.

3.2.3 Kapitalwertmethode

3.2.3.1 Definition und Entscheidungslogik

Alle dynamischen Varianten der Wirtschaftlichkeitsrechnung gehen von der Annahme aus, daß man die zu beurteilenden Investitionen durch ihre *Zahlungsreihen* beschreiben kann. Typischerweise wird vorausgesetzt, daß eine Investition am Beginn ihrer Nutzungsdauer mehr Auszahlungen als Einzahlungen verursacht, während in späteren Jahren die Einzahlungen größer als die Auszahlungen sind. Ein Spezialfall ist gegeben, wenn sich das Projekt durch eine einmalige Anschaffungsauszahlung I_0 im Zeitpunkt $t = 0$ und eine Reihe positiver Cash-flows CF_t in den Zeitpunkten $t = 1, \ldots, T$ auszeichnet. Üblicherweise wird davon ausgegangen, daß zwischen den Zahlungszeitpunkten jeweils genau ein Jahr liegt.

Beispiel 7:
Als Vertreter der Firma *Sort & Copy GmbH* sind Sie in der Lage, moderne Kopierautomaten anzubieten. Der Inhaber eines Copy-Shops in B. plant die Investition eines Geräts, welches Sie zum Preis von 9.000,- DM liefern können. Er rechnet mit jährlichen Erlösen in Höhe von 3.500,- DM. Es wäre empfehlenswert, einen Wartungsvertrag abzuschließen, für den der Kunde jährlich 980,- DM zu bezahlen hätte. Erfahrungsgemäß ist am Ende des zweiten Jahres eine Generalinspektion vorzusehen, für die zu gegebener Zeit einmalige Kosten in Höhe von 1.908,- DM anfallen werden. Der Unternehmer ist davon überzeugt, daß man die Maschine nach Ablauf von drei Jahren ausrangieren und durch eine neue ersetzen sollte. Er will die gebrauchte Maschine jedenfalls nach drei Jahren veräußern und glaubt, dann nach Ablauf von drei Jahren noch 6.492,- DM erlösen zu können, wenn er den Kopierautomaten an die nahegelegene Rechtswissenschaftliche Fakultät der Universität verkauft.

Der Inhaber des Copy-Shops möchte wissen, ob sich die Anschaffung und der Betrieb des Kopierautomaten lohnt, wenn der Marktzins für sichere Kapitalanlagen bei 5 % liegt.

Die Lösung der Aufgabe beginnt damit, daß man zunächst die Zahlungsreihe der Investition ermittelt und sich darüber Klarheit verschafft, daß die Alternative zur Beschaffung des Automaten in der Unterlassung besteht. Mit den Informationen des vorstehenden Beispiels ist die Zahlungsreihe rasch gewonnen, vgl. Tabelle 4. Werfen wir einen Blick auf die letzten beiden Zeilen von Tabelle 4, so können wir sagen:

- Der Investor hat heute einen Preis in Höhe von I_0 DM zu zahlen.
- Dafür erhält er in der Zukunft (sichere) Rückflüsse $CF_1, \ldots, CF_T$.

Nun stellen wir die Frage, ob es noch einen zweiten Weg gibt, auf dem der Investor Cash-flows in derselben Höhe und zeitlichen Struktur erhalten kann. Falls es möglich ist, an einem Kapitalmarkt Geld zum Zinssatz i anzulegen, existiert tatsächlich ein solcher Weg. Man braucht heute nur eine ausreichende Menge Geld zu diesem Zinssatz zu investieren. Den entsprechenden Betrag nennt man den

Tabelle 4. Zahlungsreihe für Anschaffung und Betrieb eines Kopierautomaten

	Zahlungen im Zeitpunkt			
	$t = 0$	$t = 1$	$t = 2$	$t = 3$
Anschaffungspreis	- 9.000			
Umsatzerlöse		3.500	3.500	3.500
Wartungskosten		- 980	- 980	- 980
Generalinspektion			- 1.908	
Liquidationserlös				6.492
Zahlungsreihe	- 9.000 $-I_0$	2.520 CF_1	612 CF_2	9.012 CF_3

Barwert der künftigen Rückflüsse (englisch: present value of future cash flows) und berechnet ihn – bei flacher Zinskurve – prinzipiell mit Hilfe von

$$PV = \sum_{t=1}^{T} CF_t \, \pi_t$$

oder im Rahmen unseres Zahlenbespiels

$$\begin{aligned} PV &= 2.520 \cdot 0{,}9524 + 612 \cdot 0{,}9070 + 9.012 \cdot 0{,}8638 \\ &= 10.740{,}01 \text{ DM.} \end{aligned}$$

Die Diskontierungsfaktoren können aus Tabelle 2 entnommen werden. Die Rechnung zeigt sehr klar: Wer in den Genuß der in Tabelle 4 angegebenen Cash-flows kommen will, ist gut beraten, den Kopierautomaten zu erwerben. Er muß in diesem Fall heute nur $I_0 = 9.000$ DM bezahlen. Andernfalls müßte er, um das gleiche Ziel zu erreichen, am Kapitalmarkt PV = 10.740,01 DM ausgeben. Der Preisvorteil zugunsten der Sachinvestition beträgt prinzipiell

$$NPV = PV - I_0$$

und in unserem konkreten Zahlenbeispiel

$$NPV = 10.740{,}01 - 9.000{,}00 = 1.740{,}01 \text{ DM.}$$

Also sollte man die Investition durchführen. Die Entscheidungslogik ist einfach und überzeugend. Sie beruht auf einem *Preisvergleich* für vorgegebene künftige Cash-flows und lautet so:

$$\begin{aligned} PV > I_0 &\quad \Rightarrow \text{ Investition durchführen,} \\ PV \leq I_0 &\quad \Rightarrow \text{ Investition ablehnen} \end{aligned}$$

beziehungsweise

$$\begin{aligned} NPV > 0 &\quad \Rightarrow \text{ Investition durchführen,} \\ NPV \leq 0 &\quad \Rightarrow \text{ Investition ablehnen.} \end{aligned}$$

Tabelle 5. Tabellarische Kapitalwertermittlung

t	*Zahlung*	*Abzinsungsfaktor*	*Barwert*
0	- 9.000,00	1,0000	- 9.000,00
1	2.520,00	0,9524	2.400,00
2	612,00	0,9070	555,10
3	9.012,00	0,8638	7.784,90
			1.740,01

Mit dem Symbol NPV bezeichnet man den Nettobarwert oder *Kapitalwert* (englisch: net present value) einer Investition. Für die praktische Arbeit im Zusammenhang mit der Ermittlung von Kapitalwerten empfiehlt sich der Einsatz einer Rechentabelle, die etwa so aufgebaut sein sollte wie Tabelle 5.

Wer Kapitalwerte berechnen will, ist nicht auf die Existenz einer flachen Zinskurve angewiesen. Wie dies bei nicht-flacher Zinskurve geschehen kann, zeigt das folgende Beispiel.

Beispiel 8:
Wieder soll mit Hilfe der Kapitalwertmethode geprüft werden, ob die Durchführung eines Projekts mit der Zahlungsreihe

- 9.000 2520 612 9012

ökonomisch vorteilhaft ist. Es wird unterstellt, daß der Inhaber des Copy-Shops ausreichende liquide Mittel besitzt und sein Geld alternativ an einem Kapitalmarkt wie in Tabelle 3 anlegen kann.

Da wir die Diskontierungsfaktoren für den jetzt relevanten Kapitalmarkt von Seite 462 kennen, können wir sie direkt anwenden und erhalten auf diese Weise

$$\begin{aligned} \mathrm{PV} &= \sum_{t=1}^{T} CF_t \, \pi_t \\ &= 2.520 \cdot 0{,}9524 + 612 \cdot 0{,}8806 + 9.012 \cdot 0{,}8170 = 10.301{,}70\,\mathrm{DM}. \end{aligned}$$

Da der Barwert der künftigen Rückflüsse nach wie vor höher als die erforderliche Investitionsauszahlung ist und der Kapitalwert des Projekts sich damit als positiv erweist, ist die Durchführung der Sachinvestition auch unter den geänderten Kapitalmarktbedingungen empfehlenswert.

Das Beispiel eignet sich auch dazu, den Barwert der künftigen Rückflüsse in einer etwas anderen Weise zu charakterisieren als bisher geschehen. Um diese andere Interpretation zu begreifen, betrachten Sie Tabelle 3 sowie die Cash-flows der zu beurteilenden Sachinvestition in Tabelle 4. Der Investor ist an den Cash-flows der Sachinvestition interessiert und überlegt, ob es einen zweiten Weg gibt, Anspruch auf Rückflüsse mit derselben zeitlichen Struktur und Höhe zu erwerben. Seine Idee besteht nun darin, die in Tabelle 3 beschriebenen Anleihen in einer solchen Kombination zu kaufen, daß er die gewünschten Cash-flows erhält.

Tabelle 6. Rekonstruktion der Cash-flows einer Sachinvestition mit Hilfe eines geeigneten Portfolios von Finanzinvestitionen

Anleihe	*Menge* x	*Auszahlung* $t=0$	*Rückflüsse* $t=1$	$t=2$	$t=3$
Anleihe *A*	24	- 2.469,60	192	192	2.592
Anleihe *B*	60	- 6.015,00	420	420	6420
Anleihe *C*	18	- 1.817,10	1.908	0	0
Summe		- 10.301,70	2.520	612	9.012

Mit den Symbolen x_A, x_B, x_C als den Stückzahlen, die in einem solchen Portfolio von Anleihen enthalten sein müßten, läßt sich die Konstruktionsanweisung für das gesuchte Portfolio mit dem Gleichungssystem

$$\begin{aligned} 8\,x_A &+ 7\,x_B + 106\,x_C = 2.520 \\ 8\,x_A &+ 7\,x_B + 0\,x_C = 312 \\ 108\,x_A &+ 107\,x_B + 0\,x_C = 9.012 \end{aligned}$$

beschreiben. Es hat die Lösung

$$x_A = 24 \qquad x_B = 60 \qquad x_C = 18,$$

was sich mit der in Tabelle 6 wiedergegebenen Rechnung leicht überprüfen läßt. Der Anschaffungspreis für dieses Anleiheportfolio beträgt PV =10.301,70 DM, wodurch unsere Rechentechnik klar bestätigt wird. Ob jemand die Sachinvestition durchführt oder Finanztitel in der angegebenen Menge kauft, beide Strategien führen auf die gleichen künftigen Cash-flows. Allerdings weichen die Preise, die man heute zu bezahlen hätte, voneinander ab. Die Sachinvestition ist die preisgünstigere Alternative.

3.2.3.2 *Problematische Annahme: vollkommener Kapitalmarkt*

Wenn man den Kapitalwert als eine Preisdifferenz interpretiert und diese Interpretation so veranschaulicht, wie wir dies im Rahmen der beiden letzten Beispiele getan haben, so besteht die Gefahr, daß man ein für diese Methode charakteristisches Problem verkennt. Bisher ist nämlich folgendes nicht deutlich geworden: Im Rahmen der Kapitalwertmethode muß unterstellt werden, daß man zu einem gegebenen Zinssatz sowohl Geld anlegen als auch Kredit aufnehmen kann. Für den Fall, daß beide Zinssätze gleich groß sind, spricht man von einem *vollkommenen Kapitalmarkt*. Selbstverständlich ist es wirklichkeitsnäher, von einem unvollkommenen Kapitalmarkt auszugehen.

Mit diesem Thema werden wir wie folgt umgehen: Zunächst werden wir an einem Beispiel zeigen, daß die Kapitalwertmethode tatsächlich zu der Annahme zwingt, Kreditaufnahme- und Geldanlagezinssatz seien gleich groß. Sodann wer-

Tabelle 7. Investitionsbeurteilung bei vollkommenem Kapitalmarkt

	Zahlungen im Zeitpunkt			
	$t = 0$	$t = 1$	$t = 2$	$t = 3$
Projekt	- 4.000	25	1435	3675
Anleihe *A*	- 100	105	0	0
Anleihe *B*	- 100	5	105	0
Anleihe *C*	- 100	5	5	105

den wir uns mit der Frage beschäftigen, wie wir vorgehen müßten, um bei der Beurteilung von Investitionen dem Umstand Rechnung zu tragen, daß beide Zinssätze in der Regel voneinander abweichen. Schließlich werden wir untersuchen, welche Folgen ein solch wirklichkeitsnäherer Ansatz für die praktische Wirtschaftlichkeitsanalyse hat. Diese Betrachtung wird uns zu dem Ergebnis führen, daß wir in der Regel gut beraten sind, uns mit der problematischen Annahme der Kapitalwertmethode zu arrangieren.

Beispiel 9:
Ein Investor hat ein Projekt zu beurteilen, das eine Nutzungsdauer von drei Jahren hat. Anschaffungsauszahlungen und Rückflüsse der Investition ergeben sich aus Tabelle 7. Im unteren Teil der Tabelle finden sich Informationen über drei am Kapitalmarkt gehandelte Anleihen (*A*, *B* und *C*). Die Rückzahlungsbedingungen und Preise der drei Titel implizieren eine flache Zinskurve auf dem Niveau von 5 %. Man ermittle den Kapitalwert des Projekts sowohl durch Diskontierung mit dem Marktzinssatz als auch durch Rekonstruktion seiner Cash-flows mit Hilfe eines geeigneten Anleiheportfolios.

Die Diskontierungsfaktoren für einen Marktzinssatz von 5 % entnehmen wir aus Tabelle 2. Damit ergibt sich der Kapitalwert zu

$$\text{NPV} = -4.000 + 25 \cdot 1{,}05^{-1} + 1.435 \cdot 1{,}05^{-3} + 3.675 \cdot 1{,}05^{-3} = 500{,}00\,,$$

womit sich das Projekt als vorteilhaft erweist. Um zu demselben Ergebnis mit Hilfe eines geeigneten Anleiheportfolios zu gelangen, ist ein Gleichungssystem ähnlich wie auf Seite 466 aufzustellen. Wir erhalten

$$\begin{aligned} 105\,x_A + 5\,x_B + 5\,x_C &= 25 \\ 0\,x_A + 105\,x_B + 5\,x_C &= 1.435 \\ 0\,x_A + 0\,x_B + 105\,x_C &= 3.675 \end{aligned}$$

mit der Lösung

$$x_A = -2 \qquad x_B = 12 \qquad x_C = 35.$$

Wir erkennen nun aber: Wer die Cash-flows der Sachinvestition mit Hilfe einer Kombination der am Kapitalmarkt gehandelten Anleihen rekonstruieren will,

Tabelle 8. Rekonstruktion der Cash-flows einer Sachinvestition mit Hilfe eines geeigneten Portfolios von Finanztiteln

Anleihe	*Menge* x	*Auszahlung / Einzahlung* $t = 0$	*Rückflüsse* $t = 1$	$t = 2$	$t = 3$
Anleihe *A*	- 2	200	- 210	0	0
Anleihe *B*	12	- 1.200	60	1.260	0
Anleihe *C*	35	- 3.500	175	175	3.675
Summe		- 4.500	25	1.435	3.675

muß zwei Anleihen vom Typ *A* *verkaufen*[7] und gleichzeitig zwölf Anleihen vom Typ *B* sowie 35 Anleihen vom Typ C *kaufen*, vgl. Tabelle 8.

Wer Anleihen kauft, legt Geld zum Marktzinssatz an; wer dagegen verkauft, nimmt Kredit zum Marktzinssatz auf. Wenn die Rekonstruktion der Cash-flows aber nur möglich wird, indem man beides tut, so zwingt die Kapitalwertmethode tatsächlich zu der Annahme, daß Geldanlage und Kreditaufnahme zu ein und demselben Zinssatz gelingen. Und genau das wollten wir zeigen.

Es ist zweifellos unrealistisch, von der Voraussetzung auszugehen, daß der Kapitalmarkt vollkommen sei. Daher wollen wir - in gebotener Kürze - der Frage nachgehen, wie eine Wirtschaftlichkeitsrechnung unter den Bedingungen eines *unvollkommenen Kapitalmarkts* aussehen könnte. Zu diesem Zweck betrachten wir ein einfaches Beispiel.

Beispiel 10:
Zu beurteilen ist wieder das Investitionsprojekt aus Beispiel 9. Jedoch ist der Kapitalmarkt jetzt unvollkommen, und zwar in der Weise, daß der Geldanlagezinssatz 5 % beträgt, während der Kreditzinssatz bei 10 % liegt. Es handelt sich nicht um eine Investition „auf der grünen Wiese". Vielmehr wird das Projekt von einem Unternehmen erwogen, das vor einigen Jahren gegründet worden ist und in der Vergangenheit Aktivitäten entfaltet hat, die jetzt und in Zukunft Zahlungen verursachen werden, die gegenwärtig nicht mehr zur Disposition stehen (Basiszahlungen). Ihre Höhe und zeitliche Verteilung geht im einzelnen aus Tabelle 9 hervor. Das Unternehmen hat einen Planungshorizont von drei Jahren und will das Vermögen am Ende dieses Zeitraums maximieren. Man berechne das mit dem Projekt erreichbare Endvermögen.

---

[7] Skeptische Leser pflegen an dieser Stelle die Frage zu stellen, wie man Anleihen verkaufen soll, die man womöglich gar nicht besitzt. Das nicht für jedermann sofort verständliche Schlüsselwort zur Beantwortung dieser Frage heißt Leerverkauf (englisch: short selling). Bei einem Leerverkauf borgt man sich Waren (z.B. Wertpapiere) und verpflichtet sich zugleich, Waren gleicher Art und Qualität zu einem späteren Zeitpunkt wieder zurückzugeben. Wer solche Waren heute verkauft, muß sie natürlich später wieder am Markt zurückkaufen.

Um im hier diskutierten Zusammenhang mit dem negativen Lösungswert umgehen zu können, reicht es allerdings aus, wenn man sich vorstellt, daß der Investor zwei Anleihen des Typs *A* emittiert. Dann erzielt er heute Verkaufserlöse in Höhe von 200 DM und muß an die Gläubiger in einem Jahr 210 DM zurückzahlen.

Tabelle 9. Investitionsbeurteilung bei unvollkommenem Kapitalmarkt

	Zahlungen im Zeitpunkt			
	$t = 0$	$t = 1$	$t = 2$	$t = 3$
Basiszahlungen	2.000	2.800	- 800	1.200
Projekt	- 4.000	25	1.435	3.675

Tabelle 10. Tabellarische Ermittlung des Endvermögens

Jahr	*Basiszahlung*	*Projektzahlung*	*Defizit / Überschuß*	*Kredit-/Anlage-Zinsen*
0	2.000,00	-4.000,00	-2.000,00	-200,00
1	2.800,00	25,00	625,00	31,25
2	-800,00	1.435,00	1.291,25	64,56
3	1.200,00	3.675,00	6.230,81	

Unter der Voraussetzung, daß Geldanlagen und Kreditaufnahmen jeweils Laufzeiten von genau einem Jahr haben, ist die Berechnung des mit der Investition erreichbaren Endvermögens rasch getan. Wir bedienen uns zu diesem Zweck einer leicht aufzustellenden Rechentabelle.

Zu Erläuterung verfolgen wir die ersten beiden Zeilen in Tabelle 10. Das Defizit im Jahre 0 ergibt sich, weil die Anschaffungsauszahlung höher als der Kassenbestand ist. Zur Deckung des Finanzmitteldefizits wird Kredit zu Zinsen in Höhe von 10 % aufgenommen. Den Überschuß im ersten Jahr berechnet man, indem man das Vorjahresdefizit um die Zinsen erhöht und anschließend die Basiszahlung sowie die Projektzahlung des laufenden Jahres berücksichtigt. Da sich daraus insgesamt ein Überschuß von 625,00 DM ergibt, errechnet man am Ende dieses Jahres Zinserträge in Höhe von $0{,}05 \cdot 625{,}00 = 31{,}25$ DM. Die Rechnung wird nach diesem Muster fortgesetzt, bis man am Ende des Planungshorizonts auf ein Endvermögen von 6.230,81 DM kommt.

Der Rechenaufwand, der für dieses Konzept der Wirtschaftlichkeitsbeurteilung charakteristisch ist, fällt kaum ins Gewicht. Es ist zweifellos auch leicht möglich, das beschriebene Verfahren zu benutzen, wenn geprüft werden muß, ob die Unterlassungsalternative dem Projekt vorzuziehen ist. Jedoch ist der Aufwand im Zusammenhang mit der Informationsbeschaffung enorm viel höher als bei der Kapitalwertmethode. *Man muß sämtliche Zahlungen des Unternehmens kennen, um entscheiden zu können, ob der Geldanlage- oder der Kreditzinssatz relevant wird.* Daraus folgt, daß man nicht nur die künftigen Rückflüsse der zu beurteilenden Sachinvestition prognostizieren muß, sondern auch *alle* anderen Zahlungen des Unternehmens, die künftig unabhängig davon anfallen, ob investiert wird oder nicht. Das ist praktisch nicht zu bewältigen. Der Preis dafür, daß man - wirklichkeitsnah - mit voneinander abweichenden Geldanlage- und Kreditzinssätzen rechnet, ist jedenfalls außerordentlich hoch.

Will man den Aufwand, der im Rahmen einer Wirtschaftlichkeitsrechnung für die Datenbeschaffung erforderlich ist, auf ein vertretbares Ausmaß beschränken, so scheint es zweckmäßig zu sein, sozusagen *wider besseres Wissen* einen vollkommenen Kapitalmarkt zu unterstellen. Bevor man sich allerdings zu einem solch drastischen Schritt entschließt, sollte man sich ein Bild von den damit einhergehenden Risiken machen, denn selbstverständlich setzt man sich der Gefahr von Fehlentscheidungen aus, falls man anstelle voneinander abweichender Geldanlage- und Kreditzinssätze mit einem einheitlichen Zinssatz rechnet, der beide Funktionen zugleich erfüllen soll. Im Rahmen wirklichkeitsnaher Simulationsexperimente konnte glücklicherweise nachgewiesen werden, daß die Wahrscheinlichkeit und Bedeutung von Fehlentscheidungen sehr gering ist, solange die Differenz zwischen Geldanlage- und Kreditzinssätzen nicht größer als zehn Prozentpunkte ist.[8]

3.2.3.3 Nicht oder nur schwer zurechenbare Umsatzeinzahlungen

Viele Investitionen zeichnen sich dadurch aus, daß man beträchtliche Schwierigkeiten hat, ihnen Umsatzeinzahlungen zuzurechnen. Zu denken ist beispielsweise an Investitionen in Industriebetrieben, die außerhalb des Fertigungs- oder Vertriebsbereichs vorgenommen werden, etwa die Beschaffung von technischen Geräten und Ausrüstungen im Material-, F&E- oder Verwaltungsbereich. Jedoch auch im Fertigungsbereich selbst ist die Verfolgung der Wirkungen einer Investition bis auf die Ebene der Umsatzeinzahlungen oft ganz unmöglich, etwa dort, wo es um Investitionen in den Umweltschutz oder in die Sicherheit geht, aber auch dort, wo wir es mit Investitionen in das Humankapital oder um die Verbesserung der logistischen Kapazität eines Unternehmens zu tun haben.

Für den Fall, daß wir es mit nicht klar zurechenbaren Umsatzeinzahlungen zu tun haben, kann sich die Wirtschaftlichkeitsrechnung lediglich auf eine ökonomische Beurteilung der Auszahlungen konzentrieren, die durch die Investitionsalternativen jetzt und in der Zukunft hervorgerufen werden. In plakativer Formulierung läuft das auf einen dynamischen Kostenvergleich heraus.

Beispiel 11:
Sie sind Vertriebsbeauftragter der *Kater-Pille GmbH*, einem Unternehmen, das sich auf die Produktion von Gabelstaplern spezialisiert hat. Die Konkurrenz bietet Ihren Kunden ein leistungsfähiges Gerät an, das deutlich geringere Betriebskosten als Ihre eigene Maschine verursacht. Dafür ist der Gabelstapler der *Kater-Pille GmbH* viel robuster als das Konkurrenzprodukt, so daß Sie einen Marktvorteil bei den Instandhaltungskosten haben, vgl. Tabelle 11. Insgesamt scheinen jedoch die Betriebskosten den Ausschlag zu geben. Die Konkurrenz bietet den Gabelstapler

[8] Zu Einzelheiten vgl. Kruschwitz/Fischer 1978.

Tabelle 11. Betriebs- und Wartungskosten zweier Gabelstapler

		Kosten im Zeitpunkt			
		$t = 1$	$t = 2$	$t = 3$	$t = 4$
Konkurrenzprodukt	Betriebskosten	8.000	8.000	9.000	9.000
	Wartungskosten	1.000	1.400	1.800	2.200
eigenes Produkt	Betriebskosten	9.500	9.500	12.000	12.000
	Wartungskosten	500	700	900	1.100

zum Preis von 25.000,– DM an. Welchen Preis können Sie für Ihr eigenes Produkt höchstens verlangen, wenn Ihre Kunden Investitionsentscheidungen auf der Grundlage von Kapitalwerten treffen und mit einem Kalkulationszinssatz von 7 % rechnen?

Um die gestellte Frage zu beantworten, gehen wir in drei Schritten vor. Zunächst berechnen wir den Barwert der Auszahlungen bei Beschaffung und Einsatz des Konkurrenzprodukts. Bei einem Netto-Anschaffungspreis von 25.000 DM und einem Marktzins von 7 % ergibt sich dieser zu

$$\begin{aligned} PV_1 &= 25.000 + 9.000 \cdot 1{,}07^{-1} + 9.400 \cdot 1{,}07^{-2} + 10.800 \cdot 1{,}07^{-3} + 11.200 \cdot 1{,}07^{-4} \\ &= 58.981{,}98 \text{ DM}. \end{aligned}$$

Im zweiten Schritt konzentrieren wir uns auf unser eigenes Produkt und berechnen den Barwert der Betriebs- und Wartungskosten. Dieser beläuft sich unter Berücksichtigung eines unbekannten Anschaffungspreises in Höhe von x auf

$$\begin{aligned} PV_1 &= x + 10.000 \cdot 1{,}07^{-1} + 10.200 \cdot 1{,}07^{-2} + 12.900 \cdot 1{,}07^{-3} + 13.100 \cdot 1{,}07^{-4} \\ &= x + 38.779{,}04 \text{ DM}. \end{aligned}$$

Für die Kunden ist es gleichgültig, ob sie unseren Gabelstapler oder das Konkurrenzprodukt kaufen, wenn sich die Barwerte der einmaligen und laufenden Auszahlungen entsprechen. Das bedeutet

$$\begin{aligned} PV_1 &= PV_2, \\ 58.981{,}98 \text{ DM} &= x + 38.779{,}04 \text{ DM} \quad \text{und damit} \\ x &= 20.202{,}94 \text{ DM}. \end{aligned}$$

Damit ist der Preis, den man den Kunden für den eigenen Gabelstapler höchstens zumuten kann, bestimmt.

3.2.4 Methode der internen Zinssätze

3.2.4.1 Definition und Entscheidungslogik

Das Konzept des internen Zinssatzes ist mit der Kapitalwertmethode sehr stark verwandt. Zumindest in der deutschen Unternehmenspraxis hat das Verfahren zahlreiche Anhänger. Das mag damit zu tun haben, daß sich der interne Zinssatz

– nicht immer, aber oft – als eine Renditeziffer interpretieren läßt, die leicht verständlich ist. Unabhängig davon, daß eine Kategorie wie „leichte Interpretierbarkeit" die praktische Akzeptanz eines Investitionsrechenverfahrens fördern mag, muß jedoch von Beginn an vor beträchtlichen Schwächen des Verfahrens gewarnt werden. Hierauf wird später im einzelnen einzugehen sein.

Beginnen wir mit der Definition des internen Zinssatzes und erläutern seine Funktionsweise an einem einfachen Beispiel. Der interne Zinssatz ist jener Zins, bei dem der Kapitalwert eines Investitionsprojektes gerade den Wert null annimmt. Unter Verwendung des Symbols r schreiben wir die Definitionsgleichung also in der Form

$$\mathrm{NPV}(r) = -I_0 + \sum_{t=1}^{T} \mathrm{CF}_t \cdot (1+r)^{-t} = 0. \tag{3}$$

Ein Investitionsprojekt gilt dann als vorteilhaft, wenn sein interner Zins größer als der Kalkulationszinssatz ist. Andernfalls gilt es als ungünstig. Das entspricht nachstehend wiedergegebener Entscheidungslogik,

$r > i$ ⇨ Investition durchführen,
$r \leq i$ ⇨ Investition ablehnen.

Um das Verständnis für diesen Ansatz zu fördern, betrachten wir einen simplen Fall.

Beispiel 12:
Karl Groß erwirbt heute ein Grundstück zum Preise von 1 Mio. DM und ist davon überzeugt, dieses Grundstück in drei Jahren zum Preis von 1,5 Mio. DM wieder veräußern zu können. Den Glauben an diese Wertsteigerung leitet er daraus ab, daß er im Gegensatz zu vielen anderen Investoren die Bebauungspläne kennt, welche der Stadtrat in Kürze beschließen wird. *Karl Groß* möchte wissen, ob das Grundstücksgeschäft sich für ihn rechnet. Alternativ könnte er sein Geld zum Marktzinssatz von 10 % anlegen.

Die interne Verzinsung des Grundstücksgeschäfts ist rasch berechnet, da es nur einen einzigen Cash-flow am Ende des dritten Jahres gibt. Gleichung (3) verkümmert in diesem Fall zu

$$-I_0 + \mathrm{CF}_3 \cdot (1+r)^{-3} = 0,$$

was man mit dem Ergebnis

$$r = \sqrt[3]{\frac{\mathrm{CF}_3}{I_0}} - 1 = \sqrt[3]{\frac{1{,}5}{1{,}0}} - 1 = 14{,}5\,\%$$

nach dem internen Zinssatz auflöst. Das ist deutlich mehr als die gegenwärtig am Kapitalmarkt erzielbare Verzinsung von 10 %, weswegen sich das Grundstücksgeschäft durchaus empfiehlt.

3.2.4.2 Zur praktischen Berechnung interner Zinssätze

Die rechnerische Ermittlung interner Zinssätze ist meistens nicht ganz so einfach wie in Beispiel 12. Dort hatten wir es mit dem Spezialfall einer Investition zu tun, die genau zwei Zahlungen verursachte, und zwar eine Auszahlung im Zeitpunkt $t = 0$ und eine Einzahlung in $t = T$. So günstig liegen die Dinge normalerweise nicht. Im Regelfall wird man davon ausgehen können, daß auf eine Serie von Auszahlungsüberschüssen eine Serie von Einzahlungsüberschüssen folgt, so wie beispielsweise in nachstehender Aufstellung.

$t = 0$	$t = 1$	$t = 2$	$t = 3$	$t = 4$	$t = 5$
- 100	- 40	- 20	60	80	80

Bezeichnet man diese Zahlungsüberschüsse allgemein mit dem Symbol z_t so lautet die Definitionsgleichung für den internen Zinssatz

$$\mathrm{NPV}(r) = \sum_{t=0}^{T} z_t \cdot (1+r)^{-t} = 0. \qquad (4)$$

und es gibt einen Zeitpunkt τ mit $0 \leq \tau < \mathrm{T}$, so daß

$$\begin{Bmatrix} z_t < 0 & \text{wenn } t \leq \tau \\ z_t > 0 & \text{wenn } t > \tau \end{Bmatrix}$$

gilt. Projekte mit dieser zeitlichen Struktur von Zahlungsüberschüssen nennt man *Normalinvestitionen.* Damit eine Investition aus ökonomischer Sicht überhaupt interessant ist, darf man verlangen, daß die Summe der durch sie ausgelösten Zahlungen positiv ist,

$$\sum_{t=0}^{T} z_t > 0.$$

Von Investitionen, die diese Eigenschaft besitzen, sagt man, daß sie das *Dekkungskriterium* erfüllen.

Konzentriert man sich auf solche Normalinvestitionen, so ist das Problem der rechnerischen Ermittlung interner Zinssätze verhältnismäßig leicht zu lösen. Aus der Darstellung gemäß Gleichung (4) folgt nämlich, daß es sich mathematisch um die Bestimmung der Nullstelle einer Polynomgleichung T-ten Grades handelt, und für Normalinvestitionen, die das Deckungskriterium erfüllen, läßt sich zeigen, daß sie stets genau eine einzige Nullstelle im positiven Bereich haben. Anders ausgedrückt: solche Investitionen haben genau einen positiven internen Zinssatz. Graphisch erkennt man das daran, daß der Kapitalwert in Abhängigkeit vom Zinssatz eine streng monoton fallende Funktion ist, die die Zinsachse im positiven Bereich schneidet (vgl. Abb. 3).

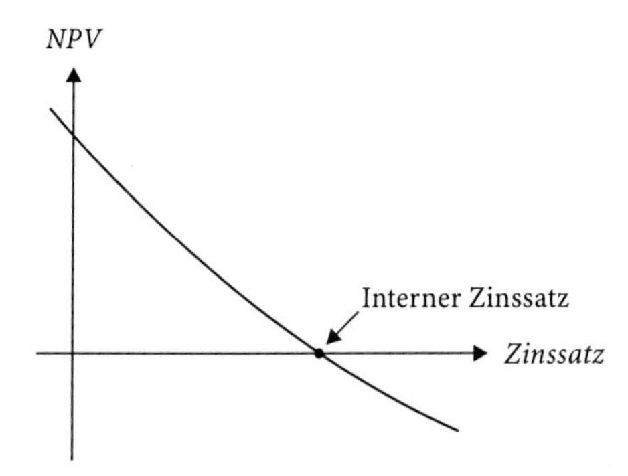

Abb. 3. Kapitalwertfunktion einer Normalinvestition

Um die Nullstelle der Polynomgleichung oder – was das gleiche ist – den internen Zinssatz rechnerisch zu ermitteln, stützt man sich zweckmäßigerweise auf einen Algorithmus, der als *Newtons Tangentenmethode* bekannt ist. Das ist ein iteratives Rechenverfahren, mit dessen Hilfe man die gesuchte Nullstelle rasch beliebig genau bestimmen kann. Man beginnt mit einem geeigneten Versuchszinssatz r_k und verbessert diesen mit Hilfe der Rechenvorschrift

$$r_{k+1} = r_k - \frac{\mathrm{NPV}(r_k)}{NPV'(r_k)}$$

solange, bis man sich der Nullstelle genügend stark genähert hat.

Dabei sind NPV(r) die Kapitalwertfunktion gemäß Gleichung (4) und NPV'(r) die erste Ableitung dieser Funktion nach dem Zinssatz,

$$\mathrm{NPV}'(r) = \sum_{t=1}^{T} -tz_t \cdot (1+r)^{-t-1}.$$

Mit den Zahlen unseres Beispiels zu Beginn dieses Abschnitts lauten die beiden Funktionen

$$\begin{aligned} \mathrm{NPV}(r) = {} & -100 - 40 \cdot (1+r)^{-1} - 20 \cdot (1+r)^{-2} + 60 \cdot (1+r)^{-3} \\ & + 80 \cdot (1+r)^{-4} + 80 \cdot (1+r)^{-5} \quad \text{und} \\ \mathrm{NPV}'(r) = {} & 40 \cdot (1+r)^{-2} + 40 \cdot (1+r)^{-3} - 180 \cdot (1+r)^{-4} \\ & - 320 \cdot (1+r)^{-5} - 400 \cdot (1+r)^{-6}. \end{aligned}$$

Mit diesen Spezialisierungen stellen wir eine Rechentabelle auf, die uns bei einem ersten Versuchszinssatz von 0 % den internen Zinssatz nach drei Iterationsschritten mit einer Genauigkeit von zwei Nachkommastellen liefert (vgl. Tabelle 12). Der interne Zinssatz der betrachteten Investition beläuft sich auf 9,29 %.

Tabelle 12. Ermittlung des internen Zinssatzes einer Normalinvestition mit *Newtons* Tangentenmethode

k	r_k	$NPV(r_k)$	$NPV'(r_k)$
0	0,0000	60,00	- 820,00
1	0,0732	10,42	- 555,26
2	0,0919	0,49	- 504,46
3	0,0929	0,00	- 502,00

3.2.4.3 Schwierigkeiten mit dem internen Zinssatz

Wenn Projekte nicht den Charakter von Normalinvestitionen haben, kann es bei der Berechnung der internen Zinssätze erhebliche Probleme geben. Dabei sind zwei Fälle zu unterscheiden.

- Mitunter haben Projekte mehr als einen internen Zinssatz (*Mehrdeutigkeit*).
- Daneben gibt es pathologische Fälle, in denen sich überhaupt kein (reeller) interner Zinssatz berechnen läßt (*Nicht-Existenz*).

Beispiel 13:
Gegeben seien die Zahlungsreihen folgender zwei Investitionsprojekte:

$t = 0$	$t = 1$	$t = 2$	$t = 3$
- 100	600	- 1100	600
- 100	200	- 110	

Man zeichne die Kapitalwertfunktionen für Zinssätze zwischen - 10 % und 230 %.

Beide Projekte haben die Eigenschaft, daß ihre Zahlungsreihen mehr als einen Vorzeichenwechsel aufweisen und insofern keinen Normalcharakter besitzen. Ferner ist für beide Investitionen kennzeichnend, daß sie das Deckungskriterium nicht erfüllen. Allein schon aus diesem Grunde sind beide ökonomisch im Grunde uninteressant.

Um die Lösung der Aufgabe zu studieren, betrachte man in Abb. 4 das linke Diagramm. Es zeigt die Kapitalwertfunktion des ersten der beiden Projekte. Man erkennt, daß die Funktion die Zinsachse genau dreimal schneidet, weswegen die Investition drei interne Zinssätze besitzt, und zwar $r_1 = 0$ %, $r_2 = 100$ % und $r_3 = 200$ %.

Um nachzuvollziehen, daß beispielsweise der zweite dieser internen Zinssätze tatsächlich eine zulässige Lösung ist, vollziehe man folgendes Gedankenexperiment nach: Man stelle sich vor, der Investor sei mittellos. Dann muß er Kredit in Höhe von 100 DM aufnehmen, um das Projekt durchführen zu können. Einschließlich der Zinsen in Höhe von 100 % hat er daher ein Jahr später Schulden in Höhe von 200 DM. Da das Investitionsprojekt Rückflüsse von 600 DM einbringt, verbleibt ein Kassenbestand von 400 DM, den der Investor zu 100 % Zinsen anlegt. Sein Kontostand erreicht damit 800 DM. Die Investition erfordert

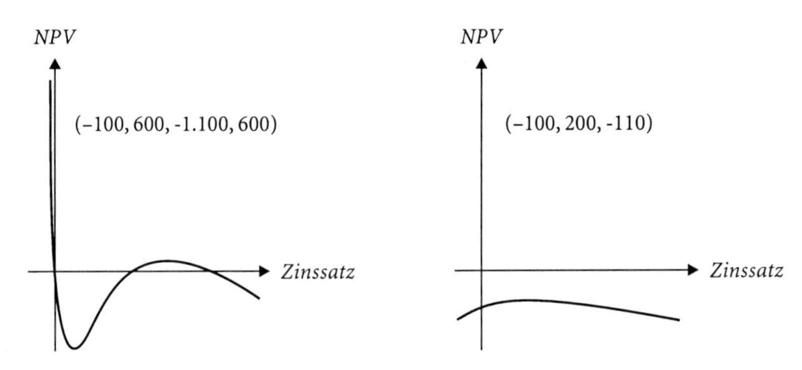

Abb. 4. Kapitalwertfunktionen zweier Investitionen ohne Normalcharakter

Auszahlungen von 1.100 DM, was erneut zu Schulden in Höhe von 300 DM führt. Dieser Kredit wächst wegen der Zinsen von 100 % am Ende des letzten Jahres auf 600 DM an, und dieser Schuldenstand kann mit den Projektrückflüssen von 600 DM exakt ausgeglichen werden. Auch mit den beiden anderen internen Zinssätzen geht die entsprechende Rechnung genau auf. Typisch für Fälle wie diese ist aber die Tatsache, daß das Konto des Investors in manchen Zeitpunkten positive, in anderen Zeitpunkten negative Bestände ausweist.

Betrachten wir nun das rechte Diagramm in Abb. 4. Dort sehen wir, daß die Kapitalwertfunktion des zweiten Investitionsprojekts die Zinsachse im relevanten Bereich überhaupt nicht schneidet. Und man kann sogar allgemein zeigen, daß das hier zu betrachtende Projekt keinen reellen internen Zinssatz besitzt. Im vorliegenden Fall gilt nämlich laut Definition des internen Zinssatzes

$$z_0 + z_1 \cdot (1 + r)^{-1} + z_2 \cdot (1 + r)^{-2} = 0,$$

was sich unter Verwendung der Rechenregeln für quadratische Gleichungen zu

$$r = \frac{\sqrt{z_1^{\,2} - 4 z_0 z_2} - z_1}{2 z_0} - 1$$

umformen läßt. Einsetzen der Beispielszahlen führt auf

$$r = \frac{\sqrt{200^2 - 4 \cdot (-100) \cdot (-110)} - 200}{2 \cdot (-100)} - 1 = -\frac{1}{\sqrt{-10}},$$

und dafür gibt es keine reelle Lösung, weil wir unter der Wurzel einen negativen Betrag haben.

3.2.4.4 Anwendungsbedingungen des internen Zinssatzes

In Abschnitt 3.1.2 hatten wir zwischen Investitionseinzel- und Investitionsprogrammentscheidungen unterschieden. Im ersten Fall geht es darum, das beste aus einer Menge sich gegenseitig ausschließender Projekte zu bestimmen; im zweiten Fall sind die vorteilhaftesten Projekte aus einer Menge sich nicht gegenseitig ausschließender Vorhaben zu entdecken. Man muß sich klarmachen, daß die Brauchbarkeit des internen Zinssatzes davon abhängt, mit welchen Anwendungsbedingungen man es gerade zu tun hat.

Einzelentscheidungen

Im Falle sich gegenseitig ausschließender Investitionsprojekte ist der interne Zinssatz äußerst problematisch, und zwar insbesondere dann, wenn die Anschaffungsauszahlungen stark voneinander abweichen.

Beispiel 14:
Gegeben seien zwei Investitionen mit einer Nutzungsdauer von jeweils einem Jahr und sehr unterschiedlichen Anschaffungsauszahlungen.

	$t = 0$	$t = 1$
Projekt *A*	- 1	5
Projekt *B*	- 10	20

Der Kalkulationszinssatz beträgt 10 %. Man entscheide anhand von Kapitalwert beziehungsweise internem Zinssatz, welchem der beiden Projekte der Vorzug zu geben ist.

Die Berechnungen sind rasch durchgeführt. Man erhält nachstehende Ergebnisse.

$$\begin{aligned} NPV_A &= -1 + 5 \cdot 1{,}1^{-1} = 3{,}55 \\ NPV_B &= -10 + 20 \cdot 1{,}1^{-1} = 8{,}18 \\ r_A &= \frac{5}{1} - 1 = 400\ \% \\ r_B &= \frac{20}{10} - 1 = 100\ \%. \end{aligned}$$

Folgt man dem Kriterium des Kapitalwerts, so ist *B* besser als *A*; orientiert man sich dagegen am internen Zinssatz, erhält man genau die umgekehrte Rangfolge der beiden Projekte.

Daß der interne Zinssatz hier in die Irre führt, läßt sich mit einem kleinen Gedankenexperiment rasch zeigen. Man stelle sich einen mittellosen Investor vor, der sein Vermögen im Zeitpunkt $t = 1$ maximieren will. Entscheidet er sich für das rentablere Projekt *A*, so muß er Kredit in Höhe von einer Geldeinheit aufnehmen und besitzt nach einem Jahr bei Zinsen in Höhe von 10 % ein Vermögen von $5 - 1 \cdot 1{,}1 = 3{,}9$ Geldeinheiten. Verwirklicht er dagegen das weniger rentable Projekt *B*, so kommt er auf 20 – 10 · 1,1 = 9 Geldeinheiten, was deutlich günstiger ist. Jemand, der sein Vermögen maximieren will, darf sich also bei einer Einzelentscheidung nicht am internen Zinssatz orientieren.

Programmentscheidungen

Im Rahmen von Programmentscheidungen ist der interne Zinssatz dagegen ein recht verläßlicher Kompaß. *Dean* hat im Zusammenhang mit der Kapitalbudgetierung vorgeschlagen, Investitionen, die sich gegenseitig nicht ausschließen, nach dem internen Zinssatz zu ordnen und sie nach diesem Kriterium so lange in das zu realisierende Programm aufzunehmen, bis das Budget aufgebraucht ist.

Beispiel 15:
Ein Unternehmen verfügt über ein Investitionsbudget in Höhe von 600.000 DM. Mehr kann nicht finanziert werden. In der Planungsabteilung liegen mehrere Projektanträge, deren relevante Daten aus Tabelle 13 entnommen werden können. Die Investitionen schließen sich gegenseitig nicht aus. Man bestimme das optimale Programm.

Tabelle 13. Zahlungsreihen von fünf Investitionsprojekten

Projekt Nr.	*Zahlung im Zeitpunkt*			
	$t = 0$	$t = 1$	$t = 2$	$t = 3$
1	- 250.000	135.000	125.000	60.000
2	- 300.000	180.000	180.000	0
3	- 200.000	130.000	60.000	70.000
4	- 150.000	60.000	70.000	90.000
5	- 150.000	45.000	65.000	80.000

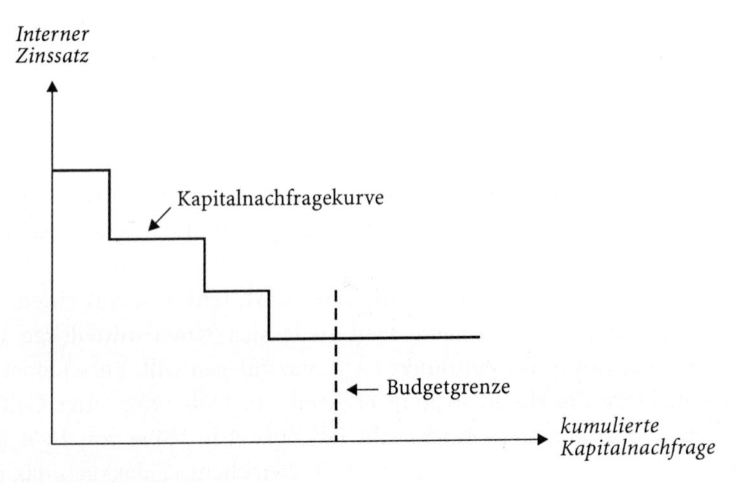

Abb. 5. Bestimmung des optimalen Investitionsbudgets nach *Dean*

Folgt man den Leitlinien *Deans*, so sind die internen Zinssätze der Projekte zu berechnen, damit diese als rangbildende Merkmale benutzt werden können. Dabei erhält man

$$r_1 = 15\ \% \qquad r_2 = 13\ \% \qquad r_3 = 17\ \% \qquad r_4 = 20\ \% \qquad r_5 = 12\ \%.$$

Auf dieser Grundlage ergibt sich die Rangfolge „4 - 3 - 1 - 2 - 5". Das knappe Budget in Höhe von 600.000 DM ist demnach für die Projekte Nr. 4, 3 und 1 zu verwenden. Die Investitionen Nr. 2 und 5 erweisen sich als die relativ unrentabelsten, so daß sie unberücksichtigt bleiben müssen (vgl. Abb. 5).

Deans Vorschlag hat die angenehme Eigenschaft, daß er – abgesehen von der Ermittlung der internen Zinssätze – kaum rechentechnische Schwierigkeiten verursacht. Diesem Vorteil stehen aber drei Nachteile gegenüber:

- Der interne Zinssatz besitzt als Rangordnungskriterium Mängel, wenn man ihn für Projekte berechnet, deren Nutzungsdauer länger als eine Periode ist. Wir wissen, daß er im Mehrperiodenfall mehrdeutig oder nicht-existent sein kann. Das bedeutet: Es gibt Projekte, die überhaupt keinen oder die mehr als einen internen Zinssatz besitzen. Wenn solche Projekte auftreten, bleibt die Frage offen, an welche Stelle einer Rangordnung sie gesetzt werden sollen.
- Das *Deansche* Verfahren stellt bezüglich der Liquidität nur sicher, daß die Zahlungsfähigkeit im Zeitpunkt $t = 0$ gewahrt wird. Ob das gleiche auch für die Zeitpunkte $t = 1, \ldots, T$ gesichert ist, bleibt offen.
- Entscheidend ist aber der dritte Kritikpunkt: Das von *Dean* empfohlene Verfahren führt nicht immer zu optimalen Entscheidungen, und zwar auch dann nicht, wenn man nur Projekte mit eindeutigen internen Zinssätzen betrachtet und die Liquidität vollständig gewahrt bleibt.[9]

Man kann sich also leider nicht darauf verlassen, daß die von *Dean* empfohlene Vorgehensweise immer zur optimalen Lösung führt. Wer diese auf gar keinen Fall verfehlen will, ist darauf angewiesen, diese mit Hilfe der linearen Planungsrechnung zu bestimmen.[10] Es läßt sich jedoch nachweisen, daß die *Deansche* Rangordnungsmethode in der Regel keine nennenswert schlechteren Resultate liefert.[11]

---

[9] Ein Beispiel findet man bei Hax 1985.

[10] Die Vorgehensweise wird etwa bei Kruschwitz 1998 im einzelnen beschrieben.

[11] Kruschwitz/Fischer 1980 haben das auf der Grundlage einer großen Zahl von Simulationsexperimenten gezeigt.

3.3 Berücksichtigung der Steuern

In Abschnitt 3.2 haben wir wichtige Konzepte der Wirtschaftlichkeitsrechnung unter der vereinfachenden Annahme sicherer Zukunftserwartungen dargestellt und dabei die Steuern des Investors unberücksichtigt gelassen. Nun wollen wir uns der Frage zuwenden, auf welche Weise man die Besteuerung in die Investitionsrechnung einbeziehen kann. Zu diesem Zweck werden wir uns mit folgenden Teilfragen auseinandersetzen:

- In Deutschland gibt es gegenwärtig etwa 50 verschiedene *Steuerarten.* Nicht alle davon sind für die Wirtschaftlichkeitsrechnung relevant. Wir müssen zunächst prüfen, welche Steuerarten überhaupt für Investitionsentscheidungen wichtig sind.
- Nachdem geklärt ist, auf welche Steuern es im Rahmen von Wirtschaftlichkeitsrechnungen ankommt, müssen wir deren betriebswirtschaftliche Eigenschaften etwas genauer kennenlernen. Insbesondere brauchen wir Informationen über *Bemessungsgrundlagen* und *Steuertarife.*
- Steuerrechtliche Kenntnisse sind wichtig, wenn wirklichkeitsnahe Investitionsrechnungen durchgeführt werden sollen. Allerdings reichen solche Kenntnisse nicht aus, solange man keine Vorstellungen darüber besitzt, welche *Alternativen der Einbeziehung von Steuern* in die Wirtschaftlichkeitsrechnungen gegeben sind. Diese sind daher mit ihren wichtigsten Vor- und Nachteilen wenigstens grob zu skizzieren.
- Genauer muß man sich mit derjenigen Methode der Steuerberücksichtigung beschäftigen, die in der Unternehmenspraxis besondere Akzeptanz gefunden hat (*Standardmodell der Investitionsrechnung*).

3.3.1 Wichtige Steuerarten

Abgesehen davon, daß hier für eine umfassende Beschreibung der in Deutschland gebräuchlichen Steuerarten der Raum fehlt, wäre eine solche Darstellung für die von uns verfolgten Zwecke auch überflüssig. Wir können uns auf elementare Informationen beschränken und beginnen damit, die hierzulande erhobenen Steuern in drei Klassen einzuteilen und kurz zu kommentieren.

- *Ertragsteuern:*
  Eine erste Gruppe von Steuern knüpft an den Gewinn des Unternehmens an. Man spricht daher von Gewinn- oder auch Ertragsteuern. Im einzelnen zählen hierzu die Gewerbeertragsteuer, die Körperschaftsteuer, die Einkommensteuer und gegebenenfalls auch die Kirchensteuer. Diese Steuern sind im Rahmen

von Wirtschaftlichkeitsrechnungen wichtig, und ihre Einbeziehung in die Rechnung ist nicht trivial. Deswegen muß man ihnen Aufmerksamkeit schenken.

- *Substanzsteuern:*
  Diese Steuern orientieren sich am Betriebsvermögen des Unternehmens. Sie fallen unabhängig davon an, ob der Investor Gewinne erzielt oder Verluste erleidet. Da die Vermögensteuer im Jahre 1997 wegfiel und die Gewerbekapitalsteuer ab 1998 gestrichen ist, spielen diese Steuern für Investitionsentscheidungen keine Rolle mehr. Nur die Grundsteuer ist noch zu berücksichtigen.
- *Verkehrsteuern:*
  Diese letzte Gruppe von Steuern fällt beim Erwerb beziehungsweise bei der Veräußerung von Wirtschaftsgütern an. Besonders naheliegend ist es, zunächst an die Umsatzsteuer zu denken. Jedoch fallen viele weitere Steuerarten in diese dritte Kategorie, zum Beispiel die Erbschaft- und Schenkungsteuer, die Grunderwerbsteuer und die Mineralölsteuer, um nur einige zu nennen. Die Einbeziehung dieser Steuern in die Wirtschaftlichkeitsrechnung ist wichtig, aber im Regelfall auch verhältnismäßig einfach. Denkt man beispielsweise an die Mineralölsteuer, so ist es methodisch kein Problem, diese bei der Entscheidung über die Beschaffung eines Lkw in angemessener Form zu berücksichtigen. Bei der Prognose der laufenden Betriebsauszahlungen für das Investitionsobjekt sind die Beschaffungspreise für Kraftstoff zu schätzen, wobei die Mineralölsteuer eine nicht ganz unwichtige Preiskomponente darstellt. Wir werden uns mit weiteren Details der Verkehrsteuern daher im folgenden nicht beschäftigen.

3.3.1.1 Wesentliche Merkmale von Steuerarten

Um eine Steuer mit ihren betriebswirtschaftlichen Eigenschaften für Zwecke der Wirtschaftlichkeitsrechnung hinreichend zu charakterisieren, sind vier Merkmale anzusprechen. Zunächst muß man wissen, wer der Steuerpflichtige ist (*Steuersubjekt*). Zweitens ist wichtig, auf die Erfüllung welchen Tatbestands es ankommt, damit die Steuerpflicht entsteht (*Steuerobjekt*). Sodann ist zu klären, anhand welcher *Bemessungsgrundlage* das Ausmaß der Steuerkraft erfaßt wird, und viertens muß man den *Steuertarif* kennen. Zweifellos gibt es noch mehr als diese vier Merkmale zur Beschreibung von Steuerarten. Jedoch ist hier nicht der Platz, um sich mit weiteren Einzelheiten auseinanderzusetzen.

3.3.1.2 Einkommen- und Kirchensteuer

Alle natürlichen Personen müssen Einkommensteuer zahlen. Die Unternehmen sind also nicht einkommensteuerpflichtig, sondern ihre Eigentümer, wenn es sich um natürliche Personen handelt. Die Steuerpflicht entsteht, wenn eine oder mehrere der nachfolgenden sieben Arten von Einkünften erzielt werden:

- Gewinneinkünfte
  - Einkünfte aus Land- und Forstwirtschaft,
  - Einkünfte aus Gewerbebetrieb,
  - Einkünfte aus selbständiger Arbeit,
- *Überschußeinkünfte*
  - Einkünfte aus nichtselbständiger Arbeit,
  - Einkünfte aus Kapitalvermögen,
  - Einkünfte aus Vermietung und Verpachtung und
  - sonstige Einkünfte.

Zur Ermittlung der Gewinneinkünfte sieht das Einkommensteuergesetz verschiedene Verfahren vor. Im allgemeinen findet in den Unternehmen der sogenannte *Betriebsvermögensvergleich* statt. Um diesen vornehmen zu können, muß der Steuerpflichtige jährlich eine *Steuerbilanz* aufstellen. Bemessungsgrundlage der Einkommensteuer ist das *zu versteuernde Einkommen.* Man berechnet es aus der Summe der Einkünfte, indem man diese um eine Reihe von Positionen kürzt (zum Beispiel Vorsorgeaufwendungen für Kranken- und Lebensversicherung). Der Steuertarif ist progressiv gestaltet, wobei es vier Zonen gibt, und zwar die Nullzone, die untere Proportionalzone, die Progressionszone und die obere Proportionalzone. Wer ein so hohes Einkommen erzielt, daß er in die letzte Zone fällt, wird gegenwärtig mit einem Grenzsteuersatz von 53 % belastet.[12] Für gewerbliche Einkünfte liegt der Höchststeuersatz zur Zeit bei 47 %.

Kirchensteuerpflichtig sind die Angehörigen der steuererhebenden Religionsgemeinschaften mit Beginn ihrer Aufnahme in die Religionsgemeinschaft. Steuerobjekt und zugleich Bemessungsgrundlage ist die Einkommensteuer, wobei die Kirchensteuer selbst bei der Ermittlung des *zu versteuernden Einkommens* abgezogen werden darf. Der Kirchensteuersatz beträgt in der Regel 9 %.

Beispiel 16:
Frau Dr.-Ing. Schulze betreibt ein gewerbliches Unternehmen. Sie ist Alleineigentümerin. Ihr Einkommen stammt ausschließlich aus dem Unternehmen und bewegt sich in einer Höhe, in der der Spitzensteuersatz für Gewerbeeinkünfte greift. Man berechne den kombinierten Einkommen- und Kirchensteuersatz in Prozent vom „zu versteuernden Einkommen vor Abzug von Kirchensteuer" unter der Voraussetzung, daß die Unternehmerin kirchensteuerpflichtig ist.

Zur Lösung der Beispielsaufgabe verwenden wir die folgenden Symbole:

E zu versteuerndes Einkommen vor Abzug von Kirchensteuer,
s_e Einkommensteuersatz (47 %),
S_e Einkommensteuer,

[12] Unter dem Grenzsteuersatz versteht man jene relative Steuerbelastung, mit dem die letzte verdiente Geldeinheit erfaßt wird. Der Durchschnittssteuersatz dagegen ist die relative Steuerlast, bezogen auf das gesamte zu versteuernde Einkommen.

s_{ki} Kirchensteuersatz (9%),
S_{ki} Kirchensteuer.

Da sich die Kirchensteuer nach der Einkommensteuer bemißt und die Kirchensteuer zugleich bei der Ermittlung des zu versteuernden Einkommens abgezogen werden darf, gelten die beiden Gleichungen

$$S_{ki} = s_{ki} S_e \quad \text{und} \tag{5}$$
$$S_e = s_e (E - S_{ki}). \tag{6}$$

Einsetzen von (5) in (6) führt nach geringfügiger Umformung auf

$$S_e = \frac{s_e}{1 + s_e s_i} E \quad \text{und}$$

$$S_i = \frac{s_i \, s_e}{1 + s_e s_i} E .$$

Zusammenfassen der beiden Steuersätze ergibt bei dem zur Zeit geltenden Tarif

$$s_{e,ki} = \frac{s_e (1 + s_{ki})}{1 + s_e s_{ki}} = \frac{0{,}47 \cdot 1{,}09}{1 + 0{,}47 \cdot 1{,}09} = 49{,}15\,\%.$$

3.3.1.3 Gewerbeertragsteuer

Gewerbesteuerpflichtig ist, wer selbständig und nachhaltig mit Gewinnerzielungsabsicht tätig ist und seine Leistungen im allgemeinen wirtschaftlichen Verkehr anbietet. Unabhängig davon unterliegen alle Kapitalgesellschaften (Aktiengesellschaften, Gesellschaften mit beschränkter Haftung) der Gewerbesteuer. Besteuert wird der Gewerbeertrag. Dieser ergibt sich aus dem *Steuerbilanzgewinn* gemäß Einkommensteuergesetz, indem man bestimmte Kürzungen und Hinzurechnungen vornimmt. Insbesondere ist die Hälfte der gezahlten Schuldzinsen zu addieren. Zu beachten ist, daß die Gewerbeertragsteuer bei der Ermittlung des Steuerbilanzgewinns abgezogen werden darf. Insofern mindert diese Steuer ihre eigene Bemessungsgrundlage. Ausgehend vom Gewerbeertrag ermittelt man die Steuerschuld in zwei Schritten. Zunächst wird der Gewerbeertrag mit der *Steuermeßzahl* (Regelsatz 5 %) multipliziert. Der sich ergebende Steuermeßbetrag wird anschließend mit dem *Hebesatz* multipliziert. Das Ergebnis stellt die Gewerbeertragsteuerschuld dar. Für die Festlegung des Hebesatzes (normal sind 300 bis 450 %) ist die Kommune zuständig, in der das Gewerbe betrieben wird.

Beispiel 17:
Die Michael Werner GmbH in Remagen hat sich auf die Herstellung von Ladeneinrichtungen spezialisiert. Der Steuerbilanzgewinn des letzten Jahres beläuft sich – ohne Berücksichtigung der Gewerbeertragsteuer – auf 60 Mio. DM. Das Unternehmen hat Kredite im Umfang von 40 Mio. DM aufgenommen, für die Zinsen in Höhe von 6.2 Mio. DM gezahlt wurden. Der Hebesatz wurde von der Stadt Rema-

gen kürzlich zur Förderung der Industrieansiedlung auf 380 % abgesenkt. Man ermittle den integrierten Gewerbeertragsteuersatz in Abhängigkeit vom „Gewerbeertrag vor Abzug der Gewerbeertragsteuer" und den Betrag der fälligen Gewerbeertragsteuer.

Zur Lösung der Aufgabe verwenden wir die folgenden Symbole:

G Gewerbeertrag vor Abzug der Gewerbeertragsteuer,
H Hebesatz (380 %),
m_{ge} Steuermeßzahl (5 %),
s_{ge} integrierter Gewerbeertragsteuersatz,
S_{ge} Gewerbeertragsteuer.

Wir gehen von der Steuerartengleichung

$$S_{ge} = m_{ge}H(G - S_{ge})$$

aus und lösen diese nach der Gewerbeertragsteuerschuld auf.

Das ergibt

$$S_{ge} + m_{ge}HS_{ge} = (1 + m_{ge}H)S_{ge} = m_{ge}HG$$

$$S_{ge} = \frac{m_{ge}H}{1 + m_{ge}H} G = \underbrace{\frac{H}{\frac{1}{m_{ge}} + H}}_{:= s_{ge}} G.$$

Mit den Zahlen unserer Beispielsaufgabe erhalten wir eine Steuerschuld in Höhe von

$$S_{ge} = \frac{3{,}8}{20 + 3{,}8} \cdot (60{,}0 + 0{,}5 \cdot 6{,}2) = 0{,}1597 \cdot 63{,}1 = 10{,}1 \text{ Mio. DM.}$$

3.3.1.4 Körperschaftsteuer

Steuerpflichtig sind juristische Personen, insbesondere Kapitalgesellschaften, also Aktiengesellschaften und Gesellschaften mit beschränkter Haftung. Die Körperschaftsteuer bemißt sich nach dem zu versteuernden Einkommen. Wie das Einkommen zu ermitteln ist, bestimmt sich nach den Vorschriften des Einkommen- und des Körperschaftsteuergesetzes. Wenn eine Körperschaft nach handelsrechtlichen Vorschriften Bücher zu führen hat, so sind alle Einkünfte als Einkünfte aus Gewerbebetrieb zu behandeln und mit Hilfe von *Steuerbilanzen* zu ermitteln. Der Steuerbilanzgewinn entspricht nun aber noch nicht dem zu versteuernden Einkommen. Ebensowenig entsprach ja bei der Einkommensteuer die Summe der Einkünfte dem zu versteuernden Einkommen. Hier wie dort sind Modifikationen in Form von Abzugs- und Hinzurechnungsbeträgen erforderlich, die sich im einzelnen aus den Vorschriften des Körperschaftsteuergesetzes ergeben. Das Körperschaftsteuergesetz unterscheidet zwischen Tarifbelastung und Ausschüttungsbelastung. Als sehr grobe Richtschnur kann man sich merken: Einbehaltene Gewinne werden mit 40 % besteuert, ausgeschüttete mit 30 %. Im einzelnen wird zunächst das zu versteuernde Einkommen mit 40 % belastet. Hierauf wird eine Steuerentlastung in Höhe von

$$\frac{0{,}40-0{,}30}{1-0{,}30}=\frac{10}{70}$$

der Bardividende (Ausschüttung) gewährt.

Beispiel 18:
Ein Stahlhandelsunternehmen wird in Form einer GmbH betrieben. Aus der Steuerbilanz des vergangenen Jahres wird ein zu versteuerndes Einkommen in Höhe von 250 Mio. DM abgeleitet. Die Gesellschafterversammlung beschließt, eine Bardividende in Höhe von 120 Mio. DM auszuschütten. Man berechne die Körperschaftsteuerschuld.

Zur Lösung der Aufgabe führen wir folgende Symbole ein:

α Ausschüttungsquote ($\alpha = \frac{D}{E}$),
D Bardividende,
E zu versteuerndes Einkommen,
s_k Körperschaftsteuersatz bei gegebener Ausschüttungsquote,
s_{ka} Körperschaftsteuersatz bei Ausschüttung (30 %),
s_{kn} Körperschaftsteuersatz bei Thesaurisierung (45 %),
S_k Körperschaftsteuer.

Unter Verwendung dieser Symbole beläuft sich die Körperschaftsteuerschuld auf

$$\begin{aligned} S_k &= s_{kn}E - \frac{s_{kn}-s_{ka}}{1-s_{ka}}D \qquad (7)\\ &= 0{,}40\cdot 250 - \frac{0{,}40-0{,}30}{1-0{,}30}\cdot 120 = 82{,}9 \text{ Mio. DM.} \end{aligned}$$

Will man die Körperschaftsteuerschuld über die Ausschüttungsquote berechnen, so knüpft man an (7) an und formt wie folgt um:

$$\begin{aligned} S_k &= s_{kn}E - \frac{s_{kn}-s_{ka}}{1-s_{ka}}\alpha E\\ &= \underbrace{\left(s_{kn} - \frac{(s_{kn}-s_{ka})\,\alpha}{1-s_{ka}}\right)}_{:=s_k} E \end{aligned}$$

$$= \left(0{,}40 - \frac{(0{,}40 - 0{,}30) \cdot 0{,}48}{1 - 0{,}30}\right) \cdot 250$$

$$= 0{,}3314 \cdot 250 = 82{,}9 \text{ Mio. DM.}$$

3.3.2 Integrierte Gewinnsteuersätze

Um die hier dargestellten Steuern in die Wirtschaftlichkeitsrechnung einbeziehen zu können, müssen wir untersuchen, zu welcher Belastung des unversteuerten Gewinns sie insgesamt führen. Dabei ist es zweckmäßig, verschiedene Unternehmungstypen zu unterscheiden, nämlich die Einzelunternehmung beziehungsweise Personengesellschaft auf der einen Seite und die Kapitalgesellschaft auf der anderen Seite. Die Vorgehensweise zur Ableitung sogenannter integrierter Gewinnsteuersätze wird dabei formal einem einheitlichen Schema folgen:

- Zunächst ist zu klären, welche Steuerarten jeweils zu berücksichtigen sind.
- Danach geben wir die jeweils relevanten Steuerartengleichungen in Abhängigkeit vom unversteuerten Bruttogewinn an.
- Schließlich summieren wir über die betreffenden Steuerarten und setzen das Ergebnis ins Verhältnis zum Bruttogewinn.

3.3.2.1 Einzelunternehmung und Personengesellschaften

Für diesen Unternehmungstyp sind die Gewerbeertragsteuer sowie die Einkommen- und Kirchensteuer zusammenzufassen. Mit G als unversteuertem Bruttogewinn gelten die beiden Steuerartengleichungen

$$S_{ge} = s_{ge}G \tag{8}$$

$$S_{e,ki} = s_{e,ki}\,(G - S_{ge}) \tag{9}$$

mit

$$s_{ge} = \frac{H}{\frac{1}{m_{ge}} + H} \qquad \text{und} \qquad s_{e,ki} = \frac{s_e(1 + s_{ki})}{1 + s_e s_{ki}}.$$

Einsetzen von (8) in (9) führt auf

$$\begin{aligned} S_{e,ki} &= s_{e,ki}\,G - s_{e,ki}\,s_{ge}G \\ &= s_{e,ki}\,(1 - s_{ge})\,G\,. \end{aligned} \tag{10}$$

Faßt man nun die beiden Steuerarten gemäß (8) und (10) zusammen und dividiert durch den unversteuerten Bruttogewinn, so erhält man den integrierten Gewinnsteuersatz

$$\begin{aligned} s &= \frac{S_{ge} + S_{e,ki}}{G} \\ &= \frac{s_{ge}G + s_{e,ki}(1 - s_{ge})G}{G} \\ &= s_{ge} + s_{e,ki}\,(1 - s_{ge})\,. \end{aligned} \tag{11}$$

Beispiel 19:
Man ermittle die integrierte Gewinnsteuerbelastung eines Unternehmers, der einem Hebesatz von $H = 450\ \%$, einem Einkommensteuersatz von $s_e = 51\ \%$ und einem Kirchensteuersatz von $s_{ki} = 8\ \%$ unterliegt.

Zunächst sind der effektive Gewerbesteuersatz sowie der kombinierte Einkommen- und Kirchensteuersatz zu berechnen. Man erhält

$$s_{ge} = \frac{4{,}5}{\dfrac{1}{0{,}05} + 4{,}5} = 18{,}37\,\% \quad \text{und} \quad s_{e,ki} = \frac{0{,}51 \cdot 1{,}08}{1 + 0{,}51 \cdot 0{,}08} = 52{,}92\,\%\,.$$

Einsetzen in (11) liefert für die gesamte Gewinnsteuerbelastung

$$s = 0{,}1837 + 0{,}5292 \cdot (1 - 0{,}1837) = 61{,}57\ \%.$$

Vom unversteuerten Bruttogewinn verbleibt dem Unternehmer nach Abzug aller Ertragsteuern also nur noch etwas mehr als ein Drittel.

Sind mehrere Personen gemeinsam an einer Gesellschaft beteiligt, kann man nicht davon ausgehen, daß sie alle dem gleichen Einkommensteuersatz unterliegen. Der eine Gesellschafter mag mehr verdienen als der andere und deswegen stärker zur Einkommensteuer herangezogen werden. Will man dieser Situation gerecht werden, so müssen die unterschiedlichen Einkommen- und Kirchensteuersätze der Gesellschafter mit ihren Beteiligungsquoten gewichtet werden. Bezeichnen ω_j den Anteil des j-ten Gesellschafters und $s_{e,ki,j}$ dessen Einkommen- und Kirchensteuersatz, so beträgt das Mittel dieser Steuersätze

$$s_{e,ki} = \sum_{j=1}^{J} \omega_j s_{e,ki,j}\,.$$

Sonst ändert sich an der Ermittlung des integrierten Gewinnsteuersatzes der Personengesellschaft nichts gegenüber der Einzelunternehmung.

3.3.2.2 *Firmenbezogene Kapitalgesellschaft*

Bei firmenbezogener Betrachtung der Kapitalgesellschaft läßt man die private Besteuerung der Anteilseigner außer acht. Das ist in größeren Kapitalgesellschaften schon deshalb geboten, weil man viele Kapitaleigner gar nicht kennt und deswegen keine reelle Möglichkeit besteht, sich über deren private Einkommensteuerbelastung ein halbwegs zutreffendes Bild zu machen. Beschränkt man sich daher auf die Gewerbeertrag- und die Körperschaftsteuer, so lauten die beiden hier relevanten Steuerartengleichungen in Abhängigkeit vom unversteuerten Bruttogewinn G und der Bardividende D

$$S_{ge} = s_{ge} G \tag{12}$$

$$S_k = s_{kn}(G - S_{ge}) - \frac{s_{kn} - s_{ka}}{1 - s_{ka}} D \tag{13}$$

mit

$$s_{ge} = \frac{H}{\frac{1}{m} + H}.$$

Setzt man (12) in Gleichung (13) ein, und verwendet man außerdem

$$\alpha = \frac{D}{G - S_{ge}}$$

für die auf das zu versteuernde Einkommen bezogene Ausschüttungsquote, so erhält man für die Körperschaftsteuergleichung die Darstellung

$$\begin{aligned} S_k &= s_{kn}(G - s_{ge}G) - \frac{s_{kn} - s_{ka}}{1 - s_{ka}} \alpha (G - s_{ge}G) \\ &= \left(s_{kn} - \frac{(s_{kn} - s_{ka})\alpha}{1 - s_{ka}} \right)(1 - s_{ge}) G. \end{aligned} \tag{14}$$

Zusammenfassen der beiden Steuerartengleichungen (12) und (14) führt uns endlich auf den integrierten Gewinnsteuersatz

$$s = s_{ge} + \left(s_{kn} - \frac{(s_{kn} - s_{ka})\alpha}{1 - s_{ka}} \right)(1 - s_{ge}).$$

Beispiel 20:
Man ermittle die gesamte Gewinnsteuerbelastung einer Kapitalgesellschaft unter der Voraussetzung, daß der Hebesatz $H = 420$ % beträgt und eine Ausschüttungsquote von $\alpha = 65$ % geplant ist.

Mit einem Hebesatz von 420 % haben wir einen effektiven Gewerbeertragsteuersatz von

$$s_{ge} = \frac{4{,}2}{\frac{1}{0{,}05} + 4{,}2} = 17{,}36\ \%$$

und einen integrierten Gewinnsteuersatz von

$$s = 0{,}1736 + \left(0{,}40 - \frac{(0{,}40 - 0{,}30) \cdot 0{,}65}{1 - 0{,}30} \right) \cdot (1 - 0{,}1736) = 42{,}74\ \%.$$

3.3.2.3 *Personenbezogene Kapitalgesellschaft*

Bezieht man die Anteilseigner der Kapitalgesellschaft in die Betrachtung ein, so müssen neben der Gewerbeertrag- und Körperschaftsteuer auch die Einkommen- und Kirchensteuer berücksichtigt werden. Zur Vermeidung einer Doppelbesteuerung bestimmt das Gesetz, daß die Bruttoausschüttung der Einkommensteuer unterliegt, gleichzeitig aber die anrechenbare Körperschaftsteuer mit der Einkommensteuerschuld verrechnet werden darf (Anrechnungsverfahren). Unter Bruttoausschüttung D^* versteht man die Bardividende zuzüglich der hierauf entfallenden Körperschaftsteuer. Daher gilt

$$S_{e,ki} = s_{e,ki}\, D^* - s_{ka}\, D^*$$

mit

$$D^* = \frac{1}{1-s_{ka}} D .$$

Setzt man ein und formt um, so kommt man auf eine Einkommen- und Kirchensteuergleichung der Form

$$S_{e,ki} = \frac{s_{e,ki} - s_{ka}}{1-s_{ka}} D$$

beziehungsweise bei Verwendung der Ausschüttungsquote $\alpha = \dfrac{D}{G - S_{ge}}$

$$S_{e,ki} = \frac{(s_{e,ki} - s_{ka})\,\alpha}{1-s_{ka}} (1 - s_{ge})\, G .$$

In der Firmensphäre treten die Gewerbeertrag- und die Körperschaftsteuer hinzu. Insgesamt haben wir es daher mit den folgenden drei Steuerartengleichungen zu tun,

$$\begin{aligned}
S_{ge} &= s_{ge}\, G \\
S_k &= \left(s_{kn} - \frac{(s_{kn} - s_{ka})\,\alpha}{1-s_{ka}} \right)(1 - s_{ge})\, G \\
S_{e,ki} &= \frac{(s_{e,k} - s_{ka})\,\alpha}{1-s_{ka}} (1 - s_{ge})\, G .
\end{aligned}$$

Fügt man alles zusammen, so beläuft sich die Summe aller ertragsabhängigen Steuern nach einigen Umformungen auf

$$S_{ge} + S_k + S_{e,ki} = \left(s_{ge} + \left(s_{kn} - \frac{(s_{kn} - s_{e,ki})\,\alpha}{1-s_{ka}} \right)(1 - s_{ge}) \right) G .$$

Dividieren durch den unversteuerten Bruttogewinn führt in gewohnter Weise zum integrierten Gewinnsteuersatz. Dieser ergibt sich in der personenbezogenen Kapitalgesellschaft zu

$$s_{ge} \;=\; s_{ge} + \left(s_{kn} - \frac{\left(s_{kn} - s_{e,ki}\right)\alpha}{1 - s_{ka}} \right)(1 - s_{ge})\,.$$

Beispiel 21:
Man ermittle die gesamte Gewinnsteuerbelastung einer Kapitalgesellschaft unter der Voraussetzung, daß der Hebesatz $H = 420\ \%$ beträgt und eine Ausschüttungsquote von $\alpha = 65\ \%$ geplant ist. Der Einkommensteuersatz liegt bei $s_{ke} = 48\ \%$, der Kirchensteuersatz bei $s_{ki} = 9\ \%$.

Effektiver Gewerbesteuersatz und kombinierter Einkommen- und Kirchensteuersatz ergeben sich zu

$$s_{ge} = \frac{4{,}2}{\dfrac{1}{0{,}05} + 4{,}2} = 17{,}36\ \% \qquad \text{und} \qquad s_{ki} = \frac{0{,}48 \cdot 1{,}09}{1 + 0{,}48 \cdot 0{,}09} = 50{,}15\,\%\,,$$

woraus man einen integrierten Gewinnsteuersatz in Höhe von

$$s = 0{,}1736 + \left(0{,}40 - \frac{(0{,}40 - 0{,}5015) \cdot 0{,}65}{1 - 0{,}30} \right) \cdot (1 - 0{,}1736) = 58{,}21\ \%$$

gewinnt.

Im Interesse der Bequemlichkeit stellen wir die integrierten Gewinnsteuersätze in Abhängigkeit vom Unternehmungstyp in Tabelle 14 noch einmal übersichtlich zusammen.

Tabelle 14. Zusammenstellung integrierter Gewinnsteuersätze

Einzelunternehmung	$s_{ge} + s_{e,ki}\,(1 - s_{ge})$
Firmenbezogene Kapitalgesellschaft	$s_{ge} + \left(s_{kn} - \frac{(s_{kn} - s_{ka})\,\alpha}{1 - s_{ka}} \right)(1 - s_{ge})$
Personenbezogene Kapitalgesellschaft	$s_{ge} + \left(s_{kn} - \frac{\left(s_{kn} - s_{e,k}\right)\alpha}{1 - s_{ka}} \right)(1 - s_{ge})$

3.3.3 Alternativen der Steuerberücksichtigung

Es ist einfach, dafür zu plädieren, die Steuern in die Wirtschaftlichkeitsrechnung einzubeziehen, solange das kostenlos zu haben ist. Bei realistischer Betrachtung verursacht die Berücksichtigung der Steuern aber einigen Aufwand, weswegen ein solcher Schritt gut überlegt werden muß. Abbildung 6 zeigt die Alternativen, zwischen denen gewählt werden kann.

- Gelegentlich wird vorgeschlagen, auf die Einbeziehung der Steuern in die Investitionsrechnung ganz zu verzichten. Das Argument lautet, es sei gleichgültig, ob man Steuern berücksichtige, wenn es um den Vergleich von Investitionen unter einem *einheitlichen Steuerregime* geht. Wenn beispielsweise zwei Projekte miteinander konkurrieren, von denen das eine einen Bruttogewinn von 200 DM und das andere einen solchen von 100 DM verspreche, so sei das erste auch dann günstiger als das zweite, wenn man die Nettogewinne miteinander vergleiche. Ob man also „Gewinne vor Steuern" oder „Gewinne nach Steuern" zum Maßstab der Beurteilung mache, sei im Ergebnis dasselbe, solange der Gewinnsteuersatz in bezug auf beide Projekte (annähernd) gleich groß ist. Die Vertreter dieses Arguments halten die Berücksichtigung von Steuern nur unter der Voraussetzung für erforderlich, daß die miteinander zu vergleichenden Projekte *unterschiedlichen Steuerregimes* ausgesetzt sind.

  Die Argumentationstechnik ist nur auf den ersten Blick überzeugend. Nimmt man nämlich den Kapitalwert als Entscheidungskriterium, so wird vorausgesetzt, daß die Gleichung

  $$\text{NPV nach Steuern} = (1 - \text{Gewinnsteuersatz}) \cdot (\text{NPV vor Steuern})$$

  gilt. Ob diese Gleichung die Zusammenhänge richtig oder falsch wiedergibt, hängt von dem Steuersystem ab, mit dem der Investor zu rechnen hat, kann jedenfalls nicht ohne weiteres gesagt werden.

- Wer die Steuern in die Wirtschaftlichkeitsrechnung einbezieht, kann das mit unterschiedlichem Genauigkeitsgrad bewerkstelligen.

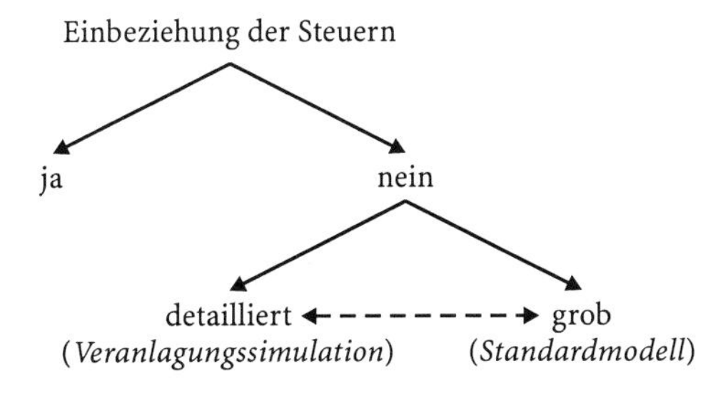

Abb. 6. Berücksichtigung von Steuern in Wahrscheinlichkeitsrechnungen

Realisiert man eine sehr detaillierte Form der Rechnung, so spricht man von *Veranlagungssimulation.*[13] Diese Technik erfordert, daß man die Bemessungsgrundlagen für alle relevanten Steuerarten und den gesamten Planungszeitraum vorausschätzt, um analysieren zu können, wie sich diese Bemessungsgrundlagen bei Durchführung eines Investitionsprojektes ändern.

Auf dieser Grundlage ließe sich bei Kenntnis der relevanten Tarife ermitteln, welche steuerlichen Konsequenzen eine Investitionsmaßnahme gegenüber der Unterlassungsalternative hat. Der Datengewinnungsaufwand ist allerdings, wenn man vom Fall der Einzelunternehmung absieht, immens. Im Rahmen einer Gesellschaft mit mehreren Anteilseignern kommt hinzu, daß die Bereitschaft zur Preisgabe einkommensteuerlicher Rahmendaten praktisch gegen null gehen dürfte. Damit wird der Veranlagungssimulation als detaillierter Form der Berücksichtigung von Steuern in der Wirtschaftlichkeitsrechnung quasi der Boden entzogen.

Eine im Verhältnis zur Veranlagungssimulation sehr grobe Variante der Berücksichtigung von Steuern haben wir mit dem sogenannten *Standardmodell* vor uns. Sie erfordert wesentlich weniger Datengewinnungsaufwand und sieht über zahlreiche steuerrechtliche Details mit Hilfe vereinfachender Annahmen hinweg. Mit diesem Konzept werden wir uns im folgenden genauer auseinandersetzen.

3.3.4 Standardmodell der Investitionsrechnung

Das Standardmodell beruht auf der Annahme des vollkommenen Kapitalmarkts und benutzt den Kapitalwert als Entscheidungskriterium. Es wird von folgenden *Annahmen* ausgegangen.

- *Allgemeine Gewinnsteuer:*
  Es gibt eine allgemeine Gewinnsteuer. Diese heißt deswegen allgemein, weil sie alle Gewinne in gleicher Weise trifft, unabhängig davon, ob sie innerhalb oder außerhalb gewerblicher Unternehmen erzielt werden. Auch die Rechtsform der Unternehmung ist für diese Steuer bedeutungslos. Neben der allgemeinen Gewinnsteuer werden keine weiteren Steuern erhoben.
- *Bemessungsgrundlage:*
  Die Steuer bemißt sich nach dem Periodengewinn. Dabei ergibt sich die Bemessungsgrundlage der allgemeinen Gewinnsteuer aus drei Komponenten, nämlich den periodischen Rückflüssen der Investitionen, den Abschreibungen (eigentlich: Absetzungen für Abnutzung, AfA) auf die abnutzbaren Inve-

[13] Ein Beispiel findet man bei Kruschwitz 1998.

stitionsprojekte sowie den Zinsen. Zinserträge erhöhen den Gewinn, Zinsaufwendungen mindern ihn.

- *Linearer Tarif:*
  Es wird angenommen, daß es einen Gewinnsteuersatz s gibt, der von der Höhe der Bemessungsgrundlage ganz unabhängig ist. Es gibt auch keinen Freibetrag.
- *Sofortiger Verlustausgleich:*
  Sollte die Bemessungsgrundlage negativ sein, so erhält der Steuerpflichtige im Zeitpunkt t eine Erstattung in Höhe der negativen Steuerschuld.
- *Sofortige Besteuerung:*
  Die Steuer wird im Zeitpunkt der Entstehung der Steuerschuld gezahlt.
- *Keine Steuerüberwälzung:*
  Es wird unterstellt, daß der Investor nicht versucht, Veränderungen der Steuerbelastung durch Preiserhöhungen an seine Kunden weiterzuwälzen.

3.3.4.1 Berechnung des Kapitalwerts

Um den Kapitalwert einer Investition unter den genannten Annahmen zu berechnen, benutzt man

$$\begin{aligned} \text{NPV} &= -I_0 + \sum_{t=1}^{T}\left(\text{CF}_t - s\cdot(\text{CF}_t - \text{AfA}_t)\right)\cdot(1+i_s)^{-t} \\ &\quad + \left(L_T - s\cdot(L_T - \text{RW}_T)\right)\cdot(1+i_s)^{-T} \end{aligned} \tag{15}$$

mit dem *versteuerten Kalkulationszinssatz*

$$i_s = i\,(1-s)\,. \tag{16}$$

Diese Berechnungsformel erschließt sich dem Leser nicht von selbst und muß daher erläutert werden.

- Die Idee besteht darin, die Cash-flows der Investition um die Gewinnsteuer zu vermindern, und die sich daraus ergebenden Netto-Rückflüsse in der gewohnten Weise zu diskontieren.
- Dabei entsteht das Problem, daß man die Bemessungsgrundlage der Gewinnsteuer nur dann sauber berechnen kann, wenn man weiß, wie das Projekt finanziert ist. Nur wenn man die Finanzierung der Investition kennt, kann man sagen, ob in einem bestimmten Zeitpunkt Zinserträge oder Zinsaufwendungen anfallen und wie groß diese gegebenenfalls sind.
- Mit dem Ausdruck $s\cdot(\text{CF}_t - \text{AfA}_t)$ erfaßt man die im Zeitpunkt t fällige Gewinnsteuer insofern falsch, als Zinserträge und Zinsaufwendungen in der Bemessungsgrundlage vollkommen unberücksichtigt bleiben.
- Die erforderliche Kompensation wegen der Nichtberücksichtigung von Zinsen in der Bemessungsgrundlage erfolgt im Zinssatz selbst. Man diskontiert

nicht mit dem Kalkulationszinssatz i, sondern mit dem versteuerten Kalkulationszinssatz $i_s = i\,(1 - s)$. Dahinter steckt folgende Überlegung:

– Wer den Geldbetrag X zu Zinsen anlegt, erzielt Erträge in Höhe von iX und muß dafür Steuern in Höhe von siX an den Fiskus abführen. Im Endeffekt erzielt er Einnahmen in Höhe von $iX - siX = i\,(1 - s)\,X$. Das ist ebenso, als wenn er Zinserträge in Höhe von $i\,(1 - s)\,X$ verdienen würde und diese Zinserträge steuerfrei blieben.
– Wer Kredit in Höhe von X aufnimmt, muß Zinsaufwendungen in Höhe von iX tragen und spart dafür Steuern in Höhe von siX. Das ist ebenso, als wenn ihm die kreditgebende Bank Zinsaufwendungen im Umfang von $i\,(1 - s)\,X$ in Rechnung stellen würde und dieser Zinsaufwand steuerlich nicht geltend gemacht werden dürfte.

- Es wird davon ausgegangen, daß im Cash-flow des letzten Jahres CF_T kein Liquidationserlös L_T enthalten ist. Dieser Liquidationserlös sowie die mit dem Liquidationsvorgang verbundenen steuerlichen Wirkungen müssen daher in einem besonderen Term der Kapitalwertformel erfaßt werden. Sollte der Veräußerungserlös größer als der Restbuchwert RW_T sein, so ist der dadurch entstehende außerordentliche Ertrag zu versteuern. Im umgekehrten Fall profitiert der Investor von einer Steuerersparnis in entsprechender Höhe.

Wir wollen uns mit Hilfe eines Beispiels klarmachen, wie die Berechnung des Kapitalwerts im Rahmen des Standardmodells praktisch durchzuführen ist.

Beispiel 22:
Versetzen Sie sich in die Lage des in Beispiel 7 angegebenen Handelsvertreters der Firma *Sort & Copy GmbH.* Sie bieten Ihrem Kunden einen Kopierautomaten zum Preise von 9000 DM an, den dieser drei Jahre lang einsetzen wird, um damit jährliche Rückflüsse in Höhe von 5000 DM zu erwirtschaften. Darüber hinaus wird im letzten Jahr ein Liquidationserlös in Höhe von 3000 DM erwartet.

Der Kunde rechnet mit einem (unversteuerten) Kalkulationszinssatz von 10 %. Er ist Einzelunternehmer und gewerbesteuerpflichtig. Der Hebesatz beträgt 350 %. Den Einkommensteuersatz veranschlagen Sie mit 47 %, den Kirchensteuersatz mit 8 %. Die betriebsgewöhnliche Nutzungsdauer des Automaten liegt bei fünf Jahren. Der Automat wird linear abgeschrieben. Ermitteln Sie den Kapitalwert der Investition im Sinne des Standardmodells.

Um die Kalkulation des Kapitalwerts vorzubereiten, ermitteln wir zunächst den Gewinnsteuersatz des Kunden. Dazu benötigen wir den effektiven Gewerbesteuersatz und den kombinierten Einkommen- und Kirchensteuersatz,

$$s_{ge} = \frac{3{,}5}{\dfrac{1}{0{,}05} + 3{,}5} = 14{,}89\ \% \quad \text{und} \quad s_{e,ki} = \frac{0{,}47 \cdot 1{,}08}{1 + 0{,}47 \cdot 0{,}08} = 48{,}92\ \%.$$

Tabelle 15. Kapitalwertberechnung im Rahmen des Standardmodells

t	*Bruttozahlung*	*Steuern*	*Nettozahlung*	*Abzinsungsfaktor*	*Barwert*
0	-9.000,00		-9.000,00	1,0000	-9.000,00
1	5.000,00	1.808,90	3.191,10	0,9583	3.058,16
2	5.000,00	1.808,90	3.191,10	0,9184	2.930,75
3	5.000,00	1.808,90	3.191,10	0,8802	2.808,65
3	3.000,00	-339,17	3339,17	0,8802	2.938,98
					2.736,54

Daraus erhält man gemäß Gleichung (11) einen integrierten Gewinnsteuersatz von

$$s \;=\; 0{,}1489 + 0{,}4892 \cdot (1 - 0{,}1489) \;=\; 56{,}53\ \%$$

und mit Hilfe von Gleichung (16) einen versteuerten Kalkulationszinssatz von

$$i_s \;=\; 0{,}1 \cdot (1 - 0{,}5653) \;=\; 4{,}35\ \%.$$

Die weiteren Berechnungen nehmen wir im Rahmen von Tabelle 15 vor. In der ersten Spalte sind die relevanten Zahlungszeitpunkte angegeben, wobei der letzte Zahlungszeitpunkt doppelt auftritt, um die Wirkungen aus den regulären Cashflows dieses Jahres von den Konsequenzen aus der Veräußerung des Automaten trennen zu können. In der folgenden Spalte werden die Steuern (ohne Berücksichtigung von Zinserträgen und -aufwendungen) erfaßt. Dabei ist bei einer betriebsgewöhnlichen Nutzungsdauer von 5 Jahren mit einem jährlichen Abschreibungsbetrag von 9.000 : 5 = 1.800 DM zu rechnen. Am Ende der ersten drei Jahre belaufen sich die Steuern daher auf 0,5653 · (5.000 – 1.800) = 1.808,90 DM. Im Zeitpunkt der Veräußerung beträgt der Restbuchwert 9.000 – 3 · 1.800 = 3.600 DM. Das führt aufgrund des niedrigen Verkaufserlöses von nur 3.000 DM zu einer Steuerzahlung von 0,5653 · (3.000 – 3.600) = –339,17 DM (Steuerersparnis). In der vorletzten Spalte sind die Diskontierungsfaktoren auf der Basis des versteuerten Kalkulationszinssatzes $(1 + i_s)^{-t}$, und in der letzten Spalte befinden sich die Barwerte, welche man erhält, indem man die Nettozahlungen mit den Abzinsungsfaktoren multipliziert. Aufsummieren der Barwerte ergibt einen Kapitalwert nach Steuern in Höhe von 2736,54 DM.

3.3.4.2 *Wie reagieren Kapitalwerte auf steigende Steuersätze?*

Die Antwort auf vorstehende Frage scheint auf der Hand zu liegen. Man ist geneigt, folgende Argumentationskette zu akzeptieren: Wenn der Fiskus immer stärker auf die Gewinne des Investors zugreift, so sinkt die Attraktivität eines Investitionsprojekts. Infolgedessen müßte der Kapitalwert eines Projekts um so kleiner sein, je größer der Gewinnsteuersatz ist. Das ist jedoch nicht immer so. Um dieses auf den ersten Blick nicht unbedingt einleuchtende Ergebnis zu begreifen und anschließend geeignete Schlußfolgerungen daraus zu ziehen, betrachten wir zunächst ein Beispiel.

Beispiel 23:
Die *Para & Dox GmbH* prüft, welches der beiden Projekte mit den Zahlungsreihen gemäß Tabelle 16 günstiger ist, wenn man den Kapitalwert als Entscheidungskriterium zugrunde legt. Es ist vorgesehen, die Investitionsobjekte in jedem Fall linear abzuschreiben, wobei die voraussichtlichen Liquidationserlöse mit null veranschlagt werden. Es wird mit einem (unversteuerten) Kalkulationszinssatz von 10 % gerechnet. Die Firmeninhaber sind sich nicht einig, ob es erforderlich ist, die Gewinnsteuern bei der Entscheidung zu berücksichtigen. Der Steuersatz wird mit 60 % veranschlagt.

Tabelle 16. Zahlungsreihen zweier Projekte

Projekt	*Zahlungen im Zeitpunkt*			
	$t = 0$	$t = 1$	$t = 2$	$t = 3$
A	-1.500	1.000	700	100
B	-1.500	90	800	1.000

Tabelle 17. Kapitalwerte ohne und mit Steuern

Projekt	*t*	*Bruttozahlung*	*Steuern*	*Nettozahlung*	*Abzinsungsfaktor*	*Barwert*
			Rechnung ohne Steuern (s = 0 %)			
A	0	−1.500,00		−1.500,00	1,0000	−1.500,00
	1	1.000,00	0,00	1.000,00	0,9091	909,09
	2	700,00	0,00	700,00	0,8264	578,51
	3	100,00	0,00	100,00	0,7513	75,13
						62,73
B	0	−1.500,00		−1.500,00	1,0000	−1.500,00
	1	90,00	0,00	90,00	0,9091	81,82
	2	800,00	0,00	800,00	0,8264	661,16
	3	1.000,00	0,00	1.000,00	0,7513	751,31
						−5,71
			Rechnung mit Steuern (s = 60 %)			
A	0	−1.500,00		−1.500,00	1,0000	−1.500,00
	1	1.000,00	300,00	705,00	0,9615	673,08
	2	700,00	120,00	580,00	0,9246	536,24
	3	100,00	−240,00	340,00	0,8890	302,26
						11,58
B	0	-1.500,00		−1.500,00	1,0000	−1.500,00
	1	90,00	−246,00	336,00	0,9615	323,08
	2	800,00	180,00	620,00	0,9246	573,22
	3	1.000,00	300,00	700,00	0,8890	622,30
						18,60

Tabelle 17 zeigt die Berechnung der Kapitalwerte beider Projekte im oberen Teil unter der Voraussetzung, daß Steuern nicht einbezogen werden, und im unteren Teil mit Berücksichtigung der Steuern.

Das Ergebnis ist überraschend und zeigt, daß es nicht gleichgültig ist, ob man sich dazu entschließt, die Steuern in die Entscheidungsfindung einfließen zu lassen.

- Läßt man die Steuern unberücksichtigt, so erweist sich Projekt *A* günstiger als Projekt *B*. Die zweite Investition ist wegen negativen Kapitalwerts sogar schlechter als die Unterlassungsalternative.
- Bezieht man dagegen die Steuern ein, so ändert sich die Rangfolge der Projekte. Projekt *B* ist vorteilhafter als *A*, und beide Investitionen sind besser als die Unterlassungsalternative.

Abbildung 7 zeigt die Kapitalwertfunktionen beider Investitionen in Abhängigkeit vom Steuersatz.

Man sieht, daß es sich bei Projekt *A* insofern um eine „normale" Investition handelt, als ihr Kapitalwert mit steigendem Steuersatz monoton fällt. Im Gegensatz nimmt der Kapitalwert von Projekt *B* mit steigendem Steuersatz zunächst zu, erreicht etwa bei $s = 55\ \%$ ein Maximum, um danach wieder zu fallen. Dieses „pa-

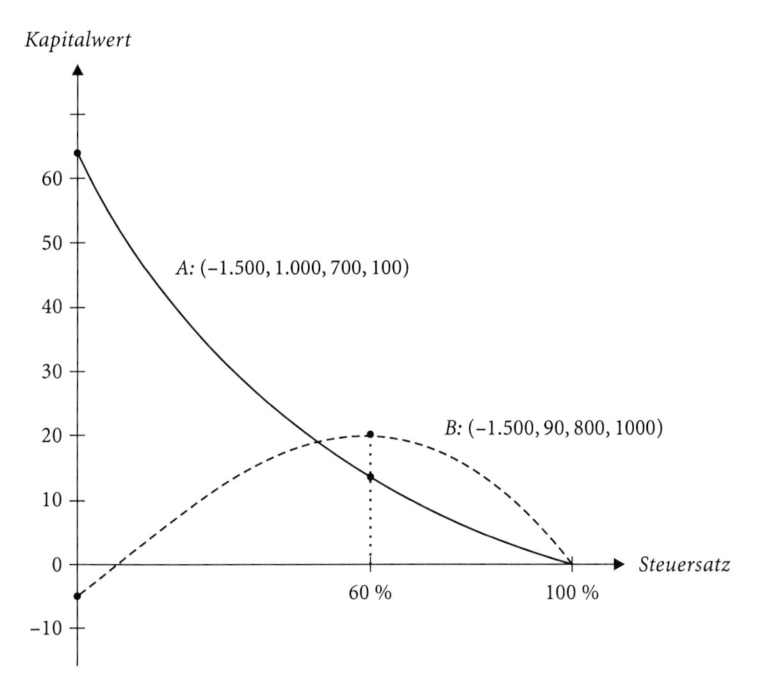

Abb. 7. Steuerparadoxon

radoxe" Verhalten der gestrichelten Kapitalwertfunktion gibt uns Anlaß zu der Feststellung, daß die Entscheidungsträger schlecht beraten sind, wenn sie den Einfluß der Besteuerung auf den Kapitalwert vernachlässigen. Im vorliegenden Beispielsfall hätte diese Bequemlichkeit mit einer Fehlentscheidung geendet.

Wie kann man nun erklären, daß der Kapitalwert einer Investition nicht notwendigerweise sinkt, wenn der Gewinnsteuersatz steigt. Um das zu verstehen, formt man zweckmäßigerweise Gleichung (15) so um, daß

$$\begin{aligned} \text{NPV} &= -I_0 + \sum_{t=1}^{T} \Big(\underbrace{\text{CF}_t \cdot (1-s)}_{\substack{\text{versteuerter} \\ \text{Cash-flow}}} + \underbrace{s \cdot \text{AfA}_t}_{\text{Tax Shield}} \Big) \cdot \Big(1 + \underbrace{i\,(1-s)}_{\substack{\text{versteuerter} \\ \text{Zinssatz}}}\Big)^{-t} \\ &= +\Big(\underbrace{L_T \cdot (1-s)}_{\substack{\text{versteuerter} \\ \text{Liquidationserlös}}} + \underbrace{s \cdot \text{RW}_T}_{\text{Tax Shield}} \Big) \cdot \Big(1 + \underbrace{i\,(1-s)}_{\substack{\text{versteuerter} \\ \text{Zinssatz}}}\Big)^{-T} \end{aligned}$$

entsteht. Wer genau studieren will, wie der Kapitalwert auf Veränderungen des Gewinnsteuersatzes reagiert, muß die Kapitalwertfunktion nach s differenzieren und das Vorzeichen der ersten Ableitung untersuchen. Wir wollen uns dieser Mühe hier nicht unterziehen; statt dessen begnügen wir uns mit einigen groben Anmerkungen.

- Die versteuerten Cash-flows sowie der versteuerte Liquidationserlös sind um so kleiner, je größer der Gewinnsteuersatz ist. Ceteris paribus nimmt daher der Kapitalwert mit steigendem Steuersatz ab.
- Abnutzbare Investitionsobjekte und Projekte mit positivem Restbuchwert am Ende des Planungszeitraums haben die angenehme Eigenschaft positiver steuerlicher Wirkungen (Tax Shield). Der Kapitalwert ist daher ceteris paribus um so größer, je größer der Gewinnsteuersatz ist.
- Der versteuerte Zinssatz ist um so kleiner, je größer der Steuersatz ist. Da der Kapitalwert – im Regelfall – um so größer ist, je kleiner der Kalkulationszinssatz ist, nimmt der Kapitalwert ceteris paribus mit steigendem Steuersatz zu.

Aus den vorstehenden überlegungen ergibt sich, daß die Wirkungen einer Erhöhung des Gewinnsteuersatzes auf den Kapitalwert nicht eindeutig sind. Es gibt offensichtlich gegenläufige Einflüsse. Unser Beispiel zeigt allerdings, daß der negative Einfluß auf den versteuerten Cash-flow durch die positiven Einflüsse aus dem Tax Shield und dem versteuerten Kalkulationszinssatz überkompensiert werden kann. Aus alledem ist die Schlußfolgerung zu ziehen, daß schlecht beraten ist, wer Steuern in die Wirtschaftlichkeitsanalyse nicht einbezieht.

3.4 Wirtschaftlichkeitsrechnung unter Unsicherheit

Will man Investitionsentscheidungen allgemein charakterisieren, so kann man sagen, daß es sich um die Auswahl von Alternativen handelt, die in Zukunft Zahlungen verursachen, welche sich nicht mit Sicherheit vorhersagen lassen. Zahlungswirksamkeit, Zukunftsbezogenheit und Unsicherheit stellen die typischen Elemente von Investitionsentscheidungen dar. Im leistungswirtschaftlichen Bereich ist die Unsicherheit damit zu erklären, daß ein Unternehmer in der Regel nicht genau vorhersagen kann, welche und wie viele Produkte beziehungsweise Dienstleistungen er in der Zukunft zu welchen Nettoverkaufserlösen verkaufen kann. Ebenso entziehen sich künftige Beschaffungspreise für Material und Energie, künftige Lohnsätze und künftige Steuertarife einer exakten Prognose. Im allgemeinen nimmt die subjektive Ungewißheit immer stärker zu, je weiter man sich mit den Schätzungen solcher Zahlen in die Zukunft begeben muß. Der Nebel wird sozusagen immer dichter, je weiter man sich in die Zukunft hineinwagt.

In der Praxis beobachtet man eine gewisse Neigung, sich mit den Risiken von Investitionen nicht ausdrücklich auseinanderzusetzen. Mancher Manager hat eine Vorliebe für einfache Rezepte, sei es, weil Investitionsentscheidungen oft unter beachtlichem Zeitdruck getroffen werden müssen, sei es, weil man nicht die beste, sondern nur eine „gute“ Entscheidungsalternative sucht. Deutsche Unternehmer und Führungskräfte vertreten jedenfalls häufig die Ansicht, man könne den Risiken einer Investition ohnehin rechnerisch nicht gerecht werden; dies habe in einer eher qualitativen Art und mit Fingerspitzengefühl zu erfolgen. Im angloamerikanischen Sprachraum erleben wir allerdings seit mehr als zwanzig Jahren eine wachsende Bereitschaft, die Chancen und Risiken von Investitionen auf rechnerischem Wege zu berücksichtigen. Um naheliegende Mißverständnisse zu vermeiden, sei betont, daß das unternehmerische Fingerspitzengefühl damit nicht ausgeblendet wird. Es wird nur von dem Nebel der totalen Subjektivität befreit.

Die verschiedenen Techniken, mit denen man Risiken im Rahmen von Wirtschaftlichkeitsrechnungen erfassen kann, lassen sich bedauerlicherweise nicht bequem gliedern. Wir verzichten daher auf eine Systematik und beschränken uns zugleich auf die prominentesten Verfahren.

3.4.1 Sensitivitätsanalyse

Die Zielgröße einer Wirtschaftlichkeitsrechnung (beispielsweise der Kapitalwert) hängt von zahlreichen Einflußgrößen ab. Oft empfindet man ein besonderes Maß an Unsicherheit in bezug auf eine ausgewählte Einflußgröße und will wissen, ob die betreffende Größe sich stark oder schwach auf die Zielgröße auswirkt. So mag es sein, daß der Kapitalwert einer Investition vom Lohnsatz für Facharbeiter der metallverarbeitenden Industrie abhängt, und dieser Parameter kritisch ist, weil der Tarifvertrag in wenigen Monaten ausläuft, ohne daß man heute schon gut abschätzen könnte, auf welchem Niveau und für welchen Zeitraum sich Arbeitgeberverband und Gewerkschaft in der bevorstehenden Tarifrunde einigen werden.

Um in einer solchen Situation Klarheit zu gewinnen, untersucht man zunächst, innerhalb welcher Bandbreite sich die neuen Lohnabschlüsse voraussichtlich bewegen werden. Anschließend rechnet man sich den Kapitalwert der Investition für die Skala der als möglich erachteten Lohnsätze aus und stellt den funktionalen Zusammenhang zwischen Zielgröße (hier: Kapitalwert) und Einflußgröße (hier: Lohnsatz) in Form einer Wertetabelle oder graphisch dar. Auf diese Weise wird offenkundig, mit welcher Empfindlichkeit die Zielgröße auf Veränderungen der betrachteten Einflußgröße reagiert.

Beispiel 24:
In der *SensoDynamo GmbH* denkt man über ein Investitionsprojekt nach, in bezug auf das man von den in Tabelle 18 zusammengestellten Daten ausgeht. Dabei unterstellt man im Zeitablauf gleichbleibende Cash-flows, ist sich aber nicht sicher, welchen Einfluß die jährlichen Produktions- und Absatzmengen sowie der Verkaufspreis auf den Kapitalwert des Projekts haben. Man rechnet mit einem Kalkulationszinssatz von $i = 8\,\%$. Die Firmenleitung möchte wissen, innerhalb welcher Intervalle die Absatzmengen und Verkaufspreise schwanken können, wenn das Projekt einen Kapitalwert im Intervall zwischen 500 und 1000 DM haben soll.

Tabelle 18. Ausgangsdaten für ein unsicheres Projekt

Anschaffungsauszahlung	I_0	1.000 DM
mengenunabhängige laufende Auszahlung	f	120 DM
Verkaufspreis je Stück	p	? DM
Materialkosten je Stück	m	2 DM
Lohnkosten je Stück	l	1 DM
Produktions- und Verkaufsmenge pro Jahr	x	? Stück
Nutzungsdauer	T	3 Jahre

Der im Zeitablauf konstante Cash-flow aus der hier zu betrachtenden Investition beläuft sich auf

$$\begin{aligned} \mathrm{CF} &= (p - m - l)\,x - f \\ &= (p - 3)\,x - 120\,. \end{aligned}$$

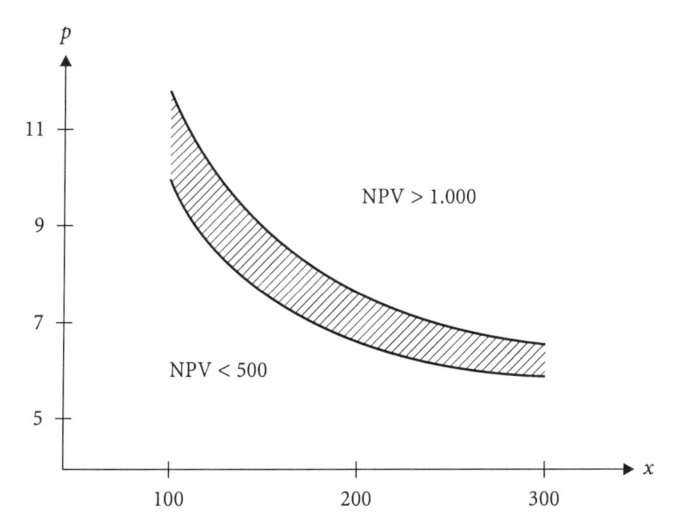

Abb. 8. Sensitivitätsanalyse in bezug auf Verkaufspreis und Absatzmenge

Einsetzen in die Kapitalwertformel ergibt bei einer Nutzungsdauer von drei Jahren

$$\begin{aligned} NPV &= -I_0 + CF \cdot (1+i)^{-1} + CF \cdot (1+i)^{-2} + CF \cdot (1+i)^{-3} \\ &= -1.000 + \big((p-3)\,x - 120\big) \cdot (1{,}08^{-1} + 1{,}08^{-2} + 1{,}08^{-3}) \\ &= -1.309{,}25 + 2{,}58\,px - 7{,}73\,x\,. \end{aligned}$$

Lösen wir diese Gleichung nach p auf, so erhalten wir

$$p = \frac{NPV + 1.309{,}25}{2{,}58x} + 3$$

und können nun die Intervallgrenzen für den angestrebten Kapitalwert einsetzen. Das führt uns auf die beiden Funktionen

$$p = \frac{1.809{,}25}{2{,}58x} + 3 \qquad \text{und} \qquad p = \frac{2.309{,}25}{2{,}58x} + 3$$

Zeichnet man diese Funktionen in ein Preis-Mengen-Diagramm wie Abb. 8 ein, so erkennt man leicht, welche Kombinationen von Verkaufspreis und Absatzmenge die *SensoDynamo GmbH* in Situationen bringen, die mit einem Kapitalwert zwischen 500 und 1000 enden. Es handelt sich um jene Kombinationen, die im schattierten Bereich zwischen den beiden Funktionen liegen. Die Firmenleitung muß also prüfen, ob sich die Preisabsatzfunktion voraussichtlich in dem betreffenden Bereich befindet.

Problematisch am Konzept der Sensitivitätsanalyse ist, daß sie in der hier beschriebenen Form letztlich nur in bezug auf eine oder höchstens zwei kritische Einflußgrößen durchgeführt werden kann, womit implizit unterstellt wird, daß alle übrigen Einflußgrößen sicher sind. Werden mehr als zwei Einflußgrößen verändert, so sind Sensitivitätsanalysen rechnerisch nur noch schwer zu handhaben.

3.4.2 Amortisationsrechnung

Amortisationsrechnungen (auch: Payback- oder Payoff-Rechnungen) sind in der Praxis ganz besonders beliebt. Man kann wohl sogar sagen, daß es sich um die mit Abstand prominenteste Form der Wirtschaftlichkeitsrechnung handelt. Von der Theorie wird das Verfahren dagegen nahezu einmütig abgelehnt, ein eigenartiger Kontrast.

Beginnen wir aber mit der Fragestellung. Unter der Payback-Periode einer Investition versteht man jene kritische Zeitdauer, die verstreichen muß, damit die erwarteten Cash-flows gerade jenen Betrag erreicht haben, den man für die Anschaffung des Projekts bezahlen mußte.

3.4.2.1 Statische und dynamische Rechnung

Man kann die Amortisationsrechnung in statischer oder in dynamischer Form durchführen, wobei der erste Typ in der Praxis offenbar vorherrscht. Wir konzentrieren uns zunächst auf die statische Variante.

Statische Amortisationsdauer

Verwendet man die bekannten Symbole I_0 für den Anschaffungspreis einer Investition, $\mathrm{E}[\widetilde{\mathrm{CF}}_t]$ für den erwarteten Cash-flow am Ende des t-ten Jahres[14] und a_s für die Amortisationsdauer, so bietet sich die Definitionsgleichung

$$I_0 = \sum_{t=1}^{a_s} \mathrm{E}[\widetilde{\mathrm{CF}}_t]$$

an.[15] Indessen erweist sich diese Definition als problematisch, wenn es keine natürliche Zahl a_s gibt, für die die vorstehende Gleichung erfüllt ist. In der Mehr-

---

[14] Unsichere Größen, wie beispielsweise der künftige Cash-flow einer Investition, werden im folgenden mit Hilfe einer Tilde gekennzeichnet.

[15] Für den besonderen Fall zeitlich konstanter erwarteter Cash-flows kann man einfacher

$$I_0 = \mathrm{E}[\widetilde{\mathrm{CF}}] \sum_{t=1}^{a_s} 1 = \mathrm{E}[\widetilde{\mathrm{CF}}] \cdot a_s$$

schreiben, woraus sich

$$a_s = \frac{I_0}{\mathrm{E}[\widetilde{\mathrm{CF}}]}$$

ergibt. Man berechnet also die Amortisationsfrist, indem man die Anschaffungsauszahlung schlicht durch die erwarteten durchschnittlichen Cash-flows dividiert.

zahl aller praktischen Fälle bestimmt man daher eine Zeitdauer a'_s so, daß

$$I_0 > \sum_{t=1}^{a'_s} \mathrm{E}[\widetilde{\mathrm{CF}}_t] \quad \text{und} \quad I_0 < \sum_{t=1}^{a'_s+1} \mathrm{E}[\widetilde{\mathrm{CF}}_t]$$

gilt.

Unter der Voraussetzung, daß die Cash-flows gleichmäßig über das Jahr verteilt anfallen, berechnet man die statische Paybackdauer dann aus

$$a_d \approx a'_d + \frac{I_0 - \sum_{t=1}^{a'_d} \mathrm{E}[\widetilde{\mathrm{CF}}_t](1+i)^{-t}}{\mathrm{E}[\widetilde{\mathrm{CF}}_{a'_d+1}](1+i)^{a'_d+1}}$$

Um zu zeigen, daß es nicht schwierig ist, die Amortisationsfrist einer Investition auf dem angegebenen Wege zu ermitteln, betrachten wir ein Beispiel.

Beispiel 25:
Eine Investition verursacht Anschaffungsauszahlungen von 70.000 DM. Innerhalb der folgenden fünf Jahre ist für das Betreiben der Anlage mit laufenden Auszahlungen von 25.000 DM je Jahr zu rechnen. Die Erlöse aus dem Betrieb der Anlage werden sich in den ersten beiden Jahren auf jeweils 40.000 DM, danach auf jeweils 50.000 DM belaufen. Der Liquidationserlös nach fünfjähriger Nutzung wird mit 6.000 DM veranschlagt. Man berechne die statische Amortisationsdauer. Ferner stelle man die kumulierten Überschüsse des Projekts im Zeitablauf zeichnerisch dar.

Man bedient sich zweckmäßigerweise der Rechentabelle 19. Die Anschaffungsauszahlungen und Cash-flows des Projekts lassen sich aus der Aufgabenstellung leicht ableiten, und man erkennt rasch, daß sich die Investition innerhalb des vierten Jahres amortisiert, $a'_s = 3$. Mit der Hypothese, daß der Rückfluß in Höhe von 25.000 DM gleichmäßig über dieses Jahr verteilt ist, ergibt sich eine Paybackdauer von

$$a_s \approx 3 + \frac{15.000}{25.000} = 3{,}6 \text{ Jahren.}$$

Tabelle 19. Tabellarische Ermittlung der statischen Amortisationsdauer

t	$-I_0, \mathrm{E}[\widetilde{\mathrm{CF}}_t]$	$-I_0 + \sum_{\tau=1}^{t} \mathrm{E}[\widetilde{\mathrm{CF}}_\tau]$
0	-70.000	-70.000
1	15.000	-55.000
2	15.000	-40.000
3	25.000	-15.000
4	25.000	10.000
5	31.000	41.000

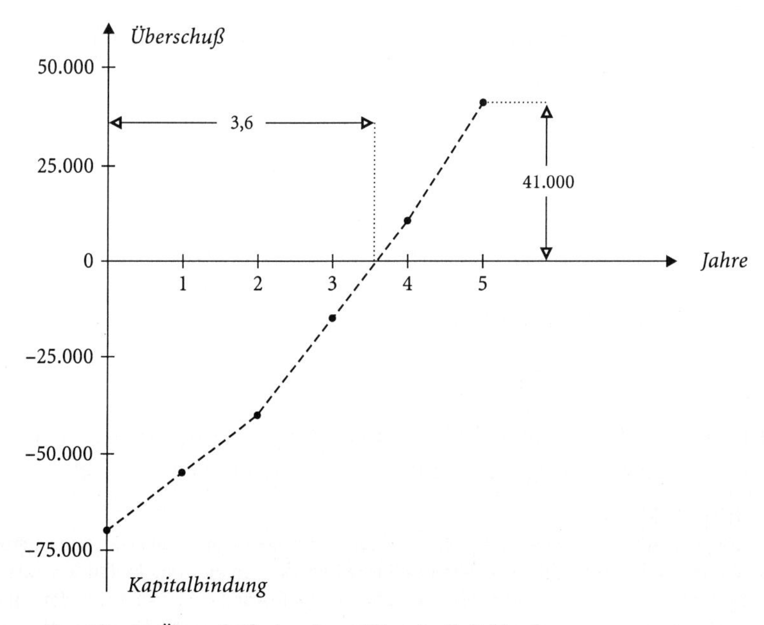

Abb. 9. Kumulierter Überschuß einer Investition im Zeitablauf

Die kumulierten Überschüsse der Investition sind graphisch in Abb. 9 dargestellt. Dort, wo die gestrichelte Überschußfunktion die Zeitachse schneidet, liegt die statische Amortisationsdauer.

Dynamische Amortisationsdauer

Im Unterschied zur statischen Variante geht es bei der dynamischen Amortisationsrechnung um die Frage, nach welcher Frist die *diskontierten* Cash-flows gerade so groß sind wie die Anschaffungsauszahlung. Analog zur statischen Vorgehensweise definiert man zunächst die Zeitdauer a'_d mit

$$I_0 > \sum_{t=1}^{a'_d} \mathrm{E}[\widetilde{\mathrm{CF}}_t](1+i)^{-t} \quad \text{und} \quad I_0 < \sum_{t=1}^{a'_d+1} \mathrm{E}[\widetilde{\mathrm{CF}}_t](1+i)^{-t}.$$

Anschließend berechnet man die Amortisationsfrist aus

$$a_d \approx a'_d + \frac{I_0 - \sum_{t=1}^{a'_d+1} \mathrm{E}[\widetilde{\mathrm{CF}}_t](1+i)^{-t}}{\mathrm{E}[\widetilde{\mathrm{CF}}_{a'_d+1}](1+i)^{a'_d+1}}, \tag{17}$$

indem man wieder unterstellt, daß der Cash-flow im letzten Jahr gleichmäßig über das Jahr verteilt anfällt.

Tabelle 20. Tabellarische Ermittlung der dynamischen Amortisationsdauer

t	$-I_0$, E[$\widetilde{CF}_t$]	$(1 + i)^{-t}$	I_0, E[$\widetilde{CF}_t$] $(1 + i)^{-t}$	$-I_0 + \sum_{\tau=1}^{t} E[\widetilde{CF}_\tau](1+i)^{-\tau}$
0	-70.000	1,0000	-70.000	-70.000
1	15.000	0,9346	14.109	-55.981
2	15.000	0,8734	13.102	-42.880
3	25.000	0,8163	20.407	-22.472
4	25.000	0,7629	19.072	-3.400
5	31.000	0,7130	22.103	18.703

Beispiel 26:
Wir verwenden die gleichen Zahlen wie in Beispiel 25 und unterstellen einen Kalkulationszinssatz von 7 %. Man berechne nun die dynamische Amortisationsdauer.

Wieder greifen wir auf eine Rechentabelle zurück, die ähnlich aufgebaut ist wie Tabelle 19. Nur arbeiten wir jetzt mit abgezinsten Cash-flows, vgl. Tabelle 20. Man erkennt, daß die Amortisation des Projekts bei dynamischer Betrachtung länger dauert, $a'_d = 4$. Die Logik dieses Resultats ist wenig verblüffend, weil die Barwerte der künftigen Cash-flows bei positivem Zinssatz natürlich kleiner sind als ihre Zeitwerte. Unter Rückgriff auf Gleichung (17) erhalten wir

$$a_d \approx 4 + \frac{3.400}{22.103} = 4{,}2 \text{ Jahre}$$

und können zugleich festhalten, daß die dynamische Amortisationsdauer notwendigerweise immer größer ist als ihr statisches Pendant.

3.4.2.2 *Zur Entscheidungslogik der Amortisationsrechnung*

Selbstverständlich ist kein Unternehmer gut beraten, wenn er eine Investition durchführt, die sich erst jenseits des Endes ihrer Nutzungsdauer amortisiert. Bei dynamischer Rechnung würde es sich sonst um ein Projekt mit negativem Kapitalwert handeln, und bei statischer Rechnung hätte man es mit einem Projekt zu tun, das nicht einmal das Deckungskriterium erfüllt.

Die Praxis gibt jedoch im allgemeinen kritische Werte für die Amortisationsfristen vor, die *wesentlich* kürzer sind als die Nutzungsdauern. Projekte, bei denen es länger dauert, ehe die Investitionsauszahlungen wieder zurückgeflossen sind, werden abgelehnt. Nennen wir die kritische Amortisationsfrist A, so gilt also folgende Logik:

$a \leq A$ ⇨ Investition durchführen,
$a > A$ ⇨ Investition ablehnen.

Daher müssen wir uns auf die Frage konzentrieren, wie man die kritische Amortisationsfrist A sinnvollerweise bestimmt.

In der Praxis löst man dieses Problem mit qualitativen überlegungen und Fingerspitzengefühl, wobei man zu um so kürzeren Amortisationsfristen neigt, je „riskanter" ein Projekt ist. Je unsicherer die Zukunft eingeschätzt wird, um so unangenehmer ist es, lange warten zu müssen, bevor der Zeitpunkt heran ist, von dem ab das Projekt wirklich damit beginnt, Früchte abzuwerfen. So naheliegend eine derartige Vorgehensweise sein mag, mangelt es doch an einer Methodik für die Ableitung kritischer Amortisationsfristen, die für Dritte nachvollziehbar und damit reproduzierbar wäre.

Statische Amortisationsdauer

Will man aus rationalen Argumenten eine *kritische* statische Amortisationsdauer ableiten, bei deren Überschreiten das Investitionsprojekt abzulehnen ist, so könnte man auf die *dynamische* Kapitalwertmethode zurückgreifen. Der Kapitalwert eines Projekts, das im Zeitablauf gleichbleibende erwartete Cash-flows verspricht, ergibt sich aus

$$\begin{aligned} \text{NPV} &= -I_0 + \sum_{t=1}^{T} \text{E}[\widetilde{\text{CF}}] \cdot (1 + k_{\text{Asset}})^{-t} \\ &= -I_0 + \text{E}[\widetilde{\text{CF}}] \frac{(1+i)^T - 1}{i(1+i)^T}. \end{aligned}$$

Für ein Projekt, das sich gerade noch lohnt, ist der Kapitalwert null. Daraus folgt für eine solche Investition

$$\frac{I_0}{\text{E}[\widetilde{\text{CF}}]} = \frac{(1+i)^T - 1}{i(1+i)^T} = A_s .$$

Unter den genannten Voraussetzungen könnte man also den Rentenbarwertfaktor (vgl. Tabelle 21) als kritische Amortisationsdauer verwenden.

Beispiel 27:
Man bestimme die kritische statische Amortisationsdauer eines Projekts mit einer Anschaffungsauszahlung von 1.000 DM, das acht Jahre lang gleichbleibende Cash-flows in Höhe von 400 DM verspricht, wenn mit einem Kalkulationszinssatz 10 % gearbeitet wird. Man entscheide sowohl mit der statischen Amortisationsrechnung als auch mit der Kapitalwertmethode, ob sich die Durchführung dieses Projekts lohnt.

Die Aufgabe ist rasch gelöst, indem wir die kritische Amortisationsdauer aus Tabelle 21 ablesen und die tatsächliche Amortisationsdauer berechnen, indem wir die Anschaffungsauszahlung durch die erwarteten jährlichen Cash-flows teilen,

$$A_s = \frac{1{,}1^8 - 1}{0{,}1 \cdot 1{,}1^8} = 5{,}33 \qquad \text{und} \qquad a_s = \frac{1.000}{400} = 2{,}5 .$$

Tabelle 21. Rentenbarwertfaktoren

t	$i = 5\,\%$	$i = 10\,\%$	$i = 15\,\%$
1	0,95	0,91	0,87
2	1,86	1,74	1,63
3	2,72	2,49	2,28
4	3,55	3,17	2,85
5	4,33	3,79	3,35
6	5,08	4,36	3,78
7	5,79	4,87	4,16
8	6,46	5,33	4,49
9	7,11	5,76	4,77
10	7,72	6,14	5,02
20	12,46	8,51	6,26

Weil $a_s < A_s$ ist, führt die Entscheidungsregel zu dem Ergebnis, daß die Durchführung des Projekts vorteilhaft ist. Zum gleichen Ergebnis kommt man über den Kapitalwert, denn für diesen gilt mit unseren Beispielszahlen

$$\text{NPV} \; = \; -1.000 + 400 \cdot \frac{1{,}1^8 - 1}{0{,}1 \cdot 1{,}1^8} = 1.133{,}97 \; > \; 0.$$

Dynamische Amortisationsdauer

Geht man in bezug auf die dynamische Paybackrechnung mit dem gleichen logischen Konzept zu Werke, so ist die *kritische Amortisationsfrist* in jedem Fall so groß wie die Nutzungsdauer des Investitionsprojekts, $A_d = T$. Das gilt ganz unabhängig von der zeitlichen Struktur der Rückflüsse.

Kritik

Die beschriebenen Techniken zur Festlegung kritischer Amortisationsfristen sind indessen allesamt unbefriedigend. Wer sich der Regel

$$a_s \leq \frac{(1+i)^T - 1}{i \cdot (1+i)^T} \quad \Rightarrow \text{Investition durchführen,}$$

$$a_s > \frac{(1+i)^T - 1}{i \cdot (1+i)^T} \quad \Rightarrow \text{Investition ablehnen}$$

beziehungsweise

$$a_d \leq T \quad \Rightarrow \text{Investition durchführen,}$$
$$a_d > T \quad \Rightarrow \text{Investition ablehnen}$$

anvertraut, trifft – wenig überraschend – ganz genau dieselben Entscheidungen wie mit dem *Kapitalwertkriterium unter Sicherheit* mit dem einzigen Unterschied, daß an die Stelle sicherer Cash-flows erwartete Cash-flows treten. Mit einer angemessenen Berücksichtigung der Risiken einer Investition hat das kaum etwas zu tun.

3.4.3 Risikoanalyse

In der normativen Entscheidungstheorie geht man gern davon aus, daß ein Unternehmer ein Entscheidungsproblem unter Unsicherheit mit Hilfe einer sogenannten Ergebnismatrix darstellen kann, vgl. Tabelle 22. Der Investor hat aus einer Menge von J einander ausschließenden Projekten das beste herauszufinden. Zielgröße des Entscheidungsträgers sei x, also beispielsweise der Kapitalwert. Bedauerlicherweise kann heute niemand sicher vorhersagen, welche Zukunftsentwicklung stattfinden wird. Der Unternehmer ist aber annahmegemäß dazu imstande, die möglichen Zukunftsentwicklungen $Z_1, \ldots, Z_S$ vollständig aufzuzählen und deren Eintrittswahrscheinlichkeiten $q_1, \ldots, q_S$ anzugeben. Die zustandsabhängigen Kapitalwerte aller Projekte x_{js} seien bekannt. Wie solche Ergebnismatrizen gewonnen werden, interessiert die normative Entscheidungstheorie nicht. Sie betrachtet sie als gegeben und widmet sich ausschließlich der schwierigen Frage, wie man unter den genannten Bedingungen die optimale Alternative findet.

Viele Entscheidungsprobleme der Praxis zeichnen sich dadurch aus, daß die Zahl der möglichen Zukunftsentwicklungen außerordentlich groß ist. Man denke an den Bau einer neuen Fabrik und betrachte den Kapitalwert dieser Investition. Dessen Betrag hängt von den Verkaufszahlen und Marktpreisen aller dort herzustellenden Erzeugnisse, von den Produktionsmengen, den Rohstoff- und Energiepreisen, der Lohnstruktur, dem Lohnniveau und vielen weiteren Faktoren ab. Wir nennen den Zielwert (hier: Kapitalwert) im folgenden Outputgröße und die dafür relevanten Faktoren Inputgrößen. Wichtig ist nun die Tatsache, daß jede

Tabelle 22. Ergebnismatrix

	Zukunftsentwicklung				
	Z_1	…	Z_s	…	Z_S
	Wahrscheinlichkeit				
	q_1	…	q_s	…	q_S
Investition 1	x_{11}	…	x_{1s}	…	x_{1S}
…	…	…	…	…	…
Investition j	x_{j1}	…	x_{js}	…	x_{jS}
…	…	…	…	…	…
Investition J	x_{J1}	…	x_{Js}	…	x_{JS}

für möglich erachtete Kombination von Realisationen der Inputgrößen eine eigene Zukunftsentwicklung darstellt. Es gehört dann keine ausgeprägte Phantasie dazu, sich vorzustellen, wie schnell die Zahl dieser Zukunftsentwicklungen über alle handhabbaren Grenzen wachsen kann. Genau dieses Problem versucht die Risikoanalyse in den Griff zu bekommen. Ihr Zweck besteht darin, eine Wahrscheinlichkeitsverteilung für Outputgrößen in Abhängigkeit von Wahrscheinlichkeitsverteilungen der Inputgrößen zu ermitteln. Der Ablauf ist dabei im einzelnen folgender:

- Festlegung der interessierenden Outputgröße (zum Beispiel: Kapitalwert),
- Formulierung eines Modells, das die funktionale Abhängigkeit der Outputgröße von den Inputgrößen beschreibt,
- Ermittlung der Wahrscheinlichkeitsverteilungen für die Realisationen der unsicheren Inputgrößen und Bestimmung eventueller Abhängigkeiten zwischen den Inputgrößen,
- Ableitung der gesuchten Wahrscheinlichkeitsverteilung für die interessierende Outputgröße.

Mit Ausnahme des ersten Schritts treten in allen Phasen der Risikoanalyse methodische Probleme auf, die hier im Detail nicht dargestellt werden können.[16] Statt dessen beschreiben wir die Vorgehensweise und ihre Problematik anhand eines Beispiels.

Beispiel 28:
Eine Investition verursacht sichere Anschaffungsauszahlungen in Höhe von 1000 DM und hat eine Nutzungsdauer von genau einem Jahr. Die Cash-flows ergeben sich aus

$$CF_1 = (p - 3) \cdot 300 - f,$$

wobei p der Verkaufspreis der Produkte ist und f eine feste Auszahlung darstellt, die von der Produktionsmenge unabhängig ist. Fachleute schätzen, daß der Verkaufspreis mit einer Wahrscheinlichkeit von 25 % gleichverteilt im Intervall zwischen 6 und 8 DM liegt. Die restliche Wahrscheinlichkeitsmasse befindet sich gleichverteilt im Intervall zwischen 8 und 10 DM,

$$F(p) = \begin{Bmatrix} 0 & \text{für } p < 6 \\ -0{,}75 + 0{,}125p & \text{für } 6 \le p < 8 \\ -2{,}75 + 0{,}375p & \text{für } 8 \le p < 10 \\ 1 & \text{für } 10 < p \end{Bmatrix}.$$

Die Fixkosten sind im Intervall zwischen 100 und 150 DM gleichverteilt. Das heißt

$$F(f) = \begin{Bmatrix} 0 & \text{für } f > 150 \\ 3 - 0{,}02f & \text{für } 150 \ge f \ge 100 \\ 1 & \text{für } 100 > f \end{Bmatrix}.$$

---

[16] Vgl. aber etwa Kruschwitz 1998 und Blohm/Lüder 1995.

Man ermittle die Wahrscheinlichkeit, daß das Projekt einen Kapitalwert von weniger als 400 aufweist auf der Grundlage eines Kalkulationszinssatzes von 10 %. Dabei gehe man davon aus, daß Verkaufspreis und Fixkosten voneinander unabhängig sind.

Die vorstehende Aufgabe läßt sich analytisch lösen.[17] Gesucht ist die unter den beschriebenen Voraussetzungen geltende Wahrscheinlichkeitsfunktion $F(\text{NPV})$. Um diese zu bestimmen, berechnen wir den Kapitalwert zunächst unter den ungünstigsten Bedingungen,

$$\text{NPV}_{0,0} = -1.000 + ((6-3) \cdot 300 - 150) \cdot 1{,}1^{-1} = -318{,}18\,.$$

Sodann ermitteln wir den Kapitalwert des Projekts unter den denkbar günstigsten Voraussetzungen,

$$\text{NPV}_{1,0} = -1.000 + ((10-3) \cdot 300 - 100) \cdot 1{,}1^{-1} = 818{,}18\,.$$

Schließlich fragen wir nach dem Kapitalwert für den Fall, daß wir sowohl in bezug auf den Verkaufspreis als auch in bezug auf die Fixkosten 25 % der jeweils ungünstigsten Realisationen hinter uns haben,

$$\text{NPV}_{0,25} = -1.000 + ((8-3) \cdot 300 - 137{,}5) \cdot 1{,}1^{-1} = 238{,}64\,.$$

Aus diesen Ergebnissen wird schon klar, daß die Wahrscheinlichkeit, mit einem Kapitalwert von höchstens 400 zu enden, zwischen 25 % und 100 % liegen muß. Um die Parameter der stückweise linearen Wahrscheinlichkeitsfunktion $F(\text{NPV}) = a + b \cdot \text{NPV}$ in dem betreffenden Intervall zu bestimmen, setzen wir das Gleichungssystem

$$\begin{aligned} a + b \cdot 238{,}64 &= 0{,}25 \\ a + b \cdot 818{,}18 &= 1{,}00 \end{aligned}$$

[17] Eine Alternative besteht in der Durchführung einer hinreichend großen Zahl von Simulationsexperimenten. Unter Verwendung gleichverteilter Zufallszahlen $z_k \in [0{,}1]$ würde man beispielsweise K solche Zahlen ziehen und diese mit Hilfe von $f_k = 100 + 50\, z_k$ in simulierte Fixkostenrealisationen transformieren. Ferner würde man K Paare von Zufallszahlen $y_k, z_k \in [0{,}1]$ ziehen und diese mit Hilfe von

$$p_k = \begin{Bmatrix} 6 + 2z_k & \text{wenn } y_k \le 0{,}25 \\ 8 + 2z_k & \text{sonst} \end{Bmatrix}$$

in simulierte Preisrealisationen umwandeln. In jedem Experiment ließe sich daraus ein Kapitalwert

$$\text{NPV}_k = -1.000 + ((p_k - 3) \cdot 300 - f_k) \cdot 1{,}1^{-1}$$

berechnen. Bei einer genügend großen Zahl solcher Experimente kann aus der Häufigkeitsverteilung abgeleitet werden, wie oft Kapitalwerte von höchstens 400 auftreten. Kumuliert man die relativen Häufigkeiten, so entsteht eine Verteilungsfunktion, die ähnlich wie in Abbildung 10 aussieht.

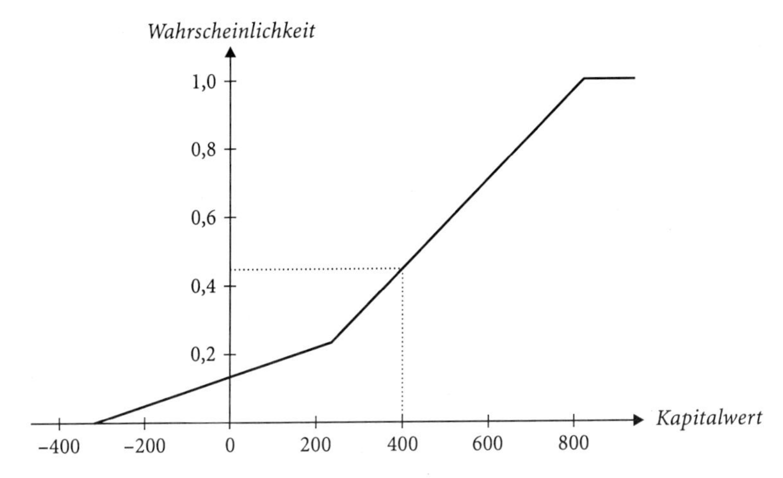

Abb. 10. Risikoanalyse

an und erhalten die Lösung

$$F(\text{NPV}) = -0{,}0588235 + 0{,}0012941 \cdot \text{NPV} \quad \text{für} \quad 238{,}64 \le \text{NPV} \le 818{,}18.$$

Einsetzen des kritischen Wertes von 400 für den Kapitalwert liefert das gesuchte Resultat

$$F(400) = -0{,}0588235 + 0{,}0012941 \cdot 400 \approx 0{,}46\,.$$

Die Wahrscheinlichkeit, einen Kapitalwert von höchstens 400 zu erreichen, liegt also bei etwa 46 %. Die vollständige Verteilungsfunktion lautet

$$F(\text{NPV}) = \begin{cases} 0 & \text{für } \text{NPV} \le -318{,}18 \\ 0{,}1428571 + 0{,}0004490 \cdot \text{NPV} & \text{für } -318{,}18 < \text{NPV} \le 238{,}64 \\ -0{,}0588235 + 0{,}0012941 \cdot \text{NPV} & \text{für } 238{,}64 < \text{NPV} \le 818{,}18 \\ 1 & \text{für } 818{,}18 < \text{NPV} \end{cases}$$

Sie sieht so aus, wie in Abb. 10 dargestellt.

3.4.4 Risikoangepaßter Kapitalwert

Die grundlegende Idee des Rechnens mit risikoangepaßten Kapitalwerten ist klar und überzeugend. Während sich der Kapitalwert eines sicheren Projekts (mit einer Nutzungsdauer von einem Jahr) aus der Formel

$$\text{NPV} = -\text{Anschaffungsauszahlung} + \frac{\text{sicherer Cash-flow}}{1 + \text{risikoloser Zins}}$$

ergibt, ermittelt man den Kapitalwert eines Projekts mit unsicheren Rückflüssen aus

$$\text{NPV} = -\text{Anschaffungsauszahlung} + \frac{\text{erwarteter Cash-flow}}{1 + \text{risikoloser Zins} + \text{Risikoprämie}}.$$

An die Stelle von sicheren Cash-flows treten erwartete Rückflüsse. Diskontiert wird nicht mehr mit dem risikolosen Zinssatz, sondern mit einem Kalkulationszinssatz, der eine angemessene Risikoprämie enthält. Dahinter steckt die einfache Überlegung, daß unsichere Rückflüsse für risikoaverse Unternehmer einen geringeren Wert haben als sichere Cash-flows.

3.4.4.1 Risikoprämien und Kapitalmarkttheorie

Nicht so einfach zu beantworten ist die Frage, wie der Investor vorgehen sollte, um eine angemessene Risikoprämie festzulegen. Zwei Wege können beschritten werden: entweder verläßt sich der Entscheidungsträger ganz und gar auf sein Fingerspitzengefühl, oder er vertraut auf die Leitlinien der Kapitalmarkttheorie.

Die Kapitalmarkttheorie gibt Auskunft darüber, welche Informationen in den Preisen von Finanztiteln enthalten sind, die Ansprüche auf unsichere Cash-flows verbriefen und an Kapitalmärkten gehandelt werden, wenn idealisierte Voraussetzungen gegeben sind. Die heute wohl prominenteste Variante der Kapitalmarkttheorie ist das sogenannte Capital Asset Pricing Model (CAPM), das zu Beginn der 60er Jahre entwickelt worden ist.[18] Ohne auf die Annahmen hier im Detail einzugehen, wollen wir feststellen, daß im Rahmen dieses Modells für den Preis eines riskanten Finanztitels die Gleichung

$$p(\tilde{X}_j) = \frac{\mathrm{E}[\tilde{X}_j]}{1 + r_f + (\mathrm{E}[\tilde{r}_m] - r_f) \cdot \beta_j} \quad \text{mit} \quad \beta_j = \frac{\mathrm{Cov}[\tilde{r}_j, \tilde{r}_m]}{\mathrm{Var}[\tilde{r}_m]} \tag{18}$$

gilt. Dabei sind die Symbole im einzelnen wie folgt definiert:

$\mathrm{Cov}[\tilde{r}_j, \tilde{r}_m]$	Kovarianz der Marktrendite mit der Rendite des Titels *j*,
$\mathrm{E}[\tilde{r}_m]$	erwartete Rendite des gesamten Kapitalmarkts,
$\mathrm{E}[\tilde{X}_j]$	erwarteter Cash-flow des *j*-ten Finanztitels im Zeitpunkt $t = 1$,
$p(\tilde{X}_j)$	Preis des *j*-ten Finanztitels im Zeitpunkt $t = 0$,
r_f	risikoloser Zinssatz,
$\mathrm{Var}[\tilde{r}_m]$	Varianz der Marktrendite,
$\tilde{X}_j$	unsicherer Cash-flow des *j*-ten Finanztitels im Zeitpunkt t = 1.

[18] Vgl. dazu im einzelnen Brealey/Myers 1996, Kruschwitz 1999, Kruschwitz/Schöbel 1987, Ross/Westerfield/Jaffe 1996.

Unsichere Größen sind mit einer Tilde kenntlich gemacht. Unter Markt muß man sich hier den gesamten Markt für riskante Kapitalanlagen (Aktien, Immobilien, Edelmetalle usw.) vorstellen. Als Stellvertreter wählt man oft einen Aktienindex wie beispielsweise den Dow-Jones-Index oder den DAX. Gleichung (18) sagt: der Preis eines unsicheren Finanztitels enthält dieselbe Information wie die erwarteten Cash-flows des Titels, der risikolose Zinssatz und die Risikoprämie, wenn man letztere aus

$$\text{Risikoprämie des } j\text{-ten Titels} = \underbrace{(E[\tilde{r}_m] - r_f)}_{\text{Überrendite}} \cdot \underbrace{\beta_j}_{\text{Beta}} \qquad (19)$$

gewinnt. Sowohl die Überrendite (englisch: excess return) als auch der Beta-Faktor sind Größen, die man für börsennotierte Unternehmen aus Marktdaten ableiten kann.

Die Überrendite stellt die Differenz zwischen der erwarteten Marktrendite und der risikolosen Verzinsung dar. Beta dagegen bringt zum Ausdruck, um wie viele Prozentpunkte die Rendite des j-ten Finanztitels sich verändert, wenn die Marktrendite um einen Prozentpunkt variiert. Beobachtet man beispielsweise $\beta_{\text{HOECHST}} = 0{,}9100$, so besagt dies, daß bei einem Anstieg der Rendite des DAX um 0,5 Prozentpunkte eine Zunahme der Rendite der Hoechstaktie um $0{,}5 \cdot 0{,}9100 = 0{,}455$ Prozentpunkte stattgefunden hat.

Akzeptiert man das Capital Asset Pricing Model und will es für die Beurteilung riskanter Investitionen nutzen, so muß man die in die Risikoprämie einfließenden Parameter schätzen. Dabei ist selbstverständlich Fingerspitzengefühl gefragt. Risikoprämien lassen sich nicht einfach ausrechnen. Jedoch sagt uns das CAPM, an welche Leitlinien wir uns zu halten haben. Wir müssen die künftige Überrendite und den künftigen Beta-Faktor schätzen. Dabei ist es außerordentlich hilfreich, wenn wir uns an Beobachtungen orientieren können, die wir in der Vergangenheit gemacht haben. Es ist ähnlich, als müßte man für seine private Urlaubsplanung die Wassertemperatur in der Nordsee vor Sylt schätzen. Vernünftigerweise greift man bei solchen Prognosen auf entsprechende Daten vergangener Monate oder Jahre zurück. Aber auch noch so sorgfältige Erhebung und Auswertung dieser Daten bewahren einen nicht davor, bei der Prognose künftiger Wassertemperaturen mehr oder weniger weit von der Wirklichkeit abzuweichen.

- Für Deutschland beträgt die Überrendite etwa 6 %, wenn man den langfristigen Durchschnitt zugrunde legt.
- Die wenigsten Anwender sind dazu in der Lage, die historischen Beta-Faktoren selbst zu schätzen. Sie sind auf fremde Quellen angewiesen. Zahlreiche Beratungsfirmen und Investment-Banken verkaufen solche Schätzungen in sogenannten *Beta-Books*. Für die DAX-Werte findet man Betas auch in der Börsenzeitung und im Handelsblatt, vgl. Tabelle 23.

Tabelle 23. Betawerte und Korrelationen der DAX-Titel (Basis: 250 Tage) (Quelle: Deutsche Börse AG am 31.Mai 1999; im Handelsblatt vom 2. Juli 1999)

Titel	*Korrelation*	*Beta*	*Titel*	*Korrelation*	*Beta*
DAX	1,0000	1,0000			
Adidas-Salomon	0,4513	0,7000	Linde	0,4986	0,6900
Allianz	0,8122	1,1400	Lufthansa	0,6841	1,0400
BASF	0,6737	0,7500	MAN	0,5216	0,8000
Bayer	0,6256	0,7200	Mannesmann	0,6833	1,1800
BMW	0,6676	1,1200	Metro	0,5066	0,6400
Commerzbank	0,7669	0,9700	Münchener Rück	0,7543	1,1300
Daimler Chrysler	0,8027	1,0800	Preussag	0,5017	0,7000
Degussa	0,3118	0,4800	RWE	0,4762	0,7000
Deutsche Bank	0,7268	1,0600	SAP	0,6282	1,2500
Deutsche Telekom	0,6692	1,1300	Schering	0,5672	0,5900
Dresdener Bank	0,7077	1,1900	Siemens	0,6187	0,8900
Henkel	0,5441	0,8500	Thyssen	0,5845	0,7900
Hoechst	0,5994	0,9100	Veba	0,5617	0,7500
Hypo Vereinsbank	0,5738	1,0600	Viag	0,5740	0,7800
Karstadt	0,4622	0,6500	Volkswagen	0,7499	1,1700

Falls das Unternehmen, in dem die Wirtschaftlichkeitsrechnung vorgenommen werden soll, selbst nicht zu den börsennotierten Gesellschaften gehört, muß es auf sogenannte *Branchen-Betas* ausweichen.

Bevor wir darstellen, wie man die Betafaktoren bei der Beurteilung von Investitionsprojekten mit unsicheren Rückflüssen nutzen kann, wollen wir darauf eingehen, aus welchen Gründen sich die Aktien-Betas einzelner Firmen offensichtlich zum Teil stark voneinander unterscheiden. Im wesentlichen lassen sich hierfür drei Gründe nennen:

- *Konjunkturabhängigkeit:*
  Bei manchen Firmen sind die Gewinne sehr stark davon abhängig, in welcher konjunkturellen Phase sich die Volkswirtschaft gerade befindet. Während eines Booms geht es ihnen gut, während sie im Abschwung Gewinneinbrüche oder gar Verluste hinnehmen müssen. Das gilt besonders für High-Tech-Firmen und den Einzelhandel. Energieversorgungsfirmen und Verkehrsunternehmen sind dagegen von konjunkturellen Wechsellagen weniger stark betroffen. Sie haben tendenziell kleinere Aktien-Betas.
- *Operating Leverage (deutsch: Umsatzhebel):*
  Das ist eine Kennzahl, die zum Ausdruck bringt, wie der Erfolg vor Abzug von Zinsen und Steuern (englisch: earnings before interest and taxes, EBIT) sich

ändert, wenn der Umsatz variiert.[19] Man kann zeigen, daß der Operating Leverage um so größer ist, je höher der Anteil der fixen Kosten an den Gesamtkosten ist. Firmen mit großem Operating Leverage haben tendenziell hohe Aktien-Betas.

- *Financial Leverage (deutsch: Finanzierungshebel):*
  Je stärker ein Unternehmen sich verschuldet, um so höher sind die festen Zahlungen für die Bedienung des Fremdkapitals. Daraus folgt, daß die Aktionäre einer hoch verschuldeten Firma eine riskantere Position einnehmen als die Aktionäre eines nur mäßig verschuldeten Unternehmens. Das schlägt sich im Aktien-Beta eines verschuldeten Unternehmens nieder.

Zwischen dem Aktien-Beta (β_{EK}), dem Fremdkapital-Beta (β_{FK}) und dem sogenannten Asset-Beta (β_{Asset}) herrscht die Beziehung

$$\beta_{\text{Asset}} = \underbrace{\frac{\text{EK}}{\text{EK}+\text{FK}}}_{\text{Eigenkapitalquote}} \cdot \beta_{\text{EK}} + \underbrace{\frac{\text{FK}}{\text{EK}+\text{FK}}}_{\text{Fremdkapitalquote}} \cdot \beta_{\text{FK}} \,. \tag{20}$$

Von großer Bedeutung ist nun die Tatsache, daß man sich das Asset-Beta als einen Beta-Faktor für die Aktien des Unternehmens unter der Voraussetzung vorstellen kann, daß die Firma vollkommen eigenfinanziert ist. Empirisch ist es nun so, daß das Fremdkapital-Beta regelmäßig sehr klein ist. Unterstellt man, daß $\beta_{FK} = 0$ ist, so wird aus (20)

$$\beta_{\text{Asset}} = \underbrace{\frac{\text{EK}}{\text{EK}+\text{FK}}}_{\text{Eigenkapitalquote}} \cdot \beta_{\text{EK}} \qquad \Rightarrow \qquad \beta_{\text{EK}} = \beta_{\text{Asset}} \cdot \left(1 + \frac{\text{FK}}{\text{EK}}\right), \tag{21}$$

wobei β_{EK} das Aktien-Beta der verschuldeten Firma ist.

3.4.4.2 Eigenfinanzierte Investitionen

Um die Methodik des Rechnens mit risikoangepaßten Kapitalwerten zu veranschaulichen, betrachten wir zunächst den besonderen Fall einer vollkommen eigenfinanzierten Investition.

Beispiel 29:
Ein Unternehmen, das bisher ausschließlich in der Automobilbranche tätig war, plant eine Investition mit einer Anschaffungsauszahlung in Höhe von 10 Mio. DM, die in den kommenden fünf Jahren voraussichtlich gleichbleibende jährliche Cash-flows in Höhe von 3 Mio. DM abwerfen wird. Der risikolose Zinssatz beträgt gegenwärtig 4 %. Wer am Markt für riskante Kapitalanlagen investiert, kann im

---

[19] Die formale Definition dieser Elastizitätskennzahl lautet

$$\text{Operating Leverage} = \frac{\text{Erfolgsänderung}}{\text{Erfolg}} \cdot \frac{\text{Umsatz}}{\text{Umsatzänderung}} \,.$$

Durchschnitt mit einer Rendite in Höhe von 10 % rechnen. Das bisher beobachtete Aktien-Beta des Unternehmens beläuft sich auf $\beta_{EK} = 1{,}15$, wobei die Firma mit einer Fremdkapitalquote von 60 % arbeitete. Bei der Investition handelt es sich um die Errichtung eines Zweigwerkes, in dem Kraftfahrzeuge eines neuen Typs hergestellt werden sollen. Es ist beabsichtigt, das Zweigwerk vollständig mit Eigenkapital zu finanzieren.

Für die Ermittlung der risikoangepaßten Kapitalkosten ist dann auf das bisherige Aktien-Beta in Höhe von $\beta_{EK} = 1{,}15$ zurückzugreifen. Jedoch muß beachtet werden, daß diese Risikokennzahl nicht nur das reine *Geschäftsrisiko*, sondern auch noch das *Finanzierungsrisiko* enthält, welches mit der bisherigen Fremdkapitalquote von 60 % einherging. Um das für unsere Berechnung erforderliche Asset-Beta zu ermitteln, müssen wir gemäß Gleichung (21) das Aktien-Beta mit der Eigenkapitalquote multiplizieren,

$$\beta_{\text{Asset}} = \left(1 - \frac{\text{FK}}{\text{EK} + \text{FK}}\right) \cdot \beta_{\text{EK}} = (1 - 0{,}6) \cdot 1{,}15 = 0{,}46 \;.$$

Die Risikoprämie für die geplante (eigenfinanzierte) Automobilfabrik ergibt sich daher gemäß Gleichung (19), indem wir das Asset-Beta mit der Überrendite multiplizieren,

$$\text{Risikoprämie} = (\text{E}[\tilde{r}_m] - r_f) \cdot \beta_{\text{Asset}} = (0{,}10 - 0{,}04) \cdot 0{,}46 = 2{,}76\ \%.$$

Den risikoangepaßten Kalkulationszinssatz erhalten wir, wenn wir noch den risikolosen Zinssatz addieren,

$$k_{\text{Asset}} = r_f + \text{Risikoprämie} = 0{,}04 + 0{,}0276 = 6{,}76\ \%.$$

Daraus leitet man den Kapitalwert des Projekts mit

$$\begin{aligned} \text{NPV} &= -I_0 + \sum_{t=1}^{T} \text{E}[\widetilde{\text{CF}}_t] \cdot (1 + k_{\text{Asset}})^{-t} \\ &= -10 + 3 \cdot 1{,}0676^{-1} + \ldots + 3 \cdot 1{,}0676^{-5} = 2{,}38 \text{ Mio. DM} \end{aligned}$$

ab.

Beispiel 30:
Es gelten dieselben Bedingungen wie im Beispiel 29 mit folgender Variation: Das Unternehmen will sein angestammtes Geschäftsfeld mit der geplanten Investition verlassen und auf dem Markt für Telekommunikation tätig werden. Das Aktien-Beta eines Unternehmens, das ausschließlich auf diesem Markt agiert, wird mit $\beta_{EK} = 0{,}75$ veranschlagt, wobei dieses Unternehmen eine Eigenkapitalquote von 30 % realisiert, während die geplante Investition hundertprozentig eigenfinanziert werden soll.

Der einzige Unterschied zum vorigen Beispiel besteht darin, daß das Risiko der geplanten Investition demjenigen der Telekommunikationsbranche entspricht. Aus diesem Grunde dürfen wir uns nicht am bisherigen Firmen-Beta orientieren, weil das planende Unternehmen zur Zeit ausschließlich im Automobilgeschäft tätig ist. Wir errechnen das Asset-Beta mit

$$\beta_{\text{Asset}} = \frac{\text{EK}}{\text{EK}+\text{FK}} \cdot \beta_{\text{EK}} = 0{,}3 \cdot 0{,}75 = 0{,}225.$$

Der risikoangepaßte Kalkulationszinssatz fällt daher jetzt kleiner aus, weswegen wir einen größeren Kapitalwert erhalten,

$$\begin{aligned} k_{\text{Asset}} &= r_f + (\text{E}[\tilde{r}_m] - r_f) \cdot \beta_{\text{Asset}} \\ &= 0{,}04 + (0{,}10 - 0{,}04) \cdot 0{,}225 = 5{,}35\ \% \\ \text{NPV} &= -I_0 + \sum_{t=1}^{T} \text{E}[\widetilde{\text{CF}}_t] \cdot (1 + k_{\text{Asset}})^{-t} \\ &= -10 + 3 \cdot 1{,}0535^{-1} + \ldots + 3 \cdot 1{,}0535^{-5} = 2{,}86 \text{ Mio. DM}. \end{aligned}$$

3.4.4.3 *Gewichtete durchschnittliche Kapitalkosten*

In der Regel werden Investitionen nicht vollkommen mit Eigenkapital finanziert. Vielmehr wählen die Unternehmen fast immer eine Mischfinanzierung mit Eigen- und Fremdkapital. Die Diskontierung der künftigen Cash-flows erfolgt unter diesen Voraussetzungen zweckmäßigerweise mit gewichteten durchschnittlichen Kapitalkosten (englisch: weighted average cost of capital, WACC),

$$\text{WACC} = \frac{\text{EK}}{\text{EK}+\text{FK}} \cdot k_{\text{EK}} + \frac{\text{FK}}{\text{EK}+\text{FK}} \cdot k_{\text{FK}}.$$

Die Logik dieses Konzeptes leuchtet unmittelbar ein. Im Fall einer vollständigen Eigenfinanzierung geht die Fremdkapitalquote gegen null und die Eigenkapitalquote gegen eins, was auf durchschnittliche Kapitalkosten in Höhe von k_{EK} führt. Im entgegengesetzten Fall tendieren die durchschnittlichen Kapitalkosten dagegen zum Fremdkapitalkostensatz k_{FK}. Für den Eigenkapitalkostensatz pflegt man davon auszugehen, daß die CAPM-Gleichung gilt, also

$$k_{\text{EK}} = r_f + (\text{E}[\tilde{r}_m] - r_f) \cdot \beta_{\text{EK}}. \tag{22}$$

Muß man berücksichtigen, daß die Gewinne der Firmen besteuert werden, so ist die Tatsache von Bedeutung, daß Fremdkapitalzinsen regelmäßig steuermindernd geltend gemacht werden können. Daher ist mit einem Fremdkapitalkostensatz nach Unternehmenssteuern zu rechnen, und wir erhalten für die durchschnittlichen Kapitalkosten[20]

$$\text{WACC} = \frac{\text{EK}}{\text{EK}+\text{FK}} \cdot k_{\text{EK}} + \frac{\text{FK}}{\text{EK}+\text{FK}} \cdot k_{\text{FK}} \cdot (1 - s). \tag{23}$$

[20] Wenn man es genau nimmt, gilt dieses Resultat für die durchschnittlichen Kapitalkosten nur unter der Voraussetzung, daß man es mit Cash-flows in Form einer ewigen Rente zu tun hat.

Um zu veranschaulichen, wie man mit so einem Konzept praktisch umgeht, betrachten wir folgendes Beispiel.

Beispiel 31:
Die *KA-PE AG* betreibt eine Kaufhauskette. Sie ist mit Aktien und Anleihen finanziert. Beide Papiere werden an der Börse gehandelt. Der Marktwert der Anleihen liegt bei 60 Mio. DM, der Börsenwert der Aktien bei 140 Mio. DM. Das Unternehmen zahlt an die Anleihegläubiger Zinsen in Höhe von $k_{\mathrm{FK}} = 6{,}0\,\%$ und hat ein Aktien-Beta von $\beta_{\mathrm{EK}} = 1{,}35$. Der Gewinnsteuersatz des Unternehmens liegt bei $s = 60\,\%$. Der risikolose Zins beträgt $r_f = 6{,}0\,\%$, während die erwartete Marktrendite mit $\mathrm{E}[\tilde{r}_m] = 11{,}5\,\%$ veranschlagt wird.

Die Firmenleitung plant die Modernisierung eines Kaufhauses, wofür eine Investitionssumme von 100 Mio. DM angesetzt wird. Die erforderlichen Mittel sollen zu 20 % fremdfinanziert werden. Man berechne die gewichteten durchschnittlichen Kapitalkosten des Unternehmens für dieses Projekt. Die Planung geht davon aus, daß aufgrund dieser Maßnahme zusätzliche Cash-flows in Höhe von 25 Mio. DM (vor Abzug von Zinsen, aber nach Abzug von Steuern) erwirtschaftet werden können. Man ermittle anhand des Kapitalwerts, ob sich die Modernisierungsmaßnahme lohnt.

Um die durchschnittlichen Kapitalkosten des Unternehmens zu berechnen, benötigen wir die Fremdkapitalkosten nach Steuern, die Eigenkapitalkosten sowie die relativen Kapitalanteile. Für die Fremdkapitalkosten nach Steuern erhalten wir

$$k_{\mathrm{FK}} \cdot (1 - s) = 0{,}06 \cdot (1 - 0{,}6) = 2{,}4\,\%.$$

Hinsichtlich der Eigenkapitalkosten ist zu bedenken, daß die Unternehmensleitung sich vorgenommen hat, die Modernisierung des Kaufhauses anders zu finanzieren als es der bisher gewählten Kapitalstruktur entspricht. Infolgedessen kann man nicht einfach auf das beobachtete Aktien-Beta zurückgreifen.

Vielmehr muß man in einem ersten Schritt die Eigenkapitalkosten unter der Fiktion vollständiger Eigenfinanzierung ermitteln und anschließend in einem zweiten Schritt den Einfluß der geplanten Kapitalstruktur auf die Eigenkapitalkosten berücksichtigen. Unter den im Beispiel geltenden Voraussetzungen bedient man sich dabei der sogenannten *Modigliani-Miller*-Anpassung[21],

$$\mathrm{WACC} = k_{EK}^{u} \cdot \left(1 - s \cdot \frac{\mathrm{FK}}{\mathrm{EK} + \mathrm{FK}}\right).$$

Um die nicht beobachtbaren Eigenkapitalkosten im Falle der reinen Eigenfinanzierung k_{EK}^{u} zu berechnen, benötigen wir zunächst die durchschnittlichen Kapitalkosten im Falle der bislang verwirklichten Kapitalstruktur. Die Eigenkapitalkosten unter den Bedingungen der bisherigen Verschuldungspolitik berechnen wir unter Rückgriff auf Gleichung (22) mit

[21] Zur Herleitung dieser „Lehrbuchformel“ vgl. Kruschwitz 1998, S. 316 ff., insb. S. 321.

$$k_{EK} = 0{,}06 + (0{,}0115 - 0{,}06) \cdot 1{,}35 = 13{,}43\ \%$$

Daraus ergeben sich nach Gleichung (23) bei unveränderter Verschuldungspolitik durchschnittliche Kapitalkosten in Höhe von

$$WACC_{alt} = \frac{140}{140+60} \cdot 0{,}1343 + \frac{60}{140+60} \cdot 0{,}024 = 10{,}12\ \%\,.$$

Einsetzen dieses Resultats in Gleichung (24) und Auflösen nach den Eigenkapitalkosten bei reiner Eigenfinanzierung führt auf

$$k_{EK}^{u} = \frac{WACC}{1 - s \cdot \frac{FK}{EK + FK}} = \frac{0{,}1012}{1 - 0{,}6 \cdot \frac{60}{140 + 60}} = 12{,}34\ \%\,.$$

Nun können wir unter erneuter Verwendung von Gleichung (24) und unter Rückgriff auf die geplante Fremdkapitalquote von 20 % direkt auf die neuen durchschnittlichen Kapitalkosten schließen. Wir erhalten

$$WACC_{neu} = 0{,}1234 \cdot (1 - 0{,}6 \cdot 0{,}2) = 10{,}86\ \%.$$

Die Modernisierung des Kaufhauses erweist sich nicht als lohnend, denn der Kapitalwert des Projekts ist negativ,

$$\begin{aligned} NPV &= -I_0 + \sum_{t=1}^{\infty} E[CF] \cdot (1-s) \cdot (1 + WACC)^{-t} \\ &= -I_0 + \frac{E[CF] \cdot (1-s)}{WACC} \\ &= -100 + \frac{25 \cdot (1 - 0{,}6)}{0{,}1086} = -7{,}90 \text{ Mio. DM}\,. \end{aligned}$$

Die Firmenleitung sollte den Plan nicht weiter verfolgen.

Literaturverzeichnis

Blohm, H. / Lüder, K. [1995]: Investition - Schwachstellen im Investitionsbereich des Industriebetriebes und Wege zu ihrer Beseitigung; 8. Aufl., München 1995.

Brealey, R. A. / Myers, S. C. [1996]: Principles of Corporate Finance; 5th ed., New York 1996.

Dean, J. [1969]: Capital Budgeting - Top-Management Policy on Plant, Equipment and Product Development; 8th printing, New York / London 1969.

Fischer, E. O. [1996]: Finanzwirtschaft für Anfänger; 2. Aufl., München / Wien 1996.

Franke, G. / Hax, H. [1999]: Finanzwirtschaft des Unternehmens und Kapitalmarkt; 4. Aufl., Berlin 1999.

Götze, U. / Bloech, J. [1995]: Investitionsrechnung - Modelle und Analysen zur Beurteilung von Investitionsvorhaben; 2. Aufl., Berlin 1995.

Hax, H. [1985]: Investitionstheorie; 5. Aufl., Würzburg / Wien 1985.

Kruschwitz, L. [1999]: Finanzierung und Investition; 2. Aufl., München / Wien 1999.

Kruschwitz, L. [1995]: Finanzmathematik - Lehrbuch der Zins-, Renten-, Tilgungs-, Kurs- und Renditerechnung; 2. Aufl., München 1995.

Kruschwitz, L. [1998]: Investitionsrechnung; 7. Aufl., München / Wien 1995.

Kruschwitz, L. / Fischer, J. [1978]: Konflikte zwischen Endwert- und Entnahmemaximierung; in: Zeitschrift für betriebswirtschaftliche Forschung, 1978, S. 752–782.

Kruschwitz, L. / Fischer, J. [1980]: Die Planung des Kapitalbudgets mit Hilfe von Kapitalnachfrage- und Kapitalangebotskurven; in: Zeitschrift für betriebswirtschaftliche Forschung, 1980, S. 393–418.

Kruschwitz, L. / Schöbel, R. [1987]: Die Beurteilung riskanter Investitionen und das Capital Asset Pricing Model (CAPM); in: Wirtschaftswissenschaftliches Studium, 1987, S. 67–72.

Mellwig, W. [1985]: Investition und Besteuerung - Ein Lehrbuch zum Einfluß der Steuern auf die Investitionsentscheidung; Wiesbaden 1985.

Perridon, L. / Steiner, M. [1997]: Finanzwirtschaft der Unternehmung; 9. Aufl., München 1997.

Ross, S. A. / Westerfield, R. W. / Jaffe, J. F. [1996]: Corporate Finance; 4th ed., Chicago 1996.

Schneider, D. [1992]: Investition, Finanzierung und Besteuerung; 7. Aufl., Wiesbaden 1992.

Spremann, K. [1996]: Wirtschaft, Investition und Finanzierung; 5. Aufl., München / Wien 1996.

Wagner, F. W. / Dirrigl, H. [1980]: Die Steuerplanung der Unternehmung; Stuttgart / New York 1980.

Zimmermann, P. [1997]: Schätzung und Prognose von Betawerten - Eine Untersuchung am deutschen Aktienmarkt; Bad Soden/Ts 1997.

Übungsaufgaben

1. Was versteht man unter Investitionseinzelentscheidungen, was unter Investitionsprogrammentscheidungen?
2. Worin unterscheiden sich statische von dynamischen Wirtschaftlichkeitsrechnungen?
3. Wie groß ist der Abzinsungsfaktor bei einem Zinssatz von 7,25 % und einer Laufzeit von 6 Jahren? Interpretieren Sie diese Zahl als Preis.
4. Welche Informationen müssen bekannt sein, wenn man den Kapitalwert einer Investition ermitteln will?
5. Deuten Sie den Barwert der künftigen Rückflüsse einer Investition als Preis. Erklären Sie, inwiefern sich hinter der Kapitalwertmethode ein Preisvergleich verbirgt.
6. Entwerfen Sie ein Zahlenbeispiel, mit dem sich folgendes beweisen läßt: „Die Kapitalwertmethode beruht auf der Annahme, daß man zu ein und demselben Zinssatz Geld anlegen und Kredit aufnehmen kann."
7. Berechnen Sie den internen Zinssatz eines Projekts mit der Zahlungsreihe

   -100 40 60 80

   und prüfen Sie, ob sich diese Investition bei einem Kalkulationszinssatz von 10 % als vorteilhaft erweist.
8. Diskutieren Sie die Brauchbarkeit der Methode des internen Zinssatzes, indem Sie auf Wahlentscheidungen und Programmentscheidungen eingehen.
9. Ermitteln Sie den effektiven Gewerbeertragsteuersatz bei einem Hebesatz von 430 %.
10. Berechnen Sie den integrierten Gewinnsteuersatz eines Unternehmers mit einem Einkommensteuersatz von 50 % und einem Kirchensteuersatz von 9 %, wenn der Hebesatz der Gewerbeertragsteuer mit 385 % zu veranschlagen ist.
11. Warum rechnet man im Rahmen des Standardmodells der Investitionsrechnung mit einem „versteuerten Kalkulationszinssatz"?

12. Begründen Sie, warum man bei Nichtberücksichtigung der Steuern Investitionsfehlentscheidungen treffen kann. Gehen Sie dabei davon aus, daß die Bemessungsgrundlage der Steuer der Gewinn/Verlust (= Cash-flow – Abschreibung ± Zinsen) ist.

13. Bei reinen Finanzinvestitionen gibt es kein „Tax Shield". Unter welcher Voraussetzung kann man das auch von einer Sachinvestition sagen?

14. Beschreiben Sie den Zweck der Sensitivitätsanalyse. Diskutieren Sie kritisch, warum sie sich nur dann eignet, wenn wenige Einflußgrößen auf die Investitionsentscheidung unsicher sind.

15. Aus welchem Grunde ist die dynamische Amortisationsdauer immer länger als ihr statisches Pendant?

16. Gehen Sie auf die Problematik der Festlegung von kritischen Amortisationsdauern ein.

17. Welche Informationen benötigt man, um bezüglich eines Investitionsprojektes eine Risikoanalyse mit Hilfe von Simulationsexperimenten durchführen zu können? Beschreiben Sie die einzelnen Schritte der Risikoanalyse, wenn man sich für Erwartungswert und Streuung des internen Zinssatzes einer Investition interessiert.

18. Um die erwarteten Cash-flows einer Investition diskontieren zu können, braucht man eine angemessene Risikoprämie. Von welchen Faktoren hängt eine solche Prämie ab, wenn man sich an die Leitlinien des Capital Asset Pricing Models hält?

19. Was versteht man unter Aktien-Beta, was unter Asset-Beta? Welcher funktionale Zusammenhang besteht zwischen beiden Größen, wenn man unterstellt, daß das Beta des Fremdkapitals vernachlässigt werden kann?

20. Beschreiben Sie, was sich hinter dem Kürzel WACC verbirgt und wie man diese Größe zum Zwecke der Beurteilung einer riskanten Investition bestimmt.

4 Kundenbezogene Informationsgewinnung

Rolf Weiber · Frank Jacob

Abbildungsverzeichnis

Tabellenverzeichnis

4.1 Informationen und Informationsströme im Business-to-Business-Marketing

Ein allgemeines Charakteristikum von Transaktionsprozessen zwischen Anbietern und Nachfragern ist darin zu sehen, daß die Transaktionspartner einer Unsicherheitssituation ausgesetzt sind, die aus der zeitlichen Diskrepanz zwischen Angebot und Nachfrage, der Unsicherheit über den Eintritt von Umweltzuständen (exogene Unsicherheiten) sowie dem Verhalten der Marktteilnehmer (endogene Unsicherheiten) resultiert.[1] Verhaltensunsicherheiten ergeben sich dabei vor allem aus der Tatsache, daß in der Realität Informationen nur unvollkommen, nicht kostenlos und auch nicht gleichverteilt sind.[2] Die ungleiche Verteilung von Informationen auf Anbieter- und Nachfragerseite führt zur Existenz sog. Informationsasymmetrien, durch die solche Situationen gekennzeichnet sind, in denen einer der Transaktionspartner relativ besser informiert ist als der andere.[3] Dabei kann grundsätzlich sowohl die anbietende als auch die nachfragende Partei über ein höheres Informationsniveau verfügen.

4.1.1 Bedeutung der Informationsgewinnung für die Erzielung von Kundenvorteilen

Aus Marketingsicht ist entscheidend, daß ein Anbieter über mehr und bessere Informationen über die Nachfragerseite verfügt als die Konkurrenz, um so erfolgreichere Leistungsangebote offerieren zu können. Vor diesem Hintergrund ist für die Erzielung von Wettbewerbsvorteilen ein im Vergleich zur relevanten Konkurrenz höherer Informationsstand eines Anbieters sowie dessen Fähigkeit einer besseren Informationsübermittlung bezüglich seines Leistungsangebotes an die Nachfragerseite von entscheidender Bedeutung. Dem Marketing kommt in diesem Sinne eine Informationsgewinnungs- und eine Informationsübertragungsfunktion zu.[4] Erstere betrifft die Identifikation der Marktgegebenheiten sowie -erfordernisse und zweitere die Gestaltung sowie Steuerung des betrieblichen Leistungssystems zur Erfüllung der Markterfordernisse. Während die genaue Kenntnis der Kundenanforderungen die Effektivität unternehmerischer Aktivitäten bestimmt, wird mit der Steuerung des betrieblichen Leistungssystems die Effizienz der unternehmerischen Aktivitäten festgelegt.[5]

---

[1] Vgl. Hirshleifer 1973, S. 33ff., sowie Hopf 1983, S. 313.

[2] Vgl. Akerlof 1970, S. 489 ff.

[3] Vgl. Akerlof 1970, S. 490 ff., sowie Adler 1994, S. 40 ff.; Spremann 1990, S. 562.

[4] *Kaas* spricht in diesem Zusammenhang von der Leistungsfindungs- und der Leistungsbegründungsaufgabe des Marketing. Vgl. Kaas, 1990, S. 540 f.

[5] Vgl. Weiber 1995, S. 18 ff., sowie das Kapitel „Grundkonzeption des industriellen Marketing-Managements“.

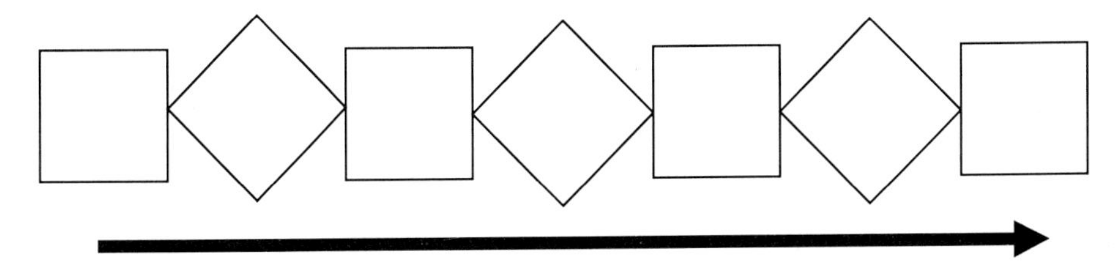

Abb. 1. Der Transformationsprozeß bei der Informationsgewinnung (Quelle: Jacob 1995, S. 82)

Im Rahmen der Informationsgewinnungsfunktion ist es Aufgabe des Marketing, Erkenntnisse über die Kunden-, Konkurrenz- und Umweltsituation zu gewinnen, um daraus ein „maßgeschneidertes" Leistungsangebot für die Nachfragerseite abzuleiten. Erst dann, wenn es einem Anbieter gelingt, mehr und bessere Informationen über die Nachfragerseite zu besitzen als die Konkurrenz, ist die Grundlage zur Schaffung von Wettbewerbsvorteilen gegeben. Die Informationsgewinnung stellt damit eine zentrale Erfolgsdeterminante des Marketing dar, da bekanntlich „garbage in" zu „garbage out" führen muß.

Im folgenden verstehen wir mit *Wittmann* unter Informationen Wissen, „das zur Erreichung eines Zweckes, nämlich einer möglichst vollkommenen Disposition, eingesetzt wird."[6] Diese Definition ermöglicht eine Abgrenzung des Begriffs Informationen von den Begriffen Daten und Wissen. Ausgangspunkt sind zunächst die Zustände der Wirklichkeit. Werden diese abgebildet, so wird das Ergebnis als Daten bezeichnet.[7] Wissen entsteht dann, wenn diese Daten gespeichert werden. Informationen schließlich resultieren aus solchem Wissen, das zweckorientiert eingesetzt wird. Abbildung 1 verdeutlicht den Transformationsablauf.

Die Zweckgebundenheit von Informationen wird im folgenden auf die konkrete Entscheidungssituation der Schaffung von Wettbewerbsvorteilen bezogen. Die relevante Fragestellung lautet somit: „Welche Informationen sind zur Erzielung von Wettbewerbsvorteilen erforderlich?" Beachtet man, daß sich ein Wettbewerbsvorteil immer aus zwei Komponenten zusammensetzt, nämlich dem Kundenvorteil und dem Anbietervorteil,[8] so können auch die erforderlichen Informationsgewinnungsmaßnahmen nach diesen beiden Aspekten unterschieden werden:

---

[6] Wittmann 1959, S. 14. Informationen stellen damit entscheidungsrelevantes Wissen dar und werden in diesem Sinne auch verstanden von Erichson/Hammann 1991, S. 187; Heinrich 1992, S. 7; Mag 1977, S. 5, und Szypersky 1980, Sp. 904.

[7] Vgl. Heinrich 1992, S. 175.

[8] Vgl. hierzu das Kapitel „Grundkonzeption des Marketing".

1. Informationsgewinnung zur Sicherstellung des Anbietervorteils:
   Ein Anbietervorteil ist dann gegeben, wenn die Vermarktung eines Leistungsangebots auch langfristig die eigene Überlebens- und Entwicklungsfähigkeit unterstützt. Der Anbietervorteil spiegelt damit die Effizienz unternehmerischer Aktivitäten wider, die durch die Relation von bewertetem Output zu bewertetem Input gemessen wird.
2. Informationsgewinnung zur Sicherstellung des Kundenvorteils:
   Ein Kundenvorteil liegt dann vor, wenn das eigene Angebot vom Nachfrager als den Angeboten der Wettbewerber überlegen wahrgenommen wird. Der Kundenvorteil spiegelt damit die Effektivität unternehmerischer Aktivitäten wider, die daran gemessen wird, inwieweit ein Unternehmen mit seinen Leistungsangeboten den Erwartungen und Ansprüchen seiner Kunden gerecht werden kann.

Im folgenden konzentrieren sich die Betrachtungen auf die Informationsgewinnung zur Steuerung des Kundenvorteils.[9]

4.1.2 Informationsströme im Business-to-Business-Marketing

Planvolles Handeln stellt eine wesentliche Voraussetzung für auf Dauer erzielbare Unternehmenserfolge dar.[10] Vor diesem Hintergrund erfordert auch die Schaffung und dauerhafte Sicherstellung von Kundenvorteilen eine planvolle Vorgehensweise, die ihrerseits Informationen voraussetzt, die zur Vorbereitung zielorientierter Handlungen dienen. Dabei ist zu beachten, daß sich die Planung von Kundenvorteilen im Business-to-Business-Marketing auf zwei Ebenen vollzieht: Auf der Ebene des Leistungspotentials sind solche Informationen erforderlich, die unabhängig vom konkreten Bedarfsfall eine effektive Gestaltung der Bereitstellungsleistungen erlauben, während auf der Ebene des Leistungserstellungsprozesses unmittelbar mit dem einzelnen Kunden verknüpfte Informationen benötigt werden.[11] Beide Planungsebenen sind also mit unterschiedlichen Informationsströmen verbunden (vgl. auch Abb. 2), die sich wie folgt differenzieren lassen[12]:

---

[9] Das Instrumentarium zur Steuerung des Anbietervorteils wird im Kapitel „Analyse der Erfolgsquellen" vorgestellt. Vgl. auch Kleinaltenkamp 1999.

[10] Vgl. Adam 1993, S. 3.

[11] Vgl. zu dieser Differenzierung auch Kleinaltenkamp 1993a, S. 108 f., sowie das Kapitel „Einführung in das Business-to-Business Marketing".

[12] Vgl. dazu ausführlich Kleinaltenkamp/Haase 1997.

1. Potentialinformationen

Über der Gestaltung seines Leistungspotentials legt ein Anbieter fest, mit welchen grundsätzlichen Mitteln er übergreifende Märkte bzw. Marktsegmente – in jedem Fall aber größere Gruppen von Nachfragern – bedienen möchte. Die Festlegung des Leistungspotentials erfolgt i.d.R. mittel- bis langfristig. Die zum Aufbau von Leistungspotentialen erforderlichen Informationen werden im weiteren als Potentialinformationen bezeichnet und sind auf die Gestaltung autonomer, d.h. von der konkreten Transaktionssituation unbeeinflußter Leistungen gerichtet. Ausgangspunkt des Informationsstroms zur autonomen Leistungsgestaltung sind komplette Märkte bzw. Marktsegmente. Da die Leistungspotentialgestaltung einen eher langfristigen Charakter aufweist, ist auch die Gewinnung entsprechender Informationen längerfristig ausgerichtet und hat i.d.R. Projektcharakter.

Beispiel:
Herr Farnt ist Produktmanager für die Humboldt GmbH, einem mittelständischen Hersteller von Produkten der Interface-Technik, also Steckverbindungen für Leitungen und Kabel. Im einzelnen ist er für das Geschäftsfeld „Anwendungen in der industriellen Automatisierung" zuständig. Für diesen Bereich ist zu erwarten, daß sich in der näheren Zukunft ein sogenannter Bus-Standard als allgemeiner Branchenstandard durchsetzen wird. Um diese Position konkurrieren u.a. die Systeme *Profibus*, *Interbus-C/S* und *Feldbus - M1*, die jeweils von unterschiedlichen Herstellern unterstützt werden. Wenn Herr Farnt in seinem Geschäftsfeld weiterhin erfolgreich sein will, so muß er frühzeitig dafür sorgen, daß seine Produkte dem Standard entsprechen, der sich letztendlich durchsetzen wird. Er benötigt also sehr frühzeitig und sehr aktuell alle Informationen, die einen Vorsprung oder Rückstand des einen oder anderen Systems im Hinblick auf den Kampf um den Marktstandard erkennen lassen.

2. Externe Prozeßinformationen

Bezieht sich die Vermarktung hingegen nicht auf anonyme Märkte, sondern auf den einzelnen Kundenauftrag, so ist mit der Gestaltung des Leistungspotentials noch keine vollständige Festlegung der Leistungen und Produkte erfolgt. Die endgültige Festlegung der Austauschleistung vollzieht sich in diesem Fall vielmehr – beispielsweise in Form einer Projektierung, einer Konfigurierung oder eines Application-Engineering – erst im Verlauf der konkreten Einzeltransaktion. Der Leistungserstellungsprozeß ist durch die Besonderheit der Customer Integration gekennzeichnet.[13] In diesen Fällen wird folglich auch der Kundenvorteil wesentlich durch die Customer Integration determiniert. Die damit in der konkreten Kundentransaktion erforderlichen Informationen werden im folgenden als externe Prozeßinformationen[14] bezeichnet und sind auf die Gestaltung des

---

[13] Vgl. Jacob 1995, S. 47 ff.

[14] Neben externen Prozeßinformationen existieren auch interne Prozeßinformationen. Diese dienen ebenfalls der Steuerung des Leistungserstellungsprozesse, gehen jedoch nicht von ex-

integrativen Leistungserstellungsprozesses gerichtet. Dieser ist durch hohe kundenspezifische Informationserfordernisse gekennzeichnet ist. Ausgangspunkt des Informationsstroms zur integrativen Leistungsgestaltung sind somit immer einzelne Nachfrager. Weil Customer Integration i.d.R. für jeden einzelnen Akquisitions- bzw. Transaktionsfall relevant ist, hat sie in erster Linie einen operativen und damit auch kurzfristigen Charakter.

Beispiel:
Herr Schnitka ist Vertriebsingenieur und Außendienstmitarbeiter für die *Humboldt GmbH.* Zur Zeit akquiriert Herr Schnitka ein Projekt der *Stadtwerke Bielfeld,* die über den *TEMEX*-Dienst der *Deutschen Telekom* ein System der Meldesignalübertragung einrichten möchten. Ein solches System würde beispielsweise die Übertragung von Störmeldungen, Alarmsignalen oder Steuerbefehlen zwischen einer zentralgen Leitstelle und dezentralgen Meldeorten erlauben. Die *Humboldt GmbH* will die Interface-Technik für dieses Projekt liefern. Wenn *Herr Schnitka* bei dieser Akquisition erfolgreich sein will, so benötigt er Informationen über das Ausmaß des Projektes, über die bisher vorhandene Infrastruktur der Stadtwerke, über die Leistungen und Struktur der Lieferanten anderer Systemkomponenten, über die am Kaufprozeß beteiligten Personen auf der Seite des Nachfragers, über im konkreten Fall relevanten Wettbewerber u.ä.

Abbildung 2 verdeutlicht die Unterschiede und Zusammenhänge graphisch.

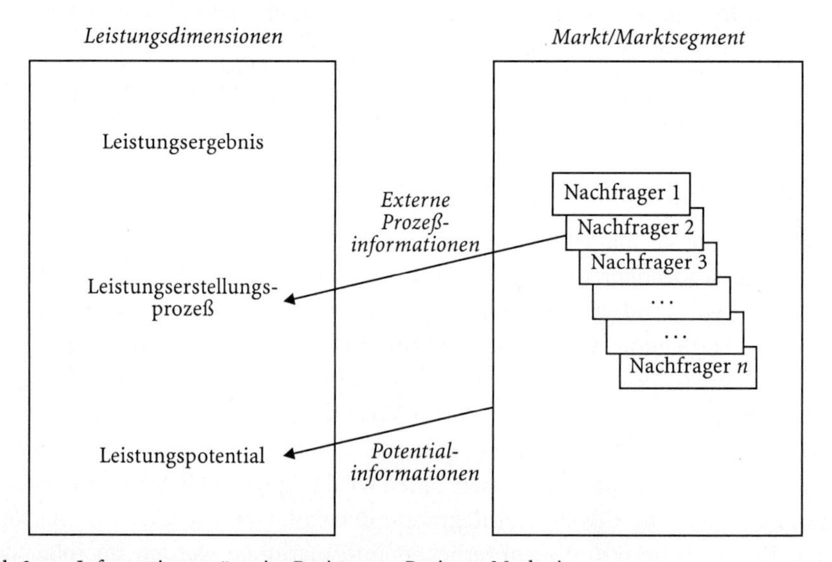

Abb. 2. Informationsströme im Business-to-Business-Marketing

ternen sondern ausschließlich von internen Quellen aus. Sie sind daher nicht Gegenstand des vorliegenden Kapitels. Vgl. Kleinaltenkamp/Haase 1998.

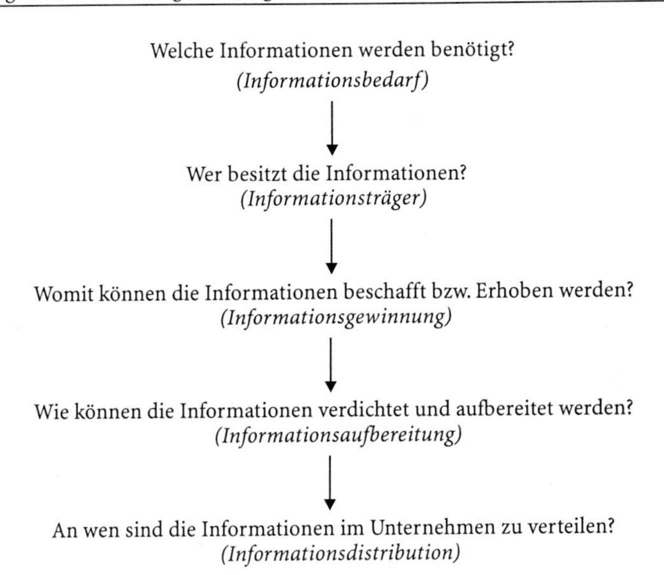

Abb. 3. Grundsatzfragen der Informationsbereitstellung

Allerdings gilt es zu beachten, daß externe Prozeßinformationen nach Abschluß eines konkreten Transaktionsprozesses grundsätzlich zumindest in Teilen zu Potentialinformationen werden können. Entscheidend dafür, ob Informationsgewinnungsaktivitäten dem Bereich der Potential- oder der externen Prozeßinformationen zuzurechnen sind, ist der Informationszweck. Erfolgt die Informationsgewinnung mit dem primären Ziel, einen besseren Informationsstand in einer konkreten Einzeltransaktion zu erreichen, so sprechen wir im folgenden von externen Prozeßinformationen. Potentialinformationen liegen dann vor, wenn das primäre Ziel der Informationsnutzung auf mehrere Nachfrager ausgerichtet ist. Vor diesem Hintergrund ist etwa die Informationsübernahme nach Beendigung einer Einzeltransaktion in ein Marketing-Informationssystem den Potentialinformationen zuzurechnen, während der Prozeß der Informationsgewinnung im Verlauf der konkreten Einzeltransaktion den externen Prozeßinformationen zuzuordnen wäre. In beiden Fällen müssen aber fünf Grundsatzfragen beantwortet werden, die in Abb. 3 zusammenfassend dargestellt sind:

Dabei bilden die ersten drei Fragen den Bereich der Informationsgewinnung, während die beiden letzten Fragen die Informationsaufbereitung und die Informationsdistribution betreffen. Obwohl diese grundsätzlich abzuklärenden Fragen für Potential- und externe Prozeßinformationen gleichermaßen von Bedeutung sind, unterscheiden sie sich doch im Hinblick auf das im einzelnen zur Anwendung kommende Instrumentarium. Von jetzt an konzentrieren sich die Betrachtungen auf die Informationsgewinnung bei Potentialinformationen (Abschnitt 4.2) und bei externe Prozeßinformationen (Abschnitt 4.3). Anschließend wird aufgezeigt, welches Instrumentarium bei der Transformation von externe Prozeß- in Potentialinformationen von Bedeutung ist (Abschnitt 4.4). Die Fragen der Informationsaufbereitung und -distribution stehen hier nicht im Vordergrund der Analyse und werden deshalb abschließend nur kurz behandelt (Abschnitt 4.5).

4.2 Gewinnung von Potentialinformationen

Zur Systematisierung des Informationsbedarfs im Business-to-Business-Marketing kann auf das Marketing-Dreieck zurückgegriffen werden, da es die Marktakteure – Nachfrager, eigenes Unternehmen, Konkurrenz – ins Verhältnis setzt und auch die Umwelt umfaßt. Da sich alle Marketing-Aktivitäten innerhalb dieses so definierten Feldes vollziehen, muß ein Unternehmen zur Planung seiner Marketing-Maßnahmen zunächst entsprechende Informationen gewinnen und diese dann zweckorientiert aufbereiten. Dabei stehen zur Aufbereitung der Informationen je nach Zielsetzung unterschiedliche Instrumentarien zur Verfügung, die im Hinblick auf die Nachfragersituation im Rahmen der Nachfrageranalyse,[15] im Hinblick auf die eigene Unternehmenssituation im Rahmen der Erfolgsquellenanalyse,[16] im Hinblick auf die Konkurrenzsituation im Rahmen der Konkurrenzanalyse und im Hinblick auf die Umweltsituation im Rahmen der Umweltanalyse[17] im Vordergrund der Betrachtungen stehen. Demgegenüber ist das grundsätzliche Instrumentarium der Informationsgewinnung bei den einzelnen Analysefeldern in weiten Teilen identisch und wird deshalb hier auch gemeinsam behandelt. Eine Differenzierung des Informationsgewinnungsinstrumentariums ist lediglich bezüglich der Zweckorientierung erforderlich, die im Hinblick auf die Erzielung von Kundenvorteilen – wie bereits dargelegt – in der Unterscheidung nach Potential- und externen Prozeßinformationen zu sehen ist. Potentialinformationen sind dabei wie folgt definiert[18]:

> **Definition 1.** *Potentialinformationen*
> Potentialinformationen umfassen alle Informationen, die zum Aufbau von Leistungspotentialen zur Steuerung autonomer Leistungsangebote im Hinblick auf die Erzielung von Kundenvorteilen von Bedeutung sind.

---

[15] Vgl. Kapitel „Industrielles Kaufverhalten".

[16] Vgl. Kapitel „Analyse der Erfolgsquellen".

[17] Vgl. Kleinaltenkamp 1999.

[18] Vgl. ausführlich Kleinaltenkamp/Haase 1997.

Die Definition macht deutlich, daß bei Potentialinformationen die Zweckorientierung auf den Kundenvorteil bei einer bestimmten Handlungsebene gerichtet ist. Die Handlungsebene betrifft das Marketing auf anonymen Märkten, bei dem der Anbieter autonom, d.h. allein auf der Basis seiner eigenen Dispositionen, sein Leistungsangebot erstellt. Durch die Betonung des Kundenvorteils wird herausgestellt, daß die Informationsgewinnung insbesondere in den Bereichen Nachfrager-, Konkurrenz- und Umweltsituation Probleme bereitet und weniger im Bereich der Unternehmenssituation. Weiterhin ist die Ressourcensituation eines Unternehmens als zentrale Bestimmungsdeterminante des Anbietervorteils zu sehen und erst in zweiter Linie für den Kundenvorteil von Bedeutung. Damit wird auch deutlich, daß Potentialinformationen gemäß obiger Definition nicht mit dem Informationsbedarf im Rahmen der Analyse von Erfolgsquellen gleichzusetzen sind, da dort die Zweckorientierung in der Schaffung von Anbietervorteilen zu sehen ist.

Im folgenden wird der in Abb. 4 dargestellte Prozeß der Bereitstellung von Potentialinformationen erläutert.[19] Ausgangspunkt bildet dabei die genaue Definition des Untersuchungsproblems in einer konkreten Entscheidungssituation, aus der sich der Informationsbedarf (relevante Daten) ableiten läßt. Nach der Bestimmung des Informationsbedarfs ist zu prüfen, welche Informationen den Entscheidungsträgern bereits zur Verfügung stehen und welche noch gewonnen werden müssen. Die Differenz zwischen verfügbaren und noch zu gewinnenden Informationen bildet das ‚Information gap'. Dieses Informations gap gilt es zu schließen, wobei entweder im Rahmen einer sog. Sekundärforschung Informationen durch Rückgriff auf anderweitig bereits vorhandene Informationsquellen zu beschaffen sind oder aber im Rahmen einer sog. Primärforschung Informationen durch eine eigens auf die Problemdefinition abgestellte Erhebungskonzeption (Primärforschung) erhoben werden müssen. Im Fall der Primärforschung sind insbesondere vier Teilfragen abzuklären, die sich auf den Erhebungsumfang, die Erhebungsinhalte, die Erhebungsinstrumente und die Erhebungstechnik beziehen. Sekundär- und Primärforschung liefern dann gemeinsam den verfügbaren Datenpool, der alle zur Lösung des Entscheidungsproblems erforderlichen Daten umfaßt bzw. umfassen sollte. Damit ist die Phase der Informationsgewinnung abgeschlossen. Im nächsten Schritt gilt es, die zur Lösung des Entscheidungsproblems erforderlichen Informationen in geeigneter Form aufzubereiten. Die Informationsaufbereitung erfolgt im Rahmen der Datenauswertung und kann, je nach Definition des Entscheidungsproblems, in der reinen

[19] Der in Abb. 4 dargestellte Prozeß spiegelt den typischen Ablauf von Marktforschungsuntersuchungen wider. Allerdings existiert nur wenig Spezialliteratur zur Business-to-Business-Marktforschung bzw. Investitionsgütermarktforschung. Verwiesen sei hier auf: Cox 1979; Eisenhofer 1988; Grün/Wolfrum 1994, S. 182 ff.; Langer/Sand 1983; Hammann 1977, S. 87 ff.; Meyer/Fischer 1975; Muchna 1984, S. 195 ff.; Strothmann 1977, S. 1192 ff.

Deskription des Datenmaterials, einer Exploration des Datenmaterials und/oder in der Prüfung konkreter Untersuchungshypothesen liegen. Die Informationsaufbereitung liefert im Ergebnis die gewünschten entscheidungsrelevanten Informationen, die im Rahmen der Informationsdistribution den jeweiligen Entscheidungsträgern zur Verfügung zu stellen sind. Zunächst konzentrieren sich die Betrachtungen jedoch nur auf den Bereich der Informationsgewinnung.

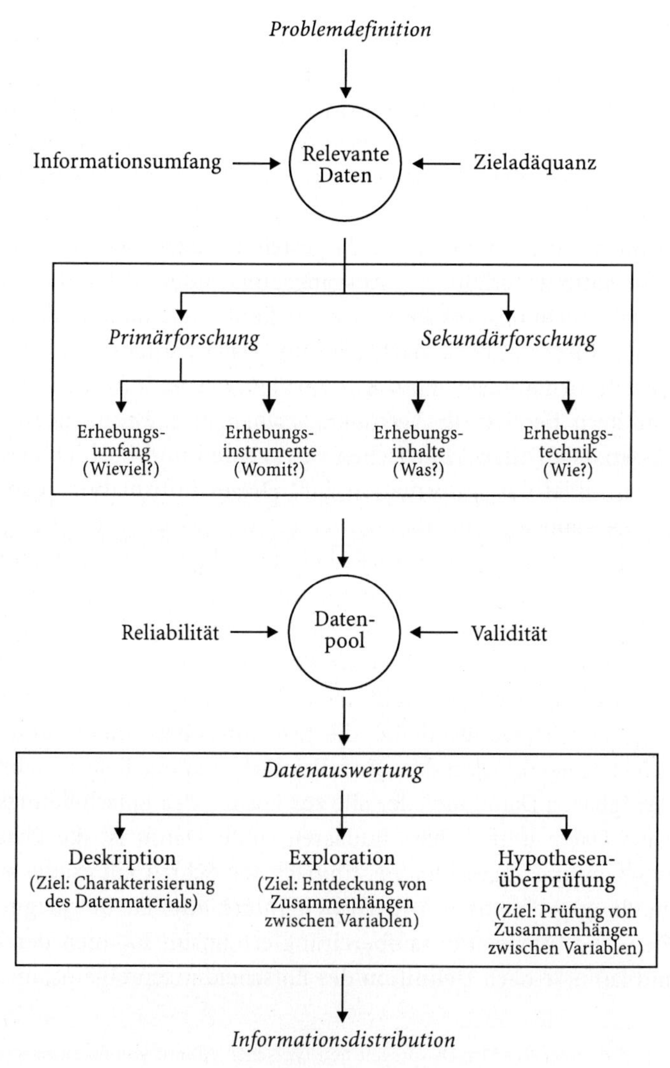

Abb. 4. Ablaufschritte und Inhalte des Informationsbereitstellungsprozesses

4.2.1 Bestimmung des Informationsbedarfs

Ausgangspunkt der Informationsgewinnung bildet die Formulierung der Entscheidungssituation. Erst aus der genauen Definition des Entscheidungsproblems läßt sich der konkrete Informationsbedarf ableiten. Der Informationsbedarf umfaßt dabei die Gesamtheit aller Informationen, die zur Lösung eines konkreten Entscheidungsproblems erforderlich ist. Allerdings ist zu berücksichtigen, daß die Befriedigung des Informationsbedarfs Kosten verursacht, so daß zweckmäßigerweise zunächst Informationskategorien zu bilden sind, die den Informationsbedarf z.B. nach ihrem Wert[20] für die Lösung des Entscheidungsproblems untergliedern.[21] In Abhängigkeit von Wert und Kosten der Informationen ist dann vor dem Hintergrund des verfügbaren Informationsbudgets eine endgültige Beschaffungsentscheidungen zu treffen.[22]

Bezogen auf Potentialinformationen kann die Entscheidungssituation zunächst allgemein als „Gestaltung autonomer Leistungen“ umschrieben werden. Potentialinformationen setzen sich dementsprechend aus Informationen über die Nachfrager-, Ressourcen-, Konkurrenz- und Umweltsituation zusammen. Abbildung 5 gibt einen allgemeinen Überblick über die Bestimmungsfaktoren von Potentialinformationen, wobei deutlich wird, daß sich auch aus konkreten Transaktionsepisoden[23] Potentialinformationen ableiten lassen.[24]

Eine solch allgemeine Formulierung der Entscheidungssituation kann jedoch nicht als zweckadäquat angesehen werden und bedarf einer weiteren Konkretisierung. Diese Konkretisierung muß im Ergebnis zu eindeutig definierten Problemstellungen führen. Eine erste Eingrenzung der Entscheidungssituation kann wiederum mit Hilfe des Marketing-Dreiecks vorgenommen werden, woraus sich als Entscheidungsfelder die Nachfrager-, Unternehmens-, Konkurrenz- und Umweltanalyse ableiten lassen. Im zweiten Schritt ist dann allerdings die Ableitung konkreter Untersuchungsziele erforderlich, die in der Summe das Entscheidungsproblem eindeutig beschreiben müssen. So sind etwa im Bereich der Nachfrageranalyse z.B. folgende Untersuchungsziele denkbar:

---

[20] Vgl. zur Informationswertdiskussion zusammenfassend Mag 1977, S. 142 ff.

[21] Das Problem der Festlegung des Informationsbedarfs wurde bisher in der Literatur nur rudimentär behandelt. Für den Bereich der Führungsinformationen wird ein konzeptioneller Vorschlag unterbreitet von Wendt 1974.

[22] Vgl. zum Problemkreis der Informationsbeschaffungsentscheidung und des Informationsbudgets z.B. Hammann/Erichson 1994, S. 44 ff.; Mag 1977, S. 136 ff.

[23] Der Begriff der Episode bzw. Transkationsepisode wird hier in Anlehnung an das Episodenkonzept von *Kirsch/Kutschker* verwendet. Danach umfaßt eine Episode „alle Aktivitäten und Interaktionen sozialer Aktoren, die mit der Anbahnung, Vereinbarung und Realisation der interessierenden Transaktion verbunden sind“ (Kirsch/Kutschker 1978, S. 34 ff.); vgl. auch Kutschker/Kirsch 1978, S. 3 f.; Kirsch/Kutschker/Luschewitz 1980, S. 5 ff.

[24] Vgl. hierzu Abschnitt 4.4.

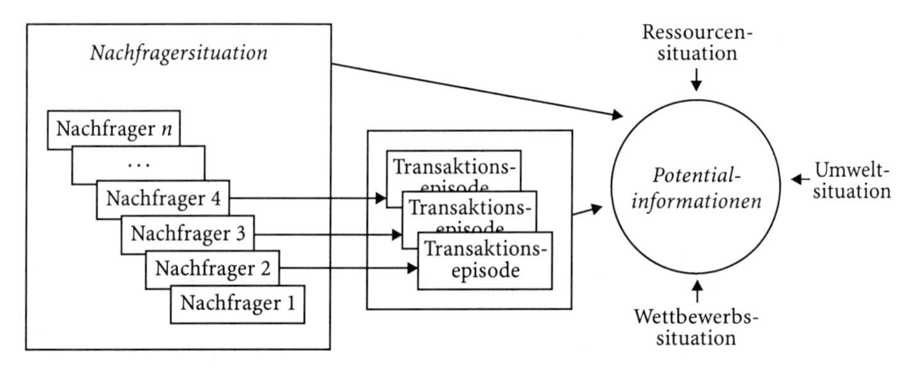

Abb. 5. Bestimmungsfaktoren von Potentialinformationen

- Definition des Nachfragerproblems,
- Ableitung der Kundenanforderungen an die Problemlösung,
- Bestimmung der relevanten Kaufkriterien,
- Bestimmung der Preissensibilität der Nachfrager und
- Bildung von Marktsegmenten und Abgrenzung des relevanten Marktes.

Die Definition des Entscheidungsproblems stellt für die Ableitung des erforderlichen Informationsbedarfs zwar eine notwendige, jedoch noch keine hinreichende Bedingung dar. Die hinreichenden Bedingungen zur Bestimmung des Informationsbedarfs sind einerseits in der Festlegung der konkreten Informationsinhalte[25] und andererseits in den zur Informationsaufbereitung erforderlichen Auswertungsmethoden[26] zu sehen. Das aber bedeutet, daß bereits bei der Bestimmung des Informationsbedarfs klare Vorstellungen über das spätere Auswertungsdesign im Rahmen der Informationsaufbereitung (Datenauswertung) existieren müssen, da die Auswertungsmethoden bestimmte Anforderungen z.B. an das Meßniveau der Erhebungsdaten[27] stellen. Damit wird deutlich, daß die Darstellung in Abb. 4 lediglich die konkreten Ausführungsschritte des Informationsbereitstellungsprozesses nachzeichnet, nicht aber als sequentieller Planungsprozeß zu verstehen ist.

Aus den obige Ausführungen wird ersichtlich, daß der Informationsbedarf in der Summe die zur Lösung eines konkreten Entscheidungsproblems relevanten Daten umfaßt. Die relevanten Daten müssen somit eine Zieladäquanz im Hinblick auf die gesetzten Untersuchungsziele aufweisen. Weiterhin bestimmt sich

[25] Vgl. die Ausführungen in Abschnitt 4.2.3.3.

[26] Vgl. hierzu die Ausführungen in Abschnitt 4.5.1.

[27] Vgl. zum Meßniveau von Erhebungsdaten Abschnitt 4.2.3.4 und zu den Skalenniveauanforderungen ausgewählter Auswertungsverfahren Tabelle 15 in Abschnitt 4.5.1.

aus der Definition des jeweiligen Entscheidungsproblems auch der erforderliche Informationsumfang. Nach der Ableitung des Informationsbedarfs ist im zweiten Schritt zu prüfen, inwieweit die relevanten Daten im Unternehmen bereits zur Verfügung stehen. Die Differenz aus Informationsumfang und verfügbaren Daten ergibt das bereits erwähnt Information gap. Die eigentliche Aufgabe der Informationsgewinnung ist nun in der Schließung des Information gap zu sehen.

4.2.2 Bestimmung der Informationsträger

Ist das Information gap bestimmt, so sind im nächsten Schritt zunächst die Informationsträger festzulegen. Als Informationsträger werden alle Informationsquellen bezeichnet, die zur Schließung des Informations gap erforderlich sind. Die möglichen Informationsquellen lassen sich einerseits nach internen und externen Informationsquellen und andererseits nach Primär- und Sekundärinformationen unterscheiden. Die Unterscheidung nach Primär- und Sekundärinformationen stellt dabei auf die Art der Informationsgewinnungsmethode ab, weshalb meist auch von Primär- und Sekundärforschung gesprochen wird. Es läßt sich folgende Abgrenzung vornehmen:

> **Definition 2.** *Primärforschung*
> Gewinnung entscheidungsrelevanten Informationen durch Erhebung eigens auf den Untersuchungsgegenstand abgestimmter neuer Datenquellen.

> **Definition 3.** *Sekundärforschung*
> Beschaffung entscheidungsrelevanter Informationen, durch Rückgriff auf intern oder extern bereits vorhandene Datenquellen.

Die Primärforschung ('field research') stellt somit eine für das Entscheidungsproblem originäre Datengewinnung dar, während bei der Sekundärforschung ('desk research') auf Informationsergebnisse Dritter zurückgegriffen wird. Um diese unterschiedlichen Arten der Informationsgewinnung zu differenzieren, sprechen wir künftig bei der Primärforschung von Informationserhebung und bei der Sekundärforschung von Informationsbeschaffung.

Als allgemeine Vorteile der Sekundärforschung sind i.d.R. Kosten- und Zeitersparnisse gegenüber der Primärforschung hervorzuheben. Allerdings werden diese Vorteile häufig mit den Nachteilen mangelnder Aktualität sowie meist unzureichender Zieladäquanz der Informationen zur Problemdefinition 'erkauft'. Man kann somit unterstellen, daß der 'Ergiebigkeitsgrad' von Primär- im Vergleich zu Sekundärinformationen um so geringer ist, je mehr verhaltensrelevante Merkmale von z.B. Nachfragern oder Konkurrenten zur Erreichung der Untersuchungsziele erforscht werden müssen. Abbildung 6 verdeutlicht den Zusammen-

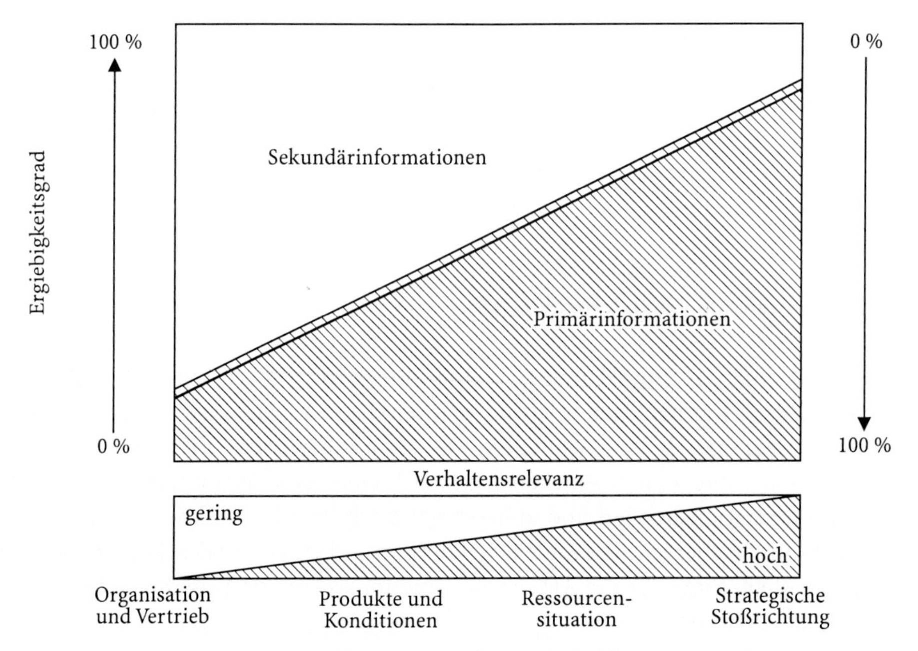

Abb. 6. Ergiebigkeitsgrad von Informationsquellen am Beispiel von Konkurrenzinformationen

hang am Beispiel von Konkurrenzinformationen, wobei als Informationsschwerpunkte im Rahmen der Konkurrenzanalyse beispielhaft Informationen zu 'Organisation und Vertrieb', 'Produkte und Konditionen', 'Ressourcensituation' und 'strategische Stoßrichtung' unterschieden wurden.

Eine vollständige Aufzählung möglicher Informationsquellen vorzunehmen ist nicht nur unmöglich, sondern auch nicht zweckmäßig, da sich die relevanten Informationsquellen erst aus der Definition der betrachteten Entscheidungssituation ergeben. Das weite Spektrum an Informationsquellen sei deshalb hier nur anhand beispielhafter Nennungen verdeutlicht, die in Tabelle 1 zusammengestellt wurden.[28]

Hervorgehoben sei hier nur die zunehmende Bedeutung von Datenbankrecherchen, die einen wesentlich schnelleren, zeitsparenderen und verbesserten Zugang zu externen Sekundärinformationen bieten.

---

[28] Allgemeine Hinweise zu möglichen Informationsquellen liefern beispielsweise Berekoven/Eckert/Ellenrieder 1991, S. 39 ff.; Böhler 1992, S. 54 ff.; Hüttner 1989, S. 144 ff. Vgl. speziell zum Business-to-Business-Bereich: Eisenhofer 1988, S. 49 ff.; Fischer/Wolf 1971, S. 2 ff.; Grün/Wolfrum 1994, S. 186 ff.; Langer/Sand 1983, S. 25 ff.; Lantermann 1984, S. 5 ff.; Meyer/Fischer 1975, S. 115 ff. Auf Basis dieser Quellen wurde auch Tabelle 1 erstellt.

Tabelle 1. Systematisierung möglicher Informationsquellen im Business-to-Business-Bereich

Informationsquellen	*Informationsgewinnungsmethode*	
	Sekundärforschung	*Primärforschung*
intern	• Berichtswesen – des Außendienstes – des betrieblichen Rechnungswesens – der F&E-Abteilung – des Kundendienstes – der Marktforschungs-/Marketingabteilung – zu Messebesuchen • Statistiken über – Auftrags-, Absatz-, Umsatzentwicklung – Beschwerden/Reklamationen – Kundenstruktur – Lagerbestände – Produktionsentwicklung • Vorhandene Marktstudien	• Außendienstmitarbeiter • Betriebliche Frühwarnsysteme (z.B. schwache Signale) • Betriebsliches Vorschlagwesen • Kreaktivitätssitzungen • Mitglieder von Verkaufs-/Auslandsniederlassungen • Qualitätszirkel • Round Table-Gespräche
extern	• Adreß- und Handbücher • Amtliche Statistiken z.B. – ausländischer statistischer Ämter – Bundesstelle für Außenhandelsinformationen – inter-/supranationaler Organisationen – Statistisches Bundesamt • Anzeigen und Mailings • Ausschreibungsunterlagen • Berichte/Gutachten/Statistiken von – Banken und Versicherungen – Marktforschungsinstituten – Messeveranstaltern – Patentämtern – User Groups – Unternehmen (Geschäftsberichte) – wissenschaftlichen Einrichtungen, Kammern, Verbänden und Wirtschaftsorganisationen • Dantenbankrecherchen • Fachzeitschriften und -literatur • Gesetzesblätter/Handelsregisterauszüge • Prospekte, Kataloge, Demozentren • Wirtschaftsinformationsdienste, -presse	• Befragung/Beobachtung von – aktuellen und potentiellen (End-) Kunden – aktuellen und potentiellen Konkurrenten – OEM – nachgelagerten Wirtschaftsstufen – Lead Users – User Groups • Diskontinuitätsbefragungen • Expertenbefragungen, z.B. bei Consulting-Unternehmen, Einkaufsgesellschaften, Distributoren, Handelskammern, Industrievereinigungen, Ministerien, Verbänden • „Reverse-Engineering“ von Konkurrenzprodukten

Ein mögliches Einteilungskriterium für Datenbanken bietet die Form der gespeicherten Information, wonach sich zwei Datenbanktypen unterscheiden lassen:

1. *Numerische Datenbanken:*
   sind reine „Zahlendatenbanken" und enthalten primär Statistiken, historische Zeitreihen und Prognosen in unterschiedlichen Aggregationen. Beispielhaft sei hier auf die Datenbank *STATIS-BUND* des *Statistischen Bundesamtes* in Wiesbaden hingewiesen.
2. *Text-Datenbanken:*
   umfassen Texte oder ganze Dokumente. Nach der Form der gespeicherten Informationen lassen sich Text-Datenbanken wie folgt untergliedern:
   - Referenz-Datenbanken, die als bibliographische Datenbanken nur Hinweise auf Originärquellen enthalten, wie z.B. Bücher, Aufsätze und Dokumente.
   - Faktendatenbanken, die neben Quellenhinweisen auch kurze Abstracts enthalten.
   - Volltextdatenbanken, in denen die kompletten Inhalte von Publikationen gespeichert sind.

Als Beispiel für Text-Datenbanken seien hier angeführt die Datenbank *INKA* des *Fachinformationszentrums Karlsruhe*, die Informationen aus Naturwissenschaft und Technik beinhalten, und das Angebot der Firma *GENIOS-Wirtschaftsdatenbanken* in *St. Augustin*, die den Zugang zu einer Vielzahl von Datenbanken mit Wirtschaftsinformationen ermöglicht. Unter *GENIOS* ist ein Zugriff auf mehr als 70 verschiedene Datenbanken möglich. Tabelle 2 zeigt eine Auswahl.

Die Vielzahl an Informationsangeboten auf der Basis von Datenbanken wird deutlich, wenn man beachtet, daß allein im Bereich der Wirtschaftsdatenbanken

Tabelle 2. Inhalte ausgewählter Informationsangebote der GENIOS-Wirtschaftsdatenbank

Datenbankname	*Inhalte*
BUSINESS	Vermittlung weltweiter Geschäftsverbindungen
CREDITREFORM	Firmeninformationen über ca. 2,3 Mio. Unternehmen
GELD	Nachweis über Fördermittel und Subventionen nach Förderzwecken und Branchen
GOFI	Wettbewerbsbeobachtung auf Basis überregionaler Printmedien
HOPPENSTEDT	Online-Handbuch der Großunternehmen und Mittelständler
M + A MESSE-PLANER	Daten zu ca. 4.800 Messen und Ausstellungen aus 90 Ländern
VDIN	Volltext der Zeitschrift VDI-Nachrichten
WER GEHÖRT ZU WEM	Beteiligungsverhältnisse von mehr als 11.000 Unternehmen
WER LIEFERT WAS?	Online-Version des gleichnamigen Einkaufsführers
ZVEI	Online-Version des Nachschlagewerks „ZVEI Elektro + Elektronik-Einkaufsführer"

Tabelle 3. Weltweites Angebot an Online-Wirtschaftsdatenbanken (Quelle: Scientific Consulting - Dr. Schulte-Hillen 1993)

	Anzahl der Datenbanken				
	Bestand Anfang 1991	*Veränderung*		*Bestand Anfang 1993*	*Netto-zuwachs*
Datenbanktyp		*minus*	*plus*		
Volltext	548	65	402	885	337
Numerische Daten	576	80	49	545	- 31
Text-numerische Information	283	22	62	323	40
Nachweise/Verzeichnisse	581	92	208	697	116
Bibliographische Hinweise	229	31	27	225	- 4
Mischformen, Sonstige	340	29	52	363	23
Gesamt	2.557	319	800	3.038	481

	Anzahl der Datenbanken				
	Bestand Anfang 1991	*Veränderung*		*Bestand Anfang 1993*	*Netto-zuwachs*
Sachgebiete		*minus*	*plus*		
Wirtschaftswiss. Information	45	13	13	45	0
Managementinformation	106	16	50	140	34
Wirtschaftsnachrichten	166	18	80	228	62
Börseninformation	288	19	47	316	28
Volkswirtschaftliche Daten	309	36	47	320	11
Produktinformationen	247	31	30	246	- 1
Marktforschung/Marketing	150	28	47	169	19
Firmen- und Kreditinformationen	341	38	170	473	132
Geschäftsverbindungen	232	34	84	282	50
Brancheninformationen	661	84	226	803	142
Sonstiges	12	2	6	16	4
Gesamt	2.557	319	800	3.038	481

die Zahl der Online-Datenbanken 1993 weltweit bereits bei über 3.000 lag (vgl. Tabelle 3). Bei der Durchführung von Datenbankrecherchen empfiehlt es sich somit, zunächst auf sogenannte Datenbankführer zurückzugreifen. Beispielhaft seien hier genannt

- das „*Handbuch der Wirtschaftsdatenbanken*" von *Schulte-Hillen*, das Verzeichnisse der existierenden Wirtschaftsdatenbanken, der Adressen von Datenbankherstellern und Datenbankanbietern sowie ein Sachregister enthält;[29]
- der Online-Datenbankführer „*ALPHALINE*", der z.B. über *GENIOS* zugänglich ist.[30]

Abschließend sei noch darauf hingewiesen, daß den sogenannten Sekundärinformationen im Rahmen des Business-to-Business-Marketing eine herausragen-

[29] Vgl. Scientific Consulting - Dr. Schulte Hillen 1993.

[30] Weitere Hinweise zu Datenbanken finden sich bei Uhrig 1987, Staud 1987 und Staud 1991.

de Bedeutung beizumessen ist. Das liegt insbesondere darin begründet, daß die Nachfrager im Business-to-Business-Bereich Organisationen bzw. Unternehmen darstellen, über die meist umfangreicheres Sekundärdatenmaterial verfügbar ist als im Konsumgüterbereich.[31] Alle Informationen zur Schließung des Information gap, die durch die Sekundärforschung nicht beschafft werden können, müssen jedoch im Rahmen einer Primärforschung erhoben werden. Die Primärforschung erfordert dabei nicht nur die Festlegung möglicher Informationsträger bzw. Informationsquellen, sondern darüber hinaus auch ein eigenständiges Konzept für die Informationserhebung.

4.2.3 Informationserhebung im Rahmen der Primärforschung

Die Informationserhebung im Rahmen der Primärforschung umfaßt alle systematischen Aktivitäten zur Erhebung von neuen, im Hinblick auf die Entscheidungssituation relevanten Daten. Zur Durchführung einer Primärforschung muß zunächst eine aus der betrachteten Entscheidungssituation abgeleitete Abgrenzung des Untersuchungsfeldes vorgenommen werden, wobei sachliche, räumliche und zeitliche Kriterien herangezogen werden können. So wird z.B. im Fall der Nachfrageranalyse zur Abgrenzung des Untersuchungsfeldes häufig auf organisationsdemographische Merkmale, wie etwa Branche, Unternehmensgröße und/oder die Beschäftigtenzahl, zurückgegriffen. Bei der anschließenden Konzeption der Informationserhebung sind insbesondere folgende Teilaspekte abzuklären, die nachfolgend im Vordergrund der Betrachtungen stehen:

- Erhebungsumfang (Wieviel?),
- Erhebungsinstrumente (Womit?),
- Erhebungsinhalte (Was?) und
- Erhebungstechnik (Wie?).

4.2.3.1 Erhebungsumfang

Die Abgrenzung des Untersuchungsfeldes führt unmittelbar zu der Frage, ob alle Informationsträger im Untersuchungsfeld in die Erhebung eingeschlossen werden sollen (Vollerhebung) oder nur auf eine Teilmenge der Informationsträger (Teilerhebung) zurückzugreifen ist.[32] Da die Informationsgewinnung durch Vollerhebungen in praxi meist mit großen wirtschaftlichen, zeitlichen, organisatorischen und technischen Problemen verbunden ist, erfolgt die Informationsgewinnung nahezu ausschließlich auf der Basis von Teilerhebungen.

---

[31] Vgl. Hammann 1977, S. 98 ff.

[32] Grundsätzlich ist hier auch die Frage nach der Wiederholfrequenz von Erhebungen z.B. in Form von Panelbefragungen abzuklären. Vgl. hierzu stellvertretend Hüttner 1989, S. 135 ff.

Definition 4. *Teilerhebung*
Erhebung einer Teilmenge der Erhebungsgesamtheit mit dem Ziel, aufgrund von Repräsentationsschlüssen Aussagen über die Erhebungsgesamtheit zu treffen.

Teilerhebungen sind jedoch immer mit Fehlergrößen behaftet, die sich in zwei Kategorien unterteilen lassen:

1. *Zufallsfehler*
   ergeben sich aus der Tatsache, daß nicht die Erhebungsgesamtheit (Grundgesamtheit), sondern nur eine Teilmenge der Erhebungsgesamtheit erhoben wird. Zufallsfehler liegen in zufälligen Abweichungen der Erhebungsergebnisse von den 'wahren Werten' der Erhebungsgesamtheit. Der Zufallsfehler - auch Stichprobenfehler genannt - ist unvermeidbar, läßt sich aber durch eine entsprechende Vergrößerung der Stichprobe (Umfang der Teilerhebung) verringern, und seine Größe ist statistisch in Form von Wahrscheinlichkeitsaussagen abschätzbar.
2. *Systematische* Fehler
   stellen eine Verzerrung (bias) der Erhebungsergebnisse aufgrund nichtzufälliger Einflußfaktoren dar. Im Gegensatz zum Zufallsfehler sind systematische Fehler durch eine hohe Sorgfalt bei der Durchführung der Erhebung vermeidbar, sie lassen sich aber mit Hilfe statistischer Methoden nicht abschätzen. Die Ursachen für systematische Fehler sind vielfältiger Natur und liegen z.B. in
   - einer fehlerhaften Abgrenzung der Erhebungsgesamtheit,
   - einer willkürlichen Auswahl von Untersuchungseinheiten (Repräsentanzfehler),
   - der fehlerhaften Handhabung der Auswahlverfahren (Auswahlfehler),
   - Antwortverzerrungen aufgrund unzureichender Sorgfalt bei der Fragenformulierung,
   - der Nichtbeantwortung von Fragen durch die Informationsträger (Non-Response-Fehler),
   - einer unzureichenden Sorgfalt bei der Datenerfassung (Kodierfehler) und
   - Fehlern bei der Datenauswertung, die sich sowohl auf die falsche Anwendung statistischer Auswertungsverfahren (Auswertungsfehler) als auch auf falsche Ergebnisinterpretationen beziehen können (Interpretationsfehler).

Zufallsfehler und systematische Fehler führen in der Summe zum Gesamtfehler einer Erhebung, wobei zu beachten ist, daß eine Vergrößerung des Stichprobenumfangs zwar den Zufallsfehler verringern kann, gleichzeitig aber die Gefahr systematischer Fehler vergrößert wird. Eine Verringerung des Gesamtfehlers ist somit letztendlich nur durch höchste Sorgfalt bei der Planung, Durchführung und Auswertung der Informationserhebung möglich.

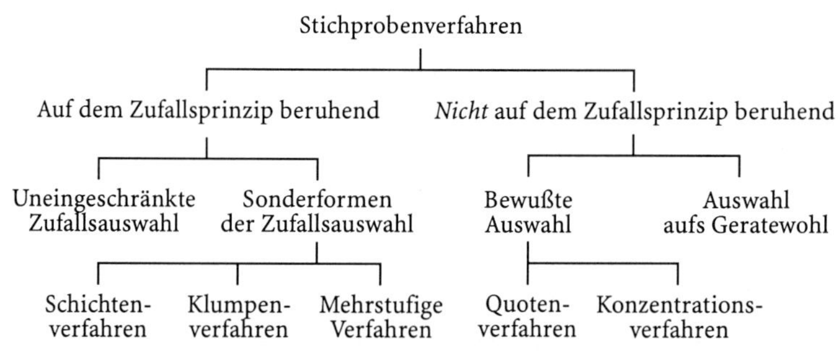

Abb. 7. Gebräuchliche Auswahlverfahren bei Teilerhebungen

Die Festlegung des Erhebungsumfangs bei Teilerhebungen erfordert die Entscheidung bezüglich eines bestimmten Auswahlverfahrens (Stichprobenverfahren). Mögliche Auswahlverfahren lassen sich allgemein danach unterscheiden, ob der Auswahlmechanismus auf einem Zufallsprozeß beruht oder nicht. Abbildung 7 gibt einen Überblick.

4.2.3.1.1 Auf dem Zufallsprinzip beruhende Auswahlverfahren

Bei Auswahlverfahren, die auf dem Zufallsprinzip beruhen, besitzt jedes Element der Erhebungsgesamtheit eine berechenbare, von Null verschiedene Wahrscheinlichkeit, in die Stichprobe zu gelangen. Das Zufallsprinzip ist dadurch gekennzeichnet, daß die Auswahl der Untersuchungseinheiten durch einen Zufallsprozeß gesteuert wird, der frei von subjektiven Eingriffen des Forschers ist. Erst die Gültigkeit des Zufallsprinzips läßt die Anwendung der Wahrscheinlichkeitstheorie zu, mit deren Hilfe der Zufallsfehler berechnet werden kann. Die Abschätzung des Zufallsfehlers ermöglicht bei der Datenauswertung die Angabe von Konfidenz- bzw. Vertrauensintervallen, die Auskunft darüber geben, mit welcher Wahrscheinlichkeit (Vertrauenswahrscheinlichkeit) der wahre Wert in der Erhebungsgesamtheit in einem bestimmten Intervall liegt. Dieses Vertrauensintervall bestimmt sich dabei aus dem Ergebnis der Stichprobe ± Stichprobenfehler. Setzt man eine gewisse Obergrenze für den Stichprobenfehler fest (sog. Fehlerspanne), so läßt sich unter Vorgabe der Vertrauenswahrscheinlichkeit auch der zur Einhaltung der gewünschten Fehlerspanne erforderliche Stichprobenumfang berechnen. Der notwendige Stichprobenumfang hängt somit nicht vom Umfang der jeweiligen Erhebungsgesamtheit ab, sondern von der tolerierten Größe der Fehlerspanne.[33]

---

[33] Auf die Darlegung der mathematisch-statistischen Zusammenhänge sei hier verzichtet. Der Leser findet hierzu detaillierte Erläuterungen in den einschlägigen Lehrbüchern zur Stichprobentheorie, wie z.B. Kellerer 1963 und Kaplitza 1975, S. 136 ff., oder aber in den Lehrbüchern

Das am häufigsten verwendete und zugleich auch einfachste Verfahren der Zufallsauswahl ('random sampling') stellt die uneingeschränkte Zufallsauswahl, auch einfache Zufallsauswahl genannt, dar. Für die uneingeschränkte Zufallsauswahl gilt, daß jedes Element der Erhebungsgesamtheit die gleiche, von Null verschiedene Wahrscheinlichkeit besitzt, in die Stichprobe zu gelangen. Zur Durchführung einer einfachen Zufallsauswahl werden verschiedene Auswahltechniken angewendet, wie z.B. der Rückgriff auf Zufallszahlentabellen oder das Auslosen, die hier aber nicht weiter betrachtet werden sollen.[34] Neben der uneingeschränkten Zufallsauswahl existieren weiterhin noch Sonderformen der Zufallsauswahl, die dadurch gekennzeichnet sind, daß in irgendeiner Weise eine Einschränkung des Zufallsprinzips erfolgt, so daß die Auswahlwahrscheinlichkeit für die einzelnen Elemente der Grundgesamtheit nicht mehr gleich, sondern unterschiedlich ist. Als gebräuchliche Verfahren seien hier genannt:[35]

- *Schichtenauswahl* (stratified sampling):
  Bei der Schichtenauswahl wird die Grundgesamtheit in disjunkte, d.h. überschneidungsfreie Teilmengen zerlegt und aus jeder Schicht eine einfache Zufallsauswahl gezogen.
- *Klumpenauswahl* (cluster sampling):
  Bei der Klumpenauswahl erfolgt ebenfalls zunächst eine Zerlegung der Grundgesamtheit in disjunkte Teilmengen, die als Klumpen bezeichnet werden. Aus der Gesamtzahl der Klumpen werden dann ein oder mehrere ausgewählt. Die ausgewählten Klumpen werden sodann vollständig erfaßt, d.h. es gehen alle Elemente der Klumpen in die Stichprobe ein. Die Klumpenauswahl kommt in der Praxis ebenfalls häufig zur Anwendung.
- *Mehrstufige Auswahlverfahren* (multistage sampling):
  Zentrales Kennzeichen dieser Verfahren ist ein mehrstufiger Auswahlprozeß, der z.B. darin zu sehen ist, daß zunächst die Grundgesamtheit in disjunkte Teilmengen (Primäreinheiten) zerlegt wird, sodann eine Zufallsauswahl aus der Menge der Primäreinheiten erfolgt und aus diesen dann jeweils eine Zufallsstichprobe an Untersuchungseinheiten gezogen wird.

Schließlich sei noch darauf hingewiesen, daß von den Verfahren der Zufallsauswahl die Auswahl aufs Geratewohl streng zu unterscheiden ist. Der Auswahl aufs Geratewohl liegt kein Zufallsprinzip zugrunde, und sie stellt eine rein willkürliche Auswahl von Untersuchungseinheiten dar (z.B. Bahnhofsbefragungen; Befragungen vor Einkaufszentren; Straßenbefragungen; Messebefragungen). Von einer

---

zur Marktforschung von z.B. Berekoven/Eckert/Ellenrieder 1991, S. 58 ff.; Böhler 1992, S. 134 ff.; Hammann/Erichson 1994, S. 107 ff. sowie Hüttner 1989, S. 27 ff.

[34] Vgl. hierzu Hüttner 1989, S. 89 ff.

[35] Einen leicht verständlichen Überlick zu diesen Verfahren liefert z.B. Meffert 1992, S. 189 ff.; zu detaillierteren Darstellungen vgl. Kellerer 1963 und Kaplitza 1975, S. 136 ff.

willkürlichen Auswahl kann kein repräsentativer Querschnitt der Erhebungsgesamtheit erwartet werden, so daß sie, trotz häufiger Anwendung in der Praxis, als das schlechteste aller möglichen Auswahlverfahren zu betrachten ist.

4.2.3.1.2 Nicht auf dem Zufallsprinzip beruhende Auswahlverfahren

Werden Teilerhebungen nicht nach Maßgabe des Zufallsprinzips erhoben, so ist auch die Anwendung der Wahrscheinlichkeitstheorie nicht zulässig. Das bedeutet, daß sich letztendlich der Zufallsfehler bei solchen Verfahren auch nicht abschätzen läßt und damit Wahrscheinlichkeitsaussagen bezüglich der gewonnenen Ergebnisse nicht zulässig sind. Bei den nicht auf dem Zufallsprinzip beruhenden Auswahlverfahren lassen sich zwei Verfahrenstypen unterscheiden:

- *Konzentrationsverfahren*:
  Als Konzentrationsverfahren werden solche Verfahren der bewußten Auswahl bezeichnet, bei denen eine Konzentration auf einen Teil der Grundgesamtheit erfolgt. So konzentriert sich z.B. das sog. Abschneideverfahren ('cut-off technique') nur auf solche Elemente der Grundgesamtheit, die für das Entscheidungsproblem als besonders bedeutsam angesehen werden, während sich die typische Auswahl auf solche Elemente konzentriert, die für den Untersuchungsgegenstand als typisch oder repräsentativ angesehen werden. Im Business-to-Business-Marketing werden häufig Großunternehmen als typische Vertreter herangezogen, während die Vielzahl der kleinen und mittleren Unternehmen vernachlässigt wird.
- *Quotenauswahl*:
  Die Quotenauswahl ist dadurch gekennzeichnet, daß sich Erhebungsgesamtheit und Stichprobe bezüglich bestimmter (Quoten-)Merkmale entsprechen. Als Quotenmerkmale sollen solche Merkmale der Grundgesamtheit herangezogen werden, die für den Untersuchungsgegenstand typisch sind und deren Verteilung in der Grundgesamtheit bekannt ist. In der Praxis wird dabei meist nur auf wenige und leicht feststellbare Merkmale zurückgegriffen. Mit Hilfe sog. Quotenanweisungen (vgl. Tabelle 4) wird den Interviewern die Anzahl der durchzuführenden Befragungen nach Quotenmerkmalen vorgegeben. Innerhalb der Quotenanweisung kann jeder Interviewer die Auswahl der Befragungspersonen selbst bestimmen.

Die vorgestellten Stichprobenverfahren sind sowohl mit Vorteilen als auch Nachteilen verbunden, die hier aber nicht im einzelnen diskutiert werden sollen. Einen zusammenfassenden Überblick hierzu liefert Tabelle 5.

Tabelle 4. Beispiel einer Quotenanweisung für einen Interviewer

Gesamtzahl der Interviews: 12		
Branche	Anlagenbau	[7] 1234567
	Maschinenbau	[5] 12345
Standort	Berlin	[3] 123
	Frankfurt/Main	[4] 1234
	Leipzig	[2] 12
	München	[3] 123
Unternehmensgröße	500–2.000 Beschäftigte	[3] 123
	2.000–5.000 Beschäftigte	[4] 1234
	über 5.000 Beschäftigte	[5] 12345
Umsatzgröße	bis 200 Mio. DM	[4] 1234
	200–500 Mio. DM	[3] 123
	500–1 Mrd. DM	[2] 12
	über 1 Mrd. DM	[3] 123

Tabelle 5. Ausgewählte Vor- und Nachteile von Stichprobenverfahren

	Vorteile	*Nachteile*
Uneingeschränkte Zufallsauswahl	• Repräsentativität für alle Elemente, Merkmale und Merkmalskombinationen kann sichergestellt werden, ohne daß Kenntnisse über die *Struktur* der Grundgesamtheit vorhanden sein müssen • Zufallsfehler mit Hilfe eines mathematisch-statistischen Kalküls berechenbar • grobe Verzerrungen vermeidbar • willkürliche Eingriffe des Forschers ausgeschlossen	• Voraussetzungen der Zufallsauswahl (z.B. Existenz eines Verzeichnisses aller Untersuchungseinheiten) nur selten gegeben • es dürfen keine „Ausfälle" bei den Untersuchungseinheiten auftreten (non-response-Problem) • hohe Kosten der Planung und Durchführung • Substituierbarkeit ausgewählter Untersuchungseinheiten unzulässig
Schichtenauswahl	• bei Grundgesamtheiten mit hoher Varianz läßt sich die Stichprobenvarianz gering halten • bei gleichbleibender Genauigkeit kann der Stichprobenumfang verringert werden bzw. bei gleichbleibendem Stichprobenumfang wird die Genauigkeit erhöht • Kostenvorteil • getrennte Gruppenauswertungen möglich	• Kenntnis über Größe der Schichten und deren Streuung wird vorausgesetzt • falls Erhebungsmerkmal und Schichtungsmerkmal nur gering korrelieren, treten Repräsentanzprobleme auf • Schichtungsmerkmale müssen leicht feststellbar sein
Klumpenauswahl	• Zeit- und Kostenersparnis • Auswahlbasis leicht beschaffbar • anwendbar, wenn Voraussetzung der reinen Zufallsauswahl (=Verzeichnis aller Untersuchungseinheiten) nicht gegeben ist	• es lassen sich nicht immer geeignete Klumpen definieren • negativer Klumpeneffekt, wenn die Klumpen *kein* verkleinertes Abbild der Grundgesamtheit darstellen
Quotenauswahl	• Merkmalsstruktur von Grundgesamtheit und Stichprobe stimmen weitgehend überein • geringer Zeitaufwand • Kostenvorteil • Auswahlmechanismen sind unkompliziert und wenig aufwendig • Befragte können anonym bleiben	• Repräsentativitätsproblem • Zufallsfehler letztendlich nicht abschätzbar • Zeitstabilität des Ausgangsmaterials • Überrepräsentation von Auskunftswilligen und leicht ermittelbaren Merkmalskombinationen • schwierige Kontrolle der Interviewer • Gefahr der „Klumpen"-Bildung

Es stellt sich somit die Frage, welchem Verfahren nun bei einer konkreten Erhebung der Vorzug zu geben ist. Grundsätzlich kann festgestellt werden, daß, soweit möglich, solche Verfahren herangezogen werden sollten, die auf dem Zufallsprinzip beruhen, da aus theoretischer Sicht nur sie letztendlich die Abschätzung des Zufallsfehlers erlauben. Allerdings ist eine Zufallsauswahl immer dann nicht durchführbar, wenn die Elemente der Erhebungsgesamtheit nicht vollständig bekannt sind und damit die Anwendung des Zufallsprinzips unmöglich wird. Da dies bei praktischen Fällen keine Ausnahme darstellt, kommt in der Marktforschungspraxis vor allem der Quotenauswahl eine herausragende Bedeutung zu. Obwohl gegen das Quotenverfahren eine Reihe von Einwänden vorgebracht wird,[36] betonen die Verfechter dieses Verfahrens, daß durch geeignete Vorkehrungen viele der sog. „Gefahren" vermieden werden können.[37] Weiterhin wird argumentiert, daß auch empirische Untersuchungen gezeigt hätten, daß bei vergleichenden Erhebungen nach der einfachen Zufallsauswahl und dem Quotenverfahren im Endeffekt keine nennenswerten Unterschiede in den Ergebnissen auftraten.[38] Vor diesem Hintergrund halten die Anhänger des Quotenverfahrens dann auch die Abschätzung des Zufallsfehlers für zulässig. Um zu gewährleisten, daß auch das Quotenverfahren zu repräsentativen Ergebnissen führt, müssen solche Quotenmerkmale gewählt werden, die mit dem interessierenden Untersuchungsmerkmal, auf das sich die Repräsentanz der Auswahl beziehen soll, stark korrelieren. Bei einer totalen Korrelation wäre sogar ein Quotenmerkmal zur Sicherstellung der Repräsentanz ausreichend.[39]

4.2.3.2 Erhebungsinstrumente

Grundsätzlich lassen sich als Erhebungsinstrumente der Primärforschung die Beobachtung und die Befragung unterscheiden, die wie folgt definiert werden können:

> **Definition 5.** *Beobachtung*
> Beobachtung ist die aufmerksame und planmäßige Wahrnehmung oder Anschauung mit dem Ziel einer möglichst exakten und umfassenden Kenntnisgewinnung über den Untersuchungsgegenstand.
>
> **Definition 6.** *Befragung*
> Erhebungstechnik, bei der Personen zum Erhebungsgegenstand Stellung nehmen.

---

36 Vgl. Kellerer 1963, S. 194 ff.

37 Vgl. Noelle 1963, S. 147 f. Eine Zusammenfassung der Argumente für und wider das Quotenverfahren liefert Kaplitza 1975, S. 166 ff.

38 Vgl. Böhler 1992, S. 133, sowie Hüttner 1989, S. 95.

39 Vgl. Hammann/Erichson 1994, S. 115.

Die unterschiedlichen Formen der Beobachtung lassen sich danach unterscheiden, ob apparative Techniken zum Einsatz kommen oder nur visuelle Wahrnehmungen des Beobachters festgehalten werden. Als apparative Techniken sind z.B. Blickaufzeichnungsgeräte, Geräte zur Messung des Hautwiderstandes, der Hautthermik oder der Stimmfrequenz zu nennen.[40] Grundsätzlich läßt sich zwischen teilnehmender und nicht-teilnehmender Beobachtung differenzieren. Während bei der teilnehmenden Beobachtung der Beobachter am Geschehen mit der zu beobachtenden Person aktiv teilnimmt (z.B. Begleitung von Außendienstmitarbeitern oder Auftritt des Beobachters als Außendienstmitarbeiter), verhält sich der Beobachter bei der nicht-teilnehmenden Beobachtung absolut passiv. Im Business-to-Business-Marketing ist der Beobachtung jedoch nur eine geringere Bedeutung beizumessen.

Tabelle 6. Ausgewählte Abgrenzungskriterien für Befragungsmethoden

Abgrenzungskriterium	*Befragungsmethoden*
Adressatenkreis	• Expertenbefragung • Händlerbefragung • Verbraucherbefragung • Mitarbeiterbefragung
Art der Fragestellung	• Direkte Befragung • Indirekte Befragung
Kommunikationsform	• schriftliche Befragung • mündliche Befragung • telefonische Befragung • computergestützte Befragung
Befragungsgegenstand	• Einthemenbefragung • Mehrthemenbefragung
Art der Antwortmöglichkeiten	• offene Befragung • geschlossene Befragung
Befragungshäufigkeit	• Einmalbefragung • Mehrmalbefragung • Panelbefragung
Befragungsstrategie	• standardisierte Befragung • nicht-standardisierte Befragung
Zahl der Untersuchungsthemen	• Spezialbefragung • Omnibusbefragung

[40] Darüber hinaus existiert noch eine Vielzahl weiterer Meßgeräte, deren Bedeutung für das Business-to-Business Marketing aber als eher gering einzustufen ist. Es sei deshalb an dieser Stelle verwiesen auf die Darstellungen bei Green/Tull 1982, S. 141 ff.; Hammann/Erichson 1994, S. 99 ff. und Hüttner 1989, S. 118 ff.

Die Befragung stellt das am weitesten verbreitete und auch wichtigste Informationserhebungsinstrument im Marketing dar. Im folgenden konzentrieren sich die Betrachtungen auf die unterschiedlichen Befragungsmethoden sowie auf grundlegende Fragen zur Konzeption des Fragebogens. Die Befragungsmethoden lassen sich nach unterschiedlichen Kriterien abgrenzen, von denen einige in Tabelle 6 dargestellt sind.

Tabelle 7. Vor- und Nachteile von Befragungsmethoden nach der Kommunikationsform

	Vorteile	*Nachteile*
Schriftliche Befragung	• Kostenvorteil, da kein Interviewereinsatz • Keine Interviewereinflüsse • höherer Zielgruppen-erreichungsgrad • gute räumliche Repräsentanz • weitgehender Ausschluß unüberlegter Antworten • Einsatz visueller Hilfsmittel möglich	• geringe Rücklaufquote • Kontrollmöglichkeit hinsichtlich Verständnis, Antwortvollständigkeit, Einhaltung der Fragenreihenfolge usw. fehlt • 'Nachfaßaktionen' notwendig • Fragebogenumfang muß 'handhabbar' sein • „Querverbindungen" unter den Probanden sind nicht auszuschließen
Mündliche Befragung	• Gesprächssituation ist überschaubar • Rückfragen sind möglich • hohe Beantwortungsquote • Interviewer, visuelle Hilfen ermöglichen komplexe Fragen	• keine Anonymität • Interviewereinfluß • hohe Kosten • längere Entwicklungsdauer des Erhebungsdesigns
Telefonische Befragung	• Kostenvorteil • Schnelligkeit der Durchführung, dadurch besondere Eignung für „Blitzumfragen" • relativ geringer Interviewereinfluß • gute räumliche Repräsentanz erzielbar	• Rückfragen begrenzt möglich • Konzentrationsprobleme • Gesprächssituation nicht überschaubar • ausreichend hohe Telefondichte vorausgesetzt • bestimmte Zielgruppen sind z.B. aufgrund veralteter Daten oder Geheimnummern nicht erreichbar
Computer-gestützte Befragung	• Datenerfassungsfehler vermeidbar • keine Interviewereinflüsse • Konsistenzprüfung und automatische Fehlerkontrolle möglich • Zwischenauswertungen erleichtern Steuerung der Stichprobenzusammensetzung • Reihenfolgeeffekte durch Randomisierung der Fragenreihenfolge vermeidbar	• Konzentrationsproblem der Probanden • Erhebungssituation nicht überschaubar • meist höhere Kosten • längere Entwicklungsdauer des Erhebungsdesigns • nur begrenzt einsetzbar

Auf eine vollständige Darlegung der einzelnen Befragungsmethoden wird an dieser Stelle verzichtet.[41] Hingewiesen sei hier nur auf die Befragungsmethoden nach der Art der Kommunikationsform. Tabelle 7 verdeutlicht, daß diese einzelnen Befragungsmethoden mit einer Reihe von Vor- und Nachteilen verbunden sind, was dazu führt, daß in der Praxis häufig auch Kombinationen dieser Methoden eingesetzt werden. Letztendlich muß aber die Entscheidung über die geeignete Kommunikationsform vor dem Hintergrund der Entscheidungssituation, der gewünschten Informationsqualität und der Erhebungskosten getroffen werden.

An dieser Stelle sei abschließend noch erwähnt, daß einige Lehrbücher zur Marktforschung neben der Beobachtung und der Befragung auch das Experiment als eigenständiges Erhebungsinstrument aufführen.[42] Dieser Einordnung wurde hier jedoch nicht gefolgt, da das Experiment primär als Forschungsansatz[43] zu interpretieren ist und sich sowohl Beobachtungs- als auch Befragungsexperimente unterscheiden lassen.

4.2.3.3 Konkretisierung der Erhebungsinhalte

Die Erhebungsinhalte bestimmen sich unmittelbar aus der konkreten Entscheidungssituation und den damit verbundenen Untersuchungszielen. Erhebungsgegenstand und Erhebungsinhalte stehen somit in einem sehr engen Verhältnis und bestimmen gemeinsam die Eignung der dargestellten Erhebungsinstrumente zur Erreichung der Untersuchungsziele. Da die Erhebungsinhalte aber im Hinblick auf das gewählte Erhebungsinstrument zu konkretisieren sind, wurden hier die Erhebungsinstrumente in der Darstellungsreihenfolge vorgezogen. Wegen der breiten Anwendung, die die Befragung als Erhebungsinstrument erfahren hat, stehen im folgenden Methoden im Vordergrund, die eine Konkretisierung der Erhebungsinhalte zum Zwecke der Befragung erlauben. Zur Verdeutlichung der Zusammenhänge greifen wir auf das Beispiel der Einstellungsmessung zurück, da der Einstellung als Erklärungskonstrukt für das Nachfragerverhalten eine herausragende Bedeutung beizumessen ist[44].

Wird als Untersuchungsziel beispielhaft die Ermittlung der Einstellung betrachtet, die bestimmte Nachfrager gegenüber dem Leistungsangebot eines Unternehmens besitzen, so ist damit noch nicht geklärt, welche Tatbestände (Merkmale; Items) im einzelnen das Untersuchungsobjekt 'Einstellung' bestimmen. Es stellt sich somit die Frage nach den für das Untersuchungsobjekt rele-

---

[41] Vgl. hierzu ausführlich Behrens 1974, S. 94 ff. und Hüttner 1989, S. 39 ff.

[42] Vgl. z.B. Berndt 1992, S. 139 ff.; Hüttner 1989, S. 122 ff.

[43] Vgl. zu einer Systematisierung von Forschungsansätzen die Ausführungen in Abschnitt 4.5.1.

[44] Vgl. zu der hohen Bedeutung, die das hypothetische Konstrukt „Einstellung" auch im Business-to-Business-Marketing besitzt, Plötner 1999, S. 452 ff.

vanten Merkmalen und deren Ausprägungen. Allgemein lassen sich folgende Anforderungen an 'relevante Merkmale' formulieren:

- *Wahrnehmungsrelevanz:*
  Erhebungsmerkmale müssen die Wahrnehmungsdimensionen der Befragten widerspiegeln.
- *Unabhängigkeit:*
  Erhebungsmerkmale müssen voneinander unabhängige Objekteigenschaften repräsentieren.
- *Subjektivität und Beurteilungsrelevanz:*
  Erhebungsmerkmale müssen aus der subjektiven Sicht der Untersuchungssubjekte (Befragte) für das Untersuchungsobjekt beurteilungsrelevant sein, d.h. die tatsächlich beurteilungsbildenden Dimensionen darstellen.

Wird nun nach Möglichkeiten gesucht, Merkmale zu finden, die die genannten Anforderungen erfüllen, so ist zunächst zu betonen, daß hier Unterschiede zwischen den einzelnen Untersuchungssubjekten auftreten können. Während ein Merkmal bei einer Person durchaus obige Anforderungen erfüllt, kann dies bei einer anderen Person nicht der Fall sein. Es gilt somit also nicht, auf eine einzelne Person abgestimmte Merkmalslisten zu finden, sondern sog. 'modal-relevanten' Merkmale, die bei möglichst vielen Personen relevant sind. Als grundsätzliche Möglichkeit zur Gewinnung relevanter Merkmale bietet sich zunächst die Analyse von Fachliteratur, Prospekten, Berichten u.ä. an. Da solche Literaturstudien i.d.R. aber keinen hinreichenden Bezug zum Untersuchungsobjekt aufweisen, können weiterhin auch Expertenbefragungen oder offene Befragungen unmittelbar bei den Untersuchungssubjekten durchgeführt werden. Werden offene Befragungen direkt bei den Untersuchungssubjekten durchgeführt, so schlägt *Fishbein* im Fall der Einstellungsmessung vor, jene 10–12 Merkmale als einstellungsrelevant ('salient') zu betrachten, die von den Befragten am häufigsten mit dem Untersuchungsobjekt assoziiert wurden.[45] Die Problematik solcher Befragungen ist jedoch insbesondere darin zu sehen, daß die relevanten Merkmale von den befragten Personen evtl. nur schwer verbalisiert werden können und somit durch eine Befragung nicht zwingenderweise entdeckt werden.

Darüber hinaus wurden Verfahren zur Ermittlung relevanter Merkmale vor allem im Rahmen der Wahrnehmungs- und Einstellungsforschung entwickelt.[46] Zwei Verfahren seien aufgrund ihrer theoretischen Fundierung detaillierter dargestellt: der Role Construct Repertory-Test (Rep-Test) und das Repertory Grid-Verfahren.

---

[45] Vgl. Fishbein 1967, S. 395.

[46] Vgl. zu einem Überblick Böhler 1992, S. 120 ff. und im Detail: Freter 1979, S. 163 ff.; Böhler 1979, S. 261 ff.

Role Construct Repertory-Test (Rep-Test)

Der Rep-Test wurde bereits 1955 von *Kelly* entwickelt. Grundlage des Rep-Tests bildet die ebenfalls von *Kelly* entwickelte Persönlichkeitstheorie.[47] *Kelly* geht davon aus, daß die Umwelt durch ein Individuum nicht als Ganzes wahrgenommen wird, sondern externe Ereignisse sich zum Wahrnehmungsbild der Umwelt zusammenfügen. Während der Wahrnehmungsprozeß dabei individuell verschieden ist, ist die Repräsentation der Umwelt dagegen immer gleich. Die Umwelt stellt nach Kelly einen „Bezugsrahmen [dar], innerhalb dessen Objekte oder Ereignisse verglichen, bewertet und unterschieden werden, dessen Gerüst aus bipolaren persönlichen Konstrukten besteht, die ein hierarchisches System bilden. Die Konstrukte entstehen aus der Verarbeitung persönlicher Erfahrungen durch die simultane Wahrnehmung von Kontrast und Ähnlichkeit zwischen Objekten, Ereignissen oder jeder Art von Reizen."[48] Wird beispielsweise ein Objekt als „schön" eingestuft, so setzt dies voraus, daß ein als schön erachtetes Vergleichsobjekt existiert und ein Unterschied zu einem nicht als schön angesehenen Objekt wahrgenommen wird. Die simultane Wahrnehmung von Kontrast und Ähnlichkeit bildet den Ausgangspunkt des Rep-Tests.[49] Beim Rep-Test werden den Versuchspersonen jeweils Triaden[50] von Objekten mit der Bitte vorgegeben, die beiden Objekte zu benennen, die einander ähnlich und gleichzeitig zum dritten Objekt unterschiedlich sind. Das dabei genannte Unterscheidungsmerkmal kann als beurteilungsrelevant angesehen werden. Den Versuchspersonen werden solange zufällig ausgewählte Triaden vorgelegt, bis sie keine neuen Unterscheidungsmerkmale mehr nennen können. Die Durchführungsschritte des Rep-Tests lassen sich wie folgt zusammenfassen:

1. Aus einem vorgegebenen Set von Stimuli (Firmennamen, Produktabbildungen, Produktbeschreibungen usw.), die den betrachteten Objektbereich möglichst gut repräsentieren, muß der Proband diejenigen Stimuli aussortieren, die ihm unbekannt sind.
2. Aus den verbleibenden Stimuli werden drei zufällig ausgewählt, und der Befragte wird gebeten, diejenigen Merkmale zu benennen, die die aus seiner Sicht beiden ähnlichsten Objekte gemeinsam besitzen, bzw. zu sagen, was diese beiden Objekte von dem dritten Stimulus unterscheidet.
3. Schritt 2 wird solange wiederholt, bis die befragte Person keine Unterschiede mehr benennen kann, die die Alternativen sinnvoll diskriminieren.

---

[47] Vgl. Kelly 1963.

[48] Müller-Hagedorn/Vornberger 1979, S. 190.

[49] Vgl. Müller-Hagedorn/Vornberger 1979, S. 192 ff.

[50] Triade = Dreiheit.

Die Vorteile des Rep-Tests sind insbesondere in folgenden Aspekten zu sehen:[51]

- Es werden relative und keine absoluten Wahrnehmungsdimensionen ermittelt, die hauptsächlich deskriptiven und nicht bewertenden Charakter besitzen.
- Es besteht eine größere Nähe zu realen Entscheidungssituationen, da der Proband gezwungen wird ähnlich einer realen Entscheidungssituation zwischen verschiedenen Alternativen zu vergleichen.
- Ein Interviewereinfluß ist weitgehend ausgeschaltet.
- Die gewonnenen Wahrnehmungsdimensionen sind beurteilungsrelevant und diskriminieren sehr gut.

Repertory Grid-Technik (Gitter-Test)

Die Repertory Grid-Technik stellt eine Weiterentwicklung des Rep-Tests dar, die ebenfalls von *Kelly* 1955 entwickelt und von *Sampson*[52] auf den Marketingbereich übertragen wurde.[53] Während das primäre Ziel des Rep-Tests in der Generierung von Merkmalslisten für hypothetische Konstrukte zu sehen ist, beinhaltet die Repertory Grid-Technik zusätzlich auch eine Möglichkeit der Merkmalsselektion. Aufbauend auf dem Rep-Test werden die Probanden gebeten, die Objekte der verwendeten Triadenvergleiche anhand der von ihnen genannten Unterscheidungsmerkmale zu beurteilen. Im Ergebnis ergibt sich somit ein Zahlengitter aus Objekten und Unterscheidungsmerkmalen, aus dem sich Ähnlichkeitskoeffizienten zwischen den Unterscheidungsmerkmalen berechnen lassen. Diese können dann dazu verwendet werden, hoch korrelierende Merkmale, z.B. auf faktoranalytischem Wege, zusammenzufassen, so daß sich unabhängige Beurteilungsdimensionen ergeben. Die beim Rep-Test genannten Vorteile besitzen auch für die Repertory Grid-Technik Gültigkeit.

Im Vergleich zu direkten Verfahren, wie z.B. der offenen Befragung, stellen der Rep-Test und die Repertory Grid-Technik eine der wenigen Verfahren dar, die auf einer theoretischen Basis beruhen, womit im Ergebnis auch die tatsächlich beurteilungsrelevanten Merkmale erwartet werden können. Einschränkend muß allerdings vermerkt werden, daß beide Verfahren hohe kognitive Anforderungen an die Probanden stellen. Weiterhin wird vorausgesetzt, daß der Untersuchungsgegenstand die Konstruktion alternativer Stimuli zuläßt, die als Basis für den Triadenvergleich verwendet werden können.

---

51 Vgl. Sampson 1972, S. 78 ff.; Trommsdorff 1975, S. 101 f.

52 Vgl. Sampson 1966.

53 Eine ausführliche Darstellung zur Repertory Grid-Technik findet sich bei Scheer/Catina 1993.

4.2.3.4 Erhebungstechnik: Die Konstruktion des Fragebogens

Mit dem Begriff Erhebungstechnik werden hier allgemein diejenigen Konstruktionsschritte einer Erhebung bezeichnet, die nicht die Fragen bezüglich Erhebungsumfang, Erhebungsinstrumenten und Erhebungsinhalten betreffen. Die folgenden Betrachtungen konzentrieren sich dabei auf die Konstruktion des Fragebogens, da Fragebögen bei schriftlichen, telefonischen und mündlichen Befragungen eingesetzt werden und damit die in der Marktforschung gebräuchlichste Erhebungstechnik darstellen. Sind die Befragungsinhalte festgelegt, die eine Zerlegung des Untersuchungszieles bzw. der Untersuchungsfrage in einzelne Merkmale (Variablen) darstellen, so erfordert die Fragebogenkonstruktion Entscheidungen insbesondere zu folgenden Sachverhalten:

- Festlegung der Befragungstaktik,
- Reihenfolge der Fragen und Fragebogenumfang,
- Frageinstrumentarium und
- Skalierung der Fragen.

Festlegung der Befragungstaktik

Die Befragungstaktik legt die grundsätzliche Art der Fragenformulierung fest, wobei zwischen direkten und indirekten Frageformulierungen unterschieden werden kann. Bei der direkten Frage wird der Befragte aufgefordert, ohne Umschweife zu den Befragungsinhalten Stellung zu nehmen. Der entscheidende Mangel einer direkten Befragung ist vor allem in der Gefahr zu sehen, daß die Befragten das Untersuchungsziel „durchschauen" und im Sinne des Interviewers antworten. Darüber hinaus sinkt z.B. bei tabuisierten, intimen oder Prestige-Fragen häufig die Auskunftsbereitschaft der Probanden, oder es werden unwahre Antworten gegeben. Aufgrund dieses Mangels erhalten in der Marktforschungspraxis meist indirekte Fragen den Vorzug. Bei einer indirekten Frageformulierung wird häufig entpersonifiziert und „auf Umwegen" gefragt, wodurch der Befragte einen gewissen Antwortspielraum für tendenzielle Aussagen erhält. Allerdings muß sichergestellt sein, daß im Ergebnis trotzdem eindeutige Einordnungen in bestimmte Kategorien möglich sind.

Reihenfolge der Fragen und Fragebogenumfang

Bezüglich der Reihenfolge der Fragen gilt der Grundsatz, daß vorhergehende Fragen nachfolgende Fragen nicht beeinflussen dürfen, was durch Puffer- oder Ablenkungsfragen vermieden werden kann. Folgendes Schema hat sich als eine sinnvolle Reihung von Fragen erwiesen:

- *Kontaktfragen* sollen den Befragten motivieren (Eisbrecherfragen) und Mißtrauen abbauen.

- *Sachfragen* beziehen sich auf die eigentlichen Erhebungsinhalte.
- *Kontrollfragen* dienen zur Konsistenzprüfung der Antworten.
- *Ergänzungsfragen* enthalten z.B. Angaben zur Person oder dem Unternehmen.

Die zulässige Dauer einer Befragung läßt sich nicht allgemeingültig bestimmen, da letztendlich die 'Dramaturgie' des Fragebogens die vom Probanden noch tolerierte Interviewdauer und somit auch den Fragebogenumfang bestimmt. Erfahrungswerte besagen allerdings, daß Endverbraucherbefragungen nicht länger als 30–40 Minuten und telefonische Befragungen nicht länger als 20–30 Minuten dauern sollten.

Frageinstrumentarium

Die große Vielfalt des Frageinstrumentariums erlaubt hier nicht die detaillierte Darstellung möglicher Arten von Fragen.[54] Ein grundsätzliches Einteilungskriterium bietet aber die sog. Antwortmöglichkeit einer Frage. Danach kann zwischen geschlossenen und offenen Fragen differenziert werden. Bei einer offenen Frage sind keine festen Antwortkategorien vorgegeben, so daß dem Befragten eine größere Möglichkeit zur Entfaltung gegeben wird. Dadurch sind jedoch Antworten verschiedener Befragten nur schwer vergleichbar und die Auswertung gestaltet sich entsprechend schwierig und aufwendig. Die weitaus gebräuchlichste Form der Fragestellung stellen von daher geschlossene Fragen dar, bei denen Antwortkategorien fest vorgegeben sind. Eine allgemeine Unterteilung geschlossener Fragen läßt sich nach Auswahlfragen und Skalenfragen vornehmen:

- *Auswahlfragen*:
  Auswahlfragen können nochmals nach Alternativ- und Selektivfragen unterschieden werden. Bei Alternativfragen schließen sich die Antwortkategorien gegenseitig aus, und der Befragte kann bzw. darf nur eine auswählen. Als Spezialfall der Alternativfragen ist die Antwortdichotomie anzusehen, bei der nur zwei Antworten möglich sind (z.B. Ja/Nein; stimme zu/stimme nicht zu). Bei Selektivfragen können aus den gegebenen Antwortkategorien mehrere ausgewählt werden (sog. Mehrfachantworten).
- *Skalafragen*:
  Skalafragen stellen ebenfalls einen Spezialfall der Alternativfragen dar, bei denen die Antwortkategorien intensitätsmäßig abgestuft und den Antwortkategorien Zahlen zugeordnet sind. Insgesamt kommt den Skalafragen eine herausragende Bedeutung zu, da sie nicht nur Häufigkeitsauswertungen erlauben, sondern für die Anwendung der meisten mathematisch-statistischen Auswertungsverfahren erforderlich sind.

[54] Vgl. zu einer detaillierten Darstellung Behrens 1974, S. 55 ff.; Hüttner 1989, S. 64 ff.

Tabelle 8. Skalenniveaus und ihre Eigenschaften

Skala		*Merkmal*	*mögliche Rechenoperationen*
nicht metrische Skalen	*Nominalskala*	Klassifizierung qualitativer Eigenschaftsausprägungen	• Bildung von Häufigkeiten
	Ordinalskala	Rangwert mit Ordinalzahlen	• Median • Rangkorrelationen
metrische Skalen	*Intervallskala*	Skala mit gleichgroßen Abschnitten ohne natürlichen Nullpunkt	• Addition • Subtraktion
	Verhältnisskala	Skala mit gleichgroßen Abschnitten und natürlichem Nullpunkt	• Addition/Subtraktion • Division • Multiplikation

Skalierung der Antworten

Werden Zahlen zu einer Menge von Antwortkategorien - oder allgemein: zu der Menge von Merkmalsausprägungen - zugeordnet, so spricht man von Skalierung. Das Ergebnis dieser Zuordnung wird als Skala bezeichnet. Der Zuordnungsvorgang kann dabei zu unterschiedlichem Skalenniveau führen, das sich nach den zulässigen mathematischen Operationen unterscheiden läßt. Tabelle 8 liefert einen Überblick der unterschiedlichen Skaleniveaus.

Der Begriff der Skalierung wird nicht eindeutig verwendet. Einerseits werden als Skalierungsverfahren solche Methoden bezeichnet, die die Konstruktion von Meßskalen erlauben. Andererseits wird von Skalierung auch dann gesprochen, wenn eine Zuordnung von Zahlen zu Objekten oder Eigenschaften mit Hilfe dieser Meßskalen vorgenommen wird. So wäre die reine Zuordnung der Zahlen „1-2-3" zu den Merkmalsausprägungen „gering - mittel - hoch" bereits als Skalierung zu bezeichnen. Offen bleibt dabei aber, wie der Forscher gerade zu den Zahlen 1-2-3 gekommen ist und warum gerade eine Abstufung nach drei Zahlenwerten und nicht z.B. nach fünf oder sechs Zahlenwerten vorgenommen wurde. Auf eine Darstellung der Theorien und Methoden der Skalierung sei an dieser Stelle verzichtet.[55] Statt dessen wird hier nur das in der Marktforschung wegen seiner Vielseitigkeit und einfachen Handhabbarkeit am häufigsten zur Skalierung verwendete Rating-Verfahren erläutert.[56]

---

55 Vgl. zu einem Überblick Berekoven/Eckert/Ellenrieder 1991, S. 69 ff. sowie im Detail Borg/Staufenbiel 1993.

56 Vgl. zum Rating-Verfahren Berekoven/Eckert/Ellenrieder 1991, S. 69 ff.; Green/Tull 1982, S. 162 ff.; Hammann/Erichson 1994, S. 274 f. u. 311 f.; Trommsdorff 1975, S. 84 ff.

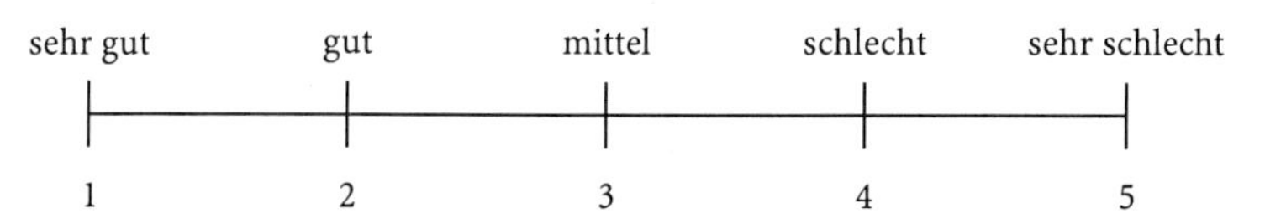

Abb. 8. Beispiel einer verbal umschriebenen Ratingskala

Ratingskalen stellen Zuordnungsskalen dar, bei denen die Befragten ihre Einschätzung auf einer vorgegebenen Antwortskala bezüglich der interessierenden Merkmalsdimension angeben sollen. Abbildung 8 liefert ein Beispiel.

Bei der Konstruktion von Ratingskalen sind insbesondere folgende Tatbestände abzuklären:[57]

- *Ein- oder zweipolige Ratingskala:*
  Bei einpoligen Ratingskalen erfolgt eine Intensitätsabfrage (gering-hoch), und eine Eigenschaft wird als mehr oder weniger stark ausgeprägt empfunden. Bei zweipoligen Ratingskalen hingegen wird ein diametrales Gegensatzpaar (schön–häßlich) abgefragt, und eine Eigenschaft *X* wird in Konkurrenz zu der Eigenschaft *Y* aufgefaßt. Häufig zur Anwendung kommen einpolige Ratingskalen.
- *Zahl der Abstufungen:*
  Je stärker eine Ratingskala abgestuft ist, desto schwieriger wird für den Probanden die eindeutige Zuordnung einer Merkmalsausprägung zu einem bestimmten Skalenwert, d.h. die Diskriminierungsfähigkeit des Befragten sinkt. Andererseits leiden bei nur wenig abgestuften Ratingskalen die gewonnenen Datenwerte an Zuverlässigkeit. Empfohlen werden vier- bis siebenstufige Skalen.
- *Gerade oder ungerade Zahl der Abstufung:*
  Ist die Zahl der Abstufungen bei bipolaren Skalen gerade, so existiert keine mittlere Merkmalsausprägung, womit die Probanden gezwungen werden, sich für eine Richtung der Skala zu entscheiden. Bei einer ungeraden Zahl der Abstufungen besteht das Problem, daß beim Ankreuzen der mittleren Kategorie nicht feststellbar ist, ob bei dem Befragten Indifferenz (beide Eigenschaftspaare sind nicht vorhanden) oder Ambivalenz (beide Eigenschaften werden als gleich stark empfunden) vorliegt. Grundsätzlich stellt sich aber auch bei einpoligen Skalen die Frage, ob den Probanden eine „mittlere Antwortkategorie" angeboten werden soll (ungerade Abstufungszahl) oder nicht (gerade Abstufungszahl).

[57] Vgl. hierzu insbesondere Trommsdorff 1975, S. 84 ff.

- *Forcierte Ratings oder Ausweichkategorien:*
  Forcierte Ratings liegen vor, wenn die Befragten „gezwungen" werden, einen Skalenwert anzukreuzen und keine Ausweichmöglichkeiten vorgesehen sind. Das führt zu dem grundsätzlichen Problem, daß die gewonnenen Daten evtl. verzerrt sind und sie die Einschätzung eines Befragten nicht in geeigneter Form abbilden können. Es gilt nämlich zu beachten, daß Skalen durch den Befragten auch als ungeeignet empfunden werden oder er sich bei der Beantwortung unsicher fühlt. Um diesem Umstand gerecht zu werden, können Ausweichkategorien (z.B. keine Angabe; weiß nicht; nicht relevant) bereitgestellt werden. Allerdings ist zu berücksichtigen, daß bei Existenz von Ausweichkategorien manche Probanden geneigt sind, diese bevorzugt anzukreuzen.

Grundsätzlich erbringen Ratingskalen nur Ordinalskalenniveau. Das bedeutet, daß die Abstände zwischen den Skalenabstufungen nicht alle als gleich groß (äquidistant) anzusehen sind. Kann jedoch durch eine geeignete Konstruktion der Skala sichergestellt werden, daß die semantischen Skalenabstände durch die Befragten sämtlich gleich groß empfunden werden, so können Ratingskalen als Intervallskalen und somit metrisch interpretiert werden. Dies wird z.B. durch eine Verbalisierung der Skalenabstufungen unterstützt, da so eine gleichartige Interpretation von Skalenabstufungen durch die Befragten gefördert werden kann. Metrisches Skalenniveau ist eine notwendige Bedingung für eine Vielzahl von Datenauswertungsverfahren, weshalb viele Forscher geneigt sind, Ratingskalen als metrisch skaliert zu deklarieren. Letztendlich kann aber nur bei einer gewissenhaften Konstruktion von Ratingskalen metrisches Skalenniveau erwartet werden.

Die Einfachheit der Konstruktion, Anwendung und Auswertung von Ratingskalen hat dazu geführt, daß dieser Skalentyp in der empirischen Marketingforschung eine große Verbreitung gefunden hat. Dem stehen allerdings auch konzeptionelle Mängel gegenüber, wie z.B.

- das Interpretationsproblem bezüglich der Eindeutigkeit der Eigenschaftsformulierung oder der Auslegung des mittleren Skalenwertes bei zweipoligen Skalen (Indifferenz oder Ambivalenz),
- das Problem der Antworttendenzen und Kontexteffekte; Antworttendenzen liegen vor, wenn Probanden bei ihren Einschätzungen mehr oder weniger stark in eine bestimmte Richtung tendieren (z.B. Extremwert- oder Mittelwerttendierer), während Kontexteffekte dann vorliegen, wenn Personen z.B. geneigt sind, ihnen bekannte Untersuchungsobjekte tendenziell günstiger zu beurteilen als ihnen unbekannte Objekte (Nachsichtseffekt) oder sich bei ihren Einschätzungen von übergeordneten Eindrücken leiten lassen (Halo- oder Hofeffekt), sowie
- das bereits oben aufgezeigte Problem des gewonnenen Skalenniveaus.

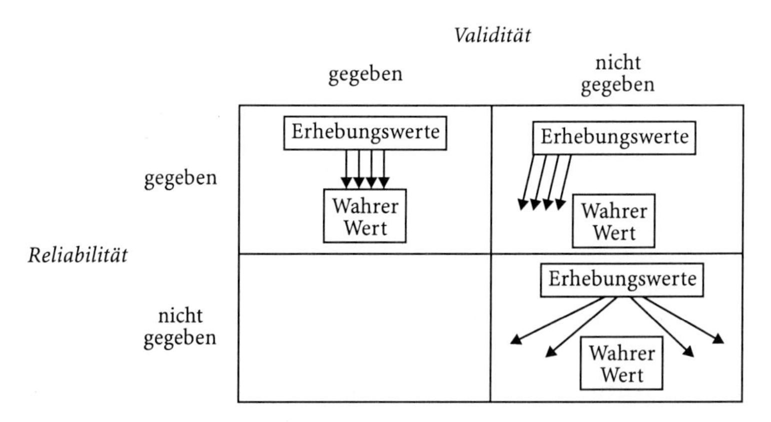

Abb. 9. Veranschaulichung von Validität und Reliabilität

Abschließend sei noch kurz auf Gütekriterien zur Beurteilung von Meßinstrumenten hingewiesen. Gütekriterien sollten darüber Auskunft geben, ob auch wirklich das gemessen wurde, was gemessen werden sollte (Gültigkeit der Messung) und ob die Angaben von Personen eine gewisse zeitliche Konstanz aufweisen (Zuverlässigkeit der Messung). Ersterer Sachverhalt wird als Validität bezeichnet, der zweite als Reliabilität. Die Validität mißt den Zusammenhang zwischen dem, was ein Meßinstrument zu messen 'vorgibt' und dem tatsächlich zu messenden Sachverhalt (wahrer Wert). Allgemein bezeichnet die Validität die Freiheit eines Meßverfahrens von systematischen Fehlern, und sie kann anhand sog. Außenkriterien überprüft werden. Demgegenüber liegt Reliabilität dann vor, wenn bei aufeinanderfolgenden Anwendungen unter gleichen Bedingungen auch gleiche Resultate erzielt werden. Reliabilität bezeichnet allgemein die Freiheit eines Meßinstrumentes von Inkonsistenzen der Testergebnisse zwischen verschiedenen Personengruppen oder verschiedenen (Kontroll-)Erhebungen bei denselben Personen. Die Reliabilität stellt dabei eine notwendige Bedingung für das Vorhandensein von Validität dar, da bei validen Ergebnissen, die zeitlich differieren, davon ausgegangen werden muß, daß sich die 'wahren Werte' im Zeitablauf verändert haben.[58]

4.2.4 Exkurs: Bedeutung und Nutzen von Marktanalysen

Die Beschaffung von Potentialinformationen hat grundsätzlich permanent und systematisch zu erfolgen. Kein Unternehmen kann es sich im Wettbewerb erlauben, nicht über die aktuelle Nachfrager-, Konkurrenz-, Umwelt- und Unterneh-

[58] Zur Prüfung von Validität und Reliabilität stehen verschiedene Methoden zur Verfügung. Vgl. hierzu Böhler 1992, S. 102 ff. und Hüttner 1989, S. 13 ff.

menssituation informiert zu sein, da falsche oder mangelhafte Informationen unmittelbar zu Wettbewerbsnachteilen führen müssen. Trotz der Evidenz dieses Umstandes sind Unternehmen gerade bei der Durchführung von Marktanalysen eher zurückhaltend. Es wird verkannt, daß Marktanalysen Marktinvestitionen darstellen, die wesentlich wichtiger sind als Sachinvestitionen; denn der Erfolg eines Unternehmens entscheidet sich in erster Linie am Markt und erst in zweiter Linie an innerbetrieblichen Größen. Bereits *Adam Smith* hat betont, daß der Sinn der Produktion immer nur in der Konsumtion liegen kann.[59] Deshalb muß deutlich werden, daß Investitionen nicht nur die Verwendung von Mitteln für die Anschaffung neuer Produktionsanlagen bedeuten, sondern daß der Aufbau und die Verteidigung von Märkten ebenfalls (Markt-)Investitionen voraussetzen, die sich erst in späteren Jahren amortisieren werden. Gerade im Business-to-Business-Bereich bewegen wir uns in eine Marktumwelt hinein, die höhere Vorleistungen erfordert, wodurch zwangsläufig das Marktrisiko steigt und der Spielraum für Fehlinvestitionen immer kleiner wird.[60] Damit werden Marktkenntnisse immer wichtiger. Marktkenntnis aber bedeutet, Informationen über Probleme, Bedürfnisse, Ziele sowie Wünsche der Nachfrager und deren subjektiver Wahrnehmung bezüglich der Leistungsangebote der Anbieter zu besitzen. Diese Informationen können verläßlich nur am Markt erhoben werden, und das darf nicht einmalig geschehen, sondern hat permanent zu erfolgen. Von daher ist es mehr als verwunderlich, daß bei einer Befragung von insgesamt 354 Unternehmen der Investitionsgüterindustrie im Durchschnitt die Marktinformationsinstrumente Marktstudien, Produkt- und Markttest sowie Szenariotechnik als relativ unbedeutend eingeschätzt wurden.[61] Eine Befragung von Marktforschungsinstituten hat weiterhin erbracht, daß Unternehmen gerade in den letzten Jahren ihre Marktforschungsbudgets erheblich gekürzt haben und versuchen, Kosten z.B. durch weniger Marktstudien, geringere Primärforschung, kleinere Stichproben und Verzicht auf anspruchsvolle Datenanalyseverfahren einzusparen.[62] Ob die damit erzielten kurzfristigen Kosteneinsparungen aber auch langfristig die Kosten- und Erlössituation und letztendlich auch die Marktposition dieser Unternehmen verbessern können, ist zwar abzuwarten, erscheint aber mehr als fraglich. Viele Unternehmen vergessen, daß gerade eine hohe Marktorientierung bereits in der F&E-Phase sowie Szenario- und Wettbewerbsanalysen strategische Fehlentwicklungen frühzeitig vermeiden helfen und dadurch bisher ungenutzte Kostensenkungspotentiale erschließen können. Ebenso können Produkt- und Markttests die Markteinführungsphase beschleunigen und so teilweise die ver-

---

[59] Vgl. Lichtenthal/Beik 1984, S. 136.

[60] Vgl. Droege/Backhaus/Weiber 1993, S. 93.

[61] Vgl. Droege/Backhaus/Weiber 1993, S. 57.

[62] Vgl. Reinecke/Tomczak 1994, S. 42 f.

stärkt zu beobachtende Verkürzung von Produktlebenszyklen kompensieren helfen. Obwohl auch Marktanalysen die 'richtige Entscheidung' nicht garantieren können, so vermindern sie doch das Risiko von Fehlentscheidungen. Damit müssen auch Marktinvestitionen in Form von z.B. Marktstudien als Investitionsobjekte betrachtet werden, bei denen Ein- und Auszahlungen einander gegenüberzustellen sind. Der Nutzen von Marktstudien liegt in validen, entscheidungsrelevanten Informationen. Informationen über Märkte dürfen nicht punktuell oder einmalig erhoben werden, sondern müssen kontinuierlich beschafft werden. Marktorientierung ernst nehmen bedeutet für viele Unternehmen aber auch eine Neuorientierung in der Informationsbeschaffung,[63] die hier durch folgende Aspekte verdeutlicht sei:

- Die Informationsbeschaffung muß stärker am Marketing-Konzeptionierungsprozeß ausgerichtet werden, um die sich daraus ergebenden Informationsbedürfnisse erfüllen zu können.
- Kundenvorteile erzielen setzt die Kenntnis der Kundenwünsche voraus. Kundenwünsche sind aber immer individuell unterschiedlich ausgeprägt. Deshalb gilt es gerade bei der Vermarktung auf anonymen Märkten, Marktsegmente zu identifizieren und segmentspezifische Marktanalysen durchzuführen.
- Die Marktforschung muß integrativer Bestandteil des betrieblichen Frühwarnsystems sein, so daß rechtzeitig Frühwarnindikatoren in bezug auf Veränderungen bei Abnehmergruppen, Wettbewerbern und Umweltfaktoren entwickelt werden können. Erst das frühzeitige Erkennen grundlegender Marktveränderungen ermöglicht es dem Unternehmen zu agieren, statt zu reagieren.

  Beispiel:
  Unternehmenskrisen sind wie Erdbeben:
  In der Volksrepublik China wurde vor einigen Jahren versucht, Erdbeben vorauszusagen. Landesweit wurden ungewöhnliche Naturbeobachtungen wie ungewöhnliches Verhalten von Tieren, Pflanzen und Gewässern gesammelt und zentral ausgewertet. Die Einzelaussage war dabei ohne Bedeutung, erst die Verdichtung vieler Einzelinformationen – jede für sich fast wertlos – erlaubte eine verbesserte Vorhersage von Erdbeben. Das schreckhafte Verhalten eines Vogels bedeutet nichts, erst viele Beobachtungen ungewöhnlichen Verhaltens von Tieren weisen auf ungewöhnliche Entwicklungen hin, z.B. Erdbeben.

- Auf nahezu allen Ebenen des Unternehmens existieren vielfältige Marktkenntnisse, die es systematisch zu erschließen, zusammenzuführen und in entscheidungsrelevante Informationen umzusetzen gilt. Zu diesem Zweck bedarf es eines geeigneten Informations-Management, das eine effiziente Informationsdistribution erlaubt.

[63] Vgl. auch Backhaus/de Zoeten 1990, S. 33.

- Viele Informationen, die in Unternehmen gesammelt und verarbeitet werden, dienen der Vergangenheitsbewältigung oder nachträglichen Rechtfertigung von Entscheidungen. Entscheidend für den Markterfolg sind aber nicht nur Kontrollinformationen, sondern insbesondere Zukunftsinformationen über Märkte.

Abschließend bleibt festzuhalten, daß Marktanalysen für die Ermittlung von Potentialinformationen eine zentrale Rolle spielen, da sie die entscheidungsrelevanten Informationen liefern, die erforderlich sind, um am Markt erfolgreich zu sein. Da Potentialinformationen gerade für das Marketing auf anonymen Märk-

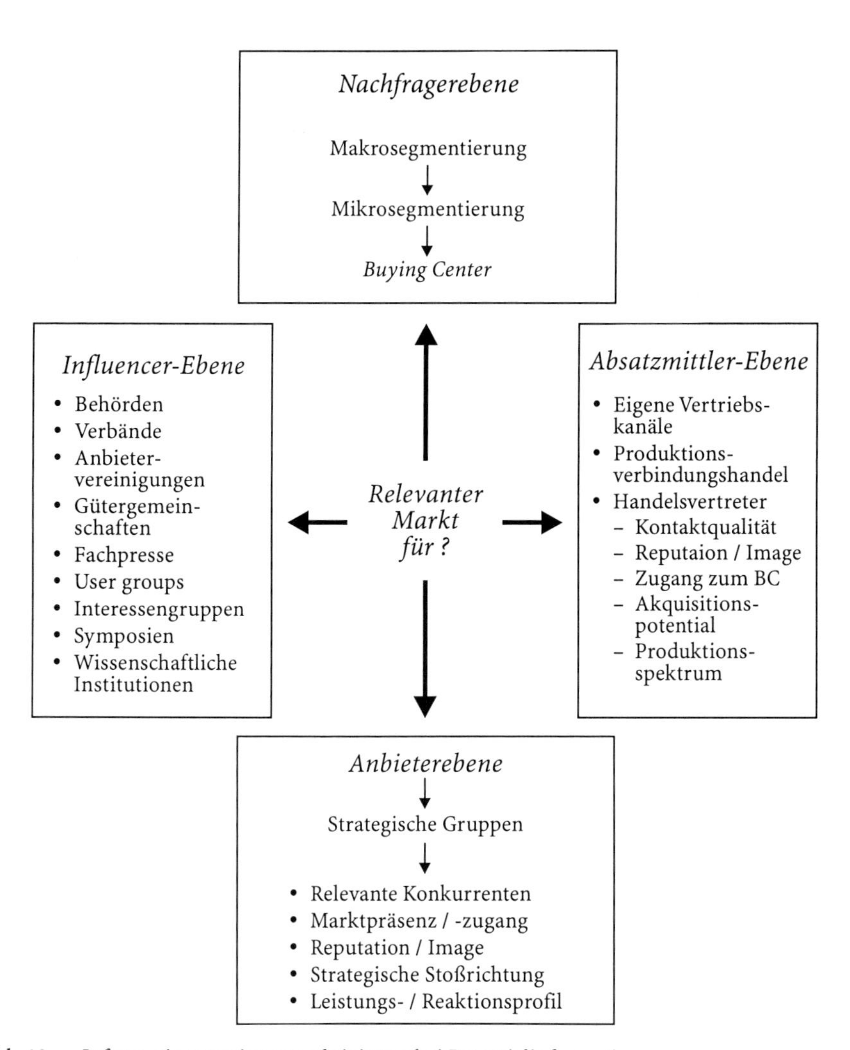

Abb. 10. Informationsgewinnungsaktivitäten bei Potentialinformationen

ten von herausragender Bedeutung sind, bei denen der Leistungserstellungsprozeß vor allem aus Distributionsaktivitäten besteht, müssen sich die Informationsgewinnungsaktivitäten auch auf die Absatzmittler- und die Influencer-Ebene beziehen (vgl. Abb. 10). Erst durch valide, d.h. am Markt erhobene Potentialinformationen ist die notwendige Bedingung zur Erzielung von Kundenvorteilen erfüllt und damit auch eine wichtige Voraussetzung für den Erfolg in der konkreten Einzeltransaktion gegeben.

4.3 Gewinnung von externen Prozeßinformationen

Gegenstand des vorangegangenen Teils war die Planung und Steuerung der Informationsversorgung zur autonomen Leistungsgestaltung, also der Gestaltung des Leistungspotentials eines Anbieters. Es wurden Instrumente und Methoden vorgestellt, mit deren Hilfe Informationen erhoben und ausgewertet werden können, die immer gruppenbezogene Kundenvorteile betreffen. Wie in der Einleitung zu diesem Kapitel bereits erläutert wurde, ist ein weiterer Informationsstrom zu berücksichtigen, nämlich der Informationsstrom zur integrativen Leistungsgestaltung (vgl. Abb. 2). Integrative Leistungsgestaltung bedeutet Integration des Kunden bzw. Customer Integration. Der integrative Informationsstrom betrifft immer nur einen einzelne Nachfrager bzw. eine einzelne Transaktion. Die Elemente des integrativen Informationsstroms wurden als externe Prozeßinformationen bezeichnet und können wie folgt definiert werden[64]:

Definition 7. *Externe Prozeßinformationen*
Externe Prozeßinformationen umfassen alle Informationen, die in der konkreten Einzeltransaktion zur Gestaltung des Leistungserstellungsprozesses im Hinblick auf die Erzielung von Kundenvorteilen von Bedeutung sind.

Die Definition macht deutlich, daß bei externen Prozeßinformationen die Zwekkorientierung auf die Erzielung des Kundenvorteils beim Einzelauftrag gerichtet ist. Durch die Fokussierung des Einzelauftrags ist jedoch das bei Potentialinformationen aufgezeigte Instrumentarium zur Informationsgewinnung nicht mehr anwendbar, da nicht mehr „modal-relevante" Kundenvorteile zu ermitteln sind, die für möglichst viele Kunden Gültigkeit besitzen, sondern der spezifische Kundenvorteil in der konkreten Transaktionsepisode zu gestalten ist. Die Entwicklung eines entsprechenden Informationsgewinnungs-Instrumentariums muß die bereits in Abb. 3 aufgezeigten allgemeinen Grundsatzfragen der Informationsbe-

[64] Vgl. dazu ausführlich Kleinaltenkamp/Haase 1997.

Tabelle 9. Ausgewählte Instrumente der Gewinnung von externen Prozeßinformationen

	Informationsbedarf	*Informationsträger*	*Informationserhebung*		
			Gestaltung der Kommunikationsschnittstelle	*Auswahl der Kommunikationskanäle*	*Ablaufgestaltung*
Partialansätze	• Lastenheft (Problemkonzept, Wirkansprüche, Nutzungskonzeption, 'Whats') • Pflichtenheft (Lösungskonzept, Objektansprüche, Technologiekonzeption, 'Hows')	• Buying Center-Analyse • Promotorenmodell • Wertkettenanalyse	• Kooperationsansatz (Teambildung) • Qualifikationsansatz (Mitarbeiterqualifikation) • Organisationsansatz (Application Engineering)	*Datenerhebung:* • Vorortpräsenz • Musteraustausch • Personalaustausch *Informationsübertragung:* • öffentliche Netze (ISDN) • Endgeräte	• Blueprinting
Totalansätze	• Simultaneous Engineering • Total Quality Management (TQM) • Quality Function Deployment (QFD)				

reitstellung beantworten, wobei sich die Überlegungen auf folgende Fragenkomplexe konzentrieren:

- Welche Informationen werden benötigt (Informationsbedarf)?
- Wer besitzt diese Informationen (Informationsträger)?
- Womit können die Informationen erhoben werden (Informationserhebung)?

Im folgenden werden ausgewählte Instrumente dargestellt, die zur Beantwortung obiger Fragen herangezogen werden können. Wir unterscheiden dabei zwischen Partialansätzen, die konkrete Gestaltungsoptionen in den einzelnen Bereichen der Informationsgewinnung darstellen, und Totalansätze, die auf eine simultane Beantwortung der obigen Fragen abzielen. Tabelle 9 liefert einen Überblick der nachfolgenden Analyseschwerpunkte.

4.3.1 Bestimmung des Informationsbedarfs

Externe Prozeßinformationen können auf einer übergeordneten Ebene zwei Bereichen zugeordnet werden:

- dem Bereich der Problemdefinition und
- dem Bereich der Lösungskonzeption.

Im Business-to-Business-Bereich werden Leistungen für den Verbrauch oder den Gebrauch in der Wertkette des Nachfragers beschafft. Notwendige Voraussetzung für die Entstehung eines Kundenvorteils ist folglich die Kenntnis dieser Wertkette.

Tabelle 10. Elemente eines Lastenheftes nach *VDI/VDE*
(Quelle: VDI/VDE 1991, S. 3–7)

Nr.		*Element*
1.		Einführung in das Projekt
	1.1	Veranlassung
	1.2	Zielsetzung des Automatisierungsvorhabens
	1.3	Projektumfeld (Benutzerumfeld)
	1.4	Wesentliche Aufgaben
	1.5	Eckdaten für das Projekt
2.		Beschreibung der Ausgangssituation (Istzustand)
	2.1	Technischer Prozeß
	2.2	Automatisierungssystem
	2.3	Organisation
	2.4	Datendarstellung und Mengengerüst (Istzustand)
3.		Aufgabenstellung (Sollzustand)
	3.1	Kurzbeschreibung der Aufgabenstellung
	3.2	Gliederung und Beschreibung der Aufgabenstellung
	3.3	Ablaufbeschreibung
	3.4	Datendarstellung und Mengengerüst (Sollzustand)
	3.5	Zukunftsaspekte
4.		Schnittstellen
	4.1	Schnittstellenübersicht
	4.2	Technischer Prozeß – Rechner
	4.3	Mensch – Rechner
	4.4	Rechner – Rechner
	4.5	Anwendungsprogramm – Rechner
	4.6	Anwendungsprogramm – Anwendungsprogramm
5.		Anforderungen an die Systemtechnik
	5.1	Datenverarbeitung
	5.2	Datenhaltung
	5.3	Software
	5.4	Hardware
	5.5	Hardwareumgebung
	5.6	Technische Merkmale des Gesamtsystems
6.		Anforderungen für die Inbetriebnahme und den Einsatz
	6.1	Dokumentation
	6.2	Montage
	6.3	Inbetriebnahme
	6.4	Probebetrieb, Abnahmen
	6.5	Schulung
	6.6	Betriebsablauf
	6.7	Instandhaltung und Softwarepflege
7.		Anforderungen an die Qualität
	7.1	Softwarequalität
	7.2	Hardwarequalität
8.		Anforderungen an die Projektabwicklung
	8.1	Projektorganisation
	8.2	Projektdurchführung
	8.3	Konfigurationsmanagement

Die Problemdefinition umfaßt alle Daten, welche die gegebene und die angestrebte Gestalt der Wertkette bzw. des betroffenen Teils beschreiben. Bei jeder Beschaffung wird somit irgendwann einmal eine Problemdefinition vorgenommen, sei es implizit oder explizit. Wird die Problemdefinition schriftlich oder in einer sonstigen Form fixiert, so kann die entsprechende Unterlage gemäß einer *VDI/VDE*-Richtlinie als Lastenheft bezeichnet werden: „Im Lastenheft sind die Anforderungen aus Anwendersicht einschließlich aller Randbedingungen zu beschreiben. ... Im Lastenheft wird definiert, WAS und WOFÜR zu lösen ist.“[65] Für den speziellen Anwendungsfall der Meß- und Automatisierungstechnik schlägt die *VDI/VDE*-Richtlinie beispielhaft die in Tabelle 10 dargestellte inhaltliche Gliederung vor.

Die Lösungskonzeption stellt nun das Komplement zur Problemdefinition dar und umfaßt alle Daten, welche die grundsätzlichen Eigenschaften eines Beschaffungsobjektes zur Lösung des Nachfragerproblems beschreiben. Auch eine Lösungskonzeption muß folglich immer vorliegen, wenn ein Kundenvorteil erzielt werden soll - sei es in expliziter oder in impliziter Form. Die *VDI/VDE*-Richtlinie bezeichnet eine Datenunterlage für die Lösungskonzeption als Pflichtenheft: „Im Pflichtenheft werden die Anwendungsvorgaben detailliert und die Realisierungsanforderungen beschrieben. Im Pflichtenheft wird definiert, *wie* und *womit* die Anforderungen zu realisieren sind“[66]. Der in der *VDI/VDE* -Richtlinie enthaltene Gliederungsvorschlag des Pflichtenheftes für den Anwendungsfall der Meß- und Automatisierungstechnik ist in Tabelle 11 aufgezeigt.

Tabelle 11. Elemente eines Pflichtenheftes nach *VDI/VDE* (Quelle: VDI/VDE 1991, S. 7)

Nr.		*Element*
9.		Systemtechnische Lösung
	9.1	Kurzbeschreibung der Lösung
	9.2	Gliederung und Beschreibung der systemtechnischen Lösung
	9.3	Beschreibung der systemtechnischen Lösung für den regulären Betrieb (Normalbetrieb, Anlauf und Wiederanlauf) und für den irregulären Betrieb (gestörter Betrieb, Notbetrieb)
10.		Systemtechnik (Ausprägung)
	10.1	Datenverarbeitungssystem
	10.2	Datenverwaltungs-/Datenbanksystem
	10.3	Software
	10.4	Gerätetechnik
	10.5	Technische Daten der Geräte
	10.6	Technische Angaben für das Gesamtsystem

[65] VDI/VDE 1991, S. 2, Hervorhebungen wie im Original. Ähnliche Ansätze der Systematisierung finden sich bei Koppelmann 1987, S. 110 und 114; Gemünden 1980, S. 26; Hauser/Clausing 1988, S. 65 und 71.

[66] VDI/VDE 1991, S. 2, Hervorhebungen wie im Original. Ähnliche Ansätze der Systematisierung finden sich bei Koppelmann 1987, S. 110 und 114; Gemünden 1980, S. 26; Hauser/Clausing 1988, S. 66 und 71.

Einschränkend ist an dieser Stelle jedoch zu vermerken, daß die Lösungskonzeption sowohl von ihrer Zwecksetzung als auch von ihrem Umfang her nicht mit einer konstruktiven Modellbeschreibung des Leistungsergebnisses zu verwechseln ist. Es handelt sich vielmehr um die Zusammenfassung und Systematisierung desjenigen Datenbereichs aus dem Bereich des Nachfragers, der bereits frühzeitig Rückschlüsse auf den bei der Lösung des Anwendungsproblems einzuschlagenden Weg zuläßt.

Im Rahmen der integrativen Leistungserstellung gilt es zu berücksichtigen, daß der Austauschprozeß je nach Betrachtungsperspektive sowohl als Beschaffungs- als auch als Absatzprozeß verstanden werden kann. Dieser Umstand macht deutlich, daß die Aufgaben bei der Lasten- und Pflichtenhefterstellung unterschiedlich verteilt sein können. Lasten- und Pflichtenheft können autonom vom Anbieter, autonom vom Nachfrager oder kooperativ von beiden Beteiligten erstellt werden. Ein Anbieter kann im Rahmen der Planung seines Marktleistungssystems festlegen, welchen Informationsbereich er von sich aus zum Gegenstand der Kommunikation mit dem Nachfrager macht.[67]

Zusammenfassend läßt sich feststellen, daß im Rahmen eines Austauschprozesses bei integrativer Leistungsgestaltung immer sowohl die Problemdefinition als auch die Lösungskonzeption in irgendeiner Form vorliegen müssen. Lasten- und Pflichtenheft sowie der Formalisierungsgrad dieser Dokumente liefern somit Anhaltspunkte für wichtige Gestaltungsparameter bei der Beschaffung von externen Prozeßinformationen. Sie spiegeln den zentralen Informationsbedarf bei externen Prozeßinformationen wider.

4.3.2 Bestimmung der Informationsträger

Der nächste Schritt der Beschaffung von externen Prozeßinformationen besteht in der Identifikation von Informationsträgern auf der Seite des Nachfragers. Dazu kann auf das allgemeine Kommunikationsmodell[68] zurückgegriffen werden, welches in Abb. 11 verdeutlicht ist.

Sender —Übertragungskanal→ *Empfänger*

Abb. 11. Allgemeines Kommunikationsmodell

[67] Vgl. Kleinaltenkamp 1999.

[68] Vgl. z.B. Mag 1980, Sp. 1031 ff.; Kotler/Bliemel 1992, S. 830.

Im Rahmen des allgemeinen Kommunikationsmodells werden als Kommunikationsträger der (unmittelbare) Sender und der (unmittelbare) Empfänger von Informationen verstanden. Da für die Erzielung von Kundenvorteilen bei der integrativen Leistungsgestaltung dem Kunden die größte Bedeutung beizumessen ist, konzentrieren sich die folgenden Überlegungen zunächst auf die Kundenseite als Sender von Informationen.

Bei der Vermarktung im Business-to-Business-Bereich ist die Nachfragerseite meist durch Multipersonalität und häufig auch Multiorganisationalität gekennzeichnet. Vor diesem Hintergrund erlangen zunächst die Überlegungen zum Buying Center eine herausragende Bedeutung für die Beschaffung von externen Prozeßinformationen. Ansätze zur Analyse des Buying Center liefern zum einen die Modelle zur Rollenverteilung im Buying Center, wobei hier insbesondere der Ansatz von *Webster/Wind* und das Promotoren/Opponenten-Modell von *Witte* zu nennen sind. Diese Modelle stellen ein allgemeines Raster zur Verfügung, mit dessen Hilfe potentielle Informationsträger identifiziert und eingeordnet werden können. Der Anbieter kann mit Hilfe dieser Modelle das Buying Center eingrenzen und erste Hinweise über die Funktion der Buying Center-Mitglieder als Informationsträger erhalten.[69]

Darüber hinaus kann als Alternative zu den Modellen des industriellen Kaufverhaltens der Wertkettenansatz von *Porter* angesehen werden. Nach *Porter* kann jedes Unternehmen verstanden werden „als eine Ansammlung von Tätigkeiten, durch die ein Produkt entworfen, hergestellt, vertrieben, ausgeliefert und unterstützt wird. All diese Tätigkeiten lassen sich in einer Wertkette darstellen“[70]. Das zentrale Kennzeichen der Wertkette ist dabei darin zu sehen, daß sie die Zusammensetzung des Gesamtwertes widerspiegelt, den ein Abnehmer für eine Leistung zu zahlen bereit ist. Als Wertaktivitäten werden deshalb nur solche Aktivitäten bezeichnet, durch die ein Anbieter ein für seinen Abnehmer wertvolles Produkt schafft. Wertkettenaktivitäten lassen sich dabei in primäre und unterstützende Aktivitäten unterteilen: „Primäre Aktivitäten [...] befassen sich mit der physischen Herstellung des Produktes und dessen Verkauf und Übermittlung an den Abnehmer sowie dem Kundendienst. [...] Unterstützende Aktivitäten halten die primären Aktivitäten unter sich selbst gegenseitig dadurch aufrecht, daß sie für den Kauf von Inputs, Technologie, menschlichen Ressourcen und von verschiedenen Funktionen fürs ganze Unternehmen sorgen“[71].

Träger von externen Prozeßinformationen können auf der Kundenseite nun dadurch identifiziert werden, daß der Anbieter denjenigen „Strang“ der *Wert-*

---

[69] An dieser Stelle sei auf eine vertiefende Analyse dieser Ansätze verzichtet und statt dessen auf das Kapitel „Industrielles Kaufverhalten“ verwiesen.

[70] Porter 1989, S. 63.

[71] Porter 1989, S. 65; vgl. insb. auch den Abschnitt 3.2.1. im Kapitel „Einführung in das Business-to-Business-Marketing“.

kette des Nachfragers antizipiert und nachzeichnet, der durch sein Leistungsangebot beeinflußt wird. Dieser Strang kann sehr übersichtlich und kurz, er kann aber auch sehr komplex und umfassend sein und sogar über die Unternehmensgrenzen des Nachfragers hinausreichen. Letzteres wäre der Fall, wenn die Leistung des Anbieters auch Einfluß auf die Wertketten in nachgelagerten Marktstufen des Nachfragers hätte, wenn also auch die Kunden des Nachfragers betroffen wären. Grundsätzlich kommen alle Entscheidungsträger innerhalb eines so gezeichneten Wertkettenstrangs als potentielle Träger von externen Prozeßinformationen in Frage. Der Wertkettenstrang, der z.B. durch die Beschaffung eines CAD-Systems bei einem Maschinenbauer betroffen wird, wäre etwa anhand der Ablauforganisation für die innerbetriebliche Auftragslogistik nachzuvollziehen. Dieser Wertkettenstrang wird i.d.R. relativ stromlinienförmig verlaufen. Relativ komplex dürfte dagegen der Wertkettenstrang sein, der durch die Beschaffung einer Mitarbeiterschulung mit der Thematik „Business-to-Business-Marketing" betroffen wäre.

Dabei ist zu beachten, daß ein marktlicher Austausch beim Nachfrager mindestens zwei verschiedene Wertaktivitäten betrifft: Zum einen muß eine Leistung beschafft werden, zum anderen erfolgt die Beschaffung immer zum Zwecke einer Verwendung. Die Beschaffung ist ex definitione eine unterstützende Aktivität, die Verwendung kann entweder im Rahmen einer primären oder ebenfalls im Rahmen einer unterstützenden Aktivität erfolgen. Beide Bereiche müssen bei einer solchen Vorgehensweise zur Identifikation von Informationsträgern unterschieden werden.

4.3.3 Erhebung von externen Prozeßinformationen

Die Erhebung von externen Prozeßinformationen umfaßt die Beschaffung von Informationsinhalten, wie sie in Lasten- und Pflichtenheften abgelegt werden können, von den Informationsträgern. Um eine systematische Beschaffung von externen Prozeßinformationen zu gewährleisten, muß ein Anbieter überlegen, wie er im Rahmen der Kommunikationsbeziehung mit dem Nachfrager im Rahmen einer konkreten Transaktionsepisode

1. den Informationsempfang durch ein geeignetes Management der Kommunikationsschnittstelle,
2. geeignete Informationsübertragungswege und
3. eine optimale Gestaltung des zeitlichen Kommunikationsablaufs

sicherstellen kann.

4.3.3.1 Schnittstellengestaltung für die Erhebung von externen Prozeßinformationen

Die Empfänger von (Kunden-)Informationen sind die personellen Schnittstellen auf der Anbieterseite, i.d.R. also die Vertriebsmitarbeiter. Nach traditioneller Sichtweise besteht die Funktion der Institution Vertrieb darin, das Personal Selling zu gewährleisten, und Vertrieb ist in erster Linie eine kaufmännische Aufgabe. Soll die personelle Schnittstelle des Anbieters im Rahmen der Customer Integration allerdings eine aktive Funktion zur Beschaffung von externen Prozeßinformationen übernehmen, so erscheint eine primär kaufmännische Ausrichtung nicht mehr ausreichend. Vielmehr tritt die technische Kompetenz des Empfängers in ihrer Bedeutung wenigstens gleichwertig neben die kaufmännische Kompetenz.[72] Zur Gewährleistung dieser anbieterseitigen technischen Kompetenz an der Schnittstelle zum Nachfrager stehen grundsätzlich drei verschiedene Wege zur Verfügung:

- *Der Kooperationsansatz:*
  Im Rahmen des Kooperationsansatzes versucht der Anbieter, die Schnittstellenfunktion in Form eines Projektmanagements zu gestalten, und die Informationsbeschaffungsaufgabe wird von einem Projektteam übernommen. In diesem Projektteam können sich Mitarbeiter als Träger spezifischer Kompetenzen gegenseitig ergänzen. Die technische Kompetenz bei der Informationsbeschaffung wird durch die Mitarbeit reiner Techniker, also von Mitarbeitern aus Bereichen der Ingenieurfunktionen i.e.S., gewährleistet.[73] Eine zentrale Fragestellung dieser Organisationsform betrifft die Projektleitung, d.h. soll der kaufmännische oder der technische Mitarbeiter die Führung übernehmen? Zur Beantwortung kann auf an anderer Stelle entwickelte Kriterienkataloge zurückgegriffen werden.[74] Festzuhalten bleibt, daß das Kooperationsmodell typisch für die Vermarktung industrieller Anlagen und komplexer Systeme ist.[75]
- *Der Qualifikationsansatz:*
  Der Qualifikationsansatz stellt eine zweite Alternative zur Sicherstellung der technischen Kompetenz des Anbieters an der Schnittstelle zum Nachfrager dar. Der Kern dieses Ansatzes ist darin zu sehen, daß für die Besetzung von Schnittstellenpositionen grundsätzlich nur solche Mitarbeiter auszuwählen sind, die die technische Kompetenz bereits aufgrund ihrer Ausbildung mitbringen, also z.B. Ingenieure mit Hochschul- oder Fachhochschulausbildung.

---

72 Vgl. z.B. Plinke/Fließ 1988.

73 Vgl. z.B. das von *Zündorf/Grunt* dargestellte Beispiel eines Herstellers von Textilfasern: Zündorf/Grunt 1982, S. 109 f.

74 Vgl. Günter 1984, S. 248 ff.

75 Vgl. ebenda sowie Engelhardt/Günter 1981, S. 114 f.

Das so entstehende Berufsbild wird als „Vertriebsingenieur" bezeichnet.[76] Der Ansatz unterscheidet sich vom Kooperationsmodell dadurch, daß Qualifikationsintegration auf der Ebene des einzelnen Mitarbeiters und nicht Qualifikationsergänzung auf Teamebene zu erreichen versucht wird. Beim Qualifikationsansatz treten zwar keine Abstimmungsprobleme wie beim Kooperationsansatz auf, allerdings stellt die Sicherstellung der nicht-technikbezogenen Qualifikation, also vor allem der kaufmännischen, die durch die technische Vorbildung i.d.R. nicht gesichert ist, eine gewisse Problematik dar.[77]

- *Der Organisationsansatz:*
  Die Beschaffung von externen Prozeßinformationen obliegt in vielen Unternehmen einem organisatorischen Bereich, dessen Aufgabe zwar relativ leicht umschrieben werden kann, über dessen Bezeichnung aber Unklarheit herrscht. Im Deutschen kommen die Bezeichnungen Entwicklung und Konstruktion in Frage, im Angelsächsischen Development und Engineering. Am treffendsten erscheint wohl die Bezeichnung „Engineering". Allerdings sind auch für das Engineering differenzierte Erscheinungsformen in der betrieblichen Praxis zu beobachten, so z.B. Product Engineering, Projekt Engineering, Contract Engineering, Configuration Engineering, Application Engineering oder Specification Engineering. Aufgrund der Begriffs- und Verwendungsvielfalt in der Praxis fällt eine Systematisierung dieser Erscheinungsformen jedoch schwer. Insbesondere für den Bereich ‚Application Engineering' liegt ein expliziter Bezug zur Aufgabe der Customer Integration bzw. der Beschaffung von externen Prozeßinformationen nachweisen. Application Engineering ist definiert als eine Vorgehensweise, mit deren Hilfe Produktmodifikationen, die geeignet sind, individuelle Bedürfnisse einzelner Nachfrager zu erfüllen, durchgeführt werden können.[78] Aufgrund der Tatsache, daß diese technischgestaltende Aufgabe nur ausgeführt werden kann, wenn die Anwendung spezifizierende Informationen – also externe Prozeßinformationen – vorliegen, müssen diese Abteilungen zwangsläufig eine Schnittstellenfunktion zum Nachfrager hin übernehmen. Engineering-Abteilungen zwischen 'reiner' F&E sowie 'reinem Vertrieb' stellen somit neben dem Kooperations- und dem Qualifikationsansatz eine weitere Option zur Gestaltung der anbieterseitigen Schnittstelle zum Nachfrager dar.

Die dargestellten Formen der Gestaltung der Kommunikationsträgerschaft erheben keinen Anspruch auf Vollständigkeit. In der betrieblichen und marktlichen Praxis sind vielmehr die unterschiedlichsten Modifikationen und Mischformen vorzufinden. Festzuhalten bleibt jedoch, daß die Gestaltung der Kommunikations-

---

[76] Zum Berufsbild des Vertriebsingenieurs vgl. z.B. Günter 1991; Plinke/Fließ 1991.

[77] Vgl. dazu Günter 1991; Späth 1991, S. 89 f; Plinke/Fließ 1991, S. 108.

[78] Vgl. Ansoff/Stewart 1967, S. 81.

trägerschaft auf der Seite des Anbieters nicht nur eine rein organisatorische oder personalpolitische Entscheidung ist, sondern immer auch vor dem Hintergrund der Gewährleistung einer effektiven Customer Integration gesehen werden muß.

4.3.3.2 Übertragungswegegestaltung für die Erhebung von externen Prozeßinformationen

Die Kommunikationsaufgabe im Rahmen der Customer Integration unterscheidet sich von der klassischen Kommunikationsaufgabe im Marketing vor allem nach der Richtung des Informationsflusses. Kernaufgabe der Kommunikation klassischer Art ist die Versorgung des Nachfragers mit Informationen,[79] um dessen Kaufverhalten und -entscheidungen zu beeinflussen. Diese unidirektionale Ausrichtung muß bei der Customer Integration aufgehoben werden, da bei der Erhebung von externen Prozeßinformationen dem Informationsfluß vom Nachfrager zum Anbieter eine erhöhte Bedeutung beizumessen ist.

Akzeptiert man diese geänderte Verteilung der Gewichte, so muß allerdings auch die Rolle der Datenerhebung neu beleuchtet werden. Eingangs wurden Daten als einfaches Abbild der Realität definiert, Informationen dagegen als das Ergebnis der zielgerichteten Aufbereitung von Daten. Bei der Versorgung des Nachfragers mit Informationen im Rahmen der traditionellen Marketingkommunikation nimmt der Anbieter grundsätzlich eine steuernde Funktion ein, d.h. er übernimmt als Sender in jedem Fall eine Aufbereitung der Daten zu Informationen für den Empfänger (Nachfrager). Für die Informationsbeschaffung im Rahmen der Customer Integration kann allerdings nicht notwendigerweise davon ausgegangen werden, daß der Nachfrager aktiv eine Datenaufbereitung vornimmt. Speziell in dem Fall, daß der Nachfrager dem Anbieter bewußt die Erstellung von Lasten- und Pflichtenheft überträgt, ist es sogar unwahrscheinlich, daß der Nachfrager dazu überhaupt in der Lage ist. In diesem Fall muß der Anbieter trotz der Tatsache, daß er eigentlich lediglich Informationsempfänger ist, eine steuernde Funktion einnehmen. Bei der Gestaltung des Kommunikationsweges sind folglich zwei Arten von Aufgaben zu unterscheiden:

- die Auswahl von Instrumenten, die der Steuerung der Datenerhebung dienen, und
- die Auswahl von Instrumenten, die der physischen Speicherung von Daten und Übermittlung von Informationen dienen.

4.3.3.2.1 Steuerung der Datenerhebung

Umfaßt der Kommunikationsprozeß auch die Datenerhebung und -aufbereitung, so besteht die Aufgabe des Anbieters u. a. darin, eine möglichst gute Abbildung

[79] Vgl. dazu Plötner 1999 sowie Nieschlag/Dichtl/ Hörschgen 1991, S. 23 und Meffert 1986, S. 443.

der Nachfragerrealität zu gewährleisten. Erneut ist darauf hinzuweisen, daß als Realität vor allem diejenigen Elemente der Wertkette des Nachfragers relevant sind, in die die angebotene Leistung integriert werden soll bzw. wo sie ihre Anwendung findet. Folgende Optionen stehen zur Steuerung dieses Prozesses zur Verfügung:

- *Vorortpräsenz des Anbieters:*
  In vielen Fällen ist die Erhebung originärer Daten derart gestaltet, daß der Anbieter durch Außendienst- oder außendienstnahe Organe zum Zwecke der Informationsbeschaffung beim Nachfrager präsent ist. Diese Organe führen die Erhebung und Dokumentation der benötigten Daten durch. Auch hierfür stehen moderne Hilfsmittel zur Verfügung. So stellt der Fotoapparat bereits seit längerem ein gängiges 'Werkzeug' für Außendienstmitarbeiter dar. Er wird jedoch in der jüngeren Vergangenheit vermehrt durch die Videokamera oder andere Instrumente der elektronischen Erfassung optischer Daten ersetzt.[80] Von Bedeutung für die Beurteilung dieser Vorgehensweise sind die mit der Vorortpräsenz des Anbieters verbundenen Reisekosten, die i.d.R. nicht unerheblich sind.[81] Die erhöhten Reisekosten können nur selten durch eine Reduzierung der direkten Personalkosten im Zuge des Einsatzes geringer qualifizierter Mitarbeiter ausgeglichen werden, da gerade für die Zwecke der Erhebung originärer, problembezogener Daten Expertenwissen gefragt ist. Die Erhebung dieser Daten fällt daher sehr oft in den Aufgabenbereich der oben beschriebenen vertriebsnahen Engineering-Abteilungen.
- *Musteraustausch:*
  Die zweite Option besteht darin, daß der Nachfrager dem Anbieter diejenigen Elemente als Muster zur Verfügung stellt, die die Verwendungsproblematik des Nachfragers in seiner Wertkette sehr eindeutig und umfassend beschreiben. Voraussetzung ist natürlich, daß entsprechende Muster zur Verfügung stehen, für den Anbieter entbehrlich sind und ein Transport aus ökonomischer und technischer Sicht sinnvoll ist. Handelt es sich bei der Leistung, für die eine Customer Integration benötigt wird, z.B. um ein Zulieferteil, das in Produkte eines OEM eingeht, so können dem Anbieter Muster derjenigen OEM-Produktelemente überlassen werden, mit denen das Zulieferprodukt zusammenwirkt und zu denen kritische Interdependenzen existieren. Problempotential kann allerdings aus der Forderung erwachsen, daß das Muster die tatsächlichen Verhältnisse in der Wertkette in ausreichendem Umfang und richtig wiedergeben muß. Beim Musteraustausch bleibt trotz der Datenerhebung durch den Anbieter die Verantwortung für Vollständigkeit und Richtig-

---

[80] Vgl. z.B. Hermanns/Prieß 1987, S. 54 ff.

[81] *Müller* nennt für den Investitionsgüterbereich einen Durchschnittsbetrag von DM 350,– Kosten je Kundenbesuch im Inland. Zitiert nach Hermanns/Flegel 1989, S. 95.

keit dem Nachfrager überlassen. Dies kann für den Anbieter unter Umständen ein Risiko darstellen.

- *Personalaustausch:*
  In der Software-Branche betreffen vertragliche Regelung von Software-Entwicklungsaufträgen immer häufiger auch den Austausch von Personal. In der Regel handelt es sich dabei um Mitarbeiter aus den DV-Abteilungen des Nachfragers, die in der Softwareentwicklungsabteilung des Anbieters bei der Bearbeitung des konkreten Projektes mitarbeiten. Allerdings ist auch der umgekehrte Fall denkbar, daß nämlich Mitarbeiter des Anbieters aus vertriebsnahen Engineering-Bereichen temporär oder dauernd im Entwicklungsbereich des Nachfragers tätig sind. Sogenannte 'Resident Application Engineers', die Mitarbeiter eines Zulieferers sind, ihren täglichen Arbeitsplatz jedoch bei OEM-Nachfragern haben, sind inzwischen keine Seltenheit mehr und speziell für die Automobilindustrie sogar typisch.[82] Der Personalaustausch ist in jedem Fall geeignet, zur Erhebung und Übertragung von Daten, die noch nicht einer zielgerichteten Aufbereitung unterzogen wurden, beizutragen. Dies schließt natürlich nicht aus, daß auch solche Daten ausgetauscht werden, die bereits aufbereitet und damit in den Zustand der Information überführt wurden. Insofern handelt es sich beim Personalaustausch nicht mehr ausschließlich um ein Instrument der Kommunikationsübertragung. Ein Ziel dieser Vorgehensweise ist vielmehr auch in der gegenseitigen Beeinflussung und somit Steuerung der technischen Gestaltung zu sehen. Wird technisches Personal ausgetauscht, so soll sowohl auf Seiten des Anbieters als auch auf Seiten des Nachfragers die Gestaltung offener Parameter im Sinne einer Optimierung des gesamten, unternehmensübergreifenden Wertschöpfungsprozesses angestrebt werden. Es stellt sich allerdings – ähnlich wie bei der bereits geschilderten Vorortpräsenz – das Problem der Reisekosten und zusätzlich das Problem der Verteilung direkter Personalkosten.

4.3.3.2.2 Instrumente der Informationsübertragung

Liegen Daten bereits in einer gespeicherten oder sogar aufbereiteten Form vor, so bedarf es eines physischen Kanals, über den sie zum Anbieter transportiert werden. Wird als Kommunikationsform die unmittelbare Mensch-zu-Mensch-Kommunikation ausgewählt, so kann dies z.B. durch die Vorortpräsenz von Vertriebsmitarbeitern oder einen Personalaustausch erfolgen. Der Nachteil der hohen Kosten dieser Kommunikationsformen kann jedoch umgangen werden, wenn andere Kommunikationskanäle zum Einsatz kommen. Die Erscheinungsformen moderner Kommunikationskanäle sind ähnlich wie die Erscheinungsformen der

[82] Vgl. Backhaus 1989, S. 299.

meisten modernen Betriebsmittel durch den Einsatz der Mikroelektronik gekennzeichnet.[83]

Um elektronische Kommunikationskanäle nutzen zu können, muß der Anwender Zugriff auf eine flächendeckende Netzinfrastruktur haben. Diese wird in den meisten Ländern von staatlichen oder privaten Telekommunikationsgesellschaften zur Verfügung gestellt.

Öffentliche oder quasi-öffentliche Netzwerke können jedoch erst dann genutzt werden, wenn der Anwender über entsprechende Endkomponenten verfügt und diese mit dem Netz verbindet. Der Tabelle 12 sind für verschiedene Kommunikationsschwerpunkte exemplarische Ausprägungsformen entsprechender Geräte und Systeme zu entnehmen.

Die Zusammenstellung in Tabelle 12 erhebt keinen Anspruch auf Vollständigkeit und ist in Folge der rasanten technischen Entwicklung permanent der Gefahr der Veralterung ausgesetzt. Trotz dieses Entwicklungstempos muß jedoch festgehalten werden, daß die Auswahl dieser Instrumente für den betrieblichen Einsatz nicht nur aufgrund reiner Effizienzgesichtspunkte erfolgen sollte, sondern auch im Hinblick auf ihre Eignung zum Zwecke der Customer Integration.

4.3.3.3 Ablaufgestaltung für die Erhebung von externen Prozeßinformationen

In den vorangegangenen Abschnitten wurden Instrumente für die Auswahl von Kommunikationsinhalten, die Identifikation von Informationsträgern, die Schnittstellengestaltung und die Auswahl von Kommunikationskanälen vorgestellt. Deren Einsatz ist für die Customer Integration unerläßlich. Allerdings haben sie lediglich den Charakter notwendiger Voraussetzungen. Sie können nur mit Leben gefüllt und damit erfolgreich eingesetzt werden, wenn auch ein zeitbezogener Plan für ihren Einsatz vorhanden ist. Customer Integration bedarf also auch eines Ablaufkonzeptes.

Bei der Suche nach Vorgaben für solche Ablaufkonzepte muß allerdings festgestellt werden, daß diese Thematik sowohl in der Unternehmenspraxis also auch im betriebswirtschaftlichen Schrifttum nur rudimentär behandelt wird. Die zeitbezogene Ablaufplanung wird mehr oder weniger dem Bereich des „Fingerspitzengefühls" derjenigen zugeordnet, die für sie verantwortlich sind. Funktioniert die Customer Integration, so ist dies ein Beweis für die hohe Qualität des Managements bzw. der ausführenden Funktionen. Funktioniert sie hingegen nicht, so wird die Lösung dieses Problems häufig im Austausch der Verantwortlichen gesehen. Eine solche Vorgehensweise ist natürlich als äußerst unbefriedigend zu bezeichnen. Erst in jüngster Zeit wurden insbesondere im Bereich des Dienstlei-

---

[83] Die Bedeutung der Mikroelektronik in der betrieblichen Kommunikation unterstreicht *Flegel* mit seiner Feststellung, wonach in der Investitionsgüterbranche im Durchschnitt etwa 15% des Gesamtinvestitionsvolumens in diesen Bereich fließen. Vgl. Flegel 1989b, S. 5, sowie Herrmanns/Flegel 1989, S. 94.

stungs-Marketing systematische Methoden und Ansätze entwickelt, die hier einen Problemlösungsbeitrag erhoffen lassen. Sie lassen sich problemlos auf den Bereich des Business-to-Business-Marketing übertragen, da auch im Dienstleistungssektor die Notwendigkeit zur Kundenintegration unmittelbar evident ist. An dieser Stelle sei insbesondere das Konzept des 'Blueprinting' hervorgehoben, da es als Planungs- und Steuerungsmethode für den Ablauf der Customer Integration besonders geeignet erscheint. Was unter Blueprinting zu verstehen ist und welche Werkzeuge im einzelnen zur Verfügung stehen, wird im folgenden näher erläutert und die Methode abschließend anhand eines Beispiels verdeutlicht.

Tabelle 12. Elektronische Endkomponenten für die Nutzung moderner Kommunikationsnetze

Kommunikations-schwerpunkt	*Kommunikations-Hardware*
Sprache	• Telefone und Fernsprechkonferenzsysteme* • Value-Added-Dienste* • Funktelefone*
Impulse	• Funkrufdienste* • Fernwirkdienst TEMEX (Telemetry Exchange)* und **
Text	• Speicherschreibmaschine und Textverarbeitungssystem* • Telex, Teletex und Electronic Mail*
Daten	• Großrechner, Arbeitsplatzterminal, Arbeitsplatzrechner, Rechnerperipherie* • DATEL-Systeme (Data Telecommunications Service), Satelliten-Datenkommunikationssysteme, Computerkonferenzsysteme* • Systeme der mobilen Datenerfassung* • MODACOM (Modular Language and Data Communications Service)*** • PCMCIA-Funkmodems (Personal Computer Memory Card International Association)****
Graphik	• Fernzeichen- und Fernkopiersysteme (Telefax)* • Computergraphiksysteme*
Festbild	• Systeme zur Fernsprecheinzelbildübertragung, Festbildübertragung und Kabelbildübertragung*
Bewegtbild	• Systeme der elektronischen Bilderfassung (Camcorder/Video)* • Bildplattensysteme* • Bildfernsprechsysteme BIGFERN (Breitbandiges Integriertes Glasfaser-Fern-Netz) und Visitel, Videokonferenzsysteme (TELEPORT)*

*: Vgl. Flegel 1989a, S. 37–78,

**: Vgl. Fiederer 1990, S. 95–98.

***: Vgl. Sobull-Heimberg 1993, S. 102–103.

****: Vgl. Thomas 1993, S. B11.

4.3.3.3.1 Grundprinzipien und Zielsetzungen des Blueprinting

Der englische Begriff „Blueprint" bedeutet im Deutschen zunächst nichts anderes als Blaupause, Plan oder Entwurf. Im Bereich des Dienstleistungsmarketing sind darunter i.d.R. sogar Blaupausen im architektonischen Sinne zu verstehen. Wie leicht nachzuvollziehen ist, können beispielsweise Hotels oder Schalterbanken ihre Dienstleistungen in der Tat anhand räumlicher Pläne entwickeln bzw. die räumlichen Gegebenheiten an der Art ihrer Dienstleistung ausrichten. Ist eine Dienstleistung aber nicht notwendigerweise an bestimmte räumliche Gegebenheiten gebunden, so kann dieser Plan auch ein Abbild der Prozesse sein, die für die Erbringung der Dienstleistung notwendig sind. Überträgt man diesen Gedanken auf das Business-to-Business-Marketing, so werden mit dem Blueprint alle Prozesse abgebildet, die zur Durchführung der Customer Integration erforderlich sind. Ein Blueprint ist somit eine graphische Darstellung von Teilprozessen, die in Ihrer Gesamtheit den Prozeß der Customer Integration ergeben. Ein solches Blueprint ist für verschiedene Planungs- und Entscheidungsebenen von Bedeutung.[84] Demjenigen, der unmittelbar mit der Durchführung der Kundenintegration betraut ist, dient sie als Strukturierungshilfe für seine Tätigkeit. Betriebliche Entscheider, die für Ressourcen verantwortlich sind, können mit ihrer Hilfe eine effizientere Planung des Ressourceneinsatzes auch im Zeitablauf vornehmen. Im Bereich der Kommunikation kann ein Blueprint zur Visualisierung des Leistungselementes 'Customer Integration', das von seiner Natur her immateriell ist, eingesetzt werden. Personalverantwortliche können Blueprints in der Schulung und Unterweisung von Mitarbeitern einsetzen. Schließlich kann das Instrument auch dazu eingesetzt werden, die innerbetriebliche Durchsetzung der Customer Integration zu gewährleisten.

4.3.3.3.2 Die Methoden des Blueprinting

Der Einsatz graphischer Darstellungen zur Abbildung von betrieblichen Prozessen ist eigentlich bereits seit langem üblich.[85] Die Arbeitswissenschaften bedienten sich bereits zu Beginn der Industrialisierung für die Darstellungen von Abläufen und Tätigkeit entsprechender Graphiken und Zeichnungen. Ziel war die Analyse von Arbeitsprozessen und darauf aufbauend deren optimierte Gestaltung. Die Netzplantechnik als zentrale Methode für das Projektmanagement bedient sich ebenfalls in extensiver Weise des Einsatzes von Graphiken für die Darstellung von Prozessen und Subprozessen. Auch in der EDV wurden bereits sehr frühzeitig unterschiedlichste Techniken für die Planung der Programmiertätigkeit entwickelt. EDV-Programme stellen im Prinzip nämlich nichts anderes dar

[84] Vgl. dazu Kingman-Brundage 1989, S. 30–33.

[85] Vgl. dazu Shostack 1981, S. 225.

als geordnete Abläufe der Datenverarbeitung. Zu nennen sind beispielsweise Programmablaufpläne, Datenflußpläne, Struktogramme und Entscheidungstabellen. Ähnliche Techniken existieren in vielen Bereichen des Ingenieurwesens, wie beispielsweise im Schaltplanentwurf und in der Kybernetik. Viele dieser Techniken und Methoden werden auch für die Zwecke des Blueprinting nutzbar gemacht. Allerdings konnte sich bisher noch keine einheitliche Metasprache durchsetzen. Dies ist auch nicht zu erwarten, weil die unterschiedlichen Darstellungstechniken über unterschiedliche Vor- und Nachteile verfügen, so daß sie für unterschiedliche Anwendungsfälle jeweils unterschiedlich gut geeignet sind. Dennoch lassen sich einige allgemeine Anforderungen an die Technik des Blueprinting sowie grundsätzliche Regeln formulieren:[86]

- Grundsätzlich kann zwischen Concept Blueprints und Detailed Blueprints unterschieden werden. Concept Blueprints stellen Prozesse im allgemeinen bzw. die Customer Integration im speziellen in relativ abstrakter Art und Weise dar. Sie dienen der Bewertung von Alternativen der Customer Integration und werden für deren Planung eingesetzt. Detailed Blueprints weisen dagegen einen hohen Konkretisierungsgrad auf und dienen der Durchführung der Customer Integration.
- Ein übergeordneter Prozeß, der mit Hilfe des Blueprinting gestaltet wird – in unserem Falle die Customer Integration –, ist in Subprozesse zu untergliedern, die durch Input/Output-Strukturen voneinander getrennt werden. Diese Input/Output-Strukturen werden in der Regel durch gerichtete Pfeile wiedergegeben.
- Blueprints sollten prinzipiell die Zeitdimension erfassen. Da Blueprints i.d.R. auf Papier erstellt werden und dieses zweidimensional ist, heißt das, daß eine Achse der Darstellung die Zeitdimension wiedergeben muß. Gewöhnlich ist dies die Horizontale, auf der die Zeit von links nach rechts abgetragen wird.
- In einem Blueprint sollten Fehlermöglichkeiten vorweggenommen werden. Dies erlaubt bereits frühzeitig den Einbau entsprechender Korrekturschleifen.

Shostack[87] weist darauf hin, daß bei der Beschreibung von Prozessen die folgenden beiden Wege unterschieden werden können:

- Es werden lediglich die Einzelschritte bzw. Subprozesse eines übergeordneten Prozesses wiedergegeben. Dies bedeutet, daß zum Beispiel dort, wo Entscheidungen zu treffen sind bzw. alternative Wege eingeschlagen werden können, die konkreten Konsequenzen nicht dargestellt werden.
- Es werden nicht nur Einzelschritte, sondern auch die Konsequenzen aus Entscheidungen oder alternativen Wegen aufgezeigt.

---

86 Vgl. dazu vor allem Shostack 1981, S. 225 und Kingman-Brundage 1989, S. 30.

87 Vgl. Shostack 1987, S. 35.

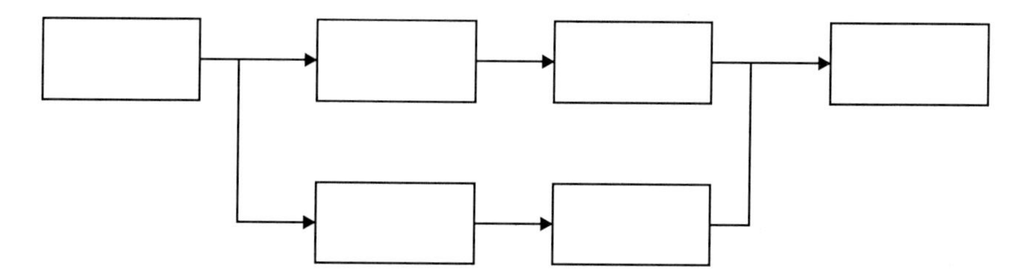

Abb. 12. Exemplarisches Blueprint zur Darstellung der Komplexität eines Prozesses

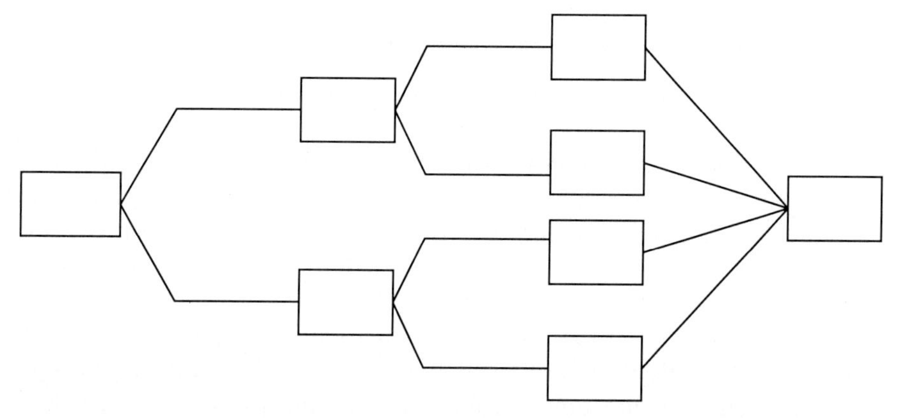

Abb. 13. Exemplarisches Blueprint zur Darstellung der Vielfalt eines Prozesses

Mit der erstgenannten Darstellungsweise läßt sich die Komplexität von Prozessen und Abläufen besser darstellen, mit zweitgenannter deren Vielfalt. Der Unterschied ist in Abb. 12 und Abb. 13 exemplarisch verdeutlicht, wobei zunächst nur einzelne Subprozesse eines übergeordneten Prozesses und anschließend zusätzlich Entscheidungsalternativen dargestellt sind.

Komplexität und Vielfalt sind zwei wesentliche Parameter für die Positionierung von strategischen Prozessen, wie z.B. der Customer Integration. So können mit unterschiedlich komplexen und unterschiedlich vielfältigen Varianten der Kundenintegration durchaus unterschiedliche strategische Ziele verfolgt werden. Möchte ein Anbieter seine Nachfrager in sehr viele Teilprozesse der Leistungserstellung integrieren, so wird das Blueprint sehr viele Subprozesse enthalten und damit sehr komplex werden. Soll der Nachfrager sehr große Entscheidungsspielräume haben, so wird das Blueprint entsprechend vielfältig. Aber auch aus der Kombination von Komplexität und Vielfalt (hohe Komplexität/hohe Vielfalt, hohe Komplexität/niedrige Vielfalt, niedrige Komplexität/hohe Vielfalt, niedrige Komplexität/niedrige Vielfalt) kann eine einzigartige Positionierung resultieren.

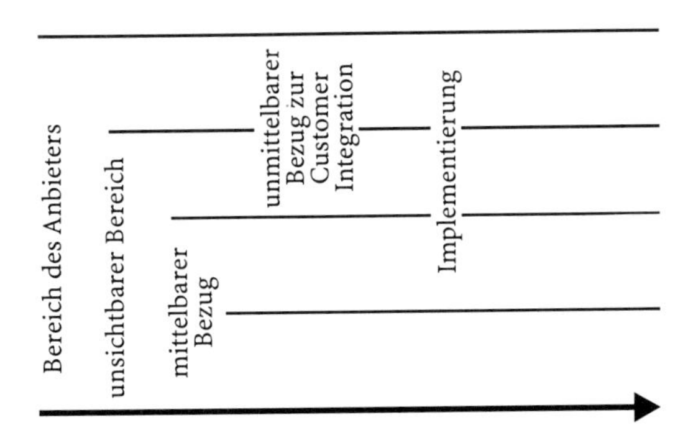

Abb. 14. Ebenen im Blueprint

Als Pendant zur Nutzung der horizontalen Dimension eines Blueprints als Zeitachse wird weiterhin vorgeschlagen, auf der Vertikalen unterschiedliche Ebenen der Customer Integration darzustellen.[88] Zu unterscheiden sind der Anbieterbereich und der Nachfragerbereich. Auf der Seite des Anbieters gibt es wiederum einen Bereich, der für den Nachfrager sichtbar ist, und einen solchen, der für ihn unsichtbar bleibt. Zudem bietet der Umstand, daß es auf der Seite des Anbieters solche Funktionseinheiten gibt, die unmittelbar mit der Customer Integration betraut sind, und solche, die nur einen mittelbaren Bezug aufweisen, eine weitere Unterscheidungsmöglichkeit. Zuletzt ist auf der Anbieterseite der Bereich der Implementierung vom Bereich der Planung, Steuerung und Kontrolle zu unterscheiden. In ein Blueprint können auf der Vertikalen folglich vier „Lines" eingetragen werden:

- die „Line of Interaction" (Anbieterbereich/Nachfragerbereich),
- die „Line of Visibility" (für den Nachfrager sichtbaren/unsichtbaren Bereich),
- die „Line of Internal Interaction" (Funktionsbereiche mit unmittelbarem/mittelbarem Bezug zur Customer Integration) und
- die „Line of Implementation" (Implementierung / Planung, Steuerung und Kontrolle).

Ein Blueprint hätte dementsprechend die in Abb. 14 dargestellte Form.

4.3.3.3.3 *Exemplarische Darstellung des Blueprinting*

Die Abläufe der Kundenintegration, wie sie bei einem mittelständischen Maschinenbauunternehmen erhoben wurden, sind in Abb. 15 in ihrer Grundstruktur dargelegt. Die Abläufe werden vom Anbieter zum Zwecke der Leistungsfindung im Bereich „Sprühbrücken" als Subsysteme bzw. Komponenten für automatisierte Lackieranlagen eingesetzt. Nachfrager sind entweder größere Hersteller

---

[88] Vgl. dazu vor allem Kingman-Brundage 1989.

automatisierter Lackiersysteme oder Verwender, die solche Systeme für den eigenen Bedarf selbst zusammenstellen. Das Blueprint entspricht in seiner Struktur dem Grundprinzip aus Abb. 14 und enthält die vier dort vorgestellten „Lines". Es handelt sich weiterhin um ein detailliertes Blueprint, welches die grundsätzliche Vorgehensweise bei der Abwicklung von Projekten im genannten Bereich vorgibt. Das Blueprint liegt allen unternehmensinternen Funktionseinheiten als Organisationsmittel vor. Einschränkend ist zu sagen, daß es lediglich die Komplexität, nicht jedoch die Vielfalt der Customer Integration wiedergibt. Allerdings liegen auch andere Organisationshilfsmittel vor, welche die Vielfalt näher charakterisieren und der Gewährleistung der Informationsbeschaffung für den Anbieter dienen. Solche Hilfsmittel stellt z.B. ein Satz durchsichtiger Folien dar, mit dessen Hilfe die Komponenten der Sprühbrücken konfiguriert und bemaßt werden können.

Die Projektabwicklung beginnt zunächst mit einer Kontaktaufnahme zwischen Nachfrager und Anbieter. Beteiligte Stellen auf der Seite des Nachfragers sind dabei i.d.R. Technische Sachbearbeiter, während Einkäufer in dieser Phase gewöhnlich noch nicht beteiligt sind. Nach der Kontaktaufnahme besteht die erste Aufgabe darin, daß sich der Anbieter ein Bild vom Anwendungsfall des Nachfragers verschafft. Entsprechende Informationen werden durch einen Besuch beim Nachfrager vor Ort erhoben. Kommunikationsträger ist in diesem Falle auf der Seite des Anbieters ein Verkäufer, die Geschäftsführung selbst oder ein Organ des indirekten Vertriebs. Erfaßt werden die entsprechenden Informationen per Videokamera und durch die Übergabe von Plänen und Zeichnungen. Diese Informationen erfahren im nächsten Schritt durch die Überführung in ein Lastenheft eine Verdichtung. Das Lastenheft wird erstellt durch das Verkaufspersonal und die Geschäftsführung (GF). Die Richtigkeit der verdichteten Informationen muß allerdings durch den Nachfrager – im allgemeinen durch diejenigen Stellen, die an ihrer Erhebung beteiligt waren – bestätigt werden. Ist diese Bestätigung geschehen, so erfolgt die Übertragung in ein Pflichtenheft. Diese Aufgabe übernimmt der Bereich Konstruktion auf der Seite des Anbieters. Auch das Pflichtenheft muß vom Nachfrager bestätigt werden. Sollen Modifikationen am Pflichtenheft vorgenommen werden, so kommt der beschriebene Foliensatz zur Anwendung. Beide Schritte – die Erstellung des Lastenheftes und die Übertragung in ein Pflichtenheft – sind für den Nachfrager nicht notwendigerweise sichtbar. Außerdem ergibt sich für die Erstellung des Pflichtenheftes ein zusätzlicher innerbetrieblicher Interaktionsprozeß, da der Bereich Konstruktion gewöhnlich nicht direkt mit dem Nachfrager in Verbindung tritt. Im Anschluß an die Bestätigung des Pflichtenheftes wird ein Angebot erstellt. Diese Aufgabe obliegt wiederum dem Verkauf und der Geschäftsführung, so daß der unmittelbare Kundenkontakt wieder gewährleistet ist. An der Beurteilung des Angebots ist auf Nachfragerseite auch der Einkauf beteiligt. Ist der Kunde mit dem Angebot nicht einverstanden, so kann dies, sofern er sich nicht für einen Wettbewerber entscheidet, dazu führen, daß das Angebot entweder verändert oder das Pflichtenheft entsprechend modifiziert wird. Entscheidet sich der Kunden zugunsten des Angebots, so kann der Fertigungsauftrag ausgelöst werden.

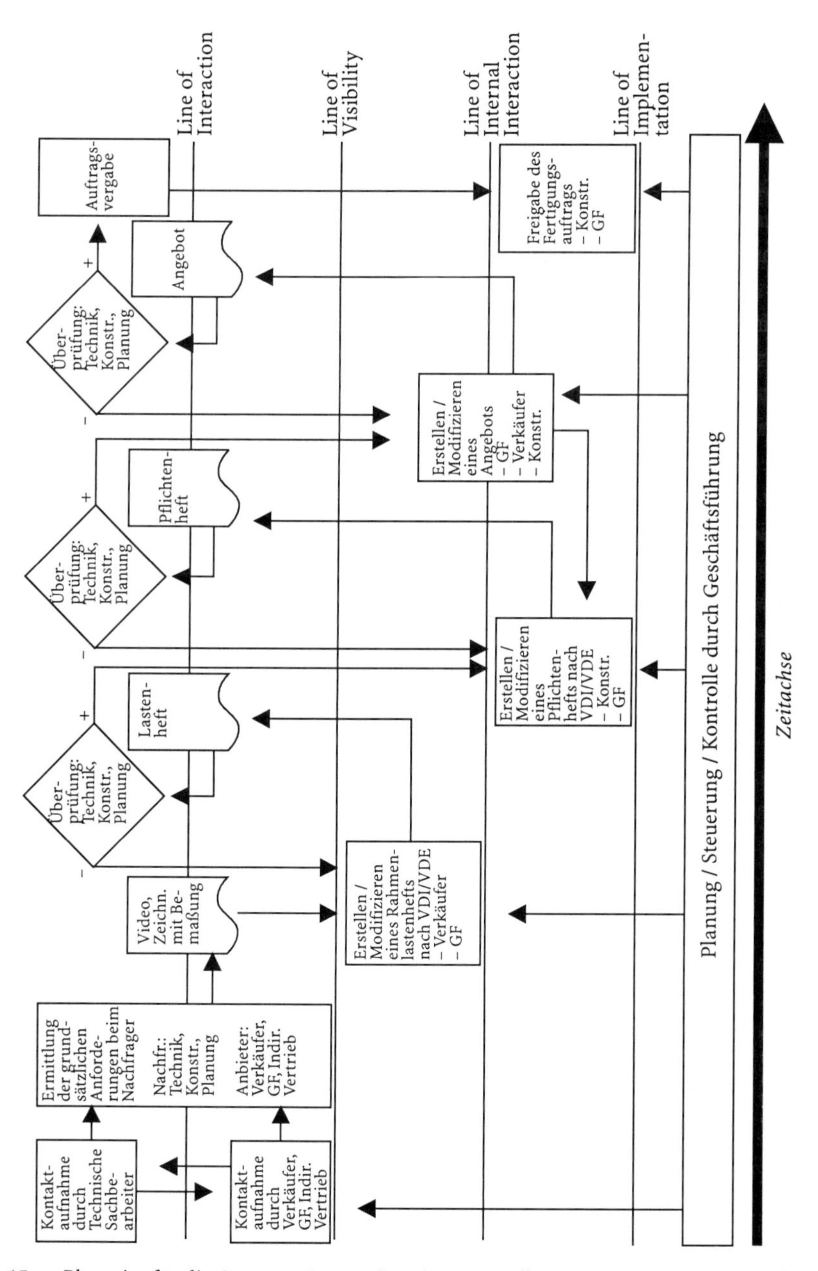

Abb. 15. Blueprint für die Customer Integration eines Herstellers von Automatisierungsanlagen

Der dargestellte Verlauf der Beschaffung leistungsrelevanter Informationen, ihrer Übertragung und der Verdichtung weist keinen außergewöhnlich hohen Komplexitätsgrad auf. Er kann sogar als idealtypisch für den Business-to-Business-Bereich angesehen werden. Der Umstand, daß die grundsätzliche Vorgehensweise jedoch festgeschrieben ist und allen Beteiligten auf der Anbieterseite zugänglich ist, führt dazu, daß die Entscheidungsverantwortlichen – in diesem Falle die Geschäftsführung selbst – ein Controlling der Informationsbeschaffung vornehmen kann. Obwohl viele Unternehmen der dargestellten Vorgehensweise ohne ein Blueprint mehr oder weniger implizit folgen, ermöglicht das Vorhandensein eines Blueprints eine bessere Planung und eine effizientere Ursachenforschung im Falle von Fehlschlägen. Insofern darf das Blueprint als leistungsfähiges Instrument zur Bereitstellung leistungsrelevanter Prozeßinformationen angesehen werden.

4.3.3.4 Totalkonzepte der Erhebung von externen Prozeßinformationen: Simultaneous Engineering

Bisher wurden Instrumente und Konzepte vorgetragen, die entweder die Auswahl von Kommunikationsinhalten, die Analyse von Kommunikationsträgern, die Gestaltung von Schnittstellen und Übertragungswegen oder die Gestaltung des zeitlichen Ablaufs bei der Erhebung von externen Prozeßinformationen betreffen. Diese Konzepte sind als Partialansätze zu bezeichnen, da sie nur in Teilbereichen im Rahmen des Gesamtprozesses der Informationsgewinnung von externen Prozeßinformationen anwendbar sind. Darüber hinaus lassen sich aber auch Totalansätze identifizieren, die im Sinne einer ganzheitlichen Vorgehensweise den gesamten Prozeß der Gewinnung von externen Prozeßinformationen abdekken können. Zu nennen sind hier insbesondere das Total Quality Management (TQM), das Quality Function Deployment (QFD) und das Simultaneous Engineering. Im folgenden konzentrieren sich die Betrachtungen auf das Konzept des Simultaneous Engineering.[89]

Simultaneous Engineering wurde in seiner ursprünglichen Form als überbetriebliches Koordinationsinstrument der Zusammenarbeit zwischen Industrieunternehmen allgemeiner Art und deren Zulieferern für Produktionsmittel entwickelt.[90] *Bullinger/Wasserlos* haben diesen Gedanken auch auf die Zusammenarbeit zwischen OEMs und Zulieferern für Produktteile ausgedehnt.[91] Simultaneous Engineering in diesem Sinne hat insbesondere durch die Verbreitung im

[89] Da das TQM und das QFD nicht nur den Bereich der Erhebung von Episodeninformationen, sondern auch die Informationsdistribution betreffen, werden diese Konzepte in Abschnitt 4.5.2.2 dargestellt.

[90] Vgl. Eversheim 1989, S. 6.

[91] Vgl. Bullinger/Wasserlos 1990, S. 7; Bullinger/Wasserlos 1991, S. 19; vgl. auch Warschat/Wasserlos 1990, S. 24; Fanger/Lacey 1992, S. 81–84.

Automobilbereich seine derzeitige Bedeutung gewonnen. Das Konzept und die daraus abgeleiteten Prinzipien kommen heute jedoch in verschiedensten Branchen und auf verschiedensten Wertschöpfungsstufen zur Anwendung.[92] Allerdings ist Simultaneous Engineering nach diesem Verständnis in erster Linie eine Methode für industrielle Nachfrager, die die Einbindung eigener Lieferanten erleichtert. Sie kann aber auch als ein Instrument zur Gestaltung der Absatzleistung betrachtet werden, in dessen Rahmen Nachfrager in Prozesse der Leistungsgestaltung integriert werden.[93]

Grundprinzip des Simultaneous Engineering ist es, ursprünglich sukzessive Phasen eines Entwicklungsprozesses aufzubrechen und zu parallelisieren. Waren die ursprünglich sukzessiven Phasen auf beide beteiligten Marktpartner verteilt, so ergibt sich durch das Simultaneous Engineering eine sehr engmaschige Verzahnung, die letztlich einer Integration von Anbieter und Nachfrager entspricht. In seiner weiteren Entwicklung wurde das Simultaneous Engineering um die Idee des Concurrent Engineering erweitert. Concurrent Engineering bezeichnet eine Form der Produktentwicklung, die von Beginn an konkurrierende Zielsetzungen zur Kostenwirkung, Qualitätsschaffung und Funktionalität berücksichtigt.[94] Concurrent Engineering soll zu Produkten führen, die zwar bezüglich einzelner Ziele lediglich suboptimal sind, bezüglich des multikriteriellen Zielbündels jedoch ein Gesamtsatisfaktionsniveau erreichen. Wird sowohl die Phasenparallelisierung als auch die Verfolgung konkurrierender Ziele betrieben, so spricht man von Simultaneous Concurrent Engineering.

Die Grundprinzipien des Simultaneous Engineering sowie der geschilderten Weiterentwicklungen bleiben jedoch in der zeitlichen Parallelisierung der Phasen einer Leistungsgestaltung und der überbetrieblichen, organisatorischen Integration von Anbietern und Nachfragern bestehen. Wirkprinzip des Simultaneous Engineering für die Customer Integration ist die zeitliche Entkopplung des Informationsaustauschs. Im Gegensatz zur Verwendung digitaler Kommunikationstechnologien wird zeitliche Entkopplung aber nicht durch Zwischenspeicherung von Informationen erreicht, sondern durch Substitution des Kommunikationsprozesses. Dieser wird insoweit substituiert, als Problemdefinition und Lösungsfindung kooperativ erarbeitet werden und folglich gar nicht mehr kommuniziert werden müssen. Einen Vergleich zwischen der „konventionellen" Vorgehensweise und dem Einsatz von Simultaneous Engineering für die Zwecke der Customer Integration liefert Abb. 16.

Anbieter und Nachfrager führen demnach die Aufgaben der Lastenhefterstellung, der Pflichtenhefterstellung und der technischen Gestaltung i.e.S. ge-

---

92 Vgl. z.B. Ley 1989, S. 43 ff.; Heiermann 1989, S. 65 ff.; Tress 1989, S. 205 ff.

93 Vgl. dazu z.B. Brunner 1992, S. 42 ff.

94 Vgl. Bullinger 1992, S. 20.

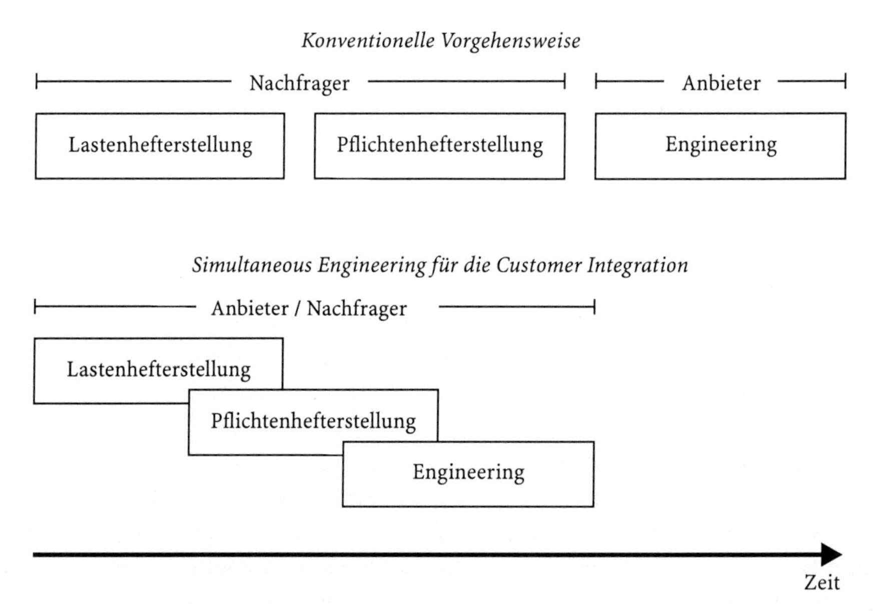

Abb. 16. Simultaneous Engineering der Customer Integration (Quelle: Jacob 1995, S. 103)

meinsam und zeitlich verzahnt durch. Anzumerken bleibt allerdings, daß es sich beim Simultaneous Engineering sowohl in seiner allgemeinen Form als auch in der speziellen Variante für die Customer Integration um ein Idealkonzept handelt, welches kaum in der allerletzten Konsequenz umzusetzen sein wird. Zum einen ist es nicht realistisch anzunehmen, daß tatsächlich alle Phasen eines Produktgestaltungsprozesses parallelisiert werden können. Zum anderen käme eine totale horizontale Integration zwischen Anbieter und Nachfrager – wie sie das Simultaneous Engineering unterstellt – einer betrieblichen Verschmelzung gleich, was nicht der Realität marktlicher Beziehungen zwischen Anbietern und Nachfragern entspricht. Trotzdem hat das Simultaneous Engineering in der betrieblichen Praxis eine weite Verbreitung erfahren und trägt in nicht unerheblichem Maße zur Erhebung von externen Prozeßinformationen bei.

4.4 Transformation von Episodenwissen in Potentialinformationen

Informationen wurden im Rahmen der bisherigen Überlegungen als entscheidungsrelevantes Wissen verstanden, wobei als Entscheidungssituation die Erzielung von Kundenvorteilen bei autonomen Leistungserstellung (Potentialinformationen) bzw. integrativen Leistungserstellungsprozessen (externe Prozeßinformationen) betrachtet wurde. Nach Abschluß einer Transaktionsepisode entfällt jedoch diese Zweckorientierung, und der im Verlauf einer konkreten Transaktionsepisode abschließend erlangte Kenntnisstand ist nicht mehr den externen Prozeßinformationen im engeren Sinne zuzordnen, sondern zusammenfassend als Episodenwissen zu bezeichnen. Wird das aufgebaute Episodenwissen anschließend für bestimmte Zwecke eingesetzt, so entstehen wiederum Informationen. Im folgenden steht die Frage im Vordergrund des Interesses, wie Episodenwissen, also der nach Beendigung einer Einzelkundentransaktion abschließend erlangte Kenntnisstand, zur Erreichung von Kundenvorteilen bei anderen Nachfragern oder ganzen Nachfragersegmenten eingesetzt werden kann und ob dies überhaupt möglich ist. Es geht mithin um die Frage der Transformation von Episodenwissen in Potentialinformationen.[95]

In einer konkreten Transaktionsepisode wird durch die intensive Interaktion zwischen Anbieter und Nachfrager ein hohes Maß an spezifischem, d.h. auf den konkreten Kundenauftrag ausgerichtetes Wissen aufgebaut. Eine hohe Spezifität dieses Wissens bedeutet in diesem Zusammenhang, daß der Anbieter nach Beendigung der Einzeltransaktion über ein hohes Wissenspotential bezüglich der Probleme, Wünsche und Ziele eines ganz speziellen Kunden verfügt (sog. idiosynkratisches Wissen) und mit der spezifischen Situation dieses Kunden besonders gut vertraut ist. Die intensive Zusammenarbeit mit dem Kunden im Rahmen der Customer Integration ist für den Anbieter aber mit Investitionen in den integrativen Leistungserstellungsprozeß verbunden, die tendenziell um so größer sind, je stärker die Integrationsintensität des externen Faktors ist.[96] Ein hoher Grad der Customer Integration läßt somit auf einen hohen Spezifitätsgrad dieser Investitionen schließen. Spezifische Transaktionsinvestitionen lassen zunächst eine verbesserte Position eines Anbieters im Vergleich zur Konkurrenz aufgrund des vorhandenen spezifischen Kundenwissens erwarten. Andererseits müssen sich die getätigten Investitionen aber auch amortisieren, d.h. sie müssen entweder bereits mit Abschluß der konkreten Kundentransaktion zu entsprechenden Erlösen geführt haben oder aber den Aufbau von Erlöspotentialen ermöglichen. Der Aufbau von Erlöspotentialen ist in Abhängigkeit des Spezifitätsgrades von Transaktionsinvestitionen über zwei grundsätzliche Wege möglich:

1. Die spezifischen Transaktionsinvestitionen führen zu einer verbesserten Wettbewerbsposition des Anbieters bei dem betrachteten Kunden, die es ihm ermöglicht, in eine längerfristige Geschäftsbeziehung mit dem Kunden einzutreten.

---

[95] Vgl. hierzu auch die Ausführungen in Abschnitt 4.2.1 sowie die Darstellung in Abb. 5.

[96] *Engelhardt/Kleinaltenkamp/Reckenfelderbäumer* sprechen in diesem Zusammenhang von Eingriffsintensität des externen Faktors, d.h. „in welchem Ausmaß und mit welcher Intensität eine Integration erforderlich ist". Engelhardt/Kleinaltenkamp/Reckenfelderbäumer 1993, S. 414.

2. Die spezifischen Transaktionsinvestitionen führen zu einer verbesserten Wettbewerbsposition des Anbieters bei solchen Nachfragern, die ähnliche Problemstrukturen aufweisen wie der betrachtete Kunde. Der Anbieter kann in diesem Fall seine segmentspezifische Wettbewerbsposition verbessern.

Werden diese beiden Fälle als Eckpunkte eines Kontinuums betrachtet, so stellt der erste Fall den Aufbau idiosynkratischen Kundenwissens dar, aufgrund dessen sich die Wettbewerbsposition des Anbieters nur bei einem konkreten Kunden verbessern läßt. Im zweiten Fall hingegen kann das erlangte Kundenwissen auch in anderen Kundensituationen genutzt werden und dort zum Aufbau von Kundenvorteilen führen.

Der erste Fall führt somit von der Handlungsebene der Einzeltransaktion, bei der ein singulärer Bedarfsfall im Mittelpunkt der Betrachtung steht („Projekt-Marketing"), zur Handlungsebene der Geschäftsbeziehung, bei der die Entwicklung eines spezifischen Programms für die Gestaltung einer langfristigen Beziehung zu einem Einzelkunden den Fokus der Marketing-Aktivitäten darstellt („Key Account-Marketing").[97] In der Terminologie von *Plinke* findet somit eine Entwicklung vom „Projekt-Marketing" zum „Key Account-Marketing" statt.[98] Im Rahmen des Key Account-Marketing ist dann eine weitere Erhöhung des kundenspezifischen Wissens zu erwarten.[99] Damit ist aber in diesem Eckpunkt das erzielte Episodenwissen absolut immobil und läßt sich bei Transaktionen mit anderen Kunden nicht verwenden. Eine Transformation von Episodenwissen in Potentialinformationen ist somit ausgeschlossen.

Im zweiten Fall hingegen lassen sich die gewonnenen Erfahrungen und Kenntnisse aus einer spezifischen Kundentransaktion auch in anderen Kundensituationen nutzen. Somit findet auch hier eine Veränderung der Handlungsebene statt, die jedoch nicht auf die längerfristige Geschäftsbeziehung mit dem Einzelkunden gerichtet ist, sondern auf die Gestaltung von Marketing-Programmen für Marktsegmente, die dort zu verbesserten Akquisitionsmöglichkeiten des Anbieters führen sollen. Nur in diesem Fall ist eine Transformation von Episodenwissen in Potentialinformationen möglich. Basis einer solchen Wissenstransformation bildet immer die Interaktion mit einem ganz bestimmten Kunden. Allerdings ist dabei zu unterscheiden, ob eine Kundentransaktion durch den Anbieter gezielt vor dem Hintergrund der Gewinnung von Potentialinformationen initiiert wurde oder nicht. Die wohl bekannteste Möglichkeiten einer gezielten Vorgehensweise ist in der Zusammenarbeit mit Lead Usern zu sehen, die ein hohes Transformationspotential des erzielten Episodenwissens erwarten läßt. In allen

---

97 Vgl. zu den verschiedenen Handlungsebenen im Marketing Plinke 1991, S. 175.

98 Vgl. Plinke 1992, S. 841 f.

99 Vgl. zum Key Account Management Diller 1989, S. 6 ff., und Gaitanides/Diller 1989, S. 185 ff.

anderen Fällen kann das erzielbare Transformationspotential sehr unterschiedlich sein. Damit ist es für die weiteren Überlegungen aber zweckmäßig, zwischen

- einer Transformation von Episodenwissen auf der Basis von Transaktionsepisoden und
- der Transformation von Episodenwissen auf der Basis von Lead User-Kooperationen

zu unterscheiden.

4.4.1 Die Transaktionsepisode als Basis der Wissenstransformation

Durch Lerneffekte lassen sich bekanntlich Kostensenkungen erzielen. Insbesondere im Fall der integrativen Leistungserstellung mit dem Kunden kommt es auf der Anbieterseite - und i.d.R. auch auf der Nachfragerseite - zu umfangreichem Lernen, das sich aber erst dann in geringeren Kosten niederschlägt, wenn die gewonnenen Erfahrungen auch in anderen Situationen genutzt werden können.[100] Allgemein läßt sich auch sagen, daß die Kunst des Marketing darin besteht, die gemeinsam mit dem Kunden in einer Transaktion aufgebauten Wissenspotentiale aus Kundensicht möglichst spezifisch erscheinen zu lassen und sie gleichzeitig aus Anbietersicht möglichst unspezifisch zu halten.[101] Die Wahrnehmung eines hohen Spezifitätsgrades einer Transaktionsepisode durch den Nachfrager führt nämlich dazu, daß für den Nachfrager ein Anbieterwechsel bei späteren Transaktionen mit hohen Wechselkosten verbunden ist. Daraus resultiert eine, auch „lock in"-Effekt genannte, längerfristige Bindung des Nachfragers an den Anbieter.[102] Andererseits ist der Anbieter aber aufgrund der als eher unspezifisch wahrgenommenen Transaktionsepisode in der Lage, das erlangte externe Episodenwissen auch in anderen Kundensituationen einzusetzen. Es stellt sich somit die Frage, in welchen Situationen sich welche Wissensinhalte bei welchen Nachfragern nutzen lassen und wie sich die Wissensinhalte nutzbar machen lassen.

Episodensituation und Wissensinhalte

Das nach Beendigung einer Transaktionsepisode aufgebaute Episodenwissen kann allgemein danach unterschieden werden, ob es sich auf die intime Kenntnis des Einzelkundenproblems (Kundenwissen) oder aber auf das allgemeine Leistungspotential der Unternehmung (Potentialwissen) bezieht. Das Potentialwissen stellt dabei immer, im Hinblick auf die betrachtete Kundentransaktion, un-

[100] Vgl. Jacob 1995, S. 115 ff.

[101] Vgl. Kleinaltenkamp 1993b, S. 87 f.

[102] Vgl. Weiber/Beinlich 1994, S. 120.

spezifisches Wissen dar, während der Spezifitätsgrad des erlangten Kundenwissens sehr unterschiedlich sein kann. Welche dieser Wissensinhalte sich in anderen Kundensituationen nutzen lassen, ist von dem Repräsentativitätsgrad von Transaktionsgegenstand und Transaktionsprozeß für bestimmte Marktsegmente abhängig. Stellt der Transaktionsgegenstand ein typisches Problem z.B. für eine bestimmte Branche dar, so kann der Anbieter das im Verlauf der Transaktionsepisode aufgebaute Problemlösungs-Know how auch in späteren Transaktionen mit anderen Kunden nutzen. In diesem Fall ermöglicht die abgeschlossene Transaktionsepisode dem Anbieter die Verbesserung seiner sog. epistemischen Kompetenz. Unter epistemischer Kompetenz ist spezielles Fachwissen zu verstehen, das zur Lösung ganz konkreter Probleme erforderlich ist und auf Erfahrungen im Umgang mit gleichartigen Situationen basiert.[103] Neben dem Transaktionsgegenstand können aber auch Erfahrungen aus dem Transaktionsprozeß bei späteren Transaktionen mit anderen Kunden von Nutzen sein. In diesem Fall kann der Anbieter durch die abgeschlossene Transaktion seine sog. heuristische Kompetenz verbessern. Die heuristische Kompetenz stellt eine über die konkrete Einzeltransaktion hinweg generalisierte Einschätzung der eigenen Fähigkeiten dar, neue Situationen bewältigen zu können.[104] Somit können also auch bei hoch spezifischen Transaktionsgegenständen Potentialinformationen auf der Basis von z.B. Erfahrungen beim Management des Transaktionsprozesses erzeugt werden. Die Transformation von Episodenwissen in Potentialinformationen ist somit bei unspezifischen Transaktionsgegenständen (geringes Spezialwissen bezüglich Kundenproblem) und bei unspezifischen Transaktionsprozessen (geringes Spezialwissen bezüglich Transaktions-Management) möglich.

Nutzung der Wissensinhalte in anderen Kundensituationen

Um feststellen zu können, in welchen anderen Kundensituationen Episodenwissen genutzt werden kann, müssen Vorstellungen darüber bestehen, welche Nachfrager sich in ähnlichen Problemsituationen befinden wie der in der konkreten Transaktionsepisode betrachtete Kunde. Zu diesem Zweck müssen die neu erhobenen externen Prozeßinformationen mit den vorhandenen Potentialinformationen verglichen werden. Ein solcher „Wissensabgleich" ist um so eher möglich, je besser die Potentialinformationen strukturiert sind. Existieren hierbei konkrete Vorstellungen über Marktsegmente, so kann versucht werden, anhand allgemeiner Beschreibungsmerkmale eine Zuordnung des Episodenkunden zu einem Marktsegment vorzunehmen. Durch diese Zuordnung lassen sich dann aufgrund des erlangten Episodenwissens Erkenntnisse für die Akquisitionsstrategie in diesem Marktsegment ableiten. Aus methodischer Sicht wäre hier etwa

103 Vgl. Stäudel 1987, S. 54; Weiss 1992, S. 60 f.

104 Vgl. Weiss 1992, S. 60 f.

der Einsatz der Diskriminanzanalyse möglich, die eine Zuordnung von neuen Elementen zu existierenden Gruppen erlaubt.[105]

Transformationsinstrumente

Episodenwissen ist bei unterschiedlichen Personen vorhanden und muß deshalb allgemein zugänglich gemacht werden. Voraussetzung dafür ist, daß das vorhandene Wissen im Unternehmen auch bekannt ist, was nur durch die Schaffung geeigneter Organisations- und Kommunikationsstrukturen möglich ist. Im Vordergrund steht also die Frage einer geeigneten Informationsdistribution, wobei hier insbesondere das Database-Marketing eine geeignete Distributionsmöglichkeit darstellt. Database-Marketing kann allgemein als eine Methode beschrieben werden, Wissen über Kunden und Märkte für den Einsatz des Marketing-Instrumentariums zu nutzen. Aufgrund des spezifischen Kundenwissens können auch z.B. Marktsegmente individualisiert angesprochen werden. Voraussetzung des Database-Marketing ist somit immer eine Kunden-Datenbank, in der die Kunden möglichst vollständig erfaßt und umfassend beschrieben sind.[106] Gelingt es im Rahmen des Database-Marketing eine umfassende Datenbasis an Einzelkunden aufzubauen, so ist damit nicht nur eine verbesserte Informationsbasis in der Transaktionsepisode erreichbar, sondern auch die Voraussetzung des Einsatzes von solchen Datenanalyseverfahren gegeben, die über die Individualanalyse hinausgehen. Weiterhin ist zu beachten, daß die Nutzung von Datenbank-Informationen bei den Mitarbeitern eines Unternehmens Kenntnisse im Handling der Datenbanken erfordert, was geeignete Schulungsmaßnahmen voraussetzt. Nicht zuletzt muß auch sichergestellt sein, daß das bei einzelnen Mitarbeitern vorhandene Wissen auch in die Datenbank eingespeist und damit allgemein verfügbar gemacht wird. Zu diesem Zweck ist die Schaffung entsprechender Anreizstrukturen zwingend erforderlich.

4.4.2 Lead User-Marktforschung als Basis der Wissenstransformation

Die bisher behandelte Transformation von Episodenwissen in Potentialinformationen kann nicht als originäres Ziel der Transaktionsepisode bezeichnet werden, sondern stellt eher ein 'Abfallprodukt' dar. Demgegenüber kann insbesondere die Zusammenarbeit mit Lead usern als eine gezielte und originär zum Zweck der Wissenstransformation initiierte Transaktionsepisode interpretiert werden.

[105] Vgl. zur Diskriminanzanalyse Backhaus et al. 1994, S. 90 ff.

[106] Vgl. zum Problem der Informationsdistribution die Ausführungen in Abschnitt 4.5.2.1. Spezielle Darstellungen zum Database-Marketing liefern z.B. Holland 1992, S. 780 ff.; Huldi 1992; Schüring 1991; Wilde 1992, S. 793 ff.

Nach *von Hippel* sind Lead user dadurch gekennzeichnet, daß ihre aktuellen Bedürfnisse als beispielhaft für die zukünftige Entwicklung der Gesamtnachfrage auf einem Markt anzusehen sind und sie einen wesentlichen Nutzen aus der Bereitstellung von Leistungen ziehen, die ihre Bedürfnisse befriedigen können.[107] Die Vorteile einer Zusammenarbeit mit Lead usern sind für den Anbieter insbesondere darin zu sehen, daß Lead user

- prädestiniert sind, zur Produktivitätssteigerung bei der Neuproduktentwicklung beizutragen;
- Bedürfnisse haben, die hohe Marktchancen besitzen, wobei Lead user diese Bedürfnisse bereits Monate bzw. Jahre vor dem Großteil der Nachfrager auf dem Gesamtmarkt definieren können;
- einen signifikanten Nutzen von der Befriedigung eines Bedarfes erwarten, wodurch sie eher bereit sind, Daten zur Verfügung zu stellen;
- so stark an einer Problemlösung interessiert sind, daß sie sogar häufig selbst Prototypen entwickeln;
- häufig bereits in bezug auf ihre Bedürfnisse eigene Innovationen durchgeführt haben.[108]

Die aufgeführten Vorteile machen deutlich, daß es für einen Hersteller durchaus sinnvoll ist, sich um die Übernahme von Lead user-Innovationen bzw. Prototypen zu bemühen und diese in ihr Leistungsangebot zu integrieren.

So haben z.B. *Urban* und *von Hippel* in einer empirischen Studie ermittelt, daß Neuentwicklungen von CAD-Systemen unter Einbezug von Lead usern auf der Nachfragerseite zu deutlich höheren Präferenzen führen als solche CAD-Systeme, die ohne eine Zusammenarbeit mit Lead usern entwickelt wurden.[109] Die erhöhten Vermarktungsaussichten von Produktentwicklungen bei Lead user-Kooperationen werden aber auch durch eine Reihe anderer Studien belegt, von denen ausgewählte in Tabelle 13 zusammengefaßt sind.[110]

Vor diesem Hintergrund erscheint es zweckmäßig, die Erfolgspotentiale, die aus einer Lead user-Kooperation zu erwarten sind, systematisch in Form einer Marktforschungsmethode zu nutzen. Das wird auch durch *von Hippel* betont, da gilt: „Lead users can serve as a need-forecasting laboratory for marketing research".[111]

---

[107] Vgl. von Hippel 1986, S. 796; von Hippel 1988a, S. 107.

[108] Vgl. auch Kleinaltenkamp/Staudt 1991, S. 59 ff.

[109] Vgl. Urban/von Hippel 1988, S. 571 ff. Zu entsprechenden Ergebnissen kamen Herstatt und von Hippel auch im Bereich der „low-tech"-Produkte. Vgl. Herstatt/von Hippel 1992, S. 215 ff.

[110] Eine Zusammenstellung weiterer empirischer Belege liefern z.B. von Hippel 1988b, S. 285, und Kleinaltenkamp/Staudt 1991, S. 62 ff.

[111] Von Hippel 1986, S. 791.

Tabelle 13. Ausgewählte Studien zur Kooperation mit Lead usern (In Anlehnung an: Kleinaltenkamp/Staudt 1991, S. 63)

Art der Innovation	*Erfolgreiche Innovationen*	*Daten in bezug auf Kooperationen mit Kunden*	*Untersuchung*
Produktions-verfahren; Betriebsanlagen	48	62% der erfolgreich eingeführten Projekte wurden in Beantwortung direkter Kundenanfragen eingeleitet	Peplow (1960)
Chemische Produkte	17	53% der im Handel erfolgreichen Produktideen kamen von Kunden	Meadows (1969)
Wissenschaftliche Instrumente	unbekannt	57% der Innovationen gehen auf externe Initiativen zurück	Utterback (1971)
Innovative Betriebsanlagen	49	67% der Innovationen wurden durch Nutzer entwickelt	von Hippel (1977)
Chemische Produkte	63	48% der erfolgreichen Innovationen gehen auf Kundeninitiativen zurück und nur 5% der nicht erfolgreichen Ideen waren kundeninitiierte Projekte	Biegel (1987)

Aufgrund seiner empirischen Arbeiten schlagen *Urban* und *von Hippel* insgesamt vier Stufen einer Lead user-Marktforschung vor:[112]

1. *Spezifikation von Lead user-Indikatoren:*
   Da Lead user neue Bedürfnisse, die hohe Marktchancen besitzen, bereits Monate oder Jahre vor der Masse der Abnehmer wahrnehmen, sind zunächst Indikatoren für technologische Trends aufzufinden, wobei insbesondere Expertengespräche sinnvolle Indikatoren erbringen können. Weiterhin ist die hohe Nutzenerwartung von Lead usern über Indikatoren abzuschätzen. Hier stellen z.B. die Unzufriedenheit von Nachfragern mit vorhandenen Problemlösungen sowie von Nachfragern bereits initiierte Problemlösungsaktivitäten denkbare Indikatoren dar.
2. *Identifikation der Lead user-Gruppe:*
   Sind Indikatoren für „erfolgversprechende Technologietrends“ und „hohe Nutzenerwartung“ gefunden, so ist deren Bedeutung für einzelne Nachfrager durch z.B. telefonische Befragungen festzustellen. Auf clusteranalytischem Wege lassen sich dann Nachfragergruppen bilden, aus denen diejenige Gruppe auszuwählen ist, die im Hinblick auf die Lead user-Indikatoren entsprechende Ausprägungen aufzeigt. Diese Nachfragergruppe bildet die Lead user-Gruppe.
3. *Gemeinsame Entwicklung von Produktkonzepten mit Lead usern:*
   Im nächsten Schritt sind gemeinsam mit einzelnen oder einer Gruppe von Lead usern Produktkonzepte zu entwickeln, die den Bedürfnissen der Lead user in besonderem Maße gerecht werden. Das kann in einer konkreten Ein-

[112] Vgl. Urban/von Hippel 1988, S. 570 ff.; von Hippel 1989, S. 25 ff.

zeltransaktion mit einem Lead user erfolgen oder aber auch z.B. in Form von Workshops. In manchen Fällen kann die Zusammenarbeit auch bereits zu konkreten Produkten führen.

4. *Test der entwickelten Produktkonzepte bei Nicht-Lead usern:*
Aus der Diffusionstheorie ist bekannt, daß sich Innovatoren und Imitatoren in ihren Verhaltensweisen signifikant unterscheiden. Da Lead user den Innovatoren zuzurechnen sind, müssen die gefundenen Produktkonzepte bzw. Produkte in einem letzten Schritt bei den nicht als Lead user charakterisierten Abnehmern getestet werden. Zu diesem Zweck kann auch auf die in Schritt 2 als Nicht-Lead user identifizierten Gruppen zurückgegriffen werden, bei denen dann entsprechende Produkt- bzw. Konzepttests durchzuführen sind.

Die Lead user-Marktforschung ermöglicht somit nicht nur eine Transformation von Episodenwissen in Potentialinformationen, sondern stellt insgesamt ein durchaus brauchbares Instrument zur Entwicklung von solchen Produktinnovationen dar, die auch hohe Absatzerfolge bei einer großen Gruppe von Nachfragern im Gesamtmarkt erwarten lassen. Insbesondere die aufgezeigten empirischen Belege sind hierfür ein Indiz. Andererseits ist die Lead user-Marktforschung aber auch mit Problemen behaftet, da sie eine intensive Interaktionsbeziehung zwischen Anbieter und Lead user-Kunden erfordert, die mit Sicherheit nicht allein durch die Marktforschungs- oder Marketingabteilung sichergestellt werden können. Es müssen deshalb Wege gefunden werden, um die Produktentwicklung mit den Lead usern zu verbinden. Eine Möglichkeit hierzu bildet z.B. die Zusammenarbeit mit User groups, die es den Herstellern ermöglicht, einen Zugang zu dem Erfahrungsfundus der in den User groups vertretenen Kundengruppen zu erhalten.[113] Weiterhin können sich die mit verschiedenen Lead usern entwickelten Leistungskonzepte in einzelnen Leistungsmerkmalen auch unterscheiden, womit die Frage der „richtigen Konzeptauswahl" zu klären wäre. Andererseits können unterschiedliche Leistungskonzepte aber auch Hinweise auf zukünftige Marktsegmente mit heterogenen Bedürfnisstrukturen liefern.

4.5 Informationsaufbereitung und Informationsdistribution

4.5.1 Informationsaufbereitung

Die bisherigen Betrachtungen zu Potential- und externen Prozeßinformationen konzentrierten sich auf die Frage, wie Informationen bei Vermarktungsaktivitäten auf anonymen Märkten bzw. beim einzelnen Kundenauftrag in geeigneter

[113] Vgl. zur Möglichkeit der Integration von User groups in die Marktforschung Erichsson 1994, S. 106 ff.

Weise erhoben werden können. In beiden Fällen leiten sich die erforderlichen Informationsinhalte aus der konkreten Entscheidungssituation ab, wobei unterschiedliche Informationsgewinnungsinstrumente relevant sind. Im Ergebnis führen aber die Informationsgewinnungsaktivitäten zunächst einmal „nur" zu einem Pool an Daten, der zur Lösung des jeweiligen Beschaffungsproblems erforderlich ist. Erst durch eine geeignete Informationsaufbereitung entstehen aus den gewonnenen relevanten Daten auch entscheidungsrelevante Informationen. Die bei der Informationsaufbereitung konkret zur Anwendung kommenden Methoden bestimmen sich dabei ebenfalls aus der jeweiligen Entscheidungssituation, wobei sich in Abhängigkeit der gesetzten Entscheidungsziele und den gewählten Untersuchungsmethoden verschiedene Forschungsansätze charakterisieren lassen, die typischerweise wie folgt unterschieden werden:[114]

- *Deskriptiver Forschungsansatz:*
  Die primären Forschungsziele deskriptiver Forschungsansätze liegen in der Beschreibung bestimmter Tatbestände, der Feststellung der Häufigkeit ihres Auftretens sowie der Überprüfung von Zusammenhängen zwischen Variablen und der Prognose.
- *Explorativer Forschungsansatz:*
  Die primären Forschungsziele explorativer Forschungsansätze sind in der Suche nach Informationen zur Strukturierung des Entscheidungsproblems sowie in der Hypothesengenerierung, d.h. in der Ermittlung von (noch nicht bekannten) Zusammenhängen zwischen Variablen zu sehen.
- *Experimenteller Forschungsansatz:*
  Die primären Forschungsziele experimenteller Forschungsansätze liegen in der Überprüfung von Kausalhypothesen bei gleichzeitiger Kontrolle störender Einflußfaktoren.

Die verschiedenen Zielsetzungen der einzelnen Forschungsansätze lassen sich durch den Einsatz unterschiedlicher Datenaufbereitungs- und analyseverfahren erreichen, die zunächst einmal für Potential- und externe Prozeßinformationen gleichermaßen relevant sind. Im Hinblick auf die Informationsaufbereitung ist es sinnvoll, das Spektrum möglicher Verfahren in Abhängigkeit des Entscheidungsproblems zu differenzieren. Werden zu diesem Zweck die Zielsetzungen der genannten Forschungsansätze betrachtet, so kann die Informationsaufbereitung im Ergebnis auf eine

- Deskription des Datenmaterials,
- Exploration des Datenmaterials oder
- Prüfung konkreter Untersuchungshypothesen

[114] Vgl. zu einer detaillierten Darstellung dieser Forschungsansätze Böhler 1992, S. 30 ff., sowie Green/Tull 1982, S. 61 ff.

Tabelle 14. Klassifikation von Datenanalyseverfahren nach dem Forschungsziel

Einteilungskriterium	*Art des Analyseverfahrens*	*Beispiele*
strukturbeschreibend	Deskriptive Datenanalyse	• Mittelwert • Streuung • Häufigkeiten
primär struktur-entdeckend	Explorative Datenanalyse	• Faktorenanalyse • Clusteranalyse • Multidimensionale Skalierung (MDS)
primär struktur-prüfend	Konfirmatorische Datenanalyse	• Regressionsanalyse • Varianzanalyse • Diskriminanzanalyse • Conjoint-Analyse • Kontingenzanalyse • Kausalanalyse

gerichtet sein. Entsprechend dieser Unterscheidung läßt sich auch eine (erste) Klassifikation möglicher Datenauswertungsmethoden vornehmen, die in Tabelle 14 dargestellt ist.

Die Deskription des Datenmaterials verfolgt das Ziel, charakteristische Kennwerte zu ermitteln, die die interessierenden Sachverhalte bei einem möglichst geringen Informationsverlust beschreiben können. Zur Charakterisierung eines Datenpools wird meist auf Maßzahlen, wie z.B. Mittel- und Streuungswerte sowie Verhältniszahlen, wie z.B. Häufigkeiten, zurückgegriffen. Die Ermittlung charakteristischer Kennwerte stellt eine Datenverdichtung dar, die aber für jedes Erhebungsmerkmal gesondert durchgeführt wird. Es wird deshalb auch von univariaten Analysen gesprochen. Werden hingegen mehrere Variablen gleichzeitig in die Analyse einbezogen, so spricht man von multivariaten Analyseverfahren.

Im Gegensatz zu rein deskriptiven Auswertungsverfahren liegt das Ziel einer Exploration des Datenmaterials in der Entdeckung von Strukturen, die dem Forscher bisher noch nicht bekannt sind. Die Exploration kann sich dabei entweder auf die betrachtete Variablen- oder die Objektmenge beziehen. Die Exploration kann im Ergebnis ebenfalls zu einer Verdichtung des Datenmaterials führen, wenn z.B. eine Menge von Nachfragern zum Zwecke der Segmentbildung zu Gruppen (Cluster) oder einzelne Merkmale, die in einem engen Zusammenhang stehen, zu Merkmalsdimensionen (Faktoren) zusammengefaßt werden. Im ersten Fall kommt die Clusteranalyse, im zweiten Fall die Faktorenanalyse zur Anwendung.

Besitzt der Forscher hingegen bereits Vermutungen über den Zusammenhang zwischen Variablen, die er mit Hilfe der gewonnenen Daten überprüfen möchte, so kommen konfirmatorische Datenanalyseverfahren zur Anwendung, die da-

Tabelle 15. Klassifikation von Datenanalyseverfahren nach dem Skalenniveau

		unabhängige Variable	
		metrisches Skalenniveau	nominales Skalenniveau
abhängige Variable	metrisches Skalenniveau	*Regressionsanalyse*	*Varianzanalyse*
	nominales Skalenniveau	*Diskriminanzanalyse*	*Kontingenzanalyse*

durch gekennzeichnet sind, daß sie immer zwischen abhängigen und unabhängigen Variablen unterscheiden. Soll beispielsweise der Einfluß der Werbung auf den Umsatzerfolg analysiert werden, so wäre der Umsatz die abhängige (zu erklärende) Variable und die Werbeausgaben die unabhängige Variable (erklärende Variable). Zur Prüfung eines solchen Zusammenhangs können unterschiedliche Verfahren herangezogen werden, die sich nach dem zugrundeliegenden Skalenniveau der Variablen unterscheiden lassen. Eine entsprechende Systematisierung ist in Tabelle 15 dargestellt.

Auf eine eingehende Darstellung der unterschiedlichen Datenanalyseverfahren sei hier verzichtet.[115] Statt dessen wurden in Tabelle 16 typische Anwendungsfragestellungen gebräuchlicher Verfahren zusammengestellt, die dem Leser zur Orientierung dienen können.

Obwohl die verschiedenen Analysemethoden grundsätzlich sowohl für die Aufbereitung von Potential- als auch von externen Prozeßinformationen Anwendung finden können, so müssen doch gewisse Einschränkungen gemacht werden. Zunächst ist zu berücksichtigen, daß bei Potentialinformationen die verschiedenen Informationsinhalte für eine Vielzahl unterschiedlicher Erhebungssubjekte (z.B. Nachfrager) vorliegen, während sie sich bei Prozeßninformationen nur auf einen konkreten Einzelkunden beziehen. Die sog. Fallzahl ist somit bei Potentialinformationen wesentlich größer. Das aber bedeutet, daß zur Aufbereitung von Potentialinformationen auf ein wesentlich größeres Arsenal an Auswertungsverfahren zurückgegriffen werden kann als bei Prozeßinformationen. Bei Prozeßinformationen können im Prinzip nur solche Verfahren zur Anwendung kommen, bei deren Durchführung keine Mindestfallzahl vorausgesetzt ist. Damit ist aber bei externen Prozeßinformationen das Spektrum an multivariaten Analysemethoden nur sehr eingeschränkt anwendbar. Ausnahmen bilden hier nur solche Verfahren, die eine Individualanalyse erlauben, wie z.B. die Conjoint-Analyse oder die Multidimensionale Skalierung.

[115] Vgl. zu einer anwendungsbezogenen Darstellung der Verfahren Backhaus et al. 1994.

Tabelle 16. Typische Fragestellungen ausgewählter Datenanalysemethoden

Verfahren	*Fragestellung*
Regressionsanalyse	• Wie verändert sich die Absatzmenge, wenn die Werbeausgaben um 10% gekürzt werden? • Wie läßt sich der Preis für Baumwolle in den nächsten sechs Monaten schätzen? • Hat das Investitionsvolumen der Automobil-, Werft- und Bauindustrie einen Einfluß auf die Stahlnachfrage?
Varianzanalyse	• Hat die Art der Werbung einen Einfluß auf die Höhe der abgesetzten Menge? • Hat die Farbe der Anzeige einen Einfluß auf die Zahl der Personen, die sich an die Werbung erinnert? • Hat die Wahl des Absatzweges einen Einfluß auf die Absatzmenge?
Diskriminanz-analyse	• In welcher Hinsicht unterscheiden sich bestimmte Marktsegmente? • Welche Merkmale der Außendienstmitarbeiter tragen am besten zu ihrer Differenzierbarkeit in Erfolgreiche und Nicht-Erfolgreiche bei? • Lassen sich bestimmte Kundengruppen anhand der Merkmale "Umsatz", "Beschäftigtenzahl", "Werbeausgaben" etc. unterscheiden?
Kontingenzanalyse	• Treten Beobachtungen zwischen Variablen rein zufällig auf oder läßt sich das Ergebnis verallgemeinern? • Ist ein Zusammenhang zwischen Branche und Wahl von Printmedien erkennbar?
Faktorenanalyse	• Läßt sich die Vielzahl von Kaufkriterien auf wenige zentrale Faktoren (Kaufdimensionen) reduzieren? • Wie lassen sich diese Kaufdimensionen beschreiben?
Clusteranalyse	• Wie lassen sich Nachfrager in Marktsegmente einteilen? • Gibt es bei Zeitschriften verschiedene Lesertypen? • Wie kann man die Wählerschaft entsprechend ihren Interessen an politischen Vorgängen klassifizieren?
Multidimensionale Skalierung	• Inwieweit entspricht das eigene Produkt den Idealvorstellungen der Konsumenten? • Welches Image besitzt ein Unternehmen? • Hat sich die Einstellung der Konsumenten zu einem Produkt innerhalb von zwei Jahren verändert?
Conjoint-Analyse	• Welchen Beitrag liefern die einzelnen Komponenten eines Leistungsangebotes zum wahrgenommenen Gesamtnutzen? • Empfindet der Kunde bei der Gestaltung des Serviceangebotes den Nutzenbeitrag einer eigenen Serviceabteilung höher als den eines externen Servicesdienstes?

4.5.2 Informationsdistribution

Die Informationsdistribution stellt die letzte Stufe im Prozeß der Informationsbereitstellung dar (vgl. Abb. 3). Es kann als zentrale Management-Aufgabe angesehen werden, sicherzustellen, daß innerhalb des Unternehmens

- die richtigen Informationen
- zur richtigen Zeit
- an der richtigen Stelle

zur Verfügung stehen. Die Erfüllung dieser Aufgabe ist unabhängig davon, ob Potential- oder externe Prozeßinformationen vorliegen. Ein Unterschied zwischen beiden Informationskategorien ist allenfalls darin zu sehen, daß externe Prozeßinformationen aufgrund ihres Charakters zumeist unverdichtet, Potentialinformationen hingegen fast immer in verdichteter Form verteilt werden.

Zur Sicherstellung einer geeigneten Informationsdistribution stehen verschiedene Instrumente zur Verfügung, die sich generell danach unterscheiden lassen, ob sie vor einem informations- oder einem organisationstechnischen Hintergrund entwickelt wurden.

4.5.2.1 Informationstechnische Konzepte der Informationsdistribution

Informationstechnische Konzepte zur Sicherstellung der Informationsdistribution beruhen im allgemeinen auf dem Einsatz der EDV-Technologie, also Rechnern und Rechnernetzen als Hardware sowie umfangreichen Datenbanksystemen[116] als Software. Die EDV-Technologie ersetzt dabei konventionelle Systeme der Datenarchivierung, im Rahmen derer Daten, Wissen und Informationen als papierbasierte Unterlagen abgelegt werden. Bei der Gestaltung von entsprechenden Informationssystemen sind grundsätzlich zwei „Sichten" zu unterscheiden: zum einen die Datensicht und zum anderen die Funktionssicht.[117]

„Datenmodelle stellen die statische Struktur von Datenobjekten und die logischen Beziehungen zwischen den Datenobjekten dar. Ziel der Datenmodellierung ist es, einen Gegenstandsbereich in Form eines konzeptionellen Datenmodells zu beschreiben."[118] Funktionsmodelle stellen dagegen dar, wie Daten weiterverarbeitet - also auch verdichtet und distribuiert - werden. Daten- und Funktionsmodellierung ergänzen sich somit gegenseitig. Für beide Aufgaben existieren entsprechende Werkzeuge, wobei für die Datenmodellierung beispielsweise das sog. Entity-Relationship-Modelle[119] und für die Funktionsmodellierung die Structured Analysis and Design Technique (SADT)[120] zu nennen sind.

Insbesondere das Marketing galt bereits sehr frühzeitig als sehr fruchtbares Anwendungsfeld für den Einsatz entsprechender Systeme, so daß sog. Marketinginformationssysteme (MAIS) schon lange zum Angebot der Systemberater und -anbieter gehören. In einer repräsentativen Befragung zum Entwicklungsstand

---

[116] Datenbanken in diesem Sinne sind zu unterscheiden von solchen Datenbanken, wie sie im Rahmen des Database-Marketing in Abschnitt 4.4.1 vorgestellt wurden. Die dort diskutierten Datenbanken haben einen überbetrieblichen bzw. marktlichen Charakter, während die Datenbanken im Sinne dieses Kapitels einen rein innerbetrieblichen Charakter aufweisen.

[117] Vgl. z.B. Picot/Maier 1994, S. 112 ff.

[118] Picot/Maier 1994, S. 115.

[119] Vgl. z.B. Scheer 1988.

[120] Vgl. z.B. Keller 1993.

Tabelle 17. Datenaktualisierung und Distributionsgeschwindigkeit von MAIS (Quelle: Spang/Scheer 1992)

Datenkategorie	*Geschwindigkeit*			
	bis 5 min.	*bis 1 Tag*	*bis 1 Woche*	*länger*
Kundendaten	100 %			
Auftragsdaten	87 %	13 %		
Wettbewerbsdaten	50 %	21 %	14 %	14 %
Artikeldaten	93 %	7 %		
Datenkategorie	*Aktualisierung*			
	Kontinuierl.	*täglich*	*wöchentlich*	*monatlich*
Kundendaten	44 %	44 %	12 %	
Auftragsdaten	47 %	47 %	6 %	
Wettbewerbsdaten	6 %		6 %	89 %
Artikeldaten	67 %	33 %		

von MAIS in Deutschland aus dem Jahre 1990 gaben 90% der Unternehmen an, daß MAIS zum Einsatz kommen oder ihr Einsatz in Zukunft geplant ist.[121]

Die Effizienz von MAIS wird im wesentlichen durch zwei Parameter bestimmt: Zum einen durch die Geschwindigkeit, mit der Daten, Wissen bzw. Informationen zum Adressaten gelangen und zum anderen durch den Rhythmus der Datenaktualisierung. Beide Größen wurden im Rahmen der genannten Erhebung erfaßt, und die Ergebnisse sind in Tabelle 17 dargestellt. Die Ergebnisse machen deutlich, daß die Informationsdistribution insbesondere in bezug auf Wettbewerbsdaten noch deutliche Mängel aufweist. Die Kritik an MAIS richtet sich generell auf den Umstand, daß durch die Einführung solcher Systeme i.d.R. lediglich eine Automatisierung bereits existierender Routinen der Informationsdistribution angestrebt wird. Weil traditionelle Routinen der Informationsdistribution häufig dem „Hol-Prinzip" folgen, müssen sich auch MAIS oft den Vorwurf gefallen lassen, keinen aktiven Beitrag zur Verteilung von Informationen zu leisten. Weiterhin wird die Frage, ob existierende Routinen tatsächlich geeignet sind, die Erzielung von Wettbewerbsvorteilen zu unterstützen, selten gestellt. Schritte zur Überwindung dieser Mängel unternehmen ansatzweise alternative Konzepte der Planung von Informationssystemen, die zur Unterstützung von Projekten im Rahmen des sog. Business Reengineering entwickelt wurden.

Business Reengineering kann als eine Form der Gestaltung von Unternehmensorganisationen angesehen werden, die als elementare Gestaltungseinheit Geschäftsprozesse heranzieht.[122] Geschäftsprozesse werden dabei immer von Kundenbedarfen abgeleitet. Die Geschäftsprozeßorganisation bedarf allerdings

[121] Vgl. Spang/Scheer 1992, S. 184.

[122] Zum Business Reengineering vgl. vor allem Hammer/Champy 1994.

des umfassenden Einsatzes von Informationstechnologie, vor allem zur Distribution von Daten, Informationen und Wissen. Ein Instrument, das die Planung dieser Informationstechnologie unterstützen soll, sind sog. „Ereignisgesteuerte Prozeßketten" (EPK).[123] Bei EPK handelt es sich um eine Metasprache, mit deren Hilfe Geschäftsprozesse abgebildet und modelliert werden können. EPK bedienen sich folgender Elementareinheiten:

- Ereignisse,
- Funktionen,
- Organisatorischer Einheiten und
- Informationsobjekte (Daten, Wissen, Informationen).

Die Vorgehensweise ist in Abb. 17 am Beispiel des Teilprozesses der Anfragenbewertung dargestellt. Ausschlaggebendes Ereignis ist zunächst der Eingang einer Anfrage. Dieses Ereignit lößt die Funktion der Anfragenbewertung aus. Ausführende Organisationseinheit ist der Vertriebsinnendienst. Für die Durchführung der Anfragenbewertung werden Kunden- und Leistungsstammdaten benötigt. Als Output entsteht ein Bewertungsbericht. Die Funktion der Anfragenbewertung lößt ihrerseits – in Abhängigkeit vom Ergebnis – ein weiteres Ereignis aus: entweder die Angebotserstellung, die Formulierung eines zusätzlichen Informationsbedarfs oder die vorzeitige Ablehnung der Anfrage.

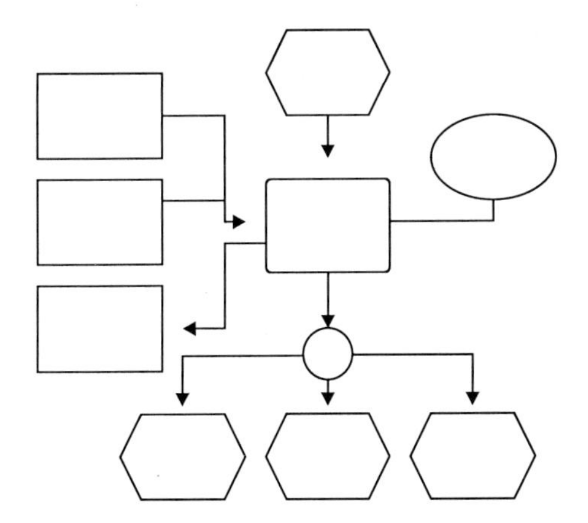

Abb. 17. Ereignisgesteuerte Prozeßkette für die Anfragenbewertung (In Anlehnung an: Keller 1995, S. 55)

[123] Vgl. Keller 1995.

4.5.2.2 Organisationstechnische Konzepte der Informationsdistribution

Bei organisationstechnischen Konzepten der Informationsdistribution erfolgt die Verteilung der Informationen nicht durch die Nutzung umfangreicher EDV-Systeme, sondern durch die Gestaltung der betrieblichen Aufbau- und Ablauforganisation. Beispielshaft seien hier das Total Quality Management (TQM) und das Quality Function Deployment (QFD) kurz erläutert:

Die Aufgabe des TQM ist primär darin zu sehen, daß Erwartungen eines oder mehrerer Nachfrager vom Anbieter zunächst wahrgenommen und dann in Spezifikationen und in Leistungen übertragen werden.[124] Dabei muß sichergestellt werden, daß Spezifikationen zum Nachfrager kommuniziert und die Leistung an sich vom Nachfrager auch entsprechend wahrgenommen wird. Bei der Durchführung dieser Aufgaben sind unterschiedliche Fallgruben oder Gaps zu beachten. Das Instrumentarium des TQM soll nun helfen, diese Gaps zu überwinden. Dazu wird vor allem eine systematische Analyse des gesamten Qualitätsprozesses durchgeführt. Der optimierte Ablauf des Qualitätsprozesses wird dann in Form von Qualitätshandbüchern festgehalten und allen Beteiligten zugänglich gemacht. Der erste Schritt des Qualitätsprozesses, nämlich die Erhebung und Verdichtung von Erwartungen der Nachfragern, stellt nun, wie in den vorangegangen Abschnitten dargestellt wurde, einen zentralen Aufgabenbereich der Informationsgewinnung im Business-to-Business-Bereich dar, sei es in Form von Potential- oder in Form von externen Prozeßinformationen. Existiert in einem Unternehmen ein TQM-System, das auch die weiteren Schritte des Qualitätsprozesses unterstützt, so gewährleistet dies gleichzeitig die Distribution der erwartungsbezogenen Informationen über die gesamte Leistungsgestaltung hinweg. Wurde das TQM-System so gestaltet, daß es die Wettbewerbsstrategie eines Unternehmens berücksichtigt bzw. einen aktiven Beitrag zur Erzielung von Wettbewerbsvorteilen leisten kann, so erfolgt zwangsläufig auch die Informationsdistribution in einer strategiekonformen Art und Weise. TQM-Systeme können somit, sofern sie mit der Wettbewerbsstrategie eines Anbieters abgestimmt sind, eine sehr effiziente und effektive Form der Informationsdistribution darstellen.

Beim Quality Function Deployment handelt es sich im allgemeinen um ein Konzept zur Produktplanung bzw. -entwicklung. Es kann sowohl als eine Weiterentwicklung des Simultaneous Engineering als auch als eine Konkretisierung des TQM-Gedankens angesehen werden. QFD übernimmt vom Simultaneous Engineering die Grundidee der Parallelisierung von ursprünglich sukzessiven Phasen der Produktentwicklung.[125] Vom TQM-Konzept übernimmt es die konsequente

[124] Die Grundprinzipien des TQM lassen sich auf das GAP-Modell zurückführen, das bei Kleinaltenkamp 1999 erläutert wird.

[125] Vgl. Brunner 1992, S. 42.

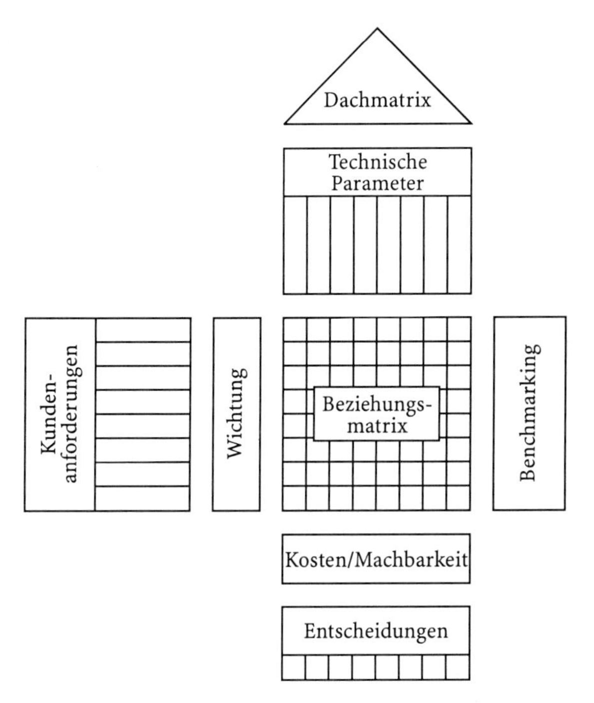

Abb. 18. Das „House of Quality“
(In Anlehnung an: Hauser/Clausing 1988, S. 72)

Orientierung an den Nachfragern bzw. dem Nachfragerbedarf.[126] QFD unterscheidet sich allerdings von den Konzepten des Simultaneous Engineering und des TQM durch einen sehr viel höheren Konkretisierungsgrad. Von herausragender Bedeutung ist in diesem Zusammenhang das sogenannte ‘House of Quality’. Dabei handelt es sich um ein System von Matrizen, deren Form der Ansichtszeichnung eines Hauses gleicht. Abbildung 18 verdeutlicht diese Form und benennt die einzelnen Elemente.

Ausgangspunkt des House of Quality sind Erwartungen bzw. Anforderungen von Nachfragern an die Marktleistung eines Anbieters. Diese müssen zunächst, ähnlich wie beim TQM-Konzept und so wie es in den vorangegangenen Abschnitten erläutert wurde, erhoben und verdichtet werden. Auch beim House of Quality können sowohl Potential- als auch externe Prozeßinformationen als Input herangezogen werden. Ebenfalls ist zu ermitteln, wie die Nachfrager die Bedeutung der Einzelanforderungen hinsichtlich ihres Beitrages zur Gesamtqualität einordnen. Technische Gestaltungsmerkmale, die im Rahmen der Leistungsgestaltung variiert werden können, sind den Kundenanforderungen entgegenzu-

[126] Vgl. Griffin/Hauser 1993, S. 2.

stellen. In der Dachmatrix kann eingetragen werden, ob Interdependenzen zwischen den einzelnen technischen Parametern vorliegen und welche Richtung diese aufweisen.

Die aus der Gegenüberstellung von Kundenanforderungen und technischen Parametern resultierende Beziehungsmatrix enthält Angaben darüber, welchen Einfluß welcher Parameter auf welches Anforderungsmerkmal ausübt. Diese Beziehungsmatrix sowie ein Vergleich der Anforderungserfüllung des eigenen Leistungsprofils mit den Profilen der Wettbewerber (sog. Benchmarking) erlaubt die Simulation des Einflusses von Veränderungen der Parameter auf den Erfüllungsgrad der Anforderungen, d.h. auf die Qualität. Ergebnisse dieser Simulation können unter Beachtung von Kostenaspekten und anderen Restriktionen in der Entscheidungsmatrix festgehalten werden. QFD stellt somit nicht nur ein mehr oder weniger abstraktes Konzept dar, sondern konkretisiert sich plastisch in Form des House of Quality.

Weiterhin kann das House of Quality auch als ein Vehikel der Informationsdistribution angesehen werden, da alle an der Leistungsgestaltung beteiligten Stellen und Mitarbeiter eines Anbieters an seiner Beschreibung mitwirken müssen. Diese Mitwirkung impliziert immer den Austausch und damit die Distribution von Informationen. Das House of Quality ist insofern vergleichbar mit dem Mittelpunkt eines „runden Tisches der Leistungsgestaltung". Der zentrale Unterschied der Distributionsfunktion des TQM-Konzeptes und des QFD-Konzeptes kann wie folgt beschrieben werden: Beim TQM-Konzept werden Schnittstellen, die der Informationsdistribution im Wege stehen, genau spezifiziert und Pfade zur möglichst reibungslosen Überwindung dieser Schnittstellen gelegt. Beim QFD sollen Schnittstellen dagegeben durch die zentrale Funktion des House of Quality von vornherein vermieden werden.

Literaturverzeichnis

Adam, D. [1993]: Planung und Entscheidung; 3. Aufl., Wiesbaden 1993.

Adler, J. [1994]: Informationsökonomische Fundierung von Austauschprozessen im Marketing; Arbeitspapier Nr. 3 zur Marketingtheorie des Lehrstuhls für Marketing an der Universität Trier, hrsg. von R. Weiber, Trier 1994.

Adler, P. S. / Mcdonald, D. W. / Macdonald, F. [1993]: Technische Funktionen: So machen Sie mehr aus Ihrem Potential; in: Harvard Manager, 5. Jg. (1993), Heft 3, S. 46–60.

Akerlof, G. A. [1970]: The Market for „Lemons": Quality Uncertainty and the Market Mechanism; in: The Quarterly Journal of Economics, 84 Jg. (1970), S. 488–500.

Ansoff, H. I. / Stewart, J. M. [1967]: Strategies for a technology-based business; in: Harvard Business Review, Vol. 45 (1967), No. 6, S. 71–83.

Backhaus, K. [1989]: Zulieferer-Marketing - Schnittstellenmanagement zwischen Lieferanten und Kunden; in: Specht, G. / Silberer, G. / Engelhardt, W. H. (Hrsg.): Marketing-Schnittstellen; Stuttgart 1989, S. 287–304.

Backhaus, K. / de Zoeten, R. [1990]: Was ist Marketing?; unveröffentlichtes Manuskript, Münster 1990.

Backhaus, K. / Erichson, B. / Plinke, W. / Weiber, R. [1994]: Multivariate Analysemethoden; 7. Aufl., Berlin - Heidelberg - New York 1994.

Behrens, K. Ch. (Hrsg.) [1974]: Handbuch der Marktforschung; Wiesbaden 1974.

Berekoven, L. / Eckert, W. / Ellenrieder, P. [1991]: Marktforschung; 5. Aufl., Wiesbaden 1991.

Berndt, R. [1992]: Marketing 1 - Käuferverhalten, Marktforschung und Marketing-Prognosen; 2. Aufl., Berlin et al. 1992.

Böhler, H. [1979]: Beachtete Produktalternativen und ihre relevanten Eigenschaften im Kaufentscheidungsprozeß von Konsumenten; in: Meffert, H. / Steffenhagen, H. / Freter, H. (Hrsg.): Konsumentenverhalten und Information; Wiesbaden 1979, S. 261–289.

Böhler, H. [1992]: Marktforschung; 2. Aufl., Stuttgart - Berlin - Köln 1992.

Borg, I. / Staufenbiel, Th. [1993]: Theorien und Methoden der Skalierung; 2. Aufl., Bern 1993.

Brunner, F. J. [1992]: Produktplanung mit Quality Function Deployment QFD; in: IO Management Zeitschrift, 61. Jg. (1992), Heft 6, S. 42–46.

Bullinger, H.-J. [1992]: Orientierung der Dienstleistungsfunktion an relevanten Wertschöpfungsprozessen; in: Handelsblatt Nr. 226 v. 23.11.1992, S. 20.

Bullinger, H.-J. / Wasserlos, G. [1990]: Reduzierung der Produktentwicklungszeiten durch Simultaneous Engineering; in: CIM-Management, 6. Jg. (1990), Heft 4, S. 4–12.

Bullinger, H.-J. / Wasserlos, G. [1991]: F&E-Management; in: Planung und Produktion, 39. Jg. (1991), Heft 4, S. 15–21, und Heft 5, S. 22–25.

Cox, W. E. [1979]: Industrial Marketing Research; New York u.a. 1979.

Diller, H. [1989]: Key-Account-Management: Alter Wein in neuen Schläuchen; in: Thexis, 10. Jg. (1993), Heft 3, S. 6–16.

Droege, W. P. J. / Backhaus, K. / Weiber, R. [1993) (Hrsg.]: Strategien für Investitionsgütermärkte – Antworten auf neue Herausforderungen; Landsberg am Lech 1993.

Droege, W. P. J. / Backhaus, K. / Weiber, R. [1993]: Trends und Perspektiven im Investitionsgütermarketing – eine empirische Bestandsaufnahme; in: Droege, W. P. J. / Backhaus, K. / Weiber, R. (Hrsg.): Strategien für Investitionsgütermärkte – Antworten auf neue Herausforderungen; Landsberg/Lech 1993, S. 18–98.

Eisenhofer, G. [1988]: Datengewinnung und Datenanalyse als Grundlage einer Marktstrategie für Investitionsgüter; Idstein 1988.

Engelhardt, W. H. / Günter, B. [1981]: Investitionsgüter-Marketing; Stuttgart et al. 1981.

Engelhardt, W. H. / Kleinaltenkamp, M. / Reckenfelderbäumer, M. [1993]: Leistungsbündel als Absatzobjekte; in: Zeitschrift für betriebswirtschaftliche Forschung, 45. Jg. (1993), Heft 5, S. 395–426.

Erichsson, S. K. [1994]: Möglichkeit der Integration von User groups in die Marktforschung; in: Tomczak, T. / Reinecke, S. (Hrsg.): Marktforschung; St. Gallen 1994, S. 106–115.

Erichson, B. / Hammann, P. [1991]: Grundlagen der Beschaffung und Aufbereitung von Informationen; in: Bea, F. X. / Dichtl, E. / Schweitzer, M. (Hrsg.): Allgemeine Betriebswirtschaftslehre; Band 2: Führung, 5. Aufl., Stuttgart 1991, S. 185–221.

Eversheim, W. [1989]: Simultaneous Engineering – eine organisatorische Chance!; in: VDI (Hrsg.): Simultaneous Engineering, VDI-Berichte Nr. 758, Düsseldorf 1989, S. 1–26.

Fanger, B. / Lacey, E. [1992]: Hürdensprint in der Produktentwicklung; in: IO Management Zeitschrift, 61. Jg. (1992), Heft 2, S. 81–84.

Fiederer, S. [1990]: Blinde Passagiere; in: Wirtschaftswoche Nr. 13 v. 23.3.1990, S. 95–98.

Fischer, M. / Wolf, G. [1971]: Sekundärstatistische Quellen für die Investitionsgüter-Marktforschung; in: Der Marktforscher, 15. Jg. (1971), Heft 4, S. 2–7.

Fishbein, M. [1967]: A Behaviour Theory Approach to the Relations between Beliefs about an Object and the Attitude toward the Object; in: Fishbein, M. (Hrsg.): Readings on Attitude Theory and Measurement, New York et al. 1967, S. 389–400.

Flegel, V. [1989a]: Innovative Kommunikationstechnologien im Marketing; Studien- und Arbeitspapiere Marketing Nr. 13, München 1989.

Flegel, V. [1989b]: Integrierte Kommunikationssysteme im Investitionsgütermarketing – Empiriegestützte Entwicklung eines organisationalen und funktionalen Modells zur Entscheidungsunterstützung; Diss., München 1989.

Freter, H. [1979]: Interpretation und Aussagewert mehrdimensionaler Einstellungsmodelle im Marketing; in: Meffert, H. / Steffenhagen, H. / Freter, H. (Hrsg.): Konsumentenverhalten und Information; Wiesbaden 1979, S. 163–184.

Gaitanides, M. / Diller, H. [1989]: Großkundenmanagement - Überlegungen und Befunde zur organisatorischen Gestaltung und Effizienz; in: Die Betriebswirtschaft, 49. Jg. (1989), S. 185–197.

Gemünden, H. G. [1980]: Effiziente Interaktionsstrategien im Investitionsgütermarketing; in: Marketing - Zeitschrift für Forschung und Praxis, 2. Jg. (1980), Heft 1, S. 21–32.

Green, P. E. / Tull, D. S. [1982]: Methoden und Techniken der Marketingforschung; 4. Aufl., Stuttgart 1982.

Griffin, A. / Hauser, J. R. [1993]: The Voice of the Customer; in: Marketing Science, Vol. 12 (1993), No. 1, S. 1–27.

Grün, K. H. / Wolfrum, B. [1994]: Marktforschung in der Investitionsgüterindustrie; in: Tomczak, T. / Reinecke, S. (Hrsg.): Marktforschung, St. Gallen 1994, S. 182–194.

Günter, B. [1984]: Aktuelle Planungsprobleme des Projektmanagements im industriellen Anlagengeschäft; in: Backhaus, K. (Hrsg.): Planung im industriellen Anlagengeschäft; Düsseldorf 1984, S. 239–263.

Günter, B. [1991]: Marketing-Weiterbildung für Ingenieure; in: VDI (Hrsg.): VDI-Berichte Nr. 889, Düsseldorf 1991, S. 247–260.

Hammann, P. [1977]: Marktforschung für Investitionsgüter; in: Engelhardt, W. H. / Laßmann, G. (Hrsg.): Anlagen-Marketing, Schmalenbachs Zeitschrift für betriebswirtschaftliche Forschung - Sonderheft Nr. 7, Opladen 1977, S. 87–101.

Hammann, P. / Erichson, B. [1994]: Marktforschung; 3. Aufl., Stuttgart Jena New York 1994.

Hammer, M. / Champy, J. [1994]: Business Reengineering; Frankfurt a. M. - New York 1994.

Hauser, J. R. / Clausing, D. [1988]: The house of quality; in: Harvard Business Review, Vol. 66 (1988), No. 5/6, S. 63–73.

Heiermann, K. [1989]: Simultaneous Engineering in der Kleinserienproduktion; in: VDI (Hrsg.): Simultaneous Engineering; VDI-Berichte Nr. 758, Düsseldorf 1989, S. 65–92.

Heinrich, L. J. [1992]: Informationsmanagement; 4. Aufl., München - Wien 1992..

Herrmanns, A. / Flegel, V. [1989]: Integrierte Kommunikationssysteme in der Distributionspolitik des Investitionsgütermarketing; in: Marktforschung & Management, 33. Jg. (1989), Heft 3, S. 94–98.

Herrmanns, A. / Prieß, S. [1987]: Computer Aided Selling; München 1987.

Herstatt, C. / Hippel, E. von [1992]: From Experience: Developing New Product Concepts Via the Lead User Method: A Case Study in a „Low-Tech“ Field; in: Journal of Product Innovation Management; Vol. 9 (1992), S. 213–221.

Hippel, E. von [1986]: Lead Users: A Source of Novel Product Concepts; in: Management Science, Vol. 7 (1986), S. 791–805.

Hippel, E. von [1988a]: The Sources of Innovation; New York - Oxford 1988.

Hippel, E. von [1988b]: Der Erstbenutzer in der Marketingforschung; in: Buzzel, R. D. (Hrsg.): Marketing im Zeitalter der Compunications, Wiesbaden 1988, S. 282–292.

Hippel, E. von [1989]: New Product Ideas from „Lead Users“; in: Research Technology-Management, Vol. 32 (1989), May–June, S. 24–27.

Hirshleifer, J. [1973]: Economics of Information - Where Are We in the Theory of Information?; in: American Economic Association, Vol. 63 (1973), No. 2, S. 31–39.

Holland, H. [1992]: Computergesteuerte Entscheidungsunterstützungssysteme (EUS) im Direktmarketing; in: Hermanns, A. / Flegel, V. (Hrsg.): Handbuch des Electronic Marketing; München 1992, S. 777–789.

Hopf, M. [1983]: Ausgewählte Probleme zur Informationsökonomie; in: Wirtschaftswissenschaftliches Studium, 12. Jg. (1983), Heft 6, S. 313–318.

Huldi, Ch. [1992]: Database Marketing; St. Gallen 1992.

Hüttner, M. [1989]: Grundzüge der Marktforschung; 4. Aufl., Berlin New York 1989.

Jacob, F. [1995]: Produktindividualisierung; Wiesbaden 1995.

Kaas, K. P. [1990]: Marketing als Bewältigung von Informations- und Unsicherheitsproblemen im Markt; in: Die Betriebswirtschaft, 50. Jg. (1990), S. 539–548.

Kaplitza, G. [1975]: Die Stichprobe; in: Holm, K. (Hrsg.): Die Befragung 1; 4. Aufl., Tübingen 1975, S. 136–186.

Keller, G. [1993]: Informationsmanagement in objektorientierten Organisationsstrukturen; Wiesbaden 1993.

Keller, G. [1995]: Eine einheitliche betriebswirtschaftliche Grundlage für das Business Reengineering; in: Brenner, W. / Keller, G. (Hrsg.): Business Reengineering mit Standardsoftware; Frankfurt a. M. - New York 1995, S. 45–66.

Kellerer, H. [1963]: Theorie und Technik des Stichprobenverfahrens; 3. Aufl., München 1963.

Kelly, G. A. [1955]: The Psychology of Personal Constructs; Vols. 1 and 2, Norton New York 1955.

Kelly, G. A. [1963]: A Theory of Personality; New York 1963.

Kelly, G. A. [1986]: Die Psychologie der persönlichen Konstrukte; Paderborn 1986 (dt. Übersetzung der ersten drei Kapitel von Kelly 1955).

Kingman-Brundage, Jane [1989]: The ABC's of service system blueprinting; in: Bither, M. J. / Crosby, L. A. (Hrsg.): Designing a winning service strategy; Chicago 1989, S. 30–33.

Kirsch, W. / Kutschker, M. [1978]: Das Marketing von Investitionsgütern; Wiesbaden 1978.

Kirsch, W. / Kutschker, M. / Lutschewitz, H. [1980]: Ansätze und Entwicklungstendenzen im Investitionsgütermarketing; 2. Aufl., Stuttgart 1980.

Kleinaltenkamp, M. [1993a]: Investitionsgütermarketing als Beschaffung externer Faktoren; in: Thelen, E. M. /Mairamhof, G. B. (Hrsg.): Dienstleistungsmarketing; Tagungsband zum 2. Workshop für Dienstleistungsmarketing, Frankfurt a. M. et al. 1993, S. 101–126.

Kleinaltenkamp, M. [1993b]: Standardisierung und Marktprozeß; Wiesbaden 1993.

Kleinaltenkamp, M. [1999]: Wettbewerbsstrategie; in: Kleinaltenkamp, M. / Plinke, W. (Hrsg.): Strategisches Business-to-Business-Marketing; Berlin / Heidelberg / New York 1999.

Kleinaltenkamp, M. / Haase, M. [1997]: Externe Faktoren in der Theorie der Unternehmung; Beitrag zur Wissenschaftlichen Tagung der Erich Gutenberg-Arbeitsgemeinschaft Köln e.V. anläßlich des 100. Geburtstages von Erich Gutenberg am 12. und 13. Dezember 1997 in Köln.

Kleinaltenkamp, M. / Haase, M. [1998]: Entscheidungen über das Leistungspotential; Beilagen zur Vorlesung „Entscheidungen über das Leistungspotential" im Sommersemenster 1998 am Fachbereich Wirtschaftswissenschaft der Freien Universität Berlin, Freie Universität Berlin 1998.

Kleinaltenkamp, M. / Staudt, M. [1991]: Kooperation zwischen Investitionsgüter-Herstellern und führenden Anwendern („Lead User"); in: Hilbert, J. / Kleinaltenkamp, M. / Nordhause-Janz, J. / Widmaier, B. (Hrsg.): Neue Kooperationsformen in der Wirtschaft; Opladen 1991, S. 59-70.

Koppelmann, U. [1987]: Produktmarketing - Entscheidungsgrundlagen für Produktmanager; 2. Aufl., Stuttgart 1987.

Kotler, Ph. / Bliemel, F. [1992]: Marketing-Management; 7. Aufl., Stuttgart 1992.

Kutschker, W. / Kirsch, M. [1978]: Verhandlungen in multiorganisationalen Entscheidungsprozessen; München 1978.

Langer, H. / Sand, H. [1983) Erfolgreiche Marktforschung im Investitionsgütervertrieb; München 1983.

Lantermann, F. W. (1984]: Methoden der betrieblichen Auslandsmarktforschung aus der Sicht eines Investitionsgüterherstellers; in: Mitteilungen der Bundesstelle für Außenhandelsinformationen, Beilage zu den NfA, Oktober 1984, S. 1-20.

Ley, W. [1989]: Simultaneous Engineering in der variantenreichen kundenauftragsspezifischen Anlagenproduktion; in: VDI (Hrsg.): Simultaneous Engineering; VDI-Berichte Nr. 758, Düsseldorf 1989, S. 43-64.

Lichtenthal, J. D. / Beik, L. L. [1984]: A History of the Definition of Marketing; in: Research in Marketing, Vol. 7 (1984), S. 133-163.

Mag, W. [1977]: Entscheidung und Information; München 1977.

Mag, W. [1980]: Kommunikation; in: Grochla, Erwin (Hrsg.): Handwörterbuch der Kommunikation; 2. Aufl., Stuttgart 1980, Sp. 1031-1040.

Meffert, H. [1986]: Marketing: Grundlagen der Absatzpolitik; 7. Aufl., Wiesbaden 1986.

Meffert, H. [1992]: Marketingforschung und Käuferverhalten; 2. Aufl., Wiesbaden 1992.

Meyer, W. / Fischer, M. [1975]: Methoden zur Investitionsgütermarktforschung; Berlin 1975.

Muchna, C. [1984]: Stand und Entwicklungstendenzen der Investitionsgütermarktforschung; in: Marketing - Zeitschrift für Forschung und Praxis, 6. Jg. (1984), Heft 3, S. 195-202.

Müller-Hagedorn, L. / Vornberger, E. [1979]: Die Eignung der Grid-Methode für die Suche nach einstellungsrelevanten Dimensionen; in: Meffert, H. / Steffenhagen, H. / Freter, H. (Hrsg.): Konsumentenverhalten und Information; Wiesbaden 1979, S. 185-207.

Nieschlag, R. / Dichtl, E. / Hörschgen, H. [1991]: Marketing; 16. Aufl., Berlin 1991.

Noelle, E. [1963]: Umfragen in der Massengesellschaft; Reinbek - Hamburg 1963.

Picot, A. /Maier, M. [1994]: Ansätze zur Informationsmodellierung und ihre betriebswirtschaftliche Bedeutung; in: Schmalenbachs Zeitschrift für betriebswirtschaftliche Forschung, 46. Jg. (1994), Heft 2, S. 107-126.

Plinke, W. [1991]: Investitionsgütermarketing; in: Marketing – Zeitschrift für Forschung und Praxis, 13. Jg. (1991), S. 172–177.

Plinke, Wulff [1992]: Ausprägungen der Marktorientierung im Investitionsgüter-Marketing; in: Schmalenbachs Zeitschrift für betriebswirtschaftliche Forschung, 44. Jg. (1992), Heft 9, S. 830–846.

Plinke, W. / Fließ, S. [1988]: Weiterbildung im technischen Vertrieb; 3. Aufl., Berlin 1988.

Plinke, W. / Fließ, S. [1991]: Technischer Vertrieb: Ein Weiterbildungsstudiengang für Ingenieure; in: Späth, W. / Grube, R. (Hrsg.): Marketing-Qualifizierung von Ingenieuren; Neuwied – Kriftel – Berlin 1991, S. 104–123.

Plötner, O. [1999]: Grundlagen der Gestaltung der Kommunikationsleistung; in: Kleinaltenkamp, M. / Plinke, W. (Hrsg.): Markt- und Produktmanagement; Berlin / Heidelberg / New York 1999, S. 443–490.

Porter, M. [1989]: Wettbewerbsvorteile, Frankfurt a. M. – New York 1989.

Reinecke, S. / Tomczak, T. [1994]: Kostenmanagement in der Marktforschung; in: Tomczak, T. / Reinecke, S. (Hrsg.): Marktforschung; St. Gallen 1994, S. 42–52.

Sampson, P. [1966]: The repertory grid and its application in market research; in: King, C. W. / Tigert, D. J. (Hrsg.): Attitude research reaches new heights; Chicago 1966.

Sampson, P. [1972]: Using the Repertory Grid Test; in: Journal of Marketing Research, Vol. 9 (1972), February, S. 78–81.

Scheer, A.-W. [1988]: Wirtschaftsinformatik; 2. Aufl., Berlin et al. 1988.

Scheer, J. W. / Catina, A. (Hrsg.) [1993]: Einführung in die Repertory Grid-Technik; Bern et al. 1993.

Schüring, H. [1991]: Database Marketing; Landsberg am Lech 1991.

Scientific Consulting – Dr. Schulte Hillen [1993]: Handbuch der Wirtschaftsdatenbanken 1993; Darmstadt et al. 1993.

Shannon, R. E. [1980]: Engineering Management; New York et al. 1980.

Shostack, G. L. [1981]: How to design a service; in: Donnelly, J. H. / George, W. R. (Hrsg.): Marketing of Services; 1981, S. 221–229.

Shostack, G. L. [1987]: Service Positioning through structural change; in: Journal of Marketing, Vol. 51 (1987), S. 34–43.

Sobull-Heimberg, D. [1993]: Den Außendienst per Funk unterstützen; in: absatzwirtschaft, 36. Jg. (1993), Heft 8, S. 102–103.

Spang, St. / Scheer, A.-W. [1992]: Zum Entwicklungsstand von Marketinginformationssystemen; in: Schmalenbachs Zeitschrift für betriebswirtschaftliche Forschung, 44. Jg. (1992), Heft 3, S. 183–208.

Späth, W. [1991]: Der Beitrag der Hochschulen zur Marketing-Qualifizierung von Ingenieuren; in: Späth, W. / Grube, R. (Hrsg.): Marketing-Qualifizierung von Ingenieuren; Neuwied – Kriftel – Berlin 1991, S. 68–91.

Spremann, K. [1990]: Asymmetrische Information; in: Zeitschrift für Betriebswirtschaft, 60. Jg. (1990), Heft 5/6, S. 561–586.

Staud, J. L. [1987]: Online Wirtschaftsdatenbanken 1987; Frankfurt a. M. 1987.

Staud, J. L. [1991]: Online Datenbanken; Bonn 1991.

Stäudel, Th. [1987]: Problemlösen, Emotionen und Kompetenz; Regensburg 1987.

Strothmann, K. H. [1977]: Marktforschung in der Investitionsgüterindustrie; in: Behrens, K. C. (Hrsg.): Handbuch der Marktforschung; Bd. 2, Wiesbaden 1977, S. 1192–1209.

Szypersky, N. [1980]: Informationsbedarf; in: Grochla, E. (Hrsg.): Handbuch der Organisation; Stuttgart 1980, Sp. 904–913.

Thomas, P. [1993]: Mobile Rechner per Funkt ins PC-Netz eingebunden; in: Handelsblatt Nr. 198 vom 13.10.1993, S. B11.

Tress, D. W. [1989]: Simultaneous Engineering in der Elektronikproduktion; in: VDI (Hrsg.): Simultaneous Engineering; VDI-Berichte Nr. 758, Düsseldorf 1989, S. 205–220.

Trommsdorff, V. [1975]: Die Messung von Produktimages für das Marketing; Köln et al. 1975.

Uhrig, M. [1987]: Datenbanksysteme und Online-Datenbanken; Hannover 1987.

Urban, G. L. / Hippel, E. von [1988]: Lead user analyses for development of new industrial products; in: Management Sciences, Vol. 34 (1988), S. 569–582.

VDI/VDE (Hrsg.) [1991]: VDI/VDE-Richtlinien Nr. 3694: Lasten/PflichtenHeft für den Einsatz von Automatisierungssystemen; Düsseldorf 1991.

Warschat, J. / Wasserlos, G. [1990]: Simultaneous Engineering; in: Fortschrittliche Betriebsführung und Industrial Engineering; 40. Jg. (1990), Heft 1, S. 22–27.

Weiber, R. [1995]: Was ist Marketing? Ein informationsökonomischer Erklärungsansatz; Arbeitspapier Nr. 1 zur Marketingtheorie des Lehrstuhls für Marketing an der Universität Trier, hrsg. von R. Weiber, 2. Aufl., Trier 1995.

Weiber, R. / Beinlich, G. [1994]: Die Bedeutung der Geschäftsbeziehung im Systemgeschäft; in: Marktforschung & Management, 38. Jg. (1994), Heft 3, S. 120–127.

Weiss, P. A. [1992]: Die Kompetenz von Systemanbietern; Berlin 1992.

Wilde, K. D. [1992]: Database-Marketing für Konsumgüter; in: Hermanns, A. / Flegel, V. (Hrsg.): Handbuch des Electronic Marketing; München 1992, S. 791–805.

Wittmann, W. [1959]: Unternehmung und unvollkommene Informationen; Köln 1959.

Zündorf, L. / Grunt, M. [1982]: Innovationen in der Industrie, Frankfurt a. M. – New York 1982.

Übungsaufgaben

1. Welche Informationsströme sind für die Gestaltung von Leistungsprogrammen im Business-to-Business-Bereich zu unterscheiden?
2. Welche grundsätzlichen Aufgabenbereiche der Informationsbeschaffung müssen unterschieden werden?
3. Wie sind die Begriffe Daten, Wissen und Informationen voneinander zu unterscheiden?
4. Wie unterscheiden sich Primär- und Sekundärforschung?
5. Was ist unter dem Zufallsprinzip zu verstehen? Welche Verfahren zur Bestimmung von Stichproben gibt es?
6. Wie können unterschiedliche Arten der Gestaltung von Antwortkategorien in Fragebögen unterschieden werden? Welche Arten gibt es?
7. Was ist ein LastenHeft? Was ist ein PflichtenHeft?
8. Wie kann die Kommunikationsträgerschaft bei der Erhebung externer Prozeßinformationen gestaltet werden?
9. Welche Instrumente der Datenerhebung können bei der integrativen Informationsbeschaffung unterschieden werden?
10. Was besagen die Begriffe „Simultaneous Engineering", „Quality Function Deployment" und „House of Quality"?
11. Welche Bereiche können auf der Vertikalen eines Blueprint unterschieden werden?
12. Welche grundsätzlichen Formen der Transformation von Episodenwissen in Potentialwissen sind zu unterscheiden? Wie ist das Lead user-Konzept einzuordnen?
13. Was unterscheidet univariate von multivariaten Verfahren der Datenaufbereitung?

Teil C Analyseaufgaben im Business-to-Business-Marketing – Interne Analyse

1 Einführung in die industrielle Kosten- und Leistungsrechnung

Wulff Plinke

Abbildungsverzeichnis

Tabellenverzeichnis

1.1 Einführung in die industrielle Kosten- und Leistungsrechnung

1.1.1 Die Stellung der Kosten- und Leistungsrechnung im Rechnungswesen des industriellen Unternehmens

Das betriebliche Rechnungswesen ist kein einheitliches Zahlenwerk. Im Gegenteil, es existieren nebeneinander verschiedene Rechenwerke, die sich in der Art ihrer Maßgrößen und in ihren Aufgaben erheblich unterscheiden. Wir gliedern die Teilbereiche des Rechnungswesens zunächst nach der Veranlassung:

- Das *externe Rechnungswesen* wird extern veranlaßt, und zwar durch gesetzliche Vorschriften zum handelsrechtlichen und zum steuerrechtlichen Jahresabschluß. Die Ergebnisse des externen Rechnungswesens werden unter bestimmten Voraussetzungen veröffentlicht.
- Das *interne Rechnungswesen* wird intern veranlaßt, d.h. es wird aus rein innerbetrieblichen Überlegungen heraus gestaltet, um die Steuerung der betrieblichen Prozesse zu ermöglichen. Das interne Rechnungswesen wird freiwillig erstellt, und seine Ergebnisse werden nicht veröffentlicht.

Tabelle 1 gibt einen Überblick.

Tabelle 1. Die Rechnungsgrößen des internen und externen Rechnungswesens

	Betriebliches Rechnungswesen				
	Externes Rechnungswesen		*Internes Rechnungswesen*		
Teilbereich	Jahresabschluß		Kosten- und Leistungsrechnung	Finanzrechnung	
Rechenwerk	Bilanz	Gewinn- und Verlustrechnung (G + V)	Teilsysteme der Kosten- und Leistungsrechnung	Finanzplanung	Investitionsrechnung (Wirtschaftlichkeitsrechnung)
Bezugsobjekt der Rechnung	Unternehmung / Zeitpunkt	Unternehmung / Periode	differenzierte Bezugsobjekte	Unternehmung / Periode	Einzelobjekt
Rechengrößen	Vermögen – Schulden	Ertrag – Aufwand	Leistung – Kosten	Einzahlungen – Auszahlungen	diskontierte Einzahlungen – diskontierte Auszahlungen
Saldogrößen	Eigenkapital	Gewinn / Verlust (pagatorisch)	Gewinn / Verlust (kalkulatorisch)	Finanzüberschuß / Finanzdefizit	Kapitalwert der Investition

Eine exaktere Vorgehensweise der inhaltlichen Bestimmung der Teilbereiche des betrieblichen Rechnungswesens wäre die Abgrenzung über die *Art der Rechengrößen*, mit denen die betrieblichen Zustände und Prozesse beschrieben werden.[1]

Ergänzend hilft bei der Unterscheidung der Teilbereiche des betrieblichen Rechnungswesens ein Blick auf die *Ziele und Aufgaben*, die die einzelnen Teilbereiche im Rahmen der Steuerung des Betriebs haben. Dazu dient Abschnitt 1.3. Das Ergebnis dieser Vergleiche wird eine genaue Bestimmung des Inhalts der Kosten- und Leistungsrechnung sein.

1.1.2 Zwecke und Aufgaben der industriellen Kosten- und Leistungsrechnung

Die Kosten- und Leistungsrechnung verfolgt andere Zwecke und Aufgaben als die übrigen Bereiche des betrieblichen Rechnungswesens. Aufgrund der unterschiedlichen Zweckgebundenheit ergibt sich ein Nebeneinander der einzelnen Bereiche. Wir können vier Hauptzwecke der industriellen Kosten- und Leistungsrechnung unterscheiden:

1. *Preiskalkulation und Preisbeurteilung:* Die *Preiskalkulation* dient einer Preisfindung in Fällen, bei denen kein Marktpreis gegeben ist (neues Produkt, Auftragsfertigung). Die Fragestellung der Kostenrechnung lautet dann: Wie hoch muß der Preis sein, damit das Unternehmen keinen Verlust erleidet?

   Von *Preisbeurteilung* spricht man in Fällen, bei denen ein (vermuteter oder tatsächlicher) Marktpreis vorgegeben ist. Die Fragestellung lautet dann: Ist der Preis noch auskömmlich? Soll zu diesem Preis überhaupt noch angeboten werden? Damit ist die Frage der *Preisuntergrenze* angesprochen. Auf der Beschaffungsseite lautet die entsprechende Frage: Kann zu diesem Preis noch eingekauft werden? Damit ist die *Preisobergrenze* angesprochen.

   Für betriebsinterne Zwecke kann die Kosten- und Leistungsrechnung *Verrechnungspreise* bereitstellen, z.B. für Lieferungen, die ein Teilbetrieb für einen anderen Teilbetrieb erbringt.
2. *Wirtschaftlichkeitskontrollen:* Die *Wirtschaftlichkeitskontrolle* soll Schwachstellen, Unwirtschaftlichkeiten, Schlendrian aufdecken. Die Fragestellung der Kostenrechnung lautet: Wieviel darf je Kostenart für eine bestimmte Forschungs-, Entwicklungs-, Produktions- oder Vertriebsaufgabe höchstens verbraucht werden, ohne daß die Durchführung unwirtschaftlich wird? Woran hat es gelegen, daß die budgetierten Kosten überschritten worden sind?
3. *Gewinnung von Unterlagen für Entscheidungsrechnungen*: Entscheidungsrechnungen werden aufgestellt, um die *Vorziehenswürdigkeit* von Handlungsalternativen zu bestimmen. Die Fragestellungen der Kostenrechnung lauten z.B.:

[1] Vgl. detaillierter Plinke 1999, Kapitel 1.3.

Soll Verfahren A oder B gewählt werden? (Verfahrensvergleiche). Welche Produkte von A–F sollen in welchen Mengen hergestellt werden? (Programmplanung). Soll man einen bestimmten Auftrag annehmen oder ablehnen? (Auftragsentscheidungen).[2]

4. *Erfolgsermittlung:* Die Erfolgsermittlung ist eine Gegenüberstellung von Leistung und Kosten für den Betrieb als ganzen oder für bestimmte Ausschnitte desselben in einer Periode. Die Fragestellung lautet: Wie erfolgreich war der Betrieb (bzw. der betreffende Ausschnitt des Betriebes) in der betrachteten Periode?

Schließlich kann die industrielle Kosten- und Leistungsrechnung die notwendigen Informationen für die *Bewertung von fertigen und unfertigen Erzeugnissen* sowie von selbsterstellten Anlagen im Jahresabschluß bereitstellen. Auch für statistische Zwecke (amtliche Statistik, Verbandsstatistik) liefert die Kosten- und Leistungsrechnung Hilfestellung, insbesondere durch die Bereitstellung von Kostenstrukturdaten.

1.2 Kostenbegriff, Leistungsbegriff und Unterbegriffe

1.2.1 Der allgemeine Kostenbegriff und seine Merkmale

1.2.1.1 Überblick

Kosten haben ein „Mengengerüst" und ein „Bewertungsgerüst". Das *Mengengerüst* der Kosten wird gebildet durch die verbrauchten Güter, gemessen in Stück, kg, m, l, m^3, h etc. Diese Güter heißen Kostengüter und sind sorgfältig von den Absatzgütern des Betriebes zu unterscheiden.

Das *Bewertungsgerüst* der Kosten sind die Preise der verbrauchten Güter. Diese heißen *Kostengüterpreise* und sind sorgfältig von den Absatzgüterpreisen zu unterscheiden.

Kosten sind also stets das rechnerische Produkt aus Kostengütermenge und Kostengüterpreis:

$$\text{Kosten} = \text{Kostengütermenge} \cdot \text{Kostengüterpreis}$$

Kostengüter sind diejenigen Güter, die für den Betriebszweck verbraucht werden (sollen). Kostengüterpreise dienen der Bewertung der Kostengüter (Definition 1).

Definition 1. *Kosten*

Kosten = Betriebszweckbezogener, bewerteter Güterverbrauch

[2] Vgl. das Kapitel „Wirtschaftlichkeitsrechnung als Grundlage industrieller Beschaffungsentscheidungen".

Die Definition des Kostenbegriffs ist das Kriterium dafür, ob ein bestimmter Vorgang im Betrieb als Kosten erfaßt wird oder nicht. Damit diese Definition ihre Aufgabe als Prüfkriterium erfüllen kann, müssen die einzelnen Merkmale des Begriffs genau definiert werden.[3] Folgende Merkmale der Definition sind genauer zu analysieren:

- Güterverbrauch,
- Betriebszweckbezogenheit und
- Bewertung.

1.2.1.2 Der Güterverbrauch

Der allgemeine Kostenbegriff ist so weit gefaßt, daß er alle Güterarten einschließt (Sachgüter, Dienstleistungen, Rechte). Ein Verbrauch liegt vor, wenn ein Gut aufgrund seiner Bereitstellung und Verwendung für den Betriebszweck an Wert verliert oder ganz verzehrt wird.

Nach den *Verbrauchsursachen* lassen sich folgende Arten des Güterverbrauchs unterscheiden (vgl. Abb. 1).[4]

Die Unterscheidung in willentlichen und erzwungenen Güterverbrauch ist augenfällig. Es gibt Gutsverzehre, über die der Betrieb absichtlich disponiert (Verbrauch oder Gebrauch von Einsatzfaktoren) und solche, die ohne oder sogar gegen den Willen des Betriebes auftreten (Vernichtung von Einsatzfaktoren ohne Nutzung, staatliche Abgaben).

Der zeitliche Vorrätigkeitsverbrauch ist strikt zu trennen von den beiden anderen Kategorien von Gutsverzehren. Diese Art des Güterverbrauchs, der in der reinen Kapitalnutzung besteht, erfaßt das zeitliche Verrinnen eines Nutzungsvorrats einer bestimmten Kapitalmenge. Dabei ist mit Kapital das für den Betriebszweck gebundene Kapital gemeint. Daß ein Kapitalbetrag einen Knappheits-

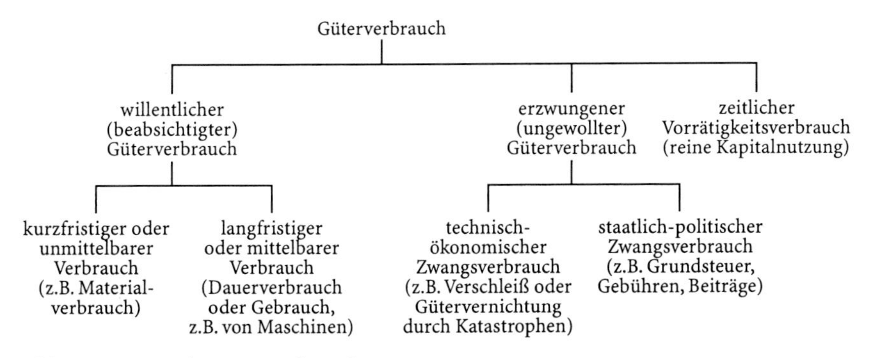

Abb. 1. Arten des Güterverbrauchs

[3] Vgl. dazu Schweitzer/Küpper 1995, S. 16 ff.

[4] Vgl. auch Kosiol 1972, S. 25.

wert hat, der sich im Zeitablauf verbraucht, d.h. unwiderruflich verrinnt, wird durch die Existenz von Zinsen evident. Für die Nutzung des Kapitals muß also ein Güterverbrauch erfaßt werden, der in Form von Zinsen seinen Ausdruck findet.

Wir halten fest: Notwendige Voraussetzung für die Berücksichtigung eines Vorgangs als Kosten sind die Bereitstellung und Verwendung von Gütern mit der Folge eines Verzehrs in der Periode.

1.2.1.3 Die Betriebszweckbezogenheit des Güterverbrauchs

Der Betriebszweck eines Unternehmens ist das geplante Produktions- und Vertriebsprogramm in Form von Art, Menge und zeitlicher Verteilung der vom Unternehmen geplanten Ausbringungsgüter. Der Betriebszweck eines Unternehmens ist durch Entscheidungen festzulegen und kann im Zeitablauf Änderungen unterliegen.

Um die Betriebszweckbezogenheit eines Güterverbrauchs feststellen zu können, bedarf es einer „Zuordnungsregel". Man muß bestimmen, welche Güterverbräuche eines Betriebes noch betriebszweckbezogen sind und welche nicht. Mit der Frage nach dieser „Zuordnungsregel" ist eines der zentralen Probleme der Kostenrechnung angesprochen. Die Abgrenzungsschwierigkeit taucht nicht nur bei der Betriebszweckbezogenheit auf. Genauso verhält es sich, wenn die Kosten z.B. eines Produktes bestimmt werden sollen. Welche Güterverbräuche sind dem Produkt als Kosten zuzuordnen und welche nicht?

Als derartige „Zuordnungsregeln" werden diskutiert das Kostenverursachungsprinzip und das Kosteneinwirkungsprinzip. Nach dem *Kostenverursachungsprinzip* liegt Betriebszweckbezogenheit des Güterverbrauchs dann vor, wenn dieser durch die Ausbringungsgüter der Periode verursacht wird. Diese enge Interpretation des Kostenverursachungsprinzips setzt einen kausalen bzw. finalen Bezug des Güterverbrauchs zur Gütererstellung voraus. Als Konsequenz aus dieser Interpretation ergibt sich, daß der Zwangsverbrauch und der zeitliche Vorrätigkeitsverbrauch keinen Kostencharakter besitzen bzw. ihr Kostencharakter als fragwürdig erscheint. Damit der Kostentatbestand auch bei diesen Arten des Güterverbrauchs außer Frage steht, hat *Kosiol* die aufgezeigte enge Fassung des Kostenverursachungsprinzips zum *Kosteneinwirkungsprinzip* erweitert. Das umfassendere Kosteneinwirkungsprinzip besagt, daß ein Güterverbrauch dann betriebszweckbezogen ist und damit Kostencharakter besitzt, wenn der betrachtete Güterverbrauch auf die Ergebnisse eines Produktionsprozesses real einwirkt, so daß die Ausbringungsgüter ohne ihn nicht zustande kommen.[5]

Die modernste Interpretation des Verursachungsprinzips wird von *Riebel* vorgestellt.[6] Danach sind Kosten weder die Ursache noch die Wirkung der Leistung,

---

[5] Vgl. Schweitzer/Küpper 1995, S. 22.

[6] Vgl. Riebel 1994, S. 32.

sondern Kosten und Leistung sind beide die Konsequenz einer identischen betrieblichen Entscheidung über die Kombination von Einsatzfaktoren, wodurch uno actu Güter verbraucht werden (woraus Kosten resultieren) und Güter entstehen (woraus Leistung resultiert). Wegen der Zurückführung von Kosten und Leistung auf eine identische Entscheidung wird diese Interpretation des Verursachungsprinzips von *Riebel* als *Identitätsprinzip* bezeichnet. Danach sind diejenigen Kosten und diejenige Leistung einander gegenüberzustellen, die auf identische Entscheidungen zurückführbar sind.

1.2.1.4 Die Bewertung des Güterverbrauchs

Der Kostengüterpreis ist ein spezifischer, auf eine Mengeneinheit bezogener Geldbetrag. Er repräsentiert den der Mengeneinheit zugeordneten (Kosten)Wert.[7] Die Notwendigkeit der Bewertung des Güterverbrauchs ergibt sich zunächst aus der Dimensionsverschiedenheit der Güter (*Verrechnungsfunktion* der Bewertung).

Damit die Kosten- und Leistungsrechnung ihre Zwecke erreichen kann (vgl. Abschnitt 1.1), ist die Verrechnungsfunktion zwar notwendig aber nicht hinreichend. Hinzu tritt die *Abbildungsfunktion*, d.h. die mengenmäßigen Güterverbräuche müssen so bewertet werden, daß die wirtschaftlichen Sachverhalte zielentsprechend abgebildet werden.

Die Bewertung ist ein notwendiges Merkmal des Kostenbegriffs. Sie läßt allerdings die *Höhe* des zu wählenden Preisansatzes offen. Dieser ergibt sich aus dem jeweiligen Rechnungszweck. Einen Überblick über Arten von Kostenwerten gibt Abb. 2.

Die Bewertung der Kostengüter hat auch eine *Lenkungsfunktion*, d.h. durch die Bewertung der Verbrauchsmengen wird die Höhe der Kosten (mit)bestimmt und dadurch die an der Höhe der Kosten orientierten betrieblichen Entscheidungen gelenkt.[8] Eine große Bedeutung in diesem Zusammenhang hat die Unterscheidung der Kostenwerte nach realisierten pagatorischen Preisen (Anschaffungswerten) und gegenwärtigen bzw. zukünftigen Tagesbeschaffungspreisen (Wiederbeschaffungswerten). Da sich in einer dynamischen Wirtschaft sowohl die Preise als auch die Eigenschaften der Kostengüter (insbesondere der langfristig nutzbaren) ändern können, taucht die Frage auf, welche Preise für die Bewertung der Kosten herangezogen werden sollen. Im Prinzip ist der Betrieb ja frei zu wählen. Im externen Rechnungswesen *muß* der Güterverbrauch mit Anschaffungswerten bewertet werden, in der Kosten- und Leistungsrechnung sind Wiederbeschaffungswerte adäquat.

---

7 Vgl. Schweitzer/Küpper 1995, S. 22.

8 Vgl. Chmielewicz 1981, S. 29 ff.; Küpper 1993.

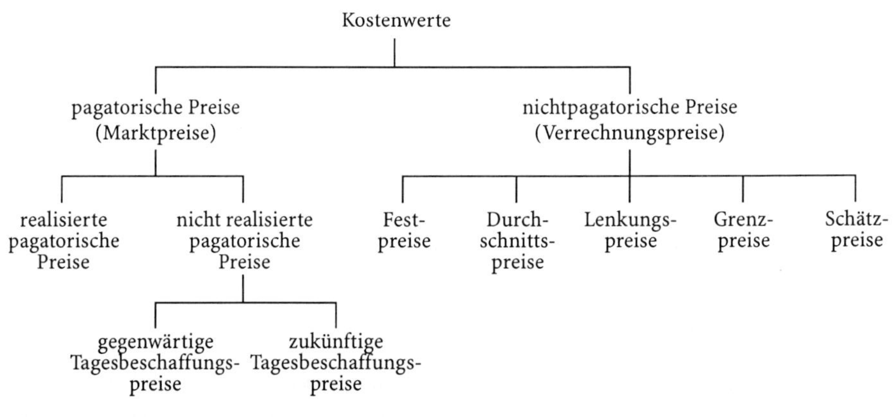

Abb. 2. Arten von Kostenwerten
(Quelle: Schweitzer/Küpper 1995, S. 25)

1.2.2 Fixe und variable Kosten

1.2.2.1 Definition

Die Höhe der Kosten eines Betriebes wird von verschiedenen Einflußgrößen verursacht (*Kosteneinflußgrößen*, Definition 2). Für einen Industriebetrieb kann z.B. als plausibel angesehen werden, daß die Höhe der Kosten pro Periode abhängt von seinen Betriebsmittelbeständen, seinem Produktionsvolumen, seinen Verkaufsanstrengungen, der Auftragszahl, der Größenverteilung der Aufträge usw. Im konkreten Fall lassen sich i.d.R. sehr viele Kosteneinflußgrößen identifizieren. In der Kostenrechnung wird im Normalfall allerdings immer nur eine Kosteneinflußgröße betrachtet.

Definition 2. *Determinanten der Kostenhöhe*

$K = f(X_1, X_2, \ldots X_i, \ldots X_n)$
wobei
K = Höhe der Kosten pro Periode
X_i = Kosteneinflußgröße i

Die gesamten Kosten des Betriebes in einer Periode lassen sich nun im Hinblick auf diese Kosteneinflußgröße einordnen in solche, die bei einer Veränderung der Einflußgröße sich ebenfalls verändern – das sind die variablen Kosten – und solche, die auf eine Veränderung der Einflußgröße nicht reagieren – das sind die fixen Kosten. Die Unterscheidung von fixen und variablen Kosten ist eine der wichtigsten in der Kostenrechnung überhaupt. Sie beruht auf einer Vorstellung über einen funktionalen Zusammenhang zwischen einer abhängigen Größe (Gesamtkosten) und einer unabhängigen Größe:

$$K = f(x).$$

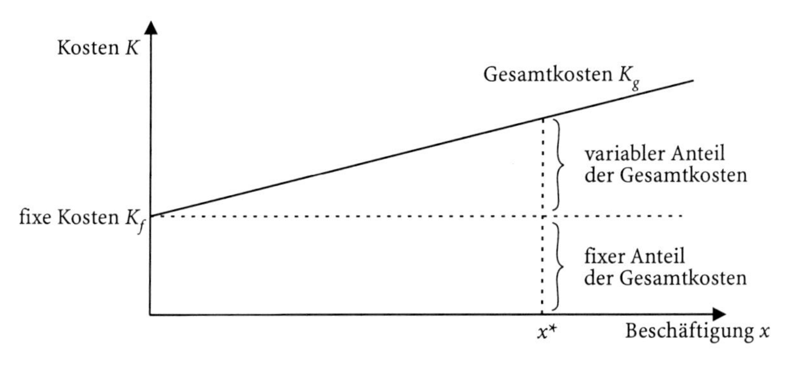

Abb. 3. Fixe und variable Kosten

In einer solchen Kostenfunktion muß es ein konstantes Glied für die fixen und einen veränderlichen Term für die variablen Kosten geben, z.B. der Art

$$y = a + bx.$$

y steht für die Höhe der Gesamtkosten, das absolute Glied a drückt den Fixkostenbetrag aus, b definiert den Anstieg der Kurve und repräsentiert die variablen Kosten pro Stück. Fixe Kosten sind nicht absolut fest. Sie können sehr wohl veränderlich sein, nur sind sie es in dieser Funktion eben nicht in Abhängigkeit von einer Änderung der Kosteneinflußgröße x.

Die für die Kostenrechnung wichtigste Kosteneinflußgröße ist die Beschäftigung (Definition 3).

Definition 3. *Beschäftigung und Beschäftigungsgrad*

Beschäftigung = Leistungsmenge (Ausbringung)

$$\text{Beschäftigungsgrad} = \frac{\text{Istleistungsmenge} \cdot 100}{\text{maximale Leistungsmenge (Kapazität)}}$$

Nach der *Abhängigkeit von Beschäftigungsänderungen* unterscheidet man beschäftigungsfixe und beschäftigungsvariable Kosten. Fixe Kosten sind in ihrer Höhe unabhängig, variable Kosten sind in ihrer Höhe abhängig von Beschäftigungsänderungen, vgl. Abb. 3.

1.2.2.2 Variable Kosten

Beschäftigungsvariable Kosten sind leistungsmengenabhängige Kosten *(Leistungskosten)*. Für Leistung steht dabei die mengenmäßige Ausbringung. Variable Kosten verändern sich bei gegebener Kapazität „automatisch" mit einer Veränderung der Leistung. Die Definition stellt auf die Tatsache der Veränderung ab, nicht auf die Art. Bezüglich der Art und des Ausmaßes der Veränderung können vier Erscheinungsformen von variablen Kosten unterschieden werden: proportionale, degressive, progressive und regressive Kosten.

Welcher Verlauf der variablen Kosten in der Kostenrechnung anzusetzen ist, ist eine Frage des Einzelfalls, d.h. der Produktart und des Produktionsprozesses im jeweiligen Betrieb. *Für alle Beispiele in diesem Text wird stets von linearem Verlauf ausgegangen, es sei denn, es wird besonders darauf hingewiesen.*

1.2.2.3 Fixe Kosten

Beschäftigungsfixe Kosten sind leistungsmengenunabhängige Kosten, d.h. sie fallen unabhängig von der Höhe der Ausbringung an. Ihre Ursache liegt vielmehr in der Absicht des Betriebes, eine Kapazität aufzubauen und die Betriebsbereitschaft sicherzustellen (deshalb heißen sie auch *Bereitschaftskosten*).

Fixe Kosten werden durch Entscheidungen des Betriebes auf- und abgebaut. Solche Entscheidungen über Auf- und Abbau können auch in Zusammenhang mit Beschäftigungsänderungen stehen, z.B. wenn aufgrund wachsender Nachfrage die Ausbringung erhöht werden soll und zu diesem Zweck weitere Betriebsmittel eingesetzt werden. Dies darf jedoch nicht mit der „automatischen“ Veränderung der variablen Kosten bei Beschäftigungsänderungen verwechselt werden. Stets sind bei fixen Kosten betriebspolitische *Entscheidungen* oder Umwelteinflüsse der Auslöser von Veränderungen.

Die Anpassung des Betriebes an Beschäftigungsänderungen durch Einsatz neuer Quanten von nicht beliebig teilbaren Einsatzfaktoren führt zur Entstehung von *sprungfixen (intervallfixen) Kosten*, vgl. Abb. 4.

Sprungfixe Kosten verharren auf dem jeweiligen Niveau, bis neue Entscheidungen über die Veränderung der Betriebsbereitschaft getroffen werden. Dabei ist häufig in der Praxis die Erscheinung von *„remanenten Kosten“* zu beobachten, d.h. die bei Ausdehnung der Beschäftigung disponierten (sprung-)fixen Kosten verharren bei rückläufiger Beschäftigung auf ihrem Niveau, da eine Entscheidung über den Abbau der Kosten kurzfristig nicht getroffen werden kann.

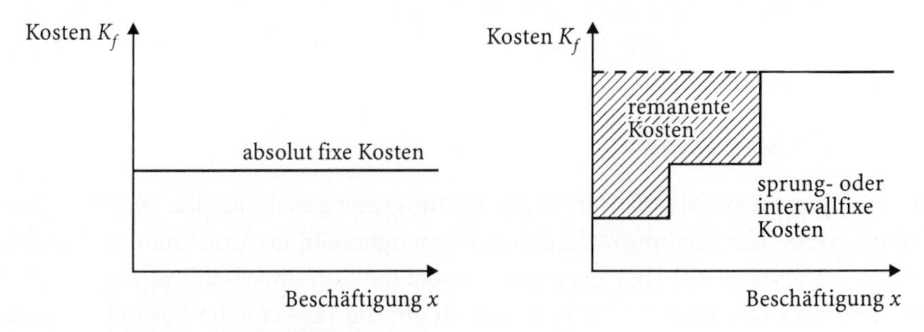

Abb. 4. Arten (beschäftigungs)fixer Kosten

Beschäftigungsfixe Kosten beziehen sich immer auf einen Zeitraum, d.h. sie sind als fix in einem bestimmten Planungszeitraum anzusehen. Je länger der Planungszeitraum gewählt wird, desto weniger Kosten des Betriebes sind als fix einzustufen. Beispielsweise sind Gehälter auf einen Monatszeitraum bezogen fix, auf einen Jahreszeitraum bezogen dagegen zu einem größeren Teil abbaufähig, d.h. nicht fix. Es wird deutlich, daß die Unterscheidung von fixen und variablen Kosten in zeitlicher Hinsicht relativ ist.

Wir erkennen, daß der Begriff der fixen Kosten in doppelter Hinsicht *relativ* ist. Um präzise zu sein, müssen wir also im Prinzip stets angeben,

- auf welchen *Planungszeitraum* sich die Bezeichnung der fixen Kosten bezieht und
- auf welche *Kosteneinflußgröße*.

Dividiert man die fixen Kosten durch die ausgebrachte Menge, so erhält man „*stückfixe*" Kosten, d.h. durchschnittliche fixe Kosten. Diese Zurechnung von fixen Kosten auf die Leistungseinheit, die für manche Aufgabenstellung der industriellen Kosten- und Leistungsrechnung notwendig ist, ist nicht ohne Willkür möglich. Damit werden nämlich Kosten, die (ex definitione) nicht beschäftigungsproportional sind, so behandelt, als seien sie proportional. Die Zurechnung von fixen Kosten auf die Leistungseinheit bedeutet also eine *fiktive Proportionalisierung*. Da die fixen Kosten in ihrer Höhe eben nicht von der Ausbringungsmenge abhängen, ergibt sich daraus, daß die fixen Kosten pro Mengeneinheit der Ausbringung mit zunehmender Ausbringung sinken und umgekehrt.

Werden die *Gesamtkosten der Periode* (fixe Kosten plus variable Kosten bei gegebener Ausbringung) durch die Ausbringung dividiert, erhält man die *Durchschnittskosten* pro Mengeneinheit der Ausbringung.

1.2.3 Einzel- und Gemeinkosten

Während das Begriffspaar „fixe und variable Kosten" durch die Reaktion der Kostenhöhe auf Beschäftigungsänderungen konstituiert wird, hebt die Unterscheidung von Einzelkosten und Gemeinkosten auf die *Verursachung* der Kosten und auf die Zurechnung von Kosten zu den Bezugsobjekten der Kostenrechnung (z.B. Leistungseinheit, Auftrag) ab.

Betrachtet sei zunächst die Leistungseinheit als Bezugsobjekt. *Einzelkosten* sind Kosten, die von der Leistungseinheit einzeln verursacht und der einzelnen Leistungseinheit aufgrund genauer Aufzeichnungen unmittelbar zugerechnet werden.

Gemeinkosten sind demgegenüber solche Kosten, die der einzelnen Leistungseinheit nicht unmittelbar zugerechnet werden. Sie sind Kosten, die für

<table>
<tr><td>Abhängigkeit der Kosten von Beschäftigungs-änderungen</td><td colspan="2">Fixe Kosten</td><td colspan="2">Variable Kosten</td></tr>
<tr><td>Zurechnung der Kosten auf das Bezugsobjekt 'Leistungsmengeneinheit'</td><td colspan="3">Gemeinkosten</td><td>Einzelkosten</td></tr>
</table>

Abb. 5. Verhältnis der Kostenkategorien zueinander

mehr als eine Leistungseinheit gemeinsam anfallen. Dabei ist zu unterscheiden zwischen *echten Gemeinkosten* – sie können auch bei Anwendung genauester Erfassungsmethoden nicht gesondert für die Leistungseinheit erfaßt werden, da sie von mehreren oder allen Leistungseinheiten gemeinsam verursacht werden – und *unechten Gemeinkosten* – sie werden nicht gesondert erfaßt, obwohl es prinzipiell möglich wäre; der Verzicht auf die Erfassung als Einzelkosten ist motiviert durch das Bemühen um Wirtschaftlichkeit der Durchführung der Kosten- und Leistungsrechnung.

Das Begriffspaar „Einzel- und Gemeinkosten“ muß streng getrennt werden von dem Begriffspaar „fixe und variable Kosten“. Beide beschreiben jeweils einen ganz anderen Sachverhalt. Abbildung 5 verdeutlicht, daß drei Fälle zu unterscheiden sind. Wir erkennen, daß sich die Eigenschaften fix/variabel und Gemein-/Einzelkosten nicht decken. Zwar gibt es überwiegend Fälle, in denen Übereinstimmung besteht. Variable Gemeinkosten treten jedoch häufig auf, insbesondere bei Kuppelproduktion

1.2.4 Der allgemeine Leistungsbegriff

Genau wie die Kosten hat die betriebliche Leistung ein „Mengengerüst“ und ein „Bewertungsgerüst“. Das *Mengengerüst* der Leistung sind die produzierten Güter, gemessen in Stück, kg, m, l, m^3, h etc. Diese Güter heißen *Leistungsgüter*.

Das *Bewertungsgerüst* der Leistung sind die Wertansätze pro Leistungsmengeneinheit (Leistungswert).

Leistung = Leistungsgütermenge · Leistungswert

Der güterwirtschaftlichen Definition des Kostenbegriffs entspricht die güterwirtschaftliche Definition des Leistungsbegriffs (Definition 4).

Definition 4. *Leistung*

Leistung = betriebszweckbezogene, bewertete Güterentstehung

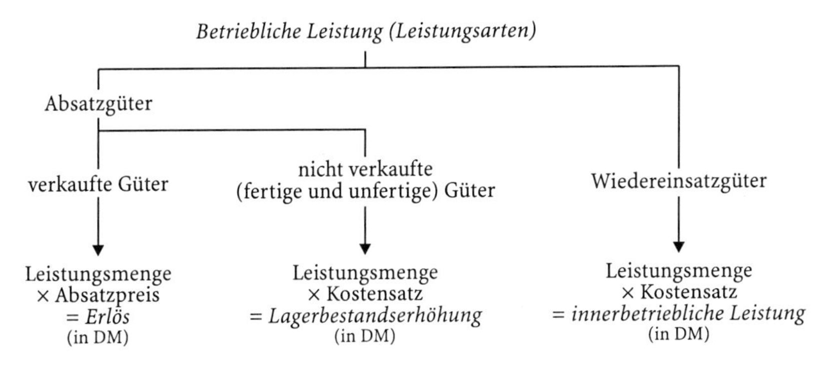

Abb. 6. Betriebliche Leistung (Leistungsarten)

Einen Überblick über die Einteilung der betrieblichen Leistung nach ihrer Stellung im betrieblichen Umsatzprozeß gibt Abb. 6. Daraus wird auch deutlich, daß die verkaufte Leistung mit Absatzpreisen bewertet wird, die nicht verkaufte Leistung dagegen mit Kosten.

Leistung kann nur solche Güterentstehung sein, die *betriebszweckbezogen* ist, d.h. die dem gewählten Betriebszweck dient. So wie es Gutsverzehre gibt, die nicht Kosten sind, weil sie betriebsfremden Charakter haben, gibt es mitunter auch Gutsentstehungen, die nicht Leistung sind, z.B. die Zurverfügungstellung eines betrieblichen Gegenstandes für außerbetriebliche Zwecke. Die Mehrwertsteuer ist nicht Bestandteil der Leistung.

1.2.5 Spezielle Leistungsbegriffe

In der Praxis wird eine Differenzierung der speziellen Leistungsbegriffe selten vorgenommen. Sofern eine *Erlösrechnung* durchgeführt wird, dominiert zumeist die Gleichsetzung von allen Begriffen: Leistung = Erlös = variabler Erlös = Einzelerlös = relevanter Erlös. Daß diese Handhabung undifferenziert sein kann, zeigen die Beispiele in Tabelle 2.

Die Unterscheidung nach *fixem und variablem* Erlös ist nicht nur wichtig für solche Betriebe, die für ihre Leistung einen gespaltenen Preis verlangen. Es sei daran erinnert, daß das Begriffspaar „fix/variabel" ja die Abhängigkeit der Erlöshöhe von Änderungen einer Erlöseinflußgröße beschreibt. Nun ist die Absatzmenge ja nur eine von mehreren Erlöseinflußgrößen. Die Differenzierung von fixen und variablen Erlösen wird demnach vor allem dann benötigt, wenn der Einfluß verschiedener Größen auf die Höhe des Erlöses untersucht wird.

Generell gilt die Darstellungsweise, die von den fixen und variablen Kosten her bekannt ist. zeigt fixen Erlös, variablen Erlös und Gesamterlös.

Tabelle 2. Unterbegriffe des Leistungsbegriffes

Unterscheidungsmerkmal	*Leistungsbegriff*	*Definition*	*Beispiel*
Abhängigkeit von der Beschäftigung	fixe Leistung (fixer Erlös)	Erlöse, deren Höhe unabhängig von der Ausbringung ist	Postbetrieb: Grundgebühr für Telefonanschlüsse/Autovermietung: Grundpreis
	variable Leistung (variabler Erlös)	Erlöse, deren Höhe von der Ausbringung abhängig ist	Postbetrieb: Preis pro Gesprächseinheit / Autovermietung: Preis pro km
Zurechenbarkeit der Leistung zum Bezugsobjekt	Gemeinleistung (Gemeinerlös)	Erlös, der von mehreren Bezugsobjekten gemeinsam verursacht wird	Paketpreis (z.B. bei Pauschalreisen) / Bündelpreis (z.B. bei Sonderrabatten) / Auftragsmengenrabatt
	Einzelleistung (Einzelerlös)	Erlös, der von einem Bezugsobjekt einzeln verursacht wird	Einzelpreis einer Maschine

Der variable Erlös ist in diesem Bild als *proportionaler* Erlös gezeichnet. Diese Erlösfunktion ist jedoch in der Praxis nicht der Regelfall. Wir haben es im Sorten- und Seriengeschäft aufgrund von Preisdifferenzierungen bzw. Rabattstaffeln regelmäßig mit *gebrochenen Erlösfunktionen* zu tun, die nur in bestimmten Intervallen proportional zur betrachteten Einflußgröße verlaufen.

1.3 Rechnungsprinzipien der industriellen Kosten- und Leistungsrechnung (IKR)

1.3.1 Prinzipien der Kostenerfassung

Wenn die Kostenrechnung Informationen über den Betrieb zum Zwecke der Steuerung liefern soll (vgl. Abschnitt 1.1.1), dann lassen sich die Anforderungen an die Kostenerfassung aus dieser Aufgabe ableiten.

Die Unterstützung der *Kontrolle* setzt zuallererst voraus, daß die Zahlen, die als Kosten erfaßt werden, wirklich die realen Gegebenheiten des Betriebes widerspiegeln. Die Zahlen müssen objektiv sein in dem Sinne, daß sie prinzipiell überprüfbar sind. Daraus folgt, daß die Güterverbräuche sowie die angesetzten Preise durch Belege nachgewiesen werden müssen. Ferner müssen die Kosten vollständig, genau und aktuell erfaßt werden.[9] Dabei geht es bei all diesen Prinzipien

9 Vgl. Schweitzer/Küpper 1995, S. 86.

nicht um größtmögliche Erfüllung, vielmehr tritt das Prinzip der *Wirtschaftlichkeit der Kostenerfassung* als Korrektiv neben die genannten Prinzipien.

Die Unterstützung von *Lenkungsvorgängen* setzt neben den bereits genannten Prinzipien vor allem voraus, daß die erfaßten Kosten auch zweckbezogen zugreifbar sind. Dazu gehört eine auf die Lenkungsbedürfnisse abgestellte differenzierte Codierung und Speicherung der Kosten.

Die Erfassung der Kosten erfolgt im Zeitpunkt des Güterverbrauchs. Als Verbrauchszeitpunkt für Material gilt der Tag des Lagerabgangs (Materialentnahmeschein), für Lohn und Gehalt der Tag oder Monat der Beschäftigung (Lohnzettel, Gehaltsliste).

1.3.2 Prinzipien der Kostenzurechnung

Kosten entstehen durch betriebliche Entscheidungen über die Kombination der Einsatzfaktoren. Die *Beschaffung und Bereitstellung* der Einsatzfaktoren erfolgt in bestimmten *Quanten*, die sich eindeutig messen lassen. Die *Inanspruchnahme* und der *Verbrauch* der bereitgestellten Einsatzfaktoren geschieht überwiegend in anderen, kleineren Quanten als die Bereitstellung. Die exakte Erfassung des betriebszweckbezogenen, bewerteten Gutsverbrauchs ist strenggenommen nur bei solchen Verbräuchen möglich, die in denselben Quanten beschafft und verbraucht werden.[10] In allen anderen Fällen ist eine *Zurechnung* erforderlich. Zurechnung bedeutet Aufteilung eines bestimmten Kostenquantums auf eine bestimmte Zahl von Bezugsobjekten (z.B.: Zurechnung der Steuern und Versicherungen eines LKW auf die geleisteten Tonnenkilometer). Zurechnung ist vor allem bei solchen Einsatzfaktoren erforderlich, die ein bestimmtes Nutzungspotential bereitstellen (menschliche Arbeitskraft, Maschinen, Gebäude, Patente), solche Faktoren heißen *Potentialfaktoren*. Seltener ist Zurechnung bei *Repetierfaktoren* geboten (Energie, Werkstoffe).

Das *Verursachungsprinzip*, das eine Zurechnung von Kosten auf das Bezugsobjekt nur dann zuläßt, wenn die Kosten tatsächlich von diesem Bezugsobjekt allein verursacht worden sind, ist allerdings zu streng, um alle Kosten auf ein bestimmtes Bezugsobjekt zuzurechnen: Das ist nach dem Verursachungsprinzip nur bei den Einzelkosten möglich. (Test: Kosten entfallen, wenn das Bezugsobjekt entfällt; Kosten wachsen, wenn das Bezugsobjekt hinzukommt). Das Verursachungsprinzip ist das zentrale Prinzip der Kosten- und Leistungsrechnung überhaupt. Wenn es jedoch nicht zu einer vollständigen Zurechnung aller Kosten herangezogen werden kann, dann muß es für bestimmte Zwecke ein übergeordnetes Prinzip geben. Dieses ist für die Zwecke der Vollkostenrechnung das Prinzip vollständiger Kostenüberwälzung oder kurz *Kostenüberwälzungsprinzip*. Es

[10] Vgl. Riebel 1994, S. 762.

besagt, daß alle Kosten der Periode vollständig auf alle Leistungsmengeneinheiten der Periode zu verteilen sind. Dazu wird soweit wie möglich das Verursachungsprinzip herangezogen, darüber hinaus müssen für die Zurechnung der Gemeinkosten Hilfsprinzipien der Kostenrechnung herangezogen werden: sogenannte *Anlastungsprinzipien*. Dazu gehören:

- das *Beanspruchungsprinzip*: danach werden die Kosten von Potentialfaktoren nach Maßgabe von deren Inanspruchnahme durch die Bezugsobjekte zugerechnet.
- das *Durchschnittsprinzip*: danach werden die Kosten in gleichen Anteilen auf die Bezugsobjekte verteilt.
- das *(Kosten-)Tragfähigkeitsprinzip*: danach werden die Kosten nach Maßgabe der Kostentragfähigkeit der Produkte bzw. Aufträge im Markt (d.h. ihrer Marktstärke) auf die Bezugsobjekte verteilt.

1.3.3 Prinzipien der Leistungserfassung und -zurechnung

Die *Erfassung* der betrieblichen Leistung wirft wesentlich geringere Probleme auf als die Erfassung der Kosten. Die verkaufte Leistung (der Erlös) ergibt sich aus den Rechnungsbelegen einer Periode. Der Zeitpunkt der Erfassung ist der Rechnungsausgang. Die nicht verkaufte Leistung wird durch körperliche Bestandsaufnahme (Inventur) erfaßt. Die bei der Erfassung geltenden Prinzipien sind dieselben wie bei der Kostenerfassung.[11]

Das Grundprinzip der Leistungszurechnung ist wiederum das *Verursachungsprinzip*: Die Leistung wird demjenigen Bezugsobjekt zugerechnet, das die Leistung verursacht hat. Von diesem Prinzip könnte zwar abgewichen werden, es wäre aber recht willkürlich, und deshalb ist davon abzuraten.

Die Aufteilung von Gemeinerlösen erfolgt aus guten Gründen (Willkürvermeidung) in der Praxis nicht. Theoretisch gibt es ohnehin keine Argumente dafür.

1.3.4 Aufgaben der Kostenartenrechnung

Die Kostenartenrechnung hat zwei Aufgaben:

1. die belegmäßige Erfassung sämtlicher in einer Periode im Gesamtbetrieb angefallener Gutsverzehre und ihrer Wertansätze *(Dokumentationsfunktion)* und
2. die sachliche Gliederung sämtlicher in einer Periode im Gesamtbetrieb angefallener Kosten nach der Art der verbrauchten Kostengüter *(Gliederungsfunktion)*.

---

[11] Vgl. Abschnitt 1.3.1.

Die Kostenartenrechnung erfaßt nur *primäre Kostenarten* (reine, ursprüngliche Kostenarten). Primäre Kostenarten ergeben sich aus dem Verbrauch von Einsatzfaktoren, die der Betrieb von außen bezogen hat. Im Gegensatz dazu ergeben sich *sekundäre (zusammengesetzte) Kostenarten* aus dem Verbrauch selbsterstellter Güter oder Dienstleistungen (innerbetriebliche Leistungen). Sekundäre Kosten setzen sich aus primären Kosten zusammen.

Beispiele:

Putzfrauenlöhne	- primäre Kostenart
Hausreinigung (selbsterstellt)	- sekundäre Kostenart
Hausreinigung (Fremdleistung)	- primäre Kostenart
Abschreibungen auf LKW	- primäre Kostenart
Fuhrparkkosten	- sekundäre Kostenart

Die Kostenartenrechnung hat einen eigenständigen Informationszweck, indem sie - vor allem im Zeitvergleich - die Analyse der Entwicklung der Gesamtkosten des Betriebes nach Höhe und Struktur erlaubt. *Kostenstrukturanalysen* können auch ein nützliches Hilfsmittel zum *Betriebsvergleich* sein.

Der wichtigere Zweck der Kostenartenrechnung ist allerdings die Bereitstellungvon Datenmaterial für weiterführende Rechnungen, insbesondere für

- die Kostenstellenrechnung
- die Kalkulation die Bereichs- oder Betriebserfolgsrechnung.

Insofern kommt der Kostenartenrechnung der Charakter einer *Grundrechnung* für die Kosten- und Leistungsrechnung zu.

Da alle diese Rechnungen auf der Summe der *Periodenkosten* basieren, obliegt der Kostenartenrechnung die wichtige Aufgabe, den betriebszweckbezogenen Güterverzehr zu periodisieren, d.h. zeitrichtig darzustellen. Zusätzliche Aspekte einer richtigen Periodisierung treten auf, wenn der Ge- oder Verbrauch eines Kostengutes von mehreren Perioden gemeinsam verursacht wird *(Periodengemeinkosten)*, wie z.B. bei Abschreibungen.

Bei der Erfassung und Bewertung des Gutsverzehrs werden in der Kostenartenrechnung nicht immer tatsächliche Verbrauchsmengen und tatsächlich gezahlte Preise angesetzt. Insbesondere für Zwecke der Wirtschaftlichkeitskontrolle und der Kalkulation ist es in der Kostenrechnung sinnvoll, für bestimmte Gutsverzehre normalisierte Ansätze zu wählen. Von einer *internen Normalisierung* ist zu sprechen, wenn zum Zwecke des Periodenvergleichs außergewöhnliche Einflüsse auf die Höhe der Kosten ausgeschaltet werden (z.B. bei den kalkulatorischen Wagnissen). Eine *externe Normalisierung* liegt dagegen vor, wenn die Erfassung und Bewertung des Gutsverzehrs an vergleichbaren Betrieben orientiert ist (z.B. der Ansatz von kalkulatorischem Unternehmerlohn für den Einzelunternehmer).

Tabelle 3. Kostenartengliederung

Art der verbrauchten Einsatzfaktoren	*Betriebliche Funktionen*	*Art der Verrechnung*	*Art der Erfassung*
(1) Personalkosten	(1) Beschaffung	(1) Einzelkosten	(1) aufwandsgleiche Kosten
(2) Sachkosten	(2) Lagerhaltung	(2) Gemeinkosten	(2) kalkulatorische Kosten
(3) Kapitalkosten	(3) Fertigung		
(4) Fremdleistungen	(4) Verwaltung		
(5) Kosten der menschlichen Gesellschaft	(5) Vertrieb		

1.3.5 Die Gliederung der Kostenarten

Es gibt verschiedene Gesichtspunkte, nach denen die primären Kostenarten gegliedert werden können. Das Auswahlkriterium für eine Gliederung der Kostenarten ergibt sich aus dem Informationszweck der Rechnung sowie aus den Anforderungen, die aus weiterführenden Rechnungen an die Kostenartenrechnung gestellt werden. Durch Untergliederung können auch mehrere Gesichtspunkte miteinander kombiniert werden. Tabelle 3 gibt einen Überblick über die wichtigsten Gliederungskriterien und die sich daraus ergebenden Hauptkostenartengruppen.

1.3.6 Die Erfassung einzelner Kostenarten

1.3.6.1 Aufwandsgleiche Kostenarten

Primäre *Materialkosten* entstehen allein durch den betriebszweckbezogenen Verbrauch von Stoffen und Energie. Im einzelnen sind zu unterscheiden:

- Fertigungsmaterialkosten (Rohstoffe, Halbfabrikate, Teile),
- Hilfsstoffkosten (Hilfsstoffe wie Reinigungsmittel, Verpackungsmaterial)
- Betriebsstoffkosten (Strom, Gas, Öl etc.).

Die mengenmäßige Erfassung des Materialverbrauchs geschieht direkt durch Materialentnahmeschein, indirekt durch Inventur der Läger (Verbrauch = Anfangsbestand + Zugänge – Endbestand) oder durch Rückrechnung von den erstellten Halb- und Fertigfabrikaten (aufgrund von Stücklisten, Rezepturen etc.).

Die Bewertung des Materialverbrauchs kann auf Rechenprobleme stoßen, wenn ein Verbrauchsquantum aus einem Lagerbestand entnommen wird, in den im Zeitablauf mehrere Lieferungen zu unterschiedlichen Preisen eingegangen sind (z.B. Heizöltank, Schrottlager). Da nicht eindeutig feststellbar ist, welche Lieferung in welchen Verbrauchsvorgang eingegangen ist, kann auch nicht eindeutig ein Kostengüterpreis zu einem Kostengütermengenverbrauch zugeordnet werden. Verschiedene Ansätze zur Schätzung der Kostengüterpreise auf Basis von Anschaffungswerten sind denkbar, zwischen denen der Betrieb wählen kann.

1. *Durchschnittsmethode* (der Wert des Verbrauchs ergibt sich aus dem durchschnittlichen Anschaffungswert),
2. *Lifo-Methode* (Last-in-first-out, der Verbrauch wird mit den Preisen der zuletzt gekauften Mengen bewertet),
3. *Fifo-Methode* (First-in-first-out, der Verbrauch wird mit den Preisen der zuerst gekauften Mengen bewertet) und
4. *Hifo-Methode* (Highest-in-first-out, der Verbrauch wird mit dem höchsten der realisierten Einkaufspreise bewertet).

Für bestimmte Zwecke der Kostenkontrolle können vom Betrieb vorgegebene *Festpreise* zur Bewertung des Materialverbrauchs verwendet werden. Ansonsten wird der Materialverbrauch mit Anschaffungswerten oder mit Tageswiederbeschaffungswerten angesetzt. Da eine kurzfristige Wiederbeschaffung unterstellt wird, kann auf die Schätzung von Wiederbeschaffungswerten allerdings verzichtet und mit Anschaffungswerten gerechnet werden. Die *Arbeitskosten* lassen sich unterteilen in

1. Fertigungslöhne,
2. Hilfslöhne,
3. Urlaubs- und Feiertagslöhne,
4. Gehälter,
5. Gesetzliche Sozialkosten und
6. Freiwillige Sozialkosten.

Die Erfassung des Mengengerüsts der Lohnkosten erfolgt durch Aufschreibungen in den Abteilungen des Betriebes (Stundenaufschreibungen, Lohn- und Gehaltslisten). Die Bewertung erfolgt unter Einbeziehung sehr vieler Einflußgrößen, die sowohl betriebswirtschaftlicher als auch rechtlicher Natur sind.[12]

Besondere Bewertungsfragen werfen die im Jahresrhythmus unregelmäßig anfallenden Personalkosten auf (Urlaubs- und Feiertagslöhne, Krankheitskosten).

Die Erfassung der *Kosten für Fremdleistungen* ist unproblematisch, da Rechnungen als Erfassungsbelege gegeben sind.

Zu den *Kosten der menschlichen Gesellschaft* gehören vor allem Steuern, Gebühren, Abgaben, soweit sie einen betriebszweckbezogenen Charakter haben.[13] Dazu gehören die Gewerbesteuer, Grundsteuer, Kfz-Steuer und andere Steuer-

[12] Vgl. Hummel/Männel 1990, S. 156 ff.

[13] Vgl. Kapitel „Wirtschaftlichkeitsrechnung als Grundlage industrieller Beschaffungsentscheidungen", Abschnitt 3.3.1.

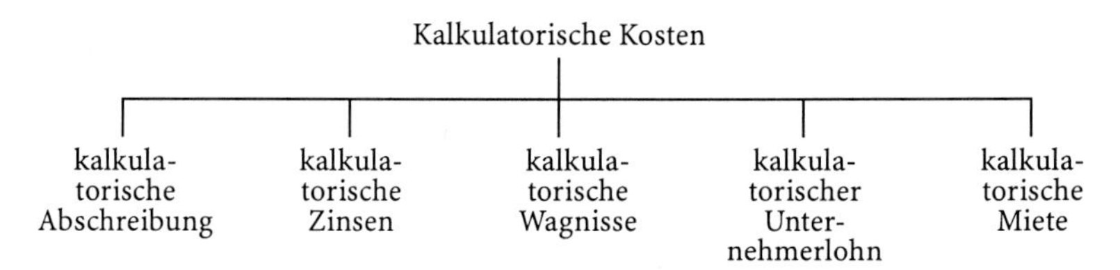

Abb. 7. Kalkulatorische Kostenarten

arten, die der Betrieb entrichtet. Hinweis: *Keinen Kostencharakter* haben dagegen die Einkommensteuer und die Körperschaftsteuer, sie gelten als Gewinnverwendung. Die Mehrwertsteuer auf bezogene Waren und Dienstleistungen ist ein durchlaufender Posten und wird dementsprechend nicht als Kosten erfaßt.

1.3.6.2 Kalkulatorische Kostenarten

1.3.6.2.1 Überblick

Kalkulatorische Kosten werden definiert als betriebszweckbezogene Gutsverzehre, denen überhaupt kein Aufwand entspricht (Zusatzkosten) und solche betriebszweckbezogenen Gutsverzehre, die in der (internen) Kostenrechnung in einer *anderen* Höhe erfaßt werden als in der (externen) Aufwandsrechnung (Anderskosten). Abbildung 7 gibt einen Überblick.

Der Ansatz kalkulatorischer Kostenarten führt dazu, daß der Güterverzehr in einer Periode in der Aufwandsrechnung und in der Kostenrechnung unterschiedlich hoch ist. Die Begründung dafür ist ein unterschiedlicher Gewinnbegriff im externen und internen Rechnungswesen. Nach dem Gewinnbegriff des internen Rechnungswesens soll von „Gewinn" dann gesprochen werden, wenn alle Opfer, die für den Betriebszweck des Unternehmens erbracht werden, durch die Leistung gedeckt sind. Zu den Opfern gehören auch Güterverbräuche, die im externen Rechnungswesen trotz ihres offensichtlichen Verbrauchscharakters nicht als Aufwand erfaßt werden dürfen: Kalkulatorischer Unternehmerlohn als Vergütung für die Arbeit des Unternehmers in seiner eigenen Firma (im Falle einer Personengesellschaft oder einer Einzelunternehmung), kalkulatorische Zinsen für die Nutzung des vom Unternehmer bereitgestellten Eigenkapitals, kalkulatorische Miete für die vom Unternehmer bereitgestellten Privaträume. In allen drei Fällen liegt ein offensichtlicher Güterverbrauch vor. In der internen Rechnung soll er auch seinen Niederschlag finden.

1.3.6.2.2 Kalkulatorische Abschreibungen

Kalkulatorische Abschreibungen sind der wertmäßige Ausdruck für den Verzehr des Nutzenvorrates eines Investitionsgutes. Sie werden periodisch erfaßt und beziehen sich nur auf abnutzbare Gegenstände des *betriebsnotwendigen* Anlagevermögens.

Die kalkulatorischen Abschreibungen unterscheiden sich allerdings nicht nur durch den Abschreibungsgegenstand von der pagatorischen Abschreibung (auch bilanzielle Abschreibung genannt, in der Steuerbilanz auch als AfA [Absetzung für Abnutzung] bezeichnet). Vor allem die Abschreibungssumme, d.h. der abzuschreibende Wert, wird in der pagatorischen Abschreibung von den „Anschaffungskosten" her bestimmt, während die kalkulatorische Abschreibung sich an den Wiederbeschaffungswerten orientiert. Unterschiede bestehen auch hinsichtlich der Behandlung der Nutzungsdauer sowie der Abschreibungsmethoden.

Die *Abschreibungsursachen*, die Gründe, die zur kalkulatorischen Abschreibung führen, sind die natürlichen, technischen und wirtschaftlichen Einflüsse, die zur Entwertung bzw. zum Verzehr des Investitionsgutes führen. Im einzelnen können folgende Gruppen von Abschreibungsursachen – einzeln oder gleichzeitig – auftreten:

1. Verzehr durch Gebrauch,
2. Verzehr durch Substanzverringerung,
3. Verzehr durch Fristablauf,
4. Verzehr durch technische Überholung,
5. Verzehr durch wirtschaftliche Überholung und
6. Verzehr durch natürliche Einwirkung.

Dabei werden außerordentliche Verzehre (z.B. Katastrophen, technische Revolution) bei der Bemessung der kalkulatorischen Abschreibungen gar nicht erfaßt. Die in der Kostenrechnung waltende *Normalisierungstendenz* ist darauf gerichtet, nur den für den Betriebszweck üblichen, den „normalen" Gutsverzehr zu schätzen.

Die Problematik der Bestimmung der kalkulatorischen Abschreibung liegt in den großen Unsicherheiten, unter denen die Bemessung eines Abschreibungsbetrages pro Periode steht. Weder das Wirksamwerden der einzelnen prinzipiell möglichen Abschreibungsursachen noch ihr Zusammenwirken, noch der Wiederbeschaffungswert lassen sich einigermaßen sicher schätzen, so daß bei der Bemessung der kalkulatorischen Abschreibung in hohem Maße mit *Pauschalierungen* gearbeitet wird. Kalkulatorische Abschreibungen werden durch zweckbestimmte Dispositionen festgelegt.

Vier *Determinanten* bestimmen die Höhe der periodischen Abschreibung:

1. Die *Abschreibungsbasis*. Das ist der Wert des Investitionsgutes, der abzuschreiben ist.
2. Der *Liquidationswert*. Das ist der Wert des Investitionsgutes am Ende seiner Nutzungszeit. Zieht man den Liquidationswert von der Abschreibungsbasis

ab, erhält man die *Abschreibungssumme.* Sie stellt den abzuschreibenden Wertbetrag dar.

3. Die *Nutzungsdauer* bzw. das Nutzenpotential. Das ist die nach Zeitperioden oder nach technischen Maßeinheiten bestimmte maximale Inanspruchnahme des Investitionsgutes.
4. Die *Abschreibungsmethode.* Das ist der Algorithmus, mit dem die Abschreibungssumme auf die Perioden der Nutzung verteilt wird.

Nutzenpotential/Nutzungsdauer

Jedes abzuschreibende Investitionsgut enthält ein Nutzenpotential. Das ist die insgesamt mögliche Menge an Nutzeneinheiten. Diese muß betriebsindividuell ermittelt werden, da die Einsatzbedingungen variieren und damit auch die Abschreibungsursachen betriebsindividuell wirken.

Läßt sich die Nutzenabgabe eines Investitionsgutes messen (z.B. gefahrene Kilometer bei einem Lkw; geförderte Tonnen bei einer Kiesgrube), dann sollte die insgesamt mögliche Menge an Nutzeneinheiten auch in technischen Maßeinheiten ausgedrückt werden *(nutzungsbedingte Abschreibung).* Das hat gewisse Vorteile bei der Erfassung des Verzehrs und bei der Verrechnung der Abschreibungen, da die Abschreibungen bei dieser Vorgehensweise nach dem Beanspruchungsprinzip verrechnet werden können.

In den meisten Fällen wird eine direkte Messung der Nutzenabgabe jedoch nicht möglich sein. Darum überwiegen bei der Abschreibungsrechnung zeitliche, d.h. pauschale Maßstäbe. Das gesamte Nutzenpotential wird in Zeiteinheiten ausgedrückt; entsprechend stellt die Nutzungsdauer die für ein bestimmtes Investitionsgut unter bestimmten Einsatzbedingungen maximale Nutzungszeit dar *(zeitbedingte Abschreibung).*

Eine gemischte Bestimmung der maximalen Menge an Nutzeneinheiten durch *Kombination* von zeitlichen Maßgrößen und solchen der Beanspruchung, die einer gedanklichen Zweiteilung der Kapazität des Investitionsgutes gleichkommt, ist in der Praxis vorfindbar.

Abschreibungsmethode

Die Abschreibungsmethode ist der Algorithmus, durch den die Abschreibungssumme auf die Perioden der Nutzung verteilt wird. Abbildung 8 gibt einen Überblick.

Bei der *nutzungsbedingten Abschreibung* wird zunächst der Abschreibungsbetrag pro Nutzeneinheit ermittelt (Abschreibungssumme dividiert durch maximale Menge der Nutzeneinheiten). Dieser wird mit der Menge der Nutzenabgaben der betreffenden Periode multipliziert, und man erhält die periodische Abschreibung (Definition 5).

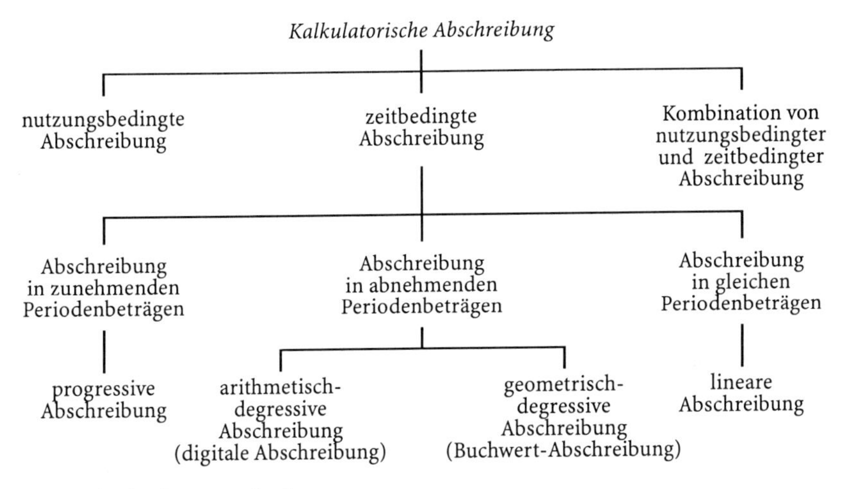

Abb. 8. Abschreibungsmethoden

Definition 5. *Nutzungsbedingte Abschreibung*

Abschreibung $K_{At} = A \cdot \frac{b_t}{B^*}$ mit $B^* = \sum_{t=1}^{N} b_t$

Restwert $R_t = A - A \cdot \frac{\sum_{\tau=1}^{t} b_\tau}{B^*}$

wobei
KAt = Abschreibungen in t
Rt = Restwert in t
A = Abschreibungssumme
N = Nutzungsdauer
t = betrachtete Periode
τ = Zählindex für abgelaufene Perioden $(1, 2, \ldots t)$
bt = Nutzungseinheiten in t
B^* = Gesamtes Nutzungspotential

Die nutzungsbedingte Abschreibung wird mitunter auch „variable Abschreibung" genannt. Das darf jedoch nicht den Eindruck erwecken, als handele es sich dabei um variable Kosten. Bei Abschreibungen handelt es sich – gleich welche Abschreibungsmethode – stets um fixe Kosten. Der variable Charakter der nutzungsbedingten Abschreibung liegt nicht in der Natur der Kosten begründet, sondern in einer Entscheidung für eine Abschreibungsmethode, die an Nutzungsquanten orientiert ist. Tabelle 4 zeigt ein Anwendungsbeispiel.

Die *zeitbedingte Abschreibung* steht vor der Aufgabe, die Abschreibungssumme „möglichst verursachungsgerecht" auf die Nutzungsdauer zu verteilen.

Tabelle 4. Nutzungsbedingte Abschreibung (Beispiel)

32-t-Lkw, Indienststellung am 1. Januar 1993
Abschreibungssumme: 600.000,- DM
Gesamtnutzenpotential: 9.600.000 Tonnenkilometer (tkm)
Abschreibung pro tkm: 0,0625 DM

Jahr	*tkm-Leistung*	*Abschreibung*	*Restwert am Ende des Jahres*	*Rest-Nutzenpotential*
1993	1.950.000	121.875,-	478.125,-	7.650.000
1994	2.200.000	137.500,-	340.625,-	5.450.000
1995	1.600.000	100.000,-	240.625,-	3.850.000
1996	...	...	...	...
1997	...	...	...	...
...	...	...	...	...

Diese Aufgabe ist nicht ganz leicht, wenn nicht gar unmöglich, denn Abschreibungen sind *Periodengemeinkosten*, d.h. Kosten, die von mehreren Perioden gemeinsam verursacht werden. Insofern haftet allen Algorithmen, die der Verteilung der Abschreibungssumme dienen, ein gewisses Element der Willkür an, denn es gibt kein objektives Kriterium für „richtig" oder „falsch". Im praktischen Anwendungsfall erfolgt die Wahl der Abschreibungsmethode deshalb nach Zweckmäßigkeitsgesichtspunkten. Die zeitbedingte Abschreibung kennt im wesentlichen drei Methoden:

1. die lineare Abschreibung,
2. die arithmetisch-degressive Abschreibung und
3. die geometrisch-degressive Abschreibung.

Die progressive Abschreibung stellt einen praktisch nicht relevanten Sonderfall dar und wird hier nicht behandelt.

Die *lineare Abschreibung* besteht darin, die Abschreibungssumme durch die Zahl der Nutzungsperioden zu dividieren. Daraus ergibt sich eine konstante periodische Abschreibung über die ganze Nutzungsdauer. Der *Restwert*, die Differenz zwischen Abschreibungssumme und bis zur Periode t aufsummierter Abschreibungen, ist eine linear fallende Funktion der Zeit (Definition 6). Bei linearer Abschreibung wird die Abschreibungssumme vollständig auf die Perioden der Nutzung verteilt.

Definition 6. *Lineare Abschreibung*

Abschreibung $K_{At} = \frac{A}{N}$

Restwert $R_t = A - \frac{A}{N} \cdot t$

wobei
K_{At} = Abschreibungsbetrag in t
R_t = Restwert in t
A = Abschreibungssumme
N = Nutzungsdauer
t = betrachtete Periode

Die *arithmetisch-degressive Abschreibung* ist eine arithmetisch fallende Reihe, d.h. die Höhe der Abschreibung nimmt in jeder Periode um denselben Absolutbetrag ab. Die Höhe dieses Betrages ergibt sich aus der Abschreibungssumme und der Nutzungsdauer.

Der *Degressionsbetrag*, um den die Abschreibungen sich von Periode zu Periode verringern, ist ΔKA. Wenn die Bedingung erfüllt sein soll, daß KA in jeder Periode um denselben Betrag abnimmt, dann ist die Abschreibung in der letzten Periode genau ΔK_A, in der vorletzten Periode $2 \cdot \Delta K_A$, in der drittletzten Periode $3 \cdot \Delta K_A$ usw., in der ersten Periode $N \cdot \Delta KA$. Die Abschreibungssumme ist demnach

$$A = \sum_{t=1}^{N} t \cdot \Delta\Delta_A = \sum_{t=1}^{N} (N+1-t) \cdot \Delta K_A$$

Da sich die Summe der Zahlen von 1 bis N auch durch $N(N+1)/2$ ausdrücken läßt, können wir für die Abschreibungssumme auch schreiben

$$A = \Delta K_A \frac{N(N+1)}{2}$$

Dieser Ausdruck kann nach ΔK_A aufgelöst werden und es ergibt sich der Degressionsbetrag

$$\Delta K_A = \frac{2A}{N(N+1)}$$

Für die Abschreibung in t gilt dann Definition 7. Bei arithmetisch-degressiver Abschreibung wird die Abschreibungssumme vollständig auf die Perioden der Nutzung verteilt.

Definition 7. *Arithmetisch-degressive Abschreibung*

Abschreibung $$K_{At} = \frac{2A}{N(N+1)} \cdot (N-t+1)$$

Restwert $$R_t = A - \frac{2A}{N(N+1)} \cdot \sum_{\tau=1}^{t} (N-\tau+1)$$

wobei
τ = Zählindex für abgelaufene Perioden $(1, 2, \ldots t)$

Die *geometrisch-degressive Abschreibung* ist eine geometrisch fallende Reihe, d.h. die Abschreibung wird in jeder Periode mit einem konstanten Prozentsatz vom

Restwert vorgenommen. Die Höhe des Prozentsatzes wird durch betriebliche Entscheidung festgelegt. Wir erhalten Definition 8:[14]

Definition 8. *Geometrisch-degressive Abschreibung*

Abschreibung $K_{At} = \frac{\gamma}{100} \cdot R_{t-1}$

Restwert $R_t = A\left(1 - \frac{\gamma}{100}\right)^t$

mit

γ = Abschreibungsprozentsatz

Die geometrisch-degressive Abschreibung kann die Abschreibungssumme nicht vollständig auf die Nutzungsdauer verteilen. Durch geeignete mathematische Umformung kann der Abschreibungsprozentsatz so festgelegt werden, daß die Differenz zwischen Abschreibungsbasis und kumulierten Abschreibungen am Ende der Nutzungszeit gerade den Liquidationswert ausmacht. Die Abschreibung erfolgt dabei auf die Abschreibungsbasis und nicht auf die Abschreibungssumme. Ist der Liquidationswert null oder wird der Abschreibungsprozentsatz nach anderen Kriterien bestimmt, dann muß entweder im Lauf der Nutzungszeit ein *Wechsel der Abschreibungsmethode* oder am Ende der Nutzungszeit eine *Totalabschreibung* vorgenommen werden, um die Abschreibungssumme vollständig zu verteilen. Tabelle 5 zeigt die Verfahren im rechnerischen Vergleich.

Tabelle 5. Abschreibungsmethoden (Beispiel)

Abschreibungssumme 110.000 DM
Nutzungsdauer 10 Jahre

Jahr der Nutzung	Lineare Abschreibung		Arithmetisch-degressive Abschreibung		Geometrisch-degressive Abschreibung (γ= 30 %)	
	Abschreibung	Restwert	Abschreibung	Restwert	Abschreibung	Restwert
1.	11.000	99.000	20.000	90.000	33.000	77.000
2.	11.000	88.000	18.000	72.000	23.100	53.900
3.	11.000	77.000	16.000	56.000	16.170	37.730
4.	11.000	66.000	14.000	42.000	11.319	26.411
5.	11.000	55.000	12.000	30.000	7.923	18.488
6.	11.000	44.000	10.000	20.000	5.546	12.941
7.	11.000	33.000	8.000	12.000	3.882	9.059
8.	11.000	22.000	6.000	6.000	2.718	6.341
9.	11.000	11.000	4.000	2.000	1.902	4.439
10.	11.000	–	2.000	–	1.332	3.107

[14] Vgl. Kilger 1987, S. 124.

Die vorangegangene Darstellung der Algorithmen ist im folgenden auf Jahresperioden bezogen. Für eine monatliche Kostenartenrechnung besteht die Möglichkeit, entweder die Zahl der Nutzungsperioden mit 12 zu multiplizieren oder aber die ermittelten Jahresabschreibungsbeträge durch 12 zu dividieren. Dies führt nicht bei allen Algorithmen zum selben Ergebnis.

Abschreibungssumme

Die Bestimmung der Abschreibungssumme enthält ein Bewertungsproblem und ein Prognoseproblem. Da der Liquidationserlös lediglich ein Prognoseproblem aufwirft, können wir ihn zunächst vernachlässigen.

Das *Bewertungsproblem* liegt in der Frage, welcher Wert dem Investitionsgut, das abzuschreiben ist, beigemessen werden soll. Damit ist die Frage der Substanzerhaltung angesprochen.

Substanzerhaltung ist erreicht, wenn aus den durch Umsatzerlöse verdienten Abschreibungsgegenwerten am Ende der Nutzungsdauer des Investitionsgutes ein entsprechendes neues Investitionsgut beschafft werden kann. Der Gedanke ist einfach und einleuchtend. Der Verzehr des Investitionsgutes ist in Form von Abschreibungen so zu bewerten, daß – unterstellt, daß der Markt über die Preise auch die Verrechnung und Abwälzung der Abschreibungen akzeptiert – aus den kumulierten Abschreibungsgegenwerten die Ersatzinvestition getätigt werden kann. In dem Maße wie sich der Restwert abbaut, entsteht gleichsam ein „Polster“ für die Ersatzbeschaffung. Die Schwierigkeiten liegen allerdings im Detail.[15]

Das Prognoseproblem

Der Wiederbeschaffungspreis, der Liquidationserlös sowie die Nutzungsdauer sind gleichermaßen unsicher. Wenn das Investitionsgut in überschaubaren Zeiträumen wiederzubeschaffen ist, kann das Prognoseproblem auf der Grundlage von Erfahrungssätzen einigermaßen zuverlässig gelöst werden. Bei längeren Nutzungsdauern ist das Unternehmen der Prognoseunsicherheit jedoch voll ausgesetzt.

Bei allen drei Determinanten der Abschreibung führt die Prognoseunsicherheit zum selben Ergebnis: Die kalkulatorische Abschreibung wird entweder zu hoch oder zu niedrig ermittelt. Im Hinblick auf die Substanzerhaltung ist letzterer Fall kritisch. In der Praxis werden verschiedene Methoden zur Verringerung des Risikos gewählt, die an der Nutzungsdauer, dem Liquidationserlös und dem Wiederbeschaffungswert ansetzen.

Die *Nutzungsdauer* wird eher vorsichtig geschätzt, d.h. der Abschreibungsermittlung wird eine vergleichsweise geringe Nutzungszeit zugrunde gelegt. Pro-

---

[15] Vgl. genauer Plinke 1999, Kapitel 6.

gnosefehler treten dann eher in Form der Überschreitung der geplanten Nutzungsdauer auf.

Der *Liquidationserlös* kann aus Risikogründen der Einfachheit halber mit null angesetzt werden, wenn er im Verhältnis zum Wiederbeschaffungswert als gering zu veranschlagen ist. Das geht jedoch nicht bei Gütern, die planmäßig vor Ende der technischen Nutzungsdauer aus dem Betriebsvermögen genommen werden (z.B. Fluggerät bei Linienfluggesellschaften, Großrechenanlagen). Der Liquidationserlös bleibt als spekulatives Element in der Bestimmung der Abschreibungssumme bestehen.

Der *Wiederbeschaffungswert* für ein technisch vergleichbares Gut ist bei längerlebigen Investitionsgütern kaum zu prognostizieren. Er wird in der überwiegenden Zahl der Fälle höher liegen als der Anschaffungswert, bei High-Tech-Gütern ist allerdings auch ein niedrigerer Wiederbeschaffungspreis realistisch.

1.3.6.2.3 Kalkulatorische Zinsen

Kalkulatorische Zinsen sind der wertmäßige Ausdruck für den Verzehr eines Wirtschaftsgutes sui generis - der Nutzungsmöglichkeit des Kapitals. Damit wird der Umstand angesprochen, daß ein dem Betrieb zur Verfügung gestellter Geldbetrag (= Kapital) eine Nutzungsmöglichkeit darstellt, die sich im Zeitablauf verbraucht. So wie ein Kreditnehmer für das Recht, über einen gewissen Geldbetrag eine gewisse Zeitlang verfügen zu können, einen Preis zahlt - die Zinsen -, so muß der Betrieb für das von ihm für die Leistungserstellung verbrauchte Wirtschaftsgut „Kapitalnutzung" Kosten ansetzen.

Das bestimmende Merkmal zur Erfassung von Zinskosten ist der betriebszweckbezogene Güterverbrauch. Aus der Perspektive macht es überhaupt keinen Unterschied, wer das Kapital zur Verfügung stellt - ob ein Eigentümer oder ein Gläubiger - und zu welchem Zinssatz das effektiv geschehen ist. Als Kosten wird die Kapitalnutzung an sich erfaßt: Kalkulatorische Zinsen werden zu einem einheitlichen Zinssatz auf das gesamte betriebsnotwendige Kapital, d.h. auf Fremd- und Eigenkapital, berechnet. Die Ermittlung geschieht nach Definition 9.

Definition 9. *Kalkulatorische Zinsen*

$$(\mathrm{BAV} + \mathrm{BUV} - \mathrm{AbK}) \cdot \frac{r}{12} = K_{\mathrm{Zinsen}}$$

wobei

BAV = Im betriebsnotwedigen Anlagevermögen gebundenes Kapital
BUV = Im betriebsnotwendigen Umlaufvermögen gebundenes Kapital
AbK = Abzugskapital
r = Kalkulationszinssatz p.a. / 100
K_{Zinsen}= Kalkulatorische Zinsen (pro Monat)

Das *betriebsnotwendige Anlagevermögen* erhält man, indem man für jedes dauerhaft zum Betriebsvermögen gehörende Gut das in der Periode durchschnittlich gebundene Kapital (pagatorischer Buchwert am Anfang der Periode plus pagatorischer Buchwert am Ende der Periode dividiert durch zwei) ermittelt und über alle Anlagegüter summiert.

Der Wert des *betriebsnotwendigen Umlaufvermögens* ist die Summe der durchschnittlich in der Periode gebundenen Beträge in den einzelnen Positionen der kurzfristig zum Betriebsvermögen gehörenden Güter.

Betriebsnotwendiges Anlagevermögen und betriebsnotwendiges Umlaufvermögen bilden zusammen das *betriebsnotwendige Vermögen.*

Das *Abzugskapital* wird vom betriebsnotwendigen Vermögen abgezogen. Es handelt sich dabei um solche Bestandteile des betriebsnotwendigen Vermögens, deren Kapitalbindung nicht in Form eines Zinses, sondern in anderer Form abgegolten wird. Das Abzugskapital vermeidet Verzerrungen, z.B. die Doppelberechnung oder Zuvielberechnung von Zinsen.

Ein Beispiel, in dem die Gefahr der Doppelberechnung von Zinsen besteht, möge das verdeutlichen. Mitunter werden Bestandteile des Umlaufvermögens durch Lieferantenkredite finanziert. Das Entgelt für die Inanspruchnahme dieser Kreditart ist ein erhöhter Preis für die auf Kredit eingekauften Vorräte („erhöht" = Nichtwahrnehmung von Skontoabzugsmöglichkeiten bei Barzahlung). Der erhöhte Preis für die eingekauften Vorräte schlägt sich in den Materialkosten nieder. Würde nun ein kalkulatorischer Zins auch auf die aus Lieferantenkredit beschafften Vorräte berechnet, so würde zweimal ein Entgelt für diesen Vermögensteil als Kosten angesetzt. Darum also sind aus Lieferantenkrediten beschaffte Vorräte Bestandteil des Abzugskapitals.

Der *Kalkulationszinssatz* - die Bewertung des Güterverbrauchs - orientiert sich prinzipiell an der besten Geldanlage - Alternative. Üblicherweise setzt man den durchschnittlichen Zinssatz für längerfristige Kapitalanlagen als Wertbasis an.

1.3.6.2.4 Kalkulatorische Wagniskosten

So wie kein Betrieb seine Leistung nur erbringen kann, wenn er „konkrete" Güter verbraucht, so muß er für den Betriebszweck auch einen „abstrakten" Güterverbrauch - unfreiwillig - in Kauf nehmen: das Eingehen von Risiken (Wagnissen).

Für die Zwecke der Kostenrechnung ist zu unterscheiden zwischen:

- dem allgemeinen *Unternehmerwagnis* (Dies ist insbesondere das Risiko, daß der Markt die angebotenen Güter nicht abnimmt oder daß eine Forschungs- und Entwicklungsarbeit mißlingt.) und
- *speziellen Wagnissen* (Dies sind bestimmte überschaubare Risiken aus Einzelaspekten der betrieblichen Tätigkeit).

Kalkulatorische Wagniskosten können nur aus speziellen Wagnissen als Kosten begründet werden. Würde das allgemeine Unternehmerwagnis zum Ansatz von Kosten führen, dann gäbe es keine Begründung für den Unternehmergewinn, die auf ein Entgelt für die Übernahme von Risiken abstellt.

Spezielle Wagnisse sind insbesondere:

1. Das Beständewagnis. Es umfaßt das Risiko von Verlusten im Umlaufvermögen aus Verderb, Diebstahl, Schwund, ökonomischer Entwertung etc.
2. Das Anlagenwagnis. Es umfaßt insbesondere die Risiken aus Fehlschätzung der Nutzungsdauer und des Wiederbeschaffungswertes bei Abschreibungen.
3. Das Fertigungswagnis. Dazu gehören die Risiken aus Fehlproduktion, Gewährleistungen, Schadenersatzverpflichtungen etc.
4. Das Forderungswagnis. Dies umfaßt die Risiken aus Forderungsausfällen sowie Forderungsverschlechterungen aufgrund von Wechselkursänderungen etc.

Weitere spezielle Wagnisse können in der Kostenrechnung berücksichtigt werden.

Es ist die Tatsache des Eingehens von Risiken, die den Ansatz von Kosten für spezielle Wagnisse begründet. Kosten werden i.d.R. für kurze Zeiträume ermittelt und während dieser Zeiträume muß ein Schaden ja gar nicht eintreten. Der Gutsverzehr für Risiken in einer Periode liegt also in der Übernahme des Risikos und nicht in dem eventuell entstehenden Schaden.

Die Höhe der langfristig zu erwartenden Schäden ist allerdings der Ansatzpunkt für die Bemessung der *Höhe der Wagniskosten*. Wenn Angaben darüber fehlen, kann der Wertansatz auch in den Prämien für eine vergleichbare Fremddeckung des Risikos gefunden werden. Sind spezielle Risiken vertraglich versichert, so ist der Wertansatz der Wagniskosten die Versicherungsprämie.

Für Wagniskosten ist ein Konto zu bilden, dessen eine Seite die effektiv anfallenden Schäden, dessen andere Seite die Summe der kalkulierten Wagniskosten bildet. Dieses Konto sollte langfristig ausgeglichen sein.

1.3.6.2.5 Kalkulatorische Miete

In Fällen, in denen ein Unternehmer dem Betrieb für seine Tätigkeit Räume seines privaten Bereiches überläßt, kommt ein Ansatz für die Nutzung der betreffenden Räume in Form einer kalkulatorischen Miete in Betracht. Der Güterverbrauch ist offenkundig. Die Höhe läßt sich nach den ortsüblichen Sätzen ermitteln.

1.3.6.2.6 Kalkulatorischer Unternehmerlohn

In Kapitalgesellschaften (z.B. GmbH, AG), die eine eigene Rechtsperson darstellen, ist der Unternehmer als Geschäftsführer Angestellter der Gesellschaft, so daß Aufwand und Kosten für die Unternehmertätigkeit gegeben sind.

In Einzelunternehmen und Personengesellschaften ist die Tätigkeit des Unternehmers ebenfalls „betriebszweckbezogener bewerteter Güterverzehr", nämlich seine Arbeitskraft. Unbeachtet des Verbotes einer Aufwandsverbuchung im externen Rechnungswesen bedeutet das Entstehung von Kosten. Diese Kosten werden als kalkulatorischer Unternehmerlohn in die Kostenartenrechnung aufgenommen.

Die Höhe des kalukatorischen Unternehmerlohnes ist in einem Gehalt eines Geschäftsführers oder Vorstandsmitgliedes eines Unternehmens der gleichen Branche und Größenordnung zu finden. Wiederum offenbart sich hier das Opportunitätsdenken bei der Bewertung der kalulatorischen Kostenart Unternehmerlohn.

1.3.7 Aufgaben der Kostenstellenrechnung

Ein Betrieb läßt sich organisatorisch in Bereiche gliedern, in denen sich gleichartige Tätigkeiten vollziehen. Diese Tätigkeiten bestehen in der Kombination von Einsatzfaktoren, wodurch Kosten verursacht werden. *Kostenstellen* sind Bereiche eines Betriebes (Betriebsabteilungen). Wir definieren Kostenstellen als funktional, organisatorisch oder räumlich abgegrenzte Einheiten, in denen Kosten entstehen und denen Kosten angelastet werden. Die Kostenstellenrechnung ist ein Element der industriellen Kostenrechnung, das die unterschiedliche Kostenentstehung in den einzelnen Teilbereichen des Betriebes transparent macht.

In einer Vollkostenrechnung auf Istkostenbasis hat die Kostenstellenrechnung eine „Zulieferfunktion" für weiterführende Rechnungen, namentlich die Kalkulation (Kostenträgerstückrechnung).

Das Verständnis der Aufgabe der Kostenstellenrechnung erschließt sich aus dem Begriffspaar Einzelkosten/Gemeinkosten (vgl. Abschnitt 1.2.3). Einzelkosten sind definiert als Kosten, die der einzelnen Leistungseinheit unmittelbar zugerechnet werden, vgl. Ziffer (1) in Abb. 9; Gemeinkosten sind dagegen solche Kosten, bei denen das nicht der Fall ist. Das ist der Ansatzpunkt für die Kostenstellenrechnung: Die Kostenstellenrechnung ist eine Gemeinkostenrechnung. Sie erfaßt die Entstehung der Gemeinkosten in den Kostenstellen (2), verrechnet die so erfaßten primären Kostenstellenkosten z.T. auf andere Kostenstellen (3) und hält schließlich die Kostenstellenkosten bereit für die Weiterverrechnung auf die Leistungseinheit (4). Da die Gemeinkosten nicht direkt auf die Leistungseinheit zugerechnet werden können (bzw. – im Falle unechter Gemeinkosten – sollen), erfolgt die Verrechnung indirekt über Kostenstellen. Dabei wird soweit wie möglich das *Beanspruchungsprinzip* berücksichtigt, d.h. die Kostenträger sollen jeweils in dem Maße die Kosten tragen, in dem sie die Kostenstellen bean-

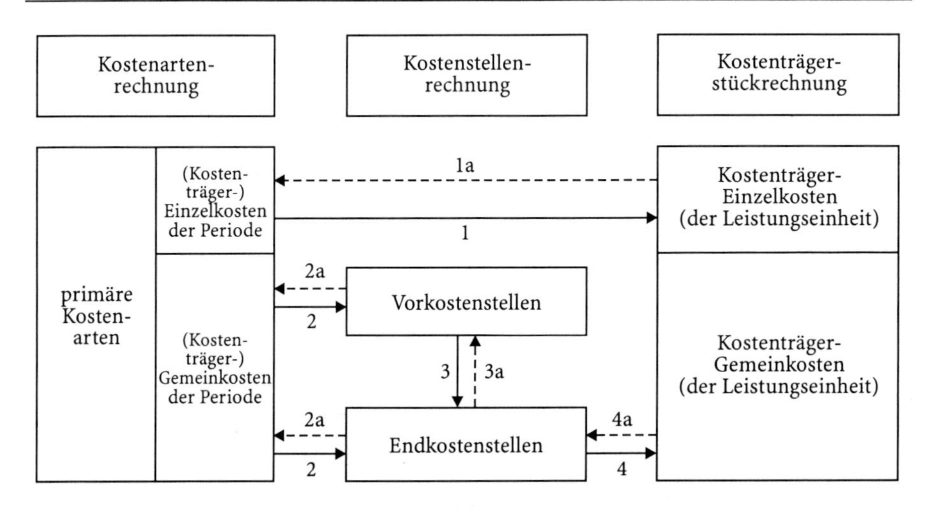

—— Verrechnungsfluß

- - - Verursachung bzw. Beanspruchung als Kriterien der Steuerung des Verrechnungsflusses

1 = Einzelkosten, 2 = primäre Gemeinkosten, 3 = sekundäre Gemeinkosten, 4 = Zuschlagsätze

Abb. 9. Kostenfluß zwischen Kostenarten-, Kostenstellen- und Kostenträgerrechnung

sprucht haben (4a). Abbildung 9 verdeutlicht die Stellung der Kostenstellenrechnung in der Vollkostenrechnung auf Istkostenbasis.

1.3.8 Der Aufbau des Betriebsabrechnungsbogens (BAB)

Der Betriebsabrechnungsbogen (BAB) ist das Instrument für die Durchführung der Kostenstellenrechnung. Der BAB stellt äußerlich eine Tabelle dar, die in den Spalten die Kostenstellen und in den Zeilen die Kostenarten ausweist. Die Kostenstellen sind im BAB nach bestimmten Gesichtspunkten gruppiert, die an verschiedene Tatbestände anknüpfen. Im folgenden werden wir drei Merkmale der Kostenstellengruppierung herausarbeiten. Die Benennung der Kostenstellen (-gruppen) unter der nachfolgenden Ordnungsziffer 1 ergibt sich aus der Funktion der Kostenstelle im Betriebsprozeß, d.h. es ist die Art der Tätigkeit, die die Zuordnung zu einer Gruppe bestimmt. Die Einteilung unter Ordnungsziffer 2 ist an der *Beziehung zur Fertigung* orientiert und unter Ordnungsziffer 3 wird eine *verrechnungstechnische Einteilung* vorgenommen. Abbildung 10 zeigt im Überblick das Verhältnis der Einteilungskriterien zueinander.

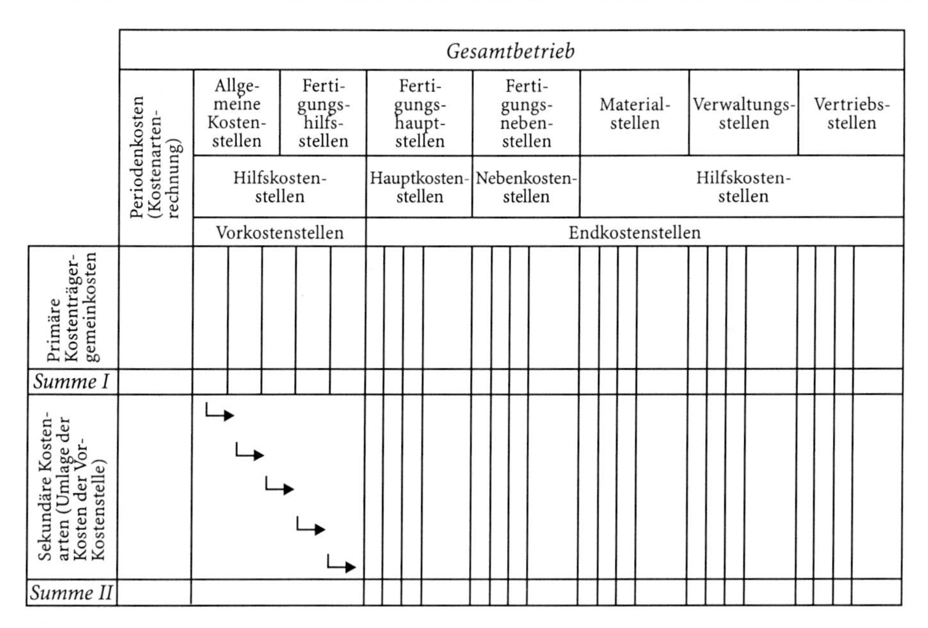

Abb. 10. Betriebsabrechnungsbogen

1. *Gliederung der Kostenstellen nach der Funktion*
   1.1 *Allgemeine Kostenstellen* umfassen diejenigen Kostenstellen, die allgemeine Hilfsdienste für alle Bereiche des Betriebes erbringen (z.B. Energieerzeugung, Sozialdienste, Gebäudereinigung).
   1.2 *Fertigungshilfsstellen* dienen der Fertigung, erbringen ihre Funktion aber nicht am Produkt selbst (z.B. Arbeitsvorbereitung).
   1.3 *Fertigungshauptstellen* erbringen ihre Funktion am Produkt selbst (Fertigung i. e. S.).
   1.4 *Fertigungsnebenstellen* erbringen Funktionen an Nebenprodukten (Fertigung i. e. S.).
   1.5 *Materialstellen* dienen der Beschaffung, Lagerung und Bereitstellung der Materialien (z.B. Fuhrpark, Einkauf, Lager).
   1.6 *Verwaltungs- und Vertriebsstellen* umfassen die Funktion von Verwaltung und Vertrieb.
2. *Gliederung der Kostenstellen nach der Beziehung zur Fertigung*
   2.1 *Hauptkostenstellen* sind nur die Fertigungsbereiche (der Hauptprodukte).
   2.2 *Hilfskostenstellen* sind alle Kostenstellen, die nicht Haupt- oder Nebenkostenstellen sind.
   2.3 *Nebenkostenstellen* sind Fertigungsbereiche der Nebenprodukte.

3. *Gliederung der Kostenstellen nach dem Verrechnungsfluß*
   3.1 *Vorkostenstellen* sind solche Kostenstellen, die ihre Kosten auf andere Kostenstellen weiterverrechnen. Sie erbringen ihre Leistungen nur für andere Kostenstellen.
   3.2 *Endkostenstellen* sind solche Kostenstellen, die ihre Kosten auf die Kostenträger weiterverrechnen.

Die *Gemeinkostenarten* erscheinen im BAB in zwei Gruppen: Die primären Kostenarten sind die in der Kostenartenrechnung periodisch erfaßten und gegliederten Gemeinkosten.[16] Sie sind die Kosten für den Verbrauch von Gütern, die der Betrieb von außen bezogen hat. Die *sekundären Kostenarten* stellen den Wertansatz für den Verbrauch von selbsterstellten Gütern dar (z.B. Kosten des Betriebsarztes, Stromkosten des eigenen Kraftwerks). Sie sind transformierte primäre Gemeinkostenarten.

Die hier aufgeführten Strukturmerkmale des BAB stellen eine sinnvolle Mindestgliederung dar. Weitere Einteilungen sind durchaus möglich, z.B. eine Kostenstelle(ngruppe) „Forschung und Entwicklung". (Dabei taucht die materielle Frage auf, ob dies eine Hilfs- oder Haupt-, eine Vor- oder eine Endkostenstelle zu sein hätte. Dies wird noch im weiteren zu klären sein.

1.3.9 Der Ablauf der Betriebsabrechnung

Die Kostenstellenrechnung wird im Betriebsabrechungsbogen durchgeführt. Sie durchläuft zwei Arbeitsschritte, bis das Ergebnis erreicht ist. Diese Arbeitsschritte sind

1. Verteilung der primären Gemeinkostenarten auf die Kostenstellen und
2. Verteilung der Kosten der Vorkostenstellen auf die Endkostenstellen.

1.3.9.1 Verteilung der primären Gemeinkostenarten auf die Kostenstellen

Die in der Kostenartenrechnung erfaßten primären Gemeinkostenarten werden sämtlich den Kostenstellen zugeordnet. Bei strenger Anwendung des Verursachungsprinzips können so nur die *Kostenstelleneinzelkosten* (Kosten, die aufgrund von Aufschreibungen über Güterverbräuche in der Kostenstelle eindeutig und unmittelbar der Kostenstelle zugerechnet werden können) verteilt werden. Beispiele für Stelleneinzelkosten:

- in der Kostenstelle „Material" das Gehalt des Einkäufers,
- in der Kostenstelle „Fuhrpark" der Benzinverbrauch und
- in der Kostenstelle „Kraftwerk" der Kohleverbrauch.

[16] Vgl. genauer Plinke 1999, Kapitel 6.

Da in einer *Vollkostenrechnung* aber alle primären Gemeinkostenarten auf die Kostenstellen verteilt werden müssen, ergibt sich das Problem der Verteilung der *Kostenstellengemeinkosten.* (Beispiele für Stellengemeinkosten: Kalkulatorische Zinsen, Versicherungen, Gebäudereinigung). Stellengemeinkosten ergeben sich aus dem gemeinsamen Verbrauch von Kostengütern durch mehrere oder alle Kostenstellen.

Die Lösung des Problems gemeinsamer Verursachung und einzelner Zurechnung im Rahmen einer Vollkostenrechnung liegt in der *Schlüsselung* der Stellengemeinkosten. Schlüsselung ist eine Notwendigkeit, die sich aus dem Prinzip der vollständigen Kostenüberwälzung *(Kostenüberwälzungsprinzip)* ergibt. Die Vollrechnung verlangt die vollständige Überwälzung aller Kosten auf das betrachtete Objekt, hier: die vollständige Überwälzung der Gemeinkosten auf die Kostenstellen. Dieses Prinzip kollidiert mit dem Verursachungsprinzip, soweit Stellengemeinkosten den einzelnen Stellen zugerechnet werden, *als ob* sie einzeln von diesen verursacht worden wären. Schlüsselung ist also der Ausdruck dafür, daß das Prinzip der vollständigen Kostenüberwälzung sich in der Vollkostenrechnung gegenüber dem Verursachungsprinzip durchsetzt.

Die Schlüsselung von Gemeinkosten bedeutet Zerschneidung und Zuteilung nach bestimmten Gesichtspunkten. Diese Zuteilungsgesichtspunkte nennt man *Schlüsselgrößen.* Die Zuteilungsmethode besteht darin, die Gemeinkostenverteilung *proportional* zur Struktur der Schlüsselgröße vorzunehmen. Jegliche Schlüsselung erfolgt nach diesem Prinzip. Es läßt sich allgemein nach Definition 10 formulieren.

Definition 10. *Schlüsselung von Kostenstellengemeinkosten*

$$\begin{array}{c}\text{Anteil der Kostenstelle } j\\ \text{an den Stellengemein-}\\ \text{kosten}\end{array} = \begin{array}{c}\text{Summe der}\\ \text{Stellengemeinkosten}\end{array} \times \frac{\begin{array}{c}\text{Menge der Schlüsselgröße}\\ \text{bei der Kostenstelle } j\end{array}}{\text{Summe der Schlüsselgröße}}$$

Tabelle 6 verdeutlicht die Vorgehensweise. Die Struktur der Schlüsselgrößen zwischen den Kostenstellen (80 : 70 : 100 : 50 : 200) wird in der Struktur der Gemeinkostenzuteilung reproduziert (8.000 : 7.000 : 10.000 : 5.000 : 20.000).

Tabelle 6. Schlüsselung von Kostenstellengemeinkosten (Beispiel)

Kostenart: Fremdenergie					
Kostensumme 50.000 DM Verteilungsbasis 500 Heizkörper	Kostenstelle 1	Kostenstelle 2	Kostenstelle 3	Kostenstelle 4	Kostenstelle 5
$\frac{50.000 \text{ DM}}{500 \text{ Heizkörper}} = 100$ DM/St.	80 Stück	70 Stück	100 Stück	50 Stück	200 Stück
	8.000 DM	7.000 DM	10.000 DM	5.000 DM	20.000 DM

Tabelle 7. Auswirkungen verschiedener Schlüsselgrößen auf die Struktur der Gemeinkostenverteilung (Beispiel)

Kostenart: Fremdenergie						
	Verteilungsbasis	Kostenstelle 1	Kostenstelle 2	Kostenstelle 3	Kostenstelle 4	Kostenstelle 5
Kosten 50.000 DM	500 Heizkörper	80 Stück 8.000 DM	70 Stück 7.000 DM	100 Stück 10.000 DM	50 Stück 5.000 DM	200 Stück 20.000DM
	5.000 m^2 Fläche	700 m^2 7.000 DM	800 m^2 8.000 DM	1.200 m^2 12.000 DM	1.000 m^2 10.000 DM	1.300 m^2 13.000 DM
	20.000 m^3 Raum	2.100 m^3 5.250 DM	3.200 m^3 8.000 DM	3.600 m^3 9.000 DM	5.000 m^3 12.500 DM	6.100 m^3 15.250 DM

Die Wahl der geeigneten Schlüsselgrößen ist ein wichtiges Problem, da von der Wahl der Schlüsselgrößen die Struktur der Kostenverteilung abhängt, wie die Übersicht in Tabelle 7 zeigt. Objektiv richtige Schlüsselgrößen für ein gegebenes Gemeinkostenverteilungsproblem gibt es nicht. Der Auswahlgesichtspunkt ist die Inanspruchnahme der jeweiligen Einsatzfaktoren (Beanspruchungsprinzip, vgl. Abschnitt 1.3.2).

Nach der Verteilung der primären Gemeinkostenarten auf die Kostenstellen ergibt sich als Zwischenergebnis der Kostenstellenrechnung die Summe der primären Kostenarten je Kostenstelle. In Abbildung 11 ist dies die Zeile 10.

1.3.9.2 Verteilung der sekundären Gemeinkostenarten auf die Endkostenstellen (Innerbetriebliche Leistungsverrechnung)

Dem Ziel der Vollkostenrechnung gemäß sollen alle primären Gemeinkosten auf die Endkostenstellen weiterverrechnet werden, damit sie von diesen an die Kostenträger weitergegeben werden können (vgl. Abb. 9). Diese Weiterwälzung der Kosten der Vorkostenstellen auf die Endkostenstellen erfolgt deshalb, weil die Endkostenstellen Güter, d.h. Sach- oder Dienstleistungen der Vorkostenstellen in Anspruch genommen haben: Eine Vorkostenstelle erstellt Güter für andere Kostenstellen (andere Vorkostenstellen und/oder Endkostenstellen) und verrechnet dafür ihre Kosten auf die anderen Kostenstellen in dem Maße, in dem diese Güter von der Vorkostenstelle erhalten haben. Abbildung 9 verdeutlicht den Verrechnungsfluß durch die Pfeile.

Die Bewertung der Güter erfolgt durch die Kosten pro Leistungseinheit, die abgegebene Leistung ist die Leistungsmenge mal Kosten pro Leistungseinheit. Den Vorgang der Weiterverrechnung der Kosten der Vorkostenstellen nennt man *Innerbetriebliche Leistungsverrechnung.*

Spalten		1	2	3	4	5	6	7	8	9	10
Kostenstellen		Periodensumme	Vorkostenstellen			Endkostenstellen					
			Allgemeine Kostenstelle		Fertigungshilfsstele	Fertigungshauptstellen			Materialstelle	Verwaltungsstelle	Vertriebsstelle
Zeilen	Kostenarten		Grundst. u. Gebäude	Reparaturbetrieb	Arbeitsvorbereitung	Drehen	Fräsen	Lackieren			
1	Gehälter	18.000	200	800	2.000	4.000	3.000	2.000	1.500	2.500	2.000
2	Hilfslöhne	12.000	2.000	2.000	1.000	1.000	1.500	1.500	2.500	500	-
3	Sozialleistungen	8.000	900	800	700	1.200	1.600	1.000	600	600	600
4	Fremddienste	1.000	200	100	-	-	-	-	400	100	200
5	Energie (fremd)	800	60	30	10	250	300	100	10	30	10
6	Instandhaltung	200	200	-	-	-	-	-	-	-	-
7	Kalk. Wagnisse	2.500	800	400	50	500	600	100	10	10	30
8	Kalk. Abschreib.	4.500	800	50	50	1.000	1.100	1.000	100	200	200
9	Kalk. Zinsen	3.000	600	20	20	400	500	400	60	400	600
10	Summe I (1–9)	50.000	5.760	4.200	3.830	8.350	8.600	6.100	5.180	4.340	3.640
11	Umlage Gr. + Geb.	5.760		400	460	600	1.500	900	100	800	1.000
12	Umlage Reparatur	4.600			200	1.100	1.900	100	200	700	400
13	Umlage Arbeitsvor.	4.490				1.390	2.100	1.000	-	-	-
14	Summe II (1–13)	50.000				11.440	14.100	8.100	5.480	5.480	5.040

Abb. 11. Betriebsabrechnungsbogen (Beispiel)

Je nach Art der Güter und je nach Anspruch an die Genauigkeit der Kostenstellenrechnung ergeben sich verschiedene Methoden der Innerbetrieblichen Leistungsverrechnung,[17] von denen hier zwei dargestellt werden.

Das *Kostenstellenumlageverfahren* in der Form des Stufenleiterverfahrens ist ein Näherungsverfahren. Es gruppiert die Kostenstellen im BAB so, daß jede Vorkostenstelle ihre Leistungsmengen (und damit ihre Kosten) nur an nachgelagerte Kostenstellen abgibt. Ein eventueller Eigenverbrauch oder eine Lieferung an vorgelagerte Kostenstellen kann auf diese Weise nicht berücksichtigt werden. Die Weiterverrechnung der Kosten der Vorkostenstellen geschieht dann *Stufe um Stufe*.

Die Maßstäbe der Umlage ergeben sich aus der Art der Güter der Vorkostenstelle. Wenn z.B. das betriebseigene Reparaturwerk seine Kosten an andere Kostenstellen abgibt, dann ist die Verteilung abhängig von den in Anspruch genommenen Reparaturen, vgl. Definition 11.

Definition 11. *Verteilung der Kosten der Vorkostenstellen nach dem Stufenleiterverfahren*

$$\begin{matrix}\text{Anteil einer Kostenstelle } j \\ \text{an den Kosten} \\ \text{einer vorgelagerten} \\ \text{Vorkostenstelle } j^*\end{matrix} = \begin{matrix}\text{Summe} \\ \text{der Kosten der} \\ \text{Vorkostenstelle } j^*\end{matrix} \times \frac{\begin{matrix}\text{Zahl der durch Kostenstelle } j \\ \text{in Anspruch genommenen} \\ \text{Leistungseinheiten der} \\ \text{Vorkostenstelle } j^*\end{matrix}}{\begin{matrix}\text{Summe der} \\ \text{Leistungseinheiten} \\ \text{der Vorkostenstelle } j^*\text{,} \\ \text{die an die nachgelagerten} \\ \text{Stellen abgegeben werden}\end{matrix}}$$

Die Umlage der Kosten jeder Vorkostenstelle läßt eine sekundäre Kostenart entstehen, d.h. die Summe der primären Kostenarten der Vorkostenstelle wird zu einer sekundären Kostenart der empfangenden Stelle (z.B. die Vorkostenstelle „Betriebseigenes Reparaturwerk" wird verrechnet durch die sekundäre Kostenart „Reparaturen"). Abbildung 11 zeigt das Ergebnis der Rechnung in den Zeilen 11–13.

Die methodische Voraussetzung für das Stufenleiterverfahren ist, daß die Reihenfolge der Kostenstellen im BAB eindeutig dem *Güterfluß* im Betrieb entspricht. Davon kann jedoch nicht immer ausgegangen werden. Es gibt häufig *Interdependenzen* zwischen Kostenstellen, d.h. gegenseitige Lieferverflechtungen.

Die Antwort auf diese Fragestellung gibt das *mathematische Verfahren* der Innerbetrieblichen Leistungsverrechnung. Die Lösung besteht in einem *simultanen Gleichungssystem*. Die bekannten Größen in dem Gleichungssystem sind die primären Kosten der in Lieferverflechtung stehenden Kostenstellen sowie die getauschten Leistungsmengen. Die unbekannten Größen sind die Kosten pro Lei-

[17] Vgl. Schweitzer/Küpper 1995, S. 139 ff.

stungseinheit der getauschten Güter. Die Unbekannten des Systems sind also die *Verrechnungssätze* der innerbetrieblichen Leistung.[18]

Mit der Umlage der sekundären Kostenarten ist die Kostenstellenrechnung abgeschlossen. Alle Gemeinkosten befinden sich auf den Endkostenstellen, von denen aus sie auf die Kostenträger weiterverrechnet werden. weist das Ergebnis der Kostenstellenrechnung in Zeile 14 aus.

1.4 Kalkulation

1.4.1 Kalkulationsverfahren im Überblick

Die Kalkulation kann auf sehr verschiedene Art und Weise durchgeführt werden. Die Entscheidung hängt von mehreren Faktoren ab; entsprechend unterscheiden sich die Ansatzpunkte der einzelnen Kalkulationsverfahren. Einen Überblick gibt Tabelle 8.

Die beiden großen Gruppen von Kalkulationsverfahren sind die Divisionskalkulation und die Zuschlagskalkulation. Die einfache Divisionskalkulation kann auf die Unterstützung durch den Betriebsabrechnungsbogen verzichten, der allein für die differenzierende Zuschlagskalkulation zwingend ist. Allerdings

Tabelle 8. Überblick über die wichtigsten Kalkulationsverfahren

Ansatzpunkt des Verfahrens	*Name des Verfahrens*	*Verfahrensgruppe*
Zahl der Produktlinien / Ähnlichkeit der Produkte	• Einfache Divisionskalkulation • Mehrfache Divisionskalkulation • Äquivalenzziffern-kalkulation	Divisionsverfahren
Zahl der Produktionsstufen / Differenzierung nach Produktion und Vertrieb	• Einstufige Divisionskalkulation • Zweistufige Divisionskalkulation • Mehrstufige Divisionskalkulation	
Genauigkeit der Zurechnung nach dem Verursachungs- bzw. Beanspruchungsprinzip	Differenzierende Zuschlagskalkulation	Zuschlagsverfahren

[18] Vgl. im Detail Plinke 1999, Kapitel 7.

benötigen auch manche Verfahren der Divisionskalkulation, so die mehrstufige und die mehrfache Divisionskalkulation, ggf. auch die Äquivalenzziffernkalkulation und die Verfahren zur Kalkulation von Kuppelprodukten Mindestausprägungen einer Kostenstellenbildung.

1.4.2 Verfahren der Divisionskalkulation

1.4.2.1 Einfache und mehrfache Divisionskalkulation

Die einfache Divisionskalkulation geht von der Summe der primären Kostenarten des Gesamtbetriebs in der Periode aus und setzt diese zur gesamten Leistungsmenge (Produktionsmenge) der Periode in Beziehung (Definition 12).

Definition 12. *Einfache Divisionskalkulation*

$$k = \frac{\sum_{i=1}^{n} K_i}{x}$$

wobei
k = Kosten pro Leistungseinheit
K_i = primäre Kostenarten
x = Leistungsmenge

Die einfache *Divisionskalkulation* ist gleichzeitig eine einstufige Divisionskalkulation, da sie nicht einzelne Stufen des Produktionsprozesses gesondert abrechnen kann. Die einfache Divisionskalkulation kann deshalb sinnvoll nur in einstufigen Fertigungsprozessen mit homogenen Leistungseinheiten, d.h. in einstufigen Einproduktbetrieben angewandt werden.

Die *mehrfache Divisionskalkulation* unterscheidet sich von der einfachen dadurch, daß der gesamte Kostenblock der primären Kostenarten zunächst auf Leistungsarten aufgeteilt wird. Das macht keine Schwierigkeiten bei den Einzelkosten, wohl aber bei den Gemeinkosten. Die Summe der primären Gemeinkostenarten wird auf die Leistungsarten verteilt, indem ein Verteilungsschlüssel S (z.B. Gewicht der Ausbringung) angewendet wird (Definition 13). Tabelle 9 zeigt die Anwendung der mehrfachen Divisionskalkulation in einem Drei-Produkt-Fall.

Anwendungsbereiche der mehrfachen (einstufigen) Divisionskalkulation sind Betriebe mit homogener Massenfertigung mehrerer Produktarten, die in sich homogen, untereinander aber heterogen sind (z.B. Bleche und Profile). Der Anteil der Gemeinkosten an den Gesamtkosten sollte gering sein.

Tabelle 9. Mehrfache Divisionskalkulation

Gesamtkosten: 707.000,- DM
davon Gemeinkosten: 352.000,- DM
Die Einzelkosten pro LE werden durch Primäraufschreibung erfaßt.

	Produkt A	*Produkt B*	*Produkt C*
Leistungsmenge	10.000 LE	12.000 LE	15.000 LE
Gewicht (Schlüssel)	50.000 kg	36.000 kg	90.000 kg
Gemeinkostenanteil (352.000,- / 176.000 = 2,- DM/kg)	100.000 DM	72.000 DM	180.000 DM
Einzelkosten pro LE	10 DM	15 DM	5 DM
Einzelkosten gesamt	100.000 DM	180.000 DM	75.000 DM
Kosten pro Leistungsart	200.000 DM	252.000 DM	255.000 DM
Kosten pro Leistungseinheit	20 DM	21 DM	17 DM

Definition 13. *Mehrfache Divisionskalkulation*

(1) $$K_{gj} = \left(\sum_{i=1}^{n} K_{gi} \right) \cdot \frac{S_j}{S}$$

(2) $$k_j = \frac{x_j \cdot k_{ej} + K_{gj}}{x_j} = k_{ej} + \frac{K_{gj}}{x_j}$$

wobei
k_j = Kosten pro Leistungseinheit der Leistungsart j
x_j = Leistungsmenge der Leistungsart j
K_{gj} = Gemeinkostenanteil der Leistungsart j an den Gesamtkosten
S = Summe der Schlüsselgröße
S_j = Schlüsselanteil der Leistungsart j
k_{ej} = Einzelkosten pro Leistungsmengeneinheit der Leistungsart j
K_{gi} = primäre Gemeinkostenart i des Betriebs

1.4.2.2 Äquivalenzziffernkalkulation

Die Äquivalenzziffernkalkulation stellt ein Verfahren der Divisionskalkulation für *relativ* ähnliche Produkte dar, die in Sortenfertigung erstellt werden. Sorten sind verschiedene Ausprägungen desselben Basisprodukts, die sich durch unterschiedliche Materialzusammensetzung (z.B. Bleche), unterschiedliche Abmessungen (z.B. Papier) oder andere Qualitätsmerkmale unterscheiden. Die Sortenfertigung ist dadurch gekennzeichnet, daß die Ausbringungsmengeneinheiten jeder Sorte homogen sind und daß zwischen den Sorten konstante Kostenrelationen bestehen.

Der Grundgedanke der Äquivalenzziffernkalkulation ist, daß verschiedene Sorten auch verschiedene Kosten verursachen und sich die Unterschiede in der Kostenverursachung durch einen Gewichtungsfaktor ausdrücken lassen: *Äquivalenzziffern* sind Gewichtungsfaktoren, die die relative Kostenverursachung verschiedener Sorten zum Ausdruck bringen. Beispiel: Ein Papierhersteller schätzt, daß eine Papiersorte der Stärke 100 g im Vergleich zur Sorte 70 g das 1,2fache an Kosten verursacht (bedingt durch höheren Rohmaterialverbrauch und Energieeinsatz). Die Äquivalenzziffer der Sorte 100 g ist 1,2 und die der Sorte 70 g ist 1,0.

Allgemein ausgedrückt werden die Selbstkosten der Sorte j nach folgender Formel ermittelt.[19]

Definition 14. *Äquivalenzziffernkalkulation*

$$k_j = \frac{\sum_{i=1}^{n} K_j}{\sum_{j=1}^{m} x_j \cdot \alpha_j}$$

wobei

α_j = Äquivalenzziffer der Sorte j ($j = 1, 2, \ldots m$)

Aufbau und Ablauf der Äquivalenzziffernkalkulation werden durch das folgende Beispiel eines Brauereibetriebes verdeutlicht (vgl. Tabelle 10). Zunächst werden für die verschiedenen Sorten Äquivalenzziffern festgelegt. Das geschieht durch technische Analysen, empirische Beobachtungen sowie durch Schätzung von sachverständigen Fachleuten (1). Die gegebenen Ausbringungsmengen (2) werden sodann mit den Äquivalenzziffern gewichtet. Auf diese Weise ergeben sich „Mengeneinheiten", die hinsichtlich ihrer Kostenverursachung homogen (äquivalent) sind (3). Die Gesamtkosten werden durch die Summe der äquivalenten Mengeneinheiten dividiert, woraus sich die Kosten pro äquivalenter Mengeneinheit ergeben (4). Diese werden wiederum mit der Äquivalenzziffer (1) multipliziert, woraus sich die Kosten pro echter Mengeneinheit je Sorte ergeben (5).

Die Anwendung des Grundmodells der Äquivalenzziffernkalkulation setzt einen einstufigen Fertigungsprozeß voraus, in dem darüber hinaus die Produktions- und Absatzmengen übereinstimmen. Vor allem aber müssen die Äquivalenzziffern die *relative Kostenverursachung* der Sorten richtig ausdrücken. Hier können erhebliche Analyseprobleme auftauchen. Hilfestellung bieten erkennbare Unterschiede im Material- oder Energieeinsatz bei ansonsten gleichen Produktionsbedingungen.

1.4.2.3 Einstufige, zweistufige und mehrstufige Divisionskalkulation

Die einstufige Divisionskalkulation erfaßt die gesamte Leistungserstellung des Betriebes (einschließlich des Vertriebs) ohne Berücksichtigung der Tatsache, daß sich Fertigung und Vertrieb oft über mehrere Stufen hinweg vollziehen. Werden die Stufen durch *Zwischenlager* voneinander getrennt, dann kann die Produktion jeder Stufe weitgehend unabhängig von der vorangehenden und/ oder der fol-

[19] Vgl. Kilger 1987, S. 317.

Tabelle 10. Äquivalenzziffernkalkulation

Gesamtkosten der Periode		900.000,- DM					
Sorte	*Äquivalenzziffer* (1)	*Menge* (2)	*äquivalente Mengeneinheiten* (3)	*Kosten pro äquivalenter Mengeneinheit* (4)	*Kosten pro Mengeneinheit* (5)	*Menge*	*Kosten pro Sorte*
Alt	0,5	12.000	6.000	20 DM	10 DM	12.000	120.000 DM
Malz	0,8	5.000	4.000	20 DM	16 DM	5.000	80.000 DM
Export	1,0	19.000	19.000	20 DM	20 DM	19.000	380.000 DM
Pils	1,6	10.000	16.000	20 DM	32 DM	10.000	320.000 DM
Summe		46.000	45.000			46.000	900.000 DM

$$(4) = \frac{900.000 \text{ DM}}{45.000}$$

genden Stufe erfolgen, so daß auch die Kostenentstehung je Stufe differenziert zu betrachten ist.

Der einfachste Fall einer mehrstufigen Divisionskalkulation ist die *zweistufige Divisionskalkulation*. Sie trennt die gesamten primären Kosten des Betriebes in Herstellkosten einerseits und Verwaltungs- und Vertriebskosten andererseits. Die Trennung wird ermöglicht durch eine (sehr grobe) Kostenstellenbildung für Herstellung sowie Verwaltung und Vertrieb. Die Herstellkosten werden auf die hergestellte Menge, die Verwaltungs- und Vertriebskosten auf die verkaufte Menge bezogen (Definition 15).

Definition 15. *Zweistufige Divisionskalkulation*

$$k = \frac{K_H}{x_H} + \frac{K_V}{x_V}$$

Der erste Summand stellt die Herstellkosten pro produzierter Einheit dar, der zweite die Verwaltungs- und Vertriebskosten pro verkaufter Einheit. Der Unterschied in der Höhe der Selbstkosten bei ein- und zweistufiger Divisionskalkulation ergibt sich allein aus Differenzen zwischen produzierter und abgesetzter Menge.

Die *mehrstufige Divisionskalkulation* erfaßt gesondert jeweils die Kosten je Fertigungsstufe und Vertriebsstufe und die Ausbringungsmengen bzw. Verkaufsmengen. Auf diese Weise kann die unterschiedliche Kostenentstehung je Stufe in der Kalkulation erfaßt werden. Die Kalkulation der Herstellkosten erfolgt je Stufe unter Berücksichtigung

- der Herstellkosten der r-ten Stufe,
- der Herstellkosten der wieder eingesetzten Zwischenprodukte der $(r - 1)$-ten Stufe und
- der Ausbringungsmenge der r-ten Stufe.

Durch Hinzufügung der Verwaltungs- und Vertriebskosten je Ausbringungsmengeneinheit auf der jeweiligen Stufe ergeben sich die Selbstkosten (Definition 16).

Definition 16. *Selbstkosten bei mehrstufiger Divisionskalkulation*

$$k_r = \frac{(K_{Hr} + u_{r-1} \cdot k_{Hr-1})}{x_r} + \frac{K_{V+V}}{x_V}$$

wobei

x_r = Ausbringung der r-ten Stufe ($r = 1, 2, \ldots R$)
x_V = insgesamt verkaufte Menge
u_{r-1} = Menge der wiedereingesetzten Zwischenprodukte der $(r-1)$ten Stufe
K_{V+V} = Kosten der Verwaltung und des Vertriebs
K_H = Herstellkosten pro Periode der r-ten Stufe ($r = 1, 2, \ldots R$)
k_r = Selbstkosten pro Stück der r-ten Stufe ($r = 1, 2, \ldots R$)

Der Grundgedanke der mehrstufigen Divisionskalkulation soll an einem ausführlichen Beispiel aufgezeigt werden. Es handelt sich um einen Kiesgrubenbetrieb, der über mehrere Stufen hinweg verschiedene Kiessorten produziert. Ein Schema des Fetigungsprozesses und die Durchführung der mehrstufigen Divisionskalkulation zeigen Abb. 12 und Tabelle 11. Zusätzlich findet sich ein Vergleich der Ergebnisse von einstufiger und mehrstufiger Divisionskalkulation in Tabelle 12. Der Unterschied in den Resultaten ist offenkundig. Sie sind zurückzuführen auf die differenzierte Erfassung und Zurechnung der Kosten je Stufe und die differenzierte Erfassung der Einsatzmengen und der Ausbringung je Stufe (Lagerbewegungen!) bei dem mehrstufigen Vorgehen.

Tabelle 11. Divisionskalkulation bei einem mehrstufigen Leistungserstellungsprozeß mit stufenweiser Erfasung von Mengen und Kosten (Rechnung)

Stufe	*Kosten der Stufe*	*Herstellkosten pro t der jeweiligen Stufe*	*Vertriebskosten pro t*	*Selbstkosten*
Baggern & Fördern	360.000 DM	$\frac{360.000}{12.000}$ = 30,00 DM		
Erstes Sieb	45.000 DM	$\frac{10.000 \cdot 30 + 45.000}{9.000}$ = 38,33 DM	+ 9,–	= 47,33
Zweites Sieb	54.000 DM	$\frac{6.000 \cdot 38{,}33 + 54.000}{6.000}$ = 47,33 DM	+ 9,–	= 56,33
Drittes Sieb	60.000 DM	$\frac{3.000 \cdot 47{,}33 + 60.000}{3.000}$ = 47,63 DM	+ 9,–	= 76,33
Verwaltung & Vertrieb	81.000 DM	$\frac{81.000}{9.000}$		

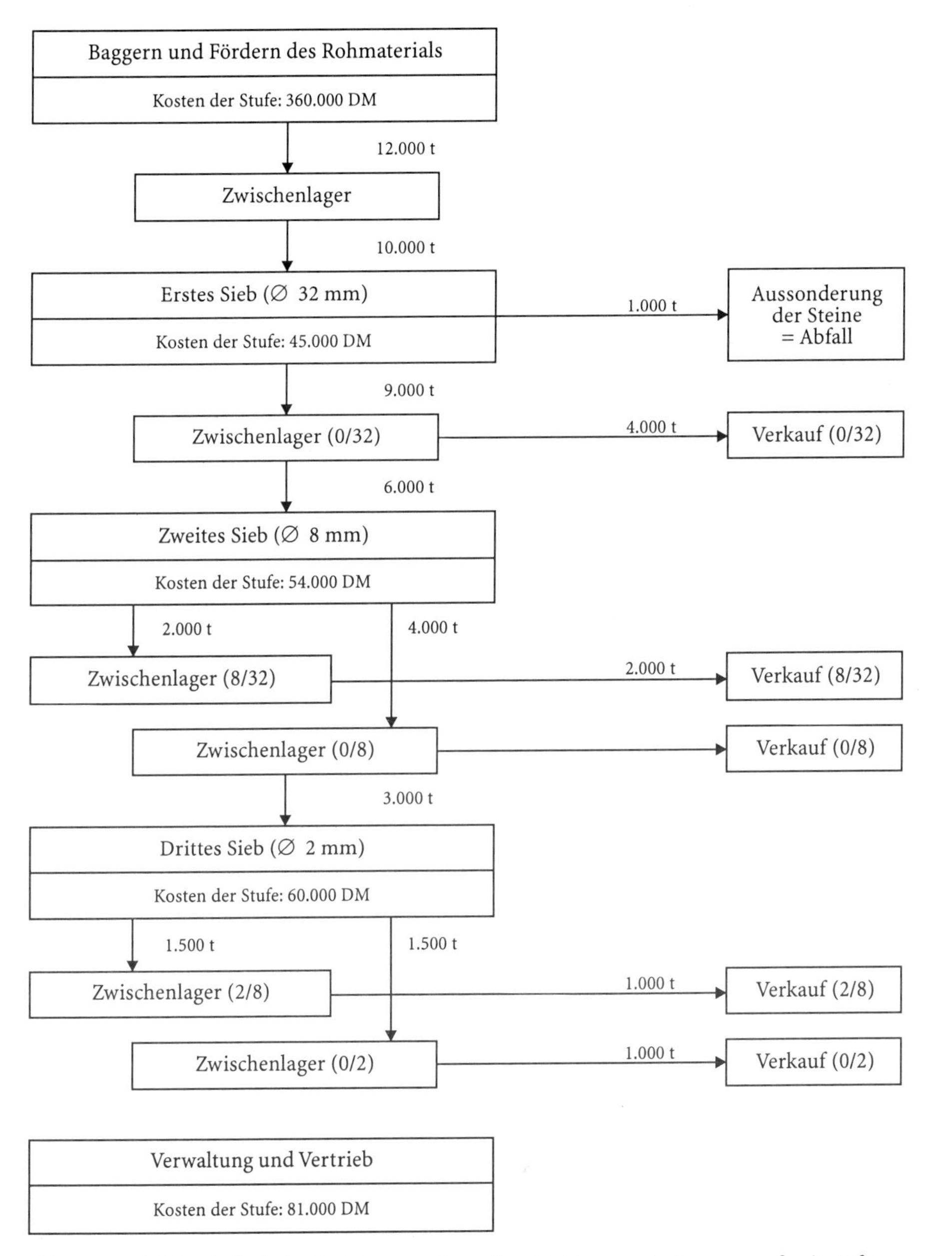

Abb. 12. Divisionskalkulation bei einem mehrstufigen Leistungserstellungsprozeß mit stufenweiser Erfasung von Mengen und Kosten (Schema)

Tabelle 12. Vergleich der Ergebnisse zwischen mehrstufiger und einstufiger Divisionskalkulation aus Abb. 12 und Tabelle 11.

Sorte	*Selbstkosten mehrstufig*	*Selbstkosten einstufig*[20]
0/32	47,33	54,55
8/32	56,33	54,55
0/8	56,33	54,55
2/8	76,33	54,55
0/2	76,33	54,55

1.4.3 Verfahren der Zuschlagskalkulation

1.4.3.1 Das Grundprinzip der Zuschlagskalkulation

Weil die Divisionskalkulation von ihrem Prinzip her einen bestimmten Kostenbetrag durch eine bestimmte Leistungsmenge dividiert, muß sie unterstellen, daß diese Leistungsmenge in sich homogen ist (jede Einheit verursacht gleich viel Kosten und trägt deshalb denselben Kostenbetrag). Diese Unterstellung ist in weiten Bereichen der Industrie jedoch nicht angebracht. Die Leistungseinheiten sind oft so heterogen, daß eine Divisionskalkulation grob willkürlich wäre. Besonders deutliche Beispiele sind der Maschinenbau, die Bauindustrie, Schiffbau, Anlagenbau, insbesondere jegliche Art von auftragsgebundener Fertigung bis hin zum einfachen Handwerksbetrieb. In diesen Bereichen sind Kalkulationsverfahren geboten, die ausdrücklich auf die unterschiedliche Kostenentstehung bei den einzelnen Kalkulationsobjekten abstellen. Diese Verfahren werden zusammenfassend als Zuschlagskalkulation bezeichnet.

Die Voraussetzung der Zuschlagskalkulation ist die Trennung der primären Gesamtkosten des Betriebes in Einzelkosten und Gemeinkosten. Die Zuschlagskalkulation rechnet ausnahmslos die Einzelkosten jedem Kalkulationsobjekt (z.B. Auftrag, Stück) direkt zu, worin keine Kostenrechnungs-, sondern allenfalls eine Kostenerfassungsproblematik steckt (Dokumentation der Einzelkosten). Das Kern-problem der Zuschlagskalkulation ist die Aufteilung der Gemeinkosten auf die Kalkulationsobjekte. Abbildung 13 verdeutlicht die Kostenverrechnung in der Zuschlagskalkulation.

Der Zuschlag soll so bemessen sein, daß er nach Möglichkeit die *Inanspruchnahme der betrieblichen Einrichtungen* durch das Kalkulationsobjekt angemessen abbildet. Beispiel: Kalkuliert werden zwei Aufträge für die Behandlung je eines Werkstücks in der Dreherei. Der Auftrag *A* hat Einzelkosten von 800 DM, der Auftrag *B* von 1.000 DM. Auftrag *A* wird unter ansonsten gleichen Bedingungen

---

[20] Der Betrag ergibt sich durch Division der Gesamtkosten von 600.000 DM durch 11.000 (Ausbringungsmenge der ersten Stufe = 12.000 t minus 1.000 t Abfall).

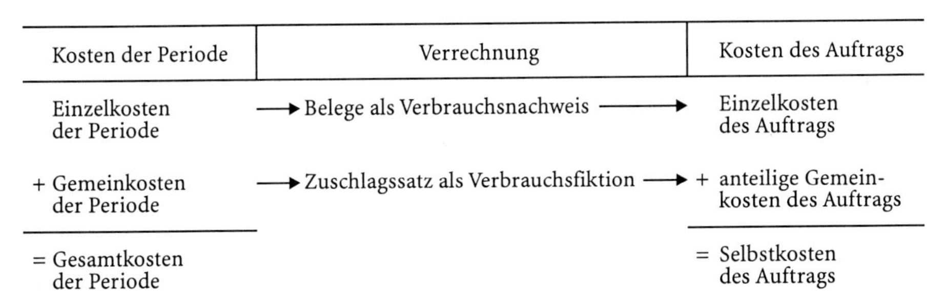

Abb. 13. Kostenverrechnung in der Zuschlagskalkulation

60 Minuten, Auftrag *B* 20 Minuten bearbeitet. Dann muß *A* anteilig dreimal so viel Gemeinkosten der Dreherei tragen wie *B*.

In manchen Fällen ist eine Beanspruchung der betrieblichen Einrichtungen überhaupt nicht angebbar. Auch in solchen Fällen wird ein Zuschlagssatz gebildet, der dann allerdings weder einen Verbrauch noch eine Beanspruchung abbildet, sondern allenfalls die *Fiktion eines Verbrauchs* darstellt. Beispiel: Kalkuliert werden zwei Aufträge für einen Handwerksbetrieb. Der Auftrag *A* hat Einzelkosten von 2.000 DM, der Auftrag *B* solche von 4.000 DM. Die Gemeinkosten des Betriebes (Versicherungen, Büro, Steuerberater, kaufmännische Angestellte etc.) werden – da eine unterschiedliche Beanspruchung der betrieblichen Einrichtungen durch die beiden Aufträge nicht nachweisbar ist – nach der Höhe der Einzelkosten zugerechnet. In diesem Beispiel trägt der Auftrag *B* doppelt so viel Gemeinkosten wie Auftrag *A*. Mit *verursachungsgerechter* Kostenzurechnung hat das allerdings nichts mehr zu tun.

Wir können das Grundprinzip der Zuschlagskalkulation auch mathematisch formulieren. Gesucht sind die Selbstkosten k eines Auftrags, die als Summe von Einzelkosten des Auftrags und anteiligen Gemeinkosten des Auftrags definiert sind. Unbekannt sind die anteiligen Gemeinkosten. Benötigt wird ein Hilfsmaßstab für die Bestimmung dieses Anteils. Ein möglicher (und verbreiteter) Maßstab, d.h. eine *Zuschlagsbasis*, ist die Summe der Einzelkosten der Periode. Indem das Verhältnis Gemeinkosten der Periode zu Einzelkosten der Periode auf den einzelnen Auftrag projiziert wird, ergibt sich Definition 17.

Definition 17. *Selbstkosten des Auftrages*

$$\frac{K_g}{K_e} = \frac{k_g}{k_e} \qquad \text{bzw.} \qquad k_g = \frac{K_g}{K_e} \cdot k_e$$

$$k = k_e + \frac{K_g}{K_e} \cdot k_e = k_e \cdot \left(1 + \frac{K_g}{K_e}\right)$$

wobei

K_e = Einzelkosten der Periode
K_g = Gemeinkosten der Periode
k_e = Einzelkosten des Auftrags
k_g = anteilige Gemeinkosten des Auftrags
k = Selbstkosten des Auftrags

1.4.3.2 *Die differenzierende Zuschlagskalkulation*

Die differenzierende Zuschlagskalkulation verrechnet die Gemeinkosten nicht in einem pauschalen Zuschlagssatz auf das Kalkulationsobjekt, sondern sie gliedert die Gemeinkosten nach ihren Entstehungsbereichen auf und bildet je Entstehungsbereich einen oder mehrere Zuschlagssätze. Das Zahlenmaterial für die Bildung von Zuschlagssätzen liefert die Kostenstellenrechnung (BAB). Je Endkostenstelle wird ein Zuschlagssatz gebildet, d.h. jede Endkostenstelle verrechnet individuell ihre Gemeinkosten auf den Kostenträger.

Ausgangspunkt der differenzierenden Zuschlagskalkulation ist ein nach betrieblichen Funktionsbereichen differenziertes Kalkulationsschema. Die Ableitung dieses Schemas zeigt Abb. 14. Aus dieser ergibt sich das Kalkulationsschema in Abb. 15, das in dieser oder ähnlicher Form in der Praxis die weiteste Verbreitung gefunden hat.

Die Zuschlagssätze werden je Endkostenstelle nach demselben Prinzip gebildet wie in der summarischen Zuschlagskalkulation (vgl. Definition 18). Soll der Zuschlagssatz als Prozentsatz ausgedrückt werden, ist der Quotient mit 100 zu multiplizieren.

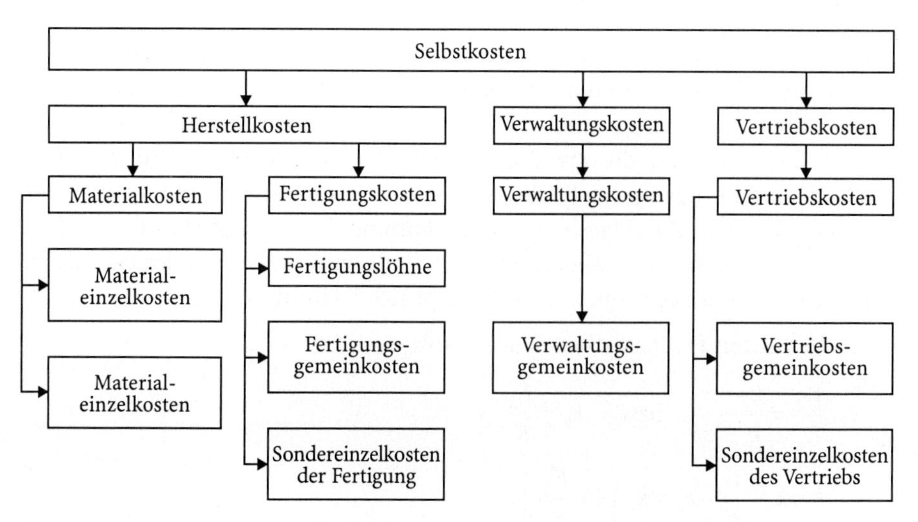

Abb. 14. Struktur der Selbstkosten bei differenzierender Zuschlagskalkulation

<table>
<tr><td>Fertigungsmaterial (Materialeinzelkosten)</td><td rowspan="2">Material-kosten</td><td rowspan="5">Herstell-kosten</td><td rowspan="8">Selbst-kosten</td></tr>
<tr><td>+ Materialgemeinkosten</td></tr>
<tr><td>+ Fertigungslöhne</td><td rowspan="3">Fertigungs-kosten</td></tr>
<tr><td>+ Fertigungsgemeinkosten</td></tr>
<tr><td>+ Sondereinzelkosten der Fertigung</td></tr>
<tr><td colspan="3">+ Verwaltungsgemeinkosten</td></tr>
<tr><td colspan="2">+ Vertriebsgemeinkosten</td><td rowspan="2">Vertriebs-kosten</td></tr>
<tr><td colspan="2">+ Sondereinzelkosten des Vertriebs</td></tr>
</table>

Abb. 15. Grundschema der differenzierenden Zuschlagskalkulation

Definition 18. *Zuschlagssatz für die Kosten der Endkostenstellen*

$$z_E = \frac{\text{Gemeinkosten der Endkostenstelle } E}{\text{Zuschlagsbasis der Endkostenstelle } E}$$

Die Selbstkosten nach der differenzierenden Zuschlagskalkulation sind entsprechend Definition 19 zu ermitteln.

Den Zusammenhang von Kostenstellenrechnung und Kalkulation zeigt schematisch Abb. 16. Daraus ist erkennbar, daß es so viele Zuschlagssätze gibt, wie im BAB Endkostenstellen(gruppen) vorgesehen sind. Wird zum Beispiel eine neue Endkostenstelle „Forschung und Entwicklung" eingeführt, so muß in der Kalkulation eine entsprechende Position hinzugefügt werden. Wird „F & E" dagegen als Fertigungshilfsstelle geführt, so hat das keine Auswirkung auf die Struktur der Kalkulation, da die Fertigungshilfsstelle als Vorkostenstelle ja über die Endkostenstellen abgerechnet wird.

Definition 19. *Differenzierende Zuschlagskalkulation*

$$k_j = \left[\sum_{h=1}^{m} \left(k_{eMjh} + k_{eMjh} \cdot z_{Mh} \right) + \sum_{i=1}^{n} \left(k_{eFji} + k_{eFji} \cdot z_{Fi} + k_{eSFij} \right) \right] \cdot \left[1 + \sum_{r=1}^{W} z_{VWr} + \sum_{s=1}^{V} Z_{VTs} \right] + k_{eSVj}$$

wobei

k_j = Selbstkosten des Auftrags *j*
k_{eMj} = Materialkosten des Auftrags *j* in der Kostenstelle *h*
z_M = Materialgemeinkostenzuschlagssatz (%/100) der Materialstelle *h*
k_{eFji} = Fertigungslöhne des Auftrags *j* in der Fertigungsstelle *i*
z_{Fi} = Fertigungsgemeinkostenzuschlagssatz (%/100) der Fertigungsstelle *i*
k_{eSFji} = Sondereinzelkosten der Fertigung des Auftrags *j* der Fertigungsstelle *i*
z_{VWr} = Verwaltungsgemeinkostenzuschlagssatz (%/100) der Verwaltungskostenstelle *r*
Z_{VT} = Vertriebsgemeinkostenzuschlagssatz (%/100) der Vertriebskostenstelle *s*
k_{eSVj} = Sondereinzelkosten des Vertriebs des Auftrags *j*

k_{Hj} = Herstellkosten des Auftrags j

$$k_{Hj} = \sum_{h=1}^{m}\left(k_{eMjh} + k_{eMjh} \cdot z_{Mh}\right) + \sum_{i=1}^{n}\left(k_{eFji} + k_{eFji} \cdot z_{Fi} + k_{eSFij}\right)$$

unter der Annahme, daß
k_{eMh} = Zuschlagsbasis für die Materialgemeinkosten
k_{eFi} = Zuschlagsbasis für die Fertigungsgemeinkosten
k_H = Zuschlagsbasis für die Verwaltungs- und Vertriebsgemeinkosten

Die Anwendung dieses Kalkulationsverfahrens wird im folgenden in Abb. 16, dem anschließenden Beispiel sowie Abb. 17 demonstriert, die auf dem in Abb. 11 wiedergegebenen BAB aufbauen. Zunächst werden die Zuschlagssätze ermittelt. Dabei werden aus der Kostenartenrechnung die Periodensummen der Materialeinzelkosten, der Fertigungslöhne und Sondereinzelkosten der Fertigung sowie die Periodensumme der Herstellkosten als Zuschlagsbasen herangezogen.

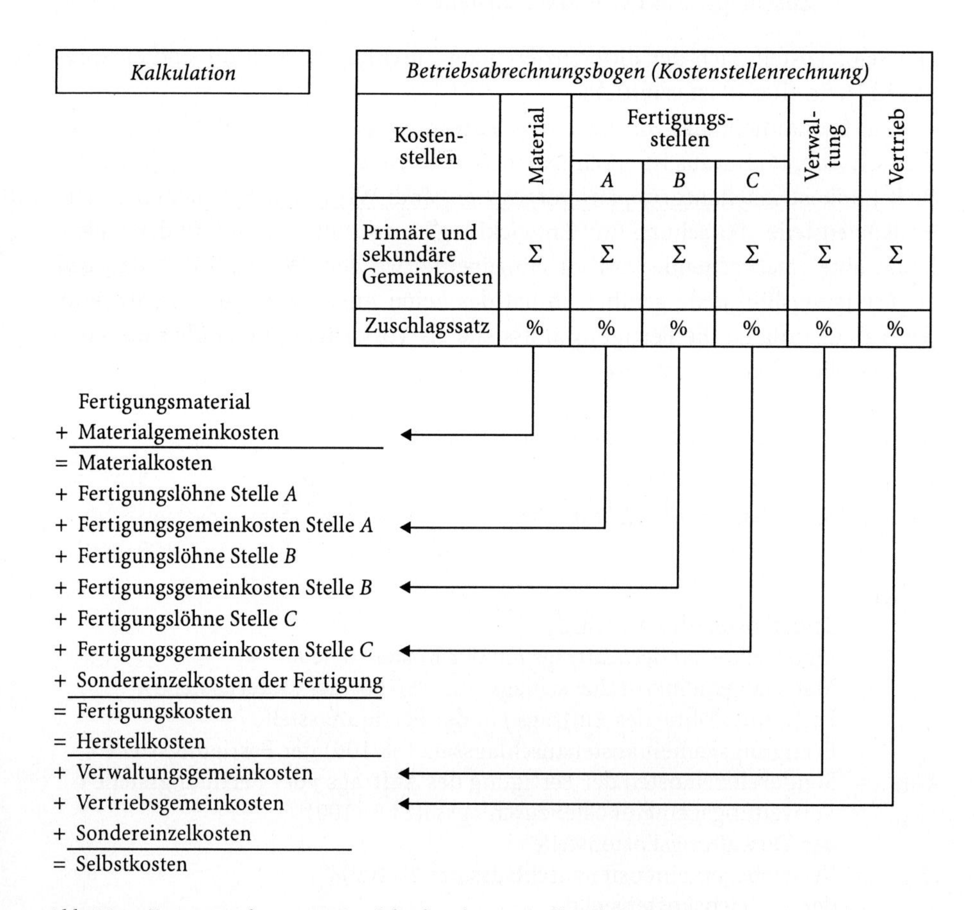

Abb. 16. Zusammenhang von Betriebsabrechnung und Kalkulation

Beispiel: Differenzierende Zuschlagskalkulation
Zu kalkulieren ist ein Auftrag mit folgenden Kostendaten:

Fertigungsmaterial	1.000,- DM
Fertigungslöhne	
- Drehen	500,- DM
- Fräsen	200,- DM
- Lackieren	150,- DM
Sondereinzelkosten der Fertigung	0,- DM
Sondereinzelkosten des Vertriebs	0,- DM

Lösung:

Fertigungsmaterial	1.000,- DM		
Materialgemeinkosten	182,70 DM		
Materialkosten		1.182,70 DM	
Fertigungslöhne Drehen	500,- DM		
Fertigungsgemeinkosten Drehen	381,35 DM		
Fertigungslöhne Fräsen	200,- DM		
Fertigungsgemeinkosten Fräsen	235,- DM		
Fertigungslöhne Lackieren	150,- DM		
Fertigungsgemeinkosten Lackieren	607,50 DM		
Sondereinzelkosten der Fertigung	0,- DM		
Fertigungskosten		2.073,85 DM	
Herstellkosten			3.256,55 DM
Verwaltungsgemeinkosten			193,76 DM
Vertriebsgemeinkosten			167,39 DM
Sondereinzelkosten des Vertriebs			0,- DM
Selbstkosten			3.617,70 DM

Zuschlagsbasen in dem Beispiel sind der Wert des Materialverbrauchs, die Höhe der Fertigungslöhne sowie die Herstellkosten. Ob damit die Inanspruchnahme der Kostenstellen durch den Auftrag ausgedrückt werden kann, ist höchst fraglich: Warum sollte ein Auftrag „mehr" von der Dreherei in Anspruch nehmen, wenn ein Facharbeiter mit der Lohngruppe 7 anstelle eines solchen mit der Lohngruppe 6 an einem Werkstück arbeitet? Wie wirken sich Tarifänderungen auf die Selbstkosten aus? Wiederum wird das Problem der Proportionalität der Zuschlagsbasis zur Gemeinkostenentstehung augenscheinlich, das den Ansatzpunkt der Maschinenstundensatzrechnung bildet, die im folgenden dargestellt ist.

1.4.3.3 Die Maschinenstundensatzrechnung

Eine Verfeinerung der differenzierenden Zuschlagskalkulation stellt die Maschinenstundensatzrechnung dar. Bei diesem Kalkulationsverfahren wird eine extrem detaillierte Gliederung der Kostenstellen im Fertigungsbereich vorausgesetzt: Jede Maschine bildet eine Kostenstelle. Für jede der so abgegrenzten Kostenstellen wird ein *Maschinenstundensatz* ermittelt. Dieser ist definiert als die Summe aller maschinenbezogenen Kosten pro Jahr, dividiert durch die jährliche Zeit der Inanspruchnahme einer Maschine. Der Maschinenstundensatz ist also der Kostenbetrag, der einem Auftrag pro in Anspruch genommener Stunde einer bestimmten Maschine angelastet wird (Definition 20).

	Spalten	1	2	3	4	5	6	7	8	9	10
Zeilen	Kostenstellen / Kostenarten	Periodensumme	Vorkostenstellen			Endkostenstellen					
			Allgemeine Kostenstelle		Fertigungshilfsstele	Fertigungshauptstellen			Materialstelle	Verwaltungsstelle	Vertriebsstelle
			Grundst. u. Gebäude	Reparaturbetrieb	Arbeitsvorbereitung	Drehen	Fräsen	Lackieren			
1	Gehälter	18.000	200	800	2.000	4.000	3.000	2.000	1.500	2.500	2.000
2	Hilfslöhne	12.000	2.000	2.000	1.000	1.000	1.500	1.500	2.500	500	–
3	Sozialleistungen	8.000	900	800	700	1.200	1.600	1.000	600	600	600
4	Fremddienste	1.000	200	100	–	–	–	–	400	100	200
5	Energie (fremd)	800	60	30	10	250	300	100	10	30	10
6	Instandhaltung	200	200	–	–	–	–	–	–	–	–
7	Kalk. Wagnisse	2.500	800	400	50	500	600	100	10	10	30
8	Kalk. Abschreib.	4.500	800	50	50	1.000	1.100	1.000	100	200	200
9	Kalk. Zinsen	3.000	600	20	20	400	500	400	60	400	600
10	Summe I (1–9)	50.000	5.760	4.200	3.830	8.350	8.600	6.100	5.180	4.340	3.640
11	Umlage Gr. + Geb.	5.760		400	460	600	1.500	900	100	800	1.000
12	Umlage Reparatur	4.600			200	1.100	1.900	100	200	700	400
13	Umlage Arbeitsvor.	4.490				1.390	2.100	1.000	–	–	–
14	Summe II (1–13)	50.000				11.440	14.100	8.100	5.480	5.480	5.040
	Zuschlagsbasis: Art					Löhne*	Löhne*	Löhne*	Mat.-Einzelk.	Herst.-kosten	Herst.-kosten
	Zuschlagsbasis: Betrag					15.000	12.000	2.000	30.000	98.120	98.120
	Zuschlagssatz					76,27 %	117,52 %	405,00 %	18,27 %	5,95 %	5,14 %

* einschließlich Sondereinzelkosten der Fertigung

Abb. 17 Betriebsabrechnungsbogen mit ausgewiesenen Zuschlagssätzen

Definition 20. *Maschinenstundensatz*

$$k_{Mh} = \frac{K_A + K_Z + K_R + K_E + K_I}{T_{LA}}$$

wobei
k_{Mh} = Maschinenstundensatz in DM/h
K_A = Abschreibungskosten/Jahr
K_Z = Zinskosten/Jahr
K_R = Raumkosten/Jahr
K_E = Energiekosten/Jahr
K_I = Instandhaltungskosten/Jahr und
T_{LA} = jährliche Lastlaufzeit (in Stunden)

Den Unterschied zwischen der differenzierenden Zuschlagskalkulation und der Maschinenstundensatzrechnung verdeutlicht Abb. 18. Der weitaus überwiegende Teil der Fertigungsgemeinkosten läßt sich als *maschinenbezogene Kosten* interpretieren und dementsprechend pro Maschinenstunde berechnen.

Der Maschinenstundensatz ergibt sich als Quotient von Maschinenkosten und bestimmten Maschinenzeiten. Die *Maschinenzeiten* setzen sich wie in Abb. 19 dargestellt zusammen.

- Während der *Nutzungszeit* wird die Maschine für einen Kostenträger (Erzeugnis) genutzt. Die Maschine oder die Fertigungsanlage ist während dieser Zeit an das Energienetz angeschlossen.
- Während der *Lastlaufzeit* läuft und produziert die Maschine. Die Maschine und ihre Hilfsantriebe sind eingeschaltet, der Hauptantrieb arbeitet unter Vollast

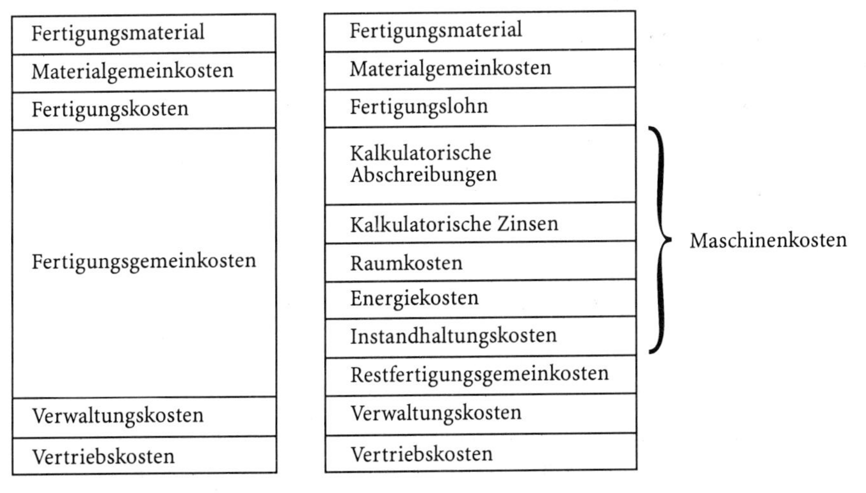

Abb. 18. Zusammensetzung der Selbstkosten ohne und mit Aufgliederung der Maschinenkosten
(Quelle: Warnecke et al. 1996)

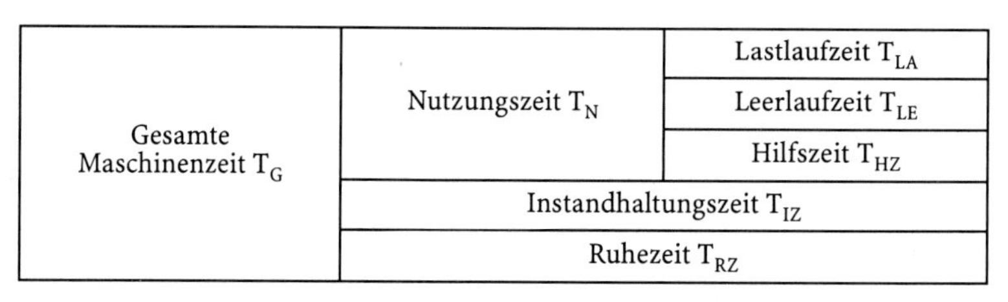

Abb. 19. Gliederung der Maschinenzeiten

oder Teillast.

- Während der *Leerlaufzeit* läuft die Maschine, produziert aber nicht.
- Während der *Hilfszeit* steht die Maschine produktionsbedingt vorübergehend still. Der Hauptschalter und die Hilfsantriebe sind noch eingeschaltet.
- Während der *Instandhaltungszeit* wird die Maschine gewartet oder instandgesetzt; sie produziert nicht.
- Während der *Ruhezeit* ist die Maschine abgeschaltet.

Der Maschinenstundensatz einer Einzelmaschine wird nach Definition 20 berechnet. Darin wird als Bezugsgröße die Lastlaufzeit verwendet, um die Kosten der Maschine auf ihre effektiven Produktionszeiten, d.h. auf die Dauer der Inanspruchnahme durch die Kostenträger, zu verteilen. Das folgende Beispiel zeigt den Rechengang der Maschinenstundensatzrechnung.

Zur Vereinheitlichung des Rechengangs und zur übersichtlicheren Ergebnisdarstellung werden für die Ermittlung des Maschinenstundensatzes fast immer Formularblätter verwendet.[21]

Beispiel: Maschinenstundensatzrechnung

Für eine neu installierte Werkzeugmaschine soll für den Einschicht-Betrieb der Maschinenstundensatz ermittelt werden. Folgende Angaben sind bekannt:

1. Der Wiederbeschaffungswert wird mit 1.800.000,- DM veranschlagt, die Nutzungsdauer wird sechs Jahre betragen. Die Abschreibung erfolgt linear.
2. Während der ganzen Nutzungszeit ist durchschnittlich die Hälfte des Wiederbeschaffungswertes als Kapital in der Werkzeugmaschine gebunden. Der kalkulatorische Zinssatz beträgt 10 %.
3. Der BAB weist monatliche Raumkosten pro m^2 von 25,- DM aus. Die Maschine beansprucht 100 m^2 Raum.
4. Die Maschine hat eine maximale Leistungsaufnahme von 100 kW. Der veranschlagte Leistungsgrad ist 80 %. Pro installiertes kW berechnet das Kraftwerk 10,- DM pro Monat. Der Arbeitspreis pro kWh beträgt 0,10 DM.
5. Die Wartungs- und Instandhaltungskosten werden aufgrund von Erfahrungen mit vergleichbaren Maschinen durch einen Faktor geschätzt, der das das Verhältnis der gesamten Wartungs- und Instandhaltungskosten zum Wiederbeschaffungswert ausdrückt. Dieser Faktor wird mit 0,5 veranschlagt.
6. Die gesamte effektive Lastlaufzeit wird mit 1.408 h/Jahr angegeben.

---

21 Vgl. VDMA 1987, S. 60 f.

Lösung:

Kalkulatorische Abschreibung pro Jahr	(1.800.000 DM / 6)		300.000 DM
Kalkulatorische Zinsen pro Jahr	(900.000 DM · 10%)		90.000 DM
Raumkosten pro Jahr	(25 DM · 100 · 12)		30.000 DM
Energiekosten pro Jahr	fix	(100 · 10 DM · 12)	12.000 DM
	variable	(80 · 0,10 DM · 1.408)	11.264 DM
Wartungs- und Instandhaltungskosten pro Jahr	((1.800.000 DM / 6) · 0,5)		150.000 DM
Maschinenbezogene Gemeinkosten der Periode			593.264 DM
Maschinenstundensatz k_{Mh}	(593.264 DM / 1.408)		421,35 DM

Die Anwendung der Maschinenstundensatzrechnung in der Zuschlagskalkulation führt zu einem veränderten *Betriebsabrechnungsbogen*: Je Kostenstelle im Fertigungsbereich werden nunmehr zwei Spalten ausgewiesen.

- eine Spalte für die Ermittlung der Maschinenkosten
- eine Spalte für die „Restgemeinkosten".

In der Kalkulation ist entsprechend anstelle eines Zuschlages je Kostenstelle im Fertigungsbereich mit *zwei Zuschlagssätzen* additiv zu arbeiten.

Die Maschinenstundensatzrechnung bedeutet gegenüber der differenzierenden Zuschlagskalkulation herkömmlicher Art eine erhebliche Verbesserung in der materiell dem Beanspruchungsprinzip entsprechenden Gemeinkostenzurechnung. Deshalb findet sie in der Praxis bei maschinenintensiven Herstellern verbreitete Verwendung. Die generelle Grenze materieller Richtigkeit findet auch dieses Verfahren bei der Frage der *Proportionalität* von Verrechnungsbasis und Selbstkosten, die niemals vollständig gegeben sein kann, solange fixe Kosten auf die Leistungsmengeneinheit verrechnet werden. Dieser Kritikpunkt wird im folgenden Kapitel wieder aufgegriffen.

1.5 Erfolgsrechnung

1.5.1 Aufgaben der Stückerfolgsrechnung

Die Aufgabe der Stückerfolgsrechnung ist die Gegenüberstellung von Leistung pro Stück/Auftrag und Kosten pro Stück/Auftrag, um den Gewinn bzw. Verlust pro Stück/Auftrag zu ermitteln. Es gilt Definition 21.

Definition 21. *Stückerfolg*

Leistung pro Stück/Auftrag – Kosten pro Stück/Auftrag = Erfolg pro Stück/Auftrag

Der solchermaßen zu ermittelnde Stück-/Auftragserfolg ist ein Nettoerfolg. Nettoerfolge sollen anzeigen, wie die Erfolgslage des Gesamtbetriebs durch das betrachtete Stück bzw. den betrachteten Auftrag insgesamt verändert worden ist (Istrechnung!). So müßte ein positiver Stückerfolg (Stückgewinn) anzeigen, daß der Gesamterfolg des Betriebes sich durch das betrachtete Stück um diesen Betrag erhöht hat, ein negativer, daß der Gesamterfolg des Betriebes sich durch das betrachtete Stück um diesen Betrag verringert hat. Wenn z.B. der Stückgewinn eines Produktes j mit $g_j = 100$ DM ausgewiesen wird, tauchen zwei Fragen auf:

1. Wenn ein Stück mehr produziert worden wäre, würde sich dann der Gesamterfolg des Betriebes um 100 DM erhöhen?
2. Wenn ein Stück weniger produziert worden wäre, wäre dann der Gewinn des Betriebes um 100 DM zurückgegangen?

Mit dem Stückerfolg soll also eine Beurteilung des Kalkulationsobjektes hinsichtlich seines Beitrages zur Erreichung des Gewinnzieles des Betriebes ermöglicht werden. Es wird im folgenden zu untersuchen sein, inwieweit der Netto-Stückerfolg diese Aufgabe erfüllen kann, mit anderen Worten: Es geht um die Aussagefähigkeit dieser Erfolgsgröße.

1.5.2 Die rechnerische Erfassung von Leistung und Kosten pro Stück/Auftrag

Die Leistung pro Stück/Auftrag ist der Wert, der tatsächlich durch den Verkauf des Stücks realisiert worden ist (ist das Stück noch nicht verkauft worden, wird die Leistung pro Stück mit den Kosten pro Stück gleichgesetzt, d.h. der Stückerfolg ist Null).

Schwierigkeiten der rechnerischen Erfassung der Leistung pro Stück ergeben sich dann, wenn der Preis pro Stück nicht mit der Leistung gleichzusetzen ist. Dies ist immer dann der Fall, wenn Erlösschmälerungen (Rabatte, insbesondere Mengenrabatte) zu berücksichtigen sind. Die Leistung eines Auftrags, der mehrere Stücke enthält, ist dann nach Definition 22:

Definition 22. *Nettoerlös eines Auftrags*

	Stückpreis · Auftragsmenge
=	Bruttoerlös des Auftrags
–	Mengenrabatte
–	Sonstige Rabatte
–	Skonto
=	Nettoerlös (Leistung)

Damit ist die Leistung pro Stück nicht mehr verursachungsgerecht erfaßbar, denn bestimmte Rabatte sind in ihrer Höhe von der gesamten Leistungsmenge des Auftrags abhängig. Wir haben es im Prinzip mit einem Fall echter Gemeinerlöse zu tun (vgl. Abschnitt 1.3.2). Praktisch hilft man sich für eine Netto-Stückerfolgsrechnung dadurch, daß der durchschnittliche Erlös pro Leistungseinheit ermittelt wird.

Die rechnerische Erfassung der Kosten pro Stück ist ausführlich in Abschnitt 1.4 dargestellt worden. Die rechnerische Ermittlung des Stückerfolgs ist demnach ohne weitere Darlegungen möglich. Probleme liegen allerdings vielmehr in der Interpretation dieser Erfolgsgröße.

1.5.3 Die Aussagefähigkeit der Stückerfolgsrechnung

1.5.3.1 Das Fixkostenproblem

Die Tatsache, daß jeder Betrieb zu einem bestimmten, betriebsindividuellen Bestandteil *fixe Kosten* aufweist, führt zu erheblichen Interpretationsproblemen beim Stückerfolg. Je größer der Anteil der fixen Kosten an den Gesamtkosten ist, desto stärker reagieren die Stückkosten *k* auf Änderungen der Beschäftigung des Betriebes. Dies wird im folgenden an zwei Methoden zur Ermittlung von *k*, der Divisions- und der Zuschlagskalkulation, gezeigt, und zwar am Beispiel des Einproduktunternehmens.

Es läßt sich am Beispiel der *Divisionskalkulation* zeigen, daß der Stückerfolg wegen der fixen Kosten eine Funktion der Beschäftigung *x* ist. Daraus folgt, daß der Stückerfolg unter sonst gleichen Bedingungen um so größer ist, je größer die Beschäftigung ist, vgl. Abb. 20.

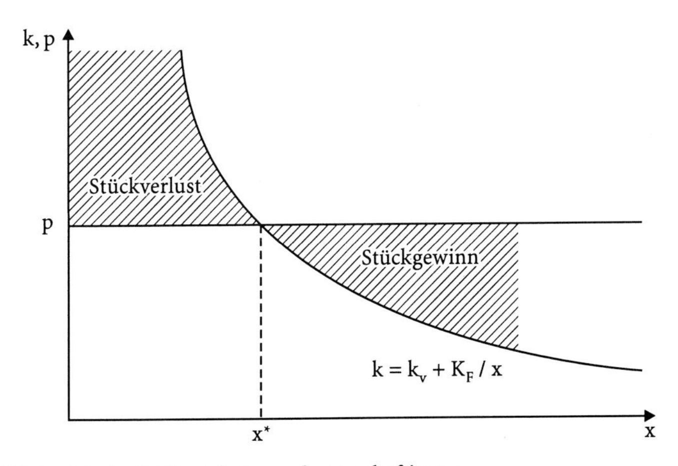

Abb. 20. Stückerfolg in Abhängigkeit von der Beschäftigung

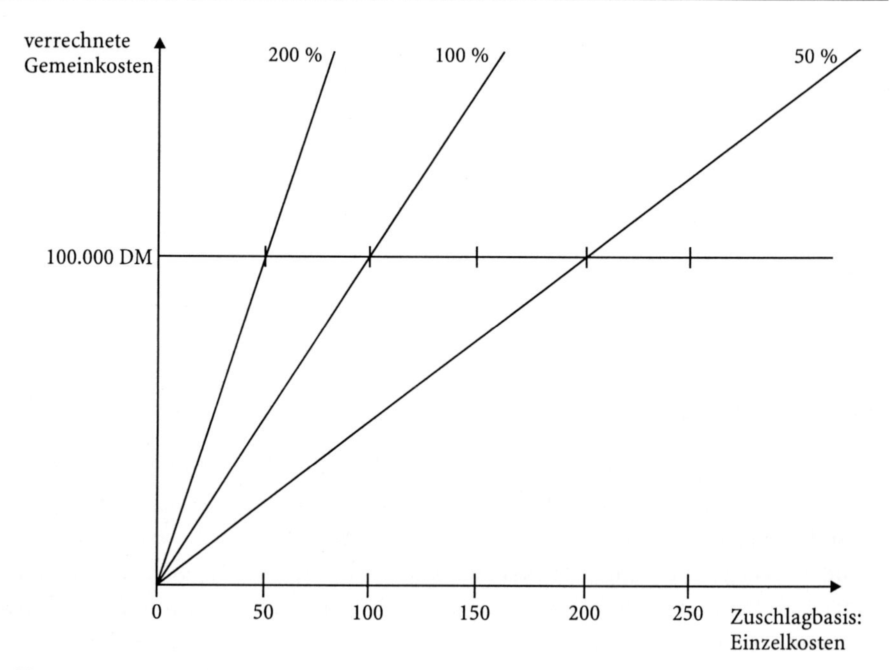

Abb. 21. Zusammenhang zwischen Zuschlagsbasis und Zuschlagssatz

Derselbe Zusammenhang läßt sich auch bei Anwendung der *Zuschlagskalkulation* darstellen. In der Zuschlagskalkulation wird zum Zwecke der Ermittlung eines Zuschlagssatzes die Summe der Gemeinkosten der Periode zu einer Zuschlagsbasis in Beziehung gesetzt. Diese Zuschlagsbasis ist direkt funktional abhängig von der Ausbringungsmenge (z.B. Summe der Löhne, Summe der Materialkosten), d.h. mit zunehmender Beschäftigung steigt auch die Größe der Zuschlagsbasis. Da nun in den Gemeinkosten des Betriebes immer auch fixe Kosten (meist überwiegend) enthalten sind, führt eine Vergrößerung der Zuschlagsbasis zwangsläufig zu einer Verkleinerung des Zuschlagssatzes. Abbildung 21 zeigt den Zusammenhang (Annahme ist, daß alle Gemeinkosten fix sind). Es läßt sich folgende Argumentationskette aufstellen:

1. Die Zuschlagsbasis ist eine Funktion der Beschäftigung:

   $K_e = f(x)$

2. Die Höhe des Zuschlagssatzes ist eine Funktion der Zuschlagsbasis:

   $z = f(K_e)$

3. Die Höhe der Selbstkosten ist eine Funktion des Zuschlagssatzes:

   $k_s = k_e + z \cdot K_e = K_e\,(1 + z)$

4. Der Stückerfolg ist eine Funktion der Selbstkosten:

$$g_{\text{Auftrag}} = f\left(k_{s,\,\text{Auftrag}}\right)$$

5. Der Stückerfolg ist eine Funktion der Beschäftigung.

Das folgende Beispiel verdeutlicht den Effekt. Ein Betrieb, der mit summarischer Zuschlagskalkulation kalkuliert, hat in einer Periode z.B. Gemeinkosten von 300.000 DM und Einzelkosten von 300.000 DM. Ein zu kalkulierender Auftrag hat Einzelkosten von 10.000 DM. Die Selbstkosten des Auftrags sind definiert als

$$k_{s,\,\text{Auftrag}} = k_{e,\,\text{Auftrag}} + \frac{K_{g,\,\text{Periode}}}{K_{e,\,\text{Periode}}} \cdot k_{e,\,\text{Auftrag}}$$

Variieren wir nun K_e der Periode als Ausdruck unterschiedlicher *Beschäftigung*, so können wir k_s nur bestimmen, indem wir Annahmen über den *Fixkostenanteil* in K_g setzen. Wir müssen wissen, wie K_g sich mit variablen K_e ändert. Die Extrema sind (1) daß K_g sich überhaupt nicht ändert (100 % Fixkosten) und (2) daß K_g vollständig von K_e abhängt (100 % variable Kosten). Im ersten Fall (1) lautet die Definition

$$k_{s,\,\text{Auftrag}} = 10.000\,\text{DM}\; k_{e,\,\text{Auftrag}} + \frac{K_{g,\,\text{Periode}}\left(=300.000\,\text{DM}\right)}{K_{e,\,\text{Periode}}} \cdot 10.000\,\text{DM}\; k_{e,\,\text{Auftrag}} = 20.000\,\text{DM}$$

im letzteren Fall (2)

$$k_{s,\,\text{Auftrag}} = 10.000\,\text{DM}\; k_{e,\,\text{Auftrag}} + \frac{K_{g,\,\text{Periode}}\left(=300.000\,\text{DM}\right)}{K_{e,\,\text{Periode}}} \cdot 10.000\,\text{DM}\; k_{e,\,\text{Auftrag}} = 20.000\,\text{DM}$$

Nehmen wir noch den mittleren Fall (3) dazu, daß 50 % der Gemeinkosten fix und 50 % variabel sind, dann ist

$$\begin{aligned} k_{s,\,\text{Auftrag}} &= 10.000\,\text{DM}\; k_{e,\,\text{Auftrag}} + \frac{K_{g,\,\text{var},\,\text{Periode}}\left(=0{,}5 \cdot K_{e,\,\text{Periode}}\right)}{K_{e,\text{Periode}}} \cdot 10.000\,\text{DM}\; k_{e,\,\text{Auftrag}} \\ &\quad + \frac{K_{g,\,\text{fix},\,\text{Periode}}\left(=150.000\,\text{DM}\right)}{K_{e,\,\text{Periode}}} \cdot 10.000\,\text{DM}\; k_{e,\,\text{Auftrag}} \\ &= 20.000\,\text{DM} \end{aligned}$$

In allen drei Fällen erhalten wir natürlich bei gegebener Zuschlagsbasis Einzelkosten der Periode K_e = 300.000 DM denselben Wert für k_s. Variieren wir nun die Beschäftigung (K_e als Indikator der Beschäftigung), so verändern sich die Selbstkosten ks des Auftrags und der Stückerfolg, ausgehend von einem Erlös des Auftrags von 25.000 DM. Tabelle 13 zeigt die Werte, Abb. 22 den entsprechenden Kurvenverlauf.

Tabelle 13. Der Stückerfolg bei Zuschlagskalkulation als Funktion der Beschäftigung

	Perioden(ausgangs)daten					*Auftragsrechnung*			
	K_e der Periode (in DM)	K_e der Periode (in DM)	K_e der Periode (in DM)	K_e der Periode (in DM)	Zu-schlag-satz	Erlös (in DM)	k_e des Auftrags (in DM)	k_g des Auftrags (in DM)	Stück-erfolg (in DM)
$K_{g,ges}$=100% fix	100.000	0	300.000	300.000	300%	25.000	10.000	30.000	–15.000
	200.000	0	300.000	300.000	150%	25.000	10.000	15.000	0
	300.000	0	300.000	300.000	100%	25.000	10.000	10.000	5.000
	400.000	0	300.000	300.000	75%	25.000	10.000	7.500	7.500
	500.000	0	300.000	300.000	60%	25.000	10.000	6.000	9.000
$K_{g,ges}$=0% fix	100.000	100.000	0	100.000	100%	25.000	10.000	10.000	5.000
	200.000	200.000	0	200.000	100%	25.000	10.000	10.000	5.000
	300.000	300.000	0	300.000	100%	25.000	10.000	10.000	5.000
	400.000	400.000	0	400.000	100%	25.000	10.000	10.000	5.000
	500.000	500.000	0	500.000	100%	25.000	10.000	10.000	5.000
$K_{g,ges}$=50% fix	100.000	50.000	150.000	200.000	200%	25.000	10.000	20.000	–5.000
	200.000	100.000	150.000	250.000	125%	25.000	10.000	12.500	2.500
	300.000	150.000	150.000	300.000	100%	25.000	10.000	10.000	5.000
	400.000	200.000	150.000	350.000	87,5%	25.000	10.000	8.750	6.250
	500.000	250.000	150.000	400.000	80%	25.000	10.000	8.000	7.000

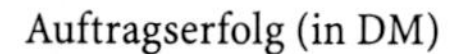

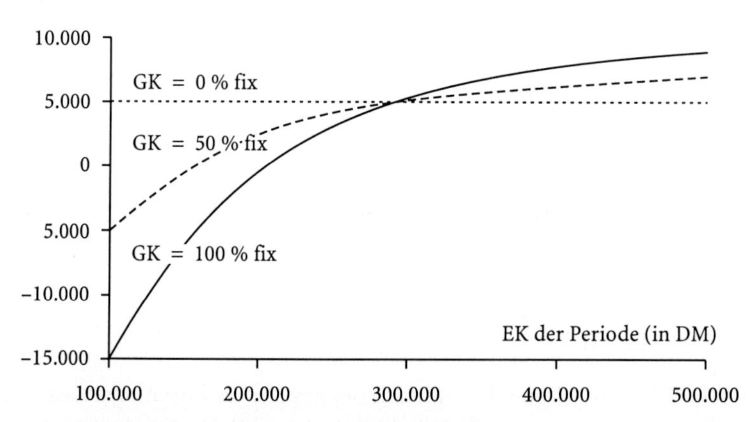

Abb. 22. Stückerfolg eines Auftrags unter Berücksichtigung verschiedener Anteile fixer Gemeinkosten

Wir halten fest: Der Stückgewinn ist aufgrund der *Proportionalisierung der Fixkosten* immer nur gültig im Hinblick auf die der Berechnung zugrunde gelegte Beschäftigung. Man kann also nicht davon ausgehen, daß der Betriebserfolg sich um den Betrag des Stückerfolgs verändert, wenn ein Stück mehr bzw. ein Stück weniger produziert wird, weil damit die Höhe der Selbstkosten sich automatisch ändert. Die Ursache dafür liegt in der Existenz der fixen Kosten. Der Grundgedanke der Maschinenstundensatzrechnung, möglichst proportionale Sätze für die Verrechnung von Gemeinkosten bereitzustellen, findet hier seine objektive Grenze. Je höher der Anteil der fixen Kosten an den Gemeinkosten ist, desto mehr reagieren die Stundensätze auf Beschäftigungsänderungen und damit auch die Selbstkosten und der Stückgewinn. Praktisch bedeutet dies, daß bei der Anwendung des Stückerfolgs für betriebliche Entscheidungen Fehler gemacht werden, wenn nicht der Einfluß der Beschäftigung auf die Höhe des Erfolges rechnerisch berücksichtigt wird.

Der Nettostückerfolg/Nettoauftragserfolg ist also eine *Durchschnittsgröße*, die keinen unmittelbaren Rückschluß auf den Erfolgsbeitrag des einzelnen Stückes bzw. Auftrags zuläßt. Das ist nur möglich unter Verwendung der Deckungsbeitragsrechnung.[22]

1.5.3.2 Das Gemeinkostenproblem

War die Analyse des Stückgewinns bisher vom Einproduktbetrieb ausgegangen, so kommt nunmehr eine spezifische Problematik des *Mehrproduktbetriebes* hinzu: das Gemeinkostenproblem.

Wo immer bei der Ermittlung der Selbstkosten Gemeinkosten geschlüsselt werden, d.h. wo der Wert für ein Quantum eines Einsatzfaktors rechnerisch auf mehrere Bezugsobjekte verteilt wird, tritt das Problem der Verletzung des *Verursachungsprinzips* auf (vgl. Abschnitt 1.2.1.3). Wo immer Ersatzprinzipien anstelle des Verursachungsprinzips für die Kostenzurechnung benutzt werden, entstehen subjektive Ermessensspielräume bei der Ermittlung der Selbstkosten. Es sind vier Stellen in der traditionellen Vollkosten- und Nettoerfolgsrechnung, an denen zwangsläufig eine solche Verteilung von Kostenquanten auf mehrere Bezugsobjekte auftritt:

1. Die Verteilung des Wiederbeschaffungswertes eines Anlagegutes auf die Jahre der Nutzung.
2. Die Verteilung der primären Kostenstellengemeinkosten auf die Kostenstellen.
3. Die Verteilung der sekundären Kostenstellengemeinkosten auf die Kostenstellen.
4. Die Verteilung der Kosten der Endkostenstellen auf die Kostenträger.

---

[22] Vgl. das Kapitel „Analyse der Erfolgsquellen“ in diesem Band.

Wo Gemeinkosten geschlüsselt werden, fehlen objektive Kriterien für die Schlüsselwahl. Da aber die Schlüsselwahl die Struktur der Gemeinkostenverteilung und damit die Höhe der Zuschlagssätze bestimmt, können auch die Selbstkosten *niemals objektiv richtig* sein, sondern immer nur „akzeptabel" im Hinblick auf eine im Betrieb *konsensfähige Methode* der Gemeinkostenschlüsselung.

1.5.3.3 Das Erlösproblem

So wie Gemeinkosten solche Kosten sind, die von mehreren Bezugsobjekten gemeinsam verursacht werden, sind Gemeinerlöse solche Erlöse, die von mehreren Bezugsobjekten gemeinsam verursacht werden.

Beispiele:

- Ein Auftrag, der besonders gut abgewickelt wurde, zieht einen Folgeauftrag nach sich.
- Ein tüchtiger Verkäufer, bei dem das Produkt *A* nachgefragt wird, verkauft zusätzlich noch die Produkte *B* und *C*.
- Ein Lieferant gewährt nachträglich auf alle Bezüge eines Jahres einen Bonus von 2 %.

In der Praxis werden solche *Erlösverbunde* i.d.R. nicht durch Schlüsselungen aufgelöst, weil die Ermittlungsprobleme zu gravierend sind. Das bedeutet aber nicht, daß solche Verbunde sich nicht erheblich auf den Stückgewinn auswirken. Werden sie bei der Analyse des Stückgewinns vernachlässigt, so liegen Fehlentscheidungen auf der Hand.

Das folgende Beispiel zeigt abschließend die Wirkung einer Fehlinterpretation des Stückgewinns am Beispiel der *Produkteliminierung*. Andere Entscheidungstatbestände sind analog zu interpretieren, z.B. *Kundeneliminierung*, Auftragserfolgsanalyse.

Beispiel: Stückerfolg und Produktelimination

Ein Unternehmen hat in seiner Produktpalette ein Produkt *j*, das aufgrund der Stückerfolgsrechnung einen Verlust von 1 DM pro Stück ausweist. Folgende Daten sind bekannt:

- Verkaufte Produkte: 1.000 Stück
- Preis: 10 DM/Stück
- Variable Kosten: 6 DM/Stück
- Fixe Kosten 5.000 DM/Periode

Sollte man das Produkt eliminieren?
Die Gewinngleichung für das Produkt *j* lautet

$$G_e \;=\; \text{Erlös} \;-\; \text{variable Kosten} \;-\; \text{fixe Kosten}$$

$$G_j \;=\; pj \cdot xj \;-\; kvj \cdot xj \;-\; Kfj$$

Altenartivenvergleich:

$$G_{eliminieren} = 10\,DM \cdot 0 - 6\,DM \cdot 0 - 5.000\,DM = -5.000\,DM$$
$$G_{nicht\,elimin.} = 10\,DM \cdot 1.000 - 6\,DM \cdot 1.000 - 5.000\,DM = -1.000\,DM$$

Fällt nun das Produkt j weg, dann wird $x_j = 0$, Erlös und variable Kosten fallen nicht an. Anders jedoch die fixen Kosten. Wenn der Betrieb kein anderes, profitables Produkt an die Stelle von j setzen kann, ist die Eliminierung ein Fehler. Das Produkt trägt mit 4.000 DM zur Deckung der fixen Kosten bei, d.h. „nicht eleminieren" ist um 4.000 DM günstiger als „eliminieren" trotz des negativen Stückerfolgs. Dabei sind zusätzlich noch mögliche Erlösverbunde zu berücksichtigen (Gefahr des produktübergreifenden Nachfrageverbundes)!

Das Fazit ist recht ernüchternd: Die Gefahren einer falschen Anwendung der Netto-Stückerfolgsrechnung sind beträchtlich; andere, ergänzende Analyseinstrumente sind notwendig.[23]

1.5.4 Aufgaben der Bereichserfolgsrechnung

1.5.4.1 Bereichserfolgs- und Betriebsrechnung

Die Bereichserfolgsrechnung hat die Aufgabe, den Erfolg abgegrenzter Bereiche des Unternehmens durch Gegenüberstellung von Bereichsleistung und Bereichskosten zu ermitteln. Es gilt Definition 23.

Definition 23. *Bereichserfolg*

Bereichserfolg = Bereichsleistung – Bereichskosten

In einer Vollrechnung auf Istbasis stellt der Bereichserfolg einen Nettoerfolg dar. Bereichserfolgsrechnungen werden für verschiedene Bezugsobjekte durchgeführt, z.B.

- Abteilungen,
- Sparten (Produktgruppen),
- Absatzgebiete,
- Filialen,
- Werke,
- Kundengruppen,
- Vertriebskanäle.

Andere Bezugsobjekte sind denkbar. Voraussetzung für die Durchführung einer Bereichserfolgsrechnung ist die Zurechenbarkeit und die gesonderte Erfassung von Kosten und Leistung (Erlös) des jeweiligen Bereichs. Diese Voraussetzung ist bei Kostenstellen nicht gegeben. Der Grund dafür ist, daß die Kostenstellen nach betrieblichen Funktionen gegliedert werden, die Erlöse jedoch nach Produkt-, Organisations- und Marktkriterien gegliedert anfallen.

[23] Vgl. das Kapitel „Analyse der Erfolgsquellen" in diesem Band.

Der Bereichserfolg kann nur als Periodenerfolg definiert werden. Bereiche, für die ein Ergebnis ermittelt wird, werden häufig als *'Profit Centers'* bezeichnet. Sie werden nach Produktions-, Markt- und/oder Organisationskriterien gebildet und dienen der erfolgsorientierten Steuerung des Unternehmens.

Der Sinn von Profit Centers besteht darin, eine detaillierte Information über die Struktur des Erfolgs der Unternehmung zu gewinnen, um ihn wirksamer zu kontrollieren und zu beeinflussen.

Die Bereichserfolgsrechnung wirft verschiedene Fragen auf, die z.T. schon in der Stückerfolgsrechnung (Auftragserfolgsrechnung) behandelt worden sind, z.T. eigenständiger Natur sind. Wir beschränken uns hier auf die Fragen, die spezifisch bei der Ermittlung von Netto-Bereichserfolgen auftreten.

1. *Die verursachungsgerechte Zurechnung von Erlösen zu den Bereichen stößt auf Gemeinerlösprobleme.* Wenn ein Bereich an der Entstehung von Erlösen nicht allein beteiligt ist, dann können ihm prinzipiell auch die Erlöse nicht allein zugerechnet werden, ohne daß das Verursachungsprinzip verletzt wird.
2. *Die verursachungsgerechte Zurechnung von Kosten zu den Bereichen stößt auf Gemeinkostenprobleme.* Eine Bereichserfolgsrechnung als Nettoerfolgsrechnung setzt die vollständige Verteilung aller Kosten des Betriebes auf die Bereiche voraus. Damit tritt das Problem der Schlüsselung der Bereichsgemeinkosten auf.
3. *In den Kosten des Bereichs sind Fixkosten enthalten.* Daraus folgt, daß sich der Bereichserfolg nicht proportional zum Erlös bzw. zur Ausbringungsmenge des Bereichs verändert. Auch bedeutet dies, daß ein negativer Bereichserfolg nicht dadurch beseitigt werden kann, daß der Bereich seine Produktion einstellt.
4. *Wenn die Bereiche Güter oder Dienstleistungen tauschen, tritt das Problem der Verrechnungspreise auf.* Verrechnungspreise sind Gegenwerte für Güter oder Dienstleistungen, die innerhalb des Betriebes von einem Bereich an einen anderen Bereich gehen.
5. *Die Lagerbestandsbewegungen beeinflussen den Bereichserfolg.* Diese Frage tritt identisch bei der Gesamtbetriebserfolgsrechnung auf (siehe unten).

1.5.5 Betriebserfolgsrechnung

Die Betriebserfolgsrechnung stellt die Gesamtleistung und die Gesamtkosten des Betriebes einander gegenüber und ermittelt auf diese Weise den Nettoerfolg des Betriebes in einer Periode. Die Abrechnungsperiode umfaßt in der Praxis meist einen Monat, deshalb heißt diese Rechnung auch *Kurzfristige Erfolgsrechnung.* Wesentliche Aufgabe der kurzfristigen Erfolgsrechnung ist die Überwachung der Erfolgsentwicklung des Betriebes insgesamt. Das Ergebnis der Rechnung, das

Betriebsergebnis (kalkulatorischer Erfolg), ist von erheblicher Bedeutung für die Steuerung des Betriebes.

1. Sein *Vorzeichen* (plus oder minus) zeigt an, ob der Betrieb in der Periode mit Gewinn oder Verlust abgeschlossen hat. Gewinn bedeutet, daß alle Kosten verdient sind (d.h. einschließlich einer angemessenen Verzinsung des Eigenkapitals, einer substanzerhaltenden Abschreibung, einer angemessenen Deckung für Risikoereignisse und ggf. eines angemessenen Gehalts für den Unternehmer) und daß darüber hinaus ein zusätzliches Plus erzielt wurde (Substanzgewinn). Ein Betriebsergebnis von Null besagt, daß alle Kosten verdient wurden, mithin kurzfristig kein Anlaß zur Besorgnis besteht. Ein negatives Betriebsergebnis zeigt an, daß ein Teil der Kosten in dieser Periode ungedeckt geblieben ist, mithin ein Substanzverlust festzustellen ist.
2. Die *absolute Höhe* des Betriebsergebnisses zeigt das Volumen der Substanzveränderung des Betriebes in der Periode an und ist von verhältnismäßig untergeordneter Bedeutung für die Steuerung des Betriebes.
3. Wichtiger ist die *Veränderung* des absoluten Betrages gegenüber der Vorperiode und das *Vorzeichen der Veränderung*. Ein negatives Vorzeichen ist ein Früherkennungssignal, daß möglicherweise eine Tendenzwende in der Entwicklung des Betriebes eingetreten ist, der ggf. entgegengewirkt werden muß.

Das Betriebsergebnis und seine Veränderung ist demnach eine Art Kompaß, der die Richtung anzeigt, in die der Betrieb sich entwickelt.

1.5.6 Die Rechenmethodik der Bereichs- und Betriebserfolgsrechnung

Bereichs- und Betriebserfolgsrechnung verwenden den gleichen Algorithmus zur Ermittlung des Periodenerfolges. Zwei Varianten der Erfolgsermittlung sind möglich: das Gesamtkostenverfahren oder das Umsatzkostenverfahren der kurzfristigen Erfolgsrechnung. Die beiden Methoden unterscheiden sich vor allem in zwei Punkten:

1. die Anforderungen an die gegebene Datenbasis: Das Umsatzkostenverfahren benötigt im Gegensatz zum Gesamtkostenverfahren eine ausgestaltete Kostenarten-, Kostenstellen- und Kostenträgerrechnung.
2. die Mengenkomponente, die der Rechnung zugrunde liegt: Das Gesamtkostenverfahren verwendet als Ausgangsbasis der Rechnung die produzierte Menge, das Umsatzkostenverfahren die Zahl der abgesetzten Produkte.

1.5.6.1 Das Gesamtkostenverfahren der kurzfristigen Erfolgsrechnung

Das *Gesamtkostenverfahren* besteht in einer Gegenüberstellung der Erlöse der Periode, gegliedert nach Leistungsarten (Erlösarten) und der Gesamtkosten der Periode, gegliedert nach Kostenarten. Dabei tritt das Problem auf, daß Kosten und Erlöse einer Periode sich i.d.R. nicht auf dieselbe Leistungsmenge beziehen. Die Erlöse beziehen sich auf die verkaufte, die Kosten auf die produzierte Leistungsmenge. Dabei treten zwei Fälle auf:

1. Es wurde in der Periode mehr produziert als verkauft (Bestandszugang auf dem Lager für unfertige und fertige Erzeugnisse).
2. Es wurde in einer Periode mehr verkauft als produziert (Bestandsabgang vom Lager für unfertige und fertige Erzeugnisse).

Es wird zunächst der erste Fall gezeigt.

Angenommen, es sind in einer Periode 1.000 Stück produziert worden und 900 Stück verkauft worden. Kosten sind erfaßt in Höhe von 100.000 DM, Erlöse von 99.000 DM. Eine einfache Gegenüberstellung von Kosten und Erlösen hätte einen Verlust von 1.000 DM zur Folge. *Diese Rechnung ist jedoch falsch*, da sich Erlöse und Kosten nicht auf dieselbe Leistungsmenge beziehen. Die Kosten von 100.000 DM beziehen sich ja auch auf die 100 Einheiten, für die gar keine Erlöse angefallen sind. Es muß also ein anteiliger Kostenbetrag für die 100 Einheiten von den 100.000 DM Kosten abgezogen werden. Dieser Wert der *Bestandszugänge* wird durch die Kalkulation der Herstellkosten dieser Erzeugnisse ermittelt. Etwas vereinfacht berechnet, betragen die Herstellkosten pro Stück

$$\frac{100.000\,\text{DM / Periode}}{1.000\,\text{Stück / Periode}} = 100\,\text{DM /Stück}\,.$$

Der Wert der Bestandszugänge ist 100 DM · 100 Stück = 10.000 DM. Die Gesamtkosten von 100.000 DM müssen also um 10.000 DM korrigiert werden, damit sie sich auf die richtige Leistungsmenge beziehen. Da im System der doppelten Buchhaltung eine Subtraktion als Addition auf der Gegenseite des Kontos erfolgt, ergibt sich folgendes *Betriebsergebniskonto:*

Kosten		Periodenergebnis	Leistung
Gesamtkosten	100.000 DM	Erlöse	99.000 DM
		Bestandszugänge, bewertet	
Gewinn	9.000 DM	zu Herstellkosten	10.000 DM
	109.000 DM		109.000 DM

Der zweite Fall läßt sich an der Folgeperiode demonstrieren. Wiederum seien 1.000 Stück produziert, jedoch 1.100 verkauft worden. Die Gesamtkosten betragen 100.000 DM, die Erlöse 121.000 DM. Würde man nun Erlöse und Kosten ohne weiteres einander gegenüberstellen, dann würden die Erlöse auf 1.100 Stück, die Kosten dagegen auf 1.000 Stück bezogen. Dem Erlös würde also ein zu geringer

Kostenbetrag gegenüberstehen. Es fehlt bei den Kosten noch der Wert für 100 Stück, die in der Periode zwar verkauft, aber nicht produziert wurden. Dieser Wert ergibt sich aus dem Bestandszugang der letzten Periode, d.h. die *Bestandsabgänge* werden ebenfalls mit den Herstellkosten bewertet.

Kosten	Periodenergebnis		Leistung
Gesamtkosten	100.000 DM	Erlöse	121.000 DM
Bestandsabgänge, bewertet zu Herstellkosten	10.000 DM		
Gewinn	11.000 DM		
	121.000 DM		121.000 DM

Das Periodenergebnis nach dem Gesamtkostenverfahren ergibt sich aus Definition 24. Die Bestandsveränderungen müssen durch Inventur erfaßt werden.

Definition 24. *Periodenergebnis nach dem Gesamtkostenverfahren*

$$G = \sum_{j=1}^{m} p_j \cdot x_j + \sum_{j=1}^{m} BZ_j - \sum_{i=1}^{n} K_i - \sum_{j=1}^{m} BA_j$$

wobei

p_j = Preis des Produktes j

x_j = verkaufte Menge des Produktes j

BZ_j = Bestandszugänge des Produktes j (bewertet zu Herstellkosten)

BA_j = Bestandsabgänge des Produktes j (bewertet zu Herstellkosten)

K_i = Kostenart i

G = Periodenergebnis (Gewinn / Verlust)

1.5.6.2 Das Umsatzkostenverfahren der kurzfristigen Erfolgsrechnung

Das Umsatzkostenverfahren stellt bei der Ermittlung des Periodenergebnisses ganz auf die verkaufte Leistung (Erlöse) ab. Das zugrundeliegende Mengengerüst des Umsatzkostenverfahrens ist demnach die abgesetzte Menge der Periode. Den Erlösen werden die Selbstkosten der *verkauften Leistung* („Umsatzkosten") gegenübergestellt. Insoweit ist Voraussetzung für die Durchführung der kurzfristigen Erfolgsrechnung als Umsatzkostenverfahren das Bestehen einer Kostenträgerrechnung und ggf. einer Kostenstellenrechnung, da nur so gewährleistet werden kann, daß den verkauften Gütern die ihnen zugerechneten Kosten zugeordnet werden können. Diese Form des Vorgehens ermöglicht es, den nach Produkten oder Produktgruppen gegliederten Erlösen die Kosten nach demselben Gliederungsprinzip gegenüberzustellen.

Nach Definition 25 ist G das Periodenergebnis, das sich aus dem Erfolg der j Leistungsarten zusammensetzt.

Definition 25. *Periodenergebnis nach dem Umsatzkostenverfahren*

$$G=\sum_{j=1}^{m}(x_j \cdot p_j)-(x_j \cdot k_j) \quad \text{bzw.} \quad G=\sum_{j=1}^{m}x_j(p_j-k_j)$$

Da nicht die in der Periode insgesamt anfallenden Kosten, sondern nur die auf die verkaufte Leistung entfallenden Kosten zur Erfolgsermittlung herangezogen werden, besteht keine Notwendigkeit, die Bestandsveränderungen in der Rechnung zu berücksichtigen. Gleichwohl spielt der Wertansatz der Bestände eine große Rolle für die Ermittlung des Periodenerfolges. Will man dem Erlös eines jeden Produktes die ihm zugerechneten Kosten gegenüberstellen, muß sichergestellt sein, daß jedem Produkt ein exakter Kostenwert zugeordnet werden kann. Diese Anforderung des Umsatzkostenverfahrens bedingt die Anwendung einer Kostenstellen- und Kostenträgerrechnung.

Grundsätzlich findet beim Umsatzkostenverfahren die Erfolgsermittlung auf Basis der Stückkosten statt. Definition 25 enthält als problematischen Ausdruck den Nettostückerfolg ($p_j - k_j$). Diesbezüglich kann auf Abschnitt 1.5.1 verwiesen werden.

Insgesamt ist die Höhe des Periodenerfolges beim Gesamtkostenverfahren und beim Umsatzkostenverfahren abhängig vom Wertansatz der Lagerbestandsveränderungen. Gesamtkostenverfahren und Umsatzkostenverfahren führen dann zum identischen Ergebnis, wenn keine Lagerbestandsveränderungen stattgefunden haben bzw. wenn zur Bewertung der Lagerbestandsveränderungen an Halb- und Fertigfabrikaten bei beiden Verfahren der gleiche Wertansatz zugrundegelegt wird. Alternative Wertansätze für die Lagerbestände sind Herstellkosten und Selbstkosten. Eine unterschiedliche Bewertung von Lagerzugängen bzw. -abgängen zeigt durchaus Auswirkungen auf den Periodenerfolg.

Es zeigt sich, daß der Periodenerfolg bei einer Bewertung der Lagerzugänge zu Selbstkosten im Vergleich zur Bewertung zu Herstellkosten höher ausfällt. Dieses Phänomen gilt mit umgekehrten Vorzeichen auch für den Fall des Lagerabgangs. Abbildung 23 verdeutlicht noch einmal die Wirkung unterschiedlicher Lagerbewertung auf das Periodenergebnis.

Januar – GKV

Lagerbewertung zu Herstellkosten:

Kosten		Leistung	
K	110.000	108.000	E
		10.000	BZ
G	8.000		

Lagerbewertung zu Selbstkosten:

Kosten		Leistung	
K	110.000	108.000	E
		10.000	BZ
G	9.000		

Januar – UKV

Lagerbewertung zu Herstellkosten:

Kosten		Erlöse	
HK	90.000	108.000	E
V & V	10.000		
G	8.000		

Lagerbewertung zu Selbstkosten:

Kosten		Erlöse	
HK	90.000	108.000	E
V & V	9.000		
G	9.000		

Februar – GKV

Lagerbewertung zu Herstellkosten:

Kosten		Leistung	
K	110.000	132.000	E
BA	10.000		
G	12.000		

Lagerbewertung zu Selbstkosten:

Kosten		Leistung	
K	110.000	132.000	E
BA	11.000		
G	11.000		

Februar – UKV

Lagerbewertung zu Herstellkosten:

Kosten		Erlöse	
HK	110.000	132.000	E
V & V	10.000		
G	12.000		

Lagerbewertung zu Selbstkosten:

		Erlöse	
HK	110.000	132.000	E
V & V	11.000		
G	11.000		

Ausgangsdaten:

Herstellkosten je Monat	100.000 DM
Verwaltungs- & Vertriebskosten je Monat	10.000 DM
Produzierte Menge je Monat	1.000 Stück
Abgesetzte Menge Januar	900 Stück
Abgesetzte Menge Februar	1.100 Stück
Erlös/Stück Januar und Februar	120 DM/Stück

Legende:

K	Kosten der Periode
HK	Herstellkosten der verkauften Menge
V & V	Verwaltungs- und Vertriebskosten der verkauften Menge
E	Erlöse
BA	Bestandsabnahme
BZ	Bestandszunahme

Abb. 23. Der Periodenerfolg bei unterschiedlicher Lagerbewertung

Literaturverzeichnis

Chmielewicz, K.: Betriebliches Rechnungswesen; Band 2: Erfolgsrechnung, 2.Aufl., Reinbek bei Hamburg 1981.

Hummel, S. / Männel, W. [1990]: Kostenrechnung; Band 1, 4. Aufl., Wiesbaden 1990.

Kilger, W. [1987]: Einführung in die Kostenrechnung; 3. Aufl., Wiesbaden 1987.

Kosiol, E. [1972]: Kostenrechnung und Kalkulation; 2. Aufl., Berlin / New York 1972.

Küpper, H.-U. [1993]: Kostenbewertung; in: Chmielewicz, K. / Schweitzer, M. (Hrsg.): Handwörterbuch des Rechnungswesens; 3. Aufl., Stuttgart 1993, Sp. 1179-1188.

Plinke, W. [1999]: Industrielle Kostenrechnung; 5. Aufl., Berlin / Heidelberg / New York 1999.

Riebel, P. [1994]: Einzelkosten- und Deckungsbeitragsrechnung; 7. Aufl., Wiesbaden 1994.

Schweitzer, M. / Küpper, H.-U. [1995]: Systeme der Kostenrechnung; 6. Aufl., Landsberg a. L. 1995.

VDMA [1987]: BuB7 1987, S. 60 f.

Weiterführende Literatur

Ahlert, D. / Franz, K.-P.: Industrielle Kostenrechnung; 5. Aufl., Düsseldorf 1992.

Backhaus, K.: Fertigungsprogrammplanung; Stuttgart 1979.

Backhaus, K. / Erichson, B. / Plinke, W. / Weiber, R.: Multivariate Analysemethoden; 8. Aufl., Berlin / Heidelberg / New York 1996.

Chmielewicz, K.: Betriebliches Rechnungswesen; Band 1: Finanzrechnung und Bilanz, 3. Aufl., Reinbek bei Hamburg 1982.

Chmielewicz, K.: Entwicklungslinien der Kosten- und Erlösrechnung; Stuttgart 1983.

Chmielewicz, K. / Schweitzer, M. (Hrsg.): Handwörterbuch des Rechnungswesens; 3. Aufl., Stuttgart 1993.

Ebbeken, K.: Primärkostenrechnung; Berlin 1973.

Engelhardt, W. H.: Erlösplanung und Erlöskontrolle als Instrument der Absatzpolitik; in: Sonderheft 6 / 77 der Zeitschrift für betriebswirtschaftliche Forschung, 29. Jg., 1977, S. 10-26.

Eversheim, W.: Angebotskalkulation mit Kostenfunktionen in der Einzel- und Kleinserienfertigung; Rheinisch-Westfälische Technische Hochschule Aachen, Berlin / Köln / Beuth 1977.

Ewert, R. / Wagenhofer, A.: Interne Unternehmensrechnung; 2. Aufl., Berlin u. a. 1995.

Heinen, E. (Hrsg.): Industriebetriebslehre; 9. Aufl., Wiesbaden 1991.

Hummel, S. / Männel, W.: Kostenrechnung; Band 2, 3. Aufl., Wiesbaden 1993.

Kilger, W.: Flexible Plankostenrechnung und Deckungsbeitragsrechnung; 10. Aufl. (bearbeitet von K. Vikas), Wiesbaden 1993.

Kilger, W.: Plankostenrechnung; in: Kosiol, E. (Hrsg.): Handwörterbuch des Rechnungswesens; Stuttgart 1969.

Kloock, J. / Sieben, G. / Schildbach, Th.: Kosten- und Leistungsrechnung; 7. Aufl., Düsseldorf 1993 .

Küpper, H.-U. et al.: Übungsbuch zur Kosten- und Erlösrechnung; 2. Aufl., München 1996.

Laßmann, G.: Betriebsmodelle; in: Chmielewicz, K. (Hrsg.): Entwicklungslinien der Kosten- und Erlösrechnung; Stuttgart 1983, S. 87-108.

Männel, W.: Grenz- und Residualkosten, in: Chemielewicz, K. / Schweitzer, M. (Hrsg.): Handwörterbuch des Rechnungswesens; 3. Aufl., Stuttgart 1993, Sp. 819-824.

Mellerowicz, K.: Neuzeitliche Kalkulationsverfahren; 6. Aufl., Freiburg i. Br. 1977.

Plinke, W.: Erlösplanung im industriellen Anlagengeschäft; Wiesbaden 1985.

Schönfeld, H.-M.: Kostenrechnung I-III; 7.Aufl., Sonderausgabe, Stuttgart 1974.

Statistisches Bundesamt: Statistisches Jahrbuch 1987; Wiesbaden (Hrsg.) Wiesbaden 1987.

VDI (Hrsg.): Angebotserstellung in der Investitionsgüterindustrie; Düsseldorf 1983.

VDMA: Das Rechnen mit Maschinenstundensätzen; BwB 7, 4. Aufl. 1979.

VDMA: Vor- und Nachkalkulation aus einem Guß; BwV 183, 2. Aufl. 1979.

Warnecke, H.-J. / Bullinger, H.-J. / Hichert, R.: Kostenrechnung für Ingenieure; 5. Aufl., München / Wien 1996.

Weber, H.-K.: Betriebswirtschaftliches Rechnungswesen; Band 1, 4. Aufl., München 1993; Band 2, 3. Aufl., München 1991.

Weber, Helmut-Kurt: Wertschöpfungsrechnung, Stuttgart 1980.

Wiederstein, Arno: Anwendungsbeispiele einer EDV-unterstützten Auftragskontrolle im Anlagenbau, in: Projekt Controlling: Planungs-, Steuerungs- und Kontrollverfahren für Anlagen- und Systemprojekte, Solaro, Dietrich u.a., Stuttgart 1979.

Übungsaufgaben

1. Was unterscheidet die Kosten- und Leistungsrechnung von der Gewinn- und Verlustrechnung?
2. Welche spezifischen Aufgaben hat die Kosten- und Leistungsrechnung zu erfüllen?
3. Welche Arten des Güterverbrauchs sind zu unterscheiden? Was versteht man unter zeitlichem Vorrätigkeitsverbrauch?
4. Was ist der Betriebszweck?
5. Welche Rolle spielen Festpreise in der Kostenrechnung?
6. Was versteht man unter beschäftigungsfixen Kosten?
7. Was ist der Unterschied zwischen Beschäftigung und Beschäftigungsgrad?
8. Warum gibt es remanente Kosten?
9. Nennen Sie ein Beispiel für variable Gemeinkosten.
10. Was ist der Unterschied zwischen Leistung und Erlös?
11. Erläutern Sie den Unterschied zwischen Verursachungsprinzip und Beanspruchungsprinzip.
12. Was ist der Unterschied zwischen primären und sekundären Kostenarten?
13. Warum werden in der Vollkostenrechnung kalkulatorische Kostenarten berücksichtigt?
14. Sind kalkulatorische Wagnisse (z.B. bei der Kalkulation von industriellen Anlagenprojekten) Einzel- oder Gemeinkosten?
15. Welche Abschreibungsursachen müssen beachtet werden?
16. Handelt es sich bei der nutzungsbedingten Abschreibung um variable Kosten?
17. Wie geht man bei der kalkulatorischen Abschreibung vor, wenn im Laufe der Nutzungszeit entdeckt wird, daß die gesamte Nutzungszeit zu lang geschätzt wurde?

18. Was ist das Abzugskapital? Warum wird es berücksichtigt?

19. Was ist der Unterschied zwischen Vorkosten- und Endkostenstellen im Vergleich zu Haupt- und Hilfskostenstellen?

20. Stimmt es, daß im Betriebsabrechungsbogen keine Einzelkosten auftauchen dürfen?

21. Wie werden echte Kostenstellengemeinkosten geschlüsselt?

22. Was ist eine Äquivalenzziffer? Wie ermittelt man sie?

23. Nennen Sie den Anwendungsbereich der mehrstufigen Divisionskalkulation. Inwiefern kommt sie zu anderen Ergebnissen als die einfache Divisionskalkulation?

24. Wie ermittelt man einen Zuschlagssatz?

25. Welche Rolle spielen Sondereinzelkosten in der Zuschlagskalkulation?

26. Was ist der Unterschied zwischen einem Maschinenstundensatz und einem prozentualen Gemeinkostenzuschlagssatz?

27. Inwiefern kommt die Maschinenstundensatzrechnung zu anderen Ergebnissen als die traditionelle Zuschlagskalkulation?

28. Welches sind die prinzipiellen Begrenzungen des Aussagewertes von Netto-Stückerfolgen?

29. Nennen Sie einige Gründe, warum Bereichserfolge einen eingeschränkten Aussagewert haben.

30. Welche Rolle spielen Bestandsveränderungen bei der Ermittlung des Bereichserfolges?

2 Analyse der Erfolgsquellen

Wulff Plinke · Mario Rese

Abbildungsverzeichnis

Tabellenverzeichnis

2.1 Erfolgsquellen, Entscheidungen und Marktprozeß

In jedem Unternehmen müssen permanent Entscheidungen gefällt werden. Ein Großteil davon sind auf den Markt gerichtet – auf Produkte, Kunden, Produktgruppen, Absatzgebiete etc. Hierfür ist Planung notwendig. Das erste Kapitel hat uns mit der Beschreibung des Marktprozesses gezeigt, welche Informationen *der Markt* bereitstellt, auf denen Planung aufbauen kann. Als zentrale Einflußgrößen ergaben sich die beobachtbaren Marktergebnisse. Sie prägen die Erwartungen und beeinflussen so die zukünftigen Aktionen. Insoweit sind die *Marktbedingungen heute* eine wichtige Richtschnur für das *Handeln von morgen*[1].

Voraussetzung ist die richtige Interpretation der Marktergebnisse. Sie müssen aufbereitet werden. Ein wichtiger Aspekt ist die Frage: Welchen *Erfolgsbeitrag* haben die eigenen auf den Absatzmarkt gerichteten Entscheidungen erbracht? Gemeint ist z.B.

- die Annahme eines Auftrags,
- die Realisierung eines kundenspezifischen Leistungsangebotes,
- die Gestaltung der Rabattstaffel u.v.m.

Für solche marktgerichteten Fragestellungen findet klassischerweise das Instrumentarium der Kosten- und Erlösrechnung Anwendung. Damit wird nach den Quellen des Unternehmenserfolges gefahndet. Welche Entscheidung hat welchen Erfolgsbeitrag erbracht? Die Kenntnis der Erfolgsquellen gibt wichtige Hinweise auf Effizienz und Effektivität der Entscheidungen.[2]

So einsichtig der Wunsch nach dem Wissen über den „Entscheidungserfolg" ist, so schwierig ist es, ihn tatsächlich zu erfassen. Der Grund liegt auf zwei Ebenen:

1. *Das Vollständigkeitsproblem:* Es ist unmöglich, *alle* Konsequenzen einer Entscheidung zu überblicken. Manche Entscheidungswirkungen liegen weit in der Zukunft und sind heute noch völlig unbestimmt. Um eine Entscheidung korrekt beurteilen zu können, müßte man jedoch *alle* Wirkungen berücksichtigen.
2. *Das Zuordnungsproblem:* Eine Entscheidung führt zu verschiedensten positiven und negativen Wirkungen. Sie schlagen sich in Form von Erlösen und Kosten im Unternehmen nieder. Der Saldo all dieser Erlös- und Kostenwirkungen ist der Erfolg der Entscheidung. Nur ist es gar nicht klar, welche Erlöse und Kosten den einzelnen Wirkungen und damit der Entscheidung zuzuordnen sind. Zum Beispiel kann es sein, daß man zwar weiß, daß der Auftrag mit Kunde A eine Referenzwirkung bei Kunde B hatte. Den korrekten Erlösanteil kann man dieser positiven Wirkung jedoch nicht zuordnen.

---

[1] Vgl. Kirzner 1976 und Kapitel „Grundlagen des Marktprozesses".

[2] Vgl. Riebel 1983, S. 26 f., Köhler 1993, S. 315 ff. oder Plinke 1993.

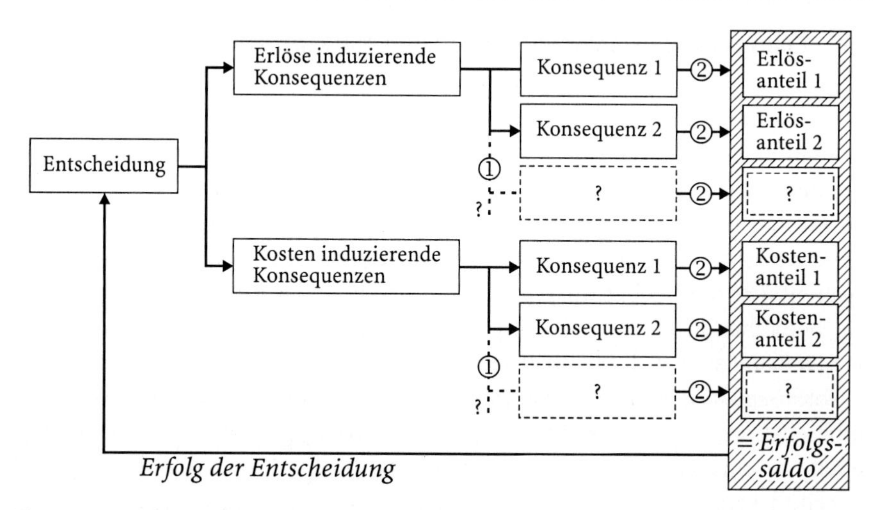

Abb. 1. Grundprobleme der Erfolgsermittlung

Abbildung 1 veranschaulicht die beiden Grundprobleme der Erfolgsermittlung. Weder kennen wir alle Wirkungen einer Entscheidung (①) noch können wir den Wirkungen immer die korrekten Erlös- oder Kostenkonsequenzen zuordnen (②).

Könnte man den Erfolgssaldo exakt bestimmen, hätte man das ideale Instrument zur Entscheidungsbeurteilung. Alle den Erfolg bestimmenden Konsequenzen der Entscheidung wären in einer Zahl komprimiert. Man könnte jede Entscheidung auf ihre Güte prüfen. Gute könnten von schlechten unterschieden werden. Wir hätten die optimale Aufbereitung der Marktergebnisse. *Jede Entscheidung wäre eine Erfolgsquelle.*

Auch für die Planung der Marktaktivitäten wäre eine solche Größe hilfreich: Mit ihrem Vorzeichen würde sie anzeigen, ob eine Entscheidung attraktiv ist. Und bei mehreren Entscheidungsalternativen erlaubt der einfache Vergleich der Erfolgssalden eine Beurteilung. Mehr wäre zur effektiven und effizienten Führung eines Unternehmens nicht nötig.[3]

Stellt sich die Frage: „Geht das?" Dazu können wir schon jetzt feststellen: Weder in der Nachbetrachtung noch in der Planungsphase ist der Erfolgsbeitrag einzelner Entscheidungen bestimmbar. Die in Abb. 1 genannten Probleme verhindern das. Bei der einzelnen Entscheidung macht dabei besonders Problem ② zu schaffen. Es ist sinnlos, danach zu fragen, wie sich z.B. der Erlös für eine Maschine auf ihre Qualität, die Preisstellung oder ihre Leistungsfähigkeit (als Entscheidungstatbestände) verteilen läßt. Eine verursachungsgerechte Zuordnung wird nicht gelingen. *Um Erfolgsquelle zu sein, muß die Entscheidung gleicher-*

---

3 Vgl. Hummel 1992 oder Riebel 1983.

maßen Erlösquelle und Kostenquelle sein. Theoretisch kann sie das, praktisch umsetzbar ist das nicht.

Entsprechend werden in der betrieblichen Praxis keine „Entscheidungserfolge" ermittelt.[4] Die Erfolgsrechnung setzt bei den *Bezugsobjekten* an, auf die sich die Entscheidungen richten – Produkte, Kunden, Absatzgebiete etc. Und das aus gutem Grund: Die Bezugsobjekte haben sowohl zu den Entscheidungen als auch zu den relevanten Rechengrößen eine hinreichende Nähe. Sie sind das Bindeglied zwischen den kosten- und erlösverursachenden Entscheidungen der Nachfrager und Anbieter.

Stellt man die Bezugsobjekte marktgerichteter Entscheidungen in den Mittelpunkt, hat das natürlich Konsequenzen für das Ziel *Aufbereitung der Marktergebnisse.* Was bedeutet z.B. ein Auftragserfolg? Zunächst einmal zeigt er nicht das Ergebnis einer einzelnen Entscheidung. Er besagt lediglich, daß alle auf die Transaktion gerichteten Entscheidungen gemeinsam den Erfolgsbeitrag erzielt haben (unter der Annahme, daß alle mit dem Auftrag verbundenen Erlös- und Kostenkonsequenzen erfaßt sind). Wir beurteilen *Entscheidungspakete.* Und die werden immer „größer", je umfassender das Bezugsobjekt wird. Ein Periodenerfolg läßt sich nur noch soweit deuten, daß ihn alle in der Periode getroffenen Entscheidungen im Zusammenspiel „produziert" haben.[5]

Abbildung 1 muß für die weiteren Überlegungen dahingehend geändert werden, daß nicht mehr die Erlös- und Kostenwirkungen einzelner Entscheidungen gesucht werden. Wir beurteilen Entscheidungspakete, wie sie sich in den Bezugsobjekten widerspiegeln. An den grundsätzlichen Problemen (①,②) ändert sich aber auch bei dem Fokus *Bezugsobjekt* nichts. Die Frage bleibt, ob alle Erlös- und Kostenkonsequenzen der Entscheidungspakete erfaßt werden können.

Aus der betrieblichen Praxis wissen wir, daß Erfolgsgrößen bei der Führung des Unternehmens eine bedeutende Rolle spielen: Der Auftragserfolg, der Erfolg einer Produktlinie, der Erfolg eines Profit-Centers. Aber wie gut bilden diese Erfolgsgrößen tatsächlich die Konsequenzen der zugehörigen Entscheidungspakete ab? Das ist die Frage, die allen weiteren Überlegungen zu Grunde liegt. Sie entscheidet über den Nutzen einer Erfolgsquellenanalyse. Bei ihrer Beantwortung sind zwei Gesichtspunkte zu beachten:

1. Erfolg ist eine abgeleitete Größe. Er setzt sich aus Erlösen und Kosten zusammen. Der Ausweis einer Erfolgsgröße verlangt, daß die von dem Bezugsobjekt (dem Entscheidungspaket) *verursachten* Erlöse und Kosten auch zugeordnet werden können. Insoweit muß geklärt werden, ob die von einem Bezugsobjekt ausgelösten Erlöse und Kosten überhaupt zu erfassen sind.

---

[4] Damit wird nicht bestritten, daß Entscheidungen die eigentlichen Erfolgsquellen des Unternehmens sind. Für sie sind nur eben keine Erfolgsgrößen zur Beurteilung ermittelbar.

[5] Vgl. Köhler 1993, S. 315 ff.

2. Es kann vom Bezugsobjekt selbst abhängen, inwieweit eine ermittelte Erfolgsgröße Aussagegehalt aufweist.

   Beispiel:
   Zur Beurteilung eines abgewickelten Auftrags ermittelte ein Unternehmen des Maschinenbaus den Projekterfolg. Er belief sich auf -200.000 DM. Entsprechend wurde das Geschäft als Fehlschlag interpretiert. In der Erfolgsgröße unberücksichtigt blieb, daß nach Aussage des Vertriebsmitarbeiters das Projekt dazu geführt hat, daß der Kunde zwei weitere Anlagen bestellt hat.

   Das Bezugsobjekt *Projekt* führt dazu, daß der Auftrag falsch beurteilt wird. Der Projekterfolg kann die Referenzwirkung nicht erfassen. Aber die drei Projekterlöse sind durch die Referenz miteinander verbunden. Womöglich hätte der Kunde die zwei weiteren Anlagen nie gekauft, wenn die erste nicht gewesen wäre. Insoweit müssen die drei Anlagen *zusammen* beurteilt werden. Erbringen sie insgesamt einen positiven Erfolg (und gab es keine bessere Alternative für das Unternehmen) war die Auftragsentscheidung doch richtig. Man sieht: Nicht jede Erfolgsgröße/Bezugsobjekt-Kombination bildet das Marktgeschehen in allen Situationen korrekt ab. Es ist zu fragen, welches Bezugsobjekt wann zu wählen ist.

Beide Aspekte werden untersucht. Ziel ist es, die Möglichkeiten und vor allem die Grenzen der Erlös- und Kostenrechnung für eine Erfolgsquellenanalyse auszuloten. Das erkennen der Grenzen ist der beste Schutz gegen eine Fehlinterpretation von Rechnungsweseninformationen.

Damit ist die Aufgabenstellung beschrieben. Abgearbeitet wird sie in sechs Schritten: Abschnitt 2.2 beschäftigt sich mit den Bezugsobjekten. Die wichtigsten werden identifiziert und systematisiert. In Abschnitt 2.3 wird den Erlösen und speziell den Erlösquellen nachgespürt. Abschnitt 2.4 befaßt sich analog mit den Kostenquellen. In Abschnitt 2.5 werden die Ergebnisse zusammengeführt zu einem Anforderungsgerüst an eine Erfolgsquellenanalyse. Unter Berücksichtigung des Möglichen und des Nötigen ist der Sollzustand definiert.

Darauf basierend werden in Abschnitt 2.6 die zwei großen Kostenrechnungssysteme – Vollkostenrechnung und Teilkostenrechnung – auf ihre Brauchbarkeit für eine Erfolgsquellenanalyse beleuchtet. Im abschließenden Abschnitt 2.7 wird die *relative Einzelkosten- und Deckungsbeitragsrechnung* von *Riebel* als spezielles Verfahren herausgehoben. Anhand von Beispielrechnungen für verschiedene betriebliche Situationen wird das *Riebel*sche Konzept praktisch erläutert. Das soll die Möglichkeiten und Grenzen einer Erfolgsquellenanalyse nochmals greifbar machen.

Hinweis: Die Abschnitte 2.3 bis 2.5 werden sehr grundsätzlich. In einer tiefgehenden Analyse wird den Erlös- und Kostenverursachern nachgespürt, sowie die Grenzen der Ermittlung von Erfolgsgrößen aufgedeckt. Ziel ist es, die Beziehungen zwischen den betrieblichen Entscheidungen und den quantitativen Ergebnisgrößen offenzulegen. Verstehen Sie die drei Abschnitte als notwendige, wenn auch bittere „Medizin". Sie macht immun gegen Fehldeutungen von Erfolgsgrößen im tagtäglichen Geschäft. Denn in der betrieblichen Praxis finden Erfolgsgrößen Anwendung. Und es ist unbestritten, daß das notwendig und sinnvoll ist. Allein die Interpretation der Größen muß richtig erfolgen. Dann besteht keine Gefahr.

2.2 Die Bezugsobjekte marktgerichteter Entscheidungen

Das Unternehmensprofil auf den Absatzmärkten ist Ergebnis einer Vielzahl heterogener Entscheidungen. Will man die Entscheidungen typologisieren, bietet sich das jeweilige Bezugsobjekt an, auf das sie gerichtet sind. Wir erhalten Gruppen von Entscheidungen, die sich jeweils auf den gleichen „Gegenstand" beziehen.

Eine Charakterisierung dieser Bezugsobjekte kann anhand des Verhältnisses zur *Einzeltransaktion* vorgenommen werden. Zum einen gibt es Bezugsobjekte, die Teil einer Transaktion sind - Produkt, Dienstleistung etc. Zum anderen existieren solche, die mehrere Transaktionen umfassen - Kunde, Verkaufsgebiet etc. Bei diesen *transaktionsübergreifenden* Bezugsobjekten läßt sich weiter nach dem verbindenden Element fragen. Dabei sind eine sachliche und eine zeitliche Dimension zu trennen:

1. Sachlich kann die Verbindung der Transaktionen ...
   ... über den Kunden → alle Transaktionen mit einem Kunden,
   ... über die Produktart → alle Transaktionen mit einem Produkt,
   ... über das Absatzgebiet → alle Transaktionen in einem Gebiet oder auch
   ... über eine Technologie → alle Transaktionen mit Produkten einer bestimmten Technologie hergestellt werden.
2. Zeitlich ist nach dem Zeitraum zu unterscheiden, über den die Transaktionen zu einem Bezugsobjekt „gebündelt" werden. Zum Beispiel kann man alle Transaktionen eines Kunden pro Woche oder aber pro Monat zusammenfassen. Je nachdem wird sich ein unterschiedlicher Erfolg ermittelt. Je nachdem sind auch die durch die Bezugsobjekte repräsentierten Entscheidungspakete unterschiedlich dick: Alle auf den Kunden (und seine Transaktionen) gerichteten Entscheidungen einer Woche oder aber eines Monats.[6]

Weiterhin weisen die Bezugsobjekte unterschiedliche Beziehungen untereinander auf. Bei genauem Hinsehen findet man zwei Formen von Abhängigkeiten:

---

[6] Vgl. z.B. Riebel 1994, S. 178 ff.

1. Bezugsobjekte in einer vollkommen hierarchischen Beziehung – z.B. Produkt → Auftrag/Transaktion → Kunde → Kundengruppe. Die einem Bezugsobjekt zugehörigen Transaktionen sind immer eine Teilmenge der zu einem hierarchisch höheren Bezugsobjekt gehörenden Transaktionen (das gilt genauso für die jeweils zugehörigen Entscheidungspakete).
2. Bezugsobjekte mit einem sachlich unterschiedlichen Fokus – z.B. Kunde und Produktartengruppe. Die dem einen und dem anderen Bezugsobjekt zugehörenden Transaktionen weisen eine Schnittmenge auf. Im Extremfall kann diese Schnittmenge auch leer sein.[7]

Insgesamt ergibt sich ein mehrdimensionales System von Bezugsobjekten, die durch unterschiedliche Beziehungen gekennzeichnet sind. Schematisch zeigt Abb. 2 ein solches System. In die Abbildung sind die wichtigsten Bezugsobjekte marktgerichteter Entscheidungen aufgenommen. Die zeitliche Dimension ist ausgeblendet.

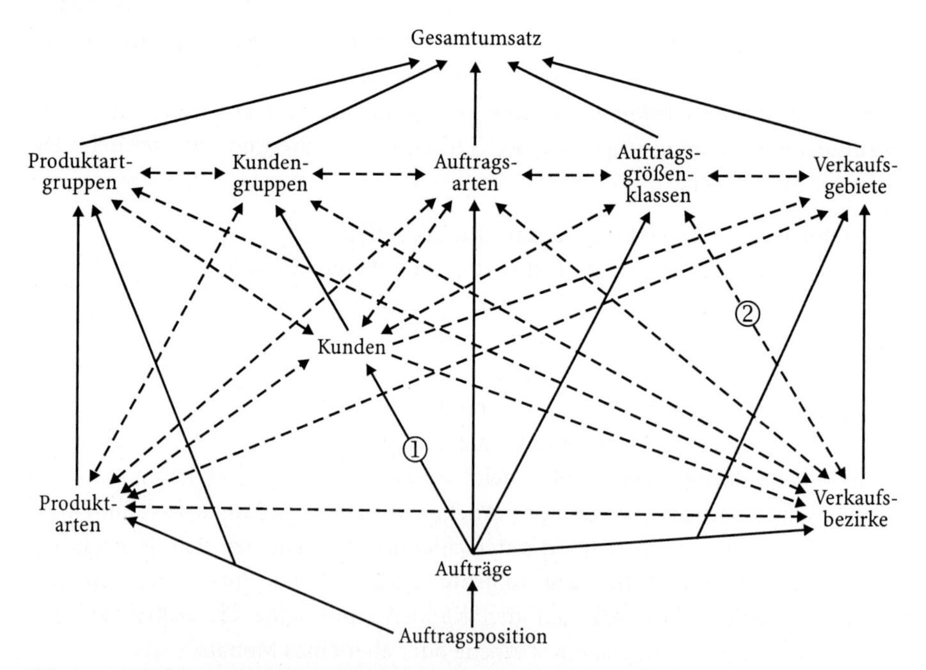

Abb. 2. Die Hierarchie der Bezugsobjekte marktgerichteter Entscheidungen (Quelle: Riebel 1994, S. 406)

[7] Vgl. Riebel 1994, S. 180 f.

Die Verbindungspfeile geben die jeweiligen Beziehungen an: ein *durchgezogener Pfeil* steht für eine eindeutige Hierarchiebeziehung. Die Pfeilspitze weist dabei in Richtung des umfassenderen Bezugsobjektes. Hinsichtlich der Transaktionen ist ein untergeordnetes Bezugsobjekt immer eine Teilmenge des nächst größeren. Für die Erfolgsquellenanalyse bedeutet das: Die Summe der Erfolge eines nachgeordneten Bezugsobjektes ist gleich dem Erfolg des übergeordneten. Zum Beispiel ist der Erfolg des Kunden *A* gleich der Summe der Erfolge aller Transaktionen mit Kunde *A* (①) (unter der Voraussetzung, daß alle Erlöse und Kosten korrekt und vollständig zugeordnet werden).

Die *gestrichelten Pfeile* haben eine andere Bedeutung: Sie zeigen mögliche *Bezugsobjektkombinationen*, für die ebenfalls marktgerichtete Entscheidungen getroffen werden können. In der Realität werden Entscheidungen eben nicht nur für *reine* Bezugsobjekte getroffen. Dispositionsobjekt kann z.B. auch eine Auftragsgrößenklasse in einem speziellen Verkaufsbezirk sein (②).[8]

Fazit

Zum ersten repräsentieren die Bezugsobjekte jeweils ein mehr oder minder großes Paket marktgerichteter Entscheidungen. Zum zweiten stehen sie jeweils für eine Gruppe bestimmter Transaktionen (Ausnahme ist das Bezugsobjekt Auftragsposition). Zum dritten verwenden wir sie als Bezugspunkt der Erfolgsrechnung. Zur Charakterisierung von Bezugsobjekten stehen drei Merkmale zur Verfügung: die sachliche Dimension, die zeitliche Dimension und die Beziehungen zu den anderen Bezugsobjekten. Füllt man die drei Dimensionen mit „Leben", ergibt sich eine große Menge möglicher Bezugsobjekte. Es ist jedoch zu erwarten, daß je nach betrieblicher Situation, Geschäftstyp und spezifischer Interessenlage nur wenige Erfolgsgröße/Bezugsobjekt-Kombinationen Bedeutung aufweisen.

Das gilt es zu klären: Für welche Bezugsobjekte lassen sich überhaupt Erfolge ermitteln? Ist es bei einigen einfacher als bei anderen? Welche Erfolgsgröße braucht man zur Beurteilung welcher Fragestellung? Welche Zusammenhänge gibt es zwischen der betrieblichen Situation / dem Geschäftstyp und der Wahl der Bezugsobjekte? Der Kern all dieser Fragen ist der gleiche: Suche nach den Erfolgsgrößen, die eine fehlerfreie Aufbereitung der Marktergebnisse erlauben.

---

[8] Vgl. Riebel 1994, S. 402 ff.

2.3 Die Analyse der Erlösquellen

2.3.1 Erlösdefinition und Erlösarten

Unter *Erlös* wird „das geplante bzw. erzielte Entgelt für die an den Markt abzugebenden bzw. abgegebenen Leistungen" verstanden.[9] Drei Dinge fallen bei der Definition ins Auge:

1. Sie setzt an Zahlungsgrößen an. Es geht um das Entgelt, das als Ergebnis eines Transaktionsprozesses in die Kasse fließt.
2. Zwingendes Merkmal des Erlöses ist der Bezug zur Leistung des Unternehmens.
3. Der geplante Erlös ist einbezogen. Damit wird das im externen Rechnungswesen geltende Realisationsprinzip für die Erlösabgrenzung aufgegeben.

Erlöse charakterisieren sich dadurch, daß sie aus mehreren, werterhöhenden und wertmindernden Elementen bestehen. Je nach Leistungspaket können Rabattstaffeln oder Mindermengenzuschläge wirksam werden. Genauso sind Aufpreise für Sonderanfertigungen oder die Gewährung von Skonti üblich. Die Schwierigkeit ist, daß die Erlöselemente aufgrund unterschiedlicher Einflußgrößen wirksam werden – Skonto in Abhängigkeit vom Zahlungsziel, Gesamtumsatzrabatte in Abhängigkeit vom Periodenumsatz usw. Gerade im Investitionsgüterbereich führt das zu Leistungsentgelten, die nur noch wenig mit den Listenpreisen zu tun haben. Sie sind zumeist transaktionsindividuell.[10]

Zur Übersichtlichkeit werden die Erlöselemente sortiert nach ihrer Abhängigkeit zu Erlösarten zusammengefaßt. Erlösarten sind „alle primären wertmäßigen Elemente der Erlöse, die bei Planungsüberlegungen variiert werden können"[11]. Einen Überblick der häufig auftretenden Erlösarten gibt Tabelle 1. Im konkreten Fall treten auch Kombinationen der aufgeführten „reinen" Erlösarten auf; z.B. kundenspezifische Gesamtumsatzrabatte.

Der erste Analyseschritt zeigt bereits, daß der Erlös nicht nur auf Entscheidungen zurückführbar ist, die sich auf ein und dasselbe Bezugsobjekt richten. Die Frage nach den *Erlösquellen* muß differenziert für die einzelnen Erlösarten beantwortet werden. Zum Beispiel ist Quelle der Erlösart *Listenpreis* das einzelne Absatzobjekt bzw. die einzelne Auftragsposition. Das *Skonto* ist auf die im Transaktionsverlauf vereinbarte Zahlungsart zurückzuführen. Entsprechend ist es der Transaktion direkt zuordenbar. Der *periodenbezogene Umsatzrabatt* rührt von einer Entscheidung her, die alle Aufträge des Kunden in der Periode

---

[9] Engelhardt 1992, S. 656

[10] Vgl. Engelhardt 1992, S. 662 und Kapitel „Grundkonzeption des Marketing".

[11] Kolb 1978, S. 43

Tabelle 1. Die häufigsten Erlösarten, gegliedert nach ihren Abhängigkeiten (In Anlehnung an: Männel 1992, S. 640)

	Die häufigsten Erlösarten	*Abhängigkeit der Erlösart*
1	Listenpreis	Auftragsposition
2	Sonderausführung oder -leistung	
3	Versandverpackung	Auftrag/Transaktion
4	Frachtfreie Anlieferung	
5	Funktionsrabatte	
6	Selbstabholer-Rabatte	
7	Auftragsbezogene Mengenrabatte	
8	Skonto	
9	Zinserlöse aus einer über die normale Zielgewährung hinausgehenden Absatzfinanzierung	
10	Schadenersatz oder Konventionalstrafen z.B. wegen mangelhafter oder verspäteter Lieferung	
11	Preisnachlässe aufgrund von Mängelrügen	
12	Mehrerlös aufgrund von Gewährleistungsübernahme	
13	Gutschrift für zurückgesandte Mehrwegverpackung	Mehrere Aufträge/ Mehrere Transaktionen
14	Jahresumsatzboni	Periodenumsatz
15	Periodenbezogene Gesamtumsatzrabatte	
16	Kundenspezifische Rabatte	Kunde

betrifft. Entsprechend kann diese Erlösart auch nur allen in dem Zeitraum getätigten Transaktionen mit dem Kunden gemeinsam zugeordnet werden.[12]

Beispielhaft ist eine solche Erlösstruktur in Abb. 3 dargestellt: Der vertraglich vereinbarte Erlös für einen Auftrag in Höhe von 12.000 DM ist nach Erlösarten aufgespalten (Zeilenköpfe) und den jeweiligen Bezugsobjekten – Auftragsposition, Auftrag, Periode, Kunde – zugeordnet. Die gerasterten Balken zeigen an, auf welche Bezugsobjekte sich die Entscheidungen gerichtet haben, die für die Erlösarten verantwortlich sind.

Man erkennt, daß die Entscheidung für den Periodenumsatzrabatt (Zeile 4) alle Transaktionen betrifft, die im Dezember 1994 mit Kunde A realisiert wurden. Der Erlösanteil von –700 DM ist auf die kunden- und periodenbezogene Rabattentscheidung zurückzuführen. Er ist von allen Transaktionen mit Kunde *A* im Dezember 1994 gemeinsam verursacht: Hätte der Kunde nicht die Transaktion I realisiert, wäre er bei der Transaktion II womöglich nicht in den Genuß der Erlösminderung gekommen.

In den Mittelpunkt des Interesses haben wir die Entscheidung gerückt. Und es sah so einfach aus: 12.000 DM, verursacht von Transaktion II. Nun zeigt sich, daß

[12] Vgl. Männel 1983, S. 125 ff.

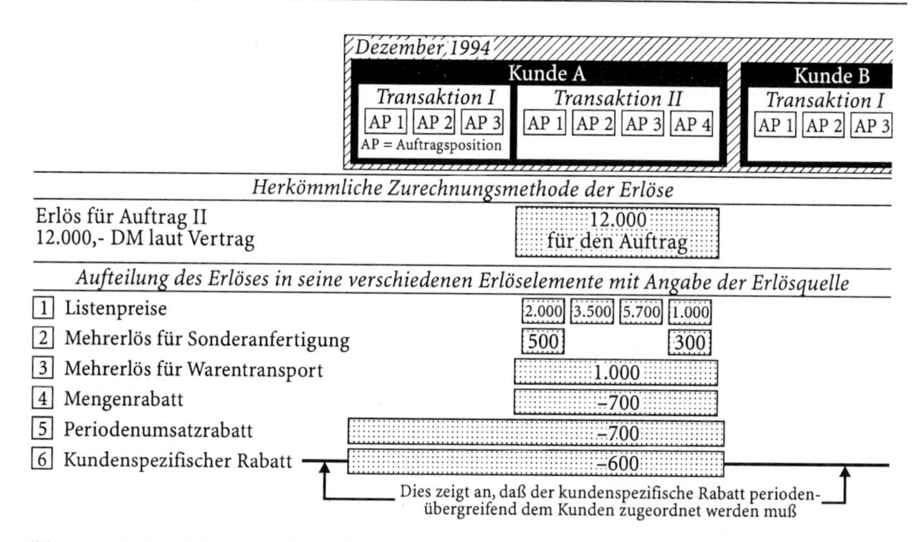

Abb. 3. Beispiel für eine Erlösaufspaltung entsprechend der verschiedenen Erlösarten

die Erlösarten von ganz unterschiedlichen Entscheidungen abhängen. Und nicht alle sind auf das Bezugsobjekt *Transaktion* gerichtet. Einige können einem Teil der Transaktion – z.B. der Auftragsposition – zugeordnet werden. Andere Erlösarten lassen sich zumindest der Transaktion als ganzer eindeutig zuordnen. Es gibt aber auch Erlösarten, die keinen eindeutigen Bezug zu nur *einer* Transaktion aufweisen. Ihr Entstehen ist auf mehrere Transaktionen zurückzuführen. Die Erlösarten existieren, weil der aktuelle Auftrag eine Geschichte und/oder eine Zukunft hat. Es existieren Bezüge zu vor- und/oder nachgelagerten Transaktionen.

Schon für die Erlösartenebene können wir feststellen: Die einzelne Transaktion stellt in der Regel nicht die Quelle des Erlösbetrages dar. Letztlich fixieren verschiedene, auf unterschiedliche Bezugsobjekte gerichtete Entscheidungen seine exakte Höhe.

2.3.2 Das Problem der Erlösverbunde

Mit den gewonnenen Einblicken ist das Problem der Erlöszurechnung auf Bezugsobjekte jedoch noch nicht gelöst. Um hier Klarheit zu erlangen, gehen wir einen Moment auf die Anfangsidee *Entscheidung = Erlösquelle* zurück.

Das bisherige Ergebnis suggeriert, daß wir auf der Ebene der Erlös*arten* eine eindeutige Zuordnung von Erlös und Entscheidung erreichen. Stimmte das, wäre jede Rabattentscheidung ökonomisch sinnlos; sie erbrächte immer nur negative Erlösanteile, z.B. 20 % Abschlag auf den Listenpreis. Was wir bei der Erlösartenbetrachtung zwangsläufig übersehen, sind die absatzpolitisch erwünschten Wir-

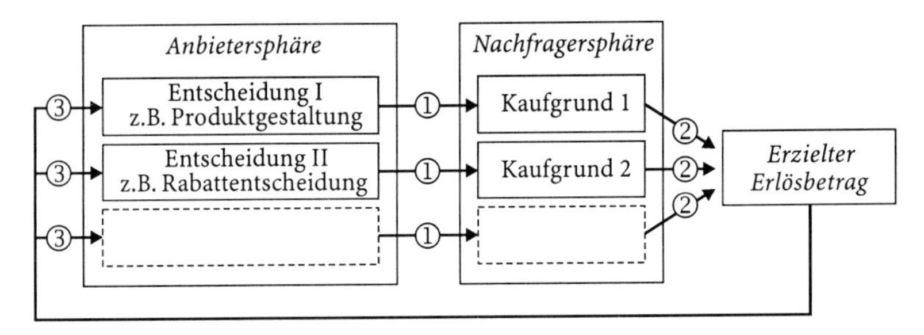

Abb. 4. Das Phänomen der Erlösverbundenheit

kungen der Rabattentscheidung, die sich gerade nicht als Erlösarten zeigen. Die Idee der Rabattstaffel ist es ja nicht nur, die „Vielkäufer" zu belohnen. Es soll ein Mengeneffekt erzielt werden. Insoweit müßten der Rabattentscheidung auch alle Erlöse aus dem Mehrverkauf an Produkten hinzugerechnet werden.[13]

Nun ist es aber nicht so, daß 20 % der Nachfrager nur wegen der Rabattstaffel kaufen und 80 % allein wegen der Güte des Produktes. Vielmehr bietet die Rabattstaffel den Nachfragern einen *zusätzlichen* Kaufgrund. Dieser Gedanke ist in Abb. 4 schematisiert dargestellt. Ein Anbieter trifft mehrere marktgerichtete Entscheidungen. Diese werden vom Nachfrager als Kaufgründe angenommen. Alle Kaufgründe zusammen sind ursächlich für den Erlös.

Ob der Käufer die angebotenen Kaufgründe akzeptiert (①), bzw. welche Kaufgründe mit welcher Gewichtung letztlich zum Kauf und damit zum Erlös geführt haben (②), können wir aus seiner Kaufentscheidung jedoch nicht erkennen. Die in Abb. 4 verdeutlichte Überlegung zeigt uns, daß einzelne Erlösarten von mehreren Entscheidungen des Anbieters abhängen *können* (③).

Wir sind beim Kern des Problems: Die Zuordnung eines Erlösbetrages zu den Wirkungen einer Entscheidung ist immer dann *unmöglich*, wenn

1. den Kunden mehrere Gründe zum Kauf bewegen *und* wenn
2. die den Nachfrager motivierenden Kaufgründe auf verschiedene Entscheidungen des Anbieters zurückgehen.

Kommen beide Bedingungen zusammen, ist ein Erlöselement einer Entscheidung nicht mehr direkt verursachungsgerecht zuordenbar. Warum? Bei mehreren vom Nachfrager empfundenen Kaufgründen können wir keine Zuordnung zwischen Kaufgrund und Erlösanteil vornehmen (②). Alle Kaufgründe gemeinsam haben zum Kauf und damit zum Erlös geführt. Wir wissen nicht, wie der Nachfrager entschieden hätte, wenn nur einer der Kaufgründe nicht gewesen wäre.

[13] Die Rabattentscheidung war richtig, wenn die akzeptierten Erlösminderungen durch die mengenbedingten Mehrerlöse (unter Berücksichtigung der Mehrkosten) überkompensiert werden.

Der Erlös (und auch der Nichterlös) ist nur durch die Gesamtheit der Kaufgründe zu erklären. Sind nun die Kaufgründe auf verschiedene Anbieterentscheidungen zurückzuführen (①), ist der Erlös auch nur den Entscheidungen gemeinsam zuordenbar (③). Eine Aufspaltung in anteilige Erlöspäckchen ist unmöglich. Der Erlös hat mindestens zwei Entscheidungen des Anbieters zur Ursache.

Wir haben den Grund für die Unmöglichkeit der Erlöszuordnung auf die Wirkungen von Entscheidungen aufgespürt (Problem ② in Abb. 1). Umgekehrt können wir nun verstehen, wann und warum von verbundenen Erlösen gesprochen wird. Durch die Rabattentscheidung sind die Erlöse *der* Transaktionen miteinander verbunden, die das Rabattangebot nutzen. Der Grund ist, daß wir nicht sagen können, welcher Erlösanteil einer jeden Transaktion auf die Rabattentscheidung zurückführbar ist. Klar ist nur, daß in allen Erlösen zusammen auch der Anteil enthalten ist, der auf die Rabattentscheidung zurückgeht. Die Erlöse sind durch die Entscheidung miteinander verbunden.[14] Damit ist die Verbundproblematik auf der Entscheidungsebene geklärt.

Zurück auf die Bezugsobjektebene: Welche Auswirkungen haben die Verbunde für eine Erlöszurechnung auf Bezugsobjekte? Es müssen zwei Fälle unterschieden werden:

1. *Die für den Erlösbetrag maßgeblichen Entscheidungen beziehen sich auf das selbe Bezugsobjekt.* In dem Fall spielen die Verbunde für die Aussagekraft der Erlösgröße keine Rolle: Wenn das Bezugsobjekt entfällt, entfällt auch der angegebene Erlösbetrag.

2. Die für den Erlös maßgeblichen Entscheidungen beziehen sich auf unterschiedliche Bezugsobjekte. In dem Fall verändert sich die Aussagekraft der Erlösgröße.

   Beispiel:
   Ein Kunde bestellte zehn Produkte. Kaufgrund für ihn war zum einen die Produktqualität. Zum anderen kaufte er aber auch deshalb zehn Stück, weil er die Umsatzgrenze von 10.000 DM erreichen wollte. Dort lag die Schwelle für einen Sonderaktionsrabatt von 10 %.

   Der Stückerlös hat nicht mehr die gleiche Aussagequalität, wie in Fall (1). Mit ihm ist die Aussage verbunden, daß genau dieser wegfiele, wenn das Produkt nicht verkauft wird. Das muß hier nicht stimmen: Wenn wir eines der Produkte nicht verkauft hätten, wäre womöglich nicht *nur* der Stückerlös weggefallen. Durch die über den Rabatt hergestellte Verbundenheit der Produkte kann es sein, daß der Kunde bei Nichtkauf des zehnten Produktes auch insgesamt weniger gekauft hätte, weil er die Rabattschwelle sowieso nicht erreicht.

---

[14] Zur Erlösverbundenheit vgl. Engelhardt 1976, Engelhardt 1977, Männel 1983, S. 136 ff. oder Riebel 1994, S. 98 ff.

Tatsächlich können wir nur sagen, daß alle Produkte gemeinsam zu dem Auftragserlös von 10.000 DM geführt haben. Und dieser Erlös ist auf die Produktqualität und die Rabattaktion zurückzuführen. Der Produkterfolg ist in dem Beispiel nur eine statistische Maßzahl. Der Entscheidungsbezug fehlt. Das Produkt allein ist eben nicht der Erlösverursacher. Die richtige Abbildung der Marktergebnisse ist nur bei der Erlösgröße gegeben, die alle durch den Rabatt verbundenen Produkte einbezieht. Korrektes Bezugsobjekt ist insoweit der Auftrag insgesamt. Nur hier besteht der geforderte Entscheidungsbezug. Rabattentscheidung und Produktentscheidung gemeinsam haben den Auftragserlös verursacht. Mehr an Information ist nicht zu erzielen.

Wäre hingegen das Rabattangebot in den Augen des Kunden *kein* Kaufgrund, stellte bereits der Stückerlös eine informative Größe dar. Dieser und nur dieser fiele weg, wenn das Produkt nicht verkauft würde. Die Erlöse der einzelnen Produkte wären nicht miteinander verbunden. Allein die Produktqualität hätte den Erlös verursacht. Der Stückerlös wäre eine adäquate rechnerische Abbildung der Marktergebnisse. Er wäre nicht nur eine statistische Maßgröße für einen durchschnittlichen Erlösbetrag unter bestimmten Bedingungen. Das Produkt wäre das korrekte Bezugsobjekt.

Was ist aus den Überlegungen zu folgern? Wir müssen die *richtige* Erlösgröße zur Beurteilung des Entscheidungsmix eines Anbieters identifizieren. Umgekehrt: Nicht jede Erlösgröße bildet die Marktzusammenhänge korrekt ab. Die generelle Regel lautet: Eine adäquate Erlösgröße/Bezugsobjekt-Kombination ist dann gefunden, wenn mit Wegfall des Bezugsobjektes auch genau der zugeordnete Erlösbetrag entfällt. Das ist immer dann der Fall, wenn alle Kaufgründe auf Entscheidungen zurückgehen, die sich auf das Bezugsobjekt (oder auf hierarchisch untergeordnete Bezugsobjekte) gerichtet haben (Fall 1). Insoweit muß ein Bezugsobjekt immer so gewählt werden, daß alle den Erlös beeinflussenden Entscheidungen ihm zuzuordnen sind. In unserem Beispiel ist das der Auftragserfolg. Sowohl die Rabattentscheidung als auch die Entscheidung über die Produktqualität ist dem Auftrag zuzuordnen.

Um das richtige Bezugsobjekt wählen zu können, muß man die Verbundstrukturen in dem jeweiligen Geschäft kennen. Hier soll eine einfache Einteilung helfen, die Verbundbeziehungen leichter zu entdecken. Prinzipiell können Verbunde nur in dreierlei Form auftreten:

1. Verbunde zwischen mehreren Auftragspositionen innerhalb einer Transaktion (*Auftragsposition m* ist auch Kaufgrund für *Auftragsposition m+1*),
2. Verbunde zwischen mehreren Transaktionen eines Kunden (*Transaktion n* ist auch Kaufgrund für *Transaktion n+1*) oder
3. Verbunde zwischen Transaktionen verschiedener Kunden (Eine Transaktion mit *Kunde K* ist auch Kaufgrund für *Kunde K+1*).

Verbunde zwischen Auftragspositionen (1) führen dazu, daß ein Erlös verursachungsgerecht nur der *Transaktion* als ganze zugeordnet werden kann. Es ist keine Aussage darüber möglich, welche Auftragsposition welchen Erlösanteil bewirkt hat.

Bei kundenindividuellen Verbunden zwischen mehreren Transaktionen (2) ist das Ende verursachungsgerechter Erlöszuordnung beim Bezugsobjekt *Kunde* erreicht. Wir können nur die Frage beantworten, welcher Erlös wegfallen würde, wenn der Kunde ausfällt. Der Erlös jeder einzelnen Transaktion ist verursachungsgerecht nicht ermittelbar.

Bestehen Verbunde zwischen Transaktionen verschiedener Kunden (3), können nur die Erlöse all dieser verbundenen Transaktionen gemeinsam verursachungsgerecht erfaßt werden. Der Fall ist gegeben, wenn z.B. ein Unternehmen *A* eine Kommunikationssoftware kauft, weil ein Kooperationspartner *B* diese Software installiert hat. Beide Käufe stehen in inhaltlichem Zusammenhang. Womöglich hätte *A* die Software ohne Existenz der Kooperation mit *B* nie erworben. Insoweit ist der *A*-Erlös für die Software nicht allein der Transaktion mit *A* zuzuordnen. Er ist auch durch den Kauf von *B* verursacht. Kaufgrund für *A* war nicht nur der Wunsch nach der Software sondern auch nach einer Kommunikationsschnittstelle mit *B*. Für die *B*-Transaktion können wir nicht feststellen, welcher Erlös tatsächlich ausfiele, wenn sie nicht realisiert würde. Wir dürfen die Erlöse beider Transaktionen auch nur beiden gemeinsam zuordnen.

Die Kriterien zur Zusammenfassung von Transaktionen werden durch die Verbundart bestimmt. Besteht z.B. ein Verbund aufgrund einer Systemkompatibilität, ist die untere Grenze verursachungsgerechter Erlöszuordnung bei allen Produkten erreicht, die den Kundennutzen aus dem Systemeffekt ziehen. Der Erlös hilft bei der Beurteilung der Systementscheidung. Welchen Erlös eine spezielle Transaktion verursacht hat, kann aufgrund der Verbunde nicht festgestellt werden. Die Ermittlung einer solchen Erlösgröße führt automatisch zu einer Zerschneidung der kausalen Beziehungen.

An dieser Stelle könnte man die Frage stellen, ob nicht alle Erlöse irgendwie verbunden sind und ob überhaupt eine Erlösgröße korrekt ermittelbar ist. *Riebel* nennt das die „Allverbundenheit der Erlöse“[15] und meint damit folgendes:

> **Beispiel:**
> Ein Industrieunternehmen will seine Betriebsfeier ausrichten. Aus Gründen der Einfachheit vergibt es den Auftrag an einen in der gleichen Gegend angesiedelten Catering-Service, dem auch sonst ein guter Ruf vorauseilt. Der Manager des Dienstleisters denkt darüber nach, was für den Auftragserhalt ausschlaggebend war.

[15] Vgl. Riebel 1994, S. 147 f.

Mit großer Wahrscheinlichkeit hatte auch die räumliche Nähe einen Einfluß auf die Auftragsentscheidung. Streng genommen ist der Erlös des Auftrags nicht nur auf die Service-Güte sondern auch auf die Standortentscheidung des Catering-Service zurückzuführen. Wir haben es mit Verbunderlösen zu tun. Trotzdem ist daraus nicht der Schluß zu ziehen, daß kein Auftragserfolg ermittelt werden dürfe. Es ist anzunehmen, daß die räumliche Nähe nur eine untergeordnete Bedeutung gespielt hat. Wäre der Ruf des Serviceanbieters nicht so gut, hätte er trotz der räumlichen Nähe nicht den Auftrag bekommen. Der Standorteffekt ist so schwach, daß er „guten Gewissens" vernachlässigt werden kann.[16]

Letztlich lassen sich für jede Situation unendlich viele Verbundbeziehungen finden. Das ist es, was *Riebel* als Allverbundenheit bezeichnet. Für uns leitet sich daraus die Forderung ab, nur auf die bedeutenden Verbunde zu achten. Das setzt voraus, daß wir „bedeutend" und „unbedeutend" trennen können.

Ein Patentrezept hierfür gibt es nicht. Es muß einzeln für jede Situation aufs Neue entschieden werden. Mit unserer Verbunddefinition sind wir jedoch in der Lage, zumindest der Idee nach das Trennungskriterium zu beschreiben:

- *Unbedeutende Verbunde* liegen vor, wenn die Kaufgründe des Nachfragers – die den Verbundeffekt erzeugen – einen deutlich asymmetrischen Einfluß ausüben.
- *Bedeutende Verbunde* liegen vor, wenn die auf verschiedene Entscheidungen zurückgehenden Kaufgründe nahezu gleichgewichtig sind.

Schematisch ist der Zusammenhang in Abb. 5 abgebildet. Zwei Entscheidungen des Anbieters führen beim Nachfrager zu zwei Kaufgründen (mittlere Box). Diese können unterschiedliche Bedeutung für die Kaufentscheidung haben. Das wird durch die Diagonale abgebildet. Dabei nimmt von links nach rechts die Be-

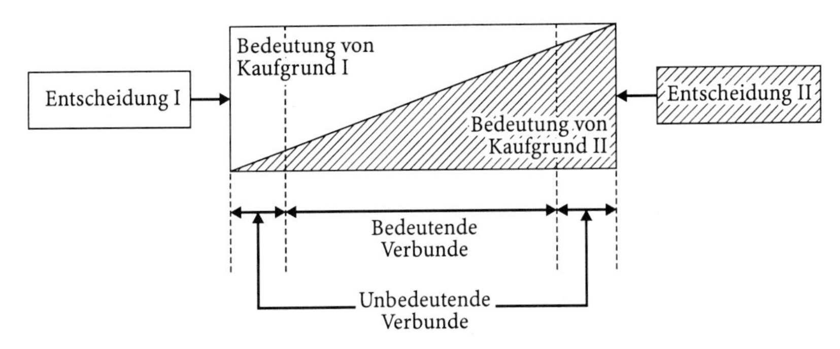

Abb. 5. Bedeutende und unbedeutende Erlösverbunde

[16] Nichtsdestotrotz werden diese Verbunde bei der Beurteilung der Marktergebnisse zumindest qualitativ doch berücksichtigt. So wird bei vielen Unternehmen der Auftragseingang von Vertriebsmitarbeitern auch in Relation zum jeweiligen Verkaufsgebiet beurteilt.

deutung des Kaufgrundes 1 zu Gunsten von Kaufgrund 2 kontinuierlich ab. Am rechten und linken Rand der Box sind Bereiche, in denen *ein* Kaufgrund dominiert. In solchen Situationen können die Verbundwirkungen vernachlässigt werden, ohne einen zu großen Fehler zu begehen. Im Mittelteil der Box sind *beide* Kaufgründe für die Kaufentscheidung von Bedeutung. Entsprechend müssen die Verbunde bei einer Erlösrechnung berücksichtigt werden.

Der Sache nach sind damit die Probleme der Erlöszuordnung auf Bezugsobjekte beschrieben. Als Zwischenfazit läßt sich festhalten: Erlöse bestehen aus mehreren Erlösarten. Jede Erlösart charakterisiert sich durch eine eigene Abhängigkeit. Ob und in welcher Höhe eine Erlösart anfällt, hängt von zwei Dingen ab:

1. Welche Erlösarten bietet der Anbieter an? – und
2. welche Zusammensetzung hat der Auftrag? – denn dadurch wird festlegt, welche Erlösarten wie wirksam werden.

Mit dem Wissen um die Erlösarten erreichen wir jedoch keine verursachungsgerechte Zuordnung von Erlös und Bezugsobjekt. Für jedes Erlöselement können mehrere Entscheidungen des Anbieters maßgeblich sein. Verursachungsgerecht können wir ein solches Erlöselement nur *dem* Bezugsobjekt korrekt zuordnen, das alle erlösbeeinflussenden Entscheidungen umfaßt. Das hat zur Konsequenz, daß man nicht für jedes beliebige Bezugsobjekt eine aussagekräftige Erlösgröße ermitteln kann.

Als das zentrale Problem hat sich die Erlösverbundenheit erwiesen. Um den Verbunden auf die Spur zu kommen, haben wir sie nach Wirkung und Bedeutung systematisiert. Beides kann helfen, entweder die einem Bezugsobjekt zugehörige Erlösgröße zu bestimmen oder aber gegebene Erlösgrößen auf ihren Aussagegehalt zu prüfen.

Damit soll der sehr detaillierte Einblick in die Welt der Erlösverbundenheit beendet werden. Er war nötig, um die Abhängigkeiten zu erkennen, wie sie zwischen Erlösen und Bezugsobjekten bestehen. Eins wird bereits an dieser Stelle klar: Je nach betrieblicher Situation und Geschäftstyp müssen unterschiedliche Erlösstrukturen und Verbundbeziehungen erwartet werden. Entsprechend sind es auch immer andere Erlösgröße/Bezugsobjekt-Kombinationen, die ein authentisches Abbild der Marktergebnisse erzeugen. Diese Einflüsse der betrieblichen Situation werden nun beleuchtet.

2.3.3 Geschäftstypenspezifische Charakteristika der Erlösstruktur

Im Kapitel „Einführung in das Business-to-Business-Marketing" wurden die verschiedenen Bereiche des Business-to-Business-Marketing vorgestellt. Diese Einteilung wird hier wieder aufgegriffen. Die einzelnen *Geschäftstypen* werden daraufhin betrachtet, ob charakteristische Erlösstrukturen bzw. -verbunde existieren und welcher Art sie sind. Dafür greifen wir aus jedem Bereich einen *typischen* „Vertreter" heraus:[17]

- *Investitionsgüter:* ein General Contractor im Großanlagenbau,
- *Produktionsgüter:* ein Hersteller weltweit standardisierter Komponenten und ein Hersteller hochspezifischer Baugruppen,
- *Systemtechnologien:* ein Anbieter von Kritische-Masse-Systembausteinen und
- *Dienstleistungen:* z.B. ein Software-Haus.

Investitionsgüter

Der Anlagenanbieter verkauft jede Anlage einzeln. Verbunde zwischen mehreren Projekten bestehen kaum. Die Charakteristika des Anlagengeschäfts lassen für Mengenverbunde keinen Raum. Und Erfahrungen früherer Käufe werden zu einem Faktor unter vielen. Die vielfältigen Zwänge im Anlagengeschäft - Bedarf an speziellem Know how, Finanzierung, etc. - verringern die bindende Wirkung einer Geschäftsbeziehung. Allein die „Referenzentscheidung" kann einen stärker wirkenden Verbund von Projekten und damit Erlösen erzeugen[18] (wenn die Referenz Kaufgrund wird). Ansonsten stellt der Anlagenerlös eine aussagekräftige Größe zur Beurteilung des Projektes dar. Er entfällt, wenn das Projekt entfällt.

Produktionsgüter

(a) Ein Hersteller für weltweit standardisierte Komponenten: Die Nachfrager betreiben in der Regel multiple sourcing: Es gibt eine größere Schar von Lieferanten; die einzelne Bestellung entfällt jeweils auf das günstigste Angebot. In solch einer Situation können Verbundeffekte von Mengen- oder Periodenumsatzrabatten herrühren. Eine „gute Beziehung" hat hingegen kaum bindende Wirkung. Und auch kundenübergreifende Verbunde sind nicht zu erwarten. In Abhängigkeit von der Intensität rabattpolitischer Bemühungen ist der Auftragserlös eine aussagekräftige Größe.

(b) Ein Hersteller hochspezialisierter Baugruppen: Kompatibilität und Integralqualität verlangen eine enge Zusammenarbeit von Anbieter und Kunde. Ein Lie-

---

[17] Zu den einzelnen Bereichen des Business-to-Business-Marketing vgl. Kapitel A.3 - „Einführung in das Business-to-Business-Marketing" - und die dort angegebene Literatur.

[18] Sie soll ihre Wirkung beim gleichen Kunden, aber vor allem kundenübergreifend entfalten. Dabei ist der Effekt wieder der gleiche: Im ersten Projekt wird zum Aufbau einer Referenz z.B. ein Preisnachlaß gewährt. Ist diese Referenz für den Kunden des nächsten Projektes ein Kaufgrund, sind die beiden Erlöse miteinander verbunden. Die Entscheidung für die Referenz und das spezielle Angebot an den zweiten Kunden haben die Erlöswirkung gemeinsam erzielt. Verursachungsgerecht kann man den Erlös nur dem Bezugsobjekt Beide Projekte zuordnen.

ferantenwechsel führt beim Nachfrager zu hohen Wechselkosten. Andererseits sind die Investitionen des Anbieters – Entwicklung der Baugruppen, Definition der Schnittstellen etc. – hochspezifisch. Beides weist auf eine Geschäftsbeziehung hin.[19]

In dem Fall existieren klare Erlösverbunde zwischen den Transaktionen mit dem Kunden. Die Auftragserlöse sind nicht allein durch die Einzeltransaktionen verursacht. Als Kaufgrund spielt immer auch die Geschäftsbeziehung eine Rolle. Damit liefert der Transaktionserlös keine Information, ob die Annahme eines Auftrags richtig oder falsch war. Ziel des Anbieters ist es, die Beziehung als ganze erfolgreich zu gestalten. Zum Beispiel kann es in der Frühphase einer Beziehung richtig sein, einen Auftrag trotz eines zu geringen Transaktionserlöses zu realisieren. In dem Betrag ist nämlich nicht enthalten, welcher Erlös aufgrund der Realisation des scheinbar schlechten Geschäfts heute in der Zukunft zusätzlich entsteht.

Bei allen Transaktionen mit dem Kunden wirkt die Beziehungsentscheidung mit. Entsprechend sind die Marktergebnisse auch für diese Ebene auszuwerten. Der Kunde ist das Bezugsobjekt für die Erlöszuordnung. Beurteilungsmaßstab für die Güte der Geschäftsbeziehung ist der Erlös des Kunden über die gesamte Beziehungsdauer.[20] Auf dieser Ebene sind die durch die Beziehung erzeugten Verbunderlöse zuordenbar, ohne sie willkürlich zerschneiden zu müssen. Das kleinste identifizierbare Bezugsobjekt für eine verursachungsgerechte Erlöszuordnung ist die Kundenbeziehung.

Systemtechnologien

Im Systemgeschäft ist die Verbundproblematik konstitutives Merkmal. Besonders markant zeigt sich das bei den Kritische-Masse-Systemen. Der Kundennutzen von z.B. FAX-Geräten ist fast ausschließlich derivativ. Entsprechend ist die installierte Basis von großer Bedeutung. Zentraler Kaufgrund ist der erwartete Nutzen durch das System. Damit ist eine Transaktion automatisch von allen anderen abhängig. Der Erlös der einzelnen Transaktion hat keinen eindeutigen Entscheidungsbezug. Die Systementscheidung ist immer mitverantwortlich für einen Kauf.[21]

Für die Beurteilung der Systementscheidung ist es unmaßgeblich, ob eine einzelne Transaktion einen genügend hohen Erlös erbringt. Das System insgesamt muß „sich rechnen". Zeitraum ist der Lebenszyklus des Systems. So kann es sinn-

---

[19] Vgl. Plinke 1989.

[20] Der Erlös über die gesamte Lebenszeit der Geschäftsbeziehung ist der theoretisch richtige Grenzfall. Tatsächlich wird man eine bestimmte Zeitspanne festlegen, für die jeweils der Erfolg mit dem Kunden ermittelt wird. Die dadurch zerschnittenen Verbunde (von Periode zu Periode) finden qualitativ Berücksichtigung.

[21] Vgl. Weiber 1992, S. 15 ff.

voll sein, die ersten Produkte zu verschenken um die installierte Basis schnell zu vergrößern. Der Erfolg des Systems kann und muß dann mit den Erlösen der nachfolgenden Transaktionen realisiert werden. Aufgrund der extremen Nutzenverbunde[22] sind die Erlöse *eindeutig* nur der Bezugsobjekt *System* zuordenbar.[23] Die durch die einzelnen Transaktionen tatsächlich verursachten Erlöse sind nicht zu erfassen.

Industrielle Dienstleistungen

Dienstleistungen verlangen nach der Einbeziehung des Kunden. Zudem ist ihre Qualität vor und manchmal auch nach der Leistungserbringung gar nicht oder nur eingeschränkt beurteilbar. Entsprechend wichtig für den Nachfrager sind Vertrauen und Erfahrung. Das sind die Gründe, warum die Geschäftsbeziehung im Dienstleistungsbereich eine große Rolle spielt. Indem die ersten Transaktionen die Basis für Vertrauen und Erfahrung schaffen (hohe Transaktionskosten), sind sie mit den nachfolgenden verbunden. Für den Beginn der Beziehung bedeutet das erhebliche Anstrengung seitens des Anbieters. Die Gestaltung der Beziehung steht im Vordergrund. Absatzpolitische Zielgröße ist der *Kundenerlös*. Dem Kunden als ganzen können die Erlöse eindeutig zugeordnet werden. Für die Transaktion ist eine verursachungsgerechte Erlöszuordnung aufgrund der Verbundwirkung unmöglich.

Damit sind die verschiedenen Business-to-Business-Geschäftstypen beispielhaft in ihren Erlösstrukturen skizziert. Für den Erlösbereich läßt sich als Fazit festhalten:

1. Die verursachungsgerechte Zuordnung von Erlösen und Bezugsobjekten wird von der Erlösstruktur bestimmt. Art und Bedeutung der Erlösverbunde steuert, welche Bezugsobjekte zur korrekten Abbildung des Marktgeschehens Verwendung finden dürfen und welche nicht.
2. Für die Bezugsobjektwahl ist es wichtig, die Verbundbeziehungen zu erkennen und die bedeutenden von den unbedeutenden Verbunden zu trennen. Eine generelle Regel gibt es nicht. Die Ergebnisse sind abhängig von der betrieblichen Situation und dem Geschäftstyp.
3. Im Großanlagengeschäft spielen Verbunde zwischen den Projekten keine Rolle. Ausnahme ist die Referenz. Für die Beurteilung des einzelnen Geschäf-

---

[22] Im Gegensatz zur Geschäftsbeziehung sind die Verbunde hier kundenübergreifend.

[23] Selbst auf der Ebene Gesamtsystem besteht keine Verbundfreiheit: wird ein neues System kompatibel zum alten gestaltet, entstehen automatisch systemübergreifende Verbunde – Aufwärts- und Abwärtskompatibilität im Softwarebereich ist ein Beispiel. In all den Fällen sind die Erlöse des Folgesystems auch durch das vorhergehende mitverursacht und müßten entsprechend zugeordnet werden.

tes ist der Projekterlös insoweit brauchbar. Eine potentielle Referenzwirkung sollte zumindest qualitativ berücksichtigt werden.

4. Im Produktgeschäft hängt es von der Kundenbeziehung ab, welche Ebene der Erlöszuordnung im Vordergrund stehen sollte:
   Bei der Kombination *Mengengeschäft/geringe Kundenbindung* kann man mit dem Transaktionserlös operieren. Beachtet werden müssen jedoch transaktionsübergreifende Verbunde in Form von Rabatten etc. In dem Fall büßt der Transaktionserlös an Informationsgehalt ein.
   Der Fall *enge Geschäftsbeziehung* verlangt, daß der *Kunde* als Bezugsobjekt der Erlöszuordnung verwendet wird. Der Grund sind die beziehungsinduzierten Verbunde zwischen den Einzelgeschäften.
5. Beim Systemgeschäft muß das Bezugsobjekt verursachungsgerechter Erlöszuordnung *System* heißen. Die starken nutzenbedingten Verbunde zwischen den einzelnen Transaktionen zwingen dazu.
6. Bei den industriellen Dienstleistungen verlangen die transaktionsübergreifenden, kundenspezifischen Verbunde die Geschäftsbeziehung als Bezugsobjekt.
7. *Anmerkung:* Bei strenger Auslegung des Verursachungsprinzips ist eine vollkommen korrekte Zuordnung von Erlös und Bezugsobjekt unmöglich. Weder können wir alle Verbunde aufspüren noch sie eindeutig zuordnen. Der Grund ist die Allverbundenheit der Erlöse. Insoweit sind die vorgestellten Zuordnungsregeln Näherungslösungen.

Die erste Frage nach der Zuordenbarkeit der Erlöse auf die Bezugsobjekte ist beantwortet. Als zweiter Erfolgsbestandteil wird nun den Kostenquellen nachgespürt.

2.4 Die Analyse der Kostenquellen

2.4.1 Kostendefinition, Kostenarten und Kostenverbunde

Kosten sind definiert als „betriebszweckbezogener bewerteter Güterverbrauch einer Periode“[24]. Zentrale Merkmale der Definition sind

- die Begrenzung auf den Betriebszweck, also auf Güterverbräuche, die mit dem eigentlichen Geschäft zu tun haben,
- die Orientierung am Verbrauch von Gütern (Kosten entstehen, wenn ein Gut tatsächlich verbraucht wird) und
- der Hinweis auf die Notwendigkeit zur Bewertung, wobei die Bewertungsform offen bleibt.

[24] Plinke 1999, S. 11.

Der Sache nach lassen sich die Kosten eines Betriebes jeweils einer von acht primären Kostenarten zuordnen: *(1) Materialkosten, (2) Personalkosten, (3) kalkulatorische Abschreibungen, (4) Kapitalbindungskosten (Zinsen), (5) Mietkosten, (6) Kosten für Fremdleistungen, (7) Wagniskosten und (8) Kosten der menschlichen Gesellschaft (Kostensteuern und sonstige Abgaben).*[25] Die grundsätzlichen Aufgaben der Kostenrechnung liegen in zwei Bereichen: *Kostenerfassung* und *Kostenzurechnung* (je nach Interessenlage auf Perioden, Produkte etc.).[26]

2.4.1.1 Kostenerfassung

Kosten setzen sich aus einer Mengen- und einer Wertkomponente zusammen. Beide müssen erfaßt werden. Der Ver- oder Gebrauch eines Gutes läßt sich in der Regel recht gut ermitteln. Das größere Problem liegt bei der Bewertung. Es ist unklar, welcher Wert den Verbräuchen beizumessen ist.[27] Als Daumenregel kann man auf die zwei folgenden Prinzipien zurückgreifen. Sie lösen nicht alle Bewertungsprobleme. Aber sie stellen einen praktikablen Leitfaden dar:

- Werden von *„außen" bezogene Güter* verbraucht, ist der *Marktpreis* zugrundezulegen.
- Werden Güter verbraucht, die *im Unternehmen erstellt* wurden, sind die *Herstellkosten* anzusetzen.

2.4.1.2 Kostenzurechnung

Generell birgt dieser zweite Aufgabenkomplex die größeren Schwierigkeiten: Wie und auf welche Bezugsobjekte können oder sollen die Kosten jeweils zugerechnet werden?

Hier ist auch das Problem der Kostenquellenanalyse angesiedelt: Ob und wie kann es gelingen, einem Bezugsobjekt die verursachten Kosten zuzuordnen? – und sind Bezugsobjekte Kostenquellen? Ein *Ja* ist Voraussetzung, daß wir den Bezugsobjekten (wie in Abb. 1 schematisiert) Erfolgsbeiträge zuordnen können.

Blickt man auf die Realität der betrieblichen Praxis, scheint ein *Ja* mehr als fraglich: Die Kostensituation ist – heute mehr denn je – diffus, die Abhängigkeiten vielzahlig, die Kostenverursacher nicht eindeutig bestimmbar. Um Licht in die Situation zu bringen, werden die abgegrenzten Kostenarten auf ihre Ursachen und generellen Abhängigkeiten untersucht. Mit dem Wissen kann dann jedes Unternehmen vor dem Hintergrund der individuellen Kostenstruktur nach seinen Kostenquellen durchleuchtet werden.[28]

---

[25] Vgl. z.B. Weber 1992, S. 10.

[26] Vgl. Schweitzer/Küpper 1991, S. 57 ff. oder Bea 1993, Sp. 1273.

[27] Vgl. Laßmann 1993, Sp. 1190 ff.

[28] Zu den folgenden Überlegungen vgl. auch Kilger 1987, S. 69 ff.

(1) Materialkosten

Zum größten Teil lassen sich die Materialkosten der Sache nach der einzelnen Auftragsposition oder zumindest dem Auftrag direkt zuordnen. Aber schon bei der Bewertung treten Schwierigkeiten auf: Material wird oft auftragsübergreifend geordert. Zum Beispiel führen Rabattüberlegungen zur Beschaffung größerer Mengen. Damit hängt die Höhe der Kosten aber auch von der *bestellten Menge* ab. Das Phänomen ist bereits von der Erlösseite bekannt: Es heißt Verbundeffekt. Daß sich die Nichtbeachtung bei Entscheidungen negativ auswirken kann, zeigt das folgende Beispiel:

> **Beispiel:**
> Ein Vertriebsmitarbeiter hatte eine Kundenanfrage zu bearbeiten: Für den Auftrag wurden 1.000 kg eines Materials benötigt, das erst beschafft werden mußte. Der Einkäufer des Bereiches bestand darauf, mindestens 10.000 kg zu bestellen, um die 15%-Rabattstufe zu erreichen. Der Listenpreis pro kg Material betrug 6,25 DM. Der Vertriebsmitarbeiter kalkulierte den Auftrag. Die Materialkosten setzte er mit 6,25 DM/kg · 1.000 kg – 15% Rabatt = 5.000 DM an. Es ergab sich ein Planerfolg von 1.000 DM. Der Auftrag wurde angenommen, das Material bestellt.

Stellt sich die Frage: War die Entscheidung richtig bzw. welche Annahmen stekken hinter der Kalkulation? Gehen wir zunächst davon aus, das Unternehmen hätte nur 1.000 kg, dann zum Listenpreis von 6,25 DM/kg, gekauft. Für die Kalkulation würde sich ein Planverlust in Höhe von 250 DM ergeben. Der Auftrag wäre abgelehnt worden. Der errechnete Erlösüberschuß resultiert aus dem Rabatt für das Material. Der kritische Punkt sind die verbleibenden 9.000 kg Material. Ein ungünstiges Szenario wäre, daß kein Folgeauftrag nachkommt und das Material auch nicht anderweitig verwendet werden kann. In dem Fall müßte der Auftrag eigentlich die gesamten Materialkosten in Höhe von 50.000 DM angelastet bekommen. Entsprechend wäre er nie realisiert worden.

Das Beispiel macht die Problematik klar: Die Kostenzurechnung in der Plankalkulation hat als stillschweigende Annahme, daß auch das übrige Material verwertet werden kann und zumindest seine Kosten einspielt. Das muß jedoch nicht sein. Die korrekte Plankalkulation wäre gewesen:[29]

	Planerlöse der erwarteten, mit der Materialmenge realisierbaren Aufträge
–	Plankosten für alle Aufträge (inkl. der Mat.-kosten für die gesamten 10.000 kg)
=	Planerfolg der durch die Materialkosten *verbundenen* Aufträge

Bereits für die Materialkosten kann sich die Zuordnung zu einzelnen Bezugsobjekten als schwierig erweisen. Entscheidungen zur Materialbeschaffung beruhen zumeist auf der Erwartung mehrerer Aufträge. Streng genommen erbringt nur die Betrachtung aller betroffenen Aufträge zusammen die Information, ob sich

---

[29] Unter der Annahme, daß keine weiteren Kosten- oder Erlösverbunde existieren.

der Materialkauf gelohnt hat. Kostenquelle ist der Einzelauftrag nur, wenn die Materialbeschaffung allein für diesen Auftrag vorgenommen wurde.

(2) Personalkosten

Noch schwieriger wird die Zuordnung bei den Personalkosten. Ein Arbeiter wird nicht für einen einzelnen Auftrag eingestellt. Vielmehr arbeitet er direkt oder indirekt für die verschiedensten Aufträge. „Seine" Kosten verbinden alle Aufträge miteinander, an denen er mitwirkt. Sie können nur allen gemeinsam angelastet werden. Ein einzelner Auftrag ist nicht die Kostenquelle.

Bei einem Zeitlohnempfänger wird das besonders deutlich: Kostenursache ist die Entscheidung, ein Leistungspotential bereitzustellen. Ob die erhofften Aufträge hereinkommen oder nicht, der Arbeiter erhält sein Geld und produziert insoweit Kosten. Seine Lohnkosten sind von der Auftragsentscheidung unabhängig.

Ist eine Leistungsentlohnung, z.B. zeitabhängiger Grundlohn plus Stückakkord vereinbart, ändert sich die Situation. Für den Zeitlohnanteil gelten die bisherigen Ausführungen. Der Akkordlohnanteil ist hingegen den Aufträgen zuordenbar. Das Produkt ist Ursache des Stückakkords. Bei Auftragsfertigung führt die Nichtannahme des Auftrags zum Wegfall der Akkordlohnkosten.

(3) Kalkulatorische Abschreibungen

Hier existiert die gleiche Problematik, wie bei den Personalkosten. Eine Maschine wird nicht für eine einzelne Transaktion oder Kundenbeziehung angeschafft. Beschaffungsursache ist der Wunsch nach einer bestimmten Maschinenkapazität. Dahinter steht die Erwartung, mit Hilfe der Maschine (und anderer Potentiale des Unternehmens) zusätzliche Transaktionen zu realisieren. All diese „zukünftigen Geschäfte" zusammen sollen dafür sorgen, daß sich die Investition in die Maschine „rechnet". Dem einzelnen Auftrag können die Abschreibungskosten verursachungsgerecht nicht zugeordnet werden.

Dagegen könnte angeführt werden, daß es nicht um die Beschaffung sondern um den Verbrauch der Maschine geht: Und der ist doch den Produkten bzw. Aufträgen zuordenbar!? Um das zu klären, muß der Begriff „Verbrauch" spezifiziert werden. Bei genauem Hinsehen ist Verbrauch nicht allein der physische Verzehr durch Abnutzung. Verbrauch ist z.B. auch die technische Überalterung einer Anlage. Und die ist nicht von der Zahl der bearbeiteten Produkte abhängig. Quelle dieser Verbrauchsart ist der technische Fortschritt. Das heißt: Wir haben mehrere Verbrauchsarten mit unterschiedlichen Abhängigkeiten. Schon das macht eine eindeutige Zuordnung unmöglich.

Aber auch bei dem scheinbar zuordenbaren „Verbrauch durch Nutzung" tauchen Probleme auf: *der Sache nach* läßt er sich auf die einzelnen Aufträge zurückführen. Korrekt quantifiziert kann er jedoch nicht werden. Um zu wissen, welche Abschreibungskosten für die Maschinennutzung durch einen Auftrag zu verrechnen sind, müßten Informationen über das tatsächliche Leistungspotential der Anlage vorliegen. Das ist jedoch unklar. Hat man es mit einer „Montagsmaschine“ zu tun, ist sie vielleicht zur Hälfte der geplanten Produktion nicht mehr zu verwenden. In dem Fall verteilen sich die Abnutzungskosten völlig anders, als wenn die Maschine doppelt so lang wie geplant „durchhält“. Das weiß man jedoch erst am Nutzungsende. Und selbst mit dem Wissen um das tatsächliche Leistungspotential wäre eine Zuordnung unmöglich. Zusätzlich bräuchte man die Information, wie sich der Abschreibungsbetrag der Maschine auf die verschiedenen Verbrauchsarten verteilt; welchen Anteil macht die technische Alterung aus, welchen Anteil die Abnutzung etc.

Das Ergebnis ist ernüchternd: Der „Verbrauch“ einer Maschine hat mehrere Ursachen. Manche Verbrauchsarten lassen sich ursächlich auf einzelne Aufträge zurückführen, andere nicht. Unabhängig davon ist jedoch eine Bewertung der verschiedenen Verbrauchsarten nicht möglich.

In der betrieblichen Praxis wird entsprechend eine pragmatische Lösung gewählt: Abschreibung auf Basis nur einer Einflußgröße – Zeit oder Leistung. Daß die Zuordnung der so ermittelten Abschreibungskosten auf z.B. Produkte nicht verursachungsgerecht ist, leuchtet unmittelbar ein. Für den Fall der zeitbedingten Abschreibung gilt: die Abschreibungskosten für die Maschine fallen unabhängig von einem Auftrag an. Einzelne Produkte oder Aufträge sind rechnerisch überhaupt nicht und sachlich auch nur bedingt Kostenquelle der Abschreibungskosten.

(4) Kalkulatorische Zinskosten

Die Kapitalbindungskosten wären einem Bezugsobjekt verursachungsgerecht zuordenbar, wenn das Kapital bezugsobjektspezifisch aufgenommen würde. Das ist jedoch nicht der Fall. Von Einzelfällen abgesehen (z.B. Auftragsfinanzierung im industriellen Anlagengeschäft) erfolgen Kreditaufnahme oder Eigenkapitaleinwerbung weitgehend unabhängig von Einzeltransaktionen, Produkten oder Kunden. Ziel ist es, die finanzielle Basis zu stärken. Kostenquelle ist die Entscheidung zur Kapitalaufnahme.

Und auch der „Verbrauch“ des Kapitals in Form der zeitlichen Nutzung ist von den Absatzmarktbedingungen unabhängig. Ist das Kapital aufgenommen, muß es verzinst werden. Die Zinskosten entfallen nicht, wenn z.B. Aufträge nicht realisiert oder Geschäftsbeziehungen beendet werden. Kapitalbindungskosten sind verursachungsgerecht nur dann zuordenbar, wenn sie (a) mit Blick auf ein spezielles Bezugsobjekt disponiert wurden und (b) wegfallen, wenn dieses entfällt. Diese Voraussetzungen erfüllt kein marktnahes Bezugsobjekt. Den Bezug weisen nur Abteilungen, Profit Center oder das gesamte Unternehmen auf.

(5) Mietkosten

Mit den Mietkosten verhält es sich wie mit den Zinsen. Sie sind dem Bezugsobjekt verursachungsgerecht zuordenbar, für das die Räumlichkeiten angemietet wurden. In der Regel wird die Entscheidung zur Anmietung höchstens einer Abteilung oder einem Profit Center direkt zugeordnet werden können. Quelle der Mietkosten ist üblicherweise eine Potentialentscheidung mit wenig Marktbezug. Den hier interessierenden marktnahen Bezugsobjekten lassen sie sich verursachungsgerecht nicht zuordnen.

(6) Kosten für Fremdleistungen

Sie müssen differenziert betrachtet werden: Zum einen können sie marktnah verursacht sein; z.B. die Spedition für einen Auftrag. Kostenquelle ist die Transaktion. Zum anderen werden viele Fremdleistungen fern vom Marktgeschehen disponiert. Der Reinigungsdienst für das Verwaltungsgebäude ist ein Beispiel. Die Reinigungskosten fallen an, bis der Vertrag gekündigt wird. Eine verursachungsgerechte Zuordnung auf einzelne Marktaktivitäten ist unmöglich. Der Verbrauch der Dienstleistung ist nur dem Gesamtunternehmen anzulasten.

(7) Kalkulatorische Wagnisse

Bereits ihrer Intention nach lassen sie sich nicht auf Produkte oder Transaktionen zurückführen: Wagniskosten werden angesetzt, um eine „Normalisierung" zu erreichen. Die Kostenrechnung soll von ungewöhnlichen Kostensprüngen freigehalten werden. Zum Beispiel wird der von Monat zu Monat schwankende tatsächliche Forderungsausfall in der Kostenrechnung durch einen konstanten Wert pro Periode ersetzt. Dieser Wert sollte über mehrere Perioden aufsummiert in etwa der Summe der tatsächlichen Ausfälle (im gleichen Zeitraum) entsprechen. Damit sind die Forderungsausfälle berücksichtigt ohne die Vergleichbarkeit der Periodenergebnisse zu stören.

Bei den Wagnissen steht die Normalisierung diskontinuierlicher „Verbräuche" im Vordergrund. Kostenquelle ist deren Entwicklung, wie sie sich über viele Transaktionen ergibt. Nur allen betroffenen Bezugsobjekten gemeinsam können die Wagnisse zugeordnet werden.

(8) Steuern und sonstige Abgaben (mit Kostencharakter)

Auch sie sind in ihrem Gros nicht marktnah verursacht. Grund- oder Gewerbekapitalsteuer sind durch das Gesamtunternehmen bedingt. Mineralölsteuer u.ä. sind in den Materialkosten enthalten und werden bei Möglichkeit sowieso dem einzelnen, den Verbrauch verursachenden Bezugsobjekten zugeschlagen.

Zwischenfazit

Eine Vielzahl von Kosten sind auf Entscheidungen zurückzuführen, die nur wenig Marktnähe aufweisen. Viele Kostenarten haben keinen direkten Bezug zu einem Auftrag, einer Geschäftsbeziehung oder einer Produktgruppe. Abb. 6 zeigt anhand einiger Kostenpositionen die verursachungsgerechten Zuordnungsbedingungen auf ausgewählte Bezugsobjekte.

Wir kommen zu einem noch schlechteren Ergebnis, als bei der Analyse der Erlösquellen: Ein Großteil der Kosten läßt sich den marktnahen Bezugsobjekten (vgl. Abb. 2) verursachungsgerecht nicht zuordnen. Nur wenige Kostenpositionen hängen direkt von einem Produkt, einem Auftrag oder einem Kunden ab. Die kosteninduzierenden Entscheidungen haben oftmals keinen Bezug zum Marktgeschehen. Ein großer Kostenanteil ist nur auf die Aufrechterhaltung der Betriebsbereitschaft zurückzuführen.

Aus Sicht der marktnahen Bezugsobjekte handelt es sich um Kostenverbunde. Sie entstehen, wenn sich die Kosten verursachende Disposition z.B. auf mehrere Transaktionen bezieht. In Abb. 6 wird das in den ersten beiden Zeilen deutlich. Der für einen speziellen Auftrag vorgenommene Materialkauf kann verursachungsgerecht zugeordnet werden (Zeile 1). Wurde hingegen Material in größerer Menge beschafft, sind alle das Material verbrauchenden Aufträge verbunden (Zeile 2).

Dezember 1994 | Januar 1995
Kunde A: T I, T II, T III | Kunde B: T I, T II, T III, T IV | Kunde A: T I, T II
T = Transaktion

Verschiedene Kostenpositionen — *Verursachungsgerechte Zurechenbarkeit der Kosten*

1. Materialeinkauf speziell für Auftrag I
2. Materialkauf mit Mengenrabatt für Kunde A (für 4 T)
3. Zeitlohn für AN mit monatlicher Kündigungsfrist
4. Zeitlohn für AN mit dreimonatiger Kündigungsfrist
5. "Stückakkordlohn" für jeden abgewickelten Auftrag
6. Lieferantenkredit für Kunde B / T I / Dez. 94
7. Kredit von der Bank; monatl. Rückzahlungsmöglichkeit
8. Miete für die Fertigungshalle, vierteljährl. kündbar
9. Kosten für Transport von T II zu Kunde A im Dez. 94
10. PC-Kauf für direkte Datenkommunikation mit Kunde A

Abb. 6. Unterschiede bei der verursachungsgerechten Kostenzuordnung anhand ausgewählter Kostenpositionen

Noch klarer wird die Verbundenheit bei den Kosten der Betriebsbereitschaft. Vordergründig sind die Entscheidungen auf den Aufbau bzw. die Aufrechterhaltung von Potentialen gerichtet. Dahinter stehen die Herausforderungen der Märkte, denen man gerecht werden will. Die sind jedoch in der Phase der Potentialentscheidungen noch unbestimmt. Der Bezug zum Marktgeschehen ist indirekt. Eine Schlüsselung auf einzelne marktnahe Bezugsobjekte ist nicht begründbar. *Das Be- oder Entstehen der Bereitschaftskosten ist allein durch das Marktgeschehen nicht zu erklären.*

Für unser Anliegen heißt das: Die Kostenkonsequenzen marktgerichteter Entscheidungen sind nicht vollständig zu ermitteln. Einige kostenverursachende Entscheidungen sind direkt mit dem Marktgeschehen verknüpft; andere haben nur eine schwache Beziehung. Es existiert keine direkte Kausalität. Entsprechend lassen sich die Kostenkonsequenzen den marktnahen Bezugsobjekten weder vollständig (qualitativ) noch wertmäßig exakt (quantitativ) zuordnen.[30]

Wie bei den Erlösen kann jedoch gefragt werden, ob es betriebliche Strukturen und/oder Geschäftssituationen gibt, bei denen die Kostenverbunde ein typisches Muster aufweisen. Dafür müssen zwei Dinge betrachtet werden:

1. *Kostenstrukturbesonderheiten:* Gibt es typische Kostenmuster? – und: Auf welcher Bezugsobjektebene werden „Kosten-Entscheidungen" getroffen?
2. *Bezugsobjektwahl:* Kann oder muß aufgrund des Geschäftstyps ein bestimmtes Bezugsobjekt gewählt werden? – und: Welchen Einfluß hat das auf die Möglichkeit zur verursachungsgerechten Kostenzuordnung?

Beide Fragenkomplexe werden im folgenden erörtert. Hierfür finden die gleichen Fallbeispiele aus dem Business-to-Business-Bereich Verwendung, wie bei der Erlösstrukturanalyse.[31]

---

[30] Vgl. Abb. 1, Probleme ① und ②.

[31] Bei der Erlösanalyse war der Schluß von unterschiedlichen Marktsituationen auf entsprechend verschiedene Erlösstrukturen naheliegend. Bei den Kosten ist das nicht der Fall. Hier müßten die verschiedenen betrieblichen Produktionsbedingungen im Vordergrund stehen. Man kann jedoch annehmen, daß die differenten Marktgegebenheiten auch die Produktionsbedingungen beeinflussen. Indirekt wird damit doch dem Gliederungskriterium „Art der Fertigung" gefolgt. Zudem haben die beschriebenen Situationen beispielhaften Charakter: Liegt eine andere Kombination aus Marktgegebenheiten und Fertigungsstrukturen vor, sind die Aussagen neu zusammenzufügen. Vgl. auch Abschnitt 2.3.3.

2.4.2 Geschäftstypenspezifische Charakteristika der Kostenstruktur

Investitionsgüter

Die Kosten eines General Contractor im Großanlagenbau lassen sich mehrheitlich zwei Bereichen zuordnen: dem Auftrag und der Periode. Die projektspezifische Fertigung einer Großanlage führt zu entsprechenden Kosten im Bereich Material, Komponenten oder Teilanlagen, bei Fremdleistungen, aber auch bei den Kapitalbindungskosten und einem Teil der Kostensteuern. Sie werden auftragsnah disponiert. Entfällt der Auftrag, entfallen auch die Kosten.

Den zweiten großen Kostenbereich bilden die Bereitschafts- und vor allem die Personalkosten. Über sie wird periodenbezogen – Quartal, Jahr – disponiert. Der Bezug zum Auftrag ist deutlich geringer. Trotzdem sind die Zuordnungsprobleme nicht so schwerwiegend: Großanlagenprojekte werden über mehrere Perioden abgewickelt. Nicht selten werden Projektteams gebildet. Entsprechend läßt sich die geleistete Arbeit den Aufträgen gut zuordnen. Das heißt nicht, daß die Personalkosten bei Nichtrealisierung des Projektes wegfielen. Sie sind nicht vom Auftrag verursacht. Aber es existiert eine „Nähe“ zwischen Personaldisposition und Auftragseingang. Anders als bei einem Massenguthersteller ist noch eine Kausalität greifbar. Das kommt zum einen durch die zeitliche Zuordenbarkeit von Projekt und Personal. Zum anderen sind die personalpolitischen Konsequenzen des Auftragseingangs deutlicher. Fallen zwei oder drei Projekte aus, sind Reaktionen im Personalbereich nicht unrealistisch.

Ergebnis: Im Großanlagengeschäft ist ein erheblicher Kostenanteil dem Auftrag direkt zuordenbar. Und auch die nicht direkt vom Projekt verursachten Bereitschaftskosten weisen eine (auch entscheidungsorientierte) Nähe zum Projekt auf. Für diese Kosten scheint eine Zurechnung auf Aufträge noch vertretbar. Für die eindeutig projektunabhängigen Kosten bleibt das Zuordnungsproblem bestehen.

Produktionsgüter

(a) Ein Hersteller für weltweit standardisierte Komponenten: Auf der Kostenseite existieren erhebliche Verbundeffekte. Produktcharakteristika und Marktgegebenheiten weisen auf eine standardisierte Massen- oder Serienfertigung hin. Entsprechend werden die Kosten produkt- und transaktionsübergreifend disponiert. Bei den Verbrauchsgütern ist eine optimierte Bestellpolitik die Regel. Über die anderen Kosten – Personal, Maschinen etc. – wird zum Großteil periodenbezogen oder periodenübergreifend disponiert. Generell zeichnen sich die „Kosten-Entscheidungen“ durch geringe Absatzmarktnähe aus. Die Kostenzurechnung auf ein Produkt oder eine Transaktion läßt sich nur durch willkürliche „Zerschneidung“ erreichen. Mit den Kostenwirkungen, die durch ein Produkt oder

einen Auftrag verursacht werden, hat ein so ermittelter Wert allerdings nichts zu tun; er ist eine Durchschnittsgröße, eine statistische Maßzahl.

(b) Ein Hersteller hochspezialisierter Baugruppen: Die Art des Geschäfts erfordert eine erhebliche Integration von Anbieter und Nachfragersphäre. Dem wird durch eine enge Geschäftsbeziehung Rechnung getragen. In einer solchen Situation sind zwei Kostenblöcke zu erwarten: kundenspezifische und periodenbezogene.

Material, Löhne, Maschinenverbrauch etc. werden sich in unterschiedlich großen Quanten dem Kunden direkt zuordnen lassen. Aber auch Kosten für Forschung und Entwicklung sind zumindest in Teilen der Beziehung direkt zuordenbar. Daneben existieren Kosten mit Perioden – aber ohne direkten Kundenbezug.

Für beide Kostenblöcke gilt: dem einzelnen Auftrag sind die Kostenpositionen ohne willkürliche Zerschneidung nicht zurechenbar. Hauptkostenquellen sind die Kundenbeziehungen und die Betriebsbereitschaft des Unternehmens. Die Erlösanalyse hat uns die Geschäftsbeziehung als Bezugsobjekt nahegelegt. Für die Kostenseite können wir festhalten, daß ein größerer Teil der Kosten ebenfalls durch die Beziehung verursacht ist. Die kundenübergreifenden (Perioden-) Kosten verweigern sich hingegen der Zuordnung auf Kundenebene.

Systemtechnologien

Für OEM's aus dem Bereich Systemtechnologien und besonders bei einem Anbieter von Kritische-Masse-Systembausteinen sind zwei dominante Kostenblöcke zu erwarten: direkt dem System zuordenbare Kosten und generelle Bereitschaftskosten des Unternehmens.

Zu den systemspezifischen Kosten sind alle Vorlaufkosten aus Entwicklung etc. zu rechnen. Denn ohne Wunsch nach der speziellen Technologie wäre ein Großteil nicht angefallen. Hinzu kommen die direkt dem System zurechenbaren Kosten aus dem laufenden Geschäft. Dazu wird das Material genauso zählen wie ein Großteil der Vertriebskosten. Der zweite Kostenblock umfaßt die nur dem Unternehmen bzw. der Geschäftseinheit zuordenbaren Bereitschaftskosten. Dabei gilt für beide Kostenblöcke: auf den einzelnen Auftrag lassen sie sich direkt nicht zurechnen. Kostenquelle ist das System oder das Unternehmen bzw. der Bereich.

Die Erlösanalyse hat uns als Bezugsobjekt das Gesamtsystem „empfohlen". Es zeigt sich, daß hierauf auch ein größerer Kostenanteil direkt zuordenbar ist. Die Bereitschaftskosten verschließen sich wiederum der Zuordnung auf dieser Ebene.

Industrielle Dienstleistungen

Dominierender Kostenblock sind die Bereitschaftskosten: Arbeitsverträge etc. hängen nicht vom Auftrag oder einem speziellen Kunden ab. Verursachungsgerecht zuordenbar sind die Kosten in sachlicher Hinsicht nur dem Geschäftsbereich oder dem Gesamtunternehmen. Zeitlich müssen sie der jeweiligen Laufzeit zugeordnet werden; ein dreimonatiger Arbeitsvertrag entsprechend dem Quartal. Eine direkte Kausalität zwischen Kosten und marktnahen Bezugsobjekten ist kaum gegeben.

Die „Nähe“ von Kostendisposition und Auftrag oder Kunde hängt von der Art der Dienstleistung ab. Sie ist größer wenn nur wenige, zeitlich und sachlich umfangreiche Aufträge in der Periode realisiert werden oder wenn sich der Anbieter auf eine kleine Zahl Kunden ausrichtet. Hier lassen sich die Kosten klarer zuordnen; die mit der Kostenentstehung verbundene Entscheidung ist eng mit dem Auftrag oder Kunden verknüpft. Entsprechend macht man bei einer Zurechnung der Kosten nur einen „kleinen Fehler“ (weshalb es ein Fehler bleibt!). Umgekehrt verhält es sich bei hoher Kunden- und/oder Auftragsfrequenz. Der einzelne Auftrag und/oder Kunde übt immer weniger Einfluß auf die Kostendisposition aus. Die Distanz zum Marktgeschehen steigt.

Ergebnis: Quelle der meisten Kosten ist der Wunsch nach Leistungsbereitschaft. Ein direkter Bezug zu einzelnen Transaktionen und/oder Kunden besteht kaum. In strengem Sinn sind weder Transaktion noch Kunde Quelle der Kosten.

Damit ist die Betrachtung der Kostenstrukturmerkmale der unterschiedlichen Geschäftstypen im Business-to-Business-Bereich beendet. Auch für die Kostenseite sollen die Erkenntnisse zusammengefaßt werden:

1. Zwei zentrale Faktoren beeinflussen die Zuordenbarkeit der Kosten eines Unternehmens: das Kostenartenmix und die Art des Geschäfts.
2. Die Kostenart beschränkt die Möglichkeiten der verursachungsgerechten Zuordnung. Bestimmte Kostenarten weisen sachliche und/oder zeitliche Dispositionsrestriktionen auf – z.B. der nicht unterperiodig zuordenbare Zeitlohn.
3. Der Geschäftstyp beeinflußt die Zuordenbarkeit auf zweierlei Weise:
   - Zum einen bestimmt er die Kostenstruktur: „Was wird wie verbraucht“.
   - Zum zweiten beeinflußt er Struktur und Bedeutung der Bezugsobjekte: Werden viele oder wenige, hochwertige oder geringwertige Aufträge pro Periode realisiert? Verteilen sich die Aktivitäten der Anbieter auf viele oder wenige, bedeutende oder unbedeutende Kunden?
4. Die Ausgestaltung der beiden Faktoren bestimmt die Kostenquellen eines Unternehmens und die Verteilung der Kosten auf diese Quellen.

Fazit: Kosten sind von einer Vielzahl Entscheidungen verursacht. Diese unterscheiden sich jeweils in ihrem zeitlichen und sachlichen Geltungsbereich. Generell ist damit eine vollkommene Rückführung der Kostenverursachung allein auf marktnahe Bezugsobjekte unmöglich. Die Betrachtung der verschiedenen Business-to-Business-Geschäftstypen ergab jedoch unterschiedliche Tendenzen und Gewichte hinsichtlich der Kostenstruktur und der Bedeutung von Kostenpositionen. Es zeigt sich, daß in einzelnen Bereichen doch ein recht gutes Zuordnungsergebnis *Kosten → marktnahe Bezugsobjekte* erreicht werden kann.

Erlösquellen und Kostenquellen sind analysiert. Nun kann geklärt werden, welche Bedeutung die Erkenntnisse für eine Erfolgsquellenrechnung haben, wie sie in Abschnitt 2.1 skizziert wurde. Es werden die Möglichkeiten und Grenzen einer entscheidungsorientierten Aufbereitung der Marktergebnisse auf Basis von Kosten- und Erlösinformationen beleuchtet.

2.5 Möglichkeiten und Grenzen einer Erfolgsquellenanalyse

2.5.1 Die Grenzen der Erfolgsermittlung

Als Ziel war formuliert, eine Aufbereitung der Marktergebnisse zu erreichen, um zukunftsgerichtetes Planen zu fundieren. Als Ideal haben wir eine Größe erdacht, die alle erlös- und kostenverursachenden Wirkungen eines Bezugsobjektes saldiert. Ergebnis ist eine Zahl, die den tatsächlichen Erfolg der auf dieses Bezugsobjekt gerichteten Entscheidungen ausweist. Daß ein solches „Rechenverfahren" für die Absatzplanung interessant wäre, muß nicht betont werden.

Die Analyse der Erlösquellen hat zwei zentrale Erkenntnisse hervorgebracht:

1. Erlöse bestehen aus mehreren Erlöselementen. Diese gehören verschiedenen Erlösarten an. Charakteristika der Erlösarten sind unterschiedliche Entscheidungsabhängigkeiten.
2. Die Zuordenbarkeit von Erlösart und Bezugsobjekt wird von der Anzahl und der Art der Entscheidungsabhängigkeiten bestimmt. Hängt eine Erlösart nur von einer Entscheidung ab, ist sie dem zugehörigen Bezugsobjekt direkt zuordenbar. Die meisten Erlösarten hängen der Sache nach von mehreren Entscheidungen gleichzeitig ab; das Phänomen der Erlösverbundenheit. Der Erlösbetrag ist nicht verursachungsgerecht auf die Entscheidungen verteilbar. Er kann ihnen nur gemeinsam zugeordnet werden. Als Bezugsobjekt ist jenes zu wählen, dem *alle* über den Erlös verbundenen Entscheidungen zuzuordnen sind.

Beides führt zum selben Ergebnis: Der über den Rechnungsbetrag hergestellte Bezug zwischen Erlös und Auftrag hat nichts mit der Erlösverursachung zu tun. Es hängt von der Struktur der erlösverursachenden Entscheidungen ab, welchem Bezugsobjekt ein Erlös zugeordnet werden darf (um die Marktergebnisse richtig abzubilden).

Für die Kostenseite zeigte sich ein analoges Bild:

1. Es gibt Kostenpositionen, die durch einen Auftrag oder eine Auftragsposition verursacht sind.

2. Ein Großteil des Kostengüterverbrauchs wird nicht marktnah disponiert. Zum Teil erfolgen die Dispositionen sogar völlig unabhängig vom Marktgeschehen. Entsprechend lassen sich diese Kosten den marktnahen Bezugsobjekten nicht verursachungsgerecht zuordnen.

Das Fazit ist simpel: Nicht jede Erfolgsgröße/Bezugsobjekt-Kombination erzeugt ein authentisches Abbild der Marktergebnisse entsprechend der Ursachen/Wirkungen. Erlöse und Kosten lassen sich verursachungsgerecht nicht beliebigen Bezugsobjekten zuordnen. Der Grund ist die Verbundproblematik. Nicht für jedes Bezugsobjekt gilt: Fällt das Bezugsobjekt weg, fallen auch die zugeordneten Erlöse und Kosten weg! Die Kosten- und Erlösverbunde bestimmen, welchem Bezugsobjekt welche Erlöse und Kosten verursachungsgerecht zugeordnet werden können. Schematisch kann die Situation wie in Abb. 7 dargestellt werden.

Die Spaltenköpfe zeigen einige zentrale Bezugsobjekte marktgerichteten Entscheidens – Transaktionen/Aufträge, Kunden, Perioden. Die Zeilenköpfe weisen beispielhaft Erlöspositionen (bezeichnet durch weiße Kästchen □) und Kostenpositionen (bezeichnet durch schwarze Kästchen ■) aus. In die Zeilen der Matrix ist für die Erlös- und Kostenelemente in Form der gerasterten Balken die direkte Zuordenbarkeit auf die Bezugsobjekte abgetragen. Am Spaltenende können die Erfolgsgrößen abgelesen werden. Sie ergeben sich jeweils aus der Summation der Erlös- und Kostenbeträge in den betroffenen Spalten. Drei Erfolgsgrößen sind exemplarisch hervorgehoben: der Transaktionserfolg von T 3 (schwarz unter-

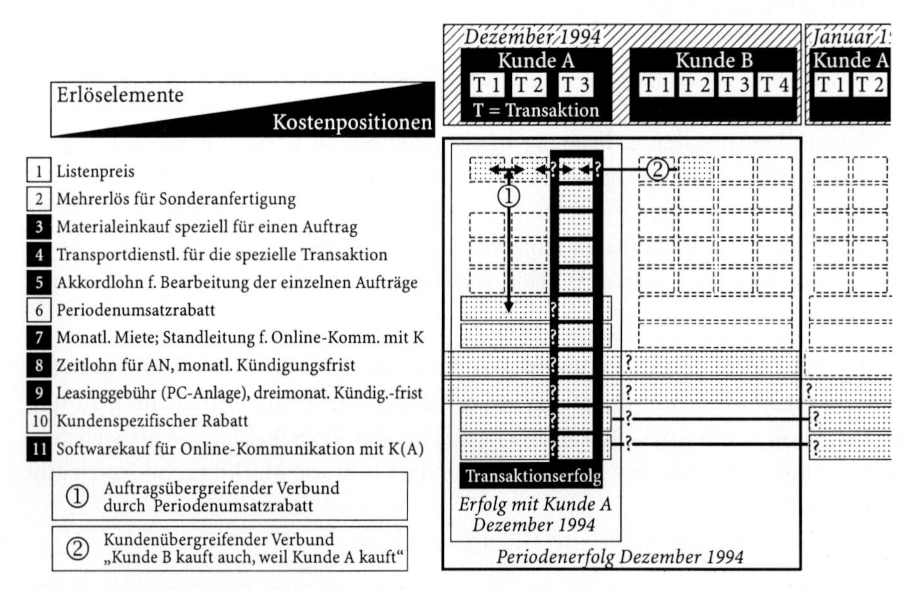

Abb. 7. Verschiedene Erfolgsgrößen unter Berücksichtigung der Zuordnungsproblematik von Erlösen und Kosten

legt), der Kundenerfolg mit Kunde *A* im Monat Dezember (dünner Rahmen) und der Periodenerfolg für Dezember 1994 (dicker Rahmen). Dabei werden gleichzeitig die durch die Fragezeichen markierten Zuordnungsschwierigkeiten offensichtlich.

Greifen wir beispielhaft die Transaktion T 3 mit Kunde *A* im Dezember 1994 heraus (schwarz unterlegte Erfolgsgröße). Einige Erlös- und Kostenelemente sind T 3 direkt zuordenbar (Zeile 2–5). Im Falle der Nichtrealisierung von T 3 würden ihre positiven und negativen Ergebniswirkungen ohne weitere Konsequenzen wegfallen. Die Positionen in Zeile 1, 6 und 7 hängen hingegen von allen Aufträgen des Kunden *A* im Dezember 1994 gemeinsam ab. Wir wissen nicht, wieviele dieser Erlös- und Kostenbestandteile durch T 3 verursacht sind. Besonders deutlich wird das bei dem Periodenumsatzrabatt (Zeile 6). Alle drei mit *A* im Dezember abgewickelten Aufträge zusammen sind für den Rabatt verantwortlich. Dabei ist unklar, inwieweit das Rabattangebot Einfluß auf die Umsatzhöhe des Auftrags T 3 genommen hat. Die Erlöselemente in Zeile 1 sind über den Rabatt verbunden (①). Wir dürfen das Erlöselement *Listenpreis* nicht einfach T 3 zuordnen. Das Auftragsvolumen kann eben auch von dem Rabattangebot herrühren.

Womöglich müßten wir T 3 ja sogar noch einen Teil des Erlöses von T 2 des Kunden *B* hinzurechnen. Wir erkennen aus den Kaufgründen (②), daß die Erlöse verbunden sind. Dieser Fall offenbart nochmals die Schwierigkeit der Zuordnung von Erlösen und Bezugsobjekten, wenn Verbunde existieren.

Das Problem der kundenspezifischen Periodenkosten und -erlöse taucht bei den kundenübergreifenden Periodenkosten und den überperiodigen Kosten (Zeile 8–9) natürlich genauso auf. Für deren Zuordnung müßte man wissen, welchen Anteil T 3 „verursacht" hat. Darüber nachzudenken ist müßig: Man kann nicht einen Bruchteil eines Arbeitnehmer entlassen oder einen gekürzten Zeitlohn zahlen, wenn T 3 nicht realisiert wird. Und auch das Wissen über den Verbrauch an Arbeitsleistung durch T 3 fehlt. Eine wie auch immer geartete Schlüsselung des Zeitlohnes wäre Willkür.

Zeile 10 und 11 geben Beispiele für kundenspezifische, periodenübergreifende Erlös- und Kostenelemente. Der kundenbezogene Rabatt ist durch den Wunsch nach einer möglichst stabilen Geschäftsbeziehung motiviert. Entsprechend dürfen die direkt erfaßbaren Erlösminderungen nur der Geschäftsbeziehung als Ganzer zugeordnet werden. Auf dieser Zuordnungsebene sind auch die nicht direkt erkennbaren positiven Wirkungen des Rabatts (Mengen- und/oder Treueeffekt) erfaßt. Die Problematik bei der Zuordnung auf T 3 sticht ins Auge.

Was können wir bis hierher erkennen:

1. Unter „normalen Bedingungen" ist eine eindeutige Zuordnung von Erlösen und Kosten auf einzelne Bezugsobjekte unmöglich. Die Erfolgswirkungen z.B. eines Produktes oder Auftrags können wir nicht ermitteln. Es wird immer

Zuordnungsprobleme geben, die aus sachlogischen Gründen nicht aufzulösen sind. Sie resultieren aus der Erlös- und Kostenverbundenheit.

2. Die Situation verbessert sich, wenn man immer größere „Entscheidungspakete" betrachtet. Es gilt die Regel: Je umfassender das Bezugsobjekt, desto kleiner die Zuordnungsschwierigkeiten! Man kann das an der Zahl der Fragezeichen in Abb. 7 ablesen. Sind es beim Transaktionserfolg acht, haben wir beim Kundenerfolg noch fünf und beim Periodenerfolg nur noch drei. Es existiert eine Tendenz zu größerer „Richtigkeit" bei umfassenderem Bezugsobjekt. Und das verwundert nicht, denn je umfassender das Zurechnungsobjekt, desto mehr Verbunde sind erfaßt und müssen nicht zerschnitten werden. Bei der Ermittlung des Transaktionserfolges werden alle transaktionsübergreifenden und auch alle kundenübergreifenden Verbunde zerteilt. Beim Kundenerfolg sind es nur noch die kundenübergreifenden Verbunde. Und beim Periodenerfolg verfälschen allein die periodenübergreifenden Verbunde das Bild.
3. Auf der anderen Seite bedeutet ein umfassenderes Bezugsobjekt aber auch, daß immer mehr Entscheidungen als Paket beurteilt werden. Eine Aussage über die Quelle des Erfolges wird immer schwieriger bzw. ungenauer: Durch den Transaktionserfolg werden alle Entscheidungen beurteilt, die sich auf einen Auftrag bezogen. Beim Kundenerfolg sind es bereits alle Entscheidungen, die auf alle Aufträge mit dem Kunden in der Periode gerichtet waren plus diejenigen, die die Kundenbeziehung insgesamt als Fokus hatten. Eine Inflation der Entscheidungen, die für den Erfolg verantwortlich sein können. Es ist eine Tendenz zur Abnahme des Informationsgehaltes einzelner Erfolgsgrößen (in bezug auf die Identifizierung von Erfolgsquellen) bei umfassender werdendem Bezugsobjekt erkennbar.

Wir stehen vor einem Dilemma: Mit zunehmender Spezifität der Bezugsobjekte steigt die Eignung der Erfolgsgrößen zur Entscheidungsbeurteilung. Gleichzeitig steigen aber auch die Zuordnungsprobleme. Die Erfolgsgröße verliert an Aussagekraft über die tatsächlichen Marktgegebenheiten. Schematisch ist der Zusammenhang in Abb. 8 dargestellt.

Die Gründe für die gegenläufigen Tendenzen sind klar: Mit abnehmender Größe des Bezugsobjektes steigt der Informationswert, weil die Menge der für den Erfolg verantwortlichen Entscheidungen sinkt. Der Rückschluß Erfolg → Entscheidung wird einfacher. Andererseits steigt die Anzahl der nicht direkt zuordenbaren Erlöse und Kosten (Verbundproblematik). Mit zunehmender Spezifität des Bezugsobjektes müssen immer mehr Erlös- und Kostenpositionen geschlüsselt werden. Damit hängt es aber auch immer mehr von der Verbundschlüsselung ab, ob z.B. ein Auftrag positiv oder negativ abschneidet. Die Erfolgsgröße ist in hohem Maße von Festlegungen über die Zurechnung eigentlich nicht zuordenbarer Kosten und Erlöse bestimmt. Sie bildet immer weniger das Marktgeschehen

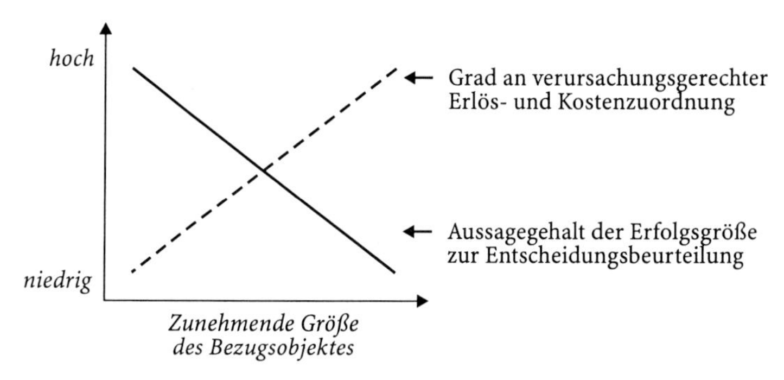

Abb. 8. Der Informationsgehalt von Erfolgsgrößen und die Möglichkeit zur verursachungsgerechten Erlös- und Kostenzuordnung

ab. Sie repräsentiert vielmehr das quantitative Abbild der (Zuordnungs-)Annahmen des Controllers.

Wir befinden uns in einer klassischen Trade-off Situation: Informationsgehalt und Abbildungsauthentizität der Erfolgsgrößen sind nicht zusammen zu haben. Aus Sicht des Informationswunsches wäre der Erfolg pro Entscheidung das Ideale. Er ist nicht zu ermitteln. Andererseits ließe sich der Gesamterfolg des Unternehmens (über seine gesamte Lebenszeit) exakt ermitteln. Bei diesem größten aller denkbaren Bezugsobjekte sind die relevanten Verbunde vollkommen erfaßt. Der Nutzen zur Beurteilung einer einzelnen Entscheidung ist jedoch gleich null.[32]

Ist der Traum einer Erfolgsgröße zur Beurteilung marktgerichteten Entscheidens damit ausgeträumt? Ein Hoffnungsfunke bleibt: Vielleicht lassen sich Bezugsobjekte identifizieren, die beiden Forderungen noch relativ gut gerecht werden. Das bedeutet: Suche nach einem „akzeptablen" Mischungsverhältnis aus Informationsgehalt und Abbildungsauthentizität. Zentrale Einflußfaktoren – das war bereits bei der Erlös- und Kostenstrukturanalyse zu erkennen – sind der *Geschäftstyp* und die *betriebliche Situation*. Sie bestimmen,

- welche Erfolgsgröße/Bezugsobjekt-Kombination noch informativ ist und
- welcher Art die Kosten- und Erlösverbunde sind.

Damit nehmen Geschäftstyp und betriebliche Situation Einfluß auf den Verlauf der zwei Kurven in Abb. 8.

Beispiel:
Ein Anbieter Industrieller Dienstleistungen ist sich der erheblichen Erlös- und Kostenverbunde zwischen den Aufträgen eines jeweiligen Kunden bewußt. Er überlegt, ob es nicht sinnvoller wäre, alle den Kunden betreffenden Dispositionen

[32] Vgl. Riebel 1983, S. 22

> in einer Periode zusammenzufassen und hierfür einen Kundenerfolg zu ermitteln. Ihm ist klar, daß diese Größe die Güte *aller* auf den Kunden gerichteten Entscheidungen in ihrem Zusammenspiel anzeigt Andererseits glaubt er, eine korrekte Abbildung der Marktergebnisse zu erhalten. Die Verbunde zwischen den Transaktionen eines Kunden werden miterfaßt. Er entscheidet sich für den Kundenerfolg. Nach dem Grund befragt, sagt er: „Ihn interessiert die Gestaltung der Geschäftsbeziehungen."

Was bedeutet die Argumentation des Dienstleisters für den Verlauf der Kurven in Abb. 8?

1. *Verursachungsgerechte Abbildung (gestrichelte Kurve):* Der Transaktionserfolg führt zu einem niedrigen Wert der Kurve. Die transaktionsübergreifenden, kundenspezifischen Verbunde werden zerteilt. Einen deutlichen Anstieg verzeichnet die Kurve, wenn wir den Kundenerfolg betrachten. Der Grund ist, daß die Verbunde zwischen den Transaktionen jedes Kunden miterfaßt sind.
2. *Informationsnutzen (durchgezogene Kurve):* Die Kenntnis des tatsächlichen Erfolges jedes Auftrags wäre ideal. Für den Dienstleister ist aber auch der Kundenerfolg informativ. Im Vordergrund steht die Gestaltung der Geschäftsbeziehung. Hierüber gibt der Kundenerfolg Auskunft. Die Kurve zum Informationsnutzen wird vom Bezugsobjekt *Transaktion* zum Bezugsobjekt *Kunde* nur einen geringen Rückgang verzeichnen.[33]

Für den Dienstleister bietet sich das Bezugsobjekt *Kunde* an. Der Informationswert ist hoch. Gleichzeitig ist die Information relativ willkürfrei. Nur wenige Erlös- und Kostenpositionen müssen geschlüsselt werden.

Die Auswertung des Beispiels zeigt, daß sich der Verlauf der Kurven situativ bestimmt. Daran orientiert sich die Wahl des Bezugsobjektes. Welche Erfolgsgröße bedeutet das richtige Mischungsverhältnis aus Informationsnutzen und Authentizität der Abbildung? Dem wird nun nachgegangen: Die bei der Erlös- und Kostenstrukturanalyse betrachteten Geschäftstypen werden auf ihre Charakteristika der Kurvenverläufe untersucht. Welches Bezugsobjekt paßt am besten zu welchem Geschäftstyp? – bzw. welches Bezugsobjekt führt zu einem „vernünftigen" Mischungsverhältnis aus Informationsnutzen und -richtigkeit?

2.5.2 Die Abhängigkeit zwischen der Wahl des Bezugsobjektes einer Erfolgsrechnung und dem Geschäftstyp

In den Abschnitten 2.3 und 2.4 wurden für typische „Vertreter" der verschiedenen Geschäftstypen im Business-to-Business-Bereich charakteristische Erlös-

[33] Vom Bezugsobjekt *Kunde* zum Bezugsobjekt *Periode* ist hingegen eine deutliche Verschlechterung des Informationsgehaltes – ein deutlicher Abfall der Kurve – zu erwarten.

und Kostenverbunde identifiziert. Das war möglich, weil plausible Annahmen über die Erlös- und Kostenstrukturen getroffen wurden. Auch die Ergebnisse der nachfolgenden Überlegungen basieren auf den gesetzten Annahmen. Das heißt jedoch nicht, daß die Annahmen immer zutreffen. Es wird Unternehmen geben, die andere Strukturen aufweisen. Unabhängig davon, ob Sie die Annahmen als realitätsnah ansehen oder anders gelagerte Fälle vor Augen haben; das Ziel der Überlegungen ist erreicht, wenn deutlich wird: Die spezielle betriebliche und marktliche Situation eines Anbieters bestimmt, welche Erfolgsgrößen für ihn die richtigen sind und wie groß die Gefahren eines Fehlurteils bei der Nutzung solcher Erfolgsinformationen sind.

Investitionsgüter

Beispielsfall ist ein Anbieter von Großanlagen. Die Erlöse lassen sich weitgehend direkt den Projekten zuordnen. Transaktionsübergreifende Verbunde entstehen nur im Fall der Referenzwirkung. Andere Erlösverbunde sind unbedeutend. Die Kosten sind in der Mehrzahl zwei Blöcken zugehörig: projektspezifische Kosten und Periodenkosten. Was bedeutet das für die Kurvenverläufe?

1. *Verursachungsgerechte Abbildung:* Die Zuordnungsproblematik ist wegen des großen Teils an Projekterlösen und -kosten schon beim Bezugsobjekt *Auftrag (=Projekt)* gering. Der *Kunde* als Bezugsobjekt bringt keine Verbesserung: Kundenspezifische Erlös- oder Kostenbestandteile sind nicht vorhanden. Mehr als ein Projekt in einer Periode wird mit einem Kunden in der Regel nicht realisiert. Das Bezugsobjekt *Periode* bringt hingegen eine verbesserte Kostenzuordnung. Grund: Die Periodenkosten können zugeordnet werden. In Abhängigkeit vom Anteil periodenübergreifender Kosten- und Erlöselemente kann das Bezugsobjekt *mehrere Perioden* nochmals ein verbessertes Ergebnis erbringen.
2. *Informationsnutzen:* Die Alleinstellung jedes Projektes verlangt nach dem Auftragserfolg als Beurteilungsgröße. (Der Erfolg pro Kunde ist zumeist gleich dem Auftragserfolg.) Der Periodenerfolg ist für die Auftragsbeurteilung unmaßgeblich. Entsprechend wird die Kurve zwischen Auftrags- und Periodenerfolg deutlich abfallen.

Ergebnis: Für den Anlagenanbieter ist nur der Projekterfolg interessant. Die Zuordnungsprobleme sind nicht so schwerwiegend. Und der Informationswert ist hoch. Der deutlich geringere Nutzen des Periodenerfolges wird durch die besseren Zuordnungsmöglichkeiten der Kosten keinesfalls kompensiert.[34] Der Projekterfolg überbrückt das Spannungsverhältnis von Abbildungsauthentizität und

[34] Vor allem da ein Teil der Periodenkosten noch recht transaktionsnah disponiert werden und eine verursachungsnahe Schlüsselung daher möglich erscheint (vgl. Abschnitt 2.4.3).

Informationsnutzen am besten. Eine qualitative Beachtung sollte den Referenzwirkungen zu Teil werden.

Produktionsgüter

(a) Ein Hersteller weltweit standardisierter Komponenten: Die Erlösanalyse ergab, daß bedeutende Verbundeffekte eigentlich nur von rabattpolitischen Maßnahmen herrühren können. Transaktionsübergreifend sind dabei Periodenumsatzrabatte etc. zu beachten. Auftragsbezogene Mengenrabatte sind in der Transaktion erfaßt. Bei den Kosten existieren erhebliche Verbunde: auftrags- oder kundenbezogene Kostenpositionen existieren kaum. Die Dispositionen über die Kostengüter erfolgen zumeist transaktions- und kundenübergreifend. Es dominieren Periodenkosten und periodenübergreifende Kosten.

1. *Verursachungsgerechte Abbildung:* Für das Bezugsobjekt *Auftrag* kann ein mittlerer Wert erwartet werden. Bei den Erlösen sind die Zuordnungsprobleme gering. Allein transaktionsübergreifende Rabatte können die Erlöszuordnung erschweren. Nur in dem Fall erbringt der *Kunde* als Bezugsobjekt bessere Zuordnungsergebnisse. Die Erlöse nehmen kaum Einfluß auf den Kurvenverlauf. Hauptproblem sind die Kosten. Aufgrund ihres Charakters sind sie weder dem *Auftrag* noch dem *Kunden* direkt zuordenbar. Dies ändert sich erst beim Bezugsobjekt *Periode.* Hier wird die Kurve einen deutlichen Sprung nach oben machen. Ihr weiterer Verlauf – *Mehrere Perioden* als Bezugsobjekt – hängt von dem Anteil der periodenübergreifend disponierten Kosten (und der Periodenlänge) ab.
2. *Informationsnutzen:* Bereits beim Bezugsobjekt *Kunde* wird die Kurve einen geringen Wert annehmen. Die einzelnen Transaktionen sind kaum verbunden. Jede muß ihren Erfolg erbringen. Entsprechend muß auch jede einzeln beurteilt werden. Die Bündelung mehrerer Aufträge zum Kunden- oder Periodenerfolg erbringt für die Beurteilung der abgewickelten Aufträge keinen Nutzen.

Für den Hersteller weltweit standardisierter Komponenten kommt als Erfolgsgröße nur der Transaktionserfolg in Betracht. Grund ist der Informationsnutzen. Eine umfassendere Erfolgsgröße ist für die einzelne Auftragsentscheidung unbedeutend. Die Gefahr ist, daß die notwendige Kostenschlüsselung zu unbrauchbaren Ergebnissen führt. Die Ähnlichkeit der Produkte entschärft jedoch die Befürchtung. Eine Durchschnittsbildung bei den Kosten führt zwar nicht zu einem verursachungsgerechten Ausweis. Aber aus Sicht der Beanspruchung ergibt sich eine gerechte Kostenzuteilung. Zur Nachrechnung kann beurteilt werden, ob die Aufträge lohnend waren. Und da die Erlöse weitgehend transaktionsindividuell erfaßt sind, erhält man auch Aussagen über die Aufträge im Vergleich.

(b) Ein Hersteller hochspezialisierter Baugruppen: Die Geschäftsbeziehung führt zu einer Verflechtung der einzelnen Transaktionen mit einem Kunden. Die Folge sind erhebliche kundenindividuelle Erlös- und Kostenverbunde.

1. *Verursachungsgerechte Abbildung:* Für das Bezugsobjekt *Auftrag* weist die Kurve einen geringen Wert aus. Auf der Erlös- und auf der Kostenseite werden die bedeutenden transaktionsübergreifenden Verbunde zerschnitten. Ein erheblicher Anstieg der Kurve ist beim Bezugsobjekt *Kunde* zu erwarten. Die aus der Geschäftsbeziehung hervorgehenden Verbunde werden direkt zuordenbar.[35] Mit der Kundenebene sind für die Erlöse die schwerwiegendsten Zuordnungsprobleme behoben. Allein die kundenübergreifend disponierten Periodenkosten und periodenübergreifenden Kosten stellen noch eine Zuordnungshürde dar. In Abhängigkeit vom Anteil dieser Kosten wird die Kurve bei den Bezugsobjekten *Periode* und *Mehrere Perioden* nochmals einen mehr oder minder deutlichen Anstieg verzeichnen.
2. *Informationsnutzen:* Die Kurve wird beim Übergang vom Transaktions- zum Kundenerfolg keinen dramatischen Einbruch erleben. Es ist ja gerade die Idee der Geschäftsbeziehung, über mehrere Transaktionen (bzw. einen längeren Zeitraum) hinweg zu planen und die Beziehung als Ganze zum beiderseitigen Vorteil zu führen. Kontrollgröße sind nicht die Transaktionserfolge. Maßstab ist der Erfolg mit dem Kunden über einen festzulegenden Zeitraum. Das ist der Entscheidungsfokus der Geschäftsbeziehung. Und dem wird der Kundenerfolg gerecht. Ein deutlich geringerer Wert ist bei den kundenübergreifenden Bezugsobjekten zu erwarten. Periodenerfolg oder Kundengruppenerfolg sind für die Beurteilung der Aktivitäten in einer Anbieter/Kunden-Beziehung unmaßgeblich.

Im Vergleich zu (a) haben wir eine gänzlich andere Situation. Die Zuordnungsprobleme entschärfen sich von *Auftrag* zu *Kunde* erheblich. Gleichzeitig verringert sich der Informationsnutzen nur unbedeutend. Erst bei dem Bezugsobjekt *Periode* sinkt er deutlich. Die „Zuordnungsgüte" verbessert sich bei der *Periode* hingegen nicht mehr so stark. Beide Kurvenverläufe weisen darauf hin, daß das Bezugsobjekt *Kunde* einen guten Kompromiß für diese Geschäftssituation darstellt.

Systemtechnologien

Das charakteristische dieses Geschäftstyps ist die Kompatibilitätsproblematik. Sie beeinflußt die Art des Geschäftes nachhaltig. Besonders deutlich wird das bei

[35] Genaugenommen müßte das Bezugsobjekt *Kunde pro Periode* heißen. Soll der Kundenerfolg nicht erst zum Ende der Geschäftsbeziehung ermittelt werden, muß eine Periodenabgrenzung erfolgen. Dabei ist klar: Je kleiner die Periode gewählt wird, desto mehr kundenindividuelle Verbunde werden wegen Überschreitung der Periodengrenzen doch zerschnitten.

den Kritische-Masse-Systemen. Auf der Erlösseite erzeugt der Systemeffekt starke kundenübergreifende Verbunde zwischen den Einzeltransaktionen. Die Besonderheit auf der Kostenseite sind die erheblichen systemspezifischen Kosten.

1. *Verursachungsgerechte Abbildung:* Beim Bezugsobjekt *Transaktion* führt die Kosten- und Erlösstruktur zu extremen Zuordnungsproblemen. Sie verringern sich auch nur geringfügig, wenn man den *Kunden* als Bezugsobjekt wählt. Für beide Bezugsobjekte zeigt die Kurve einen äußerst schlechten Wert. Und selbst die Periode als Bezugsobjekt bringt keine deutliche Verbesserung. Der Grund ist, daß ein System in der Regel nicht nur in einer Periode entwikkelt, produziert und verkauft wird. Die bisher betrachteten Bezugsobjekte bringen uns hier nicht weiter. Zwar können wir einer genügenden Anzahl von Perioden – Gesamtlebenszyklus des Systems – alle Erlöse und Kosten direkt zuordnen. Eine Beurteilung der einzelnen Auftragsentscheidung ist dann jedoch nicht mehr möglich.

   Für das Systemgeschäft ist die bisher verwendete Bezugsobjekthierarchie modifizierungsbedürftig. Statt die Transaktionen eines Kunden zusammenzufassen, können ja auch die über die Systemphilosophie miteinander verbundenen Aufträge gebündelt werden. Erste Aggregationsstufe nach der Einzeltransaktion wäre dann alle die gleiche Produktart betreffenden Transaktionen (in einer Periode). Je nach Art des Systems könnten dann über den Systemeffekt verbundene Produktartengruppen zusammengefaßt werden usw. Bei der Bezugsobjekthierarchie werden die systemspezifischen Erlöse und Kosten auf einer noch recht niedrigen Aggregationsebene direkt zuordenbar. Die „Abbildungskurve" würde schnell einen Anstieg verzeichnen.

2. *Informationsnutzen:* Bei der bislang verwendeten Bezugsobjekthierarchie würde die Kurve bereits beim Kundenerfolg einen dramatischen Einbruch verzeichnen. Alle der Transaktion nachgeordneten Bezugsobjekte – Kunde, Periode – erbringen keine relevante Information für die Vermarktung des Systems.

   Wählt man die „neue" Bezugsobjekthierarchie, hält sich die Kurve bedeutend länger auf einem „hohen" Niveau. Der Erfolg des Systems ist das Ziel. Ist es nur eine Produktart, die über den Systemeffekt die Käufer aneinander bindet, ist der Erfolg all der Transaktionen mit dieser Produktart die relevante Größe. Sind es mehrere über die Systemphilosophie verbundenen Produktarten, ist der Erfolg der Produktartengruppe zu wählen.

Als Bezugsobjekt empfiehlt sich die *Produktart* bzw. die *Produktartengruppe*. Die Relevanz der Information ist noch recht hoch – es geht um den Erfolg des Systems. Andererseits ist die Zuordnungsproblematik entschärft, weil die über das System verbundenen Kosten und Erlöse verursachungsgerecht zuordenbar sind.

Für die Frage nach der Erfolgsverteilung auf die einzelnen Transaktionen – welches Produkt soll zu welchem Zeitpunkt welchen Erfolgsbeitrag erbringen – kann eine entscheidungsorientiert ausgestaltete Erfolgsrechnung nichts beitragen. Zur Beantwortung müssen andere Parameter Berücksichtigung finden: die installierte Basis, die Zuwachsraten bei den Systemanwendern, die psychologischen Momente auf Käuferseite etc.

Hinweis: Die Erörterungen rufen uns einen wichtigen Aspekt in Erinnerung, der bei der Suche nach adäquaten Bezugsobjekten zu beachten ist: Es existieren eine Vielzahl Bezugsobjekte und Bezugsobjekthierarchien. Die Aggregation kann über die Kunden, die Produkte oder auch über Vertriebsregionen erfolgen. Wie soeben gesehen, sind je nach gewählter Bezugsobjekthierarchie die Kurvenverläufe unterschiedlich. Wenn hier bisher hauptsächlich von *einem* Bezugsobjektsystem ausgegangen wurde – Transaktion → Kunde → Periode → Mehrere Perioden – ist das aus Vereinfachungsgründen geschehen. In der betrieblichen Praxis sollten sehr viel mehr Bezugsobjekte auf *Informationsnutzen* und *verursachungsgerechte Abbildung* geprüft werden. Und das schließt auch die Beachtung heterogener Bezugsobjekte ein (gestrichelte Pfeile in Abb. 2).

Industrielle Dienstleistungen

Zwei Aspekte sind kennzeichnend: zum einen die Geschäftsbeziehungsorientierung. Das bedeutet kundenspezifische Erlösverbunde. Zum zweiten sind ein Großteil der Kosten durch die Aufrechterhaltung der Leistungsbereitschaft verursacht. Direkt können sie nur der Periode oder sogar nur mehreren Perioden gemeinsam zugeordnet werden.

1. *Verursachungsgerechte Abbildung:* Beim Übergang vom *Auftrag* zum *Kunden* (als Bezugsobjekt) verzeichnet die Kurve einen deutlichen Anstieg. Die über die Kundenbeziehung verbundenen Erlöse lassen sich direkt zuordnen. Einen weiteren Anstieg erlebt die Kurve beim Bezugsobjekt *Periode.* Der resultiert aus der verbesserten Zuordnungsmöglichkeit der Kosten. Inwieweit die Kurve beim Bezugsobjekt *Mehrere Perioden* nochmals ansteigt, ist abhängig vom Anteil der nur überperiodig zuordenbaren Kosten.
2. *Informationsnutzen:* Die Kurve verläuft in etwa genauso, wie beim Geschäftstyp „Produktionsgüter: Ein Hersteller hochspezifischer Baugruppen“. Aufgrund der Geschäftsbeziehung ist der Kundenerfolg fast genauso „wertvoll“ wie der Transaktionserfolg. Hingegen liefert der Periodenerfolg für die Beurteilung der Erfolgsträchtigkeit der Kundenbeziehung keine relevanten Daten.

Die Geschäftsbeziehung dominiert die Informationserfordernisse. Der Kundenerfolg ist der Maßstab, an dem erfolgreiches und weniger erfolgreiches Beziehungs-Management beurteilt werden muß. Kein anderes Bezugsobjekt – auch nicht aus einer anderen Hierarchie – erbringt „bessere“ Werte für die Kurven.

Der Kunde ist der zentrale Faktor. Selbst wenn die „Abbildungs-Kurve“ bei Wahl einer alternativen Bezugsobjekthierarchie einen vergleichsweise günstigeren Verlauf nehmen würde; die Kurve zum Informationsnutzen wird bei allen nichtkundenbezogenen Bezugsobjekten einen äußerst schlechten Wert ausweisen.

Fazit

Damit ist die Betrachtung der Geschäftstypen abgeschlossen. Je nach Situation waren für eine Erfolgsquellenanalyse verschiedene Bezugsobjekte „interessant“. Die Unterschiede hinsichtlich *verursachungsgerechter Zuordnung* und *Informationsnutzen* sind dafür maßgeblich. Noch einmal wird deutlich: *Patentrezepte für eine richtige Erfolgsrechnung gibt es nicht.*

Abschließend werden die wichtigsten Ergebnisse der bisherigen Überlegungen nochmals zusammengefaßt:

1. Das Wissen um den Erfolgsbeitrag einer Entscheidung (im Sinne von Abb. 1) wäre die ideale Hilfe bei der Beurteilung marktgerichteten Handelns. Weder die verursachten Erlöse noch die Kosten können jedoch vollständig und korrekt zugeordnet werden. Der Grund ist die Existenz von Verbundeffekten. Der Erfolg einer Entscheidung kann nicht bestimmt werden.
2. Prinzipiell gilt das gleiche für Bezugsobjekte/Entscheidungspakete: Auch für ein Bezugsobjekt – *Transaktion, Kunde, Periode etc.* – ist eine völlig korrekte verursachungsgerechte Zuordnung von Erlösen und Kosten unmöglich. Auch hier bestehen Erlös- und Kostenverbunde. Eine Ausnahme gibt es jedoch:
3. Für das Bezugsobjekt *Gesamtunternehmen über seine Gesamtlebenszeit* ist eine vollständige, verursachungsgerechte Zuordnung aller Erlöse und Kosten möglich. Zur Beurteilung marktgerichteter Entscheidungen ist diese Erfolgsgröße jedoch unbrauchbar. Der Totalerfolg des Unternehmens bewertet die Güte aller Entscheidungen, die im „Leben“ eines Unternehmens getroffen wurden.
4. Die Erfolgsermittlung für Bezugsobjekte ist durch zwei Tendenzen geprägt:
   - Je umfassender die Bezugsobjekte (Entscheidungspakete), desto geringer sind die Zuordnungsprobleme für Erlöse und Kosten.
   - Je umfassender die Bezugsobjekte, desto weniger Hilfestellung leistet die Erfolgsgröße bei der Beurteilung marktgerichteter Entscheidungen.
5. Die Wahl einer Erfolgsgröße/Bezugsobjekt-Kombination bewegt sich in dem Spannungsfeld aus *Abbildungsgüte der Marktergebnisse* und *Informationsnutzen* der Erfolgsgröße.
6. Die Zuordnungsschwierigkeiten und der Informationsnutzen bei einem Bezugsobjekt sind nicht immer gleich. Beides hängt von dem *Geschäftstyp* und der *betrieblichen Situation* ab. Das heißt: Die Erfolgsgrößenwahl muß situativ erfolgen. Eine immer richtige Erfolgsgröße/Bezugsobjekt-Kombination gibt es nicht.

7. Damit ist der Mensch gefordert: Er muß jede Erfolgsgröße als das begreifen, was sie ist, ein Mix aus in Zahlen ausgedrückten *Tatsachen* (Verursachung) und *Annahmen* (Schlüsselung). Keine Erfolgsgröße darf unreflektiert verwendet werden. *Zu einem bestimmten Grad ist jede Erfolgsgröße Hypothese!*

Das Grundgerüst einer entscheidungsorientiert ausgestalteten Erfolgsquellenanalyse ist entwickelt. Die Anforderungen und die sachlogischen Grenzen sind beschrieben. Dabei haben wir uns bisher quasi im „luftleeren Raum" bewegt. Die Untersuchung verlief rein sachlogisch ohne direkten Bezug zu existierenden Verfahren. Das ändert sich jetzt: Nun wird untersucht, inwieweit die „üblichen" Rechnungskonzepte dem Forderungskatalog gerecht werden und wo mögliche Schwächen liegen.

2.6 Die bekannten Rechnungswesenkonzepte und ihre Eignung zur Erfolgsquellenanalyse

Die in der betrieblichen Praxis verwendeten Konzepte zur Erfolgsanalyse lassen sich danach untergliedern, ob sie alle Kosten und Erlöse (einer Periode) verrechnen – Vollrechnung, Nettoerfolgsrechnung – oder ob sie nur ausgewählte Erlös- und Kostenpositionen einbeziehen – Teilrechnung, Bruttoerfolgsrechnung, Dekkungsbeitragsrechnung. Diese einfache Unterteilung liegt der Betrachtung zugrunde. Sie genügt für die Frage nach der Brauchbarkeit der verschiedenen Ansätze für eine Erfolgsrechnung. Denn unabhängig von einzelnen Verfahren ist der Umgang mit den Erlös- und Kostenverbunden – der kritische Punkt einer jeden Erfolgsrechnung – innerhalb der beiden Gruppen dem Prinzip nach gleich.

2.6.1 Die klassische Vollkosten- und Vollerlösrechnung

2.6.1.1 Grundidee und prinzipielle Vorgehensweise

Die Grundidee der Vollerlösrechnung und der Vollkostenrechnung ist identisch: Verrechnung *aller* Erlöse und *aller* Kosten auf die Bezugsobjekte.[36] *Alle* Kosten und Erlöse bezieht sich dabei jeweils auf eine Periode. Insoweit ist eine Vollrechnung immer auch eine Periodenrechnung.

Die Vorgehensweise der Vollkosten- und Vollerlösrechnung ist zweistufig: In einem ersten Schritt werden die direkt zuordenbaren Erlöse bzw. Kosten auf die Bezugsobjekte verteilt. Im zweiten Schritt werden dann die nicht verursachungsgerecht zuordenbaren Erlös- bzw. Kostenbestandteile den Bezugsobjekten jeweils nach verschiedenen Prinzipien zugeschlüsselt.

[36] Vgl. zum Grundansatz der Vollkostenrechnung Menrad 1983 oder Menrad 1993.

Vollkostenrechnung

Klassischerweise findet man eine Dreiteilung in die *(1) Kostenartenrechnung*, die *(2) Kostenstellenrechnung* und die *(3) Kostenträgerrechnung/Kalkulation.*[37] Die Zusammenhänge zwischen den drei Rechnungen sind in Abb. 9 schematisiert.

1. *Kostenartenrechnung:* Sie ist für Kostenerfassung und -gliederung zuständig. Dabei wird auch die verursachungsgerechte Zuordenbarkeit der einzelnen Kostenpositionen geklärt. Als Bezugsobjekt fungiert zumeist das Produkt.[38] Die direkt einem Produkt zuordenbaren Kosten werden ohne Umweg in die Kostenträgerrechnung (Kalkulation) eingespeist (①). Die (dem Produkt) nicht direkt zuordenbaren Kosten fließen in die Kostenstellenrechnung (②).[39]
2. *Kostenstellenrechnung:* Hier werden die einem Produkt nicht direkt zuordenbaren Kosten nach unterschiedlichen Prinzipien aufgeschlüsselt, um sie letztendlich den Produkten in Form der sogenannten Zuschlagsätze zurechnen zu können. Zum Beispiel werden die Kosten einer Maschine entsprechend der zeitlichen Beanspruchung durch die Produkte auf diese verrechnet. Dafür wird ein Zuschlagsatz ermittelt. Er ergibt sich aus der Division der Maschinenkosten einer Periode durch die Maschinenlaufzeit in der Periode. Ergebnis ist ein Maschinenkostensatz pro Fertigungsstunde. Der geht in die Kalkulation ein (③).[40]
3. *Kostenträgerrechnung/Kalkulation:* Die Kalkulation ermittelt die Kosten pro Produkt. Die aus der Kostenartenrechnung übernommenen, direkt zuorden-

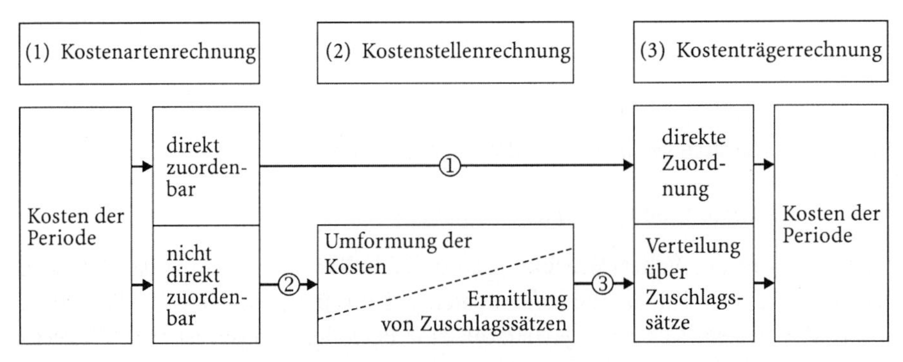

Abb. 9. Der Kostenfluß zwischen Kostenarten-, Kostenstellen- und Kostenträgerrechnung (Quelle: Plinke, 1993, S. 88)

---

37 Vgl. z.B. Kilger 1987, S. 13 ff.

38 Diese Orientierung auf das Produkt als Zuordnungsgröße hat historische Gründe (vgl. Menrad 1983, S. 3 f. und Dorn 1992).

39 Zur Kostenartenrechnung vgl. z.B. Lachnit/Ammann 1993 oder Kilger 1987, S. 69 ff.

40 Zur Kostenstellenrechnung vgl. z.B. Hummel/Männel 1990, S. 190 ff.

baren Kosten werden den jeweiligen Produkten angelastet (①). Die in der Kostenstellenrechnung umgeformten, nicht vom Produkt verursachten Kosten werden über die Zuschlagsätze verteilt (③). Zum Beispiel verrechnet man die Maschinenkosten entsprechend der zeitlichen Maschinenbeanspruchung durch das Produkt. Mit Kostenverursachung hat das nichts zu tun. Anwendung findet das Beanspruchungsprinzip.[41]

Ergebnis des dreistufigen Vorgehens ist ein Wert, der Kosten pro Produkt anzeigt. Die vom Produkt verursachten Kosten sind das allerdings nicht. *Alle Kosten der Periode* werden auf die Produkte des Unternehmens verteilt. Andererseits hat die Kostenanalyse ergeben, daß ein Großteil der Kosten unabhängig vom einzelnen Produkt oder Auftrag disponiert werden. Sie fallen nicht weg, wenn das Produkt nicht gefertigt wird. Das Hauptproblem bei der Vollkostenrechnung ist, daß die Kostenverteilung nicht nur nach dem Verursachungsprinzip vorgeht.

Immer wenn Kosten nicht verursachungsgerecht zugeordnet werden können, greift die Vollkostenrechnung zu Hilfsprinzipien. Das Beanspruchungsprinzip ist ein Beispiel. Eine andere Hilfsregel ist das Tragfähigkeitsprinzip: Danach werden Kostenpositionen entsprechend der erzielten Produkterlöse zugeschlüsselt. Einem Produkt mit hohem Erlös lastet man einen großen Kostenanteil an, einem Produkt mit niedrigem entsprechend weniger. Mit Verursachungsgerechtigkeit haben beide Prinzipien nichts zu tun.[42]

Vollerlösrechnung

Generell muß man sagen, daß in der betrieblichen Praxis eine Erlösrechnung dem Namen nach äußerst selten anzutreffen ist. Der Sache nach wird eine Erlösrechnung jedoch von fast allen Unternehmen durchgeführt. Zumeist findet man ein zweigeteiltes Vorgehen. Die beiden Schritte kommen in etwa dem gleich, was in der Rechnungswesenliteratur *Erlösartenrechnung (1)* und *Erlösträgerrechnung (2)* genannt wird.[43]

1. *Erlösartenrechnung:* In Äquivalenz zur Kostenseite werden hier die Erlöse erfaßt und nach Erlösarten gegliedert. Wie tief diese Gliederung geht, ist von Betrieb zu Betrieb verschieden. Auf jeden Fall findet man auch hier eine Trennung in Erlösarten, die einem Produkt direkt zuordenbar sind und solche die das nicht sind.
2. *Erlösträgerrechnung:* Der Grundidee nach funktioniert sie wie ihr Pendant auf der Kostenseite: Die Erlösarten werden auf die Produkte verteilt. Erlösarten mit direktem Produktbezug (Listenpreise etc.) werden direkt zugeordnet. Die

[41] Zur Kostenträgerrechnung vgl. z.B. den Überblick bei Plinke 1999, S. 99 ff.

[42] Zu verschiedenen Kostenverteilungsprinzipien vgl. Börner 1993.

[43] Vgl. z.B. Männel 1993.

nicht eindeutig zuordenbaren Erlösarten (z.B. Periodenumsatzrabatte) werden durch Division auf die betroffenen Produkte verteilt. Ergebnis ist ein Erlös pro Produkt. Auch er hat mit Verursachungsgerechtigkeit nur wenig zu tun. Die an den Erlösarten ablesbaren Verbunde werden durch Division zerschnitten; die nicht direkt erkennbaren Erlösverbunde ignoriert. Aus dem Stückerlös ist nicht zu folgern, daß bei Wegfall des Auftrags auch nur er entfällt.

Nimmt man Stückerlös und Stückkosten zusammen, ergibt sich ein *Stückerfolg*.[44] Dieser Stückerfolg ist die Antwort der Vollrechnung auf die Frage nach den Erfolgsquellen. Damit bewegt sich die klassische Vollkosten- und Vollerlösrechnung auf der untersten Ebene der Bezugsobjekthierarchie in Abb. 2. Und genau genommen braucht sie auch gar keine Bezugsobjekthierarchie. Zum Beispiel kann der Auftragserfolg durch einfache Addition aller Stückerfolge der in dem Auftrag zusammengefaßten Produkte ermittelt werden. Genauso ist es mit dem Kundenerfolg oder dem Erfolg eines Absatzgebietes. Möglich macht das der *Stückerfolg*. Inwieweit diese Größe (und damit auch die von ihr abgeleiteten Erfolge) eine realistische, entscheidungsorientierte Beurteilung der Marktergebnisse zuläßt, wird nun betrachtet.

2.6.1.2 Die Schwächen der Nettoerfolgsrechnung für eine verursachungsgerechte Erfolgsquellenbetrachtung

Generell müssen für die Vollrechnung zwei Dinge festgestellt werden:

1. Alle an den Erlösarten und Kostenarten erkennbaren Verbundbeziehungen zwischen Produkten werden bedingungslos zerschnitten.
2. Alle nicht an den Erlösarten und Kostenarten erkennbaren Verbundbeziehungen zwischen Produkten werden ignoriert.

Auf diesen Prämissen basiert der Stückerfolg. Damit stellt er keine Hilfe für die Entscheidungsbeurteilung dar. Weder die Stückkosten noch der Stückerlös sind allein abhängig von den auf das Produkt gerichteten Entscheidungen. Bei Nichtrealisierung eines Auftrags entfallen weder der Erlös noch die Kosten in der angegebenen Höhe. Der Stückerfolg bildet nicht die Wirkungen der Produktentscheidungen ab. Er ist eine statistische Maßgröße, die sich unter Berücksichtigung aller anderen Aktivitäten in dieser Periode ergibt. *Proportionalisierung* der übergeordnet disponierten Kosten und Erlöse (1) ist die Antwort auf die Zuordnungsproblematik. Damit werden Ursache/Wirkung-Beziehungen verwischt, die für die Beurteilung des Marktgeschehens von großer Bedeutung sind. Und die Ignoranz gegenüber den nicht direkt erkennbaren Verbunden (2) trägt das ihre zur Fehlabbildung des Marktgeschehens bei.

---

[44] Vgl. Plinke 1999, Kap. 9.

Besonders bedenklich ist das Vorgehen aber auch deshalb, weil die Vollrechnung beim kleinsten Bezugsobjekt – dem Produkt – ansetzt. Entsprechend unserer Überlegungen in den Abschnitten 2.3 bis 2.5 liegen gerade hier die größten Zuordnungsprobleme. Die Verbunde werden bei *dem* Bezugsobjekt zerschnitten, das am stärksten von ihnen betroffen ist.

Bildlich läßt sich diese Art der Nettoerfolgsermittlung an Abb. 7 ablesen. Die Vollrechnung ermittelt den schwarz unterlegten Transaktionserfolg T 3 (unter der Annahme, daß die Transaktion nur ein Produkt umfaßt), indem sie

- die scheinbar verursachungsgerecht zuordenbaren Erlös- und Kostenpositionen (Zeile 1–5) direkt zuordnet,
- die mit den Fragezeichen markierten, nicht direkt zuordenbaren Positionen (Zeile 6–11) unter Anwendung verschiedener Prinzipien auf die Produkte schlüsselt und
- die nicht explizit erkennbaren Verbunde (①,②) ignoriert.

Mit Blick auf die in Abschnitt 2.5 diagnostizierte Dilemma-Situation muß für die Vollrechnung festgestellt werden: Die Stück(netto)erfolgsrechnung ist „auf einem Auge blind“. Allein dominierend ist die Frage nach dem *Informationsnutzen.* Für jedes Bezugsobjekt – Produkt, Transaktion, Kunde etc. – wird ein Nettoerfolg ermittelt. Dafür nimmt die Vollrechnung die größten Zuordnungsprobleme in Kauf. Die Lösung heißt *Schlüsselung.* Entscheidungsorientierung und Verursachungsgerechtigkeit spielen in der Nettoerfolgsrechnung keine Rolle.

Erklären läßt sich das aus der historischen Entwicklung der Vollrechnung. Als die Herzstücke der Vollkostenrechnung entworfen wurden, stand das Ziel Entscheidungsunterstützung nicht an oberster Stelle. Zudem waren die betrieblichen Verhältnisse mit den heutigen kaum vergleichbar. Trotzdem bleibt festzuhalten: die Vollrechnung ignoriert die verursachungsgerechte Kosten- und Erlöszuordnung. Es findet allein der Informationsnutzen Beachtung. Das Trade-off-Problem wird nicht gesehen.

Fazit: Die Nettoerfolgsrechnung verletzt das Prinzip der verursachungsgerechten Zuordnung von Erlösen und Kosten. Auf dem Auge der Zuordnungsproblematik ist sie blind. Insoweit taugt sie zur Beurteilung der Marktergebnisse nur wenig ... es sei denn, daß keine über das gewählte Bezugsobjekt hinausgehenden Verbunde existieren. Bei völliger Verbundfreiheit auf der Ebene des gewählten Bezugsobjektes sind alle Erlöse und Kosten verursachungsgerecht zuordenbar. Insoweit hängt es von der betrieblichen Situation ab, inwieweit die Nettoerfolgsrechnung falsche Abbildungen des Marktgeschehens produziert. Für den Verwender von Nettoerfolgsgrößen hat das zur Konsequenz, daß er über die Verbundsituation seines Betriebes informiert sein muß. Dann und nur dann kann er den Informationsgehalt eines Nettoerfolges korrekt einschätzen.

2.6.2 Die Teilkostenrechnung als Entscheidungsrechnung

2.6.2.1 Grundidee der Teilkostenrechnung

Aus der Kritik an der Vollrechnung ging die Idee der Teilkostenrechnung hervor. Als Gegenstück zur Nettorechnung wurden verschiedene Bruttoverfahren entwickelt, die die Unzulänglichkeiten einer Vollrechnung umgehen sollten.[45]

Die Grundidee aller Teilkostenrechnungsverfahren ist identisch: Ordne einem Bezugsobjekt nur die (für eine Fragestellung) relevanten Erlöse und Kosten zu! Zumeist wurde der Entscheidungsbezug ins Zentrum der Überlegungen gerückt. Nur die von einer Entscheidung tatsächlich abhängenden Erlöse und Kosten dürfen Berücksichtigung finden. Deswegen spricht man von einer *Bruttorechnung*. Es werden keine Gewinne ermittelt. Im Ergebnis weist eine Teilkostenrechnung die durch eine Entscheidung hervorgerufene *Erfolgsveränderung* aus. Dieser Wert trägt den Namen *Deckungsbeitrag*.[46]

Ein Deckungsbeitrag ist der Saldo aus den von einer Entscheidung (einem Bezugsobjekt) verursachten Erlösen und den entsprechenden Kosten. Der Betrag gibt an, inwieweit eine Entscheidung (ein Bezugsobjekt) dazu beiträgt, die unabhängig von ihr (ihm) im Unternehmen angefallenen Kosten zu decken. Ein positiver Deckungsbeitrag ist das Signal für eine *lohnende* Entscheidung (ein *lohnendes* Bezugsobjekt). Und beim Alternativenvergleich ist der höhere Deckungsbeitrag ausschlaggebend. In dem Sinn ist das Rechnen mit Deckungsbeiträgen in höchstem Maße entscheidungsorientiert.

Die Grundidee kann an Abb. 7 verdeutlicht werden. Ein Deckungsbeitrag für die Transaktion T 3 ermittelt sich aus den ersten fünf Zeilen. Nur sie sind direkt von der Transaktion abhängig. Nur sie entfallen in angegebener Höhe, wenn T 3 nicht realisiert wird. Und bei genauer Betrachtung darf auch der Erlösanteil aus Zeile 1 wegen der Verbundwirkungen (①,②) nicht einbezogen werden.

Weisen die Verbundeffekte tatsächlich Bedeutung auf, wäre bei Berücksichtigung des „Zeile 1-Erlöses" die Aussage des Deckungsbeitrages nicht mehr korrekt. Es ergäbe sich gerade nicht die errechnete Erfolgsveränderung, weil womöglich

- Kunde *A* wegen Nichterreichens des Periodenumsatzrabattes insgesamt weniger kaufen würde (①) und/oder
- Kunde B gar nicht kauft (②).

Ob mit oder ohne Einbeziehung des Zeile 1-Erlöses: der Saldo wäre kein Deckungsbeitrag im geforderten Sinn. Er repräsentiert nicht die von T 3 verursachte Erfolgsveränderung. Die Wirkungen von T 3 wären nicht vollständig erfaßt.

---

[45] Vgl. z.B. Haberstock 1993.

[46] Vgl. generell zur Teilkostenrechnung Riebel 1993.

Weisen die Verbunde hingegen keine oder nur eine geringe Bedeutung auf, ergibt sich aus den Zeilen 1–5 tatsächlich der Deckungsbeitrag von T 3. Im Gesamtzusammenhang von Abb. 7 kann er wie folgt gedeutet werden: Auftrag T 3 erbringt für das Unternehmen einen Betrag in Höhe des Deckungsbeitrages. Dieser dient zusammen mit den Deckungsbeiträgen der anderen Aufträge dazu,

1. die nicht direkt von den Transaktionen verursachten Kosten des Betriebes (abzüglich der nicht direkt zuordenbaren Erlöselementen) zu decken und
2. womöglich einen Gewinn für das Unternehmen zu erwirtschaften.

Die dem Bezugsobjekt nicht verursachungsgerecht zuordenbaren Kosten- und Erlöspositionen werden aus der Deckungsbeitragsrechnung ausgeblendet. Damit ist z.B. die Summe der Auftragsdeckungsbeiträge einer Periode ungleich dem (Netto-) Periodengewinn.

Hier offenbart sich das wahre Gesicht der Deckungsbeitragsrechnung: Sie stellt den Aspekt der „Verursachungsgerechtigkeit" ins Zentrum. Indem nur zugeordnet wird, was tatsächlich zuordenbar ist, vermeidet sie die Schlüsselungsproblematik vollkommen. Der Deckungsbeitrag bildet nur Ergebniswirkungen ab, die von der betrachteten Entscheidung bzw. dem Bezugsobjekt der Rechnung

- *offensichtlich* abhängen und
- die quantitativ erfaßbar sind.

Ist damit das ideale Instrument zur Erfolgsquellenanalyse gefunden? Bevor die Frage beantwortet wird, noch ein Hinweis: Hier wird die Grundidee der Dekkungsbeitragsrechnung analysiert, wie sie sich in allen Rechenverfahren auf Teilkostenbasis mehr oder minder deutlich widerspiegelt. Es werden die Schwächen des Idealmodells betrachtet. Die praxisüblichen Verfahren, wie z.B. das Direct Costing[47] machen dann noch einmal mehr oder minder große Abstriche von den Idealvorstellungen. Die interessieren hier weniger. Ziel ist das Erkennen der im System verwurzelten Schwächen. Die in der Praxis verwendeten Verfahren machen aus Wirtschaftlichkeitsüberlegungen oder einfach aus Pragmatismus nicht weniger Fehler sondern mehr. Und dieses „Mehr" ist mit dem hier zur Verfügung gestellten Instrumentarium leicht zu entlarven.

2.6.2.2 Die Schwächen der Deckungsbeitragsrechnung für eine verursachungsgerechte Erfolgsquellenbetrachtung

Auch die Deckungsbeitragsrechnung stellt nicht das ideale Instrument zur Beurteilung der Marktergebnisse bzw. zur Erfolgsquellenanalyse dar. Grund: Der Dekkungsbeitrag bildet nicht alle Konsequenzen einer Entscheidung ab. Indem

---

[47] Zum „Direct Costing" vgl. Kilger 1992.

er sich auf die Wirkungen beschränkt, die offensichtlich und quantitativ erfaßbar sind, schneidet er einen ganzen Komplex von Wirkungen einfach ab.

> **Beispiel:**
> Für die Produktart A eines Systemanbieters ergab sich in der Nachrechnung ein negativer Deckungsbeitrag. Im Unternehmen wurde darüber diskutiert, das Produkt aus dem Programm zu nehmen. Der Vertriebsleiter wies darauf hin, daß das Produkt A einen bedeutenden Einfluß auf den Verkauf von Produkt C ausübt und das mit der Elimination womöglich auch der Absatz des deckungsbeitragsstarken Produktes C negativ beeinflußt würde.

Die Orientierung am Deckungsbeitrag der Produktart führt zu einer falschen Abbildung der Marktgegebenheiten. Die nicht quantifizierbaren Erlösverbunde sind der Grund. Sie werden in der Deckungsbeitragsrechnung unterschlagen.

Damit können wir die Kritik spezifizieren: Der Deckungsbeitrag wird tatsächlich nur aus entscheidungsabhängigen Größen gebildet. Eine Schlüsselung findet nicht statt. In dem Sinne ist die Rechnung vollkommen dem Verursachungsdenken unterworfen. Sie ist jedoch nicht vollständig. Das strenge Festhalten am Verursachungsprinzip führt dazu, daß vom Bezugsobjekt verursachte, aber nicht quantifizierbare Erlös- und Kostenkonsequenzen unberücksichtigt bleiben. Insoweit kann auch die Orientierung am Deckungsbeitrag zu Fehlurteilen führen. Und das gilt umso mehr, je bedeutender die nicht quantifizierbaren Verbundbeziehungen werden.

Andererseits verbessert sich die Aussage des Deckungsbeitrages mit der Verringerung der Verbunde auf Erlös- und Kostenseite. Der Grenzfall einer vollkommen richtigen Abbildung des Marktgeschehens ist dabei der gleiche wie bei der Vollrechnung. Der Deckungsbeitrag ist dann „richtig", wenn es keine bezugsobjektübergreifenden Erlös- und Kostenverbunde gibt. In dem Fall ist er aber auch gleich dem Nettogewinn des Bezugsobjektes. Er stimmt mit dem Vollkostenergebnis überein.[48]

Zwischenfazit

Die Möglichkeit der Auswertung von Marktergebnissen mit Hilfe der Deckungsbeitragsrechnung hängt von der Art und Bedeutung der Erlös- und Kostenverbunde ab. Generell läßt sich sagen: Je mehr nicht-quantifizierbare Verbunde existieren, desto geringer wird der Aussagegehalt des Deckungsbeitrags über die quantitativen Konsequenzen eines Bezugsobjektes. Die Unvollständigkeit der Wirkungserfassung nimmt zu. Umgekehrt wird die quantitative Abbildung der Entscheidungswirkungen mit abnehmender Verbundproblematik immer besser. Auch hier gilt demnach: *Wer die Deckungsbeitragsinformation richtig verstehen will, muß die Verbundsituation in seinem Unternehmen kennen.*

---

[48] Vgl. Chmielewicz 1983, S. 157.

2.6.3 Die Vorteile der Deckungsbeitragsrechnung für eine Erfolgsquellenanalyse im Vergleich zur Vollrechnung

Vergleicht man die Ergebnisse zur Netto- und zur Bruttoerfolgsrechnung, fällt eine Gemeinsamkeit ins Auge: Das Abbildungsergebnis der Vollrechnung wie auch der Teilrechnung wird mit zunehmender Verbundintensität immer schlechter. Lediglich die Art des Fehlers ist unterschiedlich. Bei der Nettoerfolgsrechnung wächst der Fehler aufgrund zunehmender Schlüsselung. Bei der Bruttoerfolgsrechnung sinkt die Vollständigkeit der Wirkungsabbildung.[49]

Das Analyseergebnis vermittelt den Eindruck, daß man sich bei der Wahl des Verfahrens zur Erfolgsquellensuche zwischen zwei „Übeln" entscheiden muß: Entweder man ermittelt falsche Erfolgsgrößen (Vollrechnung) oder aber unvollständige (Deckungsbeitragsrechnung). In jedem Fall verschlechtert sich das Ergebnis der Rechnung, wenn das Marktgeschehen unübersichtlicher wird und die Ergebnisse nicht mehr so leicht auf ihre Ursprünge zurückzuführen sind. Sind die Marktgegebenheiten hingegen leicht durchschaubar, erbringen beide Verfahrensvarianten zufriedenstellende Ergebnisse. Zu fragen ist, inwieweit sie dann noch vonnöten sind.

Trifft die Kritik für die Vollrechnung zu, ist sie für die Teilkostenrechnung zu entschärfen. Zwei Gründe sind dafür verantwortlich, daß die Deckungsbeitragsrechnung für eine Erfolgsquellenanalyse bessere Ergebnisse erbringt.

1) Die Deckungsbeitragsrechnung erkennt die Dispositionszusammenhänge genauer

Aus der Perspektive eines Bezugsobjektes können Kosten- und Erlöspositionen nur dreierlei Arten von Beziehungen aufweisen: 1. sie sind allein von dem Bezugsobjekt verursacht, 2. sie sind von ihm mitverursacht oder 3. sie sind unabhängig von dem Bezugsobjekt. Stellt man die Frage, wie Vollrechnung und Deckungsbeitragsrechnung mit den drei Kosten/Erlös-Kategorien umgehen, ergibt sich das in Abb. 10 dargestellte Bild.

In den Zeilen 1–3 sind die drei möglichen Erlös/Kosten-Bezugsobjekt-Relationen abgetragen. In Spalte 2 und 3 ist die Art der „Behandlung" vermerkt, die den jeweiligen Erlös/Kosten-Positionen bei der Vollrechnung und der Deckungsbeitragsrechnung widerfährt. Die fett umrahmten Felder markieren die „Fehler" der Rechnungsansätze, wie sie oben analysiert wurden.

Es zeigt sich, daß beide Systeme bei der Zuordnung der allein durch das Bezugsobjekt verursachten Erlöse und Kosten (Zeile 1) keinen Unterschied aufweisen. In beiden Konzepten wird dem Verursachungsprinzip gefolgt. Auch bei den nicht allein durch das Bezugsobjekt verursachten, verbundenen Erlösen und Kosten (Zeile 2) sind Gemeinsamkeiten zu erkennen. Beide Systeme machen

[49] Vgl. Chmielewicz 1983, S. 180.

Entscheidungsbezug einer Kosten- und Erlösposition		*Vollrechnung*	*DB-Rechnung*
	1 Disposition *nur* aufgrund des Bezugsobjektes	Verursachungsgerechte Zuordnung	Verursachungsgerechte Zuordnung
	2 Disposition *auch* aufgrund des Bezugsobjektes	*Schlüsselung*	*Nicht berücksichtigt*
	3 Disposition *unabhängig* von dem Bezugsobjekt	*Schlüsselung*	Nicht berücksichtigt

Abb. 10. Unterschiede der Kosten- und Erlöszuordnung bei Vollrechnung und Deckungsbeitragsrechnung

„Fehler"; Die Vollrechnung schlüsselt die Verbunde, die Deckungsbeitragsrechnung läßt sie weg. Der Grund ist der gleiche: die Verursachung ist nicht zu quantifizieren.

Bestätigt sich bislang das Analyseergebnis, erkennt man bei den nicht vom Bezugsobjekt verursachten Kosten/Erlösen (Zeile 3) einen Unterschied. Während die Vollrechnung nach der Regel: „Alle Erlöse und Kosten der Periode werden verteilt!" auch diese Positionen schlüsselt (soweit nicht anders zuordenbar), läßt sie die Deckungsbeitragsrechnung weg. Grund: Wenn z.B. die Verwaltungskosten unabhängig von einem bestimmten Auftrag anfallen, dürfen sie nicht den Erfolg oder Mißerfolg des Auftrags beeinflussen. Sie sind für das Bezugsobjekt *Auftrag* irrelevant. Die Deckungsbeitragsrechnung erkennt das und behandelt sie entsprechend. Die Vollrechnung nimmt auf den Zusammenhang keine Rücksicht und macht insoweit den größeren Fehler.

Der Vorteil der Deckungsbeitragsrechnung liegt in der besseren Abbildung der Dispositionszusammenhänge. Sie kann bei den nicht verursachungsgerecht zuordenbaren Erlösen und Kosten feiner unterscheiden. Die Vollrechnung ist wegen des Prinzips der vollständigen Verrechnung aller Kosten und Erlöse (einer Periode) dazu nicht in der Lage.

2) Mehrstufigkeit und Mehrdimensionalität der Deckungsbeitragsrechnung

Während die Vollrechnung das Produkt als zentrales Bezugsobjekt behandelt, ist die Deckungsbeitragsrechnung derart konzipiert, daß aufeinander aufbauende Rechnungen für verschiedene Bezugsobjekte möglich sind.

Grundüberlegung ist, daß das komplexe Marktgeschehen unter Verwendung nur einer Bezugsgröße nicht hinreichend zu erfassen ist. Ermittelt man neben den produktbezogenen Stückdeckungsbeiträgen auch die Bruttoerfolge für die

Transaktionen, Kunden, Perioden etc. entsteht ein realistischerer Einblick in die Quellen des Erfolges.

Der bessere Einblick beruht vor allem darauf, daß bei jedem umfassenderen Bezugsobjekt zusätzliche, nunmehr quantifizierbare Verbundwirkungen erfaßt werden können – Verbunde, die bei spezielleren Bezugsobjekten ausgeblendet waren. Der Deckungsbeitrag pro Kunde ist eben nicht nur die Summe der Auftrags-Deckungsbeiträge (für den Kunden). Hinzu kommen die Erlös- und Kostenelemente, die nur dem Kunden insgesamt zugeordnet werden können. Damit weist der Kunden-Deckungsbeitrag ein Informationsplus auf. Man erfährt etwas über die dispositiven Zusammenhänge hinter den Erfolgsquellen.

Mit dem Vorgehen wird auch die Kritik des abnehmenden Informationsgehaltes von Deckungsbeiträgen umfassenderer Bezugsobjekte entschärft. Zwar ist es richtig, daß der Kunden-Deckungsbeitrag für einen Auftragsentscheidung weniger Aussagekraft aufweist, als der (unvollständigere) Auftrags-Deckungsbeitrag. Aber durch die Mehrstufigkeit stehen eben beide Zahlen zur Verfügung.

Das Beispiel zeigt, worauf die mehrstufige, mehrdimensionale Deckungsbeitragsrechnung zielt: Der verbesserte Einblick ist nicht ein Ergebnis „besserer“ Erfolgsgrößen. Die Möglichkeit des Hin- und Herspringens zwischen den Deckungsbeiträgen verschiedener Stufen und Dimensionen der Bezugsobjekthierarchie erzeugt das realistischere Bild des Marktgeschehens.

Zu solch einer mehrstufigen, mehrdimensionalen Auswertung ist die Vollrechnung nicht in der Lage. Das würde nämlich für jedes Bezugsobjekt eine Umschlüsselung der nicht direkt zuordenbaren Kosten bedeuten (die zudem erst neu bestimmt werden müßten). Die Vollrechnung ist dem Grundsatz nach auf Einstufigkeit und Eindimensionalität ausgelegt.

Fazit

Für eine Erfolgsquellenanalyse erweist sich die Deckungsbeitragsrechnung im Vergleich zur Nettorechnung als aussagekräftiger und flexibler. An der generellen Kritik ändert das nichts. Man muß die bedeutenden Verbundbeziehungen im Unternehmen kennen, wenn man die Deckungsbeitragsinformation richtig deuten will. Aber es wurde deutlich, daß die Bruttoverfahren das kleinere Übel darstellen.

Wie man nun ganz praktisch Erfolgsquellen aufspürt, wird im folgenden Abschnitt vorgestellt: Auf Basis der *relativen Einzelkosten- und Deckungsbeitragsrechnung* von *Riebel* werden verschiedene Beispielrechnungen diskutiert. Der Grund für die Wahl des *Riebel*schen Ansatzes ist einfach: Es ist das Konzept, das allen identifizierten Kritikpunkten derzeit am besten gerecht wird.

2.7 Die relative Einzelkosten- und Deckungsbeitragsrechnung von *Riebel* – dargestellt anhand einzelner Beispielrechnungen

2.7.1 Die Grundideen des *Riebel*schen Konzepts

Die relative Einzelkosten- und Deckungsbeitragsrechnung gehört zu den Systemen auf Teilkostenbasis. Sie ermittelt Deckungsbeiträge. Dabei ist sie kein geschlossenes Konzept in dem Sinne, daß ein vorgefertigter Algorithmus vorliegt. Die relative Einzelkosten- und Deckungsbeitragsrechnung ist „in erster Linie eine bestimmte Denkweise. Für die praktische Anwendung lassen sich eigentlich nur gewisse Grundsätze aufstellen“[50]. Diese Grundsätze werden kurz vorgestellt. Daran schließt sich eine Darstellung des Systems anhand dreier Beispielsrechnungen an.

Generell ist zum *Riebel*schen Konzept zu sagen, daß es sehr viel umfassender angelegt ist, als nur für eine Erfolgsquellenanalyse. Die Erfolgsquellenanalyse ist vielmehr eine mögliche Sonderrechnung. Wenn wir nur diesen Aspekt beleuchten, werden wir dem Gesamtansatz nicht gerecht. *Riebel*s Konzept beruht auf einer vielseitig auswertbaren, zweckneutralen Grundrechnung. Aus der werden je nach Fragestellungen „Sonderrechnungen“ abgeleitet. Die Erfolgsquellenanalyse ist solch eine Sonderrechnung. Insoweit schneiden wir ein Modul aus dem Gesamtkonzept heraus. Das heißt aber auch, daß hier keine Gesamtdarstellung der relativen Einzelkosten- und Deckungsbeitragsrechnung erwartet werden darf. Die folgenden Grundsätze orientieren sich genauso am Ziel Erfolgsquellenanalyse, wie die Rechenbeispiele.[51]

Zu den Grundsätzen:

1. *Das Identitätsprinzip als Basis für die Kosten- und Erlöszuordnung:* Einem Bezugsobjekt werden nur solche Erlöse und Kosten zugeordnet, die alleine durch Entscheidungen über das betrachtete Bezugsobjekt ausgelöst sind. Das ist die Forderung nach einer streng verursachungsgerechten Kosten- und Erlöserfassung. Alle Kosten und Erlöse, die nach diesem Prinzip einem Bezugsobjekt zuordenbar sind, nennt *Riebel relative Einzelkosten* bzw. *relative Einzelerlöse.* Relativ deswegen, weil sie nur für das genannte Bezugsobjekt Einzelkosten bzw. Einzelerlöse darstellen. Alle nicht von dem Bezugsobjekt verursachten Erlöse und Kosten sind aus dessen Perspektive (relative) Gemeinkosten bzw. Gemeinerlöse.
2. *Das Bezugsobjekt als Fokus der Erlös- und Kostenzuordnung:* Eine dem strengen Verursachungsprinzip folgende Erlös- und Kostenzuordnung verlangt

[50] Riebel 1983, S. 45.

[51] Für einen guten Überblick zur relativen Einzelkosten- und Deckungsbeitragsrechnung, vgl. Ewert/Wagenhofer 1993, S. 600 ff.

nach mehreren Zuordnungsobjekten. Grundgedanke ist, daß alle Erlös- und Kostenpositionen für *irgendein* Bezugsobjekt Einzelkostencharakter aufweisen. Das bedeutet: Prinzipiell müssen soviele Bezugsobjekte in die Grundrechnung aufgenommen werden, wie benötigt werden, um alle Erlöse und Kosten (auf irgendeiner Ebene) als Einzelerlöse und -kosten ausweisen zu können. Das Konzept benötigt eine mehrdimensionale Hierarchie der Bezugsobjekte. In Abb. 2 haben wir eine solche exemplarisch diskutiert.

3. *Ermittlung von Deckungsbeiträgen:* Im *Riebel*schen System werden für die verschiedenen Bezugsobjekte Deckungsbeiträge ermittelt. Sie sollen die Erfolgsänderung anzeigen, die durch die Existenz des Bezugsobjektes eintritt. „Durch problemadäquates Zusammenfassen der Deckungsbeiträge können die Erfolgsquellen und ihr Zusammenfließen offengelegt werden, sei es für Einzelprojekte oder das Unternehmensganze, sei es periodenweise oder kumulativ im Zeitablauf."[52]

   Dabei ist nicht jede Bruttoerfolgsgröße gleichzeitig ein Deckungsbeitrag. Nicht für jedes Bezugsobjekt läßt sich ein Deckungsbeitrag ermitteln. Eine Bruttoerfolgsgröße ist nur dann ein Deckungsbeitrag, wenn sie den geforderten Entscheidungsbezug aufweist: Entfällt das Bezugsobjekt, entfällt der Bruttoerfolg in angegebener Höhe. Existiert z.B. ein Erlösverbund zwischen zwei Aufträgen, kann keinem Auftrag der korrekte Erlösbetrag zugeordnet werden. Folglich ist für den einzelnen Auftrag kein Deckungsbeitrag ermittelbar.[53]

Diese drei Grundsätze prägen die relative Einzelkosten- und Deckungsbeitragsrechnung in ihrer Ausgestaltung als Erfolgsquellenanalyse. Es findet sich vieles wider, was wir auf Basis der generellen Überlegungen – Abschnitte 2.3 bis 2.5 – für eine entscheidungsorientierte Erfolgsquellenanalyse gefordert haben. Das unterstreicht die Nähe des *Riebel*schen Konzepts zu den gesetzten Idealvorstellungen. Wie eine solche Rechnung in der Anwendung aussieht und welche Ergebnisse ableitbar sind, wird anhand dreier Beispielrechnungen vorgestellt.

2.7.2 Beispielrechnungen zur Anwendung der relativen Einzelkosten- und Deckungsbeitragsrechnung für eine Erfolgsquellenanalyse

2.7.2.1 Ermittlung eines Projekt-Deckungsbeitrages am Beispiel eines Großanlagengeschäfts

Das erste authentische Beispiel kommt aus dem Investitionsgüter-Bereich. Der zugrundeliegende Gesamtauftrag hatte die folgenden Merkmale:

---

[52] Riebel 1983, S. 22.

[53] Vgl. Riebel 1983, S. 40.

- Auftragsgegenstand: Stahlwerksanlage,
- Lieferumfang: Engineering, Training I + II, Inbetriebsetzung, Anlage, Ersatzteile, Montage,
- Gesamtauftragswert: 55.061.271 DM (vgl. auch Tabelle 2),
- Projektfinanzierung: Eigenmittel des Kunden und Lieferantenkredit in Höhe von 13,7 Mio. DM und
- Kostenstruktur: siehe Aufstellung in Tabelle 2.

Nach Auftragsabwicklung im Jahre 1987 wurde die in Tabelle 2 erkennbare Deckungsbeitragsrechnung für das Projekt erstellt.

Auf den ersten Blick zu erkennen ist, daß der Projekt-Deckungsbeitrag I einen positiven Wert in Höhe von 17,5 Mio. DM ausweist. Projekt-Deckungsbeitrag II zeigt hingegen einen Verlust von knapp 1 Mio. DM. Wie sind Ergebnis und Rechnung zu interpretieren?

1. *Projekt-Deckungsbeitrag I:* Der P-DB I ergibt sich aus der Gegenüberstellung der vom Projekt verursachten Erlöse und Kosten. Er zeigt in guter Näherung die tatsächliche Erfolgsveränderung durch das Projekt an. Die Erlöse (Zeile 1–5) sind durch das Projekt initiiert. Weitere Erlöseffekte – Referenz etc. – wurden

Tabelle 2. Beispiel der Ermittlung eines Projekt-Deckungsbeitrags (Beträge in DM) (Zu den Zahlen vgl. Bröker 1992, S. 212 f.)

Projekt-Deckungsbeitragsrechnung	*Erlöse*	*Kosten*
Projekt-Erlös		
1 Engineering	2.784.700	
2 Training und Inbetriebsetzung	6.196.500	
3 Anlage	38.572.953	
4 Ersatzteile	4.566.618	
5 Montage	2.940.500	
Projekteinzelkosten		
6 Materialkosten		21.512.757
7 Fremkonstruktion		924.931
8 Fertigungseinzelkosten		3.717.190
9 Vertriebseinzelkosten		6.886.993
10 Auftragsfinanzierung		4.449.095
Projekt-Deckungsbeitrag I	17.570.305	
Keine direkten Projekt-Einzelkosten, aber enger Dispositionszusammenhang (vgl. 6.4.2)		
11 Fertigungskosten		9.658.553
12 Konstruktion		3.986.720
13 Wagniszuschläge		3.835.003
14 Kalkulatorische Zinsen		1.041.809
Projekt-Deckungsbeitrag II	–951.780	

nicht angestrebt und waren auch nicht zu erkennen.[54] Bei den Kosten (Zeile 6–10) handelt es sich ausschließlich um relative Projekt-Einzelkosten. Sie sind direkt vom Projekt verursacht. Zum Beispiel resultieren die Kosten der Auftragsfinanzierung aus der Refinanzierung des Lieferantenkredits.

Der P-DB I besagt, daß das Projekt 17,5 Mio. DM beisteuert, um die unabhängig vom Projekt angefallenen Kosten zu decken. Aus dieser Einzelbetrachtung heraus war es insoweit nicht falsch, den Auftrag zu realisieren. Ohne ihn stände das Unternehmen 17,5 Mio. DM schlechter da.

2. *Projekt-Deckungsbeitrag II:* Streng genommen ist er kein Deckungsbeitrag im *Riebel*schen Sinn. Die hier in Zeile 11–14 aufgeführten Kosten sind nicht allein durch das Projekt verursacht. Sie fallen nicht automatisch weg, wenn das Projekt ausfällt. Es sind vielmehr die Kosten, die eine dispositive „Nähe" zu dem Projekt aufweisen.[55] Zum Beispiel bestehen die Fertigungs- und Konstruktionskosten zum Großteil aus Löhnen und Gehältern. Per Stundenaufschreibung kann der Arbeitszeitverbrauch dem Projekt exakt zugeordnet werden. Zudem sind dispositive Konsequenzen einer schlechten Auftragslage in den Bereichen am ehesten zu erwarten – Kurzarbeit etc.

   Der P-DB II zeigt einen Negativsaldo in Höhe von 1 Mio. DM. Unter Beachtung des sachlich exakt zugeordneten Kostengüterverbrauchs zeigt sich, daß der Auftrag *nichts* beiträgt, die vom Projekt unabhängigen, zusätzlichen Kosten zu decken.

Wie das Ergebnis im Gesamtzusammenhang zu interpretieren ist, hängt entscheidend von der betrieblichen Situation ab. Befindet sich das Unternehmen in einer Phase schlechter Auslastung, muß das Projekt als Erfolg gewertet werden. Es hat die selbst verursachten Kosten zurückgebracht. Zusätzlich trägt es dazu bei, die Kapazitäten auszulasten und die von den Kapazitäten verursachten Kosten entsprechend der Beanspruchung zu decken. Damit verhindert das Projekt womöglich ansonsten notwendige Konsequenzen im Kapazitätsbereich. Es hat geholfen, die Leistungspotentiale des Unternehmens zu sichern.

Eine andere Beurteilung ergibt sich, wenn man bei dem Unternehmen von gut ausgelasteten Kapazitäten ausgeht. Der P-DB II besagt, daß das Projekt die von ihm beanspruchten Potentiale des Unternehmens nicht ganz „bezahlen" kann. Es erbringt überhaupt keinen Beitrag zur Deckung der allgemeinen Kosten oder gar für einen Unternehmensgewinn. Hier ist zu fragen, ob die durch das Projekt blockierten Kapazitäten nicht anderweitig besser genutzt werden konnten. Gab

---

[54] Eine tiefergehende Erfolgsquellenanalyse auf der Ebene der Einzelaufträge (Zeile 1–5) ist nicht möglich. Es ist eindeutig, daß zwischen den Teilaufträgen erhebliche Verbunde existieren. Der Kunde würde nie nur die *Ersatzteile* oder das *Training* kaufen, wenn nicht auch die *Anlage* dazu geliefert wird.

[55] Vgl. Abschnitt 2.4.2.

es kein besseres Alternativ-Projekt, war die Auftragsentscheidung richtig – P-DB I ist positiv. Wurde hingegen eine bessere Alternative verdrängt, muß das Projekt als Fehlschlag gewertet werden.

Die Überlegungen zeigen, daß auch bei der Interpretation der Ergebnisse die marktlichen Verhältnisse berücksichtigt werden müssen. Es führt nicht weiter, stur nach Zahlen vorgehen zu wollen. Damit ist die Auswertung des ersten Beispielsfalles beendet.

2.7.2.2 Ermittlung eines kundenbezogenen Deckungsbeitrags

Das zweite Beispiel ist eine kundenbezogene Deckungsbeitragsrechnung für einen Hersteller aus dem Produktionsgüter-Bereich (Tabelle 3).
Man erkennt, daß vier verschiedene Saldogrößen ausgewiesen werden. Inwieweit sie den Status eines Deckungsbeitrages aufweisen und wie die Ergebnisse zu interpretieren sind, wird im weiteren diskutiert.

1. *Produkt-DB / Saldogröße:* Dies ist der jeweilige Saldo aus allen Erlösen und Kosten, die den vom Kunden in dieser Periode georderten Produkten direkt zugeordnet werden können. Die Größe ist dann ein Deckungsbeitrag, wenn mit Wegfall eines Produktes auch die zugeordnete Erfolgsgröße entfällt. In diesem Fall ist das nicht zu erwarten. Die Existenz des Mengenrabatts (Zeile 6) und des Periodenumsatzrabatts (Zeile 9) deuten darauf hin, daß der Verkauf der Produkte voneinander nicht unabhängig ist. Und auch die Kostenwirkungen des Einzelprodukts sind nicht voll erfaßt. Zum Beispiel werden die Versand- und Verpackungskosten (Zeile 7–8) durch die Produkte insgesamt verursacht – sie sind ihnen nur nicht korrekt zuordenbar. Jeder ausgewiesene „Produkt-DB" ist insoweit nur eine statistische Maßgröße. Er hat keinen eindeutigen Entscheidungsbezug.
2. *Auftrags-DB / Saldogröße:* Die Auftrags-DB's ergeben sich aus den jeweils zugehörenden „Produkt-DB's", ergänzt um die, dem einzelnen Auftrag verursachungsgerecht zuordenbaren Erlös- und Kostenelemente (Zeile 5–6 und 7–8). Inwieweit die „Auftrags-DB's" tatsächlich Deckungsbeitragscharakter aufweisen, hängt von der Wirkung des Periodenumsatzrabattes und den Kostenverbunden ab. Ob der Periodenumsatzrabatt die Kaufentscheidungen des Nachfragers beeinflußt, können wir nur mutmaßen. Und auch für die Kostenseite braucht es Annahmen, ob z.B. die Besuchskosten auch von den Aufträgen abhängen. Müssen wir beides bejahen, ist auch der einzelne „Auftrags-DB" nur eine Maßzahl. Entfällt der Auftrag, sind andere Erlös- und Kostenkonsequenzen zu erwarten, als der Betrag suggeriert.

   Sind die Verbunde hingegen unbedeutend, hat der Auftrags-DB echte Aussagekraft. Zum einen zeigt er an, welche Erfolgsveränderung durch welchen Auftrag erzielt wurde. Zum anderen besagt er, daß der Periodenumsatzrabatt

Tabelle 3. Beispiel einer kundenbezogenen Deckungsbeitragsrechnung (In Anlehnung an: Köhler, 1992, S. 845)

Kunden-Deckungsbeitragsrechnung	*Erlöse*		*Kosten*
Produktspezifische Erlöselemente			
1 Listenpreise	227.500		
2 Sonderanfertigung	4.790		
Einzelkosten der Produkte			
3 Material			48.790
4 Sonstige Einzelkosten			53.660
Produkt-DB / Saldogröße (pro Kunde und Monat)		129.840	
Auftragsspezifische Erlöselemente			
5 Mindermengenzuschläge	5.700		
6 Mengenrabatt	-5.421		
Auftrags-Einzelkosten (nur dem Auftrag zuordenbar)			
7 Versandkosten			8.935
8 Verpackungskosten			2.579
Auftrags-DB / Saldogröße (pro Kunde und Monat)		118.605	
Kundenspezifische Erlöselemente			
9 Periodenumsatzrabatt	-22.200		
Kunden-Einzelkosten (nur dem Kunden zuordenbar)			
10 Besuchskosten			5.610
11 Gehalt des Key Account Managers			8.000
Kunden-DB pro Monat		82.795	

Zahlen in DM pro Monat

↓

Kunden-DB des letzten und vorletzten Monats		142.860	
Kundenspezifische überperiodige Kosten			
12 Werbekostenzuschüsse			32.000
Kunden-DB pro Quartal		193.655	

Zahlen in DM pro Quartal

eine absatzpolitisch fruchtlose Maßnahme ist. Es wird Geld verschenkt, ohne entsprechende Mengeneffekte zu realisieren.

3. *Kunden-DB des Monats:* Der Kunden-DB des Monats ergibt sich aus der Summe der Auftrags-DB's, plus den Erlösen und Kosten, die nur dem Kunden insgesamt verursachungsgerecht zugeordnet werden können (Zeile 9–11). Die Größe ist dann ein tatsächlicher Deckungsbeitrag, wenn (a) keine kundenübergreifenden Verbunde existieren und (b) auch keine bedeutenden Periodenverbunde. In dem Fall bezeichnet der Deckungsbeitrag die Erfolgsveränderung für das Unternehmen durch die Existenz des Kunden. Der positive Wert in unserem Beispiel läßt den Schluß zu, daß sich das Engagement in be-

zug auf den Kunden gelohnt hat. Die Kundenaktivitäten haben 82.795 DM erbracht, mit denen die Gemeinkosten des Unternehmens gedeckt werden können bzw. ein Unternehmensgewinn ausgewiesen werden kann.

Existieren jedoch bedeutende periodenübergreifende Verbunde, ist auch der Kunden-DB keine aussagekräftige Größe. In dem Fall ist es notwendig, den Betrachtungszeitraum zu erweitern, um eine realistische Information über die Erfolgsveränderung zu erzielen, die auf den Kunden zurückgeht.

Bestehen kundenübergreifende Verbunde, hilft auch eine zeitliche Ausdehnung der Kundenbetrachtung nicht für eine aussagekräftige DB-Größe. In dem Fall sind andere Bezugsobjekte zu wählen: z.B. die Kundengruppe, wobei die Nachfrager zusammengefaßt werden, deren Kaufentscheidungen voneinander abhängen.

4. *Kunden-DB des Quartals:* Er ergibt sich aus den Kunden-Monats-DB's zuzüglich der überperiodigen kundenbezogenen Erlöse und Kosten. Die Argumentation zur Aussagekraft der Größe ist die gleiche, wie schon beim Kunden-DB des Monats (3).[56]

Man erkennt, daß es für die richtige Deutung der Deckungsbeiträge entscheidend ist, die Marktgegebenheiten und vor allem die Kosten- und Erlösverbunde zu überblicken. Es entsteht ein völlig anderes Bild über den Markt, je nachdem ob man die Auftrags-DB's als echte Deckungsbeiträge ansieht oder nur als Zwischensalden, denen kein eindeutiger Entscheidungsbezug anhaftet. Von diesem Bild hängt es aber ab, ob man z.B. die Marketingstimuli auf der Kunden- oder aber auf der Auftragsebene ansetzt.

In diesem Beispiel wurden bereits die Deckungsbeiträge auf verschiedenen Stufen der Bezugsobjekthierarchie ermittelt. Dehnt man diese rechnung auf weitere Bezugsobjekte aus, ergibt sich ein mehrstufiges, mehrdimensionales Dekkungsbeitrags-System. Ein solches Beispiel wird nun diskutiert.

2.7.2.3 Beispiel einer mehrstufigen und mehrdimensionalen Deckungsbeitragsrechnung

Die Überlegungen in Abschnitt 2.2 haben gezeigt, daß es eine große Menge an Bezugsobjekten gibt, für die die Marktergebnisse ausgewertet werden können. Es wurde deutlich, daß eine Deckungsbeitragsrechnung für mehrere Bezugsobjekte nicht nur innerhalb einer Hierarchiestufung vorgenommen werden kann (durchgezogene Pfeile in Abb. 2). Auch „Querverbindungen“ zu Bezugsobjekten anderer Hierarchien sind möglich (gestrichelte Pfeile in Abb. 2). Eine solche mehrstufige, mehrdimensionale Deckungsbeitragsrechnung ist in Abb. 11 beispielhaft angedeutet.

[56] Hier zeigt sich die in Abschnitt 2.2 angesprochene Zeitdimension der Bezugsobjekte.

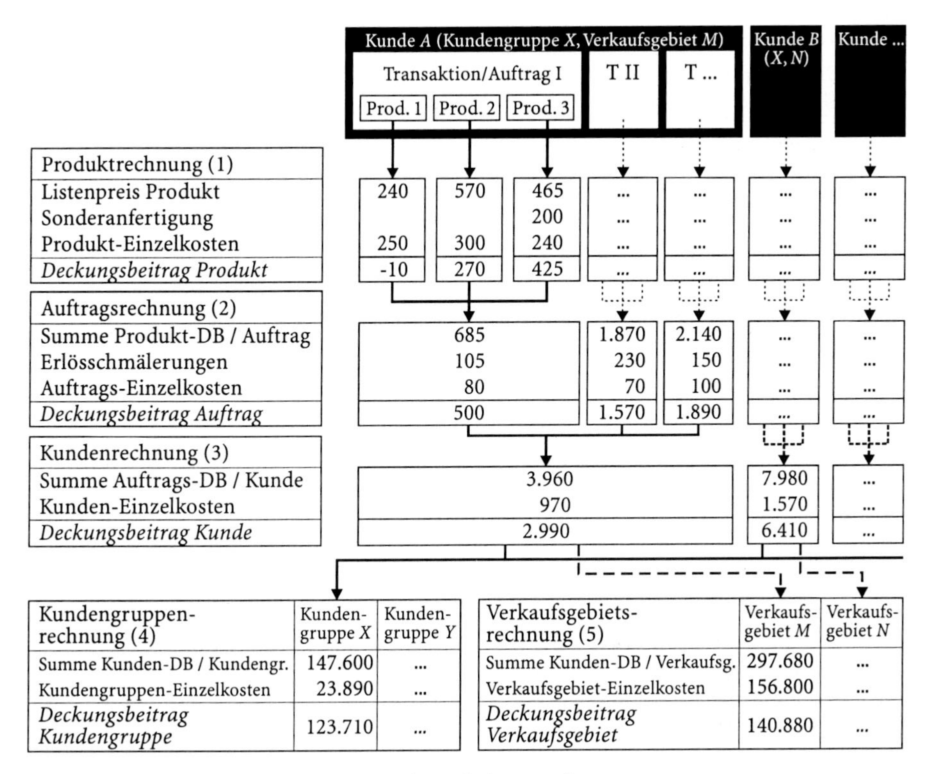

Abb. 11. Beispiel einer stufenweisen Deckungsbeitragsrechnung (In Anlehnung an: Köhler, 1993, S. 387)

In dem Beispiel sind fünf aufeinander aufbauende Auswertungsrechnungen dargestellt. Zu ihrer Aussagekraft und weiteren Verknüpfungsmöglichkeiten läßt sich ausführen:

1. *Produktrechnung:* Hier wird jedem Produkt der verursachte Erlös und die entsprechenden Kosten zugeordnet. Inwieweit die Saldogröße ein Deckungsbeitrag im *Riebel*schen Sinne darstellt, hängt von der Verbundsituation ab (vgl. vorheriges Beispiel). Wären die –10 DM für Produkt 1 der Deckungsbeitrag, hätte dieses Produkt besser nicht verkauft werden sollen. Lassen sich hingegen Verbunde zu Produkt 1 entdecken, kann diese Aussage nicht ohne weiteres getroffen werden.

   Hier werden die Produkt-DB's in die *Auftragsrechnung* übernommen. Parallel – das ist nicht dargestellt – können sie aber auch in eine *Produktartenrechnung* eingehen. Dort wird der Deckungsbeitrag der Produktart ermittelt. Damit lassen sich Fragen nach der Erfolgsträchtigkeit verschiedener Produkte, Produktgruppen oder ganzer Produktfamilien beantworten.

2. *Auftragsrechnung:* Ausgehend von den einzelnen Produkt-DB's werden unter Hinzunahme der auftragsspezifischen Erlös- und Kostenkomponenten die jeweiligen Auftrags-DB's ermittelt. Die Frage nach deren Aussagekraft stellt sich natürlich auch hier. Eine Antwort kann wiederum nur über eine Analyse der Verbundsituation gefunden werden.

   Die Auftrags-DB's können verschieden weiterverarbeitet werden. Im Beispiel werden sie in einer *Kundenrechnung* zusammengefaßt. Genauso können sie in eine *Auftragsartenrechnung* oder eine *Auftragsgrößenklassenrechnung* eingehen. Eine Auftragsartenrechnung gibt z.B. Hinweise auf die Erfolgsträchtigkeit verschiedener Auftragstypen. Die Deckungsbeitragsrechnung nach Auftragsgrößenklassen beleuchtet den Zusammenhang zwischen Erfolg und Auftragsgröße.
3. *Kundenrechnung:* In der Kundenrechnung werden die Auftrags-DB's eines bestimmten Kunden pro Periode zusammengefaßt und um die nur kundenspezifisch zuordenbaren Erlöse und Kosten ergänzt. Ergebnis sind Kunden-DB's der Periode. Diese können unterschiedlich weiterverrechnet werden. Im Beispiel sind zwei Möglichkeiten vorgestellt: Zusammenfassung zu einer *Kundengruppenrechnung* und zu einer *Verkaufsgebietsauswertung.*
4. *Kundengruppenrechnung:* Die Kunden (-DB's) werden nach unterschiedlichen Kriterien zusammengefaßt. Denkbar ist eine Aggregation nach Käufermerkmalen genauso wie nach den verantwortlichen Vertriebsmitarbeitern. Zu den Kunden-DB's kommen noch die nur der Gruppe zuordenbaren Kosten- und Erlöspositionen hinzu. Bei der Vertriebsmitarbeiter-Variante kann das z.B. das jeweilige Gehalt sein oder auch die Büromiete.
5. *Verkaufsgebietsrechnung:* Sie erlaubt eine räumlich differenzierte Beurteilung der Marktergebnisse. Hierfür werden die Kunden-DB's entsprechend zusammengeführt. Ergänzt um die gebietsspezifischen Kostenpositionen – z.B. für die Gebietsvertretung – ergeben sich die DB's der Verkaufsgebiete. Je nach Interessenlage können sich hieran weitere Rechnungen für Ländermärkte etc. anschließen. Das Prinzip bleibt dabei immer das gleiche.

Fazit

Mit der relativen Einzelkosten- und Deckungsbeitragsrechnung steht ein Verfahren zur Verfügung, das den formulierten Anforderungen an eine Erfolgsquellenanalyse nahe kommt. Durch die Möglichkeit der mehrstufigen, mehrdimensionalen Deckungsbeitragsrechnung kann das *Riebel*sche System ein Abbild des Marktgeschehens entwerfen, das tiefe Einblicke in die Struktur des Unternehmenserfolges gestattet. Zudem gestattet die Flexibilität des Ansatzes eine individuelle Anpassung der Rechnung an spezielle betriebliche Bedingungen. Aus der Informationsperspektive muß die relative Einzelkosten- und Deckungsbeitragsrechnung als extrem nutzbringend angesehen werden, wenn es darum geht, den Quellen des Erfolges nachzuspüren.

Auf der anderen Seite stellt das *Riebel*sche System erhebliche Anforderungen an die Datenbasis. Die ermittelten Deckungsbeiträge sind nur so gut, wie die Aufschreibung über die tatsächliche Kosten- und Erlösverursachung. In Reinkultur wird die relative Einzelkosten- und Deckungsbeitragsrechnung schon deshalb kaum realisierbar sein. Und als zweiter Problempunkt kommt hinzu, daß es erheblichen Wissens über die Marktgegebenheiten bedarf, die Deckungsbeiträge richtig zu deuten und echte von unechten zu unterscheiden. Versteht man das *Riebel*sche System als Orientierung für die eigene problemadäquate Ausgestaltung einer Erfolgsquellenanalyse, lassen sich auch mit „abgespeckten" Versionen interessante Informationen erzielen.

Wir sind am Ziel angelangt: Am Anfang stand die Idee einer Erfolgsgröße, die uns die Güte marktgerichteter Entscheidungen anzeigt. Wir wollten den Erfolgsbeitrag ermitteln. Eine Erkenntnis war, daß das in vollkommener Form unmöglich ist. Eine andere, daß die existierenden Instrumente mit dem Problem nur schlecht zu Rande kommen: die Teilkostenrechnung etwas besser, die Vollkostenrechnung etwas weniger. Egal welches Rechnungswesenkonzept man bemüht, eine Aussage kam immer wieder: Hat der Analyst die Erlös- und Kostenstrukturen verstanden, wird er auch aus den angebotenen Erfolgsgrößen das Richtige herauslesen. Hat er das nicht, hilft auch das beste Rechenkonzept nicht. Er wird die Marktergebnisse nie richtig verstehen.

Literaturverzeichnis

Bea, F. X. [1993]: Kosten- und Erlösträgerrechnung; in: Chmielewicz, K. / Schweitzer, M. (Hrsg.): Handwörterbuch des Rechnungswesens; 3. Aufl., Stuttgart 1993, Sp. 1272–1280.

Börner, D. [1993]: Kostenverteilung; in: Chmielewicz, K. / Schweitzer, M. (Hrsg.): Handwörterbuch des Rechnungswesens; 3. Aufl., Stuttgart 1993, Sp. 1280–1289.

Bröker, E.-W. [1993]: Erfolgsplanung im industriellen Anlagengeschäft; Wiesbaden 1993.

Chmielewicz, K. (Hrsg.) [1983]: Entwicklungslinien der Kosten- und Erlösrechnung; Kommission Rechnungswesen im Verband der Hochschullehrer für Betriebswirtschaft e.V., Stuttgart 1983.

Dorn, G. [1992]: Geschichtliche Entwicklung der Kostenrechnung; in: Männel, W. (Hrsg.): Handbuch Kostenrechnung; Wiesbaden 1992, S. 97–104.

Engelhardt, W. H. [1976]: Erscheinungsformen und absatzpolitische Probleme von Angebots- und Nachfrageverbunden; in: Schmalenbachs Zeitschrift für betriebswirtschaftliche Forschung, 28. Jg. (1976), Heft 2, S. 77–90.

Engelhardt, W. H. [1977]: Erlösplanung und Erlöskontrolle als Instrument der Absatzpolitik; in: Schmalenbachs Zeitschrift für betriebswirtschaftliche Forschung, 29. Jg. (1977), Sonderheft 6, S. 10–26.

Engelhardt, W. H. [1992]: Erlösplanung und Erlöskontrolle; in: Männel, W. (Hrsg.): Handbuch Kostenrechnung; Wiesbaden 1992, S. 656–670.

Ewert, R. / Wagenhofer, A. [1993]: Interne Unternehmensrechnung; Berlin u.a. 1993.

Haberstock, L. [1993]: Voll- und Teilkosten; in: Chmielewicz, K. / Schweitzer, M. (Hrsg.): Handwörterbuch des Rechnungswesens; 3. Aufl., Stuttgart 1993, Sp. 2116–2120 .

Hauschildt, J. [1993]: Erfolgsanalyse; in: Chmielewicz, K. / Schweitzer, M. (Hrsg.): Handwörterbuch des Rechnungswesens; 3. Aufl., Stuttgart 1993, Sp. 544–553.

Hummel, S. [1992]: Die Forderung nach entscheidungsrelevanten Kosteninformationen; in: Männel, W. (Hrsg.): Handbuch Kostenrechnung; Wiesbaden 1992, S. 76–83.

Hummel, S. / Männel, W. [1990]: Kostenrechnung I – Grundlagen, Aufbau und Anwendung; 4., völlig neu bearb. u. erw. Aufl., Wiesbaden 1990.

Hummel, S. / Männel, W. [1992]: Kostenrechnung II – Moderne Verfahren und Systeme; 3. Aufl., Wiesbaden 1992.

Kilger, W. [1983]: Grenzplankostenrechnung; in: Chmielewicz, K. (Hrsg.): Entwicklungslinien der Kosten- und Erlösrechnung; Kommission Rechnungswesen im Verband der Hochschullehrer für Betriebswirtschaft e.V., Stuttgart 1983, S. 57–80.

Kilger, W. [1987]: Einführung in die Kostenrechnung, 3., durchges. Aufl., Wiesbaden 1987.

Kilger, W. [1992]: Flexible Plankostenrechnung und Deckungsbeitragsrechnung; 9., verbess. Aufl., Wiesbaden 1992.

Köhler, R. [1990]: Beiträge zum Marketing-Management - Planung, Organisation, Controlling; 3., erw. Aufl., Stuttgart 1993.

Köhler, R. [1992]: Kosteninformationen für Marketing-Entscheidungen; in Männel, W. (Hrsg.): Handbuch Kostenrechnung; Wiesbaden 1992, S. 837–860.

Kolb, J. [1978]: Industrielle Erlösrechnung - Grundlagen und Anwendung; Wiesbaden 1978.

Kortzfleisch, G. von [1964]: Kostenquellenrechnung in wachsenden Industrieunternehmen; in: Schmalenbachs Zeitschrift für betriebswirtschaftliche Forschung; 16. Jg. (1964), S. 318–328.

Lachnit, L. / Ammann, H. [1993]: Kosten- und Erlösartenrechnung; in: Chmielewicz, K. / Schweitzer, M. (Hrsg.): Handwörterbuch des Rechnungswesens; 3. Aufl., Stuttgart 1993, Sp. 1257–1264.

Laßmann, G. [1993]: Kostenerfassung; in: Chmielewicz, K. / Schweitzer, M. (Hrsg.): Handwörterbuch des Rechnungswesens; 3. Aufl., Stuttgart 1993, Sp. 1188–1194 .

Männel, W. [1983]: Zur Gestaltung der Erlösrechnung; in: Chmielewicz, K. (Hrsg.): Entwicklungslinien der Kosten- und Erlösrechnung; Kommission Rechnungswesen im Verband der Hochschullehrer für Betriebswirtschaft e.V., Stuttgart 1983, S. 119–150.

Männel, W. [1992]: Bedeutung der Erlösrechnung für die Ergebnisrechnung; in: Männel, W. (Hrsg.): Handbuch Kostenrechnung; Wiesbaden 1992, S. 631–655.

Männel, W. [1993]: Erlösrechnung; in: Chmielewicz, K. / Schweitzer, M. (Hrsg.): Handwörterbuch des Rechnungswesens; 3. Aufl., Stuttgart 1993, Sp. 562–579 .

Menrad, S. [1983]: Vollkostenrechnung; in: Chmielewicz, K. (Hrsg.): Entwicklungslinien der Kosten- und Erlösrechnung; Kommission Rechnungswesen im Verband der Hochschullehrer für Betriebswirtschaft e.V., Stuttgart 1983, S. 1–15.

Menrad, S. [1993]: Vollkostenrechnung; in: Chmielewicz, K. / Schweitzer, M. (Hrsg.): Handwörterbuch des Rechnungswesens; 3. Aufl., Stuttgart 1993, Sp. 2106–2116 .

Plinke, W. [1985]: Erlösplanung im industriellen Anlagengeschäft; Wiesbaden 1985.

Plinke, W. [1989]: Die Geschäftsbeziehung als Investition; in: Specht, G. / Silberer, G. / Engelhardt, W. H. (Hrsg.): Marketing-Schnittstellen - Herausforderungen für das Management; Stuttgart 1989, S. 305–325.

Plinke, W. [1993]: Absatzcontrolling; in: Chmielewicz, K. / Schweitzer, M. (Hrsg.): Handwörterbuch des Rechnungswesens; 3. Aufl., Stuttgart 1993, Sp. 1-6 .

Plinke, W. [1999]: Industrielle Kostenrechnung; 5. Aufl., Berlin 1999.

Riebel, P. [1983]: Thesen zur Einzelkosten- und Deckungsbeitragsrechnung; in: Chmielewicz, K. (Hrsg.): Entwicklungslinien der Kosten- und Erlösrechnung; Kommission Rechnungswesen im Verband der Hochschullehrer für Betriebswirtschaft e.V., Stuttgart 1983, S. 21-46.

Riebel, P. [1993]: Deckungsbeitragsrechnung; in: Chmielewicz, K. / Schweitzer, M. (Hrsg.): Handwörterbuch des Rechnungswesens; 3. Aufl., Stuttgart 1993, Sp. 364-379 .

Riebel, P. [1994]: Einzelkosten- und Deckungsbeitragsrechnung; 7. vollst. überarb. u. erhebl. erw. Aufl., Wiesbaden 1994.

Schweitzer, M. / Küpper, H.-U. [1991]: Systeme der Kostenrechnung; 5. Aufl., Landsberg a. L. 1991.

Weber, H. K. [1992]: Grundbegriffe der Kostenrechnung; in: Männel, W. (Hrsg.): Handbuch Kostenrechnung; Wiesbaden 1992, S. 5–18.

Weber, H. K. [1993]: Kosten und Erlöse; in: Chmielewicz, K. / Schweitzer, M. (Hrsg.): Handwörterbuch des Rechnungswesens; 3. Aufl., Stuttgart 1993, Sp. 1264–1272.

Weiber, R. [1992]: Diffusion von Telekommunikation; Wiesbaden 1992.

Übungsaufgaben

1. Welche Probleme bestehen bei der Erfassung des „Entscheidungserfolges“?
2. Was versteht man unter Bezugsobjekten? Welcher Zusammenhang besteht zwischen Bezugsobjekten und Entscheidungen?
3. Erstellen Sie für die Bezugsobjekte „Produktart“, „Auftrag“, „Kunde“, „Kundengruppe“ und „Verkaufsgebiet“ eine Bezugsgrößenhierarchie.
4. Wie ist der Erlös definiert? Welche Erlösarten können unterschieden werden?
5. Was verstehen Sie unter einem Erlösverbund? Welche Konsequenzen ergeben sich aus dem Erlösverbund für die Wahl des Bezugsobjektes und die Erfolgsermittlung?
6. Wodurch sind bedeutende und unbedeutende Erlösverbunde gekennzeichnet?
7. Wodurch können sich die Erlösstrukturen von Investitionsgüterherstellern im Vergleich zu Herstellern von Produktionsgütern, von Systemtechnologien und Industriellen Dienstleistungen unterscheiden?
8. Wie sind Kosten definiert? Welche Kostenarten können unterschieden werden?
9. Worin bestehen die Aufgaben der Kostenrechnung? Welche Probleme können im Rahmen der Kostenrechnung auftreten?
10. Was verstehen Sie unter Kostenverbunden? Welche Konsequenzen ergeben sich aus Kostenverbunden für die Wahl des Bezugsobjektes und die Erfolgsermittlung?
11. Wodurch können sich die Kostenstrukturen von Investitionsgüterherstellern im Vergleich zu Herstellern von Produktionsgütern, von Systemtechnologien und Industriellen Dienstleistungen unterscheiden?
12. Welche Probleme resultieren aus Erlös- und Kostenverbunden bezüglich der Erfolgsermittlung?
13. Welche Erfolgsgrößen stellen eine sinnvolle Wahl dar für
    a) Anbieter von Großanlagen,
    b) Anbieter von standardisierten Produktionsgütern,

c) Anbieter von kundenspezifischen Produktionsgütern,
d) Anbieter von Systemtechnologien und
e) Anbieter Industrieller Dienstleistungen?

14. Worin unterscheidet sich die klassische Vollkosten- und Vollerlösrechnung von der Teilkostenrechnung? Skizzieren Sie die Vor- und Nachteile der beiden Rechenverfahren.

15. Für welche Zwecke erscheint Ihnen die Vollkostenrechnung geeignet, für welche Zwecke die Teilkostenrechnung?

16. Skizzieren Sie den Aufbau der Deckungsbeitragsrechnung für ein Projekt.

17. Stellen Sie den Aufbau einer einzelkundenbezogenen Deckungsbeitragsrechnung dar. Wie ist ein negativer Deckungsbeitrag zu interpretieren?

18. Welcher Zusammenhang besteht zwischen einer einzelkundenbezogenen Deckungsbeitragsrechnung und einer Kundengruppenrechnung?

Stichwortverzeichnis

- *C* -

- *D* -

- *E* -

- *F* -

- W -

- Z -

Druck: Mercedes-Druck, Berlin
Verarbeitung: Buchbinderei Lüderitz & Bauer, Berlin